HANDBUCH DER VIRUSFORSCHUNG

HERAUSGEGEBEN VON

PROF. DR. R. DOERR UND PROF. DR. C. HALLAUER
BASEL BERN

ERSTE HÄLFTE

DIE ENTWICKLUNG DER VIRUSFORSCHUNG UND IHRE PROBLEMATIK · MORPHOLOGIE DER VIRUSARTEN · DIE ZÜCHTUNG DER VIRUSARTEN AUSSERHALB IHRER WIRTE · BIOCHEMISTRY AND BIOPHYSICS OF VIRUSES

BEARBEITET VON

F. M. BURNET-MELBOURNE · R. DOERR-BASEL · W. J. ELFORD-LONDON
G. M. FINDLAY-LONDON · M. HAITINGER-WIEN · C. HALLAUER-BERN
M. KAISER-WIEN · W. M. STANLEY-PRINCETON

MIT 71 ZUM TEIL FARBIGEN ABBILDUNGEN IM TEXT

Springer-Verlag Wien GmbH
1938

ISBN 978-3-662-23531-7 ISBN 978-3-662-25608-4 (eBook)
DOI 10.1007/978-3-662-25608-4

Ursprünglich erschienen bei Julius Springer in Vienna 1938
Softcover reprint of the hardcover 1st edtion 1938

Vorwort.

Die mächtige Entwicklung der Virusforschung mußte in stetig zunehmendem Ausmaße das Verlangen nach zusammenfassenden Darstellungen steigern, um den Überblick über die Ergebnisse der Beobachtung und des Experiments nicht zu verlieren und die verzweigten Wege beurteilen zu können, welche die Hypothesenbildung verfolgte. Es hat in den letzten Jahren nicht an Bemühungen gefehlt, diese berechtigten Forderungen zu befriedigen und manches verdienstvolle Werk verdankt ihnen seine Entstehung. Das Hauptgewicht wurde aber ausnahmslos auf die Viruskrankheiten und ihre spezielle Ätiologie gelegt und diese thematische Einstellung erfuhr überdies meist noch eine willkürliche Begrenzung durch die Auswahl bestimmter Bezugsobjekte.

Auf dem Untergrund einer gewaltig ausgedehnten Laboratoriumsarbeit hebt sich jedoch heute in scharfem Umriß die Erkenntnis ab, daß die Zielsetzung der Virusforschung weit über die Interessensphäre hinausragt, welche durch die Infektiosität und Pathogenität der Virusarten bedingt ist. Die Virusforschung ist zur Physik und zur Eiweißchemie, zur allgemeinen Physiologie und Pathologie der Zellen, zur Genetik in engere Beziehung getreten und hat schließlich das Lebensproblem in neuer und schon aus diesem Grunde verheißungsvoller Fassung aufgerollt. Gleichzeitig mußte sich eine Methodik herausbilden, welche an die Dimensionen der Viruselemente angepaßt ist und an den Experimentator eigenartige und hochgespannte Anforderungen stellt.

Problematik und *Methodik* sind es, welche der Virusforschung ein einheitliches Gepräge aufdrücken und ihre Sonderstellung im Reiche der biologischen Wissenschaften bestimmen, nicht die Phänologie der Viruskrankheiten und noch weniger eine biologische Zusammengehörigkeit der Virusarten. Eine so verstandene Ganzheit wegen ihres hohen erkenntnistheoretischen Wertes zu wahren und ihre befruchtende Auswirkung auf andere Wissenzweige zu sichern, war die Aufgabe, die sich dieses Handbuch gestellt. Dem engeren Fachmann will es Anregung für erfolgversprechende Fragestellungen bieten und als zuverlässiger Berater bei der Anordnung und Durchführung seiner Experimente dienen, weiteren Kreisen der Naturwissenschaft ein Führer sein in einem schwer zugänglichen Gebiet von allgemeinster biologischer Bedeutung.

Die werbende Kraft, die in dem Plane lag, gewann uns Mitarbeiter, welche — obwohl von ihrer experimentellen Tätigkeit voll in Anspruch genommen — große Opfer brachten, um eine Lösung zu ermöglichen, welche uns in tragbarem Verhältnis zum Gewollten zu stehen scheint. Die Persönlichkeit der Autoren sollte voll zum Ausdruck kommen; trotz Unterstellung unter die leitenden Grundgedanken des Werkes wurde daher den einzelnen Abschnitten eine gewisse Unabhängigkeit und Selbständigkeit eingeräumt.

Bei der Auswahl der Abbildungen war das Bestreben maßgebend, den Preis des Werkes nicht in die Höhe zu treiben und dadurch seine Verbreitung zu erschweren. Bilder von Objekten, welche jeder Mikrobiologe kennen muß, wurden nicht aufgenommen, auf mehr dekorative als instruktive Tafeln verzichtet. Dagegen sind die Literaturangaben mit ungewohnter Raumverschwendung reproduziert. Nicht ohne Absicht; das unrichtige Zitieren und das Zitieren nach Zitaten sollten verhindert werden.

Damit ist gesagt, was wir dem „Handbuch der Virusforschung" zum Geleit auf seinem Weg mitgeben wollen.

Dem Verlag Julius Springer in Wien danken wir für sein verständnisvolles Entgegenkommen und für die unermüdliche Bereitwilligkeit, das Zustandekommen dieses Handbuches durch Rat und Tat zu fördern und die Hemmungen zu überwinden, mit welchen ein solches Unternehmen zu kämpfen hat.

Basel und Bern, im November 1938.

R. DOERR und C. HALLAUER.

Inhaltsverzeichnis.

Erste Hälfte.

Erster Abschnitt.

Die Entwicklung der Virusforschung und ihre Problematik.

Von R. DOERR, Hygienisches Institut der Universität Basel.

Zweiter Abschnitt.

Morphologie der Virusarten.

A. Die Viruselemente.

Dritter Abschnitt.

Die Züchtung der Virusarten außerhalb ihrer Wirte.

A. Die Viruszüchtung im Gewebsexplantat.

B. The growth of viruses on the chorioallantois of the chick embryo.

Vierter Abschnitt.

Biochemistry and Biophysics of viruses.

By W. M. STANLEY, ROCKEFELLER Institute for Medical Research, Princeton, N. J.
With 20 illustrations.

Erster Abschnitt.

Die Entwicklung der Virusforschung und ihre Problematik.

Von

R. DOERR, Basel.

I. Die Entwicklung der Virusforschung.

Die ersten Hypothesen über unsichtbare Krankheitserreger.

Daß krankheitserregende Organismen existieren, welche sich infolge ihrer geringen Größenausmaße der optischen Wahrnehmung entziehen, ist eine Hypothese, die auf ein hohes Alter zurückblicken kann. 36 Jahre v. Chr. G. schrieb der zu jener Zeit schon hochbetagte M. TERENTIUS VARRO (Rerum rusticarum Lib. I, XII, 2): „Advertendum etiam, siqua erunt loca palustria, et propter easdem causas, et quod crescunt animalia quaedam minuta, quae non possunt oculi consequi, et per aera intus in corpus per os ac nares perveniunt atque efficiunt difficilis morbos.“ Es ist mit großer Wahrscheinlichkeit anzunehmen, daß VARRO mit den „animalia minuta, quae non possunt oculi consequi“ die Erreger der Malaria gemeint hat, wie sich aus dem Zusammenhang zwischen Sumpfgegend und langwierigen Krankheiten („morbi difficiles“) ergibt (vgl. den Kommentar von LLOYD STORR-BEST). Jedenfalls macht die viel zitierte Stelle nicht den Eindruck, als ob VARRO seine eigene Ansicht vortragen würde; die sehr bestimmte und dogmatische Fassung spricht vielmehr dafür, daß die Vorstellung von unsichtbaren krankheitserregenden Lebewesen, welche in Sümpfen wachsen, schon damals so verbreitet war, daß man sich darauf ohne weiteres berufen durfte.

1794 äußerte sich REIMARUS in Hamburg in ähnlichem Sinne. Er war davon überzeugt, daß die kausalen Agenzien der ansteckenden Krankheiten lebende Gebilde sein müssen, weil sie sich im Körper der infizierten Menschen und Tiere vermehren, hält es aber im Gegensatze zu manchen seiner Zeitgenossen nicht für richtig, diese Lebensformen unter den Insekten zu suchen; es müsse sich „um etwas Feineres“ handeln, vielleicht um Infusorien oder gar um Wesen, welche „die Vergrößerungsgläser nicht mehr entdecken“. Die Erfindung und die steigende Vervollkommnung der Mikroskope sowie die dadurch bedingte Erschließung einer bisher unbekannten Welt winziger Organismen hatten somit den Gedanken an invisible Krankheitserreger keineswegs zu verdrängen vermocht; geändert hatte sich die Situation nur insofern, als die Invisibilität durch ein anderes Kriterium, nämlich durch die begrenzte Leistungsfähigkeit eines optischen Hilfsapparates definiert wurde. Man könnte die spätere Entwicklung der Virusforschung als eine lineare Fortsetzung der Ideenrichtung von REIMARUS betrachten, als eine fortschreitende Anpassung des ursprünglich rein dimensionalen Begriffes an die sukzessive Ausweitung des optischen Wahrnehmungsbereiches, wie sie die Verbesserungen des Mikroskopbaues mit sich brachten. Wer sich an einige, auch heute noch übliche Ausdrücke, wie „Inframikroben", „Ultramikroben", „submikroskopische" oder „invisible" Virusarten hält, wird vielleicht eine in diesem Sinne orientierte historische Darstellung für richtig halten; vom erkenntnistheoretischen Standpunkt ist sie zweifellos verfehlt und wäre daher ein ernstes Hindernis, den gegenwärtigen Stand der Virusforschung und ihre Ideologie aus ihrer Vergangenheit zu begreifen.

Zur Zeit von REIMARUS war die Existenz belebter pathogener Keime an und für sich eine bloße Hypothese, die Aussage über die „Invisibilität" dieser Keime daher ein weiterer spekulativer Zusatz, dem keine tatsächlichen Befunde im Wege standen. Im Laufe des 19. Jahrhunderts vollzog sich aber eine grundsätzliche Änderung dieser Prämissen: es wurden die ersten Erreger menschlicher und tierischer Infektionskrankheiten entdeckt, und um das Jahr 1892 — die Wahl dieses Zeitpunktes soll später begründet werden — war bereits eine stattliche und, wie man mit Sicherheit voraussagen durfte, noch lange nicht abgeschlossene Reihe bekannt. Alle diese pathogenen Mikroben waren jedoch mikroskopisch sichtbar; feierte so die Pathologia animata einen Sieg auf der ganzen Linie, so entfiel doch auf der anderen Seite die Notwendigkeit, an der Konzeption unsichtbarer und belebter Erreger festzuhalten. In der Tat rechnete man auch nicht mehr mit dieser Möglichkeit, und als sie unter Beweis gestellt werden sollte, wirkte dieses Ereignis, sobald es zur Kenntnis weiterer wissenschaftlicher Kreise gelangte, als Überraschung.

D. IWANOWSKY; das erste Filtrationsexperiment.

Am 12. Februar 1892 teilte D. IWANOWSKY (*1*) in der Kaiserlichen Akademie der Wissenschaften in *St. Petersburg* ein Experiment mit, das er mit dem Safte von mosaikkranken Blättern der Tabakpflanze ausgeführt hatte. ADOLF MAYER hatte schon 1886 gezeigt, daß der Quetschsaft der kranken Blätter ansteckend ist d. h. daß er, in das Parenchym gesunder Pflanzen eingeimpft, nach einer bestimmten Zeit die Mosaikkrankheit hervorruft, ferner daß der Saft seine ansteckenden Eigenschaften einbüßt, wenn man ihn bis zu einer dem Siedepunkt nahen Temperatur erhitzt. IWANOWSKY bestätigte diese Beobachtungen, bestritt dagegen die Angabe von A. MAYER, daß eine Filtration durch doppeltes Filterpapier genüge, um das infektiöse Agens aus dem Safte mechanisch zu entfernen. Um diese Behauptung sicher zu widerlegen, verschärfte IWANOWSKY die Bedingungen der Filtration und stellte fest, daß der Saft der mosaikkranken Blätter seine ansteckenden Fähigkeiten sogar nach der Passage durch CHAMBERLANDsche Filterkerzen bewahrt.

Man hat sich hier zu erinnern, daß die aus porösem Material verfertigten Hartfilter 1871 durch TIEGEL, einen Schüler von E. KLEBS, in die mikrobiologische Technik eingeführt wurden, u. zw. zu dem Zwecke, um aus bakterienhaltigen Flüssigkeiten (milzbrandigem Blut, septischen Produkten) die Bakterien oder — wie sich KLEBS selbst an einer Stelle bezeichnend ausdrückt — die „körperlichen Theile" mittelst Filtration abzuscheiden. Waren es die Bakterien, welche die krankhaften Prozesse erzeugten, so mußten die Filtrate im Tierexperiment unwirksam sein, und dieser Erwartung entsprachen auch — sofern bei der Filtration kein Fehler unterlief — die Resultate, welche mit Hartkerzen verschiedener Sorten von TIEGEL, PASTEUR und JOUBERT, ROUX und CHAMBERLAND erzielt wurden. Die *„keimfreie Filtration"* entwickelte sich rasch zu einem anscheinend präzis definierbaren Begriff, der für Hartfilter aus verschiedenem Material ebenso Geltung haben sollte wie für

Bakterien von verschiedener Größenordnung. Sehr charakteristisch ist in dieser Hinsicht eine Äußerung von H. BITTER aus dem Jahre 1891: „Es ist vor allem zu bemerken, daß jeder Kieselgurkörper, sowohl der weniger durchlässigen wie der durchlässigen Sorte, *stets ein keimfreies Filtrat gab*, mochte die zur Filtration benutzte Probe auch noch so viel Bakterien enthalten. Selbst die kleinsten bis jetzt bekannten Bakterien, die Bacillen der Mäusesepticämie, werden, wie ich noch speziell feststellte, mit Sicherheit zurückgehalten."

Wie hat nun IWANOWSKY unter diesen Umständen seinen Filtrationsversuch interpretiert? Ebenso wie schon vor ihm A. MAYER, hielt er es für das wahrscheinlichste, daß die Mosaikkrankheit des Tabaks durch Bakterien hervorgerufen wird, und da die Passage durch Chamberlandkerzen damit in Widerspruch stand, wollte er den Konflikt durch folgendes Dilemma lösen: 1. Am einfachsten sei die Annahme eines im filtrierten Safte aufgelösten Giftes, welches von den in der kranken Pflanze vorhandenen Bakterien ausgeschieden wird; 2. könne man an Materialfehler der verwendeten Chamberlandfilter („feine Risse und Öffnungen") denken, welche den Bakterien den Durchtritt gestatten, obwohl die üblichen Kautelen berücksichtigt wurden, um solche Irrtumsquellen auszuschalten. Die Existenz von Mikroben, welche wesentlich kleiner sind als Bakterien, hat IWANOWSKY — nach dem Wortlaut seiner ersten Publikation zu schließen — überhaupt nicht in Erwägung gezogen, und es ist daher wohl in erster Linie einer ungenügenden Kenntnis der Originalpublikationen zuzuschreiben, wenn dieser Autor immer wieder als „Vater der Virusforschung" hingestellt wird. Daß IWANOWSKY den Filtrationsversuch zuerst ausgeführt und die Infektiosität des Filtrats nachgewiesen hat, kann hier nicht entscheiden; *maßgebend ist die Fragestellung, welche zum Experiment Veranlassung gab, und die Verwertung des der bisherigen Erfahrung widerstreitenden Resultates*; von diesem Standpunkt beurteilt kann IWANOWSKY nicht als Begründer einer neuen Richtung gelten.

Die zweite Mitteilung über diesen Gegenstand hat IWANOWSKY (*2*) erst sieben Jahre später (im April 1899) veröffentlicht, in erster Linie, um die Priorität des Filtrationsexperiments gegenüber M. W. BEIJERINCK festzustellen. Jedoch enthält diese Arbeit auch sachliche Angaben, welche die ganze Einstellung IWANOWSKYS zum Problem scharf beleuchten und daher hier nicht übergangen werden können.

IWANOWSKY konstatiert nunmehr, „daß von einer mit filtriertem Safte geimpften Pflanze die Krankheit weiter beliebig lange Zeit von einer Pflanze auf die andere übergeimpft werden kann". Es erscheint ihm jetzt bewiesen, daß sich das filtrierbare Agens in der lebenden Pflanze vermehrt; er sagt aber nicht, daß damit seine ursprüngliche Vermutung widerlegt wird, wonach das Filtrat bloß das spezifische Gift des Erregers enthalten sollte (siehe oben). In Opposition gegen die von BEIJERINCK aufgestellte „kühne Hypothese" vom Contagium vivum fluidum glaubt er, „daß die bakterielle Natur des Contagiums kaum zu bezweifeln ist". Was man unter dieser Aussage zu verstehen hat, geht klar daraus hervor, daß IWANOWSKY aus dem Saft der mosaikkranken Blätter Bakterien herauszüchtete und mit den gewonnenen Reinkulturen die Mosaikkrankheit zu erzeugen versuchte, was ihm auch nach seiner Angabe gelang, u. zw. auch dann, wenn die Kulturen drei Nährbodenpassagen durchgemacht hatten. IWANOWSKY hatte offenbar mikroskopisch sichtbare Bakterien in Händen und wenn er in ihnen die Erreger der Mosaikkrankheit vermutete, bedeutet das implicite, daß er sich über die Tatsache der Filtrierbarkeit des infektiösen Agens einfach hinwegsetzte. Die positiven Resultate, welche IWANOWSKY durch Verimpfung seiner Bakterien erzielt haben wollte, sind nicht genügend beglaubigt, aber auch nicht unmöglich, da das spezifische Agens der Mosaikkrankheit sehr widerstandsfähig und in hohem Grade verdünnungsfähig ist und sich daher bei den von IWANOWSKY vorgenommenen Prozeduren nicht nur halten, sondern auch durch einige „Nährbodenpassagen" mitgeschleppt werden konnte. Der Schluß, der aus den positiven Resultaten gezogen wurde, war jedoch, wie sich bald zeigte, ein Fehler, der uns hier zum erstenmal entgegentritt, der aber später als stereotype Erscheinung in der Literatur der Viruszüchtung oft genug wieder auftauchte.

IWANOWSKY erwähnt in seiner zweiten Mitteilung die 1897 erschienenen Untersuchungen von LÖFFLER und FROSCH über das Agens der Maul- und Klauenseuche nicht; sie sind ihm als Botaniker wahrscheinlich entgangen, sonst hätte er wohl die zentrale Bedeutung seiner Filtrationsversuche erfaßt, statt sich auf eine abwegige Kombination einzulassen.

LÖFFLER und FROSCH.

LÖFFLER und FROSCH bestimmten zunächst die kleinste Menge virushaltigen Materials, mit welcher man noch eine Infektion hervorrufen kann. Von der Lymphe, wie sie sich in den Blasen maul- und klauenseuchekranker Rinder findet, wirkten 0,005 ccm sicher, 0,0001—0,00005 ccm in einzelnen Versuchen und erst bei einer Dosis von 0,00002—0,00001 ccm waren die Resultate ausnahmslos negativ. Die Verdünnung der Originallymphe erfolgte mit abgekochtem Wasser; das ganze Verfahren stellt — nebenbei bemerkt — *wohl das erste Beispiel einer zu einem bestimmten Zweck vorgenommenen Titrierung der Infektiosität einer virushaltigen Flüssigkeit dar.* In dem Blaseninhalt konnten keine für die Maul- und Klauenseuche charakteristischen geformten Gebilde nachgewiesen werden und ebenso gaben Kulturversuche auf den in der Bakteriologie gebräuchlichen Nährmedien negative Resultate. Bei ihren Bestrebungen, ein praktisch verwendbares Immunisierungsverfahren zu finden, versuchten nun LÖFFLER und FROSCH aus der Blasenlymphe einen Impfstoff in der Weise zu gewinnen, daß sie die Lymphe mit 39 Teilen Wasser verdünnten und durch Kieselgurkerzen durchzogen; die Filtration sollte das Ausgangsmaterial von den darin enthaltenen „*korpuskulären Elementen*" befreien und so die Infektiosität unter Konservierung gelöster immunisierender Stoffe ausschalten.

Wie man sieht, wurde die Filtration keineswegs ausgeführt, *weil* die mikroskopische und kulturelle Untersuchung der Lymphe ergebnislos geblieben war, also nicht etwa in der Absicht, das Vorhandensein „submikroskopischer" oder „filtrierbarer" Mikroben zu beweisen. Die Filtration sollte ja das infektiöse Agens mechanisch beseitigen, und daß sie das nicht tat, d. h. daß die mit dem Filtrat geimpften Kälber und Schweine ebenso erkrankten wie die mit unfiltrierter Lymphe infizierten Kontrolltiere, war daher für LÖFFLER und FROSCH „einigermaßen überraschend".

Bei der Erklärung des Filtrationsversuches gingen LÖFFLER und FROSCH von der Alternative aus, daß das in der filtrierten Lymphe enthaltene Agens entweder ein gelöstes Gift sein müsse oder ein spezifischer Mikroorganismus von so minimalen Dimensionen, daß er die Poren eines Filters, welches die kleinsten bekannten Bakterien sicher zurückhielt, zu passieren vermag. Die Annahme eines Giftes wurde als unwahrscheinlich abgelehnt, weil eine sehr kleine Menge Lymphe, von welcher das wirksame Prinzip wieder nur einen winzigen Bruchteil ausmachen kann, genügte, um ein Kalb von 200 kg krank zu machen, und weil 0,02 ccm der Blasenflüssigkeit dieses Kalbes ein Schwein von 30 kg zu infizieren vermochten. Unter der Voraussetzung einer gleichmäßigen Verteilung im empfänglichen Körper würden so enorme Verdünnungen resultieren, wie sie selbst Gifte von stärkster Wirksamkeit (es wurde das Tetanustoxin zum Vergleich herangezogen) nicht ertragen, ohne ihre Toxizität einzubüßen. Da die Vorstellung eines im Filtrat gelösten Giftes nicht befriedigte, erwogen LÖFFLER und FROSCH die andere Lösung, den *spezifischen, vermehrungsfähigen und submikroskopischen Erreger.* Sie verwiesen auf die von R. PFEIFFER entdeckten Influenzabacillen, die nur eine Länge von 0,5—1 μ besitzen; „wären die supponierten Erreger der Maul- und Klauenseuche nur $^1/_{10}$ oder selbst nur $^1/_5$ so groß wie diese, was ja durchaus nicht unmöglich wäre, so würden sie, nach der Berechnung des Professors ABBE in Jena über die Grenze der Leistungsfähigkeit unserer Mikroskope, auch mit den besten modernen Immersionssystemen nicht mehr erkennbar sein". Für den Fall der Bestätigung ihrer Filtrationsexperimente mit den infektiösen Produkten der Maul- und Klauenseuche sahen LÖFFLER und FROSCH die allgemeinere Anwendbarkeit ihrer Auffassung voraus. „Die Erreger zahlreicher anderer Infektionskrankheiten der Menschen und Tiere, so der Pocken, der Kuhpocken, des Scharlachs, der Masern, des Flecktyphus, der Rinderpest usw., welche bisher vergeblich gesucht worden sind, könnten zur Gruppe dieser allerkleinsten Organismen gehören."

Diese (im Original recht weitschweifigen) Auseinandersetzungen waren im Grunde genommen überflüssig. Sie brachten nichts, was nicht schon vorher klarer und überzeugender gesagt worden war. Gifte und Kontagien hatte schon FRACASTOR 1546 voneinander abgegrenzt, und 1840 hatte JAKOB HENLE den Satz aufgestellt, „daß die Materie der Kontagien nicht nur eine organische, sondern auch eine *belebte*, u. zw. eine mit individuellem Leben begabte ist, die zu dem kranken Körper im Verhältnisse eines *parasitischen Organismus* steht". Das Hauptargument war für FRACASTOR wie für HENLE die Überlegung, daß fortgesetzte Übertragungen — „Infektketten", wie man sich heute ausdrückt — nur möglich sind, wenn sich das pathogene Agens im kranken Organismus *vermehrt*; denn jede Übertragung (Ansteckung) ist notwendigerweise mit einer starken Verdünnung verbunden, welche sofort zum Erlöschen der spezifischen Wirkung führen müßte, wenn sie nicht durch einen zwischengeschalteten Vermehrungsprozeß immer wieder kompensiert würde. Bei FRACASTOR heißt es, ganz exakt formuliert: „Differunt autem" (scil. venena et contagia) „inter se non parum, quod venena nec proprie putrefacere possunt, *nec tale in secundum gignere, quale in primo fuit principium et seminarium*; *cuius signum est, quod venenati ad alios contagiosi non sunt.*" JAKOB HENLE hat dann diese fundamentale Differenz dahin interpretiert, daß die Fähigkeit, sich durch Assimilation fremder Stoffe zu vermehren, nur von lebendigen, organisierten Wesen bekannt sei; keine tote chemische Substanz, auch nicht eine organische, vermehre sich auf Kosten einer anderen, sondern gehe immer nur Verbindungen ein, aus denen sich die ursprünglichen Quantitäten der aufeinanderwirkenden Stoffe wieder abscheiden lassen.

HENLE hatte seine Auffassung als *allgemein gültige* Hypothese vorgetragen, die also — falls man sich wie LÖFFLER und FROSCH derselben Beweisführung bediente — ohne weiteres auf den Spezialfall der Maul- und Klauenseuche anzuwenden war. Zudem befanden sich LÖFFLER und FROSCH insofern in einer ähnlichen Lage wie JAKOB HENLE, *als sie eine Aussage über die Beschaffenheit eines unbekannten Contagiums zu machen hatten*; sie waren jedoch in einem Punkte HENLE gegenüber im Vorteil, indem sie sich auf die Analogie mit den zahlreichen, inzwischen entdeckten und zweifellos belebten Erregern stützen konnten, und man hätte daher von ihnen eine bestimmtere, weniger verklausulierte Stellungnahme erwarten dürfen. Aber vielleicht erschien ihnen gerade der Sprung vom sichtbaren zum unsichtbaren Krankheitskeim als ein Wagnis besonderer Art. Für JEAN LOUIS PASTEUR (*2*) war er es nicht, der in einem 1899 veröffentlichten Aufsatz über die Lyssa seine Auffassung in die kategorische Form kleidete: „Le charbon du bétail est produit par un microbe; le croup est produit par un microbe... Le microbe de la rage n'a point encore été isolé; mais, à en juger par l'analogie, *il faut en admettre l'existence. En résumé: tout virus est un microbe.*"

Den apodiktischen Standpunkt hatte also PASTEUR mit HENLE gemein; aber für HENLE war der belebte Erreger eine apriorische Denknotwendigkeit, für PASTEUR ein zwingender Analogieschluß. Der erste Autor, welcher diese vorgezeichnete Bahn verließ, war M. W. BEIJERINCK.

Das „Contagium vivum fluidum" (M. W. BEIJERINCK).

M. W. BEIJERINCK hatte 1885 an der landwirtschaftlichen Schule in *Wageningen* (Holland) Gelegenheit, die schon erwähnten Experimente von M. ADOLF MAYER über die Übertragbarkeit der Mosaikkrankheit des Tabaks selbst zu sehen und an ihnen teilzunehmen. Ebensowenig wie MAYER vermochte er in den infizierten Tabakpflanzen Mikroben nachzuweisen, die man mit der Mosaikkrankheit in ätiologischen Zusammenhang bringen konnte. Er nahm diese Untersuchungen 1887, nachdem er die Knöllchenbakterien der Leguminosen entdeckt hatte, erneut auf, benutzte außer mikroskopischen auch kulturelle Methoden und berücksichtigte speziell die Möglichkeit anaërober Keime. Aber die Resultate waren immer wieder negativ, und BEIJERINCK kam schließlich, wie er selbst ausdrücklich sagte, zu der Überzeugung, *daß die gesuchten Mikroorganismen überhaupt nicht vorhanden seien, und daß somit die Mosaikkrankheit des Tabaks als eine infektiöse Krankheit betrachtet werden müsse, welche nicht durch Mikroben hervorgerufen wird.* An submikroskopische und nichtkultivierbare Mikroorganismen dachte BEIJERINCK gar nicht. Als er 1897 in die Lage versetzt wurde, an der polytechnischen Hochschule in *Delft* Übertragungsversuche anzustellen, hielt er von vornherein an der Vorstellung eines nichtorganisierten Contagiums fest und suchte seine, von dem gewöhnlichen Begriff eines „Contagium fixum" abweichenden Eigenschaften zu ermitteln.

Die Ergebnisse seiner Experimente veröffentlichte BEIJERINCK (*1*) in mehreren Mitteilungen 1898—1900. In sachlicher Hinsicht lassen sie sich in wenige Sätze zusammenfassen:

1. BEIJERINCK filtrierte den Saft kranker Pflanzen durch Porzellanfilter und fand, daß die Filtrate zwar noch infektiös, aber mikroskopisch und kulturell (aërob und anaërob) steril waren. BEIJERINCK (*2*) kannte die Arbeiten von D. IWANOWSKY nicht, anerkannte aber, als er darauf aufmerksam gemacht wurde, bereitwillig an, daß „die Priorität des Versuches mit dem Bougiefiltrat" IWANOWSKY zukomme.

2. Auf dicke und große Agarplatten wurden einige Tropfen des Quetschsaftes kranker Blätter oder Fragmente zerriebener Blätter deponiert. Nach einiger Zeit wurde die Oberfläche der Agarplatten zuerst mit Wasser, dann mit Sublimatlösung abgespült, und schließlich wurde noch an der Stelle, wo das infektiöse Material aufgelegen hatte, eine zirka 0,5 mm dicke Agarschicht mit Hilfe eines scharfrandigen Platinspatels abgetragen und verworfen. Die auf diese Weise freigelegten tieferen Agarmassen wurden nun in zwei aufeinanderfolgenden Schichten entnommen und erwiesen sich als infektiös, die obere in hohem, die darunter befindliche in geringerem Grade. Es wurde berechnet, daß das Virus im Laufe von zehn Tagen bis auf etwa 2 mm in den Agar eingedrungen war.

Schon IWANOWSKY bezweifelte (allerdings ohne nähere Begründung) die Beweiskraft dieses Agarversuches; heute müssen wir zugestehen, daß die Vorsichtsmaßregeln, welche eine einfache Verschleppung des Virus von der Oberfläche in die freigelegten tieferen Agarlagen verhindern sollten, unzureichend waren. Aber der Versuch beansprucht noch immer in hohem Maße unser Interesse, nicht durch seine, wie eben betont, unzulängliche Technik und daher auch nicht durch sein Resultat, sondern durch die Frage, welche er nach BEIJERINCKS Meinung entscheiden sollte.

BEIJERINCK sagte sich nämlich, daß die Filtration durch Porzellankerzen nicht geeignet sei, die „*korpuskuläre Natur des Virus*“ definitiv auszuschließen. Der Agarversuch dagegen sollte diese Fähigkeit besitzen. Kann das Virus in seitlicher und in senkrechter Richtung in die Agarmasse eindringen, so müsse es diffusibel und daher wasserlöslich sein; wäre es aber nicht diffusibel, wenn auch außerordentlich fein verteilt, so müßte man es als „korpuskulär“ betrachten d. h. als ein Contagium fixum.

Um diese primitive Vorstellung und ihre sprachliche Einkleidung zu verstehen, hat man sich vor Augen zu halten, daß die eigentliche Entwicklung der Kolloidchemie erst mit dem Beginn des 20. Jahrhunderts einsetzte und daß es auch dann noch eine gewisse Zeit brauchte, bis die neuen Auffassungen in die biologischen Wissenschaften Eingang fanden. Als BEIJERINCK seine letzte ausführliche Mitteilung über das Mosaikvirus niederschrieb (1900), stand er noch ganz unter der Herrschaft des alten Lösungsbegriffes als eines molekulardispersen Zustandes. Das Resultat einer Lösung in Wasser oder, was damals eben dasselbe bedeutete, einer molekularen Aufteilung entsprach allerdings nicht dem Sinne, den man mit dem Worte „Korpuskel“ verband; denn dieser Ausdruck (das Diminutiv von corpus = Körper) war dem Gebiete der *mechanischen* Teilbarkeit entlehnt und bezeichnete daher nicht das Molekül, zu dem man durch mechanische Teilung nicht gelangen kann, sondern größere Komplexe von zahlreichen gleichartigen oder ungleichartigen Molekülen. Die Erkenntnis, daß es Sole gibt, die sich äußerlich von echten Lösungen nicht unterscheiden und in welchen die disperse Phase nicht in Form von Molekülen, sondern von relativ großen Molekülaggregaten vorhanden ist, brachte ja erst die Erfindung des Ultramikroskops durch SIEDENTOPF und ZSIGMONDY (1903).

Immerhin muß es BEIJERINCK doch schon empfunden haben, daß die Antithese von „diffusibel = wasserlöslich und nichtdiffusibel = korpuskulär“ unrichtig sein könnte. Man darf das zunächst aus der Art schließen, wie er von der Herstellung von Metallsolen durch Zerstäubung im elektrischen Lichtbogen (M. BREDIG, 1898) Notiz nahm. Er warf sofort die Frage auf, ob diese wässerigen Lösungen von Gold und Platin die Poren von Hartfiltern passieren und ob sie in Gelatine oder Agargallerte diffundieren, war also offenbar bereit, seine Ansichten erforderlichenfalls zu korrigieren. Zweitens mußte sich BEIJERINCK selbst überzeugen, daß das Virus der Mosaikkrankheit nur schwer diffusibel ist und daß es durch die Wand der Porzellanfilter partiell zurückgehalten wird, da der filtrierte Saft in gleicher Dosis schwächer wirkte als der unfiltrierte. Aber er erledigte diesen Konflikt durch folgenden „Gegenbeweis“: Filtriert man Malzextrakt durch eine Porzellankerze, so geht von den im Extrakt enthaltenen Fermenten die Granulase weit schwerer durch das Filter. „Und doch“ — heißt es weiter — „ist die Granulase ein in Wasser sehr leicht löslicher Stoff“, also nicht korpuskulär; daher sei es auch ganz verfehlt, aus der erschwerten Passage des Mosaikvirus durch die nämlichen Filter auf seine korpuskuläre Natur zu schließen.

BEIJERINCK hat aber das Mosaikvirus nicht einfach als flüssiges bzw. wasserlösliches Contagium, sondern als Contagium *vivum* fluidum bezeichnet. Wie ist das zu verstehen? Daß sich das Virus in der infizierten Tabakpflanze stark vermehrt, war nicht zu bestreiten und wurde auch von BEIJERINCK als absolut sicher betrachtet, weil eine kleine Virusquantität ausreicht, um zahlreiche Blätter krank zu machen, und weil man aus diesen kranken Blättern wieder Material gewinnt, um unbegrenzt viele neue Pflanzen zu infizieren. Diese Tatsache mußte aber mit der Hypothese der Wasserlöslichkeit in Konnex gesetzt werden, und BEIJERINCK sah ein, „daß Reproduktion und Wachstum eines gelösten Körpers zwar nicht undenkbar, dennoch schwierig vorstellbar ist“. Für ihn hatte ja, wie oben ausgeführt wurde, das Wort „wasserlöslich“ die Bedeutung von „molekulardispers“, und auf den Begriff des *sich ernährenden und durch Teilung vermehrenden Moleküls* wollte er sich nicht einlassen, da er ihm „unklar, wenn nicht naturwidrig“ zu sein schien. Er hatte jedoch festgestellt, daß das Mosaikvirus außerhalb der Wirtspflanze zwar existenzfähig ist, daß es sich aber nur in der Pflanze vermehren kann, ja daß nur junge, in reger Zellteilung begriffene Gewebe (Blattanlagen) empfänglich sind, und gerade dieser Umstand, die Bindung der Vermehrungsfähigkeit an das lebende Protoplasma der Wirtspflanze, war nach seiner Meinung mit der gelösten oder flüssigen Natur des Agens vereinbar, besser als mit der Vorstellung von mikroskopisch unsichtbaren Organismen. Denn diese sollten sich wie die gewöhnlichen parasitischen Bakterien auch außerhalb des Wirtes vermehren können und entweder sichtbare Kolonien bilden oder wenigstens den Nährboden verändern, was aber BEIJERINCK selbst bei Verwendung optimaler Substrate für parasitische und saprophytische Pflanzenbakterien nie konstatieren konnte, wenn er das Mosaikvirus zu züchten versuchte.

Es ist klar, daß BEIJERINCK mit diesen Ausführungen den belebten Charakter der Viruselemente in Abrede stellte: wie er sich aber das Verhältnis des gelösten (molekulardispersen) Agens zur Wirtszelle dachte und wie er trotz seines Standpunktes zu dem Attribut „vivum“ kam, ist seinen Arbeiten höchstens andeutungsweise zu entnehmen. In einer seiner Publikationen findet sich der Passus: „Gewissermaßen ist es als eine Erklärung zu betrachten, daß das Contagium, um sich zu reproduzieren, in das lebende Protoplasma der Zelle einverleibt werden muß, in dessen Vermehrung es sozusagen passiv mit hineingeschleppt wird. Jedenfalls werden durch diesen Umstand zwei Rätsel auf eins zurückgeführt, wobei allerdings nicht geleugnet werden kann, daß die Einverleibung eines Virus in das lebende Protoplasma, wenn auch als Thatsache festgestellt, durchaus nicht als ein klarer Vorgang zu betrachten ist.“ Es scheint also, daß sich BEIJERINCK den Prozeß so vorstellte, daß das Virus *von der Wirtszelle* produziert wird; dafür spricht jedenfalls, daß er gewisse, wenn auch nicht vollständige Analogien mit den Enzymen erwähnt, „welche auf ähnliche Weise wie das Contagium fluidum in den Zellen gebildet werden und gleichfalls als selbständig existenzfähig betrachtet werden müssen“.

Die Entdeckung des Erregers der Peripneumonie, eines mikroskopisch sichtbaren und gleichzeitig filtrierbaren Keimes (NOCARD und ROUX).

Die Arbeiten von LÖFFLER und FROSCH, IWANOWSKY und M. W. BEIJERINCK schufen eine Basis, auf welcher sich die Problematik und Methodik der Virusforschung weiterentwickelte. Was in tatsächlicher Beziehung sowie an widerstreitenden Hypothesen vorlag, läßt sich in folgende Sätze zusammenfassen:

1. Es gibt pathogene Agenzien, welche sich in praktisch unbegrenzter Folge von einem Wirt auf den anderen übertragen lassen, deren Elemente aber — im Gegensatze zu den bekannten Erregern aus dem Reiche der Bakterien und Protozoën — mikroskopisch nicht nachweisbar sind.

2. Diese Infektionsstoffe müssen sich im empfänglichen Wirtsorganismus vermehren, da sonst ihre unbegrenzte Übertragbarkeit sowie ihre intensive pathogene Auswirkung nach Ansteckungen mit kleinsten Mengen undenkbar wären.

3. Außerhalb ihrer Wirte kommt eine Vermehrung dieser Agenzien nicht zustande.

4. Diese Infektionsstoffe treten durch die Wände von Hartfiltern hindurch, welche die kleinsten Mikroorganismen (Bakterien) zurückhalten. „Invisibilität“ und „Filtrierbarkeit“ sind so miteinander verbunden, daß die Filtrierbarkeit als technischer Indicator und als Beweis für die submikroskopische Dimension der Elementarteilchen gelten darf.

5. Über die Natur der so charakterisierten pathogenen Stoffe sind verschiedene hypothetische Aussagen möglich. Es kann sich handeln:

a) um *Mikroben,*[1] welche kleiner sind als die bekannten, durch Hartfilter nicht passierenden Bakterien (LÖFFLER und FROSCH);

b) um *Bakterien* (AD. MAYER, IWANOWSKY), also nicht um Mikroben von unbekannter, sondern von bestimmter Art, eine Annahme, die sich jedoch mit der Filtrierbarkeit in Widerspruch setzte;

c) um *gelöste (molekulardisperse) Substanzen,* welche in die Wirtszellen eindringen und von diesen reproduziert werden (M. W. BEIJERINCK);

d) um *lebende und vermehrungsfähige Moleküle,* eine Kombination, die von BEIJERINCK zwar erwähnt, aber abgelehnt wurde (siehe oben) und erst nach längerer Zeit wieder in der Diskussion auftauchte.

Da sich diese Feststellungen und Vermutungen zunächst nur auf die Agenzien der Maul- und Klauenseuche und der Mosaikkrankheit des Tabaks beschränkten und auch diese beiden Stoffe — von der Übertragbarkeit und pathogenen Wirkung abgesehen — nur negativ definiert waren, bestand keine Veranlassung, sie als Vertreter einer besonderen Kategorie zu betrachten. BEIJERINCK befand sich jedoch in dieser Hinsicht in einer Zwangslage. Seine Hypothese vom „Contagium vivum fluidum" stützte sich der Hauptsache nach (nicht ganz!) auf dieselben experimentellen Befunde, wie sie LÖFFLER und FROSCH am Agens der Maul- und Klauenseuche erhoben hatten; um konsequent zu bleiben, durfte er sich daher den Ansichten dieser Autoren über die korpuskuläre (mikrobische) Natur des Virus der Maul- und Klauenseuche nicht anschließen und hat dies auch expressis verbis abgelehnt. *Damit war — wenn auch nur implicite — eine Ausdehnung der Theorie der gelösten Kontagien angestrebt, u. zw. nicht nur auf das Virus der Maul- und Klauenseuche, sondern ganz allgemein auf alle Fälle, in denen sich künftighin ein identischer Sachverhalt ergeben würde.*

Diese Generalisationstendenz wurde jedoch sozusagen im Keime erstickt. Zu derselben Zeit, in der BEIJERINCK seine Untersuchungen publizierte (1898), gelang NOCARD und ROUX der Nachweis, daß die Peripneumonie der Rinder durch einen Mikroorganismus hervorgerufen wird, der zwar noch mikroskopisch sichtbar war, dessen Dimensionen aber weit kleiner waren als die Ausmaße der damals bekannten Bakterien; eine Aussage über die Form der Gebilde konnten NOCARD und ROUX selbst auf Grund gefärbter Präparate nicht machen. Die Züchtung in vitro erwies sich als möglich, und die Vermehrung auf unbelebten Medien war so lebhaft, daß das Wachstum trotz der minimalen Größe der Elemente makroskopisch erkennbar war (Trübung in Rinderserumbouillon). Als NOCARD diese Forschungsergebnisse auf dem internationalen Kongreß für Hygiene in Madrid 1898 mitteilte, richtete LÖFFLER an ihn die Frage, ob „das Virus der Peripneumonie durch Filterkerzen hindurchgehe"; NOCARD gab eine verneinende Antwort, korrigierte sie aber schon 1899 in dem Sinne, daß die entdeckten Erreger Hartfilter zu passieren vermögen, wenn man das Ausgangsmaterial (Lungensaft, seröse Exsudate) hinreichend verdünnt und Kerzen von höherer Durchlässigkeit verwendet.

NOCARD und ROUX waren sich darüber im klaren, daß ihren Untersuchungen eine über die Lösung eines Spezialproblems hinausgehende Bedeutung zukomme. Sie erblickten in ihrer Entdeckung die Anwartschaft auf analoge Erfolge bei anderen Virusarten, „dont le microbe est resté jusqu'à présent inconnu", rechneten also damit, daß sich der mikroskopische Nachweis ebenso wie die Züchtung auf unbelebtem Nährsubstrat auch in anderen Fällen als möglich erweisen würden. Da sich ferner der Erreger der Peripneumonie noch gerade *diesseits* der mikroskopischen Sichtbarkeitsgrenze befand, hielten sie es eben aus diesem Grunde für

[1] Das Wort „Mikroben" wurde von M. SÉDILLOT 1878 eingeführt, um Mikroorganismen verschiedener Art zusammenfassend zu bezeichnen.

statthaft, die Existenz noch kleinerer Mikroben anzunehmen, welche *jenseits* von dieser Grenze, d. h. unsichtbar sind. Schärfer präzisiert — wie das die retrospektive Betrachtung gestattet — lag die prinzipielle Wichtigkeit der Befunde von NOCARD und ROUX in der Tatsache, daß dort, wo man eine tiefe Kluft annehmen zu müssen glaubte, ein Bindeglied eingeschaltet wurde, womit die Vorstellung einer ununterbrochenen Größenskala der Mikroorganismen angebahnt war.

Die nächsten Konsequenzen der Untersuchungen von NOCARD und ROUX über den Erreger der Peripneumonie.

Als unmittelbare Konsequenz ergab sich aus diesen Arbeiten die Einsicht, daß sich Invisibilität und Filtrierbarkeit keineswegs decken müssen. In verschiedenen Fassungen wurde dieser Satz von E. ROUX, A. BORREL, E. v. ESMARCH und REMLINGER wiederholt unterstrichen, und zum Erreger der Peripneumonie gesellten sich bald andere Beispiele gleicher Art, die man, auch wenn sie keine infektiösen Keime betrafen, besonders hervorhob (ESMARCHS Spirillum parvum, die Micromonas Mesnili BORRELS u. a.). Aber gerade der Umstand, daß man auf die Feststellung dieses Sachverhaltes so großes Gewicht legte, beweist, daß sich bereits die gegenteilige Ansicht eingewurzelt hatte, von der man sich nun auch angesichts der widersprechenden Tatsachen nicht ohne weiteres freimachen konnte. Der Nachweis der Kombination von Sichtbarkeit und Filtrierbarkeit wirkte offenbar als Überraschung, und wie nachhaltig diese Empfindung war, geht u. a. daraus hervor, daß B. LIPSCHÜTZ noch im Jahre 1909 als wesentlichstes Verdienst von NOCARD und ROUX die erste Entdeckung eines *visiblen und gleichzeitig filtrierbaren* Virus bezeichnete. Dieses latente Festhalten an einer unhaltbar gewordenen Vorstellung erscheint auf den ersten Blick um so weniger verständlich, als zur Zeit der Entdeckung des ersten „sichtbaren und filtrablen Mikroben" auch schon die variable Durchlässigkeit der Hartfilter bekannt war.

NOCARD selbst hat dazu einen Beitrag geliefert, indem er feststellte, daß der Erreger der Peripneumonie die Chamberlandkerze F und Berkefeldkerzen mit Leichtigkeit passiert, durch die Filter von KITASATO und die Chamberlandkerze B dagegen zurückgehalten wird. Schon dieser Umstand allein hätte genügen sollen, um einzusehen, daß das Verhalten gegen beliebige Hartfilter nicht dazu dienen kann, einen dimensionalen Grenzwert zu bestimmen, und daß es keinen Sinn hat, von „filtrierbarem Virus" zu sprechen, wenn man nicht zumindest die Filtertype angibt, für welche diese Aussage zu gelten hat.

Aber schließlich müssen solche Vorgänge im Gebiete der Wissenschaft, auch wenn sie hinterher als unlogisch imponieren, doch ihre bestimmten Gründe haben, die sich auch im vorliegenden Falle unschwer ermitteln lassen.

BEIJERINCK hat den Saft der mosaikkranken Tabakblätter durch Porzellanfilter gezogen, *weil die mikroskopische und kulturelle Untersuchung desselben trotz aller aufgewendeten Mühe negative Resultate gab. Das Filtrationsexperiment sollte mit anderen Worten den negativen morphologischen Befund legitimieren und diese methodologische Bestimmung hat es in der Folgezeit behalten.* Fand man in einem spezifisch infektiösen Material keine Mikroorganismen, die als Erreger angesprochen werden konnten, so wurde die Filtration durch Hartfilter ausgeführt und die Wirksamkeit des Filtrats galt als zureichende Erklärung für den Mißerfolg der mikroskopischen Prüfung. Und obwohl wir heute auf einem anderen Standpunkt stehen, verfahren wir doch praktisch noch immer in gleicher Weise. Die Passage durch Hartfilter ist zwar jetzt nicht mehr ein zureichender Beweis für die Invisibilität des Erregers und läßt daher auch die mikroskopische Untersuchung nicht mehr als aussichtslos erscheinen, aber sie ist ein bequemes Orientierungsmittel geblieben, welches Aufschluß bietet, in welches Größenbereich der gesuchte Keim gehören kann, und besonders auch, in welchem Bereiche er nicht zu finden ist. Wir benutzen die Hartfilter ferner, um Infektionsstoffe verschiedener Größenordnung voneinander zu sondern. Daß sich die Bezeichnung „filtrierbar“ in der Mikrobiologie als *versuchstechnische Qualifikation* einbürgern konnte, wäre somit begreiflich. Wie konnte aber die Filtrierbarkeit die Bedeutung eines biologischen Kriteriums gewinnen?

Entstehung der Bezeichnung „filtrierbares Virus“.

Die Zahl der Infektionsstoffe, welche ähnliche Eigenschaften aufwiesen wie das Agens der Maul- und Klauenseuche, nahm rasch zu. Als die erste zusammenfassende Darstellung aus der Feder von E. Roux erschien (1903), gab es bereits zehn, und damit war zunächst einmal die *sprachliche* Notwendigkeit vorhanden, das Objekt der neuen Forschungsrichtung zu benennen. E. Roux entschied sich für *„sogenannte invisible Mikroben“* („sogenannte“, weil der Erreger der Peripneumonie, den er miteinbezog, sichtbar war). P. Remlinger, von dem die zweite Übersicht (1906) stammt, erklärte Bezeichnungen wie „invisible Mikroben“ oder „ultramikroskopische Organismen“ für zulässig, gab aber dem Ausdruck *„filtrierbare Mikroben“* den Vorzug, jedoch nur aus dem Grunde, *um nicht schon durch den Namen etwas über die Natur dieser Keime zu präjudizieren.* Und man begreift diese Motivierung, wenn man an einer anderen Stelle des Referats erfährt, daß Remlinger nicht geneigt war, in den filtrierbaren Infektionsstoffen Repräsentanten einer besonderen Klasse der Mikroorganismen zu sehen. Er hielt es für wahrscheinlich, daß der größere Teil zu den Bakterien gehört, wollte aber einigen Agenzien, wie z. B. den durch Insekten übertragbaren Kontagien (Gelbfieber, Horse-sickness) eher den Charakter von Protozoën zusprechen; obwohl er eine Reihe von allgemeinen oder fast allgemeinen Eigenschaften aufzählt (Invisibilität, Unfähigkeit der Vermehrung auf unbelebtem Nährsubstrat, geringe Hitzeresistenz, Bildung von Zelleinschlüssen, Ähnlichkeit der anatomischen Veränderungen), hält er sie doch offenbar für unzureichend, um auf dieselben die Behauptung der biologischen Homogenität der ganzen Gruppe zu basieren. Die Filtrierbarkeit und die durch sie bestimmte Dimension der Mikroben zu einem biologischen Kriterium zu erheben, lag Roux sowohl wie Remlinger fern, was schon daraus hervorgeht, daß sie Abstufungen dieser Eigenschaft (schwer, leicht oder besonders leicht filtrierbar) unterscheiden. Daß sie ausführlich auf die Kautelen der Filtration durch Hartkerzen eingehen, welche man streng beachten muß, um ein Agens unter die filtrierbaren Mikroben einreihen zu dürfen, bedeutet an sich noch keine Inkonsequenz.

Nur in *einer* Beziehung bestand weder bei Roux noch bei Remlinger ein Zweifel an der Einheitlichkeit der filtrierbaren Infektionsstoffe: es sollte sich in jedem der damals bekannten Fälle um Mikroben handeln.

Roux besprach die Arbeiten von Beijerinck und fand die Hypothese vom „Contagium vivum fluidum“ zwar sehr originell, meinte aber doch, es sei weit einfacher, auch beim Virus der Mosaikkrankheit des Tabaks einen Mikroorganismus von minimalen Dimensionen anzunehmen. Daß dieses Virus einer Temperatur von 70° C oder einer mehrmonatigen Einwirkung von 95% Alkohol widersteht, wollte Roux durch die Hilfshypothese umgehen, daß der supponierte Keim Sporen bildet; ein frühes Beispiel für die in der Folge noch oft wiederkehrende Willkür, mit welcher man Tatsachen beiseite zu schaffen suchte, welche einer einheitlichen Auffassung widerstrebten. Doch wahrt Roux insofern die Kritik, als er die Frage aufwirft, ob sich das Mosaikvirus auch bei der Filtration durch weniger durchlässige Filter, als sie Beijerinck benutzt hatte, wie eine gelöste Substanz verhalten würde.

Die Ansicht, daß jeder filtrierbare Infektionsstoff ein Mikroorganismus sein muß, erweckte, obwohl sie eine nicht streng bewiesene Verallgemeinerung war, keine Bedenken. Für die Annahme einer gelösten Substanz im Sinne BEIJERINCKS fehlte, wie A. LODE und I. GRUBER in einer Mitteilung über das Hühnerpestvirus (1901) schrieben, „eine Analogie und subjektiv der Glaube". So verschwand die Vorstellung eines unbelebten Contagiums zeitweilig aus der Diskussion. Die Bezeichnung „filtrierbare Mikroben" vermochte sich jedoch nicht durchzusetzen; man wollte der Unsicherheit der Situation eben doch Rechnung tragen und einigte sich ohne ausdrückliche Übereinkunft auf das „*filtrierbare Virus*".

Die wechselnde Definition des Virusbegriffes in historisch-kritischer Beleuchtung.

Es ist nicht überflüssig, an dieser Stelle zunächst eine kurze Erörterung über die Vokabel „virus" einzuschalten. Das Wort, das im klassischen Latein nur im Singular gebraucht wurde, bedeutete ursprünglich ein Gift u. zw. ein Gift tierischer Provenienz z. B. Schlangengift, Geifer eines tollwütigen Hundes, eitrige Materie usw. Mit der Erkenntnis des prinzipiellen Unterschiedes zwischen Giften und Infektionsstoffen gewann „Virus" immer mehr die Bedeutung von Contagium, d. h. jener hypothetischen Substanz, welche bei der Ansteckung vom Kranken auf den Gesunden übertragen wird. PASTEUR verwendet „Virus" schon in seinen ersten Arbeiten über ätiologische Probleme nur noch in diesem Sinne und versteht unter „maladies virulentes" die Infektionskrankheiten. PASTEUR sprach jedoch auch dann von einem Virus, wenn der Erreger bereits bekannt war, wie z. B. beim Milzbrand oder bei der Hühnercholera, und diese — an sich berechtigte — Ausdrucksweise hat sich vereinzelt in der neueren Literatur erhalten; im allgemeinen ist dies aber heute nicht mehr üblich.

In dem Maße, als sich die Entdeckungen von morphologisch und biologisch bestimmbaren pathogenen Mikroorganismen mehrten, wurde aus dem „Virus" wieder das, was es früher war, nämlich das *unbekannte* oder — besser gesagt — *das nicht oder nicht genau bestimmte Contagium.* Der Begriff umfaßt somit *den nicht völlig gelösten Teil der ätiologischen Forschungsprobleme*, also nicht ausschließlich den aus dimensionalen Gründen *unlösbaren* Teil; ein nicht näher bekanntes bzw. nicht bestimmtes Agens würde heute jedermann unbedenklich und ohne Widerspruch zu erfahren als Virus bezeichnen, auch wenn es „nicht filtrierbar" wäre. Daraus erhellt, daß das Virusgebiet veränderlich sein muß, insbesondere, daß es sich nicht nur durch Feststellung neuer Infektionsstoffe erweitern, sondern auch durch schärfere Bestimmung der bereits als spezifische Agenzien erkannten Kontagien verkleinern kann.

Sehr charakteristisch für solche nachträgliche Ausscheidungen aus dem Kreis der „echten" Virusarten ist die Einstellung vieler neuerer Autoren zu den Erregern der Pleuropneumonie und der Agalaktie. LEDINGHAM meint in seinen „Studies on virus problems", daß diese Keime offenbar keinen Anspruch auf die Bezeichnung „Virus" hätten, weil sie sich auf künstlichen Nährböden ganz wie Bakterien verhalten („in view of their frankly bacterial nature when cultivated on artificial media, so simple as serum agar or serum broth"). Das heißt natürlich nicht, daß ein Virus kein Bacterium sein kann oder, präziser formuliert, daß es sich hier um zwei biologisch oder auch nur systematisch inkompatible Begriffe handelt, sondern nur, daß ein Virus, dessen bakterielle Natur erwiesen ist, bei den Bakterien eingereiht werden darf.

In primitiver, aber unverhüllter Gestalt tritt uns dieser Standpunkt bei F. LUCKSCH entgegen, der 1934 vorschlug, jeden Krankheitserreger als „Virus" zu bezeichnen,

„der weder zu den Bakterien noch zu den Protozoën gehört". Wir werden auf diese Verhältnisse noch an anderer Stelle zurückkommen und beschränken uns vorläufig auf die Feststellung, daß es bis zu einem gewissen Grade dem subjektiven Ermessen anheimgestellt ist, wann ein Contagium als hinreichend determiniert zu gelten hat, um seine Eliminierung aus der Reihe der Virusarten mit Erfolg beantragen zu können. Es ist jedoch unverkennbar, daß auch heute noch nicht so sehr biologische Kriterien maßgebend sind als die *Unmöglichkeit oder Unvollkommenheit der morphologischen Differenzierung.* Auch für LEDINGHAM ist die Erforschung der Morphologie der Keime der Pleuropneumonie und Agalaktie das entscheidende Motiv und nicht die Kultivierbarkeit auf unbelebtem Nährsubstrat; solange man in den Kulturen nichts sah als winzigste Granula, war die Zuordnung dieser Mikroben zu den Virusarten trotz der gelungenen Züchtung nach seiner Auffassung zulässig (vgl. l. c., S. 338).

Um einen dem Mikrobiologen geläufigen Vergleich heranzuziehen, standen und stehen die Virusarten zu den parasitischen Bakterien und Protozoën in einem ähnlichen Verhältnis wie die Typen I, II und III der Pneumokokken zur Gruppe IV in dem früher üblichen Schema. Die „Gruppe IV" ist jetzt in bestimmte Typen aufgelöst und hat damit aufgehört zu existieren; das gleiche Schicksal ist dem Virusbegriff zufolge seiner Entstehungsgeschichte potentiell beschieden, nur kann man derzeit nicht voraussehen, ob und wann er sich durch genauere Bestimmung und Sichtung seines heterogenen Inhaltes als überflüssig erweisen wird.

Die Versuche, den Virusbegriff im Widerspruch mit seiner Entstehungsgeschichte biologisch zu interpretieren.

Wie der Gedanke entstand, daß die Virusarten eine *biologisch* einheitliche Gruppe von Infektionsstoffen (übertragbaren Agenzien) repräsentieren, und wie er sich trotz seiner Unhaltbarkeit bis auf die Gegenwart zu behaupten vermochte, wurde zum Teil bereits angedeutet. Den ersten Schritt in dieser Richtung hat wohl BEIJERINCK gemacht, indem er für alle filtrierbaren Kontagien die Wasserlöslichkeit d. h. die molekular-disperse Aufteilung forderte. Aber BEIJERINCK blieb mit seiner Auffassung ganz isoliert; so gut wie alle Autoren hatten sich zur Ansicht von LÖFFLER und FROSCH bekannt, welche in der Annahme kleinster Mikroben die einzige rationale Lösung sahen, und von diesem Standpunkt beurteilt, mußte die Lehre von der biologischen Zusammengehörigkeit sämtlicher Virusarten naturgemäß anders begründet werden. In letzter Instanz beruhte sie zweifellos auf dem Fehlschluß, daß eine einheitliche und eigenartige Methodik biologisch identische oder verwandte Objekte besonderer Art voraussetze, ein Schluß, der um so weniger zulässig war, als die benutzten Methoden zunächst fast durchwegs negativ charakterisiert waren (Wegfall der mikroskopischen Untersuchung, Ausschließung größerer Dimensionen durch die Filtration, beherrschende Stellung des Tierexperiments infolge des Versagens anderer Forschungsmittel). Es kam aber noch ein anderes Motiv hinzu.

Es setzten Bestrebungen ein, bei einer kleineren oder größeren Zahl von Virusarten gemeinsame Eigenschaften festzustellen u. zw. biologische Eigenschaften oder doch solche, die von den rein dimensionalen Aussagen und ihren unmittelbaren Konsequenzen unabhängig waren.

Den ersten Vorstoß in dieser Richtung machte A. BORREL (*2*) schon im Jahre 1903. BORREL wollte allerdings keinen Beweis für die biologische Einheitlichkeit der Virusarten erbringen, sondern die mikroparasitäre Ätiologie der Carcinome auf indirektem Wege stützen. Von dieser Absicht geleitet, suchte er zu zeigen, daß gewisse infektiöse Agenzien die Fähigkeit haben, Epithelien zur Proliferation anzuregen und sogar die Bildung kleiner tumorartiger Wucherungen hervorzurufen. Unter den Agenzien, welche solche „infektiöse Epitheliosen" erzeugen, nannte BORREL besonders eine Reihe von Virusarten: Schafpocken, Vaccine, Variola, Maul- und Klauenseuche, Rinderpest, Geflügelpocken. Diese Studie BORRELS beeinflußte die Entwicklung der Virusforschung, so weit sich dies in dem zeitgenössischen Schrifttum spiegelt, kaum in nennenswertem Grade und könnte daher unerwähnt bleiben, wenn sie nicht die Ansätze zu so manchen Ideen enthielte, die auch in der Gegenwart eine Rolle spielen. Vor allem hat BORREL als ordnendes und zusammenfassendes Prinzip die Art der pathologischen Auswirkung herangezogen, u. zw. in doppelter Hinsicht, einmal, indem er die Affinität der Virusarten zu bestimmten Wirtszellen betonte, dann aber auch, indem er die Natur der krankhaften Veränderung (die Proliferation im betrachteten Falle) berücksichtigte. Auf derselben Basis wurden später, als die Zahl der Virusarten stetig anschwoll, verschiedene Gruppierungen und Systeme der Virusarten aufgebaut, so von B. LIPSCHÜTZ (*2*), C. LEVADITI, TH. RIVERS (*2b*), E. W. HURST (*2*) u. a.

Allgemeine Beachtung, wenn auch nicht allgemeine Zustimmung, fand dagegen S. v. PROWAZEK (*1*), als er 1907 mit dem Vorschlag hervortrat, aus der Masse der Virusarten eine bestimmte Gruppe herauszuheben und sie provisorisch als *Chlamydozoën* zu bezeichnen. Den Ausgangspunkt bildete ein mikroskopischer Befund. Die Färbung von Trachomeinschlüssen nach GIEMSA ließ zwei Bestandteile erkennen: eine amorphe blaue Grundsubstanz und feinste, scharf umschriebene, anscheinend in Teilung begriffene, rot gefärbte Körnchen. PROWAZEK nahm an, daß die Körnchen die Viruselemente repräsentieren und daß die Grundsubstanz das Reaktionsprodukt der Wirtszellen auf die Anwesenheit und Vermehrung des Erregers darstelle; da die Grundsubstanz die Körnchen mantelartig umhüllte, wählte er den Namen „Chlamydozoën“ (von χλαμύς = Mantel und ζῷον = Tier) und wollte damit auch gleichzeitig zum Ausdruck bringen, daß er diesen Mikroorganismen nicht den Charakter von Bakterien, sondern eher von Protozoën zuzuschreiben geneigt war. v. PROWAZEK dehnte alsbald diese Theorie auf andere Viruskrankheiten aus, bei welchen typische Zelleinschlüsse festgestellt worden waren.

Daß unter diesen Krankheiten auch der Scharlach aufgeführt wurde (die MALLORYschen „Scharlachkörperchen“ werden in einer der ersten Arbeiten PROWAZEKS ausführlich besprochen und abgebildet), ist nicht bloß von historischem Interesse, weil die Anerkennung des MALLORYschen „Cyclasterion scarlatinae“ als eines spezifischen Zelleinschlusses einen Irrtum bedeutet, der einem Forscher ersten Ranges unterlief. Sollten nicht jene Autoren, welche in der Interpretation mikroskopischer Befunde keine Hemmung kennen, dazu verhalten werden, den „Fall der Scharlachkörperchen“ eingehend zu studieren?

B. LIPSCHÜTZ hat es später als „fast paradox“ bezeichnet, daß es sich auf Grund der Untersuchungen von LINDNER herausstellte, der Chlamydozoënbegriff passe gerade auf die Trachomeinschlüsse am wenigsten; nach LINDNER existiert hier nämlich kein „Mantel“ im Sinne PROWAZEKS, so daß die Einschlüsse als „nackte“ Aggregate der Viruselemente anzusehen wären. Überlegt man sich jedoch den Sachverhalt, so erscheint die Bezeichnung „Manteltiere“ ohnehin verfehlt, da die Hüllsubstanz — nach der Ansicht von PROWAZEK — nicht von den Mikroben, sondern von den Wirtszellen produziert wird. Die Hüllsubstanz ist in der Konzeption von PROWAZEK nur der sichtbare Ausdruck der pathologischen Reaktion infizierter Wirtszellen, sie ist ihm ein Beweis, daß nicht eine bloße Phagocytose vorliegt, wie etwa bei der Lagerung von Gonokokken im Cytoplasma polymorphkerniger Leukocyten, sondern eine Invasion parasitärer Mikroorganismen. Von diesem Standpunkt aus wie auch wenn man das Fortleben der Vorstellungen als Prüfstein verwendet, gelangt man zu anderen Ansichten über den wesentlichen Inhalt der Chlamydozoëntheorie. Drei führende Motive heben sich vom nebensächlichen und ephemeren Beiwerk ab:

1. Die Tendenz, die Viruselemente morphologisch (in erster Linie durch geeignete Färbungen) zu erfassen und so den Weg weiter zu verfolgen, den ROUX und NOCARD beim Agens der Peripneumonie betreten hatten.

v. PROWAZEK (*3*) selbst hatte schon früher (1905) Elementarkörperchen (die späteren PASCHENschen Körperchen) in Vaccinelymphe festgestellt, beschrieben und abgebildet; in das Jahr 1904 fällt ferner die Entdeckung solcher Gebilde bei den Geflügelpocken [A. BORREL (*4*)]. Elementarkörperchen in Vaccinelymphe scheinen auch CALMETTE und GUÉRIN 1901 gesehen zu haben. Nach einer historischen Studie von M. GORDON gehen analoge Befunde sogar noch viel weiter zurück, da JOHN BUIST schon 1887 ein Buch über Vaccine und Variola publiziert hatte, in welchem er über kleinste, 0,15 μ im Durchmesser haltende Körnchen berichtete, die — nach den Abbildungen und sonstigen Daten zu schließen — die PASCHENschen Körperchen gewesen sein dürften; die Befunde von J. BUIST fallen indes noch in die Zeit vor IWANOWSKY und fanden keine Beachtung.

2. Die Aufstellung des Begriffes der „*intracellulären Viruskolonie*"; der Ausdruck stammt zwar aus einer späteren Epoche, doch ist es klar, daß er das benennt, was PROWAZEK gemeint hat.

3. Das Abrücken von der einfachen Auffassung, die Virusarten seien nicht nur dimensional, sondern auch biologisch als eine bloße Fortsetzung der Größenskala pathogener Bakterien zu betrachten, einer Auffassung, die vom Beginn an in IWANOWSKY sowie LÖFFLER und FROSCH Vertreter gefunden hatte. v. PROWAZEK konnte sich von dieser primitiven Analogie emanzipieren, indem er nicht von den Dimensionen, sondern von biologischen Kriterien ausging, um seine Chlamydozoën zu kennzeichnen, von ihrem Verhalten gegen Galle und taurocholsaures Natrium sowie gegen Saponin, von den Immunitätsphänomenen der infizierten Wirte und ganz besonders auch vom Verhalten der Erregerelemente zu den Wirtszellen.

Es wurde bereits betont, daß PROWAZEK die intracelluläre Lage der „Chlamydozoën" nicht auf phagocytäre Vorgänge bezog, sondern auf eine Zellinfektion, daß er also diesen Mikroben die Eigenschaften von Zellschmarotzern zuerkannte. Da er aber sah, daß die parasitierten Zellen zunächst fast gar nicht geschädigt werden, ja daß sie sich noch normal teilen können, wollte er die Beziehung „im Sinne der Zelle" als eine Art Symbiose auffassen, die erst in späteren Stadien des Prozesses „zu einer eigentlichen Schädigung ausartet". Biologisch erscheint dies insofern wichtig, als PROWAZEK hier von der in der Medizin gangbaren Vorstellung der Infektion als eines Kampfes zwischen zwei Antagonisten abweicht und einen erheblichen Infektionszustand der Wirtszellen mit normalem Funktionsablauf für vereinbar hält. Hervorzuheben ist ferner, daß PROWAZEK seine Chlamydozoën keineswegs als *obligate Zellparasiten* betrachtete, die sich außerhalb bestimmter Wirtszellen überhaupt nicht zu vermehren vermögen. Er hat wiederholt festgestellt (so noch 1912 in dem gemeinschaftlich mit B. LIPSCHÜTZ abgefaßten Artikel „Chlamydozoën" im Handbuch der pathogenen Protozoën), daß die Entwicklung dieser Keime einen „dimorphen Charakter" hat, d. h. daß die Viruselemente sowohl *extracellulär* als auch *intracellulär* auftreten und daß man in beiden Fällen die hantelförmigen Teilungsstadien beobachten kann. Der Versuch, eine möglichst große Zahl von Virusarten als obligate Zellschmarotzer hinzustellen (GOODPASTURES Theorie des Cytotropismus) gehört einer späteren Epoche an.

PROWAZEK (*2*) anerkannte 1912, daß seine ursprüngliche Ansicht über die Struktur der Trachomeinschlüsse auf Grund der Forschungen von LINDNER (siehe oben) einer Korrektur bedürfe. Dieser Umstand sowie eigene Studien brachten ihn zu der Überzeugung, „daß die vorläufige Chlamydozoëngruppe einer weiteren tiefgreifenden Gliederung unterworfen werden müsse". Er nahm selbst eine Einteilung in drei Untergruppen (hauptsächlich nach der besonderen Beschaffenheit der Zelleinschlüsse) vor, verzichtete aber darauf, die Unterschiede durch eine spezielle Nomenklatur zum Ausdruck zu bringen, „weil die Entwicklung des Virus und das

Verhalten der Einschlüsse noch nicht definitiv geklärt sei". Man darf sich jedoch fragen, was nach dem Aufgeben des einheitlichen Charakters der Chlamydozoëngruppe noch bestehen blieb; wohl nicht mehr als die oben formulierten allgemeinen Gedanken, welche PROWAZEK bei der Aufstellung dieses klassifikatorischen Begriffes leiteten, den er selbst nur als ein Provisorium einschätzte.

Die Chlamydozoëntheorie wurde, kaum daß sie von ihrem Urheber zur Diskussion gestellt worden war, in einer sehr eigenartigen Form „erweitert" u. zw. von B. LIPSCHÜTZ. LIPSCHÜTZ führte den Ausdruck „*Strongyloplasmen*" (στρόγγυλος = rund) ein, und wollte damit sagen, daß man bei einer Reihe von Virusarten kleinste, rundliche Gebilde mikroskopisch feststellen kann, welche als die Erreger der Krankheiten, bei welchen sie nachweisbar sind, angesehen werden können. LIPSCHÜTZ, dessen große Verdienste um die Morphologie der Virusarten ohne Rückhalt anerkannt werden sollen, hat nun den Vorschlag gemacht, die Virusarten in zwei große Gruppen einzuteilen, in die „*mikroskopisch unsichtbaren filtrierbaren Infektionserreger*" und in die Gruppe der *Chlamydozoën-Strongyloplasmen* (PROWAZEK-LIPSCHÜTZ), d. h. jene Virusarten, bei denen in den erkrankten Wirtsgeweben „charakteristische mikroskopische Befunde konstant festgestellt werden können". Ob diese Befunde Zelleinschlüsse sind oder nur die feinen, rundlichen Elementarkörperchen (die Strongyloplasmen), war für LIPSCHÜTZ irrelevant; und als Strongyloplasmen bezeichnete wiederum LIPSCHÜTZ die Elementarkörperchen der Variola-Vaccine oder des Molluscum contagiosum ebenso wie die „filtrierbaren und züchtbaren Körperchen der Peripneumonie der Rinder". LIPSCHÜTZ, dem sich merkwürdigerweise PROWAZEK anschloß, meinte, daß der Name Strongyloplasmen zu den Chlamydozoëen nicht im Gegensatz stünde. Das ist allerdings richtig, weil eben ein Gegensatz infolge des disparaten Inhaltes der beiden Begriffe a limine ausgeschlossen ist. Die Chlamydozoën repräsentierten eine *biologisch* charakterisierte Gruppe, die Strongyloplasmen waren dagegen von dem Rest der Virusarten bloß *dimensional* bzw. durch die mikroskopische Sichtbarkeit ihrer Elemente abgegrenzt. Es darf wohl gesagt werden, daß die Einteilung der Virusarten in Strongyloplasmen und solche, bei denen man eine analoge Beschaffenheit der Elemente nicht konstatieren kann, einen Rückfall in die primitive Denkweise der ersten Epoche der Virusforschung bedeutete, mit dem Unterschiede, daß die Trennungslinie zwischen sichtbaren und unsichtbaren Erregern nach abwärts verschoben und in den Bereich der Virusarten selbst verlegt wurde. Wie es gar nicht anders sein konnte, umfaßten die Strongyloplasmen ebenso wie die Restgruppe ganz verschiedene Dinge, und anderseits war es mit Sicherheit anzunehmen, daß nahe verwandte infektiöse Agenzien durch die Einteilung von LIPSCHÜTZ auseinandergerissen wurden.

Zwischen den Chlamydozoën und den Strongyloplasmen bestand, wie aus den Ausführungen von LIPSCHÜTZ und von PROWAZEK klar hervorgeht, nur insofern ein loser Zusammenhang, als die für die Chlamydozoën charakteristischen Zelleinschlüsse ganz oder zum Teil aus kleinsten, rundlichen Elementarteilchen aufgebaut sein können, also aus „Strongyloplasmen" nach der Definition von LIPSCHÜTZ. Doch rechtfertigte dies selbstverständlich nicht die Verkuppelung der beiden heterogenen Begriffe zu einem einzigen („Chlamydozoën-Strongyloplasmen"), unter welchen dann der Erreger der Peripneumonie ebensogut subsumiert werden durfte wie der Variolakeim. Aber das so ungleiche Gespann fand Beifall, und als LIPSCHÜTZ 1930 seinen Artikel im Handbuch der pathogenen Mikroorganismen veröffentlichte, konnte er sich darauf berufen, daß die Ausdrücke Chlamydozoën und Strongyloplasmen von namhaften Autoren verwendet worden waren und daß sie sogar als einheitlicher Begriff ihren Einzug in ein vielbenutztes Lehrbuch gehalten hatten.

Die Episode der Strongyloplasmen beleuchtet in besonders scharfer Art die Hartnäckigkeit der Bestrebungen, hinter dem Worte „Virus" etwas zu suchen, was es kraft seiner Entstehungsgeschichte und vor einer rationalen Überlegung nicht sein konnte, nämlich eine besondere und durch gemeinsame Kriterien ausgezeichnete Kategorie von Infektionsstoffen. „Um sich ein Bild zu schaffen, wie weit man sich auf diese Art von der Wirklichkeit entfernen kann, braucht man sich nur vorzustellen, daß das Auflösungsvermögen der Mikroskope wesentlich geringer wäre, als das de facto der Fall ist, und sich die Ergebnisse einer Forschungsrichtung auszumalen, die das so begrenzte Reich der „Inframikroben" zu einer natürlichen Entität zusammenschweißen wollte" [DOERR (*10*)]. Aber dieses Gedankenexperiment wollte, obwohl es gewiß nahelag, niemand anstellen, und aus den neuesten Publikationen ist auch keine Neigung herauszulesen, dort doppelt kritisch und vorsichtig zu sein, wo die optische Kontrolle ganz fehlt oder wo das, was in das sichtbare Bereich gerückt werden kann, aus uncharakteristischen „Elementarkörperchen" oder vieldeutigen Einschlüssen besteht.

Hier wird aber Geschichte zur Gegenwart, und die gegenwärtige Problematik der Virusforschung soll den folgenden Kapiteln dieses Abschnittes vorbehalten bleiben.

Das Problem des kleinsten Organismus und die Hypothese der unbelebten Infektionsstoffe.

Im Rahmen der historischen Darstellung muß aber noch das Wiederaufleben der Diskussion Platz finden, ob man den Viruselementen in Anbetracht ihrer minimalen Größenausmaße den Charakter von Mikroorganismen d. h. von Lebewesen zuerkennen dürfe oder ob es sich um unbelebte Stoffe handeln müsse.

Angeschnitten wurde diese Frage bereits von BEIJERINCK (siehe S. 6), aber seine Theorie vom Contagium vivum fluidum galt selbst in jenen Fällen nicht als annehmbar, wo — wie bei der Hühnerpest — das Filtrationsexperiment auf besonders kleine Dimensionen hinwies; A. LODE, der in seiner ersten Arbeit mit I. GRUBER (1902) die Möglichkeit einer flüssigen oder halbflüssigen, mit Vermehrungsfähigkeit begabten Substanz erwog, kam noch im gleichen Jahre davon ab und bekannte sich zu der Auffassung, die LÖFFLER und FROSCH beim Virus der Maul- und Klauenseuche vertreten hatten, nämlich zur Hypothese submikroskopischer und daher filtrierbarer Mikroben.

Die Opposition galt in erster Linie dem inneren Widerspruch zwischen „*lebend*" und „*flüssig*". Eine formlos-flüssige oder gar gelöste lebende Substanz schien undenkbar; wenn die Viruselemente aus lebender Substanz bestehen, dann müßten sie eben geformte Gebilde sein (JOEST, MROWKA). Es wandten sich daher einige Autoren der zweiten Möglichkeit zu, dem *Contagium inanimatum*, wobei speziell das Hühnerpestvirus als geeignetes Objekt für das Experiment wie für die Spekulation betrachtet wurde. CENTANNI, welcher schon vor LODE ein filtrierbares Virus als Erreger der Hühnerpest festgestellt hatte (1901), dachte sich dasselbe als ein chemisches Agens von der Art eines Autokatalysators, welches die Wirtszellen zu reizen und durch eine pathologische Deviation ihres Stoffwechsels zur Produktion eines mit ihm identischen Stoffes anzuregen vermag. Wie auf S. 8 auseinandergesetzt wurde, findet man einen ähnlichen, nur weit weniger präzise ausgedrückten Gedanken schon bei BEIJERINCK.

Zahlenmäßige Überlegungen haben aber erst MACKENDRICK (1901) und LEO ERRERA (1903) angestellt. Zwar hatte MAXWELL lange vor MACKENDRICK die Frage zu beantworten gesucht, wieviel Moleküle organischer Substanz ein Lebewesen enthält, das gerade an der Grenze der mikroskopischen Sichtbarkeit steht; auf Grund von Voraussetzungen, die nicht mehr zutreffen, kam er zu dem Schluß, daß ein Würfel von 0,25 μ Seitenlänge etwa 1 Million organische Moleküle fassen könnte. Als aber MACKENDRICK und LEO ERRERA das Problem aufgriffen, hatten Physik und Chemie gewaltige Fortschritte gemacht, und vor allem standen diese beiden Autoren schon unter dem Eindruck der ersten Entdeckungen invisibler Krankheitserreger.

Sowohl MACKENDRICK als LEO ERRERA gingen von der diskontinuierlichen (molekularen) Struktur der Materie aus sowie von der These, daß Leben ohne Eiweiß undenkbar sei; sie berechneten daher, in welchem Maße die Menge der Eiweißmoleküle mit den fallenden Dimensionen kleinster geformter Gebilde abnimmt. Nach MAC KENDRICK könnten die kleinsten, im Mikroskop eben noch sichtbaren Organismen nicht mehr als zirka 1250 Eiweißmoleküle beherbergen. ERRERA fand unter Zugrundelegung der zu jener Zeit bekannten Daten über das Molekulargewicht der Eiweißkörper, daß ein Mikrococcus

von	0,15 μ	Diameter	nicht	mehr	als	30000,	
„	0,1 „	„	„	„	„	10000,	
„	0,05 „	„	„	„	„	1000	und ein Coccus
„	0,01 „	„	„	„	„	10	Eiweißmoleküle

enthalten könnte.

Das Detail der Berechnungen bietet heute kein Interesse, wohl aber die Folgerung, welche ERRERA aus denselben ableitete. Mit derselben Wahrscheinlichkeit, welche die Theorie des molekularen Aufbaues der Materie für sich in Anspruch nehmen darf, müsse man zugeben, daß keine Organismen existieren können, welche sich hinsichtlich ihres Volums und ihres Gewichts zu den gewöhnlichen Bakterien verhalten wie diese zu höheren Wesen (etwa zum Menschen oder zum Eucalyptusbaum), d. h. welche in der linearen Dimension millionfach kleiner sind als Bakterien und daher $10^6 \times 10^6 \times 10^6$mal weniger wiegen. Ja, meint ERRERA, man könne ruhig noch weiter gehen: Die sog. „invisiblen Mikroben" dürften sehr wahrscheinlich nur um weniges kleiner sein als die kleinsten sichtbaren. Man erkenne, daß die Kleinheit der Organismen eine Grenze habe und daß diese nicht sehr weit von dem entfernt sei, was uns das Mikroskop bereits zu sehen gestattet.

HANS MOLISCH hat sich 1909 in einem in Wien gehaltenen Vortrag dieser Ansicht seines Fachgenossen angeschlossen und kam zu einer noch schärferen Formulierung. Der Satz soll hier wörtlich zitiert werden: „Wenn auch die Möglichkeit, daß es ultramikroskopische Lebewesen gibt, nicht bestritten werden soll, so wird doch die künftige Forschung zeigen, daß dieselben, falls sie überhaupt existieren sollten, keineswegs häufig, sondern relativ selten und daß sie nicht viel kleiner sein dürften als die kleinsten bisher bekannten Lebewesen. Derzeit ist bisher meines Wissens kein einziger Ultraorganismus mit Sicherheit nachgewiesen und auch das Ultramikroskop hat uns keine kennen gelernt." In der zehn Jahre später (1920) herausgegebenen Sammlung seiner populären biologischen Vorträge hat MOLISCH diesen Passus unverändert gelassen. Daß die Keime der Peripneumonie der Rinder eben noch mikroskopisch sichtbar sind, betrachtete MOLISCH als einen Beweis für seinen Standpunkt; daß aber die submikroskopischen Kontagien der Maul- und Klauenseuche, der afrikanischen horse-sickness, des Gelbfiebers, der Rinderpest usw. Mikroben sein könnten, hielt er für unwahrscheinlich. Für die Mosaikkrankheit des Tabaks stellte er die mikrobielle Natur direkt in Abrede und nahm mit HUNGER an, daß es sich um ein Stoffwechselprodukt der Tabakspflanze selbst handle, eine Hypothese, die auch ERWIN BAUR für die infektiöse Chlorose (Panaschüre) der Malvaceen vertreten hatte.

Durch MACKENDRICK und LEO ERRERA war ein Problem zur Diskussion gestellt worden, welches bis zum gegenwärtigen Moment seine Aktualität und seine biologische Bedeutung bewahrt hat, das Problem, von welcher Größenordnung angefangen die Vorstellung eines Elementarorganismus mit dem Raumerfordernis des Eiweißes zu kollidieren beginnt. Es ist bezeichnend, daß man sich offenbar scheute, mit dieser Grenzlinie weit unter die mikroskopische Sichtbarkeit hinabzugehen; besonders bei MOLISCH tritt dies sehr deutlich zutage. Nun wußte man aber von der Teilchengröße der invisiblen Kontagien nur, daß sie das Auflösungsvermögen der Mikroskope unterschreiten müsse, konnte aber über die Größe der Differenz keine genaueren Angaben machen. Die Situation drängte dazu, die bestehende Lücke auszufüllen; es währte aber bis zum Jahre 1915, bis ANDRIEWSKY im Institut von BORDET Experimente anstellte, welche insofern in der von MACKENDRICK und L. ERRERA eingeschlagenen Denkrichtung lagen, als sie eine vergleichende Messung von Eiweiß- und Viruspartikeln bezweckten. Benutzt wurden die Eisessig-Collodiumfilter in verschiedenen Permeabilitätsabstufungen, wie sie H. BECHHOLD (*1*) angegeben hatte. ANDRIEWSKY fand — wie er eingesteht zu seiner Überraschung — daß Hühnerpestvirus Filter passierte, welche Hämoglobin zurückhielten. Der Durchmesser der Hämoglobinmoleküle wurde nach ZSIGMONDY mit 2,3—2,5 mμ angenommen, und ANDRIEWSKY folgerte daher, daß die Moleküle oder Micellen des Virus noch kleiner sein müßten, und in weiterer Folge, daß die Virusteilchen keine Gebilde sein können, welche den bisher bekannten tierischen oder pflanzlichen Zellen ähnlich sind; in Anbetracht dieser Resultate fühlte sich ANDRJEWSKY versucht, der Hypothese vom Contagium vivum fluidum zuzustimmen — soweit das Virus der Hühnerpest zur Diskussion steht. Dieser einschränkende Zusatz ist prinzipiell wichtig.

Die Teilchen des Hühnerpestvirus sind zwar nach neueren Bestimmungen weit größer als Hämoglobinmoleküle, d. h. sie besitzen einen mindestens 11mal längeren Durchmesser (BECHHOLD und SCHLESINGER, ELFORD und TODD). Es wurde auch ferner bisher keine andere Virusart gefunden, bei welcher der Partikeldurchmesser kleiner wäre als der eines Hämoglobinmoleküls. Wohl aber erfolgte eine Annäherung der Eiweiß- und der Virusdimensionen in der Form, daß bei einer ganzen Reihe von Virusarten lineare Ausmessungen im Bereiche von 10—25 mμ festgestellt werden konnten, und daß anderseits die Angaben über die Durchmesser der verschiedenen Eiweißmoleküle nicht unerheblich hinaufrückten (4,34—24 mμ). Es entstand so eine *Zone gegenseitiger Überschneidung*, und innerhalb dieser Zone wird die Möglichkeit von Organismen selbst von Autoren in Zweifel gezogen, die sonst jede andere Erklärung als die des Contagium animatum energisch zurückweisen; sie weichen nur dem Zwang einer dem Eiweißmolekül angenäherten Dimension und stellen sich damit auf den Standpunkt, den ANDRJEWSKY vor mehr als 20 Jahren eingenommen hatte. Das Resultat ist naturgemäß eine Spaltung der Virusarten in zwei Gruppen, von denen die erste jene Agenzien umfaßt, für welche man den mikrobiellen Charakter gelten lassen muß oder auch nur kann, und eine zweite, innerhalb welcher die Größenausmaße der Elemente dies verbieten. Das war wohl nicht die Lösung, die MACKENDRICK, L. ERRERA und H. MOLISCH vorgeschwebt hatte!

Die Rolle der Bakteriophagen in der Virusforschung.

Von vereinzelten Ausnahmen abgesehen, wurde übrigens der Streit um die belebte oder unbelebte Natur der Virusarten in dem Zeitraume von BEIJERINCK (1898) bis zu der ersten zusammenfassenden Arbeit F. D'HERELLES über die Bakteriophagen (1921) nicht besonders lebhaft geführt. Unter dem Patronat der Medizin hatte sich die Mikrobiologie als die „Lehre von den pathogenen Mikroorganismen" die thematische Einstellung einer Zweckwissenschaft zugelegt und war kein geeigneter Boden für Diskussionen, die praktisch verwertbare Ergebnisse nicht voraussehen ließen. Stehen doch auch jetzt noch manche namhafte Mikrobiologen dem Problem des Contagium inanimatum ohne Interesse, somit auch ohne Verständnis gegenüber.

Als D'HERELLES Untersuchungen allgemein bekannt wurden, bemächtigte sich die medizinisch orientierte Mikrobiologie mit beispiellosem Eifer des neuen

Forschungsobjektes. Die sinnfälligen Phänomene der Bakteriolyse und die einfache Technik der Experimente machten das neu erschlossene Gebiet allgemein zugänglich, und darin lag wohl auch einer der Gründe, weshalb die theoretische Seite der übertragbaren Lyse, die Frage nach der Natur des wirksamen Agens so vielseitige Beachtung fand.

D'HERELLES Hypothese, daß eine parasitäre Erkrankung der Bakterien vorliege, daß also die wirksamen Agenzien — die „Bakteriophagen" — Mikroorganismen seien, welche durch ihren Stoffwechsel die von ihnen besiedelten Bakterien lösen, stieß auf Widerspruch. Nicht so sehr, weil eine Infektion pathogener Bakterien, ein Befallenwerden von Parasiten durch andere Parasiten angenommen wurde; der „Hyperparasitismus" war eine speziell im Reiche der pathogenen Protozoën wohlbekannte Erscheinung (vgl. das Referat von D. N. SASSUCHIN). Es war vielmehr die Art des Grundphänomens, die in kurzer Zeitspanne erfolgende, restlose Auflösung dichter Bakterienpopulationen und die zwangläufige Bindung an den Vermehrungsprozeß der Bakterien, welche dem Gedanken an „Bakterienseuchen" widerstrebten. Und dann war ja der angebliche Hyperparasit mikroskopisch nicht sichtbar und die Hypothese D'HERELLES beruhte daher in letzter Instanz nur auf der Tatsache der unbegrenzten Übertragbarkeit der Bakteriophagen, die sich schließlich auch auf andere Weise erklären ließ.

Auf der anderen Seite gewann aber D'HERELLE zahlreiche Anhänger, und selbst diejenigen, welche die mikrobielle Natur der Bakteriophagen nicht ohne weiteres zugestehen wollten, dachten in der überwiegenden Mehrzahl an ein von außen eindringendes, im Binnenraum der Bakterien vermehrungsfähiges Agens. Der Virusbegriff in seiner Unbestimmtheit vermochte die Verschiedenheit der Auffassungen zu umspannen, und so wurden auch die Bakteriophagen ohne viel Opposition hier untergebracht, die Heterogenität der Gruppe bis ins Extrem steigernd. Diese Ernennung der Bakteriophagen zum „phytopathogenen Virus" hatte die Konsequenz, daß von den Bakteriophagen aus das alte, latent gewordene Problem des Contagium inanimatum in seiner Totalität wieder aufgerollt wurde, wobei die Bakteriophagen als das maßgebende Objekt der Beweisführung galten. Wenn auch nicht immer eingestandenermaßen, war man doch offensichtlich auf folgende primitive Überlegung eingestellt: Jene Richtung, welche nur Mikroorganismen als unbegrenzt übertragbare Infektionsstoffe anerkennen wollte, betrachtete die Bakteriophagen als den „unwahrscheinlichen Fall", mit dessen positiver Erledigung die Lehre als Ganzes gesichert sein würde; der Gegenpartei schienen wieder die Verhältnisse bei der Bakteriophagie besonders günstig zu liegen, um den Nachweis zu führen, daß die serienweise Übertragbarkeit auch bei einem unbelebten Stoff zustande kommen kann, falls im Milieu stets lebende Zellen vorhanden sind, welche für seine Neubildung (Vermehrung) sorgen. Ob diese Erwartungen an sich berechtigt waren, braucht nicht erörtert zu werden; erfüllt hat sich bisher keine von beiden, und die Auffassungen über die Natur der Bakteriophagen sind noch immer von der subjektiven Bewertung der vorgebrachten Argumente beherrscht. Sieht man von dem Auftrieb ab, den das Interesse an theoretischen Fragen erhielt, so hat die extensive Bearbeitung der Bakteriophagen keine prinzipiell neuen Gesichtspunkte in die Virusforschung gebracht. Die Enttäuschung darüber kommt in doppelter Gestalt zum Ausdruck, einmal in der Schrumpfung der Bakteriophagenliteratur und zweitens in der auftauchenden Neigung, die Bakteriophagen wieder von den Virusarten abzutrennen (TOPLEY und WILSON u. a.) oder sie als Anhängsel zu behandeln, das nicht anders placiert werden kann.

Damit ist der Entwicklungsgang der Virusforschung historisch-kritisch dargestellt, in seinen ersten Anfängen ausführlicher, später nur in großen Umrissen.

Die späteren Epochen waren jedoch hauptsächlich durch die Entdeckung neuer Virusarten und durch die Feststellung ihrer speziellen Eigenschaften ausgefüllt; sie haben wohl ein überreiches Tatsachenmaterial zutage gefördert, auch vieles an der Methodik geändert und vervollkommnet, aber die allgemeinen Probleme behielten den Sinn und den Inhalt, den ihnen die Pioniere der Virusforschung verliehen hatten. Mit Rücksicht auf den Zusammenhang dieser Probleme untereinander ist eine Gliederung des Stoffes nicht leicht durchzuführen, ohne Zusammengehöriges auseinanderzureißen oder Wiederholungen in Kauf zu nehmen. Indes ist doch insofern eine Direktive vorhanden, als naturgemäß die dimensionalen Verhältnisse vorangestellt werden müssen.

Von vornherein sei bemerkt, daß kein Versuch gemacht wird, der Diskussion über die Natur der Virusarten auszuweichen, und jeder Erörterung, ob es sich um Mikroorganismen oder um unbelebte Stoffe handeln könnte, ängstlich aus dem Wege zu gehen, obwohl diese „Abstinenzpolitik“ von namhaften Autoren, wie T. H. Rivers (*2a*), H. Zinsser u. a. angelegentlich empfohlen, ja geradezu als die Konsequenz der jüngsten Fortschritte der Virusforschung hingestellt wurde. N. W. Pirie äußert sich hierzu in der Festschrift für F. G. Hopkins wie folgt: „Until a valid definition has been framed it seems prudent to aovid the use of the word »life« in any discussion about border-line systems and to refrain from saying that certain observations on a system have proved that it is or is not »alive«.“

Männer wie Maxwell, McKendrick, Leo Errera, Hans Molisch und Hofmeister haben in diesem Punkte anders gedacht. Die Vertiefung menschlicher Erkenntnis kann nicht davon abhängig gemacht werden und ist auch nie davon abhängig gemacht worden, daß man Worte ächtet, für welche keine allgemein anerkannte Definition zur Verfügung steht. Hinter dem Worte „Leben“ steckt ein Problem ersten Ranges, welches seine wissenschaftliche Durchdringung zu allen Zeiten gebieterisch gefordert hat und in Hinkunft fordern wird, gleichgültig, ob man es mit seinem bisherigen Namen nennen will oder nicht. Ein neuentdeckter Grenzfall (ein „border-line system“), welcher sich auf Grund unserer augenblicklichen Kenntnisse nicht glatt erledigen, bzw. klassifizieren läßt, kann nicht als Anlaß gelten, Fragen von solcher Tragweite einfach auf sich beruhen zu lassen, sei es aus Scheu vor „metaphysischen Spekulationen“ (H. Zinsser), sei es, weil unter Hinweis auf nicht zutreffende Analogien angenommen wird, daß sich die Unterscheidung zwischen „belebt“ und „unbelebt“ einmal als im Grunde unberechtigt erweisen könnte (N. W. Pirie). Die prinzipiell wichtigen Tatsachen, welche die Virusforschung zutage gefördert hat, schließen vielmehr die Verpflichtung in sich, ihre Beziehungen zum Lebensproblem kritisch zu untersuchen, so weit als dies im gegenwärtigen Zeitpunkt möglich ist, und festzustellen, wo sich und ob sich neue Ausblicke eröffnet haben [R. Doerr (*13*)]. Dieser Verpflichtung sucht die folgende Darstellung Genüge zu leisten.

II. Die aktuelle Problematik der Virusforschung.

A. Die Dimensionen der Virusarten als Ausgangspunkt der Betrachtung.

Die Bestimmung der Dimensionen der Viruselemente und die bisher erzielten Ergebnisse hat W. J. Elford im zweiten Abschnitt dieses Werkes behandelt. *Hier* werden die ziffernmäßigen Angaben einfach als Tatsachenmaterial übernommen; es wird untersucht, zu welchen Überlegungen die vorliegenden Daten Veranlassung geben.

Die Resultate der Messungen der Viruselemente werden wie jene der Molekülgrößen stets auf den Durchmesser unter der vereinfachenden Voraussetzung einer sphärischen Konfiguration bezogen, also in linearer Dimension ausgedrückt. Man hat sich dabei vor Augen zu halten, daß vom biologischen Gesichtspunkt das Volumen maßgebend ist und daß sich die Volumina von Kugeln wie die dritten Potenzen ihrer Durchmesser verhalten; die bloße Angabe des Durchmessers oder die an die Fläche gebundenen graphischen Darstellungen der Virusgrößen sind geeignet, bei dem mathematisch nicht geschulten Leser unrichtige Vorstellungen zu erzeugen.

Nach den am frischen Objekt ausgeführten Untersuchungen von J. E. BARNARD (*2*, *3*) sind die Elemente der größeren Virusarten (Vaccine, Geflügelpocken, KIKUTHsches Kanarienvirus, Hühnerpest u. a.) de facto kugelig geformt, wenn man von den sogenannten „Teilungsformen" absieht. In gefärbten Präparaten sieht man ebenfalls kokkenartige bzw. diplokokkenartige Gebilde (K. HERZBERG u. a.). H. SCHLESINGER (*3*) gelangte ferner zur Annahme der Kugelgestalt für Bakteriophagenteilchen. Merkwürdigerweise scheint dies aber nicht für die kleineren Viruselemente zuzutreffen, wenigstens nicht ausnahmslos. Mit Hilfe der Methode der Strömungsanisotropie konnten TAKAHASHI und RAWLINS für die Elemente des Mosaikvirus des Tabaks die Stäbchenform wahrscheinlich machen, und nach J. E. BARNARD (*2*) besitzen auch andere kleine Virusarten stäbchenartige Gestalt, insbesondere die Elemente des Virus der Maul- und Klauenseuche. Diese Verhältnisse sind noch nicht genügend durchgeprüft, um irgendwelche Folgerungen daran zu knüpfen. R. DOERR (*8*) (l. c., S. 127) wies indes schon 1934 darauf hin, daß auch die Moleküle bzw. Micellen gelöster Proteïne die Form von Stäbchen oder Fäden haben können (siehe die Monographie von M. ULMANN), und es ist wahrscheinlich nicht ohne Bedeutung, daß die Viruselemente, sobald ihre Größe unter ein gewisses Maß sinkt, die Tendenz haben, aus der Kugelform in die Stäbchenform überzugehen. In diesem Konnex ist es von Interesse, daß BAWDEN, PIRIE, BERNAL und FANKUCHEN, sowie R. J. BEST, welche mit W. M. STANLEY annehmen, daß das Virus des Tabakmosaiks ein hochpolymeres Proteïn ist, diesem stäbchenförmige Moleküle zuschreiben.

1. Dimensionierung der Elemente innerhalb der gleichen Virusart.

Optische Befunde [K. HERZBERG (*2*) u. a.] sowie indirekte Messungen haben im allgemeinen ergeben, daß die Elemente einer und derselben Virusart „gleich groß" sind. Das war keineswegs selbstverständlich, gleichgültig welchen Standpunkt man hinsichtlich der Natur der Virusstoffe einnimmt. Moleküle der gleichen Art besitzen allerdings auch gleiche Größe. Aber unbelebte Substanzen, besonders hochpolymere Naturstoffe (Kohlehydrate, Proteine, Enzyme) sind in ihren Lösungen nicht immer molekulardispers und die „Teilchengröße" kann dann je nach den Versuchsbedingungen auch bei der gleichen Substanz schwanken und selbst in der gleichen Lösung differieren (siehe die zusammenfassende Darstellung von MAX ULMANN, die Untersuchungen von P. GRABAR und A. RIEGERT über die Größe der Ureaseteilchen usw.). Anderseits wissen wir, daß die Größe von Organismen derselben Art, auch wenn es sich um idioplasmatisch gleichwertige Individuen (reine Linien) handelt, in einem bestimmten Intervall variiert. Bei den Organismen kommen zu den durch die Peristase und die Erbanlage bedingten Größenunterschieden noch jene hinzu, welche vom Wachstum des Individuums abhängen.

Bei den mikroskopischen Formen der Protisten und namentlich bei den Bakterien, die in der Virusforschung gerne zu Vergleichen herangezogen werden, lassen sich derartige individuelle Größendifferenzen leicht feststellen u. zw. sowohl bei kugeligen Formen (Meningokokken, Gonokokken) als ganz besonders bei stäbchenförmigen Organismen (Bac. influenzae, Brucella-Arten, Bact. pneumosintes u. a.).

Die Behauptung, daß die Elemente ein und derselben Virusart untereinander „gleich groß“ sind, darf übrigens aus einem doppelten Grunde nicht allzu wörtlich genommen werden.

Bei den indirekten Messungen (Filtration oder Zentrifuge) werden nicht präzise Zahlenwerte, sondern Intervalle ermittelt, innerhalb welcher die wahre Dimension liegen soll. Für das Poliomyelitisvirus z. B. nennen ELFORD, GALLOWAY und PERDRAU einen Teilchendurchmesser von 8—12 mμ, die Teilchengröße des Bakteriophagenstammes S 13 wird mit 15—17 mμ bestimmt (ELFORD), jene der Elemente des ROUS-Sarkoms mit 60—70 mμ (ELFORD und ANDREWES) usw. Diese Intervalle sind aber nicht der Ausdruck der natürlichen Variabilität der Virusteilchen, sondern entsprechen nur dem Wesen und der begrenzten Leistungsfähigkeit der Methoden, die, auch auf identische Objekte angewendet, etwas differierende Resultate liefern. Dementsprechend ergeben auch die Messungen des Teilchendurchmessers unbelebter Stoffe Werte, die innerhalb einer gewissen Breite voneinander abweichen, selbst dann, wenn man ein optimal geeignetes Objekt wählt wie das Hämocyanin, das in Pufferlösungen vom $p_H = 4{,}5$—$7{,}6$ monodispers ist und Teilchen von sphärischer Gestalt bildet (vgl. die Versuchsprotokolle von W. J. ELFORD über die Teilchenmessungen von Hämocyanin, Edestin und verschiedenen Bakteriophagen).

Besonders lehrreich ist ein Parallelversuch, den ELFORD an einem mikroskopisch gut sichtbaren Objekt, einer Suspension von *B. prodigiosus*, angestellt hat. Mikroskopisch gemessen, schwankte der Durchmesser zwischen 0,5 und 1,0 μ, mit einer als besonders verläßlich befundenen Zentrifugiermethode ergab sich nach einigen rechnerischen Korrekturen ein Durchmesser von 0,7—0,8 μ. Eine sehr gute Übereinstimmung, wie ELFORD hervorhebt, wenn man das arithmetische Mittel der optischen Extremwerte einsetzt; ebenso evident ist jedoch, daß die indirekte Bestimmung durch Sedimentierung keinen Aufschluß über die tatsächlichen individuellen Größendifferenzen der Prodigiosuszellen geliefert hat. Die optische Messung bzw. Schätzung im frischen, möglichst unveränderten Material bietet also in der hier erörterten Beziehung unleugbare Vorteile.

Zweitens zeigen Viruselemente, die noch mit der gewöhnlichen mikroskopischen Untersuchung erfaßt werden können und mit großer Wahrscheinlichkeit als Mikroben anzusprechen sind, ebenfalls individuelle Größen- und Formunterschiede, wie z. B. der Erreger der Psittacose, dessen „Polymorphismus“ von W. LEVINTHAL anschaulich geschildert wurde, und die Elementarkörperchen der Variola-Vaccine (PASCHEN, TANIGUCHI, HOSOKAWA, KUGA und FURUMURA u. a.). J. E. BARNARD (*2*) hat neuerdings mit seinen verfeinerten optischen Methoden (Mikrophotographie im ultravioletten Licht) festgestellt, daß auch die Elemente mittelgroßer und kleiner Virusarten (Virus der Vesicularstomatitis und Virus der Maul- und Klauenseuche) ziemlich große Differenzen in Form und Größe erkennen lassen; die Befunde standen indes beim Virus der Maul- und Klauenseuche in erheblichem, vorläufig noch nicht aufgeklärtem Widerspruch zu den Filtrationsexperimenten von GALLOWAY und ELFORD sowie von SCHLESINGER und GALLOWAY, und es erscheint auch nicht sicher, ob alle auf der photographischen Platte abgebildeten Formen tatsächlich Viruselemente d. h. Elemente des spezifischen Agens waren.

Wir müssen uns somit vorläufig damit zufrieden geben, daß den Elementen einer bestimmten Virusart oder Virusrasse ein *konstanter, enger begrenzter Größenbereich* zugeordnet werden kann. Die Tatsache, daß Messungen verschiedener Autoren in verschiedenen Ländern, an der gleichen Virusart vorgenommen, sehr gut übereinstimmende Ergebnisse lieferten, wie z. B. die Bestimmungen der Dimensionen des Poliomyelitisvirus, des Encephalitisvirus von St. Louis, des

Phagenstammes S 13, verleihen dieser Behauptung ausreichenden Rückhalt. Dazu kommt, daß Bestimmungen der Teilchengröße einer Virusart auch dann annähernd übereinstimmen, wenn verschiedene Methoden benutzt werden, z. B. die Ultrafiltration und ein Sedimentierungsverfahren. Aber wir können, sofern die mikroskopische Untersuchung undurchführbar ist, nicht sagen, ob alle Elemente einer Virusart gleich groß sind oder ob sie untereinander nach der Art von Organismen differieren, und selbst die mikroskopische Untersuchung vermag nicht immer eine klare Entscheidung zu bringen, da eben nicht jedes „Körnchen" oder „Körperchen", das man sieht, ein Viruselement sein muß (siehe die obige Bemerkung zu BARNARDS Untersuchungen und die Ausführungen auf S. 48).

Bei manchen Autoren (H. BECHHOLD u. a.) stößt man auf die Behauptung, daß gleiche Größe und Gestalt der Viruselemente ein hinreichender Beweis für ihre belebte Natur seien. Man braucht sich indes nur an irgendeine molekulardisperse Lösung z. B. jene des Hämocyanins (siehe oben), an das geformte Melanin in den Malariaplasmodien oder an die Silberkörnchen im menschlichen Gewebe bei der Argyrie zu erinnern, um einzusehen, daß der Satz in dieser Form abzulehnen ist. Dagegen wäre eine negative Fassung in dem Sinne zulässig, daß ein ausgesprochen polydisperses Verhalten einer Virusaufschwemmung gegen Mikroben sprechen würde, falls eine Anlagerung und Wiederablösung der Viruselemente an bzw. von korpuskulären Trägern mit genügender Sicherheit ausgeschlossen werden kann.

Besitzen wir nun Anhaltspunkte, daß bei irgendeiner Virusart solche Verhältnisse tatsächlich bestehen? Soweit es sich um die gesicherten Ergebnisse mikroskopischer oder indirekter Messungen handelt, war das im allgemeinen nicht der Fall. Die Extremwerte, welche sich bei solchen Bestimmungen ergeben, liegen wohl zuweilen etwas weiter auseinander, aber doch nicht so weit, um die Annahme eines polydispersen Zustandes unter Berücksichtigung der Leistungsfähigkeit der Methoden zu rechtfertigen; mit der Vervollkommnung der Meßtechnik ist es übrigens mehrfach gelungen, die Extremwerte einander stärker anzunähern, als das bei früheren Untersuchungen der Fall war. Soweit sich das jetzt beurteilen läßt, könnten nur die von WYCKOFF, BISCOE und STANLEY bei einigen Mosaikvirusproteïnen mit Hilfe der Ultrazentrifuge festgestellten Verhältnisse als Ausnahme betrachtet werden; doch ist dieser Fall noch nicht genügend aufgeklärt (siehe S. 107).

G. PYL versuchte, die Variabilität des Verteilungszustandes auf andere Weise wahrscheinlich zu machen u. zw. für das Virus der Maul- und Klauenseuche. PYL fand, daß dasselbe Ausgangssubstrat (zellfreier Blaseninhalt) bei Zimmertemperatur stärker verdünnt werden kann (ohne seine Infektiosität einzubüßen) als bei 0° C. Um die Beobachtung zu erklären, nahm PYL an, daß sich die Virusteilchen bei 0° C zu größeren Aggregaten zusammenballen, so daß der terminale (noch infektiöse) Verdünnungsgrad früher erreicht wird, als wenn die Partikel gleichmäßiger im Menstruum aufgeteilt sind. Eine Verifizierung der Hypothese durch Messung der Teilchengrößen bei verschiedenen Temperaturen wurde nicht vorgenommen, so daß die Deutung des (von anderer Seite nicht nachgeprüften) Verdünnungsexperimentes zweifelhaft blieb (DOERR und SEIDENBERG); dies um so mehr, als G. PYL und K. KÖBE durch besondere Untersuchungen gezeigt haben wollen, daß die Virusteilchen in wässeriger Suspension nicht durchwegs frei, sondern zu einem nicht bestimmbaren, wenn auch kleinen Teile an kolloidale Träger (unspezifische Globuline) adsorptiv gebunden sind und die Möglichkeit, daß sich diese adsorbierte Quote mit der Temperatur ändert, nicht ausgeschlossen wurde (siehe oben). Schließlich wurde von DOERR und SEIDENBERG darauf hingewiesen, daß die *als Mikroben gedachten* Virusteilchen in der Kälte agglutinieren und in der Wärme wieder dissoziieren könnten, was natürlich etwas anderes ist als die Änderung des Dispersitätsgrades eines unbelebten Stoffes.

Untersuchungen über die Haltbarkeit des Maul- und Klauenseuchevirus bei verschiedener H·-Konzentration des Suspensionsmittels führten ferner G. PYL sowie K. ROPPIN und G. PYL zu der Auffassung, daß dieses Virus durch Wasserstoff- oder Hydroxylionen in eine „zweite Form" übergeführt werden kann. Die Beobachtungen wurden im wesentlichen von I. A. GALLOWAY und W. J. ELFORD bestätigt, müssen aber an dieser Stelle nicht eingehend besprochen werden, da kein Anhaltspunkt vorhanden ist, daß die künstliche Änderung des genuinen Virus mit einer Änderung der Teilchengröße einhergeht oder gar durch dieselbe verursacht wird.

Nach LEVADITI, PAIC und KRASSNOFF sollen die Elemente des Straßenvirus der Lyssa etwas größer sein als jene der Virus fixe-Stämme. Die Differenz der durch Ultrafiltration bestimmten Werte war in Anbetracht der Fehlergrenzen der Methode nicht sehr groß; der mittlere Durchmesser betrug beim Straßenvirus 200—225 mμ, beim Virus fixe 175—200 mμ (vgl. hierzu ELFORD, dies. Handb.). LEVADITI hielt sich für berechtigt, auf derartige Daten die Theorie aufzubauen, daß das Straßenvirus nicht homogen, sondern aus zwei Arten von Elementen (R und F) zusammengesetzt sei; die Umzüchtung in Virus fixe soll auf der Zurückdrängung der größeren R- und dem prozentuellen Überwiegen von kleineren F-Elementen beruhen, d. h. also auf einer Selektion durch den Kaninchenorganismus. Diese Hypothese wird — ohne weitere experimentelle Begründung — auch auf andere Virusarten ausgedehnt; sie kann im Hinblick auf ihre ganz unzureichende Fundierung keinen Anspruch auf Anerkennung erheben.

2. Abhängigkeit der Größe der Elementarkörperchen von der Virusart. — Die dimensionale Skala der Viruselemente und ihre Interpretation.

Sobald Messungen in genügender Zahl vorlagen, hat man sie nach dem fallenden Teilchendurchmesser geordnet, wobei in der Regel weder die angewendete Methode noch die Zuverlässigkeit der Untersuchung berücksichtigt wurden. In der Folge wurden diese Tabellen ergänzt und die früheren Angaben vielfach korrigiert, so daß es nunmehr in erhöhtem Grade zulässig erscheint, die dimensionalen Reihen zu weitergehenden Folgerungen zu verwerten. Betrachtet man die Tafel in dem von ELFORD abgefaßten Kapitel über „die Dimensionen der Viruselemente und ihre Bestimmung", so fallen vorerst folgende Momente auf:

a) Die Größenordnung, mit welcher die Skala der Virusarten beginnt.

b) Die Größenordnung, mit welcher sie aufhört oder, mit anderen Worten, der kleinste, bisher gemessene Durchmesser der Viruselemente.

c) Die zwischen dem Maximum a und dem Minimum b bestehende Differenz.

d) Die Kontinuität der Reihe.

ad a) Die Abgrenzung der Virusarten gegen Infektionsstoffe, welchen man diese Bezeichnung nicht zuerkennen will, ist auch heute noch nicht übereinstimmend fixiert. Man ist zwar im allgemeinen der Ansicht, daß die Erreger der Peripneumonie der Rinder und der Agalaktie der Ziegen aus der Liste zu streichen seien [LEDINGHAM (*1*)]; über die Stellung der Rickettsien sind dagegen die Meinungen geteilt, und den Keim der Psittacose, der meist unter den Virusarten aufgeführt wird, hat W. LEVINTHAL als Bacterium psittacosis multiforme benannt und ihm damit den Viruscharakter abgesprochen.

Diese Unsicherheit ist leicht verständlich: Die Invisibilität ist als differentialdiagnostisches Kriterium schon seit ROUX und NOCARD fallen gelassen worden und etwas anderes ist nicht an ihre Stelle getreten. Die Trennungslinien sind vielmehr jetzt noch viel verschwommener, als das um die Jahrhundertwende der

Fall war. Durch die Verbesserung der optischen Apparate, speziell durch die Verwendung von ultraviolettem Licht und besondere Färbeverfahren wurde die Grenze der Sichtbarkeit herabgedrückt, ohne daß dies eine entsprechende Einschränkung des Bereiches der Virusarten nach sich zog. Daß sich die biologischen Merkmale durchwegs als insuffizient erwiesen haben, wird noch später auseinandergesetzt werden.

Der „Teilchendurchmesser der größten Virusart“ läßt sich unter diesen Umständen nicht präzis oder richtiger nicht so angeben, daß man allgemeiner Zustimmung sicher wäre. Eine Skala von E. Haagen beginnt z. B. mit den Rickettsien ($D =$ zirka 300 mμ), eine andere von K. Herzberg mit den Elementarkörperchen der Pocken ($D =$ 160—180 mμ). Um aber doch einen brauchbaren Wert für die folgenden Betrachtungen zu haben, kann man 250 mμ als Maximum einsetzen, eine Ziffer, welche dem Psittacose-Erreger und den Elementarkörperchen des Molluscum contagiosum entsprechen würde; doch ist jedenfalls daran festzuhalten, daß diese Zahl keine *scharfe* Grenze markiert.

Man kann natürlich einwenden, daß die Frage nach einer „größten Virusart“ oder, was in gewissem Sinne gleichbedeutend ist, nach einer scharfen oberen Grenze im Prinzip verfehlt sei, indem die Infektionsstoffe den virusartigen Charakter vielleicht nicht bei einem genau bestimmbaren Teilchendurchmesser, sondern innerhalb eines weiter begrenzten Größenintervalls, etwa zwischen 350 und 200 mμ, annehmen. Unter dieser Voraussetzung wäre eine dimensionale Überschneidung des Gebietes der Virusarten und der nichtvirusartigen Infektionsstoffe verständlich, und das bloße Fehlen einer scharfen Grenze würde somit nicht gegen einen einheitlichen, dimensional bedingten Virusbegriff sprechen, *wenn sich zur Größenklasse noch ein anderes biologisches Kriterium hinzugesellen würde.* Dieser Gedankengang mag K. Herzberg vorgeschwebt haben, wenn er es als „zum mindesten auffällig“ bezeichnet, daß mit der Unterschreitung einer bestimmten Größenordnung die Fähigkeit der Vermehrung auf unbelebten Nährmedien aufhört; ein „biologischer Sprung“ besteht jedoch nur, wenn man die Virusarten als Bakterien betrachtet, wofür keine stichhaltige Begründung beigebracht werden kann.

ad b) Der kleinste, bisher bestimmte Durchmesser von Viruselementen beträgt 8—12, im Mittel also 10 mμ (Virus der Poliomyelitis, kleinste Bakteriophagen).

Mehrfach zitiert wird noch eine Angabe von J. Modrow, wonach dem Maul- und Klauenseuche-Virus Typus A ein Teilchendurchmesser von 2—3 mμ zukommen soll. J. Modrow hat aber nur (durch vergleichende Filtration) festgestellt, daß der Durchmesser des Virus zwischen dem Diameter eines Ovalbumin- und eines Hämoglobinmoleküls liegen dürfte, für welche er auf Grund der Angaben Bechholds die obigen, zu niedrigen Werte einsetzte; die heute für richtiger angesehenen Schätzungen der Molekülausmaße würden einen Virusdurchmesser von 4,4—5,6 mμ ergeben, falls man die Resultate der Filtrationsversuche von Modrow gelten läßt. Doch sind auch diese Zahlen zweifellos noch viel zu niedrig. Mit den neueren verbesserten Verfahren wurde von Elford und Galloway sowie von Schlesinger und Galloway ein Wert von 10—20 bzw. 20—25 mμ ermittelt. Im Gegensatz zu Modrow hat es sich übrigens auch herausgestellt, daß sich die verschiedenen Typen des Virus der Maul- und Klauenseuche durch ihre Größe nicht unterscheiden (Elford und Galloway, Schlesinger und Galloway). Daß die neuerdings mitgeteilten optischen Befunde von Barnard mit den Angaben von Elford und Galloway sowie von Schlesinger und Galloway in Widerspruch stehen, wurde bereits erwähnt; nach Barnard wären jedoch die Elemente noch größer, so daß jedenfalls auch hier keine Annäherung an Modrow vorliegt.

Ein Teilchendurchmesser von 8—12 mμ fällt in den Bereich der Molekülgrößen der Proteïne, die nach den Untersuchungen von The Svedberg im Stabilitätsbereich (d. h. wenn sich der p_H der Lösung innerhalb gewisser Grenzen hält) für jeden Eiweißstoff konstant sind. Für verschiedene native Proteïne ist das Molekulargewicht und damit auch die Molekülgröße bzw. der Moleküldurchmesser verschieden. Die Molekulargewichte schwanken zwischen 34500 und 6000000, u. zw. bei den meisten untersuchten nativen Proteïnen so, daß das Gewicht ein Vielfaches von 34500 beträgt, so daß es den Anschein hat, daß die Eiweißstoffe aus Einheiten vom Molekulargewicht 34500 aufgebaut sind. Die Moleküldurchmesser steigen natürlich in einem anderen Verhältnis wie die Molekulargewichte an, wie man aus der nachstehenden, auf fünf Beispiele beschränkten Tabelle entnehmen kann.

Tab. 1. Molekulargewichte und Moleküldurchmesser einiger nativer Proteïne.

Eiweißart	Molekulargewicht	Molekulargewicht in Einheiten von 34 500	Moleküldurchmesser in mμ
Ovalbumin	34500	1	4,34
Proteïn von BENCE-JONES	35000	1	4,36
Hämoglobin aus Pferdeblut	68000	2	zirka 5,5
Edestin aus Hanfsamen	208000	6	8
Hämocyanin aus Helixblut	6000000	zirka 174	24

Dies bedeutet zunächst, daß das Volum eines Viruselementes dem eines Eiweißmoleküls von höherem Molekulargewicht gleich sein *kann*. Diese Aussage beschränkt sich, wie aus der Tabelle ohne weiteres ersichtlich ist, nicht auf den bisher ermittelten Minimaldurchmesser der Viruselemente von 10 mμ, sondern kann naturgemäß auch auf Elemente von etwas größeren Ausmaßen angewendet werden; das Hämocyanin aus den Körperflüssigkeiten von Helix pomatia hat einen Moleküldurchmesser von 22—24 mμ (THE SVEDBERG, W. J. ELFORD), und man kennt anderseits eine Reihe von Virusarten, deren Teilchendurchmesser fast geradeso groß ist (Gelbfieber, Riftvalley-Fieber, Louping-ill, Encephalitisvirus von St. Louis).

Man kann aber selbstverständlich nicht behaupten, daß Viruselemente mit einem Durchmesser von 10—25 mμ aus einem einzigen Eiweißmolekül bestehen *müssen*, d. h. daß Suspensionen solcher Virusarten als molekulardisperse Eiweißlösungen aufzufassen sind. Es wurde ja betont, daß die Molekülgrößen der verschiedenen nativen Proteïne innerhalb sehr weiter Grenzen variieren, ein Viruselement könnte daher mehrere Eiweißmoleküle beherbergen, auch wenn sein Diameter nur 10 mμ beträgt, falls eben Proteïne von niederem Molekulargewicht in Frage kommen. Doch wäre in diesem Falle die Zahl der Eiweißmoleküle, welche in einem Viruselement Platz finden könnten, sehr klein. Stellt man sich die Verhältnisse rein geometrisch vor, so können nur zwei Drittel des Volumens von kugeligen, gleich großen Gebilden erfüllt sein. Ein Staphylococcus von 1000 mμ Durchmesser könnte unter dieser Voraussetzung noch $8 \cdot 10^6$ Moleküle von der Größenordnung des Ovalbumins fassen, ein Viruselement von 25 mμ Durchmesser nur mehr 130 und eines von 10 mμ nur noch 8. Es entsteht dann automatisch die Frage, ob ein Organismus aus so wenigen chemischen Einheiten aufgebaut sein kann, ein Organismus, der dieselben Leistungen aufzubringen vermag wie jeder andere, da man ja bei den virusartigen Infektionsstoffen nicht nur Vermehrung, sondern auch die auf Vererbung beruhende Konstanz von Art und Rasse kombiniert mit der für Lebewesen charakteristischen Anpassungsfähigkeit beobachtet. Also das nämliche Problem, das schon LEO ERRERA, H. MOLISCH und MACKENDRICK beschäftigt hatte; nur daß wir jetzt Tatsachen d. h. Messungsresultaten gegenüberstehen, welche die apodiktische Behauptung, daß ein Elementarorganismus ohne eine große Zahl von Eiweißmolekülen undenkbar sei, erschüttern. Wir müssen jetzt glatt zugeben, daß Agenzien existieren, welche sich — zumindest in einem „Wirtskörper“ — so wie pathogene Mikroben verhalten, obwohl sie das von ERRERA formulierte „Raumbedürfnis des Eiweißes“ nicht befriedigen. R. DOERR und später DEGKWITZ haben diese neue Fassung des Konflikts klar präzisiert. Unter den verschiedenen Lösungsversuchen besitzt *einer* insofern prinzipielle Bedeutung, als er über die durch den Eiweißgehalt bedingte Schwierigkeit durch den Nachweis von *eiweißfreiem Virus* hinweghelfen wollte. Es hat aber nicht den Anschein, als ob dieser Weg zum Ziele führen könnte.

KLIGLER sowie KLIGLER und OLITZKI gaben zwar an, daß gereinigte Phagensuspensionen weder auf empfindliche Eiweißproben reagieren noch auch die Ninhydrinreaktion geben; der N-Gehalt betrug nur mehr 1,9 mg pro 100 ccm Suspension. Nach den Berechnungen von DOERR (*8*) waren jedoch die Phagensuspensionen nicht genügend konzentriert, so daß die Eiweißreaktionen aus diesem Grunde versagen konnten. M. SCHLESINGER stellte einen Colibakteriophagen in weitgehend gereinigtem Zustande und in wägbaren Mengen (als Trockensubstanz) dar, so daß die Elementaranalyse nach PREGL vorgenommen werden konnte; es fanden sich 13,2% N, die mit großer Wahrscheinlichkeit auf Eiweiß bezogen werden durften. Über die Dimensionen der Bakteriophagen, mit welchen KLIGLER und OLITZKI gearbeitet haben, liegen keine Angaben vor. Die Colibakteriophagen, welche M. SCHLESINGER chemisch analysierte, hatten einen Durchmesser von zirka 100 mμ, und für so große Gebilde besteht der Konflikt mit dem Raumerfordernis des Eiweißes gar nicht, ein Einwand, den man auch gegen den Nachweis von Proteïn in den Elementarkörperchen der Vaccine (HUGHES, PARKER und RIVERS) erheben kann (D = 160—180 mμ). Es ist daher wichtig, daß durch die neuen Untersuchungen von W. M. STANLEY, RUPERT J. BEST, F. C. BAWDEN, BEARD und WYCKOFF festgestellt wurde, daß auch kleinkalibrige Virusarten (Virus der Mosaikkrankheit des Tabaks, Virus des SHOPEschen Kaninchenpapilloms, Virus der equinen Encephalomyelitis) Eiweiß enthalten, ja daß sie geradezu aus Eiweiß bestehen. Doch ist dadurch das „eiweißfreie Virus“ noch nicht definitiv erledigt; der Standpunkt, daß Feststellungen an einem Virus oder einigen wenigen Virusarten generelle Gültigkeit besitzen, ist jetzt noch unhaltbarer als je zuvor. Das zeigt sich ja gerade in dieser Teilfrage deutlich, da das Eiweiß des kristallisierbaren Mosaikvirus offenbar ganz anders beurteilt werden muß als das Proteïn in den Vaccinekörperchen, das so wie in Bakterienzellen und anderen protoplasmatischen Formen nur *einen* der chemischen Bestandteile darstellt, neben welchem Salze, Fette und Kohlehydrate nachweisbar (HUGHES, PARKER und RIVERS) und für die funktionellen Auswirkungen auch zweifellos notwendig sind. *Die Existenz von „eiweißfreiem Virus“ kann also nicht als unmöglich bezeichnet werden; aber sie ist vorläufig nicht sicher bewiesen, ja, wenn man sich noch einen Schritt weiter vorwagen will, nicht sehr wahrscheinlich.*

Unter diesen Umständen muß man sich nach anderen Möglichkeiten umsehen, welche das Problem der Minimaldimensionen der Viruselemente unserem Verständnis erschließen könnten. Bevor wir darauf eingehen, soll jedoch die Diskussion der dimensionalen Skala der Virusarten zu Ende geführt werden.

ad 3) Zwischen den maximalen und den minimalen Virusdimensionen besteht eine *sehr erhebliche* Differenz; sie beträgt für die Durchmesser mindestens das 25fache (10 : 250 mμ), für die Volumina (im Falle sphärischer Gestalt) etwa das 12—15000fache. Wie DOERR (*10*) betonte, ist es völlig ausgeschlossen, diese Differenzen in dimensionale Zusammengehörigkeiten umdeuten zu wollen, wenn man sich nicht auf den rein untersuchungstechnischen Standpunkt stellt.

ad 4) Ob die dimensionale Skala der Virusarten in dem Sinne kontinuierlich ist, daß sich zwischen das Maximum und das Minimum alle möglichen Abstufungen ohne erkennbare Periodizität einschalten, oder ob an einem oder mehreren Punkten Diskontinuitäten d. h. unausgefüllte Lücken zu konstatieren sind, läßt sich nicht sicher beantworten. Einerseits sind noch nicht genügend viele Virusarten mit verläßlichen Methoden und übereinstimmenden Ergebnissen gemessen worden, und auf der anderen Seite werden auch die vertrauenswürdigen Resultate nicht in Form einer bestimmten Zahl, sondern als Zahlenintervall angegeben, innerhalb dessen die wahre Länge des Durchmessers liegen dürfte; oft genug sind die Grenzen solcher Intervalle um 25, ja um 50% verschieden.

Schon an einer der ersten tabellarischen Zusammenstellungen (DOERR) fiel es jedoch auf, daß sich die Virusarten in *zwei Gruppen* einordnen, von welchen die eine von den größten Ausmessungen bis zu einem Teilchendurchmesser von zirka 70—100 mμ hinabreicht, während die zweite erst bei einem Diameter von etwa 30 mμ beginnt und sich bis zum Minimum von 10 mμ fortsetzt. Zwischen beiden Gruppen schien eine Lücke zu bestehen, welche nur durch die innerhalb sehr weiter Extreme variablen Dimensionen der Bakteriophagen ($>$ 100—10 mμ) ausgefüllt wurde. An diesem Sachverhalt haben neuere Messungen insofern wenig geändert, als in die beiden bezeichneten Gruppen mehrere andere tier- und pflanzenpathogene Virusarten eingetragen werden konnten, während das Intervall von 70—30 mμ Diameter wohl von beiden Seiten her etwas eingeengt wurde, aber im zentralen Anteil von 60—40 mμ doch nur von Bakteriophagen besetzt blieb, speziell nachdem einige der früheren Schätzungen eine Korrektur erfahren hatten. Teilt man mit K. HERZBERG und anderen Autoren die Auffassung, daß die Bakteriophagen eine besondere, von den übrigen Virusarten abzutrennende Klasse übertragbarer Agenzien repräsentieren, so wäre der dadurch entstehende Sprung in der dimensionalen Skala zweifellos merkwürdig und auf die Volumina bezogen auch ziemlich beträchtlich; vor allem aber könnte der Umstand, daß die zweite Gruppe dort beginnt, wo das Raumerfordernis des Eiweißes zum Problem wird, zu manchen Kombinationen Veranlassung geben. Auch wenn man sich nicht zu weit in Spekulationen einlassen will, muß man übrigens dem gegensätzlichen Verhalten von Bakteriophagen und anderen Virusarten Beachtung schenken, ein Gegensatz, der ja nicht nur darin zutage tritt, daß bei den Bakteriophagen Dimensionen vorkommen, die den anderen Virusarten zu fehlen scheinen, sondern auch dadurch markiert wird, daß die Bakteriophagen, obwohl sie in ihren Auswirkungen so einheitlich zu sein scheinen, der Größe nach so variabel sind, auch dann, wenn sie sich gegen ein und dieselbe Bakterienart richten.

Wenn aber tatsächlich eine Diskontinuität in der dimensionalen Stufenfolge der Virusarten — nach Ausschaltung der Phagen — vorhanden sein und durch weitere Messungen nicht ausgefüllt werden sollte, so kommt sie doch weder in den biologischen Eigenschaften noch in den pathogenen Funktionen der beiden Gruppen zum Ausdruck. Es gibt vielmehr keine Eigenschaft, die innerhalb der Skala als Funktion der Größe aufgefaßt werden könnte,[1] in dem Sinne, daß sie entweder mit dem Partikeldurchmesser stetig zu- oder abnimmt oder daß sie erst bei einer bestimmten Teilchengröße auftritt bzw. verschwindet [R. DOERR (*10*)]. Das septikämische Verhalten im Wirtsorganismus beobachtet man bei großen und kleinen Virusarten (Hühnerpest, Gelbfieber, Louping-ill); das gleiche gilt für die ausschließliche Vermehrung in Gegenwart lebender Zellen, für die Bildung

[1] C. LEVADITI hält es für möglich, daß jedes Viruselement aus einem Eiweißträger besteht, durch welchen die allen Virusarten gemeinsamen Eigenschaften bedingt sind, und an diesen angekoppelten „aktiven Gruppen“, welche den speziellen Charakteren zugrunde liegen (vgl. hiezu S. 104). Von der Größe des Eiweißträgers und der Zahl der Funktionsgruppen soll die Affinität der Virusarten zu bestimmten Geweben und zu bestimmten Wirtsspezies abhängen, und zwar in dem Sinne, daß die Mannigfaltigkeit der Affinitäten mit den Dimensionen der Elemente zunimmt. LEVADITI sucht nachzuweisen, daß diese Gesetzmäßigkeit innerhalb der von ihm so genannten Gruppe der „Ectodermoses neurotropes“ de facto besteht. Doch ist dieser Nachweis nichts weniger als überzeugend und die Hypothese auch an sich nicht diskutabel.

von Einschlußkörperchen, für die Affinitäten zu bestimmten Wirtsgeweben (einschließlich der Neurotropie) und für die eigentümliche Art der Reaktionen mit viruliciden (neutralisierenden) Antisera. Und da anderseits auch nach oben keine scharfe Grenze existiert, sondern ein fließender Übergang zu den Dimensionen der morphologisch definierten und systematisch bestimmbaren Erreger, da ferner fast alle oben aufgezählten Eigenschaften auch außerhalb des als legitim anerkannten Kreises der Virusarten festgestellt werden können, hielten bis vor ganz kurzer Frist die meisten Autoren den Schluß für gerechtfertigt, ja unvermeidlich, daß alle Infektionsstoffe ohne Rücksicht auf die Größe ihrer Elemente biologisch gleich, u. zw. im Sinne der aprioristischen Überlegungen von JAKOB HENLE als Contagia animata d. h. als Elementarorganismen zu bewerten seien. Diese Mentalität trat noch auf dem 2. internationalen Kongreß für Mikrobiologie in London (Juli 1936) sehr deutlich zutage; die sachlichen Einwände gegen die unbedingte Zuverlässigkeit des HENLEschen Dogmas, insbesondere auch das Raumerfordernis des Eiweißes, fanden relativ geringe Beachtung. Immerhin wurde von W. J. ELFORD, dem wir die meisten und exaktesten Virusmessungen verdanken, eingeräumt, daß bei den kleineren Virusarten und den Bakteriophagen Zweifel an ihrer belebten Natur in Anbetracht ihrer Dimensionen nicht einfach abgewiesen werden dürfen.

B. Die Virusproteïne (W. M. STANLEY).

Nun hatte W. M. STANLEY (*1*) kurz vor dem Londoner Kongreß (1935) in der „Science" mitgeteilt, daß man aus dem Quetschsaft mosaikkranker Tabakblätter ein kristallisierbares Proteïn darstellen kann, welches noch in sehr geringen Mengen (10^{-9} g) infektiös wirkt. Auf dem Londoner Kongreß sprach STANLEY über seine Forschungsergebnisse, die — man darf wohl sagen zur Überraschung der Versammlung — von F. C. BAWDEN bestätigt wurden; übrigens kam auch RUPERT BEST in Australien 1936 zu dem Schluß, daß „das Virus der Mosaikkrankheit des Tabaks ein Proteïn sein müsse". 1937 isolierten STANLEY und WYCKOFF noch andere phytopathogene Virusarten in Form von hochmolekularem Eiweiß, und BEARD und WYCKOFF konnten das Virus des SHOPEschen Kaninchenpapilloms mit Hilfe der analytischen Ultrazentrifuge so weit reinigen, daß es schließlich beim Ausschleudern der Lösungen das scharf begrenzte Verhalten einer einheitlichen Molekülart zeigte. Daß noch weitere, in der gleichen Richtung liegende Resultate zu erwarten sind, lehren die Angaben von R. WYCKOFF über die Darstellung eines homogenen, schweren, vermutlich eiweißartigen Stoffes aus Geweben, welche mit dem Virus der equinen Encephalomyelitis infiziert waren.

Die Vorfrage, ob die dargestellten Proteïne selbst als die im Ausgangsmaterial vorhandenen Virusarten zu betrachten waren, darf man — wenigstens für die kristallisierten Proteïne der Mosaikkrankheiten des Tabaks und verwandter Pflanzen — „mit der jetzt erreichbaren Sicherheit" (STANLEY) bejahen.

Da sich STANLEY selbst im IV. Abschnitt dieses Handbuches „Biophysik und Biochemie der Virusarten" hierzu äußern wird, brauchen hier nur die wichtigsten Argumente kurz aufgezählt zu werden, nämlich 1. die Konstanz der physikalischen, chemischen, serologischen und biologischen Eigenschaften des Tabakmosaik-Proteïns, gleichgültig aus welcher Probe dasselbe isoliert und wie oft es umkristallisiert wurde (vgl. hierzu S. 103); 2. die Tatsache, daß die Eigenschaften auch von der Art der Darstellung des Proteïns unabhängig sind, indem verschiedene chemische Methoden (W. M. STANLEY, BAWDEN) oder mechanische Verfahren (Ausschleudern des Preßsaftes kranker Pflanzen nach R. WYCKOFF und COREY) gleiche Produkte liefern; 3. die Unmöglichkeit, die infektiöse und pathogene Wirkung des Virus vom Eiweiß abzusondern, sowie der Umstand, daß Eingriffe am Proteïn mit einer Änderung bzw.

mit dem Verlust der spezifischen Viruswirkung einhergehen; 4. die Homogenität des Proteïns mit Beziehung auf seine Partikelgröße und den isoelektrischen Punkt (siehe jedoch S. 107); 5. die Feststellung, daß das von DUGGAR und HOLLÄNDER ermittelte Spektrum der Viruszerstörung durch Licht in den wesentlichsten Punkten mit dem Absorptionsspektrum des Proteïns übereinstimmte.

Die theoretische Einordnung der Virusproteïne in die Virusforschung.

Wie stellt sich nun die Situation dar, wenn man diese Voraussetzung als bewiesen ansieht? In kurzer und drastischer Fassung kann man sagen, daß an die Stelle des „eiweißfreien Virus“, in welchem man früher einen Ausweg aus dem Problem der minimalen Dimensionen erblicken wollte, das Gegenteil, nämlich das „Eiweiß als Virus“ getreten ist, u. zw. das in wässeriger Lösung molekulardisperse Eiweiß. Sämtliche der bisher von STANLEY, WYCKOFF, BAWDEN und BEST isolierten Proteïne waren ungewöhnlich *hochmolekular*. Sie übertrafen im Molekulargewicht und daher auch im Molekularvolumen das Hämocyanin aus Helixblut, dem ein Molekulargewicht von zirka 6000000 zugeschrieben wird (SVEDBERG und CHIRNOAGA, SVEDBERG und HAYROTH, ELFORD). Die Molekulargewichte der bisher untersuchten Virusproteïne schwanken zwischen $9 \cdot 10^6$ für ein latentes Mosaikvirus der Kartoffeln (LORING und WYCKOFF, STANLEY und WYCKOFF) und $42{,}5 \cdot 10^6$ (der neue, von M. A. LAUFFER angegebene Wert für das Proteïn des Tabakmosaiks). Die Moleküldurchmesser liegen im Intervall von 25—45 mμ, eine Aussage, die natürlich nur dann einen Sinn hat, wenn die Moleküle sphärisch konfiguriert sind; das trifft aber nach den Untersuchungen von TAKAHASHI und RAWLINS, BAWDEN, PIRIE, BERNAL und FANKUCHEN, M. A. LAUFFER, R. J. BEST für die Virusproteïne nicht zu, vielmehr dürfte es sich um langgestreckte, stäbchen- oder fadenförmige Gebilde handeln, deren Längsdimension die Breite um ein Vielfaches übertrifft. Man sollte unter diesen Umständen bei vergleichenden Betrachtungen mit dem Teilchenvolum oder Teilchengewicht und nicht mit dem Teilchendurchmesser operieren, ist aber vorläufig noch genötigt, an dieser Dimension festzuhalten, weil die anderen nicht in hinreichendem Umfang bestimmt bzw. geschätzt sind.

STANLEY zog aus seinen Untersuchungen über das Proteïn des Tabakmosaiks den Schluß, daß wahrscheinlich auch andere Virusarten hochmolekulare Eiweißstoffe sein dürften. Dieses Virus sei ja zuerst entdeckt worden und hätte lange Zeit als Repräsentant der ganzen Gruppe übertragbarer Agenzien gegolten; eine Verallgemeinerung in beschränktem Ausmaße scheine daher erlaubt. Aber in welchem Ausmaße? Geht man Schritt für Schritt vor, so wird man konstatieren:

1. Daß es Virusarten gibt, deren Elemente wesentlich kleiner sind als die Moleküle der von STANLEY, WYCKOFF, ERIKSSON-QUENSEL und SVEDBERG, M. A. LAUFFER gemessenen Virusproteïne; die Durchmesser können 20—25, ja 8—12 mμ betragen. Eines der kleinsten Gebilde scheint der von J. H. NORTHROP untersuchte Staphylokokken-Bakteriophage mit einem Molekulargewicht von 500000 zu sein. Die von STANLEY angestrebte Verallgemeinerung wird man naturgemäß für solche Virusarten in erster Linie zulassen, welche in der dimensionalen Virusskala *unter* dem Mosaikvirus des Tabaks oder dem Virus des SHOPEschen Kaninchenpapilloms rangieren. Geht man so vor, so werden die Virusarten in zwei Klassen geschieden, von denen die eine die noch sichtbaren und färbbaren Arten umspannen würde, deren Elementen der Charakter von Zellen zugesprochen werden kann, während die zweite aus molekulardispersen Virusproteïnen bestünde. In diesem Sinne könnte man die bereits an anderer Stelle erwähnte, nur durch die Bakteriophagen überbrückte Lücke der dimensionalen Virusskala deuten. Anderseits ist nicht zu

leugnen, daß auf diese Weise sehr ähnliche Virusarten, wie z. B. die biologisch schwer zu unterscheidenden Virusstoffe der Vesicularstomatitis ($D = 60$ bis 70 mμ) und der Maul- und Klauenseuche ($D = 10$—20 mμ) aus dimensionalen Gründen als grundsätzlich differente Dinge hingestellt werden.

2. Wenn sich Proteïne in einem geeigneten Wirtsorganismus wie Infektionsstoffe verhalten, d. h. wenn sie sich daselbst unter Beibehaltung ihrer spezifischen Eigenschaften vermehren, kann die Ursache nicht oder doch nicht ausschließlich in ihrem hochmolekularen Bau gesucht werden. Denn das Hämocyanin aus Helixblut hat ein Molekulargewicht von 6000000 (der mit 22—24 mμ bestimmte Moleküldurchmesser kommt der Teilchengröße des Virus der Maul- und Klauenseuche gleich und ist etwa doppelt so groß wie der Durchmesser des Poliomyelitisvirus oder der kleinsten Bakteriophagen), und THE SVEDBERG bestimmte kürzlich das Molekulargewicht eines polymeren Thyroglobulins mit 15 Millionen; aber Eiweißstoffe mit solchen „Riesenmolekülen" sind keine Infektionsstoffe d. h. keine übertragbaren Agenzien, sondern bekunden, wenn man sie in einen Organismus bringt, die Natur unbelebter Substanzen.

3. Mit Rücksicht auf den oft herangezogenen Vergleich zwischen Virus und Enzym sei bemerkt, daß die Molekulargrößen der Enzyme nicht der Größenordnung der Virusproteïne angehören. NORTHROP (*1*) gibt als Molekulargewicht für Pepsin 36000 an (von PHILPOT und ERIKSON-QUENSELL bestätigt), für Trypsin 34000, für Chymotrypsin und Chymotrypsinogen 40000. Die Differenz gegenüber dem kristallinischen Virus des Tabaksmosaik ($42{,}5 \times 10^6$) und selbst gegenüber dem latenten Mosaikvirus der Kartoffeln (9×10^6) wäre also recht beträchtlich (zirka 1000- bis 200fach). Neuerdings konnte aber von SUMNERS, GRALÉN und ERIKSSON-QUENSEL in der Urease mit einem M.-G. von 473000 ein Bindeglied festgestellt werden. Die Größe des Ureasemoleküls ist nicht viel geringer als jene des Bakteriophagen von NORTHROP (500000) und als die Dimension der Elemente des Poliomyelitisvirus; nimmt man an, daß es sich auch in diesen beiden Fällen um molekulardisperse Proteine handelt, so bestünde zwischen Ferment und Virus kein dimensionaler Sprung. Die Enzyme selbst bestehen — was man hierbei zu berücksichtigen hat — aus Eiweiß oder enthalten zumindest spezifisches Eiweiß als Träger der „Wirkungsgruppe" (WILLSTÄTTER).

Die weitere Entwickelung der von STANLEY inaugurierten Forschungsrichtung läßt sich naturgemäß nicht voraussagen. Nimmt man an, daß der Fundamentalsatz „Virus = hochmolekulares Proteïn" aufrechterhalten bleibt und auf alle Virusarten, bei welchen das Raumerfordernis des Eiweißes Schwierigkeiten macht, ausgedehnt werden kann, so sieht man doch auf Grund der vorstehenden Ausführungen ein, daß das Hauptproblem nur auf ein anderes Geleise geschoben wurde. Die Unmöglichkeit, sich eine Zelle mit so winzigen Ausmaßen, daß nicht einmal das unentbehrliche Eiweiß Platz findet, vorzustellen, beschwert das Denken allerdings nicht mehr, wenn man die Elementarteilchen eben nicht als Zellen, sondern als Moleküle aufzufassen hat; aber wir verstehen nicht, warum sich solche „freie Moleküle" ganz wie infektiöse Mikroben verhalten, d. h. wie monocelluläre Parasiten. Offenbar stehen nur zwei Erklärungen oder richtiger Hypothesen zur Verfügung, welche die Einordnung der Ergebnisse STANLEYS in ie dAnschauung der Natur gestatten: 1. Die Annahme, daß sich die molekulardispersen Virusproteïne nicht autonom („aus sich heraus") vermehren, sondern vom infizierten Wirtsorganismus produziert werden, und 2. die Konzeption des „lebenden Moleküls". Das ist aber nichts anderes als die Alternative, die sich schon BEIJERINCK vor vier Jahrzehnten stellte; nur war die Fassung bei BEIJERINCK nicht ganz präzis (vgl. S. 7) und die Idee des „Contagium vivum fluidum", des molekulardispers gelösten Virusstoffes, experimentell nicht oder nur völlig unzureichend begründet.

Im folgenden soll nun dieses wieder aktuell gewordene Dilemma eingehender diskutiert werden.

C. Virusstoffe als Erzeugnisse des infizierten Wirtsorganismus.

Diese Auffassung zwingt an sich nicht dazu, Virusstoffe solchen Ursprungs als „unbelebt" zu bezeichnen. Aber sie ergab sich aus dem Widerstand, Teilchen von zu geringen Dimensionen als Mikrobenzellen, als *lebende* Elementarorganismen zu betrachten, und so entwickelte sich im Widerstreit der Meinungen automatisch die Identifizierung von *„endogen"* mit *„unbelebt"* auf der einen und von *„exogen"* mit *„lebend"* auf der anderen Seite. In der Tat liegt ja gerade nach der durch STANLEY herbeigeführten Wendung die Sache so, daß uns die endogene Genese von der schwer tragbaren Notwendigkeit befreit, isolierten Eiweißmolekülen die Fähigkeit der Ernährung, Vermehrung, Vererbung und Anpassungsfähigkeit zuzuerkennen, und das ist vom erkenntniskritischen Standpunkt ein Vorzug. Ein weiterer Vorteil ist der Umstand, daß die Lehre vom endogenen Ursprung einer experimentellen Beweisführung unterstellt werden kann, die Konkurrenzhypothese vom „lebenden Eiweißmolekül" dagegen nicht.

Die Annahme der endogenen Bildung von Virus als Erzeugnis des infizierten Wirtskörpers besagt, daß ein Agens dieser Art, in einen empfänglichen Wirt eingeführt, auf bestimmte Gewebe als Reiz wirkt; die Reizfolge ist eine pathologische Deviation des Stoffwechsels, welche mit der Neubildung des reizenden Stoffes einhergeht. Es soll sich also um eine Art von autokatalytischem Vorgang handeln, bei welchem das Virus die Rolle des Autokatalysators übernimmt. Diese Auffassung, zu welcher sich R. DOERR (*12*) schon seit 1923 bekannte und welche infolge der Untersuchungen über die Virusproteïne naturgemäß neue Anhänger gewann [H. H. DIXON, STANLEY (*2*), K. M. SMITH (*8*), H. H. DALE (*1, 2*) u. a.], sucht zunächst nur zu erklären, warum ein Agens, ohne selbst vermehrungsfähig zu sein, in unbegrenzter Folge von Tier zu Tier bzw. von Pflanze zu Pflanze übertragen werden kann. Sie hat aber auch die notwendige Folge, daß die Frage nach dem *„ersten Beginn"* derartiger Ketten einen anderen Sinn annimmt als bei den infektiösen Mikroben. Können wir uns im zweiten Falle nur denken, daß der Anfang sämtlicher Infektketten die Synthese einer neuen Gast-Wirt-Beziehung, die Umwandlung eines freilebenden Wesens in einen Parasiten war, so zwingt uns die Hypothese der endogenen Virusreproduktion dazu, auch die *erste* Entstehung solcher Stoffe den Wirtsorganismen anzulasten. Wir müssen also annehmen, daß durch irgendwelche unspezifische Faktoren pathologische Änderungen des Stoffwechsels hervorgerufen werden können, welche als zufällige und erstmalige Produkte hochmolekulare und reizend wirkende Proteïne liefern, mit Hilfe welcher dann endlose Serien spezifischer Übertragungen realisiert werden können. Bezeichnet man mit x den unspezifischen Faktor und mit V das spezifische Virusproteïn, so würde sich folgendes Schema für die supponierten Prozesse ergeben:

I. *Virusentstehung*: $x \rightarrow$ Zelle $\rightarrow V$.
II. *Virusübertragung*: $V \rightarrow$ Zelle $\rightarrow V$.

Welche Anhaltspunkte wir für die tatsächliche Existenz so verwickelter und an sich wenig wahrscheinlicher Vorgänge haben, soll später zur Sprache kommen.

1. Einwände gegen die Hypothese der endogenen Virusentstehung.

a) Die vom Wirtsorganismus unabhängige Konstanz der Spezifität der Virusarten.

Daß ein und dasselbe Proteïn, wenn es als Reiz wirkt, den Stoffwechsel in stets gleicher Weise und unter Bildung identischer Stoffwechselprodukte modifiziert, gilt als verständlich oder doch wenigstens als frei von innerem Widerspruch, falls der Schauplatz des Vorganges der gleiche bleibt, d. h. *falls es sich um Wirtstiere oder Wirtspflanzen der gleichen Art handelt.* Daß aber beispielsweise aus Herpesvirus nur immer Herpesvirus wird, gleichgültig ob seine Vermehrung in der Haut des Menschen oder im Gehirn des Kaninchens erfolgt, wird von manchen Autoren, besonders von A. GRATIA als hinreichender Beweis gegen die Hypothese der endogenen Virusentstehung bewertet. Herpesvirus hat aber eine so bedeutende Teilchengröße (100—150 mμ nach ELFORD, PERDRAU und SMITH), daß an ein molekulardisperses Proteïn kaum zu denken ist; es empfiehlt sich daher aus naheliegenden Gründen, die Verhältnisse an den phytopathogenen Virusarten, speziell am Virus der Mosaikkrankheit des Tabaks zu erörtern, das ja von STANLEY zuerst als kristallinisches Proteïn dargestellt wurde.

Die Immunochemie sagt uns, daß zwar nicht alle chemischen Differenzen hochmolekularer Proteïne in ihrer serologischen Spezifität zum Ausdruck kommen müssen, daß aber vorhandene serologische Unterschiede ausnahmslos auf Verschiedenheiten der chemischen Struktur beruhen. Es besteht daher die Möglichkeit, die Virusproteïne durch serologische Reaktionen zu identifizieren und sie von den Eiweißstoffen der Wirtspflanzen zu unterscheiden. Solche Untersuchungen wurden von H. A. PURDY, MATSUMOTO (*1, 2*), MATSUMOTO und SOMAZAWA, K. SILBERSCHMIDT, H. BEALE (*2*), A. GRATIA (*1, 2*), GRATIA und MANIL (*3*) angestellt, wobei man stets von der Voraussetzung ausging, daß kranke Pflanzenteile das Virusantigen, das in der gesunden Pflanze nicht vorhanden ist, in Mengen enthalten, welche für die Erzeugung von Antikörpern (an Kaninchen) und für die serologischen Vitroreaktionen (Präzipitation, Komplementbindung, Virusneutralisation) ausreichen. In methodologischer Hinsicht bestand der Einwand zu Recht, daß die Extrakte aus kranken Pflanzenteilen neben den spezifischen Virusproteïnen auch die Eiweißantigene der normalen (nicht-infizierten) Pflanzengewebe enthalten können und daß man daher durch Immunisierung mit einem solchen Antigengemisch keinen einheitlichen Antikörper erhalten muß, sondern ein Antikörpergemenge erzielen kann, wodurch die serologische Differenzierung von Virusantigen und normalem Pflanzenproteïn erschwert oder unmöglich gemacht würde. Während manche Autoren, wie PURDY und K. SILBERSCHMIDT, derartige, durch die komplexe Beschaffenheit der Antigenpräparate bedingte Störungen tatsächlich beobachten konnten, kam A. GRATIA nach seinen Angaben — obwohl er die Vitroreaktionen nur qualitativ, d. h. ohne quantitative Abstufungen der Reaktionskomponenten ausführte — zu ganz eindeutigen Ergebnissen, die er in einem Vortrag mit P. MANIL (*3*) auf der Londoner Konferenz für Mikrobiologie (1936) in folgende Sätze zusammenfaßte:

1. Verschiedene phytopathogene Virusarten enthalten verschiedene, streng spezifische, durch präzipitierende Antisera identifizierbare und differenzierbare Antigene.

2. Diese Antigene sind von den Antigenen der Pflanzengewebe verschieden. Stellt man sich nämlich ein Präzipitin mit dem Saft einer Tabakpflanze her, welche mit einem für Kartoffeln pathogenen „Virus X“ infiziert ist, so wird es mit dem Saft jeder beliebigen Pflanze, die mit „Virus X“ infiziert ist, reagieren, u. zw. ohne Rücksicht auf die Artzugehörigkeit der Pflanze; es reagiert dagegen nicht mit dem Saft aus normalen Tabakpflanzen oder mit dem Extrakt aus Tabakpflanzen, welche mit einem heterologen Virus, z. B. mit dem Mosaikvirus des Tabaks, infiziert waren.

3. Das Virusantigen bewahrt seinen serologischen Charakter auch dann, wenn es mehrere Passagen durch eine ungewöhnliche Wirtspflanze durchgemacht hat.

Die Untersuchung der gereinigten Virusproteïne hat GRATIAS Angaben bestätigt. W. M. STANLEY sowie K. S. CHESTER konstatierten zunächst, daß das kristallinische Virusproteïn der mosaikkranken Tabakpflanze Antigencharakter besitzt, indem es im Kaninchenorganismus Präzipitine erzeugt, welche mit den Lösungen der Kristalle sowohl (10^{-6} g Proteïn pro Kubikzentimeter) als mit dem Quetschsaft infizierter Blätter, aber nicht mit dem Extrakt aus normalen Blättern reagieren; dementsprechend mißlangen auch alle Versuche, in dem Safte normaler Pflanzen das hochmolekulare Virusproteïn, sei es auch nur in Spuren, chemisch, durch die Ultrazentrifuge, serologisch oder spektralanalytisch (LAVIN und STANLEY) nachzuweisen. Auf der anderen Seite war es STANLEY und LORING [siehe auch LORING und STANLEY (*1*)] möglich, dasselbe hochmolekulare Proteïn, das zuerst aus türkischen Tabakpflanzen isoliert worden war, auch aus anderen, mit demselben Virus infizierten Pflanzenarten darzustellen, u. zw. zunächst aus Tomaten; später konnte es aber STANLEY aus infiziertem Spinat oder Phlox und BEALE aus infizierten Petunien gewinnen, also aus Pflanzenspezies, die vom „natürlichen Wirt“ im System schon ziemlich weit abstanden. Es blieb somit nur noch der erste der oben zitierten Sätze von GRATIA und MANIL übrig; doch konnte auch er auf dem völlig neuen Wege verifiziert werden, da es sich zeigte, daß vier verschiedenen Stämmen des Tabakmosaikvirus vier *differente* hochmolekulare Virusproteïne entsprachen [STANLEY (*5*)].

STANLEY (*5*) führt diese Befunde in erster Linie als Beweise an, welche im Zusammenhalt mit den anderen bereits erwähnten Gründen (siehe S. 30) dafür sprechen, daß die spezifische Viruswirkung eine Eigenschaft der von ihm rein dargestellten Proteïne ist. Da sich aber diese Befunde so weitgehend mit den Angaben von GRATIA decken und da GRATIA aus seinen Untersuchungen den Schluß ableitete, daß das phytopathogene Virus einschließlich des Mosaïkvirus des Tabaks ein wirtsfremdes, von außen eingedrungenes Agens, ein mit Vermehrungsfähigkeit begabter infektiöser Keim sein müsse, sieht man sich genötigt, zu dieser Folgerung Stellung zu nehmen, im allgemeinen sowohl als unter spezieller Berücksichtigung der Forschungsergebnisse STANLEYS und der Deutung, die ihnen ihr Autor gegeben hat.

R. DOERR (*8*) hat schon 1934 in seiner Monographie über „filtrierbare Virusarten“ (l. c., S. 188) auseinandergesetzt, daß die Kontrollexperimente von A. GRATIA und anderen Experimentatoren, welche sich mit den serologischen Reaktionen des Mosaikvirus befaßten, von der Prämisse ausgehen, daß kranke Pflanzenteile außer den spezifischen Virusantigenen *nur die Eiweißantigene der betreffenden normalen Pflanze* enthalten können. Nur unter dieser Voraussetzung darf man ja ein in den kranken Pflanzenteilen gefundenes, in der normalen Pflanze nicht vorhandenes Antigen auf ein von außen eingedrungenes Agens beziehen. Wie aber DOERR bemerkt, ist der Antigenbestand eines Organismus unter pathologischen Bedingungen nicht nur ganz beträchtlichen quantitativen Schwankungen ausgesetzt, sondern es können unter Umständen auch neue Stoffe mit Antigencharakter auftreten. Man braucht sich da nur an die Antikörper und an das Amyloïd zu erinnern,[1] die auch insofern eine suggestive Analogie zu der supponierten endogenen Virusreproduktion bilden, als sie 1. entstehen, wenn artfremdes Eiweiß in den Organismus eingeführt wird; 2. dadurch, daß ihre Entstehung mit Störungen des Eiweißstoffwechsels einhergeht und 3. daß das abnorme Produkt (der Antikörper bzw. das Amyloïd) von der Natur der auslösenden Noxe abhängt, während die Artzugehörigkeit des Organismus, in dem sich der Vorgang abspielt, die Beschaffenheit des Produkts nicht entscheidend beeinflußt. Endlich wird als Grundlage des Amyloïds ein globulinartiger Eiweißkörper, das Amyloïdproteïn, angesehen (A. DIETRICH), und die Antikörper galten

[1] Weitere Beispiele von abnormen Eiweißkörpern, welche unter pathologischen Bedingungen entstehen, sind das Protein von BENCE-JONES (M.-G. 35000) und der im Blutserum eines Myelompatienten von BONSDORFF, GROTH und PACKALÉN nachgewiesene Eiweißkörper, der serologisch spezifisch war, in der Kälte in Form von 2—3 mm langen kahnförmigen Kristallen ausfiel und ein M.-G. von 200000 besaß.

früher und gelten namentlich auch wieder jetzt als modifizierte Globuline [WYCKOFF (*4*)]. Vollkommen läßt sich indes, wie leicht einzusehen, diese Parallele nicht durchführen, und sie wirkt daher auch nicht überzeugend genug, um die Hypothese der endogenen Virusbildung zu stützen; sie reicht aber aus, um Zweifel an dem Standpunkt von GRATIA zu erwecken.

STANLEY, der — wie ausgeführt wurde — im Tatsächlichen mit GRATIA übereinstimmt, zieht aus seinen Untersuchungsergebnissen keineswegs die Konsequenz, daß die endogene Virusreproduktion abzulehnen sei. Nach seiner Ansicht kann die Infektion (Übertragung) als die Einführung einiger weniger Moleküle eines Virusproteïns in einen empfänglichen Wirtskörper betrachtet werden; diese wenigen Moleküle würden dann die Fähigkeit haben, den Stoffwechsel des Wirtes so zu beeinflussen, daß dieser keine normalen Eiweißkörper, sondern Virusproteïne erzeugt, und in dieser Umstellung des Stoffwechsels wäre die Ursache und das Wesen der Viruskrankheit zu suchen. Im Grunde genommen steht diese Auffassung der früheren Konzeption eines „autokatalytischen" Vorganges ziemlich nahe; sie ist nur bestimmter, indem sie die Virusvermehrung als Folge einer „oligodynamisch" ausgelösten Störung des Eiweißstoffwechsels der Wirtszellen hinstellt. Hierfür war nicht bloß der Umstand maßgebend, daß nach STANLEY das Virus eben nichts anderes ist als ein hochmolekulares und in seinen Lösungen molekulardisperses Proteïn, sondern auch die überraschende Feststellung, daß erkrankte Tabakblätter zweimal soviel Eiweiß enthalten können als normale und daß 80—90% dieses hohen Eiweißgehaltes auf das makromolekulare Virusproteïn entfallen. Es bestand also nicht nur eine gesteigerte Produktion abnormen, sondern auch eine erhebliche Abnahme des normalen Eiweißes, zwei Prozesse, die miteinander in Konnex zu sein schienen.

Wenn das Virusproteïn mit dem normalen Eiweiß der Wirtspflanze irgendwelche Verwandtschaft — sei es in chemischer, sei es in serologischer Hinsicht — zeigen würde, stünde die Hypothese von der endogenen Virusproduktion auf weitgehend gesichertem Boden [R. DOERR (*8*), BAWDEN und PIRIE (*1*)]. Aber gerade das ist nicht der Fall. CHESTER glaubte anfangs mit Hilfe der Komplementbindung und der Anaphylaxie gekreuzte Reaktionen zwischen kristallinischem Mosaikvirusproteïn und normalem Eiweiß der Tabakpflanze nachgewiesen zu haben; Nachprüfungen ergaben jedoch, daß die Präparate des Virusproteïns mit Normaleiweiß verunreinigt waren und daß sich reinere, hochaktive Proteïne darstellen lassen, welche die gekreuzten Reaktionen nur noch in geringem Grade oder sogar überhaupt nicht mehr geben [K. S. CHESTER (*2*), STANLEY (*5*), SEASTONE, LORING und CHESTER, BAWDEN und PIRIE (*2*), siehe auch S. 34]. Unter diesen Umständen drängen sich doch einige Einwände auf, die zum Teil in der Richtung der Argumentationen von GRATIA liegen.

Es fällt auf, daß identische oder zumindest sehr ähnliche hochmolekulare Proteïne in Pflanzen entstehen sollen, deren normale Eiweißkörper keine serologische Verwandtschaft zeigen wie z. B. das Mosaikvirusproteïn in der Tabakpflanze und in Phloxpflanzen. Es bilden allerdings nicht alle infizierbaren Wirtsspezies gleichviel Virus bzw. Virusproteïn, die Tomate z. B. weniger als der Tabak. Das erleichtert aber das Verständnis nicht, sondern bedeutet eine neue Schwierigkeit. Wenn schon einige wenige Moleküle Virusproteïn imstande sein sollen, die virusproduzierende Umwälzung des Eiweißstoffwechsels in so verschiedenen Pflanzen hervorzurufen, begreift man die Existenz quantitativer Differenzen nicht. Ja, man kann schließlich fragen, warum so viele Pflanzenspezies gegen das Mosaikvirus refraktär sind, wenn die umstimmende Wirkung des Virusproteïns von der Qualität des normalen Eiweißbestandes anscheinend unabhängig ist. Man kann allerdings annehmen, daß nicht in allen Wirten sämtliche Bausteine für ein bestimmtes Protein vorhanden sind; mit dem Fehlen notwendiger Stoffe kann man jedoch, abgesehen davon, daß es sich um eine Hilfshypothese handelt, in gleicher Weise auch das refraktäre Verhalten gegen Parasiten der verschiedensten Organisationsstufen erklären (vgl. z. B. die Untersuchungen über die Ernährung der Trypanosomen von M. LWOFF).

Daß es mehrere Rassen oder Stämme des Mosaikvirus gibt, für welche die Tabakpflanze der natürliche Wirt ist, möchte STANLEY mit seiner Auffassung in folgender Weise in Einklang bringen. Bei der Produktion von Millionen Molekülen eines bestimmten Virusproteïns könne es sich ereignen, daß gelegentlich eines eine etwas abweichende Struktur hat, und wenn sich dann dieses Molekül vermehrt, entstehe ein neuer Stamm; das würde dem Phänomen der Mutation entsprechen.[1] Es ist jedoch nicht klar, warum gerade neue übertragbare Virusproteïne gebildet werden sollen, wenn die hypothetische Umwälzung des Stoffwechsels partiell unregelmäßig verläuft; man würde eher vermuten, daß unter solchen Umständen irgendwelche andere Eiweißkörper auftreten, denen die Aktivität eines Virus fehlt. Und wenn man solche Vorgänge zugibt, versteht man nicht, warum die Rassen überhaupt konstant sind und nicht beständig ineinander regellos übergehen. Ferner, wenn ein Virusproteïn, sei es auch nur in geringer Masse, neben einem anderen produziert werden kann, wie soll man es sich dann zurechtlegen, daß die meisten Rassen des Tabakmosaiks zueinander in einem antagonistischen Verhältnis stehen, derart, daß die Infektion mit einer Rasse, selbst wenn sie schwach pathogen („virulent") ist, gegen die Infektion mit einem kräftig wirkenden Stamm schützt? Wenn man vorgibt, daß der milde Stamm die Bausteine völlig aufbraucht, welche für den hochpathogenen Stamm, d. h. für die Synthese des Virusproteins notwendig sind (die alte „Erschöpfungshypothese" der erworbenen Immunität!), muß man sich fragen, wie die Wirtszellen fortbestehen können, wenn wichtige Substanzen (Proteine der Eiweißbausteine) dauernd aus ihnen schwinden.

Anderseits kennt man Fälle, daß ein und dieselbe Pflanze gleichzeitig mit zwei oder mehreren Virusarten infiziert ist, z. B. die Kartoffel mit „X"- und „Y"-Virus, der Tabak mit Mosaikvirus und Ringfleckvirus (ring spot virus). Man müßte in solchen Fällen annehmen, daß der pathologische Eiweißstoffwechsel im gleichen Wirt mehrere Sorten hochmolekularer Proteïne hervorzubringen vermag, die aber trotzdem ihre besonderen Eigenschaften bewahren, da sie sich durch eine Reihe von Methoden isolieren lassen; und diese Methoden sind nicht bloß mechanische oder physikalische Verfahren, bei welchen man an eine verschiedene Resistenz der makromolekularen Proteïne denken könnte, sondern zum Teil so geartet (selektive Übertragung durch ein bestimmtes Insekt, Übertragung auf ungewohnte Wirtspflanzen, in welchen sich nur eine der im Ausgangsmaterial vorhandenen Virusarten zu vermehren vermag), daß man in Verlegenheit gerät, wie man die beobachteten Tatsachen der Idee, die Virusarten seien nichts als Proteïnmoleküle, anpassen soll (vgl. KENNETH M. SMITH, Plant viruses, S. 21ff.).

---

[1] Eine ähnliche Auffassung wie STANLEY vertritt in letzter Zeit auch E. KÖHLER, welcher aus einer Linie des X-Mosaikvirus der Kartoffel vier Varianten isolieren konnte, welche sich voneinander nicht durch die Qualität, wohl aber durch die Intensität der pathogenen Auswirkung unterschieden. KÖHLER stellt sich vor, daß die sprunghaften Änderungen solcher Stämme auf Vorgängen an den Molekülen des Virusproteins beruhen und zwar auf Assoziationen oder Dissoziationen gleichartiger Teile; die Polymerisation soll durch „Steigerung des Virusquantums" die Pathogenität erhöhen, die Depolymerisation soll sie abschwächen. G. A. KAUSCHE, der mit dem von KÖHLER untersuchten Stamm experimentierte, hält es sogar für möglich, daß man derartige Veränderungen durch chemisch-physikalische Eingriffe in vitro bewerkstelligen kann. KÖHLERS Hypothese könnte durch Messung der Teilchengrößen der vier Virusvarianten verifiziert werden; das ist aber bisher meines Wissens nicht geschehen. Die beschriebenen Virusvariationen sind jedenfalls rein quantitativ, während STANLEY — wie das schon aus dem Vergleich mit den Mutationen der Genetik hervorgeht — qualitative Differenzen im Auge hatte.

b) Die Inaktivierung der Virusarten, besonders der Virusproteïne.

Gegen die endogene Entstehung der Virusproteïne spricht übrigens, wenn nur die wichtigsten Momente unterstrichen werden sollen, noch ein Umstand. Es wurde bereits aus der Diskussion der dimensionalen Virusskala gefolgert, daß die hochmolekulare bzw. makromolekulare Beschaffenheit der Virusproteïne allein kaum die Ursache ihrer Infektiosität oder unpräjudizierlich gesprochen ihrer Übertragbarkeit sein kann (siehe S. 32). Nun war es schon lange vor STANLEY bekannt, daß sich die verschiedenen Virusarten durch bestimmte physikalische und chemische Einflüsse „abtöten“ bzw. inaktivieren lassen, so daß das veränderte virushaltige Material nicht mehr infektiös war; auch für das Mosaikvirus des Tabaks lagen solche Angaben in großer Zahl vor. Das kristallisierte Tabakmosaik-Virusproteïn kann, wie STANLEY gezeigt hat, durch H_2O_2, Formaldehyd, salpetrige Säure, ultraviolettes Licht ebenfalls inaktiviert werden; dabei treten wohl nach STANLEYS Untersuchungen Verschiebungen des isoelektrischen Punktes, Änderungen der Löslichkeit und des Gehaltes an Amino-N auf, welche für Alterationen im Proteïnmolekül sprechen, aber die chemischen und serologischen Eigenschaften (die Flockbarkeit durch spezifische Antisera und die produktive Antigenfunktion) bleiben erhalten, ja die Inaktivierung beeinflußt nicht einmal die Form der mikroskopischen Kristalle.

Daß wir Zellen, insbesondere Bakterien, ihrer Vermehrungsfähigkeit und damit auch ihrer Infektiosität berauben, daß wir sie abtöten können, ohne die chemische Zusammensetzung ihrer Leibessubstanzen erkennbar zu modifizieren und insbesondere ohne die Antigenfunktionen irgendwie zu tangieren, ist dem Mikrobiologen und Immunologen geläufig; was da irreversibel zerstört (oder nur reversibel unterbrochen) wird, ist für uns das „Leben“, und daß das Leben ohne wesentliche Änderung im chemischen oder serologischen Gefüge der Organismen geschädigt werden kann, nehmen wir hin, weil wir von einer restlos mechanistischen Erfassung des Lebensprozesses weit entfernt sind, vielleicht auch weil wir stillschweigend zugeben, daß unsere Methoden zu grob sind, um eventuell vorhandene chemische Unterschiede zwischen abrollendem Leben, ruhendem Leben und endgültigem Tod zu erfassen.

Was soll aber verändert werden, wenn das Molekül eines Virusproteïns inaktiviert wird? Wenn wir die Vorstellung des lebenden Eiweißmoleküls ablehnen, kommt kaum etwas anderes als ein chemischer Vorgang in Betracht, der, obwohl er nach STANLEYS Untersuchungen nicht tiefgreifend sein muß, doch ausreicht, um das Virusproteïn seiner Fähigkeit zu berauben, die supponierte Umwälzung des Eiweißstoffwechsels im Wirte anzuregen. In der Tat konnten A. F. ROSS und W. M. STANLEY zeigen, daß die Aktivität des Virusproteïns des Tabakmosaiks durch Einwirkung von Formaldehyd auf 10—0,1% ihres Ausgangswertes vermindert werden kann und daß hierbei die Aminogruppen und die (mit FOLINS Reagens nachweisbaren) reduzierenden Gruppen (vermutlich die Indolkerne des Tryptophans) abnehmen; die Entfernung des Formaldehyds mit Dimethyldihydroresorcinol oder Histidin hatte eine partielle Reaktivierung (auf das Zehnfache) und gleichzeitig eine Zunahme des Amino-N sowie der reduzierenden Gruppen zur Folge. Merkwürdig war auch, daß die Reaktivierung noch möglich war, wenn die inaktivierten Lösungen monatelang gestanden hatten. ROSS und STANLEY betrachten ihre Beobachtungen als einen direkten experimentellen Beweis dafür, daß die Aktivität eine spezifische Eigenschaft der Virusproteïne sein muß, da sie sonst nicht durch chemische Vorgänge am Eiweiß abgeschwächt und wiederhergestellt werden könnte.

Ob aber die Inaktivierung in dem von ROSS und STANLEY untersuchten Fall auf einer Blockierung der Aminogruppen und Indokerne beruht, erscheint fraglich. Eine generelle Aussage über den Mechanismus der Inaktivierung, eines zumindest im Endeffekt einheitlichen Phänomens, ist vollends unmöglich. Die als „Virusaktivität" bezeichnete Eigenschaft ist bei manchen Virusarten äußerst labil, bei anderen in hohem Grade widerstandsfähig und die Extreme finden sich oft bei Virusarten, welche derselben Wirtspflanze zugeordnet sind (Virus X und Y der Tomaten, extreme Resistenz des Nekrosevirus der Tabakpflanze gegen Alkohol und Formaldehyd; cit. nach KENNETH SMITH, Plant viruses, S. 48ff. und VII. Abschnitt dieses Handbuches); es besteht auch kein durchgängiger Parallelismus der Resistenz gegen verschiedene inaktivierende Einflüsse (Austrocknung, Formaldehyd, Alkohol, Erhitzen, H·-Konzentration des Lösungsmittels usw.). Wenn es also Veränderungen des Eiweißes sein sollten, auf welchen die Virusinaktivierung beruht, so können es doch nicht immer die gleichen chemischen Prozesse sein, welche diese Wirkung haben. Man erhält vielmehr den Eindruck, daß das, was bei der Inaktivierung verlorengeht, durch einen von Virus zu Virus wechselnden Faktorenkomplex bedingt sei, und im ganzen ein Verhalten erkennen läßt, welches mehr der Empfindlichkeit von Organismen gegen mikrobizide Agenzien nahesteht, als der physikalisch-chemischen Stabilität einer bestimmten Gruppe von Substanzen (Proteïnen). Erschwert wird übrigens dieser Sektor der Virusprobleme durch die Schwierigkeit, reversible Inaktivierungen von irreversiblen Zerstörungen zu unterscheiden, eine Differenzierung, die naturgemäß ausschlaggebende Bedeutung besitzt; zweitens stören gewisse Fehlerquellen, welche dadurch gegeben sein können, daß die angeblich inaktivierten Produkte nur deshalb nicht wirken, weil sie für das Protoplasma der Wirtszellen toxisch sind (J. CALDWELL, ROSS und STANLEY u. a.).

Die Inaktivierung gibt auch noch in einer anderen Beziehung Anlaß zu Bedenken. Die Virusarten und unter ihnen in erster Linie die kleindimensionierten (Durchmesser der Elemente $\lesseqgtr$ 40 mμ) sollen hochmolekulare Proteïne sein, und es ist im Prinzip stets dieselbe Wirkungsart, welche bei der Inaktivierung geschädigt wird. Faßt man aber die phytopathogenen Virusarten ins Auge, welche auch noch durch ihre gemeinsame Abstammung aus dem Eiweißstoffwechsel von Pflanzen (zum Teil sogar von denselben Pflanzen!) miteinander verbunden sein sollten, so ist man über die verschiedene Resistenz gegen inaktivierende Faktoren erstaunt. Manche halten sich im Quetschsaft kranker Blätter oder in getrockneten Pflanzengeweben monatelang, andere nur wenige Stunden, manche ertragen die Einwirkung von Formaldehyd, hochkonzentriertem Alkohol oder von Temperaturen von 80—90° C, während sich andere als labil erweisen; und die Extreme finden sich oft bei Virusarten, welche der gleichen Wirtspflanze zugeordnet sind (Virus X und Virus Y der Tomaten, extreme Widerstandsfähigkeit des Nekrosevirus der Tabakpflanze gegen Alkohol und Formaldehyd; cit. nach KENNETH SMITH, Plant viruses, S. 48ff. und siebenter Abschnitt dieses Handbuches).

2. Argumente, welche für die Möglichkeit der endogenen Virusentstehung sprechen.

Wenn somit von STANLEY und anderen Experimentatoren einige Virusarten in Form von makromolekularen Proteïnen dargestellt wurden, d. h. von Proteïnen, deren große Moleküle im Lösungszustand mit den Viruselementen identifiziert werden dürfen, so wird die Theorie der endogenen Virusproduktion dadurch wohl gestützt, aber nicht so zwingend bewiesen, daß man sie unter allen Umständen akzeptieren muß. Die Gründe, welche schon vorher zugunsten dieser Hypothese geltend gemacht wurden, insbesondere von R. DOERR, haben daher ihren Wert nicht eingebüßt; aber es hat sich überraschenderweise herausgestellt, daß sie nur zum Teil auf jene Virusarten angewendet werden können, welche sich durch besonders kleine Elemente auszeichnen und von denen einige als hochmolekulare Eiweißkörper isoliert wurden. Sehen wir von dieser Inkongruenz vorläufig ab, so lassen sich folgende Argumente für die Entstehung von Virusarten im Organismus der „Wirte“ anführen:

a) *Das spontane Auftreten einer Viruskrankheit oder einer latenten Virusinfektion ohne nachweisbare Übertragung des spezifischen Agens.*

b) *Die Erzeugung einer Viruskrankheit auf unspezifischem Wege.*

c) *Der Nachweis einer serologischen (immunochemischen) Verwandtschaft zwischen Virus- und Wirtsproteïnen.*

d) *Die straffe Bindung der Virusvermehrung an den intensivierten Stoffwechsel (Wachstumsvorgänge) der Wirtszellen.*

e) *Ein Beweis e contrario: Eigenschaften der Virusarten, welche sich mit dem Begriffe eines lebenden Organismus nicht vertragen, machen ihre unbelebte Natur und infolgedessen auch ihre Entstehung im Wirte wahrscheinlich.*

a) Das spontane Auftreten von Viruskrankheiten oder latenten Virusinfektionen ohne nachweisbare Übertragung des spezifischen Agens.

Es handelt sich hier um Beobachtungen von ganz verschiedener Art, gewissermaßen um eine Kasuistik, so daß auch die Darstellung nur in einer Aufzählung und Diskussion von „Fällen“ bestehen kann.

α) Spontane Virusinfektionen von Pflanzen.

Ganz besonderes Interesse beanspruchen Untersuchungen, welche KENNETH M. SMITH in *Cambridge* mit dem sog. Nekrosevirus der Tabakpflanze ausgeführt hat. K. M. SMITH konstatierte zunächst, daß normale, äußerlich gesunde Pflanzen, die während ihrer ganzen Lebensdauer keinerlei Zeichen einer krankhaften Störung darbieten, dieses Virus beherbergen können u. zw. nur in den Wurzeln, nicht in den oberirdischen Teilen. Unter bestimmten Bedingungen (im Winter und im ersten Frühjahr) kann aber das Virus in den Stamm der Pflanze aufsteigen, und die unteren Blätter zeigen dann pathologische Symptome. Weit merkwürdiger aber war, daß aus den Samen solcher Tabakpflanzen gezogene Keimlinge, die gegen exogene Infektionen geschützt wurden, zwar zunächst in allen Teilen frei von nachweisbarem Virus waren, daß aber die meisten nach Ablauf von fünf Wochen reichlich Virus enthielten u. zw. gerade wieder in den Wurzeln.

SMITH sah für diese Beobachtungen drei mögliche Erklärungen voraus. Erstens könne man willkürlich annehmen, daß das Virus zu allen Zeiten in den oberirdischen Teilen der Mutterpflanzen vorhanden ist, aber in einer Form oder Konzentration, welche durch die bekannten Methoden des Virusnachweises nicht erfaßt werden kann; vom Stamm könnte das Virus dann in die Samen und durch diese in die Keimlinge übertreten, müßte aber alle diese Etappen in der maskierten Form passieren, um erst nach fünf Wochen in den Wurzeln der jungen Pflänzchen manifest zu werden. Zweitens wäre ein Versuchsfehler denkbar, falls es Arten der Übertragung gibt, die man bisher nicht kennt. Drittens erwog SMITH die endogene Entstehung des Virus in den Tabakpflanzen und betrachtete diese Hypothese — auch im Hinblick auf die bereits ausführlich besprochenen Arbeiten von W. M. STANLEY — als zulässig, wenn auch noch nicht als hinreichend bewiesen.

K. SMITH bezeichnete jedoch die an zweiter Stelle angeführte Erklärung als die wahrscheinlichste. Da das Virus in den *Wurzeln* der aus Samen gezogenen Keimlinge zuerst auftrat, kam als Vermittler einer exogenen Infektion nur der Boden in Betracht; da aber anderseits auch die Wurzeln von in *sterilisiertem* Boden aufgewachsenen Sämlingen virushaltig wurden, mußte man an eine nachträgliche Kontamination des Bodens durch das Wasser oder die Luft denken. In der Tat war SMITH imstande, das Nekrosevirus experimentell (durch Übertragung auf Phaseolus vulgaris) im Bodenschlamm eines Tanks, aus welchem Wasser zum Begießen der Pflanzen entnommen wurde, und bald darauf auch in der Luft des Glashauses nachzuweisen.

Den Virusnachweis in der Luft hielt SMITH für so wichtig, daß er geradezu von einem „air borne plant virus“ sprach.

SMITH begnügte sich jedoch nicht mit dem Virusnachweis im Wasser und in der Luft, sondern suchte die beiden anderen der oben erwähnten Erklärungsmöglichkeiten auszuschließen. Er züchtete Tabaksamen, deren Oberfläche mit 2,5‰ Sublimat desinfiziert worden war, auf einem besonderen Nähragar in großen geschlossenen Glasflaschen und fand das Virus auch nach drei Monaten nie in den Wurzeln der entwickelten Pflänzchen. Auch blieben virusfreie Wurzelstücke von Sämlingen, wenn sie unter entsprechenden Kautelen nach der Methode von P. R. WHITE in vitro kultiviert wurden, 3—4 Monate lang virusfrei. Aus diesen zwei Versuchsresultaten schließt SMITH, daß das Nekrosevirus in keinem Teile der Wirtspflanze spontan auftritt und daß Tabakpflanzen, die vor jeder äußeren Einwirkung geschützt bleiben, kein Virus enthalten. Das Ergebnis des ersten Versuches besagt überdies nach SMITH, daß das Nekrosevirus von einer infizierten Tabakpflanze nicht durch die Samen auf die Tochterpflanzen übertragen werden kann, eine Angabe, die mit der vielfältigen Erfahrung der Phytopathologen [K. SMITH, E. SCHAFFERIT, A. GRATIA und P. MANIL (*1, 2*) u. a.] übereinstimmt, daß diese Art der hereditären Infektion bei den Viruskrankheiten der Pflanzen außerordentlich selten vorkommt (siehe weiter unten).

So wäre also das scheinbar spontane Auftreten des Nekrosevirus in anfänglich virusfreien Wurzeln bestimmter Tabakrassen als Paradigma endogener Virusbildung abzulehnen. Man wird aber diese Angelegenheit kaum für definitiv erledigt halten, da viele Punkte in Schwebe geblieben sind, so z. B. warum das Virus auf die Glashäuser beschränkt schien und bei Pflanzen, die im Freien wuchsen, nicht nachgewiesen werden konnte, warum auch im Glashause stets eine Zeitspanne von mehreren Wochen verstreichen mußte, bis das Virus in den Wurzeln zu finden war.

GRATIA und MANIL (*1, 3*) erblicken in der *„Unmöglichkeit der Virusübertragung durch die Samen“* ein Argument gegen die endogene Virusbildung. Wie aber T. MATSUMOTO (*2*) sowie GRATIA und MANIL (*2*) durch die Präzipitinreaktion feststellen konnten, ist daran die ungleiche Verteilung des Virus in den infizierten Pflanzen schuld. Selbst wenn sich die Infektion generalisiert, ist das Virus im Gegensatze zu anderen Teilen der blühenden Pflanze im Griffel und in den Staubgefäßen nicht oder nur in äußerst geringer Menge enthalten; GRATIA und MANIL nehmen an, daß es zur Zeit der Gametenbildung längst aus den Fruktifikationsorganen verschwunden ist und daß dies die Unmöglichkeit der Virusübertragung durch die Samen zu erklären vermag.

Die Übertragung phytopathogener Virusarten durch Samen ist nun zwar nicht gerade häufig, aber doch in einigen Fällen zuverlässig beobachtet worden, insbesondere bei den Mosaikkrankheiten der Bohnen und anderer Leguminosen [KENNETH SMITH (*1, 8*)]; wären die Ausführungen von GRATIA und MANIL zutreffend, so müßte sich hier das Virus in der blühenden Pflanze anders verteilen und als solches in die Samen übertreten. In der Tat konnte SMITH (*6*) zeigen, daß sich aus künstlich mit Nekrosevirus geimpften Samen von Phaseolus vulgaris zum Teil infizierte und schwer geschädigte Pflänzchen entwickeln. Geht man von der Voraussetzung aus, daß eine Übertragung durch Samen *nur dann* erfolgen kann, wenn das Virus aus der Mutterpflanze in den Samen gelangt und sich in diesem bis zum Auskeimen erhält, so wäre ein derartiger Vorgang als Analogon einer transplazentaren Infektion des Fetus bei Säugetieren zu betrachten und könnte selbstverständlich nicht als Beispiel für eine endogene Virusbildung dienen. Es ist indes nicht sicher bewiesen, daß diese Voraussetzung tatsächlich zutrifft, d. h. daß jeder Fall von Übertragung durch Samen auf einer Infektion der Samen beruht, welche während ihrer Entwicklung in der Mutterpflanze stattgefunden hat.

β) Der Herpes febrilis.

Der Typus einer ohne nachweisbare exogene Infektion auftretenden u. zw. häufig auftretenden Viruskrankheit ist *der Herpes febrilis des Menschen.* R. DOERR vertrat seit 1925 die Ansicht, daß das übertragbare Agens keine Mikrobe sein könne, sondern im menschlichen Organismus entstehen müsse, also zu einer Zeit, wo noch keine Größenbestimmungen dieser Viruselemente ($D =$ zirka 120 mμ) vorlagen; in der Folge schloß sich O. Nägeli dieser Auffassung mit identischer und nur in manchen Punkten etwas erweiterter Begründung an, ohne von den Arbeiten seiner Vorgänger besondere Notiz zu nehmen.

Die Einwände, welche gegen den endogenen Ursprung des Herpesvirus geltend gemacht wurden bzw. heute geltend gemacht werden, sind:

a) Die meisten Menschen sind mit Herpesvirus *latent infiziert* und die latente Infektion wird durch eine Reihe unspezifischer Faktoren aktiviert d. h. in eine manifeste Erkrankung umgesetzt. Als Stätten, wo das latente Virus zu finden sein soll, werden *„nach Bedarf"* das Blut, der Liquor, früher infiziert gewesene Hautstellen, regionäre Nervenganglien, die Mundhöhle genannt, und es liegen auch Angaben über positive Befunde, besonders im Liquor, vor (Flexner und Amoss, Bastai und Busacca, L. Jacchia, St. Zurukzoglu). Der Nachweis im Liquor gelang manchen Autoren (Bastai und Busacca, L. Jacchia) leicht und in einem hohen Prozentsatz der untersuchten Proben, anderen, wie Flexner und Amoss oder Zurukzoglu, nur ganz ausnahmsweise, K. Schmidt sowie Doerr und seinen Mitarbeitern (Schnabel, M. Fischer, S. Seidenberg) nie. Die Zahl der im Institute von Doerr geprüften Liquorproben belief sich im Jahre 1931 auf 85 (Bericht von Seidenberg); neuerdings wurden abermals 62 Proben untersucht, u. zw. wieder mit absolut negativem Ergebnis (noch nicht publiziert), wobei noch zu bemerken ist, daß ein Teil der Liquores von Individuen stammte, welche entweder vor der Lumbalpunktion einen Herpesausschlag gehabt hatten oder bei denen kurz nach der Punktion der Herpes (durch Fiebertherapie) ausgelöst werden konnte. Berücksichtigt man das große Material von Doerr sowie den Umstand, daß positive Resultate vorgetäuscht oder durch Versuchsfehler bedingt sein können, so wird man Doerr beipflichten, *daß der Nachweis der latenten Herpesinfektion bisher nicht erbracht wurde.* Es ist ja auch völlig unklar, warum sich das Depot für das latente Virus gerade im Liquor befinden soll und wie das Virus von dort an die Stelle der kutanen Lokalisation gelangt.

St. Zurukzoglu will in zwei von 50 Liquorproben Herpesvirus nachgewiesen haben; einer der beiden positiven Befunde wurde bei einer Frau erhoben, welche nie zuvor Herpes gehabt hatte und Zurukzoglu meint, daß gerade dieses Ergebnis „gegen die Hypothese eines unbelebten Virus" spreche. Das ist nicht verständlich; das Vorhandensein von Herpesvirus bei einem Individuum, das früher nie manifest infiziert war, könnte man eher zugunsten des endogenen Ursprungs anführen. Zurukzoglu hatte in einer früheren Arbeit (in Gemeinschaft mit H. Hruszek) angegeben, daß man bisweilen an Stellen abgeheilter Herpeseruptionen durch unspezifische Reize (Tuberkulin, Gonovaccine, Pyrifer, Adrenalin) Herpesrezidive hervorrufen könne, u. zw. ziemlich lange (fünf Monate) nach der Abheilung des primären Prozesses. Es war aber Zurukzoglu und Hruszek ebensowenig wie früher F. Freund möglich, das Herpesvirus in abgeheilten Effloreszenzen festzustellen, so daß die Annahme eines latenten Verharrens des Agens am Ort eines vorausgegangenen Infektes als willkürlich bezeichnet werden muß. Man erhält vielmehr auch hier wieder den Eindruck der endogenen Virusbildung; nach Analogie der anamnestischen Agglutininproduktion könnte die Virusbildung, falls sie einmal durch einen spezifischen Reiz ausgelöst worden war, auch unspezifisch wieder in Gang gebracht werden. Damit stimmt die Beobachtung, daß Hautstellen, welche künstlich mit Herpesvirus infiziert waren, erneute Herpesausbrüche zeigen, wenn man die unspezifischen Reizsubstanzen (Pyrifer, Sanovaccine) nicht lokal einwirken läßt, sondern an beliebiger Körperstelle einspritzt (Stalder und Zurukzoglu); es ist das nichts anderes als die bekannte Provozierbarkeit des Herpes (siehe S. 44) an einer durch die vorausgehende künstliche Impfung erzeugten Prädilektionsstelle. Latente Virusdepots kommen ebensowenig in Frage wie in jenen Fällen, in welchen eine Herpeseruption bei einem vorher nie herpeskranken Individuum ausgelöst wird, wobei ja bekanntlich auch bestimmte Lokalisationen bevorzugt sind (Herpes labialis). Einen Versuch, seine verschiedenen experimentellen Ergebnisse und ihre disparaten Deutungen untereinander in Beziehung zu setzen, hat ZURUKZOGLU nicht unternommen.

b) Ist die Annahme einer allgemein verbreiteten latenten Herpesinfektion der Menschen sachlich nicht oder nicht genügend unterbaut, so kann ein anderer Einwand nicht ohne weiteres abgelehnt werden: die Größe der Elemente dieser Virusart.

Bei wenigen Virusarten gehen allerdings die Angaben über den Teilchendurchmesser so weit auseinander wie gerade beim Herpesvirus, wo sie zwischen dem Moleküldurchmesser eines Serumproteïns (LEVADITI und NICOLAU) und 180—220 mμ (BECHHOLD und SCHLESINGER) schwanken. Die Messungen von ELFORD, PERDRAU und SMITH ergaben einen wahrscheinlichen Wert von 100 bis 150 mμ, und diese Autoren sprachen daher — wie schon früher S. P. BEDSON — die Vermutung aus, daß die Virusteilchen innerhalb der Grenzen mikroskopischer Sichtbarkeit liegen dürften. Davon ausgehend, versuchte 1936 K. HERZBERG die Elementarkörperchen des Virus in Ausstrichpräparaten aus menschlichen Herpeseffloreszenzen und in Klatschpräparaten von der herpetisch infizierten Kaninchencornea durch Färbung mit Victoriablau darzustellen, u. zw. insofern mit positivem Erfolg, als rotviolette, kokkenartige Gebilde von der nach ELFORDS Messungen zu erwartenden Größenordnung zu sehen waren, welche „verschiedentlich auch die charakteristischen Teilungsformen erkennen ließen".

Bis zur Niederschrift dieses Abschnittes ist das meines Wissens die einzige Mitteilung über die optische Erfassung der Elemente des Herpesvirus. Es fehlen daher vorläufig die Kontrollen mit den anderen, in solchem Größenbereich anwendbaren Methoden (Photographie im ultravioletten Licht, Fluoreszenzmikroskopie, „Leuchtbildmethode"). Ferner sind die fraglichen Gebilde in Abstrichen aus herpetischen Lippeneffloreszenzen so spärlich, daß ein Widerspruch zur quantitativ titrierbaren Infektiosität des Materials (siehe R. DOERR und E. BERGER, l. c., S. 1419) vorliegt; HERZBERG findet freilich eine Übereinstimmung, aber nur, weil er eine für die Auswertung der Infektiosität unbrauchbare Technik verwendet (FL. MAGRASSI, R. DOERR, dieses Handbuch, V, 3. Kap. Wenn die Begründung der ätiologischen Bedeutung der PASCHENschen Körperchen so außerordentlich dürftig wäre, wie das bisher bei den von HERZBERG gefärbten Partikeln in Herpesmaterial der Fall ist, so müßte man diesen Befunden mit der gleichen Skepsis begegnen, mit welcher sie ursprünglich aufgenommen wurden. Und daß die PASCHENschen Körperchen jetzt fast allgemein als die belebten Erreger der Variolavaccine anerkannt sind, berechtigt keineswegs dazu, die Strenge der wissenschaftlichen Forderungen in dem Ausmaße zu lockern, wie das in der jüngsten Phase der „Elementarkörperchenforschung" geschieht. Zu warnen ist unter anderem auch vor der Überwertung von sogenannten „*Teilungsformen*"; was unter dieser Bezeichnung abgebildet wird, kann man unschwer an verschiedenen, zweifellos unbelebten, mikroskopischen Partikeln in ganz ähnlicher Weise konstatieren.

Man kann somit vorderhand nicht behaupten, daß eine Mikrobe von der Größenordnung der PASCHENschen Körperchen als Erreger des Herpes simplex nachgewiesen ist, und muß sich daher um so mehr Rechenschaft darüber ablegen, welche Tatsachen gegen die Existenz eines solchen Keimes geltend gemacht werden können. Sie sind ziemlich zahlreich:

1. Der Herpes ist bei Säuglingen eine Seltenheit, wird nach dem fünften Lebensjahr und insbesondere von der Pubertät an häufig und bevorzugt — speziell als habitueller Herpes — das weibliche Geschlecht.

2. Der Herpes tritt in manchen Familien gehäuft auf und zeigt dann bei Aszendenten und Deszendenten die gleiche, zuweilen ganz atypische Lokali-

sation, z. B. am Ohrläppchen (PH. REZEK, LAUDA und LUGER, LEHNDORFF). Zuweilen sind nur Mutter und Töchter, meist in der Form des habituellen bzw. menstrualen Herpes betroffen, während die Väter verschont bleiben, obwohl sie einer exogenen Kontaktinfektion in gleichem oder höherem Grade exponiert sind (O. NÄGELI).

3. Die Übertragung von Mensch zu Mensch, die sich experimentell leicht bewerkstelligen läßt, spielt unter natürlichen Verhältnissen offenbar keine oder nur eine ganz untergeordnete Rolle.[1] Die herpetischen Manifestationen werden vielmehr durch eine Reihe heterogener unspezifischer Faktoren ausgelöst, so z. B. durch die Menstruation, durch den Geschlechtsakt, durch bestimmte Infektionskrankheiten, durch Injektionen verschiedenartiger, besonders pyrogener Stoffe, durch den Aufenthalt in der Schnee- und Eisregion des Hochgebirges (Beobachtungen von E. KOPPISCH am Jungfraujoch, cit. nach DOERR), ja sogar durch psychische Suggestion (HEILIG und HOFF), die nach dem Zeugnis von BR. BLOCH auch noch eine andere Viruskrankheit (die Warzen) entscheidend beeinflußt.

4. Obzwar die Erzeugung des Herpes simplex durch Verimpfung des spezifischen Agens an keine bestimmten Stellen der Hautdecke gebunden ist, erscheint der Ausschlag unter natürlichen Bedingungen meist an bevorzugten Orten (Herpes labialis, Herpes progenitalis) und — falls es sich um habituellen oder rezidivierenden Herpes handelt — beim gleichen Individuum an gleicher Stelle, u. zw. auch dann, wenn die Lokalisation ganz ungewöhnlich ist (Kasuistik bei DOERR und BERGER, S. 1458, und bei S. NICOLAU, S. 322).

5. Die Rezidive beim habituellen Herpes können durch gesetzmäßige Intervalle getrennt sein. Daß der Herpes menstrualis in Abständen von 4—5 Wochen wiederkehrt, wäre im Hinblick auf die Periodizität des auslösenden Faktors begreiflich; man hat aber auch die zeitliche Bindung der Rezidive an eine bestimmte Jahreszeit beobachtet.

6. Um den Zusammenhang nicht zu stören, sei schon hier auf die willkürliche *unspezifische Provokation* des Herpes hingewiesen, obwohl sie erst in das folgende Kapitel gehören würde. Aber schließlich wird ja, wie bereits betont wurde, auch der „spontane" Herpes durch unspezifische Faktoren ausgelöst, und die absichtliche Provokation ahmt nur einen Vorgang nach, der sich ohne unser Zutun beständig abspielt. Es ist bekannt, daß die Provokation, falls man geeignete Mittel verwendet, bei einem hohen Prozentsatz der Versuchspersonen gelingt. Dem Verfasser wurde vor kurzem eine „Vaccine" aus verschiedenen abgetöteten Bakterien eingeschickt, welche zur Erzeugung von Fieber (Fiebertherapie) bestimmt war; sie wirkte aber so regelmäßig und so intensiv herpetogen, daß sich die Ärzte darüber beschwerten und der Darsteller des Präparates auf den Gedanken verfiel, dasselbe könnte mit Herpesvirus verunreinigt sein!

7. Bei Menschen, welche an atypischen Stellen mit Herpesvirus erfolgreich infiziert worden waren, halten sich die provozierten Eruptionen an die abgeheilten Impfstellen (STALDER und ZURUKZOGLU).

Alle diese Beobachtungen konvergieren dahin, daß das Agens des Herpes simplex kein Infektionsstoff ist, der sich in Infektketten erhält, sondern daß es im Organismus des Menschen, also „endogen" entsteht. Man erhält den bestimmten Eindruck, daß gewisse Gewebsbezirke für die Virusproduktion von Haus aus besser geeignet sind als andere, und daß eine einmalige Erkrankung — sei sie nun spezifisch oder unspezifisch ausgelöst — diese Fähigkeit erheblich steigert, auch wenn der Primäraffekt nicht an einer Prädilektionsstelle saß.

---

[1] Über herpetische Infektionen durch Kohabitation (Herpes conjugalis) siehe O. NÄGELI, ferner JANET und L. BING.

Es gelang allerdings STALDER und ZURUKZOGLU nicht, die lokale Gebundenheit der Herpesdisposition dadurch zu beweisen, daß sie Hautstellen, welche zu Herpesrezidiven geneigt waren, mit Hilfe der THIERSCHchen Autotransplantation an andere Orte verpflanzten; ein provozierender Eingriff hatte nie eine Eruption im angeheilten Transplantat zur Folge, obwohl die Stellen, von denen die Oberhaut abgetragen worden war, in einem Falle ihre Rezidivierfähigkeit bzw. Provozierbarkeit eingebüßt hatten. Doch lassen sich aus den wenigen Versuchen (an zwei Patienten) wohl überhaupt keine Schlüsse ableiten, was STALDER und ZURUKZOGLU selbst zugeben.

Selbst wenn eine Mikrobe als Erreger des Herpes einwandfrei sichergestellt wäre, müßte man sich mit diesen Tatsachen, die sich so wenig in unsere Vorstellungen von Infektion und Infektionskrankheit einfügen lassen, auseinandersetzen. Daß wir sie jetzt wegen der unbewiesenen Hilfshypothese einer allgemeinen latenten Durchseuchung des Menschengeschlechtes mit Herpesvirus und wegen der Angaben über die Größe der Viruselemente einfach beiseite schieben, erscheint vom wissenschaftlichen Standpunkt aus unzulässig.

Anderseits ist es ein Gebot der Objektivität, Bedenken, welche sich ohne vorgefaßte Lehrmeinung aus der Hypothese der endogenen Virusbildung ergeben, gebührend zu berücksichtigen. Und da wäre hervorzuheben, daß sich das Herpesvirus auf zahlreiche und untereinander verschiedene Tierspezies mit Erfolg übertragen läßt. Die Annahme, daß das Herpesvirus den Zellstoffwechsel aller dieser Wirte in „autokatalytischem Sinne", d. h. derart beeinflußt, daß es selbst als Endprodukt des pathologischen Prozesses entsteht, ist trotz vorhandener Analogien (siehe S. 34) mit innerer Unwahrscheinlichkeit belastet. Abgesehen davon, erscheint es unter dieser Voraussetzung nicht verständlich, warum die herpetischen Manifestationen gerade nur beim Menschen und hier so leicht und regelmäßig durch unspezifische Faktoren hervorgerufen werden können, nicht aber — so weit wir das bis jetzt wissen — bei den herpesempfänglichen Tierarten.

Beim Pferde hat man eine Bläschenflechte (den *Herpes communis*) beobachtet, welche sich insofern analog verhält wie der Herpes simplex des Menschen, als sie im Anschlusse an fieberhafte Erkrankungen (Brustseuche, Druse, Magendarmkatarrhe) auftritt, u. zw. mit Bevorzugung der gleichen Körperstellen (Herpes labialis). Es handelt sich aber hier nicht um dasselbe Virus wie beim Menschen; Pferd, Esel und Maultier sind gegen das Virus des Herpes simplex refraktär (VERATTI und SALA, REMLINGER und BAILLY).

γ) Die onkogenen Virusarten; serologische Verhältnisse und Elementarkörperchen.

Ein weiteres Beispiel für das evidente Fehlen einer exogenen Infektion als spezifischer Entstehungsursache sind *die Tumoren*, die in diesem Zusammenhang natürlich nur soweit in Betracht kommen, als sie durch zellfreien Tumorsaft d. h. durch ein virusartiges Agens, übertragen werden können. In erster Linie gehören hierher die „transplantablen" Hühnertumoren, von welchen PEYTON ROUS, dem eine besonders große Erfahrung zu Gebote steht, schreibt: „The natural incidence of the chicken tumors yields no sign whatever that they are caused by a virus."

J. B. MURPHY (*2*) ist da noch einen Schritt weitergegangen, indem er unter ausführlicher experimenteller und theoretischer Begründung seiner Auffassung zu dem Schlusse kommt, daß zwischen den Virusarten und den tumorerzeugenden Agenzien prinzipielle Differenzen bestehen und daß diese daher dem Begriff „Virus" gar nicht unterstellt werden dürfen. MURPHY will aber unter Virus ein „*exogenes Agens oder einen Parasiten*" verstehen (l. c., S. 30) und bezeichnet bloß die Übertragung *dieser* Vorstellung auf die tumorerzeugenden Substanzen als unhaltbar. MURPHY möchte die fraglichen Stoffe „transmissible Mutagene" nennen und ihnen eine Sonderstellung unter den übertragbaren Agenzien anweisen. Aber P. ROUS konstatierte etwa zwei

Jahre später (Oktober 1936), daß man von den Virusarten in genereller Hinsicht nicht mehr wisse, als daß sie Krankheiten hervorrufen und daß diese Krankheiten durch sie übertragen werden können, und solange sich dieser Zustand nicht ändere, dürfe man auch den Agenzien der Hühnertumoren den Viruscharakter nicht absprechen. Dabei ist es bis jetzt geblieben.

P. ROUS betont, daß die Hühnertumoren dem Herpes simplex insofern ähneln, als ihr natürliches Auftreten keine exogene Infektion vermuten läßt. Das ist aber nicht die einzige Analogie. Die Hühnertumoren können auf unspezifischem Wege provoziert werden; wie im folgenden Kapitel gezeigt werden wird, ergeben sich jedoch dabei Differenzen gegenüber der unspezifischen Provokation des Herpes, von denen sich vorläufig noch nicht mit Bestimmtheit sagen läßt, ob ihnen eine grundsätzliche Bedeutung zukommt oder nicht. Nur das eine mag hier vorweggenommen werden: Ein durchgreifender Unterschied zwischen spontanen und provozierten Hühnertumoren in dem Sinne, daß nur die ersten, aber nicht die zweiten einen virusartigen (zellfrei übertragbaren) Stoff enthalten bzw. bilden, scheint nicht zu bestehen. Das ist natürlich für die Parallele zwischen Hühnertumoren und Herpes außerordentlich wichtig, eine Parallele, die sich auch noch darauf erstreckt, daß das Tumorvirus hinsichtlich seiner Größenordnung dem Herpesvirus nahesteht. Nach den Untersuchungen von ELFORD und ANDREWES (1935 und 1936) haben die Viruselemente (im infektiösen Saft des ROUS-Sarkoms „Nr. 1“) untereinander gleiche Größe und einen Partikeldurchmesser von etwa 60—70 mμ; sie können bei entsprechender Umdrehungsgeschwindigkeit auszentrifugiert werden (LEDINGHAM und GYE, MAC INTOSH, R. AMIES) und erscheinen in gefärbten Präparaten des ausgeschleuderten Bodensatzes als distinkte Körnchen, die etwa halb so groß sind als PASCHENsche Körperchen bei gleicher Färbetechnik (LEDINGHAM und GYE). Wie die meisten Virusarten, das Herpesvirus mitinbegriffen, erzeugen auch die Agenzien der Hühnertumoren virusneutralisierende Antikörper mit den besonderen Wirkungseigentümlichkeiten dieser Gruppe von Immunstoffen.

Es ergibt sich somit derselbe Widerspruch wie beim Herpesvirus: die Unwahrscheinlichkeit eines exogenen (parasitären) Agens auf der einen, und die Schwierigkeit, sich ein endogenes Agens von dieser gleichmäßigen und erheblichen Teilchengröße vorzustellen, auf der anderen Seite.

Doch ist hier die Beurteilung auch noch durch den Umstand kompliziert, daß die tatsächlichen Ergebnisse der experimentellen Forschung divergieren. MURPHY, HELMER, CLAUDE und STURM, M. R. LEWIS und MENDELSSOHN, SITTENFIELD und JOHNSON gaben übereinstimmend an, daß man Extrakte aus ROUS-Sarkomen so weitgehend enteiweißen kann, daß sowohl chemische als auch serologische Reaktionen auf Eiweiß negative Resultate liefern; die tumorerzeugende Aktivität wird aber dadurch *nicht* abgeschwächt, sondern eher noch *gesteigert*, und die Fähigkeit, virusneutralisierende Antikörper zu produzieren, bleibt erhalten. Dagegen bilden die enteiweißten Tumorextrakte keine Präzipitine. Das gereinigte Virus der Tabakmosaiks besteht hingegen aus Eiweiß, es erzeugt außer virusneutralisierenden auch präzipitierende, komplementbindende und anaphylaktische Antikörper [K. S. CHESTER (*2*)] und es besitzt alle diese Fähigkeiten auch dann, wenn es inaktiviert, d. h. seiner Infektiosität beraubt wird [STANLEY (*5*)]. Indes ist der Widerspruch vermutlich nicht so groß als es auf den ersten Blick den Anschein hat. Es ist, wie schon an anderer Stelle (siehe S. 28) betont wurde, mit der Möglichkeit zu rechnen, daß der experimentelle Virusnachweis weit empfindlicher ist als die Fähigkeit, Eiweißreaktionen zu geben, und die Entstehung von sichtbaren Niederschlägen (Immunpräzipitaten) in vitro ist gleichfalls an eine bestimmte Minimalmasse des Antigens (M. H. MERRIL) gebunden. Die Steigerung der Wirkung durch Enteiweißen der Tumorextrakte dürfte auf der Eliminierung eines Hemmungsfaktors („Inhibitor“) beruhen. Für diese Auffassung sprechen neuere Untersuchungen von A. CLAUDE, welcher das Agens des

ROUS-Tumors I durch Zentrifugieren reinigen und 2800fach konzentrieren konnte, also durch dieselbe *physikalische* Methode, mit Hilfe welcher die Isolierung hochmolekularer Virusproteine möglich ist;[1] auch die Abscheidung des hemmenden Faktors gelang auf einem ähnlichen Wege [A. CLAUDE (*2*)].

MURPHY hat es noch im Januar 1935 als unwahrscheinlich bezeichnet, daß das extensive Studium der antigenen Eigenschaften der Tumoragenzien Aufschlüsse über die Natur derselben liefern könnte, und dafür kann man außer den eben zitierten Angaben noch andere Belege anführen, welche mit der Alternative „exogen“ bzw. „parasitär“ oder „endogen“ zusammenhängen. In einer Beziehung haben sie allerdings eine wichtige Aufklärung gebracht. Der endogene Ursprung, für den sich MURPHY (*2*) entschieden hat, impliziert die Möglichkeit, daß die tumorerzeugenden Agenzien serologische Verwandtschaft mit den Stoffen der Wirtsgewebe zeigen; das ist nun de facto der Fall.

GYE und PURDY (*2*, *3*) immunisierten Pferde, Ziegen, Kaninchen und Enten mit dem Gewebe normaler Hühnerembryonen, in einigen Versuchen auch mit den Geweben erwachsener Hühner. Sie erhielten Antisera, welche im inaktivierten Zustande Tumorvirus nicht zu neutralisieren vermochten, wohl aber nach Hinzufügung von (an sich unwirksamem) Meerschweinchenkomplement. Der neutralisierende Antikörper wurde durch normales Hühnergewebe gebunden. Antisera hingegen, welche die Autoren durch Immunisierung mit Tumorextrakten gewannen, vermochten das Virus auch im inaktivierten Zustande zu neutralisieren und büßten ihre Wirksamkeit beim Kontakt mit normalen Hühnerzellen nicht ein. Einen analogen Effekt gab folgende Versuchsanordnung: Das Hühnersarkom von FUJINAMI kann auf Hühner und Enten mit Hilfe zellfreier Filtrate übertragen werden. Antisera, welche durch Immunisierung mit normalem Hühner- oder Entengewebe dargestellt wurden, neutralisierten das Virus nur dann, wenn es vom gleichen Wirt, d. h. vom Huhn oder von der Ente stammte. Antisera, die mit Tumorextrakt vom Huhn oder von der Ente gewonnen worden waren, neutralisierten dagegen das Virus auf jeden Fall, gleichgültig, ob es sich im Huhn oder in der Ente entwickelt hatte. R. DOERR (*8*) meinte, daß die beschriebenen Differenzen der Antigenfunktionen von normalen Wirtszellen und Tumorextrakt (Sarkomvirus) nichts an der Tatsache ändern können, daß eine Verwandtschaft zwischen beiden nachgewiesen wurde, „die sich wohl nur durch eine genetische Beziehung erklären läßt“, ein Standpunkt, den unabhängig von DOERR auch A. HADDOW vertrat und dem sich kürzlich C. R. AMIES mit besonderer Motivierung angeschlossen hat. C. R. AMIES stellte nämlich aus Extrakten des ROUS-Sarkoms Nr. 1 und des FUJINAMI-Sarkoms mit Hilfe der Ultrazentrifuge hochaktive und von Hühnereiweiß befreite Virussuspensionen dar; diese konnten durch Antihühnerserum von Kaninchen neutralisiert werden, *wobei sich die Mitwirkung des Komplements* (siehe oben) *als überflüssig erwies.*

Die serologischen Verhältnisse weisen jedoch anderseits auch einige, ihren theoretischen Wert einschränkende Komplikationen auf. Es gibt Hühnertumoren — namentlich unter den durch Teer, Dibenzanthracen, usw. induzierten Geschwülsten —, welche durch zellfrei filtrierte Tumorsäfte *nicht* übertragen werden können. Aber diese Tumorsäfte erzeugen, als Antigene verwendet, virusneutralisierende Antisera, enthalten also Virus [GYE und FOULDS, ANDREWES (*5*, *6*), H. J. FUCHS]; in welcher Form? Wenn es sich um Elementarkörperchen handelt

[1] Das von A. CLAUDE dargestellte konzentrierte Tumoragens konnte übrigens durch krystallynisches Trypsin inaktiviert werden, so daß angenommen werden konnte, daß Eiweiß zumindest einen wesentlichen Bestandteil der ausgeschleuderten Partikel bildete.

und wenn diese Elementarkörperchen parasitische Mikroben, die „Erreger“ der Sarkome sein sollen, begreift man nicht, warum sie dann, in einen neuen Wirt eingeführt, völlig unwirksam sind. Sind aber de facto im Saft von Tumoren, welche zellfrei nicht verimpfbar sind, Elementarkörperchen vorhanden?

F. GERLACH (*1, 2*) hat diese Frage schrankenlos bejaht. Er findet die Elementarkörperchen in Carcinomen und Sarkomen des Menschen und der Tiere, im Primärtumor und in den Metastasen, im EHRLICHschen Mäusecarcinom, im ROUS-Sarkom der Hühner, im JENSEN-Sarkom der Ratte und im BROWN-PEARCEschen Kaninchenepitheliom; nach GERLACH gelingt der Nachweis mit den Färbemethoden von PASCHEN, K. HERZBERG, K. H. HAGEMANN (Verwendung von Primulin zur Erzeugung sekundärer Fluoreszenz im ultravioletten Licht) usw., also anscheinend ohne besondere Schwierigkeit. Damit wäre das Problem der Tumoren oder doch der „Malignome“ in seiner Totalität auf die Virusätiologie zurückgeführt, eine Lösung, die — wie viele andere Autoren vor ihm — MURPHY (*2*) als unhaltbar bezeichnete, falls man unter „Virus“ ein exogenes parasitäres Agens verstehen will; gerade dies wollen aber die Elementarkörperchenbefunde besagen. Der Widerspruch aber, daß man in allen Tumorsäften als Erreger angesprochene Körperchen nachweisen kann und daß die Säfte nichtsdestoweniger nicht befähigt sind, Tumorwachstum auszulösen (siehe unter anderem J. KLIMKE und A. SYMEONIDES), wird durch die Verallgemeinerung im Sinne von GERLACH nur noch krasser, und man muß sich daher überlegen, ob und wo da grundsätzliche Fehler begangen worden sein könnten.

Auf dem 2. internationalen Kongreß für Mikrobiologie in London teilte C. A. MAWSON mit, daß man aus normalen Gewebsextrakten und aus Glykogenlösungen durch Ausschleudern (15000 Umdrehungen pro Minute) winzige Körperchen von gleicher Größe erhalten kann, welche in jeder Hinsicht den „Elementarkörperchen“ gleichen, die man mit derselben Technik aus einem aktiven zellfreien Tumorsaft (ROUS-Sarkom Nr. 1) erhält. MAWSON bestätigt zwar die Angaben, daß sich das Agens der Hühnersarkome restlos auszentrifugieren läßt, so daß die überstehenden Flüssigkeiten nicht mehr onkogen wirken (siehe S. 47), und gibt damit auch implicite das zu, was man die „partikuläre“ oder „korpuskuläre“ Beschaffenheit des Sarkomvirus nennt; aber er betont, daß sich diese Träger der spezifischen Viruswirkung in keiner Weise von anderen verunreinigenden Partikeln gleicher Dimension unterscheiden. Daß sämtliche Teilchen untereinander gleich groß oder, wie A. CLAUDE angibt, annähernd gleich groß sind, ist eine natürliche Folge der Technik des fraktionierten Zentrifugierens. Als weiteren Beweis für die Richtigkeit seiner Ausführungen gab MAWSON (siehe auch FRAENKEL und MAWSON) an, daß man durch Adsorption und Elution Präparate herstellen kann, welche nur relativ wenig „Elementarkörperchen“ enthalten, und welche trotzdem ebenso intensiv wirken wie durch Zentrifugieren erhaltene Sedimente, in welchen die Zahl der Körperchen ungeheuer groß ist.

Die Konsequenz, die sich aus den vorstehenden Ausführungen ergibt, liegt auf der Hand: Wenn wir über den Verteilungszustand von Tumorvirus in einer Flüssigkeit Aussagen machen dürfen, ist die Wirkung des Schwerefeldes, die Möglichkeit, das wirksame Agens ausschleudern zu können, im Vereine mit der Eliminierung des Agens durch Filtration maßgebend und nicht der optische Befund im Sediment oder im Filtrat. Ist der zellfreie Extrakt aus einem Tumor überhaupt nicht imstande, eine Geschwulstbildung hervorzurufen, so können wir auf Grund der optischen Untersuchung, die dann allein anwendbar ist, nicht behaupten, daß er geformte Viruselemente enthält; das gilt auch für den Fall, daß ein solcher Extrakt spezifische Antigenfunktionen entfaltet, es wäre denn, daß die antigene Wirkung durch die Zentrifuge oder das Filter unter denselben Bedingungen aufgehoben werden kann wie die tumorerzeugende Wirkung eines wirksamen Extrakts. Derartige Versuche sind jedoch bisher nicht angestellt worden, *so daß wir über die Form und die Beschaffenheit des Virusantigens in einem nicht onkogenen Extrakt ganz im unklaren sind*, in weiterer Folge natürlich auch über den Grund, warum die Geschwulstbildung nach Verimpfung eines solchen Extrakts auf ein empfängliches Versuchstier ausbleibt. Schließlich landet man bei dem Zweifel, ob „nicht-filtrierbare" Tumoren, bloß weil sie Antigensubstanzen enthalten, als Viruskrankheiten hingestellt werden dürfen [T. M. RIVERS (*6*)].

Die Entdeckung von R. E. SHOPE, daß auch ein Säugetiertumor, das Kaninchenpapillom, durch zellfrei filtrierten Geschwulstsaft erfolgreich übertragen werden kann, lehrte, daß die Hühnersarkome in dieser Hinsicht keine Sonderstellung einnehmen und ließ daher die Tendenz erstarken, die Virusätiologie auf alle Tumoren auszudehnen. Zwar wußte man schon vorher, daß die gewöhnlichen Warzen des Menschen sowie gewisse infektiöse Papillome der Hunde und Rinder zellfrei verimpfbar sind; aber diese epithelialen Wucherungen verhalten sich in vielen Beziehungen anders als echte Tumoren und zeigen nicht das Verhalten der „Malignome". Das Tumorproblem war von jeher ein „Krebsproblem". Das SHOPEsche Kaninchenpapillom ließ dagegen unter bestimmten Bedingungen ganz den Charakter eines bösartigen, schrankenlos wuchernden und metastasierenden Epithelkrebses zutage treten und eignete sich daher zu Rückschlüssen auf Carcinome im allgemeinen. Nun stand aber solchem Vorhaben die Tatsache im Wege, daß die Mehrzahl der Tumoren durch zellfreie Extrakte nicht übertragen werden kann, und man suchte daher nach Möglichkeiten, diesen Unterschied zu überbrücken. Eine dieser Möglichkeiten, der Antigengehalt der nichtonkogenen Tumorsäfte, wurde bereits kritisch besprochen. Die zweite lag in einer Reihe von Beobachtungen, wonach die Übertragbarkeit durch zellfreien Tumorsaft keine konstante Eigenschaft repräsentiert, sondern bei ein und demselben Tumor bald nachweisbar ist, bald wieder anscheinend vollständig fehlt. Die Übertragbarkeit kann sich im Laufe von Transplantationspassagen einstellen, nachdem sie vorher nicht vorhanden war, oder sie kann, wie beim SHOPEschen Kaninchenpapillom, in den Frühstadien des Tumorwachstums festgestellt werden, um gerade dann zu verschwinden, wenn sich die Malignität zu manifestieren beginnt, d. h. zu einer Zeit, wo man eine besondere Ausbeute an aktivem Virus erwarten würde [P. ROUS, MACINTOSH (*2*), C. H. ANDREWES (*5*) u. a.].

Man kann natürlich der Meinung sein, daß solche Erfahrungen den scharfen Gegensatz zwischen „filtrierbaren und nicht-filtrierbaren Tumoren", wie er beispielsweise in der Auffassung von P. R. PEACOCK zum Ausdruck kommt, abschwächen oder sogar im Prinzip aufheben. *Etwas anderes ist es aber, ob sie sich mit der Annahme eines exogenen (parasitären) Agens vertragen.* Diese Frage läßt sich wohl nicht bejahen, obwohl auch hier wieder verschiedene Analogien aus dem Bereiche der belebten Infektionsstoffe als Hilfshypothesen herangezogen werden können. So wurde z. B. gesagt, es hänge von der Virulenz d. h. von der Infektiosität und Pathogenität des Virus ab, ob die zellfreie Übertragung durchführbar ist oder nicht (MACINTOSH), was für das SHOPEsche Papillom (siehe oben) gar nicht stimmt, oder „die Nicht-Filtrierbarkeit" sei vielleicht dadurch bedingt, daß manche onkogene Virusarten normale Zellen nicht anzugreifen vermögen, so daß für eine erfolgreiche Übertragung die Beigabe von Geschwulstzellen notwendig ist [C. H. ANDREWES (*5*)]. Über alle Schwierigkeiten hilft schließlich die Annahme von antagonistischen Faktoren („Inhibitoren") hinweg; es konnten zwar experimentelle Beweise für die Existenz solcher Substanzen in Tumorextrakten erbracht werden (siehe u. a. A. CLAUDE), es ist aber nicht klar, in welchem quantitativen Verhältnis Virus und Hemmungsfaktor vorhanden sein müssen, um die tumorerzeugende Wirkung des ersteren zu unterdrücken. Es ist mit anderen Worten einigermaßen willkürlich, jedes positive Resultat auf das Überwiegen des Virus und jedes negative auf die Dominanz des Antagonisten zurückzuführen.

Unter diesen Umständen müssen vorläufig folgende Tatsachen als gerechtfertigte Einwände gelten: a) daß das Wachstum des Tumors an die Anwesenheit des hypothetischen „Erregers“ gebunden sein müßte, und daß der Erreger, wenn er im Tumor vorhanden ist, auch in den Tumorsaft übertreten würde; b) daß es nicht verständlich wäre, daß der Erreger ein und desselben Tumors einmal in infektiöser und andere Male in nicht-infektiöser Form im Tumorsaft auftritt; c) daß man die nicht-filtrierbaren Tumoren zwar nicht durch zellfreien Tumorsaft, wohl aber durch Transplantation von Tumorgewebe verimpfen kann, obgleich auch im zweiten Falle nur der Erreger das pathogene Agens sein könnte; d) daß sich durch Tumorsaft und durch Tumorgewebe erzeugte Geschwülste in serologischer Hinsicht verschieden verhalten. Das Hühnersarkom von FUJINAMI kann zellfrei auf Hühner und Enten übertragen werden; das Agens der auf diese Weise entstandenen Ententumoren läßt sich nur durch Entenembryonen-Antiserum, nicht aber durch Hühnerembryonen-Antiserum neutralisieren. Das ROUSsche Hühnersarkom kann ebenfalls auf junge Enten verpflanzt werden, jedoch bloß durch Transplantation von Tumorgewebe; das Agens der in der Ente gebildeten Geschwülste verhält sich umgekehrt, es wird durch Hühnerembryonen-Antiserum und nicht durch Entenembryonen-Antiserum neutralisiert (GYE und PURDY).

R. DOERR (*8*) hat den sub d) beschriebenen Sachverhalt so formuliert, daß der durch das zellfreie Agens erzeugte Tumor von den Zellen des Wirtes aufgebaut wird, der durch Gewebsverpflanzung hervorgerufene von den Zellen des Transplantats; im ersten Fall entsteht in der Ente ein „*Ententumor*“, im zweiten dagegen ein „*Hühnertumor*“. Daß bei der zellfreien Impfung im neuen Wirt ein Wechsel der ursprünglichen serologischen Spezifität erfolgt, hält DOERR für unvereinbar mit der Annahme, daß die tumorerzeugenden Agenzien Mikroben sind; man kann aber natürlich einwenden, daß die Virusneutralisation durch Antisera gegen normale Embryonalgewebe einen noch nicht aufgeklärten Vorgang darstellt [C. R. AMIES (*2*)] und daß sie daher nicht zu weitergehenden Folgerungen verwertet werden soll. Hält man sich jedoch ausschließlich an die Neutralisation durch „spezifische“ Tumorantisera, so schwinden die inneren Widersprüche nicht. Die Hühnertumoren unterscheiden sich voneinander histologisch zum Teil in hohem Grade (Myxome, Spindelzellsarkome, Osteochondrosarkome, Rundzellensarkome, Endotheliome usw.) und halten ihren Charakter durch jahrelange Passagen mit solcher Zähigkeit fest, daß die Variabilität des Agens in Frage gestellt erscheint; aber serologisch zeigen die vom Huhn stammenden Tumoren trotz ihrer histologischen Differenzen oft engste Verwandtschaft (C. H. ANDREWES). Diese Abhängigkeit der serologischen Spezifität von der Wirtsspezies im Vereine mit der Unabhängigkeit von der Art der pathologischen Auswirkung ist nicht gerade das, was wir bei Mikroben zu beobachten gewöhnt sind.

Serologisch verwandt sind ferner auch gewisse vom Kaninchen stammende tumorerzeugende Virusarten, wie z. B. das Virus des SHOPEschen Kaninchenfibroms und das Myxomvirus (R. E. SHOPE, BERRY, LICHTY und DEDRICK, E. W. HURST, KO-DA GUO u. a.). In klinischer und pathologischer Beziehung sind die Unterschiede der korrespondierenden Krankheitsprozesse noch größer als bei den Hühnertumoren, so daß man, wie E. W. HURST konstatiert, die bestehenden Beziehungen ohne immunologische Untersuchungen nicht nachweisen könnte. Hier sind jedoch manche Autoren geneigt, die Verwandtschaftsreaktionen darauf zurückzuführen, daß die betreffenden Virusarten Varianten einer gemeinsamen Stammform repräsentieren — ein Gedanke, der durch die experimentelle Transformation von Fibromvirus in Myxomvirus [BERRY und DEDRICK, E. W. HURST (*4*)] eine Stütze erhielt. Der Mechanismus dieser „Transformation“ ist jedoch vorläufig unbekannt; insbesondere ist es nicht wahrscheinlich, daß der Vorgang mit der von GRIFFITH entdeckten Typentransformation der Pneumokokken etwas gemein hat, und gerade diese Analogie wäre es ja, welche für die Ergründung der Natur der onkogenen Virusarten Bedeutung besäße.

δ) „Spontane Bakteriophagie." — Durchleitung von Bakteriophagen durch Bakteriensporen (DEN DOOREN DE JONG).

Es liegen sehr zahlreiche Angaben vor, daß in Bakterienkulturen spontan *Bakteriophagen* (übertragbare Lysine) auftreten können (siehe OTTO und MUNTER, H. MUNTER u. a.). Allgemeine Anerkennung konnte bisher keine einzige erringen, weil die Beweise, daß die Bakterienkultur vorher „lysinfrei" und nicht mit Phagen „latent infiziert" war, oder daß die Ausgangskultur im Laufe der mit ihr vorgenommenen Prozeduren nicht mit Phagen verunreinigt werden konnte, als nicht ganz zureichend bezeichnet wurden. Die Gegner der „spontanen Bakteriophagie" betonen die Ubiquität der Bakteriophagen, welche die Kontamination der Bakterienkulturen erleichtert, die oft bedeutenden Schwierigkeiten, eine bestehende latente Phageninfektion eines Bakterienstammes nachzuweisen und die Tatsache, daß lysogene Stämme bei bestimmten Bakterienarten geradezu die Regel darstellen [G. H. SMITH und E. F. JORDAN, F. M. BURNET (*1*), R. MANNINGER u. a.]. Zur Sicherung gegen latente Phageninfektionen der Bakterienkulturen verlangt R. S. MUCKENFUSS die Untersuchung, ob man durch Immunisierung mit der fraglichen Kultur Antilysine gewinnen kann; fällt diese Probe positiv aus, so ist — nach MUCKENFUSS — das Vorhandensein von Bakteriophagen sichergestellt. Ein negatives Ergebnis soll dagegen nicht beweisend sein, weil es sich um ein „schwaches Antigen" handeln könnte, das keine Antikörperbildung auszulösen vermag. Das würde bedeuten, *daß sich die latente Phageninfektion überhaupt nicht mit Sicherheit ausschließen läßt*, und daß man daher das Phänomen der spontanen Bakteriophagie zwar als möglich zugeben kann, daß aber a priori keine Aussicht besteht, seine reale Existenz durch Laboratoriumsexperimente unzweifelhaft darzutun. Diese Sachlage und die ihr zugrunde liegende Mentalität läßt sich kaum besser charakterisieren als durch den folgenden Satz aus dem Lehrbuche von TOPLEY und WILSON (l. c., S. 239): „We must then, if we are to accept the virus hypothesis, to which all other evidence clearly points, also accept the view that symbiosis between phage and bacterium is an exceedingly common event; so common, that it would at the moment be unwise to assert that any bacterial strain was certainly not carrying phage."

Man kann aber der Meinung sein, daß es nicht angezeigt ist, auf diese Art die Brücken abzubrechen. Wenn die Lysogenität bei manchen Bakterien zu den Speziesmerkmalen zu gehören scheint, spricht dies eher für einen endogenen als für einen exogenen Ursprung der übertragbaren Lysine. Die Beobachtung von MUCKENFUSS, daß Bakterienstämme, welche kein Lysin abgeben, die Produktion von Antilysinen auslösen können, erinnert an die Angaben über zellfreie Tumorextrakte, welche zwar keine Geschwülste, aber virusneutralisierende Antikörper erzeugen (siehe S. 47); sie muß keineswegs in dem Sinne gedeutet werden, daß die betreffenden Kulturen durch ein exogenes Agens infiziert sind, und die aprioristische Entwertung negativer Resultate ist willkürlich (vgl. auch H. MUNTER, l. c., S. 3). Man erhält überhaupt hier wie anderwärts den Eindruck einer einseitigen Einstellung, die offenbar ganz unwillkürlich zustande kommt. So wird z. B. angeführt, die Dimensionen mancher Phagen (50—75 mμ) seien zu groß, um die Ansicht aufrechterhalten zu können, daß sie molekulardisperse Stoffe oder kolloidale Zellbestandteile sein können. Es wird jedoch nicht berücksichtigt, *daß sich gerade unter den Phagen die kleinsten Viruselemente vorgefunden haben und daß sich diese „Minimalphagen" in keiner anderen Hinsicht von den Stämmen mit großen Elementen unterscheiden.*

Festzuhalten ist jedenfalls, daß die Angaben über spontane Bakteriophagie zum größten Teil nicht eigentlich widerlegt wurden; man hat ihnen nur mit Rücksicht auf mögliche Fehlerquellen die Anerkennung versagt oder den Einwand erhoben, daß sich die mitgeteilten Versuchsanordnungen nicht reproduzieren lassen, d. h. daß sich Prozeduren, welche das Auftreten von Phagen in phagenfreien Kulturen zur Folge haben sollten, bei der Nachprüfung als wirkungslos erwiesen (vgl. hierzu S. 53).

In einem anderen Falle mußte die experimentelle Tatsache als solche zugegeben werden; aber hier richtete sich die Kritik gegen die Deutung. DEN DOOREN DE JONG ließ lysogene Stämme von Bac. megatherium versporen und erhitzte sodann die Sporensuspensionen auf Temperaturen, welche freie Phagen unwirksam machen und ihrer Regenerationsfähigkeit berauben, welche aber die Keimfähigkeit der Sporen nicht vernichten (90° C durch 10 oder 100° C durch 5 Minuten). Die aus solchen erhitzten Sporen hervorgegangenen Bacillen zeigten nun reichliche Phagenbildung, sobald sie sich auf geeigneten Nährböden vermehrten. Daraus schloß DEN DOOREN DE JONG, die Phagen müßten Produkte der lebenden Bakterienzelle sein. VEDDER stellte jedoch fest, daß freie Phagen im lufttrockenen Zustande durch 10 Minuten auf 100° C erhitzt werden können, ohne ihre Aktivität einzubüßen, und da man die Thermoresistenz der Bakteriensporen auf die Wasserarmut ihres Plasmas zurückzuführen pflegt, beliebte der „Kurzschluß", daß die Phagen im Binnenraum der Spore ebenfalls wasserfrei werden und infolgedessen der Abtötung durch Hitze ebenso entgehen wie die Spore selbst (COWLES, VEDDER u. a.).

R. DOERR hat indes auseinandergesetzt, daß diese Hypothese nicht nur willkürlich, sondern an sich unhaltbar ist, falls man sich die Phagen als Parasiten der Bakterien d. h. als Elementarorganismen vorstellt. Denn aus dieser Prämisse folgt unmittelbar 1. daß die Phagen ebenso wie sporulierende Bakterien in zwei Formen, einer vegetativen und einer Dauerform, vorkommen müßten; 2. daß die Dauerform der Phagen nur bei sporenbildenden Bakterien existiert und auch bei diesen nur in der Spore, und 3. daß sich die vegetative Phase der Phagen in die resistente Form umwandelt und umgekehrt, wenn das Bacterium die gleichsinnigen Entwickelungsstadien durchläuft. Schließlich ist über den Wassergehalt von Phagen im freien, d. h. nicht in Sporen eingeschlossenen Zustande nichts Sicheres bekannt. Nach M. SCHLESINGER (*1*) sollen die größeren Phagen (110 mμ Teilchendurchmesser) auffallend wasserarm ($<$ 50%) sein, auch wenn man nicht nur das innere (in den Phagenpartikeln eingeschlossene) Wasser, sondern auch die Solvathülle mitrechnet; es ist sehr wohl möglich, daß sie (speziell die kleineren und kleinsten Formen) überhaupt kein Wasser enthalten, wie das nach BAWDEN und PIRIE (*1*) bei den phytopathogenen Virusarten der Fall ist. Die erhöhte Hitzeresistenz der Phagen im lufttrockenen Zustande hätte dann besondere, vorläufig noch nicht bekannte Ursachen. Geht man dagegen von der Annahme aus, daß die Phagen Produkte der Bakterien sind und daß somit nicht die Phagen als solche das Sporenstadium passieren, sondern daß das, was durch die Spore hindurchgeleitet wird, nichts anderes ist als die Fähigkeit der Bakterien, Phagen zu bilden, so schwinden alle grundsätzlichen Bedenken. Denn die Beobachtung lehrt ja ganz unzweideutig, daß sämtliche vitalen und hereditären Eigenschaften der Bakterien in der Spore der Erhitzung widerstehen, und wir dürfen diese Aussage um so mehr auf das lysogene Vermögen ausdehnen, als die Bakterien die einmal angenommene Fähigkeit der Phagenbildung mit größter Zähigkeit durch zahllose aufeinanderfolgende Generationen — wie eine idioplasmatisch verankerte Anlage — festhalten. Aus der von einem lysogenen Bacterium gebildeten Spore entwickelt sich nicht nur ein Bacterium, das selbst wieder lysogen ist, sondern sämtliche von einem solchen Individuum abstammende Nachkommen zeigen die gleiche Eigenschaft; legt man sich auf den Standpunkt D'HERELLES fest, so würde daraus folgen, daß zwischen Bakterien und Phagen eine derart koordinierte Assoziation besteht, daß bei den Bakterienteilungen jede Tochterzelle gesetzmäßig ihre Quote von Parasiten erhält (F. M. BURNET).

Es soll und kann hier nicht das ganze Bakteriophagenproblem aufgerollt werden: An dieser Stelle steht nur die *spontane Bakteriophagie* zur Diskussion, wobei naturgemäß auch auf einige mit ihr zusammenhängende Punkte eingegangen werden mußte.

b) Die Erzeugung von Viruskrankheiten auf unspezifischem Wege.

Diese Phänomene, welche man unter dem Namen der *Provokationsverfahren* zusammenfassen kann, sind dadurch ausgezeichnet, daß die Virusinfektion *willkürlich* ohne Zuhilfenahme des spezifischen Agens hervorgerufen wird. Sie lassen sich von dem spontanen Auftreten von Viruskrankheiten, welches im vorigen Kapitel behandelt wurde, insofern nicht scharf abtrennen, als das spontane Auftreten ebenfalls durch unspezifische Faktoren ausgelöst sein kann wie z. B. beim Herpes febrilis. Aber im Experiment ist die Möglichkeit gegeben, *bestimmte* Faktoren systematisch auf ihre provozierende Wirkung zu prüfen, und der Konnex zwischen dem auslösenden Moment und dem Effekt tritt überzeugender in Erscheinung als unter natürlichen Verhältnissen. Auch im Experiment kann jedoch die Beobachtung täuschen, d. h. es ist nicht immer der beabsichtigte Eingriff, welcher die Viruskrankheit in Erscheinung treten läßt, sondern irgendein anderer, vom Experimentator nicht beachteter oder unbekannter Umstand; in solchen Fällen lassen sich die positiven Resultate nicht reproduzieren (siehe S. 52).

Gemeinsam ist allen Provokationsverfahren die kontradiktorische Verwertung. Von einer Reihe von Autoren werden sie als Beweise für die endogene Entstehung der betreffenden Virusarten angesehen, während die anderen von außen eingedrungene Parasiten annehmen und demgemäß die Provokation als die Umwandlung einer bestehenden latenten Virusinfektion in eine Viruskrankheit definieren. Eine Entscheidung kann nur durch die Beantwortung der Frage herbeigeführt werden, ob eine latente Infektion mit dem spezifischen Agens zur Zeit der Provokation tatsächlich bestanden hat und ob diese latente Infektion der ganzen Sachlage nach als ein exogen induzierter Ausnahmszustand aufgefaßt werden muß.

Untereinander sind die Provokationsverfahren je nach der Art des die Manifestationen auslösenden Eingriffes sehr verschieden oder, besser gesagt, so heterogen, daß eine Klassifikation nach einheitlichen Gesichtspunkten nicht durchführbar erscheint. Es muß daher bei einer Aufzählung der wichtigsten Fälle sein Bewenden haben, wobei die Provokation der Hühnertumoren als eigenartiges Phänomen vorangestellt werden soll.

α) Die unspezifische Erzeugung der Hühnersarkome.

Bekanntlich gelang es zuerst Murphy und Landsteiner (1925), Spindelzellsarkome bei Hühnern dadurch zu erzeugen, daß sie normales Hühnerembryonengewebe in das subkutane Zellgewebe brachten und Steinkohlenteer in die sich entwickelnden Embryome injizierten; Versuche, diese Teersarkome durch filtrierten Tumorsaft oder getrocknetes Tumorgewebe zu übertragen, schlugen fehl, und nur die Transplantation gab positive Resultate. Im gleichen Jahre berichtete A. Carrel (*1*), daß er durch Teer, Indol und arsenige Säure Sarkombildung hervorrufen konnte; seine Tumoren konnten jedoch ausnahmslos durch filtrierten Tumorextrakt verimpft werden. Es trat somit hier ein Gegensatz zutage, von dem man annehmen sollte, daß er durch weitere Versuche leicht zu beseitigen war. An Experimenten hat es auch nicht gefehlt [vgl. die übersichtliche Zusammenstellung von C. H. Andrewes (*4*), l. c., S. 64], und das Vorhandensein eines filtrierbaren Agens wurde wiederholt und von verschiedenen Forschern festgestellt, zuletzt in ausgedehnten und sorgfältigen Versuchen von MacIntosh

(*1*, *2*). Wie sich aber auf dem 2. internationalen Kongreß für Mikrobiologie in London (1936) zeigte, sind die Zweifel an der Filtrabilität der provozierten Hühnersarkome noch immer nicht verstummt, teils weil einzelne Autoren mit der zellfreien Übertragung solcher Tumoren negative Ergebnisse hatten [P. R. PEACOCK, C. H. ANDREWES (*5*)], teils weil eine nachträgliche Kritik sämtlicher positiven Resultate — von CARREL angefangen bis MAC INTOSH — herausfand, daß nicht alle denkbaren Fehlerquellen ausgeschlossen worden waren (Spontantumoren, Sarkombildung auf dem Boden einer Leukämie usw.). Die Opposition gegen die Filtrierbarkeit der Teersarkome erinnert durchaus an die Beurteilung der experimentellen Beweise für die spontane Bakteriophagie; die Triebfeder ist in beiden Fällen, daß eine Anerkennung der Gültigkeit mit einem exogenen (parasitären) Agens unvereinbar wäre, und daß man sich zu dieser Konsequenz nur auf Grund einer unwiderlegbaren Sachlage entschließen will.

Objektiv betrachtet, genügen jedoch die Untersuchungen von MAC INTOSH auch strengeren Anforderungen, und die Filtrierbarkeit provozierter Hühnertumoren darf als weitgehend gesichert gelten, wobei der Streit, ob sie als „echte" Neoplasmen qualifiziert sind oder nicht, für die hier zu erörternden Probleme nicht ins Gewicht fällt.

Von den sechs Teertumoren, über welche MAC INTOSH berichten konnte, waren nur drei filtrierbar, und auch bei diesen war die Möglichkeit, durch zellfreien Saft positive Impfresultate zu erzielen, nicht im Beginne, sondern erst nach einigen Passagen voll entwickelt. Ferner hatten PEACOCK, BURROWS sowie GYE und PURDY beobachtet, daß bei Teersarkomen oft auch die Übertragung mit Hilfe von Zellen undurchführbar ist. Ganz dieselben Erfahrungen zeitigten nun auch die Experimente mit Spontantumoren, und da die induzierten Geschwülste auch sonst kein abweichendes Verhalten darbieten, weder in anatomischer noch in pathologisch-physiologischer Hinsicht, so muß man logischerweise zugeben, *daß es nicht nur merkwürdig, sondern geradezu unverständlich wäre, wenn die Spontantumoren zellfrei übertragen werden könnten und die induzierten nicht und wenn man infolgedessen beiden eine prinzipiell verschiedene Ätiologie zugestehen müßte.*

Immerhin fällt es auf, daß eine so große Zahl von Experimenten, in denen zellfreie Extrakte von chemisch induzierten Tumoren verimpft wurden, negative Resultate gaben. MACINTOSH meint, daß das Entwicklungsstadium der Tumoren maßgebend sei; die Mißerfolge beruhen nach seiner Meinung darauf, daß man meist abwartet, bis sich ein großer lokaler Tumor infolge der chemischen Reizung entwickelt hat, statt das Material in den ersten Phasen aktiven Wachstums zu entnehmen. In einer kürzlich erschienenen Arbeit stellt sich aber E. MELLANBY auf den Standpunkt, daß die positiven Resultate nur vorgetäuscht sein könnten. Er erzeugte bei Hühnern gleichzeitig einen chemischen und einen ROUS-Tumor; es gelang, mit dem *zellfreien* Safte des chemischen Tumors ein gesundes Huhn erfolgreich zu infizieren, was sich aber entwickelte, was histologisch nicht dem chemischen Tumor, sondern dem ROUS-Sarcom ähnlich; um die histologische Identität mit dem chemischen Tumor zu erzielen, mußten die *Zellen* desselben transplantiert werden. MELLANBY nimmt an, daß das Virus des ROUS-Sarcoms, wie es alle Gewebe des Huhnes infiltriert, auch in den chemischen Tumor eindringt. Wird der zellfreie Saft dieses Tumors übertragen, so komme eben nur das mitgeschleppte ROUS-Virus zur Geltung. Warum jedoch bei der Verimpfung von Zellmaterial das Virus, das ja in demselben voraussetzungsgemäß vorhanden sein müßte, überhaupt nicht zur pathologischen Auswirkung gelangt, kan MELLANBY nicht erklären. Auch sonst enthalten die Versuchsergebnisse des Autors manche Widersprüche. Er hält aber doch auf Grund seiner eigenen Erfahrungen daran fest, daß Virustumoren und chemisch induzierte Tumoren essentiell verschieden seien, und möchte die Angaben von MACINTOSH dahin auslegen, daß die zellfreie Übertragung chemisch induzierter Tumoren nur gelingt, wenn die Hühner, von welchen das Impfmaterial genommen wird, latente Träger des ROUS-Virus sind. Diese Behauptung ist jedoch nicht bewiesen. MELLANBY schließt die Besprechung seiner Versuche mit dem charakteristischen Satz: „At the same time I must admit that these deductions are contrary to everything I expected and the discovery of a link connecting the initiating factors in the two types of tumour would no doubt alter the interpretation of the experimental results described.“

Nach A. FISCHER, H. LASER und V. BISCEGLIE soll es möglich sein, embryonale Normalzellen vom Huhne *in vitro* d. h. im wachsenden Gewebsexplantat, durch minimale Konzentrationen von arseniger Säure oder von Teer oder durch Röntgenstrahlen in maligne Geschwulstzellen umzuwandeln, welche bei der Verimpfung auf gesunde Hühner transplantable und metastasierende Sarkome gaben. Nachprüfungen durch A. CARREL (*3*), DEFRISE u. a. verliefen negativ. O. TEUTSCHLÄNDER und R. WERNER meinen, daß die Neuerzeugung von ROUS-Tumoren, falls sie noch von anderer Seite einwandfrei bestätigt werden könnte, der beste Beweis wäre, „daß die ROUS-Tumoren selbst nicht spezifisch infektiöser Natur sind“. Es ist aber keineswegs sicher, ob dieser Beweis widerspruchslos hingenommen würde. Denn man kann gegen alle Provokationsverfahren — auch wenn sie am explantierten Wirtsgewebe („in vitro“) vorgenommen werden — einwenden, daß das Ausgangsmaterial nicht virusfrei, sondern durch einen exogenen Keim latent infiziert war.

Als indirekter Anhaltspunkt für diese Konzeption wird angeführt, daß die Sera normaler Hühner Stoffe enthalten können, welche die Wirkung des ROUS-Agens hemmen, meist nur schwach, selten in stärkerem Grade; im Normalserum von Menschen, Kaninchen, Enten und Fasanen wurden sie nicht nachgewiesen. Wie schon an anderer Stelle ausgeführt wurde (siehe S. 50) und wie auch E. M. FRAENKEL unter eingehender Begründung hervorhebt, ist jedoch die Natur und der Wirkungsmechanismus dieser Hemmungsstoffe vorderhand vieldeutig bzw. unbekannt; die Behauptung, daß sie sich sowohl im normalen wie im tumortragenden Huhn — bei diesem auch in der Geschwulst selbst — stets nur infolge der spezifischen Antigenwirkung eines exogenen Agens entwickeln, ist nicht fundiert. Selbst wenn die in normalem Hühnerserum nachweisbaren „Inhibitoren“ als Antikörper legitimiert wären, müßte ihre immunisatorische Entstehung, wie wir das auf Grund gesicherter Analogien zu fordern haben, unter Beweis gestellt werden.

Daß ein Huhn frei von invisiblem Virus ist, schreibt C. H. ANDREWES (*4*), kann man auf Grund einer bloßen Besichtigung ebensowenig bezeugen wie daß eine Milchprobe frei von Tuberkelbacillen ist. Dagegen läßt sich natürlich nichts vorbringen. In gleichem Maße erscheint es aber selbstverständlich, daß man das *Vorhandensein* von Tuberkelbacillen in einer Milchprobe nur behaupten darf, wenn der Nachweis derselben tatsächlich erbracht wurde, und daß der direkte Nachweis an Zuverlässigkeit jeder Art von indirekter Beweisführung weit überlegen ist. Im Organismus gesunder Hühner konnte Sarkomvirus nie festgestellt werden,[1] und es vermag auch niemand Auskunft zu geben, wie man sich eine „latente Infektion mit einem onkogenen Virus“ vorzustellen hat, wo es lokalisiert ist, und auf welche Weise es vom infizierten auf das nicht-infizierte Huhn über-

[1] Auf der internationalen Krebskonferenz in London (1928) teilte J. B. MURPHY (*1*) mit, daß es ihm gelungen sei, aus normalem Hühnerhoden mit bemerkenswerter Regelmäßigkeit eine chemische Substanz herzustellen, welche, normalen Hühnern injiziert, die Bildung maligner Tumoren hervorrief, u. zw. gleichfalls „with a considerable degree of regularity“. Bei dem gleichen Anlaß berichtete LEITCH, daß er in einem Falle durch die Injektion von normalem Hühnerpankreas ein „ROUS-Sarkom“ zu erzeugen vermochte; zahlreiche Versuche, dieses Resultat zu reproduzieren, schlugen jedoch fehl. Genauere Angaben über die verwendeten Methoden wurden nicht gemacht, und es sind auch keine weiteren Arbeiten über dieses Spezialthema erschienen, so daß sich die zitierten und hinsichtlich der Konstanz der Ergebnisse so stark abweichenden Daten nicht verwerten lassen.

tragen wird. Die Existenz hemmender Stoffe im normalen Hühnerserum genügt als Indicator latenter Infektionen nicht, wie eben betont wurde; wie verhält es sich nun in dieser Hinsicht mit der unspezifischen Provokation der Hühnersarkome im besonderen und der Tumoren im allgemeinen?

Jene Autoren, welche sich auf Grund der zellfreien Übertragung der Hühnersarkome wieder der bereits verlassenen parasitären Krebstheorie angeschlossen haben [P. ROUS, GYE, C. H. ANDREWES (*4*) u. a.], gehen zum Teil so weit, daß sie eine allgemein verbreitete („ubiquitäre") Infektion der Individuen tumorempfänglicher Spezies annehmen, eine Infektion, die in den Zellen sitzt und hier den Charakter einer Symbiose zwischen Virus und Wirtszelle besitzen soll. Wenn Teer, Röntgenstrahlen oder andere reizende Agenzien einwirken, bedarf es keiner exogenen Virusinfektion; das Virus ist schon vorhanden [„indigenous", wie das ANDREWES (*4*) nennt], und der unspezifische Eingriff macht die Zelle nur für die pathogene Auswirkung des Virus empfänglich, er stört das symbiotische Gleichgewicht. Auf diese Weise wäre die Provokation die Aktivierung eines latenten Infekts. Man kennt jedoch kein Beispiel für einen solchen Vorgang, der sich ohne erhebliche Vermehrung des bis dahin in Schranken gehaltenen Keimes abspielen würde. Bei der Provokation sehen wir nichts davon. Viele der aspezifisch hervorgerufenen Tumoren der Vögel wie der Säugetiere sind zellfrei nicht übertragbar, manche gewinnen diese Fähigkeit erst nach mehr oder minder zahlreichen Passagen, und oft genug mißlingt sogar die Verimpfung von Tumorgewebe. Schon A. BORREL verfiel — bevor sich die Erforschung der Hühnertumoren auswirken konnte — auf den Ausweg, daß normale, d. h. durch unterstützende Faktoren nicht sensibilisierte Zellen für das Tumorvirus vermutlich nicht empfänglich sind, und in neuester Zeit wurde diese komplizierende Hypothese wieder aufgegriffen, um die Kompliziertheit der Beobachtungen, welche der Annahme eines exogenen Krebsparasiten widerstrebten, zu meistern. Doch ist auch dieser Ausweg nicht gangbar, da er nur die Unmöglichkeit der zellfreien Übertragung erklären würde, nicht aber die Möglichkeit, also gerade jenes Faktum, dem die parasitären Theorien der Onkogenese ihre Wiederbelebung verdanken. Man hat viel debattiert, ob die Teersarkome der Hühner zellfrei übertragbar sind oder nicht, und bei dem Streit um diese Alternative darauf nicht geachtet, daß sie der tatsächlichen Beobachtung nicht gerecht wird, weder bei den Spontantumoren noch bei den Teersarkomen; denn bei beiden liegen neben zahlreichen negativen auch positive Ergebnisse vor, und gerade dieses zwiespältige Verhalten ist mit der Idee des „Sarkomerregers" inkompatibel.

C. H. ANDREWES (*4*) wirft die Frage auf, wo sich die Erreger der Tumoren vermehren, also, wie man sich in der Lehre von den Infektionskrankheiten ausdrückt, die Frage nach den Infektionsquellen. Er schließt die Tumorzellen aus, weil diese Vermehrungsstätte die Verbreitung der Geschwülste nicht erklären könnte, und weil ROUS und BOTSFORD zeigen konnten, daß man bei Mäusen, welche gegen exogene Infektionen weitgehend geschützt waren, in gleichem Prozentsatz Teertumoren erzeugen kann wie bei ungeschützten Tieren. ANDREWES verlegt daher die Vermehrung in den normalen Organismus, mit Wahrscheinlichkeit in die Zellen der normalen Gewebe, weil der intracelluläre Parasitismus für die Virusarten als die Regel zu betrachten sei. Die daraus resultierenden Vorstellungen einer intracellulären Symbiose und eines stets gegenwärtigen („indigenous") Virus beseitigen allerdings die mit der Beobachtung unverträgliche, mit der Annahme eines Parasiten jedoch verbundene Notwendigkeit, eine Invasion von außen her zuzugeben. Der theoretische Gewinn ist indes nur scheinbar. Denn es bleibt ja noch immer die wissenschaftliche Verpflichtung aufrecht, die Fortpflanzung des *latenten* Infekts von Tier zu Tier aufzuklären. Der Hinweis auf die Einrichtungen, welche bei gewissen Insekten lebensnotwendige Symbiosen derart sicherstellen, daß sie geradezu den

Charakter von Arteigenschaften gewinnen (vgl. hierzu P. BUCHNER), ist eine ad hoc herangezogene, sachlich nicht begründete und vom biologischen Standpunkt nicht verständliche Analogie. Eher könnte man sich auf die tatsächlich nachgewiesenen latenten Virusinfektionen (Virus III des Kaninchens, Virus der lymphozytären Choriomeningitis der Maus, Speicheldrüsenvirus des Meerschweinchens) berufen; aber diese Phänomene sind selbst noch nicht hinreichend klargestellt (siehe S. 61), und es ist etwas anderes, ob man latente Infektionen nachweist oder intracelluläre Symbiosen annimmt.

Die Hypothese der intracellulären Symbiose als eines bereits vorhandenen und in der Natur weit verbreiteten Zustandes stellt eine unverkennbare und sehr weitgehende Annäherung an jenen Standpunkt dar, welcher die endogene Virusbildung als die wahrscheinlichste Lösung betrachtet. Beide haben ihre Wurzel in dem Unvermögen, das natürliche und das experimentell hervorgerufene Krankheitsgeschehen auf die Erscheinungsweisen exogener Infektionen durch parasitische Mikroben zurückzuführen. Die These der intracellulären Symbiose hält aber an dem Gedanken des eingedrungenen körperfremden Keimes fest und schiebt das Hindernis, welches die Invasion (die „Ansteckung") repräsentiert, beiseite, indem sie dieses Ereignis von der Erkrankung zeitlich trennt und in die ontogenetische oder gar in die phylogenetische Vorgeschichte des Individuums verlegt; aus dem „endogenen" Agens wird das „indigene", das eingeborene, an Ort und Stelle entstandene, das aber gleichwohl kein Erzeugnis des Wirtes, sondern ein eingebürgerter, sein eigenes Leben führender Gast ist. Schauplatz der Virusentstehung ist für die eine wie für die andere Anschauung der Binnenraum der Zelle.

β) Die Provozierung des Herpes febrilis.

Die unspezifische Hervorrufung des Herpes simplex wurde bereits an anderer Stelle besprochen. Sie unterscheidet sich von der Provokation der Hühnersarkome insofern, als bei dieser als unspezifische Agenzien chemische Substanzen in Betracht kommen, die als „cancerogene Noxen" bekannt sind (Teer, Dibenzanthracen, arsenige Säure usw.) und welche nicht nur mesenchymale, sondern auch epitheliale Gewebe zu neoplastischer Wucherung anregen. Die Erzeugung der sog. Teersarkome beim Huhn entspricht somit in pathologisch-physiologischer Hinsicht der allgemeinen Wirkungsweise der provozierenden Stoffe; ferner kennt man einige dieser Substanzen in chemisch reinem Zustande. Endlich entstehen die induzierten Hühnersarkome in der Regel am Orte der Einwirkung des reizenden Agens (PEACOCK); daß dies in den Versuchen von MACINTOSH nicht immer der Fall war, gab sogar C. H. ANDREWES (*4*) Anlaß zum Zweifel, ob Teerung und Sarkombildung in diesen Experimenten kausal koordiniert waren.

Beim induzierten Herpes simplex stoßen wir auf ganz andere Verhältnisse. Die auslösenden Momente repräsentieren eine bunte Mannigfaltigkeit; es finden sich da physiologische und pathologische Zustände der heterogensten Art, ja sogar psychische Einwirkungen. Das Fieber ist nur *einer* von vielen „herpetogenen" Faktoren, und auch hier ist jede Aussage über den intimeren Konnex zwischen Pyrogenese und Herpeseruption unmöglich. Die Höhe des Fiebers ist sicher nicht maßgebend. Wir wissen nicht, warum der Herpes bei der Cerebrospinalmeningitis so häufig, beim Abdominaltyphus so selten ist, warum von mehreren pyrogenen Mitteln eines fast regelmäßig (siehe S. 44), das andere nur gelegentlich den Ausschlag hervorruft, warum sich der Herpes bei der Fiebertherapie im Winter häufiger einstellt als in anderen Jahreszeiten und warum er sich zuweilen erst nach dem dritten oder vierten Fieberanfall zeigt (BOAK, CARPENTER und WARREN). Rechnet man die typischen und atypischen Lokalisationen sowie die Prädisposition nach Alter und Geschlecht hinzu, so begreift man, daß die Kasuistik des induzierten Herpes nur ein ebenbürtiges Pendant hat: die Kasuistik der Idiosynkrasien. Vielleicht ist das mehr als ein bloßer Vergleich.

Um den regelmäßig rezidivierenden und den induzierten Herpes zu erklären, wurde und wird angenommen, daß fast alle Menschen — nach dem Überschreiten der ersten herpesfreien Lebensjahre — mit dem spezifischen Virus latent infiziert sind. Demgegenüber wurde betont (siehe S. 42), daß der Nachweis des Virus im Organismus von Individuen, welche zur Zeit der Untersuchung keine herpetischen Manifestationen zeigen, nicht gelingt oder, wenn man die positiven Befunde ohne Bedenken gelten lassen will, nur so selten, daß dies mit der Provozierbarkeit des Herpes in Widerspruch steht; von 200 Patienten, bei denen BOAK, CARPENTER und WARREN künstliches Fieber erzeugten, reagierten 122 mit Herpes.

Man hat daher die Sera von Menschen auf ihren Gehalt an spezifischen (virusneutralisierenden) Antikörpern untersucht. Die früheren Angaben lauteten widersprechend (DOERR und E. BERGER, l. c., S. 1493), wohl infolge der unzulänglichen Technik. Neuere Arbeiten (ZINSSER und FEI-FANG-TANG, ANDREWES und CARMICHAEL, HUDSON, COOK und ADAIR, GILDEMEISTER und AHLFELD u. a. m.) lassen den Schluß zu, daß man bei 75—90% aller Erwachsenen positive Resultate erhält und daß die Befunde bei Kindern ein allmähliches Ansteigen des Antikörpergehalts mit zunehmendem Alter ausweisen (ZINSSER und FEI-FANG-TANG, WEYER). Ein Unterschied zwischen männlichen und weiblichen Erwachsenen ergab sich — im Gegensatz zur differenten Herpesanfälligkeit beider Geschlechter — nicht; dagegen wurden bei Schwangeren die höchsten Prozentzahlen (95,8%) festgestellt (HUDSON, COOK und ADAIR). Auffallenderweise sollen bei Kindern mit beginnender Poliomyelitis die Antivirusstoffe regelmäßig fehlen (WEYER).

Ob diese Daten als Ausdruck einer mit dem Alter zunehmenden Durchseuchung der Menschen mit Herpesvirus aufgefaßt werden dürfen, erscheint mehr als fraglich. Sicher ist, daß sich die virusneutralisierenden Substanzen sowohl im Serum von Menschen finden, die oft an Herpes leiden, wie bei solchen, bei welchen die Herpesanamnese völlig negativ ist (GILDEMEISTER und AHLFELD); die immunisatorische Entstehung müßte sich als ganz unabhängig von herpetischen Manifestationen vollziehen — wie, das bleibt spekulativer Erwägung überlassen oder wird überhaupt nicht erörtert. Es handelt sich ferner gar nicht darum, eine allgemeine latente *Durchseuchung* nachzuweisen. Was der „exogene Herpesparasit" als Stütze braucht, ist die *dauernde latente Infektion der überwiegenden Mehrzahl aller Menschen*, also eines ähnlichen Zustandes der Wirtsmassen, wie er in Gestalt der intracellulären Symbiose für die onkogenen Virusarten postuliert wird. Das *stete Vorhandensein* eines latenten Infekts ist natürlich nicht festgestellt, wenn man Antikörper im Blute findet und sie auf stattgehabte latente Infektionen zurückführt.

γ) Umwandlung phagenfreier in lysogene Bakterien.

Auf die Methoden, durch welche nicht-lysogene (phagenfreie) Bakterienkulturen in lysogene transformiert wurden (OTTO und MUNTER, l. c., S. 365—369), kann hier nicht ausführlich eingegangen werden. Es wurde planlos allerlei versucht, und es soll auch allerlei zum Ziele geführt haben. Gerade dieser Umstand läßt es als begreiflich erscheinen, daß die positiven Resultate von anderen Autoren meist nicht reproduziert werden konnten; es ist nicht wahrscheinlich, daß jeder beliebige Eingriff den gleichen Effekt (das Auftreten lysogener Fähigkeiten) zur Folge haben kann (siehe S. 51). Solange man über das „Warum" der Transformation nichts weiß bzw. solange keine verläßliche, unter angebbaren Bedingungen stets erfolgreiche Technik bekannt ist, kann man auch das „Daß" bezweifeln, und eine Fortsetzung der Untersuchungen auf der alten grob-empirischen Basis wird daran kaum etwas ändern. Die bestehende Ungewißheit ist zu bedauern; bei der Bakteriophagie schienen die Aussichten besonders günstig, das wichtige Problem der Neuerzeugung übertragbarer Agenzien zu entscheiden. Zu beachten wäre, daß sich die Mitteilungen über die Gewinnung von Phagen aus phagenfreien Kulturen nicht auf abgetötete oder auf ruhende, sondern auf lebende und sich vermehrende Bakterien beziehen. Wenn somit die fragliche Transformation tatsächlich zustande kommt, müßte sie sich nicht unbedingt sprunghaft nach Art einer Mutation in einem oder mehreren Wirtsindividuen (worunter hier die Bakterienzellen zu verstehen wären) vollziehen; sie könnte sich auch allmählich im Laufe zahlreicher, rasch aufeinanderfolgender Generationen entwickeln und möglicherweise bei allen Individuen eines Stammes gleichzeitig, wofür Angaben sprechen, denen zufolge das Lysin erst nach mehreren (10—20) Nährbodenpassagen auftrat. Hält man sich gegenwärtig, wie enge auch die Vermehrung schon vorhandener Phagen an das Bakterienwachstum geknüpft ist, so wird man geneigt sein, als den wesentlichsten Faktor der Neuentstehung von Phagen die Beeinflussung der generativen Prozesse der Bakterien zu betrachten; und hier bereitet dann das Objekt Schwierigkeiten, weil wir das Bakterienleben nicht in Form von Individualexistenzen, sondern als Werden und Vergehen von Populationen untersuchen.

δ) Unspezifisch erzeugte Viruskrankheiten als Aktivierungen latenter Infektionen.

Wir kommen nun zu einer Gruppe von Viruskrankheiten, die hinsichtlich der unspezifischen Provokation eine andere Stellung einnehmen als die bisher besprochenen und beginnen mit der *Virus-III-Infektion des Kaninchens.*

Die durch dieses Virus hervorgerufenen Krankheitserscheinungen kommen unter natürlichen Bedingungen nicht vor; sie können nur experimentell erzeugt werden, u. zw. durch ein eigenartiges, um nicht zu sagen seltsames Verfahren.

Rivers und Tillet (*1*) wollten das Virus der Varicellen nachweisen und injizierten zu diesem Zwecke Blut von Varicellenkranken in den Hoden von Kaninchen. *Obwohl keine Reaktion auftrat,* wurden mit Hodengewebe weitere intratestikuläre Passagen mit Intervallen von 3—5 Tagen angelegt und die zur Impfung verwendeten Hodenemulsionen jeweils durch kutane und korneale Übertragungen auf ihre Pathogenität für andere Gewebe geprüft. In fünf von elf solchen Serien änderte sich plötzlich das Resultat, u. zw. *nie vor dem vierten,* zuweilen aber auch erst beim achten Tiere der positiven Reihen: die Hodenemulsionen riefen nunmehr intensive Entzündungen hervor, nicht nur in den injizierten Testikeln, sondern auch an anderen Körperstellen (Haut, Muskel, Auge usw.). War einmal dieser Erfolg erreicht, so konnten Passagen in unbegrenzter Folge vorgenommen werden und das übertragbare Agens entsprach in vielen Beziehungen (Filtrierbarkeit, Glycerinresistenz, Kerneinschlüsse) anderen bereits bekannten Virusarten. Rivers und Tillet glaubten, wie schon aus dem Titel ihrer ersten Mitteilung („Studies on varicella") hervorging, das Virus der Varicellen isoliert zu haben. Das erwies sich indes bald als ein Irrtum; um das Virus zu gewinnen, muß man nämlich nicht von Varicellenmaterial ausgehen, man kann zur ersten Hodenimpfung Blut von anderen Patienten, ja sogar Kaninchenblut (Andrewes und Miller) benutzen. Im übrigen blieb der sonderbare Tatbestand unverändert, vor allem die Angabe, daß mindestens 3—4 intratestikuläre Blindpassagen notwendig sind, um das Virus in Erscheinung treten zu lassen.

C. H. Andrewes („Virus diseases of rabbits and guinea-pigs") und mit ihm fast alle Autoren, welche sich mit dem Virus III selbst beschäftigt haben, deuten den Vorgang der Virusgewinnung so, daß manche Kaninchenzuchten latent infiziert sind. Das Virus soll in geringen Quantitäten im Hoden der Kaninchen als apathogener und schlummernder Keim vorhanden sein und erst durch 3—4 Hodenpassagen die Fähigkeiten der Infektiosität und Pathogenität erwerben. Zugunsten dieser Auffassung wird angeführt, daß Rivers und Tillet (*2*) unter ihren Kaninchen 15—20% fanden, welche gegen das Virus immun waren und neutralisierende Antikörper im Blute hatten. Auf der anderen Seite konnte ANDREWES (1) unter den Kaninchen, welche er in London untersuchte, keine Exemplare feststellen, welche eine natürliche Immunität besaßen, und mit diesen Kaninchen mißglückte auch der Versuch, einen neuen Stamm des Virus III mit demselben Verfahren zu isolieren, das in Amerika Erfolg hatte. Aus dem Zusammenhalt der Angaben von RIVERS und TILLET und von ANDREWES scheint sich zu ergeben, daß die Isolierung des Virus III nur gelingt, wo eine latente enzootische Verseuchung der Kaninchenbestände vorhanden ist.

Aber diese Auffassung gibt keinen Aufschluß darüber, warum die Hodenpassage die Pathogenität eines sonst wirkungslosen Infektionsstoffes so außerordentlich erhöht und warum zu diesem Zwecke eine Minimalzahl von aufeinanderfolgenden, durch kurze Intervalle getrennten intratestikulären Übertragungen notwendig ist. Und wenn man sich die negativen Resultate von ANDREWES auf die oben präzisierte Weise zurechtlegen kann, versteht man doch nicht, warum die Serien von RIVERS und TILLET in mehr als der Hälfte zu keinem positiven Ergebnis führten, obwohl hier die postulierte Vorbedingung der latenten Verseuchung erfüllt gewesen sein sollte. Deuten nicht die kurzen Intervalle, die zwischen die intratestikulären Impfungen eingeschaltet werden müssen, um das Virus zu „gewinnen“ und zu „erhalten“, darauf hin, daß nicht eine Infektion, sondern ein pathologischer Prozeß, nämlich eine akute Entzündung übertragen wird u. zw. mit Hilfe unbelebter Substanzen, die der Entzündungsprozeß liefert und die selbst imstande sind, entzündungserregend zu wirken? R. DOERR (2), welcher sich zu dieser Auffassung bekannte, verwies darauf, daß die Entstehung solcher Stoffe im Entzündungsherd durch R. RÖSSLE wahrscheinlich gemacht wurde, und daß man mit dem Safte mechanisch erzeugter Quaddeln wieder Quaddeln erzeugen kann. Die Versuchsanordnung, welche zur Isolierung des Virus III führte, sollte jedenfalls unter entsprechender Variierung der Faktoren sorgfältig nachgeprüft werden, wozu neuere Arbeiten von IMAMURA, ONO, ENDO und KAWAMURA über das sog. Scharlachvirus (Virus S) und besonders auch die Widerlegung derselben durch LEVADITI, MARTIN, SCHÖN und ROUESSE unmittelbaren Anlaß geben.

Der Virus-III-Infektion des Kaninchens stehen andere Virusinfektionen insofern nahe, als auch bei ihnen das Bestehen latenter Verseuchung und die Umwandlung des latenten Infekts in schwere, meist letal verlaufende Krankheitsformen durch unspezifische Eingriffe angenommen bzw. beobachtet wird: die Speicheldrüseninfektion des Meerschweinchens (COLE und KUTTNER), die akute lymphocytäre Choriomeningitis der Tiere und Menschen (E. TRAUB, ARMSTRONG und LILLIE, RIVERS und SCOTT, ARMSTRONG und WOOLEY u. a.), die von J. LAIGRET und R. DURAND beschriebene latente Virusinfektion des Gehirns weißer Mäuse u. a. m. Dieses Spezialgebiet der Forschung ist zweifellos noch nicht abgeschlossen, da die neuen Entdeckungen nicht auf systematischen Untersuchungen, sondern auf mehr zufälligen Beobachtungen oder nicht vorausgesehenen Versuchsresultaten beruhen. Schon das vorliegende Material enthält jedoch eine Menge eigentümlicher und nicht aufgeklärter Tatsachen, auf die hier aus Mangel an Raum nicht eingegangen werden kann; der Leser sei auf die zitierten Publikationen verwiesen.

PEYTON ROUS, der geneigt ist, für alle malignen Tumoren Virusarten als Erreger anzunehmen, gibt die Schwierigkeit zu, welche in der enormen Vielfältigkeit der Neoplasmen einerseits und der hochspezifischen Wirkung der Virusarten anderseits gegeben ist; man sei auf diese Weise gezwungen, einen ganzen Mikrokosmus von onkogenen Virusarten zuzugestehen. Da nun, wie er weiter ausführt, auch andere Prozesse (Herpes, Virus III, Submaxillardrüsenvirus, lymphocytäre Choriomeningitis usw.) auf weitverbreitete latente Virusinfektionen zurückgeführt werden, komme man zu der Vorstellung, daß der gesunde Körper eine Sammlung von Virusarten beherbergt, die noch reichhaltiger ist als die normale Bakterienflora. Während jedoch die Bakterien im gesunden Organismus epiphytisch in Schlupfwinkeln der Haut und der Schleimhäute leben, wo sie vor den humoralen und cellulären Abwehrkräften geschützt sind, befänden sich die Viruskeime im Innern von Zellen und seien dort noch weit besser geborgen, solange sie die Zelle nicht töten oder zerstören. Gegen die Existenz solcher Symbiosen könne kein grundsätzlicher Einwand erhoben werden: „Whereever a cell is, there may a virus live, if symbiosis is enough for its needs."

Man wird da unwillkürlich an Ideen erinnert, wie sie von P. Portier und in wissenschaftlicherer Form von J. E. Wallin vertreten wurden. Später (1926) hat U. Pierantoni auseinandergesetzt, daß die Dimensionen der mikroskopischen Symbionten von den Hefen und anderen voluminöseren Pilzen über die Bakterien, Rickettsien und Chlamydozoën nach abwärts führen; dem ultravisiblen pathogenen Virus müsse man daher folgerichtig ein filtrierbares Symbiontenvirus, einen „Ultramikrosymbionten" gegenüberstellen. Die Symbiose mit einem Virus, das unter Umständen pathogen werden kann, ist gleichfalls keine contradictio in adjecto, denn wie U. Bernard sich treffend ausdrückt: „La symbiose est à la frontière de la maladie." Wenn aber auch keine prinzipiellen Bedenken bestehen, so darf doch die Hypothesenbildung, gegen die innere Wahrscheinlichkeit streitend, nicht weitergehen, als sie sich durch verständliche Beobachtungen stützen läßt. Analogien genügen nicht. Suggestive Analogien aus dem Bereiche der Infektionen mit exogenen Parasiten stehen für alle Phänomene der natürlichen und experimentellen Viruspathologie zur Verfügung, ganz besonders auch im Hinblick auf die latenten Infektionszustände einzelner Individuen oder ganzer Populationen. Sie können aber nicht befriedigen, nicht nur weil es eben bloße Analogien sind, sondern auch weil sie versagen, wenn man sie streng durchzuführen sucht.

Um ein oder das andere Beispiel zu zitieren, hat man keine Erklärung dafür, daß das Speicheldrüsenvirus der Meerschweinchen intracerebral verimpft eine akute Meningitis mit Fieber und Krämpfen hervorruft, welcher die Tiere innerhalb von fünf Tagen erliegen, daß aber intracerebrale Meerschweinchenpassagen nicht möglich sind; dieser Gegensatz wird dadurch noch rätselhafter, daß alle anderen, bisher geprüften Tierspezies auf die intracerebrale Impfung mit dem Virus überhaupt nicht reagieren, so daß die Wirkung auf Meerschweinchen kaum als Intoxikation aufgefaßt werden kann. Ein analoges Verhalten zeigt das Agens, das M. H. Gordon in den Lymphdrüsen bei der Hodgkinschen Krankheit festgestellt hat; er wirkt bei Kaninchen und Meerschweinchen, intracerebral injiziert, pathogen, u. zw. nach Ablauf einer 2—6tägigen Inkubation, was auf eine Vermehrung im Zentralnervensystem deutet, kann aber nicht von Hirn zu Hirn übertragen werden. — Angeführt sei ferner das Mäusevirus von Laigret und Durand, das bei Mäusen jeder Altersstufe, ja sogar schon bei Embryonen vorhanden sein soll und das von den genannten Autoren deshalb als „*inframicrobe habitué des souris*" bezeichnet wird; handelt es sich auch hier um einen ursprünglich körperfremden Keim, so müßte man noch weitergehen und ihn als einen erblich gewordenen Symbionten definieren, dessen Nutzen für den Mausorganismus unbekannt ist, der aber ebensogut für die Maus ganz bedeutungslos sein kann. Und dieses Virus wollen Laigret und Durand im Liquor eines mit Mäusehirn geimpften Menschen (Gelbfieberschutzimpfung), ja sogar im Liquor eines nicht-geimpften Individuums (durch die Wirkung auf das Meerschweinchen und durch gekreuzte Immunitätsexperimente) nachgewiesen haben!

Es sind, wie man schon aus den vorstehenden Ausführungen ersieht, nicht nur einzelne widerspruchsvolle Details, es ist die Häufung solcher Tatsachen, vor die man sich durch die Annahme von ursprünglich exogenen, zu permanenten Symbionten gewordenen „Inframikroben“ gestellt sieht. Und wenn wir auch einzelne Fälle von latenten und dauernden Gast-Wirt-Beziehungen kennen, welche dem alten Begriffe einer mutualistischen Symbiose nicht entsprechen, weil die Zweckmäßigkeit des Zustandes für den Wirt nicht erkennbar oder nicht vorhanden ist, sollen wir deshalb zugeben, daß sich solche Ausnahmen bei den Virusinfektionen häufen, daß gerade der Binnenraum von Zellen nicht imstande ist, sich nutzloser und unter Umständen sogar gefährlicher Eindringlinge zu entledigen, daß die latente Dauerinfektion nicht nur bei höheren Wirtspezies, sondern auch bei Einzellern (Bakterien und Bakteriophagen) zum Normalzustand, zu einer erblich fixierten Einrichtung wird? P. BUCHNER schließt sein vortreffliches Werk „Tier und Pflanze in Symbiose“ mit dem Satze, daß das Studium der Symbiose unzweideutig gelehrt habe, daß sich der Symbiontenträger wie eine urteilsfähige und entsprechend handelnde Persönlichkeit verhält. Davon ist in den Auffassungen über die Virussymbiosen nichts zu bemerken, und wenn man diese Zustände als latente (und eventuell hereditäre) Dauerinfektionen bezeichnet, ändert sich nur der Titel, aber nicht das Wesen des Problems.

c) Der Nachweis einer serologischen (immunochemischen) Verwandtschaft zwischen Virus- und Wirtsproteïnen.

Was hierüber bekannt ist, wurde an anderer Stelle (S. 34 und 36) besprochen.

d) Die straffe Bindung der Virusvermehrung an den intensivierten Stoffwechsel (Wachstumsvorgänge) der Wirtszellen.

R. DOERR (*8*) (1934) hob hervor, daß die Virusarten *hinsichtlich ihrer Vermehrung in vitro* in zwei Gruppen geteilt werden können. Die erste Gruppe würde jene Virusarten umfassen, welche nur gezüchtet werden können, *wenn die Wirtszellen selbst proliferieren,* während für die zweite die Anwesenheit von *überlebenden Wirtszellen* genügt. Die Entscheidung, daß die Gewebsproliferation für die Virusvermehrung nicht erforderlich ist, kann — was auch DOERR betonte — auf Schwierigkeiten stoßen, weil man sich erfahrungsgemäß auf Angaben über gelungene Viruszüchtungen, selbst wenn sie von anerkannten Autoren stammen, nicht verlassen kann, bevor nicht mehrfache Bestätigungen von anderer Seite vorliegen (vgl. hierzu R. DOERR, l. c., S. 155, und C. HALLAUER, dieses Handbuch, dritter Abschnitt), und zweitens, weil die Züchtungsverfahren meist so geartet sind, daß Proliferationsprozesse an den Wirtszellen nicht mit Sicherheit ausgeschlossen werden können. In der Regel sagt uns die Beobachtung bloß, ob die Virusvermehrung von Teilungen der Wirtszellen in geringem oder in hohem Grade abhängig ist, belehrt uns also eher über quantitative als über absolute Differenzen. Es ist deshalb wichtig, daß wir in der Rickettsienzüchtung in vitro ein optisch gut kontrollierbares Modell besitzen, aus dem wir schließen dürfen, daß sich diese (den Virusarten sehr nahestehenden) Organismen im Cytoplasma bestimmter Zellen stark vermehren, u. zw. auch dann, wenn letztere keine Anzeichen von Teilungsvorgängen erkennen lassen (PINKERTON und HASS).

So wie die Rickettsien scheinen sich nun auch manche als legitim anerkannte Virusarten zu verhalten. Sie konnten zum Teil in Medien zur Vermehrung gebracht werden, in welchen die Proliferation des Explantatgewebes keine große Rolle spielen kann wie etwa bei dem ursprünglich von MAITLAND angegebenen Kulturverfahren (Kaninchenniere in Kaninchenserum oder in Hühnerserum + Tyrodelösung). Ferner konnte K. HERZBERG mit Hilfe besonderer Färbemethoden die Vermehrung der Elemente gewisser Virusarten (Kanarienvogelkrankheit, Variolavaccine usw.) im Inneren von Zellen mikroskopisch verfolgen.

Nach seiner durch Mikrophotographien belegten Beschreibung vermehren sich die Elementarkörperchen rasch, *ohne daß sich die beherbergende Wirtszelle teilt*; diese wird vielmehr schwer geschädigt, aufgetrieben und platzt schon 1—3 Tage, nachdem sie infiziert wurde, wobei die Elementarkörperchen frei und in der Umgebung verstreut werden. Auch ist daran zu erinnern, daß sich manche Virusarten im Inneren von Zellen vermehren oder vermehren können, welche überhaupt nicht teilungsfähig sind, z. B. in Ganglienzellen, wie das für das Poliomyelitisvirus durch die Untersuchungen von M. BRODIE u. a. wahrscheinlich gemacht wurde.

Daß die Vermehrung bzw. die Teilung der Wirtszellen ohne Stoffwechselsteigerung nicht vorstellbar ist, kann wohl nicht bestritten werden. Das heißt aber natürlich nicht, daß Zellen, welche sich nicht teilen, keinen Stoffwechsel haben. Die Virusvermehrung könnte daher an den Teilungsvorgang als solchen oder auch nur an die damit einhergehende Stoffwechselsteigerung gebunden sein; bei Virusarten, die sich auch ohne Teilung der Wirtszellen vermehren, wären ebenfalls zwei Möglichkeiten zu berücksichtigen, nämlich, daß das auch ohne Teilungen bestehende Stoffwechselausmaß genügt oder daß schon die völlig ruhende Zelle die für die Virusproduktion erforderlichen Bedingungen bietet. Die Möglichkeit, diese vier Beziehungen experimentell zu differenzieren, wäre ein erheblicher Gewinn. Letzten Endes dreht sich ja alles um die Frage, wie die Virusvermehrung vor sich geht und warum sie im Binnenraum von Wirtszellen zustandekommt; jeder Beitrag, welcher uns dem Verständnis des Mechanismus dieses Vorganges näherbringt, kann als eine Etappe auf dem Wege zur Erkenntnis der Natur kleinster Virusarten Anspruch auf Beachtung machen. Als ein erster Ansatz, in dieser Richtung vorzudringen, sind die Untersuchungen von H. ZINSSER und E. B. SCHÖNBACH zu betrachten.

ZINSSER und SCHÖNBACH züchten das Virus der equinen Encephalomyelitis (westlicher Typus) sowie Rickettsien in einem Maitland-Medium (mit Hühnerembryonalgewebe); bestimmt wurde einerseits der zeitliche Ablauf der Virusvermehrung, anderseits die Gewebeatmung (mit der WARBURGschen Modifikation des BARCROFT-HALDANEschen Mikrorespirometers). Die maximale Konzentration des Virus war 12 bis 24 Stunden nach dem Zeitpunkt nachweisbar, zu welchem die Respiration der Zellen ganz oder fast ausgesetzt hatte; nach erreichtem Maximum nahm das Virus rasch wieder ab. Rikettsien vermehrten sich dagegen erst dann in merklichem Grade, wenn der Zellstoffwechsel zum Stillstand gekommen war, und proliferierten noch zu einer Zeit, wo die Zellen ihre Lebensfähigkeit eingebüßt hatten. ZINSSER will aus dieser Differenz einen Gegensatz zwischen Rickettsien und „echten“ Virusarten herauslesen, was natürlich nicht gerechtfertigt ist (siehe DOERR, dies. Handb., V. Abschnitt, 5. Kapitel). Man kann eben nur schließen, daß die Rickettsienproliferation, obwohl sie gleichfalls in Zellen stattfindet, von ganz anderen Faktoren abhängt als die Vermehrung des geprüften Virus. Nach einer kurzen Notiz von ZINSSER und SCHÖNBACH soll die Kultur der Rickettsien sogar mit Hilfe von gefrorenen und aufbewahrten Embryonalgeweben gelingen, eine Angabe, die allerdings einer Bestätigung bedarf, da man in diesem Falle nicht einsehen würde, wozu überhaupt Zellen notwendig sind bzw. warum die Züchtung nicht auch auf unbelebtem Nährsubstrat möglich ist.[1] Daß alle „echten“ Virusarten in der Versuchsanordnung von ZINSSER

---

[1] In den Versuchen von IDA A. BENGTSON gelang die Züchtung von Rickettsien verschiedener Provenienz jedenfalls nie ohne Zellzusatz und es ergab sich auch — in Bestätigung früherer Angaben — kein Anhaltspunkt für eine Rickettsienvermehrung außerhalb der Zellen im Maitland-Medium. Eine neue Technik für die Rickettsienkultur hat ZINSSER in Gemeinschaft mit WEI und FITZPATRICK in der Folge wohl beschrieben; sie soll zwar auf die Beobachtung aufgebaut sein, daß die Rickettsienproliferation im Maitland-Medium erst dann stark einsetzt, wenn der Gewebestoffwechsel verzögert oder abgestoppt ist, benützt aber nicht abgetötete (gefrorene oder lange gelagerte) Zellen, sondern operiert sogar mit einem Überschuß lebenden Gewebes.

und SCHÖNBACH dasselbe Verhalten zeigen würden wie das Virus der equinen Encephalomyelitis, ist nicht nur unbewiesen, sondern in Anbetracht der Erfahrungen über Viruszüchtung sehr unwahrscheinlich. Da vorläufig präzise Daten hierüber nicht vorliegen, erscheint es rationell, sich vorläufig an die Beziehungen der Virusvermehrung zur Zellteilung zu halten.

Die Virusvermehrung *ohne* Teilung der Wirtszellen kann das Dilemma „exogener Parasit oder endogenes Zellprodukt" naturgemäß nicht entscheiden, sofern sich nicht andere Anhaltspunkte ergeben. Desgleichen läßt sich auch kein sicherer Schluß aus der Beobachtung ableiten, daß die Teilung der Wirtszellen zwar nicht notwendig ist, daß sie aber die quantitative Virusausbeute merklich steigert; eine größere Zahl von Wirtszellen kann ebensowohl mehr Parasiten beherbergen als mehr Virus bilden.

Anders liegt die Sache, wenn umgekehrt der Nachweis erbracht werden kann, daß die Virusvermehrung in vitro ohne Teilungen der Wirtszellen unmöglich ist; es wäre nicht ohne weiteres einzusehen, warum ein exogener Parasit eine Zelle bloß deshalb nicht infizieren kann, weil sie sich in dem betreffenden Zeitintervall nicht teilt. Aus den bereits angeführten Gründen lassen sich Teilungen der Wirtszellen im Experiment kaum völlig ausschließen; aber es kann gezeigt werden, daß zwischen der Virusvermehrung und der Proliferation der Wirtszellen ein zeitlicher und quantitativer Parallelismus besteht. Dieser Beweis ist von ALEXIS CARREL (1926) für das Agens des ROUS-Sarkoms erbracht worden, der durch besondere Versuche zu dem Schlusse kam, daß zwischen der Reproduktion dieses Virus in vitro und der proliferativen Tätigkeit der im Kulturmedium vorhandenen Gewebe eine unverkennbare Beziehung zu konstatieren sei. Noch deutlicher tritt dies bei der Bakteriophagenzüchtung zutage, die nach dem übereinstimmenden Urteil aller maßgebenden Untersucher an die Anwesenheit proliferierender Bakterien gebunden ist. In frisch angelegten, mit Phagen infizierten Kulturen setzt die Zunahme der Phagen mit dem Anstieg der Bakterienzahl ein, und Faktoren, welche das Bakterienwachstum hemmen, hindern auch die Phagenbildung (über Ausnahmen von dieser Regel siehe weiter unten). Auch K. HERZBERG hat sich neuerdings der Auffassung angeschlossen, daß die Phagen dadurch in Gegensatz zu jenen Virusarten treten, für deren Vermehrung die „ruhende", d. h. nicht in Teilung begriffene Wirtszelle ausreicht. An dritter Stelle wären nach unseren jetzigen Kenntnissen phytopathogene Virusarten, vor allem die Agenzien der durch STANLEY in den Vordergrund des Interesses geschobenen Mosaikkrankheiten, zu nennen. Schon die Besichtigung der infizierten Pflanzen läßt den stärkeren Befall der jungen Pflanzen und Blätter erkennen; dementsprechend erhielten LORING und STANLEY die beste Ausbeute an kristallisierbarem Virusproteïn aus jungen, rasch wachsenden Glashauspflanzen.

Bei den Mosaikvirusarten kommt übrigens noch ein anderer, in dieselbe Richtung weisender Umstand hinzu. Nach CALDWELLS Untersuchungen, welche mit Angaben von F. M. L. SHEFFIELD übereinstimmen, können solche Agenzien in unverletzte Zellen der empfindlichen Pflanzen nicht eindringen und vermögen auch totes Gewebe nicht zu passieren. Ihre Ausbreitung in der Wirtspflanze ist an lebendes Protoplasma gebunden, und es sind protoplasmatische Brücken (Plasmodesmen), welche ihnen den Übertritt von einer Zelle in die andere ermöglichen; auch hierbei zeigt sich der Einfluß der Wachstumsenergie der Wirtsgewebe: werden an Tabakpflanzen die allerjüngsten, die halb ausgewachsenen oder die ältesten Blätter mit Virus geimpft, so treten die Symptome der Allgemeininfektion in der ersten Gruppe am frühesten auf, dann erst in den meisten Pflanzen der zweiten Gruppe und zuletzt und nur ausnahmsweise in jenen der dritten (J. CALDWELL).

Wie sich der kausale Zusammenhang zwischen Zellteilung und Virusvermehrung gestaltet, ist nicht bekannt.

Man weiß nur, daß die Zellteilung *allein* nicht maßgebend sein kann, zumindest nicht für die Vermehrung der Bakteriophagen. Denn R. DOERR und W. GRÜNINGER sowie H. HORSTER stellten fest, daß sich ein bestimmter Colistamm („Coli sensibel") sowohl bei 18 wie bei 37 und bei 43° C gut vermehrte, daß aber zugesetzte geringe Phagenmengen nur bei 37° C gewaltig an Menge zunahmen und Lyse bewirkten; bei 43° C nahm das Lysin nicht zu, sondern verschwand binnen 5—7 Stunden aus der Kultur, und die aus einer solchen Bouillon nach eingetretenem Lysinschwund gezüchteten Colistämme waren nicht lysogen; bei 18° C trat ebenfalls weder Lysinproduktion noch Bakteriolyse auf, aber das zugesetzte Lysin schwand nicht, sondern blieb in seiner initialen Konzentration während der ganzen Versuchsdauer erhalten. Es scheinen also Stoffwechselvorgänge zu sein, welche bei der Teilung der Bakterien auftreten können, aber nicht unter allen Umständen auftreten müssen, welche die Phagenbildung verursachen.

Das von DOERR und seinen Mitarbeitern beschriebene Phänomen der *Dissoziation von Bakterienwachstum und Phagenvermehrung* konnte bisher nur bei *einem* Phagenstamm und der zugehörigen Bakterienkultur beobachtet werden; andere Bakterien-Phagen-Kombinationen verhielten sich anders. Da aber anderseits an der Richtigkeit der oft wiederholten und stets gleichsinnig verlaufenen Dissoziationsexperimente nicht zu zweifeln ist, darf man sie als einen der überzeugendsten Beweise gegen die mikroparasitäre Natur der Phagen bewerten. Denn wir hätten hier Wirtszellen vor uns, welche bei 18, 37 und 43° C nicht nur leben, sondern sich auch vermehren, und auf der anderen Seite einen Parasiten, der sich bei jeder der drei Temperaturen aktiv („lebend") erhält, der aber nur bei 37° C in die Wirtszellen eindringt und sich daselbst binnen wenigen Stunden um sieben Zehnerpotenzen vermehrt, bei 18° C untätig außerhalb der Zellen verharrt und bei 43° C nach einigen Stunden restlos verschwindet.

In neuerer Zeit haben übrigens auch A. P. KRÜGER und J. FONG über ähnliche Beobachtungen berichtet. Das Wachstumsoptimum der Staphylokokken liegt bei 40°, jenes der zugehörigen Phagen bei 35° C; im Temperaturintervall von 35—40° C nimmt die Vermehrungsgeschwindigkeit der Staphylokokken mit steigender Temperatur zu, das Tempo der Phagenvermehrung hingegen ab. KRÜGER und seine Mitarbeiter geben außerdem an, daß unter besonderen Bedingungen auch eine Dissoziation in entgegengesetztem Sinne, nämlich eine Phagenvermehrung ohne Bakterienwachstum möglich ist. So konnte durch Einstellung des p_H der Nährbouillon auf 6,0 und der Temperatur auf 28° C das Wachstum von Staphylokokken völlig unterdrückt werden, während die Konzentration der Phagen rasch zunahm (KRÜGER und FONG); auch durch Zusatz von NaCl (0,25 Mol) sollen sich Reaktionsphasen erzielen lassen, in welchen die Zahl der Bakterien stationär bleibt, obwohl der Phagentiter noch etwas ansteigt (SCRIBNER und KRÜGER). Schließlich soll der Titer einer Phagensuspension (nicht konstant, sondern nur in 80% der Einzelversuche) dadurch erhöht werden können, daß man die Suspension mit einem zellfreien Kulturfiltrat der zugehörigen Bakterien mischt bzw. fortschreitend verdünnt (KRÜGER und BALDWIN). KRÜGER und BALDWIN nahmen an, daß ruhende Bakterienzellen Vorstufen von Phagen produzieren, welche sich in Gegenwart von aktiven Phagen in solche umwandeln. Ohne sich dieser, wohl recht zweifelhaften Hypothese anzuschließen, muß man doch die Bedeutung der experimentellen Ergebnisse, falls sie einer sorgfältigen Nachprüfung standhalten sollten, anerkennen; sie sprechen jedenfalls dagegen, daß die Phagen exogene Parasiten der Bakterien sein können.

In diesem Zusammenhang wäre noch der Versuche zu gedenken, Viruskrankheiten von Pflanzen durch die Einwirkung höherer Temperaturen therapeutisch zu beeinflussen. Das Prinzip erinnert an die oben zitierten Experimente von DOERR und GRÜNINGER insofern, als ja auch in diesem Falle eine mit Phagen infizierte Bakterienpopulation durch das Wachstum bei hoher Temperatur von Phagen befreit, also gewissermaßen geheilt wurde. Die hauptsächlichsten Kenntnisse über die Hitzebehandlung der Viruskrankheiten verdanken wir L. O. KUNKEL, auf dessen Publikationen hier verwiesen werden muß. Es sind jedenfalls nur wenige Krankheiten der Pfirsichbäume und der Astern („Peach yellows“, „little peach“, „red suture“, und „Aster yellows“), welche dadurch geheilt werden können, daß man infizierte Pflanzen einige Tage bei zirka 35° C hält, infizierte Knospen in warmes Wasser taucht usw.; die meisten Viruskrankheiten haben sich, soweit sie daraufhin geprüft wurden, als refraktär erwiesen. Sofern sich die Sachlage auf Grund des Schrifttums beurteilen läßt, scheint es sich einfach um eine extreme Temperaturempfindlichkeit einiger weniger Virusarten zu handeln. Denn das Virus kann eben nicht nur in der wachsenden, sondern auch in der ruhenden Pflanze oder in den Knospen, ja, wo Insekten als Überträger in Betracht kommen (Cicadula sexnotata bei den „Aster yellows“) auch in diesen vernichtet werden. Die Verhältnisse sind somit anscheinend andere als in den Experimenten von DOERR und GRÜNINGER, wo die Eliminierung der Phagen bei einer Temperatur vor sich geht, welche weit unter der Inaktivierungstemperatur freier Phagen liegt. Schlüsse auf die Natur der hitzeempfindlichen Virusarten können aus den Angaben von L. O. KUNKEL nicht abgeleitet werden. Mit Rücksicht auf die Hypothese, daß die Virusarten den Genen der Wirte ähnlich sein und wie diese endogen entstehen können, hebt KUNKEL hervor, daß die Gene der Pfirsichpflanzen durch Temperaturen, welche das Virus zerstörten, in keiner Weise geschädigt wurden, gibt aber zu, daß diese Feststellung nicht als definitive Widerlegung der bezeichneten Theorie gelten kann.

Daß hier die Agenzien der Hühnersarkome, die Bakteriophagen und die Mosaikvirusarten unter *einem* Gesichtswinkel zusammengefaßt werden können, ist insofern von Bedeutung, als gerade bei diesen drei Kategorien von Infektionsstoffen stets eine lebhafte Opposition gegen das Zugeständnis ihrer mikrobischen Natur bestanden hat.

e) Eigenschaften der Virusarten, welche sich mit dem Begriffe eines lebenden Organismus nicht vertragen.

Es liegt im Wesen dieser Fragestellung, daß man nicht etwa nach einer exzeptionellen Labilität, sondern nach besonders hohen Graden der Resistenz gegen „keimschädigende“ Einflüsse gefahndet hat; Labilität bzw. Resistenz wurde mit *Verlust bzw. Konservierung der Infektiosität oder*, noch präziser ausgedrückt, *der Übertragbarkeit* identifiziert, weil irgendein anderes Kriterium nicht zu Gebote stand.

Hält sich die Resistenz in den Grenzen, welche man bei Mikroorganismen feststellen kann, so wird dies auch heute noch als Beweis betrachtet, daß auch die Virusarten als Mikroben anzusehen sind. Das ist indes a priori unrichtig, weil ja ein unbelebter Stoff denselben Grad von Empfindlichkeit besitzen kann wie ein einzelliges Lebewesen.

Ein zweiter Fehler wird bei der Festsetzung der Resistenzgrenzen für Mikroorganismen gemacht. Man sucht sie möglichst weit hinaufzuschieben, damit jedes ungewöhnliche Verhalten der Virusarten noch „unter das Maß fällt“, und wählt zu diesem Zwecke die Dauerformen der sporulierenden Bakterien. Daß aber auch nur einige der bekannten Virusarten Bakterien sein könnten, ist nicht wahrscheinlich, wie DOERR (*8*) im Gegensatze zu BURNET und ANDREWES (siehe auch BURNET, KEOGH und LUSH) auseinandergesetzt hat, und selbst wenn dem so wäre, müßte man die Bildung von sporenähnlichen Entwicklungsstadien *a limine* ausschließen. Es gibt indes jetzt einen *direkten* Beweis, der in einem anderen Rahmen als zufälliges Nebenprodukt erbracht wurde.

M. A. Macheboeuf und James Basset prüften verschiedene biologische Objekte auf ihre Widerstandsfähigkeit gegen exzessiv hohe Drucke (Ultrapressionen). In einer zusammenfassenden Mitteilung (1936) kommen sie zu folgender Skala:

Abtötend bzw. inaktivierend oder denaturierend wirkender Druck:	Objekt:
zirka 1800 Atm.	Geschwulstzellen,
> 2000 und < 6500 Atm.	Virusarten und Bakteriophagen,
6000 Atm.	vegetative Formen der Bakterien,
> 7000 „	Globuline des Blutserums und des Hühnereiereiweißes,
10000—15000 Atm.	Diastasen, Bakterientoxine,
nicht bestimmbar (> 20000 Atm.)	Subtilissporen.

Macheboeuf und Basset meinen, daß man durch Bestimmung der Resistenz gegen Ultrapressionen ermitteln kann, ob das wirksame Agens eines physiologischen oder pathologischen Phänomens ein Ferment, ein Bakterium, ein invisibles Virus ist. Das ist wohl nicht in vollem Umfang richtig. Serumglobuline z. B. wurden durch Drucke von mehr als 7000 Atm. denaturiert (koaguliert) und die Antigenfunktion (das schockauslösende Vermögen) hinsichtlich ihrer Spezifität schon durch 4500 Atm. modifiziert; aber die Albumine zeigten selbst bei viel stärkerer Kompression keine sichtbare Veränderung. Das Virusprotein des Tabakmosaiks wurde durch Drucke bis zu 6000 Atmosphären nicht alteriert und erst durch 8000 Atmosphären inaktiviert oder zerstört (Basset, Gratia, Macheboeuf und Manil), so daß man es nach Belieben bei den Globulinen einreihen oder zwischen diese und die Gruppe der Enzyme und Toxine stellen, von den tierpathogenen Virusarten abtrennen könnte usw. Meines Erachtens ist nur die Tatsache verwertbar, daß Bakteriensporen auch durch Druckstärken von 20000 Atmosphären nicht beeinflußt werden konnten; denn sie berechtigt uns zweifellos, die Existenz von sporenartigen Stadien der Virusarten generell abzulehnen.

Der dritte Irrtum, dem man bei den Schlußfolgerungen aus Resistenzversuchen begegnet, ist, daß aus dem ähnlichen Verhalten von mehreren oder zahlreichen Virusarten die biologische bzw. systematische Gleichartigkeit abgeleitet wird, oder daß man ein übertragbares Agens aus der Liste der Virusarten streichen will, weil es hinsichtlich seiner Widerstandsfähigkeit eine Sonderstellung einnimmt. Der Pneumococcus gehört aber, obwohl er durch gallensaure Salze abgetötet und aufgelöst wird, nicht zu den Protozoën, und der Meningococcus ist trotz seiner Empfindlichkeit gegen Temperaturdifferenzen und der eigentümlichen Kurzlebigkeit in der Kultur ein Bacterium. Diese Beispiele lehren, daß ein identisches oder ähnliches Verhalten der zu den Virusarten gerechneten Infektionsstoffe auch dann nicht zu erwarten wäre, wenn es sich um eine besondere und einheitliche Gruppe von Mikroorganismen handeln würde — eine Voraussetzung, die heute noch unhaltbarer ist als je zuvor [R. Doerr (*10*)].

So sind z. B. die vergleichenden Resistenzprüfungen zu beurteilen, die von Sturm, Gates und Murphy ausgeführt wurden, um zu beweisen, daß das Agens des Rous-Sarkoms I „kein Virus sein könne". Es wurden verschiedene Testobjekte mit monochromatischem ultraviolettem Licht von verschiedener Wellenlänge und Strahlungsenergie bestrahlt und die für die Abtötung (Inaktivierung) erforderlichen Werte ermittelt. Staphylococcus aureus, Vaccinevirus und ein Phagenstamm verhielten sich ähnlich, das Agens des Rous-Sarkoms zeigte quantitative und qualitative Abweichungen (weit höhere Inaktivierungsenergie, andere Verteilung der optimalen Effekte auf die verschiedenen Wellenlängen). Da die Lichtwirkung als Funktion der Lichtabsorption angesehen werden kann und da diese von der chemischen Beschaffenheit der bestrahlten Objekte abhängt, nehmen die Autoren an, daß Bakterien und Virusarten (einschließlich der Phagen) einen gemeinsamen Faktor oder nahe verwandte Bausteine enthalten, während die Substanz, durch deren Zerstörung die

Inaktivierung des Sarkomagens bedingt ist, einen völlig differenten chemischen Charakter besitzen soll. Schon der Umstand, daß auf diese Weise der Staphylococcus, der Vaccinekeim und die Bakteriophagen auf eine Stufe gerückt werden, läßt das Unzulässige solcher Vergleiche bzw. ihrer Interpretation erkennen. Übrigens waren auch in den Versuchen von Sturm, Gates und Murphy die Bakterien dadurch von der Vaccine und den Phagen verschieden, daß ihre Abtötung eine wesentlich geringere Strahlungsenergie erheischte, was später von Duggar und Holländer (für ein anderes Bacterium und das Mosaikvirus des Tabaks) bestätigt wurde. Auf andere Einwände einzugehen, besteht kein Anlaß; es sei nochmals auf den vierten Abschnitt dieses Handbuches verwiesen.

Sowohl bei Macheboeuf und Basset als bei Sturm, Gates und Murphy wie übrigens auch bei vielen anderen Autoren stößt man auf die Identifizierung von „*Inaktivierung*" und „*Abtötung*", was insofern nicht ganz zutreffend ist, als wir unter „Abtötung" einen irreversiblen Endzustand verstehen, während der Ausdruck „Inaktivierung" wenigstens potentiell die Reversibilität zugesteht. Gemeint ist in beiden Fällen, wenn wir uns streng an die Tatsachen halten, der Verlust der Übertragbarkeit (der „Infektiosität"). Dieser Verlust kann nur darauf beruhen, daß entweder das vorliegende Agens die immanente Fähigkeit einbüßt, sich „aus sich heraus" in einem geeigneten Wirtsorganismus zu vermehren, oder daß es infolge der erlittenen Veränderungen nicht mehr imstande ist, die Wirtsgewebe zur Produktion seiner selbst anzuregen. Welche von diesen beiden Möglichkeiten in einem bestimmten Fall d. h. bei einem bestimmten Agens zutrifft, sucht man durch die Resistenzprüfung zu entscheiden, wobei man von der Voraussetzung ausgeht, daß es Eingriffe gibt, welche die an erster Stelle genannte Fähigkeit (die autonome Reproduktionskraft) unter allen Umständen vernichten, die aber die „autokatalytische" Wirkung auf die Wirtsgewebe nicht unbedingt auslöschen müssen. Für diese Voraussetzung fehlt indes jede zuverlässige Begründung. Die „autokatalytische" Wirkung auf die Wirtsgewebe ist vorläufig eine durch gewisse Beobachtungen veranlaßte Hilfshypothese, und auf der anderen Seite vermögen wir auch nicht präzis anzugeben, durch welche Prozesse die autonome Reproduktionskraft aufgehoben wird.

Sicher bekannt ist, daß der Verlust der autonomen Reproduktionskraft nur *temporär (reversibel)* sein kann. Als Beispiel mag die Tatsache dienen, daß Staphylokokken, welche durch Einwirkung von Sublimat die Wachstumsfähigkeit in vivo und in vitro verloren haben, durch Behandlung mit Sulfiden „geheilt" werden können, so daß sie sich wieder vermehren (V. Gegenbauer). Wenn man aber bei Virusarten solche Phänomene feststellt, wie das in mehreren Fällen [Vinson und Petre, Krüger und Baldwin (*1, 2*) und in besonders einwandfreier Art von Ross und Stanley] de facto geschehen ist, wäre der Analogieschluß nicht zulässig, daß damit die autonome Vermehrungsähigkeit dieser Agenzien bewiesen ist. Toxine können ihre Giftigkeit einbüßen und wiedergewinnen [siehe u. a. R. Doerr (*1*)], Enzyme ihre aufspaltende Funktion, obwohl sich diese Substanzen zweifellos nicht aus sich heraus vermehren.

Ob eine irreversible oder eine reversible Inaktivierung einer Virusart vorliegt, läßt sich häufig nicht entscheiden; und da man für den ersten Fall im allgemeinen eine tiefer greifende Veränderung des Agens anzunehmen hat, ersieht man auch hieraus, mit welchen Schwierigkeiten die theoretische Auswertung von Resistenzprüfungen verknüpft sein muß.

Es ist auf Grund der vorstehenden Ausführungen leicht einzusehen, warum die Resistenzprüfungen der Virusarten keine eindeutigen Aufschlüsse über die Natur dieser Agenzien geliefert haben. Einige Untersuchungsresultate sind indes doch bekannt, welche sich mit der Vorstellung von Mikroorganismen kaum in

Einklang bringen lassen, sobald man zugibt, daß die Widerstandsfähigkeit der Bakteriensporen nicht als Analogie herangezogen werden darf (siehe S. 66). Sie beziehen sich fast zur Gänze auf phytopathogene Virusarten und auf Bakteriophagen, eine Kombination, die uns schon wiederholt bei Betrachtungen anderer Art entgegentrat.

Hierher gehört die Resistenz des Tabak-Nekrose-Virus gegen 99%igen Alkohol (M. K. SMITH und J. G. BALD), die Thermoresistenz des Tabakvirus I, das erst durch zehn Minuten langes Erhitzen auf 90° C inaktiviert wird (M. K. SMITH, l. c., S. 52), die Thermoresistenz gewisser Phagenstämme, welche, in Bouillon suspendiert, die einstündige Einwirkung von 84—85° C ertragen (R. DOERR und G. ROSE) und — vielleicht in erster Linie — die geradezu unbegrenzte Konservierbarkeit von Phagen in feuchtem Medium. DOERR hielt eine Suspension von Colibakteriophagen in steriler Bouillon in zugeschmolzenen Ampullen zwölf Jahre lang bei Zimmertemperatur und stellte nach Ablauf dieser Frist nicht nur die Wirksamkeit der Phagen fest, sondern fand auch bei der quantitativen Auswertung den gleichen Titer, welchen die Suspension vor zwölf Jahren gehabt hatte (von J. BORDET bestätigt). Zu berücksichtigen sind hier die für die Konservierung lebender Mikroben ungünstigen Bedingungen (flüssiges und durch das vorherige Wachstum von Colibakterien angesäuertes Medium, Zimmertemperatur), namentlich aber der Umstand, daß *alle* Phagenelemente aktiv geblieben waren, daß also die für Mikroben so charakteristische Absterbeordnung nicht einmal angedeutet war.

D. Die kleinsten Dimensionen saprophytischer Organismen („saprophytische Virusarten").

Nach der allgemein herrschenden Auffassung stammt jeder Parasit von *freilebenden* Wesen ab, welche sich selbst zu ernähren und zu vermehren vermochten; die Verlegung des Lebensraumes in einen Wirtsorganismus und die dadurch bedingte, mehr oder minder strenge Abhängigkeit des eigenen von fremdem Leben gilt entwicklungsgeschichtlich als eine sekundäre Anpassung. Dieser Anpassungsprozeß vollzieht sich naturgemäß nur bei einem kleinen Prozentsatz der jeweils vorhandenen Organismen; die Majorität der freilebenden Arten bleiben als solche erhalten. Daher überwiegen auch im Reiche der Protisten (Bakterien, Hefen, Schimmelpilze, Protozoën usw.) die unabhängig existierenden Spezies, die „Saprophyten", weitaus, die parasitischen sind in verschwindender Minderzahl vertreten. Sind somit die Virusarten auch nur zum Teil Mikroben, so sollten sich in der freien Natur korrespondierende Saprophyten von ähnlicher Beschaffenheit und *namentlich von analoger Größe* vorfinden. Sonst wäre man zu der Hilfshypothese genötigt, daß entweder sämtliche Aszendenten der jetzt bekannten Virusarten ausgestorben sind, oder daß die kleinen Dimensionen der Virusformen Rückbildungen höherer und größerer Organismen (Konvergenzphänomene) darstellen, die erst durch den fortgesetzten Parasitismus ermöglicht bzw. bewirkt wurden [R. DOERR (*5*, *8*)].

Dieser Gedankengang ist das Motiv der Bestrebungen, „kleinste Saprophyten" oder, wie man das paradoxal auszudrücken pflegt, „saprophytische Virusarten" nachzuweisen. Mitbestimmend war die Erwartung, die Kluft zwischen organischer Substanz (Proteïn) und Zelle überbrücken zu können und tatsächliche Anhaltspunkte für die Art der Entstehung der ersten und primitivsten Lebensformen auf der Erdoberfläche zu gewinnen.

Der direkte mikroskopische Nachweis solcher Keime ist, auch wenn sie hinreichend dimensioniert wären, ausgeschlossen; es ist unmöglich, Gebilde dieser Größenklasse als Mikroben zu agnoszieren. Man ist daher auf die Züchtung in vitro bzw. auf die Isolierung von Reinkulturen angewiesen; daß sich derartige Organismen auf unbelebtem Nährstrat vermehren können, falls ihnen im Reagenzglase dieselben Umweltsverhältnisse geboten werden können wie an den Orten ihres natürlichen Vorkommens, erscheint selbstverständlich. Es ist jedoch denkbar, daß die Erfüllung der eben genannten Bedingung Schwierigkeiten macht, die u. a. auch dadurch verursacht werden können, daß man den gesuchten Mikroorganismen a priori die Eigenschaften von Bakterien zuschreibt und daher schematisch die in der Bakteriologie (u. zw. meist in der *medizinischen* Bakteriologie) üblichen Methoden anwendet. Die Ausbeute an positiven und reproduzierbaren Ergebnissen ist jedenfalls äußerst bescheiden.

Man hat zwei Kategorien von Angaben auseinanderzuhalten, nämlich erstens solche, die sich auf zwar sehr kleine, aber mikroskopisch leicht faßbare und färbbare „Saprophyten" beziehen, und zweitens jene, bei denen die Keime unterhalb der Grenze mikroskopischer Sichtbarkeit lagen und ihre Anwesenheit bzw. ihre Vermehrung nur mehr durch übertragbare Veränderungen der Kulturmedien verrieten.

1. Zu der ersten Kategorie gehören die Mitteilungen von OERSKOV und von DIENES über virusartige Symbionten von Bakterien; sie sind abzulehnen [vgl. hierzu R. DOERR (*8*)], schon aus dem Grunde, weil die Isolierung und die Fortführung in Passagen nicht gelang. E. KLIENEBERGER (*1*) sah in Kulturen des Streptobacillus moniliformis LEVADITI und eines Streptobacillus aus dem Nasopharynx gesunder Meerschweinchen winzige färbbare Mikroorganismen, welche morphologisch den Erregern der Pleuropneumonie und der Agalaktie sehr nahestanden. Aus den Kulturen des Streptococcus moniliformis vermochte KLIENEBERGER diese Keime wiederholt abzusondern und in vielgliedrigen Nährbodenpassagen fortzuführen. In der Diskussion der Alternative, ob es sich um filtrierbare Phasen der Bakterien (der Streptobacillen) oder um Symbionten dieser Bakterien handelt, entschied sich KLIENEBERGER (*2*) vorläufig (d. h. bis zum überzeugenden Beweis des Gegenteils) für die zweite Deutung. — Endlich wäre eine Publikation von J. E. BARNARD zu erwähnen, dem es auffiel, daß in sterilen Nährflüssigkeiten, denen Pferde- oder Kaninchenserum zugesetzt worden war, zuweilen Präzipitate auftraten. Die mikroskopische Untersuchung (Photographie im ultravioletten Licht bei Dunkelfeldbeleuchtung) ergab das Vorhandensein korpuskulärer Elemente, welche morphologisch den Elementarkörperchen pathogener Virusarten glichen; der Durchmesser (0,15—0,17 μ) entsprach ungefähr dem des Vaccinevirus. Vier Subkulturen konnten bestenfalls angelegt werden, und auch dann wurde das „sichtbare Wachstum" von Passage zu Passage schwächer, so daß BARNARD seinen Schluß, daß es sich um lebende Mikroben mit saprophytischem Charakter handeln müsse, auf das mikroskopische Bild (gleiche Größe und Gestalt, Teilungsfiguren usw.) aufbaute. Neue Beobachtungen gleicher Art liegen nicht vor und die Angelegenheit ist daher als unentschieden zu betrachten, zumal es nicht klar ist, auf welchem Wege das „saprophytische Virus" mit Pferde- oder Kaninchenserum in die Nährmedien gelangte.

Zuverlässiger und auch eindeutiger sind die Befunde von P. LAIDLAW und W. J. ELFORD, welche kürzlich von G. SEIFFERT bestätigt wurden. Aus Kloakenwasser, welches durch keimdichte Filter durchgeschickt worden war, konnten auf unbelebten Medien Mikroben gezüchtet und in unbegrenzter Folge fortgeimpft werden, welche kokkenähnliche Form hatten und erhebliche Größenunterschiede aufwiesen; der Durchmesser der größten Exemplare belief sich auf zirka 0,5, jener der kleinsten auf 0,2 μ. Die kleinen (virusartigen) Formen konnten sich in der Kultur eine Zeitlang als solche vermehren, gingen dann aber in die größeren Formen über, die ihrerseits ebenfalls vermehrungsfähig waren; die erstgenannten werden daher als Entwicklungsstadien einer neuen Gruppe von Organismen aufgefaßt, Beziehungen zu den sog. „filtrierbaren Formen" der Bakterien dagegen in Abrede gestellt.

LAIDLAW und ELFORD meinen, daß sich diese Mikroben einmal als Bindeglied zwischen den Bakterien und den pathogenen Virusarten erweisen könnten. Das mag dahingestellt sein, da die pathogenen Virusarten im allgemeinen nicht die biologischen Eigenschaften der Bakterien besitzen [R. DOERR (*8*)]. Wohl aber bedeutet der Pleomorphismus und besonders die innerhalb so weiter Grenzen variable Größe in gewissem Sinne eine Überraschung für diejenigen, welche gleiche Größe und Gestalt als zureichende Beweise für die mikrobische Natur von Elementarkörperchen oder von Gebilden, die bloß mit diesem Namen belegt werden, hinstellen wollen (siehe S. 24). Ferner ist hervorzuheben, daß selbst die kleinen Formen, auf welche natürlich das Hauptgewicht gelegt wird, noch immer Ausmaße hatten, welche man nur bei den größten der anerkannten Virusarten findet; durch ihre Größe, ihren Pleomorphismus und ihre Kultivierbarkeit im zellfreien Medium stehen sie den Erregern der Pleuropneumonie und der Agalaktie näher als den „eigentlichen“ Virusarten, was von LAIDLAW und ELFORD sowie von G. SEIFFERT und neuerdings auf Grund einer Überprüfung der SEIFFERTschen Stämme auch von J. ORSKOV (*2*) besonders unterstrichen wird. (Auf dieselbe Analogie berufen sich übrigens auch E. KLIENEBERGER und J. BARNARD bei der Besprechung ihrer Befunde.) Ob es ein Zufall ist, daß die von LAIDLAW und ELFORD sowie von G. SEIFFERT isolierten saprophytischen Keime gerade diesem Größenbereich angehören bzw. daß kleinere, aber noch sichtbare Mikroben bisher nicht nachgewiesen wurden, läßt sich derzeit nicht beantworten.

Sehr beachtenswert sind die *Stoffwechseluntersuchungen*, welche von ANTOINETTE PIRIE sowie von BARBARA HOLMES an den von LAIDLAW und ELFORD isolierten Stämmen angestellt wurden. Die Wachstumsbedingungen der beiden geprüften Stämme „A“ und „C“ waren insofern verschieden, als sich „A“ auf gewöhnlichen peptonhaltigen Medien vermehrte, während für „C“ — wie bereits LAIDLAW und ELFORD konstatiert hatten — der Zusatz von Blut notwendig war; es erhebt sich daher die Frage, welche Substanz das Blut am Orte des natürlichen Vorkommens von „C“ (Kanalwasser) ersetzt. Weiters konnten PIRIE und HOLMES zeigen, daß die Stämme „A“ und „C“ einen leicht nachweisbaren respiratorischen bzw. fermentativen Stoffwechsel entfalten, durch welchen sie die für ihre Vermehrung erforderliche Energie aufbringen. Sie gleichen darin den Erregern der Pleuropneumonie und der Agalaktie, welche HOLMES und PIRIE schon früher studiert hatten. Im einzelnen ergaben sich aber zwischen den genannten vier filtrierbaren Mikroben erhebliche Unterschiede, besonders auch zwischen „A“ und „C“, was in Anbetracht der differenten Wachstumsbedingungen zu erwarten war. Diese Resultate sind auch deshalb wichtig, weil es bei den „echten“ Virusarten bisher nicht möglich war, Respiration und Stoffwechsel einwandfrei nachzuweisen, auch wenn ein durch seine Größe und seine gesicherte mikrobielle Natur a priori geeignetes Objekt (Vaccinekörperchen) gewählt wurde [B. HOLMES, l. c., S. 107, siehe auch H. SCHÜLER und R. DOERR (*8*), l. c., S. 137]. Leider sind die vorliegenden negativen Ergebnisse vieldeutig, da man nicht sagen kann, ob sie de facto auf dem Mangel des Gaswechsels der Virusarten beruhten, oder ob die Versuchsbedingungen den Nachweis von Stoffwechselvorgängen unmöglich gemacht haben [R. DOERR (*8*), B. HOLMES].

2. Ungleich größere Bedeutung — besonders im Hinblick auf die von STANLEY inaugurierte Forschungsrichtung — hätte der Nachweis von *submikroskopischen Saprophyten* (Durchmesser kleiner als 0,07 μ). Als Indicatoren der Vermehrung müssen in diesem Falle Veränderungen der Nährmedien benutzt werden, z. B. Verfärbungen (F. W. TWORT), fermentative Prozesse (G. SEIFFERT), Trübungen (D'HERELLE, TWORT); diese Veränderungen müßten in praktisch unbegrenzter Folge von einem Nährboden auf den anderen übertragbar sein (siehe weiter unten). Sodann wäre die Möglichkeit ins Auge zu fassen, daß selbst so kleine Mikroben

sichtbare (ev. mikroskopisch sichtbare) Ansiedelungen auf starren Nährmedien bilden. Einwandfreie Angaben über positive Befunde liegen nicht vor.

G. SEIFFERT filtrierte Aufschwemmungen von Kompost und ähnlichem Material durch Membranfilter und impfte die Filtrate in Nährflüssigkeiten, welche Stärke oder geringe Gelatinekonzentrationen enthielten. Es trat nach einigen Tagen Stärkeabbau bzw. Verflüssigung der Gelatine ein, Erscheinungen, die sich auch in Subkulturen zeigten. Daß die Übertragung auf einer bloßen Verdünnung von Fermenten beruhte, die schon im Ausgangsmaterial vorhanden waren, will SEIFFERT durch Kontrollversuche ausgeschlossen haben. Dauerkulturen konnten nicht gewonnen werden; sichtbare Zeichen eines Wachstums (Trübungen, Kolonien) waren nicht vorhanden. Der Text der Mitteilung gestattet keine Beurteilung und die ungenaue Wiedergabe der Versuche keine Nachprüfung; für das Problem der Existenz von unsichtbaren frei lebenden Organismen kommen diese Untersuchungen in der vorliegenden Form nicht in Betracht.

E. Die Vermehrungsbedingungen der Virusarten und ihre biologische Interpretation.

a) Die Notwendigkeit der Wirtszellen als Funktion der Dimensionen der Viruselemente.

Über die kleinsten Größenausmaße frei lebender Mikroben läßt sich somit nur so viel aussagen, daß sie bis in den dimensionalen Bereich der Virusarten hineinragen; die Existenz „filtrierbarer“ Saprophyten war übrigens schon seit 1902 (E. v. ESMARCH, A. BORREL) bekannt, so daß der erzielte Fortschritt eigentlich nur in der größeren Genauigkeit der Messungen liegt. Aber diese kleinsten Saprophyten sind noch immer ohne Zuhilfenahme verfeinerter optischer Methoden sichtbar und — sofern die kugelige Gestalt einen Vergleich erlaubt wie bei den von LAIDLAW und ELFORD abgebildeten Formen — etwas größer als beispielsweise die Elementarkörperchen der Variolavaccine. Man kann das auch so ausdrücken: *Das Intervall zwischen einem Teilchendurchmesser von 10 und zirka 150—170 mμ wird auch jetzt noch lediglich durch pathogene Virusarten und nicht durch frei lebende Mikroben ausgefüllt.* Es ist aber klar, daß dieser Satz möglicherweise nur den momentanen Stand unserer Kenntnisse widerspiegelt. Die Methoden für den Nachweis pathogener Virusarten sind zweifellos einfacher und besser durchgearbeitet, und dem Experimentator, welcher sich der Feststellung kleinster saprophytischer Organismen widmen will, winkt kein Lorbeer. Da wir nun nicht voraussehen können, ob sich die gegenwärtige Situation in der Folge als ein Provisorium herausstellen oder ob sie definitive Gültigkeit erlangen wird, sind die Verhältnisse, welche sich bei der Züchtung der pathogenen Virusarten ergeben haben, nicht leicht bzw. nicht sicher zu beurteilen.

Die Virusarten vermehren sich nur in Gegenwart von lebenden Zellen. Diese Aussage ist allerdings nur richtig, wenn man die Erreger der Pleuropneumonie und der Agalaktie nicht zu den Virusarten rechnet, und wenn man gleichzeitig annimmt, daß die bisherigen Mißerfolge der Züchtung auf zellfreien („unbelebten“) Medien in der Natur des Objekts und nicht in der Mangelhaftigkeit der gewählten Versuchsbedingungen begründet waren. Akzeptiert man diese beiden Voraussetzungen, so stellt die Notwendigkeit von Wirtszellen für die Vermehrung der Virusarten eine der allgemeinsten Eigenschaften dieser Gruppe von Infektionsstoffen dar. Es erscheint daher verständlich, daß man dieses Verhalten auf eine *gemeinsame* Ursache zurückzuführen suchte und daß man in Ermanglung anderer positiver Anhaltspunkte die Dimensionen der Viruselemente verantwortlich machen wollte.

Man hat — was fast nie geschieht — zwei Dinge auseinanderzuhalten: *die Vermehrung in Gegenwart lebender Zellen* und *die Unfähigkeit zur Vermehrung in Abwesenheit lebender Zellen oder, wie man das gewöhnlich zu nennen pflegt, des Wachstums auf unbelebtem Nährsubstrat.* Daß man diese beiden Feststellungen schlankweg miteinander identifiziert, geht darauf zurück, daß die Lehre von den pathogenen Mikroorganismen anfänglich eine medizinische Nutzanwendung der Bakteriologie war. Nur bei den pathogenen *Bakterien* gilt es als Regel, daß neben der parasitischen Lebensweise in bestimmten Wirten auch noch die Möglichkeit des saprophytischen Wachstums besteht, aber nicht mehr in der freien Natur, sondern nur noch unter oft sehr komplizierten Laboratoriumsbedingungen, welche als Konzessionen an den parasitischen Charakter der „Erreger" aufzufassen sind. Daß sich die Virusarten unter saprophytischen Verhältnissen nicht vermehren, ist somit durchaus nicht auffallend, sondern, sofern sie Organismen sind, eine der Folgen, welche die Anpassung an den Parasitismus mit sich bringt. Die Unfähigkeit zu einer selbständigen Existenz findet man dementsprechend bei Parasiten der verschiedensten Art und aller Größenklassen; eine Veranlassung, sie mit dem Absinken der Körpermasse unter ein bestimmtes Niveau in Konnex zu bringen, ist also zunächst nicht vorhanden.

Bei den größeren Virusformen (Psittacose, Variolavaccine) kann man sich auch darauf berufen, daß Organismen von ungefähr gleicher Größe bekannt sind, welche sich auf unbelebten Medien vermehren; wenn die großen Virusformen dies nicht können, so beruht das also nicht auf ihrer zu geringen Masse. Den kleineren Virusarten stehen keine Saprophyten von identischen räumlichen Ausmessungen gegenüber, und es wäre daher im Prinzip möglich, daß solche Dimensionen nur mehr mit dem Parasitismus vereinbar sind. Das ist aber weder die einzige noch eine besonders wahrscheinliche Erklärung; es ist nicht anzunehmen, daß ein Teilchendurchmesser von 120—150 $m\mu$ eine Grenze repräsentiert, ober- und unterhalb welcher die Unfähigkeit zu saprophytischem Wachstum durch verschiedene Ursachen bedingt wird.

Die vorstehenden Ausführungen gelten nur für Lebewesen oder — unpräjudizierlich ausgedrückt — für geformte Gebilde, welche die Fähigkeit des Wachstums und der Vermehrung überhaupt, wenn auch unter differenten Bedingungen besitzen. *Sobald wir der Vorstellung Raum geben, daß es sich um Produkte des Wirtskörpers handelt, daß also nur dieser für die Vermehrung aufkommt, ist eine Züchtung im zellfreien Medium eo ipso ausgeschlossen.* Die neueren Forschungen machen es in hohem Grade wahrscheinlich, daß Virusarten in der Form von schweren molekulardispersen Proteïnen auftreten können, und es wurde bereits erörtert (siehe S. 36), daß es gerade diese Ergebnisse sind, welche die Hypothese der endogenen Virusbildung, zumindest in ihrer Anwendung auf bestimmte Fälle, stützen. Lehnen wir diese Hypothese ab, so würde sich bei dem jetzigen Stande der Forschung ergeben, daß es Eiweißmoleküle gibt, welche sich unter Wahrung sämtlicher Eigenschaften endlos zu teilen vermögen. Auch eine ungehemmte Phantasie würde erlahmen, wie sie Auskunft geben sollte, aus welchen frei lebenden Vorstufen sich solche „parasitierende Moleküle" entwickelt haben könnten, bzw. wie durch Anpassung an den Parasitismus die Kombination von enormem Substanzverlust mit dem Aufbau von Riesenmolekülen entstanden ist (vgl. S. 105).

In summa existieren für die Unfähigkeit der Virusarten, auf totem Nährsubstrat zu proliferieren, nur *zwei* plausible Erklärungen: ein durch Anpassung zustande gekommener strenger Parasitismus oder die endogene Virusbildung. Nur für die erste Variante wird — von der Mehrzahl der Mikrobiologen — noch heute allgemeine Gültigkeit beansprucht, für die zweite nicht mehr [R. Doerr (*8*, *10*)]. Die erste vermag aber eine Reihe von wichtigen Phänomenen (unspezifische Erzeugung übertragbarer Viruskrankheiten, molekulardisperse Virusproteïne usw.) nicht aufzuklären, und die zweite hat wieder kein scharfbegrenztes Anwendungsgebiet, sondern wird dort herangezogen, wo sie die Tatsachen besser befriedigt als die erste. Eine Konvergenz in dem Sinne, daß die Hypothese der endogenen Virusbildung mit abnehmender Größe der Viruselemente an Boden gewinnt, läßt sich derzeit nicht nachweisen [R. DOERR (*8, 10*)]; die schweren Virusproteïne machen eine Ausnahme, aber — wenigstens vorläufig — nicht wegen ihrer geringen Dimensionen, sondern wegen ihrer molekularen Verteilung.

b) Der obligate intracellulare Parasitismus der Virusarten.

Noch vieldeutiger wie der negative ist der positive Inhalt der Aussage, daß sich die Virusarten nur in Gegenwart von lebenden Zellen vermehren. Daß lebende Zellen für die Virusvermehrung notwendig und hinreichend sind, läßt sich sowohl mit hochgetriebenem Parasitismus wie mit endogener Virusbildung vereinbaren, und im ersten Falle könnte der Parasit auf Stoffe angewiesen sein, welche nur die lebende Zelle nach außen abgibt, oder auf Faktoren, die nur im Inneren der Wirtszelle zur Verfügung stehen. Wie in der Virusforschung überhaupt, so ist jedoch auch in dieser Spezialfrage ein sichtbares Modell maßgebend gewesen: *der intracellulare Parasitismus,* ein Bild, das jedermann aus den Beziehungen der Malariaplasmodien zu den Erythrocyten vertraut ist. Aber gerade diese Analogie ist keineswegs so bestechend, wie man ohne Überlegung annehmen könnte. Denn die Malariaplasmodien sind *relativ große und hochdifferenzierte Mikroben,* was auch für viele andere obligate Zellschmarotzer gilt; wenn man daher für die zellbedingte Vermehrung der Virusarten die Notwendigkeit des Schmarotzens in Wirtszellen als Ursache annimmt, darf dieser Zusammenhang nicht auf die exzessive Kleinheit der Viruselemente zurückgeführt werden, wenigstens nicht in dem Sinne, daß das Parasitieren in Zellen zu einem so enormen Verlust an Substanz und Funktion führen *muß,* wie das bei den Virusarten der Fall ist (R. GREEN, K. HERZBERG, P. LAIDLAW u. v. a.). Zweitens sehen wir bei den Malariaplasmodien, daß die Beziehung zwischen Parasit und Wirtszelle (bei der asexualen Schizogonie) extrem spezifisch ist, indem nur bestimmte Zellen, *die Erythrocyten einer Wirtsspezies* befallen werden; wie ausgeführt werden wird, trifft das für die überwiegende Majorität der Virusarten nicht zu. Und drittens sind die Wirtszellen der Plasmodien, die Erythrocyten, Zellen, welche sich nicht mehr zu teilen vermögen, keinen Kern und zweifellos einen ganz anderen Stoffwechsel haben als kernhaltige und vermehrungsfähige Zellen des gleichen Wirtes. Auch in diesem Punkte zeigen die Virusarten ein abweichendes Verhalten. *Warum* sich schließlich die ungeschlechtliche Form des Plasmodium malariae in menschlichen Blutkörperchen zu vermehren vermag und in keiner anderen Zellart, ist nicht bekannt; trotz der anscheinend günstigen Verhältnisse ist eine Kultur dieser Protozoën in vitro bisher nicht gelungen. Unter diesen Umständen ist es angezeigt, die Basis kritisch zu prüfen, auf welcher die These vom intracellularen Parasitismus der Virusarten ruht.

α) Mikroskopische Befunde.

Die Aussage, daß die ungeschlechtlichen Formen der Malariaplasmodien obligate Zellschmarotzer sind, ist eine unmittelbare Ableitung aus wohldefinierten mikroskopischen Befunden. Wir *sehen,* daß die Merozoïten in rote Blutkörperchen eindringen, daß sie dort heranwachsen, die Wirtszellen verändern und daß sie sich schließlich in bestimmter Weise teilen, um neue Scharen von Erythrocyten zu besiedeln. Solche Bilder können wir auch bei jenen Virusarten nicht erzielen, deren etwas größere Formen die optische Erfassung durch die Photographie im ultravioletten Licht oder durch besondere Färbemethoden gestatten. Die Elementarkörperchen sind auf jeden Fall winzige, punkt- oder körnchenförmige, morphologisch nicht differenzierbare Gebilde, die man nicht „aus dem Präparat heraus" diagnostiziert, sondern „ex juvantibus", speziell auf Grund der bekannten Provenienz des untersuchten Materials. Wir können uns nicht vorstellen, wie sie in die Wirtszellen eindringen, wir können nicht beobachten, daß sie wachsen und daß sie sich teilen. Was uns im Mikroskop entgegentritt, ist eigentlich nur die *intracellulare Lage*. Nachzuweisen ist aber die *Virusvermehrung* im Binnenraum der Zelle, also ein in der Zeit ablaufender Vorgang. Man kann allerdings, wie das K. HERZBERG u. a. getan haben, so vorgehen, daß man die mikroskopische Untersuchung bei einem und demselben Prozeß zu aufeinanderfolgenden Zeiten vornimmt und diese Momentaufnahmen zwecks Rekonstruktion des zeitlichen Geschehens in passender Weise aneinanderreiht. Doch ist man bei diesem Verfahren bekanntlich in besonders hohem Grade der Selbsttäuschung ausgesetzt. Schließlich kann die Zahl der in Zellen lokalisierten Elementarkörperchen auch durch Phagocytose zunehmen, und extracellular gelagerte Körperchen können nicht nur durch Platzen von parasitierten Wirtszellen, sondern auch durch Vermehrung außerhalb von Wirtszellen entstanden sein (siehe S. 74).

Die durch K. HERZBERG eingeführte Viktoriablaufärbung bedeutet an sich sowie im Hinblick auf frühere Verfahren zur tinktoriellen Darstellung der Elementarkörperchen (PASCHEN, TANIGUCHI) zweifellos einen wesentlichen Fortschritt und ist als solcher auf Grund ihrer Leistungen bereitwilligst anerkannt worden. Aber selbst wenn man die von HERZBERG gezogenen Schlüsse akzeptiert, wird man sich vor Augen halten müssen, daß bisher nur einige wenige Viruskrankheiten untersucht wurden, und daß zu Verallgemeinerungen um so weniger Anlaß vorliegt, als schon die vorliegenden Mitteilungen grundsätzliche Verschiedenheiten zwischen den geprüften Virusarten feststellen. Nach den ersten Berichten zu schließen, darf man auch von der direkten Beobachtung des Infektionsablaufes in der Chorioallantois mit Hilfe eines Opakilluminators (F. HIMMELWEIT) eine bessere morphologische Erfassung der Beziehungen zwischen Elementarkörperchen und Wirtszelle erwarten.

Divergenzen ergaben sich aus den Untersuchungen von HERZBERG, seinen Mitarbeitern und Schülern, sowie von F. HIMMELWEIT auch hinsichtlich der Struktur der Einschlußkörperchen, die man gerne einheitlich als *intracellulare Viruskolonien* aufgefaßt hätte. Es hat sich gezeigt, daß die Einschlüsse auch dort, wo sich gelegentlich ein Aufbau aus Elementarkörperchen und einer „Einschlußmasse" nachweisen läßt, keineswegs als biologisch gleichwertige Gebilde aufgefaßt werden dürfen, weder bei einer und derselben und noch weniger natürlich bei verschiedenen Virusarten (Variola-Vaccine, Geflügelpocken, Ectromelie usw.). In der lebenden Chorio-Allantois, welche mit Vaccine infiziert ist, kann man nach den Angaben von HIMMELWEIT überhaupt nur Elementarkörperchen sehen; GUARNIERIsche Einschlüsse treten nur in gefärbten Präparaten (vermutlich durch die Fixierung und Färbung künstlich erzeugt) auf, entsprechen irregulären lokalen Anhäufungen von Elementarkörperchen und fehlen in den Frühstadien der Infektion. Daß in einer Zelle massenhaft PASCHENsche Körperchen vorhanden sein können, während GUARNIERIsche Einschlüsse vermißt werden, und daß man umgekehrt einschlußartige Gebilde ohne PASCHENsche Körperchen beobachten kann, wird auch von E. HAAGEN und H. KODAMA angegeben, so daß diese Autoren, obgleich sie nicht ganz auf dem Standpunkt von HIMMELWEIT stehen, doch zu dem Schluß kommen, daß die GUARNIERIschen Einschlüsse „ihren Ursprung nicht unmittelbar aus den Elementarkörperchen" nehmen. Jedenfalls darf man die alte Ansicht, daß die GUARNIERIschen Einschlüsse „intrazellulare Viruskolonien“ seien, als erledigt ansehen, und ihr Vorhandensein ist daher auch kein zureichender Beweis für die intracellulare Vermehrung des Vaccinervirus.

Es gibt ferner zahlreiche Einschlüsse, bei welchen ein Aufbau aus Elementarkörperchen und einer Grundsubstanz bisher nicht wahrscheinlich gemacht werden konnte, und auch sie wurden trotz vereinzelter Opposition als der morphologische Ausdruck der Virusinvasion und der intracellularen Virusvermehrung gedeutet; in erster Linie gehören hierher *die acidophilen Kerneinschlüsse*, wie man sie beim Herpes simplex, beim Gelbfieber, bei der Pseudorabies, der equinen Encephalomyelitis usw. beschrieben hat. Hier darf wohl von einer Hemmungslosigkeit in der Interpretation mikroskopischer Bilder gesprochen werden, um so mehr, als eine stattliche Zahl älterer und neuerer Experimente lehrt, daß sich ganz ähnliche Einschlüsse auf unspezifischem Wege erzeugen lassen. In zwei jüngst erschienenen Publikationen, welche über die Entstehung von intranuclearen und cytoplasmatischen Einschlüssen nach Bleivergiftung (S. NICOLAU und O. BAFFET) und von acidophilen Kerneinschlüssen nach subcutaner Injektion von Al- und Fe-Verbindungen (P. K. OLITSKY und G. HARFORD) berichten, erörtern die Autoren die Möglichkeit, ob die Versuchstiere nicht etwa mit irgendeinem Virus latent infiziert waren, und OLITSKY und HARFORD führten sogar umfangreiche Kontrollexperimente aus, um diese Eventualität sicher ausschließen zu dürfen. Man erkennt, wie festgewurzelt die Meinung ist, daß „Zelleinschlüsse“ für Viruskrankheiten spezifisch und pathognomonisch seien, obwohl unter der Bezeichnung „Einschlußkörperchen“ („inclusion bodies“) Gebilde zusammengefaßt werden, die sich schon durch ihre Lokalisation in der Zelle, durch ihre Struktur, durch ihre mikrochemischen Reaktionen weitgehend voneinander unterscheiden, und obwohl zahlreiche Virusinfektionen bekannt sind, welche ohne Einschlußbildung verlaufen.

K. HERZBERG hält auf Grund seiner Untersuchungen den „Nachweis der Virusvermehrung innerhalb der Wirtszelle, des Zellschmarotzertums“ für gesichert und fügt hinzu: „Es ist nicht ausgeschlossen, daß diese Vermehrung in der Zelle zwangläufig ist, weil die El.-K. allein nicht mehr imstande sind, die zur Vermehrung notwendigen Lebensvorgänge selbst zu leisten und daß der Grund hierfür in ihrem ungenügenden Rauminhalt zu suchen ist.“ Diese Formulierung ist nicht ganz präzis. Es scheint indes, daß HERZBERG mit dem ersten Satz sämtliche Virusarten (mit Ausnahme der Bakteriophagen) meint und nicht nur diejenigen, auf welche sich seine morphologischen Studien erstreckten; das wäre natürlich nicht berechtigt. Der zweite Satz kann so verstanden werden, daß HERZBERG den *obligaten* Zellparasitismus bloß als eine *Möglichkeit* und nur den *fakultativen* als *bewiesen* ansieht; das läge aber keineswegs in den Intentionen jener Richtung, welche auf den exklusiven Zellparasitismus der Virusarten eine ganze Reihe von Phänomenen zurückzuführen suchen, nicht nur die negativen und positiven Bedingungen der Vermehrung in vitro, sondern auch die Einschlußbildung, die Organotropien, die Wanderung in Nerven, die Wirkungslosigkeit der Serotherapie usw. Daß es nicht stichhaltig ist, wenn man aus den Dimensionen der Virusarten die Notwendigkeit ihrer Vermehrung innerhalb von Wirtszellen ableitet, wurde bereits erörtert (siehe S. 74), wobei in diesem Falle noch zu bedenken ist, daß HERZBERGS Methoden naturgemäß nur die größeren Virusarten umspannen.

β) Indirekte Beweise.

Außer durch optische Befunde hat man den obligaten Zellparasitismus oder — wie man unpräjudizierlich und daher richtiger sagen sollte — die ausschließliche Vermehrung der Virusarten in Wirtszellen auch auf *indirektem* Wege zu beweisen versucht. Eine der am häufigsten angewendeten und interessantesten Methoden geht von der Überlegung aus, daß die Viruselemente, wenn sie sich außerhalb von Zellen befinden, durch schädigende Einflüsse leichter abgetötet bzw. inaktiviert werden müßten, als wenn sie in Wirtszellen liegen und durch diese geschützt sind.

In der Tat konnten ROUS und JONES schon 1916 zeigen, daß phagocytierte Typhusbazillen oder Erythrocyten gegen Cyankalium oder gegen cytotoxische Sera widerstandsfähiger sind als extracellulare. Virusarten wurden erst mehrere Jahre später zu analogen Versuchen herangezogen, wobei es sich herausstellte, daß nur lebende, nicht aber abgetötete Wirtszellen gegen virusschädigende Einflüsse (wie virusneutralisierende Antisera, photodynamische Aktion des Methylenblaus) schützen (RIVERS, HAAGEN und MUCKENFUSS, HAAGEN, PERDRAU und TODD, ROUS, MACMASTER und HUDACK u. a.).

Eine Schwierigkeit, „zellfreie" Virussuspensionen zu gewinnen, bestand nicht; diese sollten jedoch mit virushaltigen Aufschwemmungen lebender Wirtszellen verglichen werden, die so beschaffen sein sollten, daß zumindest ein Teil der Viruselemente *in* den Zellen lag, eine Forderung, die sich streng genommen ohne optische Kontrolle gar nicht befriedigen ließ. Es boten sich zwei Auswege. Man konnte entweder das Virus in empfängliche Gewebe lebender Tiere injizieren, diese Gewebe nach Ablauf einer bestimmten Frist herausnehmen, zerkleinern und feststellen, ob das Virus in der Gewebsemulsion (im Vergleich zu einer zellfreien Virussuspension) geschützt war, oder man konnte empfängliche Gewebszellen in vitro mit Virus versetzen und die Mischungen nach Ablauf einer „Bindungszeit" zum Schutzversuch verwenden. Im ersten Falle sollte das Eindringen des Virus in die Zellen in einem geeigneten Wirtsorganismus, im zweiten im Reagenzglase vor sich gehen; beides wurde versucht, und die Resultate waren, wenn man sie in globo bewertet, als positiv im Sinne der Fragestellung wie auch der zahlreichen hypothetischen Prämissen zu bezeichnen. So wurde von PERDRAU und TODD konstatiert, daß verschiedene Virusarten im lebenden Tier eine gewisse Zeit gegen die photodynamische Wirkung des Methylenblaus empfindlich bleiben und erst nach Ablauf dieser Inkubation resistent werden; die Inkubation der Schutzwirkung war für ein und dieselbe Virusart annähernd konstant, für verschiedene Virusarten dagegen außerordentlich verschieden, und beim Vaccinevirus stimmte sie mit der Angabe von HERZBERG überein, derzufolge die Elementarkörperchen der Vaccine in den Zellen der Chorio-Allantois des Hühnereies zwölf Stunden nach der Infektion sichtbar werden.

Bei genauerem Studium der einschlägigen Arbeiten verändert sich aber die zustimmende Beurteilung. Insbesondere erscheint es fraglich, ob man die oben erwähnte Inkubation der Schutzwirkung ohne weiteres als die Zeit auffassen darf, die das Virus zur Einwanderung in die Wirtszellen benötigt. Daß die Viruselemente aktiv in Zellen „einzudringen" vermögen, ist nicht anzunehmen, da sie — auch wenn es sich durchwegs um Organismen handeln sollte — zweifellos unbeweglich sind; sie müssen offenbar zuerst physikalisch an die Oberfläche von Zellen adsorbiert werden, und die Aufnahme in das Zellinnere erfolgt dann sekundär, sei es durch „Einwachsen" der sich vermehrenden Keime, sei es passiv durch Intussuszeption (Phagocytose). Dafür spricht, daß auch abgetötete Zellen in vitro rasch Virus fixieren; nur bleibt eben in diesem Falle die Schutzwirkung aus, welche die Anwesenheit *lebender* Zellen erfordert. ROUS, MACMASTER und HUDACK stellen sich vor, daß die unmittelbare Umgebung lebender Zellen eine Art Schutzzone repräsentiert, innerhalb welcher die Viruselemente schädlichen Einflüssen bereits entzogen sind, während PERDRAU und TODD keine Möglichkeit sehen, ihre Resultate anders als durch die Verlagerung des Virus in das Innere der Zellen erklären zu können. Die Lokalisation im Inneren einer Zelle ist aber noch kein schlüssiger Beweis für obligaten Zellparasitismus, und gegen diesen sprechen mehrfache Beobachtungen, nicht nur in den Experimenten von PERDRAU und TODD, sondern auch in den Erfahrungen über die Züchtung der Virusarten in vitro.

γ) Die Viruskultur in vitro und die Lehre vom obligaten Zellparasitismus der Virusarten.

Die Schutzversuche sowie die Züchtungen in vitro gelingen zum Teil ohne Rücksicht darauf, ob die verwendeten Zellen von einem für das Virus empfänglichen Organismus stammen oder nicht. *Es fehlt das für alle Formen des Parasitismus und speziell für den obligaten Zellparasitismus wesentliche Kriterium der spezifischen Beziehung zwischen Gast und Wirt.* Man muß allerdings bei dieser Aussage berücksichtigen, daß sich gerade in neuerer Zeit viele Wirtsspezies, die früher für refraktär gehalten wurden, als empfänglich erwiesen haben, sei es auch nur in Form einer latenten Infektion. Auf der anderen Seite ist aber wieder zu bedenken, daß man aus begreiflichen Gründen nur wenig unspezifische Kombinationen geprüft und die spezifischen, von denen positive Ergebnisse zu erwarten waren, bevorzugt hat, so daß das vorliegende Material einseitig orientiert ist. Indes existieren doch Daten, welche gegen die Spezifität der Empfänglichkeit streiten.

Bakteriophagen können z. B. gegen die photodynamische Aktion des Methylenblaus auch durch Bakterien geschützt werden, auf welche sie nicht lytisch wirken (PERDRAU und TODD). — Hühnerpestvirus wurde gegen das gleiche Agens durch Hühnerblut und Kaninchenblut, aber nicht durch Mäuse- und Rattenblut geschützt, ein Verhalten, das auch durch die Berufung auf eine möglicherweise vorhandene geringe Empfänglichkeit des Kaninchens (PERDRAU und TODD) nicht verständlich gemacht werden kann. — Die Schutzwirkung gegen die photodynamische Aktion des Methylenblaus konnte bei tierpathogenen Virusarten durch die lebenden Zellen erwachsener Tiere, auch wenn diese hochempfänglich waren, in vitro nicht oder nur ganz ausnahmsweise erzielt werden, während sich embryonales Hühnergewebe gut eignete (PERDRAU und TODD).

Die soeben erwähnte Schutzwirkung des wachsenden embryonalen Hühnergewebes soll nach PERDRAU und TODD die Vermutung nahelegen, daß die Virusinfektion der Zellen besonders leicht stattfindet, wenn sie sich in Teilung oder im Stadium aktiven Wachstums befinden. Von diesem Standpunkt aus wird es jedoch nicht verständlich, warum sich die Schutzwirkung des embryonalen Hühnergewebes auf Hühnerpestvirus ebenso erstreckt wie auf das Virus des Louping-ill und warum sie bei beiden Virusarten nach ungefähr gleich kurzer Kontaktdauer (30 bzw. 60 Minuten) nachweisbar wurde. Es muß wohl jedem auffallen, daß zwischen diesen Angaben und der schon früher bekannten Eignung des embryonalen Hühnergewebes, die Vermehrung tierpathogener Virusarten in Gang zu bringen und zu erhalten, ein nicht bloß äußerer Zusammenhang zutage tritt. Denn *die Viruszüchtung in vitro* ließ ja gleichfalls, sofern sie mit embryonalem Hühnergewebe bewerkstelligt wurde, die Spezifität vermissen. Seit die von GOODPASTURE, WOODRUFF und BUDDINGH (1931) eingeführte Viruskultur in der Chorio-Allantois des bebrüteten Hühnereies in großem Umfange verwendet wird, ist dies besonders deutlich geworden; F. M. BURNET (dritter Abschnitt dieses Handbuches) stellt neuerdings fest, daß nicht nur alle für Vögel pathogenen Virusarten (einschließlich des Virus des ROUS-Sarkoms) auf der Chorio-Allantois des sich entwickelten Hühnerembryos leicht zur Vermehrung gebracht werden können, sondern daß auch die überwiegende Mehrzahl der für Säugetiere und für den Menschen infektiösen Virusformen auf bzw. in dieser Membran proliferiert. Interessant ist übrigens auch die Liste der Virusarten, bei denen sich die Züchtung auf der Chorio-Allantois als undurchführbar erwiesen hat (siehe BURNET, l. c.); denn man findet hier neben dem Virus der Poliomyelitis und dem Virus III, die sich bekanntlich nur auf eine bzw. auf wenige Säugetierspezies übertragen lassen, das Virus der Tollwut und der Maul- und Klauenseuche, bei welchen die Zahl der natürlichen und experimentellen Wirte ganz außerordentlich groß ist; für die Lyssa sind auch Vögel empfänglich und über natürliche sowie experimentelle Infektionen von Vögeln mit Maul- und Klauenseuche liegen ebenfalls Angaben vor.

Leider wissen wir nicht, ob es sich um eine allgemeine Eigenschaft aller frühen Embryonalgewebe handelt, oder ob die Gewebe des Hühnerembryos eine Sonderstellung einnehmen. Aber trotz dieser Lücke liegen die Dinge doch so, daß man die Wirkung des embryonalen Hühnergewebes im Schutzversuch oder in der Viruskultur nicht auf den obligaten Zellparasitismus der Virusarten beziehen kann. Sind die Virusarten Zellschmarotzer, so müssen sie diesen Charakter vor allem im Organismus ihrer Wirte manifestieren, und wenn man andere Phänomene (Schutzwirkung lebender Zellen, Notwendigkeit lebender Zellen für die Virusvermehrung in vitro, Überlegenheit embryonaler über ruhende Zellen) aus dem gleichen Grunde erklären will, ist zu verlangen, daß sich in diesen Phänomenen die Gesetzmäßigkeiten des Verhaltens im Wirtsorganismus widerspiegeln. Das ist aber nicht der Fall, und es muß daher eine andere Ursache für die Beziehung der Virusvermehrung und des Virusschutzes zu den Lebensfunktionen von Zellen gesucht werden. Ist nicht schon die Tatsache, daß eine Steigerung dieser Funktionen, d. h. ein Ersatz ruhender durch wachsende und sich teilende Zellen Virusschutz und Virusvermehrung begünstigt, ein Argument gegen die Tendenz, den Zellparasitismus für alle möglichen Erscheinungen verantwortlich zu machen?

Nach einer vorläufigen Mitteilung von SABIN und OLITSKY soll sich ein Protozoënstamm, welchen sie zufällig aus dem Gehirne von Mäusen isolierten und welcher morphologisch zu den Toxoplasmen zu gehören schien, ausschließlich in Zellen vermehrt haben. Diese Toxoplasmen, große und relativ hoch organisierte Parasiten (6—7 μ lang und 3—4 μ breit) konnten auf unbelebtem Nährsubstrat nicht gezüchtet werden, wohl aber in dem Medium von LI-RIVERS (zerkleinerter Hühnerembryo suspendiert in Tyrodelösung), wo sie sich wieder innerhalb von Zellen entwickelten. Der Stamm war für viele Tierarten infektiös, für Mäuse, Meerschweinchen, Kaninchen, Affen, aber auch für frisch ausgeschlüpfte und erwachsene Hühner. Tiere, welche die Injektion überstanden hatten (Affen, Kaninchen) waren gegen Reinfektionen immun, und in ihrem Serum ließen sich Antikörper nachweisen, welche sich so wie die virusneutralisierenden Antikörper verhielten, indem sie die Toxoplasmen in vitro nicht direkt schädigten, aber mit toxoplasmenhaltigem Material versetzt nicht-infektiöse Gemenge lieferten. Die Ähnlichkeiten zwischen diesen Protozoën und manchen tierpathogenen Virusarten werden von SABIN und OLITSKY besonders unterstrichen und auf den obligaten intracellularen Parasitismus als gemeinsame Ursache zurückgeführt. Während sich somit fast alle Autoren bemüht haben, die generellen Eigenschaften der Virusarten mit den Dimensionen dieser Stoffe in Zusammenhang zu bringen, wird dieser leitende Gedanke von SABIN und OLITSKY über Bord geworfen und intimiert, daß das Schmarotzen in Wirtszellen in zahlreichen und wichtigen Beziehungen zu einer Angleichung (Konvergenz) führen kann, mögen die Parasiten nach Größe, Differenzierung, Stellung im System der Organismen so verschieden sein als sie wollen.

Da die ausführliche Arbeit unseres Wissens noch nicht erschienen ist und da auch Nachprüfungen und eventuelle Ergänzungen der Angaben abgewartet werden müssen, ist eine definitive und erschöpfende Stellungnahme einstweilen nicht möglich. Es ist aber für jeden Fall unrichtig, die Toxoplasmen gewissermaßen als Repräsentanten der höheren obligaten Zellschmarotzer hinzustellen. Diese Protozoën leben in ihren Wirten keineswegs ausschließlich in Zellen, sondern auch frei in Körpersäften (siehe KNUTH und DU TOIT), und wenn sie kraft ihrer Eigenbeweglichkeit in verschiedene Zellen (mononucleare und polynucleare Leukocyten, Endothelzellen,

Bindegewebs- und Parenchymzellen der Organe) eindringen, um sich dort durch Zweiteilung oder Schizogonie zu vermehren, ist dies noch nicht als obligater Zellparasitismus zu qualifizieren. Daß es SABIN und OLITSKY gelang, die Toxoplasmen mit Hilfe von embryonalen Hühnerzellen in mindestens sechs Subkulturen ohne Verlust ihrer Infektiosität fortzuführen, ist im Hinblick auf die zahlreichen älteren negativen Kulturversuche bemerkenswert, aber insofern kein Widerspruch zur Erwartung, als die Toxoplasmen bekanntlich unter natürlichen und experimentellen Bedingungen auf zahlreiche Vogelarten, darunter auch auf Hühner verschiedenen Alters übertragen werden können (KNUTH und DU TOIT, NICOLAU und KOPCIOWSKA, SABIN und OLITSKY u. v. a.); auch fehlen Züchtungsversuche mit anderen lebenden Zellen, unter anderem mit Zellen von erwachsenen Hühnern, so daß man nicht weiß, wie weit die Parallele mit der Viruszüchtung in vitro geht. Schließlich konnte S. NICOLAU Tiere durch cerebrale Verimpfung von Milzemulsionen infizierter Kaninchen oder Meerschweinchen erfolgreich infizieren, obwohl in zahlreichen Schnittpräparaten solcher Milzen nie Toxoplasmen zu sehen waren; merkwürdigerweise ließ sich das infektiöse Agens aus den verdünnten Milzemulsionen nicht auszentrifugieren, war aber anderseits auch durch durchlässigere Hartkerzen (Chamberland L_1 und L_3) nicht filtrierbar. Diese Angaben müßten wohl vorerst aufgeklärt werden. Vorläufig kann man aus der Mitteilung von SABIN und OLITSKY nur schließen, daß Eigenschaften, die man früher als ausschließliches Attribut der Virusarten betrachtete und aus ihren Dimensionen abzuleiten suchte, auch bei großen und relativ hochorganisierten Mikroben beobachtet werden können; daß das von SABIN und OLITSKY gebrachte Beispiel Protozoën und nicht Bakterien betrifft, hat besondere Bedeutung.

In einem neueren Aufsatz von T. M. RIVERS heißt es: „The viruses have not been cultivated in vitro in absence of living susceptible cells, and in that sense they are obligate parasites.“ Wir sahen soeben, daß zahlreiche Angaben vorliegen, welche dagegen sprechen, daß die Zellen nicht nur leben, sondern auch „*empfänglich*“ sein müssen. Fällt aber die Bedingung der Empfänglichkeit, wenn auch nur bei einem Teil der hinreichend beglaubigten Viruszüchtungen dahin, so besteht die Notwendigkeit nicht mehr, den Einfluß der Zellen auf die Virusvermehrung allgemein darauf zu beziehen, daß sämtliche Virusarten biologisch als obligate Zellschmarotzer zu betrachten sind. Es ist oft genug wiederholt worden, der obligate intracellulare Parasitismus sei die naheliegendste und einfachste Erklärung. Man sollte vielleicht sagen, die „bequemste“ Erklärung, weil wir uns durch die Feststellung, daß diese Beziehung vorliegt, von dem wissenschaftlichen Zwang befreit fühlen, auf den Mechanismus derselben genauer einzugehen; es genügt die genetische Aussage, daß die Anpassung des Gastes an den Wirt eben diese Form angenommen hat. Gibt man dagegen nicht zu, daß diese biologische Relativität vorliegt, so wird eine besondere Begründung für die Beobachtung verlangt, daß die Virusvermehrung ohne lebende Zellen nicht vor sich gehen kann, und dieses Postulat können wir derzeit nicht befriedigen.

Vielleicht werden einmal die interessanten Feststellungen von C. LEVADITI und seinen Mitarbeitern über die Affinität bestimmter Virusarten zu dem Gewebe von Neoplasmen in diesem Zusammenhang Bedeutung gewinnen. So haben z. B. LEVADITI und P. HABER gezeigt, daß sich ein für Mäuse pathogener Hühnerpeststamm in epithelialen Tumoren, welche die geimpften Mäuse tragen, lokalisiert, im Geschwulstgewebe stark proliferiert und ausgedehnte Nekrosen der Tumorzellen verursacht. In analoger Weise konnte Vaccinevirus in experimentellen Mäusecarcinomen und das Straßenvirus der Lyssa in Kaninchentumoren (Carcinom von PEARCE, SHOPEsches Papillom) angereichert werden (LEVADITI und NICOLAU, LEVADITI, SCHÖN und REINIÉ). Daß die Tumorzellen durch die Schnelligkeit ihres Wachstums und durch die Intensität ihres Stoffwechsels den Embryonalzellen nahestehen, ist ja immer wieder betont und zu verschiedenen Hypothesen über die Entstehung der Tumoren herangezogen worden. In den von LEVADITI untersuchten Kombinationen war aber die tumortragende Wirtsspecies für das benutzte Virus empfänglich, wenn auch zuweilen nur in geringem Grade (Anreicherung von Hühnerpestvirus in Kaninchentumoren), während man diese Beziehung bei der Viruszüchtung im im Embryonalgewebe, wie oben betont, vermißt. Ferner konnte keine Fixierung und Vermehrung von Herpesvirus in Kaninchentumoren erzielt werden, obzwar sich dieses Virus nicht nur im Hühnerembryonalgewebe, sondern auch in explantierten Kaninchengeweben kultivieren läßt. Immerhin sollte aber diese Richtung verfolgt werden; wenn sie auch höchstwahrscheinlich nicht zu einer neuen Krebstherapie führen wird, könnte sie doch im Verein mit anderen Methoden zur Erschließung des Mechanismus der Virusvermehrung hinleiten (vgl. hierzu S. 79).

δ) Art und Lokalisation der anatomischen Veränderungen. Organo- und Cytotropismus.

Daß die tierpathogenen Virusarten Zellschmarotzer sind, hat man auch aus der Lokalisation der pathologischen Veränderungen im Wirtsorganismus sowie aus Untersuchungen schließen wollen, denen zufolge die Virusvermehrung größtenteils an den Orten der anatomischen Auswirkung vor sich geht. Es sollen Affinitäten bestimmter Virusformen zu bestimmten Wirtszellen bestehen („Cytotropien“ nach einem von PHILIBERT vorgeschlagenen Ausdruck), Affinitäten, denen man je nach Erfordernis jeden beliebigen Grad von Spezifität zuschreibt.

So hat E. W. HURST angenommen, daß sich das Poliomyelitisvirus in den Ganglienzellen der Vorderhörner des Lendenmarkes und vielleicht noch in geringerem Grade in den BETZschen Zellen des motorischen Cortex vermehrt. Bei anderen Viruskrankheiten soll die Zugehörigkeit der Wirtszellen zu einem bestimmten embryonalen Keimblatt maßgebend sein u. zw. in solchem Grade, daß der spätere Differenzierungszustand keine Rolle spielt; Epithel- und Ganglienzellen werden, weil ektodermaler Abstammung, als gleichwertig angesehen (die „Ectodermoses neurotropes“ LEVADITIS), und das Vaccinevirus, welchem LEVADITI ektodermotropen Charakter zuschrieb, ist für LEDINGHAM ein „mesodermotroper“ Keim. In einer dritten Gruppe soll weder ein hochspezifizierter Zelltypus noch die ontogenetische Provenienz den Ausschlag geben; es sind anatomische und funktionell unscharf begrenzte, bald kleinere, bald größere Bezirke („Zones électives“ nach LEVADITI), welche die bevorzugten Ansiedlungsstätten repräsentieren.

Unvoreingenommen betrachtet, tritt uns in der Lokalisation der anatomischen Veränderungen wie im pathologischen Geschehen überhaupt nur die große Mannigfaltigkeit der Viruskrankheiten entgegen, welche der Mannigfaltigkeit der Infektionen mit anderen Agenzien (Bakterien, Protozoën, Spirochäten, Rickettsien usw.) die Waage hält. Es ist daher nicht einzusehen, *warum* man nur bei den Viruskrankheiten eine Focussierung der Phänomenologie auf ein Zentralmotiv, den intracellularen Parasitismus, angestrebt hat, und es ist auch nicht ohne weiteres ersichtlich, *wie* dies zustande gebracht werden könnte.

T. M. RIVERS erblickt einen gemeinsamen Zug in der pathologischen Auswirkung der Virusinfektionen insofern, als Veränderungen an Zellen im Vordergrunde stehen, während Entzündungen zurücktreten und als sekundäre Prozesse zu betrachten sind. Die Zellveränderungen können entweder rein hyperplastischen Charakter haben (wie bei den Hühnersarkomen und Kaninchenpapillomen), oder es schließen sich an proliferative Initialstadien degenerative und destruktive Gewebsprozesse an (Pocken, Varicellen, Bakteriophagie), oder die Nekrobiose und die Auflösung der Zellen beherrscht von vornherein das Bild (Poliomyelitis, Rabies, Louping-ill). Diese Fassung kommt aber weniger einer scharfen Charakteristik der Viruseffekte als einer Aufzählung der überhaupt möglichen Zellreaktionen gleich; Proliferation, Degeneration, Absterben und Auflösung von Zellen findet man bei Prozessen der verschiedensten Ätiologie, namentlich auch bei Infektionen, welche nicht durch virusartige Agenzien hervorgerufen werden. Die Entzündung anderseits ist eine komplexe Reaktionsform der mesenchymalen Strukturen, an welcher sich zahlreiche pathologische und physiologische Partialfunktionen dieser Gewebsarten in wechselndem Ausmaße beteiligen (R. RÖSSLE). Ob, in welchem Umfange und in welcher Reihenfolge Entzündungen an Infektionsprozessen partizipieren, wird nicht bloß durch den Erreger bestimmt, sondern auch durch *den Sitz des Infektes.*

Wer einmal die Reaktionen von Erstimpflingen nach subcutaner Injektion lebender Vaccine gesehen hat, wird nicht daran zweifeln, daß die Entzündung hier primären Charakter hat und nicht erst durch den Untergang von zelligen Elementen ausgelöst wird; daß man von der Entwickelung der Impfpustel oder von der Vaccineinfektion der gefäßlosen Kaninchencornea einen anderen Eindruck erhalten kann (RIVERS), ist natürlich. Es sei hier ferner an die experimentelle Vaccinemeningitis nach intracisternalen Virusinjektionen (H. PETTE und ST. KÖRNYEY u. a.) erinnert, an die Fälle von akuter Virusmeningitis des Menschen (RIVERS und SCOTT), an die lymphocytäre Choriomeningitis (ARMSTRONG und LILLIE, E. TRAUB), an das mit dem Fibromvirus des Kaninchens verwandte, akut entzündungserregende Virus I A (C. H. ANDREWES, ANDREWES und SHOPE), an die Pneumonie bei der Psittacose usw. In Anbetracht dieser Tatsachen kann man somit nicht daran festhalten, daß die Entzündung im pathologischen Bilde der Viruskrankheiten fehlt oder stets nur sekundär entsteht, falls diese Behauptung allgemeine Gültigkeit haben soll; wird sie nur auf einen Teil der Viruskrankheiten bezogen, so verliert sie ihre Bedeutung als abgrenzendes Merkmal, da sich dann nach keiner Richtung Verhältnisse ergeben, die von Infektionen mit anderer Ätiologie abweichen würden.

GOODPASTURE möchte es in gewissem, nämlich in heuristischem Sinne als einen Vorteil betrachten, daß man die Virusarten nicht auf unbelebten Medien züchten kann, und daß der Forscher infolgedessen genötigt ist, das infektiöse Agens in Zusammenhang mit den Läsionen, die es erzeugt, zu studieren; so werde der Konnex zwischen Pathologie des Wirtes und Parasitologie durch die Natur des Objekts gewahrt. Es besteht aber anderseits die Gefahr, daß man sich bei der Ausdeutung der anatomischen bzw. histologischen Befunde zu weit vorwagt. Dafür gibt es zahlreiche, zum Teil sehr lehrreiche Beweise, von denen hier nur die markantesten zitiert werden sollen.

Durch Verfütterung des Wasserschierlings (Cicuta virosa) bzw. von aus dieser Pflanze hergestellten Extrakten konnten ADELHEIM, AMSLER, NICOLAJEW und RENTZ bei Kaninchen eine Meningoencephalitis erzeugen, welche durch entzündliche Veränderungen in den weichen Hirnhäuten, durch mächtige perivasculäre und subependymäre Infiltrate, durch degenerative Prozesse in der Glia und Degenerationen in den Ganglienzellen ausgezeichnet war, also durch Veränderungen, wie man sie auch bei den Virusencephalitiden konstatiert. Aus der „Prozeßstruktur", auf welche die Nervenpathologie ein so großes Gewicht legt, war die toxische Ätiologie jedenfalls nicht herauszulesen; und da die perivasculären Infiltrate hier möglicherweise durch die hämatogene Zuleitung des Cicutoxins entstanden sein konnten, ergab sich die Frage, wie sich diese histologischen Befunde bei den Virusencephalitiden entwickeln, wo die hämatogene Induktion nach den herrschenden Ansichten durch die Impermeabilität der Blut-Hirn-Schranke ausgeschlossen sein soll. Am wahrscheinlichsten war eine Infektion der perivasculären Räume. M. KON und B. FUST konnten jedoch durch intraneurale und intracisternale Injektionen von Tuberkelbacillen beim Kaninchen eine tuberkulöse Meningomyelitis hervorrufen; Tuberkelbacillen waren aber nur (in sehr großen Mengen) im *meningealen* Infiltrat vorhanden, während sie in den mächtigen perivasculären Infiltraten im Rückenmarksstrang gänzlich fehlten, ein unzweideutiger Beweis, *daß der Sitz anatomischer Läsionen keine sicheren Anhaltspunkte für die Verteilung und Ausbreitung infektiöser Agenzien liefert.*

Die Untersuchungen von KON und FUST illustrieren die Vorteile, welche der Virusforschung erwachsen können, wenn sie in möglichst breitem Umfange Infektionen mit mikroskopisch leicht nachweisbaren Parasiten zum Vergleiche heranzieht, wie dies ja auch seit IWANOWSKYS Zeiten stets geschehen ist und in den letzten Jahren erneut gefordert wurde (R. DOERR, G. STEINER, GOODPASTURE, BURNET und ANDREWES, R. GREEN, J. E. BARNARD u. v. a.). Aber die Vorteile liegen nicht dort, wo sie in der Regel gesucht werden, nämlich im Ausfindigmachen von Analogien (z. B. zwischen Virusarten und Bakterien) oder im möglichst scharfen Herausarbeiten von Gegensätzen zwischen den Virusarten und anderen infektiösen Keimen; der Gewinn ist erkenntniskritischer Natur, er besteht in der Einsicht, wie kompliziert und schwer zu deuten die Gast-Wirt-Beziehungen schon in dem optisch gut zugänglichen Gebiet sind und daß daher doppelte Vorsicht nötig ist, wenn sich das, was wir zu sehen vermögen, fast ganz oder ganz auf die Wirtsreaktionen beschränkt. Das gilt insbesondere für den intracellularen Parasitismus und das damit zusammenhängende Problem der Organotropie (bzw. „Cytotropie") der Virusarten.

ε) Intracellular und extracellular.

GOODPASTURE bezeichnet in einem seiner letzten Vorträge über dieses Thema die Konzeption des Cytotropismus als eine *Hypothese*, die den Ausgangspunkt für weitere erfolgreiche Untersuchungen bilden kann. Das steht in erfreulichem Gegensatze zu der dogmatischen Art, wie die Lehre vom obligaten intracellularen Parasitismus der Virusarten von anderer Seite vertreten wird. Am gleichen Orte tritt GOODPASTURE für eine Einteilung der Parasiten in drei Gruppen ein, die extracellularen, die fakultativ intracellularen und die obligat intracellularen. Wie schon früher J. A. ARKWRIGHT, bestreitet GOODPASTURE, daß die Lage von Parasiten in Wirtszellen nur zwei extreme Auffassungen zulasse, nämlich daß es sich entweder um eine Phagocytose d. h. um eine Abwehrreaktion im Sinne von E. METSCHNIKOFF handeln muß, bei welcher die aufgenommenen Mikroben zerstört (verdaut) werden, oder um obligaten Zellparasitismus. Es bestehe gewissermaßen als Bindeglied die Möglichkeit, daß die phagocytierten Organismen von der Zelle nicht nur nicht abgetötet werden, sondern daß sie sich im Innern der Zelle vermehren.[1] Für jede der drei Gruppen führt GOODPASTURE eine Reihe von instruktiven Beispielen an und betont, daß die Züchtung auf totem Nährsubstrat bei den extracellularen Formen leicht, bei den fakultativ intracellularen möglich, aber oft erschwert und bei den obligat intracellularen überhaupt nicht realisierbar

---

[1] GOODPASTURE hat (in Gemeinschaft mit K. ANDERSON) diese Beziehung durch sehr interessante Modellversuche illustriert. Er infizierte die Chorio-Allantois von Hühnerembryonen mit Reinkulturen pathogener Bakterien (Streptococcus viridans, Geflügeltuberkelbacillen, B. aërogenes, B. typhi, Bruc. abortus) und konstatierte, daß diese Keime in fixe und bewegliche mesodermale, aber auch in epitheliale Zellen eindrangen und daselbst günstige Bedingungen für ihre Vermehrung fanden. Die Phagocytose funktionierte also nicht als Abwehrreaktion im Sinne von E. METSCHNIKOFF, sondern erleichterte bzw. vermittelte das Zustandekommen der Infektion. Wie unbewegliche und bewegliche Bakterien in das Innere von fixen Zellen der verschiedenen Keimblätter gelangen können, erklärt GOODPASTURE für ein wichtiges Problem, gleich R. DOERR (*8*, *9*), der dieses Thema schon vor Jahren in seiner Bedeutung für die Infektionspathologie im allgemeinen und für die Pathologie der Viruskrankheiten im besonderen erörtert hatte (vgl. hierzu S. 75). Daß die intracelluläre Lage von größeren Viruselementen in Zellen der Chorio-Allantois des infizierten Hühnerembryos nicht ohne weiteres als Ausdruck eines obligaten Zellparasitismus aufgefaßt werden darf, ergibt sich aus den Experimenten von GOODPASTURE und K. ANDERSON von selbst.

ist. Die Virusarten möchte GOODPASTURE in die dritte Gruppe stellen. Mit Rücksicht auf die Forschungen von STANLEY über das Mosaikvirus des Tabaks hält er es jedoch für denkbar, daß manche Virusarten keine Parasiten d. h. Organismen, sondern unbelebte Substanzen (autokatalytische Agenzien) sind, welche von den Wirtszellen gebildet werden; er schlägt daher, um beide Möglichkeiten zu erfassen, vor, bei den Virusarten nicht von Zellparasitismus, sondern von Cytotropismus zu sprechen. Da die gesamten Ausführungen von GOODPASTURE auf die Idee der Anpassung der Parasiten an ihre Wirte aufgebaut sind, ist diese Zusammenfassung inkonsequent; für ein unbelebtes Agens, das in der Wirtszelle entsteht, hat der Ausdruck „cytotrop" und der Gegensatz zu „extracellular" keinen Sinn.

Vom allgemein biologischen Standpunkt ist die Klassifikation von GOODPASTURE berechtigt und stützt sich auf Tatsachen, welche schon früher bekannt, wenn auch nicht in gleicher Weise schematisiert waren. Die Virusforschung kann hier Nutzen ziehen. Man betrachtet die größeren Formen der Elementarkörperchen als parasitierende Protisten; wenn man sie mit Hilfe neuerer Methoden in Wirtszellen nachweisen kann, so hat man sich keineswegs bloß für die Alternative „Phagocytose oder obligater Zellparasitismus" zu entscheiden (K. HERZBERG), und wenn es gelingt, die Vermehrung in der Zelle glaubhaft zu machen, so ist durch diesen Umstand *allein* die extracellulare Vermehrung noch nicht ausgeschlossen.

GOODPASTURES Schema erschöpft aber nicht die Vielgestaltigkeit der Beziehungen zwischen Parasit und Wirt bzw. Wirtszelle. Das hat sein Autor selbst implicite anerkannt, indem er einen Unterschied macht, je nachdem die infektiösen Keime nur in phagocytierenden Zellen (Leukocyten, Wanderzellen, Zellen der serösen Häute, Reticuloendothelien) gefunden werden und sich dort vermehren, oder ob sie in nicht-phagocytierenden Zellen proliferieren, z. B. in Epithelien. Wichtiger sind zweifellos jene Differenzen, in welchen die Spezifität der Wirtszellen innerhalb desselben Organismus zum Ausdruck kommt. Daß sich manche Parasiten nur in bestimmten Zellen vermehren, wie z. B. die asexualen Formen der Malariaplasmodien in Erythrocyten, andere, wie die Leprabacillen oder das Schizotrypanum Cruzi, in Zellen von sehr verschiedener Form und Funktion, kann nicht aus *einem* Grunde erklärt werden. Der Prüfstein eines Systems ist seine Anwendbarkeit auf den einzelnen Fall; es läßt sich leicht zeigen, daß das Schema von GOODPASTURE unter Umständen versagt.

Die Leprabacillen vermehren sich extra- und intracellular. Man findet sie oft in großen Massen in den verschiedensten Zellen, in Zellen der Leber, des Hodens und Nebenhodens, in Hautepithelien, in Zellen des Bindegewebes, in Ganglienzellen, in Zellen der SCHWANNschen Scheiden usw. Die parasitierten Zellen leiden unter der Infektion oft auffallend wenig, auch wenn es sich um empfindliche Elemente (Ganglienzellen) handelt; anderseits sieht man wieder Zellen (Makrophagen), welche infolge der intensiven Keimvermehrung platzen. Auch die intracellular gelagerten Bacillen verhalten sich verschieden; bald sind sie nach Form und Färbbarkeit wohl erhalten, bald verlieren sie, namentlich in polymorphkernigen Leukocyten, ihre Säurefestigkeit und werden zerstört. Die Leprabacillen können ferner in die Hautnerven eindringen, sich daselbst ansiedeln und interstitielle Neuritiden erzeugen, sie können in den Nervensträngen zentripetal bis zum Rückenmark fortwuchern und an diesem pathologische Veränderungen hervorrufen, wobei sie meist den Weg über die dorsalen Wurzeln einschlagen. Auf totem Nährsubstrat konnte der Leprabacillus bisher trotz vielfacher Bemühungen nicht gezüchtet werden. Wie soll man das Verhältnis des Parasiten zu den Wirtszellen in diesem Falle definieren? Es sind alle Kombinationen in umfangreichen Diskussionen erörtert worden: der extracellulare Keim, welcher nur der Phagocytose unterliegt, der obligate Zellschmarotzer, der

Symbiont, der sich nicht auf Kosten der Zelle, sondern von denselben Stoffen wie diese ernährt, der fakultative Zellparasit (vgl. J. JADASSOHN, l. c., S. 1151—1159), aber eine Einigung wurde nicht erzielt, obwohl es sich um ein mikroskopisch leicht nachweisbares Bacterium handelt, dessen Lagerung im Gewebe ohne jede Schwierigkeit feststellbar ist. GOODPASTURE rechnet den Leprabacillus zu den fakultativen intracellularen Parasiten; es ist aber klar, daß diese Einordnung nur befriedigen könnte, wenn die Kultivierung möglich wäre.

Und dann: sind die Leprabacillen neurotrop oder neurocytotrop, ist vielleicht die Lepra eine neurotrope „Ektodermose"? G. STEINER, der sich diese Frage selbst gestellt hat, antwortet, daß „die Wanderung auf der peripheren Nervenbahn bei der Lepra einen wenn auch häufigen *Sonderfall* darstellt und daß die Verbreitung der Leprabacillen auch im nicht-nervösen Gewebe groß ist", während z. B. beim Herpes der Versuchstiere „die Vorliebe für die Benutzung der peripheren Nervenbahn auffallend regelmäßig ist und das Virus in anderen nicht-nervösen Organen zwar vorkommt, dieses Vorkommen für die Krankheitsvorgänge aber ziemlich bedeutungslos ist". Zieht man dagegen das von E. W. HURST aufgestellte System der neurotropen Virusarten heran, dem sich I. A. GALLOWAY vorbehaltlos anschließt, so wird man nicht umhin können, dem Leprabacillus neurotrope Eigenschaften zuzuerkennen. E. W. HURST unterscheidet drei Kategorien neurotroper Virusarten: 1. Die streng neurotropen (Lyssa, Poliomyelitis, BORNAsche Krankheit); 2. die neurotropen und gleichzeitig pantropen vom Typus I (Pseudorabies, Herpes, Virus B von SABIN) und 3. die neuro-pantropen vom Typus II (Gelbfieber, Louping-ill, amerikanischer Typus der equinen Encephalomyelitis). Man würde die Leprabacillen unbedenklich entweder bei der zweiten oder bei der dritten Gruppe von HURST einreihen, wenn sie die Dimensionen der eben noch sichtbaren oder de facto unsichtbaren Viruselemente besäßen; daß diese Bedingung nicht erfüllt erscheint, ist aber natürlich kein Grund, sich auf einen abweichenden Standpunkt (wie STEINER) zu stellen.

Das ausführlich besprochene Beispiel der Leprabacillen mag hier genügen. Die Lehre von den pathogenen Protozoën ist weit ergiebiger, wenn die außerordentliche Mannigfaltigkeit der Gast-Wirt-Beziehungen beleuchtet und eine kritische Grundlage für die Beurteilung der Verhältnisse bei den Virusinfektionen gewonnen werden soll. Leider ist die medizinisch orientierte Mikrobiologie geneigt, alle auftauchenden infektionspathologischen Probleme „bakteriologisch" anzufassen und zu beurteilen — eine Folge ihrer geschichtlichen Entwicklung.

Eine Bemerkung erfordert zum Schlusse dieses Kapitels noch die verbreitete Auffassung, daß der obligate intracellulare Parasitismus mit dem Verlust der Fähigkeit zu saprophytischer Lebensweise bzw. mit dem Verlust der Vermehrungsfähigkeit auf totem Nährsubstrat zwangläufig verknüpft sei. Man könnte dies als selbstverständlich bezeichnen, weil der Ausdruck *„obligater intracellularer Parasit"* einer Definition gleichkommt, welche jede andere Existenzmöglichkeit, also auch das Wachstum auf unbelebten Medien ausschließt. Wenn wir jedoch einem Mikroorganismus die Eigenschaften eines obligaten intracellularen Parasiten zuerkennen, so wenden wir nicht die in diesem Ausdruck implicite enthaltene Definition an; wir machen vielmehr eine beschreibende Aussage, welche sich darauf stützt, daß wir den betreffenden Organismus in seinen Wirten nie anders als innerhalb von Zellen gesehen haben oder daß zumindest Wachstum und Vermehrung nur innerhalb von Zellen beobachtet werden konnten. Diese Befunde beziehen sich aber nur *auf das Verhalten im empfänglichen Wirt* und geben uns keineswegs die apodiktische Gewißheit, daß Wachstum und Vermehrung außerhalb von Wirtszellen und ev. auch auf totem Nährsubstrat unmöglich sind. In der Tat konnten zahlreiche intracellulare Symbionten von Pflanzen und Tieren isoliert und unabhängig von ihren Wirten gezüchtet werden (siehe P. BUCHNER). Auf der anderen Seite ist die Kultur von extracellularen Parasiten durchaus nicht immer leicht zu bewerkstelligen, sondern erfordert oft ganz bestimmte und komplizierte Bedingungen (Spirochaeta pallida, Hämokultur der BANG-Bakterien, Pasteurella tularensis u. a. m.).

J. ALEXANDER erwägt sogar die Möglichkeit, daß alle obligaten Parasiten abseits von anderen Lebewesen gezüchtet werden könnten, wenn die präzise Formel ihrer Bedürfnisse bekannt und im Laboratorium erfüllbar wäre; das Attribut „obligat" ist seiner Meinung nach nur ein Ausdruck unserer Unkenntnis, aber nicht ein berechtigter Schluß. Ob man, wenn auch bloß in der theoretischen Spekulation, so weit gehen soll, erscheint aber doch fraglich; es ist denkbar, daß in der lebenden oder sich vermehrenden Wirtszelle Faktoren gegeben sind, welche außerhalb derselben nicht realisiert werden können und welche für die Existenz obligater Zellparasiten — nicht aller, die so genannt werden, aber vielleicht einiger von ihnen — notwendig sind.

Praktisch ergibt sich aus diesen Betrachtungen die Konsequenz, daß der Versuch, sog. „obligate intracellulare Parasiten" auf unbelebten Medien zu züchten, nicht als aussichtsloses Beginnen zu qualifizieren ist und daß man sich durch Mißerfolge nicht abschrecken lassen darf. Das gilt natürlich auch für die Virusarten, um so mehr als es ja nicht einmal feststeht, ob sie durchwegs auch nur die Lagebeziehungen obligater Zellschmarotzer aufweisen. Strenge genommen existiert bloß ein unmöglicher Fall, nämlich daß es Virusformen gibt, welche von den Wirtszellen gebildet werden und welche als unbelebte (aus sich heraus nicht vermehrungsfähige) Substanzen zu betrachten sind; dieser Fall ist jedoch vorläufig nicht mehr als eine hypothetische Konstruktion. Sind dagegen die Virusarten Mikroben oder muß dies auch nur als möglich zugegeben werden, so besteht kein Grund, ihre Züchtung im Reagenzglase ohne Zuhilfenahme fremden Lebens als ein a priori unlösbares Problem (CH. NICOLLE) hinzustellen.

F. Allgemeine Beurteilung der Immunitätsverhältnisse bei Viruskrankheiten.

1. „Natürliche Resistenz" und erworbene Immunität.

Im sechsten Abschnitt des Handbuches werden die natürliche und die erworbene Immunität gegen Virusinfektionen sowie die Antigenfunktionen und die serologischen Reaktionen der Virusarten in vitro behandelt. An dieser Stelle soll nur geprüft werden, ob sich aus dem Studium der Immunitätsverhältnisse *allgemeine Gesichtspunkte biologischer Natur* ergeben.

Wie in anderen Beziehungen, hat man auch hier versucht, gemeinsame Eigenschaften der Virusinfektionen festzustellen und sie in Gegensatz zu den Verhältnissen zu bringen, welche man bei Infektionen beobachtet, welche nicht durch virusartige Agenzien hervorgerufen werden [E. W. SCHULTZ, E. W. GOODPASTURE (*2*), T. M. RIVERS (*3*) u. a.].

Im allgemeinen darf man diese Bemühungen insofern als erfolglos betrachten, als es bisher *nicht gelungen ist, durchgreifende Differenzen zwischen Virusarten und anderen Infektionsstoffen zu ermitteln* [R. DOERR (*8*, *10*), S. P. BEDSON (*2*)].

Was zunächst die *natürliche Resistenz* anlangt, konnte R. DOERR (*6*, *7*, *11*) zeigen, daß dieser Begriff auf die vom parasitologischen Standpunkt unhaltbare Lehre aufgebaut ist, welche in der Infektion einen Kampf zwischen dem Erreger und seinem Wirt erblickt, welcher mit dem Untergang des einen oder des anderen Antagonisten endigen muß. De facto ist aber die Infektion nichts anderes als eine Gast-Wirt-Beziehung, und in der Natur kann die Synthese solcher Beziehungen bloß dann zustande kommen, wenn sich der Gast an das Leben in dem ihm bisher fremden Lebensraum eines neuen Wirtes anpaßt. Es ist im Prinzip ganz gleichgültig, ob die entstehende Gemeinschaft den Charakter der Symbiose, des Kommensalismus, des Gewebs- oder Zellparasitismus annimmt; auch der Parasit ist kein Antagonist seines Wirtes, sondern ein angepaßter Gast, welcher nach der Erhaltung seiner Art strebt.

Die Frage nach der natürlichen Resistenz hat daher als negative Einkleidung eines positiven Gedankens keinen Sinn und, da sie eine unbegrenzte heterogene Mannigfaltigkeit umfassen will, auch keinen heuristischen Wert. In der Tat ist über die Ursachen der natürlichen Resistenz so gut wie nichts bekannt und es besteht auch keine Aussicht, auf diesem Wege prinzipielle Fortschritte zu erzielen. Nach dem Vorschlage von DOERR (*7, 11*) sollte man daher das Studium der natürlichen Resistenz aufgeben und durch die Analyse der Anpassungszustände ersetzen. Da aber hier vorläufig noch kein genügendes Material vorliegt, muß man sich vorläufig darauf beschränken, *die natürliche Empfänglichkeit oder Disposition der Wirte* (den indirekten Ausdruck der Anpassung des Parasiten) rein empirisch festzustellen. Die Summe der natürlichen und experimentellen Wirte, welche einem Infektionsstoff zugeordnet ist, kann man als sein „Infektiositätsspektrum" [R. DOERR (*6, 9*)] bezeichnen. Der Vergleich zwischen Virusarten und anderen übertragbaren Agenzien läßt keinen grundlegenden Unterschied erkennen (vgl. das Kapitel „Natürliche und experimentelle Wirte" des sechsten Abschnittes dieses Handbuches).

Die *erworbene Immunität* besteht in einer spezifischen Reaktion auf die Einwirkung eines bestimmten Infektionsstoffes, beruht also auf einer *individuellen Leistung des Wirtes* und dient, sofern sie bei weitverbreiteten und bösartigen Seuchen zahlreiche Existenzen schützt (Durchseuchung), auch der Erhaltung der Wirtsarten. Wie aus der Lehre von der Anaphylaxie und Allergie [R. DOERR (*3, 4*)] bekannt ist, müssen spezifische Abwehrreaktionen nicht unbedingt zweckmäßigen Charakter aufweisen. Das gilt auch für die Reaktionen gegen infektiöse Agenzien. Die erworbene Immunität repräsentiert nur einen der möglichen Fälle; es gibt übertragbare Krankheiten, welche eine spezifisch gesteigerte Disposition hinterlassen [R. DOERR (*6*), A. ZIRONI].

Alle Reaktionen werden von zwei Hauptfaktoren bestimmt: von der Natur des auslösenden Reizes und von der Eigenart des reagierenden Organismus. Es ist daher vorauszusehen, daß die erworbenen spezifischen Änderungen der Disposition (Immunität oder erhöhte Empfänglichkeit) von der besonderen Art der Infektionsstoffe abhängen werden, und es bestünde daher im Prinzip die Möglichkeit, daß grundlegende Unterschiede bestehen könnten, je nachdem der Infekt durch pathogene Bakterien, Spirochäten, Protozoën oder schließlich durch Virusarten hervorgerufen wird, falls diese ebenfalls als eine eigene Gruppe im System der parasitären Mikroben zu betrachten sind; man könnte also mit anderen Worten die biologische Homogenität der Virusarten auf diesem indirekten Wege sichern oder wahrscheinlich machen. Indes wird diese Hoffnung sofort zunichte, wenn man sich daran erinnert, daß die Immunitätsverhältnisse auch innerhalb jeder der bekannten drei ersten Gruppen kein einheitliches Gepräge erkennen lassen; die bakteriellen Infektionen, bei denen man langdauernde und kurzfristige Immunität, gesteigerte Disposition und infektionsgebundene Immunität beobachtet, können in dieser Hinsicht als Muster dienen.

Dazu kommt, daß sich eben auch der zweite Faktor geltend macht. Die Erwerbung der spezifischen Immunität wurde als Leistung des Wirtes definiert, und es ist daher selbstverständlich, daß sie sich nach der Art, der Rasse und der Individualität des Wirtes richten muß. Welcher der beiden Faktoren (Parasit oder Wirt) im Endeffekt dominiert, läßt sich nur in besonders geeigneten Fällen klar entscheiden, um so mehr als schon die Feststellung des spezifisch immunen

Zustandes, seiner Dauer und seines Grades mit Schwierigkeiten verknüpft ist, auch wenn man nicht gerade auf epidemiologische Beobachtungen angewiesen ist, sondern experimentelle Prüfungen zu Hilfe nehmen kann. Aber es existieren doch zahlreiche Tatsachen, welche den Einfluß des Wirtes auf die Entwicklung der spezifischen erworbenen Immunität unzweideutig beweisen; nur besteht geringe Neigung, hiervon gebührend Notiz zu nehmen.

Das kommt auf dem Gebiete der Viruskrankheiten besonders stark zum Ausdruck. Man trägt anscheinend wenig Bedenken, die erworbene Widerstandsfähigkeit von Bakterien gegen Phagen (die Lysoresistenz) mit den Immunitätsphänomenen bei Vertebraten in Parallele zu setzen oder einen wesensgleichen Typus der Immunität bei höheren Tieren und Pflanzen trotz der Verschiedenheit der Organisation anzunehmen (K. S. CHESTER; vgl. hierzu die Einwände von E. J. BUTLER). Theoretisch ergibt sich die Möglichkeit zu solcher Verallgemeinerung durch die Reduktion der Immunitätsprozesse auf das allen Organismen gemeinsame Grundelement, auf *die Zelle*, und die Zelle erscheint wieder als Träger der Immunität in erster Linie qualifiziert, wenn sie auch der Schauplatz der Infektion ist, so daß die Spekulation auch hier wieder auf den intracellularen Parasitismus hingewiesen wird.

Betrachten wir die Phänomene der erworbenen Immunität gegen Viruskrankheiten einfach registrierend, d. h. ohne von „heuristisch verwertbaren Annahmen“ und „Arbeitshypothesen“ auszugehen, so müssen wir zwei Dinge konstatieren:

1. Es gibt Viruskrankheiten des Menschen und der Säugetiere, deren Überstehen eine auffallend dauerhafte (zuweilen lebenslängliche) und solide Immunität hinterläßt.

2. Höhere Pflanzen können eine spezifische Immunität gegen Virusinfektionen erwerben [THUNG, L. O. KUNKEL, W. C. PRICE, R. N. SALAMAN, K. M. SMITH (*1*, *8*), J. CALDWELL (*1*) u. a.]. Das wird auch von jenen Phytopathologen zugegeben, welche die grundsätzliche Verschiedenheit von Infektion und Immunität bei Tier und Pflanze unterstreichen (E. GÄUMANN, R. N. SALAMAN, E. J. BUTLER und andere).

ad 1. Es sind keineswegs *alle* Viruskrankheiten des Menschen und der Säugetiere, welche so intensiv und nachhaltig immunisierend wirken. Vielmehr ist diese Eigenschaft, wie sie Pocken, Masern, Mumps und Gelbfieber zeigen, als eine *Ausnahme* zu bezeichnen. Andere Viruskrankheiten des Menschen hinterlassen eine meist nur kurzfristige und individuell variable Immunität, was für die Dengue durch SILER, HALL und HITCHENS festgestellt und für die Influenza auf Grund epidemiologischer Daten sehr wahrscheinlich ist; der Schnupfen und der Herpes febrilis rufen sogar eine spezifische Steigerung der Empfänglichkeit hervor, die weit häufiger und stärker ausgeprägt ist, als man das bei bakteriellen Infektionen (habituelles Erysipel, Furunkulose, Pneumomykosen usw.) beobachten kann. Damit ist vorerst entschieden, daß die immunisierende Kraft des Infektionsablaufes nicht davon abhängt, daß das infektiöse Agens zu den Virusarten gehört oder richtiger dazu gerechnet wird.

Ist man somit zu dem Verzicht gezwungen, aus den immunologischen Verhältnissen die biologische Gleichwertigkeit sämtlicher tierpathogener Virusformen zu deduzieren, so wäre noch immer die Frage zu beantworten, ob die *intensiv immunisierenden* Virusinfektionen irgendetwas miteinander gemein haben, was diese Fähigkeit begründet. Das ist gewiß möglich; nur können wir derzeit nicht einmal vermutungsweise angeben, wo der gemeinsame Faktor zu suchen wäre. Daß aber der Cytotropismus bzw. der intracellulare Parasitismus maßgebend ist, darf man mit großer Wahrscheinlichkeit verneinen.

Das Prototyp der Gruppe sind die Pocken. Die Blatternimmunität ist aber nur bei den weißen Rassen maximal, nicht beim Neger; über die Stärke und Dauer des Schutzes entscheidet somit die Beschaffenheit des Wirtes und nicht die besondere Lokalisation des Erregers. Es ist ferner nicht plausibel, daß die vier oben aufgezählten Viruskrankheiten hinsichtlich ihrer Pathogenese auf eine Stufe gestellt werden dürfen; über den Mumps ist zu wenig bekannt und Pocken, Masern und Gelbfieber differieren in mehrfachen wichtigen Beziehungen (Verteilung des Virus im Körper, erkrankte Gewebsarten, Persistenz oder Schwund des Virus während des Krankheitsverlaufes, Beeinflußbarkeit des Prozesses durch Antiserum auch noch während der Inkubationsperiode usw.).

Wir kennen anderseits unter den Protozoën zahlreiche Zellschmarotzer; die durch sie hervorgerufenen Infektionen wirken aber nicht oder nur in geringem Grade immunisierend. Auch die Rickettsien vermehren sich nur intracellular, sei es im Cytoplasma, sei es im Kern (PINKERTON und HASS, NIGG und LANDSTEINER); die Fleckfieberimmunität ist jedoch nicht so dauerhaft, als man früher annahm, da nach den epidemiologischen Untersuchungen von H. ZINSSER Zweit- und Dritterkrankungen vorkommen, nicht anders als bei der Diphtherie. Und unter den Virusinfektionen gilt die Poliomyelitis auf Grund der an Affen ausgeführten Experimente als ein besonders streng an bestimmte Zellen gebundener Prozeß (E. W. HURST, M. BRODIE u. a.); S. FLEXNER konnte nun neuerdings zeigen, daß Affen, welche eine Attacke von experimenteller Poliomyelitis überstanden haben, reinfiziert werden können, u. zw. nicht etwa nur auf intracerebralem, sondern auf intranasalem Wege, und daß die Reinfektion haftet, gleichgültig ob die erste Erkrankung milden oder schweren Charakter aufgewiesen hatte.

ad 2. Die spezifische erworbene Immunität höherer Pflanzen gegen Virusinfektionen ist, soweit sich dies nach den vorliegenden Daten beurteilen läßt, eine infektionsgebundene Immunität oder, wie sich K. M. SMITH ausdrückt, „a immunity of the non-sterile type“. Die Pflanze ist gegen homologe Reinfektionen nur deshalb und nur solange geschützt, als sie noch Virus beherbergt. Wird sie virusfrei, so ist sie auch wieder empfänglich; Heilungen nach Viruskrankheiten kommen aber bei Pflanzen selten vor [RISCHKOW (*1*), l. c., S. 163], so daß man versteht, warum man hier gerade diese Form der Immunität beobachten kann.

Der Mechanismus dieser infektionsgebundenen Virusimmunität höherer Pflanzen ist nicht bekannt [RISCHKOW (*1*), SALAMAN, K. SMITH (*1*), W. C. PRICE u. a.]. Da mehrfache Beweise dafür sprechen, daß sich die phytopathogenen Virusarten nur innerhalb der Wirtszellen vermehren, hat man den Schutz, welchen eine bestehende Infektion gegen eine homologe Superinfektion gewähren kann, mit diesem Umstand hypothetisch zu koppeln gesucht, wobei die Kleinheit des Raumes, auf welchem sich die „Konkurrenz“ abspielt, die Kombinationen beeinflußte. Es wurde z. B. angenommen, daß das Virus, welches sich zuerst in der Zelle seßhaft macht, bestimmte Stoffe (Proteïne) benötigt, welche dann eben nicht mehr zur Verfügung stehen, oder daß die erste Infektion die Zellen bzw. bestimmte Teile derselben einfach räumlich okkupiert oder auch, daß in den infizierten Zellen Immunstoffe auftreten (L. O. KUNKEL, T. H. THUNG), welche die schon vorhandene Infektion nicht beseitigen, eine Superinfektion jedoch nicht aufkommen lassen usw.

Es wurde auch darauf hingewiesen, daß die infektionsgebundene Immunität der höheren Pflanzen Beziehungen zu ähnlichen Phänomenen bei Tieren aufweist [FL. MAGRASSI, RISCHKOW (*1*) u. a.]. Aber diese Analogie gibt keine weiteren Aufschlüsse. Auch bei Tieren beschränken sich die Aussagen auf die schon in der Definition des Zustandes enthaltene Feststellung, daß es sich um eine Erschwerung oder Unmöglichkeit einer Superinfektion bei bestehender Infektion handelt, und was darüber hinausgeht, ist vorläufig Hypothese. Die Spekulation sollte sich daher nicht allzuweit von der tatsächlichen Beobachtung entfernen, und diese sagt uns ganz unzweideutig: 1. daß diese Form der Immunität nicht nur bei Virusinfektionen vorkommt (Syphilis, Recurrens, Tuberkulose, Malaria u. a.); 2. daß, wie die sub 1 aufgezählten Beispiele lehren, der intracellulare Parasitismus keineswegs als unerläßliche Vorbedingung einer Immunität gegen Superinfektionen gelten kann, und 3. daß die Immunität bei Viruskrankheiten der Tiere nicht diesem Typus angehören *muß*. Die infizierte und aus diesem Grunde spezifisch immune Pflanze enthält das Virus in nachweisbarem Zustande und kann zur Infektionsquelle für andere gesunde Pflanzen werden; in dem Organismus eines Menschen, der durch Überstehen der betreffenden Krankheit gegen Pocken oder Masern immun geworden ist, findet man aber das spezifische Agens nicht, und die Epidemiologie läßt keinen Zweifel zu, daß von solchen Individuen keine Neuansteckungen ausgehen, sondern daß sie geradezu als Dämme gegen die Ausbreitung der Seuchen fungieren. Hier muß es sich also um eine echte *Heilungsimmunität* handeln.

FL. MAGRASSI bemerkt in seinen ergebnisreichen Untersuchungen über die Herpesimmunität des Kaninchens, daß Virus im Gewebe vorhanden sein kann, obwohl es selbst mit den empfindlichsten Methoden nicht nachweisbar ist; die Leistungsfähigkeit jedes derartigen Verfahrens sei begrenzt, und es sei unwahrscheinlich, daß es Methoden gibt, welche jede, wenn auch noch so kleine Spur von Virus festzustellen vermögen. Wer auf dem Gebiete des qualitativen und quantitativen Virusnachweises eigene Erfahrung hat (siehe auch fünfter Abschnitt, Kapitel 2 und 3 dieses Handbuches), wird diesen Ausführungen im allgemeinen zustimmen. Wenn aber eine homologe latente Infektion als Ursache einer bestehenden Immunität nicht durch den Virusnachweis beglaubigt werden kann, stellt sie nur mehr eine bloße Annahme dar, der man sich nicht anzuschließen braucht.

Sicher besteht — und das mag an dieser Stelle unterstrichen werden — die wissenschaftliche Pflicht, verschiedene Thesen, die sich auf das gleiche Objekt beziehen, miteinander in eine wenigstens leidliche Übereinstimmung zu bringen. Daß diesem Grundsatze nicht nachgelebt wird, mag man aus den Auffassungen erkennen, welche hinsichtlich der Pathogenese des Herpes des Menschen vertreten werden. Das Agens soll ein obligater Zellschmarotzer sein und die unspezifische Provozierbarkeit des Herpes beim Menschen darauf beruhen, daß die Majorität aller Individuen nach Ablauf der ersten Lebensjahre dauernd latent infiziert ist. Das latente Herpesvirus wurde aber nicht in Zellen, sondern in *Körperflüssigkeiten* (Liquor, Blutserum) gesucht, und wenn man den Befunden einiger Autoren Glauben schenken will (siehe S. 42), daselbst auch gefunden. Beim Herpes des Menschen soll die latente Infektion die stetige Quelle spontaner periodischer Rezidive sein, sie soll sich willkürlich aktivieren lassen, und das latent infizierte Individuum soll auch von außen her erfolgreich mit Herpesvirus inokuliert werden können; auf der anderen Seite aber werden latente Virusinfektionen als Schutz gegen homologe Superinfektionen betrachtet.

2. Virusantigene und Virusantikörper.

Die Antigenfunktionen der Virusarten lassen keine prinzipiellen Abweichungen von den Antigenfunktionen anderer Infektionsstoffe (Mikroben) erkennen, weder hinsichtlich der *Spezifität* der entstehenden Antikörper noch auch mit Beziehung auf die *Art* der Antikörper oder, wie man vielleicht besser sagen könnte, auf die äußere Form und die Reversibilität der *Antigen-Antikörper-Reaktionen* in vitro. Wir stehen jetzt nicht mehr auf dem Standpunkte, den E. W. SCHULTZ noch im Jahre 1928 einnahm, demzufolge keine Virusart imstande sein sollte, „komplementbindende“ Antikörper oder „Präcipitine“ zu bilden, und daß die sog.

„viruliciden" Immunstoffe die einzige und für die Virusarten zugleich charakteristische Antikörperart darstellen. Auch dieser Versuch, den Virusarten eine Sonderstellung unter den übertragbaren Agenzien anzuweisen und damit gleichzeitig ihre biologische Zusammengehörigkeit zu sichern, ist gescheitert, u. zw. nach beiden Richtungen.

Die Behauptung, daß spezifische Flockungen und Komplementbindungsreaktionen mit Virusarten nicht zu erzielen sind, wurde durch eine größere Zahl positiver Resultate widerlegt.

Die Ursache der früheren Mißerfolge kann nur in der Beschaffenheit der als „In-vitro-Antigene" benutzten virushaltigen Präparate gesucht werden. Da sich diese Fehlerquelle — selbst wenn sie genau bekannt wäre (siehe unten) — nicht immer ausschalten läßt, haben negative Ergebnisse auch heute noch bloß bedingten Wert. Wenn z. B. R. M. Myers und M. J. Chapman berichten, daß sie zwar mit Vaccine und mit Virus III spezifische Komplementbindungen bekamen, daß sich aber derartige Antikörper im Serum herpesimmuner Kaninchen nicht nachweisen ließen, muß dies nicht auf eine besondere Beschaffenheit des Herpesvirus bezogen werden, sondern kann auf der Verschiedenheit der Versuchsbedingungen beruhen.

Anderseits sind die virusneutralisierenden Antikörper kein Reservat der Virusantigene. Bekanntlich läßt sich die Wirkung dieser Antikörper durch Komplement nicht verstärken und besteht nicht in einer „Virulicidie", in einer Abtötung, Denaturierung oder Inaktivierung des Virus; die Verbindung zwischen Virus und virusneutralisierendem Antikörper ist vielmehr reversibel, derart, daß aus einem neutralen Gemenge beider Komponenten wieder aktives, d. h. infektiöses Virus freigemacht werden kann. Die Reversibilität ist aber, wie man seit langer Zeit weiß, eine allgemeine Eigenschaft aller Antigen-Antikörper-Reaktionen und in der Natur dieser Reaktionen begründet; es ist unwesentlich, ob das Antigen ein Toxin, ein Erythrocyt oder ein hochmolekulares Proteïn ist (vgl. u. a. J. R. Marrack).

Es könnte also nur auffallen, daß das Virus durch die Einwirkung des Antikörpers nicht „abgetötet" wird und daß auch der Zusatz von Komplement — im Gegensatze zu den bactericiden Amboceptoren — die Infektiosität des Virus nicht vernichtet. Im bactericiden Reagenzglasversuch ist es jedoch eben nicht der Antikörper, dem die zellzerstörende Funktion zukommt, sondern das Komplement, welches auf die mit dem Antikörper beladenen Bakterien einwirkt; der Unterschied beschränkt sich somit darauf, daß zwar auch die Virusinaktivierung ein „tertium agens" erfordert, daß aber dieses Agens nicht das Komplement, sondern die lebende Zelle bzw. ein in derselben vorhandener normaler Stoff ist. Und selbst diese Differenz ist nicht durchgreifend. Kennt man doch schon lange im Milzbrandimmunserum einen Antikörper, welcher nicht nach Art eines bakteriolytischen Amboceptors wirkt, die Mikroben im Reagenzglase nicht abtötet und auch durch Komplementzusatz diese Fähigkeit nicht gewinnt, im Organismus aber gleichwohl spezifisch antiinfektiöse Eigenschaften entfaltet (G. Sobernheim). Von neueren Untersuchungen, aus denen hervorgeht, daß sich verschiedene bekannte Mikroben (Bakterien, Protozoën) gegen ihre Antikörper ganz ähnlich verhalten können wie Virusarten und daß insbesondere das Phänomen der Dissoziation neutraler Gemenge (d. h. die Gewinnung infektiöser Mikroben aus nicht-infektiösen Gemischen von Mikroben und Antiserum) reproduziert werden kann, seien hier zitiert die Angaben über „neutralisierende Antikörper" gegen Toxoplasmen (Sabin und Olitsky) und die Studien über dissoziierbare Komplexe von Pneumokokken und ihren Immunsera von Enders und Shaffer.

Aus der Tatsache, daß die Virusarten die allgemeinen Eigenschaften von Antigenen besitzen, läßt sich kein sicherer Schluß auf die Natur der Stoffe ableiten, welche die Viruselemente aufbauen. Wohl sind die Vollantigene in den meisten Fällen hochmolekulare Proteïne; aber dies *muß* nicht notwendigerweise der Fall sein, und die Spezifität der antigenen Proteïne hängt auch nicht von der Gesamtstruktur ihrer Moleküle ab, sondern von zum Teil ziemlich einfach gebauten Gruppen, nach einem von R. DOERR (*3*) vorgeschlagenen Ausdruck von den „*immunologischen Determinanten*". Soweit bisher chemische Untersuchungen an genügend gereinigtem Virusmaterial ausgeführt werden konnten (siehe S. 28 und vierten Abschnitt dieses Handbuches), ergab sich, daß die Virusarten Eiweiß enthalten oder aus Eiweiß bestehen. Ob die in Vaccinekörperchen von HUGHES, PARKER und RIVERS, W. SMITH sowie CH'EN und in Bakteriophagen von M. SCHLESINGER nachgewiesenen Kohlehydrate spezifitätsbestimmende Polysaccharide sind, ist ungewiß; die Berufung auf die Analogie mit den bakteriellen Polysacchariden (BURNET, KEOGH und LUSH u. a.) wirkt nicht überzeugend, da wichtige Argumente existieren, welche die Auffassung der Virusarten als „Minimalbakterien" (H. DALE, J. E. BARNARD, BURNET und ANDREWES) nicht zulassen. *Doch muß nicht jeder Virusart nur ein einziges spezifisches Antigen entsprechen.* Nach S. P. BEDSON enthält das Psittacosevirus ein coctostabiles Antigen und eines, welches durch die Siedehitze rasch zerstört wird; beide konnten durch Komplementbindungsreaktionen nachgewiesen werden. Zwei Antigene konnten auch CRAIGIE und WISHART beim Vaccinevirus feststellen, die sich in vitro wie die Komponenten eines Komplexantigens verhielten. Ferner sollen auch im Influenzavirus zwei Antigene vorkommen, nämlich eines, welches an die Elementarkörperchen fest gebunden und am Neutralisierungseffekt beteiligt ist, und ein zweites, das wasserlöslich ist, ausgewaschen werden kann, wahrscheinlich schon frei wird, wenn sich das Virus im Gewebe vermehrt und in die Komplementbindungsreaktion eingeht (R. W. FAIRBROTHER und L. HOYLE). Die aufgezählten Virusarten besitzen durchwegs relativ große Elementarkörperchen (zirka 100—200 mμ). Es wäre daher erwünscht, diese Untersuchungen so weit als möglich zu vervollständigen, um konstatieren zu können, bei welcher Größenordnung der Elemente die Mehrzahl spezifischer Antigene aufhört und dem einheitlichen, artspezifischen Antigen Platz macht.

Die früheren Angaben, daß man das Virus des ROUS-Sarkoms I in eiweißfreiem Zustande gewinnen könne, beruhen wahrscheinlich nur darauf, daß die gereinigten Präparate zu wenig Virus enthielten; die Eiweißreaktionen versagen, wenn der Proteïngehalt unter zirka 0,01 mg pro Kubikzentimeter absinkt. Nach PENTIMALLI ist das Tumoragens oder zumindest der Träger des eigentlichen Agens ein P-haltiger Eiweißkörper und die von CLAUDE durch die Ultrazentrifuge abgeschiedenen konzentrierten Produkte konnten durch Trypsin ihrer tumorerzeugenden Wirkung beraubt (inaktiviert) werden, enthielten somit Eiweiß als einzigen oder doch als wesentlichen Bestandteil. Auch LEDINGHAM und GYE sowie C. R. AMIES konzentrierten das Tumorvirus auf der Ultrazentrifuge; die aus Tumorfiltraten ausgeschleuderten Bodensätze enthielten reichlich „Elementarkörperchen", deren Suspensionen von Immunserum agglutiniert wurden und welche daher LEDINGHAM und AMIES als die Viruselemente des ROUS-Sarkoms betrachteten. Darnach würde also das Virus als Agglutinogen bzw. Präcipitinogen wirken und der in Abrede gestellte Eiweißcharakter auch aus diesem Grunde wahrscheinlich werden. Schließlich wurde auch die Ansicht vertreten, das wirksame Prinzip sei ein Lipoid; die Experimente, welche von JOBLING, SPROUL und STEVENS mitgeteilt wurden, um dies zu begründen, konnten jedoch von E. M. FRAENKEL und MAWSON sowie von POLLARD und AMIES nicht bestätigt werden.

Nicht umstritten ist somit nur die Existenz virusneutralisierender Antikörper. Die chemische Natur des Antigens, welchem dieser Antikörper seine Entstehung verdankt, konnte dagegen bis jetzt nicht mit Sicherheit ermittelt werden, und es erscheint vorderhand auch noch ungewiß, ob dieses Antigen mit Immunserum andere Arten von Vitroreaktionen (Agglutination, Präzipitation) liefert. Damit ist die herrschende Situation noch immer nicht genügend charakterisiert. E. M. FRAENKEL konstatiert (in Gemeinschaft mit MAWSON), daß die Präparate, welche man aus filtriertem Tumorsaft durch verschiedene Reinigungsverfahren (Ultrazentrifuge, Adsorption und Elution) darstellen kann, keinen Parallelismus zwischen tumorerzeugender Wirkung und Zahl der sogenannten „Elementarkörperchen" erkennen lassen und vermutet daher, daß das eigentliche Agens an diese Körperchen, die aus einem unwirksamen Stoff bestehen würden, sorptiv angelagert ist (vgl. hierzu S. 100). Ist das richtig, dann präsentieren sich die Agglutinationen von LEDINGHAM und GYE sowie von C. R. AMIES in einem ganz anderen Lichte und in weiterer Folge auch die Frage nach den Antigenfunktionen des Sarkomagens; und wenn man erfährt, daß die Agglutination in gereinigten Suspensionen der „Elementarkörperchen" nicht konstant auftritt und daß die Agglutinine auch im Blutserum normaler erwachsener Hühner nachgewiesen werden konnten [C. R. AMIES (*2*)], wird man in der von FRAENKEL inspirierten Skepsis bestärkt.

Der Stand der serologischen Erforschung des Agens der zellfrei übertragbaren Hühnersarkome wurde hier etwas ausführlicher skizziert, obzwar solche spezielle Themata den folgenden Abschnitten dieses Werkes vorbehalten bleiben sollten. Die Agenzien der Geflügeltumoren beanspruchen jedoch allgemeines Interesse; dann sollte auch an einem geeigneten Modell demonstriert werden, mit welchen Fehlerquellen und Unsicherheiten — gemessen an den widerspruchsvollen Ergebnissen — solche Untersuchungen behaftet sind. Natürlich gilt diese Kritik nicht allgemein. Die ausgezeichneten Arbeiten über die serologischen Reaktionen des Vaccinevirus [CRAIGIE und TULLOCH, CRAIGIE, CRAIGIE und WISHART (*1*, *2*), PARKER und RIVERS u. a.] bedeuten, wenn auch nicht restlose Klärung, so doch wesentlichen Fortschritt. Man darf indes nicht vergessen, erstens, daß das Forschungsobjekt (die PASCHENschen Vaccinekörperchen) in mehrfacher, nicht zuletzt auch in dimensionaler Beziehung technische Vorteile bot, und zweitens, daß kein Recht besteht, die für Vaccinevirus gesicherten Resultate auf andere Virusarten zu übertragen.

Inwiefern die Versuchsbedingungen für das Vaccinevirus mit seinen relativ großen Elementen günstiger sind als für die kleinen und kleinsten Virusarten, bedarf eigentlich keines besonderen Kommentars. Daß ein bestimmtes Minimalquantum von Antigen notwendig ist, um einerseits die Produktion von Antikörpern im Organismus auszulösen und um anderseits mit Immunserum in vitro sichtbar zu reagieren, ist natürlich und auch experimentell vielfach festgestellt; und daß dieses Minimalquantum bei größeren Viruselementen leichter zu gewinnen ist als bei kleineren, erscheint begreiflich. M. H. MERRILL hat aber diese Verhältnisse von einer besonderen Seite her analysiert, die wegen ihrer Bedeutung hier diskutiert werden soll.

Auf Grund von Versuchen mit verschiedenen Objekten (Erythrocyten, Paratyphusbacillen, Suspensionen von gewaschenen Vaccinekörperchen, einer Phagensuspension usw.) kommt MERRILL zu dem Schlusse, daß eine sichtbare serologische Reaktion in vitro (Agglutination oder Präzipitation) nur dann eintritt, wenn im Kubikzentimeter der verwendeten Antigenflüssigkeit eine bestimmte Minimalzahl von Antigenpartikeln vorhanden ist und daß diese Minimalzahl ihrerseits von der Größe (Masse) der Antigenpartikel abhängt. Je kleiner die Partikel, desto mehr müssen im Kubikzentimeter „Antigen" enthalten sein; von Erythrocyten genügten in MERRILLS Versuchen 4×10^5 pro Kubikzentimeter, von Paratyphusbacillen waren 4×10^7 erforderlich, von Vaccinekörperchen $7{,}75 \times 10^8$; für Gelbfiebervirus wurden $2{,}7 \times 10^{11}$, für Poliomyelitisvirus $1{,}9 \times 10^{12}$ Elemente pro Kubikzentimeter berechnet. Wenn daher mit gewissen Virusarten keine Reaktionen in vitro erzielt werden können, muß man sich nach MERRILL zunächst fragen, ob die als Antigen benutzte Präparation die quantitative Forderung erfüllt hat, d. h. ob die Antigenmasse (das Produkt aus der Teilchenzahl pro Kubikzentimeter und der Masse des Einzelteilchens) den für eine sichtbare

Reaktion genügenden Schwellenwert erreichen konnte. Im allgemeinen wird sich dieses Postulat bei den Virusarten befriedigen lassen: a) wenn die Elemente relativ groß sind (Vaccine, große Phagen), b) wenn sich die Suspensionen der Elemente in hochkonzentriertem Zustande gewinnen lassen (Vaccine, Phagen) und c) wenn das Ausgangsmaterial bereits eine hinreichend dichte Suspension repräsentiert, was durch die Titrierung der Infektiosität (V. Abschnitt, 3. Kapitel) schätzungsweise beurteilt werden kann. Da die Komplimentbindungsreaktion etwa 10mal empfindlicher ist als die Präzipitation, nimmt MERRILL an, daß sich die minimale Antigenmasse für die erstgenannte Methode etwa um eine Zehnerpotenz niedriger stellen dürfte.

BURNET, KEOGH und LUSH zitieren in ihrer Monographie über die immunologischen Reaktionen der filtrierbaren Virusarten zahlreiche Daten, aus welchen hervorzugehen scheint, daß die tatsächlichen Ergebnisse — bis zu einem gewissen Grade und nicht ohne Hilfsannahmen — den Ansichten von MERRILL entsprechen.

MERRILLS Hypothese beansprucht jedoch noch in anderer als methodologischer Hinsicht volle Beachtung. Wie aus den vorstehenden Ausführungen erhellt, macht MERRILL keinen Unterschied zwischen Agglutination und Präzipitation; er faßt sie als Flockungsreaktionen auf, die nur durch die Größe der geflockten Elemente (Erythrocyten, Bakterien, Virusarten, Moleküle) differieren. Das ist der Standpunkt, den heute mit wenigen Ausnahmen alle Immunologen einnehmen, auch jene, welche sich mit der radikal unitarischen Ansicht von der prinzipiellen Identität aller Antikörper nicht befreunden können. Wenn aber auch „Agglutinogen und Agglutinin" einerseits, „Präcipitinogen und Präcipitin" anderseits nur verschiedene Namen für gleiche Dinge wären, so sind doch die mit „Agglutination" und „Präzipitation" bezeichneten Reaktionsformen bekanntlich nicht an gleiche Versuchsbedingungen gebunden. Bei der Agglutination kann das Immunserum, u. zw. meist in hohem, zuweilen sogar exzessivem Grade ($1:10^6$) verdünnt werden, bei der Präzipitation das Antigen; bei der Agglutination überwiegt daher im Niederschlag das Antigen, bei der Präzipitation das Immunserum. MERRILL hat das auch berücksichtigt und darauf zurückgeführt, daß mit abnehmender Partikelgröße und gleichbleibender Antigenmasse die für die Anlagerung des Immunserums verfügbare Gesamtoberfläche der Antigenpartikel wächst; deshalb braucht man nach MERRILL 0,1 mg Erythrocyten, um einen sichtbaren Niederschlag zu bekommen, aber nur 0,01 mg Paratyphusbacillen, und nicht mehr als 0,0002 mg Pneumokokkenpolysaccharid.

Darnach wäre, wenn man hinreichend feine Abstufungen der fällbaren Antigenteilchen zur Verfügung hätte, ein allmählicher Übergang des Reaktionstypus der Agglutination in jenen der Präzipitation zu erwarten, und man könnte ev. nach dem Grade, bis zu welchem dieser Übergang gediehen ist, den Dispersitätsgrad des Antigens beurteilen. Daß diese Überlegungen eine Nutzanwendung auf die serologischen Reaktionen der Virusarten zulassen, liegt auf der Hand.

Leider hat man sich bisher mehr mit der Komplementbindung als mit den Flockungsreaktionen befaßt. Immerhin wissen wir aus den Untersuchungen von W. M. STANLEY, daß das Tabakmosaikvirus (dessen Teilchen wahrscheinlich Stäbchen von 430 mμ Länge und 12 mμ Breite darstellen) in der gereinigten Form des kristallisierbaren Virusproteïns Reaktionen *vom ausgesprochenen Typus der Präzipitation* gibt; Antigenverdünnungen von $1:10^5$—10^6 lieferten mit Antiserum Niederschläge, während das Antiserum nur so weit verdünnt werden kann, als das auch sonst bei der Päcipitinreaktion von Eiweißlösungen (Ovalbumin, Pferdeserum usw.) der Fall ist (K. S. CHESTER). Die beiden Phagenstämme, welche F. M. BURNET und M. SCHLESINGER untersuchten, hatten größere Teilchenausmaße (die Schätzungen bewegten sich zwischen 50 und 90 mμ); die Reaktionen zeigten insofern eine deutliche Annäherung an die Agglutination, als das Immunserum auf 1:160—640 verdünnt werden konnte und die

Hauptmasse des Niederschlages aus dem Antigen und nicht aus dem Immunserum stammte (F. M. BURNET). Bei den serologischen Reaktionen der Vaccinekörperchen sind die Verhältnisse etwas weniger durchsichtig. Nach dem Teilchendurchmesser (zirka 150 mμ) hätte man eine weitere erhebliche Annäherung des Reaktionstypus an die Agglutination zu gewärtigen. In den als „Antigene" verwendeten Präparaten können jedoch neben den eigentlichen Viruselementen (den PASCHENschen Körperchen) auch gelöste spezifisch flockbare Substanzen vorhanden sein, welche von den Elementarkörperchen abdissoziieren, so daß die Reaktion in solchem Fall eine Kombination von Agglutination und Präzipitation repräsentieren muß (J. CRAIGIE, CRAIGIE und WISHART). Man muß daher Suspensionen von Elementarkörperchen, welche durch oftmaliges Waschen von den abdissoziierbaren Stoffen befreit wurden, benutzen (CRAIGIE und WISHART) und kann dann in der Tat konstatieren, daß sich die Antisera bis etwa 1:160—320 verdünnen lassen und daß sich die entstehenden Flocken, wie die mikroskopische Kontrolle lehrt, aus Elementarkörperchen, d. h. aus dem Antigen aufbauen (CRAIGIE).

Vermutlich wären von ausgedehnteren und vertieften Untersuchungen dieser Art weitere Aufschlüsse zu erhoffen, wenn man auch naturgemäß auf diese Weise nicht erfahren kann, ob die Suspensionen kleinster Viruselemente molekulardisperse Proteïnlösungen darstellen. Vorläufig bestehen auch noch Schwierigkeiten, von denen man nicht sagen kann, ob sie ausschließlich in den von MERRILL diskutierten quantitativen Beziehungen begründet sind. So konnte bisher keiner der kleineren Phagenstämme agglutiniert werden (BURNET, KEOGH und LUSH, l. c., S. 251). Mit Gelbfiebervirus und dem Virus des Rift-Valley-Fiebers (Teilchengrößen von zirka 25 mμ) sollen dagegen spezifische Komplementbindungsreaktionen möglich sein (BROOM und FINDLAY, M. FROBISHER). G. E. DAVIS und namentlich T. P. HUGHES konnten aber zeigen, daß im Laufe schwerer Gelbfieberinfektionen bei Menschen und Affen neue Antigene im Blute auftreten, welche nicht mit dem Virus identisch sind, sondern vom infizierten Organismus gebildet werden; diese Antigene erzeugen Autoantikörper, welche in der Rekonvaleszenz zu finden sind und mit dem im akuten Stadium kreisenden Antigen ausflocken. Damit ist eine Fehlerquelle aufgedeckt, auf die man wenig geachtet hatte, und der spezifische Charakter der Komplementbindungsreaktionen beim Gelbfieber erscheint in Frage gestellt.

Mit der Präzipitation steht eine andere Immunitätsreaktion, *die Anaphylaxie*, in engstem Zusammenhang [vgl. R. DOERR (*3, 4*)]. Im aktiv anaphylaktischen Experiment tritt das Antigen zweimal in Funktion, einmal bei der Sensibilisierung des Versuchstieres und das zweite Mal bei der Auslösung der anaphylaktischen Reaktion; die Auslösung kann entweder am intakten Tier durch eine intravenöse Injektion oder am isolierten glatten Muskel (Uterushorn) mit Hilfe der SCHULTZ-DALEschen Technik erfolgen. Die anaphylaktischen Antigene (Anaphylaktogene) können in Form von *Lösungen* oder als *Zellsuspensionen* (z. B. als Aufschwemmungen von Erythrocyten, Bakterien, Spermatozoën usw.) verwendet werden, u. zw. nicht nur für die Sensibilisierung, sondern auch für die Probe. Das gilt jedoch nur, wenn die Probe am intakten Tiere durch intravenöse Antigeninjektion vorgenommen wird. Prüft man hingegen den Uterus eines gegen artfremde Erythrocyten oder gegen Bakterien sensibilisierten Meerschweinchens im Ringerbad, so bewirken die zugesetzten Zellen keine anaphylaktische Kontraktion; um einen positiven Erfolg zu erhalten, muß man „gelöste Zellen" (Zellextrakte) als Prüfungsantigene benutzen (ZINSSER und PARKER, FRIEDLI). Diese Tatsache wurde bisher stets so gedeutet, daß in der Blutbahn des injizierten Tieres eine rapide Auflösung der zugeführten Zellen stattfinden muß, da sonst der Schock, der beim Meerschweinchen auf einer spastischen Zusammenziehung glatter Muskeln beruht, ausbleiben würde. W. GERLACH und W. FINKELDEY konnten in der Tat diesen als notwendig angenommenen Prozeß mikroskopisch konstatieren, indem sie Meerschweinchen mit Hühnererythrocyten (die sich wegen ihrer Kernhaltigkeit leicht nachweisen lassen) aktiv präparierten und intravenös reinjizierten; es fand eine stürmische Hämolyse des Fremdblutes statt, die nicht nur zum Austritt von Hb, sondern auch zum Poröswerden und zum Zerfall der Stromata führte und oft schon in 2 Minuten beendet war.

Mehr als bei anderen Immunitätsreaktionen wirkt sich im anaphylaktischen Experiment der unreine Zustand der untersuchten Substanzen, insbesondere das Vorhandensein von zwei oder mehreren Antigenen im gleichen Substrat störend aus. Daran mag es zum großen Teil liegen, daß anaphylaktische Versuche mit Virusarten bisher nicht ausgeführt wurden,[1] obwohl die technischen Voraussetzungen bei einzelnen Formen, wie z. B. bei der Vaccine, nicht ungünstig liegen. Bei der Vaccine lassen sich, wie die Untersuchungen von CRAIGIE und seinen Mitarbeitern gezeigt haben, die Elementarkörperchen von spezifischen löslichen Antigenen (L und S) absondern und reinigen, so daß die Möglichkeit gegeben wäre, anaphylaktische Versuche am intakten Meerschweinchen und am Uterushorn unter analogen Bedingungen anzustellen, wie etwa mit Bakterien und den aus ihnen hergestellten Extrakten bzw. den aus Bakterien isolierten Polysacchariden (TOMCSIK und KUROTCHKIN).

Allerdings müßten die in löslicher Form abdissoziierbaren LS-Antigene auch in den Elementarkörperchen enthalten, sie müßten Bestandteile ihrer Leibessubstanz sein, da man sonst natürlich das gegensätzliche Verhalten von „gelöstem Antigen" und „Antigen in Zellform" nicht untersuchen könnte. SABIN und in seinen neueren Publikationen auch J. CRAIGIE (siehe CRAIGIE und WISHART) vertreten die Auffassung, daß die fraglichen Antigene nicht *in* den Viruselementen, sondern *außerhalb* derselben in dem durch die Infektion pathologisch veränderten Gewebe entstehen und an die Oberfläche der Viruselemente sekundär adsorbiert werden; ihr Abdissoziieren wäre nur die in vitro erfolgende Umkehrung dieses in vivo stattfindenden Anlagerungsvorganges, gewissermaßen die „Elution" der adsorbierten Stoffe. Bisher ist nichts darüber bekannt, ob sich Vaccinekörperchen ohne Denaturierung ihrer Antigenfunktionen lösen lassen; sonst wäre es am einfachsten, gelöste und ungelöste (eventuell auch vorher gewaschene) Körperchen hinsichtlich ihrer sensibilisierenden und schockauslösenden Eigenschaften miteinander zu vergleichen. Indes würde schon der Vergleich der Elementarkörperchen mit den abdissoziierten Antigenen Interesse bieten, da es ja nicht ausgeschlossen erscheint, daß die These vom exogenen Ursprung der Virusagglutinogene von dieser Seite her einer weiteren Klärung zugeführt werden kann.

Das Virus des Tabakmosaiks kann in sehr reinem Zustande dargestellt werden. Dieser Umstand wurde von K. G. CHESTER sowie von SEASTONE, LORING und CHESTER ausgenutzt, um anaphylaktische Experimente auszuführen. In erster Linie war aber unzweifelhaft die auf W. M. STANLEYS Ergebnisse gestützte Auffassung maßgebend, daß dieses Virus als ein hochmolekulares Proteïn zu betrachten sei, was auch STANLEY selbst veranlaßt hatte, mit seinen Präparaten *Präcipitine* vom Kaninchen zu gewinnen. War aber das Virusproteïn präcipitinogen, so konnte a priori mit dem positiven Resultat aktiv anaphylaktischer Versuche gerechnet werden. In der Tat konnten die oben genannten Autoren Meerschweinchen mit dem Mosaikvirusproteïn sensibilisieren und durch intravenöse Injektion der gleichen Substanz schweren, oft akut letalen Schock (mit typischem Obduktionsbefund) auslösen. Dagegen reagierten die Uterushörner von spezifisch präparierten Meerschweinchen *nicht* in vitro, wenn dem Ringerbad,

---

[1] Versuche mit Bakteriophagen ergaben negative Resultate. JUNGEBLUT und E. W. SCHULTZ, welche die SCHULTZ-DALEsche Technik benützten, konnten keine Antigenfunktion der Phagen konstatieren, glauben aber aus ihren Ergebnissen schließen zu dürfen, daß bei der Phagolyse neue Antigenkomplexe aus den Bakterienproteinen entstehen, welche bei der Autolyse der Bakterien nicht auftreten.

in welchem sie suspendiert waren, 0,5—1,75 mg Virusproteïn pro Kubikzentimeter zugesetzt wurden.

Seastone, Loring und Chester möchten den Kontrast zwischen dem positiven Resultat einer intravenösen Erfolgsinjektion und dem völligen Versagen der Daleschen Methode darauf zurückführen, daß das Virusproteïn im ersten Fall in intimeren Kontakt mit dem sensibilisierten glatten Muskelgewebe gebracht wird, während es bei der Prüfung in vitro die äußere Schicht des Uterushornes (also wohl den serösen Überzug) infolge seiner hochmolekularen Beschaffenheit nicht zu durchdringen vermag. Seastone, Loring und Chester zogen jedoch zum Vergleiche ein anderes hochmolekulares Proteïn heran, das Hämocyanin von *Limulus polyphemus* (Molekulargewicht nach The Svedberg 3000000, d. h. ein Siebzehntel des Molekulargewichts des Virusproteïns, das mit 50000000 angenommen wird), und fanden, daß dieses sowohl in vivo als auch in vitro als schockauslösendes Antigen funktioniert; da aber das Hämocyanin in verdünnten Lösungen in kleinere Komplexe dissoziieren kann und nicht festgestellt wurde, ob dies bei der Auslösung der Reaktionen in vitro der Fall war, wird die Möglichkeit offen gelassen, daß nicht das hochmolekulare Proteïn, sondern ein Dissoziationsprodukt desselben für den positiven Erfolg verantwortlich war.

Ob diese Vermutungen nach beiden Seiten hin, d. h. sowohl für das Mosaikvirus wie für das Limulushämocyanin richtig sind, kann bezweifelt werden. Der vom Peritoneum bekleidete Uterus zieht sich auf Antigenkontakt ebenso schnell zusammen wie auf die Berührung mit Histamin, obwohl es sich um Stoffe von sehr verschiedenem Molekulargewicht und außerordentlich differenter Diffusibilität handelt. Auffallend ist dagegen die von Chester und seinen Mitarbeitern nicht erwähnte Tatsache, daß sich das Mosaikvirus in vivo und in vitro ganz ähnlich verhielt wie ein geformtes Antigen d. h. wie antigenhaltige Zellen (Erythrocyten, Bakterien), nur daß eben das Pendant, nämlich das aus dem Zellverband befreite bzw. in Lösung gebrachte Antigen (gelöste Erythrocyten, Bakterienextrakte, Polysaccharide) fehlt. Wenn es sich auch zunächst bloß um eine Analogie handelt, deren weitläufige Interpretation verfrüht wäre, wird man ihr doch Beachtung zollen müssen. Denn es wird ja hier von einer völlig unerwarteten Seite her die Frage aufgerollt, ob das Mosaikvirus wirklich nichts anderes darstellt als ein hochmolekulares und in seinen wirksamen Lösungen molekulardisperses Proteïn, oder ob die Viruselemente biologische Einheiten sein könnten, von denen wir uns keine präzise Vorstellung machen können, weil unser Konkretisierungsvermögen an das größere und qualitativ verschiedene Modell der Zelle gebunden ist. Es ist klar, daß diese Alternative allgemeine Bedeutung hat, zumindest für die Virusarten mit gleich geringer Teilchengröße.

Seastone, Loring und Chester bezeichnen ihre Untersuchungen, soweit sie sich auf das Limulushämocyanin beziehen, als unvollständig, weil nicht ermittelt wurde, ob diese Substanz in der Daleschen Versuchsanordnung als hochmolekulares Proteïn oder als relativ niedermolekulares Dissoziationsprodukt wirkte. Diese Lücke wäre zunächst auszufüllen, u. zw. in der Weise, daß man den Einfluß des Molekulargewichtes bzw. der Teilchengröße auf die schockauslösenden Fähigkeiten der Prüfungsantigene in vitro systematisch prüft, wozu sich insofern die Möglichkeit bietet, als die Molekulargewichte der Proteïne nach The Svedberg zwischen 34500 und 6000000 variieren. Mit der Daleschen Technik sind übrigens auch die nicht-proteïden Azofarbstoffe noch nicht untersucht worden, welche letalen Schock zu erzeugen vermögen, wenn man sie spezifisch präparierten Meerschweinchen intravenös einspritzt (Landsteiner und van der Scheer). Auf der anderen Seite können auch die Experimente mit dem Virus des Tabakmosaiks keineswegs als abgeschlossen gelten, da die Resultate unregelmäßig waren und einige Punkte weiterer Aufklärung bedürfen. Schließlich stehen jetzt auch andere Virusarten in weitgehend gereinigter Form zur Verfügung.

Man sieht, wie sich immer neue Wege erschließen, um in ein Gebiet einzudringen, das früher weit unzugänglicher schien, als noch alles mit Ausnahme der Erzeugung übertragbarer Krankheitsformen Objekt der Hypothesenbildung war.

G. Zusammenfassende Betrachtungen.

Soweit die Virusforschung Tatsachenforschung ist, hat man die *genauere Bestimmung der Dimensionen der Viruselemente* als eine der wichtigsten Errungenschaften der letzten Jahre zu bewerten. Zwar waren diese Ergebnisse zum Teil schon früher in verschwommenen Umrissen erkennbar; aber es fehlte jene Präzision, die wir bei Angaben nach Maß und Zahl überhaupt fordern müssen und die gerade in der Virusforschung berufen war, die Grenzen aufzuzeigen, innerhalb welcher sich die Hypothese bewegen durfte. Die vorliegenden Daten — wenn auch in mancher Beziehung noch der Ergänzung und Korrektur bedürftig — lehren zunächst ganz eindeutig, daß sich die Ausmessungen der verschiedenen Virusarten ganz gewaltig voneinander unterscheiden. Die ursprüngliche Auffassung, welche die *biologische* Einheitlichkeit dieser Infektionsstoffe aus ihrer *dimensionalen* Zusammengehörigkeit ableiten wollte, ist dadurch ein für allemal unhaltbar geworden, und diese Zerstörung der historischen Basis des Virusbegriffes berechtigt zur Skepsis gegenüber den gewissermaßen „nachträglichen" Bestrebungen, den nun einmal vorhandenen Ausdruck „Virus" mit neuem, seine biologische Homogenität beweisendem Inhalt zu füllen.

Es ist begreiflich, daß sich der Umschwung der Anschauungen nicht mit einem Ruck vollziehen konnte und daß er selbst jetzt bloß angebahnt, aber nicht konsequent durchgeführt ist; in der Praxis wird er sich für absehbare Zeit überhaupt nicht durchsetzen. Wer über Virus und Viruskrankheiten Untersuchungen anstellen will, muß Methoden anwenden, welche mit den Forschungsmitteln der Mikrobiologie nur wenige Berührungspunkte haben; das muß sich schließlich in der Vorstellung auswirken, daß der besonderen und einheitlichen Methodik auch ein besonderes und einheitliches Objekt entspricht. Es ist das derselbe Weg, auf dem sich das Schisma zwischen der Parasitologie und der Lehre von den pathogenen Mikroben entwickelt hat, obzwar beide Disziplinen im Grunde genommen dasselbe Thema, den Parasitismus behandeln und sich nur durch die Methoden, welche die verschiedene Art der Parasiten erfordert, unterscheiden.

Immerhin hat sich die theoretische Einstellung doch in letzter Zeit geändert. Während es noch vor kurzem nur wenige Autoren gab (wohl in erster Linie R. Doerr), welche gegen die Erfassung der Virusarten als einer biologisch einheitlichen Gruppe Einsprache erhoben, bekennen sich jetzt mehrere Spezialisten der Virusforschung zu diesem Standpunkt, so z. B. Kenneth M. Smith, der 1936 schrieb: „In speculating upon the nature of viruses wether of animals or plants, as a whole, it is well to remember that they are a heterogenous collection of disease agents and is by no means certain that they are necessarily all of the same nature." Auch T. M. Rivers hat das unitarische Prinzip aufgegeben, da er sich 1936 äußert: „To predicate that all viruses are identical in nature would at least be bold if not foolish."

T. M. Rivers, der a. a. O. die verschiedenen Hypothesen über die Natur der Virusarten kurz bespricht, meint, daß drei Kategorien von Ideen existieren, welche die übersehbaren Möglichkeiten umspannen: 1. Die großen Virusarten dürften „Mikromikroben" sein, gewissermaßen die Zwerge der Mikrobenwelt. 2. Die mittelgroßen Virusarten könnten primitive, uns unbekannte Lebensformen repräsentieren. 3. Die extrem kleinen Virusarten endlich sind vielleicht unbelebte pathogene Agenzien. Diese Dreiteilung ist nun zunächst nichts anderes als das Zugeständnis, daß unsere Vorstellungen von der *Organisation eines Lebewesens* um so weniger anwendbar werden, je stärker die Größe der fraglichen Gebilde abnimmt. „Es erscheint uns dann in zunehmendem Grade undenkbar, daß sich aus so wenigen letzten Einheiten der Materie alle jene Partialstrukturen aufbauen, welche als substantielle Träger der mannigfaltigen Lebensfunktionen (Atmung, Assimilation und Dissimilation, Vermehrung, Vererbung) fungieren sollen, wenn wir eben nicht die ‚*Organisation*‘ als Kriterium jedes ‚*Organismus*‘ über Bord werfen wollen.“ [R. DOERR (*8*), l. c., S. 128.)

Ebensowenig wie sich die Größenverhältnisse eignen, um die Virusarten von anderen Infektionsstoffen biologisch abzugrenzen, sind sie als klassifikatorisches Prinzip innerhalb der Virusgruppe brauchbar. Das Schema von RIVERS kann daher nicht als „natürliches System“ der Virusarten gelten und verdankt seine Entstehung auch nicht dem Wunsche, ein solches System zu schaffen. Es bringt, um das nochmals mit anderen Worten zu sagen, die Absicht zum Ausdruck, die von JAKOB HENLE, JEAN LOUIS PASTEUR und ROBERT KOCH fest begründete Lehre, daß alle Infektionsstoffe *Mikroben* d. h. *Elementarorganismen* sind, so lange aufrecht zu erhalten, als das irgendwie möglich ist, und abweichende Auffassungen nur dann und nur soweit zuzulassen, als sie durch unwiderlegbare Argumente erzwungen werden.

Solche Argumente sind aber gerade durch die Größenbestimmungen der Viruselemente erbracht worden. Wir kennen heute eine ganze Reihe von Virusarten, deren Elemente einen Teilchendurchmesser von 10—35 mμ aufweisen, und in diesem Bereich wird die Idee eines Lebewesens aus mehrfachen Gründen unhaltbar, nicht zuletzt, weil das Raumbedürfnis des Eiweißes, des „unbedingt notwendigen Baumaterials jeder Zelle“ (vgl. S. EDLBACHER, l. c., S. 68) in solchem Teilchenvolum nicht mehr befriedigt werden kann [R. DOERR (*8*)]. Das wird ziemlich allgemein zugegeben, u. a. auch von W. J. ELFORD; nur wird die obere Grenze dieses Bereiches heute niedriger angesetzt als das seinerzeit von MAC KENDRICK, LEO ERRERA, HOFMEISTER und HANS MOLISCH in Aussicht genommen war (siehe S. 18).

Auf der anderen Seite sind wir wieder durch die Messungen darüber unterrichtet, daß es Virusarten mit erheblich größeren Teilchendimensionen gibt; für sie gelten natürlich die eben diskutierten Erwägungen nicht oder nicht in gleichem Maße. Die größeren Formen konnten überdies mit verschiedenen Methoden optisch erfaßt werden, und wenn auch die Deutung der Befunde in diesem Teil der „*Elementarkörperchenforschung*“ oft unkritisch und rein willkürlich erscheint, muß doch anerkannt werden, daß die dargestellten Gebilde in einigen Fällen, in erster Linie bei der Psittacose, der Variolavaccine und den Geflügelpocken den Eindruck kleiner Mikroben machen. Das Urteil stützt sich zudem nicht bloß auf morphologische Kriterien (gleiche Größe, Form und Färbbarkeit der Elemente einer Virusart), sondern wird durch die Größenbestimmung mit Filter und Zentrifuge, durch den qualitativen und quantitativen Parallelismus zwischen dem Gehalt an sichtbaren Elementarkörperchen und Infektiosität des Substrats, in manchen Fällen, wie z. B. bei der Vaccine, auch durch serologische Reaktionen (Agglutination) weitgehend gesichert.

Drittens haben wir den Messungen zu entnehmen, daß in den Größenabstufungen der Viruselemente kein Sprung existiert, wenn wir *alle übertragbaren Agenzien* (einschließlich der Bakteriophagen und der tumorerzeugenden Stoffe) berücksichtigen (siehe S. 29). Aber wenn auch eine Diskontinuität der dimensionalen Skala bestünde, so würde das nichts an der Tatsache ändern, *daß sich groß- und kleinkalibrige Virusarten in allen wesentlichen Eigenschaften gleichen* und daß sie auch keine grundsätzliche Abweichung von anderen infektiösen Keimen (Bakterien, Protozoën, Spirochäten usw.) erkennen lassen. Alle vermehren sich in geeigneten Wirten und fristen ihre Existenz in Wirtsketten, alle zeigen einerseits die Konstanz der Merkmale ihrer Art und auf der anderen Seite eine gewisse Variabilität und Anpassungsfähigkeit, die besonders dann zutage tritt, wenn ihre Vermehrung in eine andere Wirtsspezies verlegt wird usw. Da sich die Virusarten ferner von den bekannten pathogenen Mikroorganismen in dimensionaler Beziehung nicht scharf abgrenzen lassen (siehe S. 25), so sieht man a priori nicht ein, warum eine Scheidewand vorhanden sein soll — und noch dazu mitten im Bereiche der Virusarten —, welche die ungeheure Schar der parasitischen Mikroben von einer Minderzahl von Infektionsstoffen trennt, die irgend etwas sein dürfen, nur eben keine Mikroben (Elementarorganismen), u. zw. nur wegen ihrer minimalen, in die Region der Eiweißmoleküle hinabreichenden Größenausmaße.

Durch diese Ausführungen ist der Konflikt objektiv gekennzeichnet, in den uns die Bestimmungen der Dimensionen der Viruselemente versetzt haben. *Nach meinem Ermessen gibt es nur zwei Möglichkeiten, wie man sich mit dieser Sachlage abfinden kann: Entweder sucht man den Konflikt zu beseitigen, und muß dann auch den kleinsten Viruselementen den Charakter lebender Einheiten zuerkennen, oder man läßt den Konflikt bestehen, indem man neben belebten Infektionsstoffen (Mikroben) unbelebte übertragbare Agenzien annimmt.* In dem einen wie im anderen Falle muß man derzeit den Beweis schuldig bleiben und zu hypothetischen Konstruktionen greifen.

Erkenntnistheoretisch ist natürlich die Beseitigung des Konflikts vorzuziehen; es fragt sich jedoch, um welchen Preis sie erkauft werden muß. Zwei Lösungen lassen sich hier voraussehen, die man mit den Schlagworten „*Leben ohne Eiweiß*“ und „*lebendes Eiweiß in kleinster Masse*“ bezeichnen kann.

Die erste Lösung, nämlich daß die Lebensvorgänge nicht an Proteïne gebunden sein müssen, können wir heute ablehnen. Außerhalb der Virusarten kennen wir kein Beispiel dieser Art: und im Bereiche der Virusarten selbst konnte durch neuere Untersuchungen gezeigt werden, daß überall dort, wo eine chemische Analyse durchgeführt wurde, Eiweiß festzustellen war, u. zw. bei Virusarten mit relativ großen Teilchen sowohl (Vaccine) als auch bei übertragbaren Agenzien von mittlerer Größe (Bakteriophagen) und, was natürlich am wichtigsten ist, bei Virusarten von besonders kleinen Dimensionen (Virus des SHOPEschen Kaninchenpapilloms, der equinen Encephalomyelitis und der Mosaikkrankheiten höherer Pflanzen). Es ist mit größter Wahrscheinlichkeit anzunehmen, daß das nachgewiesene Proteïn in allen diesen Fällen tatsächlich „*Virusproteïn*“ ist, d. h. daß es der Substanz der Viruselemente angehört und daß man es nicht als Träger des adsorbierten eigentlichen Virus aufzufassen hat. Normale Proteïne des Wirtsorganismus kommen aus immunologischen wie aus physikalischen und chemischen Gründen überhaupt nicht in Betracht. Es könnte sich also nur um pathologische Eiweißstoffe des Wirtskörpers handeln, an welche das Virus angelagert sein müßte; doch liegt hierfür kein Beweis vor, da es bisher nicht gelungen ist, den supponierten Komplex von Virus und pathologischem Wirtsproteïn zu dissoziieren, d. h. Virus in eiweißfreiem Zustande zu gewinnen.

Die zweite Lösung, die sich in der Devise „lebendes Eiweiß in kleinster Masse“ verkörpert, ist kein durch die moderne Virusforschung erzwungenes Denkprodukt.

Die Vorstellung, daß die Zelle die primitivste und nicht weiter teilbare Grundform allen Lebens repräsentiert, hat schon im vorigen Jahrhundert nicht befriedigt. So entstanden zunächst die Bestrebungen, Strukturen des Zellplasmas, wie die Granula (Mitochondrien) als selbständige, der Zelle ursprünglich *fremde*, aber von ihr abhängig gewordene Lebewesen (Symbionten) zu definieren (vgl. P. BUCHNER, l. c., S. 809ff.). Mit dieser Richtung, die 1875 einsetzte und in verschiedenem Gewande bis in die neuere Zeit Anhänger fand, ist eine andere verwandt, welche die Zelle ebenfalls nicht als niederste und unteilbare Lebenseinheit gelten läßt, die aber insofern abweicht, als sie die Zellstrukturen als *zelleigene* Formelemente betrachtet, die — wenn auch nur innerhalb des Zellverbandes — eine gewisse Selbständigkeit der Lebensfunktionen besitzen. Die Regenerationserscheinungen an verstümmelten Protisten, die morphologische Zellforschung und insbesondere das Studium der Vorgänge bei der mitotischen Zellteilung und bei der Befruchtung der Eizellen mußten der Idee, daß die Zelle keine Einheit, sondern bereits ein Komplex von weit kleineren Einheiten sei, stets neue Impulse zuführen. Dazu kam die Erwägung, daß das Leben auf Erden nicht mit einer Zelle begonnen haben kann. Der nicht abweisbare Gedanke der *generatio aequivoca* verlangt, daß wir die Existenz von ungleich einfacheren Lebensformen zugeben (vgl. die zusammenfassende Darstellung von T. M. RIVERS, ferner H. F. OSBORN, D'HERELLE, J. ALEXANDER u. a.).

In der Virusforschung hat sich aber am stärksten die morphologische Interpretation der MENDELschen Vererbungsgesetze ausgewirkt, *die Lokalisation der Erbfaktoren oder Gene in den Chromosomen.* Aus den Ergebnissen der experimentellen Vererbungsforschung schließen wir, daß jedem Gen ein winziges Stoffteilchen als materielles Substrat der betreffenden Erbanlage entspricht und daß diese Teilchen in den Chromosomen fadenförmig aneinandergereiht sind. Kennt man die Masse der Chromosomen und die Zahl der in ihnen lokalisierten mendelnden Erbfaktoren, so kann man den Raum, den jedes Gen für sich beansprucht, bzw. seine Teilchengröße berechnen. An geeigneten Objekten (Gameten von Drosophila melanogaster) wurden auf diese Weise Durchmesser von 20—80 mμ ermittelt, Werte, die als *maximal* anzusehen sind, da nicht anzunehmen ist, daß man selbst an einem so genau untersuchten Objekt, wie es die Drosophila de facto ist, sämtliche mendelnde Unterschiede kennt (cit. nach FERGUSON). 20—80 mμ entsprechen aber den linearen Dimensionen der kleinsten bis mittelgroßen Viruselemente, womit *ein* Berührungspunkt gegeben wäre.

Anderseits schreibt die Vererbungslehre den Genen einen hohen Grad von Selbständigkeit und Unveränderlichkeit zu, der aber mit einer gewissen, alle Organismen auszeichnenden Plastizität einhergeht; die Gene können unter künstlichen Bedingungen (Bestrahlung) sowie spontan variieren (Mutation) und die spontane Variabilität kann sich soweit steigern, daß die Bezeichnung „labiles Gen" gerechtfertigt erscheint (A. ERNST). Bei der Mitose verdoppeln sich bekanntlich sämtliche Gene, ein Vorgang, der entweder so gedeutet werden kann, daß sich die Gene durch Wachstum vergrößern und dann durch Zweiteilung vermehren, oder daß neben jedem Gen ein homologes durch die Zelle gebildet wird; hält man die erste Auffassung für richtig, so bedeutet dies, wie A. ERNST ausführt, daß man den Genen eine Fundamentaleigenschaft der lebendigen Substanz zuerkennt, daß man sie nicht mehr als bloße Bestandteile der Zellsubstanz, sondern als *vermehrungsfähige Plasmaprodukte* betrachtet. Die Kleinheit der Gene hat die Genetiker jedenfalls nicht gehindert, ihnen hypothetisch den Rang von Lebenseinheiten zuzusprechen. Bei M. DEMEREC stoßen wir sogar 1933 (also schon vor der ersten Publikation von W. M. STANLEY) auf die Ansicht, daß die Gene chemisch-physikalisch als einfache, wenn auch besonders große Moleküle, u. zw. als Proteïnmoleküle zu denken wären, eine Konzeption, welche sich mit dem „lebenden Molekül" BEIJERINCKS und den „Molekulobionten" späterer Autoren (J. ALEXANDER, R. S. ALCOCK u. a.) deckt.

Daß sich durch die Geneforschung ein Weg öffnet, um zu einem Verständnis der Eigenschaften kleinster Virusarten zu gelangen, hat zuerst E. WOLLMAN in einer Reihe von Arbeiten auseinandergesetzt. Es ist kein Zufall, daß sich die Ausführungen von WOLLMAN gerade auf die Bakteriophagen bezogen, da die Erfassung der Phagen als Parasiten der Bakterien (D'HERELLE) vielfach auf Widerspruch stieß und andere Hypothesen, welche über die Natur dieser Agenzien aufgestellt worden waren, gleichfalls nicht allgemein zu befriedigen vermochten. Mit vielen anderen Autoren nahm auch WOLLMAN an, daß die Phagen Produkte der Bakterien seien, aber nicht irgendwelche Fragmente des Bakterienleibes und auch keine Enzyme, sondern freigewordene modifizierte Gene. Seither haben sich zahlreiche Autoren in gleichem Sinne geäußert, zum Teil mit anregender und suggestiver Begründung, zum Teil in mehr oder weniger oberflächlicher Weise; es seien hier genannt H. J. MULLER, DUGGAR und ARMSTRONG, H. v. EULER, MURPHY, CARREL, A. LWOFF, D. KOSTOFF, J. DARANYI, J. W. GOWEN und W. C. PRICE.

In mancher Hinsicht konnten die Beziehungen oder richtiger Analogien zwischen Virus und Gen noch vertieft werden, so z. B. von A. LWOFF, der darauf hinwies, daß die Vermehrung der Gene ebensowohl wie jene der Phagen und der Mosaikvirusarten der Pflanzen an Zellteilungen zwangläufig gebunden ist, oder von KOSTOFF, der zeigte, daß ein und dieselbe Krankheit der Tabakpflanze („Frenching") in manchen Fällen auf einer Virusinfektion, in anderen auf Störungen des Genoms beruhen kann. Wie die zitierten Beispiele erkennen lassen, erstreckten sich die Vergleiche — von wenigen Ausnahmen abgesehen — nicht auf alle Virusarten, sondern beschränkten sich auf die Phagen, die Mosaikvirusarten der Pflanzen und die übertragbaren Agenzien der Hühnersarkome (J. B. MURPHY, A. CARREL), also auf eine Gruppe, in welcher die mikrobielle Natur nicht so sehr aus dimensionalen wie aus anderen Gründen als unwahrscheinlich anzusehen ist (R. DOERR, E. M. FRAENKEL).

Mag die Analogie mit den Genen in mancher Hinsicht bestechend sein, so verblaßt dieser Eindruck doch sofort bei einer eingehenderen Analyse. Wenn wir auch wenig über die Natur der Gene wissen und die Hypothesenbildung infolgedessen weiten Spielraum hat, erscheint doch die Idee äußerst gewagt, daß sie aus dem Zellverband ohne Schädigung ihrer Eigenschaften losgelöst und dann bei der Übertragung auf gesunde Zellen wieder eingefügt werden können. *Normale Erbfaktoren* bekunden *im Zellverband* oft eine hohe Resistenz gegen äußere Einflüsse (Anabiose, Pflanzensamen, Bakteriensporen usw.); daß man aber *isolierte Gene* jahrzehntelang unverändert aufbewahren kann, wie das bei den Phagen festgestellt wurde [R. DOERR (*10*), J. BORDET], daß man sie im feuchten wie im trockenen Zustande auf hohe Temperaturen erhitzen kann wie die Phagen und manche Arten des Mosaikvirus (DOERR und ROSE, VEDDER, K. M. SMITH u. a.), ist durchaus unwahrscheinlich und weder für normale noch für pathologische Gene durch experimentelle Erfahrungen beglaubigt. Die Widerstandsfähigkeit der Gene reicht, soweit wir darüber unterrichtet sind, nicht weiter als die Lebensfähigkeit der Zelle, welcher sie angehören; die Resistenz der Phagen dagegen überschreitet jene der Bakterien gewaltig.

Die Vorstellung des Gens, das als winziges Gebilde in den Chromosomen lokalisiert ist, hat sich auf Grund der Resultate von Bastardierungsexperimenten entwickelt, also durch die Analyse des Erbganges bei der *zweieltrigen (getrenntgeschlechtlichen)* Fortpflanzung; da ferner der Bastardierung enge Grenzen gezogen sind, speziell wenn man fruchtbare Bastarde erzielen will, kennen wir das Gen hauptsächlich als Träger *mendelnder Rassenunterschiede*. Bei der zweieltrigen Fortpflanzung können wir daher nicht behaupten, daß die Vererbung *sämtlicher* Anlagen einschließlich der Artmerkmale durch die Chromosomen bzw. die chromosomalen Gene vermittelt wird. Das Protoplasma ist zweifellos an der

Vererbung in hohem Grade beteiligt, u. zw. nicht bloß durch die zwischen ihm und den Chromosomen bestehenden Wechselbeziehungen (A. BRACHET, R. HARDER, F. OEHLKERS u. a.). Anderseits ist es nicht ohne weiteres zulässig, die Idee des Gens auf Protisten zu übertragen, welche sich ungeschlechtlich vermehren und keine Chromosomen besitzen wie die Bakterien. Die Aussage, daß die Phagen krankhaft modifizierte Gene der Bakterien seien, ist also auch vom Standpunkt der Genetik anfechtbar. Man kann sich hier nicht damit helfen, daß man unter „Gen" einen *beliebigen* materiellen Träger einer Erbanlage verstehen will; denn es war gerade der Genbegriff, den die *Chromosomenforschung* gezeugt hat, der zum Vergleich mit dem Virus herausforderte.

E. WOLLMAN gehört — um einen Ausdruck von A. GRATIA zu gebrauchen — zu den „Endogenisten", d. h. er betrachtet die Phagen nicht als Parasiten, welche von außen her in die Bakterien eindringen, sondern als Stoffe, welche in den Bakterien entstehen. Für den Endogenisten erübrigt sich vom Standpunkte der Ökonomie der Hypothesenbildung die Notwendigkeit, den Agenzien, welche nach seiner Meinung durch die Lebenstätigkeit der Wirtszellen produziert werden, eigene Lebensfunktionen, insbesondere die Vermehrungsfähigkeit zuzuschreiben (vgl. S. 33). Der Vergleich der Virusarten mit den Genen verfolgt aber gerade diesen Zweck und könnte daher — zumal er sich ohnehin nicht durchführen läßt — beiseite geschoben werden, sobald man sich in einem bestimmten Falle für die endogene Virusbildung entschieden hat. In dem Vergleich zwischen Virus und Gen steckt aber ein theoretisches Moment, welches von diesem Bekenntnis unabhängig ist, nämlich der Hinweis auf Formelemente — eben die Gene —, welche sehr klein sein müssen, so klein wie die kleinsten Virusarten und vermutlich nicht viel größer als kompliziertere Proteïnmoleküle, und die trotzdem mit (bis zu einem gewissen Grade selbständigen) Lebensfunktionen ausgestattet zu sein scheinen. Spricht man in diesem Sinne von den Virusarten als von „freien Genen", so bedeutet dies nur, daß man vor der Annahme kleinster Lebenseinheiten nicht zurückzuschrecken braucht, weil eine allerdings nicht sehr tragfähige Analogie für diese Möglichkeit vorhanden ist; vom Gen im Zellverband zum Parasiten mit einem Durchmesser von 10—30 mμ wäre noch immer ein weiter Schritt.

Die Untersuchungen von W. M. STANLEY und ihr weiterer Ausbau durch STANLEY selbst, durch F. C. BAWDEN, R. WYCKOFF, R. J. BEST, K. S. CHESTER werden allgemein als eine besonders wichtige Etappe der modernen Virusforschung angesehen, obwohl begreiflicherweise bei manchen Autoren eine vorsichtigere Einschätzung zu konstatieren ist [T. M. RIVERS (*5*), L. W. RISCHKOW (*2*), A. GRATIA u. a.] und auch einige Einwände erhoben wurden, über die sich der Leser im vierten Abschnitt dieses Handbuches orientieren kann.

Hier sei nur erwähnt, daß man der Kristallisierbarkeit des Tabakmosaikvirus nicht mehr jene Bedeutung beilegen will als in der ersten Zeit nach dem Bekanntwerden der STANLEYschen Ergebnisse. Einmal, weil es sich nicht um „Kristalle" im mineralogischen Sinne, sondern wahrscheinlich um bündelförmig aneinandergelagerte langgestreckte (fadenförmige) Eiweißmoleküle handelt, welche senkrecht zur Längsachse hexagonal angeordnet sind, so daß bei der Durchleuchtung mit Röntgenstrahlen in dieser Richtung eine Kristallgitterfigur entstehen muß, während die Moleküle in der Längsachse der Bündel keine regelmäßige Anordnung besitzen (BAWDEN, PIRIE, BERNAL und FANKUCHEN, K. H. MEYER, J. D. BERNAL und J. FANKUCHEN); dann aber auch, weil die „Kristallisation" und selbst das wiederholte „Umkristallisieren" keineswegs die absolute Reinheit der Endprodukte verbürgt [K. S. CHESTER, SEASTONE, LORING und CHESTER, BAWDEN und PIRIE, A. GRATIA und P. MANIL (*4*)].

Es hat sich jedoch gezeigt, daß man den Reinheitsgrad der Präparate steigern kann, z. B. durch die Ultrazentrifuge (WYCKOFF und COREY), durch die Kombination von „Umkristallisieren“ und Zentrifuge, durch Wegdauen des normalen Pflanzenproteïns (BAWDEN und PIRIE). Auch der erstgenannte Umstand (die Deutung der Kristallform) schmälert nicht die Tragweite der Feststellung, daß STANLEY aus krankem Wirtsgewebe einen Stoff isoliert hat, der 1. ein Proteïn, 2. serologisch spezifisch und von den Normalproteïnen der Wirtspflanze verschieden, 3. hochinfektiös war und 4. in Lösungen (innerhalb eines bestimmten p_H-Bereiches) einen einheitlichen Dispersitätsgrad zeigte, wie das Verhalten auf der analytischen Ultrazentrifuge lehrte (WYCKOFF). Es liegt bisher keine Veranlassung für die Vermutung vor, daß dieses Proteïn das eigentliche Virus nur als akzidentelle Beimengung enthalten könnte, wie das manche Autoren (T. M. RIVERS, A. GRATIA und P. MANIL u. a.) als möglich hingestellt haben, vielmehr sprechen die Untersuchungen, die am Mosaik des Tabaks und anderen Viruskrankheiten von Pflanzen, ja sogar von Tieren angestellt wurden, dafür, daß die dargestellten Produkte de facto Virusproteïne waren, d. h. daß die Infektiosität der Präparate als eine an die isolierten Eiweißkörper gebundene Eigenschaft zu betrachten ist.

STANLEY schloß einen seiner Vorträge über dieses Thema mit dem Satze: „BEIJERINCK's description of tobacco-mosaic virus in 1898 as a "contagious living fluid" and as a new type of infectious agent appears to be correct.“ Wie das zu verstehen ist, geht aus folgender, bei der gleichen Gelegenheit gemachten Äußerung hervor: „In any event, it now appears possible to list proteïn molecules along with bacteria, fungi and protozoa, as infectious disease-producing agents.“ STANLEY hält also die Lösungen des Virusproteïns für molekulardispers, was sich auch aus dem Umstande ergibt, daß aus dem Verhalten auf der Zentrifuge nicht Teilchengrößen bzw. Partikelgewichte, sondern *Molekulargewichte* berechnet werden. Der Frage, ob diese Proteïnmoleküle als lebend oder unbelebt zu gelten haben, möchte STANLEY eben auf Grund seiner experimentellen Ergebnisse und ihrer Deutung die Berechtigung absprechen. Die Grenze zwischen belebt und unbelebt existiere vermutlich nicht, da die Virusproteïne einerseits die Charakteristika von Lebewesen besitzen (spezifische Empfänglichkeit bestimmter Wirtsarten, Fähigkeit der Vermehrung, Variabilität), und da sie nichtsdestoweniger Eiweißmoleküle sind und als solche auch als unbelebt gelten können. In den letzten Worten liegt natürlich eine Inkonsequenz, der man schon bei BEIJERINCK begegnet und die durch die Scheu bedingt ist, Moleküle als Lebenseinheiten anzuerkennen. STANLEY tut das aber, wenn er die Proteïnmoleküle mit Vermehrungsfähigkeit ausstattet.

Das Wagnis wird dadurch nicht geringer, daß man die komplizierte Struktur großer Proteïnmoleküle als eine Art von Organisation hinstellt, welche wesentliche Leistungen lebendiger Substanz ermöglicht (STANLEY); es wird auch nicht abgeschwächt, wenn man — wie das übrigens auch bei den Genen von G. HAASE-BESSEL proponiert wurde — eine Anleihe bei der WILLSTÄTTERschen Theorie der „Simplexverbindungen“ macht und das Proteïnmolekül als Träger („Pheron“) betrachtet, dem prosthetische, die vitalen Funktionen vermittelnde Gruppen (die „Agonten“) angekoppelt sind (R. J. BEST). Es ist und bleibt eine Absage an den „berechtigten Vitalismus“, als dessen Programm GUSTAV WOLFF den „offenen und rückhaltlosen Verzicht auf die mechanistische Grundlage und die Stellung des Problems unter den Gesichtswinkel einer vitalen Eigengesetzlichkeit“ bezeichnet.

G. WOLFF schließt einen Aufsatz über den „alten und neuen Darwinismus“ mit dem Ausspruch: „Es scheint, daß alle erdenkbaren Verbesserungsversuche auf der bisherigen“ (scil. mechanistischen) „Grundlage durchprobiert werden müssen, bis wir uns zu der Überzeugung durchringen werden, daß eine nur in den Lebenserscheinungen sich offenbarende und die scharfe Grenze zwischen Lebendem und Nichtlebendem bezeichnende, d. h. vitalistische Gesetzlichkeit sowohl die individuellen Vorgänge im einzelnen Lebewesen als auch das phylogenetische Geschehen im Laufe der Geschlechter beherrscht." Der zitierte Aufsatz erschien 1937, und WOLFF wußte natürlich von den Resultaten der Virusforschung sowie von der durch STANLEY herbeigeführten Peripetie; er hat aber ebenso wie HANS DRIESCH in seinen „Studien zur Theorie der organischen Formbildung" (1937) an der zu keiner Konzession bereiten vitalistischen Einstellung festgehalten.

Auf der anderen Seite hat die Virusforschung durch ihre neueren Ergebnisse jene Bestrebungen mächtig gefördert, welche, von den gewaltigen Umwälzungen in Physik und Chemie ausgehend, die Kluft zwischen lebendiger Substanz und unbelebter Materie zu überbrücken suchen. Es ist natürlich ausgeschlossen, an dieser Stelle auf das umfangreiche, zum Teil naturwissenschaftliche, zum Teil philosophische Schrifttum einzugehen, in welchem diese Richtung mannigfaltigen Ausdruck gefunden hat; wenn die Namen von BURR und NORTHROP, MAX HARTMANN, L. v. BERTALANFFY, N. W. PIRIE, H. REICHEL hier genannt werden, geschieht das nur, um dem Leser einige literarische Ausgangspunkte anzugeben, von denen aus ihm die weitere selbständige Orientierung, soweit er ihrer bedarf, leicht sein dürfte. Sofern es sich um Arbeiten der letzten Zeit handelt, wird oft auf die Virusarten (Bakteriophagen) hingewiesen, wenn auch meist nur, um an einem aktuellen Beispiel zu zeigen, daß es in einem gegebenen Falle schwer sein kann zu entscheiden, ob Lebewesen oder „bloß Fermentsysteme" anzunehmen sind; es wird daraus gefolgert, daß eine scharfe Grenze zwischen „belebt" und „unbelebt" möglicherweise gar nicht existiert, wie ja auch andere Abgrenzungen (z. B. zwischen „Tier" und „Pflanze") mit fortschreitender Naturerkenntnis ihren prinzipiellen Wert eingebüßt haben. Es ist im Wesen doch nur die Tendenz, dem Vitalismus, in welchem ein verfrühter Verzicht auf naturwissenschaftliche Erklärung steckt (M. HARTMANN), die Hoffnung entgegenzusetzen, daß es einmal gelingen könnte, „die spezifischen Gesetze des Organischen aus jenen Grundprinzipien abzuleiten, die für die Welt des Anorganischen gelten". Es wird aber nicht behauptet, daß diese Erwartung nunmehr insofern bereits erfüllt sei, als die Virusproteïne den Übergang von jenem Organisationstypus im Atom oder Molekül, welcher den Chemiker interessiert, zum Organisationstypus der Zelle, mit welchem sich bisher die Biologen befaßten, repräsentieren, wie das von STANLEY als möglich hingestellt wurde.

J. ALEXANDER führt 1936 aus, daß die Wahrscheinlichkeit sowie biologische und entwicklungsgeschichtliche Daten, insbesondere aber der Nachweis von ultramikroskopischen Lebenseinheiten (Bakteriophagen, filtrierbare Virusarten, Agenzien der Mosaikkrankheiten) die Auffassung unterstützen, daß das Leben auf der Erde mit Gebilden von molekularer oder fast molekularer Beschaffenheit begonnen hat. Je einfacher die Urform des Lebens gedacht wird, desto höher darf man die Aussichten ihrer Verwirklichung durch die generatio aequivoca einschätzen, und die einfachste vorstellbare Form sei eben der hypothetische „*Molekulobiont*", ein Molekül, das die nötigen chemischen Prozesse katalytisch einzuleiten und zu unterhalten vermag und das gleichzeitig seine eigene Verdopplung zu bewirken imstande ist, also ein „autokatalytischer Katalysator"; dieser primitive Biont müsse die Fähigkeit gehabt haben, auf ähnliche Art zu wachsen und sich zu vermehren wie die noch jetzt existierenden autotrophen Bakterien. Diesen idealen Molekulobionten entsprechen jedoch die Eigenschaften der Virusproteïne nicht. In ihren Vermehrungsbedingungen gleichen sie den streng parasitischen Mikroben, und es ist nicht recht verständlich, daß sich gerade dieses Verhalten aus dem Autotrophismus entwickelt haben soll. Die Virusproteïne sind ferner hochmolekular, und für die Voraussetzung, daß sich solche Stoffe in der Natur *außerhalb von Organismen* bilden können, fehlt jeder Anhaltspunkt, es fehlt auch, wie man zugeben muß, die Wahrscheinlichkeit.

Bekanntlich werden über den Aufbau „hochmolekularer" oder „hochpolymerer" Naturstoffe in neuerer Zeit Auffassungen vertreten, welche von der älteren Vorstellung der Riesenmoleküle abweichen (vgl. M. ULMANN). Daß sich diese Richtung — obwohl noch selbst erst in Entwicklung begriffen und Schauplatz divergierender Hypothesen — mit der Lehre von den hochmolekularen Virusproteïnen auseinandersetzen würde, war zu erwarten. In der Tat erhob K. H. MAYER, welcher die Struktur der hochpolymeren Naturstoffe durch seine Theorie der Hauptvalenzketten zu erklären versucht hat, dagegen Einsprache, daß den Virusproteïnen „Molekulargewichte" von 17 und mehr Millionen zugeschrieben werden. Nach seiner Ansicht hätte man bloß das Recht, die mit Hilfe der analytischen Ultrazentrifuge bestimmten Werte als ziffernmäßigen Ausdruck des absoluten Gewichtes von kolloiden Eiweißpartikeln (fadenförmigen Micellen) zu betrachten, weil sie nicht das Gewicht von chemischen Einheiten anzeigen. Die Teilchen des Virusproteïns des Tabakmosaiks sollen nach BAWDEN, PIRIE, BERNAL und FANKUCHEN nicht sphärisch, sondern stäbchenförmig sein, was dafür sprechen würde, daß bei diesem Proteïn eine sozusagen morphologische Prämisse für die Anwendbarkeit der Ideen über die Struktur der hochpolymeren Naturstoffe erfüllt ist. Es ist aber nicht einzusehen, warum sich die Sachlage ändern *muß*, wenn man den von K. H. MEYER vertretenen Standpunkt theoretisch akzeptiert. Wie bereits in anderem Konnex (siehe S. 30) auseinandergesetzt wurde, besitzen nur zwei Fragen eine essentielle Bedeutung für die grundsätzliche Erfassung des Gesamtproblems, nämlich: 1. sind die Virusproteïne die Träger der Wirkung (der Infektiosität) und 2. ist diese Wirkung an die Intaktheit der Proteïnpartikel gebunden, wie man sie durch Ausschleudern aus den Preßsäften erkrankter Gewebe oder aus Lösungen der chemisch isolierten Virusproteïne gewinnen kann ? Können die Antworten auf beide Fragen positiv lauten, so hat es sekundäre Wichtigkeit, ob man die Partikel als „Moleküle" oder als „Micellen" betrachten will.

Nun läßt sich die erste Frage nach dem jetzigen Stande der Forschung bejahen (siehe S. 30), nicht ohne erhebliche Vorbehalte dagegen die zweite.

R. W. G. WYCKOFF, J. BISCOE und W. M. STANLEY untersuchten Lösungen von Virusproteïnen, die sie mit verschiedenen Stämmen des Tabakmosaiks gewonnen hatten, auf ihr Verhalten in der Ultrazentrifuge. Einige von diesen Proteïnen erwiesen sich als homodispers, d. h. die Partikel (Moleküle) in den Lösungen hatten gleiche Größe. Wurden ferner verschiedene Pflanzen mit dem gleichen Virusstamm infiziert, so zeigten die — unter identischen Bedingungen dargestellten — Virusproteïne dieselbe Sedimentierungskonstante; umgekehrt verhielten sich die mit verschiedenen Virusstämmen gewonnenen Proteïne verschieden. Schließlich wurde konstatiert, u. zw. nicht nur bei den schweren Proteïnen des Tabakmosaiks, sondern auch bei den Virusproteïnen des SHOPEschen Kaninchenpapilloms, daß eine Verringerung der Teilchengröße (Fragmentierung der Partikel) mit dem Schwunde der spezifischen Viruswirkung einhergehen kann (WYCKOFF, BISCOE und STANLEY, R. J. BEST, WYCKOFF und BEARD). Soweit würden also die Daten mit der Annahme stimmen, daß die Intaktheit der „Proteïnmoleküle" für die Viruswirkung notwendig ist.

Anderseits enthielten aber die Lösungen mancher Virusproteïne zwei durch die analytische Zentrifuge trennbare Arten von Teilchen bzw. Molekülen, und in einer dritten Reihe von Fällen ging die Sedimentierung so vor sich, daß der Schluß auf eine beträchtliche Heterogenität der Verteilung, d. h. auf ein Gemenge von verschieden großen Partikeln gezogen werden mußte. Nun ist es bekannt, daß die Viruskrankheiten der Pflanzen zuweilen auf Mischinfektionen mit zwei oder mehreren Virusarten bzw. Virusstämmen beruhen können und daß die biologische Analyse dieses Sachverhaltes unter Umständen große Schwierigkeiten bereitet (KENNETH M. SMITH, l. c., S. 21); es wäre daher möglich, daß jene Virusproteïne, deren Lösungen heterogene Partikel enthalten, Gemenge von Virusstämmen sind, worauf auch WYCKOFF, BISCOE und STANLEY hinweisen. Die Beobachtung der gleichen Autoren, daß Differenzen in der Sedimentierungsgeschwindigkeit auftreten, wenn man die Proteïne aus Pflanzen derselben Art, aber verschiedenen Alters darstellt, sind nicht so einfach zu erledigen. Es konnte ferner festgestellt werden, daß die Behandlung mit H_2O_2 die biologische Aktivität der Virusproteïne des Tabakmosaiks zerstört, daß aber die Proteïnmoleküle nicht aufgesplittert werden und daß die Homogenität der Verteilung keine Änderung erfährt (WYCKOFF, BISCOE und STANLEY).

In der zitierten Arbeit meinen WYCKOFF, BISCOE und STANLEY, daß eine einfache Beziehung zwischen Gestalt und Größe der Proteïnmoleküle und ihrer spezifisch biologischen Wirkung wohl bestehen könnte, daß man dies aber erst dann wird feststellen können, wenn die innerhalb jeder Virusart möglichen Varianten („Stämme") vollständig bekannt und standardisiert sein werden. Vorläufig sei nur zu konstatieren, daß große Unterschiede in den Sedimentierungskonstanten phytopathogener Proteïne mit Unterschieden im Erscheinungsbild der Krankheiten einhergehen, welche diese Proteïne hervorrufen.

Wenn wir somit, wie die Dinge jetzt liegen, die Virusproteïne als Träger der Infektiosität und Pathogenität bestimmter Virusarten anerkennen wollen, so ist doch keine zuverlässige Aussage darüber möglich, in welcher Grundform sie diese Wirkungen ausüben (Molekül, Micelle, geformte Partikel), daher auch nicht, ob an der biologischen Aktivität der chemische Aufbau, die micellare Struktur oder irgendeine andere Art von Organisation beteiligt ist. Sodann haben wir zu berücksichtigen, daß die Darstellung „schwerer" und spezifisch wirkender Eiweißkörper vorerst nur bei einer kleinen Zahl von Viruskrankheiten geglückt ist. Es gibt aber eine Reihe von anderen Virusarten, deren Elemente ebensogroß oder sogar noch erheblich kleiner sind; für sie besteht natürlich der Konflikt zwischen Teilchengröße und Raumerfordernis des Eiweißes in gleichem oder noch weit höherem Grade. Von diesen Virusarten wissen wir zwar, daß ihre Elemente die Dimensionen der Eiweißmoleküle nicht unterschreiten, daß sie aber — falls es sich auch hier um Virusproteïne handeln sollte — nicht durchwegs die „hochmolekulare" Beschaffenheit der bisher dargestellten Virusproteïne haben können. Die Elemente des Virus der Poliomyelitis z. B. haben einen Durchmesser von 8—12 mμ, was nicht mehr einem Molekulargewicht von mehreren Millionen, sondern nur noch von einigen Hunderttausend entsprechen würde; der Moleküldurchmesser des Edestins, das hier als Vergleichsobjekt dienen möge, wird mit 7,92 mμ, das Molekulargewicht mit 208000 angegeben (cit. nach J. R. MARRACK). Schon aus diesem Grunde lassen sich die Ergebnisse der von STANLEY inaugurierten Forschungsrichtung nicht auf alle Virusarten übertragen, bei welchen der Konflikt zwischen Größenordnung der Elemente und Raumerfordernis des Eiweißes gegeben ist; tut man das aber nicht, so liegt nur eine partielle und eben darum nicht völlig befriedigende Lösung des fundamentalen Problems vor. Auch in der entgegengesetzten Richtung der Größenskala ist eine präzise Beurteilung derzeit noch nicht möglich. Den Virusproteïnen werden Moleküle von 25—45 mμ Durchmesser und Molekulargewichte von 9—50 Millionen zugeschrieben (ERIKSSON-QUENSEL und THE SVEDBERG, WYCKOFF, BISCOE und STANLEY, J. W. BEARD und WYCKOFF, R. W. G. WYCKOFF); gibt es noch „höhermolekulare" Proteïne, und wo ist die Grenze, über welcher an die Stelle vermehrungsfähiger Moleküle Lebenseinheiten von höherer Rangordnung der Organisation treten?

Wie man wohl erkennt und wie dies auch von STANLEY (*5*) (l. c., S. 66) eingeräumt wurde, läßt sich die experimentell begründete Lehre von den Virusproteïnen einstweilen noch nicht harmonisch in alle die Zusammenhänge einordnen, welche sich bei der Betrachtung der Probleme ergeben. Insbesondere sind Zweifel an der Konzeption der vermehrungsfähigen, exzessiv großen Proteïnmoleküle gerechtfertigt. Die ersten Mitteilungen von STANLEY wurden auch nicht als die Entdeckung der einfachsten Lebensformen, sondern vielmehr als Beweis für die Existenz unbelebter Infektionsstoffe begrüßt [R. DOERR (*10*), H. H. DIXON u. a.), und diese Deutung ist es auch heute noch, welcher die lebhafte Opposition mancher Autoren (A. GRATIA) gilt.

Da die Vermehrung der Virusarten im empfänglichen Wirt eine unleugbare Tatsache ist, und da man unter einem „unbelebten" Infektionsstoff ein übertragbares Agens versteht, dem die Fähigkeit der Vermehrung „aus sich heraus" definitionsgemäß mangelt, sieht man zunächst nur einen Weg vor sich, um dieser contradictio in adjecto einen logischen und biologischen Sinn zu unterstellen. Man muß annehmen, daß solche Stoffe einen Reiz auf bestimmte Zellen ausüben und daß die Reaktion dieser Zellen in der Produktion des reizenden Stoffes besteht; wünscht man einen Vergleich, so könnte man den hypothetischen Vorgang als einen autokatalytischen Prozeß, das Agens, das ihn einleitet, als Autokatalysator bezeichnen. Das Pro und Kontra dieser Hypothese der endogenen Virusbildung wurde bereits so eingehend erörtert, daß sich ein Resumé an dieser Stelle erübrigt.

Der Haupteinwand, der insbesondere von A. GRATIA und seinen Mitarbeitern in vielfach variierter Form vorgebracht wurde, ist, daß selbst diejenigen Virusarten, für welche die mikrobielle Natur als besonders unwahrscheinlich gilt (phytopathogene Virusarten, Bakteriophagen), ihren ursprünglichen Charakter bei der serienweisen Übertragung wahren, u. zw. auch dann, wenn die Wirtsspezies wechselt. Als untrüglichen Prüfstein dieses autonomen Verhaltens betrachtet GRATIA die serologische Spezifität, welche unabhängig vom Wirt konstant bleibt und dadurch bekundet, daß das Virus Fremdstoffe in spezifisch körpereigene Substanz umzusetzen, daß es wie ein lebendes Wesen zu assimilieren vermag. Neuere Untersuchungen und Anschauungen über die materiellen Grundlagen der serologischen Spezifität der Virusarten (A. SABIN, CRAIGIE und WISHART, HUGHES u. a.) sowie die Möglichkeit, bei Pneumokokken die serologische Spezifität in vivo und in vitro zu ändern (GRIFFITH, DAWSON und SIA, ALLOWAY), ferner die von G. P. BERRY beschriebene Transformation von Kaninchenfibromvirus in Myxomvirus u. a. m. lassen es aber als fraglich erscheinen, ob die serologische Beweisführung GRATIAS so zwingend ist, daß sie jede andere hypothetische Kombination ausschließt. Selbst wenn man dies zugeben wollte, bestünde nach wie vor die Notwendigkeit, jene Phänomene aufzuklären, welche mit der Annahme, daß alle Virusarten Lebewesen sein müssen, nicht kompatibel sind, ja sie bestünde für eine dogmatische Formulierung dieser Annahme in höherem Grade als für eine hypothetische Einkleidung. Von GRATIA wie übrigens auch von anderen Autoren, welche prinzipiell auf dem gleichen Standpunkt stehen, wurde aber in dieser Hinsicht nichts Entscheidendes vorgebracht. In einer kürzlich erschienenen Notiz von GRATIA und H. FREDERICQ, in welcher die Analogie zwischen Virusvermehrung und serienweisen Übertragungen unbelebter Stoffe (serienweise Aktivierung von Fibrinferment oder Trypsinogen) abgelehnt wird, heißt es: „Les virus et bactériophages se reproduisent à l'image d'une cellule autonome, cellule très simple sans doute, réduite à un micelle, en tout cas à l'image d'un germe." Daß in diesem Satze die Reduktion einer „Zelle" auf eine „Micelle" als denkbar hingestellt und daß anderseits zwischen „Zelle" und „Keim“ noch ein Unterschied gemacht wird, zeigt aufs deutlichste, daß sich keineswegs sämtliche Probleme mit einem Schlage erledigen, wenn man die These von der autonomen Vermehrung der Virusarten für bewiesen hält. Die Vorstellung, daß es unbelebte Ansteckungsstoffe gibt, und die aus ihr abgeleitete Konsequenz, daß solche Stoffe von den Zellen des Wirtsorganismus produziert werden, sind entstanden, um Tatsachen zu erklären, die sonst nicht verständlich wären, und behalten ihre Existenzberechtigung, solange nicht dieser Beweggrund wegfällt; man kann nicht behaupten, daß diese Verschiebung der erkenntniskritischen Basis eingetreten ist, weder durch die serologischen Untersuchungen von GRATIA noch durch die Darstellung gereinigter Virusproteïne durch W. M. STANLEY.

Das starre Festhalten an der Doktrin, daß jedes unbegrenzt übertragbare Agens ein Mikroorganismus sein muß, mag dies nun wahrscheinlich oder nicht wahrscheinlich, vorstellbar oder nicht vorstellbar sein, ist schließlich als konsequente Anwendung des Analogieprinzips ein Beharren des Denkens in der Richtung des „geringsten Widerstandes“. Es ist selbstverständlich nicht ausgeschlossen, daß sich dies einmal als richtig erweisen wird, nur ist der Schlüssel zu dieser radikalen Lösung einstweilen noch nicht gefunden. Hier kann nur die Forschung weiterhelfen, sofern sie uns — sei es theoretisch oder auch nur technisch — auf neue Wege leitet. Die Messungen der Virusdimensionen und die Darstellung der Virusproteïne dürfen als Fortschritte in diesem Sinne beurteilt werden.

Demgegenüber haben Spekulationen über die Phylogenese der Virusarten, wie sie seit Jahren angestellt und oft genug unter Nichtachtung der literarischen Priorität als neue Ideen vorgebracht werden (F. W. TWORT, R. DOERR, R. G. GREEN, J. ALEXANDER, T. M. RIVERS u. v. a.), sekundäre Bedeutung, obwohl nicht zu leugnen ist, daß sie unter Umständen einen jetzt noch nicht vorauszusehenden Wert gewinnen können.

Das Interesse, welches der Virusforschung von Biologen, Physikern, Chemikern und Philosophen entgegengebracht wird, beruht darauf, daß die Frage, was man unter „Leben“ zu verstehen hat, von dieser Spezialwissenschaft in eigenartiger und beziehungsreicher Form zur Diskussion gestellt wurde. Die Antwort, berufen, das Gravitationszentrum des menschlichen Weltbildes zu werden, wird nie vollständig sein, wenn sie nicht auch über das „*Woher*“ Auskunft gibt. Wenn man auch trotz der gewaltigen schon geleisteten Arbeit die Erwartungen nicht ins Utopische steigern soll, so wird man doch zugeben, daß der Virusforschung hohe Erkenntnisziele winken und daß eine kleine Strecke des Weges, der zu diesen Zielen führen kann, zurückgelegt ist.

Literaturübersicht.[1]

1. ADELHEIM, R., AMSLER, NICOLAJEV u. RENTZ: Experimentelle toxische Encephalitis durch Cicutoxin. Arch. Psychiatr. (D.) **102**, 439 (1934).
2. ALCOCK, R. S.: The synthesis of proteïns in vivo. Physiol. Rev. (Am.) **16**, 1 (1936).
3. ALEXANDER, J.: (*1*) The nature of enzymes. Science **81**, 44 (1935).
   — (*2*) Physico-chemical determinism in life and disease. J. Hered. (Am.) **27**, 139 (1936).
   — (*3*) On the nature of filterable viruses. J. Hered. (Am.) **28**, 38 (1937).
4. AMIES, C. R.: (*1*) The particulate Nature of the agents of ROUS Sarcoma No 1 and of the Fujinami Myxosarcoma. Sec. intern. Congr. of Microbiol. (siehe daselbst), S. 99.
   — (*2*) The particulate nature of avian sarcoma agents. J. Path. a. Bacter. **44**, 141 (1937).

[1] Vgl. auch den ebenfalls alphabetisch geordneten „Nachtrag“.

5. ANDREWES, C. H.: (*1*) A study of virus III. J. Path. a. Bacter. **31**, 461 (1928).
— (*2*) Virus diseases of rabbits and guinea-pigs. System of Bacter. **7**, 308 (1930).
— (*3*) Immune sera active against fowltumor viruses. J. Path. a. Bacter. **35**, 243 (1932).
— (*4*) Viruses in relation to the aetiology of tumours. Lancet **112 II**, 63, 117 (1934).
— (*5*) Viruses in non-filterable tumours. Sec. intern. Congr. of Microbiol. (siehe daselbst), S. 98.
— (*6*) Evidence for the presence of virus in a non-filterable Tar sarcoma of the fowl. J. Path. a. Bacter. **43**, 23 (1936).
6. ANDREWES, C. H. and C. G. AHLSTRÖM: Reaction of tarred rabbits to the infectious fibroma virus (SHOPE). Lancet **1937**, 893.
7. ANDREWES, C. H. and CARMICHAEL: On the presence of antibodies to herpes virus in post-encephalitic and other human sera. Lancet **1930 I**, 857.
8. ANDREWES, C. H. and C. P. MILLER: A filterable virus infection of rabbits. J. exper. Med. (Am.) **40**, 789 (1924).
9. ANDREWES, C. H. and R. E. SHOPE: A change in rabbit fibroma virus suggesting Mutation. J. exper. Med. (Am.) **63**, 157 (1936).
10. ANDRIEWSKY, P.: L'ultrafiltration et les microbes invisibles. Zbl. Bakter. usw., I Orig. **75**, 90 (1915).
11. ARKWRIGHT, J. A.: Virulence of the microorganism in infective disease. Lancet **2**, 963 (1929).
12. ARMSTRONG, CH. u. R. D. LILLIE: Experimental lymphocytic choriomeningitis of monkeys and mice produced by a virus encountered in studies of the 1933 St. Louis encephalitis epidemic. Publ. Health Rep. (Am.) **49**, 1019 (1934).
13. AZZI, A.: Infravirus. Gi. Battèr. **18**, 540 (1937).
14. BARNARD, J. E.: (*1*) Microscopical evidence of the existence of saprophytic viruses. Brit. J. exper. Path. **16**, 129 (1935).
— (*2*) Foot-and-mouth Disease and vesicular stomatitis. A comparativ microscopical study. Proc. roy. Soc. Lond., Ser. B: Biol. Sci. Nr. 875, **124**, 107 (1937).
— (*3*) Microscopy of the filterable viruses. J. microsc. Soc. **III 52**, 233 (1932).
15. BAWDEN, F. C.: Sec. intern. Congr. of Microbiol. (siehe daselbst), S. 86.
16. BAWDEN, F. C. and N. W. PIRIE: (*1*) The isolation and some properties of liquid crystalline substances from solanaceous plants infected with three strains of tobacco mosaic virus. Proc. roy. Soc., Lond., Ser. B: Biol. Sci. **123**, 274 (1937).
— (*2*) Relationships between liquid crystalline preparations of cucumber viruses 3 and 4 and strains of tobacco mosaic virus. Brit. J. exper. Path. **18**, 275 (1937).
17. — (*3*) A note on anaphylaxis with tobacco mosaic virus preparations. Brit. J. exper. Path. **18**, 290 (1937).
18. BAWDEN, F. C., PIRIE, BERNAL and FANKUCHEN: Liquid crystalline substances from virus-infected plants. Nature (Brit.) **138**, 1051 (1936).
19. BEALE, H. P.: (*1*) cit. nach STANLEY, Amer. J. Botany **24**, 64 (1937).
— (*2*) The serum reactions as an aid to the study of filterable viruses. Contr. Boyce Thomp. Inst. **6**, 407 (1934).
20. BEARD, J. W. and R. W. G. WYCKOFF: Isolation of a homogeneous heavy proteïn from virus-induced rabbit papillomas. Science **85**, 201 (1937).
21. BECHHOLD, H.: (*1*) Durchlässigkeit von Ultrafiltern. Z. physik. Chem. **64**, 328 (1908).
— (*2*) Ferment oder Lebewesen. Umschau **34**, 121 (1930); Kolloid-Z. **51**, 134 (1930).
22. BEDSON, S. P.: (*1*) Some observations bearing on the size of herpes virus particles. Brit. J. exper. Path. **8**, 470 (1927).
— (*2*) Observations bearing on the antigenic composition of psittacosis virus. Brit. J. exper. Path. **17**, 109 (1936).
— (*3*) Some reflections on virus immunity. Proc. Soc. Med., Lond. **31**, 1 (1937).

23. Beijerinck, M. W.: (1) Über ein Contagium vivum fluidum als Ursache der Fleckenkrankheit der Tabaksblätter. Zbl. Bakter. usw., 2. Abtlg. **5**, 27 (1899); Verhandelingen Kon. Akad. v. Wetensch., Amsterdam, Deel VI, Nr. 5 (1898).
— (2) Bemerkung zu dem Aufsatze von Herrn Iwanowsky über die Mosaikkrankheit der Tabakspflanze. Zbl. Bakter. usw., 2. Abtlg. **5**, 310 (1899).
24. Bernal, J. D. and J. Fankuchen: Structure types of proteïn "crystals" from virus-infected plants. Nature (Brit.) **1937 I**, 923.
25. Berry, C. P. and H. M. Dedrick: A method for changing the virus of rabbit fibroma (Shope) into that of infectious myxomatosis (Sanarelli). J. Bacter. (Am.) **31**, 50 (1936).
26. Berry, G. P., Lichty and H. M. Dedrick: (1) On the relationship of rabbit fibroma (Shope) to infectious Myxomatosis (Sanarelli) with a method for changing fibroma virus into Myxoma virus. Sec. intern. Congr. of Microbiol. (siehe daselbst), S. 96.
— (2) Immunological and serological evidences of a close relationship between the viruses of rabbit fibroma and infectious myxomatosis. J. Bacter. (Am.) **31**, 49, 105 (1936).
27. v. Bertalanffy, L.: Das Gefüge des Lebens. Leipzig 1937.
28. Best, R. J.: (1) Investigations on Plant Virus diseases. Rep. Waite Agric. Res. Institute 1933—1936.
— (2) Precipitation of the tobacco mosaic virus complex at its isoelectric point. Austral. J. exper. Biol. a. med. Sci. **14**, 1 (1936).
— (3) The chemistry of some plant viruses. Austral. Chem. Inst. J. and Proc. **4**, 375 (1937).
29. Best, R. J. and G. Samuel: (1) Effect of various chemical treatments on the activity of the viruses of tomato spotted wilt and tobacco Mosaic. Ann. appl. Biol. **23**, 759 (1936).
— (2) The reaction of the viruses of tomato spotted wilt and tobacco mosaic to the p_H value of media containing them. Ann. appl. Biol. **23**, 509 (1936).
30. Bisceglie, V.: La trasformazione oncogena sperimentale delle cellule normali coltivate fuori dell'organismo. Arch. Zellforsch. **6**, 161 (1928).
31. Bitter, H.: Die Filtration bacterientrüber und eiweißhaltiger Flüssigkeiten durch Kieselgurfilter. Z. Hyg. **10**, 155 (1891).
22. Boak, Carpenter and Warren: Symptomatic herpetic manifestations following artifically induced fevers. J. Bacter. (Am.) **27**, 83 (1934).
33. Bordet, J.: Diskussionsbemerkung, 2. intern. Congr. f. Microbiol. 1936 (siehe daselbst), S. **76**.
34. Borrel, A.: (1) Expériences sur la filtration du virus claveleux. C. r. Soc. Biol. **54**, 59 (1902).
— (2) Epithélioses infectieuses et Epithéliomas. Ann. Inst. Pasteur, Par. **17**, 81 (1903).
— (3) Parasitisme et tumeurs. Ann. Inst. Pasteur, Par. **24**, 778 (1910).
— (4) Sur les inclusions de l'épithel. cont. des oiseaux. C. r. Soc. Biol. **57**, 642 (1904).
35. Brachet, A.: L'œuf et les facteurs de l'ontogénèse. 2e Edit., Paris 1931.
36. Brodie, M.: Distribution of virus of poliomyelitis. J. Immunol. (Am.) **25**, 71 (1933).
37. Buchner, P.: Tier und Pflanze in Symbiose, 2. Aufl. Berlin 1930.
38. Buggs, C. W. and R. G. Green: Properties of homogenized Herpes virus. J. infect. Dis. (Am.) **58**, 98 (1936).
39. Buist, J. B.: Vaccinia and Variola: a study of their life-history. London 1887.
40. Burnet, F. M.: (1) Lysogenicity as a normal function of certain salmonella strains. J. Path. a. Bacter. **35**, 851 (1932).
— (2) Specific agglutination of bacteriophage particles. Brit. J. exper. Path. **14**, 302 (1933).
41. Burnet, F. M. and C. H. Andrewes: Über die Natur der filtrierbaren Vira. Zbl. Bakter. usw., I Orig. **130**, 161 (1933).

42. Burnet, F. M., Keogh and D. Lush: The immunological reactions of the filterable viruses. Austral. J. exp. Biol. a. med. Sci. **15**, 227 (1937).
43. Burr, H. S. and F. S. C. Northrop: The electro-dynamic theory of life. Quart. Rev. Biol. (Am.) **10**, 322 (1935).
44. Butler, E. J.: The nature of immunity from disease in plants. 3e Congr. intern. de Pathol. comp., Athen 1936.
45. Caldwell, J.: (*1*) The physiology of virus diseases in plants. Ann. appl. Biol. **17**, 429 (1930); **18**, 279 (1931); **19**, 144 (1932); **20**, 100 (1933); **21**, 191 (1934); **21**, 206 (1934); **22**, 68 (1935).
— (*2*) On the interaction of two strains of a plant virus. Proc. roy. Soc., Lond., Ser. B: Biol. Sci. **116**, 120 (1935).
— (*3*) The agent of virus disease in plants. Nature (Brit.) **138**, 1065 (1936).
46. Calmette, A. et C. Guérin: Recherches sur la vaccine expérimentale. Ann. Inst. Pasteur, Par. **15**, 160 (1901).
47. Carrel, A.: (*1*) La genèse des sarcomes. C. r. Soc. Biol. **92**, 1491, 1493 (1925); **93**, 491, 1083, 1278 (1925).
— (*2*) Some conditions of the reproduction in vitro of the Rous virus. J. exper. Med. (Am.) **43**, 647 (1926).
— (*3*) Au sujet du sarcome de l'arsenic de Fischer. C. r. Soc. Biol. **96**, 1121 (1927).
48. Ch'en, W. K.: Proc. Soc. exper. Biol. a. Med. (Am.) **32**, 491 (1934).
49. Chester, K. S.: (*1*) The problem of acquired physiological immunity in Plants. Quart. Rev. Biol. (Am.) **8**, 129, 275 (1933).
— (*2*) Serological tests with Stanley's crystalline tobacco mosaic proteïn. Phytopathology **26**, 715 (1936).
— (*3*) Separation and analysis of virus strains by means of precipitin tests. Phytopathology **26**, 778 (1936).
— (*4*) A critique of plant serology. Quart. Rev. Biol. **12**, 19, 165, 294 (1937).
50. Cole, R. u. A. G. Kuttner: A filterable virus present in the submaxillary glands of guinea pig. J. exper. Med. (Am.) **44**, 855 (1926).
51. Cowles, P. B.: Recovery of bacteriophage from filtrates derived from heated spore-suspensions. J. Bacter. (Am.) **22**, 119 (1931).
52. Craigie, J.: The nature of the vaccinia flocculation reaction, and observations on the elementary bodies of vaccinia. Brit. J. exper. Path. **13**, 259 (1932).
53. Craigie, J. and W. J. Tulloch: Further investigations on the variola-vaccinia flocculation reaction. Sp. Rep. Ser. Med. Res. Counc. London, Nr. 156 (1931).
54. Craigie, J. and F. O. Wishart: (*1*) The agglutinogens of a strain of vaccinia elementary bodies. Brit. J. exper. Path. **15**, 390 (1934).
— (*2*) Studies on the soluble precipitable substances of vaccinia. J. exper. Med. (Am.) **64**, 803, 819, 831 (1936).
55. Dale, H. H.: (*1*) Pres. Adr. Phys. Sect. Brit. Ass. Cent. Meeting, London 1931.
— (*2*) Viruses and heterogenesis: an old problem in a new form. Huxley Mem. Lect. 1935.
56. Daranyi, J.: (*1*) Biologischer Zusammenhang zwischen Virus, Bakteriophag, Gen und Krebserreger. Dtsch. med. Wschr. **1937**, 1266.
— (*2*) Les protosomas les plus primitives unités vitales (virus, phages, gène, agent du cancer, etc.). Presse méd. **1937 II**, 1052.
57. Defrise: Über die bösartige Umwandlung der in vitro gezüchteten Normalzellen. Z. Krebsforsch. **30**, 165 (1929).
58. Degkwitz: Diskussionsbemerkung zu d'Herelle, Atti **3**, Convegno Volta, Accad. Ital., Roma 1934.
59. Demerec, M.: (*1*) What is a gene? J. Hered. (Am.) **24**, 369 (1933).
— (*2*) Unstable genes. The Bot. Rev. **1**, 233 (1935).
60. Dienes, L.: Appearance of large amounts of non-stainable cultivable granules in bacterial cultures on saccharose media. Proc. Soc. exper. Biol. a. Med. (Am.) **29**, 1205 (1932); **31**, 388, 1208, 1211 (1934).
61. Dietrich, A.: Allgemeine Pathologie und pathologische Anatomie, 2. Aufl., I. Bd., S. 74. Leipzig 1933.

62. Dixon, H. H.: Are Viruses organisms or autocatalysts? Nature (Brit.) **130**, 153 (1937).
63. Doerr, R.: (*1*) Über ungiftige dissoziierbare Verbindungen der Toxine. Wien. klin. Wschr. **20**, 5 (1907).
— (*2*) Herpes und Encephalitis. Zbl. Bakter. usw., I Orig. **97**, Beih. 76 (1926).
— (*3*) Allergie und Anaphylaxie. Handb. d. path. Mikroorg., 3. Aufl., Bd. 1 I, S. 759, 1929.
— (*4*) Allergische Phänomene. Handb. d. norm. u. path. Physiol., Bd. 13, S. 650. 1929.
— (*5*) Die submikroskopischen Lebensformen. Verh. Schweiz. naturf. Ges., Davos **1929 II**, **92**.
— (*6*) Werden, Sein und Vergehen der Seuchen. Rektoratsrede, Basel 1931.
— (*7*) Kritik der Lehre von der natürlichen und erworbenen Immunität. Zangger-Festschrift, Zürich 1934.
— (*8*) Filtrierbare Virusarten. Weichardts Erg. d. Hyg. **16**, 121 (1934).
— (*9*) Die Lehre von den Infektionskrankheiten in allgemeiner Darstellung. Lehrb. d. inn. Med., 3. Aufl., S. 67. 1936.
— (*10*) Allgemeine Merkmale der Virusarten. Z. Hyg. **118**, 738 (1936).
— (*11*) Die erblichen Grundlagen der Disposition für Infektionen und Infektionskrankheiten. Z. Hyg. **119**, 635 (1937).
— (*12*) Die invisiblen Ansteckungsstoffe und ihre Beziehungen zu Problemen der allgemeinen Biologie. Klin. Wschr. **2 I**, 909 (1923).
— (*13*) Das Lebensproblem in der Forschung. Schweiz. Hochschulz. **12**, 7 (1938).
64. Doerr, R. u. E. Berger: Herpes, Zoster und Encephalitis. Handb. d. path. Mikroorg., Bd. VIII 2, S. 1415. 1930.
65. Doerr, R. u. W. Grüninger: Studien zum Bakteriophagenproblem. Z. Hyg. **97**, 209 (1923).
66. Doerr, R. u. G. Rose: Die Thermoresistenz der übertragbaren Lysine (Bakteriophagen). Schweiz. med. Wschr. **54**, 1 (1924).
67. Doerr, R. u. S. Seidenberg: Zur Theorie und Methodik der quantitativen Auswertung filtrierbarer Virusarten. Z. Hyg. **115**, 194, 549 (1933).
68. Dooren de Jong, L. E.: (*1*) De bacteriophag van Bac. megatherium; een product van de levende bacterienzel. Ndld. Tschr. Hyg. enz. **1930**, 255.
— (*2*) Studien über Bacteriophagie. Zbl. Bakter. usw., I Orig. **120**, 1, 15 (1931); **122**, 277 (1931); **131**, 401, 411 (1934).
69. Driesch, H.: Studien zur Theorie der organischen Formbildung. Acta biotheor. (Nd.) **3**, 51 (1937).
70. Duggar, B. M. and A. Hollaender: Irradiation of plant viruses and of microorganisms with monochromatic light. J. Bacter. (Am.) **27**, 219 (1934).
71. Du Toit, P. J.: Les maladies animales à virus filtrants transmissibles à l'homme. Bull. trimestr. Organisat. Hyg. Soc. Nat. (Schwz.) **5**, 208 (1936).
72. Edlbacher, S.: Lehrbuch der physiologischen Chemie, 4. Aufl. 1937.
73. Elford, W. J.: Centrifugation studies: I. Critical examination of a new method as applied to the sedimentation of bacteria, bacteriophages and proteïns. Brit. J. exper. Path. **17**, 399 (1936).
74. Elford, W. J. and C. H. Andrewes: (*1*) Estimation of the size of a fowl tumour virus by filtration through graded membranes. Brit. J. exper. Path. **16**, 61 (1935).
— (*2*) Centrifugation studies: II. The viruses of vaccinia, influenza and Rous sarcoma. Brit. J. exper. Path. **17**, 422 (1936).
75. Elford, W. J. and J. A. Galloway: The viruses of foot- and mouth-disease and vesicular stomatitis. Brit. J. exper. Path. **18**, 155 (1937).
76. Elford, Galloway and J. R. Perdrau: The size of the virus of poliomyelitis as determined by ultrafiltration analysis. J. Path. a. Bacter. **40**, 135 (1935).
77. Elford, Perdrau and Smith: Filtration of herpes virus through graded collodion membranes. J. Path. a. Bacter. **36**, 49 (1933).

78. ENDERS, J. F. and M. F. SHAFFER: Behavior exhibited by mixtures of pneumococcus type III and homologous antiserum, analogous to that described for similar associations of virus and antiviral serum. J. Immunol. (Am.) **32**, 379 (1937).
79. ERIKSSON-QUENSEL, J. and THE SVEDBERG: Sedimentation and electrophoresis of the tobaccomosaic virus proteïn. J. amer. Chem. Soc. **58**, 1863 (1936).
80. ERNST, A.: Vererbung durch labile Gene. Verh. Schweiz. naturf. Ges. **1936**, 186.
81. ERRERA, L.: Sur la limite de petitesse des organismes. Recueil de l'Inst. bot. Léo Errera **6**, 73, 1906; Bull. Soc. roy. des sciences méd. et nat. d. Bruxelles, Janv. 1903.
82. v. ESMARCH, E.: Über kleinste Bakterien und das Durchwachsen von Filtern. Zbl. Bakter. usw., I Orig. **32**, 561 (1902).
83. v. EULER, H.: Recherches chimiques sur l'action de deux virus des végétaux. IIe Congrès d. Path. comp. **2**, 459 (1931).
84. FERGUSON, J. H.: The particle size of biological units. J. physic. Chem. **36**, 2849 (1932).
85. FISCHER, A.: (*1*) Transformation des cellules normales et cellules malignes in vitro. C. r. Soc. Biol. **94**, 1217 (1926).
— (*2*) Gewebezüchtung, 3. Aufl. München 1930.
86. FISCHER, M.: Die Beziehungen des Herpesvirus zum Blut und zum Liquor cerebrospinalis. Z. Hyg. **107**, 102 (1927).
87. FLEXNER, S.: Reinfection (second attack) in experimental poliomyelitis. J. exper. Med. (Am.) **65**, 497 (1937).
88. FRACASTORIUS, H.: De contagionibus et contagiosis morbis et eorum curatione. Libri tres. Mit franz. Übers., Paris, Soc. d'édit. scientif., 1893.
89. FRAENKEL, E. M.: The carcinogenic agent and organic disposition in the aetiology of tumours. Acta cancrol. (Ung.) **1**, 365 (1935).
90. FRAENKEL, E. M. and C. A. MAWSON: Further studies of the agent of the ROUS fowl sarcoma. Brit. J. exper. Path. **18**, 454 (1937).
91. FRIEDLI: Analyse der Erythrocytenanaphylaxie mit Hilfe der DALEschen Versuchsanordnung. Z. Hyg. **104**, 233 (1925).
92. FUST, B.: Tuberkulöse Meningitis nach intracisternaler Injektion von Tuberkelbazillen; anatomische Fernwirkung des meningealen Infektes. Z. Hyg. **120**, 128 (1937).
93. GALLOWAY, I. A.: The routes of infection and paths of transmission of viruses. Proc. Soc. Med., Lond. **29**, 36 (1936).
94. GALLOWAY, I. A. and W. J. ELFORD: Further studies on the differentiation of the virus of vesicular stomatitis from that of foot-and-mouth Disease. Brit. J. exper. Path. **16**, 588 (1935).
95. GÄUMANN, E.: Immunitätsprobleme bei Pflanzen. Schweiz. med. Wschr. **67**, 10 (1937).
96. GEGENBAUER, V.: Studien über die Desinfektionswirkung des Sublimates. Arch. Hyg. (D.) **90**, 23 (1922).
97. GERLACH, F.: (*1*) Elementarkörperchen bei malignen Tumoren. Wien. klin. Wschr. **1937**, Nr. 32.
— (*2*) Ergebnisse mikrobiologischer Untersuchungen bei bösartigen Geschwülsten. Wien. klin. Wschr. **1937**, Nr. 47.
98. GERLACH, W. u. W. FINKELDEY: Die morphologisch faßbaren Abwehrvorgänge in der Lunge normergischer und hyperergischer Tiere. Krkh.forsch. **4**, 29 (1926).
99. GILDEMEISTER, E. u. J. AHLFELD: Experimentelle Studien mit Herpesvirus an der weißen Maus. Zbl. Bakter. usw., I Orig. **139**, 325 (1937).
100. GLÄSSER: Zelle, Bakterium und unsichtbare Lebewesen in ihren Beziehungen zueinander. Dtsch. tierärztl. Wschr. **44**, 501 (1936).
101. GOLDFEDER, A.: Darstellung der krebserzeugenden Substanz des Hühnersarcoms auf chemischem Wege. Z. Krebsforsch. **38**, 585 (1933).

102. Goodpasture, E. W.: (*1*) Intracellular parasitism and the cytotropism of viruses. South. med. J. (Am.) **29**, 297 (1936).
— (*2*) Immunity to virus diseases. Amer. publ. Health **26**, 1163 (1936).
103. Goodpasture, E. W. and K. Anderson: The problem of infection as presented by bacterial invasion of the chorio-allantoic membrane of chick embryos. Amer. J. Path. **13**, 149 (1937).
104. Goodpasture, E. W., Woodruff and Buddingh: Vaccinal infection of the chorio-allantoic membrane of the chick embryo. Amer. J. Path. **8**, 271 (1933).
105. Gordon, M. H.: (*1*) Virus bodies. Edinbgh med. J. **44**, 65 (1937).
106. John Buist and the elementary bodies of vaccinia. Edinbgh med. J. **44**, 65 (1937).
— (*2*) Remarks on Hodkins disease. A pathogenic agent in the glands and its application in diagnosis. Brit. med. J. **1933**, 641.
107. Grabar, P. et A. Riegert: Ultrafiltration d'uréase de différentes origines sur des membranes de porosités graduées. C. r. Soc. Biol. **119 II**, 1004 (1935).
108. Gratia, A.: (*1*) Pluralité, hétérogénéité, autonomie antigéniques des virus des plantes et des bactériophages. C. r. Soc. Biol. **114**, 1382 (1933).
— (*2*) Bactériophage et virus des plantes. Bull. Acad. Méd. Belg., Brux. V, s. **15**, 208 (1935).
— (*3*) Nature des ultravirus. „Les Ultravirus" ed. p. Lépine et Levaditi, S. 109. Paris 1938.
109. Gratia, A. et P. Fredericq: Comparaison entre la reproduction en série des bactériophages et virus des plantes et l'activation en série du fibrin-ferment. C. r. Soc. Biol. **126**, 906 (1937).
110. Gratia, A. et L. Goreczky: L'ultracentrifugation des sérums hémolytiques. C. r. Soc. Biol. **126**, 900 (1937).
111. Gratia, A. et P. Manil: (*1*) Virus des plantes et hérédité. C. r. Soc. Biol. **122**, 814 (1936).
— (*2*) Pourquoi le virus de la mosaïque du tabac et le virus X de la pomme de terre ne passent-ils pas à la descendance par les graines. C. r. Soc. Biol. **123**, 509 (1936).
— (*3*) La sérologie des virus des plantes. Proc. II. intern. congr. for microbiology, S. 74. London 1937.
— (*4*) Ultracentrifugation et cristallisation d'un mélange de virus de la mosaïque du tabac et du bactériophage. C. r. Soc. Biol. **126**, 903 (1937).
112. Green, R. G.: On the nature of filterable viruses. Science **82**, 443 (1935).
113. Gye, W. E. and W. J. Purdy: (*1*) Rous sarcoma No 1: Influence of mode of extraction on the potency of filtrates. Brit. J. exper. Path. **11**, 211 (1930).
— (*2*) Propagation of Fujinamis fowl myxo-sarcoma in ducks.
— (*3*) cit. nach Andrewes, Lancet (siehe daselbst).
114. — A Further investigation by means of antisera to normal tissues. Brit. J. exper. Path. **12**, 93 (1931); **13**, 458 (1932); **14**, 250 (1933); siehe auch Sec. intern. Congr. of Microbiol., S. 99.
115. Haagen, E.: Virusmorphologie und Entstehung von Einschlußkörperchen. Zbl. Bakter. usw., I Ref. **125**, 489 (1937); (mit Kodama): Arch. exper. Zellforsch. **19**, 421 (1937).
116. Haase-Bessel, G.: Chromatin, Chromosomen und Gene. Planta **25**, 240 (1936).
117. Haddow, A.: Viruses in relation to the aetiology of tumours. Lancet **112 II**, 217 (1934); siehe auch J. Path. a. Bacter. **37**, 149 (1933).
118. Harder, R.: Zur Frage nach der Rolle von Kern und Protoplasma im Zellgeschehen und bei der Übertragung von Eigenschaften. Z. Botan. **19**, 337 (1927).
119. Hartmann, Max: Philosophie der Naturwissenschaften. Berlin 1937.
120. Heilig, R. u. Hans Hoff: Über psychogene Entstehung des Herpes labialis. Med. Klin. **24**, 1472 (1928).
121. Henle, Jakob: Von den Miasmen und Kontagien. Klassiker d. Medizin, Bd. 3. 1910.

122. HERZBERG, K.: (*1*) Elementarkörperchen-Forschung. Umschau, H. 39 (1936).
— (*2*) Über die färberische Darstellung einiger Virusarten (Elementarkörperchen) unter besonderer Berücksichtigung der intracellulären Vermehrungsvorgänge. Klin. Wschr. **15 II**, 1385 (1936).
123. HOFFMANN, E.: Erleichterter Nachweis verschiedener Virusarten durch die Leuchtbildmethode (mittels Hell-Dunkelfeld-Kondensor). Derm. Z. **74**, 313 (1937).
124. HOLMES, B. E.: The metabolism of the filter-passing organism "A" from sewage. Brit. J. exper. Path. **18** (1937).
125. HOLMES, B. E. and A. PIRIE: Growth and metabolism of the bovine pleuropneumonia virus. Brit. J. exper. Path. **13**, 364 (1932); **14**, 290 (1933).
126. HORSTER, M.: Über den Einfluß niedriger Temperaturen auf die Wirksamkeit und die Zunahme des übertragbaren Lysins. Z. Hyg. **112**, 178 (1931).
127. HUDSON, P., COOK and F. ADAIR: The relation of the herpes antiviral property of human blood to sex, pregnancy and menstruation. J. infect. Dis. (Am.) **59**, 60 (1936).
128. HUGHES, T. P.: A precipitin reaction in yellow fever. J. Immunol. (Am.) **25**, 275 (1933).
129. HUGHES, TH., R. F. PARKER and TH. RIVERS: Chemical analysis of elementary bodies of vaccinia. J. exper. Med. (Am.) **62**, 349 (1935).
130. HURST, E. W.: (*1*) The spread of poliomyelitis virus by the axis-cylinders. Festschrift f. MARINESCO, S. 309. 1933.
— (*2*) Studies on pseudorabies. J. exper. Med. (Am.) **58**, 415 (1933); **59**, 529 (1934).
— (*3*) Infection of the rhesus monkey and the guinea-pig with the virus of equine encephalomyelitis. J. Path. a. Bacter. **42**, 271 (1936).
— (*4*) Myxoma and the SHOPE fibroma. Brit. J. exper. Path. **18**, 1, 16, 23 (1937).
131. IMAMURA, ONO, ENDO u. KAWAMURA: Studies on the aetiology of scarlet fever. Jap. J. exper. Med. (e.) **12**, 601 (1934); **13**, 341 (1935).
132. IWANOWSKY, D.: (*1*) Über die Mosaïkkrankheit der Tabakspflanze. Bull. Acad. Imp. Sci. de St. Pétersbourg. Nouv. Série III, **35**, 67 (1894).
— (*2*) Über die Mosaïkkrankheit der Tabakspflanze Zbl. Bakter. usw., 2. Abtlg. **5**, 250 (1899).
133. IWANOWSKY, D. u. W. POLOWTZOW: Die Pockenkrankheit der Tabakspflanze. Mém. Acad. Imp. Sci. de St. Pétersbourg, Série VII, **37**, Nr. 7 (1890).
134. JACCHIA, L.: Sulla riproduzione sperimentale dell'eruzione erpetica nell'uomo e sulla cosiddetta „meningite erpetica". Riv. Neur. **7**, 6 (1934).
135. JADASSOHN, J.: Lepra, Handb. d. path. Mikroorg., 3. Aufl., Bd. 5, S. 1063. 1928.
136. JANET, J. u. L. BING: Herpès géant conjugal avec urétrite herpétique chez l'homme. Presse méd. **1936**, 1713.
137. JOBLING, J. W. and E. E. SPROUL: (*1*) The transmissible agent in the ROUS chicken sarcoma No 1. Science **84**, 229 (1936).
— (*2*) (J., SPR. and S. STEVENS): Relation of certain viruses to the active agent of the ROUS chicken sarcoma. Science **85**, 270 (1937); Amer. J. Canc. **30**, 667, 685 (1937).
138. KLEBS, E.: Beiträge zur Kenntnis der Micrococcen. Arch. exper. Path. (D.) **1**, 31 (1873).
139. KLIENEBERGER, E.: (*1*) The natural occurence of pleuropneumonialike organisms in apparent symbiosis with Streptobacillus moniliformis (LEVADITI) and other bacteria. J. Path. a. Bacter. **40**, 93 (1935).
— (*2*) Further studies on streptobacillus moniliformis and its symbiont. J. Path. a. Bacter. **42**, 587 (1936).
140. KLIGLER, I. J. and OLITZKI: (*1*) Studies on proteïnfree suspensions of viruses. Brit. J. exper. Path. **12**, 172, 178, 393 (1931); **13**, 237 (1932).
— (*2*) Nature and antigenic properties of a highly purified Phage. Brit. J. exper. Path. **15**, 14 (1934).

141. Klimke, J.: Über die Verimpfbarkeit von Säugetiertumoren mittels zellfreier Extrakte. Arch. klin. Chir. **188**, 591 (1937).
142. Knuth, P. u. P. J. du Toit: Die Toxoplasmose in Menzes Handb. d. Tropen-Krankheiten, 2. Aufl., Bd. 6, S. 514. 1921.
143. Köbe, K.: Untersuchungen über Elektrophorese am Virus der Maul- und Klauenseuche. Zbl. Bakter. usw., I Orig. **123**, 285 (1931).
144. Ko-Da Guo: Über die Immunitätsbeziehungen zwischen dem Shopeschen Fibroma-Virus, dem Myxomatose-Virus und dem Neurolapine-Virus bei Kaninchen. Zbl. Bakter. usw., I Orig. **139**, 308 (1937).
145. Koltzoff, N.: Micellen und Mikrobiologie (russ.). Biol. Ž. **6**, 229 (1937).
146. Kon, M.: Intraneurale Injektionen boviner Tuberkelbacillen. Z. Hyg. **118**, 346 (1936).
147. Kostoff, D.: Virus and genic reactions in morphogenetic, physiogenetic and phylogenetic aspects. Phytopathol. Z. **9**, 387 (1936).
148. Krueger, A. P. and D. M. Baldwin: (*1*) The reversible inactivation of bacteriophage by bichloride of mercury. J. gen, Physiol. (Am.) **17**, 499 (1934).
— (*2*) The reversible inactivation of bacteriophage with safranine. J. infect. Dis. (Am.) **57**, 207 (1935).
— (*3*) Production of Phage in the absence of bacterial cells. Proc. Soc. exper. Biol. a. Med. (Am.) **37**, 279 (1937).
149. Kunkel, L. O.: (*1*) Studies on acquired immunity with tobacco and tucuba Mosaics. Phytopathol. Z. **24**, 437 (1934).
— (*2*) Heat treatments for the cure of yellows and other virus diseases of peach. Phytopathology **26**, 809 (1936).
— (*3*) Peach mosaic not cured by heat treatments. Amer. J. Botany **23**, 683 (1936).
— (*4*) Effect of heat on ability of cicadula sexnotata (Fall) to transmit aster yellows. Amer. J. Botany **24**, 316 (1937).
150. Laidlaw, P. and W. J. Elford: A new group of filterable organisms. Proc. roy. Soc., Lond., Ser. B: Biol. Sci. Nr. 818, **120**, 292 (1936).
151. Laigret, J. et R. Durand: Virus isolé des souris et retrouvé chez l'homme au cours de la vaccination contre la fièvre jaune. C. r. Acad. Sci. **203**, 282 (1936).
152. Landsteiner, K. and J. van der Scheer: Anaphylactic shock by azodyes. J. exper. Med. (Am.) **57**, 633 (1933).
153. Laser, H.: Erzeugung eines Hühnersarkoms in vitro. Klin. Wschr. **6**, 698 (1927).
154. Lauda, E. u. A. Luger: Klinik und Ätiologie der herpetischen Manifestationen. Erg. inn. Med. **30**, 377 (1926).
155. Lavin, G. J. and W. M. Stanley: The ultraviolet absorption spectrum of crystalline tobacco mosaïc virus proteïn. J. biol. Chem. (Am.) **118**, 269 (1937).
156. Ledingham, J. C. G.: (*1*) Studies on virus problems. Bull. Hopkins Hosp., Baltim. **56**, 247, 337; **57**, 32 (1935).
— (*2*) On the serological inter-relationships of the rabbit viruses, Myxomatosis (Sanarelli, 1898) and fibroma (Shope, 1932). Brit. J. exper. Path. **18**, 436 (1937).
157. Ledingham, J. C. G. and W. E. Gye: On the nature of the filterable tumour-exciting agent in avian sacromata. Lancet **1935**, 376.
158. Leitch, A.: The international conference on cancer. J. amer. med. Assoc. **91 I**, 668 (1928).
159. Levaditi, C.: (*1*) Herpès et zona («Ectodermoses neurotropes»). Paris 1926.
— (*2*) La constitution et la structure des ultravirus. Bull. Acad. Méd., Par. **101**, 278 (1937).
160. Levaditi, Martin, Schoen et Rouesse: Etude expérimentale de la fièvre scarlatine. Presse méd. **1936**, 1369.
161. Levinthal, W.: Die Ätiologie der Psittacosis. 1er Congrès intern. de Microbiol., Paris 1930.
162. Lewis, M. R. and W. Mendelssohn: Purified (proteïn free) virus of chicken tumor. Amer. J. Hyg. **13**, 639 (1931).

163. LIPSCHÜTZ, B.: (1) Über mikroskopisch sichtbare, filtrierbare Virusarten (Strongyloplasmen). Zbl. Bakter. usw., I Orig. **48**, 77 (1909).
— (2) Chlamydozoën-Strongyloplasmenbefunde bei Infektionen mit filtrierbaren Erregern. Handb. d. path. Mikroorg., 3. Aufl., Bd. VIII, S. 311. 1930.
164. LODE, A.: Notizen zur Biologie des Erregers der Kyanolophie der Hühner. Zbl. Bakter. usw., I Orig. **31**, 447 (1902).
165. LODE, A. u. J. GRUBER: Bakteriologische Studien über die Ätiologie einer epidemischen Erkrankung der Hühner in Tirol (1901). Zbl. Bakter. usw., I Orig. **30**, 593 (1901).
166. LÖFFLER u. FROSCH: Berichte der Kommission zur Erforschung der Maul- und Klauenseuche. Zbl. Bakter. usw., I Orig. **28**, 371 (1898).
167. LORING, H. S. and W. M. STANLEY: (1) Isolation of crystalline tobacco mosaic virus protein from tomato plants. J. biol. Chem. (Am.) **117**, 733 (1937).
— (2) Comparative properties of virus proteïns from a single-lesions strain and from ordinary tobacco-mosaic virus. Phytopathol. Z. **27**, **000** (1937).
168. LWOFF, A.: Sur une propriété commune aux gènes, aux principes lysogènes et aux virus des mosaïques. Ann. Inst. Pasteur, Par. **56**, 165 (1936).
169. MACHEBŒUF, M. A. et J. BASSET: Recherches biochimiques et biologiques effectués grâce aux ultra-pressions. Bull. Soc. Chim. biol. (Fr.) **18**, 1181 (1936).
170. MANNINGER, R.: Beitrag zur Kenntnis der Bakteriophagie. Zbl. Bakter. usw., I Orig. **99**, 203 (1926).
171. MCINTOSH, J.: (1) On the nature of the tumours induced in fowls by injections of tar. Brit. J. exper. Path. **14**, 422 (1933).
— (2) Virus infections in tarinduced tumours (sarcomata) of the Fowl. Sec. intern. Congr. of Microbiol. (siehe daselbst), S. 97.
172. MCKINNEY, H. H.: Factors affecting certain properties of a mosaic virus. J. Agric. Res. **35**, 1 (1927).
173. MAGRASSI, FL.: Studii sull'infezione e sull'immunità da virus erpetico. Boll. Ist. sieroter. milan. **14**, 773 (1935); Z. Hyg. **117**, 501, 573 (1936).
174. MANIL, P. et A. GRATIA: Transmission du virus de la mosaïque ordinaire du tabac à l'Orobanche, plante parasitaire dépourvue de chlorophylle. C. r. Soc. Biol. **126**, 67 (1937).
175. MARRACK, J. R.: The chemistry of antigens and antibodies. Med. Res. Council, Spec. Rep. Series No 194 (1934).
176. MATSUMOTO, T.: (1) Antigenic properties of tobacco mosaic juice. J. Soc. trop. Agricult. I, 291 (1930).
— (2) Some serological studies on plant viruses and bacteriophage. Sec. intern. Congr. of Microbiol. (siehe daselbst), S. 91.
177. MATSUMOTO and SOMAZAWA: Immunological studies of mosaic diseases. J. Soc. trop. Agricult. **2**, 223 (1930).
178. MAWSON, C. A.: Diskussionsbemerkung, Sec. intern. Congr. of Microbiol. (siehe daselbst), S. 102.
179. MAXWELL: cit. nach O. LEHMANN, Molekularphysik **2**, 531 (1889).
180. MERRILL, M. H.: The mass factor in immunological studies upon viruses. J. Immunol. (Am.) **30**, 169 (1936).
181. MEYER, K. H.: Mündliche Mitteilung, November 1937.
182. MODROW, J.: Filtration und Ultrafiltration des Maul- und Klauenseuchenvirus. Z. Hyg. **110**, 618 (1929).
183. MOLISCH, H.: Ultramikroskop und Botanik (1909). Populäre biologische Vorträge, Jena 1919.
184. MROWKA: Das Virus der Hühnerpest ein Globulin. Zbl. Bakter. usw., I Orig. **67**, 249 (1913).
185. MUCKENFUSS, R. S.: Studies on the bacteriophage of d'Herelle. J. exper. Med. (Am.) **48**, 723 (1928).
186. MULLER, H. J.: Variation due to change in the individual gene. Amer. Naturalist **56**, 32 (1922).

187. MUNTER, H.: Über den Stand der Bakteriophagie-Forschung. Zbl. Hyg. **23**, 1 (1931).
188. MURPHY, J. B.: (*1*) Virus or enzyme. Lancet **125 II**, 173 (1928).
— (*2*) Experimental approach to the Cancer problem. Bull. Hopkins Hosp., Baltim. **56**, 1 (1935).
189. MURPHY, HELMER, CLAUDE and STURM: Observations concerning the causative agent of a chicken tumor. Science **1931 I**, 266; J. exper. Med. (Am.) **56**, 91 (1932).
190. MURPHY, J. B. and K. LANDSTEINER: Experimental produktion and transmission of tar sarcomas in chickens. J. exper. Med. (Am.) **41**, 807 (1925).
191. MYERS, R. M. and J. CHAPMAN: Complement fixation in vaccinia, virus III of rabbits and herpes. Amer. J. Hyg. **25**, 16 (1937).
192. NAEGELI, O.: Zur Biologie des Herpes simplex (gleichzeitig ein Beitrag zum Studium des Wesens des Herpesphänomens). Münch. med. Wschr. **1936 I**, 339.
193. NICOLAU, S.: (*1*) Nouvelles recherches expérimentales sur le Toxoplasma caviae. C. r. Soc. Biol. **115**, 706 (1933).
— (*2*) Herpès. „Les ultravirus“ ed. par LÉPINE et LEVADITI, S. 297. 1938.
194. NICOLAU, S. et O. BAFFET: Formations simulant les inclusions a ultravirus, dans le rein et dans le foie d'animaux soumis à l'intoxication saturnienne. C. r. Soc. Biol. **126**, 659 (1937).
195. NICOLAU, S. et L. KOPCIOWSKA: Infection expérimentale des petits oiseaux avec le Toxoplasma canis. C. r. Soc. Biol. **119**, 976 (1935).
196. NICOLLE, CH.: Sur l'origine microbienne des agents pathogènes invisibles ou inframicrobes. Bull. Inst. Pasteur, Par. **29**, 209, 273 (1931).
197. NIGG, CL. and K. LANDSTEINER: Studies on the cultivation of the typhus fever sickettsia in the presence of live tissue. J. exper. Med. (Am.) **55**, 563 (1932).
198. NOCARD et ROUX: Le microbe de la péripneumonie. Ann. Inst. Pasteur, Par. **12**, 240 (1898).
199. NORTHROP, J. H.: (*1*) Isolation and properties of pepsin and trypsin. Harvey Lect. (Am.) **1934/35**.
— (*2*) Concentration and partial purification of bacteriophage. Science **84**, 90 (1936).
200. OEHLKERS, F.: Vererbung. Festschr. Botan. **5**, 290 (1936); **6**, 288 (1937).
201. OERSKOV, J.: (*1*) Nachweis und „in vitro“-Züchtung einiger vermutlich saprophytärer Virusstämme. Zbl. Bakter. usw., I Orig. **120**, 310 (1931); **121**, 49 (1931).
— (*2*) Zur Morphologie der von G. SEIFFERT kultivierten Mikroorganismen. Zbl. Bakter. usw., I Orig. **141**, 229 (1938).
202. OLITSKY, P. K. and C. G. HARFORD: Intranuclear inclusion bodies in the tissue reactions produced by injections of certain foreign substances. Amer. J. Path. **13**, 729 (1937).
203. OLIVER, C. P.: Radiation Genetics. Quart .Rev. Biol. (Am.) **9**, 381 (1934).
204. OTTO, R. u. H. MUNTER: Bakteriophagie. Handb. d. path. Mikroorg., 3. Aufl., Bd. 1, S. 353. 1929.
205. PAÏC, M. et M. CHOROKHOFF: Sur l'ultracentrifugation de l'hémolysine. C. r. Soc. Biol. **126**, 877 (1937).
206. PAPPENHEIMER, A. M.: Isolation and characterization of a toxic proteïn from corynebacterium diphtherae filtrates. J. biol. Chem. (Am.) **120**, 543 (1937).
207. PASTEUR, J. L.: (*1*) Sur les maladies virulentes et en particulier sur la maladie appelée vulgairement choléra des poules. C. r. Acad. Sci. **90**, 239 (1880).
— (*2*) La rage. La Lecture N° 65, 449 (1890); vorher erschienen unter dem Titel „Rabies“ in The New Reviews **1889**, 505, 619.
208. PEACOCK, P. R.: (*1*) Production of tumours in the fowl by carcinogenic agents: 1. Tar; 2. 1.2.5.6-Dibenzanthracenelard. J. Path. a. Bacter. **36**, 141 (1933).
— (*2*) A comparative study of filterable and non-filterable fowl tumours. Sec. intern. Congr. of Microbiol. (siehe daselbst), S. 97.

209. PENTIMALLI, F.: Analisi spettrografica dell'agente del sarcoma dei polli. Tumori **10**, 14 (1936).

210. PERDRAU, J. R.: The axis-cylinder as a pathway for dyes and Salts in solution. Brain **60**, 204 (1937).

211. PERDRAU, J. R. and CH. TODD: (*1*) The photodynamic action of methylene blue on bacteriophage. Proc. roy. Soc., Lond., Ser. B: Biol. Sci. **112**, 277 (1933).
— (*2*) The relation of pathogenic viruses to the cells of their hosts. Proc. roy. Soc., Lond., Ser. B: Biol. Sci. **121**, 253 (1936).

212. PETTE, H. u. ST. KÖRNYEY: Tierexperimentelle Untersuchungen zur Frage der Auswirkung des Vaccinevirus im Zentralnervensystem. Z. Hyg. **115**, 752 (1933).

213. PHILIBERT: Ann. Méd. **16**, 283 (1924).

214. PHILPOT, J. ST. L. and J. B. ERIKSON-QUENSELL, J. B.: A ultracentrifugal study of crystalline pepsin. Nature (Brit.) **132**, 932 (1933).

215. PIERANTONI, U.: La vita ultramicroscopica. Riv. Fisica, Matem. e Sc. naturale **1** (Ser. 2a) (1926).

216. PINKERTON, H. and HASS: Typhus fever. J. exper. Med. (Am.) **54**, 181, 307 (1931); **56**, 131, 145, 151 (1932).

217. PIRIE, A.: The Metabolism of the filter-passing Organism "C" from sewage. Brit. J. exper. Path. **18**, 96 (1937).

218. PIRIE, N. W.: Perspectives in biochemistry, Cambridge, Univ. press., 1937.

219. PORTIER, P.: Les symbiotes. Paris 1918.

220. POLLARD, A. and C. R. AMIES: An investigation of the alleged tumour-producing properties of lipoid material extracted from ROUS sarcoma desiccates. Brit. J. exper. Path. **18**, 198 (1937).

221. PRICE, W. C.: Acquired immunity to ringspot in Nicotiana. Contr. Boyce Thomp. Inst. **4**, 359 (1932).

222. PROWÁZEK, S.: (*1*) Chlamydozoa. Arch. Protistenk. **10**, 336 (1907).
— (*2*) Protozoen und verwandte Organismen von Sumatra (Deli). Arch. Protistenk. **26**, 270 (1912).
— (*3*) Untersuchungen über die Vaccine. Arb. ksl. Gesdh.amt, Berl. **22**, 535 (1905).

223. PROWÁZEK, S. u. B. LIPSCHÜTZ: Chlamydozoën. Handb. d. pathog. Protoz., Bd. 1, S. 119. 1912.

224. PURDY, H. A.: Immunologic reactions with tobacco mosaic virus. J. exper. Med. (Am.) **49**, 919 (1929).

225. PYL, G.: (*1*) Bedeutung kolloider Träger für die Beständigkeit des Virus der Maul- und Klauenseuche. Z. physiol. Chem. **218**, 249 (1933); ferner **226**, 18 (1934).
— (*2*) Zur Theorie und Methodik der quantitativen Auswertung filtrierbarer Virusarten. Z. Hyg. **115**, 541 (1933).
— (*3*) Über eine zweite Form des Maul- und Klauenseuchevirus. Z. physiol. Chem. **244**, 209 (1936).

226. PYL, G. u. L. KLENK: Haltbarkeitsversuche mit dem Virus der Maul- und Klauenseuche. Zbl. Bakter. usw., I Orig. **128**, 161 (1933).

227. REICHEL, H.: Das biologische Weltbild der Gegenwart. Wien. klin. Wschr. **50**, 780 (1937).

228. REIMARUS, J. A. H.: Vorrede zu ANTRECHAU, Pest in Toulon, übers. von KNIGGE, Hamburg 1794.

229. REMLINGER, P.: Les microbes filtrants. Bull. Inst. Pasteur, Par. **4**, 337 (1906).

230. REPPIN, K. u. G. PYL: Maul- und Klauenseuche oder Stomatitis vesicularis. Arch. wiss. Tierheilk. **68**, 183 (1934).

231. REZEK, PH.: Herpesstudien an Hand einer Eigenbeobachtung. Med. Klin. **22**, 95 (1926).

232. RISCHKOW, L. W.: (*1*) Ultravirus und Immunität. 3e Congr. intern. Path. comp. **1**, 153 (1936).
— (*2*) Neuere Arbeiten über die Reinigung filtrierbarer Virusarten (russ.). Microbiologia **6**, 830 (1937).

233. RIVERS, T. M.: (1) General aspects of pathological conditions caused by filterable viruses. Amer. J. Path. 4, 91 (1928).
— (2) Spontaneous generation and filterable viruses. Nw. Med. (Am.) 29, 555 (1930).
— (2a) The nature of viruses. Physiol. Rev. (Am.) 12, 423 (1932).
— (2b) Relation of filterable viruses to diseases of the nervous system. Arch. Neur. (Am.) 28, 757 (1932).
— (3) Pathologic and immunologic problems in the virus field. Amer. J. med. Sci. 190, 435 (1935).
— (4) Viruses and the diseases caused by them. Ann. int. Med. (Am.) 9, 1466 (1936).
— (5) Recent advances in the study of viruses and viral diseases. J. amer. med. Assoc. 107, 206 (1936).
— (6) Diskussionsbemerkung, Sec. intern. Congr. of Microbiol., S. 101.
234. RIVERS, HAAGEN and MUCKENFUSS: Persistence of living cells in MAITLANDS medium for the cultivation of vaccine virus. J. exper. Med. (Am.) 50, 181 (1929).
235. RIVERS, T. M. and L. PEARCE: Growth and persistance of filterable viruses in a transplantable rabbit neoplasma. J. exper. Med. (Am.) 42, 523 (1925).
236. RIVERS, T. M. u. SCOTT: Science 81, 439 (1935).
237. RIVERS, T. M. and W. S. TILLET: (1) Studies on varicella. J. exper. Med. (Am.) 38, 673 (1923).
— (2) Further observations on the phenomena encountered in attempts to transmit varicella to rabbits. J. exper. Med. (Am.) 39, 777 (1924).
238. RÖSSLE, R.: Referat über Entzündung. Verh. dtsch. path. Ges. 1923, 18.
239. ROUS, PEYTON: The virus tumors and the tumor problem. Amer. J. Canc. 28, 233 (1936).
240. ROUS, P. and E. BOTSFORT: The incidence of cancer in tarred and sheltered mice. J. exper. Med. (Am.) 55, 247 (1932).
241. ROUS, P. and F. S. JONES: Protection of pathogenic microorganisms by living tissue cells. J. exper. Med. (Am.) 23, 601 (1916).
242. ROUS, P., MCMASTER and HUDACK: The fixation and protection of viruses by the cells of susceptible animals. J. exper. Med. (Am.) 61, 657 (1935).
243. ROUX, E.: Sur les microbes dits «invisibles». Bull. Inst. Pasteur, Par. 1, 7 (1903).
244. ROUX et CHAMBERLAND: Immunité contre la septicémie conférée par les substances solubles. Ann. Inst. Pasteur, Par. 1, 561 (1887).
245. SABIN, A.: The mechanism of immunity to filterable viruses. Brit. J. exper. Path. 16, 84 (1935).
246. SABIN, A. B. and P. K. OLITSKY: Toxoplasma and obligate intracellular parasitism. Science 85, 2205 (1937).
247. SALAMAN, R. N.: (1) Protective inoculation against a plant virus. Nature (Brit.) 131, 468 (1933).
— (2) Immunity to virus diseases in plants. 3e Congr. intern. Path. comp., Athen 1, 167 (1936).
248. SAMNIS, FLORENCE E.: Dermatitis herpetiformis associated with food allergy. Arch. Derm. (Am.) 32, 798 (1935).
249. SASSUCHIN: Hyperparasitism in protozoa. Quart. Rev. Biol. (Am.) 9, 215 (1934).
250. SCHLESINGER, M.: (1) Zur Frage der chemischen Zusammensetzung des Bakteriophagen. Biochem. Z. 273 ,306 (1934).
— (2) Die spezifische Agglutination der Phagenteilchen. Z. Hyg. 116, 171 (1935).
— (3) Beobachtung und Zählung von Bakteriophagenteilchen im Dunkelfeld.
251. Die Form der Teilchen. Z. Hyg. 115, 774 (1933).
252. SCHLESINGER, M. and C. H. ANDREWES: The filtration and centrifugation of the viruses of rabbit fibroma and rabbit papilloma. J. Hyg. (Brit.) 37, 521 (1937).
253. SCHLESINGER, M. and J. A. GALLOWAY: Sedimentation of the virus of foot-and-mouth disease in the sharples-supercentrifuge. J. Hyg. (Brit.) 37, 445 (1937).

254. SCHÜLER, H.: Stoffwechsel- und Fermentuntersuchungen an Bakteriophagen. Biochem. Z. **276**, 254 (1935).
255. SCHULTZ, E. W.: Studies on the antigenic properties of the ultraviruses. J. Immunol. (Am.) **15**, 229, 411 (1928).
256. SEASTONE, LORING and CHESTER: Anaphylaxis with tobacco mosaïc virus proteïn and hemocyanin. J. Immunol. (Am.) **33**, 407 (1937).
257. Second international congress for microbiology, London 1936. Rep. Proc. ed. by John-Brooks, Lond. 1937.
258. SÉDILLOT, M.: De l'influence des découvertes de M. PASTEUR sur les progrès de la chirurgie. C. r. Acad. Sci. **86**, 634 (1878).
259. SEIDENBERG, S.: Untersuchungen über das Herpes- und Zostervirus. Z. Hyg. **112**, 134 (1931).
260. SEIFFERT, G.: Über das Vorkommen filtrabler Mikroorganismen in der Natur und ihre Züchtbarkeit. Zbl. Bakter. usw., I Orig. **139**, 337 (1937); **140**, 168 (1937).
261. SHOPE, R. E.: A filtrable virus causing a tumor-like condition in rabbits and its relationship to virus myxomatosum. J. exper. Med. (Am.) **56**, 803 (1932); **63**, 33, 43 (1936).
262. SILBERSCHMIDT, K.: Studien zum Nachweis von Antikörpern in Pflanzen. Planta (Berl.) **17**, 33 (1932); Beitr. Biol. d. Pflanzen **20**, 105 (1932).
263. SITTENFIELD, JOHNSON and JOBLING: Concentration of the causative agent in the filtrate of the ROUS chicken sarcoma. Proc. Soc. exper. Biol. a. Med. (Am.) **28**, 206 (1930); Amer. J. Canc. **15**, 2275 (1931).
264. SILER, HALL u. HITCHENS: Dengue. Philipp. J. **29**, 1 (1926).
265. SMITH, G. H. and E. F. JORDAN: Bacillus diphtheriae in its relationship to bacteriophage. J. Bacter. (Am.) **21**, 75 (1931).
266. SMITH, KENNETH M.: (*1*) Plant-viruses. Methuens monographson biol. subj., London 1935.
— (*2*) Two strains of streak: a virus affecting the tomato plant. Parasitology **27** 231 (1935).
— (*3*) Some aspects of the plant virus problem. Smithsonian Rep. **1936**, 345—352.
— (*4*) The problem of a Plant Virus infection. Sec. intern. Congr. of Microbiol. (siehe daselbst), S. 83.
— (*5*) Studies on a virus found in the roots of certain normal-looking plants. Parasitology **29**, 70 (1937).
— (*6*) Further studies on a virus found in the roots of certain normal-looking plants. Parasitology **29**, 86 (1937).
— (*7*) An air-borne Plant-Virus. Nature (Brit.) **139**, 370 (1937).
— (*8*) The principles of plant virus research. Dies. Handb., Abschnitt VII.
267. SMITH, KENNETH M. and J. G. BALD: A necrotic virus disease affecting tobacco and other plants. Parasitology **27**, 1 (1935).
268. SMITH, K. M. and J. P. DONCASTER: The particle size of plant viruses. 3e Congr. intern. de Path. comp., Athen 1936.
269. SMITH, W.: A heat-stable precipitating substance extracted from vaccinia virus. Brit. J. exper. Path. **13**, 434 (1932).
270. SOBERNHEIM, G.: Milzbrand. Handb. d. p. Microorg., 3. Aufl., Bd. 3 II, S. 104. 1931.
271. STALDER, W. u. ZURUKZOGLU: Experimentelle Untersuchungen über Herpes. Zbl. Bakter. usw., I Orig. **136**, 94 (1936).
272. STANLEY, W. M.: (*1*) Isolation of a crystalline proteïn possessing the properties of tobacco-mosaic virus. Science **81**, 644 (1935).
— (*2*) The isolation from diseased tobacco plants of a crystalline proteïn possessing the properties of tobacco-mosaïc virus. Phytopath. Z. **26**, 305 (1936).
— (*3*) The inactivation of crystalline tobacco-mosaic virus proteïn. Science **83**, 626 (1936).
— (*4*) Crystalline tobacco-mosaic virus proteïn. Amer. J. Botany **24**, 59 (1937).
— (*5*) Correlation of virus activity and proteïn on centrifugation of proteïn from solution under various conditions. J. biol. Chem. (Am.) **117**, 755 (1937).
— (*6*) Isolation and properties of virus proteins. Erg. Physiol. usw. **39**, 294 (1937).

273. Stanley, W. M. and H. S. Loring: The isolation of crystalline tobacco mosaic virus proteïn from diseased tomato plants. Science **83**, 85 (1936).
274. Stanley, W. M. and R. W. G. Wyckoff: Isolation of tobacco ring spot and other virus proteïns by ultracentrifugation. Science **85**, 181 (1937).
275. Steiner, G.: Mikrobiologie und Stoffaustausch. Arch. Psychiatr. (D.) **101**, 359 (1933).
276. Storr-Best, Lloyd: Varro on farming. London 1912.
277. Sturm, E., F. Gates and J. Murphy: The inactivation of the tumor producing agent (of a chicken tumor) by monochromatic ultraviolet light. J. exper. Med. (Am.) **55**, 441 (1932).
278. Taniguchi, Hosokawa, Kuga et Furumura: Etude sur le virus de la variole. C. r. Soc. Biol. **111**, 703 (1932); Jap. J. exper. Med. (e.) **13**, 109 (1935).
279. The Svedberg: Sedimentationserscheinungen mit der Ultrazentrifuge. Naturw. **22**, 225 (1934).
280. Thung, T. H.: Smetstof en Plantencel bij enkele Virusziekten van de Tabaksplant. Handel. 6 de Nederl. Indïe Nat. Congr. 450, 1931.
281. Tiegel, E.: Über die fiebererregende Eigenschaft des Microsporon septicum. Diss. Bern 1871 und Korresp.bl. Schweiz. Ärzte 275 (1871).
282. Tomcsik, J. and F. J. Kurotchkin: On the rôle of carbohydrate haptens in bacterial anaphylaxis. J. exper. Med. (Am.) **47**, 379 (1928).
283. Topley, W. and G. S. Wilson: Principles of bacteriology and immunity, 2. Ed. London 1936.
284. Traub, E.: An epidemic in a mouse colony due to the virus of acute lymphocytic choriomeningitis. J. exper. Med. (Am.) **63**, 533 (1936).
285. Twort, F. M.: Further investigations on the nature of ultramicroscopic viruses and their cultivation. J. Hyg. (Brit.) **36**, 204 (1936).
286. Ulmann, M.: Molekülgrößen-Bestimmungen hochpolymerer Naturstoffe. Dresden u. Leipzig: Th. Steinkopff. 1936.
287. Vedder, A.: Die Hitzeresistenz von getrockneten Bacteriophagen. Zbl. Bakter. usw., I Orig. **125**, 111 (1932).
288. Vinson, C. G. and A. W. Petre: Mosaïc disease of tobacco. Bot. Gaz. **87**, 14 (1929).
289. Wallin, J. E.: Symbionticisme and the origin of Species. London 1927.
290. Weyer, E. R.: Herpes antirival substances; distribuition in various age groups and apparent absence in individuals susceptible to poliomyelitis. Proc. Soc. exper. Biol. a. Med. (Am.) **30**, 309 (1932/33).
291. Williams, John C.: An hypothesis concerning bacteriophagy. J. physic. Chem. **40**, 477 (1936).
292. Wolff, G.: (*1*) Der alte und der neue Darwinismus. Med. Welt **1937**, Nr. 18/20. — (*2*) Leben und Erkennen.
293. Wollman, E. et Mme E.: Recherches sur le phénomène de Twort-d'Hérelle. Ann. Inst. Pasteur, Par. **56**, 1374 (1936).
294. Wyckoff, R. W. G.: The ultracentrifugal study of virus proteïns. Proc. amer. Philos. Soc. **77**, 455 (1937).
— (*2*) Ultracentrifugal concentration of a homogeneous heavy component from tissues diseased with equine encephalomyelitis. Proc. Soc. exper. Biol. a. Med. (Am.) **36**, 771 (1937).
— (*3*) Ultracentrifugal purification and study of macromolecular proteïns. Science **86**, 92 (1937).
— (*4*) The ultracentrifugal concentration of pneumococcic antibodies. Science **84**, 291 (1936).
295. Wyckoff, R. W. G. and J. W. Beard: p_H Stability of Shope papilloma virus and of purified papilloma virus proteïn. Proc. Soc. exper. Biol. a. Med. (Am.) **36**, 562 (1937).
296. Wyckoff, R., J. Biscoe and W. M. Stanley: Ultracentrifugal analysis of the crystalline virus proteïns isolated from plants diseased with different strains of tobacco mosaic virus. J. biol. Chem. (Am.) **117**, 57 (1937).

297. WYCKOFF, R. W. G. and R. B. COREY: The ultracentrifugal crystallization of tobacco mosaïc virus proteïn. Science **84**, 513 (1936).
298. ZINSSER, H.: (*1*) The rickettsia diseases. Amer. J. Hyg. **25**, 430 (1937).
— (*2*) On the nature of virus agents. Amer. J. publ. Health **27**, 1160 (1937).
299. ZINSSER, H. and FEI-FANG-TANG: Further experiments on the agent of herpes. J. Immunol. (Am.) **17**, 343 (1929).
300. ZINSSER and PARKER: Studies on bacterial anaphylaxis and infection. J. exper. Med. (Am.) **26**, 411 (1917).
301. ZIRONI, A.: Die Theorie der spezifischen Überempfindlichkeit bei Infektionen. Weichardts Erg. Hyg. **14**, 561 (1933).
302. ZURUKZOGLU, ST.: Über das Vorkommen von Herpesvirus im Liquor cerebrospinalis. Zbl. Bakter. usw., I Orig. **139**, 86 (1937).
303. ZURUKZOGLU, ST. u. H. HRUSZEK: Beitrag zum Problem des Verbleibens des Herpesvirus während der eruptionsfreien Periode. Zbl. Bakter. usw., I Orig. **130**, 320 (1934).

Nachtrag.

304. ARMSTRONG, CH. and J. G. WOOLEY: Benign lymphocytic choriomeningitis. J. amer. med. Assoc. **109**, 410 (1937).
305. BASSET, GRATIA, MACHEBOEUF et MANIL: Proc. Soc. Biol. a. Med. (Am.) **38**, 248 (1938).
306. BENGTSON, J.: Cultivation of the Rickettsiae of Rocky Mountain spotted fever in vitro. Publ. Health Rep. (Am.) **1937**, 1329, 1336.
307. BONSDORFF, B., H. GROTH u. TH. PACKALÉN: Über Hyperproteinämie und damit zusammenhängende Phänomene beim Myelom. Finska Läk.sällsk. Hdl. **80**, 531 (1937).
308. CLAUDE, A.: (*1*) Fractination of chicken tumor extracts by high speed centrifugation. Amer. J. Canc. **30**, 742 (1937).
— (*2*) Science **85**, 294 (1937).
— (*3*) Properties of the causative agent of a chicken tumor. XIII. Sedimentation of the tumor agent and sedimentation from the associated inhibitor. J. exper. Med. (Am.) **66**, 59 (1937).
309. FAIRBROTHER, R. W. and. L. HOYLE: Observations on the aetiology of influenza. J. Path. a. Bacter. **44**, 213 (1937); J. Hyg. (Brit.) **37**, 512 (1937).
310. GOWEN, J. W. and W. C. PRICE: Inactivation of tobacco-mosaic virus by X-rays. Science **84**, 536 (1936).
311. HIMMELWEIT, F.: Observations on living vaccinia and ectromelia viruses by high power microscopy. Brit. J. exper. Path. **19**, 108 (1938).
312. JUNGEBLUT, C. W. and E. W. SCHULTZ: Studies on the sensitizing properties of the bacteriophage. J. exper. Med. (Am.) **49**, 127 (1929).
313. KAUSCHE, G. A.: Zur Frage der experimentellen Erzeugung einer Variante beim X-Mosaikvirus der Kartoffel. Naturw. **26**, 381 (1938).
314. KÖHLER, E.: Über eine äußerst labile Linie des X-Mosaikvirus der Kartoffel. Phytopathol. Z. **10**, 32 (1937); Naturw. **25**, 669 (1937).
315. KRUEGER, A. P. and J. FONG: The relationship between bacterial growth and phage production. J. gen. Physiol. (Am.) **21**, 137 (1937).
316. LAIDLAW, P. P.: Virus diseases and viruses. Cambridge 1938.
317. LAUFFER, M. A.: The molecular weight and shape of tobacco-mosaic virus protein. Science **1938**, im Druck.
318. LAUFFER, M. A. and W. M. STANLEY: Stream double refraction of virus proteins. J. biol. Chem. (Am.) **123**, 507 (1938).
319. LEVADITI, C. et P. HABER: Recherches sur le virus de la peste aviaire pathogène pour la souris. Les affinités pour les néoplasmes. Rev. Immunol. (Fr.) **2**, 5 (1937).
320. LEVADITI, C., M. PAIC et D. KRASSNOFF: Taille approximative des virus fixe et des rues. C. r. Soc. Biol. **123**, 866 (1936).
321. LEVADITI, C. et R. SCHOEN: Ultravirus et cancers. C. r. Soc. Biol. **125**, 607 (1937).

322. Levaditi, C., Schoen et Reinié: Virus rabique et cellules néoplasiques. Ann. Inst. Pasteur, Par. **58**, 353 (1937).
323. Loring, H. S. and R. W. G. Wyckoff: The ultracentrifugal isolation of latent mosaic virus protein. J. biol. Chem. (Am.) **121**, 225 (1937).
324. Lwoff, Marg.: Recherches sur la nutrition des trypanosomides. Ann. Inst. Pasteur, Par. **51**, 55 (1933).
325. Mellanby, E.: The transmission of the Rous filtrable agent to chemically induced tumours. J. Path. a. Bacter. **46**, 447 (1938).
326. Ross, A. F. and W. M. Stanley: Partial reactivation of formolized tobacco mosaic virus protein. Proc. Soc. exper. Biol. a. Med. (Am.) **38**, 260 (1938).
327. Scribner, J. and A. P. Krueger: The effect of NaCl on the phage-bacterium reaction. J. gen. Physiol. (Am.) **21**, 1 (1937).
328. Sumner, J. B., Gralén, and Erikson-Quassel: The molecular weights of urease, canavaliv, concanavalin A. and B. Science **87**, 395 (1938).
329. Symeonidis, A.: Experimentelle und morphologische Untersuchungen über Impfgeschwülste. I. Über die sogenannte „Virulenz" der Geschwulstzellen. Virchows Arch. **300**, 429 (1937).
330. Takahashi, W. N. and T. E. Rawlins: Stream double refraction of preparations of crystalline tobacco-mosaic protein. Science **85**, 103 (1937).
331. Zinsser, H., Wei, and Fitzpatrick: Agar slant tissue cultures of typhus rickettsiae (both types). Proc. Soc. exper. Biol. a. Med. (Am.) **37**, 604 (1937).
332. Zinsser, H. and E. B. Schoenbach: Studies on the physiological conditions prevailing in tissue cultures. J. exper. Med. (Am.) **66**, 207 (1937).

Zweiter Abschnitt.

Morphologie der Virusarten.

A. Die Viruselemente.

1. The sizes of viruses and bacteriophages, and methods for their determination.

By

W. J. ELFORD, London.

(National Institute for Medical Research, Hampstead, London.)

Numerous diseases affecting plants and animals are caused by minute infective agents now known as viruses, which are capable of passing through filters that retain effectively the smallest bacteria. Although more than forty years have elapsed since the earliest observations were recorded in 1892 by IVANOWSKI (103) and in 1898 by LOEFFLER and FROSCH (136) on the causative agents of tobacco mosaic disease and of foot-and-mouth disease respectively, the true nature of these "filterable viruses" has yet to be revealed. The subject under survey here, "The sizes of viruses and methods for their determination", will be recognised as one having an important bearing upon this fundamental question. The acquisition of knowledge concerning the state of dispersion of the infective agents suggests itself as a primary objective in their study and information regarding their particle sizes should prove of much value in orienting conceptions as to the physical nature of viruses.

Analogous in some ways to the viruses are the bacteriophages (often referred to simply as phages), the agents responsible for the phenomenon of transmissible lysis of bacteria [TWORT 1915 (208); D'HERELLE 1917 (97, *1*, *2*)]. They are conveniently to be regarded as bacterial parasites. It is significant, however, that multiplication of the phage is known to occur only in the presence of the actively growing organism, an interesting parallelism to the behaviour of viruses, which also need the presence of living tissue for successful *in vitro* cultivation. The bacteriophages too are readily filterable through the ordinary type of bacteriological filter candle.

There exists also a group of filter-passing micro-organisms [e. g. bovine pleuropneumonia, agalactia, sewage organisms (121) and other micro-organisms described by SHOETENSACK (182, *1*, *2*), KLIENEBERGER (108, *1*, *2*), SEIFFERT (181) and GERLACH (81, *1*, *2*)], which in contrast to the general behaviour of viruses can be cultivated in certain enriched, but cell-free, culture media. Nevertheless, from the point of view of their physical properties, particularly their state of dispersion, these cultivable, filter-passing organisms present a problem similar to that of certain of the larger viruses, and so will be included for consideration with the viruses and bacteriophages.

No exhaustive references will be made to plant viruses, but applications of the methods under review to the classical case of the virus of tobacco mosaic disease will be discussed.

At the outset it will be well to view our subject in the perspective afforded by the earliest relevant observations in this field. Two outstanding facts were established. Firstly, viruses could pass through ordinary bacteriological filter candles (filter candles made of porcelain, diatomaceous earth or kieselguhr were customarily used) that would effectively retain the test organism, B. Prodigiosus. Some viruses were found to traverse such filters very readily, while others did so only with the greatest difficulty. This suggested that viruses generally were less than 500 mμ in diameter, and that they might differ greatly in their individual sizes. More than this could not be deduced from the results yielded by the filtration methods then available. Moreover, the evidence cited by different authors for a particular virus was often very conflicting. Secondly, no resolved characteristic virus bodies were to be observed by the direct microscopical examination of infective filtrates, a fact suggesting that the elementary virus particles were probably less than 300 mμ in diameter. The only evidence of the presence of a virus was the manifestation of the typical symptoms of the disease of which it was the causative agent. It became clear that further advancement in knowledge of the state of dispersion of viruses awaited the elaboration of new and more refined methods suitable for the analysis of suspensions, the particle sizes of which might range from 500 mμ downwards possibly to molecular dimensions.

Before proceeding to consider the methods that have been developed for use in this field during the past ten years or so, there are certain features peculiar to the main problem that may be profitably emphasised at this stage, since they must perforce be borne in mind when considering the applicability of any particular experimental method for investigating the physical properties of viruses.

The nature of the starting material.

The source of virus is invariably the infective tissue or some secretory fluid of the diseased host – e. g. tissue of brain, liver, lung, testis, spleen, spinal cord, sometimes vesicular fluid, and in some instances nasal and throat washings. A bacteria-free filtrate containing the virus is prepared from such material extracted in a selected medium. (Details in later section.) The important point to be appreciated here is that the suspensions of viruses and bacteriophages contain tissue protein or cellular products of bacterial lysis in overwhelming amount compared with the particular active agent. The actual amount of virus or bacteriophage present in a stock filtrate is extremely small, probably of the order 10^{-8} gr./c. c.

The estimation of the concentration of viruses and bacteriophages.

It will be at once appreciated from the preceding paragraph that both on grounds of quantity and purity of the virus contained in stock filtrates, the direct employment of physical or physico-chemical methods of estimation is precluded. The biological test based on animal inoculation is the only one generally available. Tests are usually made on suitable serial dilutions of the liquid, and the limiting dilution proving to be infective gives an indication of the potency of the original fluid, and is often referred to as the "titer" of the virus activity. Even when a number of tests are made with each dilution in order to minimise the influences of chance variation in host susceptibility, it is seldom that less than tenfold differences in virus concentration may be reliably detected by this method. Somewhat more accurate estimations may be possible in special cases, e. g. titrations in terms of specific skin reactions due to the virus when a series of readings can be made on the skin of the same animal, or numerical counts of isolated lesions—as recently found possible with certain animal viruses propagated on the chorio-allantoic membrane of the developing egg (40, *4*, 5; 107)—and, of course, as in the favourite local lesion method of estimating the concentration of certain plant viruses (101, *2*). Generally the estimated concentrations of viruses are relative, and little is known of just how many elementary particles constitute the minimum infective dose, which most certainly will vary greatly among different viruses and with different hosts.

More accurate methods are available for estimating the bacteriophages, e. g. the method of plaque counts, statistical evaluation (92), and the proportionality between the concentration of bacteriophage and the time of lysis of a standard suspension of the susceptible organism (115). Such methods enable the bacteriophage concentration to be expressed with an accuracy of 5 to 10 per cent.

We are not immediately concerned here with the details of technique, but it is essential to realise the nature and limitations of the methods that are used in estimating the concentration of viruses and phages.

Aseptic technique.

Any experimental method designed for application in virus studies should lend itself to the adoption of an aseptic technique. It is a point frequently overlooked when new methods are suggested. Means can usually be devised for ensuring sterile conditions, although often only at the expense of much complication and inconvenience in manipulation.

While in principle any of the methods available for investigating the particle size of colloidally dispersed systems (120; 194, *1*; 23, *6*) might be deemed applicable to our problem, the foregoing introduction should have served to indicate the nature of the obstacles which combine to make many of the methods at present impracticable. So far three methods have found serious application in determining the particle size of viruses: 1. Ultrafiltration analysis, 2. Ultraviolet light photography, and 3. Centrifugation analysis. The principles and techniques of these methods together with the evidence provided by each for the particle sizes of particular viruses and bacteriophages will now in turn be discussed.

Ultrafiltration analysis.

The most extensively employed of the methods that have contributed to our knowledge of the particle sizes of viruses and bacteriophages has been ultrafiltration. BECHHOLD in 1907 established this experimental method for the investigation of disperse systems based upon the differential sieving properties of gel membranes, of which he evolved the first series with graded porosities. The systems amenable to such study being principally in the colloidal state of dispersion, i. e. the particles of the disperse phase being ultramicroscopic in size, BECHHOLD introduced the name Ultrafiltration for this method. Likewise any filter with pores of colloidal dimensions was designated an "ultrafilter". Many types of membranes, both natural and artificial, can serve as ultrafilters, but we shall confine our attention to the gel membranes prepared from collodion, a solution of nitro-cellulose, which has most generally served as the basis for graded ultrafilters. Particulars of other membranes, and also a more detailed account of the historical aspect of the subject than can be attempted here, have been admirably summarised in the reviews by ROSENTHAL (173), FERRY (73, *1*) and GRABAR (85, *3*). The present contribution aims at presenting an essentially practical account of the general methods of ultrafiltration to meet the requirements of anyone who may contemplate applying them in virus studies.

Ultrafiltration analysis as a means of estimating the particle size of suspensions demands

1. A series of suitable membranes of established uniformity and reproducibility, providing a range of graded porosities from 1 μ say downwards, possessing adequate stability and mechanical strength, and being relatively inert chemically.
2. Knowledge of the principles governing filtration through such membranes.
3. Knowledge of the relationship existing between the porosity of the limiting membrane which just completely retains the particles of a given suspension, and the size of such particles. This will enable the probable dimensions of the particles of an unknown suspension to be deduced from the limiting porosity experimentally determined for that particular suspension.

Graded collodion membranes.

Two general methods are available for preparing collodion membranes for ultrafiltration. 1. A solution of nitro-cellulose in a non-volatile solvent, like acetic acid, may be used. In this case filter-paper or some other suitable porous support is first of all impregnated with the viscous solution and is then immersed in water for the collodion to gel. Washing is continued until all the acid has been removed. 2. Alternatively a volatile solvent, such as a mixture of ether and alcohol, may be employed in preparing the collodion solution. The latter is distributed as a thin uniform layer and exposed in a controlled draught-free atmosphere. As the solvents evaporate the concentration of the nitro-cellulose gradually increases until at a critical point the collodion will set to a gel spontaneously. The film is then washed thoroughly in water to remove the remaining solvent. A significant difference is to be noted between the two processes responsible for the formation of the film. In the one gelation is *enforced* by the replacement, through the process of diffusion, of the solvent acetic acid by the non-solvent water. In the other method the gelling occurs *spontaneously* as the system becomes concentrated through the evaporation of solvent, and the equilibration with water is effected after the film has set.

Forms of membranes used.

Collodion membranes have been widely used in two forms, (*a*) as sacs or thimbles and (*b*) as flat discs. The collodion sacs are very useful for special purposes like dialysis and the concentration of colloids, where a relatively high tolerance in the porosity is permissible. The chief requirement in such cases is that the crystalloids shall diffuse or filter rapidly through the membrane while the colloidal constituent is retained. Sacs are definitely not suited for filtration analysis, for the reasons that good reproducibility is not readily obtained, the porosity varies at different parts of the sac (210), and difficulty is invariably experienced in mounting the sac satisfactorily for the purposes of pressure filtration. Our attention therefore will be concentrated on the flat membranes.

Collodion solutions.

a) *Selection of nitro-cellulose.* The properties of a nitro-cellulose depend upon the nature of the raw material cellulose which may vary widely, and on the degree to which it has been nitrated. A pyroxylin of nitrogen content close to 11 per cent will generally be found suitable, both as to solubility and gelling qualities, for membrane studies. The variability among different batches makes it advisable to secure an adequate stock in order to avoid the necessity for repeated standardisation. Nitro-cellulose should be stored in the dark and moistened with methylated spirit. When required for use it should be dried to constant weight at 60° C.–70° C. Higher temperatures are detrimental.

Certain commercial collodions may be used, such as "Celloidin" by Schering-Kahlbaum, "Necoloidin" by Nobel Chemical Finishes Co., and "Parlodion" by Du Pont, obtainable in the form of tablets or shreds. These should be thoroughly washed first of all in water and then given several rinsings in alcohol before drying at 60° C. for use.

b) *Treatment of solvents.* Reproducibility in experiments with nitro-cellulose solutions is best ensured by using carefully dried solvents throughout. The following treatments are recommended for the principle solvents.

Glacial acetic acid. A good commercial quality should be submitted to at least three fractional crystallisations by freezing.

Alcohol. This should be freshly dried over quicklime and distilled. N. B. Long standing (for months) in contact with quicklime is not advisable owing to the formation of oxidation products of aldehyde nature. The development of a reddish-brown coloration is generally indicative of more than adequate drying.

Ether. This is dried over metallic sodium and distilled.

Acetone. This is dried over potassium carbonate and distilled.

c) *Preparation of solutions.* Nitro-cellulose solutions are prepared on a percentage by weight basis, and shaken thoroughly in a mechanical shaker until homogeneous, the time and rate of shaking to be consistent throughout. If a solution is modified in any way by addition of new solvent it should be re-shaken.

d) *Storage of solutions.* It will be appreciated that having used dry solvents in preparing the solutions the systems should be kept in bottles with good fitting stoppers in order to prevent absorption of moisture and evaporation of solvent. To obviate the effects of "aging" due to prolonged storage of nitro-cellulose solutions it is well to prepare only such quantities as may be used quickly. Generally a solution kept for some months will furnish a membrane of slightly higher porosity than originally.

Acetic acid collodion membranes.

The procedure of impregnating filter paper with acetic acid collodion followed by gelling in water was that first described by Bechhold (1907, 23, *1*). The porosity of a membrane so formed depended on the concentration of nitro-cellulose in the parent solution, and decreased as the concentration was raised. A very simple means of preparing a graded series of ultrafilter membranes was thus provided.

Preparation.

The technique of preparation most recommended by Bechhold, and followed by the majority of workers who have since used such membranes, consists in suspending discs of filter paper in a vessel which may be conveniently evacuated, and which is also connected, via a stop-cock, to a reservoir containing the collodion solution. The latter is cautiously admitted to the evacuated chamber and impregnation of the filter paper proceeds in a partial vacuum. Finally air is allowed to enter and the impregnation is completed under atmospheric pressure, the discs being left in the collodion for about one hour. Each filter paper disc when withdrawn from the solution is allowed to drain while being constantly rotated. When drainage is complete—the time necessary will, of course, vary with the viscosity of the solution—the disc is immersed in water for the collodion to gel. Washing in water is continued until all the acid has been removed. Membranes so prepared become thicker as the solutions used are more concentrated. This increased thickness slows down the rate of filtration and causes greater adsorption by the membrane. Membranes of constant thickness for all concentrations of the acetic acid collodion may be obtained by drawing the impregnated disc horizontally between a pair of gold-plated nickel, or of glass, cylinders which are set at a given distance apart by accurately turned collars fitting the ends of the lower cylinder (57, *2*). The disc is then at once immersed in water and washed as before. This procedure, in addition to standardising the membrane thickness, produces an improvement in the reproducibility among membranes.

Properties of acetic acid collodion membranes.

The range of porosity (expressed in terms of the average pore diameter calculated from the rate of flow of water) provided by the acetic acid collodion series of membranes extends from about 1000 mμ downwards to 50 mμ as the

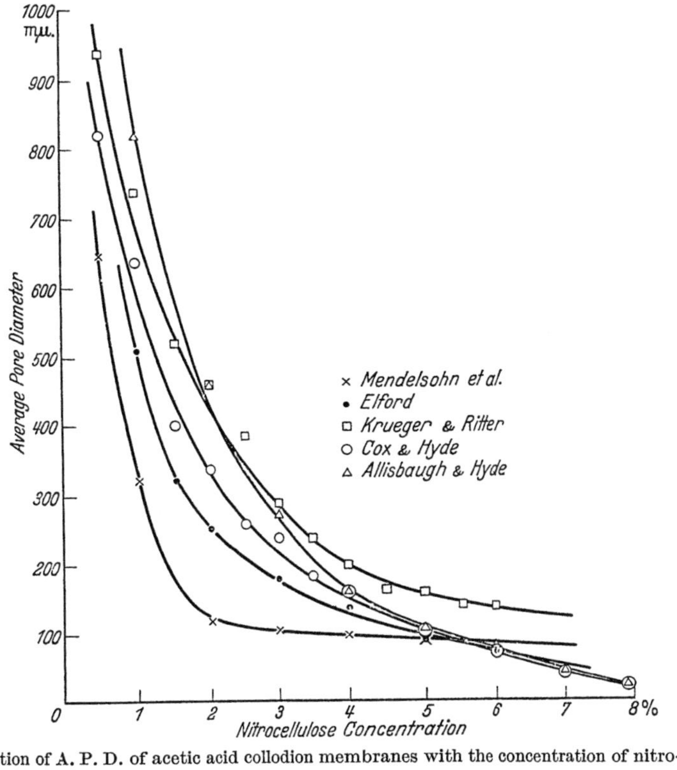

Fig. 1. Variation of A. P. D. of acetic acid collodion membranes with the concentration of nitro-cellulose.

concentration of nitrocellulose is varied from 0,5 to 8 per cent. The actual values in any particular case will, of course, depend on the quality of the nitro-cellulose employed. The curves of fig. 1 show the variation of average pore diameter with the percentage of nitro-cellulose in the acetic acid collodion found by different workers (57, *2*; 116; 49; 2; 152).

A point of practical importance in using acetic collodion membranes concerns their strength. The fragile nature of the gel produced from the more dilute solutions of nitro-cellulose makes it very necessary to determine the maximum pressure that may be applied for each grade of membrane without causing rupture of the gel. A margin of safety may then be allowed in selecting filtration pressures for actual experiments.

Unfortunately, acetic acid collodion membranes do not exhibit very uniform porosities, the pores in any given membrane varying greatly in size. The maximum pore diameter, M. P. D., (from the critical air pressure—see later section on calibration of membranes) is often found to be as much as ten times the average pore diameter A. P. D. This heteroporosity renders differential filtration extremely difficult and makes the membranes unsuited for purposes of particle size determinations. However, the simple means of varying the porosity of acetic acid collodion membranes and the fact that they may be readily adapted to supports of various shapes and sizes—e. g. porcelain cones, thimbles and flasks—[BECHHOLD-KÖNIG, see (25)]; alundum thimbles [BRONFENBRENNER (36), QUIGLEY (168)]—has led to their use for purposes of concentrating viruses, bacteriophages, enzymes, antibodies etc.

Ether-Alcohol collodion membranes.

Ether-alcohol collodion membranes are sufficiently strong not to need reinforcement by filter paper, and can be clamped between rubber washers for effective mounting. Several techniques yielding reproducible films of uniform porosity have been described (30, 2; 32; 166; 210; 9, *1*; 9, *2*).

Preparation.

A convenient concentration of nitro-cellulose to use is about 2,5 per cent. This provides a solution of low viscosity which when poured on to the glass cell quickly forms a uniform layer and furnishes a gel film of suitable thickness and mechanical strength. The following are important practical points to be observed to ensure success in preparing these membranes:

1. Careful attention to the details already mentioned regarding the preparation of the parent solutions.
2. Accurate levelling of the glass surface on which the membrane is made. A mercury surface may be used, and is ideal from the point of view of being automatically perfectly horizontal, but it has some disadvantages. The maintenance of a high degree of purity in the mercury entails much laborious cleaning, and when considering the application of the membrane in bacteriological studies the possibility of systems becoming contaminated with traces of mercurial salts is sufficient to preclude the use of mercury.
3. The evaporation of the solvents should proceed in an atmosphere free from draughts, at constant temperature, and preferably at constant humidity.
4. Exact timing of the evaporation period.
5. Efficient washing to ensure complete equilibration against water.

Varying the porosity.

The porosity of ether-alcohol membranes may be varied in the following ways:

a) By varying the time of evaporation. The maximum porosity is obtained when the evaporation is arrested (by flooding the membrane surface with water) at the point when gelation has just definitely occurred throughout the film. The porosity decreases progressively as the evaporation period is extended beyond this point.

b) By altering the proportions of alcohol and ether in the solvent. The higher the proportion of ether the thinner and somewhat less porous will be the membrane.

c) By incorporating additional constituents in the solvent.

Acetone—increases porosity slightly. ASHESHOV (5, *1*).
Methyl acetate—increases the porosity. ASHESHOV (5, *2*).
Ethyl acetate—increases the porosity. ASHESHOV (5, *2*).
Amyl alcohol—decreases porosity. ASHESHOV (5, *1*).
Glycerol—increases the porosity. SCHOEP (179).

Ethylene glycol—increases the porosity. PIERCE (166).
Lactic acid—increases the porosity. EGGERTH (55).
Acetic acid—decreases the porosity and improves elasticity. EGGERTH (55).
Water—increases the porosity. NELSON and MORGAN (157).

d) By drying the film completely and then soaking it in an aqueous alcohol solution before finally equilibrating against water. BROWN (38). The porosity increases with the percentage of alcohol used.

Properties of ether-alcohol collodion membranes.

Ether-alcohol collodion membranes are excellent in strength and uniformity. Unfortunately they do not provide a very wide range of porosities. The maximum porosity attainable consistent with requisite strength corresponds to an average pore diameter approaching 100 mμ. Filtration experiments confirm this, for, while membranes may be prepared to be freely permeable to proteins, certain bacteriophages cannot be filtered through them without much loss.

Other membranes.

Membrane filters. A series of graded collodion filters was described in 1918 by ZSIGMONDY and BACHMAN (222), and these are known as "Membrane filters". They are made by a patented process and supplied commercially by the Membranfilter Gesellschaft, Göttingen. The collodion is spread on glass plates, and the solvents allowed to evaporate in an atmosphere of predetermined moisture content. The porosity of the final membrane is regulated by varying the prevailing humidity (221). These filters have been extensively used by Continental workers in bacteriological studies.

The structure in permeable collodion gel films.

An optical study of the structure in permeable collodion gel films by means of an ultramicroscopical method has revealed the existence of two general types of structure:—I. the "microgel structure" consisting of a microscopic sponge-like network, and II. the "ultragel structure", a compact arrangement of granules not fully resolved by the microscope (57, *3*). Acetic acid collodion films possess a dual micro-ultragel structure, the microgel predominating in gels prepared from dilute nitro-cellulose solutions but being gradually replaced by ultragel as the concentration of nitro-cellulose is increased. Ether-alcohol collodion membranes on the other hand show only the uniform ultragel structure. It is significant however that when gelation is enforced upon an ether-alcohol collodion by immersing it in water before the incidence of spontaneous gelling, i. e. while the system is still fluid, then in this case too the microgel structure is exhibited. The general excellence in uniformity and strength shown by normal ether-alcohol collodion membranes is attributable to the fact that the process of gelling is permitted to take place spontaneously. The conditions favourable for gelation are attained gradually as the solvent evaporates and the nitro-cellulose particles have the opportunity to marshal and orientate themselves if so disposed. Hence a general uniformity of distribution is assumed before linking up to form the gel matrix occurs. In contrast with this is the relatively precipitate gelling process accompanying the inter-diffusion of solvent and non-solvent when acetic acid collodion membranes are prepared. An explanation is thus provided for the disparity in uniformity of pore size shown by these two types of collodion membranes.

The ultramicroscopical studies also revealed that gel formation was essentially the outcome of an aggregating process among the colloidal nitro-cellulose particles (cf. HITCHCOCK 100, *2*). These particles are not spherical but somewhat elongated and tend to link themselves into chains which eventually become transformed into closed rings and groups. This suggests that the individual particles possess a certain polarity and in consequence their arrangement in the ultimate structure of nitrocellulose gel films is probably not entirely haphazard, but may possess some degree of orientation.

In order to produce a series of membranes with graded porosities and possessing the degree of uniformity characterising ether-alcohol collodion films, two requirements are necessary, 1. the use of such solvents as will ensure that the collodion will undergo "spontaneous gelation" and 2. a convenient means of regulating the state of aggregation of the nitro-cellulose at the moment when "setting" occurs.

Gradocol membranes.

A new series of graded collodion membranes furnishing a wide range of uniform and reproducible porosities to meet the general requirements of ultra-filtration analysis, particularly for use in bacteriological and virus studies, was evolved in 1931 (57, *4*). These membranes were named for convenience "Gradocol" membranes. In the search for a satisfactory means of regulating the state of aggregation of nitro-cellulose in gel films the influence of combinations of water-miscible nitro-cellulose solvents and non-solvents on the porosities of ether-alcohol collodion membranes was studied. It was found that certain liquids although behaving as good solvents individually might exhibit antagonistic solvent properties when present together in the collodion. Thus acetone and amyl alcohol added singly to ether-alcohol provide good solvents, yet both together in appropriate proportions (amyl alcohol 80 per cent) will bring about visible precipitation of the nitro-cellulose. This phenomenon of mutual antagonistic solvent action coupled with the fact that the amyl alcohol is relatively non-volatile, suggested a means whereby the aggregation of the nitro-cellulose at the time of gelation might be regulated. As anticipated, it was found that when acetone and amyl alcohol were combined in the correct experimentally determined proportions with ether and alcohol as solvent for the nitro-cellulose, the collodion furnished a membrane of high porosity, excellent in uniformity and reproducibility, and possessed of adequate mechanical strength. The increase in the ratio of amyl alcohol to acetone attending the evaporation of the volatile solvent constituents of the collodion assisted the aggregation of the nitro-cellulose particles. This was well advanced by the time gelation occurred, and in consequence a porous membrane resulted. The "parent collodion" for the gradocol series of membranes contains the four solvents, alcohol, ether, acetone and amyl alcohol. Membranes having porosities progressively lower than that given by the "parent" are obtained when the aggregation is repressed by adding to the "parent collodion" small percentages of a good solvent, e. g. acetic acid. Conversely, when the aggregation is promoted by adding a non-solvent, like water, then the porosity is raised. Graded membranes with porosities ranging from about 3 μ down to 10 mμ and less can be prepared on these principles (57, *8*).

Preparation of gradocol membranes.

Starting material.

The commercial Necol solution No. 356A/9 (Nobel Chemical Finishes Ltd., Slough, England), a 13–14 per cent solution of nitro-cellulose in equal parts of alcohol and ether is generally used, but a comparable series of membranes may be prepared from Schering's Celloidin (57, *4*; 218). The American workers BAUER and HUGHES (11, *1*) have successfully employed two different brands of Parlodion by Du Pont and the Mallinckrodt Chemical Works.

Stock solution.

N. B. The remarks already made regarding the preparation of collodion solutions apply with special emphasis here.

a) Necol.—The commercial "Necol" is usually received in half-gallon cans. The collodion is very viscous and will quickly gel on losing ether, so it is at once diluted with an equivalent weight of dry acetone, thoroughly shaken, and stored as "Stock Necol".

b) Celloidin.—Starting with dry celloidin shreds a 10 per cent solution is made in equal parts by weight of dry alcohol and ether, and this is then diluted with its own weight of dry acetone to yield "Stock Celloidin".

"Parent collodion".

The "parent collodion" is prepared by taking a weighed amount of "Stock Necol" and adding to it 8 g. of amyl alcohol[1] for every 40 g., and then diluting this with its own weight of a mixture of 1 part of alcohol to 9 parts of ether. This "parent" solution, when using Necol, is described as an N 8/40 (1 : 9) solution. (Experience may indicate that a 6/40 (1 : 9) or 10/40 (1 : 9) recipe preferable for other collodions.) The final solution is then shaken mechanically for 4 hours to ensure homogenity.

A corresponding system prepared from Stock Celloidin would be described as C 8/40 (1 : 9) solution. N. B. The "parent" for a celloidin series is usually C 8/40 (1 : 0) (57, *4*).

Secondary collodions for obtaining series of graded membranes.

The "parent collodion" is adjusted to provide a membrane of average pore diameter (A.P.D.) about 750 mμ, which is the porosity most used for obtaining

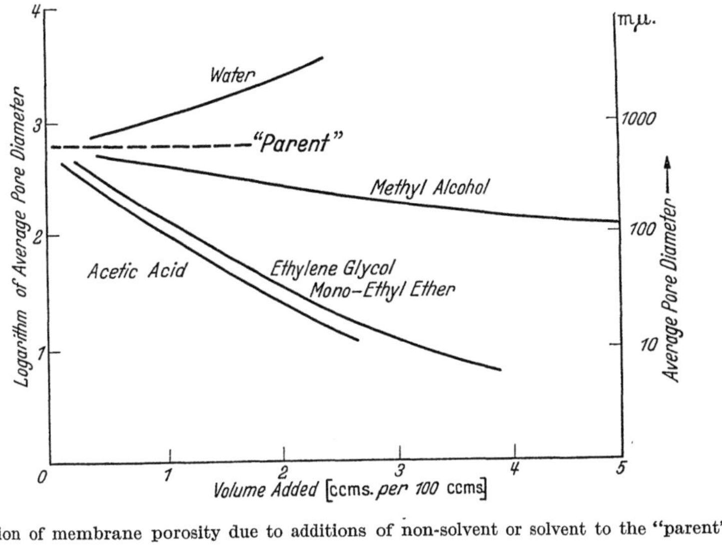

Fig. 2. Variation of membrane porosity due to additions of non-solvent or solvent to the "parent" collodion.

[1] The amyl alcohol of commerce is a mixture of isomerides but consists principally of iso-amyl alcohol. The liquid should be clear and colourless, and when shaken with an equal volume of concentrated sulphuric acid should produce only a golden yellow colour. The amyl alcohol A. R. (pyridine and nitrogen free) supplied by British Drug Houses Ltd., has been found suitably consistent in its properties. The use of inferior grades of amyl alcohol may seriously affect the quality of membranes.

bacteriologically sterile filtrates. Membranes more porous than this are obtained when small percentages of water are added to the "parent", yielding "secondary collodions" described as N 8/40 (1 : 9) + x per cent H_2O. x may be 0,25, 0,5, 1, and so on. The collodion modified in this way is thoroughly shaken for 4 hours, before being used. In a similar way, secondary systems furnishing progressively less porous membranes are made by adding to the "parent" small percentages of a good solvent, like acetic acid or ethylene glycol monoethyl ether. These are described as N 8/40 (1 : 9) + x per cent HAc systems, where x is again 0,25, 0,5, etc. The curves of fig. 2 show how the porosities of membranes prepared from various "secondary collodions" vary in relation to the amount of the solvent or non-solvent added to the "parent". Intermediate grades in porosity may be obtained by varying the evaporation period. The longer the period the less porous will be the membrane.

Membrane preparation room.

A convenient size for the room in which the membranes are to be made is 8 to 10 feet cube (i. e. approx. 3 metres cube). It should be possible to maintain an atmosphere free from draughts during the formation of the film, but with facilities for complete ventilation to sweep out all solvent vapours after a membrane has been made. The temperature should be regulated to within $\pm$ 0,2° C. and under ideal conditions provision would be made for constant humidity also. However, this necessitates expensive equipment and the alternative procedure may be adopted of recording the humidity prevailing for each membrane prepared. The wet and dry bulb thermometer is used. When the humidity of the atmosphere is higher than normal, the porosity of the membrane will also be greater.

Glass cell in which the membrane is poured.

The glass cell is made from two squares of polished plate glass $^1/_4$ inch in thickness. A central circular piece, having the desired diameter of the cell, is cut from one of

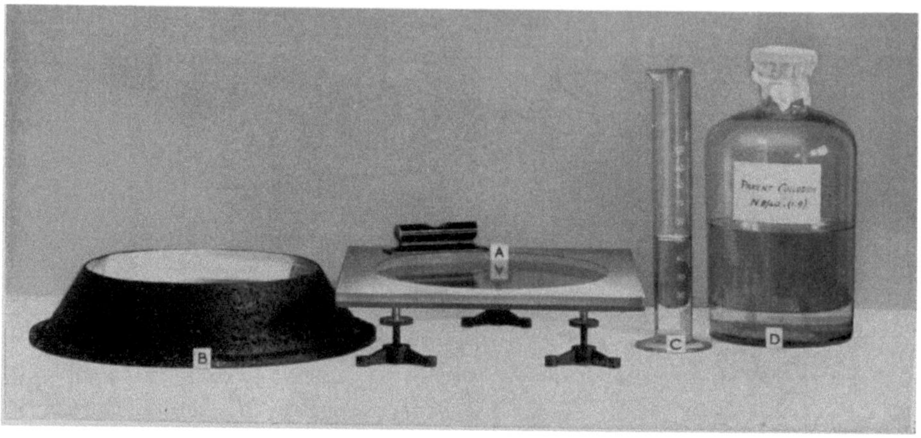

Fig. 3. (A) Glass cell and spirit-level. (B) Shield for cell. (C) Measuring cylinder and collodion. (D) "Parent" collodion.

the squares which are then cemented together by means of egg white. A perfectly flat cell of convenient depth is obtained in this way (see fig. 3 A). For experimental purposes a cell 20 cms. in diameter is convenient, but when preparing a large stock of membranes a cell 40 cm. in diameter is used.

The cell is mounted on three levelling screws on a very stable table or bench in the centre of the room, and is adjusted to be quite horizontal by means of a sensitive spirit level. The need for great care in this adjustment must be emphasized since it is such an important factor in determining the uniformity in thickness of the membrane. The cell is cleaned with alcohol before use.

Convection shield.

A circular shield, seen in fig. 3 B, is placed on the cell during the evaporation period in order to maintain a steady undisturbed atmosphere in the immediate neighbourhood of the film. The shield may be cylindrical or slightly conical in form— e. g. base angle approx. 80°. It is well too that the shield be raised about $^1/_8$ inch from the glass surface by having three small discs of this thickness to rest it on, so that the heavy ether vapour, tending to accumulate within the shield, may be able to leak away. The diameter of the shield at the top should be 22 cms. for the small cell and 44 cms. for the large cell. A convenient height is 15 cms. SMITH and DONCASTER (187, *1*) have used a shield of rectangular shape, but this is not recommended in view of the uneven distribution of vapour occasioned by the angles.

Preparing a membrane.

All the apparatus and materials to be used in making the membrane must be placed in the constant temperature room for at least one hour to attain the uniform temperature 22,5° C. The levelling of the cell should always be checked

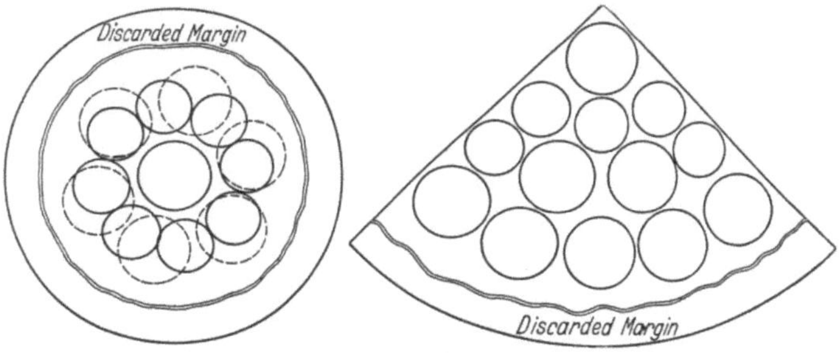

A B

Fig. 4. Showing how small discs are cut from large membrane. (A) using the 20 cm. cell; (B) with the 40 cm. cell.

immediately before pouring the collodion. The requisite volume of the collodion, 50 c. c. or 75 c. c. for the 20 cm. cell, and 200 or 250 c. c. for the 40 cm. cell, is measured in a calibrated measuring cylinder and carefully poured into the centre of the cell. It flows quickly to the periphery forming a uniform layer and should any air bubbles have formed these may be quickly drawn to the edge of the cell with the lip of the measuring cylinder. The shield is placed in position, and the evaporation of the solvents is allowed to proceed in the still atmosphere of the room. A period of 75 to 90 minutes is generally necessary for the film to set and then the surface is flooded with distilled water (also at 22,5° C.). The film is left so for about half an hour when it is possible to lift it cleanly from the cell and no deposit should be left on the glass. The presence of a deposit indicates that the aggregation had been too far advanced before "setting" of the film occurred. It may be remedied by adding a small amount of acetic acid to the collodion — one to two tenths per cent should suffice.

The film is removed from the cell and placed in a large petri-dish filled with distilled water. The 20 cms. film is placed as a whole in the water, but the large 40 cms. film is always cut into four sections. After having been in the water overnight the film is removed and placed on a moistened sheet of filter paper which rests in turn on a square of plate glass. Small circular discs of the sizes required for the filter apparatus employed are cut from the large film by means of steel punches. From the 20 cms. film one central disc and one complete ring only of discs are cut (see fig. 4, A), the marginal strip more than 1 inch in width being discarded. The 7 or 8 discs so obtained will be found to exhibit excellent uniformity. When dealing with the sectors of the larger film discs lying on the arcs of three or four concentric circles are cut, see fig. 4, B. Again a marginal strip about $1^1/_2$ inches wide is neglected. The discs are washed in sterile distilled water contained in small glass pots, changes of water being made twice daily. Alternatively a continuous washing process is used in which glass containers for the membranes are arranged in cascade and sterile distilled water syphons continually through the series. Complete equilibration of the membrane against water takes from 10 to 14 days. This period may be shortened to 6–8 days if on the first two days following the overnight washing in distilled water the discs are washed in changes of 25 per cent alcohol. This hastens the removal of the amyl alcohol which is the least water-soluble of the solvents used.

Sterilisation of gradocol membranes.

Gradocol membranes may be sterilised by steaming without seriously affecting their porosities, but autoclaving treatment is too drastic. The membranes contained in distilled water in glass pots (see fig. 13, E) are placed in the open steamer when cold. The temperature is gradually raised to boiling point of water and kept so for $1^1/_2$ hours. The membranes are then allowed to cool slowly. Any alteration in the rate of flow of water shown on recalibrating membranes after such treatment seldom exceds 5 per cent and is stabilised after the first steaming. GRABAR (85, *2*) finds heating to 80° C. for an hour on each of three successive days with intermediate incubation at 37° C. a satisfactory procedure.

Storage of membranes.

The sterilised membranes may be kept in distilled water for months, in fact, years, without appreciable change, but in instances where the membranes have received frequent steamings a slight increase in porosity may be detected. It is an advisable procedure, therefore, always to check the porosity of membranes that have been stored for some time. A determination of the R.F.W. value (see later paragraph) will suffice to indicate whether any significant change has occurred.

Uniformity of pore size in gradocol membranes.

The ratio of the maximum pore size (critical air pressure method) to the average pore size (rate of flow of water method) provides a convenient criterion of the uniformity in pore size of membranes. The value of this ratio for Gradocol membranes is close to 2, whereas for acetic acid collodion films the value may be as high as 10. GRABAR and NIKITINE (87) have applied ERBE's method (68) in studying the distribution of pore size in gradocol membranes.

When examined microscopically in the form of a section cut parallel or at right angles to the surface, gradocol membranes exhibit a uniform granular appearance (57, *10*; 86). The granularity increases in fineness as the porosity decreases. The interstices between aggregated nitro-cellulose particles constitute the pores of the membrane, and these must inter-communicate and ramify in all directions. The unidirectional capillary structure postulated when calculating the pore size of a membrane is clearly an ideal picture, the degree of justification for which will be discussed in the section on calibration methods.

Reproducibility.

The uniformity among discs cut from the same large membrane should be such that their R.F.W. values agree within ± 5 per cent, and this is readily obtained if the technical details already mentioned are carefully observed. The reproducibility shown among different batches poured from the same parent collodion depends upon having reproducible conditions, but porosities should check within 10 per cent. The possibility of reproducing these membranes in comparable series of graded porosities has been well demonstrated by the concordant results obtained in filtration studies by workers in different laboratories.

Grading of "gradocol" membranes.

Gradocol membranes are graded throughout the series in terms of their average pore diameters determined by the rate of flow of water method.

The calibration of membranes.

BECHHOLD (23, *2*) in his early studies with ultrafilter membranes applied these methods for their calibration: 1. the 'bubble-pressure' or 'critical air pressure' method, 2. the rate of flow of water method, and 3. the filtration of standard colloidal suspensions. Methods 1 and 2 are to be recommended for the grading of ultrafilters, since they give values for the porosities dependent solely upon the physical structure of the membrane, while method 3 expresses permeabilities and involves therefore the physical properties (electric charge, homogeneity of dispersion, etc.) of the colloid filtered in addition to the structure and surface properties of the membrane.

I. The 'bubble pressure' or 'critical air pressure' method.

Literature: 10; 23, *2*; 56; 57, *4*; 9, *1*.

This method provides a means of determining the size of the largest pores in ultrafilters. The membrane, saturated with water, is mounted so that its uppermost face is covered with water, and an air pressure may be applied to the under face. The pressure is increased gradually until at a critical value p, streams of air bubbles are observed to escape from the upper surface of the membrane. Then, knowing the surface tension, σ, for air/water at the temperature of measurement, the value for the radius, r, of the pore capillaries is given by the relation,

$$r = \frac{2\sigma}{p},$$

r given in cms., when σ in dynes/cm. and the pressure in dynes/sq. cm. When examining a hetero-porous membrane a few isolated large pores will first be detected, followed by an increasing number as the pressure is raised further. This happens with acetic acid collodion membranes. With a relatively isoporous structure, the bubbling is confluent at the critical air pressure, as found with

Table 1.

A. P. D. from R. F. W., in mμ	Maximum pore Diameter in mμ	
	Water $\sigma = 73,5$	Isobutyl alcohol $\sigma = 22,8$
1670	2240	2400
1050	1420	1650
690	890	1110
460	750	830
340	520	610
210	—	320
100	—	140

N. B. The equilibration of the membrane against a non-solvent organic liquid is generally attended by slight swelling or contraction due to altered solvation (11, *1*). This probably accounts for the higher valves for M. P. D. given by isobutyl alcohol than by water.

gradocol membranes. Unfortunately the range of applicability of this method is limited owing to the distension of the membrane produced by the excessive pressures needed to force air through the fine capillaries. Thus with water ($\sigma = 73,5$) saturating the membrane the practical lower limit of porosity is about 300 mμ, but this may be extended to 100 mμ by using isobutyl alcohol ($\sigma = 22,8$). The requirements of the liquid used are that it should completely wet (angle of contact zero), yet be without solvent action upon the membrane substance. Some measurements on gradocol membranes are given in the preceding table 1.

II. The rate of flow of water method.

Literature: 80; 32; 53; 23, *2*; 57, *2*, *4*; 60, *2*; 139; 30, *1*, *2*; 100, *1*, *2*; 85, *2*; 11, *1*; 49; 5, *2*; 187, *1*.

Measurement of the rate at which water flows through a membrane under standard conditions may serve as a basis for characterising the membrane, and if a simple capillary structure be assumed, then a value for the average pore diameter may be derived. ELFORD (57, *4*) has adopted the rate of flow of water (R.F.W.) value defined as the volume of water in c. cs. passing per sq. cm. per minute, through a membrane 0,1 mm. in thickness, under 100 cms. water pressure at 20° C. The formula for calculations

$$R.F.W. = \frac{Vt\,.\,60\,000}{A.\,T.\,P.},$$

V = volume, c. cs.; t = membrane thickness in mm.; A = membrane area; T = time of flow in secs; P = pressure in cms. water.

The flow of water through collodion membranes is found to obey POISEUILLE's Law govering the flow of fluids through capillaries (53; 30, *1*; 57, *2*; 30, *2*). Hence if the pores through which water is flowing are assumed to be cylindrical capillaries of circular cross-section and running perpendicular to the membrane surface, with length corresponding to the thickness of the membrane, then

$$\frac{V}{T} = \frac{N\,\pi\,r^4\,P}{8\,\eta\,t},$$

where V = vol. c. cs. passing/sq. cm./T secs; N = no. of pores per sq. cm.; r = radius of capillary in cm.; η = viscosity of water C. G. S. units; t = thickness of membrane in cm.; P = pressure causing flow, in dynes.

Now if the further assumption is made that the measured specific water constant (S.W.C.) of the membrane gives the fraction of the total volume of membrane occupied by the effective pores, then since S.W.C. = $S = N\,\pi\,r^2$, we may write

$$\frac{V}{T} = \frac{S\,.\,r^2\,P}{8\,\eta\,t}$$

or

$$r = \sqrt{\frac{V.\,8\,\eta\,t}{T.\,S.\,P}} = k\sqrt{\frac{F}{S}}$$

where F = R. F. W.

By the suitable adjustment of units, an expression for j, the average diameter of the pores in microns, may be deduced.

$$j = 0{,}234\sqrt{\frac{F}{S}}\,.$$

Since comparable conditions obtain throughout the series in preparing gradocol membranes and the values of S remain reasonably constant over a wide range of porosities, it is convenient to construct a graph plotting values of j

against F. A continuous curve is obtained which once established is very useful for the purpose of rapid preliminary calibration of membranes from the measured R. F. W. (i. e. F) values.

How far are the assumptions made in calibrating gradocol membranes justified?

This question has been considered by ELFORD and FERRY (60, *2*), who advance evidence in support of the simple structure assumed (see also MANEGOLD and SOLF 140). The specific water contents of gradocol membranes ranging in porosities from 2000 mμ down to 20 mμ remain at the high value 0,8–0,9, meaning that the total pore volume in such membranes is reasonably constant, and that the variation in porosity is probably determined by alterations in the state of aggregation and hydration of the nitro-cellulose. The mode of formation of the films by the linking together of particulate units must lead to a system of intersecting channels. The possibility of individual pores is also precluded by the high S. W. C. values. Consideration of an ideal structure comprising straight cylindrical pores distributed uniformly in three mutually perpendicular directions and intersecting one another, shows that for values of the specific pore volume, V, equal to 0,8–0,9, the volume, V_e, of pores effective in rate of flow measurements, i. e. those directly connecting two opposite faces, represents about 60 per cent of the total free space in the membrane (60, *2*; 140). The assumption, therefore, that $S = N\pi r^2$ whereas in fact the true relation is $\Phi S = N\pi r^2$, Φ being V_e/V, means that the calculated pore diameter will be too low, and for $\Phi = 0{,}6$ the shortcoming will be to the extent of 30 per cent. For pores of square cross-section instead of circular, but under otherwise the same conditions, $V_e = 0{,}7\ V$ (63;140), and the value of j based on $\Phi = 1$ instead of $\Phi = 0{,}7$ will be low by about 15 per cent. MANEGOLD and SOLF (loc. cit.) have in addition considered an intersecting system of endless slits, but this form of structure appears to be ruled out, in so far our problem is concerned, by the very nature of the membrane formation. The cross-sections of the pores are probably polygonal in contour. (Reference should be made to the comprehensive studies by MANEGOLD et al. [Kolloidzeitschrift 1930 onwards] on the permeabity of collodion membranes under various conditions).

The operation of forces favouring orientation during the formation of the film may be expected to cause the porosity to be greatest in the direction perpendicular to the membrane surface. This will favour the assumption $\Phi = 1$ in calculating the value of j.

Hydration.

The degree of hydration of the nitro-cellulose is assumed to be negligible. This is probably justified for the coarsest membranes, where the nitro-cellulose is in a highly coagulated form, as indicated by the fact that membranes of porosities greater than 100 mμ may be dried with little shrinking or curling, and be rewetted. There is evidence that with less porous membranes hydration assumes increasingly significant proportions. However, in the absence of any quantitative data on this point it is only possible to indicate the direction of the error due to this factor. The calculated pore diameter will again be too low.

Length of pores.

The length of the pores is assumed equal to the membrane thickness. It is fairly obvious that for a system of closely packed intersecting capillaries, since flow will follow the path of least resistance between points of equivalent pressure difference, that the thickness of membrane must give a good indication of the length of the pore. Any error present here will be one of underestimation and the value of j will be too low in consequence. In instances where the pores possess a high degree of individuality then the effects of tortuosity will become pronounced.

Poiseuille's *Law*.

The influences of electrokinetic effects and anomalous viscosity relationships in very fine capillaries of less than 10 mμ porosity may be expected to produce rates of flow less than required by Poiseuille's Law (57, *6*; 114).

Thus the several assumptions involved in the formula used for calculating the A. P. D. of membranes from R. F. W. measurements combine generally to yield a value of j which is too low but probably within 25% of the true value for membranes ranging in porosities from 2000 mμ down to 20 mμ. For still less porous membranes, however, the discrepancy assumes progressively greater proportions due to a modified membrane structure and finally departure from Poiseuille's Law of flow.

Technique of membrane calibration.

a) Measurement of membrane thickness.

The piece of membrane is placed between two circular uniform cover-glasses and the combined thickness measured by means of a delicate micrometer gauge. Knowing the thickness of the cover-glasses alone, that of the membrane is obtained by difference. A convenient form of gauge reading to 0,001 mm. is seen in fig. 5, C. Alternative methods are available, viz. using the principle of the optical lever (106), direct microscopical measurement of the thickness of a strip of membrane (60, *2*), or using a spherometer (188).

The thickness may also be calculated from the weight of the wet and dry membrane, knowing the density of nitrocellulose (value 1,6), from

$$t = \frac{(W_w - W_d) + \frac{W_d}{1.6}}{A},$$

t = thickness of membrane in cm.; A = area of membrane sq. cm.

N. B. In Elford and Ferry's paper (60, *2*), $(W_w - W_d)$ was written as W_w to mean weight of water, but overlooking the fact that W_w had been used to indicate weight of the wet membrane.

b) Specific water content.

A large membrane (4 cms. diameter) is used for this determination. A small sector is cut for the purpose of measuring the thickness and then the superficial water is removed from the membrane (complete with sector used for thickness measurement) by placing it between the folds of a smooth hardened filter paper (No. 575 Schleicher and Schüll or No. 50 Whatman). The filter paper is plied so that contact is made with the membrane surface without its being pressed in handling. The membrane is then placed in a pair of tared watch-glasses and weighed to give W_w, the weight of the wet membrane. It is then dried in the hot-air oven at 60–70° C. for 6 hours. After being allowed to cool in a dessicator, the dried membrane and watch-glasses are re-weighed to give W_d, the weight of the dry membrane. An alternative procedure is to dry the membrane over sulphuric acid in a vacuum dessicator (11, *1*).

The specific water content is given by

$$S = \frac{W_w - W_d}{A\,t},$$

A = area of membrane sq. cm.; t = thickness of membrane in cm.

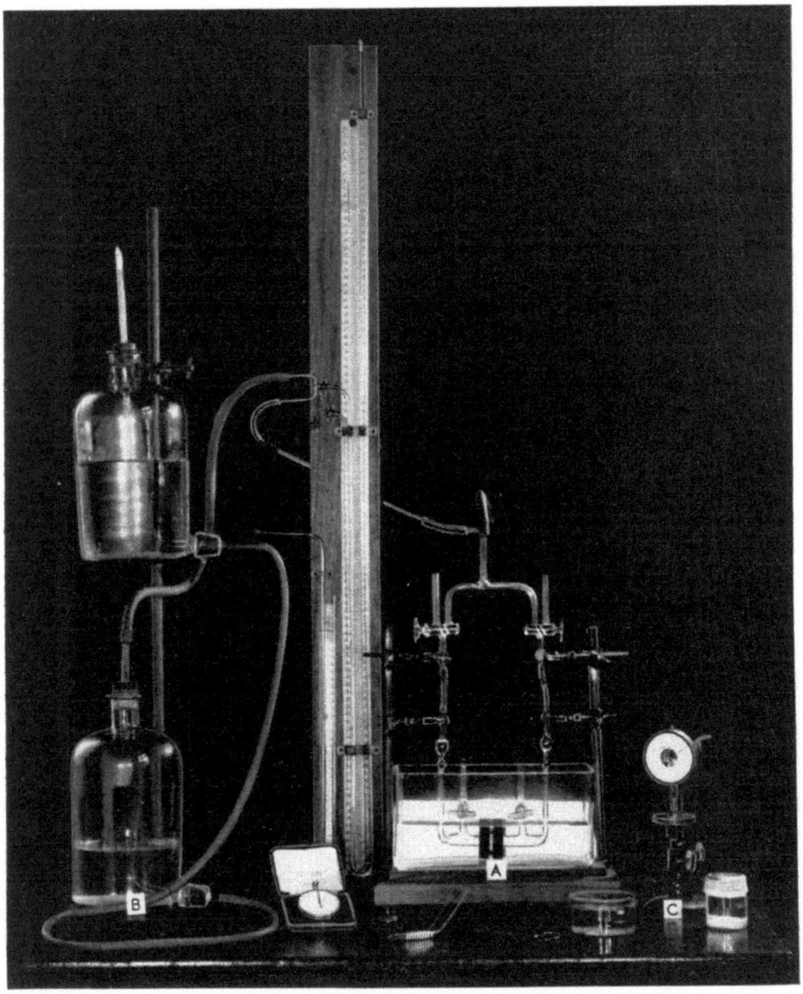

Fig. 5. Apparatus set for R. F. W. determination.
(A) Calibration cell in water bath at 20° C; (B) Aspirator bottles as arranged to give required pressures of water; (C) Micrometer guage.

Alternatively the volume of the solid nitrocellulose present may be calculated from the determined dry weight W_d and the density of nitrocellulose, ϱ, for which 1,6 is an average value. Then S follows from the ralationship

$$S = 1 - \frac{W_d}{A \,.\, t \,.\, \varrho}.$$

Bechhold (23, *2*), in calibrating acetic acid collodion membranes, assumed the water content equivalent to the percentage of acetic acid in the parent collodion. This is a convenient approximation permissible for this type of membrane, and assumes the specific volume of the collodion unchanged by gelation and neglects any difference in specific volumes of nitrocellulose and acetic acid.

c) *Measurement of* R. F. W.

Apparatus: — A simple form of calibration cell is shown in fig. 6. The membrane is held vertically between two carefully aligned half cells made of glass, rubber washers being inserted on either side of the membrane to ensure a good joint when the ebonite clamp is tightened. The side arms carrying matched bulbs of known volumes are attached by means of waxed rubber bungs. Modifications of this cell have been used, the central half cells being made of metal (11, *1*; 187, *1*). If these components are accurately machined, the technique of aligning the cell and also the method of clamping are simplified. Measurements are conveniently made at 20° C., and the time required for the volume of water contained within one of the calibrated bulbs to pass through the membrane and fill the opposite bulb under a known applied pressure is taken by means of a stop watch. The direction of flow is then reversed and the average of three readings in each direction found. Conditions should be chosen so that the time of flow is of the order 100 seconds.

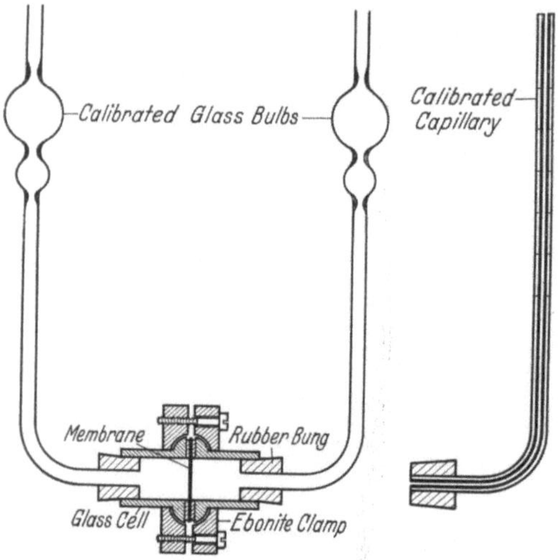

Fig. 6. Simple form of calibration cell.

An improved form of all-glass calibration cell recommended for general use is shown in fig. 7. The use of rubber bungs is avoided, this being very desirable when calibrating membranes of low porosities to eliminate possible small leakages and deformations affecting the volume of water enclosed in either arm under pressure. The cell assembled as illustrated is held rigidly in a level position in a thermostat at 20° C. (see fig. 5, A). The arrangement of stop-cocks provides a convenient means of applying pressure to either side of the membrane in turn, so that consecutive determinations of the time of flow may be made without disturbing the mounting.

The value of F may vary a millionfold for porosities ranging from 2000 mμ down to 2 mμ. In practice therefore, it is necessary to make adjustments to

Table 2. Ranges of application of pressures and bulb volumes in R. F. W. measurements. (Area of membrane exposed to flow = 0,8 sq. cm.)

Description of bulb	Volume of bulb c. cs.	Range of pressure cms. water	Range of application	
			R. F. W.	A. P. D. mμ
Large bulbs . . .	2,5	10–60	1–30	250–1300
Small bulbs . . .	0,25	40–70	0,08–1,5	80–300
Capillaries	0,01–0,03	40–70	0,005–0,08	20–80
		300–350	0,00003–0,005	2–20

maintain a convenient value for the time of flow, T, which on grounds of accuracy should certainly not be less than 30 seconds, nor for convenience greater than 10 minutes. Table 2 gives suitable values for the bulb volumes and the applied pressures together with the ranges of R. F. W. and A. P. D. for which they apply.

The area of the membrane, A, functioning is calculated from the mean diameter of the circular opening at the flange of each half-cell. Since the values of V and A

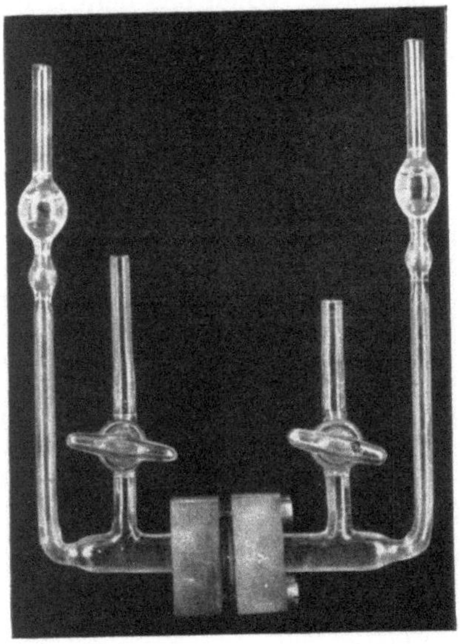

a

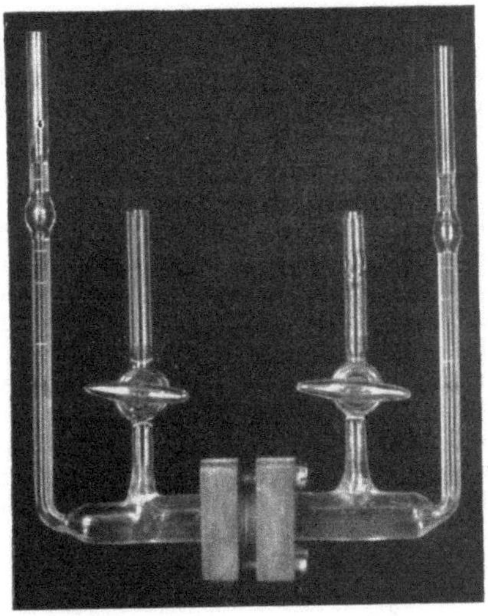

b

Fig. 7. All-glass calibration cells.
(a) Bulb type; (b) Capillary type.

are constant for each calibration cell, the R. F. W. may be calculated from the simple relation

$$F = \frac{K \cdot t}{T \cdot P},$$

where K is known as the "bulb constant" and is equivalent to $\frac{V}{A} \cdot 60000$; while t, T and P are as in earlier equation.

The general assembly for an R. F. W. determination is shown in fig. 5.

Practical points in technique of R. F. W. *measurements.*

The cells are kept with the bulbs immersed in sulphuric and chromic acid cleaning mixture to ensure grease-free surfaces and perfect wetting and drainage during rate of flow tests. Assembling the calibration cell.

1. The central openings of the two half-cells must be accurately aligned. The cell should be made so that the openings are concentric with the circular rims of the flanges. Alignment of the latter then ensures alignment of the central openings. To the faces of the flanges are connected (rubber solution cement used) rubber washers to fit exactly the diameter of the circular opening of the cell. The mounting of these washers should be examined frequently since after standing in the water bath the cement tends to break away from the glass surface and may give rise to leakage. The washers must adhere firmly to the glass at all points. The sheet rubber as used by dentists, is very suitable for making these washers. With the membrane inserted in position between the two half-cells, aligned as stipulated, the clamp-

ing screws are then tightened, gradually and uniformly to ensure even pressure and a sound joint.

2. Attention to stop-cocks.—The ground surfaces should be carefully greased to give clear unbroken films. This is important especially when calibrating membranes of low porosities with the capillary cells, as otherwise small leaks may occur.

3. The compartments on either side of the membrane are filled with water through the respective stop-cocks. The latter too may be used in adjusting the levels in the bulbs although a fine capillary pipette is often preferable. When one bulb is full, the opposite one should be just empty.

4. Source of applied pressure.—Pressures up to 70 cms. water are obtained by adjusting the relative height of two aspirator bottles, and the pressure is measured with a water manometer. For higher pressures a mercury reservoir is adjusted in conjunction with a mercury manometer.

5. Levelling of cells.—A horizontal levelling wire (see fig. 5) permits opposite bulbs to be adjusted in a level position, and then since the heights of the water columns are so arranged that when one bulb is just full the opposite one is just empty, no correction is necessary for the difference in heights between the rising and falling meniscuses during the measurement of the time of flow. When the capillaries are being used such an arrangement is not always convenient and a correction for the difference between the mean meniscus heights may have to be made, depending on the magnitude of the error involved.

6. Capillary cells.—*a*) Since the volumes of the capillaries are small the time of flow should never be less than 100 seconds. Attention must always be paid to the elimination of error due to drainage of liquid into the capillary. Sufficient time must elapse between applying the pressure and the moment the meniscus crosses the upper calibration mark to allow drainage to be complete and a uniform movement of the meniscus to be established. To check upon this condition the fall of the meniscus may be timed over two consecutive portions of the calibrated capillary.

b) Owing to the relatively high pressures necessary in calibrating membranes of low porosities the membrane bulges appreciably and in consequence of this the water displacement may be 0,1–0,15 c. c. The use of any form of support is not permissible in view of the requirement that the area through which flow occurs be defined and known. Hence the levels of the meniscuses must be suitably adjusted so that the drop in water level when the pressure is applied still permits an adequate interval for drainage and the attainment of steady conditions before the timing over the calibrated portion of the capillary is commenced.

7. Detection of leaks.—*a*) The water levels above the stop-cocks should be carefully observed during the measurement of flow. If the meniscus rises in either tube indication is given of a leak through the corresponding stop-cock.

b) The water levels in the bulbs must also be noted following consecutive reversals of the pressure during runs. Should the level in either arm drop, then a leak is indicated due either to the clamp not being tightened sufficiently or to bad contact between the glass flange and the rubber washer.

Errors due to leakages result in the measured values of R. F. W. being too high, while drainage errors cause the values to be too low.

III. The filtration of standard colloidal suspensions.

This method demands full appreciation of the principles of filtration since it concerns the permeability as distinct from the porosity of a membrane. Two factors of particular importance are 1. the degree of homogenity of the standard suspensions used and 2. the extent to which adsorption of the dispersed particles by the filter occurs. Any calibration in which these influences are neglected can prove very misleading. The following section is devoted to the consideration of the factors governing filtrability with particular reference to the filtration behaviour of gradocol membranes towards suspensions of known constitutions and particle sizes.

Principles of filtration.

Too often the early users of ultrafiltration methods regarded the process involved to be as simple as that operating when one sorts out the sizes of particles by means of a sieve, in others words, that the size of mesh in relation to the size of particle was the sole determining factor. This inadequate conception led to erroneous interpretation of results, since the influences of other important factors were neglected. In a collodion membrane the channels through which filtration occurs may be 1000 times, and often more, as long as they are wide, and may be far from regular in cross-section and direction. In consequence, surface adsorption and mechanical blocking in the pores must inevitably have great significance in ultrafiltration processes. Equally important are the properties of the disperse systems filtered, e. g. the concentration and nature of the disperse phase, its stability, lyophilic or lyophobic properties, degree of homogeneity of dispersion etc.; also the composition and reaction of the medium. All these factors must be carefully considered in membrane filtration and be studied in relation to such extraneous conditions as applied pressure, temperature, and the volume filtered per unit area of membrane surface.

Filtration pressure.

The rate at which a liquid filters through a membrane of which the pores are large compared with any particles contained in the liquid becomes proportional to the applied pressure. However, when the membrane is actually functioning as a filter, i. e. when some or all of its pores are smaller than the dispersed particles or when the pores are narrowed sufficiently by adsorption or mechanical blocking, then this direct proportionality does not hold. Under such conditions there exists an optimum pressure giving the best rate of filtration. This is due to the fact that when the pressure is increased beyond a certain point it packs the retained particles more tightly in the pores of the membrane with consequent retardation of filtration. Devices found to improve the rate of filtration by reducing blocking have included the use of pulsating pressure (23, *3*; 82), alternating pressure (57, *2*), and stirring (23, *5*; 39). The degree of success attending such measures depends largely upon whether or not the blocking is due to congestion at the entrance to the pores by a surface layer of particles formed there, or whether the particles have penetrated into the membrane and adhere there by virtue of their "sticky" nature, e. g. mucinous substances are notorious in this respect. In the former case stirring and periodic reversal of the pressure can be very helpful, but in the other circumstances little improvement, if any, is effected.

When filtering emulsions the factor of deformability of the globules of the disperse phase enters. Thus Bechhold and Neuschloss (24) found that lecithin dispersed in water in the form of droplets several microns in diameter was able, when the applied filtration pressure exceeded 150 gm./sq. cm. to traverse an acetic collodion membrane that would retain haemoglobin. The droplets, deformed in the capillaries, emerged to revert once again to their normal size and shape in the filtrate. The question of the filterability of emulsions has been analysed by Hatschek (94).

Temperature.

Temperature affects the rate of filtration mainly through its influence upon the viscosity of the system. This is illustrated well in the case of serum which filters much more readily at 25° C. than when brought directly from the ice-box at 0° C. It is advisable always to adjust the temperature of systems that have been stored in the cold to 25° C. before filtering.

Volume filtered per unit surface area.

The volume of liquid filtered per unit surface area of membrane should always be considered in filtration experiments, since in certain circumstances it may be a factor deciding the potency of the filtrate. Particularly is this so when adsorption is prominent. On filtering a small volume of suspension the filtrate may be found to contain little of the disperse phase, which, however, may pass the membrane readily on filtering a volume sufficient for the surface to become saturated. This will be appreciated in the next paragraph dealing with adsorption in ultrafilters.

Surface adsorption.

The importance of surface adsorption in filtration has long been recognised (23, *1*; 100. *1*; 135; 171; 70; 89), and in his early descriptions of the application of ultrafiltration methods, BECHHOLD (23,*1*) emphasised the necessity of checking, in the case of each system studied, whether or not adsorption by the membrane was appreciable or not. This he tested by shaking up small pieces of the membrane in the suspension. Other workers have studied the adsorption on collodion particles (135; 57, *6*). In general positively charged colloids are more strongly adsorbed than those negatively charged, as would be expected on electrostatic grounds since the collodion membrane carries a negative charge. Protein substances in solution are found to exhibit maximum adsorption at the isoelectric point. More precise knowledge of the role of adsorption in the ultrafiltration of any particular system may be gained from the form of the filtration curve, which is constructed by plotting the relative filtrate concentration (i. e. the concentration in the filtrate expressed as a fraction of the original) against the volume of filtrate collected (60, *1*). The general types of curve obtained are shown in fig. 8. Curve I relates to a system of which the disperse phase, after the initial adsorption has become saturated, can readily pass the filter, the final filtrate concentration being equivalent to the original. When a portion of the disperse phase is retained by the membrane the relationship in curve II holds, and the filtrate concentration never reaches that of the original. In addition to adsorption, mechanical blocking of the membrane may occur, and in this case the filtration curve will take the form shown by curve III. The filtrate concentration rises to a maximum value and then falls off more or less rapidly according to the extent of "blocking" in the pores. Types I and II are the curves of "normal" filtration, i. e. adsorption without any significant blocking, while type III denotes "abnormal" filtration with pronounced blocking (60, *1*). It is recommended that, whenever possible, filtration curves should be determined when applying ultrafiltration methods.

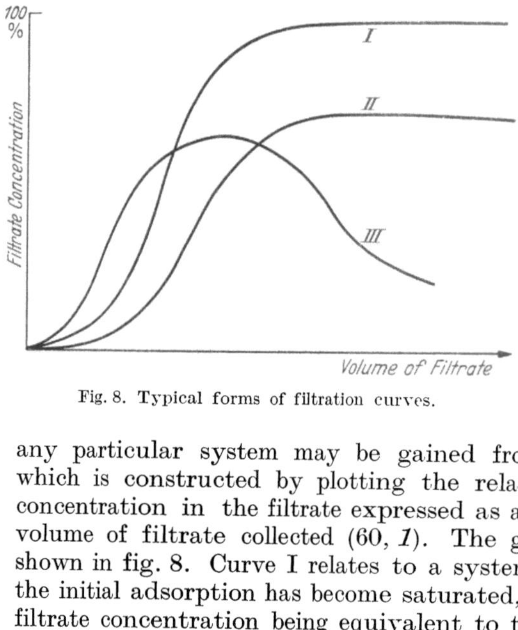

Fig. 8. Typical forms of filtration curves.

The amount of adsorption occurring in any particular instance is proportional to the surface area of pores in the membrane, and therefore varies directly as the area of membrane surface and the thickness of the membrane. This relationship has been verified experimentally for dyes and proteins (57, *6*) and also for the virus of foot-and-mouth disease (79, *1*). When the filtration pressure is increased the amount of adsorption is slightly diminished. This is due presumably to the increased kinetic energy of the liquid as it passes through the pores enabling particles to overcome certain surface forces of attraction, and thereby minimising any tendency towards the formation of multiple adsorbed layers.

Nature of medium.

a) Hydrogen-ion concentration. — The p_H value prevailing in the system is of great importance in determining the filterability, particularly when dealing with amphoteric substances such as the proteins. Filtration proceeds with greatest difficulty in the neighbourhood of the isoelectric point, where, as already mentioned, the adsorption is at a maximum.

b) Electrolyte content. — The degree of ionization and surface charge on colloids may be greatly influenced by changes in the salt concentration of the medium. The stability and state of aggregation of the suspension may in consequence be affected and hence in turn its filterability. Salt effects are more pronounced in lyophobic systems, particularly in the absence of any "protective colloid". In the case of proteins, salts exert their greatest influence at p_H values near the isoelectric point (135; 60, *3*).

c) Presence of a capillary-active constituent. — 'Capillary active' or 'surface active' substances possess the general property of accumulating at interfaces and lowering the surface or interfacial tension. It is not surprising therefore to find that the presence of such compounds in the medium may greatly influence the filterability of suspensions by altering the surface equilibria involved. "Protective colloids" are surface-active, and, by forming an adsorbed layer around the dispersed particles, exert a stabilising effect on the suspension. Lyophobic suspensions, which often produce a rapid "blocking" of filters, are generally rendered more readily filterable by the presence of a "protective agent" (23, *1*; 223). All capillary active substances do not necessarily have a stabilising influence, but may under certain conditions bring about the coagulation of a suspension depending on whether or not the stabilising influence of adsorbed colloid can off-set the precipitating influence of charged ions present. Soap solutions, for example, may behave in this way. The concentration of the capillary active substance present is also important. The phenomenon is frequently encountered of a stabilising or "peptising" action being confined to a particular range of concentration (ions or colloids) beyond which a precipitating influence may prevail.

Brinkman and Szent-Györgyi (35) found that collodion sac membranes ordinarily impermeable to haemoglobin under given conditions were rendered permeable for this protein when sodium oleate was either first filtered through the membranes or added directly to the haemoglobin solution before filtration. Sodium linoleate, sodium glycocholate, digitonin (cryst.), glycerol mono-oleinate and Witte's peptone each acted in a similar way to sodium oleate, differing only in degree according to their specific surface activities. Elford (57, *6*) studied the influence of sodium oleate and saponin on the filtration of night blue. The alteration in the filtration curve is strikingly illustrated in fig. 9, showing that capillary active substances exert their effect of improving filterability through modifying the primary adsorption of the dye.

Ward and Tang (211) recorded that hormone broth, a medium consisting of an extract of digested animal tissue, greatly facilitates the filtration of vaccinia and herpes viruses through filter candles, as compared with their behaviour when saline or Ringer solutions are used as media. This effect is to be ascribed to the presence of a capillary active constituent in the broth. Bronfenbrenner (36) had previously found that broth improved the filterability of bacteriophages through collodion membranes and thought this was due to the broth facilitating the dissociation of the bacteriophage from larger carrier particles. Yaoi and Kasai (216) reported that egg white facilitated the passage of vaccinia virus through filter candles. Galloway and Elford (79, *1*) found that the virus of foot-and-mouth disease when contained in a phosphate-saline medium is consistently retained, for 10 ccms. filtered, by membranes of A. P. D. less than 60 mμ, but in a medium containing Hartley's broth at p_H 7,6 the virus passes a 60 mμ membrane undiminished in potency and is not completely retained until membranes of A. P. D. 25 mμ or less are used. The improvement in the filterability of foot-and-mouth disease virus through a 45 mμ membrane when broth is contained in the medium is shown by the broken-line curves in fig. 9. Broth also facilitates the filtration of proteins, but the magnitude of the effect depends on p_H, being greatest at p_H 7 to 8 (60, *1*, *3*). It is important, however, that during the preparation of the broth the digestion process is not permitted to proceed to the amino-acid stage of protein degradation. If this stage is reached then the medium no longer facilitates filtration and is in no way superior to physiological saline (60, *1*). The constituent of broth responsible for assisting filtration is a highly surface-active intermediate breakdown product of protein.

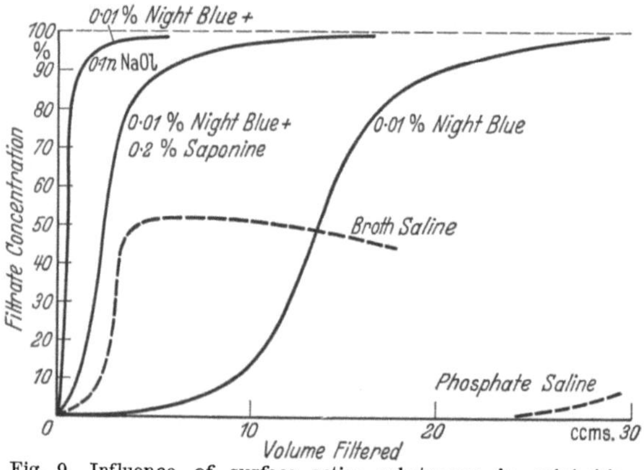

Fig. 9. Influence of surface active substances in minimising adsorption. Continuous line curves ———, Night Blue (57, *6*). Broken line curves - - - - -, Foot-and-mouth disease virus (79, *1*).

The general behaviour of capillary-active substances in facilitating filtration is due to the fact that the surface active molecules are adsorbed preferentially both on the walls of the pores and on the particles in the suspension being filtered, exerting thereby a kind of lubricating action in minimising blocking and adsorption and so assisting the passage of particles through the membrane. The significance of the effect in any particular instance depends not only on the relative adsorbabilities but also on the relative magnitudes of the molecules of the surface active substance and the dispersed particles of the suspension. The spatial relationships involved are readily seen from fig. 10, which portrays diagrammatically, for ideal conditions, the mechanism concerned. Thus the limiting porosity D for particle A, assuming a monolayer only on the wall of the capillary, is equal to three times the particle diameter (fig. 10, b). When multiple adsorbed layers are formed then the limiting pore diameter may be many times the diameter of the particle (fig. 10, a). In the presence of the relatively small molecule of the capillary active substance the conditions pictured in fig. 10, c obtain. The particle A can now readily pass through a pore of three times its own diameter and the limiting conditions for retention are given by $D = 4c + A$ (c and A the diameters of surface active molecule and particle respectively). Theoretically therefore as long as c is small compared with A, filtration may be expected to be greatly facilitated by the presence of the capillary active component and the limiting pore diameter will bear a close relationship to the size of particle just completely retained. When c approximates to A it may be anticipated from spatial considerations that except in circumstances when blocking due to multiple layer adsorption is pronounced the influence of the capillary active substance may not be appreciable. It is not difficult to visualise conditions under which it might result in a slightly higher end-point.

NORRIS (158) failed to detect any improvement in the rate of diffusion of calcium chloride through collodion membranes treated with sodium oleate and other capillary active substances. There being no blocking of the membrane normally during the diffusion of calcium chloride and the substitution of an adsorbed layer of capillary active substance for a layer of adsorbed chloride ions at the pore surface having a negligible influence on the effective pore diameter, except in excessively fine membranes, no change in permeability would be expected under these conditions.

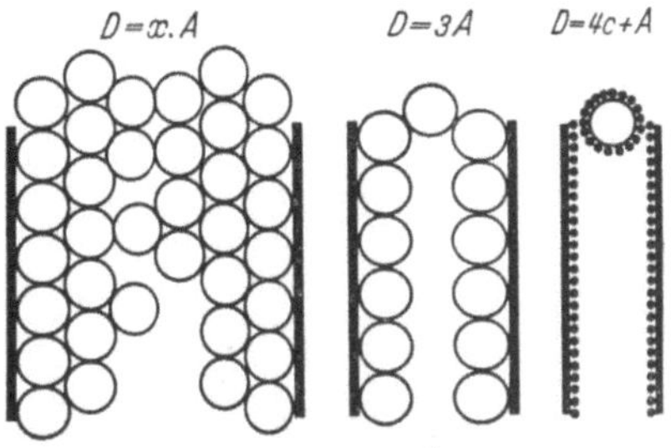

Fig. 10. Schematic representation showing the limiting pore diameters for certain ideal conditions.

(a) Multiple-layer adsorption. (b) Monolayer adsorption. (c) Conditions with surface active substance present.

CLAUSEN (46) found that certain collodion membranes, under ordinary conditions impermeable to protein, were rendered permeable when first treated with an aqueous solution of a surface active substance which he was able to extract from urine of patients suffering with parenchymatous nephritis. BEDSON (28), BLAND (33), and TALLERMAN (197) found that the permeability of collodion membranes for proteins was improved by saturating the membranes first of all with serum. NATTAN-LARRIER, GRIMARD-RICHARD, and NOUGUÉS (156) reported that the passage of complement through collodion membranes was facilitated by sodium oleate, and sodium tauro- or glyco-cholate, whereas egg albumin was not effective. RAO (170) has studied the influence of surface active substances on the permeabilities of various types of membranes, including collodion, towards acids and sugar in diffusion experiments (see also EDERER 71).

Ultrafiltration apparatus.

The foremost requirements of any form of ultrafilter apparatus are (1) a suitable support for the membrane and (2) a clamping device such as will ensure a sound joint between the membrane and its mounting. Brief descriptions of suitable ultrafiltration apparatus follow.

Apparatus of metal: — The forms of ultrafiltration apparatus used to-day are essentially modifications of that originally described by BECHHOLD (23, *1*). The design shown in fig. 11 has been generally used in recent years for virus studies (7). The filter is made of brass and suitably electroplated, with nickel normally, or chromium, but when studying systems of acid reaction silver should be used. [FOLLEY and MATTICK (75) have described an ultrafilter of stainless steel for high pressure filtration.] The filter funnel carries a perforated plate on which the membrane is laid and next comes a rubber washer to ensure a good joint when the top part of the filter is clamped in position. The two slots × × fig. 11 prevent any shear being transmitted to the membrane when the screw clamp is tightened by means of spanners. (N. B. In the original design of BECHHOLD the clamping of the filter parts was effected by means of nuts and bolts, the adjustment of which in tightening needs to be very uniform to give a sound joint. This becomes automatic with the screw clamp.) The perforated plate supporting the membrane is made by drilling 1 mm. holes, closely arranged to give maximum filtering area, in a disc of silver or stainless steel. It is important that the perforations do not extend to the periphery of the disc, but to leave a marginal ring of plane metal sufficient to accommodate the rubber washer and so to eliminate any danger of leaks arising through the membrane being forced into the perforations on tightening up the filter.

In assembling a negative pressure filter (79, *6*) it is necessary to insert a rubber washer below the perforated plate as well as one above the membrane.

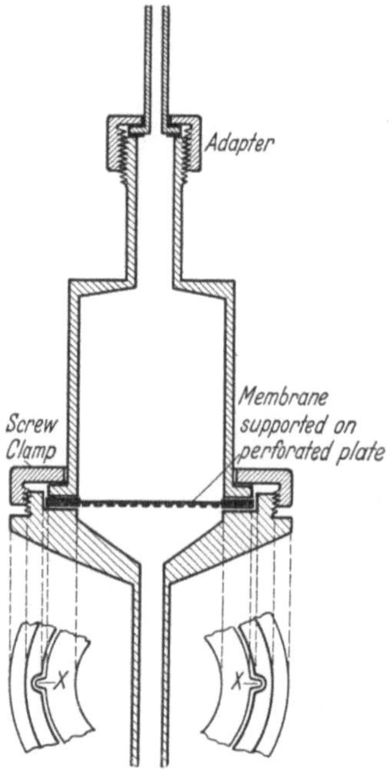

Fig. 11. Sectional drawing of metal ultrafilter (7).

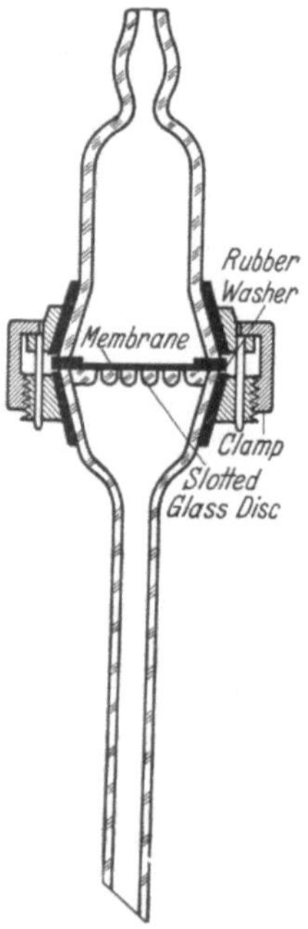

Fig. 12. Jena glass filter with slotted disc support for membrane.

Apparatus of glass:—In some circumstances it may be desirable to avoid bringing the system under study into contact with metal—viz. in studying acid systems, or when oligo-dynamic action of certain metals may influence results with labile biological systems. Purified suspensions of viruses and bacteriophages in absence of protective colloid are very susceptible to such influences. It is advisable then to use glass ultrafilter apparatus.

A form of filter for negative pressure made of glass except for the perforated metal plate supporting the membrane has been used by the author extensively in preparing washed preparations of viruses and phages. Since in such experiments the system above the membrane is being studied, it will be seen that this does not come into direct contact with metal. However, for similar purposes and whenever a truly all-glass filter is required, the model made by the Jena glass Company[1] is recommended. Fig. 12 shows a modification of the filter described by GRABAR (85, *1*), the disc of sintered glass fused into the filter funnel and used to support the membrane having been replaced by the slotted glass disc. This, in

[1] To whom acknowledgement is due for the sketch fig. 12.

the experience of the author, although reducing slightly the filtering surface, scores on the grounds of convenience in cleaning, and there is very little fluid lost through retention within the supporting disc. Both forms are available. The metal clamp is tightened by means of keys and an effective joint can thereby be ensured.

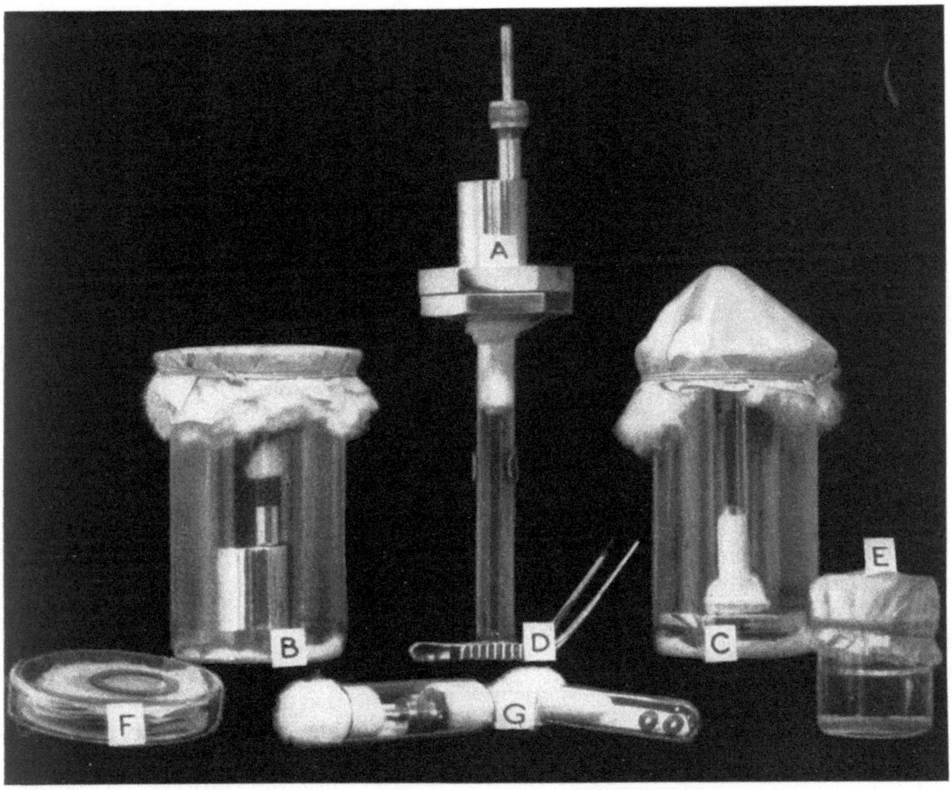

Fig. 13. (A) Assembled filter. (B) and (C) Filter parts as sterilised. (D) Forceps for handling membranes. (E) Membranes as sterilised. (F) Rubber washers as sterilised. (G) Adapter and small washers as sterilised.

Sterilisation of filter parts.—The component parts of the ultrafilter are sterilised as follows:

1. The metal or glass ultrafilter parts are conveniently put up as shown in fig. 13, B-C, to be sterilised in the hot air oven or the autoclave as the apparatus permits.

2. The filter membranes are contained in sterile distilled water in small glass pots (fig. 13, E), having been sterilised by steaming.

3. The rubber washers are autoclaved (fig. 13, F).

The complete filter is then assembled in the sterile atmosphere of an ultra-violet-light chamber (57, *2*) or with suitable precautions in a draught-free room.

Estimation of particle size by ultrafiltration.

Ultrafiltration provides a very convenient means of investigating the particle sizes of suspensions, but as already mentioned, a reliable analysis demands certain important conditions be secured. A graded series of reasonably isoporous filters is essential, and is now provided by the gradocol membranes. The filtration curves should be "normal" in type and the influence of all factors hindering filtration—e. g. adsorption and blocking—should be eliminated as far as possible. Hence any material more coarsely dispersed than the particles under investigation should be fractionally removed. The extent to which this is practicable, and the requisite porosities to be employed, will be revealed by the filtration curves.

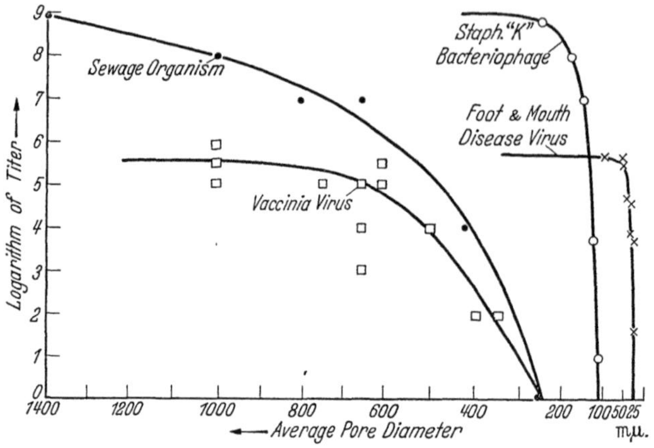

Fig. 14. Filtration end-point curves.

Filtration 'end-point'. The porosity of the limiting membrane just able to retain completely all the dispersed particles, under conditions most favourable for filtration, is known as the "filtration end-point". Filtration curves are established for the filtration of the suspension through membranes of progressively finer porosities. The maximum relative filtrate concentration (i. e. filtrate concentration expressed as a fraction of the original) is read from each curve and plotted against the respective porosity value to furnish a graph known as the "end-point curve", which will intersect the abscissa axis at the end-point porosity, (see fig. 14). FERRY (73, *2*) has discussed the form of end-point curve to be expected on statistical grounds when a monodisperse system is filtered through a truly isoporous membrane, for "normal" filtration.

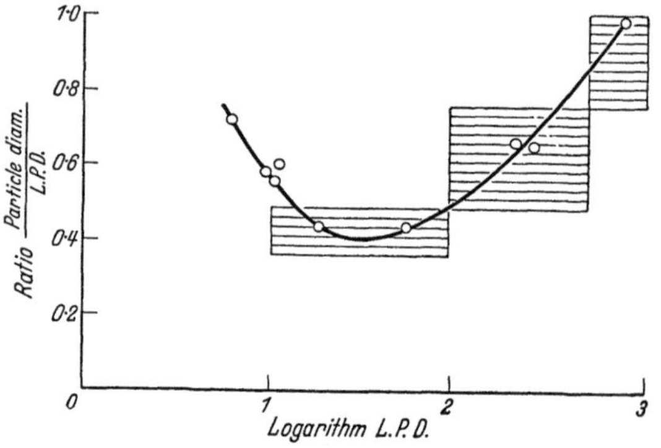

Fig. 15. Experimental curve showing relationship between the ratio $\frac{\text{particle diameter}}{\text{limiting pore diameter}}$ and the logarithm of the limiting porosity.

Relation between the particle diameter and the filtration end-point. Were ideal membranes of known structure available and the adsorption equilibria between the suspension and the membrane substance ascertained, then it would be feasible to predict the filtration end-points to particles of various sizes. However, as our collodion membranes are still far from being ideal and precise knowledge of their structure is lacking, it is necessary to adopt the practical procedure of establishing their behaviour as ultrafilters towards suspensions of standardised particle size. The relationship between particle diameter and limiting pore diameter may thus be revealed experimentally.

The filterabilities of suspensions of bacteria, the larger viruses, gold sols, and proteins, of which the particle sizes had been determined by the methods of microscopy, ultraviolet light photography, ultramicroscopical count, and ultracentrifugation analysis respectively, were studied by ELFORD (57, *6*), and ELFORD and FERRY (60, *1, 3*). The values of the ratio particle diameter/limiting pore diameter (L.P.D.) for protein-like systems when plotted against the corresponding values of log L.P.D. give the curve in fig. 15. The end-point data on which the curve is based are summarised in table 3.

Table 3. End-point data for the calibration curve fig. 15.

System	Limiting poie diameter, d. mμ	Particle diameter. p. mμ	Ratio $\frac{p}{d}$	Reference	
B. Prodigiosus	750	500–1000	1,0 (av)	Microscopical measurement	
Vaccinia virus	250	150–180	0,66 (av)	U. V. L. P. (6, *4*)	F. (58, *1*)
Infectious Ectromelia virus............	200	130–140	0,67 (av)	U. V. L. P. (7)	F. (7)
Haemocyanin (Helix)	55	24	0,44	C. (195)	F. (60, *3*)
Edestin	18	8	0,44	C. (196)	F. (60, *3*)
Pseudo-globulin (horse)	11–12	6,9	0,60	C. (194, *2*)	F. (60, *1*)
Serum albumin (horse)	9–10	5,4	0,57	C. (194, *2*)	F. (60, *1*)
Oxyhaemoglobin (horse)	10	5,6	0,56	C. (194, *2*)	F. (57, *6*)
Egg albumin	6	4,34	0,72	C. (194, *2*)	F. (57, *6*)

U. V. L. P. = ultraviolet light photography; F. = filtration; C. = ultracentrifugation analysis.

It will be noticed that the ratio approaches unity for the more porous membranes (nearing 1000 mμ) but as the porosity decreases the ratio too becomes smaller until in the neighbourhood of 20 mμ its value is close to one third. An interesting feature of the curve is its reversal in slope in the region of 10–20 mμ. This is the nett result of a combination factors which assume importance in this region of porosity, viz. transition in membrane structure as indicated by S.W.C. data, and influences due to electrokinetic effects in extremely small capillaries and accompanying anomalous viscosity relationships, all of which affect in increasing degree the calibration of the fine membranes below 10 mμ.

A factor F has been adopted (57, *6*) permitting the particle diameter, p, to be deduced from the determined end-point porosity, d, by means of the relationship

$$p = F \cdot d.$$

Thus

Value of factor F	Limiting pore diameter, d, in mμ
0,33–0,50	10–100
0,50–0,75	100–500
0,75–1,00	500–1000

The shaded bands in fig. 15 serve to indicate the relation borne by the 'factor' to the experimental curve. The value of 'F' for any particular end-point may be read directly from the curve provided always that the filtration conditions have been comparable with those for which the filtration curve was established. The values of F given above, enabling the probable limits for the particle size to be deduced, were intended to allow for uncontrolled variations arising in virus studies due particularly to the variable amounts of extraneous tissue protein according to the source of the virus. The results by both methods are in good agreement (73, *1*). It is to be recommended that when interpreting 'end-points' falling within 10 mμ of the porosities where a sudden change in the value of the factor occurs, the mean of the alternative values of F should be applied, e. g. in the range 90 to 110 mμ, $F = 0{,}4$–$0{,}6$.

It must be constantly appreciated that the adopted values of F and the calibration curve of fig. 15 apply to gradocol membranes employed under conditions most favourable for filtration. Under other conditions quite different relationships between particle size and limiting pore diameter will obtain, as has been well illustrated in the studies on the filterabilities of proteins in various media (60, *1*). 'End-points' determined for other than the most favourable filtration conditions, and hence too, the value of particle diameter obtained on applying F, will be too high.

Ultrafiltration analysis applied in determining the particle sizes of viruses and bacteriophages.

The medium consistently employed in recent ultrafiltration studies with viruses and phages has been HARTLEY's broth at p_H 7,6 (93). This has been found very favourable both for the stabilities of the active agents concerned and in ensuring filtration with minimum adsorption.

Recipe for HARTLEY's broth:

Ox heart or horse muscle	1500 gs.
Tap water	2500 c. cs.
Sodium carbonate (anhyd.) 0,8 per cent solution	2500 „ „
Pancreatic extract [COLE and ONSLOW (48)]	50 „ „
Chloroform	50 „ „
Hydrochloric acid (concentrated)	40 „ „

"Remove all fat from the ox heart, or horse flesh, and mince. To this add the 2500 c. cs. of water in a large enamel vessel and heat in the steamer until a temperature of 80° C. is reached. Then add the 2500 c. cs. of cold sodium carbonate solution, cool to 45° C., and add the pancreatic extract and chloroform. Place in a water bath at 37° C. for 6 hours, stirring occasionally. At the end of this time (6 hours) add the 40 c. cs. of hydrochloric acid (up to 5 per cent extra may be added, since if not sufficiently acid the digest will not filter). Steam for 30 minutes. Then strain through muslin and filter. Adjust the reaction to p_H 8,2–8,4 with sodium hydroxide (i. e. until the system just gives pink coloration with phenol-phthalein indicator). It is important not to exceed p_H 8,4. Distribute in bottles and steam for 30 minutes; cool and add 0,25 per cent of chloroform.

For use: Steam for half an hour to drive off the chloroform, filter and adjust the reaction as required, usually p_H 7,6, and sterilise by steaming for half an hour on three successive days."

To obtain a broth suitable for filtration purposes the digestion of the muscle must be arrested at a certain stage to yield a fairly constant proportion of the intermediate break-down products. This is ensured by conducting the digestion as detailed above provided the pancreatic extract is of the correct activity. This may be controlled (a very necessary procedure in view of the wide variation in potencies of pancreas extracts) by a simple test carried out as follows:—(cf. COLE: Pract. Physiological Chemistry, 7th Edn., p. 253).

"5 c. c. amounts of fresh calcified milk [50 c. cs. milk + 10 c. cs. N. calcium chloride (5,55 per cent) and total volume made to 100 c. cs.] are measured into test tubes and placed in water bath at 38° C. Serial five-fold dilutions of the trypsin solutions are made and in each instance 1 c. c. is added to 5 c. cs. of the calcified milk, immediate and thorough mixing being essential. The tube is quickly replaced in the bath and the time taken for a precipitate to form is noted by means of a stop watch. The dilution giving a clotting time between $1^1/_4$ and $1^3/_4$ minutes is determined and the strength of the trypsin solution may then be calculated. The tryptic unit is defined as the amount of trypsin required to clot 5 c. cs. of the calcified milk in 100 seconds. Thus if 1 c. c. of the 25-fold dilution clots the milk in 90 seconds, then,

$$\text{strength of trypsin} = 25 \times \frac{100}{90} = 28 \text{ units."}$$

A suitable activity for the above formula is represented by 50–60 tryptic units. Pancreas extracts may vary between 20 and 120 units in strength. (I am indebted to Dr. P. Hartley and Mr. F. A. Holbrook for details of broth preparation.) The broth suited for filtration should froth readily on shaking.

Stock bacteria-free filtrate.

The following is a schematic representation of the procedure followed in preparing a bacteria-free filtrate of a virus suspension, which then serves as the stock for subsequent studies.

Infective tissue or fluid + broth at p_H 7,6.

↓

2 per cent suspension by grinding tissue in medium with sand, glass powder or alundum.

↓

Centrifuged 5 minutes at 1000 r./m. to sediment course material.

↓

Supernatant further clarified by filtration through a sand and paper pulp filter or an asbestos filter.

↓

The clear to opalescent filtrate is then filtered through a membrane of grade 0,7–0,8 μ to yield a bacteria-free filtrate. This stock filtrate containing the virus serves as the starting point further studies.

The preliminary clarification may or may not be necessary in the case of a bacteriophage preparation depending upon the degree of lysis effected in the bacterial culture.

Sand and paper pulp filter: Paper pulp is thoroughly washed by repeated boiling in distilled water, and then kept with a little chloroform added. Silver sand, graded through a 60 mesh sieve, is treated with hydrochloric acid, and then thoroughly washed in repeated changes of hot distilled water. Finally the sand is dried and stored for use. The filter is shown in fig. 16. The assembly will be self-evident from the drawing, the filter bed consisting of a layer of graded sand between two layers of paper pulp. A Jena glass filter with G 4 disc may replace the glass tube. The bed is compressed by means of a plunger conveniently made from a stout glass rod inserted in a rubber bung. The filters may be roughly standardised in terms of the volume of water filtering through per minute, when a 10 cm. column of water is contained in the tube. Experience of the efficiencies in clearing tissue extracts shown by filters of various degrees of compression, have proved this form of filter well suited for the preliminary clarification of virus suspensions. It is important that after the compression and subsequent steaming, the filter is not allowed to become dry before use. For this reason filters are found most satisfactory when used soon after being prepared.

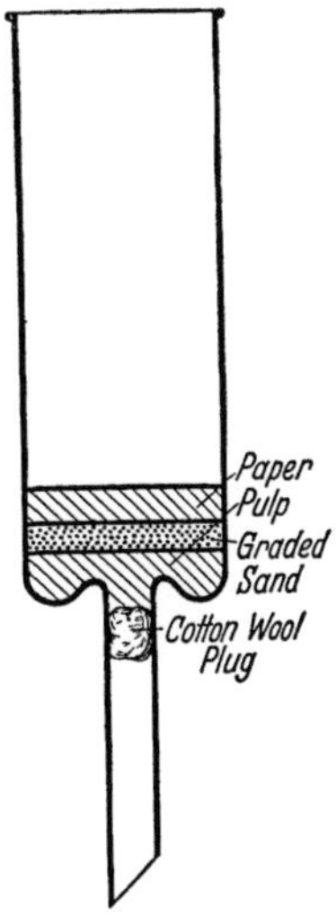

Fig. 16. Sand and paper-pulp filter.

Asbestos filters: Asbestos pulp is thoroughly washed in boiling distilled water and stored for use with addition of chloroform. A Jena glass filter funnel containing a G 3 or G 4 glass disc is mounted in a pump flask. Sufficient of the asbestos pulp to give a thin layer (about $^1/_{16}{}''$)

when distributed over the glass disc (suitable amount learned by experience) is introduced into a 50 c. c. measuring cylinder which is then almost filled with water. Vigorous shaking thoroughly suspends the asbestos and the whole is quickly transferred to the glass filter. Slight suction is applied by the water pump and the asbestos settles down to form a *thin* even layer. The suction is increased and the layer repeatedly washed with sterile distilled water to remove traces of chloroform. In this way a very efficient filter is rapidly made ready for use. However, for some of the larger viruses, e. g. vaccinia, this form of filter is too tight. In all cases before adopting it for regular use with a particular virus the titer of filtrate obtained should be determined to see that no great loss is sustained. A slightly more porous filter, having different absorbing properties, may be made by substituting paper pulp for the asbestos.

Tissue extracts.

The broth extracts of infected tissue should not exceed $2^1/_2$ per cent in concentration. Experience has proved that nothing is gained by using higher concentrations. Any improvement there may be in the virus potency of the crude extract is usually too small to be detected, and filtration is invariably very much hampered through the increased viscosity and the greater tendency to blocking.

The preliminary clarification is very important, and while aiming always to obtain a filtrate showing the highest possible activity, the liquid ready to be passed through the 0,75 μ membrane should not be more than opalescent, definitely not turbid, in appearance. Otherwise early blocking of the membrane will most certainly occur and a filtrate of low infectivity will result.

Determination of filtration 'end-point'.

The stock membrane filtrate is filtered through membranes of progressively lower porosities, the quantity filtered being at least 5 c.c. per sq. cm. membrane surface, and preferably 10 c.cs. In exploring the region of

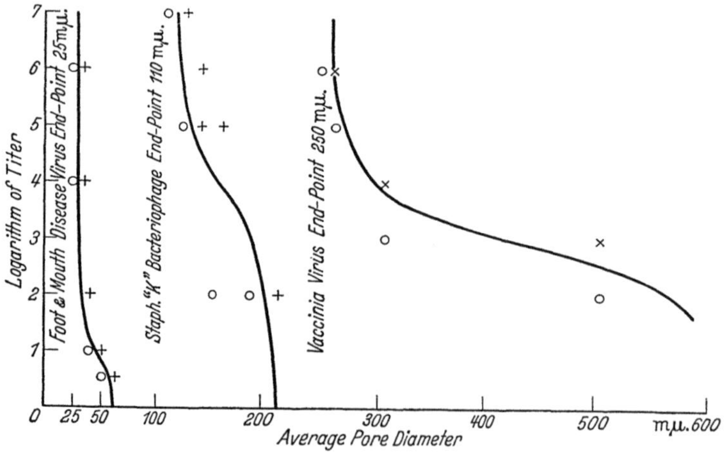

Fig. 17. Influence of titer of virus on "apparent end-point".

porosity near the end-point even larger quantities should be filtered, and this is particularly necessary when the titer of the virus is low. In such circumstances preliminary filtration of broth through the membrane may be helpful. Experiments with vaccinia virus, bacteriophages and foot-and-mouth disease virus have shown the influence of virus concentration on the "apparent end-point" (see fig. 17). When filtering 5 c.cs. per sq.cm. of membrane surface at 15 lbs./sq.in. it is desirable that the titer should be at least 10^4 in order that a reliable deduction of the particle size may be made. When the titer is lower than this the need for filtering larger quantities is real, otherwise the tendency will be for the "apparent end-point" to be too high; cf. experiments with Rous sarcoma virus and poliomyelitis virus. The filtration pressure applied need not exceed 25 cms. mercury for membranes of porosities greater than 300 mμ, but for membranes less porous than this pressures of air or nitrogen up to 15 lbs. per sq.in. are used. The concentration of virus in the filtrates is estimated and the titers plotted against the A.P.Ds of the respective membranes. It will generally be found for reasonably mono-disperse systems that the porosity yielding a filtrate with relative concentration 0,1 will have about twice the 'end-point' value. For example, the virus of foot-and-mouth disease in broth medium filters with little loss through membranes of A.P.D. = 50 mμ and is completely retained by membranes of A.P.D. 25 mμ. Should there be a notable departure from homogeneity in particle size, as, for example, is the case with the organism of bovine pleuro-pneumonia, then a drop in filtrate concentration will be obtained over a much wider range of porosities, yielding a relatively flat 'end-point' curve. Therefore, when determining the end-point curve of an unknown virus, it is advisable first of all to ascertain the lowest porosity that can be safely employed to provide a filtrate without detectable loss of virus, and then to employ this filtrate in exploring carefully the range of porosity down to the end-point. This must always be done and each system treated on its merits. There are no short cuts to reliable results. Levaditi *et al.* have taken a limited number of points—maybe one only (132; 129, *3*) and apparently superimposed a standard form of 'end-point' curve to indicate the limiting porosity. There is no justification for such a procedure. The end-point must be *determined* experimentally to give reliable indication as to particle size values.

Having established the end-point porosity d, then the particle diameter p may be derived by using the appropriate value of the factor F in the relation $p = F \cdot d$, as discussed earlier.

Cultivable filterable micro-organisms.

Bovine pleuro-pneumonia.

Cultures of this micro-organism grown in serum broth for 2 to 3 days at 37° C. when subjected to ultrafiltration analysis yield an end-point curve showing that the organism is retained to an appreciable extent even by relatively porous membranes. This suggests heterogeneity in particle size, and, in addition to the smallest viable phase, indicated by the end-point at 250 mμ to be 125 to 175 mμ in size, there are probably larger forms present (57, *4*, *6*). It should be emphasised that the filtration studies have been carried out on a culture of bovine pleuro-pneumonia which has been maintained in artificial medium for several years. A newly isolated strain would probably reflect in its filtration behaviour the character of pleomorphism in even more striking manner in view of the observations recorded on the microscopical appearances of the bovine pleuro-pneumonia organism (198; 199; 207).

Agalactia.

Serum broth cultures of agalactia behave, when filtered through gradocol membranes, in a way analogous to bovine pleuro-pneumonia (57, 10). The end-point is 300 mμ giving the size of the smallest phase of this organism to be 150–200 mμ, but the presence of larger forms is also suggested.

Sewage organisms.

LAIDLAW and ELFORD (121) in 1936 isolated a group of closely related filterable saprophytic micro-organisms from samples of London sewage by means of fractional ultrafiltration with gradocol membranes. These organisms, known as sewage organisms A, B and C, could be cultivated at 37° C. in HARTLEY's broth at p_H 8,0 that was enriched with a peptic digest of red cells as described by Fildes (72) for haemophilic bacteria. The filterabilities of three day old cultures through graded membranes were fully investigated and the end-point curve, fig. 14 is typical of each organism. Upwards of 90 per cent of viable organisms may be retained by a 0,8 μ membrane. The limiting porosity for complete retention is 250 mμ indicating the smallest phase to be 125–175 mμ in size, but the curve suggests the presence of forms larger than this, ranging possibly up to 500 mμ in diameter.

Other filterable organisms.

Other cultivable filterable organisms to be included probably in this general group but which so far have not been subjected to ultrafiltration analysis are those described by SCHOETENSACK (182, *1*, *2*), SEIFFERT (181), GERLACH (81, *1*, *3*) and KLIENEBERGER (108, *1*, *2*), KLIENEBERGER and STEABBEN (109).

Viruses.

Vaccinia.

Little success had attended the efforts of numerous investigators to demonstrate the filterability of vaccinia virus even through filter candles until 1929 when WARD and TANG (211) described the facilitating influence of hormone broth as the medium in filtering the virus, as compared with saline or RINGER's solution. An apparently incongruous result had been obtained in 1923 by LEVADITI and NICOLAU (126) who stated that the virus passed collodion sacs that were generally impermeable for proteins but permitted peptones and amino-acids to pass readily. This implied that the causative agent of vaccinia was extremely small in size, but later experiments by BLAND 1928 (33) did not confirm this, the virus being consistently retained by collodion membranes readily permeable for serum proteins.

In 1932 ELFORD and ANDREWES (58, *1*) studied the filterability of neuro-vaccine (Pasteur Institute strain) using gradocol membranes. The virus was passaged in rabbit testes, and $2^1/_2$ per cent suspensions of infected tissue in HARTLEY's broth at p_H 7,6 were employed. Stock filtrates through membranes of A.P.D. 0,6–0,8 μ were readily obtained with titers 10^4–10^6, as indicated by intradermal inoculation in epilated skin of the rabbit. The filtration end-point for the virus was 250 mμ indicating a particle size 125–175 mμ. It was found that with virus suspensions of low titer—less than 10^4—the apparent end-point was considerably higher than 250 mμ. The importance of the titer of the virus in determining the end-point was emphasised. Estimations of the particle diameters of viruses based on the filtration of suspensions having low titers are liable to be too high. The optimum region of p_H for the filtration of vaccinia virus is p_H 7 to 8.

LEVADITI, PÄIC and KRASSNOFF (129, *2*) have also used gradocol membranes in filtering vaccinia virus—strain neuro-vaccine LEVADITI and NICOLAU.—Suspensions of infected rabbit brain and testicle were separately investigated and gave similar results. The end-point was close to 300 mμ and the particle size given as 140–160 mμ. When suspensions of virus purified by adsorption and elution after the method of KLIGLER (110) were used the apparent end-point porosity was twice as great. This was probably due to the combined effects of increased adsorbability and aggregation, and the lower titer of the purified suspensions.

Canary Pox.

BURNET (40, *2*) has reported on the filterability of this virus through gradocol membranes. Infected skin and oedematous subcutaneous tissue from a typical lesion in the canary were ground up in HARTLEY's broth at pH 7,6. Stock membrane filtrates (0,75 μ) possessed titers 10^6 and the end-point porosity was determined as 250 mμ. The results suggested the virus particles to be reasonably uniform in size, their diameter being 125–175 mμ.

Sheep Pox.

The filterability of the virus of sheep pox (la clavelée) has been studied recently by LEVADITI, BRIDRÉ and KRASSNOFF (133). 10 per cent suspensions of the pocks ("claveau") in HARTLEY's broth were first of all centrifuged to remove coarse material and then filtered through gradocol membranes. The filtrates were tested on sheep, and from a limited number of experiments the end-point was found to fall between 350 and 540 mμ. The authors quote a probable size value 170–260 mμ, i. e. very similar to that of vaccinia. Unfortunately the prohibitive cost prevented a complete titration of the stock material, which however was at least $^1/_{100}$ (highest dilution tested).

Herpes febrilis or simplex.

Herpes virus is known to pass filter candles fairly readily, particularly when a broth medium is used [WARD and TANG (211)]. EARLY estimations of its size varied considerably. Thus LEVADITI and NICOLAU 1923 (126) found the virus would filter partially through collodion sacs that retained completely or in part proteins while allowing peptones and amino-acids to pass readily. BEDSON 1927 (28), however, found that flat collodion membranes tested and found readily permeable for guinea-pig serum proteins retained the virus completely. Then in 1927 ZINSSER and TANG (220) concluded from experiments made with acetic acid collodion membranes that the size of herpes virus lay within the limits 20–100 mμ.

ELFORD, PERDRAU, and SMITH 1933 (65) studied the filterability of both cerebral and testicular strains of herpes virus EL I [PERDRAU (164)], through gradocol membranes. *a*) *Cerebral strain:* $2^1/_2$ and 5 per cent emulsions of infected rabbit brain in HARTLEY's broth were used. Stock membrane filtrates possessed a titer 10^4 as indicated by the intracerebral test. The filtration end-point was 200 mμ. Diffusates were also prepared by placing lightly crushed infective rabbit brain in broth at pH 7,6 under a surface layer of liquid paraffin, and keeping at room temperature for 7 to 10 days. At the end of this time sufficient virus had diffused to give a titer 10^4. The end-point with this material too was 200 mμ. *b*) *Testicular strain:* 5 per cent emulsions of infected rabbit testis were used. Stock membrane filtrates were variable in titer as indicated by intradermal inoculation of epilated rabbit skin, a widely differing susceptibility to herpes being found among rabbits. The virus passed a 300 mμ membrane readily and was retained completely by membranes of 210 mμ porosity and less, thus agreeing with the result for the cerebral strain. The studies indicated that the virus was essentially of the same size whether derived from the brain or testicle of the rabbit, its probable particle diameter being 100–150 mμ.

LEVADITI, PÄIC, and KRASSNOFF 1936 (129, *1*) employed gradocol membranes in filtration studies with the neurotropic strain "B" of herpes virus. Extracts of infected rabbit brain and cord in HARTLEY's broth yielded stock membrane filtrates with titer 10^4. The filtration end-point was 200 mμ, but varied between this value and 500 mμ depending on the concentration of virus. The particle size was expressed as lying between 100 and 300 mμ.

Psittacosis.

The filterability of psittacosis virus through gradocol membranes was studied by LEVINTHAL 1935 (134) while at the National Institute for Medical Research, London. He used 1 to 2 per cent suspensions of infected mouse spleen, the tissue being ground up in Tyrode solution and diluted in HARTLEY's broth. The stock membrane filtrates (1,0 μ) were usually infective at 10^5 dilution. The titers of filtrates through less porous membranes, tested by the inoculation of mice, were as follows: 640 mμ = 10^3; 500 mμ undil. to 1/10; while 440 mμ consistently retained the virus. The particle size of psittacosis virus was therefore indicated to be 0,22–0,33 μ.

LAZARUS, EDDIE, and MEYER 1937 (123) studied a strain of psittacosis virus obtained from naturally infected parakeets, and which had been passaged in mice and on the chorio-allantoic membrane of the developing hen's egg. Filtration experiments using gradocol membranes were conducted with suspensions of the virus after the 43rd passage in eggs; the virus remained fully virulent for mice. Egg membrane cultures 72 hours old were employed, suspensions in broth being mechanically shaken and then centrifuged for 20 minutes at 3000 r./min. The millionfold dilution of the supernatant proved infective when tested by intraperitoneal inoculation in mice. Filtration experiments with graded gradocol membranes indicated the filtration end-point to be 400 mμ, giving the particle size as 200–300 mμ.

Lymphogranuloma Inguinale; — Climatic bubo.

The filterability of the virus of this disease, using gradocol membranes, was well studied by the Japanese workers, MIYAGAWA, MITAMURA, YAOI, ISHII, and OKANISHI (153) in 1935. A human strain and one adapted to mice were investigated. In the former case 2 to 3 per cent suspensions of infected lymph gland in HARTLEY's broth at pH 7,6 was used, and the filtrates yielded by graded membranes were tested on monkeys. The virus was found to pass membranes of porosities down to 300 mμ but was retained at 200 mμ. The experiments with the virus adapted to mouse brain were made with $2^1/_2$ per cent brain emulsions in HARTLEY's broth at pH 7,6. Stock membrane filtrates (0,8 μ) were filtered through 430, 330, and 240 mμ membranes. Positive filtrates were obtained with the former two membranes while the 240 mμ filtrates were consistently negative. A 240 mμ filtrate was concentrated manyfold on a 100 mμ membrane, but the concentrate remained non-infective. These results indicate the particle size of this virus to be 125–175 mμ, and the same for freshly isolated human virus or the mouse-adapted strain.

BROOM and FINDLAY 1936 (37, *2*), using 10 per cent suspensions of infected mouse brain as starting material, analysed the filterability of the virus through gradocol membranes, the filtrates being tested on mice. Their results confirmed those of MIYAGAWA *et al.*, the virus passing membranes of A.P.D. 350 mμ, but being retained by 250 mμ and 150 mμ membranes. The end-point was therefore determined at 250 mμ, indicating the particle diameter of the virus to be 125–175 mμ.

LEVADITI, PÄIC, and KRASSNOFF 1936 (129, *4*) also used gradocol membranes in filtration experiments with the "Kam" strain of lymphogranuloma virus, that had been passaged regularly in monkeys and mice. Nervous tissue from both these animal species was used as source of virus. Filtrates were tested on monkeys and also on mice, and considerable variation in susceptibility was noted. The experiments indicated that the end-point was close to 250 mμ, and the authors gave the probable size as being 100–140 mμ.

Trachoma.

Thygeson 1934 (204, *1*, *2*) has reported success in preparing bacteriologically sterile ultrafiltrates containing the elementary bodies of trachoma with gradocol membranes of A.P.D. 0,75 μ and 0,6 μ. He emphasised the importance of obtaining material from sub-acute cases since in the chronic stage of the disease the number of free elementary bodies is small. The observations were extended and confirmed in later experiments by Thygeson and Proctor (205). The epithelial scrapings from the diseased conjunctivae were ground up lightly in broth at p_H 7,6 and clarified by filtration through filter paper before passing the membranes. The filtrates were tested on African Sphinx-baboons. The findings suggested the causative agent to be a relatively large virus, similar to psittacosis.

Stewart 1934–35 (192), on the other hand, has generally failed to obtain active filtrates from 0,70 μ and 0,60 μ gradocol membranes, when filtering broth emulsions of swabs taken from the eyes of trachoma patients. Tests were conducted on grivets and baboons. One positive filtrate only was recorded with a 0,70 μ membrane but it is perhaps significant that in this instance the virus suspension was only lightly treated in the clarification process by spinning for 5 minutes at 2500 r./min. The positive filtrate test was given by a grivet. It is important with the large viruses to take due care that the initial clarification prior to membrane filtration does not remove too much virus. There is a real danger of this if centrifugation speeds greater than 2500 r./min. are applied for periods longer than 5 minutes.

Fibroma of rabbits.

The filterability of the fibroma virus was investigated by Schlesinger and Andrewes 1937 (176). The OA strain, described by Andrewes (3), as passaged intratesticularly in rabbits, was used. Five per cent suspensions of infected testes were prepared in broth-Ringer solution and clarified by centrifugation and filtration through sand and paper pulp (N.B. the asbestos filter is not suited to this virus). Stock filtrates with 1 μ membranes possessed titers 10^3 to 10^4 by the intradermal inoculation into the skin of rabbits. The filtration end-point for the virus was not very well defined but the evidence pointed to its being near to 250 mμ, and the corresponding particle size therefore 125–175 mμ, comparable with that of vaccinia virus.

cf. Paschen 1936 (163, *3*) from microscopical examinations thought the elementary bodies of fibroma virus to be about 150 mμ in size.

Papilloma of cotton-tail rabbits (Shope).

Schlesinger and Andrewes 1937 (176) studied the filterability of papilloma virus through gradocol membranes and took 5 per cent suspensions of wart tissue from cotton-tail rabbits as the starting material. The medium used was a broth-Ringer mixture, and after clarifying the extract by filtering through asbestos pulp, stock membrane filtrates with membranes of A.P.D. 0,7–1,0 μ were prepared. These usually titrated to 10^2 or 10^3 by the method of rubbing suitable dilutions into scarified areas on the flanks of rabbits. The filtration end-point was determined at 70 mμ, indicating a particle diameter for the virus of 23–35 mμ.

Infectious Ectromelia.

This virus disease was first described by Marchal (141) in 1930, it having occurred as an epidemic among mice, which developed a necrotic form of foot lesion. The liver of a diseased mouse is found to be bleached and often mottled in appearance, and provides a good source of virus. BARNARD and ELFORD 1931 (7) in filtration studies with this virus, used a 1 per cent emulsion in broth of infected mouse liver as starting material. The stock membrane filtrates, 0,7–0,8 μ, usually proved infective in dilutions up to 10^5. The end-point was 200 mμ, indicating the particle diameter of the virus to be 100–150 mμ.

Rabies (Fixed strains).

The filterability of the strain of "fixed" rabies virus (Pasteur Institute, Paris) was studied by GALLOWAY and ELFORD 1933 (79, *2*, *5*). Two per cent suspensions of infected rabbit brain ground up with sterile quartz powder in HARTLEY's broth at p_H 7,6 were found to yield stock membrane filtrates which varied in titer between 10 and 10^3 as indicated by intracerebral tests in rabbits. The filtration end-point was determined to be 200 mμ, membranes of this porosity having given consistently negative filtrates even with as much as 12 c.cs. of a 0,5 μ membrane filtrate (titer 10^3) through 1 sq.cm. membrane. 250 mμ membranes, on the other hand, generally yielded infective filtrates. The particle diameter of the virus of this strain of rabies was therefore indicated to be 100–150 mμ.

The Japanese workers YAOI, KANAZAWA, and SATO 1936 (219) studied the "Fukuoka" strain of fixed rabies virus. They used 5 per cent suspensions of infected rabbit brain in HARTLEY's broth at p_H 7,6, and their stock membrane filtrates usually had titers of 10^3–10^4. Filtration through a graded series of gradocol membranes showed the end-point for this strain of virus to be 200 mμ, giving the probable particle size 100–150 mμ.

LEVADITI, PÄIC, and KRASSNOFF 1936 (129, *3*) experimented with the Paris strain of fixed rabies virus employing 10 per cent brain (rabbit) suspensions, clarified by filtration through filter paper and low speed centrifugation. The titer of the stock filtrates was 10^3 tested on rabbits and mice, and the virus was found to pass gradocol membranes of 430 mμ A.P.D. but was retained by membranes having porosities 250 mμ and less. The authors inferred the particle diameter for the virus to be 140–210 mμ.

AUJESZKY's disease "Pseudo-Rabies". Mad itch; Infectious bulbar paralysis.

Two strains of AUJESZKY's disease virus have been studied by ELFORD and GALLOWAY 1936 (61, *3*), the A.P. strain of AUJESZKY, and the M.I. or "mad itch" strain of SHOPE. Both strains had been passaged many times in rabbits, and for the filtration experiments 5 or 10 per cent suspensions of infected brain or lung were used. The stock filtrates possessed titers of 10^5. The virus in both strains was found to have the same end-point, 200 mμ, and the particle diameter 100–150 mμ.

Rabies (Street).

LEVADITI, PÄIC, and KRASSNOFF 1936 (129, *3*) filtered the Bucarest II strain of street rabies virus through gradocol membranes. They used 10 per cent suspensions of infected rabbit brain and the stock filtrates titrated to 10^3. Filtrates through 320 mμ membranes were positive but those through membranes of 250 mμ porosity and less were all non-infective. The size assigned to the virus was 160–240 mμ. This value, like that obtained by the same authors for "fixed" rabies virus, is based on a very limited number of observations, and is probably too high. The fact that the stock brain suspension was only cleared by filtration through filter paper and low speed centrifugation would be expected to result in excessive blocking of the membrane pores. Certainly the evidence as given by these studies does not warrant the decision that street rabies virus is of larger size than fixed rabies virus [see also (125)].

Influenza.

The filterabilities of human and swine strains of influenza virus have been studied by ELFORD, ANDREWES, and TANG 1936 (59). Five per cent suspensions of infected mouse lung ground up with Pyrex glass powder in a mixture of equal parts of broth and saline were used. Stock filtrates (0,65 μ) were active at a dilution 10^5 in the case of the human virus and at 10^4 with the swine strain. Filtration through a graded series of gradocol membranes indicated that for both strains of influenza the virus possessed the same filtration end-point 160 mμ, the corresponding particle size being 80–120 mμ.

Vesicular Stomatitis.

This disease, which affects both horses and cattle under natural conditions, in its clinical character resembles closely foot-and-mouth disease, in that the lesions produced are indistinguishable, while generally the same animals (horse possibly excepted) are susceptible to both diseases. GALLOWAY and ELFORD (79, *3*) in 1933 estimated the size of the virus of vesicular stomatitis by ultrafiltration analysis and found it to be about eight times that of the virus of foot-and-mouth disease. The "Indiana" and "New Jersey" strains of vesicular stomatitis virus were studied, the vesicular fluid contained in the lesions at the site of intradermal inoculation in the pads of guinea-pigs served as a potent source of virus. Stock filtrates (0,4–0,6 μ) prepared from broth emulsions of 48 hour vesicle lymph and pad tissue possessed titers 10^4–10^5. The lymph taken 24 hours after inoculation yielded filtrates of lower potencies, 10^3–10^4. Preliminary exploratory experiments showed that the virus of both strains was considerably larger than foot-and-mouth disease, greater even than C 36 bacteriophage which had been found to be 20–30 mμ in diameter. The true filtration end-point of the virus was then determined to be 130 mμ, the same value being found for both strains. The particle size was therefore 70–100 mμ, and compared with the value 8–12 mμ for the virus of foot-and-mouth disease, was regarded as direct evidence of the distinct individuality of the two diseases.

BAUER and COX 1935 (13) studied the filterability of vesicular stomatitis virus that had been passaged intracerebrally in mice and also maintained in tissue cultures. Two per cent suspensions of infected mouse brain in a medium consisting of equal parts of hormone broth, ascitic fluid and distilled water were used. Stock filtrates furnished by a SEITZ filter possessed titers 10^4–10^5 both for the "Indiana" and the "New Jersey" strains. The filtration end-point with gradocol membranes was the same for both strains at 130 mμ. In the case of the tissue culture virus a mixture of 20 c.cs. hormone broth + 20 c.cs. ascitic fluid + 60 c.cs. tissue culture served as the starting material, which was centrifuged at low speed. Portions of the supernatant fluid, which had a titer 10^5, were filtered through graded membranes *without* previous SEITZ filtration. The end-point was determined at 140 mμ. Thus the size of the virus appeared to have the same value 70–100 mμ irrespective of the source, whether from mouse brain, tissue culture or vesicle lymph from infected pads of guinea-pigs (GALLOWAY and ELFORD), or immunological type—"Indiana" or „New Jersey".

Later GALLOWAY and ELFORD 1935 (79, *4*) in the course of experiments on the cultivation of the virus of vesicular stomatitis on the chorio-allantoic membrane of the hen's egg, determined the size of virus derived from this source.

Again the size found for both strains of virus agreed closely with the earlier results, the end-point being 120 mμ.

LEVADITI, PÄIC, KRASSNOFF, and VOET 1936 (130) have also made filtration experiments with the two strains of vesicular stomatitis virus, employing gradocol membranes. They used vesicle lymph from the pads of guinea-pigs as the source of virus, with HARLEY's broth as medium, and obtained an end-point 120 mμ, giving the particle size 60–90 mμ. These authors too compared the behaviour of this virus with that of foot-and-mouth disease and confirmed the facts already established by GALLOWAY and ELFORD.

Fowl Plague or Fowl Pest.

ANDRIEWSKY (4) in 1914 filtered mixtures of haemoglobin and infected fowl serum diluted with physiological saline through acetic acid collodion membranes. He found the virus of fowl plague to be present in the filtrate through a 3 per cent membrane which apparently retained the haemoglobin completely. His conclusion therefore was that the virus must be smaller than 2,3–2,5 mμ, the figure given by ZSIGMONDY for the size of the haemoglobin molecule.

ELFORD and TODD 1933 (66) studied the filterability of the strain of fowl plague virus known as "Stamm Brescia". Gradocol membranes were used and stock membrane filtrates (0,7–0,8 μ) of pericardial fluid and also of serum from infected fowls, in each case diluted with broth, were separately prepared. The titers of the stock filtrates were frequently 10^6 as indicated by intramuscular inoculations in three month-old cockerels. The filtration end-point for the virus was very sharply defined at 120 mμ, giving the particle diameter 60–90 mμ. It was possible to show by the differential filtration of mixtures that the virus of fowl plague is slightly larger than staphylococcus bacteriophage (KRUEGER), for which the end-point is 110 mμ (cf. section of bacteriophages).

BURNET and FERRY 1934 (43) confirmed the value obtained by ELFORD and TODD for the end-point of fowl plague virus, in experiments in which they used virus that had been passaged in the developing hen's egg.

LEVADITI, PÄIC, HABER and KRASSNOFF 1936 (132) investigated the filterabilities of two strains of Fowl Plague virus using gradocol membranes: (1) a strain pathogenic for fowls and which had been maintained in tissue culture by PLOTZ, and (2) a strain "SCHMIDT" generally virulent for birds and mice. A very restricted number of observations, one point only between 500 and 200 mμ, led the authors to regard 200 mμ as the end-point and assign the particle size 100–150 mμ. They further concluded that the "end-point" was not affected by the source (blood or brain) of the virus or the method used for test, viz. whether on fowls or mice. The stock virus suspensions were only clarified by filtration through filter paper. This treatment was probably inadequate to prevent abnormal blocking of the membranes, hence giving an apparent end-point relatively high compared with the findings of previous investigators.

Newcastle disease of fowls.

BURNET and FERRY 1934 (43) studied the filterability of the virus of this disease using the gradocol series of membranes. They employed virus which had been passaged in the developing hen's egg, where it forms a characteristic lesion on the chorioallantoic membrane and is also found in the embryo liver and brain. Experiments with chick embryo liver as the source of virus were not very successful on account of the low titers of the stock filtrates, but highly potent preparations were obtained when the lesions on the chorio-allantoic membrane were finely ground with quartz powder in distilled water and later diluted with HARTLEY's broth. Stock filtrates (0,75 μ) from this material usually titrated to 10^5 as indicated by the egg inoculation method. The filtration end-point for Newcastle disease virus was found to be 160 mμ, giving the particle size as 80–120 mμ. It was possible to differentiate this virus from fowl plague virus and one of the larger coli phages C 16, both of which are somewhat smaller in size, by means of filtration through suitably chosen membranes.

Fowl Leucaemia.

FURTH and MILLER 1932 (78) made comparative studies of the filterability of the causative agent of fowl leucaemia with plasma from infected fowls. They used acetic collodion membranes whose permeabilities for B. Prodigiosus, bovine pleuro-pneumonia, a coli-bacteriophage and various colloids had been determined. The virus passed 3 per cent membranes in reduced concentration very like the coli-bacteriophages, and the conclusion was drawn that the causative agent transmitting leucaemia is much smaller than the bovine pleuro pneumonia organism and that it approximates to the size of bacteriophages.

Laryngo-tracheitis and Coryza of Chickens.

Purified suspensions of these viruses were prepared by GIBBS 1935 (83) through the isoelectric precipitation of tissue proteins by means of citric acid. The supernatant left after spinning down the precipitate was readjusted to neutrality by sodium carbonate. The filterabilities of the viruses contained in suspensions purified in this way were investigated by means of the BECHHOLD acetic collodion membranes of Cox and HYDE (49). The following conclusions were drawn as to the particle sizes of the viruses:

Laryngo-tracheitis virus = less than 88 mμ.
Coryza ,, = ,, ,, 135 mμ.

Rous sarcoma.

ZINSSER and TANG 1927 (220) estimated the size of Rous No. 1 sarcoma virus to be between 20 and 100 mμ, FRÄNKEL 1929 (76) made it 10 mμ, while MENDELSOHN, CLIFTON and LEWIS 1931 (152) thought it must be less than 50 mμ. In each case the results of filtration experiments through acetic collodion membranes were being interpreted [see also TEUTSCHLANDER (201), ONO (161), JUNG (106 a)].

ELFORD and ANDREWES 1935 (58, *3*) employed the gradocol series of membranes to arrive at the size of this virus. There are factors combining to render filtration experiments with Rous sarcoma virus more than ordinarily difficult. The degrees of infectivity of extracts of tumour tissue are relatively low, titers 10^2 to 10^3, and further a mucinous constituent of the fluid tends rapidly to block the filter. In an attempt to remove the latter difficulty ELFORD and ANDREWES prepared purified suspensions by washing the virus on a membrane (porosities 50–150 mμ were used) by which it was completely retained. Preliminary experiments with unpurified virus had suggested the end-point was in the neighbourhood of 200 mμ. Filtration experiments with the purified virus contained in broth confirmed this, active filtrates being obtained with 250 mμ membranes while those through less porous membranes were consistently negative. In view of previous experience of the manner in which the end-point was influenced by low concentration of virus, and since in the case of the Rous virus the stock filtrates did not exceed 10^3 in titer, the end-point experimentally determined at 200 mμ was interpreted as indicating the particle diameter of the virus to be probably about 100 mμ but possibly as small as 75 mμ.

YAOI and NAKAHARA 1935 (218) have also estimated the size of Rous sarcoma virus by filtration through gradocol membranes. They purified their virus by the method of precipitation with isoelectric gelatin [CLAUDE and MURPHY (45)] which under adjusted conditions takes down the mucinous material leaving the virus largely in suspension. Another slight modification in technique was introduced by YAOI and NAKAHARA who found that in detecting the presence of small amounts of Rous sarcoma virus the simultaneous injection of a little silica along with the liquid under test into the muscle tissue of the chicken gave greater consistency in results. The Japanese workers found the filtration end-point 140 mμ, indicating the particle diameter of the virus to be 70–100 mμ.

Fujinami Myxosarcoma.

This fowl sarcoma is transmissible also to ducks. ELFORD and ANDREWES 1935 (58, *3*) conducted a limited number of filtration experiments with virus derived from tumour tissue of both sources. The fowl tumour virus was washed on a membrane as in the case of the experiments with the Rous sarcoma virus, but the broth extracts from duck tumours, being much less sticky than fowl tumour extracts, were filtered directly. The stock virus preparations usually titrated to 10^3. Two out of three experiments gave positive filtrates with 250 mμ membranes, but a single experiment using a 200 mμ filter with duck tissue virus having a titer 10^2–10^3 yielded an inactive filtrate. The study was not extended, its purpose being to indicate whether or not there was evidence of any appreciable difference in size between the Fujinami sarcoma virus and the Rous sarcoma virus. The results suggested the two viruses were about the same size.

Borna disease. (Encephalo-myelitis of horses, cattle and sheep.)

The literature on the filterability of the virus of this encephalomyelitis disease shows that investigators generally have found it passes filter candles only with much attendant loss of infectivity in the filtrate. ELFORD and GALLOWAY 1933 (61, *1*) studied the filtration of the virus with the graded "gradocol" series of membranes. An equine strain that had received many passages in rabbits was used. Emulsions of infected rabbit brain in broth at p_H 7,6, ranging in concentration from 2 to 10 per cent were employed. The 2 per cent system was found the best to use, the rate of filtration being highest and the degree of blocking the least in this case, while the titer of infectivity in stock filtrates through 0,75 μ membranes was usually 10^4, and in no way inferior to the more concentrated suspensions. The optimum reaction of the medium both for the stability and filterability of the virus was p_H 7,4–7,6. The filtration end-point was determined at 175 mμ giving the probable particle size of the virus to be 85–125 mμ.

St. Louis Encephalitis.

BAUER, FITE and WEBSTER 1934 (12) determined the size of the virus of this disease by ultrafiltration analysis with gradocol membranes. They took 4 per cent (approx.) suspensions of infected mouse brain in equal parts of hormone broth, ascitic fluid and distilled water. Using a stock filtrate provided by a 250 mμ membrane, this was then filtered through membranes of finer grades of porosity. The end-point was found to be 66 mμ (actually this was the least porous membrane allowing some virus to pass), giving the particle diameter 22–33 mμ.

Simultaneously a precisely similar study was being undertaken by ELFORD and PERDRAU 1935 (64) with the same strain of virus. These authors used $2^1/_2$ and 5 per cent suspensions of infected mouse brain in HARTLEY's broth, and found stock filtrates usually titreatd to 10^4 (intracerebral test). The limiting membrane porosity completely retaining the virus was 60 mμ, indicating a particle diameter 20–30 mμ in full agreement with the findings of BAUER, FITE and WEBSTER.

Equine Encephalo-myelitis.

KRUEGER, HOWITT and ZEILOR 1933 (119) studied the filterability of the virus of equine encephalo-myelitis through acetic collodion membranes. Using 20 per cent suspensions of infected guinea-pig brain, these were first of all centrifuged at low speed to remove coarse tissue particles, and the supernatants filtered under low negative pressure through the graded membranes. The virus was found to pass a 3 per cent membrane but was retained by a 3,5 per cent membrane. The authors concluded the approximate particle size of the virus as it exists in brain suspensions to be 500 mμ, and that "under like conditions of preparation and filtration it is of the same order of magnitude as the causal agent of poliomyelitis, an analogous disease of man, and is apparently ten times the size of the hoof-and-mouth disease virus particle".

BAUER, COX and OLITSKY 1935 (14) studied the Eastern and Western strains of equine encephalo-myelitis virus as passaged in mice, and also tissue culture virus of the Eastern strain. Suspensions of infected mouse brain ground up in equal parts of hormone broth, ascitic fluid and distilled water, were first of all centrifuged at low speed and then filtered through Seitz filters to give the stock filtrate, and preparations from tissue culture also made in like manner. The Seitz filtrate was in each case filtered through a series of graded gradocol membranes and the filtration end-point, independent of the source and strain of the virus, was found to be 60 mμ. This indicated that the particle size was 20–30 mμ.

TANG, ELFORD and GALLOWAY 1937 (200), using suspensions of virus from infected mouse brain and also virus passaged on the chorio-allantoic membrane of the hen's egg, found the end-point to be 70 mμ, and the particle size of the virus therefore 25–35 mμ. This confirms the results of the American workers both as to the particle size of the virus and the fact that this size value is apparently independent of the source and strain of the virus used.

A Russian strain (Moscow No. 2) of virus recovered from a case of encephalo-myelitis in a horse has been found by LAZARUS and HOWITT 1937 (122) to have the relatively large particle size 85–130 mμ. Suspensions of infected guinea-pig brain (0,2 per cent) in a mixture of equal parts of hormone broth, ascitic fluid and sterile distilled water, possessing a titer of 10^5 (tests on mice) were filtered through gradocol membranes. The filtration end-point was 170 mμ giving the particle size quoted above. However in view of the studies of VICHÉLESSKY, NASKOV, SOUKHOF and MOUTOVINE (209) and of HOWITT (102) on the immunological characteristics of the virus some uncertainty exists as to whether it is to be regarded as a strain of an already known virus or as a new virus. Extended investigations are necessary but the available evidence of filtration would clearly suggest that the virus is quite distinct from the American strains of virus recovered from cases of equine encephalitis.

Rift Valley Fever—Enzootic Hepatitis.

BROOM and FINDLAY 1933 (37, *1*) have used gradocol membranes in estimating the size of the virus of Rift Valley Fever (52). They used suspensions, in citrated saline or in nutrient broth, of the heart blood of mice dying from the disease, and also emulsions of infected mouse liver in broth. The filtration end-point was found to be 70 mμ indicating particle size 23–35 mμ.

Yellow Fever.

FINDLAY and BROOM 1933 (74) studied the filterability of a French strain of yellow fever virus which had been fixed for mice by repeated passage in mouse brain. Infected brain tissue was ground with normal human serum diluted 1 : 10 in saline to yield a 10 or 20 per cent emulsion. The infectivities of stock membrane filtrates (0,5–0,6 μ) were 10^4–10^5 as indicated by intracerebral inoculations of mice. The filtration end-point was 55 mμ and the corresponding particle diameter 18–27 mμ.

A limited number of experiments with the normal viscerotropic virus (French strain) sufficed to show that this virus is probably within the same range of size as the neurotropic strain.

BAUER and HUGHES 1934 (11, *1*, *2*) made similar experiments with suspensions of infected tissue in a medium containing ascitic fluid and broth. N. B. Broth alone is not favourable for the stability of yellow fever virus (15). Using as a stock the filtrate passing a 250 mμ membrane they found that the filtration end-point was 55 mμ, but if the membrane were first of all saturated with broth then a slightly lower end-point resulted, viz. 50 mμ. This would indicate the particle size to be 17–25 mμ, a value in good agreement with the findings of FINDLAY and BROOM.

Louping Ill of sheep.

ELFORD and GALLOWAY 1933 (61, *2*) have estimated the size of the virus of louping ill, using a strain obtained originally from a naturally infected sheep and maintained by repeated passages in mice. A 10 per cent emulsion of infected mouse brain yielded a stock membrane filtrate (0,7 μ) having a titer 10^5 as indicated by intracerebral tests in mice. The filtration end-point for the virus was sharply defined at 40 mμ (filtrates tested on mice and sheep) and indicated the particle diameter to be 15–20 mμ. Some experiments were also made with diffusates prepared by allowing the virus to diffuse from infected mouse brain tissue into broth at p_H 7,6. Diffusates having titers 10^4 were readily obtained, and filtration through graded membranes confirmed the end-point porosity 40 mμ obtained with brain suspensions. The optimum reaction for the stability and filtration of the virus was found to be p_H 7,6.

Poliomyelitis.

KRUEGER and SCHULTZ 1929 (117) concluded from experiments in which 5 per cent suspensions of infected monkey cord and medulla in physiological saline were filtered through acetic acid collodion membranes that poliomyelitis virus was about 300 mμ in size. LATER CLIFTON, SCHULTZ and GEBHARDT 1931 (47) filtered purified suspensions of the virus (extraction with ether to remove lipoids followed by treatment with lead acetate to get rid of protein) through acetic collodion membranes. The authors concluded that the size of the virus was probably less than 50 mμ, and SCHULTZ 1932 (180) expressed the view that with further refinement in the method of purifying the virus, the particle size of the latter might ultimately prove to be less than 25 mμ.

In 1934 two independent filtration studies were made with poliomyelitis, the respective investigators being unaware of each others activities. Thus THEILER and BAUER (202) were working at the Rockefeller Institute, New York, while ELFORD, GALLOWAY and PERDRAU (62) were engaged at the National Institute for Medical Research, London. Gradocol membranes prepared at the respective centres were employed.

Theiler and Bauer, with the M. V. strain of poliomyelitis, made 4 to 10 per cent suspensions of spinal cord from infected monkeys in a diluent containing hormone broth and phosphate buffer at p_H 8 to 8,4, to which was also added either a little normal monkey serum or ascitic fluid. Such preparations were first of all centrifuged and then filtered through a Seitz filter to provide a bacteria-free stock filtrate. On one occasion only, out of three tests made, did the $^1/_{100}$ dilution of such stock filtrates prove to be infective. The filtration end-point for the virus was found to be 35 mμ, and the particle size given as 12–17 mμ, and the authors expressed the view that "it would seem probable that it is even smaller than our results would indicate".

Elford, Galloway and Perdrau (loc. cit.) investigated the filterability of the Flexner strain of poliomyelitis virus, using $2^1/_2$ per cent suspensions in broth at p_H 7,6 of pooled cords from infected monkeys. The use of pooled cords was found to eliminate the variability encountered in the potencies of suspensions when prepared from individual specimens. Stock filtrates through membranes of A.P.D. 400 mμ or greater consistently proved infective in $^1/_{100}$ dilutions. Monkeys surviving inoculation were always re-tested for immunity. The virus was found to pass membranes of porosities down to 40 mμ consistently, but in only one out of five experiments was evidence obtained of the virus passing a 27 mμ membrane. The one positive filtrate was furnished by a system which had previously been filtered through a 250 mμ membrane and was of unusually low titer—viz. $^1/_{10}$ and not $^1/_{100}$. In view, therefore, of the general low level of infectivity of the stock filtrates used it was concluded that the filtration end-point of poliomyelitis virus is about 25 mμ and the probable particle size 8–12 mμ. It is interesting to note that albumin and globulin were detected in all the 27 mμ membrane filtrates by means of the ammonium sulphate and sulphosalicylic acid tests.

These two studies, in addition to providing mutually confirmatory evidence on the particle size of the virus of poliomyelitis virus (the slightly higher end-point obtained by the American workers may well be explained on grounds of the rather lower degree of infectivity of their stock filtrates) demonstrated convincingly the degree of reproducibility and agreement to be obtained in filtration studies with gradocol membranes.

More recently Levaditi, Kling, Päic and Haber 1936 (128) studying an American strain of poliomyelitis and also using gradocol membranes, obtained results confirming those already quoted of Theiler and Bauer, and of Elford, Galloway and Perdrau respectively. It was apparent from the limited number of porosities used that the end-point lay between 13 and 58 mμ, and the authors gave the probable particle size as 15 mμ (approx.).

Foot-and-mouth disease.

This is a particularly good virus disease for an experimental filtration study in that the starting material may be the clear vesicular fluid formed when the virus is inoculated intradermally in the pads of guiena-pigs. Such fluid contains relatively little protein and is highly virulent, a millionfold dilution usually proving infective.

Levaditi, Nicolau and Galloway (127) in 1926 found the virus would pass readily through collodion sacs that were freely permeable for peptones and amino-acids, partially so for proteins, yet retaining complement, tetanus and diphtheria antitoxins and trypsin. This suggested the virus was extremely small in size. Olitsky and Böez 1927 (160) compared the filterability of the virus with that of collargol and colloidal arsenic trisulphide using acetic acid collodion membranes, and concluded its size must lie between 20 and 100 mμ. Then MODROW (154) in 1929, also using BECHHOLD acetic acid collodion membranes, decided that the virus particles of the VALLÉE and CARRÉ "O" type were intermediate in size between the haemoglobin molecule and egg white giving the figure 2 to 3 mμ. She further concluded that the virus particles of the VALLÉE and CARRÉ "A" and the WALDMANN and TRAUTWEIN "C" types were slightly but quite definitely larger than those of VALLÉE and CARRÉ "O".

GALLOWAY and ELFORD (79, *1*) in 1931 made a systematic study of the factors determining the filterability of foot-and-mouth disease virus through gradocol membranes. The nature of the medium used, the reaction of the system, the quantity of liquid filtered per given area of membrane surface, the thickness of the membrane, and the concentration of virus were in turn investigated. Thus it was found that the use of HARTLEY's broth at p_H 7,6 as diluent for the vesicle lymph favoured the filterability of the virus enormously as compared with phosphate-saline at the same p_H (see fig. 9). As already discussed earlier, this effect is to be attributed to the presence of a capillary active constituent in the broth, which, in addition to favouring the stable dispersion of the virus, minimises the adsorption of virus on the membrane. Further tests made on successive samples of filtrate passing a given area of membrane revealed how far the amount of liquid filtered determined the potency of the filtrate, while similar experiments conducted with successive ten-fold dilutions of the stock virus filtrate enabled the influence of virus concentration to be assessed. It was clear that with broth medium and a membrane freely permeable for the virus the absorption capacity, for 2 sq. cms. filtering surface, was saturated very rapidly, viz. after one or two c. cs. had passed, but that when the concentration of virus was low initially then the amount to be filtered to achieve saturation of the adsorption was proportionately greater. This influence, due to the relative virus concentration, became very pronounced as the membrane porosity approached the true filtration end-point. Under circumstances where a small volume only is consistently filtered through a series of membranes having differing porosities inactive filtrates may be obtained for porosities well above the true end-point. To check up on this it is well always to filter as large a volume as may be found practicable through the "end-point" membrane. The optimum conditions for the filtration of foot-and-mouth disease virus were constituted in HARTLEY's broth at p_H 7,6, although variation of the reaction over the range p_H 6,40-7,85 in this medium, these being the limits for the stability of the virus, had no appreciable effect on the filterability. The limiting porosity for the complete retention of the virus under conditions most favourable for filtration was determined at 25 mμ, and this was interpreted as indicating the particle size to be 8–12 mμ. It is significant that the filtrates passing a 25 mμ membrane, and completely without virus activity, were found to contain albumin and globulin as well as haemoglobin when this protein was used as a control. The filtration end-point curve for foot-and-mouth disease virus, see fig. 14, is of the form which, from experience with proteins, would be expected for a homo-disperse system, and hence GALLOWAY and ELFORD considered the evidence to favour the view that the virus particles are relatively uniform in size. Several standard strains of foot-and-mouth disease virus were studied, VALLÉE and CARRÉ "O" type, VALLÉE and CARRÉ "A" type, and the WALDMANN and TRAUTWEIN "C" type, but all filtered with equal facility under strictly comparable conditions. No evidence of any difference in size existing between virus particles belonging to different types was obtained, so that the view of MODROW (loc. cit.) was not upheld.

LEVADITI, PÄIC, KRASSNOFF and VOET 1936 (130) carried out a limited number of filtration experiments with foot-and-mouth disease virus using gradocol membranes. The virus readily passed membranes of A.P.D. 58 mμ and, in one instance only, a guinea-pig developed lesions following inoculation with a 13 mμ filtrate. The authors concluded from this that the size of the virus was 3–5 mμ. Shortly afterwards KRASSNOFF and REINIÉ (113) published their results of an extended study of the filterability of the virus through membranes having porosities between 58 and 13 mμ. Vesicle lymph diluted $^1/_{100}$ in HARTLEY's broth was used and the virus was found to pass a 48 mμ membrane with little loss—the filtrate titred to 10^5—while the 13 mμ membrane completely retained the virus. The amended value given for the particle size was 7–16 mμ. These results are in accord with those of GALLOWAY and ELFORD.

Bacteriophages.

The earliest values recorded in the literature for the sizes of "bacteriophages" as indicated by filtration through collodion membranes varied greatly, suggesting that either the membranes and methods of filtration used by different authors were inconsistent, or that the various bacteriophages themselves might possess very different sizes. Among the results may be quoted the following, which are based, unless stated to the contrary, on experiments with acetic acid collodion membranes: PRAUSNITZ 1922 (167), using ZSIGMONDY membrane filters, concluded the size of "bacteriophage" to be about 20 mμ, but definitely greater than pepsin, trypsin and invertase. BIEMOND 1924 (29) filtered two strains of SHIGA dysentery phage, one of which was retained by a 4 per cent membrane and the other by a 10 per cent membrane. The particle sizes of these two strains were apparently different, and by comparison with the filterability of haemoglobin, BIEMOND concluded both strains were greater than 20 mμ in size. STASSANO and BEAUFORT 1925 (191) interpreted evidence from comparative filtration studies as indicating a particular strain of SHIGA bacteriophage to be smaller than enzymes and strychnine nitrate in solution. BECHHOLD and VILLA 1926 (26) found a coliphage to be greater than 35 mμ by comparison with collargol. WOLLMAN and SUAREZ 1927 (212) reported that a SHIGA bacteriophage would pass acetic acid collodion membranes impermeable for serum proteins. These authors concluded that the phage particles were of various sizes. ELIAVA and SUAREZ 1927 (67) using the BECHHOLD-KÖNIG form of filter, arrived at the value 5 mμ for the size of a SHIGA phage. JERMOLJEWA, BUJANOWSKAJA, and SEVERIN 1932 (104) formed the opinion that bacteriophage was non-protein in nature and about 2 mμ in diameter. BRONFENBRENNER 1927 (36) had found that several bacteriophages passed 7 per cent membranes, and concluded from many experiments in which ether-alcohol collodion sacs were also used, and in which the influence of the medium on the filterability of the bacteriophage was studied, that the lytic principle was attached to carrier particles of different sizes and became detached from these under suitable conditions. The elementary bacteriophage unit showed the same filterability whether active against B. coli, B. dysentery Shiga, B. pestis caviae or Staphylococcus.

In 1932 ELFORD and ANDREWES (58, 2) estimated the sizes of a number of different bacteriophages by means of ultrafiltration analysis with gradocol membranes. Various bacteriophages were found to differ from one another in their particle diameters, but the particles of any individual bacteriophage appeared to be very uniform in size, for which there was no detectable change when the bacteriophage was cultivated on different organisms. The results are best summarised in tabular form (see table 4). The titers of all bacteriophages were at least 10^7 particles per c.c. as given by the plaque count method, and the medium throughout was HARTLEY's broth adjusted to p_H 7,4–7,6.

Table 4. Filtration end-points and particle sizes of some bacteriophages (58, *2*).

Bacteriophage	Susceptible organism	End-point mμ	Particle size mμ
Staph. 'K'	Staph. aureus	110	50–75
D 4			
D 12			
D 54	Various dysentery bacilli, B. coli, and salmonellas. cf. BURNET's classification (42; 40, *1*)	90	30–45
S 41			
C 36			
D 13		60	20–30
D 20			
D 48			
C 13		45	15–20
S 13		25	8–12

The plurality of bacteriophages was thus clearly established and the need of an adequate description of the nature of each strain of phage where formerly had existed the tendency to classify all and sundry under the one heading "bacteriophage" was obviously imperative in all studies in this field.

It was found possible to mix bacteriophages belonging to different size groups and then by selecting a membrane of suitable porosity intermediate between the respective end-points to filter out the smaller component in pure condition.

The size relationship existing between S 13, C 36 and Staph. K bacteriophages was confirmed in a qualitative manner by measurement of their rates of diffusion.

Furthermore, several of the bacteriophages were purified by two methods, *a*) electrodialysis as described by KRUEGER and TAMADA (118) and *b*) by washing the bacteriophage on a membrane by which it was effectively retained. Purified bacteriophages suspended in broth at p_H 7,6 behaved when filtered through graded membranes in a manner exactly similar to that of the bacteriophage as normally contained in untreated filtrates. However, when suspended in water or saline, the purified bacteriophage filtered much less readily. The curves of filtration suggested that two factors were probably contributing to this result—increased adsorption and aggregation. That adsorption of bacteriophage is greater when the medium is an aqueous buffer solution compared with broth as medium was demonstrated by direct adsorption experiments with collodion particles. The findings on the filtration behaviour of purified bacteriophage were in contradiction to those of KRUEGER and TAMADA (loc. cit.), who found that electrodialysed coli-phage filtered more readily through acetic collodion membranes than the untreated bacteriophage. ELFORD and ANDREWES concluded that "in so far as filtration is a criterion, purified phages appear not to be altered perceptibly in size from their natural condition".

Other experiments on the filterability of various bacteriophages through gradocol membranes have been made by YAOI and SATO 1935 (217), THORNBERRY 1935 (203, *2*). LEVADITI, PÄIC, VOET, and KRASSNOFF 1936 (131), and TANG, ELFORD, and GALLOWAY 1937 (200). The results are summarised in table 5.

Table 5. Further data on particle sizes of bacteriophages.

Bacteriophage	Reference	End-point mμ	Particle size mμ
Typhoid T I	(217)	80	27–40
,, T III	(217)	60	20–30
Dysentery D. K. A. (Hospital)	(217)	120	60–90
,, D. K. A. (University)	(217)	80	27–40
,, D. (NAKAMURA)	(217)	80	27–40
,, D. (FLEXNER)	(217)	92	30–46
Coli S.	(131)	60–110[1]	20–50[1]
B. Megatherium (DE JONG)	(131)	80	30–40
C 16	(131)	90–160[1]	30–80[1]
Staph. K.	(131)	120	60–90
B. Subtilis	(131)	160	80–120
B. Megatherium (DE JONG)	(200)	90	30–45
B. Pruni	(203, *2*)	26	11

Plant viruses.

The problem of filtering plant viruses is one with peculiar difficulties. The source of virus is usually the infected juice or extracts from necrotic lesions in the plant, and such liquids invariably contain substances like tannin, resins, mucilage, and precipitated components which readily block the pores of filters. The amount of the substances present will vary with the kind of plant and disease. It is clear that plant viruses must be treated individually on their merits, and the conditions should be sought, as in the case of animal viruses, in which factors responsible for blocking and adsorption are eliminated as far as possible. The method of approach has in principle been indicated already, namely by the study of the filtration curves for each particular virus when filtered through a membrane of given porosity, while varying the conditions of medium, e.g. its constitution and reaction.

DUGGAR and KARRER 1921 (54) filtered tobacco-mosaic disease virus through ether-alcohol collodion membranes and found it was 30 mμ in diameter. THORNBERRY 1935 (203, *1*) estimated the size of tobacco mosaic virus, JOHNSON No. 1, to be 18–38 mμ from filtration experiments with acetic acid collodion membranes.

The first workers to use gradocol membranes in filtering plant viruses were MACCLEMENT and HENDERSON SMITH (146), who in 1932 reported briefly some results obtained. Tobacco mosaic virus (JOHNSON 1 and 6 strains) was found to be 15 mμ, aucuba mosaic virus was 40–50 mμ and Hyoscyamus mosaic 150 mμ in diameter. However, although emphasis was laid on the nature of the obstacles met with in filtering plant viruses, little evidence was given of any attempt to surmount these in a practical way. KENNETH SMITH 1932 (186) and KENNETH SMITH and DONCASTER 1936 (187, *2*) have also estimated the sizes of some plant viruses using gradocol membranes. In some instances they used virus purified by the method of MACCLEMENT (145) but no improvement in filtration appears to have resulted, but, on the contrary, there was evidence that aggregation had occurred. Whether using untreated or purified virus the nature of the medium must be such as to ensure minimum adsorption if the values for the particle size given by ultrafiltration are to be reliable. SMITH and DONCASTER summarised their results as follows (table 6):

[1] These figures must be regarded as rough estimations only.

Table 6.

Virus	Nature of suspension	End-point A. P. D. mμ	Particle size mμ
Potato virus X	Sand and pulp filtrate of undiluted virus sap	150	75–112
Tomato streak virus	Kieselguhr filtrate	86	30–45
Virus of tobacco necrosis	Sand and pulp filtrate of undiluted virus sap	60	20–30
Tobacco virus I	Kieselguhr filtrate	53	18–27
A new tomato virus	,, ,, ...	50	17–25

THORNBERRY 1935 (203, *2*) has studied the filterabilities of a number of plant viruses using gradocol membranes. He investigated the influences of gelatin, sodium oleate, and saponin on the filterability, but found not one of these surface active substances rivalled broth in aiding filtration. His membranes were consistently treated, before filtration, with broth which had itself previously been passed through a 20 mμ membrane. The virus was suspended in a medium with 20 per cent broth buffered at p_H 8,5. Under these conditions thirteen plant viruses and virus strains in untreated form were studied by ultrafiltration analysis, and were found to have similar end-points at 40 mμ, indicating particle diameters 13–20 mμ (THORNBERRY quoted 15 mμ). A preparation of tobacco mosaic disease virus, that had been purified by lead acetate treatment, was found to filter slightly better than the untreated virus, having an end-point 30 mμ, and an apparent particle diameter 10–15 mμ (quoted 11 mμ). The viruses studied by THORNBERRY included JOHNSON's tobacco mosaic 1 and 6, HOLME's masked tobacco mosaic, BEWLEY's aucuba mosaic, JENSEN's yellow tobacco mosaic, VALLEAN's yellow ring spot of tobacco, VALLEAN's green ring spot of tobacco, WHIGARD's ring spot of tobacco, PORTER's cucumber mosaic, JOHNSON's ring spot of potato, and STANLEY's purified tobacco mosaic virus. All the viruses were grown on plants of Nicotiana tobacum, L. var. Turkish.

THORNBERRY's findings conflict in some instances with those of the other workers. It may be that THORNBERRY has succeeded in securing the most favourable conditions for filtration and that his figures generally are nearer the true size values. As already pointed out, the effect of adsorption and blocking will be to give apparent size values that are too high.

Recently BAWDEN and PIRIE (18, *1*, *2*) have pointed out that tobacco mosaic virus protein and potato virus "X" purified by crystallisation no longer filter with the same facility as the untreated virus. This is rightly to be attributed to aggregation of the virus particles. The problem here would appear to be one of finding the appropriate medium for re-dispersion of the virus from its aggregated condition to enable it to filter normally again. It will be remembered that ELFORD and ANDREWES (58, *2*) in studying the filterabilities of purified bacteriophages, found they filtered much less readily in aqueous buffer solutions than when contained in broth at p_H 7,6. In this latter medium they behaved, when filtered very like the untreated phages.

Summary of the evidence provided by ultrafiltration on the particle sizes of viruses and bacteriophages.

Comparison is now possible of the filterabilities of most of the well known viruses and bacteriophages in terms of a consistent ultrafiltration technique in which gradocol membranes have always been used and the medium has contained broth at a p_H near to 7,6. The table 7 presents a summary of the filtration

Table 7. Filtration end-points and particle sizes of viruses and bacteriophages, together with those of certain small bacteria and also proteins (all with gradocol membranes).

System	Source	End-point A. P. D. in mμ	Particle diameter in mμ	Reference
B. Prodigiosus	48 hours agar culture at 25° C.	750	(750)	(57, *4*)
Spirillum Parvum	3 day culture in broth diluted fivefold in tap water at 37° C. p_H 7,4	500	300–400	(57, *10*)
Psittacosis virus	Mouse spleen	440	220–330	(134)
	Egg membrane cultures	400	200–300	(123)
Agalactia organism	3 day serum-broth culture at 37° C.	300	150–200	(57, *10*)
Bovine Pleuro-pneumonia organism	3 day serum-broth culture at 37° C.	250	125–175	(57, *4*, *6*)
Sewage organisms A, B and C	3 day culture in Fildes broth at p_H 7,6, at 37° C	250	125–175	(121)
Vaccinia virus	Rabbit testis	250	125–175	(58, *1*)
	Rabbit brain and also testis	300	140–160	(129, *2*)
Sheep Pox	"Claveau" from sheep—pocks	between 350 and 540	170–260	(133)
Canary Pox virus	Skin and oedematous subcutaneous tissue from canary	250	125–175	(43)
Lymphogranuloma Inguinale virus	Lymph gland (human) and mouse brain	250	125–175	(153)
	Mouse brain	250	125–175	(37, *2*)
	Nervous tissue from monkeys and mice	250 (ca.)	100–140	(129, *4*)
Rabbit Fibroma virus	Rabbit testis	250	125–175	(176)
Herpes virus	Rabbit brain—cerebral strain	200	100–150	(65)
	Rabbit testis—testicular strain	200	100–150	(65)
	Rabbit brain and cord—neurotropic strain	200–500	100–300	(129, *1*)

Notes. Except where stated to contrary, media in all cases contained broth at p_H 7,6 (ca.).

[ ] Particle diameters in brackets are values obtained by centrifugation (proteins) and microscopy (B. Prodigiosus), and used as standards in calibration of membranes.

Continuation of the table 7.

System	Source	End-point A. P. D. in mμ	Particle diameter in mμ	Reference
Infectious Ectromelia virus	Mouse liver	200	100–150	(7)
	Necrotic tissue from mouse foot	200	100–150	(57, *10*)
Rabies virus "Fixed" strains				
"Pasteur Institute, Paris"	Rabbit brain	200	100–150	(79, *2*, *5*)
"Pasteur Institute, Paris"	,, ,, ...	$< 430 > 250$	140–210	(129, *3*)
"Fukuoka"	,, ,, ...	200	100–150	(219)
Rabies virus "Street strain"	Rabbit brain	$< 430 > 250$	160–240	(129, *3*)
Aujeszky's Disease-"Pseudo-rabies"				
a) Aujeszky	Rabbit brain	200	100–150	(61, *3*)
b) "Mad Itch"	,, ,, ...	200	100–150	(61, *3*)
Borna Disease virus	Rabbit brain	175	85–125	(61, *1*)
Influenza virus				
"Human strain"	Mouse lung	160	80–120	(59)
"Swine strain"	,, ,, ...	160	80–120	(59)
Newcastle Disease virus	Egg membrane cultures—embryo liver . .	160	80–120	(43)
Vesicular Stomatitis virus				
New Jersey and Indiana strains	Guinea-pig vesicle lymph —N. J. and I.	130	70–100	(79, *3*)
	Egg-membrane culture—N. J. and I.	120	60–90	(79, *4*)
	Mouse brain—N. J. and I.	130	70–100	(13)
	Tissue culture—N. J. . . .	140	70–100	(13)
	Guinea-pig vesicle lymph—I.	120	60–90	(130)
Rous Sarcoma virus	Fowl tumour tissue . . .	200[1]	100–75	(58, *3*)
	,, ,, ,, . . .	140	70–100	(218)
Fujinami Myxosarcoma virus	Fowl and duck tumour tissue	200 (ca.)	100–75	(58, *3*)
Fowl Plague virus				
"Brescia" strain	Pericardial fluid and serum from fowls	120	60–90	(66)
	Egg membrane cultures	120	60–90	(43)
	Tissue culture virus—	200 (ca.)	100–150	(132)
"Schmidt" strain	Fowl blood or brain . .	200 (ca.)	100–150	(132)

[1] Allowance made for low infectivity in interpreting this value.

Continuation of the table 7.

System	Source	End-point A. P. D. in mμ	Particle diameter in mμ	Reference
Bacteriophages Typhoid 105 α	Lysed B. Aertrycke culture	120	60–90	(57, *10*)
Staph. 'K'; C 16; D 4; D 12; Dys. DKA (Hospital)	Lysed bacterial cultures	110–120	60–90	(58, *2*; 217)
Bacteriophages D 54; S 41; Megatherium (DE JONG); Typhoid T I; Dys. DKA. (University); Dys. D. (NAKAMURA) and (FLEXNER)	Lysed bacterial cultures	80–90	30–45	(58, *2*; 217) (131; 200)
Rift Valley Fever virus	Heart blood of mice	70	23–35	(37, *1*)
Equine Encephalomyelitis virus Eastern and Western strains	Mouse brain and tissue culture	60	20–30	(14)
	Mouse brain and egg membrane cultures	70	25–35	(200)
Rabbit Papilloma virus	Wart tissue from cottontail rabbits	70	25–35	(176)
St. Louis Encephalitis virus	Mouse brain	66	22–33	(12)
	,, ,,	60	20–30	(64)
Bacteriophages Typhoid III; C 36; D 13; D 20; D 48.	Lysed bacterial cultures	60	20–30	(217; 58, *2*)
Haemocyanin (Helix)	Crystallised	55	18–28	(60, *3*)
Yellow Fever virus Neurotropic and viscerotropic strains	Mouse brain	55	18–27	(74)
	,, ,,	50	17–25	(11, *1*, *2*)
"Louping Ill" virus	Mouse brain	40	15–20	(61, *2*)
Tobacco Mosaic Disease virus JOHNSON's No. 1 and No. 6 strains	Infectious plant juice (N. B. *no broth*)	slightly less than 51	15 (ca.)	(146)
JOHNSON's No. 1 and No. 6 strains	Infectious plant juice with broth	40	13–20	(203, *2*)

Continuation of the table 7.

System	Source	End-point A. P. D. in mμ	Particle diameter in mμ	Reference
STANLEY's purified virus	Virus purified by lead acetate procedure—suspended in broth medium	30	10–15	(203, *2*)
Tobacco No. 1	Infectious plant juice (N. B. *no broth*)	53	18–27	(187, *2*)
Poliomyelitis virus	Monkey spinal cord ...	35	12–17	(202)
	„ „ „ ...	25	8–12	(62)
	„ „ „ ...	< 58 > 13	15 (ca.)	(128)
Foot-and-mouth Disease virus "O", "A" and "C" types	Guinea-pig vesicle lymph	25	8–12	(79, *1*)
	„ „ „	< 58 > 13	7–16	(113)
Bacteriophages S 13, P. Pruni	Lysed bacterial cultures.	25	8–12	(58, *2*) (203, *2*)
Edestin	Crystallised	18	6–9	(60, *3*)
Pseudo-globulin (horse)		11	[6,9]	(60, *1*)
Serum Albumin (horse)		9	[5,4]	(60, *1*)
Oxyhaemoglobin (horse)	Crystallised	10	[5,6]	(57, *6*)
Oxyhaemoglobin (sheep and monkey)		8	[5]	(11, *1*)
Egg Albumin	Crystallised	6	[4,3]	(57, *6*; 60, *3*; (11, *1*)

end-points and particle sizes from such filtration studies reviewed in the foregoing paragraphs. The conclusions to be drawn are the following. 1. This method of ultrafiltration analysis, with gradocol membranes, applied with full appreciation of the factors influencing filtration, yields closely concordant figures in the hands of independent investigators. 2. The viruses possess characteristic particle sizes which in individual instances are found to be independent of the source of the virus, e.g. whether infectious tissue from different hosts, or, maybe tissue and egg-membrane cultures. Also various strains of the same virus appear to possess essentially the same particle size. 3. The viruses may be arranged in an unbroken sequence from those having particle diameters of 300 mμ down to those only about 10 mμ in diameter. A high proportion of the viruses is grouped in the region 100–300 mμ. 4. The bacteriophages range in their respective sizes from 100 mμ down to 10 mμ. 5. Viruses that might be classified together on the basis of their clinical behaviours may exhibit wide differences in filtration end-points, e. g. the neurotropic viruses of Herpes, Borna disease, Equine encephalomyelitis, St. Louis encephalitis, "louping ill", and poliomyelitis; again, the viruses of vesicular stomatitis and foot-and-mouth disease; and likewise also the bacteriophages. Ultrafiltration may afford a means of differentiating between two viruses difficult to distinguish on the basis of clinical evidence alone, e.g. vesicular stomatitis and foot-and-mouth disease viruses (79, *3*), Newcastle disease and Fowl Plague (43), and is frequently of value in providing confirmatory evidence of identification.

The membrane filtration method is of great value also purely as a tool in the routine technique of virus studies. Thus in the general preparation of stock virus filtrates free from bacteria, particularly when small amounts of material only are available, the membranes possess decided advantages over the filter candles or discs on grounds of uniformity and reproducibility, minimised adsorption and little loss of fluid. A new membrane is used for each experiment so the unsatisfactory procedure of repeatedly using the same filter after cleaning is eliminated.

Purification of viruses:—It has been found possible to effect a considerable degree of purification of virus suspensions by washing the virus in a chosen medium on a membrane of suitable porosity to retain effectively all the particles. A membrane of A.P.D. just below the filtration end-point is selected. Protein material more finely dispersed than the virus may then be washed away, cf. infectious ectromelia virus (7), bacteriophages (58, *2*), Rous sarcoma virus (58, *3*) and foot-and-mouth disease virus (79, *6*).

Filterabilities of purified viruses and bacteriophages. Purified viruses and bacteriophages generally (whatever the method of purification employed, viz. washing on a membrane or in the centrifuge, or by adsorption and elution, or isoelectric precipitation) when suspended in aqueous buffer, saline or Ringer solution, filter much less readily than when in the unpurified condition in broth medium. Evidence shows that this is due to increased adsorption and in some instances to aggregation. However, when resuspended in a broth medium, the filterabilities of partially purified animal viruses and bacteriophages are comparable with those of the unpurified preparation. Whether or not this holds generally for plant viruses remains to be revealed by more extended work in this field, but one reported observation (203, *2*) for a purified preparation of tobacco mosaic disease virus dispersed in broth indicates that it may do so. There is, of course, abundant evidence of purified plant viruses filtering less readily than normally, due to aggregation.

Ultraviolet light photography.

The classical treatments due to Abbé in 1873 (*1*), Helmholtz in 1874 (90) and Rayleigh in 1896 (169) of the image formation and the resolving power of the microscope have shown that the limit of resolution in the absence of spherical aberration is directly proportional to the wavelength of the light employed and inversely proportional to the numerical aperture of the objective. Abbé considered the case of a fine grating of parallel lines and analysed the interference of the diffraction bands formed under various conditions of illumination, while Helmholtz and also Rayleigh treated the interference of the diffraction discs around minute point sources in close proximity. The same expression was evolved in both instances, namely

$$\varepsilon = \frac{\lambda_0}{2\,\mu \sin \alpha},$$

where ε = smallest distance separating two elements of structure just completely resolved; μ = refractive index of the medium between object and lens; α = half the angle subtended between the object and the lens of the objective; λ_0 = wavelength *in vacuo* of the light used.

The numerical aperture or N.A. is equivalent to $\mu . \sin \alpha$. Best resolution therefore is obviously secured when the N.A. is as high as possible and in the modern objective the high limit has been approached. The value of the refractive index of the medium between object and objective may be increased by the use of suitable immersion liquids. It is well to appreciate that the highest aperture is determined in practice primarily by the nature of the object itself, which in turn decides the type of mountant. For a dry objective the maximum N.A. is about 0,95, but with immersion objectives considerably higher values can be attained. The highest N.A. permissible with untreated biological material is about 1,25, and with fixed preparations 1,4 N.A. may be used, but of course with quite another type of object, such as handled in metallurgical studies for example, an N.A. of 1,6, using the full working aperture, is possible with mono-brom-naphthalene as immersion fluid (138, *2*; 213). The limit of resolution in visual light for living objects is 200–250 mμ under the very best conditions, but in normal practice the upper figure 250 mμ is probably seldom improved upon.

It may be well at this point to emphasise the difference between visibility and resolution. It is, of course, possible to see particles much smaller than 200 mμ by employing the device of illuminating them with light incident at a very oblique angle, and which therefore is unable to enter the objective directly. However, when this light strikes a particle it is scattered and the particle virtually becomes a minute source of light, and can readily be detected as a bright point against the otherwise dark background. This is the general principle of dark-ground illumination, and by this means, with a source of light of adequate intensity, gold sol particles as small as 5 mμ may be rendered visible. It must be remembered that visibility under any conditions is also a function of the difference in refractivity between object and medium. Now as we have seen, resolution is determined by certain definite properties of the objective in relation to the optical properties of the object and the intervening medium, and by resolution we mean that smallest distance that may exist between two elements of structure so that these may remain clearly defined as two separates. In other words, the diffraction discs or bands around each element—and diffraction occurs to greater or less extent at all surfaces but becoming significant only in limiting conditions when the particle or element of structure is of the same order of size as the wavelength of light used—must not overlap to such an extent as to lose their distinct individualities. There will be a critical incident light intensity for the best resolution. Under certain conditions, as we have seen, this limit of resolution for visual light is about 250 mμ and hence although particles much smaller than this may be rendered visible nothing may be gleaned as to their detailed structure.

There is a common misconception also as to the value of magnification. Whether or not structural detail can be revealed is, as we have seen, a question of the resolving power of the objective optical system, and therefore no matter how far the image is subsequently enlarged improvement in detail will not be achieved. Magnification can only serve to render the detail more easily observed, but at the same time the shortcomings of our methods also become more apparent and a limit in magnification is soon reached beyond which it is not profitable to proceed.

The use of ultraviolet light.

Any appreciable extension of the limit of resolution below 200 mμ must depend upon the use of light of shorter wavelength than that contained in the visual part of the spectrum. This entails the use of ultraviolet light and means that visual observation must be replaced by a photographic method for recording the image. KÖHLER (111, *1*) in 1904 contributed a pioneer paper entitled "Mikro-photographische Untersuchungen mit ultraviolettem Licht" in which the fundamental requirements of the optical system necessary were described.

1. Since optical glasses absorb ultraviolet light in varying degrees other material must be found for use as object-slide and coverglass and also in the construction of lenses. Quartz has been chiefly employed, either in the natural crystalline condition or as fused quartz which may now be prepared as a highly uniform product. However, it is very necessary to check the quality of quartz used in ultraviolet light studies and BARNARD (6, *2*) has indicated a simple method, based on horizontal illumination, for the detection of flaws in object slides and cover slips, while MARTIN and JOHNSON (143, *1*) have given an interferometer method for testing the optical quality of fused quartz to be used in objectives. Zeiss Ltd. supply cover-glasses of quartz-glass and object slides of rock crystal plates for use with ultraviolet light.

2. A suitable source of monchromatic ultraviolet light of sufficient intensity is required. KÖHLER found the spark spectra of cadmium and magnesium each contained lines of adequate strength, and these were separated sufficiently so that by means of dispersing prisms any one could be singled out for use as a light source. He used the 275 mμ line of cadmium and the 280 mμ and 253 mμ lines of magnesium. To actuate the spark between two rods of the metal suitably mounted to provide the spark gap, high tension voltage is necessary. An electrical transformer is needed to provide this.

3. Special objectives of quartz computed for the given wavelength of light used must be available. The principles of the construction of such 'monochromators' were established in 1904 by von ROHR (172), and suitably corrected objectives and oculars of fused quartz have been made for many years by the Zeiss firm at Jena. In recent years R. & J. Beck Ltd., London, have produced quartz objectives for use with $\lambda = 275$ mμ, whilst lately Zeiss have produced an objective computed for the 257 mμ wavelength.

4. Condensers or sub-stage illuminators.

The early form of condenser used by KÖHLER for the examination of objects by means of transmitted ultraviolet light was very similar in construction to that usually employed in visual work, except that quartz replaced glass as the medium through which the light was focussed in the plane of the object. Adjustment and centration of the condenser and the preliminary observation were accomplished by the aid of a fluorescent eyepiece. BARNARD (6, *1*) in 1925 described a dual purpose condenser, comprising an outer dark-ground illuminator mounted concentrically with an inner central quartz condenser. Either of these illuminating systems could be used by inserting an appropriate stop. The outer dark-ground illuminator was used in the preliminary focussing and examination of the object with visual light. When ready for the examination with ultraviolet light the central stop was removed and an annular stop inserted so that the central quartz condenser only received the ultraviolet light.

BARNARD has employed the dark-ground method extensively for ultraviolet light work and first used a dark-ground illuminator, made by R. & J. Beck Ltd., of very similar design to that ordinarily used in visual work except that quartz and magnalium replaced the glass and silver reflecting surfaces. However, the fact that only a narrow annular beam of light is utilised, the photographic exposures necessary were too long for practical purposes. Also prolonged exposure to ultraviolet light must eventually kill cells, bacteria and viruses. In an effort to remedy this, SMILES 1933 (184) designed a new form of illuminator to make use of all the light coming from the source. The arrangement is shown diagrammatically in fig. 18. The beam of ultraviolet light is incident on the base of the quartz cone and after being internally reflected passes out and is received by the polished magnalium surface. This possesses the calculated curvature to bring the light it reflects to a focus at a point just above the quartz lens. Optically polished magnalium has the high reflection factor of approximately 75 per cent for $\lambda = 283\, m\mu$. This form of dark-ground illuminator, although not corrected as well as the ordinary type, has given excellent results in practice and with its aid BARNARD reports being able to obtain photomicrographs of small living organisms in ultraviolet light with exposures as short as 5 seconds. It can also be used with visual light and is therefore very convenient for the preliminary exploration of the preparation being studied. (Directions for the assembling and adjusting of a dark-ground illuminator are contained in Special Report Series No. 19, published by the Medical Research Council. H. M. Stationery Office, London.)

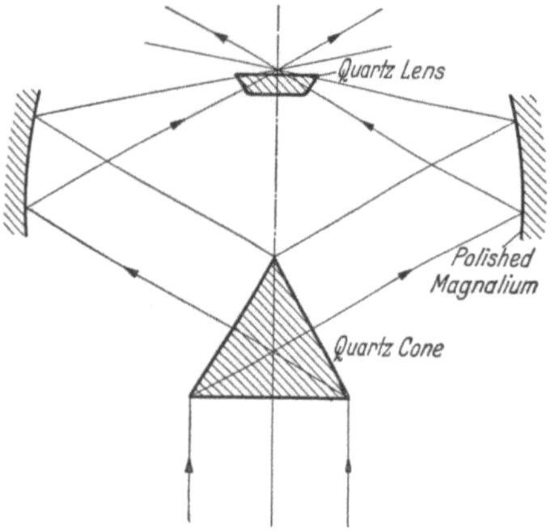

Fig. 18. Diagrammatic sketch showing principle of new dark ground condenser (Smiles, *184*).

5. Vertical illumination with ultraviolet light. See MARTIN and JOHNSON (143, *1*); SMILES and WRIGHTON (185).

6. Photographic plates.

The plates suitable for this work must naturally possess high sensitivity in the ultraviolet wavelengths, and perhaps of even greater importance, is a sufficient fineness of grain. The characteristic curves of several kinds of photographic plates in the ultraviolet have been established by JOHNSON and HANCOCK (105).

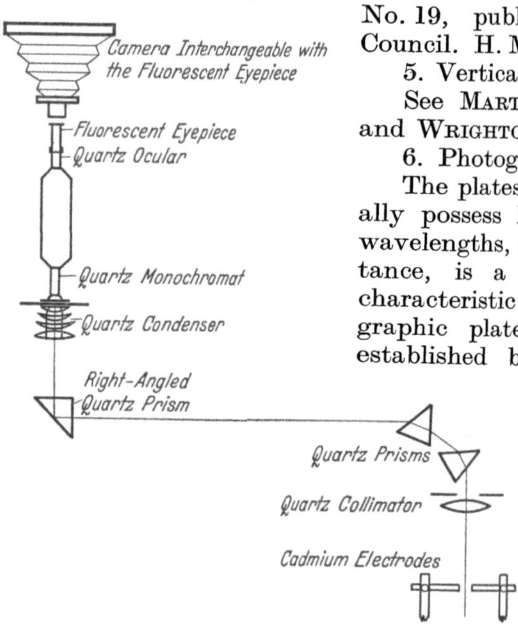

Fig. 19. Arrangement for ultra-violet light photography after KÖHLER (111, *1*) (diagrammatic).

The experimental set-up for ultraviolet light photomicrography. The arrangement generally employed and shown diagrammatically in fig. 19 is essentially that outlined by KÖHLER (111, *1*). Light emitted by the spark is resolved by the monchromator system and the line of required wavelength is directed on to the condenser diaphragm, whence it passes into the condenser which causes the light to be brought to a focus at a point in the plane of the object. Preliminary exploratory adjustments are conducted with the aid of a special "finder" eye-piece containing a fluorescent plate, e.g. Uran glass (Zeiss). Visual light may be used by having having an auxiliary source.

It is essential to have the various components rigidly mounted to eliminate vibration and possible chance derangement of any adjustment. BARNARD, whose apparatus is illustrated in fig. 20, has all components mounted on a massive iron bedplate, while MARTIN and JOHNSON (**143**, *1*) had a special table suspended by steel springs from an outer framework to secure reasonable freedom from vibration whilst small side springs ensured lateral stability.

The apparatus as supplied by ZEISS employs the microscope and camera in the vertical position, whereas in BARNARD's arrangement the microscope is set with its axis horizontal.

Fig. 20. BARNARD's arrangement for ultra-violet light photography.
(a) Cadmium electrodes for spark source. (b) Auxiliary light source — mercury vapour lamp. (c) Holders for dispersing prisms. (d) Holder for right-angled prism. (e) Microscope with horizontal axis. Note all components on heavy metal bed-plate.

Our interest centres mostly in the application of this method in the biological field, particularly to viruses and filterable micro-organisms generally. The work of BARNARD at the National Institute for Medical Research, London, has demonstrated the possibilities it offers in investigations with the larger viruses, ultraviolet photographs of which he has been able to compare with those obtained with ordinary bacteria.

Apparatus used by BARNARD. The microscope has been designed by BARNARD to possess great stability and to lend itself to the attainment of the highest precision in adjustment. The horizontal arrangement has the advantage that the necessity for a quartz reflecting prism before the condenser is eliminated. The attainment of perfect alignment and centration is thereby much simplified. The microscope is made by R. & J. Beck, Ltd., London.

Since the depth of focus of the immersion objectives used in ultraviolet light photography is about 0,2 micron, an exceptionally delicate means of adjusting successive planes of focus is essential for the reliable analysis of the resulting photographs. The milled head of the fine adjustment operating a sensitive micrometer tangent screw on BARNARD's microscope is graduated into 100 divisions, each of which corresponds to a movement of the objective 0,1 micron. [Several other means of securing a controlled movement of the object plant have been considered by MARTIN and JOHNSON (143, *3*). LUCAS (138, *1*) uses a very simple device by attaching a protractor to the fine adjustment of his microscope and is able to space his planes of focus by $^1/_{16}$ micron.]

The sub-stage condensers, all carried on interchangeable plates, are held rigidly on a dovetail slide, and two screws enable accurate centring adjustments to be made.

An ingenious carrier device enables objectives to be interchanged without the need for re-centring and also ensures parfocality [BARNARD see (8, *3*)]. This simplifies the focussing procedure greatly. The image is focussed in visual light first and then the change of objectives to the quartz monochromat is carried out with only slight additional adjustment being necessary.

The mechanical stage is another interesting feature. A sector-shaped metal plate is suspended at its narrower end on a steel cone which may be screwed in or out and so provides a sensitive means of raising or lowering the plate. A micrometer screw acting at the bottom of the plate controls the horizontal motion. The quartz object slide sits on a ledge in contact with the surface of the plate and a small weight capable of vertical movement serves to hold the slide in position.

The relative dispositions of the several components on the bedplate are clearly seen in fig. 20. A carrier for the photographic plate can be interchanged with the tube holding the scanning ocular.

MARTIN and JOHNSON (143, *2*) have enumerated several of the technical difficulties generally encountered in ultraviolet light photography:

1. Stability of mounting object on the stage.
2. Stability of the surface of the stage relative to the object carrier.
3. Mechanical inefficiency of slow motion mechanism.
4. Mechanical inefficiency of objective changing device.
5. Variation of refractive index of immersion fluid.

It will be appreciated that the first four difficulties have been surmounted in a very practical manner by BARNARD. The fifth source of error mentioned is one that might easily be overlooked. BARNARD keeps his glycerine immersion fluid, which is carefully filtered through collodion membranes to remove any dust particles, in small glass capillary tubes to be used as required. MARTIN and JOHNSON (loc. cit.) give figures to emphasise the error in refractive index that may arise during long periods of observation owing to the hygroscopic nature of glycerine solutions. They suggest a remedy by taking mixtures of glycerine and cane sugar solutions which will retain stable refractive index values over long periods. Suitable proportions for such mixtures are quoted in their paper. It should be mentioned, however, that in practice BARNARD has experienced no such changes in refractive index.

Procedure in taking a series of U. V. light photographs (BARNARD). 1. The system for study is mounted between quartz slide and coverslip in a special holder, and considerable experience is required in adjusting the compression to be applied in obtaining a sufficiently thin film. Delicate structures may easily be deformed and even ruptured between the optically worked surfaces in the absence of due care. The preparation is placed in position on the mechanical stage.

2. The right-angled quartz prism, used to direct the light from the auxiliary mercury vapour lamp into the axis of the microscope, is placed in position. The

green line of mercury is used. Preliminary adjustments are made with a low power objective, which is then changed for a 3 mm. glycerine immersion apochromatic objective. Search is made for a suitable field and then this is accurately focussed.

3. The glass objective is replaced by a quartz monochromat, and the quartz reflecting prism removed. The spark is actuated. In most of BARNARD's work the 275 mμ line of cadmium has been used but results have also been obtained with the 283 mμ magnesium and 253 mμ mercury resonance lines.

4. A series of photographs are then taken in successive equi-spaced (0,02–0,05 micron) planes through the object and the results afterwards analysed.

A simplified arrangement. BARNARD and WELCH 1936 (8, *2*) have described a simplified set-up for ultraviolet light photography, which, while involving no change in principle, effects a considerable simplification in general manipulation. A mercury vapour discharge tube, used in conjunction with a static transformer, made by the Thermal Syndicate Ltd., was found to emit light of which more than 90 per cent was in the ultraviolet region of the spectrum, having $\lambda = 253$ mμ, and so was used to replace the spark normally employed. A quartz monchromatic objective (by ZEISS) previously mentioned and corrected for $\lambda = 257$ mμ could be successfully used with the 253 mμ line when slight adjustments of the tube length and immersion fluid were made. Light of this wavelength is particularly suited for the study of biological preparations since strong contrasts in light absorbing properties exist between different elements of the cellular structure. BARNARD claims that virus bodies exhibit a very pronounced absorption of ultraviolet light differentiating them from other material present. Not one of the least welcomed of the advantages gained by the introduction of the silent mercury vapour discharge lamp is elimination of the noise of the spark discharge.

The microscope too is reported to have been simplified, there being no coarse adjustment, while the accuracy of the fine micrometer adjustment has been improved so that one division represents 0,05 micron. The approximate focussing is accomplished by sliding the microscope by hand along the optical bench on which it is supported, an operation which must require considerable experience to be executed with confidence.

Preparation of the object for investigation. When preparing an object for study in ultraviolet light more than ordinary care must be exercised in selecting the medium in which the object is embedded. Many media normally employed in visual work are quite unsuited for use with ultraviolet light since they absorb too strongly, e. g. Canada balsam, various resins and protein solutions. Glycerine and sugar solutions transmit well but undoubtedly the best media for tissues and living organisms, viruses, etc., are water, physiological saline and RINGER solution. This factor is of exceptional importance when using the transmitted light method where the highest contrast in ultraviolet light absorption between object and medium is desired.

ELFORD (57, *5*) has pointed out the peculiar obstacles encountered in applying microscopical methods to the study of viruses, and which arise from the very nature of the material being handled. As these infective agents have not been obtained in pure culture, infective tissue and extracts of the same have to be examined. The infected cells often provide unique pictures in ultraviolet light as beautifully illustrated by the photographs taken by BARNARD of the inclusion bodies of infectious ectromelia (*7*). When examining an extract prepared in the manner already described in the earlier section on ultrafiltration, not only is the active principle present but much disintegrated tissue in all states of dispersion, as well. It becomes necessary, therefore, to fractionate the system and for this purpose filtration and centrifugation methods may be used. A stock membrane filtrate (0,7 μ, see filtration section) will have all particles greater than 500 mμ (ca.) removed. This may be examined for the presence of characteristic bodies but usually the medium contains so much other protein material that conditions are not very suitable for ultraviolet light studies. A membrane of porosity corresponding to the end-point for the virus (or one slightly less porous still) enables material more finely dispersed than the virus to be filtered off. The residue above the membrane will retain particles of all sizes ranging from about 500 mμ down to the size of the virus and it is possible by repeated washing in a suitable medium (e. g. saline or RINGER solution) to remove most of the soluble protein. This treatment should greatly facilitate observations with ultraviolet light through the improved contrast in absorption as between object and medium. A still more uniform suspension containing the virus will result if instead of the stock membrane filtrate, the filtrate through the least porous membrane that permits the virus to pass without loss of infectivity is treated in a similar way. Alternatively comparable ends may be achieved by the method of fractional centrifugation. In both cases observations of any characteristic particles should be attempted on as near a quantitative basis as possible so that the frequency of their occurrence may be correlated with control infectivity tests.

A factor which must become an increasingly serious obstacle to ultraviolet light photography as the particles examined fall within the zone of colloidal dispersion is that due to Brownian movement. The exceptional thinness of the film may impose a certain viscous restraint on the amplitude of motion, while the chance of a particle becoming attached to one or other of the quartz surfaces is increased. It is only by reason of the fact that their particles do become anchored to the quartz slide that BARNARD has been able to photograph certain of the larger viruses in their natural untreated state, using exposures of the order 5 seconds.

Evidence that bodies photographed are the virus particles. Let it be assumed that characteristic bodies present in infective fluid may be photographed by the ultraviolet light method, what kind of evidence should be advanced to justify the view that such bodies are indeed virus bodies?

1. The frequency of occurrence of such bodies in the fields examined should show parallelism with the degree of infectivity of the liquid as shown by control inoculation tests. Extracts of normal tissues subjected to similar treatment should on examination contain none of the bodies in question.

2. Ultrafiltrates through membranes corresponding to the filtration end-point of the virus should be entirely free of the said bodies.

3. A tenfold concentration of an infective fluid on a membrane known to retain the virus should result in a corresponding increase in the number of bodies per field. Should aggregation have occurred this effect should be detected.

4. The study of purified virus preparations of determined degrees of infectivity should supplement the observations on untreated virus.

5. Evidence of specific agglutination should be obtained if possible. There may be technical difficulties here, but BURNET (40, *3*) obtained very suggestive results with a bacteriophage, the particles of which were just too small to be resolved individually. His paper contains U. V. light photographs by BARNARD of unagglutinated C 16 bacteriophage particles, and also of this bacteriophage agglutinated by specific anti-serum. The elementary phage particles are just below the limit of resolution.

Confirmatory tests of this nature should always be made whenever possible in order to provide adequate evidence that bodies photographed are rightly to be regarded as the virus.

The relative merits of the transmitted light and dark-ground illumination methods. The transmitted light image portrays the object in terms of the characteristic absorption of ultraviolet light shown by different elements in its make-up. Thus

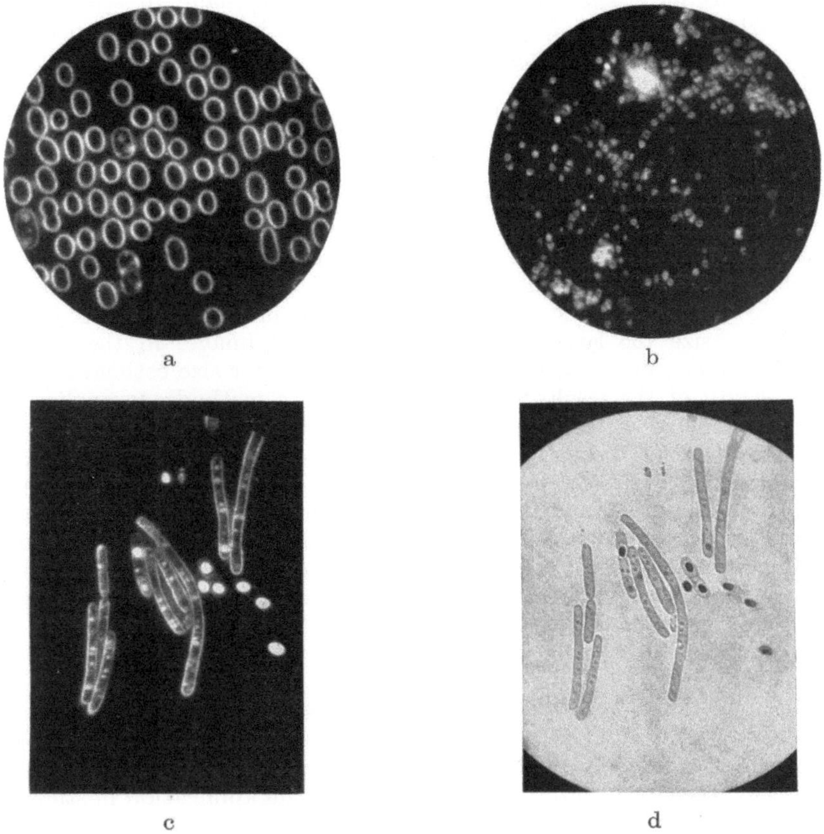

Fig. 21. Photographs in U. V. light by BARNARD.

(a) B. Prodigiosus. U.V. light, dark ground. $\lambda = 275\,m\mu$. (b) Virus of infectious ectromelia from mouse liver. U.V. light, dark ground. $\lambda = 275\,m\mu$. (Magnification × 3200 in a and b.) (c) B. Anthracis. U.V. light, dark ground. $\lambda = 275\,m\mu$. (d) B. Anthracis. U.V. light, transmitted light. $\lambda = 275\,m\mu$. (Magnification × 1100 in a and b.)

in the examination of living cells nuclear material is found to absorb very strongly in the region 250–300 $m\mu$ and is therefore prominently shown in the photograph. The value of the transmitted light method in the study of cell structure has been well discussed by WYCKOFF (214, *1*) and some excellent illustrations of its use given by LUCAS (138, *1*, *2*) and KÖHLER and TOBGY (112). The ultraviolet light picture provides the information sought normally by histologists through differential staining methods and visual microscopy, the advantage of the former method being that the observations are made on untreated material and the image truly represents the differences in absorption characterising the various constituents. Similarly with excessively small organisms and viruses which normally must be stained to be readily detected, ultraviolet light permits direct observations. This is not in disparagement of staining methods, which if intelligently exploited, can yield much information of value even with the viruses. Excellent illustration of this is provided by the work of HERZBERG (96. *1*, *2*) who has found the optimum conditions for using the dye Victoria Blue in staining the elementary bodies of some of the larger viruses. The general method has been used by numerous other workers with viruses, and has enabled estimates of the order of size of elementary bodies to be made in some instances.

The dark-ground method, the principle of which has already been indicated, depends on the light scattering properties of the object. At any boundary of optical discontinuity scattering in some degree may be expected. The cell wall of a micro-organism for example is usually prominently portrayed, and the presence of intracellular constituents also may be shown. The attractiveness of this method lies in the facility with which the general character of the object can be observed owing mainly to the contrast provided by the dark background. The interpretation of a dark-ground image, particularly when estimating particle size, needs experience and care. When the structures examined are very small, approaching the resolution limit, then the relative width of the diffraction image, for instance of the cell boundary, may be such as to introduce an error in making the apparent size too large. The transmitted light image, in the absence of fluorescent effects, must form the more reliable basis for size estimation. A comparative study of the results obtained by the two methods as applied to the same preparation of bacteria has been made by BARNARD and WELCH 1936 (8, *1*). The photos, fig. 21 c, d, kindly furnished by Mr. BARNARD, show B. Anthracis photographed in U. V. light by the dark-ground and transmitted light methods respectively. The diffraction effect mentioned above is clearly demonstrated in the greater apparent width of the cell wall in the dark-ground image as compared with the transmitted light image. There are advantages peculiar to both methods and where possible it is desirable to examine the object in the two ways. The effective resolution of the dark-ground method for critical illumination equals that of the transmitted light method.

Fluorescent microscopy.

Recently HAGEMANN (91, *1*, *2*) has developed a means of obtaining fluorescent light images of viruses by the controlled staining of the elementary bodies with a fluorescent dye—primulin. He reports its successful application in studies with several of the larger viruses and makes special mention of the fact that the particle size of the virus of infectious ectromelia from the fluorescent image appears not to be appreciably smaller than that of vaccinia virus (cf. evidence of filtration, sizes 125 mμ and 150 mμ respectively). It is to be anticipated that in this method, as with ordinary staining methods, the indicator dye will be absorbed in differing degrees by different viruses, and in consequence will produce different intensities of fluorescence. This may result in small differences in real particle size becoming sometimes masked and other times accentuated. The fact that this possibility exists calls for the exercise of caution in interpreting the size relationships of extremely small bodies from their fluorescent light images. Nevertheless, the method has real value provided its limitations are realised, and its application to larger cell structures can be productive of very informative photographs as the recent examples by BARNARD and WELCH (8, *1*, *4*) have shown. In some instances structural elements within the object may be themselves fluorescent in nature, so that direct observations on the untreated material are possible. The image then will be an interpretation of specific differences in chemical constitution. See also HIMMELWEIT (99), GERLACH (81, *2*, *4*), STRUGGER (193).

The evidence of microscopy and ultraviolet light photography on the particle sizes of viruses.

Frosch (77, *1*, *2*) in 1922–23 appears to have been the first to apply the method of ultraviolet light photography in the study of viruses. He used the technique described by Köhler with the 275 mμ line of cadmium as his light source, and included among the pathogenic agents he investigated were those responsible for bovine pleuro-pneumonia and foot-and-mouth disease. He employed the transmitted light method solely and appeared to be very sceptical of dark-ground pictures.

Barnard, who has made the most notable contributions in this field, has generally used $\lambda = 275$ mμ, but recently he has reported having obtained very promising results with $\lambda = 253$ mμ. These wavelengths extend the limit of resolution to 100 mμ, or according to Barnard probably to 75 mμ, so that the method of ultraviolet light photography should furnish valuable evidence on the morphological nature of the largest viruses 100 mμ or more in diameter. Ultrafiltration has already indicated that quite a large number of these infective agents are grouped in this zone of particle size.

Vaccinia.

There is little room left for doubt now that the characteristic bodies described by Paschen 1906 (163, *1*, *2*) and since known as the "Paschen bodies" of vaccinia do indeed represent the elementary bodies of the virus (124, *1*). Their early observation was rendered possible by the careful use of the method of differential staining. Barnard has examined infective fluids containing the untreated virus, e. g. virus from brain, testes and skin of the rabbit, and also as cultivated on the chorio-allantoic membrane of the hen's egg, and has photographed the elementary bodies in ultraviolet light, of $\lambda = 275$ mμ. The size of the elementary virus particles of vaccinia has been found by Barnard (6, *4*) to be 150–170 mμ.

It is of interest to record that a purified suspension of vaccinia elementary bodies (dermal strain) prepared by the writer and Dr. C. H. Andrewes after the method of Parker and Rivers (162) has also been examined and photographed by Mr. Barnard. The virus, although ostensibly unchanged in size, appeared to have become modified in its optical properties, being much less refractile and in consequence yielding an image, by the dark-ground method, somewhat less well defined than that of the unpurified virus.

Ultraviolet light photographs of vaccinia virus taken by Barnard will be found in the following references: 41; 6, *3*; 61, *1*; 6, *4*.

Borna disease.

In an appendix to the paper of Elford and Galloway 1933 (61, *1*) Barnard describes briefly his findings in examinations of potent membrane filtrates containing the virus of Borna disease. Minute bodies approximately spherical in shape and fairly constant in size were photographed by the dark-ground method of ultraviolet light photography. Photographs of these bodies thought to be the virus are reproduced in the above paper together with photographs, on exactly the same scale of magnification × 3200, of *B. Prodigiosus*, Canary Pox virus and Vaccinia virus (testicular strain). The photographs were considered to suggest a size for the virus of Borna disease varying from 0,11 μ to 0,14 μ.

Canary Pox.

The microscopical appearance of the virus of this disease was described by Barnard in the paper by Burnet 1933 (40, *2*). The methods adopted were similar to those for ectromelia virus (7). Characteristic virus bodies were found in infective filtrates, and also in infected epithelial tissue and the oedematous fluid underlying such tissue. Ultraviolet light photographs were taken, using $\lambda = 275$ mμ, by the method of dark-ground illumination. The diameter of the virus bodies was found to be 0,16 μ–0,17 μ. The paper contains reproductions of ultraviolet light photographs, all $\times$ 3200, showing the virus particles as they exist in filtrates and centrifuged deposits and also becoming dissociated from inclusion bodies, together with staphylococcus pyogenes aureus and *B. prodigiosus* for purposes of comparison.

Fowl Plague.

Successful ultraviolet light photographs of the virus of fowl plague have been reported by Barnard 1936 (6, *5*). Their measurement indicated a size value for the virus of not more than 75 mμ.

Foot-and-mouth disease and Vesicular Stomatitis.

Frosch (77, *2*, *3*) in 1924 used the ultraviolet light technique of Köhler in examining vesicle lymph (diluted in saline and filtered) from guinea-pigs infected with foot-and-mouth disease. He claimed to have detected the presence of exceedingly minute rod-shaped bodies, slightly longer than they were broad, the smallest forms being less than 0,1 micron in size. Borrel (34) in 1933 by surcoloration with osmic acid stained numerous minute granules contained within the cells of epidermis tissue infected with foot-and-mouth disease virus.

Barnard 1937 (6, *6*) has carried out a comparative study of the viruses of foot-and-mouth disease and vesicular stomatitis, using as starting material in each case the infective vesicle lymph from the intradermally inoculated hind pads of guinea-pigs. Unfortunately, he has recorded no experiments with filtrates and all his observations have been made on the lymph diluted in Ringer's solution or phosphate buffer. A very extensive series of ultraviolet light photographs by the transmitted light method using $\lambda = 257$ mμ and the dark ground method using $\lambda = 275$ mμ was taken. His conclusion from a comparison of photographs of the two viruses under varied conditions—intracellular and extracellular—was that although a difference in size could be detected between these viruses, the fact that the particles of each were not uniform, but showed considerable variation in size between limits that changed with the environment, rendered differentiation between the two viruses uncertain. The lower limit of size for vesicular stomatitis was given as between 80 mμ and 100 mμ, i.e. just on the borderline of resolution. In the case of the foot-and-mouth disease virus the smallest forms were thought to be "about 40 mμ but with the important difference that this organism in its most active form, where subdivision of the virus is proceeding rapidly, is a slender rod-shaped body which effectively may be smaller in diameter than this". The occurrence of spherical forms was also reported but the rod-shaped forms seemed to predominate. Their length was about three times their breadth. The larger forms of both viruses, it having been assumed that the bodies photographed were the causative agents of the respective diseases, were irregular in shape, and the suggestion was made that they might represent degenerative forms of the organisms.

The paper is illustrated with 28 excellent ultraviolet light photographs (each $\times$ 3250) which demonstrate in a very impressive manner the merits of the alternative methods of examination by transmitted light and by dark ground illumination, and the quality of the image to be obtained by the technique in the present stage of its development. Inspection of the photographs of the two viruses, however, reveals little that might be regarded as constituting a characteristic difference between them. The outstanding feature of the bodies photographed is their pleomorphism. It is sincerely to be hoped that supplementary observations will be made upon filtrates of these viruses.

Infectious Ectromelia.

The virus of this disease was made the subject of a systematic study by means of the combined methods of ultraviolet light photography and ultrafiltration by BARNARD and ELFORD 1931 (7). The ultraviolet light examinations were carried out on numerous infective membrane filtrates and centrifuged deposits obtained from sand and paper pulp filtrates, and also on intact intracellular inclusion bodies in the infected tissue. Extracts of infected tissue from mouse foot, liver, or spleen yielded filtrates which were found to contain minute coccoid-like bodies. These were consistently absent from control filtrates of normal tissue and from ultrafiltrates through membranes of porosities below the determined filtration end-point of the virus. Again the numbers of the bodies present paralleled the infectivities, tested by animal inoculation, of the fluids examined. Preparations of virus washed and concentrated on a suitable membrane and also by centrifuging in narrow tubes, showed an increase in the number of the characteristic bodies although these were frequently found in groups. The paper quoted above contains ultraviolet light photographs of intact and disrupted inclusion bodies, as well as of the free virus particles as contained in infective filtrates and centrifuged deposits. Through the kindness of Mr. BARNARD, photographs, by the dark ground method, of *B. prodigiosus* and also of the elementary virus bodies of infectious ectromelia from mouse liver are included here (see fig. 21 *a*, *b*) enabling comparison of their relative sizes (magnification in each case $\times$ 3200). BARNARD found, from measurements of the photographic images, that the particle size of the virus of infectious ectromelia was 0,13–0,14 μ. Furthermore he was also led to the conclusion that the virus behaved essentially like a minute coccoid micro-organism, reproducing itself by binary fission.

In their optical properties the virus bodies exhibit a high refractility which appears to increase as the wavelength used for their examination is shortened, i. e. within the region 350–250 mμ. As the result of experience the bodies may be detected by dark-ground examination in visual light by reason of their uniform size and high refractivity. This is of great assistance in the preliminary examination and focussing prior to examination by U.V. light photography.

Bovine pleuro-pneumonia.

The filterable micro-organism of bovine pleuro-pneumonia has been studied extensively and the literature dealing with its morphology has now assumed considerable proportions. This has been well reviewed to 1933 by LEDINGHAM (124, *2*) since when the excellent studies of TANG *et al.* 1935 (198, 199) and TURNER 1935 (207) have appeared. The recorded observations, whether made on stained preparations or directly on cultures in liquid media, show a large measure of agreement, but there have been inconsistencies regarding certain morphological characteristics during early stages of growth. Thus while the pleomorphism of the organism has been established the developmental forms it can manifest—e.g. particles, spheroids, discoids, interlacing filaments, etc.—appear to depend upon the following important factors:—*a*) the age of the culture from the time of inoculation, *b*) the nature of the medium and its reaction, *c*) the history of the particular strain and the frequency of passage in artificial medium since its isolation from the natural source. The organism, removed from its natural habitat, appears to be very sensitive to environmental change. A full discussion of the morphology of this interesting organism will doubtless be contained in the appropriate section of this Handbuch. Unanimity of opinion would appear to exist that the smallest viable phase of the bovine pleuro-pneumonia organism is a particle capable of initiating the complete life cycle of development. Frosch (77, *1*) in 1923 used the method of ultraviolet light photography, as developed by Köhler, in examining cultures of this organism. He gave the size of the smallest phase to be about 0,2 micron, a figure confirmed later by Barnard (6, *1*) who also used the ultraviolet light method. This value for the size of the particle is in accord with the conclusions drawn by other workers from the microscopical and ultramicroscopical studies of stained and unstained preparations respectively. Ultraviolet light photography should have much more to reveal of the detailed morphology of this organism. Our present knowledge is based mainly on the evidence of visual microscopy.

Plant Viruses.

Holmes 1928 (101, *1*) used the Zeiss apparatus for ultraviolet light photography in studying a number of plant viruses, which included aster yellows, tobacco mosaic, tobacco ring spot, potato witches' broom, potato leaf roll, potato rugore mosaic and potato aucuba mosaic. These were selected to provide a varied group. The juices were squeezed from the petioles of infected leaves by pressing them against a quartz slide. A series of photographs was taken in different fields, using the transmitted light method with the cadmium spark as the source of ultraviolet light. Holmes did not overlook the possible ill-effect of ultraviolet light on the virus, but small motile bacteria similarly treated were apparently unharmed. All attempts to demonstrate the presence of virus were negative, no formed structures being detected that were not also present in normal controls. Control photographs on known plant pathogens were made on living unstained preparations. The paper contains reproductions of photographs of such organisms.

Kenneth Smith and Doncaster (187, *1*) report that Barnard has taken ultraviolet light photographs of a preparation of purified Potato X virus; "the virus particles appeared to be in aggregations of about 200 mμ in diameter, while the individual particles in the aggregations measured approximately 70 mμ in diameter". This direct evidence of the aggregation of the purified virus was cited in support of the explanation advanced for the impaired filterability of purified as compared with unpurified virus.

Saprophytic Viruses.

Barnard 1935 (6, *4*) has described the characters of certain minute virus-like bodies discovered in ordinary serum-broth culture medium, and which could be cultivated serially in such a medium. Media containing horse or rabbit serum were occasionally found to yield deposits, which consisted of very minute bodies which in constancy of size and shape as well as in their general optical properties were in no way different from acknowledged pathogenic viruses. The U.V. light photographs, of which a number are reproduced in the paper, showed that one strain was of about the same size as vaccinia virus. Others were larger and some smaller than this. Evidence was also obtained that the process of multiplication was by fission. The bodies were regarded as true saprophytic viruses.

Summary of sizes of viruses by the method of ultraviolet light photography.

The following table 8 summarises the evidence on the particle sizes of viruses as furnished by the method of ultraviolet light photography in the hands of BARNARD.

Table 8. Particle size data from ultraviolet light photography.

Filterable micro-organism or virus	Size mμ	Remarks
Bovine pleuro-pneumonia .	200	This is the size of the smallest phase. Larger forms exist up to 0,5 micron or more.
Vaccinia	150–170	Particles relatively uniform in size.
Canary Pox	160–170	Particles relatively uniform in size.
Infectious Ectromelia.....	130–140	Particles relatively uniform in size.
Borna Disease	110–140	Particles fairly uniform in size.
Vesicular Stomatitis	80–100	This is the size given for the smallest forms—larger forms reported to exist.
Fowl Plague	75	
Foot-and-mouth disease...	(about 40)	Not a resolved image. Figure given as being the approximate length of the smallest forms—larger forms exist.

In concluding this section expression of thanks is due to Mr. J. E. BARNARD for kindly supplying the ultraviolet light photographs for reproduction and also for the photograph of his apparatus.

Centrifugation analysis.

The velocity of settling of a particle of radius r and density ϱ_p in a medium of density ϱ_m and viscosity η, under the influence of a force F (may be gravity or a centrifugal force) is given by the relationship known as STOKE's Law.

$$V = \frac{2}{9} \cdot \frac{r^2 (\varrho_p - \varrho_m) F}{\eta},$$

where V = velocity in cms. per sec. when r is expressed in cms. F in dynes and η in C. G. S. units.

For a centrifugal force

$$F = \left(2\pi \frac{N}{60}\right)^2 x,$$

where N = revs. per minute; x = distance from axis of rotation.

The sedimentation constant s is defined as the rate of sedimentation in cms. per sec. under a force of one dyne in a medium having the density and viscosity of water at 20° C.

$$s_{20} = \frac{V}{F} \cdot \frac{(\varrho_p - \varrho_{m_0})}{(\varrho_p - \varrho_m)} \cdot \frac{\eta}{\eta_0},$$

η_0 = viscosity water 20° = 0,01; ϱ_{m_0} = density water 20° = 1,00.

The STOKE's relationship holds when

a) the particle is spherical in shape;

b) the motion of the particle is uniform;

c) the particle moves freely and is unhampered by other particles in the liquid.

It may readily be shown that if a particle starting from a point distant x_1 from the axis moves to a point distant x_2 from the axis in time t secs., then

$$r = \sqrt{\frac{9\,\eta \ln . \frac{x_2}{x_1}}{2\,(\varrho_p - \varrho_m) . \left(2\,\pi \frac{N}{60}\right)^2 . t}}.$$

This is the basis for the determination of the particle size of an unknown suspension from the sedimentation velocity. Having secured conditions for which STOKE's Law is valid, and knowing the values of ϱ_p, ϱ_m and η, then by measuring V for a definite value of F all the requisite data are available for calculating r.

The measurement of V is quite straightforward if a sharp sedimenting boundary may be observed, either visually or photographically, but with substances available only in very low concentrations this is not possible. This difficulty arises with the viruses and bacteriophages which, as they normally occur, exist in very low concentration, and hence the procedure of testing samples of the system after spinning must be adopted. Methods are gradually being evolved whereby viruses may be concentrated and purified, and in time the more accurate direct methods of measuring the sedimentation will doubtless become applicable.

The criterion of mono-dispersity in the sedimentation velocity method is the formation of a single sharp boundary as the dispersed substance sediments in a uniform column. When the substance is hetero-disperse a diffuse boundary will result.

The interpretation of centrifugation data for biological systems contains an element of uncertainty owing to the lack of precise knowledge of the true densities of the particles being studied. This problem will be discussed separately later.

Sedimentation equilibrium. The centrifugal force, F, in sedimentation velocity experiments is of sufficient magnitude to produce such rapid sedimentation that diffusion becomes insignificant. It is obvious, however, that values of F may be chosen for which the diffusion effect is no longer negligible. The effect of the centrifugal force is to cause the particles to move in a direction *away from the axis* of rotation, thereby gradually to build up a concentration gradient, which, as it increases, augments the tendency for the particles to diffuse back in a direction *toward the axis*. Eventually the sedimenting and diffusing tendencies will neutralise one another and a state of equilibrium will be established. Under such equilibrium conditions the gradient of concentration decreases in a logarithmic manner with the distance from the bottom of the cell. If C_1 and C_2 are the concentrations at distances x_1 and x_2 respectively from the axis of rotation at sedimentation equilibrium then the molecular weight M of the dispersed substance is given by

$$M = \frac{2 . RT \ln . \frac{C_2}{C_1}}{\left(1 - \frac{1}{\varrho_p} . \varrho_m\right)\left(2\,\pi \frac{N}{60}\right)^2 (x_2{}^2 - x_1{}^2)},$$

$\frac{1}{\varrho_p}$ = partial specific volume of dispersed substance.

When the substance is monodisperse the calculated values of M will be the same for all values of x_2 and x_1.

The value of M determined by the sedimentation equilibrium method is independent of the shape of the molecule. The sedimentation velocity relationship based on STOKE's Law holds strictly only for spherical particles. It is possible to derive the value of the molar frictional coefficient, f, from the sedimentation equilibrium data and the sedimentation velocity data according to the equation

$$f = \frac{M\left(1 - \frac{\varrho_m}{\varrho_p}\right)}{s}.$$

Now the value of the molar coefficient of friction, f_0, for a spherical particle may be calculated from

$$f_0 = 6\pi\eta[N] \cdot \left(\frac{3M}{4\pi}\right)^{\frac{1}{3}},$$

$[N]$ = Avagadro number.

The ratio $\frac{f}{f_0}$ is termed the dissymmetry constant, and if the shape of the particles being studied is spherical then the value of the ratio should be unity.

The densities of viruses and bacteriophages.

The lack of reliable knowledge of the true densities of viruses has been a source of uncertainty in the deduction of particle size values from the measured rates of sedimentation. The small amount of infective material present and the inaccurate methods available for measuring the concentration of virus places a restriction on the means and precision of density determinations.

a) The method of zero-sedimentation.

Inspection of the STOKE's equation will show that if the density of the medium is progressively increased the velocity of sedimentation is lowered until when $\varrho_m = \varrho_p$ the velocity is zero. This provides a method for arriving at the value of ϱ_p, and has been applied by several workers for determining the densities of bacteria, viruses and bacteriophages. However, the necessity for using concentrated solutions of sugar or salt to attain the requisite high value of ϱ_m introduces a serious source of error due to the dehydrating influence that such solutions may exert on hydrated protein structures. It is probable therefore that the density values obtained are generally too high. Table 9 summarises recorded densities based on the zero-sedimentation method.

Table 9. Apparent densities by zero-sedimentation method.

System	Medium	Centrifuge speed $\frac{r}{m}$	Apparent density	Reference
Vaccinia	Glycerine solution .	not stated	1,14	MACCALLUM and OPPENHEIMER 1932 (144).
,,	Sugar solutions....	10000	1,18	ELFORD and ANDREWES 1936 (58, *4*)
Influenza virus	,, ,, ...	11000	1,20	ELFORD and ANDREWES 1936 (58, *4*)
Staph. 'K' bacteriophage	,, ,, ...	11000	1,25	ELFORD 1936 (57, *7*).
Bacteriophages	Glucose solutions .	40000	1,25	MCINTOSH and SELBIE 1937 (151).
B. Prodigiosus	Sucrose solutions ..	4000	1,10	ELFORD 1936 (57, *7*).

When crystals or particles of the dry substance are available these may be equilibrated for zero gravitation in adjustable mixtures of non-solvents. BAWDEN and PIRIE 1937 (18, *1*) have applied this method for determining the density of tobacco mosaic disease virus protein using mixtures of nitro-benzene and dichlorbenzene. They also equilibrated the protein, precipitated by ammonium sulphate, against mixtures of ammonium sulphate and sugar solutions. The density value yielded by these methods was 1,29–1,31.

b) The density calculated from measured rates of sedimentation.

The value of ϱ_p may be calculated from two simultaneous STOKE's equations containing the measured sedimentation data for two values of ϱ_m. When these values are chosen so as not to depart appreciably from normal physiological conditions and so that any dehydrating influence due to added salts may be so small as to be negligible, then a reliable figure for ϱ_p may be expected. The successful application of the method demands an accurate means for measuring the sedimentation rate. The biological test as used generally for viruses is far too inaccurate to enable small differences in the rate of sedimentation to be determined, and even when bacteriophages are estimated by the plaque count method erratic values for ϱ_p are obtained. BECHHOLD and SCHLESINGER derived some density values based on measurements of sedimentation in wide flat-bottomed tubes and calculated according to the equation to be quoted later (see method of centrifugation analysis 1). The following table 10 contains a summary given by SCHLESINGER (175, *6*), and also the value for the density of the virus of foot and mouth disease by SCHLESINGER and GALLOWAY (177).

Table 10. Densities calculated from rates of sedimentation.

System	Reference	Density
Vaccinia virus	(27, *1*)	> 1,10 probably ca. 1,15
Fowl plague virus	(27, *1*)	> 1,10 „ ca. 1,15
Herpes virus	(27, *3*)	1,15
Coli bacteriophage "WLL"	(175, *1*)	1,14
Foot-and-mouth disease virus	(177)	1,35–1,40

However, in instances where the virus or bacteriophage can be prepared in sufficient concentration to permit a direct visual or photographic measurement of the sedimenting boundary then a more dependable value of ϱ_p may be obtained. The apparatus of SVEDBERG would, of course, be very suited to provide the requisite data. Recently the inverted capillary tube method, adapted for visual observations, as will be indicated later (see methods of centrifugation analysis 2), has been applied in determining the densities of bacteria, viruses and bacteriophages from the measured displacements of the boundaries in saline and dilute sugar solutions of known densities and viscosities. Thus if V_1 and V_2 are the velocities of sedimentation of the particle (density ϱ_p) in media of known densities and viscosities, ϱ_{m1}, η_1 and ϱ_{m2}, η_2 respectively, and under otherwise identical conditions of centrifugation, then

$$\frac{V_1}{V_2} = \frac{(\varrho_p - \varrho_{m1})\ \eta_2}{(\varrho_p - \varrho_{m2})\ \eta_1}.$$

Whence ϱ_p may be calculated.

The following figures table 11 have been obtained by this method, and are based on measurements in media containing not more than 5 per cent sugar. The period of contact was about one hour in each instance (cf. section *d*).

Table 11. Densities calculated from rates of sedimentation in media of known densities and viscosities. Measurements made on boundary displacement.

System	Density	Reference
Staph. aureus, from agar culture	1,07 ± 0,02	ELFORD (57, *10*)
B. Prodigiosus, from agar culture	1,08 ± 0,02	„ (57, *10*)
Vaccinia virus—purified and concentrated	1,17 ± 0,02	„ (57, *9*)
Staph. 'K' bacteriophage—purified and concentrated	1,22 ± 0,02	„ (57, *9*)
Coli 'WLL' bacteriophage—purified and concentrated	1,22 ± 0,02	„ (57, *9*)

The density of purified staphylococcus bacteriophage has been calculated by WYCKOFF 1938 (214, *5*) from measurements of its sedimentation velocity in salt solutions of known densities. He has found its value to be ca. 1,20.

c) The pyknometer method.

Pyknometers, which may take various forms, are accurately calibrated glass vessels permitting the weight of a known volume of liquid to be determined with precision. To find the density, ϱ_s, of a solution the pyknometer is weighed filled with the medium, weight W_1, and then filled with the solution, weight W_2.

$$\varrho_s = \frac{W_2}{W_1} \cdot \varrho_m$$

ϱ_m = density of medium for the particular temperature of measurement.

Now if the composition of the solution or suspension is known, the density, ϱ_p, of the dissolved or dispersed substance may be derived from the relation

$$W_2 - W_1 = v\,(\varrho_p - \varrho_m)$$

i. e. $W_2 - W_1$ represents the difference in weight between a small volume v of the substance dissolved or dispersed and the same volume of medium. Since $v = \omega/\varrho_p$, where ω is the weight of the substance contained in the volume held by the pyknometer, the value of ϱ_p may be calculated from

$$\varrho_p = \frac{\varrho_m}{1 - \frac{W_2 - W_1}{\omega}}.$$

It must be remembered that the value of ϱ_p refers to the dry substance. The influence of solvation may modify the density appreciably and it is this effective density that is required in interpreting centrifugation data (147).

Animal viruses have not yet been obtained in sufficiently concentrated and purified form for this method to be applied. However, in the case of the virus protein of tobacco mosaic disease ERIKSSON-QUENSEL and SVEDBERG 1936 (69) reported its specific volume (the reciprocal of the specific gravity) determined pyknometrically to be 0,646 (i. e. sp. gr. 1,55). More recently, STANLEY (189, *5*) has found the value 0,77 for the specific volume of tobacco mosaic virus protein, presumably the dry crystals, in toluene and butyl alcohol using the pyknometric method; while BAWDEN and PIRIE 1937 (18, *1*) by measurements of the specific gravities of aqueous solutions of the protein arrive at the value 0,73. Specific volumes 0,77 and 0,73 correspond to densities of 1,30 and 1,37 respectively, which conform with the values generally found for protein substances.

d) Calculation of the true particle density from the determined density and phase volume relationships of a suspension.

RUFFILLI 1933 (174) used a method suggested by SCHLESINGER for determining the densities of bacteria and there appears to be no reason why it could not be applied with equal success to the larger viruses were these available in sufficient quantity. The basis of the method is as follows: If ϱ_s is the density of the suspension and V_s its volume, then

$$\varrho_s = \frac{W_p + W_m}{V_s},$$

where W_p = weight of suspended particles; W_m = weight of medium.

Since

$$W_p = \varrho_p \cdot V_p, \text{ and } W_m = \varrho_m \cdot V_m$$

ϱ_p and V_p being density and volume respectively of the particles; ϱ_m and V_m being density and volume respectively of the medium.

Then

$$\varrho_p = \frac{\varrho_s - \varrho_m}{V_p} + \varrho_m.$$

Now the values of ϱ_s and ϱ_m may be determined pyknometrically and the real problem resolves itself into finding the value of V_p. Provided a suitable reference substance can be found which *a*) is readily estimated with accuracy, *b*) is not appreciably adsorbed by the particles, *c*) does not penetrate the particles, and *d*) may be used under conditions which do not affect the volume of the particle, then the value of V_p may be arrived at by difference after estimating the volume of the medium. Ruffilli found commercial haemoglobin dissolved in an appropriate electrolyte solution containing NaCl and Na_2CO_3 might be used with bacteria. His paper should be consulted for the experimental procedure which includes spinning down the dispersed particles to form a compact volume. A possible source of error may be involved here since it is assumed that the centrifugal pressure in no way affects the volume of the particles, whereas some water may be lost.

Ruffilli's results indicated the normal density of bacteria to be close to 1,10. His figures for *B. coli* "88" are quoted in the following table 12 since he also investigated the influence of different concentrations of sugar on the density of this organism.

Table 12. Data for the density of B. Coli in sugar solutions.—Ruffilli.

System	Time of measurement	Density of organism
B. coli "88" in isotonic solution		1,094
,, ,, "88" in 10 per cent sugar solution	Soon after mixing	1,102
	After 24 hours at 0° ...	1,111
,, ,, "88" in 18 per cent sugar solution	Soon after mixing	1,111
	After 24 hours at 0° ...	1,136

These figures indicate the magnitude of the change in density of this bacterium due to the high sugar concentrations, and in particular emphasise the importance of the time of contact.

Thus our present knowledge of the densities of bacteriophages and animal viruses indicates that their values are intermediate between those of bacteria on the one hand and protein substances on the other, i. e. between 1,10 and 1,35. The larger viruses—above 100 mμ in size—appear to have densities between 1,15 and 1,20, while those viruses below 100 mμ, and the bacteriophages, seem to tend more towards the value 1,30 for specific gravity. It is evident that much work remains to be done in this field.

The particle size derived from the sedimentation velocity is inversely proportional to the square root of $(\varrho_p - \varrho_m)$, cf. Stoke's equation, and it will be obvious that since the difference in these densities is small, viz. 0,1 to 0,3, an error in the value of ϱ_p may seriously affect the calculated value of the particle diameter. For example, of $(\varrho_p - \varrho_m)$ were taken to be 0,10 instead of 0,20 the particle size would be too high by 30 per cent; and likewise if taken to be 0,10 instead of 0,30 the calculated diameter will be too high by about 40 per cent.

Methods of centrifugation analysis applied to viruses and bacteriophages.

It may be well first of all to consider the magnitude of the force F required for the sedimentation of particles within the range of size in which we are interested, namely 1000–10 mμ, and having densities between 1,10 and 1,35. The STOKE's equation to which reference has already been made leads to the following figures (see table 13) for particles contained in a water-like medium so that $\varrho_m = 1{,}00$ and $\eta = 0{,}01$ at 20° C., and subjected to the influence of a centrifugal force F equivalent to 20000 times gravity, i. e. 20000 × 981 dynes.

Table 13. Sedimentation velocities of particles of different sizes under a centrifugal force 20000 g.

Radius of particle in mμ	V in cms. per hour when $\varrho_p = 1{,}10$	V in cms. per hour when $\varrho_p = 1{,}35$
5	0,039	0,137
10	0,16	0,55
25	0,98	3,43
50	3,90	13,70

It is clear that while for particles at the extreme end of our scale it would be good were a force say of the order 50000 g. available, nevertheless quite a lot of information should be forthcoming by the use of a force of 20000 times gravity, particularly if the density of the particles approaches the higher limit.

1. The centrifugation method of BECHHOLD and SCHLESINGER employing wide tubes.

The first serious attempt to use the method of centrifugation analysis for the determination of the particle sizes of viruses and bacteriophages was made by BECHHOLD and SCHLESINGER (27, *1*) in 1931 at the Institut für Kolloidforschung, Frankfurt. The literature contains many earlier observations of a qualitative nature showing that certain of the larger viruses might be partially sedimented in the ordinary swinging bucket form of laboratory centrifuge producing speeds of 4000 to 6000 r./m. It remained for BECHHOLD and SCHLESINGER to evolve a quantitative method. They used the high speed 'Ecco' centrifuge made by Collatz of Berlin, a model carrying four swinging buckets for tubes each holding 5 c. cs. and capable of a maximum speed of 15000 revs./min. The corresponding centrifugal force acting near the bottom of the tube was approximately 20000 times gravity. The technique of the centrifugation method has been fully described by SCHLESINGER 1934 (175, *5*). Glass tubes, about 1 cm. in diameter and 5 cms. in length, with flat bottoms were used to contain the suspension to be analysed, and a disc of thick filter paper was placed at the bottom of the tube to prevent the re-dispersion of particles sedimented. It was very essential to saturate the paper thoroughly with the liquid at the commencement of the experiment and see that it lay flat and covered the whole of the area at the bottom of the tube. The system was then spun for a given period at a known speed, and then the supernatant was poured from the tube for analysis. As a control on any possible inactivation of labile biological systems the filter paper might be extracted in a suitable medium and the volume made to the original for testing. The concentration of the resuspended sediment should account for the loss observed in the supernatant.

SCHLESINGER (loc. cit.) conducted careful experiments with bacterial suspensions and graded gold sols to determine the conditions of sedimentation within the supernatant. He concluded there was almost complete mixing due to the combined effects of convection currents and disturbances arising from the natural vibration of the machine. It was evident that the conditions were such as would invalidate STOKE's Law. He therefore derived a new equation. Making the assumption that at any instant the concentration in the supernatant was uniform throughout due to complete mixing, he considered the rate at which particles were removed as they penetrated the filter paper, their motion being assumed here to follow STOKE's Law. The expression deduced, giving the particle diameter d in mμ, was

$$d = 6{,}15 \,.\, 10^8 \sqrt{\frac{\eta\, h \,.\, \log \frac{C_0}{C_t}}{(\varrho_p - \varrho_m)\, R \,.\, t \,.\, N^2}},$$

where C_0 = initial concentration of unspun suspension; C_t = concentration of supernatant after spinning for time t secs.; h = height of the liquid column in cms.; R = distance in cms. of filter paper surface from axis of rotation. The other symbols have the meanings already assigned them.

Table 14. Particle sizes of viruses and bacteriophages by the method of BECHHOLD and SCHLESINGER.

System	Source	Value of ϱ_p	Calculated d mμ	Authors and reference
Vaccinia virus	'Rohstoff', lymph	1,10	210–230	BECHHOLD and SCHLESINGER (27, *1*)
Fowl Plague virus "Stamm Brescia"	Fowl brain	1,10	120–130	BECHHOLD and SCHLESINGER (27, *1*)
Coli bacteriophage WLL	Coli '88'........	1,10	90	SCHLESINGER (175, *1*)
		1,14	79	
Herpes virus	Guinea-pig brain	1,10	220	BECHHOLD and SCHLESINGER (27, *3*)
		1,15	180	
Canary Pox	Canary blood ...	1,12	120[1]	BECHHOLD and SCHLESINGER (27, *4*)
Bacteriophage C 16	Grown on strains of B. coli and B. dysent. after BURNET	1,12	90	SCHLESINGER (175, *2*)
,, C 21		1,12	75	
,, L		1,12	75	
,, D 20		1,12	50	
,, S 13		1,12	20	
Tobacco mosaic virus	Plant juice	1,12	50	BECHHOLD and SCHLESINGER (27, *2*)
Foot-and-mouth disease virus	Vesicle lymph ..	—	less than 30	BUSCH (44)
Staph. K. phage	Staph. aureus...	1,25	62–78	ELFORD (57, *7*)
S 13	B. Dys. Y 6 R ..	1,25	12–20	,, (57, *7*)
Haemocyanin (Helix)	Crystallised	1,36	20	,, (57, *7*)
Fibroma virus	Rabbit testes ...	1,3	126–141	SCHLESINGER and ANDREWES (176)
Papilloma virus	Rabbit warts ...	1,3–1,4	32–50	SCHLESINGER and ANDREWES (176)

[1] Round bottomed tubes used. Figure thought to be probably too low. BECHHOLD (23, *4*).

The value of h may either be measured directly or be calculated from the volume of the supernatant (by weighing) and the diameter of the tube. The scope the method may be extended to particles of 20 mμ diameter by keeping h small, e. g. 0,5 cm. The expression enables the value of d to be calculated from determinations of C_t and C_0, provided the values of $(\varrho_p - \varrho_m)$ and η are known.

Bechhold and Schlesinger have applied the method to several viruses and bacteriophages, and their results are summarised in the table 14, which also contains data obtained with this method by Busch 1934 (44) for the virus of foot-and-mouth disease, by Elford 1936 (57, 7) for two bacteriophages and haemocyanin, and by Schlesinger and Andrewes 1937 (176) for the viruses of rabbit fibroma and rabbit papilloma.

It will be noted that Bechhold and Schlesinger generally assumed the density of viruses and phages to be close to 1,10, i. e. very like that of bacteria. The evidence on the densities of viruses and bacteriophages already considered indicates values definitely higher than 1,10, and 1,20 would be a better average value. The calculated particle diameters given by Bechhold and Schlesinger are therefore probably too high by about 30 per cent.

Bechhold and Schlesinger usually studied the degree of monodispersity of the systems they studied by re-determining the particle size on the supernatants. The viruses and bacteriophages examined were found to be homodisperse.

2. The inverted capillary tube method.

It is well known that when a suspension is spun in a tube of capillary dimensions, 1 to 2 mms. diameter, the sedimentation is more efficient than under otherwise comparable conditions in a wide tube, say 1 cm. in diameter. This is explained by the immobilisation of the liquid and the minimised effect of convection due to better thermostatic conditions obtaining in the narrower tube. Elford (57, 7) in 1936 described a technique for studying the sedimentation of suspensions contained within an inverted capillary tube. The arrangement, which is very simple, is shown in fig. 22. The inverted glass capillary cell, made by fusing a piece of capillary tubing to solid glass rod is carried in an adapter made of duralium and supported in a laminated bakelite collar. The adapter fits the centrifuge bucket and also slips inside the wide flat bottomed glass tube contained in the bucket. In assembling, the capillary is filled by means of a fine capillary pipette and stood on the balance pan together with the centrifuge bucket with the wide glass tube, into which a volume of the liquid under examination is measured to be sufficient to ensure that on immersing the capillary the level of the outside liquid is not lower than the upper closed end of the capillary. A disc of thick filter paper is placed in the wide glass tube to retain any sedimented particles. Pairs of such cells are accurately balanced to within a milligram and then the capillary is dipped into the liquid in the wide glass tube to give the assembled arrangement shown in fig. 22.

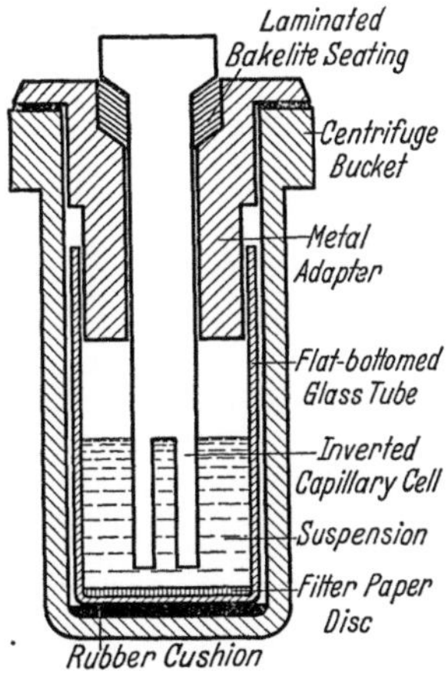

Fig. 22. Inverted capillary cel arrangement for studying rates of sedimentation (57, 7). (Diagrammatic.)

There are several advantages attaching to this set-up. 1. The inverted capillary constitutes a self-contained system in which mixing is very greatly minimised if not completely eliminated due to a) the narrow tube, b) the absence of free meniscus surface where, ordinarily, disturbances due to vibration may originate, and c) the absence of convection through the thermostatic influence of the small capillary buffered by the surrounding solution, and insulated in turn by the air gap between the outer tube and the bucket. 2. The absence of free meniscus also eliminates surface absorption effects and evaporation during long runs, and 3. the procedure of sampling is very easy, the capillary cell being simply withdrawn from the liquid, the capillary remaining full owing to the combined forces of capillary and atmospheric pressure. Any liquid in excess of that filling the capillary is removed either by touching the surface with a coarse capillary or a strip of filter paper. The complete contents of the capillary are withdrawn in a fine pipette and the average concentration C_t after spinning for time t is compared with the original unspun control C_0.

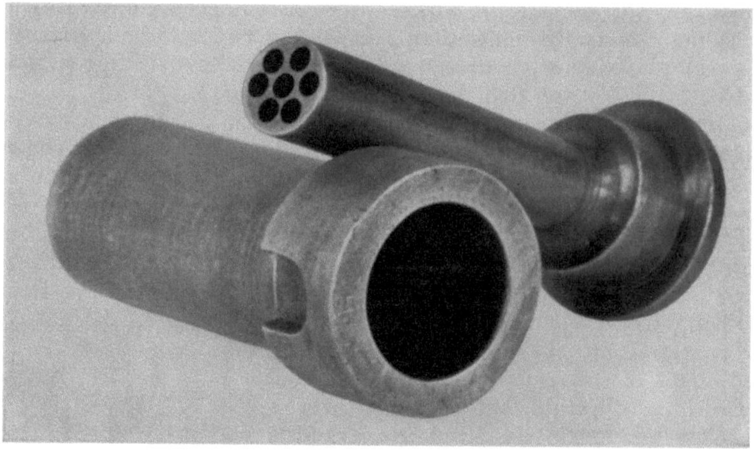

Fig. 23. Capillary centrifuge cell of metal.

The centrifuge used by ELFORD is an "Ecco" machine like that used by BECHHOLD, and capable of 15000 r./m. The speed during an experiment is measured by means of a stroboscopic arrangement.

The expression enabling d, the particle diameter, to be calculated in mμ is

$$d = 7{,}94 \,.\, 10^7 \sqrt{\frac{\eta \,.\, \log . \dfrac{x_1 + l}{x_1 + l \,.\, \dfrac{C_t}{C_0}}}{(\varrho_p - \varrho_m)\, N^2\, t}},$$

where x_1 = distance of upper closed end of the capillary from the axis of rotation; l = length of capillary; t = time of spinning in mins.; N = revs./min.

The sedimentation constant is given by

$$S_{20} = \frac{l \,.\, x_1 \left(1 - \dfrac{C_t}{C_0}\right)}{t \,.\, 60 \,.\, \left(x_1 + l \,.\, \dfrac{C_t}{C_0}\right)} \cdot \frac{\eta}{\eta_0} \cdot \frac{(\varrho_p - \varrho_{m0})}{(\varrho_p - \varrho_m)},$$

η_0 and ϱ_{m0} = viscosity and density of water at 20° C.

The cell may be made of metal and ELFORD has used the M.V.C. aluminium-silicon alloy which has great tensile strength and is resistant to saline. It should be emphasized that in all cases the effect of leaving the system in contact with the metal should be checked owing to the varied sensitivities of biologically active agents towards metals. The general experience with viruses and phages has been that when suspended in broth they are quite unaffected, but in purified suspension in an aqueous medium they may lose some activity through contact with M.V.C. alloy. Fig. 23 shows a metal cell. It will be noticed that a series of parallel capillaries have been drilled. This provides a larger volume of liquid for test as is often very necessary for animal inoculation. The length of the capillaries usually employed is 1 cm. However, by using capillaries only 0,5 cm. in length the applicability of the method has been extended to include the smallest viruses, cf. experiments with foot-and-mouth disease (61, *4*).

The method was subjected to a critical study using suspensions of bacteria, bacteriophages and proteins, and the evidence indicated that the sedimentation within the capillary fulfilled the requirements of STOKE's Law, i. e. there was steady uniform movement with little mixing until the boundary approached the lower open end of the capillary. Here it would come under the influence of any disturbance occurring in the outer liquid and some adverse effect might be anticipated on this account. The effect of such happening would tend to make the observed rate of sedimentation low and be reflected in the values for the particle diameters being too small. The curves in fig. 24 show the relationship between the calculated values of d for different experimentally determined values of $\frac{C_t}{C_0}$ in the case of a haemocyanin (Helix) solution, a bacteriophage suspension and also a bacterial suspension. It is clear that the apparent particle diameter becomes smaller as the value of $\frac{C_t}{C_0}$ approaches 0,1 and that the method must be regarded as giving most accurate figures for relatively small displacements of the boundary. Whether or not this condition can be realised in practice must depend on the accuracy with which relative concentrations in the systems studied may be measured. With viruses the method of estimating concentration is such that differences less than tenfold can seldom be detected with certainty (cf. introduction). Hence it becomes necessary to adopt the procedure of seeking those conditions of centrifugation, i. e. speed and time of spinning, which are just sufficient to ensure $\frac{C_t}{C_0} = 0,1$.

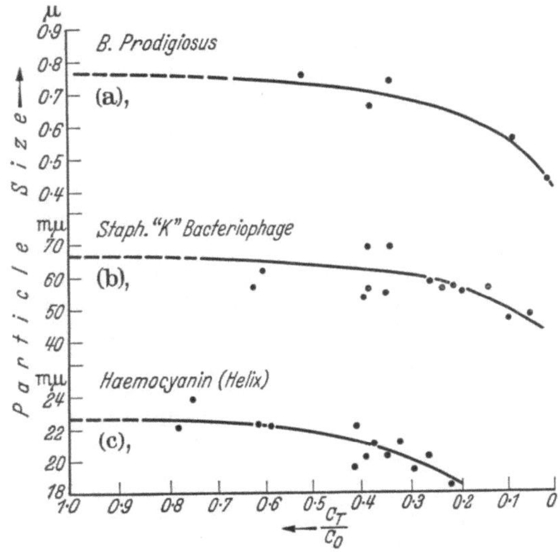

Fig. 24. Curves showing calculated particle diameters for different experimentally determined values of $\frac{C_t}{C_0}$ by the inverted capillary tube method (57, 7).

In the case of bacteriophages a more accurate estimation of the particle diameter is possible, since values $\frac{C_t}{C_0} = 0,8$ may be experimentally determined. Again when studying pure protein solutions with concentrations capable of being estimated refractometrically the accuracy of measuring the sedimentation rate by this analytical method is good.

The following table 15 summarises results that have been obtained.

Table 15. Particle diameters and sedimentation constants determined by the inverted capillary tube method with direct analysis of samples.

System	Source	ϱ_p	d mμ	S_{20} cms./sec./dyne	Reference
B. Prodigiosus	Culture	1,10	700–800	3×10^{-9}	Elford (57, *7*)
Vaccinia virus	Rabbit testis	1,18	170–180	4×10^{-10}	Elford and Andrewes (58, *4*)
Influenza virus	Mouse lung	1,20	87–99	1×10^{-10}	
Rous Sarcoma virus	Tumor tissue (chicken)	1,25	60–70	$5{,}5 \times 10^{-11}$	
Vesicular Stomatitis virus (Indiana strain)	Vesicle lymph (guinea-pig)	1,20 or 1,30	74 or 60	6×10^{-11}	Elford and Galloway (61, *4*)
Staph. 'K' phage	Lysed Staph. aureus filtrate	1,25	60–70	$5{,}5 \times 10^{-11}$	Elford (57, *7*, *10*)
Coli phage 'WLL'	Lysed Coli '88'—filtrate	1,25	60–65	$5{,}5 \times 10^{-11}$	
Typhoid phage '105 α'	Lysed B. Aertycke—filtrate	1,25	65–70	6×10^{-11}	
Megatherium phage (de Jong)	Lysed B. Megatherium—filtrate	1,25	30–37	$1{,}5 \times 10^{-11}$	Tang, Elford and Galloway (200)
Equine encephalomyelitis virus (New Jersey strain)	Guinea-pig brain, and also chorio-allantoic membrane cultures	1,20 or 1,30	39 or 32	$1{,}5 \times 10^{-11}$	
Louping Ill	Mouse brain	1,20 or 1,30	27 or 22	8×10^{-12}	
Haemocyanin (Helix)	Crystals	1,36	22	$9{,}7 \times 10^{-12}$	Elford (57, *7*)
Bacteriophage S 13	Lysed B. Dys.—Y 6 R—filtrate	1,25	15–17	$4{,}5 \times 10^{-12}$	
Foot-and-mouth disease virus	Guinea-pig vesicle lymph	1,30	20	5×10^{-12}	Elford and Galloway (61, *4*)

The capillary tube method with a visual or photographic determination of the sedimentation.

Recently it has been possible to prepare concentrated suspensions of purified vaccinia elementary bodies [Craigie 1932 (50); Craigie and Wishart 1934 (51); Parker and Rivers 1935 (162)], and also purified preparations of bacteriophages [Schlesinger 1933 (175, *2*); Northrop 1938 (159); Elford (57, *10*)]. The former suspensions containing 10^8–10^9 infective units per c. c. as indicated by titration on the rabbit's skin, are definitely turbid in appearance and it becomes possible to measure the sedimentation in terms of the boundary movement when suitably illuminated. The concentrated phage preparations, e. g. coli WLL phage, Staph. 'K' phage and Typhoid 105 α phage, give strongly opalescent solutions, and in these cases too the boundary of sedimentation is clearly indicated by the scattered light (fig. 25). The discovery that when such systems are spun in the inverted capillary tube the boundary of sedimentation remained well defined on withdrawing the tube made possible the visual or photographic method of analysis. The tube after spinning is removed from the centrifuge and mounted in one of the following ways:

a) Incident light falling on the tube obliquely from above, and the capillary viewed against a black background. The boundary for turbid suspensions, e. g. bacteria and larger viruses like vaccinia, may be readily observed and the dis-

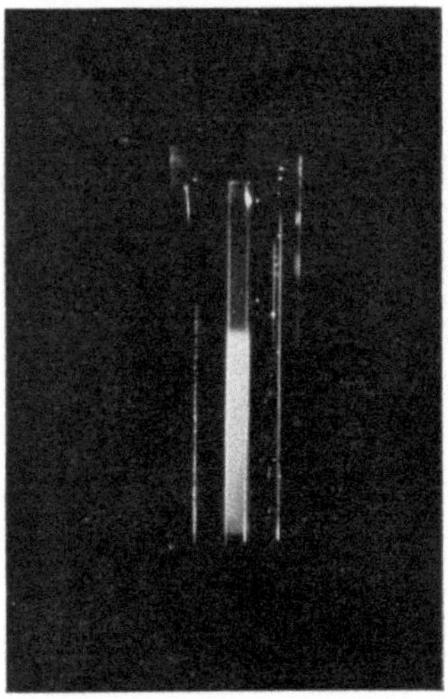

a

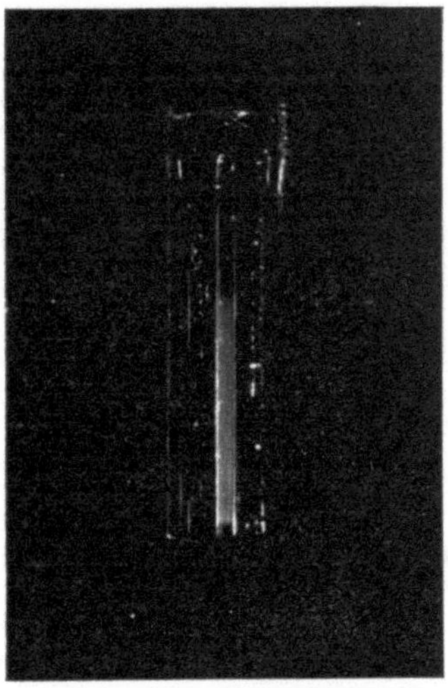

b

Fig. 25. Photographs, by scattered light, of purified bacteriophages after centrifugation in the capillary-tube. (a) Coli bacteriophage 'WLL', 5×10^{11}/c. c. (b) Typhoid bacteriophage 105 α, 5×10^{10}/c. c.

placement measured against a calibrated glass screen. Alternatively the measurement may be made on photographs.

b) The tube illuminated by a strong beam of light in a direction at right angles to the line of observation. The column of opalescent suspension is then clearly to be seen against a black background. Direct visual or photographic observations may be made (fig. 25, shows two of the early photographs taken).

c) By illuminating the capillary, made of quartz for these experiments, with U. V. light of a wavelength within the characteristic absorption band of the substance investigated. The image of the capillary on a fluorescent screen or, better, as photographed, is placed alongside that of a standard glass scale photographed under similar optical conditions. The boundary of sedimentation is revealed in terms of the absorption of the light used and its displacement during a given period of centrifugation may be measured. Haemocyanin solutions have been successfully examined in this way.

The possibility of making direct measurements of the displacement of the boundary (it is, of course, important to take the observations as quickly as possible after withdrawing the cell from the centrifuge in order to minimise any diffusion influences tending to reduce the sharpness of the boundary) at once increases the accuracy of the determinations of the sedimentation velocities, particularly of viruses. Now quite small movements of the boundary may be estimated with fair accuracy—e. g. movements of 2 mms.

This simple capillary tube method therefore may be used either with the sampling technique or the visual and photographic means for determining the degree of sedimentation. It thus enables a comparison to be made between the sedimentation velocities of purified concentrated preparations of viruses and those values determined on the relatively dilute untreated filtrates. The information so gained should be very useful in deciding whether or not the purified product possesses unaltered the physical properties and biological activity of the original.

When direct measurements of the movement of the boundary are made by the visual or photographic methods then the following simplified formula is used for calculating d in mμ

$$d = 7{,}94 \,.\, 10^7 \sqrt{\frac{\log \frac{x_2}{x_1}}{(\varrho_p - \varrho_m)\, N^2\, t}}\,,$$

x_1 = distance of top of capillary from axis; x_2 = distance of boundary from axis after spinning for t mins.; N = revs. per min.

The sedimentation velocity S_{20} is given by

$$S_{20} = \frac{x_2 - x_1}{t \,.\, 60} \cdot \frac{\eta}{0{,}01} \cdot \frac{(\varrho_p - 1)}{(\varrho_p - \varrho_m)}\,,$$

t = time in mins. Otherwise C. G. S. units.

Some recent results with this method are summarised in table 16. The measurements on the purified virus and bacteriophage preparations agree well with those made directly on untreated material, cf. table 15.

Table 16. Sedimentation data by the capillary tube method using the visual and photographic technique.

System	Source	ϱ_p	d mμ	S_{20} cm./sec./dyne	Reference
Staph. aureus	Agar-culture	1,07	1200	$6–7 \times 10^{-9}$	ELFORD (57, 10)
B. Prodigiosus	,, ...	1,08	800	$3{,}5 \times 10^{-9}$	
Vaccinia Virus	Purified and concentrated (dermal strain).	1,17	200–230	$4–5 \times 10^{-10}$	
Staph. 'K' phage	Purified and concentrated	1,22	68	$6{,}5 \times 10^{-11}$	
Coli phage 'WLL'	,, ,, ,,	1,22	65–70	$6–7 \times 10^{-11}$	
Typhoid phage (105 α)	,, ,, ,,	1,22	70–75	$7–8 \times 10^{-11}$	

3. The air-driven centrifuge of HENRIOT and HUGUENARD.

MCINTOSH and SELBIE 1937 (151) have used the simplest form of air-driven spinning-top centrifuge, as first described by HENRIOT and HUGUENARD 1925 (95, *1*, *2*) for studying the sedimentation of viruses. A diagrammatic sketch of the arrangement of this form of centrifuge is shown in fig. 26. Fine jets of air emitted from the holes drilled at an inclined angle to the surface of the hollow metal cone, called the 'stator', impinge on the flutings cut in the surface of an inverted metal cone, called the 'rotor', which is thereby caused to spin while being supported on an air cushion. The rotor does not escape from the stator owing to the BERNOULLI forces developed by the air motion holding the rotor within a fraction of a millimeter of its seating. The stability of this system is remarkable, being unaffected by sudden changes of air pressure or even by introducing liquid into the rotor, when the latter is of hollow form. Very high speeds are attainable up to several thousands of revolutions per second, the practical limit being set by the tensile strength of the material of which the rotor is constructed. Little if any heating occurs, the air current exercising a cooling effect. A review of the developments in applying the principle of the air-driven spinning top in the design of general purpose centrifuges has recently been written by BEAMS 1937 (19). The HENRIOT and HUGUENARD form of centrifuge has been used by GRATIA 1934 (88), GIRARD and SERTIC 1935 (84) and McINTOSH 1935 (150) in studying viruses and bacteriophages, but the results were not interpreted to give actual particle size values. McINTOSH and SELBIE arranged to have accommodation in the top of a duralium rotor for four glass tubes 0,5 cm. wide × 2 cms. in length, an air-tight lid preventing evaporation (see fig. 26). The sedimentation rates of suspensions of bacteria were measured at 10000 r./min., while the viruses, bacteriophages and oxyhaemoglobin were spun at 40000 r./min. The values of $\log \frac{C_0}{C_t}$ were plotted against the times of spinning, C_0 being the initial concentration and C_t the concentration in the uppermost layer 0,6 cm. deep after centrifuging for time t. Homodisperse systems gave a linear relationship between $\log \frac{C_0}{C_t}$ and t, but notable departures occurred with vaccinia, sewage organisms and bovine pleuropneumonia, suggesting that the particles in these cases varied in size. McINTOSH and SELBIE called the angle of inclination of this line the sedimentation angle 'θ' for the particular system, so that

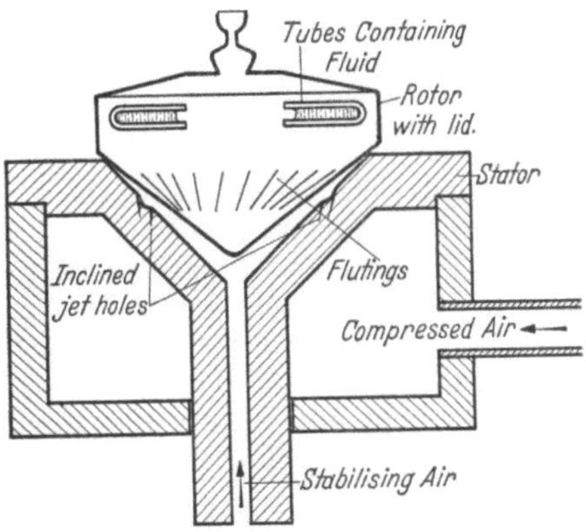

Fig. 26. Diagrammatic sketch of the simple HENRIOT and HUGUENARD air-driven centrifuge, showing the arrangement for tubes as used by McINTOSH and SELBIE.

$$\tan.\,\theta = \frac{\log \frac{C_0}{C_t}}{t}.$$

When calculating the value of d, the particle diameter, they used the relationship

$$d = K\sqrt{\tan.\,\theta} = K\sqrt{\frac{\log \frac{C_0}{C_t}}{t}}$$

cf. BECHHOLD and SCHLESINGER's equation already cited.

The constant K will apply generally provided the conditions of centrifugation are constant, i.e. same speed, same medium, same depth of liquid column, and all particles studied having equivalent densities.

McINTOSH and SELBIE determined K from experiments with a suspension of Staph. aureus in saline, using the value 800 mμ for the diameter of this organism as indicated by microscopical measurement. It follows therefore that in calculating the particle diameters of other suspensions on the basis of this value of K, it is implied that all substances have the same density as Staph. aureus, i.e. 1,10 (ca.). The following table 17 summarises the particle size values derived by McINTOSH and SELBIE by this method.

Table 17. Particle size values from the 'sedimentation angle' by McIntosh and Selbie.

System	Medium	Particle diameter mμ
Staphylococcus Aureus	Saline	800
B. Prodigiosus	"	650
Sewage organisms	Broth	116–220
Vaccinia virus	Tap-water	99–220
Bovine pleuro-pneumonia	Serum-broth	97–220
Rous sarcoma virus		66
Staphylococcus phage	Broth	47
B. Coli phage	"	39
Shiga dysentery phage (Baker)	"	39
Salmonella phage S 13	"	28
Oxyhaemoglobin	Saline	6,1

The particle size values for the systems in broth and serum-broth media should be corrected for the densities and viscosities of these media as compared with saline. The respective particle diameters will be raised by about 5 per cent on this account. Certain corrections for the densities of some of the viruses and phages being greater than 1,10 must also be applied, and will reduce the particle diameters by about 30 per cent.

McIntosh and Selbie also made calculations based on a "modified Stoke's equation" for which, however, adequate justification is not apparent.

4. Ultracentrifugal analysis—The Svedberg ultracentrifuge.

The great potentialities of the method of ultracentrifugal analysis using forces up to 500000 times gravity, have been illustrated in recent years by the splendid work of Svedberg and his associates at Upsala. There are essentially two aspects of the problem of extending centrifugation methods to molecularly disperse systems, 1. the construction of an efficient form of centrifuge capable of providing the forces necessary—order of 500000 g.—and 2. the design of an optical method for recording the progress of sedimentation during the period of centrifugation. Svedberg has evolved a high speed oil-turbine ultracentrifuge in which a specially shaped rotor revolves with its axis horizontal, the driving force being regulated so that speeds providing centrifugal forces ranging from 50000 to 500000 times gravity are readily obtained. The rotor revolves in an atmosphere of hydrogen maintained at about 25 mms. mercury pressure, and this while minimising the frictional effects yet retains adequate heat conductivity. Two small counter-balanced sector-shaped cells with plane parallel windows of quartz are accommodated in the rotor at points situated a convenient distance from the axis of rotation. The rotor is made of chromium-nickel steel and shaped to ensure an equivalent distribution of mass in all directions from the axis, to yield maximum strength by eliminating as far as possible unbalanced stresses. The progress of sedimentation is followed during a run by arranging for a beam of light parallel to the axis of the rotor to pass through the cell and then be collected by special long focus lenses which throw an image of the cell on to the photographic plate of a recording camera. Photographs of the cell are taken at intervals and the sedimentation may be followed either in terms of the characteristic absorption of light of a particular wavelength shown by the substance being studied, or alternatively in terms of the variation in refractive index throughout the cell. Then by analysis of the photographic record the requisite data for calculating the sedimentation velocity may be derived. This a very brief outline of the method, for full details of which the following references should be consulted (SVEDBERG 194, *1*, *3*, *4*).

SVEDBERG and his co-workers have worked mainly with protein solutions and references to some of their particle size determinations have already been made in the ultrafiltration section.

ERIKSSON-QUENSEL and SVEDBERG 1936 (69) have examined a preparation of STANLEY's chemically purified tobacco mosaic virus protein by the ultracentrifugal method. They found it was inhomogeneous in molecular weight, and the particles were not spherical. The molecular weights apparently lay between 15 and 20 millions, the mean sedimentation constant being 235×10^{-13} cm./sec./dyne in the range p_H 6–8. Cf. later experiments by WYCKOFF, BISCOE and STANLEY (215), WYCKOFF (214, *3*).

The application of this method of ultracentrifugal analysis to the viruses and bacteriophages has so far been limited owing to the fact that the available concentrations of these active agents are normally very low and could not be registered directly by an optical method. Recently, however, TISELIUS, PEDERSEN and SVEDBERG (206) have shown that by inserting a filter paper supported on a sieve plate partition in their ultracentrifuge cell they are able to supplement the optical recording by direct analysis of samples. This should now enable the biological activities of different fractions to be correlated with the data derived from optical measurements.

5. The vacuum type of air-driven ultracentrifuge.

PICKELS and BEAMS 1935 (165) first described a means whereby a large metal rotor—800 gms. in weight—might be rotated in a vacuum chamber. It was suspended from a small primary rotor of the HENRIOT and HUGUENARD type by means of a thin flexible wire which passed through a vacuum-tight oil gland. The small air-driven rotor supplied the driving force for the large secondary rotor. Recently BAUER and PICKELS 1936 (16, *1*) have developed this principle in the construction of a "quantity" centrifuge in which a large pear-shaped duralium rotor, 8″ in its widest diameter, carrying sixteen celluloid tubes each of about 7 c.cs. capacity, is rotated in the vacuum chamber. The tubes are accommodated in holes drilled in the rotor and inclined at an angle 45° to the axis of rotation. An air-tight lid closes the top of the rotor. This machine having a maximum speed 30000 r./m. ($F = 90000$ g.), and a capacity of fully 100 c.cs., has been applied with much success in obtaining virus proteins directly from extracts of infected tissues by differential centrifugation (189, *4*; 214, *2*).

An "analytical" model, suitable for the study of molecularly dispersed systems, has also been described by BAUER and PICKELS 1937 (16, *2*). The secondary duralumin rotor is in this case designed very like the one used by SVEDBERG to carry a pair of counterbalanced sector-shaped cells with plane parallel quartz windows. An optical arrangement also similar to that of SVEDBERG permits photographic records of the progress of sedimentation to be taken. Less than 1 micron of mercury pressure is maintained in the vacuum chamber and under these conditions the rise in temperature does not exceed 1 or 2° C. after several hours running at high speed. Two independent air pressures are used in operating the centrifuge. 1. The bearing pressure—this is first adjusted so that the primary rotor is just lifted from its seating and may be rotated freely on the air bearing. 2. The driving pressure—this is turned on gradually and as the rotor accelerates it may be raised to 80 lbs./sq.in. and within 15 minutes a speed of 60000 r./min. is attained. The pressure may then be reduced to a value sufficient to maintain this speed, only about 18 lbs./sq.in. being required. This form of analytical centrifuge, with a simple disc-shaped secondary motor to carry the quartz cells [BISCOE, PICKELS and WYCKOFF (31)], has been used by WYCKOFF in his studies on the proteins of several plant viruses and certain animal viruses.

The isolation of the crystalline protein of tobacco mosaic disease virus in 1935 by STANLEY (189, *1*, *2*) has since been followed by preparations of several other crystalline plant virus proteins, notably by STANLEY *et al.* and by BAWDEN and PIRIE. An excellent review of the present knowledge of these macro-molecular proteins has been written by STANLEY 1937 (189, *4*, and 189, *5*) and the methods

Table 18. Ultracentrifugation data of WYCKOFF et al.

Virus	Source	$S_{20} \cdot 10^{-13}$	d in mμ		Authors
			$\varrho_r = 1{,}35$	$\varrho_r = 1{,}20$	
Plant Viruses:					
Tobacco mosaic	Concentrated and purified by centrifugation of infected plant juice	174	30	—	WYCKOFF (214, *3*; cf. 215; 69)
Ring Spot	Concentrated and purified by centrifugation of infected plant juice	115	26	—	STANLEY and WYCKOFF (190)
Latent Mosaic of Potato	Concentrated and purified by centrifugation of infected plant juice	115	26	—	LORING and WYCKOFF (137) STANLEY and WYCKOFF (190)
Severe Etch virus	Concentrated and purified by centrifugation of infected plant juice	170	30	—	STANLEY and WYCKOFF (190)
Animal Viruses:					
Shope papilloma	Centrifugation of infected tissue extract	250	40	—	BEARD and WYCKOFF (20)
Equine Encephalo-myelitis	Centrifugation of infected tissue extract	245	40	—	WYCKOFF (214, *4*)
Vaccinia virus	Purified by method of PARKER and RIVERS (162)	5000	170	210	BEARD, FINKELSTEIN and WYCKOFF (21)
Bacteriophage:					
Bacteriophage Staph.	Purified by NORTHROP (159)	650	61	80	WYCKOFF (214, *5*)

for their isolation and purification will be further discussed in another section of this Handbuch. Specific protein fractions associated with certain animal viruses [rabbit papilloma virus (20) and equine encephalitis virus (22; 214, *4*)] have also been separated (but so far not crystallised) from infected tissue extracts by means of differential centrifugation in the "quantity centrifuge" already mentioned. The results of sedimentation analyses conducted on such plant and animal virus-proteins, together with those on vaccinia virus and purified staphylococcus bacteriophage, by WYCKOFF *et al.* are summarised in the preceding table 18.

The values of the sedimentation constants and particle diameters of the purified animal viruses and also the staphylococcus bacteriophage are in good agreement with the findings reported in earlier sections. The size of the virus of tobacco mosaic disease is identical with the value obtained by BECHHOLD and SCHLESINGER (cf. table 14), when their figure is corrected for the higher density, 1,35.

6. The SHARPLES centrifuge adapted for determining the particle sizes of the smaller viruses.

SCHLESINGER and GALLOWAY 1937 (177) determined the size of the virus of foot-and-mouth disease by measuring the sedimentation velocity and the sedimentation equilibrium of the virus when centrifuged from a thin layer of liquid in contact with an equally thin film of agar coating the inside of the closed bowl of the SHARPLES centrifuge. The thickness of the layer used was about 0,2 mm. calculated from the volume of the liquid and the area of the cylindrical surface. The experimental procedure was briefly as follows:—5 c.cs. of 1 or 2 per cent agar in the appropriate medium were introduced at about 50° C. into the warm cylindrical centrifuge bowl which was closed and spun for 15 minutes. The agar became uniformly distributed as a very thin film over the surface of the cylinder and gelled as it cooled. The bowl was then opened and 5 c.cs. of the virus suspension was introduced by means of a capillary pipette. The system was re-spun at 31000 rev./min. ($F = 24000$ g.) for the given period. The cylinder was then removed from the centrifuge and inverted ready to be opened. The liquid drained from the agar to the bottom of the cylinder and was pipetted out for test. It was found that 99 per cent of the virus of foot-and-mouth disease contained in a broth: phosphate medium at p_H 7,6 could be sedimented into the agar in 5 minutes. Furthermore the loss could be fully accounted for by extracting the agar and recovering the virus quantitatively. Values of the sedimentation constant in a series of experiments varied between 4×10^{-12} and 9×10^{-12}, the corresponding particle diameters being 16–23 mμ for $\varrho_p = 1{,}30$, or 14–20 mμ for $\varrho_p = 1{,}40$ (cf. tables 10 and 15).

It was also possible to measure the sedimentation equilibrium for the virus. Using a lower speed, 9000 rev./min., giving $F = 2000$ g., and gel thicknesses 0,18 mm. and 0,36 mm., the virus suspension, distributed in a 0,18 mm. layer, was centrifuged until the titer attained a constant minimum value. Also the virus was allowed to diffuse from the agar into a layer of pure medium while being centrifuged. Similar equilibrium conditions were approached from both sides indicating that a true equilibrium was being studied.

For sedimentation equilibrium the equilibrium constant K was given by

$$\frac{e^{K x_1} - 1}{e^{K(x_1 + x_2)} - 1} = \frac{x_1}{x_1 + x_2} \cdot \frac{C_s}{C_w},$$

where x_1 = thickness of liquid layer; x_2 = thickness of gel layer; C_s = equilibrium concentration in liquid layer; C_w = average concentration in whole system, liquid and gel.

The calculation is simplified by maintaining the ratio $x_1 : x_2 = 1$ or 2.

N.B. The above equation in SCHLESINGER and GALLOWAY's original paper contains a printer's error, *e* having been printed as *c* on the left-hand side.

The particle size *d* of the particles concerned may thus be calculated from

$$d = K \cdot \frac{R\,T}{[N]\,(\varrho_p - \varrho_m)\,F},$$

R = gas constant; T = absolute temperature; $[N]$ = AVOGADRO's number.

SCHLESINGER and GALLOWAY found by the sedimentation equilibrium method that the size of foot-and-mouth disease virus was 25 mμ and its molecular weight was six millions. Further the particle size was the same for each of the three types of foot-and-mouth disease virus, Vallée A, Vallée O, and Waldmann C (cf. filtration results).

There would appear to be no reason why the method described by McBAIN and ALVAREZ-TOSTADO (148, *1*, *2*) should not be used in the study of biological systems. A hollow rotor for the spinning top centrifuge of the HENRIOT and HUGUENARD type is designed to accommodate a pile of thin flat annular metal rings, with or without spacing pieces. These serve to immobilise the system during centrifugation, and in effect play a role similar to that of the pores in the agar gel in the SHARPLES' method just described. Successive piles of such concentric rings, the members of each pile being pinned together so that each set may be lifted out separately and the contents analysed, provide a ready means for determining sedimentation rates, sedimentation equilibria and the distribution of particle sizes in colloidally and molecularly dispersed systems.

General discussion and summary.

The principles and applications of the methods available for estimating the particle sizes of viruses based on ultrafiltration, ultraviolet light photography, and centrifugation having been separately considered it now remains to be seen how far their several independent contributions to our main problem are found to be in mutual agreement. The evidence to hand for systems studied by these methods is contained in table 19. Bearing in mind the limitations of each particular method, and making due allowance for the difficulties peculiar to the study of such systems as those with which we are here concerned, the three sets of results must be held to show remarkably good agreement. So far the number of viruses and bacteriophages for which comparative evidence is available is somewhat restricted, but progress in the application of the method of centrifugation is accelerating rapidly. The major portion of our present knowledge of the particle sizes of viruses has been provided by ultrafiltration analysis which remains the most convenient exploratory method.

Table 19. Comparison of the particles sizes (mean values) of viruses and bacteriophages indicated by ultrafiltration, ultraviolet light photography and centrifugation[1].

System	Particle diameters in millimicrons		
	Ultrafiltration	Microscopy and U. V. light photography	Centrifugation
B. Prodigiosus	680	750	750
Psittacosis virus	250	300	—
Agalactia organism	200	—	—
Sheep Pox	170	—	—

[1] Cf. Chart by STANLEY, this Handbuch, p. 536.

Continuation of the table 19.

System	Particle diameters in millimicrons		
	Ultrafiltration	Microscopy and U. V. light photography	Centrifugation
Bovine Pleuro-pneumonia organism	150	200	150
Sewage organisms	150	—	150
Vaccinia virus	150	160	180
Canary Pox virus	150	160	120
Rabbit Fibroma virus	150	—	—
Lymphogranuloma Inguinale virus	150	—	—
Infectious Ectromelia virus	125	135	—
Herpes virus	125	—	160
Rabies virus:			
a) Street	125	—	—
b) Fixed	125	—	—
AUJESZKY's DISEASE virus	125	—	—
Influenza virus	100	—	90
Borna Disease virus	100	125	—
Newcastle Disease virus	100	—	—
Vesicular Stomatitis virus	85	90	70
Fowl Plague virus	75	75	88
Rous Sarcoma virus	75	—	65
Bacteriophages:			
Typhoid 105 α	65	—	75
C 16, D 4, D 12	60	—	—
Staph. 'K'	60	—	70
Coli 'WLL'	60	—	70
D 54, S 41	35	—	—
Megatherium (DE JONG)	35	—	35
Rift Valley Fever virus	30	—	—
Equine encephalo-myelitis virus	30	—	35
Rabbit Papilloma virus	30	—	40
St. Louis Encephalitis virus	25	—	—
Bacteriophages:			
Typhoid T III, C 36, D 13, D 20, D 48	25	—	—
Haemocyanin (Helix)	23	—	24
Yellow Fever virus	22	—	—
"Louping Ill" virus	17	—	23
Tobacco Mosaic Disease virus	15	—	30
Bacteriophages:			
P. Pruni	11	—	—
S 13	10	—	16
Poliomyelitis virus	10	—	—
Foot-and-mouth Disease virus	10	—	20

The cultivable filter-passing organisms.

The three lines of evidence point to the pleomorphic character of the micro-organisms studied in this group—bovine pleuro-pneumonia, agalactia, and the sewage organisms. Filtration gives the size of the smallest phase to be about 150 mμ, but the end-point curves suggest that much larger forms also exist. Visual microscopy has provided most information concerning the pleomorphic forms, some of which may be a few microns in size. It has been found with each of the members of this group that the smallest phase separated by filtration is able to initiate the development of the typical culture. The evidence of centrifugation is in agreement with the view that the suspension of a culture is heterodisperse, but any attempted analysis is rendered extremely difficult in view of the probable wide variations in the densities of the organisms in different stages of development.

Animal viruses.

a) Particle size.

The animal viruses range in their sizes from 300 mμ down to about 10 mμ, being overlapped at the upper end by the recognised cultivable micro-organisms, while the smallest members have particle sizes comparable with those of the large molecules of well known proteins. This is confirmed by ultrafiltration and centrifugation analysis, while in the range of sizes down to 100 mμ ultraviolet light photography also furnishes corroborative evidence.

b) Uniformity of size.

Individually the animal viruses appear to consist of reasonably uniform particles. However, some reservation is necessary here since the conclusions based upon animal inoculation tests may be misleading. It is clear that unless the degree of heterogeneity in particle size is great, and the different sizes of particle possess comparable viabilities, the variation in size may pass undetected. In the instances of the cultivable filter-passing organisms and also the bacteriophages the possibility of detecting heterodispersity is correspondingly greater. The evidence of filtration has given no indication of any gross polydispersity with animal viruses, and this is supported also by the results of centrifugation. The comparative sharpness of the sedimenting boundary of suspensions of washed elementary bodies of vaccinia (21, 57, *10*) points to a reasonable uniformity in particle size although not monodisperse in the degree shown by certain proteins in solution. One of the outstanding features of the ultraviolet light photographs of some of the larger viruses like those of vaccinia, canary pox and infectious ectromelia, is the general uniformity of size and shape shown by the virus bodies. The ratio of the diameters of the largest and the smallest forms would appear to be within 2 : 1 or comparable with that of a coccus multiplying by binary fission. Visual examination of stained preparations of psittacosis virus on the other hand suggests a very definite variation in particle size (134), although it has been suggested that the larger forms are probably degenerate and non-viable. Unfortunately the ultraviolet light method has not been applied to this virus. BARNARD (6, *6*) has recently stated that the viruses of vesicular stomatitis and of foot-and-mouth disease are heterogeneous in particle size and that the environment, whether intracellular or extracellular, largely determines the precise character exhibited. These findings are at variance with the results of ultrafiltration and centrifugation studies with these two viruses. The behaviour of the virus of foot-and-mouth disease in particular has been that expected of a relatively homodisperse system. The parallel evidence of ultraviolet light photography on filtrates or purified preparations of known degrees of infectivity is needed for profitable discussion.

c) The shape of virus particles.

The filtration method gives information on the smallest dimension of the virus particle, viz. the diameter of a sphere or the width of a rod. Sedimentation velocity data enable the diameter of the particle, regarded as a sphere, to be calculated. Any appreciable difference between the figures for the particle size given by the two methods, the filtration value being the smaller, would find an explanation were the particle elongated in shape. Generally the two lines of evidence for the viruses have shown good agreement, thereby indicating that the particles do not differ appreciably from the spherical shape. When sedimentation equilibrium measurements can be made in addition to the velocity determinations, then any dissymmetry in shape may be revealed (cf. introduction to the section on centrifugation). In one instance only have such complementary measurements been made with an animal virus. SCHLESINGER and GALLOWAY (177) found the size of the virus of foot-and-mouth disease to be slightly higher by the sedimentation equilibrium method than by sedimentation velocity, namely 25 mμ compared with 20 mμ respectively. While pointing out that the difference might be accounted for by some slight departure from the spherical shape, the authors were inclined not to attach too much significance to the difference in view of the many experimental difficulties. It may be noted, however, that the filtration evidence indicates a smaller size for the virus than does the sedimentation velocity method, viz. nearer 10 mμ than 20 mμ. The possibility that this was due to the particles being non-spherical in shape was considered by ELFORD and GALLOWAY (61, *4*) but they had to point out that the filtration end-point curves for this virus "parallel closely those given by known monodisperse systems like the proteins of which the particles are spherical or nearly so". BARNARD (loc. cit.) interprets the ultra-violet light photographs of the bodies contained in infected guinea-pig vesicle lymph, as representing in their smallest forms minute rod-shaped particles about three times as long as they are wide, their length being about 40 mμ. This value harmonises with the results of filtration and centrifugation, but the fact that the estimation is based on an unresolved image detracts from the value it would otherwise have, and it must be regarded as suggestive only. The final discussion as to the shape of the virus must be deferred. The evidence as a whole indicates that it is certainly not characterised by a dissymmetry that would lead to the designation thread or filament, yet the possibility that it may be a short rod cannot be excluded. Its probable size is within the limits 10 to 20 mμ.

Bacteriophages.

The bacteriophages range in particle sizes from 100 mμ down to 10 mμ, and each possesses a characteristic uniformity which is independent of the parent organism used in the culture. Ultrafiltration and centrifugation analysis have generally furnished concordant evidence on this problem. However, NORTHROP 1938 (159), studying a staphylococcus bacteriophage of which he has made purified preparations, finds that diffusion measurements indicate the particle size to be very much smaller than the figures given by filtration and centrifugation. He postulates that this bacteriophage consists of particles which range in size from about 75–100 mμ with molecular weight of the order 300 millions down to 5–10 mμ and molecular weight 500000. BRONFENBRENNER (36, see also 98) had also been led to a similar view from his filtration and diffusion experiments. The diffusion method demands that a very accurate means of measuring small concentrations of the diffusing substance be available. It is therefore not a practicable method for viruses. Furthermore there are sources of error which may become very serious when measuring excessively low rates of diffusion, e.g. those due to any slight disturbances through convection or small unbalanced hydrostatic pressures, and also gradients of rapidly diffusing ions or small molecules across the septum through which diffusion is occurring. The only concentration gradient permissible is that of the substance being studied, otherwise the motion of a huge molecular structure like bacteriophage protein will be affected. This influence will be greatest of course when the electrostatic forces have maximum values, i.e. in media of low salt content, and under conditions of p_H removed from the isoelectric point (149). Unless all these factors can be controlled over long periods to a degree such that their effects are small compared with the nett diffusion of the substance to be studied, then serious error—generally in the direction of too rapid diffusion—will result. Northrop finds that when the concentration of bacteriophage protein is of the order 0,1 mg. per c.cm. then the diffusion coefficient is 0,001 sq.cm. per day, corresponding to the particle of huge molecular weight about 300 millions, but in extremely dilute solution (0,001 mg./c.cm.) dissociation into smaller units occurs indicated by a diffusion coefficient 0,02 sq.cm. per day, giving a molecular weight 500000. The concentration of bacteriophage normally occurring in lysed bacterial cultures seldom exceeds 0,001 mg./c.cm. and the filtration and centrifugation measurements have generally been made on systems containing about one thousandth this concentration, yet no evidence of the particles of the small molecular weight and size has been obtained. SCHLESINGER's (175, *1*, *4*) extensive studies with the coli bacteriophage WLL in normal and purified condition all pointed to a relatively homodisperse suspension. The hypothesis put forward by NORTHROP should stimulate renewed and extended investigation of this problem. Such polydispersity as between molecular weights of 300000000 and 500000 should be detectable by other methods in addition to diffusion.

Plant viruses.

Examination of the evidence so far available on the filterabilities of plant viruses lead to the conclusion that much remains to be done by way of elucidating the conditions of constitution and reaction of the medium best suited for their filtration, i.e. with adsorption and blocking effects at a minimum. The fact that natural plant juice may contain such unpropitious materials as tannins, resins and mucilage in itself would warrant a search for a more favourable medium. The filtration studies of MAC CLEMENT and HENDERSON SMITH (146) and also of KENNETH SMITH and DONCASTER (187, *1*, *2*) carried out with clarified infected plant juices suggest that the plant viruses vary widely in their respective sizes much like the animal viruses. Thornberry (203, *2*) however, who has appreciated and studied the influence exerted on filtration by the medium, finds a representative group of selected plant viruses, each contained in broth medium at p_H 8,5, all to possess very similar size values, close to 15 mμ. This work suggests that a re-investigation of the filterabilities, in broth medium, of some of the plant viruses showing abnormally high filtration end-points when contained in plant juice, may lead to a revision of the apparent size values.

The data for the virus of tobacco mosaic disease are now quite comprehensive, having accumulated rapidly since the isolation of the virus protein by STANLEY (189, *2*). It is fitting that this classical example should be discussed in more detail. The filtration evidence suggests a particle size for the virus 10–15 mμ. Sedimentation velocity on the other hand indicates a higher value, namely 30 mμ. Further, the sedimentation equilibrium measurements by ERIKSSON-QUENSEL and SVEDBERG (69) point to a dissymmetry ratio 1,3 suggesting the particle to be about 9 times as long as it is wide. This accords well with the conclusions of BAWDEN, PIRIE, BERNAL and FANKUCHEN (17) who, from X-ray data on the virus protein, consider the molecule must have a length at least ten times its width, and a minimum cross-sectional area 20100 sq. Å. Now the diameter of the sphere equivalent in volume to a cylindrical rod 12 mμ in width and 120 mμ in length is 30 mμ. Hence it appears that the data furnished by the three methods are in mutual agreement, the filtration figure corresponding to the width of the rod-shaped molecule. Furthermore, the elementary virus particle appears not to be significantly changed by purification, except maybe in its surface properties, leading to association and altered adsorbability.

Conclusion.

It will probably be agreed that the knowledge, acquired in recent years, of the particle sizes of viruses and bacteriophages has given our ideas concerning the physical nature of these puzzling entities very helpful guidance. The account that has been presented here of the principles and limitations of, as well as the results provided by, the several experimental methods that have been applied, will, it is hoped, serve to enable workers in this rapidly extending field to appreciate and rightly assess the value of new data as they appear. Should this survey in addition to being a reliable source of reference for the particle sizes of viruses and bacteriophages stimulate a more intensive pursuit of our quest for knowledge of the final nature of viruses, its purpose will have been achieved.

Bibliography.

1. ABBÉ, E.: Beiträge zur Theorie des Mikroskops und der mikroskopischen Wahrnehmung. Arch. mikrosk. Anat. u. Entw.gesch. **9**, 413 (1873).
2. ALLISBAUGH, H. C. and R. R. HYDE: Fractional ultrafiltration. Amer. J. Hyg. **21**, 64 (1935).
3. ANDREWES, C. H.: A change in rabbit fibroma virus suggesting mutation. J. exper. Med. (Am.) **63**, 157 (1936).
4. ANDRIEWSKY, P.: L'ultrafiltration et les microbes invisibles. Zbl. Bakter. usw., I Abt. Orig. **75**, 90 (1914/15).
5. ASHESHOV, I. N.: (*1*) Préparation des membranes en collodion graduées. C. R. Soc. Biol. **92**, 362 (1925).
   — (*2*) Study on collodion membrane filters. J. Bacter. (Am.) **25**, 323, 339 (1933).
6. BARNARD, J. E.: (*1*) The microscopical examination of filterable viruses associated with malignant new growths. Lancet **1925 II**, 117.
   — (*2*) Some aspects of ultra-violet microscopy. J. Roy. Micr. Soc. **49**, 91 (1929).
   — (*3*) Discussion on the microscopy of the filterable viruses. J. Roy. Micr. Soc. **52**, 233 (1932).
   — (*4*) Microscopical evidence of the existence of saprophytic viruses. Brit. J. exper. Path. **16**, 129 (1935).
   — (*5*) Report Med. Res. Council 1934/35; H. M. Sta. Office. 1936.
   — (*6*) Foot-and-mouth disease and vesicular stomatitis; comparative microscopical study. Proc. roy. Soc., Lond., Ser. B: Biol. Sci. **124**, 107 (1937).
7. BARNARD, J. E. and W. J. ELFORD: The causative organism of Infectious Ectromelia. Proc. roy. Soc., Lond., Ser. B: Biol. Sci. **109**, 360 (1931).
8. BARNARD, J. E. and F. V. WELCH: (*1*) Fluorescence microscopy with high powers. J. Roy. Micr. Soc. **56**, 361 (1936).
   — (*2*) Microscopy with ultra-violet light. A simplification of method. J. Roy. Micr. Soc. **56**, 365 (1936).
   — (*3*) Pract. Photomicrography. 3rd Ed., p. 298. Arnold & Co. 1936.
   — (*4*) The principles of fluorescence microscopy. J. Roy. Micr. Soc. **57**, 256 (1937).
9. BARTELL, F. E. and D. C. CARPENTER: (*1*) The anomalous osmose of solutions of electrolytes with collodion membranes. J. physical Chem. **27**, 101, 252 (1923).

BARTELL, F. E. and M. VAN LOO: (2) Preparation of membranes with uniform distribution of pores. J. physical Chem. **28**, 161 (1924).
10. BARUS, C: Remarks on colloidal silver. Amer. J. Sci. **48**, 451 (1894).
11. BAUER, J. H. and T. P. HUGHES: (1) The preparation of the graded collodion membranes of ELFORD and their use in the study of filterable viruses. J. gen. Physiol. (Am.) **18**, 143 (1934).
— (2) Ultrafiltration studies with yellow fever virus. Amer. J. Hyg. **21**, 101 (1935).
12. BAUER, J. H., G. L. FITE and L. T. WEBSTER: Ultrafiltration experiments with encephalitis virus from St. Louis epidemic. Proc. Soc. exper. Biol. a. Med. (Am.) **31**, 696 (1934).
13. BAUER, J. H. and H. R. COX: Ultrafiltration of the virus of vesicular stomatitis. Proc. Soc. exper. Biol. a. Med. (Am.) **32**, 567 (1935).
14. BAUER, J. H., H. R. COX and P. K. OLITSKY: Ultrafiltration of the virus of equine encephalomyelitis. Proc. Soc. exper. Biol. a. Med. (Am.) **33**, 378 (1935).
15. BAUER, J. H. and A. F. MAHAFFY: Studies on the filterability of yellow fever virus. Amer. J. Hyg. **12**, 175 (1930).
16. BAUER, J. H. and E. G. PICKELS: (1) A high speed vacuum centrifuge suitable for the study of filterable viruses. J. exper. Med. (Am.) **64**, 503 (1936).
— (2) An improved air-driven type of ultracentrifuge for molecular sedimentation. J. exper. Med. (Am.) **65**, 565 (1937).
17. BAWDEN, F. C., N. W. PIRIE, J. D. BERNAL and I. FANKUCHEN: Liquid crystalline substances from virus-infected plants. Nature (Brit.) **138**, 1051 (1936).
18. BAWDEN, F. C. and N. W. PIRIE: (1) The isolation and some properties of liquid crystalline substances from Solanaceous plants infected with three strains of tobacco mosaic virus. Proc. roy. Soc., Lond., Ser. B: Biol. Sci. **123**, 274 (1937).
— (2) Liquid crystalline preparations of potato virus "X". Brit. J. exper. Path. **19**, 66 (1938).
19. BEAMS, J. W.: High rotational speeds. J. App. Physics **8**, 795 (1937).
20. BEARD, J. W. and R. W. G. WYCKOFF: The isolation of a homogeneous heavy protein from virus-induced rabbit papillomas. Science **85**, 201 (1937).
21. BEARD, J. W., H. FINKELSTEIN and R. W. G. WYCKOFF: The p_H stability range of the elementary bodies of vaccinia. Science **86**, 331 (1937).
22. BEARD, J. W., H. FINKELSTEIN, W. C. SEALY and R. W. G. WYCKOFF: The ultracentrifugal concentration of the immunising principle from tissues diseased with equine encephalomyelitis. Science **87**, 89 (1938).
23. BECHHOLD, H.: (1) Kolloidstudien mit der Filtrationsmethode. Z. physik. Chem. **60**, 257 (1907).
— (2) Durchlässigkeit von Ultrafiltern. Z. physik. Chem. **64**, 328 (1908).
— (3) Pulsierende Ultrafiltration. „Het Gedenkbock — van Bemmelen." 1910.
— (4) Ferment oder Lebewesen? Kolloid-Z. **66**, 329; **67**, 66 (1934).
— (5) Ultrafiltration. ABDERHALDEN, Handb. Biol. Arbeiten, Abt. III B, Lfg. 66, p. 333. 1922.
— (6) Subvisibles Virus und Kolloidforschung. Kolloid-Z. **51**, 134 (1930).
24. BECHHOLD, H. u. S. M. NEUSCHLOSS: Ultrafiltrationsstudien am Lezithinsol. Kolloid-Z. **29**, 81 (1921).
25. BECHHOLD, H. u. L. GUTLOHN: Neue Ultrafiltergeräte. Z. angew. Chem. **37**, 494 (1924).
26. BECHHOLD, H. u. L. VILLA: Die Sichtbarmachung subvisibler Gebilde. Z. Hyg. usw. **105**, 601 (1926).
27. BECHHOLD, H. u. M. SCHLESINGER: (1) Die Größenbestimmung von subvisiblem Virus durch Zentrifugieren. Die Größe des Pockenvakzine- und Hühnerpesterregers. Biochem. Z. **236**, 387 (1931).
— (2) Größe von Virus der Mosaikkrankheit der Tabakpflanze. Phytopath. Z. **6**, 627 (1933).

BECHHOLD, H. u. M. SCHLESINGER: (3) Die Größenbestimmung von Herpesvirus durch Zentrifugierversuche. Z. Hyg. usw. **115**, 342 (1933).
— (4) Die Teilchengröße des Erregers der KIKUTH-GOLLUBschen Kanarienvogelkrankheit. Z. Hyg. usw. **115**, 354 (1933).
28. BEDSON, S. P.: Some observations bearing on the size of herpes virus particles. Brit. J. exper. Path. **8**, 470 (1927).
29. BIEMOND, A. G.: Einige Bakteriophagenuntersuchungen. Z. Hyg. usw. **103**, 681 (1924).
30. BIGELOW, S. L.: (1) The permeabilities of collodion, gold beaters skin, parchment paper and porcelain membranes. J. amer. chem. Soc. **29**, 1675 (1907).
BIGELOW, S. L. and A. GEMBERLING: (2) Collodion membranes. J. amer. chem. Soc. **29**, 1576 (1907).
31. BISCOE, J., E. G. PICKELS and R. W. G. WYCKOFF: An air-driven ultracentrifuge for molecular sedimentation. J. exper. Med. (Am.) **64**, 39 (1936).
32. BJERRUM, N. u. E. MANEGOLD: Über Kollodium-Membranen. Kolloid-Z. **43**, 5 (1927).
33. BLAND, J. O. W.: Filter and centrifuge experiments with guinea-pig vaccinia virus. Brit. J. exper. Path. **9**, 283 (1928).
34. BORREL, A.: Surcoloration et virus aphteux. C. r. Soc. Biol. **111**, 926 (1933).
35. BRINKMAN, R. u. A. v. SZENT-GYÖRGYI: Studien über die physikalisch-chemischen Grundlagen der vitalen Permeabilität. Biochem. Z. **139**, 261 (1923).
36. BRONFENBRENNER, J.: Studies on the bacteriophage of D'HERELLE. VII. On the particulate nature of bacteriophage. J. exper. Med. (Am.) **45**, 873 (1927).
37. BROOM, J. C. and G. M. FINDLAY: (1) The filtration of Rift valley fever virus through graded collodion membranes. Brit. J. exper. Path. **14**, 179 (1933).
— (2) Experiments on the filtration of climatic bubo (lymphogranuloma inguinale) virus through "gradocol" membranes. Brit. J. exper. Path. **17**, 135 (1936).
38. BROWN, N.: On the preparation of collodion membranes of differential permeability. Biochem. J. (Brit.) **9**, 591 (1915).
39. BRUKNER, B. and W. OVERBECK: Ultrafiltration unter Druck. Kolloid-Z. **36**, Zsigmondy-Festschr., 192 (1925).
40. BURNET, F. M.: (1) The classification of dysentery-coli bacteriophages. II. The serological classification of coli-dysentery phages. J. Path. a. Bacter. **36**, 307 (1933).
— (2) A virus disease of the canary of the fowl-pox group. J. Path. a. Bacter. **37**, 107 (1933).
— (3) Specific agglutination of bacteriophage particles. Brit. J. exper. Path. **14**, 302 (1933).
— (4) Immunological studies with the virus of infectious laryngo-tracheitis of fowls using the developing egg technique. J. exper. Med. (Am.) **63**, 685 (1936).
— (5) The use of the developing egg in virus research. Special Report Series No. 220, Med. Res. Council, H. M. Sta. Office. 1936.
41. BURNET, F. M. and C. H. ANDREWES: Über die Natur der filtrierbaren Vira. Überblick über neuere Virusuntersuchungen, unter besonderer Berücksichtigung der einschlägigen Arbeiten aus dem National Institute for Medical Research, London. Zbl. Bakter. usw., I Abt. Orig. **130**, 161 (1933).
42. BURNET, F. M. and M. McKIE: Bacteriophage reactions of FLEXNER dysentery strains. J. Path. Bacter. **33**, 637 (1930).
43. BURNET, F. M. and J. D. FERRY: Differentiation of the viruses of fowl plague and Newcastle disease: experiments using technique of chorio-allantoic membrane inoculation of developing egg. Brit. J. exper. Path. **15**, 56 (1934).
44. BUSCH, G.: Physikalische und chemische Untersuchungen am Virus der Maul- und Klauenseuche. Z. Immunit.forsch. **82**, 170 (1934).
45. CLAUDE, A. and J. B. MURPHY: Transmissible tumours of the fowl. Physiol. Rev. (Am.) **13**, 246 (1933).

46. CLAUSEN, S. W.: Studies in parenchymatous nephritis. J. biol. Chem. (Am.) **59**, xlv. (1924).
47. CLIFTON, C. E., E. W. SCHULTZ and L. P. GEBHARDT: Ultrafiltration studies on the virus of poliomyelitis. J. Bacter. (Am.) **22**, 7 (1931).
48. COLE, S. W. and H. ONSLOW: On a substitute for peptone and a standard nutrient medium for bacteriological purposes. Lancet **1916 II**, 9.
49. COX, H. R. and R. R. HYDE: Physical factors involved in ultrafiltration. Amer. J. Hyg. **16**, 667 (1932).
50. CRAIGIE, J.: The nature of the vaccinia flocculation reaction, and observations on the elementary bodies of vaccinia. Brit. J. exper. Path. **13**, 259 (1932).
51. CRAIGIE, J. and F. O. WISHART: Agglutinogens of strain of vaccinia elementary bodies. Brit. J. exper. Path. **15**, 390 (1934).
52. DAUBNEY, R. and J. R. HUDSON: Enzootic hepatitis or Rift Valley fever. An undescribed virus disease of sheep, cattle and man from East Africa. J. Path. Bacter. **34**, 545 (1931).
53. DUCLAUX, J. and J. ERRERA: Le mécanisme de l'ultrafiltration. Rev. gén. colloides **2**, 130 (1924).
54. DUGGAR, B. M. and J. L. KARRER: The size of the infectious particles in the mosaic disease of tobacco. Ann. Missouri Bot. Gard. **8**, 343 (1921).
55. EGGERTH, A. H.: The preparation and standardisation of collodion membranes. J. biol. Chem. (Am.) **48**, 201 (1921).
56. EINSTEIN, A. and H. MUHSAM: Experimentelle Bestimmung der Kanalweite von Filtern. Dtsch. med. Wschr. **49**, 1012 (1923).
57. ELFORD, W. J.: (*1*) Ultrafiltration—(An historical survey, with some remarks on membrane preparation technique.) J. Roy. Micr. Soc. **48**, 36 (1928).
— (*2*) Ultrafiltration methods and their application in bacteriological and pathological studies. Brit. J. exper. Path. **10**, 126 (1929).
— (*3*) Structure in very permeable collodion gel films and its significance in filtration problems. Proc. roy. Soc., Lond., Ser. B: Biol. Sci. **106**, 216 (1930).
— (*4*) A new series of graded collodion membranes suitable for general bacteriological use, especially in filterable virus studies. J. Path. Bacter. **34**, 505 (1931).
— (*5*) Discussion on the microscopy of the filterable viruses. J. Roy. Micr. Soc. **52**, 240 (1932).
— (*6*) The principles of ultrafiltration as applied in biological studies. Proc. roy. Soc., Lond., Ser. B: Biol. Sci. **112**, 384 (1933).
— (*7*) Centrifugation studies. I. Critical examination of a new method as applied to the sedimentation of bacteria, bacteriophages and proteins. Brit. J. exper. Path. **17**, 399 (1936).
— (*8*) Principles governing the preparation of membranes having graded porosities. The properties of "gradocol" membranes as ultrafilters. Trans. Faraday Soc. **33**, 1094 (1937).
— (*9*) (in press).
— (*10*) (unpublished results).
58. ELFORD, W. J. and C. H. ANDREWES: (*1*) Filtration of vaccinia virus through gradocol membranes. Brit. J. exper. Path. **13**, 36 (1932).
— (*2*) The sizes of different bacteriophages. Brit. J. exper. Path. **13**, 446 (1932).
— (*3*) Estimation of the size of a fowl tumour virus by filtration through graded membranes. Brit. J. exper. Path. **16**, 61 (1935).
— (*4*) Centrifugation studies. II. The viruses of vaccinia, influenza, and Rous sarcoma. Brit. J. exper. Path. **17**, 422 (1936).
59. ELFORD, W. J., C. H. ANDREWES and F. F. TANG: The sizes of the viruses of human and swine influenza as determined by ultrafiltration. Brit. J. exper. Path. **17**, 51 (1936).
60. ELFORD, W. J. and J. D. FERRY: (*1*) The ultrafiltration of proteins through graded collodion membranes. I. The serum proteins. Biochem. J. (Brit.) **28**, 650 (1934).

ELFORD, W. J. and J. D. FERRY: (2) The calibration of graded collodion membranes. Brit. J. exper. Path. **16**, 1 (1935).
— (3) The ultrafiltration of proteins through graded collodion membranes. II. Haemocyanin (Helix), edestin, and egg albumin. Biochem. J. (Brit.) **30**, 84 (1936).
61. ELFORD, W. J. and I. A. GALLOWAY: (1) Filtration of the virus of Borna disease through graded collodion membranes. Brit. J. exper. Path. **14**, 196 (1933).
— (2) The size of the virus of Louping Ill of sheep by the method of ultrafiltration analysis. J. Path. Bacter. **37**, 381 (1933).
— (3) The size of the virus of AUJESZKY's disease ("Pseudo-Rabies", "Infectious Bulbar Paralysis", "Mad-Itch") by ultrafiltration analysis. J. Hyg. Camb. **36**, 536 (1936).
— (4) Centrifugation studies. III. The viruses of foot-and-mouth disease and vesicular stomatitis. Brit. J. exper. Path. **18**, 155 (1937).
62. ELFORD, W. J., I. A. GALLOWAY and J. R. PERDRAU: The size of the virus of poliomyelitis as determined by ultrafiltration analysis. J. Path. Bacter. **40**, 135 (1935).
63. ELFORD, W. J., P. GRABAR and J. D. FERRY: Graded collodion membranes for bacteriological studies. Practical aspects of the mechanism determining the character of the membrane, and the roles of particular solvent constituents. Brit. J. exper. Path. **16**, 583 (1935).
64. ELFORD, W. J. and J. R. PERDRAU: The size of St. Louis encephalitis virus as determined by ultrafiltration analysis. J. Path. Bacter. **40**, 143 (1935).
65. ELFORD, W. J., J. R. PERDRAU and W. SMITH: The filtration of Herpes virus through graded collodion membranes. J. Path. Bacter. **36**, 49 (1933).
66. ELFORD, W. J. and C. TODD: The size of the virus of fowl plague estimated by the method of ultrafiltration analysis. Brit. J. exper. Path. **14**, 240 (1933).
67. ELIAVA, G. and E. SUAREZ: Dimensions du corpuscule Bactériophage. C. r. Soc. Biol. **96**, 462 (1927).
68. ERBE, F.: Die Bestimmung der Porenverteilung nach ihrer Größe in Filtern und Ultrafiltern. Kolloid-Z. **63**, 277 (1933).
69. ERIKSSON-QUENSEL, I. and T. SVEDBERG: Sedimentation and Electrophoresis of the tobacco-mosaic virus protein. J. amer. chem. Soc. **58**, 1863 (1936).
70. ETTISCH, G., M. DOMONTOWITSCH u. P. v. MUTZENBECHER: Über das Verhalten amphoterer Stoffe bei ihrer Adsorption an Kollodiummembranen. Naturw. **18**, 447 (1930).
71. EDERER, S. A. P.: The effect of surface active substances on the diffusion of water through membranes. Proc. Soc. exper. Biol. a. Med. (Am.) **23**, 66 (1925).
72. FILDES, P.: A new medium for the growth of B. Influenzae. Brit. J. exper. Path. **1**, 129 (1920).
73. FERRY, J. D.: (1) Ultrafilter membranes and ultrafiltration. Chem. Rev. **18**, 373 (1936).
— (2) Statistical evaluation of sieve constants in ultrafiltration. J. gen. Physiol. (Am.) **20**, 95 (1936).
74. FINDLAY, G. M. and J. C. BROOM: Experiments on the filtration of yellow fever virus through "gradocol" membranes. Brit. J. exper. Path. **14**, 391 (1933).
75. FOLLEY, S. J. and A. T. R. MATTICK: A stainless steel high-pressure ultrafilter. Biochem. J. (Brit.) **27**, 1113 (1933).
76. FRÄNKEL, E.: Versuche zur Filtration des blastogen Prinzips beim ROUS-Sarkom. Z. Krebsforsch. **29**, 498 (1929).
77. FROSCH, P.: (1) Die Morphologie des Lungenseucheerregers. (Eine mikrophotographische Studie.) Arch. Tierhk. **49**, 35, 273 (1922/23).
— (2) Die Morphologie des Maul- und Klauenseucheerregers. Zbl. Bakter. usw, I Abt. Ref. **76**, 381, 383 (1924).
— (3) Die Morphologie des Maul- und Klauenseucheerregers. Arch. Tierhk. **51**, 99 (1924).

78. Furth, J. and H. K. Miller: Studies on the nature of the agent transmitting leucosis of fowls. II. Filtration of leucemic plasma. J. exper. Med. (Am.) **55**, 479 (1932).
79. Galloway, I. A. and W. J. Elford: (*1*) Filtration of the virus of foot-and-mouth disease through a new series of graded collodion membranes. Brit. J. exper. Path. **12**, 407 (1931).
— (*2*) Ann. Rep. Med. Res. Council for 1932/33. H. M. Sta. Office.
— (*3*) The differentiation of the virus of vesicular stomatitis from the virus of foot-and-mouth disease by filtration. Brit. J. exper. Path. **14**, 400 (1933).
— (*4*) Further studies on the differentiation of the virus of vesicular stomatitis from that of foot-and-mouth disease with particular reference to a rapid and certain method of resolving mixtures of the two viruses. Brit. J. exper. Path. **16**, 588 (1935).
— (*5*) The size of the virus of rabies ("Fixed" strain) by ultrafiltration analysis. J. Hyg. Camb. **36**, 532 (1936).
— (*6*) Purified foot-and-mouth disease virus. I. Studies on some of its physical properties. Brit. J. exper. Path. **17**, 187 (1936).
80. Guerout, M.: Sur les dimensions des intervalles poreux des membranes. C. r. Acad. Sci. **75**, 1809 (1872).
81. Gerlach, F.: (*1*) Elementarkörperchen bei malignen Tumoren. Wien. klin. Wschr. **50**, 1180 (1937).
— (*2*) Zur Virus-Fluoreszenzmikroskopie. Wien. klin. Wschr. **50**, 1575 (1937).
— (*3*) Ergebnisse mikrobiologischer Untersuchungen bei bösartigen Geschwülsten. Wien. klin. Wschr. **50**, 1603 (1937).
— (*4*) Über Versuche zur Sichtbarmachung und Züchtung spezifischer Mikroorganismen bei Virus-Infektionskrankheiten und bösartigen Geschwülsten. Wien. tierärztl. Mschr. **25**, 165 (1938).
82. Gesell, R. A.: The relation of pulsation to filtration. Amer. J. Physiol. **34**, 186 (1914).
83. Gibbs, C. S.: Ultrafiltration experiments with the viruses of laryngotracheitis and coryza of chickens. J. Bacter. (Am.) **30**, 411 (1935).
84. Girard, P. et V. Sertic: Action de hauts champs centrifuges sur diverses cellules bactériennes, sur différents bactériophages, et la lysine diffusible d'un bactériophage. C. r. Soc. Biol. **118**, 1286 (1935).
85. Grabar, P.: (*1*) Appareil pour ultrafiltration sous pression. C. r. Soc. Biol. **116**, 70 (1934).
— (*2*) Ultrafiltration fractionée: I. Sur la préparation de membranes en collodion de perméabilities différentes. II. Appareil en verre pour ultrafiltration sous pression. Bull. Soc. Chim. biol. (Fr.) **17**, 965 (1935).
— (*3*) Données récentes dans le domaine de l'ultrafiltration fractionée. Bull. Soc. Chim. biol. (Fr.) **17**, 1245 (1935).
86. Grabar, P. et J. A. de Loureiro: Structure microscopique des ultrafiltres de porosité graduée en collodion. J. Chem. physique **33**, 815 (1936).
87. Grabar, P. et S. Nikitine: Sur le diamètre des pores des membranes en collodion utilisées en ultrafiltration. J. Chem. physique **33**, 721 (1936).
88. Gratia, A.: La centrifugation des Bactériophages. C. r. Soc. Biol. **117**, 1228 (1934).
89. Grollman, A.: Ultrafiltration through collodion membranes. J. gen. Physiol. (Am.) **9**, 813 (1926).
90. Helmholtz, H.: Die theoretische Grenze für die Leistungsfähigkeit der Mikroskope. Pogg. Ann. (Jubelband) **136**, 557 (1874).
91. Hagemann, P. K. H.: (*1*) Fluoreszenzmikroskopische Untersuchungen über Virus und andere Mikroben. Zbl. Bakter. usw., Abt. I Orig. **140**, 184 (1937).
— (*2*) Virus-Fluoreszenzmikroskopie. Eine neue Sichtbarmachung filtrierbarer Viruskörperchen. Münch. med. Wschr. **84**, 761 (1937).
92. Halvorson, H. O. and N. R. Ziegler: Application of statistics to problems in bacteriology. J. Bacter. (Am.) **25**, 101; **26**, 331, 559 (1933).

93. HARTLEY, P.: The value of DOUGLAS's medium for the production of diphtheria toxin. J. Path. a. Bacter. **25**, 479 (1922).
94. HATSCHEK, E.: Die Filtration von Emulsionen und die Deformation von Emulsionsteilchen unter Druck. Kolloid-Z. **7**, 81 (1910). (Z. Chemie usw. Kolloide.)
95. HENRIOT, E. et E. HUGUENARD: (*1*) Sur la réalisation de très grandes vitesses de rotation. C. r. Acad. Sci. **180**, 1389 (1925).
— (*2*) Les grandes vitesses angulaires obtenues par les rotors sans axe solide. J. Phys. et le Radium **8**, 433 (1927).
96. HERZBERG, K.: (*1*) Victoriablau zur Färbung von filtrierbaren Virus (Pocken-, Varizellen-, Ektromelia- und Kanarienvogelvirus). Zbl. Bakter. usw., Abt. I Orig. **131**, 358 (1934).
— (*2*) Über die färberische Darstellung einiger Virusarten (Elementarkörperchen) unter besonderer Berücksichtigung der intracellulären Vermehrungsvorgänge. Klin. Wschr. **15**, 1385 (1936).
97. D'HERELLE, F.: (*1*) Sur un microbe invisible antagoniste des bacilles dysentèriques. C. r. Acad. Sci. **165**, 373 (1917).
— (*2*) Le bactériophage et son comportement. Masson et Cie. 1926.
98. HETLER, D. M. and J. BRONFENBRENNER: Detachment of bacteriophage from its carrier particles. J. gen. Physiol. (Am.) **14**, 547 (1931).
99. HIMMELWEIT, F.: Fluorescence microscopy on living virus with oblique incident illumination. Lancet **1937 II**, 444.
100. HITCHCOCK, D. I.: (*1*) Protein films on collodion membranes. J. gen. Physiol. (Am.) **8**, 61 (1925).
— (*2*) The size of pores in collodion membranes. J. gen. Physiol. (Am.) **9**, 755 (1926).
101. HOLMES, F. O. (*1*) Ultra-violet light photography in the study of plant viruses. Bot. Gaz. **86**, 59 (1928).
— (*2*) Local lesions in tobacco mosaic. Bot. Gaz. **87**, 39 (1929).
102. HOWITT, B. F.: An immunological study in laboratory animals of thirteen different strains of equine encephalomyelitis virus. J. Immunol. (Am.) **29**, 319 (1935).
103. IWANOWSKI, D.: Über die Mosaikkrankheit der Tabakspflanze. Bull. Acad. Sci. (St. Petersburg) **35**, 67 (1892).
104. JERMOLJEWA, Z. W., I. S. BUJANOWSKAJA u. W. A. SEVERIN: Über die Natur des Bakteriophagen. Z. Immunit.forsch. **73**, 360 (1932).
105. JOHNSON, B. K. and M. HANCOCK: Characteristic curves of some photographic plates in the ultra-violet. J. Sci. Instr. **10**, 339 (1933).
106. JONES, G. G. and F. D. MILES: The tensile strength of nitrocellulose films. J. Soc. chem. Ind. (T) **52**, 251 (1933).
106a. JUNG, G.: Untersuchungen über die Anwesenheit von Zellen in Membranfiltraten des übertragbaren Hühnersarkoms. Z. Krebsforsch. **20**, 20 (1923).
107. KEOGH, E. V.: Titration of vaccinia virus on the chorio-allantoic membrane of the chick embryo and its application to immunological studies of neurovaccinia. J. Path. a. Bacter. **43**, 441 (1936).
108. KLIENEBERGER, E.: (*1*) The natural occurrence of pleuro-pneumonia-like organisms in apparent symbiosis with Streptobacillus Moniliformis and other bacteria. J. Path. a. Bacter. **40**, 93 (1935).
— (*2*) Further studies on Streptobacillus Moniliformis and its symbiont. J. Path. a. Bacter. **42**, 587 (1936).
109. KLIENEBERGER, E. and D. B. STEABBEN: On a pleuropneumonia-like organism in lung lesions of rats, with notes on the clinical and pathological features of the underlying condition. J. Hyg. Camb. **37**, 143 (1937).
110. KLIGLER, I. J.: Protein-free suspensions of virus: VI. Purification of vaccine virus by adsorption and elution. Proc. Soc. exper. Biol. a. Med. (Am.) **32**, 222 (1934).
111. KÖHLER, A.: (*1*) Mikrophotographische Untersuchungen mit ultra-violettem Licht. Z. Mikrosk. **21**, 129, 273 (1904).
— (*2*) Einige Neuerungen auf dem Gebiet der Mikrophotographie mit ultraviolettem Licht. Naturw. **21**, 165 (1933).

112. Köhler, A. u. A. F. Tobgy: Mikroskopische Untersuchungen einiger Augenmedien mit ultraviolettem und mit polarisiertem Licht. Arch. Augenhk. **99**, 263 (1928).
113. Krassnoff, D. et L. Reinié: Dimensions probables du virus de la fièvre aphteuse. C. r. Soc. Biol. **124**, 790 (1937).
114. Krijgsman, B. J.: Neuere Ansichten über die Permeabilität von nichtlebenden und lebenden Membranen. Erg. Biol. **9**, 292 (1932).
115. Krueger, A. P.: A method for the quantitative determination of bacteriophage. J. gen. Physiol. (Am.) **13**, 557 (1930).
116. Krueger, A. P. and R. C. Ritter: The preparation of a graded series of ultrafilters and measurements of their pore sizes. J. gen. Physiol. (Am.) **13**, 409 (1930).
117. Krueger, A. P. and E. W. Schultz: Ultrafiltration studies on the virus of poliomyelitis. Proc. Soc. exper. Biol. a. Med. (Am.) **26**, 600 (1929).
118. Krueger, A. P. and H. T. Tamada: The preparation of relatively pure bacteriophage. J. gen. Physiol. (Am.) **13**, 145 (1929).
119. Krueger, A. P., B. Howitt and V. Zeilor: The particle size of the virus of equine encephalomyelitis. Science **77**, 288 (1933).
120. Kühn, A.: Die Methoden zur Bestimmung der Teilchengröße. Kolloid-Z. **37**, 365 (1925).
121. Laidlaw, P. P. and W. J. Elford: A new group of filterable organisms. Proc. roy. Soc., Lond., Ser. B: Biol. Sci. **120**, 292 (1936).
122. Lazarus, A. S. and B. F. Howitt: Ultrafiltration of virus of equine encephalomyelitis (Russian strain, Moscow No. 2). Proc. Soc. exper. Biol. a. Med. (Am.) **36**, 595 (1937).
123. Lazarus, A. S., B. Eddie and K. F. Meyer: Ultrafiltration of psittacosis virus. Proc. Soc. exper. Biol. a. Med. (Am.) **36**, 437 (1937).
124. Ledingham, J. C. G.: (*1*) The aetiological importance of the elementary bodies in vaccinia and Fowl-pox. Lancet **1931**, **II**, 525.
— (*2*) The growth phases of pleuropneumonia and agalactia on liquid and solid media. J. Path. a. Bacter. **37**, 393 (1933).
125. Levaditi, C.: La constitution et la structure des ultravirus. Bull. Acad. Méd., Par. **118**, 278 (1937).
126. Levaditi, C. et S. Nicolau: Filtration des ultravirus neurotropes à travers les membranes en collodion. C. r. Acad. Sci. **176**, 717 (1923).
127. Levaditi, C., S. Nicolau et I. A. Galloway: Passage du virus de la fièvre aphteuse à travers les membranes en collodion. C. r. Acad. Sci. **182**, 247 (1926).
128. Levaditi, C., C. Kling, M. Päic et P. Haber: Taille approximative du virus poliomyelitique. C. r. Acad. Sci. **203**, 899 (1936).
129. Levaditi, C., M. Päic et D. Krassnoff: (*1*) Determination des dimensions des ultravirus par l'ultrafiltration. Le virus de l'herpes. C. r. Soc. Biol. **121**, 805 (1936).
— (*2*) L'ultrafiltrabilité et les dimensions probables du virus vaccinal (orchivaccin et neuro-vaccin). C. r. Soc. Biol. **122**, 526 (1936).
— (*3*) Taille approximative des virus fixe et des rues. C. r. Soc. Biol. **123**, 866 (1936).
— (*4*) Ultrafiltration et dimensions approximatives du virus de la maladie de Nicolas et Favre. Rôle de la virulence. C. r. Soc. Biol. **123**, 1048 (1936).
130. Levaditi, C., M. Päic, D. Krassnoff et J. Voet: Ultrafiltration et dimensions probables des virus de la fièvre aphteuse et de la stomatite vésiculeuse. C. r. Soc. Biol. **122**, 619 (1936).
131. Levaditi, C., M. Päic, J. Voet et D. Krassnoff: Ultrafiltrabilité et dimensions probables des bactériophages. C. r. Soc. Biol. **122**, 354 (1936).
132. Levaditi, C., M. Päic, P. Haber et D. Krassnoff: Ultrafiltration et dimensions approximatives du virus de la peste aviaire. C. r. Soc. Biol. **122**, 1021 (1936).

133. LEVADITI, C., J. BRIDRÉ et D. KRASSNOFF: Dimensions approximatives du virus de la clavelée determinées par l'ultrafiltration. C. r. Acad. Sci. **206**, 953 (1938).

134. LEVINTHAL, W.: Recent observations on psittacosis. Lancet **1935 I**, 1207.

135. LOEB, J.: Proteins and the Theory of Colloidal Behaviour. New York: Mc Graw-Hill Book Co. 1924.

136. LOEFFLER, F. u. P. FROSCH: Berichte der Kommission zur Erforschung der Maul- und Klauenseuche bei dem Institut für Infektionskrankheiten in Berlin. Zbl. Bakter. usw., 1. Abt. **23**, 371 (1898).

137. LORING, H. S. and R. W. G. WYCKOFF: The ultracentrifugal isolation of latent mosaic virus protein. J. biol. Chem. (Am.) **121**, 225 (1937).

138. LUCAS, F. F.: (*1*) The architecture of living cells—recent advances in method of biological research—optical sectioning with the ultraviolet microscope. Proc. Nat. Acad. Sci. Wash. **16**, 599 (1930).
— (*2*) Late developments in microscopy. J. Franklin Inst. **217**, 661 (1934).

139. MANEGOLD, E. u. R. HOFMAN: Über Kollodiummembranen. IV. Die Durchlässigkeit der Membranen für Wasser. Kolloid-Z. **50**, 22 (1930).

140. MANEGOLD, E. u. K. SOLF: Über Kapillarsysteme XIX/3. Das effektive Hohlraumvolumen in verzweigten Kanalsystemen. Kolloid-Z. **81**, 36 (1937).

141. MARCHAL, J.: Infectious ectromelia; an hitherto undescribed virus disease of mice. J. Path. a. Bacter. **33**, 713 (1930).

142. MARTIN, L. C.: Some recent developments in microscopy. J. Roy. Soc. Arts **79**, 887 (1931).

143. MARTIN, L. C. and B. K. JOHNSON: (*1*) Ultra-violet microscopy. J. Sci. Instr. **5**, 337 (1928).
— (*2*) Ultra-violet microscopy. J. Sci. Instr. **5**, 380 (1928).
— (*3*) Simplified apparatus for ultra-violet microscopy. J. Sci. Instr. **7**, 1 (1930).

144. MACCALLUM, W. G. and E. H. OPPENHEIMER: Differential centrifugalization. A method for the study of filterable viruses, as applied to vaccinia. J. amer. med. Assoc. **78**, 410 (1922).

145. MACCLEMENT, D.: Purification of plant viruses. Nature (Brit.) **133**, 760 (1934).

146. MACCLEMENT, D. and SMITH J. HENDERSON: Filtration of plant viruses. Nature (Brit.) **130**, 129 (1932).

147. MCBAIN, J. W.: The determination of bound water by means of the ultracentrifuge. J. amer. chem. Soc. **58**, 315 (1936).

148. MCBAIN, J. W. and C. ALVAREZ-TOSTADO: (*1*) Sedimentation equilibrium in the simplest air-driven tops. Nature (Brit.) **139**, 1066 (1937).
— (*2*) Sedimentation equilibrium of sucrose in the simplest opaque air-driven spinning tops as ultracentrifuges. J. amer. chem. Soc. **59**, 2489 (1937).

149. MCBAIN, J. W., C. R. DAWSON and H. A. BARKER: The diffusion of colloids and colloidal electrolytes; egg albumin; comparison with ultracentrifuge. J. amer. chem. Soc. **56**, 1021 (1934).

150. MCINTOSH, J.: The sedimentation of the virus of Rous sarcoma and the bacteriophage by a high-speed centrifuge. J. Path. a. Bacter. **41**, 215 (1935).

151. MCINTOSH, J. and F. R. SELBIE: The measurement of the size of viruses by high-speed centrifugation. Brit. J. exper. Path. **18**, 162 (1937).

152. MENDELSOHN, W., C. E. CLIFTON and M. R. LEWIS: Ultrafiltration studies on the active agent of the chicken tumour No. 1. Amer. J. Hyg. **14**, 421 (1931).

153. MIYAGAWA, Y., T. MITAMURA, H. YAOI, N. ISHII and J. OKANISHI: Studies on virus of lymphogranuloma inguinale NICOLAS, FAVRE, and DURAND; studies on filtration, especially ultrafiltration of virus. Jap. J. exper. Med. (e.) **13**, 723 (1935).

154. MODROW, I.: Filtration und Ultrafiltration des Maul- und Klauenseuchevirus. Z. Hyg. usw. **110**, 618 (1929).

155. MUTZENBECHER, P. VON: (*1*) Die Analyse des Serums mit der Ultrazentrifuge. Biochem. Z. **266**, 226 (1933).
— (*2*) Die Fraktionen des Serums. Biochem. Z. **266**, 250 (1933).

156. NATTAN-LARRIER, L., L. GRIMARD-RICHARD et S. NOUGUÉS: Action de l'oléate de soude, des sels biliaires et de l'ovalbumine sur la perméabilité des ultrafiltres. C. r. Soc. Biol. **113**, 540 (1933).
157. NELSON, J. M. and D. P. MORGAN: Collodion membranes of high permeability. J. biol. Chem. (Am.) **58**, 305 (1923).
158. NORRIS, E. R.: Effect of some capillary active substances on the permeability of collodion membranes. Proc. Soc. exper. Biol. a. Med. (Am.) **24**, 483 (1927).
159. NORTHROP, J. H.: Concentration and purification of bacteriophage. J. gen. Physiol. (Am.) **21**, 335 (1938).
160. OLITSKY, P. K. and L. BOEZ: Studies on the physical and chemical properties of the virus of foot-and-mouth disease. II. Cataphoresis and filtration. J. exper. Med. (Am.) **45**, 685 (1927).
161. ONO, K.: Untersuchungen über die Filtrierbarkeit des Hühnersarkomagens mittels der Ultrafiltration. "Gann", Jap. J. Canc. Res. **20**, 42 (1926).
162. PARKER, R. T. and T. M. RIVERS: Immunological and chemical investigations of vaccine virus. I. Preparation of elementary bodies of vaccinia. J. exper. Med. (Am.) **62**, 65 (1935).
163. PASCHEN, E.: (*1*) Was wissen wir über den Vaccineerreger? Münch. med. Wschr. **1906 II**, 2391.
— (*2*) Pocken. KOLLE u. WASSERMAN, Handb. path. Mikroorg., Bd. 8, Lfg. 40, S. 821. 1930.
— (*3*) Über das SHOPEsche infectious fibroma of rabbits. Zbl. Bakter. usw., Abt. I Orig. **138**, 1 (1936).
164. PERDRAU, J. R.: The virus of encephalitis lethargica. Brit. J. exper. Path. **6**, 123 (1925).
165. PICKELS, E. G. and J. W. BEAMS: High rotational speeds in vacuo. Science **81**, 342 (1935).
166. PIERCE, H. F.: Nitrocellulose membranes of graded permeability. J. biol. Chem. (Am.) **75**, 795 (1927).
167. PRAUSNITZ, C.: Über die Natur des D'HERELLEschen Phänomens. Klin. Wschr. **1**, 1639 (1922).
168. QUIGLEY, J. J.: A simple technic for ultrafiltration. Amer. J. Hyg. **20**, 218 (1934).
169. RAYLEIGH: On the theory of optical images with special reference to the microscope. Phil. Mag. (5), **42**, 167 (1896).
170. RAO, A. N.: Beiträge zum Problem der Permeabilität und Permeabilitätsbeeinflussung. Einfluß von oberflächenaktiven und hydrotropen Substanzen auf die Permeabilität von Säuren und Rohrzucker. Biochem. Z. **262**, 332 (1933).
171. RISSE, O.: (*1*) Über die Durchlässigkeit von Collodium- und Eiweißmembranen für einige Ampholyte. I. Der Einfluß der H- und OH-Ionkonzentration. Pflügers Arch. **212**, 375 (1926).
— (*2*) II. Quellungseinflüsse. (Versuche an Gelatine- und Stromamembranen.) Pflügers Arch. **213**, 685 (1926).
172. ROHR, M. VON: Die Theorie der optischen Instrumente. Bd. 1: Die Bilderzeugung in optischen Instrumenten vom Standpunkte der geometrischen Optik. Berlin: Julius Springer 1904.
173. ROSENTHAL, W.: Methoden zum Nachweis der filtrierbaren und unbekannten Virusarten. KOLLE u. WASSERMAN, Handb. d. path. Mikroorg., Bd. 9, Lfg. 34, S. 827. 1929.
174. RUFFILLI, D.: Untersuchungen über das spezifische Gewicht von Bakterien. Biochem. Z. **263**, 63 (1933).
175. SCHLESINGER, M.: (*1*) Die Bestimmung von Teilchengröße und spezifischem Gewicht des Bakteriophagen durch Zentrifugierversuche. Z. Hyg. usw. **114**, 161 (1932).
— (*2*) Reindarstellung eines Bakteriophagen in mit freiem Auge sichtbaren Mengen. Biochem. Z. **264**, 6 (1933).

SCHLESINGER, M.: (3) Die direkte nephelometrische Erfassung hoher Bakteriophagenkonzentrationen in einem Medium mit geringer eigener Lichtstreuung. Z. Hyg. usw. **114**, 746 (1933).
— (4) Beobachtung und Zählung von Bakteriophagenteilchen im Dunkelfeld. — Die Form der Teilchen. Z. Hyg. usw. **115**, 774 (1933).
— (5) Die Verwendung einfacher Becherzentrifugen zur Bestimmung der Teilchengröße in kolloiden Lösungen. Kolloid-Z. **67**, 135 (1934).
— (6) Über das spezifische Gewicht von Virus und Bakteriophagen-Elementen und seine Bedeutung für die Erforschung ihrer Natur. Biodynamica, No. 4, 1 (1935).
— (7) Centrifuging in rotating hollow cylinders. Nature (Brit.) **138**, 549 (1936).
176. SCHLESINGER, M. and C. H. ANDREWES: The filtration and centrifugation of the viruses of rabbit fibroma and rabbit papilloma. J. Hyg. Camb. **37**, 521 (1937).
177. SCHLESINGER, M. and I. A. GALLOWAY: Sedimentation of the virus of foot-and-mouth disease in the SHARPLES super centrifuge. J. Hyg. Camb. **37**, 445 (1937).
178. SCHEFFER, W.: Die Anwendung der Photographie in der Mikroskopie. (Farbenphotographie, Diapositive usw.) KOLLE u. WASSERMAN, Handb. d. path. Mikroorg., Bd. 9, Lfg. 34, S. 633. 1929.
179. SCHOEP, A.: Über ein neues Ultrafilter. Kolloid-Z. 8, 80 (1911). (Z. Chemie usw. Kolloide.)
180. SCHULTZ, E. W.: Recent advances in the study of poliomyelitis. J. Pediatr. (Am.) **1**, 358 (1932).
181. SEIFFERT, G.: (1) Über das Vorkommen filtrabler Mikroorganismen in der Natur und ihre Züchtbarkeit. Zbl. Bakter. usw., Abt. I Orig. **139**, 337; (1937).
— (2) Filtrable Mikroorganismen in der freien Natur. Zbl. Bakter. usw., Abt. I Orig. **140**, 168 (1937).
182. SHOETENSACK, H. M.: (1) Pure cultivation of filterable virus isolated from canine distemper. Kitasato Arch. exper. Med. (e.) **11**, 277 (1934).
— (2) Pure cultivation of filterable virus isolated from canine distemper; morphological and cultural features of Asterococcus canis type I n. sp., and Asterococcus canis type II n. sp. Kitasato Arch. exper. Med. (e.) **13**, 175 (1936).
183. SHOPE, R. E.: Infectious papillomatosis of rabbits. J. exper. Med. (Am.) **58**, 607 (1933).
184. SMILES, J.: Dark-ground illumination in ultra-violet microscopy. J. Roy. Micr. Soc. **53**, 203 (1933).
185. SMILES, J. and H. WRIGHTON: The micrography of metals in ultra-violet light. Proc. roy. Soc., Lond., Ser. A: Math. a. physic. Sci. **158**, 671 (1937).
186. SMITH, K. M.: Filtration of plant viruses. Nature (Brit.) **130**, 243 (1932).
187. SMITH, K. M. and J. P. DONCASTER: (1) The preparation of gradocol membranes and their application in the study of plant viruses. Parasitology **27**, 523 (1935).
— (2) The particle size of plant viruses. Report 3rd Int. Congress Comp. Path. Athens 1936.
188. SPILSBURY, R. S. J.: Spherometer for varnish testing. Nat. Phys. Lab. Ann. Report, p. 94. 1922.
189. STANLEY, W. M.: (1) Chemical studies on the virus of tobacco mosaic. V. Determination of optimum hydrogen-ion concentration for purification by precipitation with Lead Acetate. Phytopath. **25**, 922 (1935).
— (2) Isolation of a crystalline protein possessing the properties of tobacco mosaic virus. Science **81**, 644 (1935).
— (3) Chemical studies on the virus of tobacco mosaic. VI. The isolation from diseased Turkish tobacco plants of a crystalline protein possessing the properties of tobacco-mosaic virus. Phytopath. **26**, 305 (1936).
— (4) Isolation and properties of virus proteins. Erg. Physiol. usw. **39**, 294 (1937).
— (5) Virus proteins—a new group of macromolecules. J. physical Chem. **42**, 55 (1938).

190. Stanley, W. M. and R. W. G. Wyckoff: The isolation of tobacco ring spot and other virus proteins by ultracentrifugation. Science **85**, 181 (1937).

191. Stassano, H. et A. C. Beaufort: Le principle lytique transmissible (Bactériophage de D'Herelle) soumis au criterium de l'ultrafiltration ou filtration moléculaire. C. r. Soc. Biol. **93**, 1378 (1925).

192. Stewart, F. H.: Experiments in the Pathology of Trachoma. Eighth Ann. Rep. Giza Mem. Ophthal. Lab. 1934/35.

193. Strugger, S.: Fluoreszenzmikroskopische Untersuchungen über die Speicherung und Wanderung des Fluoreszeinkaliums in pflanzlichen Geweben. Flora oder Allg. Bot. Ztg. **132**, 253 (1938).

194. Svedberg, T.: (*1*) Colloid Chemistry. Chem. Cat. Co, N. Y. 1928.
— (*2*) The p_H stability regions of the proteins. Trans. Faraday Soc. **26**, 740 (1930).
— (*3*) Die Molekulargewichtsanalyse im Zentrifugalfeld. Kolloid-Z. **67**, 2 (1934).
— (*4*) The ultracentrifuge and the study of high-molecular compounds. Nature (Brit.) **139**, 1051 (1937).

195. Svedberg, T. and E. Chirnoaga: The molecular weight of hemocyanin. J. amer. chem. Soc. **50**, 1399 (1928).

196. Svedberg, T. and A. J. Stamm: The molecular weight of Edestin. J. amer. chem. Soc. **51**, 2170 (1929).

197. Tallerman, K. H.: Observations regarding alterations in the permeability of collodion membranes. Brit. J. exper. Path. **10**, 360 (1929).

198. Tang, F. F., H. Wei, D. L. Mc Whirter and J. Edgar: An investigation of the causal agent of bovine pleuropneumonia. J. Path. a. Bacter. **40**, 391 (1935).

199. Tang, F. F., H. Wei and J. Edgar: Further investigations on the causal agent of bovine pleuropneumonia. J. Path. a. Bacter. **42**, 45 (1936).

200. Tang, F. F., W. J. Elford and I. A. Galloway: Centrifugation studies. IV. The megatherium bacteriophage and the viruses of equine encephalomyelitis and louping ill. Brit. J. exper. Path. **18**, 269 (1937).

201. Teutschlaender, O.: Über die angeblich zellfreie Übertragung der Hühnersarkome. Z. Krebsforsch. **20**, 43 (1923).

202. Theiler, M. and J. H. Bauer: Ultrafiltration of the virus of poliomyelitis. J. exper. Med. (Am.) **60**, 767 (1934).

203. Thornberry, H. H.: (*1*) Quantitative studies on the filtration of tobacco-mosaic virus. Phytopath. **25**, 601 (1935).
— (*2*) Particle diameter of certain plant viruses and Phytomonas pruni bacteriophage. Phytopath. **25**, 938 (1935).

204. Thygeson, P.: (*1*) Nature of elementary and initial bodies of trachoma. Arch. Ophthalm. (Am.) **12**, 307 (1934).
— (*2*) Analysis of recent studies on etiology of trachoma. Amer. J. Ophthalm. **19**, 649 (1936).

205. Thygeson, P. and F. I. Proctor: Filterability of trachoma virus. Arch. Ophthalm. (Am.) **13**, 1018 (1935).

206. Tiselius, A., K. O. Pedersen and T. Svedberg: Analytical measurements of ultracentrifugal sedimentation. Nature (Brit.) **140**, 848 (1937).

207. Turner, A. W.: A study of the morphology and life cycles of the organism of pleuropneumonia contagiosa boum (Borrel-omyces peripneumoniae nov. gen.) by observations in the living state under dark-ground illumination. J. Path. a. Bacter. **41**, 1 (1935).

208. Twort, F. W.: An investigation on the nature of ultra-microscopic viruses. Lancet **1915 II**, 1241.

209. Vichélessky, R. S., A. Naskov, M. Soukhof et V. Moutovine: Méningo-encéphalo-myélite infectieuse du Cheval en U. R. S. S. Rec. méd. vét. **111**, 357 (1935).

210. Walpole, G. S.: Notes on collodion membranes for ultrafiltration and pressure dialysis. Biochem. J. (Brit.) **9**, 284 (1915).

211. WARD, H. K. and F. F. TANG: A note on the filtration of the virus of herpetic encephalitis and of vaccinia. J. exper. Med. (Am.) **49**, 1 (1929).
212. WOLLMAN, E. et E. SUAREZ: Ultra-filtration du Bactériophage et des protéines sériques. C. r. Soc. Biol. **96**, 15 (1927).
213. WRIGHTON, H.: A new objective for metallurgy. J. Roy. Micr. Soc. **53**, 328 (1933).
214. WYCKOFF, R. W. G.: (*1*) Ultraviolet microscopy as a means of studying cell structure. Cold Spring Harbor Symposia on Quantitative Biology, Vol. II, p. 39. 1934.
— (*2*) The ultracentrifugal purification and study of macromolecular proteins. Science **86**, 92 (1937).
— (*3*) Molecular sedimentation constants of tobacco mosaic virus proteins extracted from plants at intervals after inoculation. J. biol. Chem. (Am.) **121**, 219 (1937).
— (*4*) Ultracentrifugal concentration of homogeneous heavy component from tissues diseased with equine encephalomyelitis. Proc. Soc. exper. Biol. a. Med. (Am.) **36**, 771 (1937).
— (*5*) An ultracentrifugal analysis of concentrated staphylococcus bacteriophage preparations. J. gen. Physiol. (Am.) **21**, 367 (1938).
215. WYCKOFF, R. W. G., J. BISCOE and W. M. STANLEY: An ultracentrifugal analysis of the crystalline virus proteins isolated from plants diseased with different strains of tobacco mosaic virus. J. biol. Chem. (Am.) **117**, 57 (1937).
216. YAOI, H. and H. KASAI: Further investigations on the filterability of vaccine virus. Jap. J. exper. Med. (e.) **7**, 579 (1929).
217. YAOI, H. and K. SATO: On the size of typhoid and dysentery bacteriophages estimated by the gradocol membrane of ELFORD. Jap. J. exper. Med. (e.) **13**, 565 (1935).
218. YAOI, H. and W. NAKAHARA: Ultrafiltration experiments on the filterable agent of ROUS chicken sarcoma. Jap. J. exper. Med. (e.) **13**, 757 (1935); "Gann" Jap. J. Canc. Res. **29**, 222 (1935).
219. YAOI, H., K. KANAZAWA and K. SATO: Ultrafiltration experiments on the virus of rabies (virus fixe). Jap. J. exper. Med. (e.) **14**, 73 (1936).
220. ZINSSER, H. and F. F. TANG: Studies in ultrafiltration. J. exper. Med. (Am.) **46**, 357 (1927).
221. ZSIGMONDY, R.: Membrane filters and their uses. Colloid Chemistry, Vol. 1, p. 944. J. Alexander. Chem. Cat. Co., N. Y. 1926.
222. ZSIGMONDY, R. u. W. BACHMAN: Über neue Filter. Z. anorgan. allg. Chem. **103**, 119 (1918).
223. ZSIGMONDY, R. u. A. THIESSEN: „Das Kolloide Gold." Leipzig 1925.

2. Die Fluoreszenzmikroskopie.

Von

MAX HAITINGER, Wien.

Zur Beobachtung mikroskopischer Präparate stehen uns heute außer der Tageslichtmikroskopie noch die Ultraviolett- und die Fluoreszenzmikroskopie zur Verfügung. Tageslicht- und Ultraviolettmikroskopie sind insofern wesensgleich, als in beiden Fällen das Licht von irgendeinem Beleuchtungsapparat durch das Präparat geschickt wird, so daß durch das Objektiv und Okular ein Bild desselben wahrgenommen wird; der Unterschied besteht nur darin, daß bei der Ultraviolettmikroskopie zur Erzielung eines größeren Auflösungsvermögens kurzwelliges ultraviolettes Licht zur Beleuchtung verwendet wird; dies bedingt die Verwendung von Quarz und anderen ultraviolettdurchlässigen Materials für die Linsen des Mikroskops, weil dieses Licht vom Glas stark absorbiert wird. Die entstehenden

Bilder sind nicht sichtbar und können nur photographisch festgehalten werden. Anders liegen die Verhältnisse bei der Fluoreszenzmikroskopie; hier wird dem Präparat wohl auch ultraviolettes Licht zugeführt; dieses gehört aber dem langwelligen Teil des Ultraviolettspektrums an, das durch Glas eine weitaus geringere Absorption erleidet als das kurzwellige Ultraviolett. Auch wird es in diesem Falle gar nicht zur Bilderzeugung verwendet, sondern dient nur dazu, die fluoreszenzfähigen Teile des Präparats zum Leuchten anzuregen, indem die unsichtbaren Strahlen in sichtbares Licht umgewandelt werden. Es entstehen also im Präparat selbst kleinere oder größere Lichtquellen, sog. Selbstleuchter, und diese sind es, die wir im Fluoreszenzmikroskop sehen. Wir beobachten also sichtbares Licht und brauchen daher keine Quarzoptik, sondern können jedes gewöhnliche Mikroskop für fluoreszenzmikroskopische Untersuchungen benutzen. Das ultraviolette Licht hat mit der Anregung zur Fluoreszenz seine Aufgabe erfüllt und muß sogar, soweit es noch in das Mikroskop eindringt, vom Auge oder von der photographischen Platte abgehalten werden, um nicht zu unangenehmen Störungen Anlaß zu geben.

Allerdings war für die Anwendung der Fluoreszenzmikroskopie in der Histologie und Chemie die Entwicklung einer neuen Methodik und Technik notwendig und es ist erst in den letzten Jahren gelungen, eine solche für die Darstellung tierischer und pflanzlicher Objekte auszubauen; obwohl die Methode noch sehr jung und gewiß noch sehr entwicklungsfähig ist, hat sie sich bei der Untersuchung histologischer Präparate von gesunden und pathologisch veränderten Organen usw. schon vielfach bewährt. Auch in der Virusforschung hat sie sich den üblichen mikroskopischen Untersuchungsmethoden nicht nur ebenbürtig, sondern sogar in mancher Beziehung überlegen erwiesen. Es soll daher im folgenden über die theoretischen Grundlagen, über die Anwendung der Apparatur und die Technik dieses Verfahrens in Kürze berichtet werden.

Es ist eine bekannte Tatsache, daß jede Art von Energie ganz oder teilweise in eine andere Energieform umgewandelt werden kann. Diese Eigenschaft kommt auch der strahlenden Energie zu. Viele Stoffe besitzen die Fähigkeit, strahlende Energie von bestimmter Periode zu absorbieren und nach Umwandlung derselben in strahlende Energie einer anderen Periode diese letztere nach allen Richtungen auszustrahlen, oder mit anderen Worten, sie besitzen die Fähigkeit, Licht von bestimmter Wellenlänge in Licht einer anderen Wellenlänge oder Farbe umzuwandeln. Derartige Erscheinungen werden als Photolumineszenz bezeichnet, mit welchem Namen man zwei Phänomene, die *Fluoreszenz* und die *Phosphoreszenz* zusammenfaßt, je nachdem die Lichterscheinung nur so lange andauert, als die Einwirkung des erregenden Lichtes besteht oder nach dem Aussetzen des primären Lichtes eine merkbare Zeit hindurch bestehen bleibt. Eine Beschränkung auf bestimmte Wellengebiete, die fluoreszenzerregend wirken, gibt es wohl nicht; doch versteht man im gewöhnlichen Sprachgebrauch unter Fluoreszenz nur jene Leuchterscheinungen, die durch das kurzwellige sichtbare Licht, ganz besonders aber jene, die durch unsichtbares ultraviolettes Licht hervorgerufen werden. Für fluoreszenzmikroskopische Beobachtungen kommt lediglich dieses letztere als erregendes Licht in Betracht, u. zw. beschränkt man sich aus rein technischen Gründen auf das langwellige Ultraviolett, das sind Strahlen von der Wellenlänge $\lambda = 300$—$400\ \mathrm{m}\mu$. Dabei wird das erregende Licht von den fluoreszenzfähigen Teilchen des Präparats absorbiert und in längerwelliges sichtbares Licht umgewandelt (STOKESsche Regel), das wir dann unter dem Mikroskop beobachten.

Ultraviolettes Licht wird von fast allen Lichtquellen ausgestrahlt und es ist selbstverständlich, daß man für ein Fluoreszenzmikroskop nur solche verwenden kann, welche besonders reich an ultravioletten Strahlen sind. Neben dem ultravioletten Licht strahlen aber alle in der Praxis verwendbaren Lichtquellen auch reichlich sichtbares Licht aus, das die an und für sich schon wegen ihrer Kleinheit nur schwachen Fluoreszenzlichter überstrahlen würde. Man muß daher das sichtbare Licht vom Objekt abhalten. Dies geschieht, indem man dem Ultraviolettstrahler geeignete Filter vorsetzt, welche den sichtbaren Teil des Spektrums absorbieren und nur für das unsichtbare ultraviolette Licht durchlässig sind. Solches, vom sichtbaren Licht befreites ultraviolettes Licht nennt man *filtriertes Ultraviolett* oder nach dem Entdecker derartiger Filter WOODsches Licht.

In diesem Licht erscheinen Schnitte von pflanzlichen oder tierischen Objekten nicht selten in den verschiedensten Farben, u. zw. leuchten die fluoreszenzfähigen Partikel oft so verschiedenfarbig, daß sie sich gut voneinander abheben. Nichtfluoreszenzfähige Elemente erscheinen schwarz. Man erhält also den Eindruck eines farbigen Bildes, ohne daß irgendwelche Färbemittel zur Herstellung desselben verwendet wurden. Solche, an nativen, also vollkommen unbehandelten Präparaten auftretende Fluoreszenzerscheinungen nennt man *Eigenfluoreszenz* oder *primäre* Fluoreszenz. Pflanzliche Objekte sind sehr reich an Teilchen, die eine Eigenfluoreszenz besitzen, und geben sehr oft kontrastreiche Bilder, während tierische Objekte weniger Kontraste aufweisen und im allgemeinen nur Bilder liefern, die in verschiedenen Nuancen von Blau, Graublau und Grünlichblau fluoreszieren. Um auch solche Präparate der fluoreszenzmikroskopischen Beobachtung zugänglich zu machen, müssen sie mit Lösungen fluoreszierender Substanzen behandelt werden, welche sich dann geradeso wie die Farbstofflösungen, die zur Darstellung einzelner Zell- und Gewebselemente in der Tageslichtmikroskopie verwendet werden, selektiv an gewisse Strukturteilchen anlagern, die sie dann in verschiedenen Farben zumeist von großer Leuchtkraft aufleuchten lassen. Die auf diesem Weg erzeugte Fluoreszenz nennt man dann *sekundäre* oder *induzierte* Fluoreszenz. Die dazu verwendeten Lösungen habe ich, um sie von den bei der Tageslichtmikroskopie verwendeten Farbstoffen zu unterscheiden, *Fluorochrome* genannt (6, *3*). Der ganze Vorgang heißt dann *Fluorochromierung.* Ob ein Stoff leuchtet oder nicht und in welcher Farbe er erscheint, hängt von seiner chemischen Konstitution ab, und nicht selten ist die Farbe, Sättigung und Helligkeit dieses Leuchtens so charakteristisch, daß es den Nachweis vieler Stoffe ermöglicht; dadurch ist die *Fluoreszenzanalyse* ein wichtiges Hilfsmittel der Mikrochemie geworden, um so mehr, als mit ihr noch Spuren einer Substanz nachweisbar sind, die mit anderen Mitteln nicht mehr erkannt werden können.[1] Sie hat aber auch in der Histologie Eingang gefunden, als man lernte, ihre Methoden auf mikroskopische Untersuchungen auszudehnen. Dies war aber von der Erfüllung zweier Vorbedingungen abhängig. Es mußte zunächst ein Fluoreszenzmikroskop geschaffen werden, das den Ansprüchen des Histologen Genüge leisten kann, d. h. es mußte ein Instrument hergestellt werden, welches es ermöglicht, mit allen jenen Vergrößerungen zu arbeiten, die in der Tageslichtmikroskopie gebräuchlich, also auch für die Anwendung von Immersionsobjektiven geeignet sind. Dann aber mußte eine Methode ausgebildet werden, mit welcher die einzelnen Gewebs- und Zellelemente derart dargestellt werden konnten, daß sie sich selektiv vom übrigen Gewebe abheben. Es mußten also gewissermaßen die in der Tageslichtmikroskopie gebräuchlichen Methoden auf die Fluoreszenzmikroskopie übertragen werden. Dazu mußten aber neue Stoffe gefunden werden, welche die einzelnen Gewebselemente in für sie charakteristischen Farben aufleuchten lassen.

---

[1] Näheres hierüber siehe bei M. HAITINGER (6, *2*).

Das Fluoreszenzmikroskop.

Der wichtigste Bestandteil eines brauchbaren Fluoreszenzmikroskops ist die *Lichtquelle.* Diese muß nicht nur reich an ultravioletten Strahlen in dem in Frage kommenden Wellenlängengebiete sein, sondern sie muß auch eine besonders große Helligkeit im ultravioletten Teil des Spektrums besitzen. Dabei kommt es aber nicht auf die Gesamthelligkeit, sondern nur auf die *Flächenhelligkeit,* d. i. die Helligkeit pro Flächeneinheit an. Denn geradeso wie bei der Mikroskopie im sichtbaren Licht nur jenes Licht, welches das Präparat trifft, zur Bilderzeugung ausgenutzt wird, so wird auch nur jenes Ultraviolett, welches auf das Objekt auftrifft und von ihm absorbiert wird, in sichtbares Licht umgewandelt und zur Fluoreszenzerregung verwendet. Ferner muß die Lichtquelle ruhig brennen, damit jener gerichtete Strahlengang, der beim Mikroskopieren unerläßlich ist, nicht nur erhalten bleibt, sondern auch bei einem zufälligen Erlöschen der Lampe rasch wieder hergestellt werden kann. Es stehen uns für diesen Zweck zweierlei Lichtquellen zur Verfügung, der elektrische Flammenbogen und die Quecksilberdampflampen. Von den letztgenannten kommen die bisher fast ausschließlich verwendeten Niederdrucklampen als Lichtquellen für die Fluoreszenzmikroskopie nicht in Betracht, weil ihre Flächenhelligkeit eine zu geringe ist, um auch für die Verwendung mit stark vergrößernden Objektiven geeignet zu sein. Man erreicht mit ihnen höchstens eine 160fache Vergrößerung, mit der für histologische Untersuchungen nicht viel anzufangen ist. Überhaupt ist der elektrische Flammenbogen dem Quecksilberlichtbogen überlegen. Er besitzt eine bedeutend größere Leuchtdichte als dieser. Dies gilt für den Kohlenbogen allerdings in erster Linie für das sichtbare Licht, das durch den glühenden Krater ausgestrahlt wird; auf dieses kommt es aber bei einer Lichtquelle für ein Fluoreszenzmikroskop nicht an. Das ultraviolette Licht wird vom Bogen ausgestrahlt. Da reine Kohle sehr arm an ultraviolettem Licht ist, hat man daher ursprünglich die Kohlenelektroden mit Eisen oder Nickelsalzen imprägniert, ist aber wieder davon abgegangen, weil der Ultraviolettreichtum des Kohlenbogens durch sie nicht wesentlich erhöht wird.

Ganz anders verhalten sich glühende Dämpfe, wie sie in einem Lichtbogen zwischen Metallelektroden übergehen. Diese emittieren reichlich ultraviolettes Licht im Bogen. Eine Untersuchung an Hand der Spektraltafeln von F. Exner und E. Haschek über das Verhältnis der Gesamtemission zu jenem Teil des Ultravioletts, der durch die gewöhnlich verwendeten Filter hindurchgeht, zeigte, daß eine Reihe von Metallen in dem Wellenlängengebiet zwischen 300 und 400 mμ reichlich ultraviolettes Licht ausstrahlen. Von diesen kommen jedoch einige schon deshalb nicht in Betracht, weil sie hygienisch nicht einwandfreie oder gar giftige Dämpfe entwickeln, andere weil sie im regulinischen Zustand schwer erhältlich oder zu kostspielig sind, andere wieder, weil sie in diesem Gebiet wohl kräftige, aber nur wenige Linien besitzen. Von allen in Frage kommenden Elementen erscheint das Eisen als das geeignetste Elektrodenmetall. Sein Bogen besitzt einen großen Reichtum an ultravioletten Strahlen in dem für die Fluoreszenzmikroskopie geeigneten Wellenlängengebiet. Dabei ist das Spektrum desselben an dieser Stelle außerordentlich reich an Linien und erscheint nahezu geschlossen, während der Quecksilberdampfbogen große Lücken aufweist. Messungen, die nach verschiedenen Verfahren durchgeführt wurden, haben ergeben, daß der Eisenbogen eine viermal so große Flächenhelligkeit besitzt als der Quecksilberbogen. Allerdings muß das Eisen erst einer besonderen Behandlung unterzogen werden, um es als Elektrodenmetall für das Fluoreszenzmikroskop verwenden zu können, da es sonst sehr unruhig brennt und der Bogen auf der Oberfläche der Elektrode wandert. Diesem Übelstand kann man dadurch abhelfen, daß man die Eisenstifte mit einer zentralen Bohrung versieht und diese Bohrung mit einem geeigneten Material ausfüllt. Dadurch wird der Bogen so weit beruhigt, daß er, wenn auch nicht vollkommen, so doch hinreichend ruhig brennt, sowohl für die visuelle Beobachtung als auch für die Durchführung photographischer Aufnahmen. Eine Lampe mit Eisenelektroden bedarf im Gegensatz zu den Kohlenbogenlampen keinerlei Reguliervorrichtung und brennt stundenlang, ohne einer Nachregulierung zu bedürfen. Sie ist also wesentlich einfacher zu behandeln als die Kohlenbogenlampe und hat dieser gegenüber noch den Vorteil, daß sie bei Gleichstrom mit einer Stromstärke von 4 A und einer Elektrodenspannung von 40 V brennt, während man bei brauchbaren Kohlenbogenlampen mindestens 10 A und 60 V benötigt (M. HAITINGER 6, *1*).

Wie schon erwähnt, muß das vom Ultraviolettstrahler emittierte Licht gefiltert, d. h. vom sichtbaren Licht befreit werden. Hierzu hat man ursprünglich Flüssigkeitsfilter verwendet, u. zw. diente dazu p-Nitrosodimethylanilin in einer wässerigen Lösung von der Konzentration 1 : 75000 in Verbindung mit einem Blauviolglas. Heute sind solche Flüssigkeitsfilter fast nirgends mehr in Verwendung und allgemein durch die Schwarzglasfilter mit Nickeloxyd als wirksamem Bestandteil ersetzt (R. W. WOOD 13). Derartige *Filter* werden von verschiedenen Firmen in gleicher Güte und nahezu mit dem gleichen Durchlässigkeitsbereich hergestellt, so von Schott u. Gen., den Sendlinger Optischen Werken, der Hanauer Quarzlampengesellschaft usw.; die Corning Glass Works verfertigen ein Filter, „Red purple", dessen Durchlässigkeit von 250 mμ bis ins sichtbare blaue Licht reicht. Die Durchlässigkeit ist natürlich für die einzelnen Wellenlängen verschieden, die maximale Durchlässigkeit liegt aber bei allen in der Gegend von 366 mμ. Außerdem gibt es noch Filter für die Isolierung bestimmter Wellenlängen, die für fluoreszenzmikroskopische Untersuchungen wohl kaum in Betracht kommen.[1] Alle Schwarzglasfilter lassen aber noch einen Teil des roten Lichtes durch, das durch Vorschalten einer wässerigen Lösung von Kupfersulfat in einer passenden Küvette weggefiltert werden muß, damit nicht Rotfluoreszenz an Präparaten vorgetäuscht werde, wo eine solche tatsächlich nicht vorhanden ist.

Da die Eisenbogenlampe für den Betrieb mit Wechselstrom noch gewisse Mängel aufweist, hat man versucht, sie durch die in neuerer Zeit in die Beleuchtungstechnik eingeführten Quecksilberhochdrucklampen zu ersetzen. Diese bestehen im allgemeinen aus einem röhrenförmigen Kolben aus Quarz, in dem die Entladung zwischen zwei Elektroden stattfindet. An jedem Ende der Röhre sind Wolframdrähte angebracht, welche eine elektronenemittierende Substanz tragen. Diese Röhre ist durch einen Außenkolben von der Form einer elektrischen Glühbirne oder einer Röhre eingeschlossen, die einen Edisonsockel trägt und daher in jede normale Glühlampenfassung eingeschraubt werden kann. Zum Betrieb dieser Lampe ist eine Drosselspule notwendig. Der äußere Kolben ist aus Glas, das die Strahlen von der Wellenlänge $\lambda < 300$ mμ absorbiert, so daß eine Schädigung der zu untersuchenden Objekte nicht zu befürchten ist, weil alle Strahlen, die derartige Wirkungen hervorrufen könnten, weggefiltert sind. Beim Einschalten des Stromes bildet sich zunächst eine Glimmentladung zwischen einer Zündelektrode und der benachbarten Hauptelektrode aus. Dadurch wird die Entladungsbahn mit elektrischen Ladungsträgern erfüllt, so daß kurz nach dem Einschalten des Stromes die Zündung erfolgt. Sobald dies geschehen, beginnt das Quecksilber zu verdampfen, bis schließlich die ganze Metallmenge in Dampfform von bestimmten Druck übergegangen ist. Die Röhre leuchtet zunächst

[1] Näheres hierüber siehe M. HAITINGER (6, *2*).

schwach und kommt erst nach vollkommener Beendigung des Verdampfungsvorganges auf ihre volle Lichtleistung.

Bei Benutzung dieser Lampe als Lichtquelle für die Fluoreszenzmikroskopie wird sie zunächst durch entsprechende Höhen- und Seitenverschiebung an die richtige Stelle hinter den Kondensor gebracht und bei vorgeschalteter Opalglasscheibe gezündet. Man sieht zunächst einen etwa 5 mm breiten schwachen Lichtstreifen, der sich allmählich verschmälert und an Leuchtkraft zunimmt, die endlich nach zirka 5 Minuten ihr Maximum erreicht, während welcher Zeit sich das Lichtband auf 1—2 mm Breite zusammenzieht. Dann schaltet man auf ultraviolettes Licht um und arbeitet wie mit der Eisenbogenlampe weiter. Die Lampe zeichnet sich durch außerordentlich ruhiges Brennen aus und ist, namentlich in der Virusforschung, vorzüglich verwendbar. Allerdings ist ihre Flächenhelligkeit geringer als jene der Eisenbogenlampe, und vergleichende mikrophotographische Aufnahmen haben ergeben, daß etwa die dreifache Expositionszeit für dasselbe Präparat notwendig ist als bei dieser. Die Lebensdauer solcher Lampen beträgt nach den Angaben der Erzeugerfirmen zirka 1000 Stunden. Sie brennen bei 110 V mit 0,9 A.

Unangenehm wirkt sich der Umstand aus, daß eine solche Quecksilberdampflampe nach dem Erlöschen nicht sofort wieder gezündet werden darf. Mit der Zunahme des Dampfdruckes steigt die Zündspannung der Röhre, die in der Hitze über der Normalspannung liegt. Beim Erkalten sinkt der Dampfdruck und die Zündspannung; die Röhre zündet erst wieder, wenn die Zündspannung den Wert der Netzspannung erreicht hat; die Zeit, bis ein Wiederzünden möglich ist, beträgt im allgemeinen etwa 5 Minuten (9, 12).

Es sind bis nun von den verschiedenen Firmen auch verschiedene Lampentypen in den Handel gebracht worden, von denen ich bisher nur wenige erproben konnte; es ist daher unmöglich, festzustellen, welcher dieser Lampen der Vorzug zu geben ist, weshalb ich mich eines abschließenden Urteils enthalten muß.

Die Überlegenheit der Hochdrucklampen über die gewöhnlichen Quecksilberniederdrucklampen liegt darin, daß sie im Bereiche des Wellenlängengebietes von 310—390 mμ ein nahezu kontinuierliches Spektrum ergeben, wobei die dominierenden Linien mit großer Intensität leuchten. Dies bewirkt nicht nur eine stärkere Lichtwirkung, sondern auch eine ausgezeichnete Flächenhelligkeit.

Das Prinzip aller modernen Fluoreszenzmikroskope, gleichgültig, mit welcher Lichtquelle sie betrieben werden, ist folgendes. Das Licht des Ultraviolettstrahlers wird durch einen Kollektor konvergent gemacht, passiert dann das Schwarzglasfilter und die Kupfervitriolküvette und geht über den Spiegel oder über ein total reflektierendes Prisma zum Kondensor und von diesem auf das Präparat. Wenn es dorthin gelangt ist und die fluoreszenzfähigen Teile im Präparat tatsächlich zur Fluoreszenz angeregt hat, muß das vom Objekt nicht absorbierte Ultraviolett vom Auge oder von der photographischen Platte abgehalten werden, weil es die Augenmedien irritiert, indem es Linse und Netzhaut zur Fluoreszenz anregt, bzw. die photographische Platte schwärzen würde. Hierzu braucht man ein sog. Sperrfilter aus gelbem Glas, wofür sich die Marke GG 4 der Jenaer Optischen Werke ganz besonders gut eignet. Ein derartiges Filter wird auf das Okular aufgesetzt, u. zw. benutzt man für visuelle Beobachtungen ein solches von einem Millimeter Dicke. Für photographische Aufnahmen muß ein strengeres Sperrfilter etwa von 2 mm Dicke verwendet werden, um eine Verschleierung des Negativs zu verhindern. Über die Durchlässigkeit des Glases für ultraviolettes Licht herrschen vielfach irrige Ansichten, und man glaubt im allgemeinen annehmen zu müssen, daß die Linsen des Objektivs und des Okulars alles Ultraviolett absorbieren. Man kann sich leicht davon überzeugen, daß dies nicht der Fall ist.

Blickt man in ein Fluoreszenzmikroskop bei abgenommenem Sperrfilter und Ultraviolettbeleuchtung, so nimmt man einen eigentümlichen, das ganze Bild verschleiernden Lichtschimmer wahr, der von der Fluoreszenz der Augenmedien herrührt. Dieses Licht wird vom Auge sehr unangenehm empfunden, und es ist dies wohl ein Beweis dafür, daß viel ultraviolettes Licht durch die ganze Glasmasse der optischen Bestandteile des Mikroskops hindurchgeht. Noch besser läßt sich diese Tatsache beweisen, wenn man von einem Objekt eine photographische Aufnahme ohne Sperrfilter macht. Man erhält dann Mischbilder zwischen der Fluoreszenzerscheinung und der Ultraviolettphotographie.

Am *Mikroskop* selbst ist nichts zu ändern; jedes bessere Instrument kann dazu verwendet werden. Es ist auch ein Irrtum zu glauben, daß die Kondensoren aus ultraviolettdurchlässigem Glas oder gar aus Quarz hergestellt werden müssen. Für das in Frage kommende Wellengebiet sind Glas und Quarz beinahe gleich durchlässig, und es ist auch schon deshalb vollkommen überflüssig, Quarz mit seiner Durchlässigkeit bis 200 mμ zu verwenden, weil man ja ohnedies durch das Schwarzglasfilter alle Strahlen, welche eine kleinere Wellenlänge als 300 mμ haben, abschneidet. Ganz unnötig sind natürlich Okulare und Objektive mit Quarzlinsen, weil wir ja sichtbares und nicht ultraviolettes Licht beobachten. Allerdings gibt es Glassorten, die selbst fluoreszieren und daher viel ultraviolettes Licht verschlucken. In diesem Falle müßte man natürlich den Kondensor durch einen solchen aus ultraviolettdurchlässigem Glas ersetzen, der ja auch für die Tageslichtmikroskopie verwendet werden kann.

Wie schon erwähnt, besteht der wesentliche Unterschied zwischen der Tageslicht- und Fluoreszenzmikroskopie darin, daß wir beim Fluoreszenzmikroskop *Selbstleuchter* beobachten; die Lichtquellen liegen im Präparat selbst und sind infolge ihrer Kleinheit sehr schwach, so kontrastreiche Bilder wir auch erhalten und so intensiv sie uns zu leuchten scheinen. Da Farbe und Intensität der Fluoreszenzlichter von der chemischen Konstitution der einzelnen Teilchen abhängen, so kann es auch vorkommen, daß nebeneinander liegende Partikel der Gewebs- oder Zellelemente in einem histologischen Präparat in verschiedenen Farben und mit verschiedener Helligkeit leuchten, während andere nicht fluoreszierende Teilchen schwarz erscheinen. Alle fluoreszierenden Teilchen sind kleine Lichtquellen, die wohl auch die Nachbarteilchen beleuchten, dies jedoch in der Regel mit so geringer Intensität, daß diese Beleuchtung mit fremdem Licht gegenüber dem Selbstleuchten nicht in Betracht kommt. Die optischen Verhältnisse der Abbildung sind bei Selbstleuchtern viel einfacher als bei Beleuchtung mit fremdem Licht. Während bei der Tageslichtmikroskopie das gegen das Objekt gerichtete Strahlenbündel eine zweimalige Beugung erleidet, die eine am Präparat, die andere an der Objektivfassung, kommt bei der Fluoreszenzmikroskopie nur die letztere in Betracht, weil die Strahlen ja vom Objekt selbst ausgehen. Man braucht deshalb, weil das vom Ultraviolettstrahler ausgehende Licht für die Abbildung überhaupt nicht von Bedeutung ist, auch die numerische Apertur des Kondensors und jene des Objektivs nicht aufeinander abzustimmen. Wenn man dies dennoch tut, so hat dies seinen Grund darin, daß man nicht selten gezwungen ist, die Beobachtung im Fluoreszenzlicht durch eine solche im sichtbaren Licht zu kontrollieren. Hierzu muß das Schwarzglasfilter aus dem Strahlengang ausgeschaltet und durch eine Opalglasplatte ersetzt werden.

Der *Arbeitsvorgang* ist derselbe wie bei der Tageslichtmikroskopie. Man stellt den Lichtbogen in der üblichen Weise scharf ein, u. zw. zunächst im sichtbaren Licht. Dann korrigiert man nach Einschalten des Schwarzglasfilters die Einstellung im ultravioletten Licht, weil das Bild in diesem an einer anderen Stelle entsteht als im sichtbaren Licht. Nun legt man ein Präparat auf den Mikroskoptisch, etwa ein Stück weißes Papier und stellt durch Heben und Senken des Kondensors und Verdrehen des Spiegels ein scharfes Bild ein, das in Form eines vollkommen ausgeleuchteten Kreises erscheinen muß, ohne daß in der Mitte desselben ein Schatten zu beobachten wäre. Ist einmal scharf eingestellt, so darf an der Spiegelstellung nichts mehr geändert werden. Sollte der Lichtpunkt dennoch infolge eines ungleichmäßigen Abbrennens der Elektroden wandern, so sind die notwendigen Korrekturen durch Verschieben mit den Stellschrauben für die Höhen- und Seitenverstellung der Lampe vorzunehmen.

Unter Umständen kann es vorkommen, daß einzelne Partikel des Objekts so stark leuchten, daß sie andere überstrahlen, die dann verschwommen und nicht scharf abgegrenzt erscheinen. Man kann aber die Lichtstärke der Fluoreszenzerscheinung innerhalb gewisser Grenzen regulieren. Dies kann wie in der Tageslichtmikroskopie durch Verengern der Kondensorblende geschehen, wodurch aber der Querschnitt des Lichtflusses der Ultraviolettstrahlung verkleinert und damit auch die Intensität der Fluoreszenzbilder herabgesetzt wird. Besser ist es, das erregende Licht nicht zu schwächen, sondern das vom Objekt ausgestrahlte sichtbare Fluoreszenzlicht abzublenden, zu welchem Zweck man eine Irisblende in das Objektiv einbaut. Man hat es damit in der Hand, das Gesichtsfeld so weit zu verdunkeln, bis jene Details, die man zu sehen wünscht, schärfer hervortreten. Man erhält dadurch wohl lichtschwächere, aber schärfer konturierte Bilder mit größerer Tiefenschärfe. Solche Hell-Dunkelfeldblenden sind erst bei stärker vergrößernden Trocken- und bei Immersionsobjektiven notwendig. Bei schwachen Objektiven bis zu einer 30fachen Eigenvergrößerung sind solche Überstrahlungen gewöhnlich nicht zu beobachten.

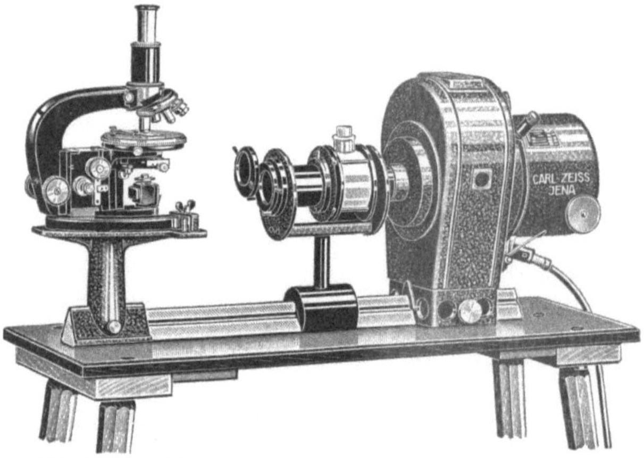

Abb. 1. Das Zeißsche Fluoreszenzmikroskop nach PH. ELLINGER und A. HIRT.

Der ABBÉsche Kondensor ist dreiteilig: in der Regel wird die Frontlinse abgeschraubt und auf den zweiteiligen Kondensor eine Zentralblende aufgesetzt, durch die der mittlere Anteil des Strahlenbündels abgeblendet wird. Dies wirkt als Dunkelfeldkondensor und man erhält farbige Bilder auf schwarzem Grund. In der Regel wird es aber genügen, ohne diese Zentralblende zu arbeiten, weil man in diesem Falle stärkere Fluoreszenzerscheinungen erhält; allerdings muß man dafür mit in den Kauf nehmen, daß der Untergrund schwach bläulichviolett leuchtet, was aber die Schärfe des Fluoreszenzbildes in keiner Weise beeinträchtigt. Nur bei Verwendung der Immersionsobjektive wird die Frontlinse aufgesetzt und zwischen dem Objektträger und dem Kondensor optischer Kontakt hergestellt, indem man einen Tropfen Wasser oder Öl dazwischenbringt. Dieses muß aber fluoreszenzfrei sein[1]; das gewöhnlich verwendete Cedernöl fluoresziert blau und ist für Fluoreszenzuntersuchungen unbrauchbar.

Es stehen uns derzeit zwei Typen von Fluoreszenzmikroskopen für die Virus-

[1] Fluoreszenzfreies Immersionsöl ist bei der Firma „Optische Werke C. Reichert" in Wien erhältlich.

untersuchung zur Verfügung, u. zw. das Fluoreszenzmikroskop der Firma Zeiß nach Ph. Ellinger und A. Hirt und jenes von Reichert nach M. Haitinger. Im Prinzip sind beide gleich angeordnet. Der Unterschied besteht im wesentlichen in der Lichtquelle. Das Zeißsche Instrument ist mit einer Kohlenbogenlampe ausgestattet, die bei 60 V Elektrodenspannung und 10 A brennt. Das Licht wird durch einen zweiteiligen Kollektor aus Quarz gesammelt, fällt dann durch die Kupfervitriolküvette und das Schwarzglasfilter auf ein total reflektierendes Quarzprisma und gelangt durch einen Kondensor aus Quarz zum Präparat. Zwischen dem Kollektor und der Kupfervitriolküvette ist ein Abblenderohr angebracht, um das Austreten störenden Streulichtes in den Arbeitsraum zu verhüten. Alle Bestandteile des ganzen Apparats sind auf Reitern montiert, die auf einer optischen Bank verschiebbar sind. Abb. 1 gibt ein Bild dieses Instruments.

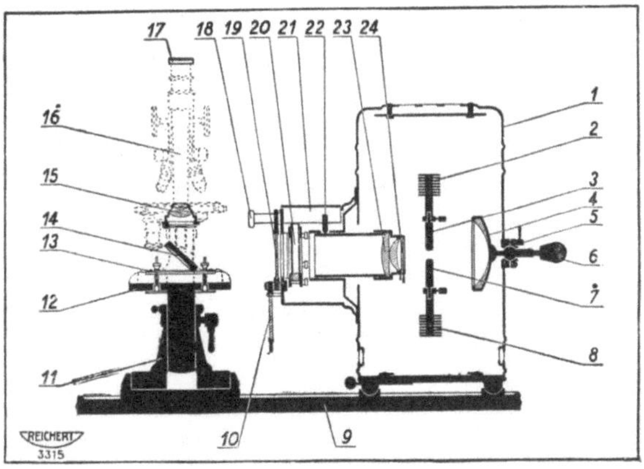

Abb. 2. Schema des Reichertschen Fluoreszenzmikroskopes.
1 Gehäuse. 2 Oberes Kühlfutter. 3 Obere Elektrode. 4. Reflektor. 5. Kugelgelenk. 6. Handgriff. 7. Untere Elektrode. 8. Unteres Kühlfutter. 9. Grundplatte. 10 Opalglasscheibe. 11 Mikroskopsockel. 12. Mikroskopgrundplatte. 13. Klemmvorrichtung. 14. Mikroskopspiegel. 15. Hell-Dunkelfeldkondensor. 16 Mikroskop. 17 Okular-Sperrfilter. 18 Halter für das Periskopspiegelsystem. 19 Schwarzglasfilter. 20. Filterküvette. 21 Beleuchtungsstutzen. 22 Schneckenführung des Kollektors. 23 Kollektor. 24 Schutzglas.

Beim Reichertschen Fluoreszenzmikroskop befinden sich die Lampe samt dem Filter und der Kupfervitriolküvette, die in einem lichtdichten Kasten eingebaut sind, sowie das Mikroskop auf einer gemeinsamen Grundplatte, was den Vorteil bietet, daß alle Handgriffe, wie das Zünden der Lampe, das Einstellen des Kollektors, das Umschalten der Filter usw. in der Reichweite der Hand des Beobachters sind. Kollektor sowie Mikroskopspiegel und Kondensor sind aus ultraviolettdurchlässigem Glas, was, wie schon weiter oben erwähnt, vollkommen für das in Frage kommende Wellengebiet ausreicht. Als Lichtquelle dient für

Abb. 3. Gesamtansicht der vollständigen Reichert-Apparatur „Kam-F", Hochleistungseinrichtung für Fluoreszenzmikroskopie nach M. Haitinger.

Gleichstrom die Eisenbogenlampe, die bei 40 V Elektrodenspannung mit 4 A brennt und einer Reguliervorrichtung nicht bedarf. Bei Wechselstrom ist eine Quecksilberhochdruckdampflampe angebracht mit einem Stromverbrauch von rund 1 A bei 100 V Spannung. Die Anordnung der einzelnen Bestandteile ist aus Abb. 2 für eine Eisenbogenlampe als Lichtquelle ersichtlich. Abb. 3 zeigt die Gesamtansicht des Instruments. Bei Verwendung der Quecksilberhochdrucklampe wird diese an die Stelle der Eisenbogenlampe gebracht; an der Optik und am Gehäuse ist nichts zu ändern.

Für *mikrophotographische Aufnahmen* stehen uns natürlich nur jene Lichter zur Verfügung, welche vom Objekt ausgestrahlt werden. Diese sind aber schon wegen ihrer Kleinheit außerordentlich schwach, und deshalb sind auch die Expositionszeiten bedeutend länger, als dies bei mikrophotographischen Aufnahmen im sichtbaren Licht der Fall ist. Um diese zu verkürzen, müssen wir daher mit möglichst starken Ultraviolettstrahlern, namentlich mit solchen großer Flächenhelligkeit, arbeiten. Die Dauer der Exposition ist natürlich auch von der Vergrößerung, welche wir verwenden, und von den Farben abhängig, die vom Objekt ausgestrahlt werden. Bei schwachen Vergrößerungen und lichtstarken Objekten wird man im allgemeinen bei Kohlenbogen- und Quecksilber-Hochdrucklampen mit einer Belichtungszeit von 4—30 Minuten, bei der Eisenbogenlampe mit einer solchen von 1—10 Minuten auskommen. Bei Viruskörperchen, die ja zumeist ganz besonders klein sind und zu deren Darstellung man immer stark vergrößernde Objektive verwenden muß, wird man daher mit besonders langen Expositionszeiten zu rechnen haben. Natürlich sind diese letzteren auch von der Größe der Platten abhängig, und es empfiehlt sich daher, möglichst kleine Formate zu verwenden, weil dadurch die Belichtungsdauer wesentlich herabgesetzt wird. Am besten eignet sich für die Virusphotographie eine Aufsatzkamera ohne Balg. Solche Apparate werden von den verschiedenen Firmen auch mit Einblickrohr hergestellt, mit dem man die Einstellung des Lichts während der Aufnahme kontrollieren kann, was bei der Eisenbogenlampe sehr zu empfehlen ist. Allerdings geht dadurch etwas Licht verloren, weil ja ein Teil desselben durch einen Spiegel oder ein Prisma in das Einblickrohr abgelenkt werden muß.

Durch Anwendung entsprechender Farbfilter lassen sich gewisse Partien, allerdings auf Kosten anderer hervorheben, was namentlich für Aufnahmen von Eigenfluoreszenzerscheinungen vorteilhaft sein kann. Bei sekundären Fluoreszenzen wird man aber durch eine andere Art der Fluorchromierung besser zum Ziel kommen.

Zum scharfen Einstellen des Bildes entwirft man zunächst ein solches im sichtbaren Licht auf der Mattscheibe und korrigiert diese Einstellung, wenn nötig, mit der Einstellupe auf der Klarglasscheibe. Bei Objekten, welche aus mehreren verschieden stark leuchtenden Partikeln bestehen, ist es oft schwer, alle Teilchen des Präparats gleich scharf einzustellen. Man muß sich da mit einer mittleren Schärfe der einzelnen Teilchen begnügen oder zwei Aufnahmen machen und die Belichtungszeiten in dem einen Fall nach den dunkleren Partien wählen, im anderen Fall wesentlich kürzer exponieren, damit die helleren Partien zur Darstellung gelangen (M. Schochardt 11). Für die Ermittlung der Expositionszeiten stehen uns keinerlei Möglichkeiten, wie für die Tageslichtmikroskope, zur Verfügung. Man ist da lediglich auf Versuche angewiesen und es empfiehlt sich, zunächst eine Probeaufnahme durch streifenweises Exponieren mit verschiedenen Expositionszeiten durchzuführen. Bei einiger Übung gelingt es aber auch leicht, die Expositionszeiten richtig abzuschätzen, so daß man in der Regel mit zwei oder drei Aufnahmen ein gutes Bild erhält. Im allgemeinen ist es günstiger, für mikrophotographische Aufnahmen stärker vergrößernde Objektive und nur schwache Okulare zu verwenden, weil in diesem Falle die Expositionszeiten wesentlich verkürzt werden können. Als Aufnahmsmaterial kann jede Sorte von Platten oder Filmen verwendet werden; ist kein Rot im Objekt enthalten, so genügen orthochromatische Platten, andernfalls muß man natürlich panchromatisches Material verwenden; dagegen wird man dort, wo es sich um Differenzierungen in blauen Tönen handelt, rotempfindliche Platten vermeiden, weil bei diesen die Blauempfindlichkeit stärker gedrückt erscheint. Man muß eben bei der Wahl des Aufnahmsmaterials mit der spektralen Verteilung desselben rechnen.

Richtig hergestellte Bilder zeigen im Positiv die darzustellenden Details mehr oder weniger hell auf schwarzem Grund. Dies gilt natürlich nicht, wenn man das Objekt in eine fluoreszierende Flüssigkeit einbettet, was unter Umständen notwendig werden kann, ganz besonders dann, wenn man nicht fluoreszierende Objekte oder Details darstellen will.

Schwarzweißbilder können natürlich nur Helligkeitskontraste und die Form der einzelnen Elemente wiedergeben, nie aber eine Vorstellung von den Farben und der Leuchtkraft vermitteln. Darüber orientieren *Farbaufnahmen* wohl am besten. Solche können wohl in verhältnismäßig kurzer Zeit nach dem Dreifarbenverfahren unter Anwendung der üblichen Filter hergestellt werden (A. GRABNER, 4, 14). Dagegen ist es bisher nicht gelungen, mit Autochromplatten farbrichtige Bilder herzustellen. Auch nach dem Dreifarbenverfahren reproduzierte Bilder sind nicht vollkommen farbrichtig und können auch nicht den Eindruck des Glanzes und der Leuchtkraft fluoreszierender Objekte ganz wiedergeben. Auch sind sie in den Details gewöhnlich nicht so scharf durchgearbeitet wie die Schwarzweißbilder, so daß letztere für wissenschaftliche Untersuchungen vorzuziehen sind. Mikrophotogramme können ebenso scharf und klar ausgearbeitet werden, wie dies in der Tageslichtmikroskopie möglich ist. Leser, welche sich dafür interessieren, seien auf die bezüglichen Originalarbeiten von mir und meinen Mitarbeitern (*6*, *3*, *5*, *6*, 8, *2*) verwiesen. Hierzu wurde sowohl die Aufsatzkamera Kam VY der Firma Reichert als auch der Contaxapparat der Zeiß Ikon A. G. verwendet. Beide Apparate haben sich vorzüglich bewährt.

Das Fluorochromierungsverfahren.

Die zweite Voraussetzung für die Entwicklung und allgemeine Verwendung der Fluoreszenzmikroskopie in der Histologie war die Ausbildung eines Verfahrens, das es ermöglicht, einzelne Gewebs- und Zellelemente selektiv hervorzuheben, so daß sie sich bei Beleuchtung mit ultraviolettem Licht vom übrigen Gewebe deutlich abheben. Dieser Anforderung entspricht ja mitunter schon die Erscheinung der Eigenfluoreszenz, jedoch ist man in diesem Fall auf jene Gewebselemente beschränkt, welche von Natur aus fluoreszieren. Damit kann sich aber der Histologe nicht zufrieden geben. Er will ganz bestimmte Gewebe oder deren Elemente untersuchen und diese im Präparat sichtbar machen. Dies gelingt, indem man die Objekte, Gefrier- oder Paraffinschnitte oder Ausstriche in Lösungen fluoreszierender Substanzen badet, also einer ähnlichen Prozedur unterwirft wie bei den Färbemethoden in der Tageslichtmikroskopie. Dabei besteht aber ein wesentlicher Unterschied zwischen diesen und den Methoden der Fluoreszenzmikroskopie. Während man im ersteren Fall das Objekt reichlich mit dem Farbstoff in Berührung bringen muß, genügen zur Fluoreszenzerregung ganz minimale Mengen fluoreszierender Substanzen und ganz kurze Einwirkungszeiten. Im sichtbaren Licht erscheinen so behandelte Präparate in der Regel nicht oder nur ganz schwach gefärbt, ohne daß sich bei mikroskopischer Betrachtung irgendwelche Elemente selektiv abheben. Erst bei Beleuchtung mit ultraviolettem Licht treten diese oft in den sattesten Farben mit einer Leuchtkraft hervor, die wir bei der Tageslichtmikroskopie nicht zu sehen gewöhnt sind. Es kommt also zu keiner Färbung im Sinne der normalen histologischen Methoden; die Farbe wird erst im ultravioletten als Fluoreszenzlicht sichtbar. Derartige Stoffe werden, wie schon erwähnt, *Fluorochrome* genannt.

Die ersten, allerdings wenig erfolgreichen Versuche, die Sekundärfluoreszenz durch Behandlung mit Lösungen von Farbstoffen und Alkaloiden zu erregen, stammen aus dem Jahre 1914 (S. v. PROVAZEK 14); später hat S. BOMMER, als er die Harnsedimente eines mit Trypaflavin intravenös gespritzten Patienten untersuchte, die Beobachtung gemacht, daß in den mit diesem Farbstoff behandelten Epithelien in den Harnwegen der Hauptsache nach die Kerne fluoreszieren (1930). Systematische Untersuchungen auf diesem Gebiete setzten erst durch die Arbeiten von M. HAITINGER und H. HAMPERL (7) an tierischen und M. HAITINGER und L. LINSBAUER (8, *1*) an pflanzlichen Objekten ein, und es wurde gelegentlich der Durchführung dieser Untersuchungen eine Reihe von Substanzen auf ihre Fähigkeit geprüft, einzelne Gewebselemente zur selektiven Fluoreszenz anzuregen. Schon in den ersten Mitteilungen konnten etwa 40 Fluorochrome angegeben werden, die sich für die Verwendung in der tierischen und pflanzlichen Histologie eignen. Später wurden von M. HAITINGER und seinen Mitarbeitern (6, *3*, *5*, *6*, 8, *2*) noch viele andere Stoffe auf ihre Eignung zu Fluorochromierungszwecken untersucht und neue Verfahren ausgearbeitet. Es zeigte sich, daß wohl sehr viele chemische Verbindungen an Gewebsschnitten Fluoreszenzerscheinungen erregen, jedoch nur verhältnismäßig wenige zur selektiven Darstellung einzelner Elemente verwendbar sind; trotzdem ist die Zahl der geeigneten Fluorochrome schon eine ziemlich große, und wir kennen solche, welche Zellkerne, Protoplasma, Fett, Nerven, Bindegewebe, elastische und kollagene Fasern, Schleim usw. und in den Zellen Plasmastruktur und Kernbestandteile wie Nucleoli, Caryoplasma und Chromatin zu sekundärer Fluoreszenz anregen. Allerdings sind sicherlich noch lange nicht alle Stoffe bekannt, welche für diese Zwecke geeignet sind.

Wenn auch diese Methode ganz jung und daher nicht so weit entwickelt ist wie die seit vielen Jahren nach allen Richtungen hin durchgebildete Methode der Tageslichtmikroskopie, so zeigt sich doch schon jetzt, daß die Fluoreszenzmikroskopie der letzteren nicht nur ebenbürtig, sondern in mancher Beziehung bereits überlegen zu sein scheint, da auf diesem Weg Erscheinungen verfolgt werden können, die mit den Methoden im sichtbaren Licht überhaupt nicht erkennbar sind. Namentlich bei pathologischen Veränderungen von Organen wurden bereits Erfolge erzielt, deren weitere Verfolgung recht aussichtsreich zu sein scheint. So wurde beispielsweise auf Anregung von Prof. H. EPPINGER nach Eiweiß gefahndet, das bei serösen Entzündungen — wie nach EPPINGER anzunehmen war — durch die Kapillare in das interstitielle Gewebe austreten soll. Dies konnte durch Fluorochromierung mit Thioflavin S und Methylgrün einwandfrei nachgewiesen werden, während mit der Hämatoxylin-Eosinfärbung im Tageslicht kaum eine Andeutung davon erhalten werden kann (M. HAITINGER 6, *5*).

Die Methode bietet gegenüber den üblichen histologischen Färbemethoden eine Reihe von Vorteilen, die im folgenden kurz besprochen werden sollen. Da, wie schon erwähnt, ganz geringe Mengen einer fluoreszierenden Substanz genügen, um in einem histologischen Präparat einzelne Gewebselemente zur Fluoreszenz anzuregen, kann man zu Fluorochromierungszwecken außerordentlich verdünnte Lösungen verwenden. Die höchsten Konzentrationen, welche für diesen Zweck überhaupt in Betracht kommen, sind solche, bei denen ein Teil der fluoreszierenden Substanz in tausend Teilen des Lösungsmittels gelöst ist; in vielen Fällen aber arbeitet man mit noch schwächer konzentrierten Lösungen und verwendet Konzentrationen von 1:10000 bis 1:1000000. Trotz dieser so starken Verdünnung, in der das wirksame Agens zur Verwendung gelangt, sind die Einwirkungszeiten sehr kurz. Je nach der Dicke der Schnitte und der Art des Fluorochroms ist eine Einwirkung von wenigen Sekunden bis zu einer Minute in den meisten Fällen vollkommen ausreichend. Selbst sonst sehr schwer und nur mit großem Zeitaufwand darstellbare Gewebselemente, wie beispielsweise die Markscheiden der Nerven, können nach einer Fluorochromierung in der Dauer von 5 Minuten einwandfrei und in leuchtenden Farben dargestellt werden. Dabei genügt es, das Präparat mit einigen Tropfen der fluoreszierenden Substanz zu bedecken, so daß wirklich nur ganz kleine Mengen derselben wirksam sind. Infolgedessen sind die chemischen Angriffe des Fluorochroms auf die Zelle jedenfalls viel weniger energisch als bei den Färbemethoden der Tageslichtmikroskopie, bei der stark konzentrierte Farbstofflösungen oft lange Zeit mit dem Präparat in Berührung stehen. Man hat daher viel mehr Hoffnung, die Zelle in möglichst unverändertem Zustand zu sehen als bei dem gefärbten Präparat. Infolge der Kürze der Einwirkungszeit kann es auch nicht zu Anlagerungen des Fluorochroms an das darzustellende Element kommen, was bei Objekten, die nach den üblichen histologischen Methoden gefärbt sind, nicht selten beobachtet werden kann. Die Methode gestattet also, und dies ist gewiß ein nicht zu unterschätzender Vorteil, ein *außerordentlich rasches Arbeiten* und bietet die Möglichkeit, Befunde unmittelbar nach einer Operation oder einer Probeexzision zu erstellen.

Ein weiterer Vorteil des Fluorochromierungsverfahrens besteht darin, daß man stets *polychrome* Bilder erhält. Da bei jeder Fluorochromierung das Fluorochrom nur einzelne Gewebselemente angreift und diese in der Farbe des Fluorochroms erscheinen läßt, während andere ihre Eigenfluoreszenz beibehalten, erhält man im ultravioletten Licht mindestens zweifarbige Bilder, also zweierlei Gewebsteile dargestellt, die sich durch ihr Fluoreszenzlicht voneinander unterscheiden. Sehr oft nehmen noch andere Gewebsteile eine Mischfarbe zwischen jener ihrer Eigenfluoreszenz und der des Fluorochroms an, so daß auch diese sich wieder gut von ihrer Umgebung abheben. Dazu kommt aber noch der Umstand, daß viele Fluorochrome gerade in jenem Bereich der Wasserstoffionenkonzentration, der für die Zelle in Frage kommt, außerordentlich p_H-empfindlich sind und nicht selten sehr scharfe Farbumschläge zeigen, und daß infolge der verschiedenen Konstitution der einzelnen Gewebselemente verschiedenfarbige Fluoreszenzen erzeugt werden. Es kann daher vorkommen, daß ein einziges Fluorochrom an einem Präparat an den verschiedenen Zell- und Gewebselementen verschiedene Farberscheinungen hervorruft, so daß beispielsweise Zellkerne sattgelb, das Plasma weniger gesättigt gelb, Fett dunkelblau, Bindegewebe lichtblau, quergestreifte Muskeln grünlich, Schleim rot erscheint; mit anderen Fluorochromen können dieselben Elemente wieder in anderen Farben, so etwa Zellkerne orange, Fett rot, Schleim grün usw. dargestellt werden. Durch Anwendung zweier oder mehrerer Fluorochrome (Doppel- oder Mehrfachfluorochromierung), welche dem Präparat hintereinander oder gleichzeitig dargeboten werden, können neue Kontraste erzielt werden, so daß man es in der Hand hat, die einzelnen Elemente in verschiedenen Farben darzustellen und dafür Fluorochrome zu wählen, die die gesuchten Strukturen am deutlichsten hervorheben. Manchmal wirkt auch eine Behandlung von Fluorochromen mit nicht fluoreszierenden Substanzen sehr günstig; so ruft beispielsweise Neutralrot nur ganz schwache Fluoreszenzerscheinungen hervor, die nach einer Behandlung mit Kaliumacetat außerordentlich hell leuchten. Eine Lösung von Aluminiumsulfat gibt mit vielen Farbstoffen Farblacke oder löst mit anderen Fluorochromen, wie etwa mit Morin, infolge einer chemischen Reaktion lebhafte Fluoreszenzerscheinungen aus.

Für die Fluorochromierung selbst sind die für die Färbemethoden der Tageslichtmikroskopie angewendeten Stoffe im allgemeinen unbrauchbar. Es mußte nach neuen Mitteln gesucht werden. Diese müssen vor allem anderen fluoreszieren und brauchen keine Färbekraft zu besitzen. Ja sogar farblose Lösungen chemischer Verbindungen können zu recht guten Resultaten führen, worauf A. Köhler schon im Jahre 1904 hingewiesen hat. Daß sich unter den brauchbaren Fluorochromen auch sehr viele Farbstoffe befinden, hat seinen Grund darin, daß gerade unter diesen Verbindungen sehr viele sind, die lebhaft Fluoreszenz zeigen. Es kommen da namentlich Azo-, Thiazol-, Xanthen-, Chinolin- und Chinonimid- und ganz besonders Acridinfarbstoffe in Betracht. Außer diesen sind aber noch viele Stoffe für Fluorochromierungszwecke geeignet, die nicht zu den Farbstoffen gehören, wie Aminoterephthalsäure, Chrysarobin, 8-Oxychinolin, 2-p-Acetylstyril-6-dimethylaminochinolin, Morin usw. Daneben sind auch einige Pflanzenextrakte sehr gut wirksam, beispielsweise ein Extrakt aus den Wurzeln von Chelidonium majus oder Rheum sinense, die schon deshalb, weil sie in den meisten Fällen mehrere fluoreszierende Substanzen enthalten, mehrfarbige Bilder ergeben. Die Herstellung der Fluorochrome ist höchst einfach; in der Regel genügen wässerige Lösungen, manchmal werden auch alkoholische Lösungen, wie etwa bei Magdalarot, Morin und Aminoterephthalsäure, vorteilhafter sein. Hierzu stellt man sich am besten Stammlösungen von der Konzentration 1 : 1000 her, die man, wenn nötig, weiter verdünnt. Den wässerigen Lösungen setzt man etwas Phenolwasser zu, um die Bildung von Schimmelpilzen hintanzuhalten, wozu namentlich die Acridinfarbstoffe neigen. Pflanzenextrakte bereitet man durch Extraktion der Droge mit Alkohol und Essigsäure. Vorratslösungen müssen in braunen oder schwarzen Flaschen aufbewahrt werden, da sehr viele fluoreszierende Substanzen, in Wasser oder Alkohol gelöst, lichtempfindlich sind und nicht nur verblassen, sondern auch ihre fluoreszenzerregende Wirkung verlieren.

Die *Vorbehandlung* der Objekte ist dieselbe wie bei den Methoden der Tageslichtmikroskopie. Als Fixierungsmittel verwendet man vorteilhaft Formol in 5%iger Lösung. Für die Beobachtung der Eigenfluoreszenz oder von Präparaten, welche im lebenden Organismus durch Einspritzen der wirksamen Substanz, etwa eines Medikamentes fluorochromiert wurden, empfiehlt es sich, die Objekte zur Fixierung Formalindämpfen auszusetzen, wie sie beim Verdunsten von Formalinpastillen an der Luft entstehen, weil auf diese Weise keinerlei Veränderung der Fluoreszenz durch Lösungsmittel wahrzunehmen ist und das Fluorochrom aus so behandelten Präparaten nicht ausgewaschen werden kann. Auch Carnoysches Gemisch kann zur Fixierung verwendet werden, dagegen sind Fixierungsmittel, welche Schwermetalle enthalten, zu vermeiden, weil diese die Fluoreszenzhelligkeit wesentlich schwächen, manchmal ganz vernichten, auf jeden Fall aber die Brillanz der Erscheinungen herabsetzen. Man kann natürlich auch unfixierte Objekte in derselben Weise behandeln und kann dann unter Umständen unter Verwendung von Fluorochromen auch bestimmte Lebensvorgänge beobachten.

Der Fluorochromierungsvorgang ist sehr einfach. Gefrierschnitte werden direkt, Paraffinschnitte nach sorgfältiger Entparaffinierung, Ausstriche entweder direkt oder nach vorangegangener Fixierung mit Methylalkohol oder Formalin oder nach Hitzefixierung in der Fluorochromlösung gebadet oder mit dieser übergossen und nach Ablauf der Einwirkungszeit im Wasser gewaschen. Dieses wird öfter gewechselt, bis kein Farbstoff mehr in das Waschwasser übergeht; wenn man Dauerpräparate machen will, werden diese noch in eine 5%ige Formalinlösung übertragen, in der sie etwa 10 Minuten verbleiben; durch diese Behandlung wird das Fluorochrom an das Gewebe fixiert und tritt im weiteren Verlauf nicht in das Einbettungsmittel über; diese Vorsichtsmaßregel ist ganz besonders bei Verwendung von Acridinfarbstoffen zu empfehlen. Präparate, die nicht längere Zeit aufbewahrt werden sollen, können unmittelbar nach dem Abwaschen eingeschlossen werden. Als Einbettungsmittel dient Glycerin oder noch besser fluoreszenzfreies Paraffinöl (Paraffinum liquidum pro injectione). Zum Umranden verwende man einen Lack, der sich nicht in der Einbettungsflüssigkeit löst und den Untergrund fluoreszierend macht; so geht beispielsweise aus dem Mendelejeff-Kitt ein blau fluoreszierender Stoff in Lösung, der störend wirkt. Venetianischer Lack und Kröningk-Lack haben diese Eigenschaft nicht und können anstandslos verwendet werden. Gut eingeschlossene Präparate halten sich jahrelang. Unbedeckte oder mangelhaft umrandete Präparate verlieren mit der Zeit ihre Leuchtkraft. Sie müssen vor Licht geschützt aufbewahrt werden, da sowohl das Sonnenlicht als auch das ungefilterte Licht eines Ultraviolettstrahles die Leuchtkraft vermindert. Dagegen schädigt filtriertes Ultraviolett die Präparate im allgemeinen nicht, obwohl es auch solche Fälle gibt, wo die Fluoreszenz auch im derartigen Licht abnimmt, unter Umständen sogar in kurzer Zeit verschwindet. Canadabalsam kann als Einschlußmittel nicht verwendet werden, weil er selbst fluoresziert und dadurch das Bild verschleiert.

Für die Ermittlung der Einwirkungsdauer empfiehlt es sich, das Präparat bei der erstmaligen Fluorochromierung schon nach kurzer Zeit, etwa nach 30 Sekunden, leicht mit Wasser abzuspülen und unter dem Fluoreszenzmikroskop zu untersuchen, wie weit der Fluorochromierungsprozeß fortgeschritten ist und ob die gesuchten Details hervortreten oder nicht. In letzterem Fall wird das Präparat wieder in die Flüssigkeit eingelegt oder mit dieser übergossen, nach kurzer Zeit wieder untersucht und so fort, bis eine deutliche Differenzierung zu erkennen ist. Es tritt nämlich nicht selten der Fall ein, daß ein und dasselbe Fluorochrom von verschiedenen Zell- oder Gewebselementen aufgenommen wird, die sich aber durch eine verschiedene Aufnahmsfähigkeit für die fluoreszierende Substanz voneinander unterscheiden. Bieten wir einem solchen Präparat nur kleine Mengen eines Fluorochroms durch eine kurze Zeit dar, so wird sich zunächst nur jenes Element hervorheben, das die größte Aufnahmsfähigkeit für das wirksame Mittel besitzt. Es differenziert sich dann gut vom übrigen Gewebe; wenn es aber die maximale Menge, die es aufzunehmen vermag, tatsächlich aufgenommen hat, werden sich auch andere Gewebsteile mit der fluoreszierenden Substanz beladen und leuchten dann, wenn auch etwas schwächer in der Farbe des Fluorochroms, wodurch die Kontraste undeutlicher werden, unter Umständen sogar ganz verschwinden. Hat man einmal die Zeit ermittelt, welche notwendig ist, um die besten Wirkungen zu erzielen, so kann man gleiche Präparate herstellen, indem man die Objekte mit der Uhr in der Hand fluorochromiert.

Unter Umständen kann man auch „überfärbte“ Objekte durch Waschen mit Wasser oder Differenzieren mit Alkohol „entfärben“ und damit schöne und kontrastreiche Bilder herstellen, wenn man es nicht vorzieht, eine zweite Fluorochromierung mit kürzerer Einwirkungszeit und schwächer konzentrierten Lösungen durchzuführen.

Selbstverständlich kann man auch die Einwirkungsdauer verlängern, das Präparat etwa über Nacht in der fluoreszierenden Lösung liegen lassen, wenn man mit den Konzentrationen stark heruntergeht. In solchen Fällen müssen Lösungen verwendet werden, welche etwa eine Konzentration von 1 : 100000 bis 1 : 1000000, in manchen Fällen sogar bis 1 : 10000000 besitzen. Diese Verhältnisse sind für die verschiedenen Fluorochrome verschieden und müssen in den einzelnen Fällen jeweils ermittelt werden.

Fluorochrome zur Darstellung verschiedener Gewebselemente.

	Zellkerne	Protoplasma	Schleim	Markscheiden	Elastische Faser	Kollagene Faser	Quergestreifter Muskel	Fett	Anmerkung
Auramin O	gelbgrün	blaßgelb	—	—	E[1]	E	gelbgrün	unregelmäßig	
Berberinsulfat	gelb	—	—	—	E	E	—	—	
Brillantphosphin G, extra	blaßgelb	blaßgelb	leicht grünlich	—	—	—	gelbgrün	—	
Aurophosphin	goldgelb	,,	grün bis braun	—	E	E	—	—	
Coriphosphin O	gelbgrün	,,	orangerot	—	grün	E	blaß oliv	blaugrün und gelb	
Diamantphosphin R	gelb bis grün	gelb	blaßgrün	—	gelbgrün	E	oliv	gelblich	
Phosphin 3 R	goldgelb	gelblich	—	gelb	rötlichgelb	E	gelb	gelbgrün	Behandlung mit Kaliumacetat verstärkt die Fluoreszenz
Trypaflavin	gelbgrün	gelbgrün	grün	—	grünlich	E	grünlich	gelbopak	
Vitolingelb 5 G	gelblich	gelblich	gelbgrün	—	schwach gelb	gelblich	gelblich	opak	
Neutralrot	dunkelrot	rötlich	—	gelblich	E	E	rötlich	gelb bis grün	
Rosolrot	gelbrot	gelbrot	—	—	rot	E	rot	opakgelb-grün	
Primulin	blauweiß	blauweiß	—	blaßblau	blauweiß	gelb	hellblau	blau	
Thiazolgelb	—	blaß bläulich	—	—	gelbgrün	,,	blau	—	
Thioflavin S	hellblau	hellblau	bläulich	blau	hellgelb	gelblich	gelbgrün	dunkelblau	
Chelidonium-extrakt	—	goldgelb	—	—	—	—	—	türkisblau und weiß	
Rheumextrakt	blaßgelb	gelbgrün	—	—	—	—	hellgrün	goldgelb	
Brillantdianilgrün G.	—	weißlich	—	bläulich-weiß	—	—	—	—	
Morin	leuchtend grün	grün	—	—	—	—	—	—	Mit Aluminiumsulfat

Für die Darstellung von Eiweiß kommt eine Doppelfluorochromierung mit Thioflavin S und Methylgrün in Betracht.

[1] E bedeutet, daß das Element in seiner Eigenfluoreszenz oder in einer Mischfarbe zwischen dieser und jener des Fluorochroms leuchtet.

Fluorochrome zur Darstellung der Zellstruktur.

Fluorochrom	Zellkerne	Protoplasma	Nucleoli	Chromatin
Fuchsin-Coriphosphin O Kongorot-Coriphosphin O	gelb	rot	orangegelb	grünlichgelb

Es ist natürlich hier nicht der Platz, über die theoretischen Grundlagen aller bisher bekannten Fluorochromierungsmethoden, welche zur Darstellung einzelner Gewebs- und Zellelemente geeignet sind, zu berichten. Doch ist in den vorangestellten Tabellen ein Verzeichnis über jene Fluorochrome gegeben, welche sich als besonders wirksam erwiesen haben, wobei auf minder wichtige Fluorochrome nicht näher eingegangen wurde. Eine ausführliche Darstellung der Wirkungsweise und der Verwendung der einzelnen Fluorochrome und der verschiedenen Verfahren, welche neben der hier geschilderten einfachen Methode noch ausgearbeitet wurden, findet sich in meiner Monographie über „Fluoreszenzmikroskopie. Anwendungen in der Histologie und Chemie“ (6, *5*).

Außer den in den Übersichten angeführten Fluorochromen haben sich noch folgende Verbindungen entweder für sich allein oder in Kombination mit anderen als Fluorochrome geeignet:

(p-Acetylaminostyryl)-6-dimethylchinolinmehosulfat, Äsculin, Aminoterephthalsäure, Astrophloxin, Benzoflavin, Brillantsulfoflavin SS, Brillantdianilgrün 6 D, Chininsulfat, Chlorophyll, Chrysarobin, Dianilgelb, Dianilrot, Eosin 2 GNX, Eosin A, B, N, S, Fluorescein, Fuchsin für Bakterien, Fuchsin S, Geranin G, Kaliumfluorescein, Magdalarot, Methylenblau, Methylviolett extr., Natriumfluorescein, Orcein, Oxydianilgelb, Pinachrom, Primulingelb, Rhodamin 3 B, G, 5 G, 5 GD extra, Salicylsäure, Sulforhodamin B, Thiazinrot, Thiazolgelb, Thioflavin S, Thionin, Vitolingelb 5 G.

Daneben gibt es noch eine Anzahl von Stoffen, die sich wohl zu Fluorochromierungszwecken eignen, aber wenigstens bisher keine Vorteile gegenüber den genannten aufwiesen.

Ferner sei noch darauf hingewiesen, daß auch die Entwicklung der Fluoreszenz auf dem Gewebe oft zum Ziel führt. So hat sich das Diazotierungsverfahren besonders zur Darstellung von Details von Schnitten durch das menschliche Gehirn als besonders vorteilhaft erwiesen. Hierzu wird das Präparat zunächst in einem direkt wirkenden Fluorochrom, wie etwa Thioflavin S oder Thiazolgelb gebadet, dann in die Diazotierungsflüssigkeit, d. i. eine Natriumnitritlösung, der einige Tropfen Salzsäure zugesetzt werden, übertragen, worauf man die Fluoreszenz am Gewebe durch Behandlung mit Phenol, α-Naphtol oder Resorcin entwickelt.

Endlich kann man manchmal auch dadurch zum Ziel kommen, daß man das Präparat mit Substanzen behandelt, welche die Fluoreszenz in einzelnen Partien derselben löscht, wenn es gelingt, die Umgebung zur Fluoreszenz anzuregen; es lassen sich so mitunter Methoden der Tageslichtmikroskopie mit jenen der Fluoreszenzmikroskopie kombinieren (6, *5*).

Bei der Herstellung der Präparate ist mit größter Sauberkeit vorzugehen und namentlich darauf zu achten, daß die Fluorochromlösungen nicht verunreinigt werden. Objektträger und Deckgläser müssen mit Chromschwefelsäure gereinigt werden, damit keine fluoreszierenden Substanzen an ihnen haften bleiben, worauf sie am besten im Leerversuch vor ihrer Verwendung geprüft werden. Man bemerkt dann jede Spur einer fluoreszierenden Substanz in Form von leuchtenden Pünktchen oder Flecken. Als Objektträger können solche aus geschliffenem farblosem Glas von 1 mm Dicke, sofern sie nicht fluoreszieren, verwendet werden. Besser sind natürlich solche aus ultraviolettdurchlässigem Glas.

Verwendung des Fluorochromierungsverfahrens für die Untersuchung von Virus und anderen Mikroben.

In jüngster Zeit hat P. H. K. Hagemann das eben geschilderte Verfahren für die Darstellung von Mikroben und Virus verwendet und dazu jene Fluorochrome benutzt, die sich für die Sichtbarmachung tierischer Zellen besonders geeignet erwiesen haben. Die Behandlung der Präparate ist genau dieselbe, wie sie für die Darstellung der Gewebs- und Zellelemente geschildert wurden. Durch Hitze oder mit Alkohol oder Formalin fixierte Präparate werden mit dem Fluorochrom übergossen, gewaschen und nach dem Eintrocknen beobachtet. Neue Fluorochrome wurden bei dieser Gelegenheit nicht gefunden, sondern nur jene verwendet, die sich namentlich zur Darstellung der Zellkerne und des Plasmas besonders eignen.

Die ersten Erfolge konnte Hagemann (5, *1*) an *Leprabacillen* erzielen. Hitzefixierte Ausstriche von Nasenschleim oder enthämolysiertes Blut im „Dicken Tropfen“ von C1- und C2-Patienten[1] wurden mit einer Lösung von Berberinsulfat (1 : 1000), der man auf je 100 ccm 5 ccm Phenolum liquidum zusetzt, übergossen und nach einer Einwirkungsdauer von 15 Minuten beobachtet. Ähnlich wie bei den Methoden im sichtbaren Licht erfolgt dann eine Entfärbung der nicht säure- und alkoholfesten Bakterien und sonstigen Gewebe. Hierzu hat sich ganz besonders ein kurzes Abspülen mit heißem Wasser von 60—70° bewährt. Damit sich die Leprabacillen deutlich von ihrer Umgebung abheben, ist eine Spülung in der Dauer von 20 Sekunden bei Nasenschleim vollkommen hinreichend, während man bei Blut in Dicktropfen das Wasser etwas länger, etwa 25—50 Sekunden, einwirken lassen muß. In den so behandelten Präparaten leuchten die Bakterien in gelber bis grüner Farbe und heben sich von dem schwach grauschwarz bis dunkelviolett fluoreszierenden Untergrund als leuchtende Stäbchen ab. Ganz besonders schön sind jene Stellen, an denen die Leprabacillen zigarrenbündel- oder haufenförmig beisammen liegen; auch Tuberkel-, Typhus- und Kolibakterien können auf diese Weise sichtbar gemacht werden.

Später hat Hagemann (5, *2*) außer Berberinsulfat noch Auramin O sowie eine Kombination von Aluminiumsulfat mit Morin oder mit Thioflavin S verwendet und konnte damit Rekurrensspirochäten, Trypanosomen u. a. darstellen.

Eine Eigenfluoreszenz zeigen weder die Bakterien als Einzelindividuen noch die Viruskörperchen. Sie sind zu klein und namentlich zu dünn, um hinreichend ultraviolettes Licht zu absorbieren, um in ultraviolettem Licht zu fluoreszieren. Für ihre Darstellung in diesem Licht müssen besonders kräftige Fluorochrome verwendet werden. Für *Virus* (5, *3*) hat sich das Primulin als ausgezeichnet brauchbar gezeigt. Dieses auch in der übrigen histologischen Technik vielfach verwendete Fluorochrom wirkt ganz besonders aufhellend und erzeugt je nach der Konstitution der damit behandelten Objekte blaue oder gelbe Fluoreszenzerscheinungen. Schon mit einer Lösung von der Konzentration 1 : 1000000 läßt sich an Kanarienvogelviruspräparaten bei einer Einwirkung von nur 15 Sekunden das Virus im Fluoreszenzmikroskop erkennen. Bei Einwirkung einer etwas konzentrierteren Lösung (1 : 100000) ergeben sich so starke Fluoreszenzerscheinungen, daß man das Virus bei einer 2700fachen Vergrößerung gut beobachten kann.

Die Herstellung der Präparate ist sehr einfach und gelingt in außerordentlich kurzer Zeit. Die Ausstriche, die möglichst dünn sein sollen, werden durch 5 bis 10 Minuten mit 96%igem Äthylalkohol oder mit einer 1—4%igen Formalin-

[1] Nach der Diagnosebezeichnung des internationalen Leprakongresses.

lösung fixiert, dann mit der Primulinlösung übergossen, die man 15 Sekunden auf das Präparat einwirken läßt, worauf man das Präparat mit destilliertem Wasser abspült. Auch Hitzefixation der lufttrockenen Präparate führt zu schönen Bildern. Diese und die damit verbundene Abtötung des Virus vereinfacht die mikroskopische Untersuchung von für den Menschen hoch infektiösem Virus außerordentlich. Allerdings erhält man die besten Bilder von nicht vorbehandelten Präparaten. Ein wesentlicher Vorteil dieser Methode ist, daß das Primulin nur eine geringe Affinität zu den Sekretmassen besitzt, die die Virusdarstellung sonst so sehr erschweren. Das Primulin verwendet man in wässeriger Lösung von der Konzentration 1 : 1000, zu der man für je 100 ccm 2 ccm Phenolum liquefactum zusetzt. Die Lösung wird mit der Zeit in ihrer Wirksamkeit geschwächt, weshalb es sich empfiehlt, nur geringe Mengen als Vorrat zu halten.

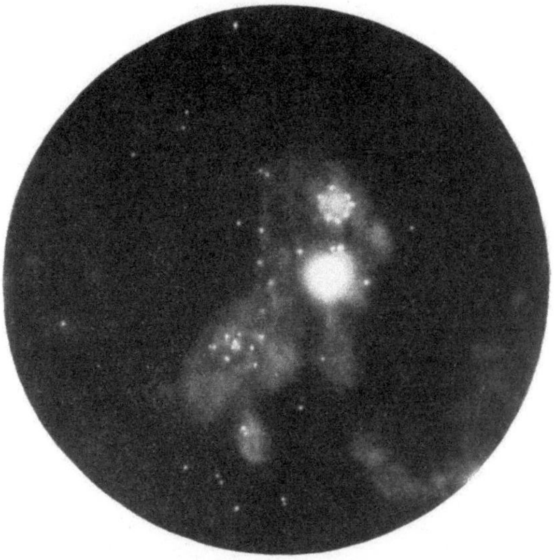

Abb. 4. Straßenwut, Hund, Abklatsch vom Ammonshorn, Granula im Protoplasma, einer Ganglienzelle. Primulin. REICHERTsches Fluoreszenzmikroskop. Vergrößerung 600 mal.

Der Vorteil der Methode liegt auch hier, wie beim Fluorochromierungsverfahren überhaupt, in der außerordentlichen Einfachheit und in dem kaum nennenswerten Aufwand von Zeit, die für die Herstellung der Präparate notwendig ist. Kann man doch schon wenige Minuten, nachdem der Abstrich vom Objekt abgenommen ist, beobachten. Bei den Methoden der Tageslichtmikroskopie braucht man oft eine tagelang währende Trocknung oder Vorbereitung. Dabei erhält man immer vollkommen klare Fluoreszenzbilder nicht nur bei frischen, sondern auch bei länger aufbewahrten Objekten, während nach den bisherigen Methoden ein positiver Virusbefund bei älteren Präparaten nicht mehr zu erheben ist. So sind beispielsweise beim Kanarienvogelvirus mit Viktoriablau schon bei Leichen, die nur wenige Stunden alt sind, keine guten Präparate zu erzielen, während

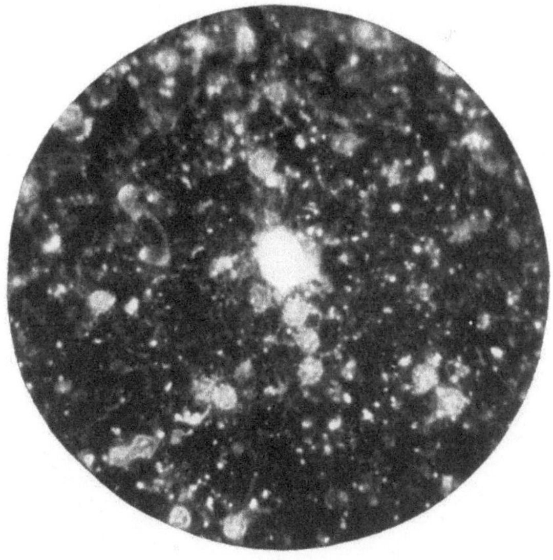

Abb. 5. AUJESZKYsche Krankheit (Pseudowut), Katze; Kaninchenpassage. Abstrich der Meningen. Primulin. REICHERTsches Fluoreszenzmikroskop. Vergrößerung 600 mal.

sich durch die Fluoreszenz das Virus noch bei Vögeln, die wochenlang im Kühlraum aufbewahrt waren, unbeeinträchtigt nachweisen ließ.

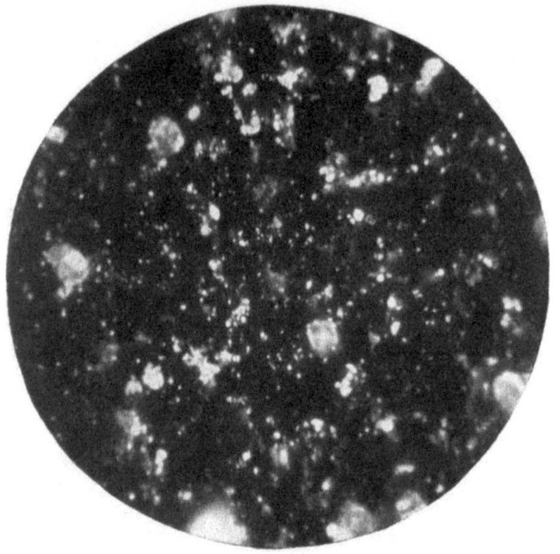

Abb. 6. Nervöse Staupe, Hund. Abstrich der Meningen. Primulin. REICHERTsches Fluoreszenzmikroskop. Vergrößerung 600 mal.

Die Viruskörperchen stellen sich als bläulichweiße bis gelbe Pünktchen auf schwarzem Grund dar, der nahezu frei von Farbstoffniederschlägen oder fluoreszierenden Eiweißpartikeln ist. Immerhin finden sich noch Zellen und Gewebselemente, welche leuchtend gelb fluoreszieren, jedoch in so geringer Zahl, daß sie nicht störend wirken. Bei genügender Vergrößerung sieht man in die Länge gezogene Gebilde, Biskuitformen und hantelförmige Gebilde, in einzelnen Fällen erscheint das Virus kettenförmig angeordnet.

Ebenso leicht wie das Kanarienvogelvirus ist das Ektromelievirus und das Variolavaccinevirus mit Primulin darstellbar. Auch hier bedeutet die Fluorochromierung einen ganz besonderen Zeitgewinn, da für sie fast keine, für die Viktoriablaufärbung eine zirka 24-stündige Vorbereitung notwendig ist. Auch in diesem Fall konnte das Virus noch an alten Präparaten deutlich erkannt werden. Allerdings erhält man mit zunehmendem Alter der Objekte nie so klare Bilder wie bei Ausstrichen, die nur wenige Tage alt sind, weil auch der aus Sekretmassen bestehende Untergrund, in dem die Viruskörperchen eingebettet, mitfluorochromiert wird. Außer den genannten Virusarten konnte auch das Molluscumvirus innerhalb weniger Sekunden sichtbar gemacht werden, während Herpes- und Varizellenvirus schwerer darstellbar sind. Kleinste, nur schwach leuchtende Körperchen fand HAGEMANN auch bei Lymphogranuloma inguinale, bei der Myxomkrankheit der Kaninchen, im Nasen- und Augensekret an Virusschweinepest erkrankter Tiere und bei Verruca vulgaris. Weiters konnten virusähnliche Formen am BROWN-PEARCEschen Kaninchentumor, im Gelbfieber, Maul- und Klauenseuchepräparaten so

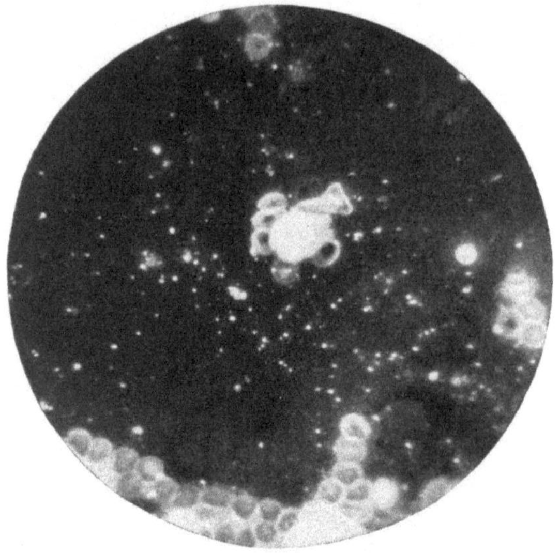

Abb. 7. Maul- und Klauenseuche, Lymphe, Spontanfall. Primulin. REICHERTsches Fluoreszenzmikroskop. Vergrößerung 600 mal.

wie im Preßsaft an X-Mosaikvirus erkrankter Tabakpflanzen beobachtet werden.

Auch zum Studium der Virusvermehrung innerhalb der Wirtzelle ist das Fluorochromierungsverfahren geeignet; doch wirkt sich hier die Verwendung von phenolfreien Primulinlösungen besser aus als jener, die Phenol enthalten. Allerdings ist die Einwirkungszeit in diesem Fall bedeutend länger.

In weiterer Folge hat sich auch F. Gerlach (6) der Fluoreszenzmikroskopie bei seinen Untersuchungen über spezifische Mikroorganismen bei *Virusinfektionskrankheiten* und bösartigen Geschwülsten bedient und dabei die von Hagemann empfohlene Arbeitsweise und das Primulin als Fluorochrom benutzt. In diesen Arbeiten ist er der viel umstrittenen Frage des Vorkommens eines filtrierbaren Virus in bösartigen Geschwülsten näher getreten und konnte an Ausstrichen von Carcinomen und Sarkomen des Menschen und der Tiere sowohl in Primärtumoren als auch in Metastasen das Vorkommen von „Elementarkörperchen" nachweisen. In allen Teilen der Tumoren fanden sich Granula, die einzeln oder zu zweien liegen, in kurzen Ketten oder Gruppen und Häufchen angeordnet sind. Sie sind scharf konturiert, meist kugelförmig; nicht selten sind zwei solche Granula durch zarte Fäden verbunden. Bei seinen Arbeiten hat Gerlach sowohl die Viktoriablaufärbung als das Fluorochromierungsverfahren angewendet und konnte dabei feststellen, daß die Untersuchung von Präparaten, die mit Primulin behandelt wurden, zu besseren Resultaten führt. Wichtig ist, daß Gerlach die Ergebnisse seiner Untersuchungen durch musterhaft ausgeführte Mikrophotogramme belegte, und es ist ein besonderes Verdienst, daß er als erster die Möglichkeit zeigte, so kleine Lichtquellen, wie es die fluoreszierenden Viruskörperchen sind, photographisch festhalten zu können. Allerdings sind hierzu, wie ja sehr leicht verständlich ist, ziemlich lange Expositionszeiten erforderlich. In den Abb. 4—7 sind einige seiner Bilder, die mir Professor Gerlach in freundlichster Weise überlassen hat, reproduziert, wofür ich ihm auch hier bestens danken möchte.

Literaturübersicht.

1. Bommer, S.: Weitere Untersuchung über sichtbare Fluoreszenz beim Menschen. Acta derm.-vener. (Schwd.) **10**, 691 (1929).
2. Exner, R. u. M. Haitinger: Zur Fluoreszenzmikroskopie des Gehirns. Neur. psychiatr. Wschr. **38**, 283 (1936).
3. Gerlach, F.: (*1*) Elementarkörperchen bei malignen Tumoren. Wien. klin. Wschr. **50**, Nr. 32 (1937).
   — (*2*) Zur Virusfluoreszenzmikroskopie. Wien. klin. Wschr. **50**, Nr. 46 (1937).
   — (*3*) Ergebnisse mikrobiologischer Untersuchungen bei bösartigen Geschwülsten. Wien. klin. Wschr. **50**, Nr. 47 (1937).
   — (*4*) Über Versuche zur Züchtung und Sichtbarmachung spezifischer Mikroorganismen bei Virusinfektionskrankheiten und bösartigen Geschwülsten. Wien. Tierärztl. Wschr. **25**, 156 (1938).
4. Grabner, A.: (*1*) Die Farbenphotographie von Fluoreszenzerscheinungen an mikroskopischen Präparaten. Photogr. Korr. **69**, Nr. 5 (1933).
   — (*2*) Fluoreszenz und Fluoreszenzmikroskopie in Rochowanski „Das österreichische Lichtbild". Wien, Troppau, Leipzig: Heinz & Comp. 1933.
5. Hagemann, P. K. H.: (*1*) Fluoreszenzmikroskopischer Nachweis von Leprabakterien im Nasenschleim und im Blut. Dtsch. med. Wschr. **1937**, 514.
   — (*2*) Fluoreszenzmikroskopische Untersuchung über Virus und andere Mikroben. Z. Bakter. **140 I**, 184 (1937).
   — (*3*) Virusfluoreszenzmikroskopie. Eine neue Sichtbarmachung filtrierter Viruskörperchen. Münch. med. Wschr. **1937**, 761.

6. HAITINGER, M.: (1) Ein lichtstarkes Fluoreszenzmikroskop. Mikrochemie (Ö.) 9, 220, 430 (1931).
— (2) Fluoreszenzanalyse in der Mikrochemie. Wien u. Leipzig: E. Haim u. Co. 1937.
— (3) Die Methoden der Fluoreszenzmikroskopie in ABDERHALDENS Handbuch der Biologischen Arbeitsmethoden, Abt. II, Teil 2, S. 3307. 1934.
— (4) Die Grundlagen der Fluoreszenzmikroskopie II. Wirkung der Fluorochrome auf pflanzliche Zellen. Beih. bot. Zbl. 53, 387 (1935).
— (5) Fluoreszenzmikroskopie, Anwendung in der Histologie und Chemie. Leipzig: Akademische Verlagsgesellschaft m. b. H. 1938.
— (6) Fluoreszenzmikroskopie, Photographie und Forschung. Mitteilungen der Zeiß-Ikon A. G., Dresden 1937, 2.
7. HAITINGER, M. u. H. HAMPERL: Die Anwendung der Fluoreszenzmikroskopie zur Untersuchung tierischer Objekte. Z. mikrosk.-anat. Forsch. 33, 194 (1933).
8. HAITINGER, M. u. L. LINSBAUER: (1) Die Grundlagen der Fluoreszenzmikroskopie und ihre Anwendung in der Botanik. Beih. bot. Zbl. 50, Abt. I, 432 (1933).
— (2) Die Grundlagen der Fluoreszenzmikroskopie III. Darstellung organisierter Zelleinschlüsse. Beih. bot. Zbl. 53, Abt. A, 387 (1935).
9. LINGENFELSER, H. u. E. SUMMER: Ausgestaltung und Betrieb der Entladungslampen. Techn.-wissensch. Abhandlungen aus dem Osramkonzern 4, 15 (1936).
10. PROVAZEK, S. v.: Die Fluoreszenz von Zellen. Die Kleinwelt 6 (1914).
11. SCHOCHARDT, M.: Zur Lumineszenzphotographie der Steinkohle. Zeiß-Nachr. 2, F. 1, 22 (1936).
12. WIEGAND, K.: Neuerungen bei den Metalldampflampen. Licht u. Lampe 1937, 17.
13. WOOD, R. W.: Über nur für ultraviolettes Licht durchlässige Schirme und deren Verwendung in der Spektrographie. Physikal. Z. 4, 337 (1902).
14. Anonym: Mikroskopie im Fluoreszenzlicht. Umschau 36, 733 (1932).

3. Die Färbungsmethoden der Viruselemente.

Von

Dr. M. KAISER, Wien.

a) Zur Vorgeschichte des färberischen Virusnachweises.

Wenig mehr als 50 Jahre sind verflossen, seit zum ersten Male Mikroorganismen, die wir heute als Elementarkörperchen bezeichnen, färberisch dargestellt und abgebildet worden sind.

Im deutschen Schrifttum und wahrscheinlich auch in dem der meisten anderen Länder dürfte die erste Arbeit, die sich damit befaßt, kaum bekannt sein. Prof. DOERR hatte die Freundlichkeit, mich auf einen kleinen historischen Aufsatz des bekannten Chefbakteriologen des St. Bartholomäus-Hospitales in London, MERVYN GORDON, aufmerksam zu machen, der sich mit Viruskörperchen befaßt.

In diesem Aufsatze weist GORDON darauf hin, daß JOHN BUIST in Edinburgh bereits im Jahre 1887 Ausstriche von Vaccina- und Variolabläschen machte und einer längeren Einwirkung von Anilinwasser-Gentianaviolett unterwarf.

Das Ergebnis dieser Färbung war in beiden Fällen die erstmalige Feststellung einer großen Anzahl von kleinsten Körperchen, deren Größe BUIST richtig mit 0,15 μ bestimmte. Er gab auch seiner Ansicht sehr deutlich Ausdruck, daß er diese Körperchen für das wirkliche Contagium sowohl der Vaccina als auch der Variola halte. Er war jedoch der Meinung Sporen von Mikrokokken vor sich zu haben; doch kann kein Zweifel darüber bestehen, daß die von ihm entdeckten und auch exakt abgebildeten Körperchen mit den von E. PASCHEN beschriebenen und wieder gefundenen Elementarkörperchen identisch waren.

In einer mit photographischen Bildern ausgestatteten Arbeit wiesen wenige Jahre später S. MONCKTON COPEMAN und GUSTAV MANN mit aller damals (1900) gebotenen Reserve auf Gebilde hin, die während des zweiten und dritten Tages nach der Impfung im Plasma von Hautepithelzellen zu beobachten waren. „48 hours, and 120 hours after vaccination, stained by Möllers method for spores and well differentiated, a number of exceedingly small granules varying from 0,2—0,25 in diameter, can be seen. These elements are most distinct close to the perinuclear sac, because there the thinness of the cell is more marked. The granules are usually arranged in pairs, they lie between the epithelial fibrils, and are very numerous. Are these bodies micrococcs or are they merely a granules precipitate? The question cannot be definitely settled until a dependable method of cultivating the vaccine virus in artificial media outside the animal body has been devised."

Die Autoren hatten also Zweifel an den Ergebnissen ihrer Färbungen, sie ließen die Frage nach der Natur der färberisch dargestellten Körperchen offen und stellten auch damals schon die heute als unerläßlich erkannte Minimalforderung nach der Kultur dieser Körperchen auf.

A. CALMETTE und C. GUÉRIN, die sich (1901) mit Studien über Vaccine befaßten, konnten ähnliche Körperchen in Lymphen beobachten, jedoch ohne daß sie es versuchten, sie zu färben. In glycerinierten Rohstoffen waren sie in um so größerer Zahl vorhanden, je aktiver die Lymphen waren, ja sie konnten aus ihrer Zahl direkt einen Schluß auf die Brauchbarkeit eines Impfstoffes ziehen.

Über gleiche Befunde berichteten GORINI, BOSC und etwas später VOLPINO und CASAGRANDI. Der Letztgenannte konnte die Körperchen nach Gram und nach Giemsa färben.

b) Grundlegende Methoden der Virusfärbung.

Einen Fortschritt auf diesem Arbeitsgebiete brachten aber erst die Arbeiten A. BORRELS, und man kann wohl sagen, daß er es ist, auf den die Anfänge eines zielbewußten Forschens nach den Erregern der Viruskrankheiten zurückgehen.

Seine ersten Versuche galten den Schafpocken. Er empfahl die Anlegung von sehr dünnen Ausstrichen der Pustelflüssigkeit, deren Fixation mit einem Gemisch von Osmiumsäure, Chromsäure, Platinchlorid und Essigsäure in Wasser und nachherige Färbung mit Magentarot[1] oder Picroindigokarmin.

Die auf diese Weise sichtbar gemachten Granula schildert er als „très bien définies, brillantes, très petites; la dimension exacte est donnée par la comparaison avec le centrosome d'un leucocyte mononucléaire, qui se trouvait dans la préparation à ce niveau; elles sont de moitié plus petites, et n'ont certainement pas $^1/_4\,\mu$; isolées, en diplocoques, en chainettes, en amas plus ou moins nombreux, éparses dans le tissu, abondantes surtout dans les points ou les cellules claveleuses se rencontrent en grand nombre".

In einer späteren Arbeit (1904) über *Vogelpocken* empfiehlt der Autor, Ausstriche durch Hitze zu fixieren, zu entfetten und entweder mit ZIEHLschem Fuchsin oder nach der Geißel-Färbemethode LÖFFLERS zu färben. Auch hier zeigen sich zahllose feinste Körnchen, die entweder in Haufen beisammen liegen, mikrokokkenartig sind, oder einzeln, nach Diplokokkenart oder in kleinen Ketten

[1] Weniger reines, von belgischen, englischen, amerikanischen Firmen hergestelltes Fuchsin (Gemische der salzsauren und essigsauren Salze des Rosanilins und Pararosanilins).

auftreten. Bei der Färbung nach LÖFFLER sieht man um jedes einzelne Element eine Art Schleimhülle. Die sehr regelmäßige Gestalt und ihre gleichmäßige Form sprechen dagegen, daß diese Gebilde irgendeinen Niederschlag darstellen.

v. PROWAZEK beschäftigte sich eingehend mit dem Studium von Krankheitserregern, die wir heute in die Gruppe der Virusarten einreihen, und bediente sich vorwiegend der Giemsafärbung, mit der er kleinste Gebilde nachweisen konnte, die er für Erreger dieser Krankheiten hielt und *Chlamydozoen* nannte.

c) Die PASCHEN-Färbung und ihre Modifikationen.

Kurze Zeit nach den genannten Autoren berichtete E. PASCHEN (1906) über den Fund von überraschend großen Mengen von kleinsten Körperchen in Ausstrichen von Kinderpustellymphe, die er nach Lufttrocknung und Alkoholfixation mit Giemsalösung (1 Tropfen auf 1 ccm Aqu. dest. unter Zusatz von 1 Tropfen 1%igem Kal. carb. auf 15 ccm Farblösung) nach 2stündiger Einwirkung färben konnte. An so gefärbten Körperchen konnte E. PASCHEN mehrere Entwicklungsstadien feststellen, die heute noch anerkannt werden:

1. Etwas größere rundliche Körperchen.
2. Körperchen, die sich scheinbar in der Mitte spalten, jede Hälfte mit einem fädigen, äußerst feinen Fortsatz, durch den sie am Ende noch verbunden sind.
3. Diese Hälften schlagen auseinander, indem die Fäden noch in einem Punkt verbunden sind.
4. Kleine Körperchen mit eben sichtbarem, färbigem Fortsatz. Bei intensiverer Färbung findet man größere Körperchen, vielleicht, daß eine Schleimschicht mitgeführt wird.

E. PASCHEN versuchte auch diese Körperchen nach LEVADITIS Geißel-Färbemethode darzustellen und fand auch auf diesem Wege dieselbe Morphologie, wozu er bemerkt, daß sich die tiefschwarz gefärbten Körperchen durch ihre gesetzmäßige Lagerung, durch ihre gleichmäßige Größe von Silberniederschlägen, durch ihre geringere Größe und geringere Lichtbrechung von Pigment unterscheiden. E. PASCHENS Befunde haben v. PROWAZEK und H. DE BEAUREPAIRE-ARAGAO (1908) in Ausstrichen von Variolapusteln bestätigt. Wurden die Präparate mehrere Stunden in Alkohol fixiert und nach LÖFFLER gefärbt, so zeigten sich deutlich die rotgefärbten Körperchen, die sich durch Zweiteilung vermehren. Sie färben sich nicht nach GRAM, andeutungsweise mit Fuchsin nach ZIEHL oder mit GIEMSAS Eosinazur.

Denselben Teilungsmodus wie E. PASCHEN bei seinen Elementarkörperchen konnten HALBERSTÄDTER und v. PROWAZEK in Abstrichpräparaten von Trachomkranken feststellen, die nach GIEMSA gefärbt wurden. In der Nähe des Kernes der normal aussehenden Epithelzellen beobachtet man ovale, dunkelblau oder violett sich färbende, nicht völlig homogene Massen, in deren Innern man ganz scharf umschriebene, sehr feine Körperchen sieht, die sich dunkelrot färben, wenn sie frei liegen, dagegen mehr violett erscheinen, wenn sie von den blauen Massen verhüllt sind.

In späteren Stadien des Krankheitsprozesses lockern sich die erwähnten blauen Massen mehr und mehr auf und man kann eine zusehends fortschreitende Vermehrung der distinkt roten Körperchen wahrnehmen. In der Mehrzahl der Fälle teilen sich die Körperchen so, wie es E. PASCHEN für die Vaccine beschrieben hat. Ihre Darstellung gelingt auch mit Hilfe der Löfflerbeize.

In der nächsten Zeit hat sich die Färbetechnik in der Virusforschung hauptsächlich mit der Darstellung der Paschenkörperchen beschäftigt, wobei vielfach nach dem Verfahren von EWING, das später beschrieben werden soll, Klatschpräparate von vaccinierten Kaninchenhornhäuten gemacht wurden (1905).

Zahlreiche Arbeiten E. PASCHENS beschäftigten sich vorwiegend mit diesem Gegenstand; zur Technik der Darstellung der Elementarkörperchen (PASCHENsche Körperchen) gibt der Autor 1917 folgende Weisung, die er bis zu seinem Tode (1936) nicht mehr abgeändert hat.

„1. Anritzen der Pustel mit der Ecke eines Deckgläschens.

2. Der austretende Gewebssaft wird mit der Kante des Deckgläschens unter leichtem Druck, um die Basalzellen mitzunehmen, aufgenommen und nach Art von Blutausstrichen auf Objektträger ausgestrichen.

3. Lufttrocknen.

4. Die Objektträger werden senkrecht in ein Glas mit destilliertem Wasser oder physiologischer Kochsalzlösung gestellt auf 5—10 Minuten (bei älteren Präparaten länger).

5. Objektträger senkrecht hinstellen zum Trocknen.

6. Nach vollständigem Trocknen einlegen in Alkohol absolutus auf 1 bis 24 Stunden oder in Methylalkohol auf 5—15 Minuten.

7. Trocknen der Präparate.

8. Übergießen der Löfflerbeize (gut filtriert); auf der Kupferplatte oder über der Flamme erwärmen bis zum Dampfen.

9. Sorgfältig abspülen mit Aqua destillata.

10. Färben mit ZIEHLS Karbolfuchsin (unverdünnt, sorgfältig filtriert); auf der Kupferplatte oder über der Flamme erwärmen bis zum Dampfen.

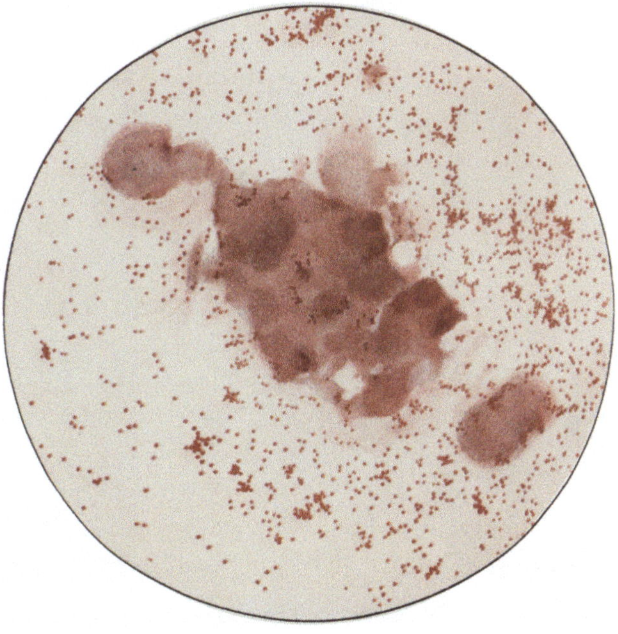

Abb. 1. Klatschpräparat; vaccinierte Kaninchenhornhaut, 72 St.; Paschenfärbung.

11. Abspülen mit Aqua destillata. Bei Überfärbung kurzes Eintauchen in absoluten Alkohol oder 5 Minuten in 5%ige Tanninlösung, darauf sorgfältig nachspülen mit Aqua destillata.

12. Trocknen zwischen Fließpapier."

Diese eigens für die Färbung der Paschenkörperchen in der Variolapustel gegebene Anweisung, welche im wesentlichen auf das bereits von A. BORREL angewendete Verfahren zurückgeht, leistet aber auch für Ausstriche von virushaltigem Material beliebiger Herkunft Ausgezeichnetes. Von verschiedenen Autoren sind unwesentliche Abänderungen angegeben worden, die mitunter kleine Vorteile mit sich bringen (Abb. 1).

So kann z. B. für die Vorbehandlung der Präparate behufs stärkerer Auslaugung der vorhandenen Serumreste ein Verfahren angewendet werden, das SCHNEEMANN in Anlehnung an die von BECKER angegebene Methode für die Färbung der Syphilisspirochaeten empfiehlt:

1. Präparate wie üblich möglichst dünn ausstreichen.

2. Betupfen mit RUGEscher Lösung (A), d. i.

Eisessig	1,0
Formalin	20,0
Aqu. dest.	100,0,

ein- bis zweimaliges Erwärmen der Lösung während 1 Minute, dann abspülen.

3. Beizung mit 10% Tanninlösung, der als Konservierungsmittel 1% Karbolsäure zugesetzt wird (Lösung B); erwärmen über der Flamme bis zum Aufsteigen leichter Dämpfe $^1/_2$ Minute, abspülen.

4. In der Wärme $^1/_2$—$^3/_4$ Minuten nachfärben mit ZIEHLschem Karbolfuchsin. Abspülen, Trocknen mit Fließpapier, untersuchen in Zedernöl.

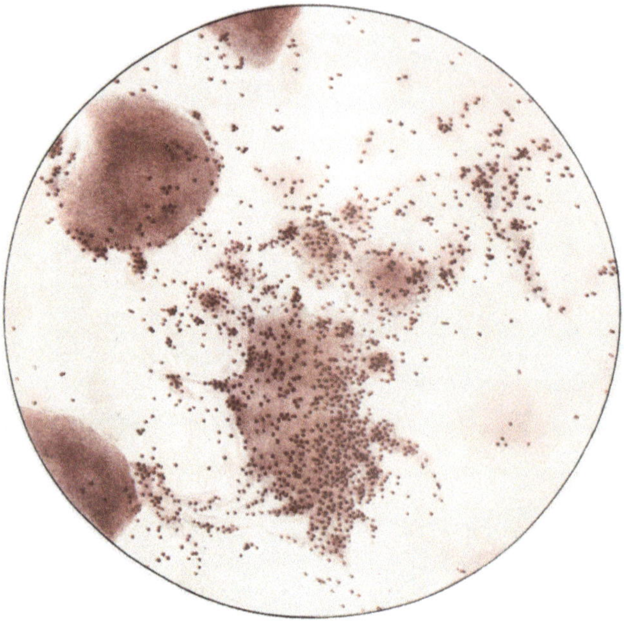

Abb. 2. Vaccine; Hodenplasmakultur; Strichpräparat. Paschenfärbung.

Gut behandelte Präparate zeigen die Paschenkörperchen leuchtend rot, vollkommen scharf und rund, der Untergrund ist schwach rosa gefärbt, häufig sogar rein weiß.

Unter der Leitung E. GILDEMEISTERS hat HOTORI WATANABE das Verfahren E. PASCHENS abgeändert, indem er die Präparate vor ihrer Färbung durch etwa $^1/_2$ Minute mit 0,3% oder 1 Minute mit 0,2% Antiformin behandelt, womit derselbe Effekt erzielt wird, wie mit der RUGEschen Flüssigkeit.

Die Darstellung der PASCHENschen Körperchen gelingt nach WATANABE gleichfalls, wenn die Beizung der Ausstriche mit Chromsäure erfolgt.

Da die Paschenfärbung für Virus nicht elektiv ist, daher unspezifische Granula mitgefärbt werden, hat man verschiedene Versuche gemacht, diese Elemente zu entfärben, wobei man es voraussetzte, daß die Bindung des Fuchsins an das Virus eine stärkere als an verschiedene heterogene Granulationen ist. Diese Hoffnung ist nicht restlos in Erfüllung gegangen und nicht bei jedem Präparat ist die Entfärbungsflüssigkeit gleich gut wirkend. Man hat dazu verdünnten Alkohol, schwachen Salzsäurealkohol, 1% Schwefelsäure, Aceton u. a. verwendet. WATANABE versuchte eine große Anzahl von Entfärbungsmitteln, mußte aber feststellen, daß sich mit den allermeisten auch die Elementarkörperchen entfärbten, was ich nur bestätigen kann. Am besten hat sich ihm die Entfärbung mit Weinsäure bewährt. Nach dem Behandeln der Präparate nach der Paschenmethode u. zw. nach der Löffler-Beizung folgt eine Entfärbung mit 0,3% Weinsäure durch 2—4 Minuten, abspülen und Nachfärbung mit Chrysoidinlösung. Das Virus wird dabei rot, Zelltrümmer meist rostbraun gefärbt. Die Methode liefert jedoch keine gleichmäßigen Resultate und der Farbenunterschied zwischen Virus und unspezifischen Körperchen ist nicht immer deutlich.

Sehr schön ist die färberische Darstellung von Elementarkörperchen, wenn man trachtet, in die Ausstriche Zellelemente hineinzubekommen. Wie wir wissen, ist das Virus nach allen unseren bisherigen Erfahrungen an zellige Elemente gebunden; aus ihnen wird es frei und liegt dann zerstreut im Gesichtsfeld.

Derartige Präparate sind zuerst von EWING empfohlen und von E. PASCHEN in größtem Ausmaße für die Darstellung seiner Körperchen verwendet worden (Abb. 2).

Mit sorgfältig entfettetem Objektträger wird am besten 72 Stunden nach der Infektion (der passendste Zeitpunkt für die Entnahme von Vaccinavirus vom Kaninchenauge hängt wohl von der jeweiligen Aktivität des Virus ab und ist nicht an einen bestimmten Tag gebunden; das muß ausprobiert werden), wenn sich möglichst viele Zellen durch den entstandenen Zellhydrops aus ihrem Verbande zu lockern beginnen, mit leichtem Druck die Hornhaut berührt. Es bleiben dann Einzelzellen oder Zellgruppen haften.

Auf diese Art kann man bei einiger Vorsicht das Epithel schichtenweise abheben. Die Abklatsche trocknen rasch und werden entweder durch schwache Hitze oder durch irgendeine Fixierflüssigkeit zum festen Haften gebracht. EWING hat die besten Ergebnisse durch Fixieren in absolutem Alkohol erzielt.

Man kann sich dort, wo Virus im Zusammenhang mit Zellen dargestellt werden soll, auch eines Verfahrens bedienen, das TANIGUCHI angegeben hat und das auch von HERZBERG zweckentsprechend gefunden wurde. Auf dem gut gereinigten Objektträger wird unter stetem Anhauchen der Glasfläche ein Stückchen des virushältigen Gewebes mit einer Pinzette angedrückt und hin und her gestreift, wobei eine große Menge der virushaltigen Zellen ohne Beschädigung haften bleibt. Nach eigenen Erfahrungen auf diesem Gebiete möchte ich empfehlen, den luxierten Bulbus vorerst mit etwas redestilliertem, keimfreiem Wasser (siehe unten) *vorsichtig* abzuspülen, weil es sonst vorkommen kann, daß das anhaftende Konjunktivalsekret reich an Bakterien ist, die dann alle mitgefärbt werden und das Präparat verunstalten können. Der mit der Abspülung verbundene Verlust von Zellen muß dabei berücksichtigt werden.

Auch aus Gewebskulturen und Eikulturen lassen sich Viruskörperchen sehr schön färben. Bei der Herstellung solcher Präparate empfiehlt es sich ebenfalls, das Gewebsstückchen nach dem Herausheben gründlich in Ringerlösung oder physiologischer Lösung von der anhaftenden Kulturflüssigkeit möglichst zu befreien. NAUCK und E. PASCHEN empfehlen, es auf dem Objektträger sorgfältig mit Nadeln zu zerzupfen und zu verreiben. Vor der Färbung kommt der Objektträger mit dem auf ihm eingetrockneten Ausstrich noch einmal in Ringerlösung und dann erst erfolgt nach Fixierung in Methanol die Färbung.

Behufs Darstellung von Viruskörperchen in situ hat A. BORREL ein sehr sinnreiches Verfahren angewendet.

In besonderen Kulturgefäßen mit abhebbarem Boden, der später als Objektträger dient, gelang es dem Autor, Zellkulturen anzulegen. Entfernt man von diesem Boden das daran klebende Nährmedium, so haften auf der Glasscheibe zellige Elemente sehr fest, so daß sie unschwer allen Färbemethoden unterworfen werden können. So kann man, wie der Autor angibt, auch Coli- und Staphylokokken-Bakteriophagen auf diese Weise darstellen, indem sie mit Löfflerbeize und Karbolfuchsin in der üblichen Weise gefärbt werden. Zwar ist es durch die alleinige mikroskopische Prüfung nicht möglich, zu sagen, daß die die Kolonien umgebenden feinsten Körnchen die Bakteriophagen darstellen, doch unterscheiden sie sich von dem durch den Zerfall von Bakterienkolonien bedingten Granulationen verschiedenster Dimensionen durch ihre gleichmäßige Größe und ihre gleichmäßige schwache Färbung. Die Analogie dieser sehr homogenen Granulationen mit jenen, die man beim Molluscum contagiosum, bei der Vaccine, beim Rous-Sarkom und bei der Maul- und Klauenseuche sieht, ist nach A. BORREL sehr überraschend.

Je nach der Natur der Virusart, der die Untersuchung gilt, müssen bei Anwendung des eben geschilderten Verfahrens die Methoden verschieden gewählt werden. Es werden für die Anlegung der Kultur Gehirnhaut oder Schleimhaut von Kaninchen-, Ratten- oder Mäuseembryonen benutzt, und es wird dieses Gewebe nach Vermahlung und wiederholtem Waschen mit Tyrodelösung und Preßsaft von 8 Tage alten Embryonen auf 1 : 20 verdünnt, so daß etwa 50 Gewebsstückchen auf 1 ccm Flüssigkeit kommen. Dieser Aufschwemmung werden 0,5 ccm heparinisiertes Hühner- oder Säugetierplasma zugefügt und in jede Kulturflasche 2,0 ccm der die Gewebselemente enthaltenden Aufschwemmung zugesetzt. Während des Koagulierens des Nährmediums sinkt ein Teil dieser Gewebskörperchen zu Boden und haftet dort fest, wobei die Entwicklung der Zell- und Viruselemente vor sich geht.

Nach 3, 4, 5, 6 Tagen Bebrütung versetzt man die Kultur mit einigen Tropfen 2%iger Osmiumsäure und wartet 5—6 Stunden, bis die 1—2 mm starke Plasmaschicht durchfixiert ist. Dann setzt man, ohne vorher zu waschen, die Beize zu, die in 2—3 Stunden die ganze Kulturmasse homogen schwarz färbt. Man entfernt sodann den abhebbaren Boden (siehe oben) der Kulturschale und spült mit schwachem Wasserstrahl das Plasma und alles, was nicht fest haftet, vom Glas weg. Nach sorgfältigem Abspülen mit strömendem Wasser bringt man den nunmehr als Objektträger dienenden Kulturflächenboden auf eine Viertelstunde in auf 40—50° erwärmtes Karbolfuchsin oder man färbt fraktioniert, um Farbstoffniederschläge zu verhindern. Im allgemeinen sind derart hergestellte Präparate sehr klar; man kann sie mit Alkohol, Xylol behandeln und in Cedernöl einschließen.

Das Verfahren gibt sehr interessante cytologische Details, insbesondere über die Struktur der Mitochondrien, Vakuolen, Golgikörper usw., und der Autor glaubt damit auch über die Beziehungen des Virus zu den befallenen Zellen Aufschlüsse zu erhalten.

Nicht in allen Fällen ist es möglich, den vermutlichen Erreger in situ zu zeigen. So hat auch die eben beschriebene Methode für die färberische Darstellung des Erregers der Maul- und Klauenseuche ebensowenig genutzt wie andere von BORREL ausprobierte Verfahren. Bessere Ergebnisse hatte folgender Vorgang: Ein in die Hinterpfote intrakutan geimpftes Meerschweinchen wird nach 48 Stunden getötet. 2—3 Stunden später wird die an der Stelle der Infektion entstandene Blase mit einer feinen Kanüle angestochen, ihr Inhalt wird entleert und die Höhle wiederholt mit Tyrodelösung ausgespült. Dann eröffnet man die Blase und schabt mit einem feinen Skalpell ihr Epithel an der Innenseite ab. Die erhaltenen Gewebsfetzen werden 2- oder 3mal gewaschen, zentrifugiert und auf einen Objektträger ausgebreitet. Nach einer Fixation von 2—3 Minuten mit den Dämpfen der Osmiumsäure erfolgt Behandeln mit Beize und Färbung mit Karbolfuchsin. Man sieht dann am Rande der in ein glasartiges und opakes Magma eingebetteten Zellen massenhaft Granula, die nicht als leukocytäre Granulationen zu deuten sind und möglicherweise das Virus darstellen.

Ähnlich wie die Züchtung von Virus in den BORRELschen Kulturflaschen gibt das von NAUCK und E. PASCHEN empfohlene Verfahren der Eintropfkulturen auf Glimmerplatten sehr gute Resultate. Mit verschiedenen Färbemethoden, darunter auch mit Löfflerbeize und Karbolfuchsin gelang der Nachweis von Elementarkörperchen in dem Epithelschleim nach Sublimat- oder Osmiumsäurefixierung.

In manchen Fällen leisten auch Zupfpräparate Ausgezeichnetes. So konnte LUISE BIRCH-HIRSCHFELD in den auf diese Weise vorbereiteten Gewebsstückchen mit Hilfe der Löfflermethode die Erreger der Ektromelie sehr schön darstellen. In manchen Präparaten war zu ihrer Klärung eine kurze Behandlung mit Säuren, z. B. konz. Ameisensäure, unter leichtem Erwärmen sehr vorteilhaft, wobei das Präparat gleichzeitig fixiert wird. Aus Zupfpräparaten von Epithel läßt sich auch ein Bild über die Lokalisierung der Elementarkörperchen in Bezug auf die Zelleinschlüsse gewinnen, besonders nach bestimmter färberischer Differenzierung. Die Präparate werden nach der Tanninbeizung mit verdünnter Chromsäure behandelt, dann mit verdünntem Methylenblau und hierauf, wie üblich, mit Karbolfuchsin gefärbt. Auf jeder Stufe wird gut gewässert. Bei gut gelungener Differenzierung erscheinen die Einschlüsse hellblau bis bläulichrot, die Elementarkörperchen rot, allerdings infolge der Chrombehandlung matter als bei der üblichen Färbung. Sie liegen eingebettet in diffus gefärbten Massen, aus denen sie sich aber bei der Präparation mit Wasser leicht freilegen lassen. Die Einschlüsse sind häufig von diesen Massen umhüllt; in anderen Fällen sieht man aber auch gut differenzierte Elementarkörperchen mehr oder weniger dicht ihrer Oberfläche anhaften.

Will man das Virus jetzt nach PASCHEN färben, so läßt man diese Ausstriche ebenso wie die Abklatsche etwa 1 Stunde im Thermostaten trocknen und stellt sie dann senkrecht in destilliertes Wasser, um das anhaftende Serum auszulaugen.

Hier möchte ich aufmerksam machen, daß insbesondere das destillierte Wasser in den Standflaschen des Laboratoriums für diesen Zweck manchmal recht ungeeignet ist, weil es mitunter sauer reagiert und nicht selten Tausende von Keimen im Kubikzentimeter enthält, von denen oft recht beträchtliche Mengen am Präparat hängen bleiben und mitgefärbt werden. Desgleichen ist darauf zu achten, namentlich dort, wo es sich um eine amtliche diagnostische Fragestellung handelt, frisches, destilliertes Wasser zu gebrauchen, das noch nicht mit abgespülten Elementarkörperchen von früheren Auslaugungen her verunreinigt ist. Am besten ist es, sich für diese Zwecke ein redestilliertes, steriles Wasser in einem ganz aus Glas, also ohne Gummiverbindungen, bestehenden Destillierapparat selbst herzustellen und dieses für die Auslaugung der Präparate zu verwenden. Selbstverständlich geht mit dem ausgelaugten Serum auch viel Virus verloren. Kommt es darauf an, sich über seine Menge in einem Präparat zu unterrichten, so muß auf das Einlegen in destilliertes Wasser zum Nachteil der Klarheit des Präparats verzichtet werden. Der Ausstrich muß dann möglichst dünn gemacht werden, wobei man wie beim Ausstreichen von Blutpräparaten verfährt und sich der Schmalseite eines geschliffenen Objektträgers bedienen kann. Ist der Ausstrich lufttrocken geworden, kann er sofort auf 5—10 Minuten in Methanol eingelegt werden.

Wie bereits betont, ist die Paschenfärbung nicht elektiv und es bedarf vieler Erfahrung und sachgemäßer Übung, um den richtigen Blick für das zu erhalten, was ein Elementarkörperchen genannt werden darf. Mit einer nicht sehr gut angebrachten Überlegenheit sprechen wir heute davon, daß es eigentlich nicht zu begreifen ist, wieso gerade die in Pustelausstrichen von Vaccine mitunter massenhaft vorkommenden Paschenkörperchen so lange übersehen oder nicht richtig gewürdigt werden konnten. Nicht immer findet sich das Virus in großen Mengen; einzelne Präparate, in denen man es erwarten könnte, sind fast virusfrei; ist das Präparat bakterienhaltig, sind zerfallene Gewebselemente, Leukocytenreste u. dgl. vorhanden und enthält es wirklich Elementarkörperchen, so ist deren Auffinden nicht selten ein Ding der Unmöglichkeit. E. G. NAUCK und E. PASCHEN haben ausdrücklich auf diese Schwierigkeiten hingewiesen. Bei einzeln liegenden Körperchen fällt die Unterscheidung von ähnlichen kleinsten Eiweißpartikelchen schwer oder sie ist sogar unmöglich, weil es bisher noch nicht gelungen ist, die Elementarkörperchen wirklich elektiv zu färben.

Die Wiener Impfstoffgewinnungsanstalt bekommt häufig Ausstrichpräparate von Varicellen bei Erwachsenen zugeschickt, weil diese Krankheit in Österreich anzeigepflichtig ist. In solchen Präparaten finden sich nicht selten Granula, die ihrer Größe oder Gestalt nach Paschenkörperchen sein könnten. Sie erschweren die Diagnose außerordentlich, wenn dieses Material als variolaverdächtig bezeichnet wird. *Nur dann*, wenn Elementarkörperchen gehäuft vorkommen, wenn sie am Rande von Zellen liegen, wenn sie *allein* da sind oder in überwiegender Mehrzahl, wenn sie die oben beschriebene Lagerung und Form zeigen, könnte man es wagen, eine Diagnose auf Variola aus dem alleinigen Anblick eines mikroskopischen Präparats zu fällen, welches auch andere gleich große Elemente enthält. Auch aus typischen Variolapusteln ist es nicht immer möglich, Paschenkörperchen im Ausstrich zu bekommen. Im Herbste 1928 hatte ich Gelegenheit, die Pocken in England zu studieren. Die Fälle, die ich in einem Pockenhospital im Norden Englands sah, waren nicht mehr frisch, jedoch bemühte ich mich, mit freundlicher Zustimmung des die Anstalt leitenden Kollegen, aus möglichst jungen Effloreszenzen Ausstriche zu machen. Prof. LEDINGHAM bot mir Gelegenheit, diese Ausstriche in den von ihm geleiteten Listerinstitut zu färben. Weder ihm noch mir war es möglich, in diesen Ausstrichen Paschenkörperchen mit Sicherheit nachzuweisen. E. PASCHEN, dem ich den größten Teil dieser Ausstriche überließ, konnte mit Aufwand von viel Geduld und mit seiner damals wohl einzig dastehenden Erfahrung wenige Körperchen in den Präparaten finden, während er, wie mir er selbst und Prof. TIÈCHE in Zürich erzählten, in geeigneten Fällen die Varioladiagnose während der Schweizer Pockenepidemie (1921—1925) wiederholte Male allein nach der Durchmusterung eines mikroskopischen Pustelausstriches leicht stellen konnte.

Diese Schwierigkeiten sind jedem Vaccineforscher bekannt, und selbst in Ausstrichen, in denen Virus vorhanden sein müßte, sucht man es gelegentlich umsonst. So sind die Vaccineeffloreszenzen am Rind durchaus nicht immer reich an Virus. Das nach der Abnahme des Rohstoffes aus den abgekratzten Effloreszenzen ausfließende Serum ist sehr häufig vollkommen frei von Virus und man findet es mitunter auch nicht, wenn man Dutzende von Präparaten durchmustert. Über Ähnliches berichten auch E. HAAGEN, E. GILDEMEISTER und B. CRODEL von Gewebskulturen. Die Autoren fanden die Paschenkörperchen am ehesten in viertägigen und älteren Kulturen. Ihr Vorkommen war jedoch oft nicht so reichlich, daß ein Irrtum bei der Diagnose ausgeschlossen war. In einem Teil der von ihnen untersuchten Ausstriche aus Vaccinegewebskulturen waren wohl Gebilde vorhanden, die Paschenkörperchen glichen, die aber nicht so zahlreich waren, daß sie mit Sicherheit von dem in jedem Präparat vorkommenden Gewebsdetritus zu unterscheiden waren. Mitunter zeigt sich ein heller Saum um die intensiv rot gefärbten Körperchen, den schon v. PROWAZEK beobachtet und für eine Schleimhülle gehalten hat. Dies ist bestimmt nicht zutreffend und nur durch eine Schrumpfung der Gewebsflüssigkeit, in der die Körperchen aufgeschwemmt sind, zu erklären. Besonders dann tritt diese Erscheinung auf, wenn das Präparat zu wenig ausgelaugt und die ausgestrichene Serumschicht zu dick ist. In dünnen Ausstrichen sieht man keine Höfe. Auch die Giemsapräparate sind ohne Höfe. Eine weitere, ebenfalls von v. PROWAZEK bereits beobachtete Erscheinung ist die partielle Färbung der Viruskörperchen. Sie zeigen dann eine zentrale Lücke, was, wie ich glaube, meist ein Zeichen mangelhaft gelungener Färbung ist.

In Mikrophotogrammen sieht man mitunter Höfe um die Elementarkörperchen; die in den Präparaten gar nicht vorhanden sind. Man braucht nur photographische Wiedergaben solcher Körperchen in verschiedenen Abhandlungen anzusehen. Das sind Kunstprodukte, die auf eine fehlerhafte Phototechnik zurückzuführen sind. Beim starken Schließen der Blende des Kondensors, die hie und da zur Erzielung einer größeren Tiefenschärfe vorgenommen wird, entstehen bei der Aufnahme helle Diffraktionssäumchen, welche die Viruskörperchen als helle Höfe umgeben.

Für Färbungen der Elementarkörperchen in Schnitten ist die Behandlung mit Löfflerbeize und Karbolfuchsin nicht zu gebrauchen. Zahlreiche Versuche, die auch der Verfasser mit lange Zeit einwirkendem verdünntem Karbolfuchsin angestellt hat, haben eine Färbung nicht erzielen können. PASCHEN selbst äußerte sich darüber, daß gut und schonend ausgeführte und schnell fixirte Ausstriche einen besseren Einblick in das Zustandekommen der Gewebsveränderungen gewähren als noch so dünne und gut gefärbte Schnitte. Die extreme Kleinheit, die schwere Färbbarkeit des Erregers erschwert ihre distinkte Färbung in Schnitten. Dazu kommt noch, daß die Gefahr der Verwechslung der Elementarkörperchen mit Mitochondrien in Schnitten besonders groß ist. Auf das von TUREWITSCH angegebene Verfahren werde ich noch zurückkommen.

Es wäre müßig, alle Virusarten aufzuzählen, die bisher mit Erfolg nach der Paschenmethode gefärbt wurden. Es kann mit Bestimmtheit gesagt werden, daß die Grenzen der Färbbarkeit auf diesem Wege mit denen der optischen Leistungsfähigkeit der Objektive zusammenfallen, daß alle bisher bekannten Virusarten auf diese Färbung ansprechen, daß sie also in Bezug auf Färbekraft kaum überboten werden kann. Das sieht man am besten an zufällig mitgefärbten Geißelfäden in den Präparaten. Derartige Fäden laufen bis zum letzten Ende scharf aus und sind ganz deutlich gefärbt, auch wenn sie noch so zart sind. Hat man das Glück, tadellose Löfflerbeize und Karbolfuchsin von einer zuverlässigen Firma zu benutzen, so kann die Präzision der Färbung nicht besser sein, vorausgesetzt, daß man die Technik sowohl der Ausstriche als auch der Färbung gut beherrscht. Die Löfflerbeize darf nicht frisch sein. Bestellt man sie von einer großen Firma, so kann man schon von vornherein damit rechnen, daß man diese Beize in sofort brauchbarem Zustande erhält. Andernfalls müßte man sie ablagern lassen. Auf jeden Fall ist es nötig, um Niederschläge in den Präparaten zu vermeiden, sie jedesmal vor Gebrauch durch ein feuchtes Filter zu filtrieren. Nach MOROSOW ist die nach den allgemein üblichen Regeln hergestellte Beize die beste, nur soll man statt Ferr. sulfur. oxidat. Ferridammonium sulfuricum verwenden. Eine mit diesem Salz hergestellte Beize ist jahrelang haltbar, läßt sich leicht und schnell mit Wasser abspülen und gibt keinen Bodensatz. PASCHEN schreibt nach der Beizung das Einstellen in destilliertes Wasser vor. Abgesehen davon, daß dieses Wasser in den Standflaschen des Laboratoriums, wie bereits betont, meist sehr keimreich ist, kann man es sich auch ersparen und es durch Abspülen unter der Wasserleitung ersetzen. In der Wiener Impfanstalt wird in den letzten Jahren zum Abspülen der Beize nie mehr destilliertes Wasser benutzt, ohne daß jemals eine Beeinträchtigung der färberischen Darstellung bemerkt worden wäre.

Auch das Karbolfuchsin muß, insbesondere wenn es einmal längere Zeit steht, durch ein feuchtes Filter filtriert werden. Altes Karbolfuchsin, das blaustichig wird, ist unbrauchbar, auch veranlaßt es möglicherweise infolge von Entmischung das Auftreten von kleinsten Tröpfchen, die von Unerfahrenen als Elementarkörperchen gedeutet werden können. Eine übermäßige Erhitzung verursacht das Entstehen von Dampfblasen. Das Präparat kocht auf und ist besonders bei dicker Schicht der Ausstrichflüssigkeit von zahllosen, verschieden großen, meist aber sehr kleinen Vakuolen erfüllt, die bei verschiedener Einstellung einmal hell, einmal dunkel erscheinen und den Unerfahrenen täuschen.

Bei übermäßiger, nicht förderlicher Ocularvergrößerung erscheinen kleinste Detrituspartikelchen rund; diese Gefahr wird um so größer, je stärker die Ocularvergrößerung wird. Ich möchte die Vergrößerung ab 1200 für diagnostische Zwecke wenigstens nicht mehr empfehlen. *Der Anfänger gewöhne es sich an, immer mit einer bestimmten Vergrößerung zu arbeiten,* dann wird er das richtige Bild in Erinnerung behalten, das nur erworben werden kann durch tausendfältiges immerwährendes Studium von Präparaten. Dann wird er auch imstande sein, Größenunterschiede sofort festzustellen, wie solche z. B. zwischen Variola- und Varicellen-Elementarkörperchen, zwischen Vaccine und Paravaccine bestehen. Für meine persönlichen Zwecke benutze ich die Vergrößerung Zeiß-Ölimmersion 90, ap. 1,3, Ocular 7, und Reichert-Ölimmersion 100, Ap. 1,3, Ocular 12.

d) Virusfärbung nach den Geißelfärbemethoden. MOROSOW-Methode.

Eine andere Methode der Virusfärbung geht auf die *Geißelfärbung* zurück. R. KOCH gab als erster ein Verfahren zur Färbung von Geißelfäden an (1877), das 1890 von LÖFFLER und später (1899) von VAN ERMENGEM und ZETTNOW durch Verwendung von Metallsalzen weiter ausgebildet wurde.

Man darf nach den Berechnungen A. MEYERS annehmen, daß der Durchmesser der Geißeln nicht unwesentlich unter jenem etwa eines Paschenkörperchens steht. So fand der Autor für Pseudomonas olivae: *Gefärbtes* Stäbchen 0,9 μ, gefärbte Geißel 0,09 μ Dicke, *ungefärbtes* angetrocknetes Stäbchen 0,4 μ, Geißeln ungefähr 0,04 μ; für Sarcina ureae gefärbt eine Geißeldicke von 0,1 μ. Man könnte also erwarten, daß auch Elementarkörperchen derselben Größe mit Hilfe der Geißelfärbungsmethode klar dargestellt werden können.

Es gibt eine große Anzahl von solchen Verfahren. Im wesentlichen bedienen sich alle einer Vorbehandlung. Die bekannte Methode von FONTANA-TRIBONDEAU wurde wiederholt abgeändert. So hat FONTANA selbst, um deutlichere Bilder zu erhalten, empfohlen, die Präparate mit Lösungen zu behandeln, wie sie in der photographischen Technik zur Verstärkung der Negative gebraucht werden. BECKER, RENZ, YAKIMOFF u. a. haben Abänderungen des ursprünglichen FONTANAschen Verfahrens vorgeschlagen, von denen jedoch meines Wissens die Virusforschung keinen Gebrauch gemacht hat. Nur MOROSOW hat für diese Zwecke unter Anlehnung an die FONTANA-TRIBONDEAUsche Beize (1926) eine Färbung angegeben, die ganz Ausgezeichnetes leistet und in der Virusforschung als unentbehrlich bezeichnet werden muß.

Ein dünner Ausstrich des Pockenrohstoffes wird an der Luft getrocknet, dann für 10—15 Minuten in eine vertikale Küvette mit dest. Wasser gebracht und, nachdem er wieder getrocknet, mit zirka 15 Tropfen der Lösung A bedeckt. Die A Lösung besteht aus: 1 ccm Essigsäure, 2 ccm 40%igem Formalin, 100 ccm dest. Wasser. Nach einer Minute wird die Lösung abgegossen, mit Wasser abgespült und mit der Lösung B gebeizt. (Die Lösung B enthält 1,0 g Karbolsäure, 5,0 g Tannin, 100 ccm dest. Wasser; in ihr wird das Präparat bis zum Aufsteigen von Dämpfen 30—60 Sekunden erwärmt wird). (Die Beize nicht bis zum Sieden erhitzen!) Darauf folgt ein 30 Sekunden langes Spülen in Wasser und dann die Versilberung. Die Herstellung der Silberlösung nach FONTANA-TRIBONDEAU hat M. wie folgt abgeändert: Ein Reagenzglas wird mit 20 ccm dest. Wasser gefüllt, dazu kommt eine kleine Platinöse 25% Ammoniak und tropfenweise aus einer Pipette 10% Silbernitrat. Bei dieser Anordnung ist es leicht, den Anfang und das Ende der Reaktion zu beobachten: es bildet sich ein wolkiger Niederschlag, der infolge eines winzigen Silberüberschusses eine leichte Opaleszenz zeigt. Der Verbrauch an Silbernitratlösung beträgt dabei zirka 0,5 ccm. Bei stärkerer Konzentration von Silbernitrat erhält man keine guten Präparate.

„Die so zubereitete Silberlösung wird auf den Objektträger gebracht und zirka 1—2 Minuten erwärmt, bis eine Braunfärbung, stellenweise eine Schwärzung eintritt, das Präparat wird dann in Wasser abgespült und mikroskopisch untersucht. Die PASCHENschen Körperchen erscheinen unter dem Mikroskop ziemlich groß und schwarz und sind auf dem hellen, manchmal sogar durchsichtigen Fond gut zu sehen."

PASCHEN pflegte die Morosowmethode in seinem Institute etwas abzukürzen, indem er die Behandlung mit Formalin-Essigsäure wegließ und die Silberlösung wie folgt herstellte: In ein Probiergläschen wird 1 Tropfen konz. NH_3 gebracht, das Gläschen wird darauf kräftig ausgeschüttelt, so daß es nur mehr Spuren von NH_3 enthält; sodann wird von einer 2% $AgNO_3$-Lösung so viel zugesetzt, bis sich diese Lösung braun färbt. Enthält die Lösung zuviel NH_3, so bildet sich der Niederschlag nicht und es ist am besten, von vorne anzufangen. Nach kurzer Übung trifft man die richtige Farbe ohne Schwierigkeiten. Mit dieser Lösung wird, wie oben beschrieben, weiter verfahren. Sie muß rasch verbraucht werden und läßt sich nicht aufbewahren. Das gebildete Silbersalz sinkt sehr bald zu Boden; eine derartig veränderte Lösung ist unbrauchbar.

Um aus Vaccinepusteln beim Kaninchen schöne Ausstriche mit zahlreichen Paschenkörperchen zu erhalten, empfiehlt MOROSOW Pusteln auf der Nasen- oder Lippenschleimhaut 48—96 Stunden nach der Impfung zu benutzen.

„Der Untersuchung des zelligen Materials der Pustel ist der Vorzug vor der Untersuchung des flüssigen Inhaltes zu geben. Die Ausstriche von ganz klarer Lymphe haben zwar den Vorteil, daß der Untergrund des Präparats vollkommen klar ist, der Gehalt an Paschenkörperchen ist aber ein wesentlich geringerer als in „Pulpaausstrichen."

Am bequemsten wird das Präparat auf einem Objektträger hergestellt. Der Ausstrich soll möglichst dünn sein.

Verfahren dabei wie folgt:

„Ein kleiner Bezirk von wenigen Millimetern zwischen dem äußern Rand und der Delle der Pustel wird bis zur Basis abgeschabt, das so gewonnene Gewebe mit der Basis nach unten auf einen Objektträger gelegt und, nachdem der Rand des Stückchen Gewebes an einer Nadelspitze befestigt ist, führe ich es auf dem Glas nach allen Richtungen hin und her, somit verbleibt auf dem Objektträger derjenige Teil der Pustel, welcher den tiefen Epithelschichten entspricht und der eine große Menge von Paschenkörperchen aufweist."

5—10 Minuten in Aqua destillata einlegen, Virusverlust jedoch besser als Überfärbung.

Auch bei der Morosowfärbung sieht man gelegentlich Höfe. „Was den Kranz um die Körperchen betrifft, so möchte ich mich, ohne die Frage des Entstehens dieses Phänomens (Beutel, Artefakt, optische Erscheinung) zu berühren, mit dem Hinweis begnügen, daß ich diese Erscheinung sehr oft bei der Untersuchung der Präparate bei künstlichem Licht gesehen habe.

In Übereinstimmung mit den Befunden von PASCHEN ist die Größe der Körperchen gleichmäßig, als wären sie alle mit derselben Stanze gestanzt worden.

Die manchmal zu beobachtenden kleinen Unterschiede in der Größe der einzelnen Körperchen entsprechen den analogen Schwankungen bei andern Mikroorganismen. Es ist selbstverständlich, daß in manchen Präparateserien die Paschenkörperchen sehr fein und zart, in andern wieder dick und grob erscheinen; diese Unterschiede hängen aber von den Verschiedenheiten der Technik und von der Färbung ab." (Abb. 3.)

Will man virusreiche Gewebe untersuchen, so ist es am zweckmäßigsten, frisch aufschießende Pusteln, wie man sie bei der Generalisierung des Virus nach intravenöser Einverleibung von Variolavaccine oder nach intensiver kutaner oder subkutaner Impfung an der Nasen- und Lippenschleimhaut oder an den Lidrändern sieht, mit einer feinen Schere abzutragen und die Pusteldecke mit der unteren Seite auf Objektträger abzuklatschen. Auch Ausstriche von Pustelgrund zeigen große Mengen von Paschenkörperchen.

Es sollen noch ihrer färberischen Eigentümlichkeit wegen gewisse Gebilde eine Erwähnung finden, deren Natur nicht ganz klargestellt ist. MOROSOW erwähnt, daß am fünften Tage die Paschenkörperchen in den vaccinalen Effloreszenzen eigenartige morphologische Veränderungen zeigen. Die Größe der Körperchen wird verschieden, es tauchen „gigantische und Zwergformen" auf; zugleich verändert sich die Färbbarkeit der Körperchen. Es treten neben normal gefärbten sehr intensiv oder umgekehrt sehr schwach gefärbte Körperchen auf. Bei den angeführten Veränderungen behalten die Körperchen jedoch immer ihre runde Form bei. Die Größen- und Färbungsunterschiede sind besonders deutlich in den Ausstrichen der sechstägigen Pusteln zu beobachten. In den sieben- und achttägigen Pusteln sind die Körperchen, wenigstens in der Mehrzahl, so weit deformiert, daß ihre Differenzierung von Zerfallsprodukten fast unmöglich wird. „Im allgemeinen erinnert dieses Bild, was die Größen- und Färbungsverhältnisse betrifft, an die Veränderungen, die manche gründlich erforschten Kokkenformen, wie z. B. die Meningokokken zeigen, wenn man sie längere Zeit auf künstlichem Nährboden züchtet, wobei aber hier die Veränderungen lange nicht denjenigen Grad erreichen, wie es bei den Paschenkörperchen der Fall ist." (Abb. 4.)

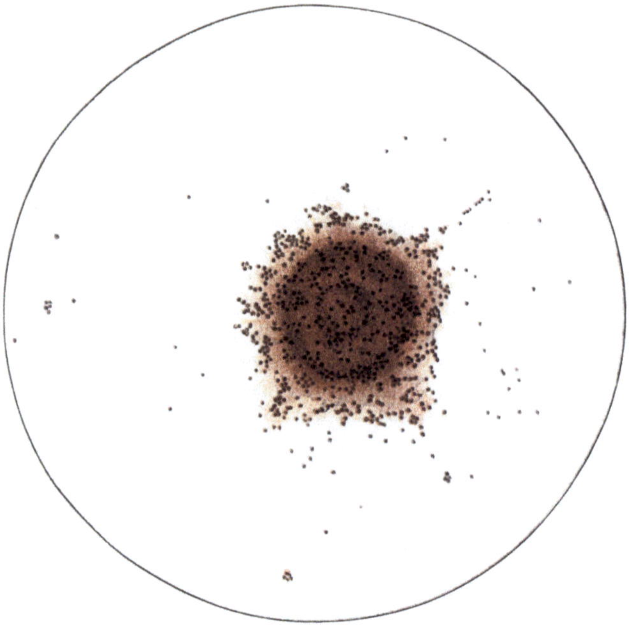

Abb. 3. Klatschpräparat; vaccinierte Kaninchenhornhaut 72 St. Mit Paschenkörperchen beladene Zelle; Morosowfärbung.

MOROSOW läßt die Frage offen, „ob hier eine Involution, eine Degeneration, eine Bakteriolyse, eine neue Entwicklungsform oder eine andere Erscheinung in Betracht kommen".

Zweifellos sind insbesondere in Klatschpräparaten von cornealen Vaccineeffloreszenzen, wie wir sie EWING und PASCHEN verdanken, etwa vom vierten Tag ab die von MOROSOW beschriebenen Gebilde zu finden. Bereits HÜCKEL hat ähnliche Formen beobachtet und in seiner Monographie über die Vaccinekörperchen abgebildet. So findet man auf Tafel 3 des zitierten Werkes Abbildungen von Schnittpräparaten von vaccinierten Hornhäutchen, die in Sublimat fixiert und nach BIONDI gefärbt wurden. Bei dieser Färbung färben sich die Guarnierikörperchen blau und die Körner, welche die Guarnierikörperchen öfter umgeben, rot.

HÜCKEL findet diese „Körner- und Tropfenbildung" an zerfallenden Guarnierikörperchen. Ob diese von HÜCKEL als Ergebnisse des Zerfalles gedeuteten Gebilde mit dem von MOROSOW beschriebenen „gigantischen und Zwergformen der Paschenkörperchen" identisch sind, läßt sich schwer sagen, weil alle diese Formen nach einer so eindringlichen „Färbung", wie es die von MOROSOW ist, Farbe annehmen, jedoch begreiflicherweise um so weniger schwarz aufscheinen müssen, je weniger dicht ihre Leibessubstanz ist. Sehr wesentlich für die Morosowfärbung ist die Herstellung der Silbersalzlösung. Mit dem oben beschriebenen, abgekürzten Verfahren, wie es der Verfasser von PASCHEN übernommen hat, konnten bisher immer tadellos scharfe und reine Bilder erzielt werden, so daß eine Veranlassung, dieses Verfahren abzuändern, für die Wiener Impfstoffgewinnungsanstalt eigentlich nicht bestand. Es mag auch sein, daß sich routinemäßig im Laufe der Jahre die richtige Färbemethode von selbst ergeben hat. MOROSOW will aber noch genauere Vorschriften für seine Färbung geben und empfiehlt letzthin (November 1937) folgendes Verfahren: „Indications Techniques. Réactifs: I. Liquide de Ruge: 1 ccm d'acide acétique glacial, 2 ccm de formaldéhyde (Formol) à 40% et 100 ccm d'eau destillée; II. 5 gr de tanin, 1 ccm d'acide phénique liquefié et 100 ccm d'eau destillée; III. solution d'argent ammoniacal. On prend 5 gr de nitrate d'argent qu'on dilue dans 100 ccm d'eau destillée, on met 20 ccm de cette solution dans un récipient séparé. Aux autres 80 ccm, on ajoute goutte par goutte une forte solution d'ammoniaque jusqu'à ce que le précipité qui se forme, et qui est d'abord jaune-brunâtre et ensuite brun-noirâtre, ne se dissolve pas et qu'il ne reste qu'une faible opalescence.

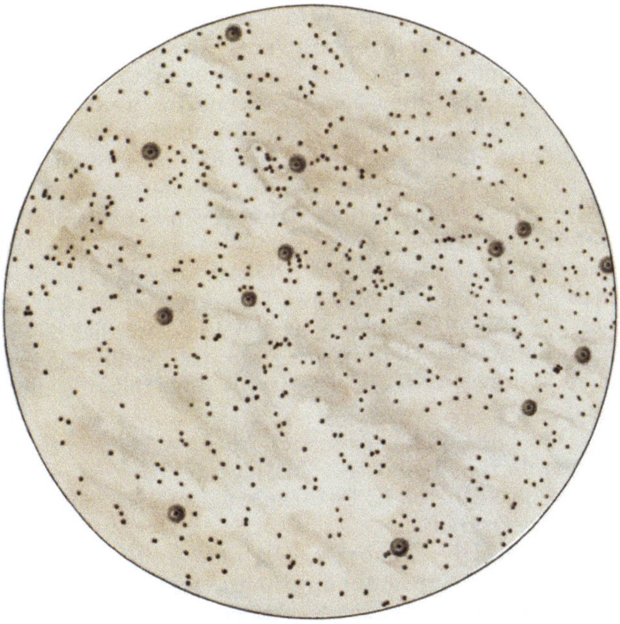

Abb. 4. Strichpräparat; Paschenkörperchen; Morosowfärbung. „Gigantische Formen". Man sieht die bleichende Wirkung des Zedernöls.

On prend alors les 20 ccm de la solution d'argent ammoniacal, laissés en réserve et on verse de nouveau goutte par goutte la solution d'argent jusqu'au l'apparition d'une légère opalescence.

Pour la coloration on dilue ex tempore le réactif avec de l'eau destillée 1 : 10. La solution est très durable. Il faut préserver la solution de la poussière, en la gardant dans un flacon avec bouchon à l'émeri."

Es wäre nicht unerwünscht, wenn es auf die beschriebene Art gelänge, die Herstellung der Silbersalzlösung, die immerhin eine gewisse Erfahrung erfordert, einfacher und sicherer zu gestalten. Da ich hierüber keine persönliche Erfahrung habe, wurde sie im Originaltext wiedergegeben.

Auch die Morosowfärbung ist Gemeingut aller Virusforscher geworden, und mit Recht betont der Autor „l'avantage principal de cette methode est son universalité".

Schon aus dem weiter oben Angedeuteten ist zu entnehmen, daß man voraussetzen kann, daß jedes Virus für dieses Verfahren wie überhaupt für die Verfahren der Geißelfärbung empfänglich ist und sich mit einem Film oder Lack überziehen muß, womit allerdings eine Zunahme der natürlichen Größe verbunden ist. Trotzdem treten Größenunterschiede sehr schön zutage, wie es die beiden Virusarten Paravaccine und Vaccine beweisen. Ein Aufbewahren von Morosow-Präparaten unter gewöhnlichem Kanadabalsam oder Zedernöl und öfteres Abwischen der Präparate mit Xylol schädigt die Färbung; die Elementarkörperchen verlieren dabei ihren tiefschwarzen Ton, werden heller, mitunter sogar mit einem Stich ins Lila. Es ist deshalb Einschluß in neutralem Kanadabalsam, in Caedax (Hollborn, Leipzig) oder in Paraffinöl erforderlich. (Vgl. Abb. 4.)

Das Paraffinöl war bereits von Giemsa als ausgezeichnetes Einbettungsmittel für empfindlich gefärbte Präparate empfohlen worden. „Das Einbetten unterscheidet sich in nichts von dem im Kanadabalsam. Feuchtpräparate kommen aus der Aceton-Xylolreihe direkt in das Paraffinöl, Trockenausstriche, nachdem man sie an der Luft oder im Thermostaten bis 37° von aller Feuchtigkeit befreit hat. Da das Paraffinöl nicht trocknet, werden die Deckgläschen, nachdem man das übermäßige Öl vorsichtig herausgepreßt und entfernt hat, mit Deckglaskitt oder Wachs — Harz benutzte 10% Gelatine mit 1% Karbolzusatz — umrandet."

Das Paraffinöl eignet sich nicht allein wegen seiner farbenkonservierenden Eigenschaften in hohem Maße als Einbettungsmittel, sondern auch nach den Feststellungen von K. Fischer wegen seines günstigen Brechungsexponenten und Dispersionsgrades.

Die zwei beschriebenen Färbungen, die nach Paschen und nach Morosow, sind aus der Virusforschung nicht wegzudenken. Sie leisten Hervorragendes bei der Darstellung der Elementarkörperchen. Seit man aber auf den Zellparasitismus dieser Mikroorganismen aufmerksam geworden ist, wendet sich in steigendem Maße die Aufmerksamkeit der Virusforscher der Relation Virus—Zelle zu. Es ist von großer Wichtigkeit, gerade hier vorwärtszukommen und Färbemethoden anzuwenden, die einen Einblick in die Zelle selbst ermöglichen, die durch das Erhitzen, wie es die Beizverfahren verlangen, geschädigt wird.

e) Die Giemsa-Methode in der Virusfärbung. Modifikationen.

Keine Methode ist dazu geeigneter als die auf dem Gebiete der Mikrobiologie längst souverän gewordene *Giemsafärbung*. „Den Erfolg hat sie der außerordentlich kontrastreichen Wirkung zu verdanken, welche sie auf jedes Zellmaterial, sei es tierischer oder pflanzlicher Herkunft, ausübt." Bedient man sich beim Fixieren der Ausstriche nicht jener Verfahren, die Artefakte in der Zellstruktur verursachen, nimmt man Äther oder Alkohol, also Mittel, die durch Wasserentziehung rein physikalisch wirken, so darf man erwarten, möglichst wenig von der normalen Beschaffenheit abweichende Zellbilder zu erhalten. In Trockenpräparaten erscheinen die Kerne leuchtend rotviolett, das Plasma blau, andere Elemente zeigen sich in Mischfarben bei Verwendung der von Giemsa selbst geprüften, bei Dr. KARL HOLLBORN, *Leipzig, Hardenbergstraße* 3, erhältlichen *Giemsalösung* für die *Romanowskyfärbung*.

Für die Benutzung dieser von GIEMSA selbst kontrollierten Farblösung gibt der Autor folgende Weisung:

„1. Härten der lufttrockenen, sehr dünnen Objektträgerausstriche in absolutem Alkohol allein oder mit gleichen Teilen Äther vermischt (30 Minuten) oder in Methanol (5—10 Minuten) in gut geschlossenen Glasgefäßen.

2. Abtupfen und Bereitlegen der Objektträger (Schichtseite nach oben) waagrecht auf zwei parallelen Glasstäben.

3. Verdünnung der Farblösung mit frisch abgekochtem oder gepuffertem destilliertem Wasser (10 Tropfen Farbe auf 10 ccm Wasser) in einem graduierten sauberen weiten Glaszylinder und frisch bereitetes Gemisch ‚*sofort*‘ auf Objektträger gießen. 30—45 Minuten färben.

4. Präparate mit kräftigem Wasserstrahl abspritzen, abtupfen, lufttrocken werden lassen.

5. Untersuchen in Zedernöl.“

In der Wiener Impfanstalt hat sich die Färbung von Vaccinavirus nach der Giemsamethode ausgezeichnet bewährt. Es dürfte sich jedoch empfehlen, nach dem oben angeführten Verfahren die Färbedauer etwas länger auszudehnen auf etwa 1—2 Stunden mit zweimaligem Farbenwechsel. Sieht man bei Durchblick durch das Präparat oder unter schwacher Vergrößerung, daß die Färbung zu schwach war, so kann sie noch länger ausgedehnt werden. Eine zu lange Färbung, etwa über Nacht, hat die Bildung von Niederschlägen auch dann zur Folge, wenn das Präparat mit der Schichtseite nach unten in der Farbe liegt.

Es liegt in seiner Natur, daß ein auf feinste Unterschiede im chemischen Aufbau der Zelle so vorzüglich reagierender Farbstoff peinlichste Behandlung erfordert. Verstöße dagegen machen sich natürlich auch bei der Virusfärbung bemerkbar. Es darf deshalb nicht wundernehmen, wenn die Angaben der Autoren über das Aussehen der Viruselemente nicht übereinstimmen.

So gibt PASCHEN an, daß sich die Elementarkörperchen nach GIEMSA *blau*, nicht rot färben. Eine besonders starke Affinität scheinen wenigstens gewisse Virusarten zu dem Giemsafarbstoff nicht zu besitzen, darüber sind alle Autoren einig; auch E. H. NAUCK, C. ROBINOW teilten mit, daß sich z. B. die Paschenkörperchen nach GIEMSA nur ganz schwach färben; ihre distinkte Darstellung in reinen, dünnen Ausstrichen ist aber durchaus möglich, wie PASCHEN wiederholt betont hat. Kürzlich hat PASCHENS Mitarbeiter NAUCK darüber berichtet, daß er bei Untersuchung von virusinfizierten Gewebekulturen mit der Giemsafärbung gerade zum vergleichenden Studium der Zelleinschlüsse und der Viruskörperchen bei Psittakose und bei Lymphogranuloma ausgezeichnete Erfolge hatte. Auch HAAGEN hielt die Giemsafärbung bei der Darstellung der Elementarkörperchen der *Castaneda*färbung in solchen Fällen überlegen, bei denen diese Färbung nur ein zweifelhaftes oder negatives Resultat ergeben hat. Die Miyagavakörperchen lassen sich am schönsten und klarsten durch die Giemsafärbung darstellen, wie NAUCK fand. Das wird auch von MALANOW bestätigt. Bei Verimpfung des aus einer Leistendrüse entnommenen Gewebesaftes ins Gehirn werden besonders die Hirnhäute stark betroffen. „In nach GIEMSA gefärbten Ausstrichpräparaten des Gehirns lassen sich bei der Mehrzahl der geimpften Mäuse und Affen, bei einem von vier Hamstern und bei einer Ratte die gleichen, in der Größe an Paschenkörperchen erinnernde Gebilde nachweisen.“ „Die ziemlich gleich großen, runden Gebilde, die sich im Gegensatz zu den Paschenkörperchen, dagegen in Übereinstimmung mit dem Psittakoseerreger mit Giemsa sehr deutlich, rötlich oder blauviolett färben, werden sowohl extracellular als auch im Zellplasma gelegentlich gefunden.“ (Abb. 5.)

Mitunter sind in einzelnen Zellen stärkere Anhäufungen von Elementarkörperchen zu sehen, die den Kern kappenartig umgeben, und an Trachomkörper erinnern. Die kolonienartigen Anhäufungen sind in diesem Fall in eine offenbar von der Zelle gebildete, stärker färbbare, blauviolette Substanz eingebettet. Außerhalb der Zellen liegen die Körperchen zerstreut, zuweilen in kleinen Klumpen und Haufen. Ebenso wie HERZBERG und KOBLMÜLLER konnte der Autor nicht selten Doppelformen, bzw. kurze Ketten beobachten. Wie der eben angeführte Autor haben auch Y. MIYAGAWA und seine Mitarbeiter zur Färbung der Elementarkörperchen des Lymphogranuloms die Giemsafarbe benutzt. Sie fanden die Erreger entweder einzelstehend, manchmal in Diploform oder in Ketten von einigen wenigen Körperchen oder in Häufchen nach Art einer kleinen Kolonie beisammen oder in traubenförmigen Gruppen. Sie sind in gefärbtem Zustand etwa 0,3 μ groß und nehmen aus der Giemsalösung die Azurfarbe an, mit einem leichten Stich ins Rote und behalten diese Farbe, wenn sie einige Minuten mit Aceton behandelt werden, und ändern sie ins Blaue, während neutrophile Körner in Leukocyten und Lymphocyten und azurophile in Histiocyten und Lymphocyten beinahe verblassen.

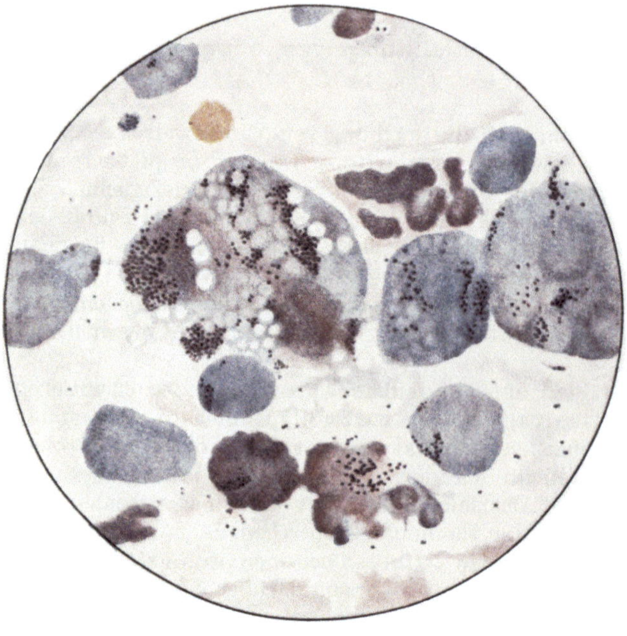

Abb. 5. Psittakose — Peritonealausstrich — Maus; Giemsafärbung (F. GERLACH).

Einzelne Virusarten nehmen die Giemsafarbe nicht oder nur sehr blaß an. So konnte z. B. HERZBERG in Klatschpräparaten, die von der Oberfläche des Brustmuskels eines an der Kanarienvogelkrankheit verendeten Vogels hergestellt worden war, das Virus auch nach 1—2stündiger Färbung nicht nachweisen, und selbst 2—3tägige Färbung nach vorangegangener mehrstündiger Fixierung in Sublimatalkohol hat das Virus nicht sicher erkennen lassen. Färbt man jedoch die vorerst behufs Gewinnung eines Überblickes über die gegebene Zellstruktur mit GIEMSA gefärbten Präparate nachträglich nach PASCHEN oder MOROSOW, so kann man die vorher der Darstellung entgangenen Elementarkörperchen tadellos nachfärben.

Es gibt keine Virusart, bei der die Giemsafärbung nicht wenigstens versucht worden wäre, zumeist mit Erfolg. So konnte erst im Vorjahre (1937) ALFRED C. COLES mit Hilfe der Giemsafärbung Gebilde, die er für Virus hielt, bei Dengue, Sandfly Fever und gelbem Fieber nachweisen.

ALFRED C. COLES empfiehlt diese Färbung nach langjährigen Erfahrungen aufs beste. „I have found that nothing gives as good or constant results as well stained Giemsa-Präparations.“ Da das Färbevermögen dieser Farbe außerordentlich wechselt, stellt er sich seine Farbe selbst her, durch Verreiben des Farbpulvers mit Glycerin und methyliertem Alkohol. Die Farbe muß mehrere Tage stehen. Aus der Stammlösung, die nach den Erfahrungen des Autors in gut verschlossenen Flaschen unbegrenzt haltbar ist, werden 10 ccm entnommen, mit der gleichen Menge „industrial spirit“ gut geschüttelt und allenfalls in eine 20-ccm-Flasche filtriert. Der zugesetzte Alkohol fixiert nicht nur die Präparate, sondern er verhindert auch Farbstoffniederschläge. Einzelheiten dieser Methode sind im Original nachzulesen.

JAMES CRAIGIE hat in dem Bestreben, die Giemsafärbung einfacher zu gestalten, ein Verfahren angegeben, das sich verschiedener Reagenzien amerikanischer Herkunft bedient. Der Referent hat darüber keinerlei persönliche Erfahrung, gibt daher die Methode im Original wieder:

The stain has the following composition:—

mercurochrome 220 Soluble (H. W. & D.) 2 per cent aqueous soln.	1 c. c.
$\frac{M}{S}$ Na_2HPO_4, 2 H_2O (or Na_2HPO_4, 12 H_2O) 7 per cent aqueous soln......	5 „ „
methylene azure A (azur I) (certification no. NAz 4) 1 per cent aqueous soln.	1 „ „
distilled water....................	75 „ „
methylene blue (U. S. P. med.) (certification no. NA 5) 1 per cent aqueous soln.	25 „ „

The solutions are added in the order stated. The mixture, which must not be filtered, retains its staining qualities unimpaired when kept at room temperature for three months.

The procedure is as follows:—

(1) Spread films very thinly in the same way as a blood film. With preparations from the skin, suspend scrapings from the lesion in distilled water first. Dry.
(2) Wash in two changes of distilled water for five minutes. Dry.
(3) Fix in methyl alcohol for five to ten minutes. Dry.
(4) Rinse in distilled water and shake or blot off excess water. Cover film with 6 drops of 2 per cent aqueous mercurochrome for five to ten minutes. Rinse rapidly in tap and then distilled water. Blot off excess water.
(5) Cover film with stain described above (6 drops) for five to ten minutes.
(6) Rinse off stain as rapidly as possible and blot and dry immediately or, alternatively, simply blot and dry without rinsing.

HOSOKAWA (vgl. TENYI TANIGUCHI und Mitarbeiter) hat 1934 eine Abänderung der Original-Giemsafärbung angegeben, die das Virus stärker färbt.

Die entsprechend angelegten und trockenen Ausstriche werden auf 2 Minuten in folgende Fixierflüssigkeit eingelegt:

Reiner Methylalkohol	100,0
Formalin („Original solution“)	5,0
Eisessig	1,0

Begießen der Objektträger mit 1%igem, wässerigem Eosin (Grübler B. A.) und Erhitzen über der Flamme auf $^1/_2$—1 Minute — für Pocken $^1/_2$ Minute, für Varicellen und Herpes aber 1 Minute — bis zum Beginn der Dampfbildung wie bei der Tbc-Färbung. Achtung auf Dampfblasen! Sorgfältiges Abspülen im Wasser. Für die weitere Färbung kann nun die Original-Giemsalösung

(1 Tropfen auf 1 ccm) benutzt werden oder die von HOSOKAWA angegebene Lösung, welche bessere Resultate geben soll. Diese Lösung besteht aus:

Eosin-Methylenblau	4,0 g
Azur 1	0,8 „
Kristallviolett	0,05 „

in 500 ccm einer $\overline{aa}$ Mischung von Methylalkohol und Glycerin. Davon 1 ccm mit 50 ccm dest. Wasser verdünnt. Das mit Eosin vorgefärbte Präparat wird auf 30—40 Minuten oder länger, je nach der Raumtemperatur, mit der obigen Lösung gefärbt, gewässert und an der Luft getrocknet. Man kann damit die leicht färbbaren Virusarten, wie Vogelpocken, Molluscum, Pocken, Herpes, ohne Rücksicht auf ihre intra- oder extracellulare Lage färben, aber es ist nötig, die Färbedauer bei Herpes und Varicellen zu verlängern. Das Virus erscheint auf diese Art gefärbt rötlich bis bläulich purpurn.

In der Wiener Impfstoffgewinnungsanstalt wurde die Färbung nachgeprüft; wir können es bestätigen, daß das Virus stärker gefärbt ist als mit der Original-Giemsamethode, doch sind auch die Zellen weit derber und satter mit Farbe imprägniert, wodurch einer der wesentlichsten Vorteile der Original-Giemsafärbung verloren geht. Unsere Erfahrungen mit dieser Färbung sind jedoch zu jung, um uns zur endgültigen Kritik berechtigt zu fühlen.

An dieser Stelle möchte ich noch zwei Verfahren der Virusfärbung erwähnen, das von J. THIM und jenes von LENTZ. Ersteres ist mir deshalb besonders bekannt, weil der Autor damit jahrelang in der von mir geleiteten Anstalt seine Ausstriche von genitaler Einschlußblennorrhoe gefärbt hat. Sein Farbstoff lehnt sich an die Giemsafarblösung an und ist von Dr. HOLLBORN-*Leipzig* zu beziehen.

Der angefertigte Ausstrich wird auf zwei sterile Objektträger oder Deckgläser in dicker Schicht ausgestrichen und durch 1—2 Wochen lufttrocken aufbewahrt. Die Objektträger oder Deckgläser werden dann mit den Abstrichen aufeinander gelegt und in eine sterile Petrischale gegeben. Man bedeckt die Ausstriche mit gekochtem Wasser und legt die Petrischale in einen Brutofen von 35—37° C und läßt die Abstriche 5—8 Tage darin liegen. Dann werden sie herausgenommen und 20—30 Sekunden mit unverdünnter THIMscher Farblösung gefärbt; man kann dafür auch die unverdünnte Giemsalösung benutzen. Der gefärbte Abstrich wird nun mit dest. Wasser kurz und gelinde abgespült und schnell durch die Acetonxylolreihe, allenfalls mit Hilfe einer Brücke unter dem Mikroskop durchgeführt und in neutralen Kanadabalsam (D. HOLLBORN) eingebettet.

Die damit erzielten Färbeergebnisse sind ganz ausgezeichnete, nur wage ich es nicht zu entscheiden, ob sie in erster Linie dem Färbeverfahren selbst oder der nur ganz wenigen Menschen vergönnten, kaum übertrefflichen Geduld des Autors zu verdanken waren.

Der Protoplasmaleib der Zellen färbt sich nach der THIMschen Methode lichtblau, der Kern rot, die dicht gesäten Elementarkörperchen rot.

Das zweite Verfahren, jenes von LENTZ, hat der Autor besonders für die Färbung von Lyssapräparaten angegeben. Die Stellung des Erregers der Lyssa im System ist noch unsicher. Nach SCHWEINBURG darf man annehmen, daß „die wohl aus unsichtbaren Vorstufen entstehenden kleinsten BABES-KOCHschen kokkenartigen Gebilde die erste, gerade sichtbare Phase der Entwicklung sind. Es ergibt sich aber kein Anhaltspunkt dafür, daß der Erreger in die Gruppe der Chlamydozoen einzureihen wäre. Für seine Darstellung sind eine große Anzahl von Färbungen, sowohl in Schnittpräparaten als auch in Ausstrichen angegeben worden, die in den einschlägigen Arbeiten von KRAUS, GERLACH, SCHWEINBURG, PAUL und SCHWEINBURG, LUBINSKI und PRAUSNITZ und bei JOSEF KOCH nachzulesen wären. Zur Darstellung der BABES-KOCHschen Granula und zum genaueren Studium der feinen Struktur der NEGRIschen Körperchen eignen sich am besten die Färbungen von LENTZ und SCHÖNWETTER sowie die Färbemethoden von HEIDENHAIN und KROGH; sie sind in dem Kapitel über die Einschluß-Körperchen (FINDLAY, dieses Handbuches) einzusehen.

Alle Färbeverfahren, die sich der Komponenten der Giemsafärbung bedienen, geben vortreffliche Bilder, weshalb ich mich diesbezüglich vollkommen dem Urteil eines bekannten Mitarbeiters GIEMSAS anschließe:

„Ein ausgezeichnetes Hilfsmittel für die Untersuchung der Einschlußstruktur und die Darstellung der leichter färbbaren Virusarten ist auch in der Virusforschung die für die Protozoologie und Haematologie unentbehrliche Giemsafärbung." (NAUCK.)

f) Weitere Verfahren der Virusfärbung.

In jahrelangen Versuchen hatten sich TENYI TANIGUCHI und seine *Mitarbeiter* bemüht, ein besonders geeignetes elektives Verfahren für die Virusfärbung ausfindig zu machen. An der Paschenfärbung kritisieren sie, daß ihnen die Bildung von kolloidalen Granulationen und Farbstoffniederschlägen die Unterscheidung der Viruselemente nicht ermöglicht habe.

Sie versuchen deshalb eine an dem Erreger der Peripneumonie ausprobierte Färbung anzuwenden und empfehlen ein Verfahren, für das folgende Reagenzien nötig sind:

1. Reines Aceton (Merck).
2. Formalin (mordant, liquid).

Im neutralen konzentrierten Formalin wird 1% Cadmiumjodid aufgelöst, so daß eine gelbliche Trübung entsteht. Der Lösung wird konz. Salzsäure zugeführt, bis die Trübung verschwindet.

3. 1%ige wässerige Eosinlösung.

0,2 g Eosin werden in 10 ccm Alkohol gelöst, 5,0 ccm konz. Formalin zugefügt und auf 200 ccm aufgefüllt, womit man eine klare orangerote Flüssigkeit erhält.

4. Karbolfuchsinlösung.

a) Der trockene Ausstrich kommt in das Reagens 1 für einige Sekunden bis zu 1 Minute, je nach seinem Alter. Für alte Ausstriche genügen einige Sekunden, jüngere Ausstriche brauchen 1 Minute, bis sie entfettet sind. Dann wird das Präparat behutsam gewaschen.

b) Darauf Einlegen in die Beize 2 auf 1,5—2 Minuten, dann waschen.

c) 30 Sekunden gefärbt in Lösung 3.

d) Nachfärbung in Reagens 4 auf wenige Sekunden, dann waschen und trocknen.

Am geeignetsten finden die Autoren Präparate, die 7 Tage alt sind; sind sie aber ein Monat alt, so sollen sie vorerst auf 15—30 Minuten in physiologische Lösung eingelegt werden.

Eine weitere Methode der Elementarkörperchenfärbung besteht in der Anwendung der Mitochondrienfärbung nach HEIDENHAIN, für die die Autoren folgende Vorschrift angeben:

1. Die Präparate werden auf 3 Stunden bei 60° in folgende Lösung eingelegt:

Alkohol absolut........	30,0 ccm
Sublimat..............	4,0 g
Aqu. dest.	60,0 ccm

Hierauf 5 Minuten waschen.

2. 5 Minuten einlegen in Jodalkohol und 5 Minuten waschen.

3. Einlegen auf 10 Minuten in 0,25%iges Natriumthiosulfat und 5 Minuten waschen.

4. Einlegen in 2,5%ige Lösung von Eisenalaun auf 12 Stunden und waschen.

5. Färben mit HEIDENHAINschem Eisenhämatoxylin für 24 Stunden und differenzieren in 2,5%igem Eisenalaun.

Bei dieser Färbung erscheinen die Elementarkörperchen graublau. Eine kleine Abänderung dieses Färbeverfahrens besteht darin, daß man die eben genannte Färbung im Punkt 4 durch die übliche Färbung mit Fuchsin über der Flamme ersetzt.

Das Differenzieren erfolgt in alkoholischer Pikrinsäurelösung. Auch die *Gramfärbung*, die, in üblicher Weise ausgeführt, die Elementarkörperchen ungefärbt läßt, kann zur Darstellung von Mikroben verwendet werden.

Näheres darüber wäre im Original nachzulesen.

Nicht ganz uninteressant ist es, daß die Autoren die Färbbarkeit der Elementarkörperchen je nach ihrer Herkunft verschieden finden, Unterschiede, die bei der Färbung nach PASCHEN oder MOROSOW nicht vorhanden sind. So halten sie z. B. die Färbung von Vaccinepräparaten, welche von Rindern stammen, nach der Giemsamethode für leicht, von Kaninchen für sehr schwer. Pockenmaterial soll leichter zu färben sein.

Haben die Elementarkörperchen, die mit einer für Farben schwer durchdringlichen Kapsel umgeben sind, einmal die Farben angenommen, so halten sie diese auch relativ fest und können nicht so leicht durch Alkohol, Aceton, Pikrinsäure u. dgl. entfärbt werden. Für die Differentialdiagnose gegen mitgefärbte Granula verschiedenster Herkunft ist dieser Behelf wichtig.

Im gleichen Jahre (1932) empfehlen die Autoren noch einen anderen Vorgang:

Es werden möglichst zarte Ausstriche von virushaltigem Material vorgenommen. Dabei bedient man sich des Verfahrens, das bereits auf S. 257 beschrieben worden ist. Diese Ausstriche läßt man 24—48 Stunden oder länger trocknen. Das darauffolgende Färbeverfahren ist ein verhältnismäßig umständliches und langwieriges:

I. Die Ausstriche werden auf 1 Minute in folgende Lösung gelegt:

0,5 g NaOH,
0,5 ,, Na_2CO_3,
10 ccm Aqu. dest. (Im Original d'eau) ad 100,0 ccm Alkohol absol.

II. Darauf behutsames Abspülen in Wasser (à l'eau).

III. Einlegen auf 1 Minute in folgende Lösung:

2,0 ccm H_2SO_4 konz.
10,0 ,, Aqu. dest. (Im Original d'eau.)
ad 100,0 ,, Alkohol absol.

IV. Darauf behutsames Abwaschen im Wasser (à l'eau), um alles abzuschwemmen, was sich in der Säure und Alkali gelöst hat.

V. Beizen auf 1 Minute mit:

5,0 g ZnJ_2 oder 5,0 g Cd, J_2
0,5 ,, Jod
100,0 ccm Alkohol absol.

VI. Abspülen in Wasser (à l'eau).

VII. Neuerliches Beizen (? Ref.) durch 30 Sekunden mit:

1,0 Eosin wasserlöslich,
1000,0 ccm Aqu. dest. (Im Original solut. aqueuse d'eosine.)

VIII. Abspülen im Wasser (à l'eau).
IX. Einige Sekunden mit ZIEHLschem Karbolfuchsin färben.
X. Abspülen im Wasser (à l'eau).
XI. Differenzieren in reinem Aceton.

A. BORREL und E. PASCHEN haben zu den Arbeiten der japanischen Autoren Stellung genommen. So bezweifelt es BORREL, daß diese Färbung schönere Bilder gibt als die mit Eisentannat — eine gute Technik vorausgesetzt. Auch M. WROBLEWSKI hatte (1931) das Zinkjodid für seine Studien über die Erreger der Peripneumonie und der Agalaktie angewendet. Die von ihm und den Japanern kritisierte Beizung mit Eisentannat brauche keine Niederschläge zu geben, wenn die Ausstriche gut angelegt sind. Das Wesentliche sei das Anpassen der Technik an jeden einzelnen Fall. Die von dem Autor benutzten Gewebsschleier, welche wie Abzugsbilder an den Wänden des Kulturschalenbodens haften, geben bei Beizung nach LÖFFLER und Färbung mit Karbolfuchsin tadellose Virusbilder und haben sich bei Molluscum, Vaccine, Herpes, Maul- und Klauenseuche zur färberischen Darstellung des Virus bestens bewährt.

PASCHEN findet, daß die Viruselemente nach der Taniguchifärbung kleiner und schwächer gefärbt sind als nach der Behandlung mit Löfflerbeize und Färbung mit Karbolfuchsin, da bei diesem Verfahren Farbstoff angelagert werde. Auch stellt der Autor eine elektive Färbung in Abrede, weil neben den Elementarkörperchen, u. zw. in derselben Farbtönung, auch Eiweißpartikelchen mitgefärbt werden, es handle sich somit nicht um einen wesentlichen Fortschritt in der Färbetechnik.

g) Die Virusfärbung mit Viktoriablau. HERZBERG.

Alle Beizverfahren, insbesondere aber die zwei hauptsächlich verbreiteten, jenes von PASCHEN und das von MOROSOW, bedeuten für die Zellstruktur einen nicht unwesentlichen Eingriff und es hängt sehr viel von der Übung und Erfahrung ab, ob man die Färbung richtig trifft oder nicht.

HERZBERG hat sich deshalb bemüht, andere Farben, insbesondere solche, die dem chemischen Aufbau der Viruselemente mehr Rechnung tragen, für ihre Darstellung heranzuziehen. Diesen Forderungen entspricht das Viktoriablau. Es ist nicht das erstemal, daß dieser Farbstoff empfohlen wird. Bereits v. PROWAZEK hat ihn verwendet und in den Zwanzigerjahren beschäftigten sich H. MÜHLPFORDT und J. SCHUHMACHER eingehendst damit. 1930 erwähnt LIPSCHÜTZ die Viktoriablaufärbung nach Beizung in RUGEscher Lösung als eigenes, bisher noch nicht veröffentlichtes Verfahren.

Von den ersterwähnten Autoren hat H. MÜHLPFORDT diesen Farbstoff in der Färbetechnik als unentbehrlich bezeichnet und vorerst zur Färbung von Syphilisspirochaeten und später zur Färbung der Erreger der PLAUT-VINCENTschen Angina und des KOCHschen Tuberkelbacillus verwendet. Das Viktoriablau 4 R in 3%iger Lösung färbt, wobei es sich um eine besondere Affinität dieses Farbstoffes für Lipoproteide handeln dürfte, diese Keime tief dunkelblau. Die von HERZBERG angegebene Virusfärbung dürfte derzeit wohl die einfachste Methode sein eine Virusfärbung ohne Fehlschläge zu erhalten, richtige Farben einer zuverlässigen Firma vorausgesetzt.

Die Farblösung wird wie folgt hergestellt:

9 g Viktoriablau 4 R hochkonzentriert (Bayer standard. der Firma Dr. Karl Hollborn, Leipzig) werden in 300 ccm Aqu. dest. gelöst. Die Farblösung wird $^1/_2$ Stunde im Wasserbad auf 60° erwärmt. Man füllt eine braune Flasche damit und läßt die Lösung 14 Tage stehen.

Die Farblösung ist vor jedem Gebrauch durch ein feuchtes Filter zu filtrieren. Zur Färbung werden z. B. von dem nach der Infektion des Brustmuskels mit Kanarienvogelvirus entnommenen gelblichen Ödem möglichst dünne Ausstriche nach Art der Blutausstriche angelegt und 24 Stunden trocknen gelassen. Färbung ohne weitere Vorbehandlung durch einfaches Übergießen mit der 3%igen Viktoriablaulösung 5 Minuten lang. Farbe abgießen. Abspülen 30 Sekunden in *Aqua destillata*. Klarspülen, wieder 30 Sekunden im zweiten Glas mit *Aqua destillata*.

Am Ausstrichrand liegen Histiocyten mit großem violettem Kern. In ihrem Plasma sieht man helle Virusblasen, durch deren Platzen das blauviolett gefärbte Virus in Haufen frei wird. Gelegentlich ist es in derartigen Ausstrichen gleichmäßig über das Gesichtsfeld zerstreut. Die Elementarkörperchen sind gleich groß und zeigen zuweilen Doppel- und Dreifachlagerung.

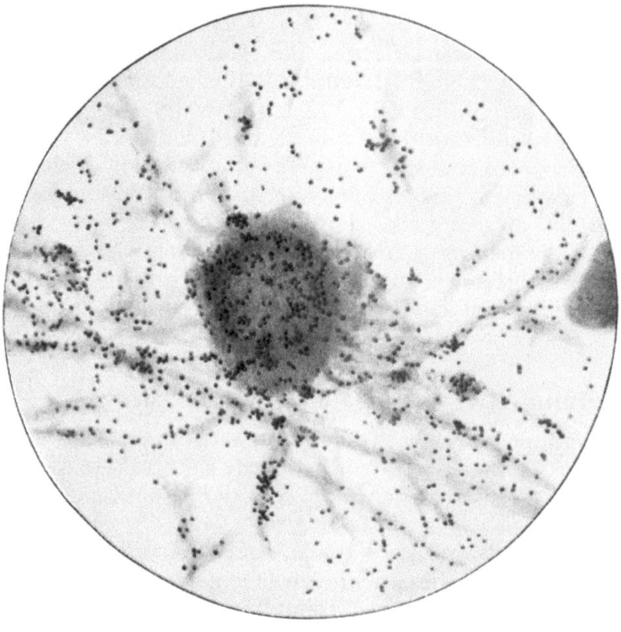
Abb. 6. Klatschpräparat; vaccinierte Kaninchenornhaut, 72 St.; Herzbergfärbung.

Für die Darstellung der Paschenkörperchen empfiehlt der Autor Klatschpräparate von der geimpften Hornhaut nach 72 Stunden zu gewinnen und sie 24 Stunden an der Luft trocknen zu lassen (Abb. 6).

Dann Einstellen des Objektträgers 10 Minuten senkrecht in Aqua destillata und 1 Stunde bei 37° trocknen lassen. Färbung 5 Minuten mit 3%igem Viktoriablau 4 R und klarspülen 2mal je 30 Sekunden in Aqua destillata.

An den Randteilen der Gewebestücke, wo der Grund heller ist, tritt das Virus in Form kleiner, violettblauer Punkte scharf hervor. Soll das Virus dunkler gefärbt werden, so füge man zu 10 ccm Viktoriablau 0,3 ccm 10%ige Weinsäurelösung hinzu.

Für die Darstellung des Ektromelievirus entfernt man etwa 4—5 Tage p. i. die Haut über dem geschwollenen Gewebe und streicht mit dem gereinigten Objektträger über die Wundfläche. Die Präparate werden 24 Stunden an der Luft getrocknet. Die Färbung mit Viktoriablau erfolgt 10—20 Minuten lang ohne weitere Vorbehandlung. Darauf klarspülen 2mal je 30 Sekunden in dest. Wasser. Das Virus ist kleiner als jenes der Variola und der Kanarienvogelkrankheit, blasser gefärbt, entzieht sich daher leicht dem oberflächlichen Blick, da sich auch kleinste Gewebefetzen mitfärben. Hier und da sieht man Häufchen von Elementarkörperchen, die sich um hellblau gefärbte Schollen gruppieren und, je nachdem die Färbung gelingt, heller oder dunkler gefärbt sind.

Wesentlich schwieriger ist die Darstellung des Varicellenvirus. Die Varicellenpustel wird im ersten Eruptionsstadium angeritzt und der austretende Zellsaft auf einem entsprechend gereinigten Objektträger hauchdünn ausgestrichen. Befinden sich Zellen im Präparat, so ist dies vorteilhaft, weil sich das Virus um die Zellen lagert. Lufttrocknen 24 Stunden. Die *nicht vorbehandelten* Präparate werden 20 Minuten mit Viktoriablau 4 R gefärbt und wie oben beschrieben klar gespült. Das Virus findet man selten frei über das Gesichtsfeld zerstreut, es ist an die Nähe von Zellen gebunden, wo man kleine Virusanhäufungen findet: sie liegen auf klarem Grunde im oder an dem schattenhaft gefärbten Plasma. Soll das Virus im freien Gesichtsfeld dargestellt werden, so sind die Ausstriche 3 Minuten in 60° warme, gesättigte Weinsäurelösung zu stellen, dann wie oben beschrieben klarzuspülen und 10 Minuten bei 37° mit 3%igem Viktoriablau zu färben, dem auf 10 ccm 0,5 ccm gesättigte Weinsäurelösung zuzufügen ist. Darauf klarspülen mit *Aqua destillata* wie oben. In gleicher Weise wie das Vaccinavirus wird das Herpesvirus für die Ausstriche gewonnen. Nach 24stündigem Lufttrocknen werden die Präparate 10 Minuten senkrecht in *Aqua destillata* gestellt, 1 Stunde bei 37° getrocknet, 30 Minuten mit Viktoriablau gefärbt und klar gespült. Sie nehmen die Farbe nur sehr schwach an und erscheinen als blaßviolette Körperchen, die in der Nähe von Zellen deutlicher sind. Ihre Größe entspricht jener der Paschenkörperchen.

Für die *Kontrastfärbung*, die beim Kanarienvogel- und Variolavaccinavirus das Zellplasma, den Zellkern und das Virus in den verschiedenen Farben darzustellen gestattet, gibt der Autor Weisungen, die im Original nachzulesen sind. Mit ihrer Hilfe soll es gelingen, sehr schöne bunte Bilder zu erhalten, die für Demonstrationszwecke sehr geeignet sind. Eine Förderung in der Erkenntnis der Genese der vorliegenden Veränderung ist von ihnen kaum zu erwarten. „Die Fixierungen und Beizungen führen zum Teil zu Veränderungen im Untergrund und lassen allerlei Eiweißgerinnsel die Farbe stärker annehmen. Hierin liegt eine Hauptschwierigkeit der bisherigen Methoden, deren Überwindung von der Güte der Beizen, richtiger Erwärmung, genügendem Differenzieren und vielen anderen Umständen abhängt.

Mit Viktoriablau 4 R färbt man Pocken und Geflügelpocken ähnliche Vira ohne weitere Vorbehandlung in 5—10 Minuten. Die Färbung ist so einfach wie die eines Staphylokokkenausstriches. Man erhält fast in 100% gute Präparate. Mit den Beizmethoden war das bisher nicht möglich.

3%ige Viktoriablaulösung färbt die Vira *ungleich schnell*, u. zw. ordnen sie sich in folgender Reihenfolge: Kanarienvogelvirus in 1—3 Minuten, Vaccinavirus 3—5 Minuten, Ektromelie 10 Minuten und Varicellen (nur in der Nähe von Zellen) 10—20 Minuten. Es sind die Zeiten genommen, mit denen gerade eine deutliche Färbung erreicht wird. Praktisch geht daraus hervor, daß ein Virus, das sich in 5 Minuten deutlich darstellen läßt, kein Varicellenvirus sein kann. Ich hoffe, daß auf diese Weise eine mikroskopische Differenzialdiagnose zwischen Varicellen und Variolois möglich sein wird."

„Wenn im Varioloispustelinhalt auch nur der zehnte Teil der Virusmenge enthalten ist wie in einer Vaccinepustel, dann muß sich die Diagnose auf Pocken durch die Viktoriablaufärbung in wenigen Minuten stellen lassen."

„Die Vira färben sich mit Viktoriablau ungleich gut. Das Kanarienvogelvirus und Pockenvirus nehmen eine dunkelviolette, das Ektromelievirus eine mattere blaue, das Varicellenvirus selbst in halbstündiger Färbezeit nur in der Nähe von Zellen eine violette Farbe an. Hierin offenbart sich wohl eine verschiedene chemische Beschaffenheit der Vira. Es ist früher von verschiedenen Seiten darauf hingewiesen worden, daß bei den Beizmethoden zwischen rotgefärbten Eiweißniederschlägen und rotgefärbtem Virus, besonders wenn es einzeln lag, nur schwer zu unterscheiden sei. Bei Viktoriablaufarbe lassen die gleichmäßige Korngröße und die charakteristische Farbtönung der E. K. erkennen, wo wir es mit Virus und wo mit Niederschlägen, die beim Viktoriablau blauschwarz und verschieden groß sind, zu tun haben."

Die Viktoriablaufärbung leistet gewiß Ausgezeichnetes in der Virusforschung und ist zu einem unentbehrlichen Hilfsmittel für dieses Arbeitsgebiet geworden. Aber auch für sie gilt wie für jede andere Färbung, daß für das Gelingen in erster Linie die praktische Erfahrung des Arbeiters maßgebend ist. Ob sich die von HERZBERG angegebenen Zeiten für die Färbungen der verschiedenen Virusarten so genau werden einhalten lassen, bedarf noch der Bestätigung. Zweifellos muß man in vielen Fällen sehr viel länger färben. Wenngleich sich das Virus anders zu färben scheint als unspezifische Granula, so ist deren Unterscheidung doch nicht so ganz einfach, und es gibt Präparate, in denen auch Granula gleichgefärbt werden, die mit Virus nichts zu tun haben. Man darf auch nicht vergessen, daß nicht alle in den Handel gebrachten Viktoriablaufarben gleichwertig sind. So sieht man derzeit bereits mehrere, die alle dem gleichen Zwecke dienen sollen, daß also vorläufig wenigstens noch etwas Vorsicht geboten ist. Insbesondere dürfte es nicht unbedenklich sein, aus einem *Variolois*ausstrich eine sichere Diagnose zu stellen. Bekanntlich ist in den meisten abortiven Effloreszenzen nur sehr wenig Virus vorhanden, man kann also nicht immer mit jenen Mengen von Elementarkörperchen rechnen, die erforderlich sind, um die Verantwortung für eine richtige Diagnose gerade in einem derartigen Falle zu übernehmen. Trotz einer langjährigen Praxis auf diesem Gebiete möchte ich das gerne einem Erfahreneren überlassen.

Das Verfahren von HERZBERG hat bereits zu einer Reihe von höchst wertvollen Aufschlüssen über die Beziehungen des Virus zu den befallenen Zellen ermöglicht. So berichtet der Autor über den Vorgang der Vaccinavirusvermehrung in den Zellen der Eihaut des Hühnerembryos. Die nach dem Verfahren von TANIGUCHI und HOSOKAWA (siehe oben) angefertigten Ausstriche zeigen, daß auf dem beschickten Objektträger viele Einzelzellen auf vollkommen klarem Grunde liegenbleiben. Man läßt nun die Präparate 48—72 Stunden, jedoch nicht länger, an der Luft trocknen und färbt sie dann ohne Fixierung mit einer 3%igen Lösung von Viktoriablau 4 R hochkonzentriert, der auf 10 ccm 0,5 ccm konz. Zitronensäure frisch zugesetzt worden sind.

Auf diese Art gelingt es, die Anwesenheit von E. K. im infizierten Gewebe bereits nach 8—10 Stunden post infektionem darzustellen und ihre Vermehrung in den Herden der Chorion Allantois schrittweise zu verfolgen. Interessant ist etwa 18 Stunden nach der Infektion der färberische Nachweis von schwarzblau gefärbten „Kugeln", die in der Nähe des Zellkernes liegen und sich von den E. K. durch ihre satte tiefblaue Farbe auszeichnen, während die Einzelelementarkörperchen wenigstens innerhalb der Zellen heller und mehr rotviolett gefärbt sind. Entfärbt man die Ausstriche mit 1% Salzsäurealkohol 1 Minute lang und legt man sie auf 2—4 Stunden in 15% Kochsalzlösung, ein Verfahren zur Aufhellung, das bereits HÜCKEL angewendet hat, so tritt an die Stelle der schwarzblauen Kugeln eine kleine Gruppe von Körnchen, die noch von einer Hülle umgeben ist. Es ist aber immerhin möglich, daß die ursprünglich mit einer Hülle umgebenen E. K., welche die virusbefallene Zelle beistellt, bei Übersättigung mit Virus platzt und daß schließlich sowohl freies als auch in Kugeln verstautes Virus aus der Zelle in die Umgebung „wie Samen aus einer Kapsel" ausgestoßen wird. Es wäre nicht unmöglich, daß diese Kugeln mit den von MOROSOW beschriebenen „gigantischen Formen" von Paschenkörperchen identisch sind, doch scheint ihre satte Färbung dagegen zu sprechen.

Hier sei darauf hingewiesen, daß KAISER und VONWILLER nach supravitaler Färbung mit Phloxin-Wasserblau derartige Gebilde im Auflichte des Ultropak von LEITZ beobachtet, beschrieben und photographisch wiedergegeben haben. Auch in diesen Fällen, die wohl als die schonendste Färbung vaccinaler kornealer Effloreszenzen und noch dazu im supravitalen Gewebe bezeichnet werden darf, zeigen sich Gebilde, die ohne weiteres mit den von K. HERZBERG beschriebenen und vielleicht auch von MOROSOW beobachteten „gigantischen Formen" von P. K. identisch sein könnten. Mit ersteren haben sie die gleiche Färbbarkeit gemeinsam. Es dürfte sich empfehlen, diese Versuche, welche bisher aus äußeren Gründen nicht weiter verfolgt werden konnten, unter Anwendung von Viktoriablau wieder aufzunehmen und unter Benutzung der seither auf dem Gebiete der cytologischen Vaccineforschung gewonnenen Erfahrung zu wiederholen. Die überraschend anschaulichen und prächtigen Bilder werden die Mühe der nicht ganz einfachen Technik reichlich lohnen.

Intravital lassen sich auch die Elementarkörperchen bei Gelbsucht der Raupen nach v. PROWAZEK mit Azur-II-Brillantkresylblau, 1% Neutralrot-Methylenblau färben. Farbe auf Objektträger dünn ausstreichen, antrocknen lassen, darauf das Untersuchungsmaterial geben und sofort untersuchen (G. SEIFFERT).

Auch andere Autoren finden die Herzbergfärbung ausgezeichnet. E. HAAGEN und M. KODAMA konnten E. K. mit größter Regelmäßigkeit auch in Gewebekulturen nachweisen: das gleiche gelang K. SCHMIDT mit Ausstrichen von Testis, Milz, Niere, Leber, Netz und Bauchfell bei intratesticular geimpften Kaninchen, während bei plantar geimpften Meerschweinchen der Nachweis in den Organen nicht möglich war.

Hingegen hatten Präparate von Herpes auf E. K. gefärbt kein eindeutiges Ergebnis. Von besonderer Wichtigkeit scheint es mir, daß H. EYER Paschenkörperchen nach intracerebraler, intraperitonealer, intravenöser und subcutaner Injektion in den meisten Organen nach HERZBERG nachweisen konnte, daß ihm dieser Nachweis im Gehirn jedoch *nur nach intracerebraler Injektion* gelang. Gehirn scheint für den Virusnachweis nicht ganz so geeignet zu sein, da vor allem in unklaren Fällen die mitunter auftretenden lipoidartigen Niederschläge bei der Herzbergfärbung mit Viktoriablau den Elementarkörperchen täuschend ähnliche Gebilde entstehen lassen. Diese „Pseudokörperchen" sind aber durch ihre schwache Färbung von den wirklichen Paschenkörperchen in der Regel unterscheidbar. Bei seinen Untersuchungen hat der Autor den Grundsatz aufgestellt, alle außerhalb der Protoplasmazone befindlichen Granula nicht als E. K. anzusprechen, auch wenn sie sich — was beim Gehirnausstrich des öfteren zu beobachten war — zu mehreren in Pseudokolonien vereinigt fanden: die zwar nicht ganz so häufig innerhalb des Protoplasmasaumes gut erhaltener Zellen angeordneten E. K. haben dafür einen absolut sicheren diagnostischen Wert. In der Wiener Staatsimpfanstalt ist uns der Nachweis von P. K. im Gehirn niemals gelungen, u. zw. mit keiner Methode, obwohl wir schon der Fälle von postvaccinaler Encephalitis wegen wiederholt in dieser Richtung bestrebt waren. Auch E. PASCHEN hat diesen Nachweis nicht führen können (schriftliche Mitteilung).

Im übrigen ist es durchaus zu bestätigen, wenn H. EYER darauf hinweist, daß der Virusbefall des Organismus bei Vaccina nicht nur durch den Tierversuch, sondern auch färberisch oder im histologischen Präparat charakterisiert werden kann.

Es sei noch bemerkt, daß im vorigen Jahr (1937) auch M. GUTSTEIN, ohne auf die Herzbergfärbung Bezug zu nehmen, das Viktoriablau 4 R empfohlen hat. Ich erwähne seine Färbung nur deshalb, weil er dem Farbstoff im Gegensatz zu HERZBERG weder Weinsäure noch Zitronensäure, sondern Kalilauge zusetzt. Sein Rezept lautet:

Lösung A.

Viktoriablau 4 R	1,0
Alkohol	10,0
Dest. Wasser	90,0

Diese Lösung A wird bei der Färbung $\overline{aa}$ mit einer Lösung B, bestehend aus 0,02% KOH verdünnt, und es sind die Präparate wie bei der Giemsafärbung zu behandeln, indem man sie über Nacht bei Zimmertemperatur mit der Schichtseite nach unten der Farbe aussetzt. Dann spülen mit dest. Wasser. Die E. K. sind dunkelblau gefärbt.

Der Autor verwendet noch eine andere Farbe in alkalischer Lösung, u. zw. 1% Methylviolett in dest. Wasser, Lösung A, und 2% $NaHCO_3$, Lösung B. Die gereinigten Objektträger werden beschickt, das anhaftende Proteïn entwässert. Fixierung in Methylalkohol, Einlegen in eine Petrischale, übergießen mit Mischung von Lösung A und B $\overline{aa}$. In der zugedeckten Petrischale, 20 bis 30 Minuten bei 37° färben. Die E. K. sind leicht violett.

h) Färberischer Virusnachweis im Gewebe nach TUREWITSCH.

Im histologischen Schnitt gelingt der Nachweis von E. K. nur mit größten Schwierigkeiten. Es ist das leicht begreiflich, weil die dünnsten Schnitte, die man z. B. von Hornhäuten machen kann, 3 μ, höchst selten 2 μ dick sind. Das ist immerhin mehr als der 10fache Durchmesser eines P. K. Man sollte nun meinen, bei der Fülle solcher Elemente, die man in Ausstrichen findet, wenigstens ihr Vorhandensein auch in Schnitten nachweisen zu können. Leider gelingt das nur sehr unsicher und es gehört schon viel Optimismus dazu, kleinsten Granulis im dicken Gewebe einen bestimmten spezifischen Charakter zuzusprechen.

E. J. TUREWITSCH hat sich mit dieser Aufgabe beschäftigt.

Nach Entfernung des vaccinierten Auges wird der Bulbus mittels phys. Lösung von Blutspuren befreit, in 100—200 ccm der etwas modifizierten HELLY-MAXIMOWschen Fixierflüssigkeit getaucht. Diese hat folgende Zusammensetzung: „In 100 ccm dest. Wassers werden 25 g Kalibichromat, 10 g schwefelsaures Natrium und 50 g Sublimat gelöst. Zum Filtrat dieses Gemisches wurden vor dem Gebrauch auf je 100 ccm 10 ccm neutrales Formalin und 5 ccm einer 1%igen Lösung von salpetersaurem Uran hinzugefügt. Die Augen wurden in der Fixierflüssigkeit gewöhnlich bis zum nächsten Tag belassen, worauf ihre Waschung in Leitungswasser in der Dauer von 24 Stunden vor sich ging."

Die Fixation nach MAXIMOW gibt weniger gute Resultate.

Nach der Waschung in Leitungswasser wird die „Hornhaut vom Auge abgelöst, nach dem Strich oder der Einstichlinie in schmale Streifen geschnitten und durch flüssiges Zedernöl oder Tetrachlorkohlenstoff in Paraffin eingebettet. Während der Entwässerung der Stückchen wurden den ersten Alkoholkonzentrationen (50°, 60°, 70° und 80°) ein Jodaufguß hinzugefügt, bis sie die Farbe des Rotweines aufwiesen". Die höchstens 3—4 μ dicken Schnitte werden dann wie sonst üblich auf dem Objektträger aufgeklebt und vor ihrer Färbung einer konzentrierten Beizung unterzogen. Zu diesem „Zwecke werden sie vorerst auf 20—25 Minuten in eine frische 2,5%ige Eisenammoniakalaunlösung versenkt, darauf 10—15 Minuten lang im Leitungswasser vorsichtig gewaschen, auf 10 Minuten in eine 5%ige Tanninlösung getaucht, in der sie merklich dunkeln, und nach erneutem gründlichen Waschen in Leitungswasser in eine Lösung von Azur I der Firma Hollborn oder R.A.L. 1 : 5000 oder 1 : 10000 gelegt." In der

Farblösung bleiben die Schnitte bis zum nächsten Tag, werden dann mit Wasser gespült und nach 10—15 Minuten in eine gesättigte wässerige Pikrinsäurelösung getaucht, in der sie einen violetten Farbton annehmen, und nach kurzer Wasserspülung in eine 5%ige wässerige Tanninlösung gebracht, wo die Differenzierung erfolgt. Zur Erzielung einer guten Färbung dauert die Tanninbehandlung eine halbe bis eineinhalb Stunden.

Die Färbung ist nicht ganz leicht, erfordert Geduld und muß wie alle übrigen Färbemethoden geübt werden (Abb. 7).

In den gefärbten Schnitten findet man nach eigenen Erfahrungen folgendes Bild: Die BOWMANsche Kapsel, diffusblau bis blaugrün gefärbt, das Protoplasma der Zellen hellblaugrün, das Kernchromatin und die Guarnierikörperchen blauschwarz, meist aber tiefschwarz und vollkommen undurchsichtig und homogen. Die Zellgrenzen ganz scharf. Das Gesichtsfeld im infizierten Bezirk übersät von Guarnierikörperchen der verschiedensten Größe bis herab zur Virusgröße, so daß eine Unterscheidung, ob hier Virus- oder Guarnierikörperchen vorliegen, unmöglich ist. TUREWITSCH findet in den Epithelzellen des infizierten Bezirkes gewöhnlich die Anwesenheit kleinster auf der Sichtbarkeitsgrenze befindlicher, runder Körperchen von blasser Färbung und leicht violettem Einschlag und gleicher Größe. Infolge ihres äußerst geringfügigen Ausmaßes und ihrer blassen Färbung sind sie der Forschung nur mittels der besten Immersionobjektive zugänglich. Am wünschenswertesten ist ein Apochromat oder ein Fluoritsystem. 2—3 Tage nach der Infektion der Hornhaut findet man die Körperchen in den Zellen der Basalschicht, u. zw. meist an den Zellrändern. Die Ansammlung dieser Körperchen ist mitunter derart reich, daß sie eine kompakte Masse bilden. Gegen die Mitte der Zellen zu werden sie undichter und man kann ihre eigentümliche Größe, Form und mitunter paarweise Lagerung wahrnehmen. Die Abb. 7 zeigt naturgetreu ein derartiges Bild, in das allerdings mehrere Bildebenen hineinprojiziert sind. Die von TUREWITSCH beschriebenen P. K. haben wir niemals „mit leichtviolettem Einschlag“ gesehen. Ob die von uns nach sorgfältiger Darstellung erzielten kleinsten Granula überhaupt als Viruselemente zu deuten sind, möchten wir nicht glatt behaupten. Weiland Prof. PASCHEN, der in ein derartiges Präparat Einsicht nahm, teilte dem Verfasser mit, daß er eine Entscheidung darüber nicht zu treffen wage, obwohl er das Präparat für vorzüglich halte.

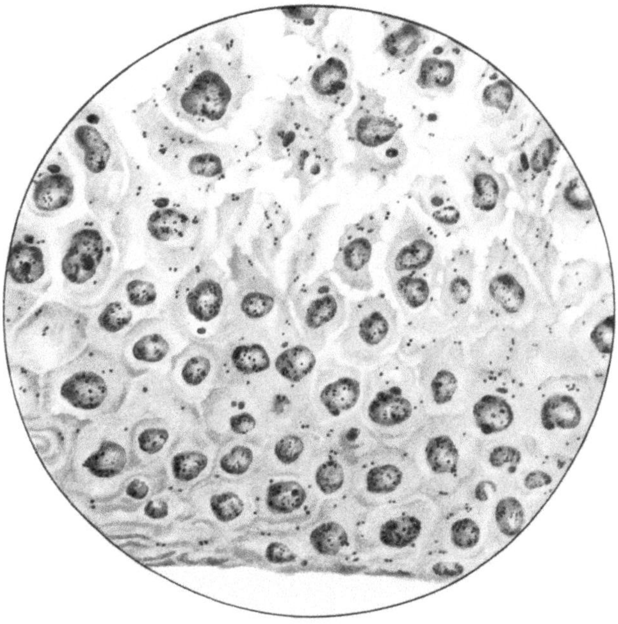

Abb. 7. Schnitt durch eine vaccinierte Kaninchenhornhaut, nach TUREWITSCH gefärbt.

i) Rickettsienfärbung nach CASTANEDA.

Eine besondere Stellung im System nehmen die „fieberhaften Allgemeinerkrankungen mit Beteiligung der Haut in Form von Exanthemen" (LUKSCH) ein. Bereits im Jahre 1913 konnte v. PROWAZEK in Serbien im Blute Fleckfieberkranker kleinste Gebilde wahrnehmen, die er als Chlamydozoen ansprach. Seine Befunde waren identisch mit jenen, die DA ROCHA LIMA im Darminhalt von Läusen fand, die am Fleckfieberkranken Blut gesogen hatten. Für die Färbung dieser nach RICKETTS benannten Mikroben sind verschiedene Verfahren angegeben worden, von welchen sich die Giemsafärbung und die *Castanedafärbung* bestens bewährt haben. Die an zweiter Stelle genannte, welche sich neben der Giemsafärbung auch für den Nachweis des Erregers der Psittacose eignet, sei hier im Original wiedergegeben (Abb. 8):

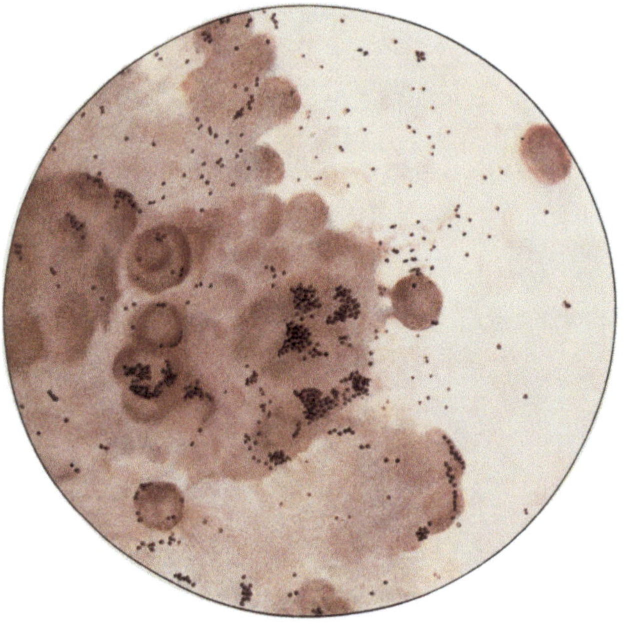

Abb. 8. Psittakosevirus — Peritonealausstrich — Maus; Castanedafärbung (F. GERLACH).

"Preparations of the tunica should be made as usual on clean slides by gently scraping the inner surface of the stripped tunica with a small eye scalpel and spreading the scraped material in a thin layer on the slide.

The stain used combines the principle of fixation and preliminary staining suggested by TILDEN for the staining of *Spirochaeta* pallida.

The buffer formaldehyde solution is prepared as follows: (*a*) 23,86 Gm. of sodium phosphate is dissolved in 1 liter of distilled water. (*b*) 11,34 Gm. of monopotassium phosphate is dissolved in 1 liter of distilled water. Eighty-eight parts of *a* are mixed with 12 parts of *b*, and the mixture is filtered through a BERKEFELD candle. To this is added 0,2 per cent of pure formalin as a preservative. The final buffer solution, before formalin is added, should have a reaction of p_H 7,6.

The preliminary stain is made as follows: 20 cc. of the buffer solution; 1 cc. formalin; 3 drops of LÖFFLER's methylene blue or 10 drops of 1 per cent aqueous methylene blue.

When I have used LÖFFLER's methylene blue, it has been prepared as follows: 21 Gm. of methylene blue U.S.P. is dissolved in 300 cc. of 95 per cent ethyl alcohol. This is allowed to stand over night. To it is then added 1 liter of distilled water containing potassium hydroxide, 1 : 10000. The methylene blue solution is most suitable after ripening for a week or longer.

In staining, the mixture of formalin, buffer and methylene blue is allowed to flow over the slide, and staining is continued for two or three minutes. The preparation is then washed in running water for thirty seconds. Counterstaining is done with an aqueous safranin solution for one or two seconds.

The mixture of methylene blue, buffer and formalin fixes and stains the entire smear blue. After washing, the safranin takes the place of the blue in the protoplasm and nuclei of the cells, while the *Rickettsia* bodies remain stained with the methylene blue.“

k) Virusähnliche Mikroben und ihre Färbung.

Noch soll eine Gruppe von Mikroorganismen Erwähnung finden, die möglicherweise zu den Virusarten zu rechnen ist, zu der jedoch die Fachwelt noch keine endgültige Stellung bezogen hat. LAIDLAW und ELFORD züchteten 1936 aus Abwässern, G. SEIFFERT 1937 aus Erde, Kompost u. a. filtrable Mikroten, von denen ich nur die von Letzterem beschriebenen kurz erwähnen will; Befunde, die von H. SCHMIDT nachgeprüft und bestätigt wurden, in die auch ich Einsicht genommen habe. Ich will sie erwähnen, weil sie in einem ihrer Entwicklungsstadien Eigenschaften aufweisen, die wir bei unseren Virusarten finden: Filtrabilität, Größe, Form, Färbbarkeit (Abb. 9).

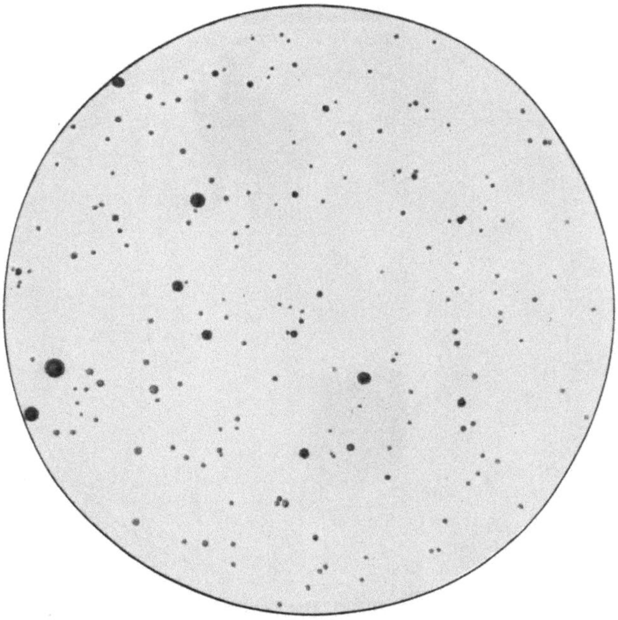

Abb. 9. Virus nach G. SEIFFERT; Karbolfuchsinfärbung (G. SEIFFERT).

G. SEIFFERT hat Erde, Kompost, welkes Laub, Dünger, Jauche mit Wasser verdünnt und aufgeschwemmt. Mit Traubenzucker, Haemoglobin erfolgte eine Anreicherung dieser Aufschwemmungen, die dann nach mehrtägigem Stehen bei Zimmertemperatur durch Membranfilter mit der Eichzahl 20—22 filtriert wurden. Auf Agarplatten mit Serum oder Aszites sowie Haemoglobinzusatz entwickeln sich nach einigen Tagen bei Zimmertemperatur kleinste tautropfenähnliche Kolonien, aus denen Klatschpräparate angefertigt werden, indem man Deckgläser auf die Kolonien auflegt. Die lufttrockenen Präparate werden mit der Schichtseite nach unten etwa 5 Minuten auf Sublimatlösung oder besser 5%iger Chromsäurelösung schwimmen gelassen. Dann werden sie gut mit Wasser abgespült und mit konzentrierter Karbolfuchsinlösung, die man bis zum Aufsteigen von Dämpfen mehrmals erwärmt, etwa 2 Minuten gefärbt. Außerdem ist eine Färbung möglich mit Giemsalösung, Eisenhaematoxylin, Viktoriablau, Karbolthionin, während eine Färbung mit Methylenblau, Gentianaviolett usw. schlecht gelingt.

Mikroskopisch sieht man neben verschiedenen anderen Formen auch große

Mengen von Körnchen, die an Elementarkörperchen erinnern, sich jedoch von diesen durch ihre Lagerung unterscheiden. In den Präparaten, die ich sah, von denen eines mit Karbolfuchsin gefärbt unter Abb. 9 wiedergegeben ist, sind Diplo-Hantelformen, kleine Ketten, Einzelformen mit Fädchen, wie sie für die landläufigen Virusarten charakteristisch sind, nicht zu finden. Es ist noch nicht sicher, ob die kleinen Formen durch Zerfall der großen hervorgehen und in welcher Art der hier möglicherweise vorliegende Entwicklungscyclus vor sich geht. Über die Reihung dieser Mikroben im System kann noch nichts Sicheres gesagt werden.

Die Befunde G. SEIFFERTS über seine scheinbar ubiquitär auftretenden Virusarten verschiedenster Herkunft erleichtern es mir, in vollkommen objektiver Weise zu weiteren Befunden überzugehen, über die F. GERLACH in letzter Zeit berichtet hat. Hier soll die äußerst komplizierte Frage nach ihrer wahren Natur nicht Gegenstand einer Besprechung sein, hingegen muß das färberische Verhalten dieser Methoden erwähnt werden, wozu mich auch persönliche Eindrücke, die ich sowohl in Planegg bei G. SEIFFERT als auch in Mödling bei F. GERLACH erhalten habe, veranlassen.

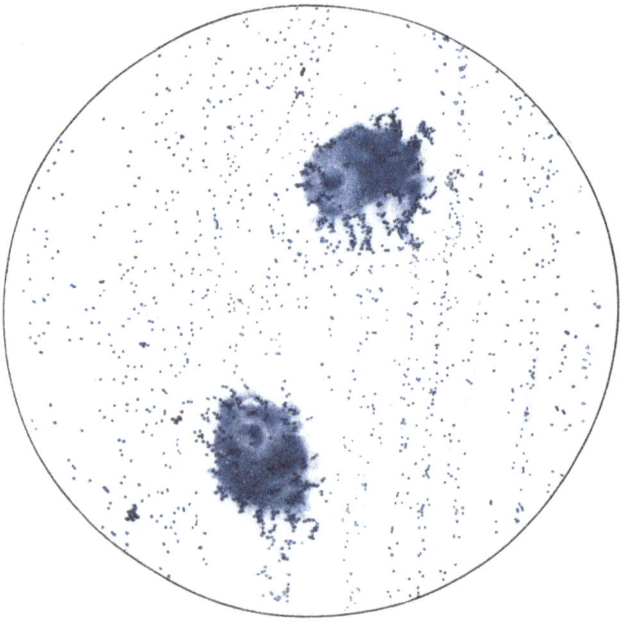

Abb. 10. Carcinomausstrich; Herzbergfärbung (F. GERLACH).

Es war unschwer, einen gewissen Zusammenhang zwischen diesen Virusarten anzunehmen.

F. GERLACH berichtet an verschiedenen Stellen, zuletzt in der Wiener Tierärztlichen Monatsschrift, 25. Jg., März 1938, S. 165, über seine Versuche zur Sichtbarmachung von verschiedenen Virusarten. Bei diesen Versuchen bediente er sich auch der Färbeverfahren.

So gelang es ihm mit Hilfe der Färbungen nach E. PASCHEN, MOROSOW und HERZBERG, in Ausstrichen aus Carcinomen und Sarkomen mehr oder minder reichlich einzelne, zu zweit, in kurzen Ketten oder in Gruppen und Häufchen liegende Granula zu finden. „Sie erscheinen scharf konturiert, überwiegend kugelig, aber auch ovoid, kurzstäbchenähnlich geformt und verschieden groß. Allerdings ist eine bestimmte Größenordnung vorherrschend. Viele dieser Granula lassen feinste, fädige Filamente erkennen, bzw. es erscheinen zwei oder mehrere solcher Granula durch feinste Fäden miteinander verbunden. So entstehen besonders häufig Hantelformen, sobald eine solche fädige Verbindung zweier Granula vorliegt. Gelegentlich sind zarte verzweigte Fäden vorhanden, denen solche Granula anhaften.“ Auch intracellular bekommt man sie zu sehen, sie sind sogar recht häufig an die Nähe von Zellen gebunden und scheinen, wie es für andere Virusarten von verschiedenen Autoren (siehe oben) bereits berichtet wird, aus den Zellen durch deren Platzen in bekannter Weise frei zu werden (Abb. 10).

Züchtungsversuche ergaben ihr Wachstum auf festem und flüssigem Nährboden (meist Levinthalagar). Wie G. SEIFFERTS Kolonien lassen sich auch F. GERLACHS Viruskolonien schwer abklatschen, sie haften fest am Nährboden. In den Abklatschen bemerkt man dieselben Virusformen, wie ja schon oben berichtet wurde. Ähnlich ist es mit Kulturen, die aus Chorion-Allantois stammen.

F. GERLACHS Untersuchungen erstreckten sich aber noch auf andere Krankheiten. So versuchte er färberisch E. K. bei Lyssa (an sich dürfte damit für die Sache nicht viel gewonnen sein, wenn man BABES-KOCH-RISSLINGsche Granula nunmehr E. K. nennt) bei AUJESZKYscher Krankheit, bei Staupe, Maul- und Klauenseuche, Poliomyelitis und bei dem italienischen Influenzavirus feststellen. Besonders hervorheben möchte ich folgenden Satz aus seinen Mitteilungen, weil er uns als Richtschnur auf diesem Arbeitsgebiet dienen soll. „Bei der Beurteilung granulärer Formen, die bei mikroskopischer Untersuchung festgestellt werden können, ist nur mit größter Vorsicht vorzugehen. *Oftmals wird eine Entscheidung darüber, ob es sich in einem speziellen Falle um Virus handelt oder nicht, auf Grund morphologischer Befunde allein nicht möglich sein.*“

l) Schlußbetrachtungen.

Obwohl es nicht zu den Aufgaben dieses Abschnittes gehört, dazu Stellung zu nehmen, ob es letzten Endes nicht andere Ursachen für das Entstehen der sog. Viruskrankheiten gibt, so sei trotzdem darauf hingewiesen, daß E. M. FRAENKEL und C. A. MAWSON bei der experimentellen Erzeugung von Roussarkomen keinen Parallelismus zwischen Infektiosität und Elementarkörperchen feststellen konnten, so daß wenigstens für die bei dieser Krankheit gefundenen „Elementarkörperchen“ eine spezifische, krankmachende Wirkung nicht mit Sicherheit in allen Fällen nachgewiesen werden konnte. Mit dieser Schwierigkeit muß unter allen Umständen gerechnet werden und insbesondere müssen in unserer nunmehr so virusfroh gewordenen Zeit Entdecker von neuen Virusarten berücksichtigen, daß es heute nicht mehr so einfach ist, Prioritätsansprüche etwa auf den Fund von irgendwelchen Granulis oder E. K. zu stützen. Wir sind heute berechtigt, die gelungene Züchtung und die wenigstens in der großen Mehrzahl der Fälle nachgewiesene Infektiosität dieser Erreger zu verlangen. Es kann dabei nur dringendst empfohlen werden, sich bei allen Befunden die strengste Selbstkritik aufzuerlegen, und nur dann von Erregern zu sprechen, wenn diesen Forderungen Rechnung getragen worden ist oder andere zwingende Gründe die Annahme der Erregernatur von neugefundenen Elementarkörperchen rechtfertigen.

Wie man aus obiger Übersicht entnehmen kann, ist das elektive Färbevermögen der verschiedenen Methoden zur Virusdarstellung ein recht verschiedenes. Ein Vergleich, der Anspruch auf vollkommene Objektivität hätte, ist nicht leicht anzustellen. Dafür sind die Präparate meist zu verschieden, selbst wenn man dünne Ausstriche macht. Wir haben in der Wiener Impfanstalt versucht, ein Verfahren anzuwenden, das wir seinerzeit für die Bewertung der Trockenimpfstoffe verwendet haben. Die 12 Stunden in der Kugelmühle gelaufenen 5%igen Rohstoffaufschwemmungen stellen ein relativ gleichmäßiges grob disperses System dar. Werden davon auf Objektträger unter gleichen Verhältnissen gleiche Mengen aufgetragen (in unserem Falle 0,001 g auf eine Fläche von 4 ccm), so hat man *annähernd* gleiche Virusmengen auf gleicher Fläche. Hier kommt es nicht darauf an, ob die ausgestrichene Virusaufschwemmung lebendes oder totes Virus enthält und wieviel von jedem. Färbt man nun derartige Ausstriche nach

Giemsa, Herzberg, Morosow oder Paschen und vergleicht dann die gefärbten Präparate, so findet man meist folgende Skala: Giemsa, Herzberg, Paschen Morosow, d. h. es färbt sich am wenigsten „Virus" nach Giemsa, am meisten nach Morosow, und in dieser Weise nimmt auch das Aufnahmevermögen für Farbe bei unspezifischen Granulationen zu, was insbesondere bei dem Versilberungsverfahren von Morosow verständlich ist, bei dem es ja nicht zu einer Durchdringung der verschiedenen Korpuskeln mit Farbe, sondern nur zur Anlagerung eines Spiegelbelages kommt, so daß man hier M. Burnet und C. H. Andrewes zustimmen muß, wenn sie sagen: „Das einzige, was wir aus den gefärbten Präparaten schließen dürfen, ist lediglich, daß die Größenordnung der lebenden Partikel kleiner ist als die, die das gefärbte Präparat vortäuscht." Noch ist dieses Verfahren zu wenig ausprobiert; ich weiß es nicht, ob es sich nach hundertfältiger Prüfung bewähren wird, aber es ist ein Weg aufgezeigt, wie man dieser Frage an den Leib rücken könnte.

Für die Erkennung unspezifischer Granula — sie sind bereits erwähnt worden — gibt es eine Anzahl von Proben beschränkten Wertes. Die verschiedenen Virusarten besitzen wahrscheinlich eine Lipoidhülle, weshalb sie der landläufigen Bakterienfärbung Schwierigkeiten bereiten. Wird diese Hülle mit Hilfe der verschiedenen beschriebenen Verfahren vorbehandelt, so wird sie für den eigentlichen Farbstoff durchlässig oder färbt sich wohl auch selbst; nur selten kommt diese Färbekraft dem Farbstoff allein *ohne Vorbehandlung* zu (Viktoriablau); es ist aber interessant, zu erfahren, daß M. Gutstein dasselbe mit Alkalizusatz erreicht haben will, was Herzberg mit Citronensäure oder Weinsäure zu erzielen vermochte. Sollte dies zutreffen, woran ich nicht zweifle, so wäre es ein Beweis dafür, daß ein bestimmter p_H der Farbe für das Zustandekommen einer guten Färbung nicht immer erforderlich ist. Ob man je nach dem Verhalten der Farbstoffe, der Geschwindigkeit der Farbstoffannahme und der Stärke der Färbung mit Recht auf einen chemisch verschiedenen Aufbau der E. K. schließen darf, wird erst ihre mikrochemische Beschaffenheit zeigen, für deren Untersuchung verschiedene verheißungsvolle Anfänge bereits vorhanden sind.

In vielen Fällen liegt die Gefahr nahe, E. K. mit Zellgranulis oder Mitochondrien zu verwechseln. Auch der Geübte ist nicht sicher davor. Die Färbemethoden, die für die Unterscheidung von Mitochondrien angegeben sind, gestatten nicht immer eine klare Differenzierung von E. K., haben doch Taniguchi und seine Mitarbeiter die Mitochondrienfärbung von Altmann und Heidenhain auch für die Virusfärbung empfohlen. Über diese Färbungen gibt der ausgezeichnete Artikel Günther Hertwigs in W. v. Möllendorfs Handbuch weitgehenden Aufschluß. Auch sei noch auf Pierantonis Arbeiten verwiesen, der die Mitochondrien für Zellsymbionten hält.

Es war der Wunsch der Herren Herausgeber dieses Handbuches, die Mitarbeiter mögen ihre Beiträge nicht nach Art eines Generalreferates über ihr Arbeitsgebiet gestalten. Aus dem vorliegenden Aufsatz ist aber nicht viel anderes geworden. Vielleicht war es nötig so. Noch ist alles im Fluß, wenig ist sicherer Bestand und kaum Einem dürfte es vergönnt sein, aus eigener reicher Erfahrung über alle Färbemethoden berichten zu können. Es mußte deshalb Verschiedenes als Referat wiedergegeben werden. Dem Forscher, der da oder dort mit eigener Arbeit einsetzen will, dürfte aber auch damit gedient sein, wenn er die wichtigsten in der Weltliteratur zerstreuten Berichte über Arbeitsmethoden auf dem Gebiete auf einem Platz beisammenfindet. Sollte die eine oder andere Färbemethode übersehen worden sein, so war das nicht Absicht.

Die in den Text eingestreuten farbigen Bilder geben ein beredtes Zeugnis über die Wirkung der jeweiligen Färbungen. Sämtliche Farbstoffe sind aus erstklassiger Quelle und stammen von der bekannten Firma *Dr. Karl Hollborn, Leipzig, Hardenbergstraße* 3. — Die Bilder sind so angefertigt, daß vorerst ein Mikrophotogramm hergestellt wird, u. zw. mit Hilfe der *Romeis-Kamera* von *Reichert*, Fluorit-Objektiv Ölimmersion 100, Ap 1,3, Ocular 12 von Reichert. Balgauszug der Kamera 33 cm. Das Photo dient als Unterlage für die Zeichnung und verbürgt eine völlig naturgetreue Wiedergabe. Die Färbung der Kopie erfolgt unter der Kontrolle des Mikroskops.

Die künstlerische Herstellung der Bilder hat Frau ELISABETH JÁNOSFIA besorgt.

Literaturübersicht.

1. BALÓ, JOSEF: Die unsichtbaren Krankheitserreger. Filtrierbare Vira. Berlin: S. Karger 1935.
2. BARNARD, J. E.: Foot-and-mouth disease and vesicular stomatitis.—A comparative microscopical study. Proc. roy. Soc., Lond., Ser. B: Biol. Sci. Nr. 835, **124**, 107 (1937).
3. BECKER, E.: Eine empfehlenswerte Methode für Spirochaetenfärbungen. Dtsch. med. Wschr. **1920**, 259.
4. BENGTSON, IDA A.: Cultivation of the Virus of Rocky Mountain Spotted Fever in the Developing Chick Embryo. Publ. Health Rep. (Am.) **50 II**, 1489 (1935).
5. BIJL, J. P.: Over vaccinia generalisata bij het konijn 1929 uigegeven door den Voorzitter van den Gezondheidsraad.
6. BORREL, A.: Surcoloration et virus aptheux. C. r. Soc. Biol. **111**, 926 (1932). — Culture des tissus et surcoloration. C. r. Soc. Biol. **111**, 925 (1932).
7. — Clavellée péritonéale. Epiploon étudié par décalcomanie. C. r. Soc. Biol. **118**, 956 (1935).
8. — Sur les inclusions de l'épith. cont. des oiseaux. C. r. Soc. Biol. **57**, 642 (1904).
9. — Surcoloration et microbes invisibles. C. r. Soc. Biol. **111**, 923 (1932).
10. BUCHNER, PAUL: Tier und Pflanze in Symbiose, 2. Aufl. Berlin: Bornträger 1930.
11. BUIST, J. B.: Vaccinia and Variola: a study of their Life-History. London 1887.
12. CASTANEDA, M. R.: A new stain for Rickettsia bodies. J. infect. Dis. (Am.) **47**, 416—417 (1930).
13. CERVERA, ERNESTO u. JOSÉ SAMPEDRO: Färbung von Rickettsien. Bol. Inst. Hig. Dep. Sal. Publ. Mexico, N. F. 4, 102—104 (1932); Zbl. Bakter. usw., Ref. **113**, 370 (1934).
14. COLES, ALFRED C.: The Staining and Microscopical Demonstration of Filtrables Viruses. J. Roy. Micr. Soc. **55**, 249—255 (1935).
15. — (*1*) A microscopical inquiry into the aetiology of Dengue, Sandfly and Yellow fever. J. trop. Med. Sept. 15. (1937).
    — (*2*) An Inquiry Into the Aetiology of Dengue Fever. J. trop. Med. March 1. (1937).
16. — Virus bodies in the pericardial fluid of rheumatic fever and other conditions and in the joint fluid of rheumatoid arthritis. Lancet **1935 II**, 125—126.
17. COPEMAN, S. MONCKTON and G. MANN: The Histology of Vaccinia. Report of the Medical Officer, Appendix C, 505, London (1900).
18. COWDRY: The supravital staining of vaccine bodies. J. exper. Med. (Am.) **36**, 667 (1922).
19. CRAIGIE, JAMES: A method of Staining the Elementary (PASCHEN) Bodies of Vaccinia. J. Path. a. Bacter. **36**, 185 (1933).
20. DAVID, HANS: Beiträge zur Morphologie der Bakterien. Zbl. Bakter. Abt. 2, **70**, 1 (1927).
21. DAWSON, J. R. jr.: A rapid method for the demonstration of Negri bodies. J. Labor. a. clin. Med. (Am.) **20**, 659—663 (1935); Zbl. Bakter. usw., Ref. **118**, 466 (1935).

22. Dible, J. Henry and H. Gleave Humphrey: Histological and Experimental Observations upon Generalised Vaccinia in Man. J. Path. a. Bacter. **38**, 29 (1934).
23. Doerr, Robert: Allgemeine Merkmale der Virusarten. Z. Hyg. **118**, 738—747 (1936).
24. — Filtrierbare Virusarten. Erg. Immunit. forsch. usw. Bd. XVI. Berlin: Julius Springer 1934.
25. Doerr, R. u. E. Berger: Herpes zoster und Encephalitis in W. Kolle u. A. v. Wassermann: Handb. d. path. Mikroorg., 3. Aufl., S. 1415. 1930. Daselbst ältere Literatur.
26. Dufrenoy, J.: Die Viruskrankheiten. Phytopath. Z. **5**, 85—90 (1932); Zbl. Bakter. usw., II. Abt. **89**, 269 (1934).
27. Ederle, W.: Zur Methodik der Reticulocytenzählung. Klin. Wschr. **1933**, 275—276; Zbl. Bakter. usw., Ref. **111**, 411 (1933).
28. Epstein, H., E. J. Turewitsch u. E. W. Exemplarskaja: Zur Mikroskopie des Flecktyphus. Gi. Batter. **12**, 659—667 (1934); Zbl. Bakter. usw., Ref. **115**, 434 (1934).
29. Ewing: The structure of vaccinal bodies in isolated cells. J. med. Res. (Am.) **13**, Nr. 3 (1905).
30. — Comparative histology of vaccinia and variola. J. med. Res. (Am.) **12**, 509 (1904).
31. Eyer, H.: Vergleichende Untersuchungen über pathologisch-anatomische Veränderungen und das Vorkommen von Paschenschen und Guarnierischen Körperchen in den Organen von Mäusen nach Infektion mit Variola-Vakzinevirus. Zbl. Bakter usw., Orig. **140**, 172 (1937).
32. Fontana, A.: Sul rinforzo della colorazione al nitrato d'argento ammoniacale. Pathologica (It.) **1916**, 118.
33. Fraenkel, E. M. and C. A. Mawson: Further Studies of the Agent of the Rous Fowl Sarcoma. Brit. J. exper. Path. **18**, Nr. 6, 454 (1937).
34. Gaede, H.: Über die Natur des Kikuthschen Kanarienvogelvirus. Zbl. Bakter. usw., Orig. **135**, 342 (1935/36).
35. Gerlach, F.: Ergebnisse mikrobiologischer Untersuchungen bei bösartigen Geschwülsten. Wien. klin. Wschr. **1937**, Nr. 47.
36. — Elementarkörperchen bei malignen Tumoren. Wien. klin. Wschr. **1937**, Nr. 32.
37. — Neue Untersuchungen über filtrierbare Virusarten. Proc. of 12. Intern. Vet. Congr., S. 228—262.
38. — Über Versuche zur Sichtbarmachung und Züchtung spezifischer Mikroorganismen bei Virus-Infektionskrankheiten und bösartigen Geschwülsten. Wien. Tierärztl. Mschr., XXV. Jg., H. 6, 165 (1938).
39. Giemsa: Geschichte, Theorie und Weiterentwicklung der Romanowsky-Färbung. Med. Welt **1934**, Nr. 41.
40. Giemsa, H.: Methoden zur Färbung der Protozoen in W. Kolle u. A. v. Wassermann: Handb. d. path. Mikroorganismen, Bd. IX, Lfg. 34. Gustav Fischer und Urban u. Schwarzenberg 1929.
41. Giemsa, G.: Paraffinöl als Einschlußmittel für Romanowsky-Präparate und als Konservierungsflüssigkeit für ungefärbte Trockenausstriche. Zbl. Bakter. usw., Orig. **70**, 444 (1913).
42. Gildemeister, E.: Ätiologische Untersuchungen in Otto Lentz u. H. A. Gins: Handb. der Pockenbekämpfung und Impfung, S. 706. Berlin: Richard Schötz 1927.
43. Gildemeister, E., E. Haagen u. L. Scheele: Über das Verhalten des Herpesvirus in der Gewebekultur. Zbl. Bakter. usw., Orig. **114**, 309 (1929).
44. Gins, H. A.: Mikroskopische Befunde bei experimenteller Maul- und Klauenseuche. Zbl. Bakter usw., Orig. **88**, 265 (1922).
45. — Untersuchungen über die für Variola und Vaccine spezifischen Zellveränderungen. Z. Hyg., Bd. 96.
46. — Über histologische Veränderungen und bisher unbekannte Zelleinschlüsse in der mit Windpockenpustelinhalt geimpften Kaninchenhornhaut. Z. Hyg. **86**, 299 (1918).

47. GOODPASTURE, E. W.: The Cultivation of Vaccine and other Viruses in the Chorio-Allantoic Membrane of Chick Embryos. Science **1931**, 371.
48. — Vaccinal Infection of the Chorio-Allantoic Membrane of the Chic Embryo. Amer. J. Path. **8**, 271 (1932).
49. GORDON, M.: Virus Bodies John Buist and the elementary bodies of vaccinia. Edinbgh med. J. **44**, 65 (1937).
50. GROTH, A.: Zur Ätiologie der Melkerknoten. Münch. med. Wschr. **1929**, 2128.
51. GUTSTEIN, M.: Das Ektoplasma der Bakterien. Zbl. Bakter. usw., Orig. **100**, 1 (1926).
52. — New Direct Staining Methods for Elementary Bodies. J. Path. a. Bacter. **45**, 313 (1937).
53. HAAGEN, E. u. M. KODAMA: Über das Vorkommen von PASCHENschen Körperchen in den Organen von Kaninchen und Mäusen nach Infektion mit Variola-vakzinevirus und in Virus-Gewebekulturen. Zbl. Bakter. usw., I Orig. **133**, 23 (1934/35).
54. HAAGEN, E. u. G. K. WENKEBACH: Die Psittakose. Med. Klin. **1937**, 893—896.
55. HAAGEN, E.: Virusmorphologie und Entstehung von Einschlußkörperchen. (Aus dem Sitzungsbericht der „Berliner mikrobiologische Gesellschaft" vom 8. III. 1937.) Zbl. Bakter. usw., Ref. **125**, 489 (1937).
56. HAGE.: Die Vorzüge der FONTANAschen Versilberungsmethode zum Nachweis der Spirochaeta pallida. Münch. med. Wschr. **1916**, 729.
57. HALBERSTÄDTER u. v. PROWAZEK: Über Zelleinschlüsse parasitärer Natur bei Trachom. Arb. ksl. Gesdh.amt, Berl. **26**, 43 (1907).
58. HAMILTON, T.: Methyl-blue and hot alcoholic eosin (I) as a stain for „inclusive bodies" in virus disease. J. trop. Med. **37**, 139 (1934); Zbl. Bakter. usw., Ref. **115**, 534 (1934).
59. HEELSBERGEN, T. VAN: Mensch und Tier im Zyklus des Kontagiums. Stuttgart: Ferdinand Enke 1930.
60. HERCELLES, G. O.: La verrue péruvienne. Presse méd. **1936**, 1142—1144; Zbl. Bakter. usw., Ref. **124**, 221 (1937).
61. HERTWIG, GÜNTHER: Allgemeine mikroskopische Anatomie der lebenden Masse in WILHELM V. MÖLLENDORF: Handb. der mikrosk. Anatomie des Menschen. I. Bd.: Die lebendige Masse. C. Die Methoden der histologischen Fixation und konservierenden Nachbehandlung, S. 52. D. Die Theorie der Färbung fixierter Präparate, S. 68. Julius Springer 1929.
62. HERZBERG, K.: Kultur und mikroskopische Darstellung des von KIKUTH beschriebenen Vogelvirus. Zbl. Bakter usw., I Orig. **130**, 183 (1933/34).
63. — Viktoriablau zur Färbung von filtrierbarem Virus (Pocken, Varicellen, Ektromelia- und Kanarienvogelvirus). Zbl. Bakter. usw., I Orig. **131**, 358 (1934).
64. — Über die färberische Darstellung einiger Virusarten (Elementarkörperchen) unter besonderer Berücksichtigung der intracellulären Vermehrungsvorgänge. Klin. Wschr. **15 II**, 1385 (1936).
65. — Die filtrierbaren Virusarten als Krankheitserreger bei Mensch, Tier und Pflanze. Sitzg. der med. Hauptgruppe, Vers. d. Ges. Dtsch. Naturforscher und Ärzte zu Dresden, 23. Sept. 1936.
66. — Viktoriablau zur Färbung filtrierbarer Vira. Klin. Wschr. **13**, 381 (1934).
67. — Die färberische Darstellung von filtrierbarem Virus unter besonderer Berücksichtigung des intracellularen Vermehrungsvorganges. Second Int. Congr. for Microbiol., London 1936. Rep. of Proceedings, S. 72, 1937.
68. — Der Vorgang der Vaccinevirusvermehrung in der Zelle. Zbl. Bakter. usw., I Orig. **136**, 257 (1936).
69. — Mikroskopische Darstellung einer intracellularen Virusentwicklung. Zbl. Bakter. usw., I Orig. **130**, 326 (1933/34).
70. HEYMANN, B. u. W. ROHRSCHNEIDER: Trachom und andere Einschlußerkrankungen des Auges in W. KOLLE u. A. v. WASSERMANN: Handb. d. path. Mikroorganismen, 3. Aufl., Bd. 8, S. 997. 1930. Daselbst ältere Literatur.

71. HÜCKEL, ARMAND: Die Vaccinekörperchen. Nach Untersuchungen an der geimpften Hornhaut des Kaninchens. II. Spl.-Heft der Beitr. z. path. Anat. und zur allg. Path. von E. ZIEGLER. Jena 1898.
72. MCINTOSH, JAMES: A filter passing microorganism cultivated from epidemic influenza. J. Path. a. Bacter. **37**, 164 (1933).
73. JULIUSBERG, M.: Zur Kenntnis des Virus des Molluscum contagiosum des Menschen. Dtsch. med. Wschr. **1905**, Nr. 40 oder: ref. Z. f. Bact. I. Abt. Ref., Bd. 38, S. 131 (1906).
74. — Über das Epithelioma contagiosum von Taube und Huhn. Dtsch. med. Wschr. **1904**, 1576.
75. KAISER, M. u. P. VONWILLER: Weitere Beobachtungen an vaccinierten Hornhäuten. III. Mitteilung: Studien mit dem Ultropak von ERNST LEITZ. Zbl. Bakter. usw., Orig. **133**, 249 (1934/35).
76. KOCH, R.: Beiträge zur Biologie der Pflanzen, Bd. II, H. 3. 1877.
77. KOLLE, W. u. A. v. WASSERMANN: Handbuch der path. Mikroorganismen. Jena, Berlin u. Wien: Gustav Fischer und Urban u. Schwarzenberg 1930.
78. KANAZAWA, K.: Mise en évidence des corpuscules de PASCHEN au cerveau et au testicule par la methode de surcoloration. Jap. J. exper. Med. **14**, 85—86 (1936).
79. KAWAMURA, R.: Die Tsutsugamushi-Krankheit in W. KOLLE u. A. v. WASSERMANN: Handb. der path. Mikroorganismen, 3. Aufl., Bd. 8, S. 1387. 1930. Daselbst ältere Literatur.
80. KONAFU, TABEYI: Beiträge zur Geißelfärbung der Typhusbazillen mit Viktoriablau (4 R). Zbl. Bakter. usw., Orig. **136**, 60 (1936).
81. KRANTZ, WALTER: Eine empfehlenswerte Methode für Spirochaetenfärbungen. Dtsch. med. Wschr. **1920**, 913.
82. KUNERT, HERBERT: Die Züchtung des Variola-Vaccinevirus Stamm Berlin auf der Chorion-Allantois des Hühnerembryos. Z. Hyg. usw. **117**, 216 (1935).
83. LAIDLAW, P. P. and W. J. ELFORD: A new grouse of filterable organisms. Proc. roy. Soc., Lond., Ser. B: Biol. Sci. Nr. 816, **120**, 292 (1936).
84. LEDINGHAM, I. C. G.: Studies in the Serological Inter-Relationships of the Rabbit Viruses, Myxomatosis (SANARELLI 1898), and Fibroma (SHOPE 1932). Brit. J. exper. Path. **18**, Nr. 6, 436 (1937).
85. — The Aetiological Importance of the Elementary Bodies in Vaccinia and Fool-Pox. Lancet **1931**, 525.
86. LEHMANN, WALTER: Über die Züchtung des Vaccinevirus auf der Chorion-Allentois-Membran des Hühnerembryos. Zbl. Bakter. usw., Orig. **132**, 447 (1934).
87. LÉPINE, P.: Sur une méthode de coloration des Rickettsias. C. r. Soc. Biol. **109**, 1162 (1932).
88. — Simplification de la méthode de CASTANEDA pour la coloration élective des Rickettsias. C. r. Soc. Biol. **112**, 17 (1933).
89. LEVADITI, C.: Recherches sur la morphologio du virus rabique. C. r. Soc. Biol. **110**, 771 (1932).
90. LEWTHWAITE, R. and S. R. SAVOOR: The typhus group of diseases in Malaya. Part I: The study of the virus of rural typhus in laboratory animals. Part II: The study of the virus of tsutsugamushi disease in laboratory animals. Brit. J. exper. Path. **17**, 1—22 (1936). Part III: The study of the virus of the urban typhus in laboratory animals. Brit. J. exper. Path. **17**, 23—34 (1936); Zbl. Bakter. usw., Ref. **123**, 309—310 (1936).
91. LINDNER, K.: Zur Färbung der PROWAZEKschen Einschlüsse. Zbl. Bakter. usw., I Orig. **55**, 429 (1910).
92. LIPSCHÜTZ, B.: Zur Kenntnis des Molluscum contagiosum. Wien. klin. Wschr. **20**, 253 (1907).
93. — Die mikroskopische Darstellung des filtrierbaren Virus (Chlamydozoa-Strongyloplasmen) in Handb. der mikrosk. Technik, herausg. v. KRAUS-UHLENHUTH, Bd. I, S. 381. 1923.

94. LIPSCHÜTZ, B.: Chlamydozoen-Strongyloplasmenbefunde bei Infektionen mit filtrierbarem Erreger in W. KOLLE u. A. v. WASSERMANN: Handb. d. path. Mikroorganismen, VIII. Bd., 1. Teil, S. 311. Gustav Fischer und Urban u. Schwarzenberg, 1930. Daselbst auch ältere ausführliche Literatur.

95. LÖFFLER, F.: Weitere Untersuchungen über die Beizung und Färbung der Geißeln bei den Bakterien. Zbl. Bakter usw. **7**, 625 (1890).

96. — Eine neue Methode zum Färben der Mikroorganismen, im besonderen ihrer Wimperhaare und Geißeln. Zbl. Bakter usw. **6**, 209 (1889).

97. LÖWENTHAL: Untersuchungen über die sogenannten Taubenpocken (Epithelioma contagiosum). Dtsch. med. Wschr. **1906**, Nr. 17.

98. LUCKSCH, FRANZ: Die Virusformen „Filtrierbare Infektionserreger", „Ultravirus". Prag: I. G. Calve 1934.

99. MARX, E. u. A. STICKER: Untersuchungen über das Epithelioma contagiosum des Geflügels. Dtsch. med. Wschr. **1902**, Nr. 50; **1903**, Nr. 5.

100. MEYER, ARTHUR: Die Zelle der Bakterien. Jena: Gustav Fischer 1912.

101. MILOVIDOV, P. T.: Sur la question de la double coloration des bactéries et de chondriosomes. C. r. Soc. Biol. **98**, 555 (1928).

102. MIYAGAWA, Y., T. MITAMURA, H. YAOI, N. ISHI and J. OKANISHI: Studies on the virus of Lymphogranuloma inguinale NICOLAS, FAVRE and DURAND. Jap. J. exper. Med. (e.) **13**, 733 (1935).

103. MIYAGAWA, Y. et ses collaborateurs: Études sur le virus du lymphogranulome inguinal de NICOLAS, FAVRE et DURAND. Off. internat. Hyg. publ. **28**, 695—698 (1936).

104. MIYAGAWA, Y., T. MITAMURA, H. YAOI, N. ISHI, H. NAKAJIMA, I. OKANISHI, S. WATANABE and K. SATO: Studies on the virus of lymphogranuloma inguinale. Jap. J. exper. Med. (e.) **13**, 1 (1935).

105. MOROSOW, M. A.: Coloration des virus par imprégnation à l'argent. Gi. Batter. **19**, 640 (1937).

106. — Sur l'agent de la variole des porcs (variola suilla). Off. internat. Hyg. publ. **28**, 1944—1945 (1936).

107. — Beitrag zur Frage der Variolavakzine. Zbl. Bakter. usw. **103**, 217 (1927).

108. — Die Färbung der PASCHENschen Körperchen durch Versilberung. Zbl. Bakter. usw., Orig. **100**, 385 (1926).

109. — Vorläufige Mitteilung über den Erreger der Schweinepocken, Variola suilla. Gi. Batter. **17**, 324—331 (1936); Zbl. Bakter. usw., Ref. **125**, 83 (1937).

110. MÜHLENS, P.: Rückfallfieber in W. KOLLE u. A. v. WASSERMANN: Handb. d. path. Mikroorganismen, Bd. VII, 1. Teil, S. 383. 1930.

111. MÜHLPFORDT, H.: Viktoriablau, ein in der Färbetechnik unentbehrlicher Farbstoff. Med. Klin. **1934**, Nr. 34.

112. — Noch einmal meine Schnellfärbung der Spirochaeta pallida mit Viktoriablau 4 R. Derm. Wschr. **80**, Nr. 10 (1925).

113. — Eine neue Schnellfärbung der Spirochaeta pallida mit Viktoriablau. Derm. Wschr. **79**, Nr. 32, 921 (1924).

114. — Zur Chromolyse der Spirochaeta pallida. Der. Wschr. m. **80**, Nr. 42, 153 (1925).

115. NAGLE, NATHAN: A modification of VAN GIESONS stain for Negri bodies. Amer. J. publ. Health **1937**, 356; Zbl. Bakter. usw., Ref. **128**, 196 (1938).

116. NAUCK, E. G. u. C. ROBINOW: Untersuchungen über GUARNIERIsche Körperchen in der Gewebekultur. Zbl. Bakter. usw., I Orig. **135**, 437 (1935/36).

117. NAUCK, E. G. u. E. PASCHEN: Der morphologische Nachweis des Pockenerregers in der Gewebekultur. Zbl. Bakter. usw., Orig. **124**, 91 (1932).

118. NAUCK, E. G.: Über Untersuchungen an virusinfizierten Gewebekulturen und die Verwendung der GIEMSA-Färbung für die Virusforschung. Arch. Schiffs- u. Tropenhyg. **41**, 748 (1937).

119. NAUCK, E. G. u. E. PASCHEN: Weitere Ergebnisse der Vaccineviruszüchtung in der Gewebekultur. Zbl. Bakter. usw., Orig. **128**, 171 (1933).

120. NEUHÄUSER: Beitrag zur Tollwutuntersuchung. Berl. tierärztl. Wschr. **1934**, 421—422; Zbl. Bakter. usw., Ref. **116**, 293 (1935).

121. Nicolau, S. et O. Baffet: La coloration de Lépine dans la recherche des corps de Negri. C. r. Soc. Biol. **120**, 319 (1935); Zbl. Bakter. usw., Ref. **121**, 245 (1936).
122. Otto, R.: Flecktyphus und endemische Fleckfieber. Dtsch. med. Wschr. **1934**, 1299.
123. Otto, R. u. H. Munter: Fleckfieber in W. Kolle u. A. v. Wassermann: Handb. d. path. Mikroorganismen, 3. Aufl., Bd. 8, S. 1107. 1930. Daselbst ältere Literatur.
124. Parker, Robert F. and Thomas M. Rivers: Immunological and Chemical Investigations of Vaccine Virus. J. exper. Med. (Am.) **62**, 65 (1935).
125. Paschen, E.: Pock diseases. Brit. med. J. 26. Nov. (1932).
126. — Über den Erreger der Variola vaccine. Immunitätsverhältnisse bei Variola-vaccine in Kraus u. Levaditi: Handbuch der Technik und Methodik der Immunitätsforschung, Erg.-Bd.
127. — Über die Ewingsche Klatschmethode zur Darstellung der Vaccinekörperchen. Münch. med. Wschr. **1909**, Nr. 39, 2004.
128. — Was wissen wir über den Vaccineerreger? Münch. med. Wschr. **53**, 2391 (1906).
129. — Pocken in W. Kolle u. A. v. Wassermann: Handb. d. path. Mikroorganismen, 3. Aufl., Bd. VIII, 2. Teil, S. 821. 1930.
130. — Zur Ätiologie der Variola und Vaccine. Dtsch. med. Wschr. **1913**, Nr. 44.
131. — I. Weitere Mitteilungen über Vaccineviruszüchtung in der Gewebekultur. II. Elementarkörperchen im Bläscheninhalt bei Herpes zoster und Varicellen. Zbl. Bakter. usw., Orig. **130**, 190 (1933/34).
132. — Technik zur Darstellung der Elementarkörperchen (Paschensche Körperchen) in der Variolapustel. Dtsch. med. Wschr. **1917**, Nr. 33.
133. — Zur Frage der Entdeckung des Pockenerregers. Klin. Wschr. **1933**, 112.
134. — Züchtung des Ektromelievirus auf der Chorion-Allantois-Membran von Hühnerembryonen. Zbl. Bakter. usw., Orig. **135**, 445 (1935/36).
135. — Über das Shopesche infectious fibroma of rabbits. Zbl. Bakter. usw., Orig. **138**, 1 (1937).
136. — Über zweitägige Vaccine. Dtsch. med. Wschr. **1926**, Nr. 31, 1301/02.
137. Paul, G.: Ätiologische Untersuchungen bei Variola. Beitr. Klin. Infekt.krkh. **7**, 267 (1919).
138. — Zur Naturgeschichte der Einschlußkörper bei der Pockenepitheliose. Zbl. Hyg. **2**, 553 (1923).
139. Petschenko, Boris: Etudes sur l'agent pathogène de la variole-vaccine (variola-vaccina). II. partie. Etudes morphologiques sur la vaccine experimentale des lapins. Bull. de l'Acad. Pol. des Scienc., Classe Mathem., Série B, Scienc. Naturelles **1924**, 469.
140. Pierantoni, U.: La Vita ultramicroscopica. Riv. di Fisica, Matem. e Sc. Natur. **1** (Ser. 2a) (1926).
141. Pirilä, Paavo: In zwei Fällen von Lymphogranuloma inguinale dieselbe Mikrobe, welche wahrscheinlich der Erreger der Krankheit ist. Eripainos Aikakauskirjasta Duodecim 1936. Finnisch mit deutschem Ref. Zbl. Bakter. usw., Ref. **122**, 415 (1936).
142. Pinkus, H.: Über charakteristisch färbbare Granula in menschlichen Gewebekulturen. Arch. exper. Zellforsch. **13**, 30—36 (1932); Zbl. Bakter. usw., Ref. **108**, 466 (1932/33).
143. Portier, P.: Les Symbiotes. Paris: Masson 1918.
144. Prowazek, S. v.: Untersuchungen über die Vaccine. Arb. ksl. Gesdh.amt, Berl. **22**, 535 (1905).
145. Prowazek, S. v. u. H. Beaurepaire-Aragao: Untersuchungen über Variola. Münch. med. Wschr. **1908**, 2265.
146. Prowazek, S. v. u. J. Yamamoto: Experimentelle und morphologische Studien über das Vaccinevirus. Münch. med. Wschr. **1909**, Nr. 51.
147. Prowazek, S. v. u. S. Miyaji: Weitere Untersuchungen über das Vaccinevirus. Zbl. Bakter. usw., Orig. **75**, 144 (1915).

148. ROCHA-LIMA, H. DA: Verruga peruviana, Oroyafieber in W. KOLLE u. A. v. WASSERMANN: Handb. d. path. Mikroorganismen, 3. Aufl., Bd. 8/2, S. 1049. 1930. Daselbst ältere Literatur.
149. RIMPAU, W.: Über Virusforschung. Münch. med. Wschr. **1933**, 1964.
150. RIVERS, THOMAS M. and S. M. WARD: Infectious Myxomatosis of Rabbits; Preparation of Elementary Bodies and Studies of serologically Active Materials Associated with the Disease. J. exper. Med. (Am.) **66**, 1—14 (1937).
151. RIVERS, THOMAS M., JOSEPH E. SMADEL and LESLIE A. CHAMBERS: Effect of intense sonic vibrations on elementary bodies of vaccinia. J. exper. Med. (Am.) **65**, 677—685 (1937).
152. ROFFO, A. H.: Pouvoir d'inhibition des matières colorantes sur la croissance du tissu néoplasique. Les Néoplasmes **10**, 257—281 (1931); Zbl. Bakter. usw., Ref. **107**, 176 (1932).
153. SEIFFERT, GUSTAV: Über das Vorkommen filtrabler Mikroorganismen in der Natur und ihre Züchtbarkeit. Zbl. Bakter usw., Orig. **139**, 337 (1937).
154. SMADEL, JOSEPH E. and M. J. WALL: Elementary bodies of vaccinia from infected chorio-allantoic membranes of developing chick embryos. J. exper. Med. (Am.) **66**, 325—336 (1937).
155. SHORTT, H. E. and A. G. BROOKS: Photodynamic action of methylene blue on fixed rabies virus. Indian J. med. Res. **21**, 581—585 (1934); Zbl. Bakter. usw., Ref. **115**, 104 (1934).
156. SCHMIDT, K.: Versuche zur Färbung von Virusarten mit Viktoriablau. Zbl. Bakter. usw. I Orig. **136**, 260 (1936).
157. SCHNEEMANN, ERICH: Vergleichende Untersuchungen über neuere Spirochaetenfärbungen. Zbl. Bakter. usw., Orig. **86**, 84 (1921).
158. SCHUHMACHER, J.: Über die färberische Darstellung der Lipoide. Derm. Wschr. **79**, Nr. 45 (1924).
159. — Über eine neue Schnellfärbung der Spirochaeta pallida mit Viktoriablau. Derm. Wschr. **79**, Nr. 47 (1924).
160. — Über die färberische Unterscheidung der Bakterien vermittels der Viktoriablau-Pyronin-Methode. Zbl. Bakter. usw., I Orig. **94**, 397 (1925).
161. — Über das Verhalten einiger basischer Farbstoffe zu Lipoiden. Biochem. Z. **166**, 215 (1925).
162. — Technik zur Untersuchung des Carcinoms. Zbl. Bakter. usw., I Ref. **82**, 332 (1926).
163. — Über den chemischen Aufbau der Spirochaeta pallida. Derm. Wschr. 46, 1494 (1924).
164. SOCIAS, A.: Sobre el agente etiologicò del tracoma. Rev. San. Hig. publ. **2**, 106—123 (1936); Zbl. Bakter. usw., Ref. **122**, 418 (1936).
165. TANON, M. L.: Sur la présence, de cellules à granulations métachromatiques dans la pulpe vaccinale. J. Physiol. et Path. gén. Nr. 4 679 (1909).
166. v. TELLYESNICKY: Die Fixation im Lichte neuerer Forschungen. Erg. Anat. **11**, 1—35 (1901).
167. TANIGUCHI, T., M. HOSOKAWA, S. KUGA and T. FUJINO: A new method of staining viruses of variolo-vaccinia and varicella, and the nature of cell inclusions in virus diseases. Jap. J. exper. Med. (e.) **12**, 91—99 (1934).
168. TANIGUCHI, T., M. HOSOKAWA, S. KUGA and Z. MASUDA: The virus of Herpes and Zoster. Jap. J. exper. Med. (e.) **12**, 101 (1934).
169. TANIGUCHI, T., M. HOSOKAWA, F. NAKAMURA et S. KUGA: Sur le virus de la varicelle. C. r. Soc. Biol. **111**, 707 (1932).
170. TANIGUCHI, T., S. KUGA, OKAMOTO and Z. MASUDA: On the virus of phemphigus pruriginosus. Jap. J. exper. Med. (e.) **12**, 333 (1934).
171. TANIGUCHI, T., M. HOSOKAWA, S. KUGA, Y. KOMURA and F. NAKAMURA: Studies on the virus of smallpox. Jap. J. exper. Med. (e.) **10**, 581 (1932).
172. TANIGUCHI, T., M. HOSOKAWA, S. KUGA et R. FURUMURA: Etude sur le virus de la variole. C. r. Soc. Biol. **111**, 703 (1932).

173. THIM, I. R.: Ätiologisch-morphologische Forschungsergebnisse über Trachom und verwandte Einschlußkrankheiten. Pécs: Verlag der Dunatul Buchdruckerei und Verlags A. G. 1930.
174. TUREWITSCH, E. I.: Beobachtungen über PASCHEN-Körperchen im Hornhautepithel. Zbl. Bakter. usw., Orig. **129**, 381 (1933).
175. UNNA, PAUL GERSON: Chromolyse, Sauerstofforte und Reduktionsorte in E. ABDERHALDEN: Handb. d. biol. Arb. Meth., Abt. V, Teil II/1. 1928.
176. WALLIN, I. E.: On the Nature of Mitochondria 6. Further Observations on the Fragility and Staining of Mitochondria and Bacteria. Amer. J. Anat. **32**, (1924).
177. WASIELEWSKI, TH. v. u. W. F. WINKLER: Das Pockenvirus. Erg. Hyg. usw. **7**, 1 (1925).
178. WATANABE, HOTORI: Beiträge zur Färbung der PASCHENschen Körperchen (Elementarkörperchen). Zbl. Bakter. usw., Orig. **116**, 291 (1930); Arb. Reichsgesdh.amt, Berl. **62**, 509 (1931).
179. WOHLFEIL, T.: Neuere Anschauungen über die Natur der infektiösen Virusarten. Med. Welt **1935**, 551.
180. YAKIMOFF, W. L.: Modifikation der Spirochaetenimprägnation nach der Methode FONTANA-TRIBONDEAU. Zbl. Bakter. usw., Orig. **102**, 89 (1927).
181. ZETTNOW: Kleine Beiträge zur Morphologie der Bakterien. Z. Hyg. **85**, 17 (1918).
182. ZURUKZOGLU, ST.: Die saprophytischen Spirochaeten in W. KOLLE u. A. v. WASSERMANN: Handb. d. path. Mikroorganismen, Bd. 7, Teil 1, S. 813. 1930.

B. Inclusion bodies and their relationship to viruses.

By

G. M. FINDLAY, C. B. E., M. D., D. Sc.

Wellcome Bureau of Scientific Research, London.

Introduction.

The term virus is not easily defined if it is taken to include free-living non-pathogenic organisms of the types described by BARNARD (1935) and LAIDLAW and ELFORD (1936) which, while of very small size, can nevertheless be readily grown on artificial media. If, however, pathogenic and saprophytic viruses only are considered, viruses can be defined as agents not exceeding 200 mμ in size, the multiplication of which is dependent on an intracellular existence. If then viruses are obligatory intracellular agents, it is perhaps not surprising that their growth is often, though not invariably, associated with certain abnormal appearances within the cell. Such abnormal appearances may conceivably arise in three ways: *a*) active growth within either the cytoplasm or nucleoplasm may result in the formation of small masses or colonies of very minute organisms; *b*) the cell may be so stimulated that it attempts to fence off the pathogenic agents within its borders, or *c*) the agents, without themselves being visible, may cause so great a derangement of the cell structure as to give rise to abnormal appearances within the cell. That one or other of these three processes often causes intracellular changes is shown by the discovery in a number of virus diseases of cells containing what have been called "inclusion bodies" or "inclusions". These terms are somewhat unsatisfactory since they imply that something has been included in the cell; in addition they are apt to lead to ambiguity since, long before their association with the action of viruses, they were used by cytologists to describe cell structures, such as mitochondria and the GOLGI apparatus (l. c.), as well as normal secretory products of the cell metabolism. The term "virus body" is also sometimes employed and is in many ways preferable, provided it is not taken to imply that the virus body is made up of virus elements. In plant pathology the term "*x* body" is usually applied to the abnormal appearances produced in certain plant cells by viruses, and on general grounds is less open to objection than either "virus body", "inclusion" or "inclusion body": nevertheless these terms are now so extensively employed that it is not easy to discontinue their use.

The first virus bodies observed were those reported in fowl pox by RIVOLTA (1869); later, in 1892, GUARNIERI described cytoplasmic bodies in the epithelial cells of the skin lesions of small-pox and vaccinia. The occurrence of small, rounded bodies in the interior of epithelial cells in variola had, however, been previously noted both by WEIGERT (1874) and by RENAUT (1881). In 1903 NEGRI described abnormal structures, soon recognized to be of diagnostic significance, in the brain cells of animals with rabies.

In view of the great impetus given to protozoological research by the discovery of the malaria parasite and its life cycle, it is perhaps not surprising that inclusion bodies were at first regarded as protozoa and, in accordance with the then prevailing fashion, were endowed with complicated life cycles. Two facts tended to undermine the theory that virus inclusions are protozoa: *a*) the filterability of certain viruses, and *b*) the presence of very small granules in such diseases as vaccinia and fowl pox. To account for these facts VON PROWAZEK (*2*) suggested that virus inclusions are cloaked animals—'Chlamydozoa'—minute organisms, "elementary bodies", embedded in or coated with the reaction products of the infected cells. When the host cells disrupt, the elementary bodies are set free and are then capable of spreading infection.

LIPSCHÜTZ (*1*) preferred to call the elementary bodies of VON PROWAZEK "Strongyloplasmen" (pebbleplasms). This theory of their nature undoubtedly explains certain virus inclusions which are believed to be made up of elementary bodies, embedded in a matrix derived from the protoplasm of the cell. It is however uncertain whether the matrix is to be regarded as a reaction on the part of the cell to the presence of the elementary bodies or as a localized degenerative lesion produced by these bodies. CLINCH (1931), for instance, has shown that in potatoes the *x* bodies are closely associated with numbers of fat droplets which arise from the lipoid-protein complex of the cytoplasm. A further possibility is that the inclusion bodies represent purely degenerative changes in the cell and do not necessarily contain virus particles. Finally it has been suggested that certain appearances seen in the cytoplasm of plant cells infected with the virus of tobacco mosaic represent pseudo- or para-crystals of heavy protein identical with those prepared by STANLEY (*1*, *2*) from the expressed juice of plants infected with tobacco mosaic virus. The evidence is now almost conclusive that these heavy protein molecules actually represent the virus.

As LUDFORD (*3*) has pointed out, there are so many differences between the various kinds of virus inclusions that it is improbable that one theory can account for them all.

The classification of virus inclusions.

Following LIPSCHÜTZ (*5*) it has been usual to separate virus inclusions into three groups in accordance with their position in the cell: —

1. Inclusions in the cytoplasm.
2. Inclusions in the nucleus.

3. Inclusions in both nucleus and cytoplasm.
Classifications, based on this grouping, are given by Rivers (*4*) and Ludford (*3*). They have the disadvantage that they take no account of what is now known of the nature of at least certain of the viruses. In accordance with the conception previously described of two types of viruses, elementary virus bodies and virus proteins, the following classification of cytoplasmic and intranuclear inclusions is suggested:—

A) *Inclusions in the cytoplasm*

1. associated with viruses known to consist of elementary bodies;
2. associated with viruses not known to consist of elementary bodies or virus proteins;
3. associated with virus proteins;
(4. not at present associated with virus infections).

B) *Inclusions in the nucleoplasm*

1. associated with viruses known to consist of elementary bodies;
2. associated with viruses not known to consist of elementary bodies;
3. associated with virus proteins;
(4. not at present associated with virus infections).

Group A 1, cytoplasmic inclusions associated with viruses known to consist of elementary bodies, comprises variola, alastrim, vaccinia, sheep pox, paravaccinia, bird pox, molluscum contagiosum, infectious myxomatosis of rabbits, rabbit fibroma, ectromelia, psittacosis, lymphogranuloma inguinale and possibly inclusion blennorrhœa, trachoma and tick-borne fever. In this group should almost certainly be included the other mammalian pox viruses, horse, goat, swine, camel and rabbit pox.

Group B 1, nuclear inclusions associated with viruses known to consist of elementary bodies, comprises varicella and zoster, herpes, pseudorabies and Borna disease.

It will be noted that Groups A 1 and B 1 do not comprise all the virus diseases in which elementary bodies have been clearly demonstrated, e. g. the Rous sarcoma, influenza, mouse catarrh and fowl coryza. The finding of granules resembling elementary bodies in rheumatism has recently been taken as evidence of a virus infection [cf. Schlesinger, Signy, Amies and Barnard (1935)].

Group A 2, cytoplasmic inclusions definitely associated with viruses not yet shown to consist of elementary bodies or proteins, includes rabies, lymphocystic disease of fish in which cytoplasmic inclusions only are present, the salivary gland disease viruses, carp-pox, dog-distemper, fowl pest and warts where both cytoplasmic and intranuclear inclusions are found and many plant virus diseases [cf. Smith (*2*)].

Group B 2, intranuclear inclusions associated with viruses not known to consist of elementary bodies, contains B virus, vesicular stomatitis, virus III infection of rabbits, yellow fever, Rift Valley fever, catarrhal fever of cattle, infectious laryngo-tracheitis, fowl pest, Pachecho's parrot disease, hepatapathy of mice, a virus disease of owls, neoplastic disease of frogs' kidneys, epithelioma of fish, frog-warts, polyhedral diseases of caterpillars, and, less definitely, human warts and laryngeal papillomata.

Group A 3, cytoplasmic inclusions associated with virus proteins, comprises the various strains of mosaic disease of tobacco, potato X disease and tobacco ringspot.

Group B 3, intranuclear inclusions associated with virus proteins, at present consists of only one disease, equine encephalomyelitis, from which Wyckoff

(1937) claims to have isolated a heavy protein. The infectious papilloma of rabbits, from which BEARD and WYCKOFF (1937) believe that they have also isolated a heavy protein, produces neither cytoplasmic nor intranuclear inclusions. KOLMER (1937) believes that the virus of poliomyelitis is possibly a globulin.

Group A 4 comprises a somewhat heterogeneous collection of cytoplasmic bodies which, owing to certain similarities with known virus inclusions, may in some cases be associated with the presence of a virus. Such are the KURLOFF bodies of guinea-pigs, TODD bodies of frogs, cytoplasmic inclusions in the brain cells of apparently normal mice, in the liver cells of ferrets, guinea-pigs and monkeys, in the salivary glands of man and other animals, in cortical ganglion and glia cells of a case of megalencephaly and in the corneal cells of rabbits.

Group B 4 also includes a large collection of intranuclear bodies, some of which, such as the intranuclear bodies found in the salivary glands of man, CEBUS monkeys and moles, are possibly associated with viruses. Intranuclear inclusions have also been described in the liver of dogs, the kidneys of rhesus monkeys, rats and of a number of wild animals and birds, the epithelium of the pharynx and trachea in man and monkey, the cells of brain tumours in man, and the cells of the epididymis and other organs of men and monkeys.

I. Cytoplasmic inclusions associated with virus elementary bodies.

The number of diseases due to virus action where actual proof is forthcoming of the association of elementary bodies with cytoplasmic inclusions is not large:—

It includes the following:—

1. The mammalian pox group
   - Variola — Vaccinia
   - Alastrim — Sheep-pox
2. Paravaccinia
3. The bird pox group
   - Fowl-pox — Finch-pox
   - Pigeon-pox
4. Molluscum contagiosum
5. Psittacosis
6. Ectromelia
7. Infectious myxomatosis and the filterable fibroma of rabbits
8. Lymphogranuloma inguinale
9. Inclusion blenorrhoea } possibly due to rickettsia.
10. Trachoma }
11. Tick-borne fever }

1. Mammalian pox viruses.

Although WEIGERT (1874) and RENAUT (1881) described spherical globules within the epidermal cells of variolous lesions, their communications attracted little attention, and it was not till 1892 that GUARNIERI provided illustrations of the bodies which since then have borne his name. These bodies are now regarded as of diagnostic significance for infections with the mammalian pox group of viruses. GUARNIERI believed that the cytoplasmic bodies were protozoa and gave them the name of "Cytoryctes vaccinae" while complicated life-cycles were described by COUNCILMAN, MAGRATH and BRINCKERHOFF (1904), CALKINS (*1*) and VON PROWAZEK (*4*). In opposition to the conception of the protozoal nature of GUARNIERI bodies other observers such as COPEMAN and MANN (1899), EWING (*1, 2*), COWDRY (*1*) and LEDINGHAM (*1*) suggested that the bodies were formed from some substance either normally present in the cytoplasm or extruded from the nucleus in the form of nuclear or nucleolar material. Alone of earlier observers BÖING (1920) maintained that the GUARNIERI bodies were accumulations of virus particles. Up to the present very little information as to the chemical nature of GUARNIERI bodies has been obtained, though it is of interest that they are neither blackened by osmic acid nor stained by Sudan III. They do, however, give a positive reaction with the FEULGEN technique, showing that they contain a certain amount of thymonucleic acid.

GUARNIERI bodies can be found, according to GOODPASTURE, WOODRUFF and BUDDINGH (1932), in cells derived from all three embryonic layers. As a rule they are well seen in the ectodermal cells of the skin and cornea [cf. RIVERS, HAAGEN and MUCKENFUSS (*1, 2*)] and, on intratracheal inoculation, in the epithelium of the bronchi [MUCKENFUSS, MCCORDOCK and HARTER (1932)]. Certain strains appear to produce GUARNIERI bodies most readily in fibroblasts. RHODES and VAN ROOYEN (1937), for instance, were unable to produce any GUARNIERI bodies in corneal epithelium, though the bodies were well seen in fibroblasts.

Just fifty years ago BUIST (1887) of Edinburgh recorded that in the clear vesicle fluid obtained from the lesions of variola and vaccinia there occurred large numbers of minute bodies which could be stained with aniline water gentian violet. Their size was estimated to be 150 mμ and they were believed to be the spores of micrococci but there can be little doubt that the bodies described and figured by BUIST are those known today as the elementary bodies of vaccinia and variola and now generally regarded as the causal agents of these diseases. In 1901 CALMETTE and GUÉRIN also drew attention to the presence of very small refringent granules in vaccine lymph which they thought might well be the infective elements. According to VON PROWAZEK (*1*), CHAUVEAU was the first to call these granules elementary bodies. The chief proponent of the virus nature of the elementary bodies, however, was PASCHEN, who in a series of papers from 1906 to his death consistently maintained that these granules are the actual causal agents of vaccinia and variola. The elementary corpuscles of variola-vaccinia have therefore often been termed PASCHEN corpuscles: in view of BUIST's earlier researches, they should preferably be named BUIST-PASCHEN corpuscles. The evidence in favour of the aetiological significance of the elementary bodies is both biological and serological. The biological evidence is their presence in large numbers not only in lymph, but in smears from fully developed lesions of variola and vaccinia and the gradual increase in their number, an increase which parallels the development of the specific lesions. The first attempts to free the elementary corpuscles from extraneous matter were made by MACCALLUM and OPPENHEIMER (1922) who employed differential centrifugation. Granules so obtained were washed by OPPENHEIMER (1927) who with CRACIUN (1925) showed that the washed granules could be grown in tissue cultures for many generations. NAUCK and PASCHEN (1932) confirmed these results. With the increased efficiency of centrifuges attained during the past few years elementary bodies can now be obtained free from other material, and by the technique elaborated by EAGLES and LEDINGHAM (1932) large quantities of elementary bodies may be readily prepared and used either for human vaccination, the production of the disease in experimental animals or the growth of the virus in tissue cultures. Additional evidence of the aetiological significance of the elementary bodies in vaccinia is provided by the observation of CRAIGIE and WISHART (1933) that a killed suspension of the bodies succeeds, in the same way as a killed suspension of calf lymph, in provoking a specific allergic reaction when injected into the skin of human beings who have been previously vaccinated.

Elementary corpuscles seen in lymph or in tissue-smears have dimensions of approximately 150–200 mμ. ELFORD and ANDREWES (*1*) by ultrafiltration determined the size of the infective particles as 125–175 mμ. By differential centrifugation, BECHHOLD and SCHLESINGER (1931), estimated the size of the particles as 200 mμ while ELFORD and ANDREWES (*3*) by centrifugation estimated the size as from 125–175 mμ. Direct microscopic observation and photomicrography with a single ultraviolet wave length thus indicate the presence, in lymph or in the tissues, of numerous granules of a size corresponding with that of the infective granules as determined by differential ultrafiltration or centrifugation.

Serological observations initiated by PASCHEN (*3*) and extended by LEDINGHAM (*3, 4, 5, 6*) have shown that pure suspensions of elementary bodies are specifically agglutinated by the sera of animals experimentally infected with vaccinia. CRAIGIE (1932) has also shown that a specific soluble substance can be extracted from elementary bodies which gives a precipitin reaction with anti-vaccinia serum, a result confirmed by PARKER and RIVERS (1935). The biological and serological evidence that the elementary corpuscles obtained from vaccinia and variola lymph and from infected tissues are actually the virus particles is thus practically conclusive.

It remains to determine what is the relationship between the elementary corpuscles and the GUARNIERI bodies. Reference has already been made to the earlier observations of BÖING (1920), who described acidophilic granules in the GUARNIERI bodies. Various later observers have studied the evolution of GUARNIERI bodies in the tissues of animals. SCHULTZ (1925), for instance, described the disintegration of GUARNIERI bodies with the liberation of masses of granules, while LUDFORD (*2*) noted the formation of finely granular material within vacuoles in epidermal cells of the rat cornea infected with vaccinia virus.

More recently studies have been made on the evolution of vaccinia virus in tissue cultures [NAUCK and ROBINOW (1936), RHODES and VAN ROOYEN (1937), HAAGEN and KODAMA (1937)] and in the cells of the chorio-allantoic membrane of the developing chick embryo [GOODPASTURE, WOODRUFF and BUDDINGH (1932), HERZBERG (*3, 4*), TANG and WEI (1937) and HIMMELWEIT (1937)].

HERZBERG (*3, 4*) showed that when cells of the chorio-allantoic membrane of the chick embryo are stained with Victoria blue 4 R some twelve hours after inoculation 5–10 elementary bodies can be seen in a given cell. The elementary bodies rapidly increase in numbers till at the end of about twenty-four hours 30–100 elementary bodies are present in each cell. At this stage larger, deeply stained bluish black spherical colonies become visible. The elementary bodies continue to increase and eventually the cell bursts and the bodies are released. In the unfixed cells of the chorio-allantoic membrane infected with vaccinia and placed in distilled water there are seen within the cytoplasm round or oval masses, composed of uniform granules oscillating rapidly in Brownian movement. These granules in size and in numbers correspond to the elementary bodies. TANG and WEI (1937) describe two distinct morphological appearances in the chorio-allantoic membrane of chick embryos infected with vaccinia. At an early stage in certain cells large inclusion bodies appear, while other smaller bodies may be seen in ectodermal cells. It is suggested that two independent methods of multiplication occur. One is by simple division, by means of which the host cell is so rapidly packed with elementary bodies that its rupture becomes inevitable. The second process of multiplication may be considered as due to a combined action of the invading virus and the host cell. As the virus particles grow a reaction is set up in the cell which leads to an intracellular agglutination of the virus. These agglutinated masses then constitute the GUARNIERI bodies. The fact that the presence of these formations is generally restricted to the early phases of infection makes it highly probable that they soon disintegrate, giving rise to the elementary bodies. HIMMELWEIT (1937), in examining vaccinia virus in cells of the chorio-allantoic membrane of the chick embryo after treatment with fluorescent dyes, noted that the masses of elementary bodies were at first quiescent and later underwent violent oscillatory movement, the whole process being suggestive of a developmental process.

The morphological evidence is thus all in favour of the view that the GUARNIERI bodies represent, at least in part, masses of elementary bodies, while the evidence as a whole is now conclusive that the elementary bodies represent the causal agents of variola and vaccinia.

Although elementary bodies undoubtedly make up a considerable part of the GUARNIERI body a number of observers has noted that, when suitably stained, the material of which the GUARNIERI body is composed shows differential staining. With the GIEMSA stain most of it takes on a pinkish tint but parts of it are blue and are thus basophilic. While neither mitochondria nor GOLGI apparatus play any part in the formation of the GUARNIERI bodies there is some evidence that nuclear material may be incorporated in them for, as previously mentioned, the GUARNIERI bodies give a positive reaction with the FEULGEN technique, thereby indicating the presence of thymonucleic acid. The elementary bodies, on the other hand, give a negative reaction for this compound. The extrusion of what has been thought to be nucleolar material has already been mentioned but, in addition, both in small-pox [COUNCILMAN, MAGRATH and BRINCKERHOFF (1904)] and in tissue cultures infected with vaccinia virus, there are found in the nucleus acidophilic bodies which, according to HAAGEN and KODAMA (1937), give a positive reaction for thymonucleic acid. With water-blue and phloxine these bodies stain red, as do the GUARNIERI bodies, whereas the normal cell material stains blue. These staining reactions suggest that possibly the intranuclear bodies of variola and vaccinia are composed of material similar to that of part of the GUARNIERI bodies, though whether the intranuclear bodies actually give rise in part to the GUARNIERI bodies requires further investigation.

Owing to the ease with which they can be examined under experimental conditions the cytoplasmic inclusions produced by vaccinia have been more extensively studied than those caused by other mammalian pox viruses. Some of the vaccinia strains investigated have been derived from true variola, others from variola minor or alastrim. It is thus not without interest that, in comparing the cytoplasmic and intranuclear inclusions produced by variola vera and alastrim in the skin of man, TORRES and TEIXEIRA (1935) noted certain differences as follows:—

Comparison between the inclusions of alastrim and variola vera in man.

Cytoplasmic inclusions.

Variola vera.	Alastrim.
1. Inclusions multiple and of varying size and shape: largest inclusions smaller than the solitary inclusions of alastrim.	Inclusions usually single or one at each end of nucleus: solitary inclusions larger than largest ones in variola vera.

2. Inclusions often in excavations on the surface of the nucleus.	Inclusions juxta nuclear, enveloping the nucleus like a cap: never in excavations on the surface of the nucleus.
3. Cytoplasm of cells with inclusions shows a large, apparently structureless, area.	Cytoplasm shows a clear structureless halo close to the inclusion.
4. Malpighian cells with inclusions numerous in the lateral walls of the vesicles.	In the vesicular and pustular stages inclusions not numerous: they are found only in cells in the lateral walls of the vesiculo-pustules or at the bottom of the lesion.
5. Inclusions stain deep red with haematoxylin and safranin.	Inclusions pale blue.
6. With haematoxylin and eosin pale pink to red: sometimes pink and blue inclusions are seen in the same cell.	Inclusions pale violet blue to dark violet.

Nuclear inclusions.

1. The nuclear membrane is considerably thickened.	The nuclear membrane is considerably thickened.
2. With haematoxylin and eosin the bodies stain deep reddish pink.	With haematoxylin and eosin the inclusions show a network staining slightly pink.
3. The bodies may be single taking up a large part of the nucleoplasm, either homogeneous or with small chromophobic areas: sometimes small intranuclear corpuscles from one to three in number are seen: they are all distinct with clear contours and one or more chromophobic areas.	The single inclusion is separated from the nuclear membrane by clear nucleoplasm.

Of the inclusions associated with other mammalian pox viruses most attention has been directed to those of sheep-pox, which have been studied by Bosc (1901 and 1903), Borrel (*1*, *3*), Galli-Valerio (1908) and Ludford (*2*).

The inclusions may be formed, as in the case of vaccinia, in cells derived from all three embryonic layers and, when suitably stained, show considerable heterogeneity. Borrel (*3*), in preparations of endothelial cells from the peritoneal cavity of the lamb and in mononuclear cells stained with alcoholic May-Grunwald, has described acidophilic bodies containing either a single refringent body or numerous small bodies resembling bacilli and coloured deep violet. By the use of Giemsa's stain the eosinophilic material may be resolved into an infinity of small granules which, on the analogy of small-pox and vaccinia, probably represent the actual virus particles. Further experimental evidence however is required to establish their aetiological significance. In swine-pox Bendinger (1934) and Bendinger *et al.* (1935) have described Guarnieri bodies which, it is suggested, differ slightly from the Guarnieri bodies of vaccinia.

In rabbit-pox, according to Green (1934), despite the similarity of the lesions to those of human small-pox, no definite inclusions were noted in either the nuclei or cytoplasm of infected cells.

Horse-pox, goat-pox and camel-pox are so similar in their pathology to the other pox diseases of mammals that the presence of elementary bodies, in association with cytoplasmic inclusions, may be regarded as highly probable, although up to the present actual proof is lacking.

2. Paravaccinia.

The condition now known as paravaccinia was originally described by DANVÉ and LARUE (1892) as "vaccine rouge". They noted that occasionally after vaccination of human subjects with calf-lymph there appeared hemispherical, cherry-red, pea-sized papules. These appearances corresponded closely to those seen on the hands of milkers and described in 1899 by WINTERNITZ under the name of "Knotenbildungen bei Melkerinnen". These "milkers' warts" could be transmitted by inoculation to vaccinia-immune persons and produced no immunity to true vaccinia. VON PIRQUET (1915), who termed the disease paravaccinia, assumed that the infectious agent might be present in calf-lymph together with the true vaccinia virus, while LIPSCHÜTZ (*2, 3*) who investigated the histological appearances of paravaccinia described both intranuclear and cytoplasmic inclusions. The intranuclear inclusions were very similar in appearance to those of herpes simplex, while in the cytoplasm were large spherical GRAM-negative inclusion bodies, in some respects resembling, though not identical with, the GUARNIERI bodies seen in vaccinia. In smears of the lesions stained after LÖFFLER's method for flagella, masses of small granules were found which resembled the elementary bodies of variola and vaccinia. These bodies which LIPSCHÜTZ termed *Strongyloplasma paravaccinia* were found in tissue fluid from milkers' warts where cytoplasmic inclusions are also found and in material from the eruptions in infected cows and sheep by SENIN (1932), SALKAN (1933) and STARK *et al.* (1934): the bodies were capable of giving rise in animals and man to eruptions resembling milkers' warts. Histologically the appearances of paravaccinia so closely resemble the microscopic descriptions of milkers' warts, as given by KAISER and GHERARDINI (1934) and others, as to leave little doubt that the two conditions are identical. There is however no evidence to suggest that vaccinia virus becomes transformed into the virus of paravaccinia. While the elementary bodies almost certainly represent the virus, further observations are required to determine the exact relationship of the elementary particles to the cytoplasmic bodies and to the intranuclear acidophilic inclusions. References to the earlier literature of paravaccinia and milker's warts are given by PASCHEN (*5*) and LIPSCHÜTZ (*13*).

3. Bird pox viruses.

A study of the cytoplasmic inclusions found in association with bird pox has led to conclusions very similar to those that have been reached in regard to the inclusions of mammalian pox, namely that the cytoplasmic inclusions of bird pox are composed of masses of elementary bodies. RIVOLTA (1869), who regarded them as gregarines, was the first to describe the characteristic cell inclusions in fowl pox, but to BOLLINGER (1873) is due the first clear histological description of the bodies which are now often known by his name. BOLLINGER recognized that the lesions represent a new growth of epithelial cells. Until MARX and STICKER (1902) proved that the causative agent of fowl pox was filterable, the inclusion bodies were almost universally believed to be due to either a protozoan or a fungus infection, though a few observers such as POLOWINKIN (1901) thought that the inclusions were purely degenerative. CSOKOR (1884), it is of interest to note, believed that the inclusion bodies within the epithelial cells of the lesions are identical with those of human molluscum contagiosum.

In 1904, BORREL found that in smears from the cutaneous lesions of fowl pox, stained by LÖFFLER's flagella method, there were numerous minute coccoid granules arranged either singly, in pairs, in masses or in small chains. BORREL, however, was unable to detect the minute granules, so abundant in smears, in fixed tissue sections and thus was uncertain as to their relationship to the cytoplasmic inclusions. BURNET (1906), however, came to the conclusion, as a result of a careful study of fowl pox lesions, that the coccoid bodies, which are in close association with the cytoplasmic inclusions, represent the actual causal agent, a view also accepted by LIPSCHÜTZ (1926) who estimated the size of the corpuscles to be 250 mμ.

In the meantime MICHAELIS (1903) had shown that the cytoplasmic inclusions stain readily with Scharlach R and osmic acid, while LUDFORD and FINDLAY (1926) studied and figured the development of the bodies in epidermal cells. The earliest indication of infection of epidermal cells is the formation of a small vacuole to the periphery of which minute granules are attached. These granules correspond in size to the elementary bodies. Mitosis is of frequent occurrence in such cells. The vacuoles within the cells increase in numbers and size and at the same time as they become surrounded by a lipoidal coating they present internally a granular appearance. The infected cells gradually enlarge and the numerous virus vacuoles coalesce to form a single large vacuole. In the superficial cornified layer of the lesion granular virus bodies occupy cavities in the keratin. The inclusion bodies first appear in the proximal cytoplasm, thus behaving like non-specific deposits such as globules of neutral fat in the pancreas. The appearance of the cytoplasmic inclusions has been studied in the chorioallantoic membrane of the developing chick embryo by WOODRUFF and GOODPASTURE (*1*) and BURNET (*2*). The inclusions appear first in the cytoplasm as tiny acidophilic vesicles, usually multiple. As the vesicles enlarge they tend to fuse, and the usual mature appearance is a large complex vesicle, the red-staining portion being mainly confined to the wall of the vesicle, thus differing considerably from the typical round or oval cytoplasmic body of the fowl comb lesion. The canary-pox virus has been found by BURNET (*1*) to give rise to large and numerous cytoplasmic inclusions. The size of the elementary bodies is estimated by filtration and photomicrography to be 150 mμ. Cells derived from the ectodermal and mesodermal embryonic layers may show the presence of inclusion bodies. The relationship of the cytoplasmic inclusion to the granules described by BORREL has been demonstrated by GOODPASTURE (*3*) and WOODRUFF and GOODPASTURE (*2*).

Fresh preparations of the inclusions, when examined in hypertonic salt solution, are found to contract and when placed in distilled water to swell. In the swollen state the largest globules are seen to contain minute bodies in rapid BROWNIAN motion and compressed the globules rupture and minute bodies of uniform size are extruded. On staining such preparations the inclusions are seen to be composed of minute bodies mantled by a gelatinous material. It is perhaps due to the presence of this gelatinous membrane that both the inclusion bodies and the minute bodies give a faintly positive reaction for thymonucleic acid, or rather for an aldehyde grouping, by the FEULGEN technique. WOODRUFF and GOODPASTURE (*2*) have shown that single virus bodies of fowl pox may be isolated from epidermal cells after tryptic digestion by means of the microinjection pipette technique of CHAMBERS. A single inclusion body when washed in saline and inoculated into the skin of the hen produced a typical fowl pox lesion containing characteristic inclusions, while the saline in which the inclusion body was finally suspended before injection was not infective. These results have been confirmed by BAUMGARTNER (1). Conclusive evidence is therefore available that the cytoplasmic inclusions are infective and are composed of elementary bodies. The preparation of elementary bodies from fowl, pigeon and canary pox has now been accomplished. The elementary bodies thus prepared are infectious and, as has been shown by LEDINGHAM (*3*, *4*), they are specifically agglutinated by the sera of recovered and hyperimmunized chickens. Such sera also contain virucidal bodies, which neutralize washed suspensions of elementary bodies. The relationship between the cytoplasmic inclusion bodies of bird pox and the virus elementary bodies is thus conclusively proved. Whether the lipoidal covering and the albuminous matrix are derived from the elementary bodies or from the cell cytoplasm in an attempt to localize the action of the elementary bodies is still uncertain. The mineral residue which DANKS (1932) has found to be present in the inclusions after microincineration appears to coincide very closely in position and amount with the actual elementary bodies.

4. Molluscum contagiosum.

Molluscum contagiosum was first described clinically by BATEMAN (1817) who believed that though the material which could be expressed from the nodules was a secretion it nevertheless represented the medium of contagion. HENDERSON (1841) and PATERSON (1841) were the first to describe the large oval hyaline structures which are found in the superficial layers of the epithelial nodules. These well-defined structures which have since been known as "molluscum bodies" were for long regarded as of a protozoal nature. In 1905 however JULIUSBERG showed that the virus would pass through CHAMBERLAND filters and it has now been filtered through BERKEFELD V and CHAMBERLAND L_1 filters [FINDLAY (*2*)]. In 1907 LIPSCHÜTZ observed in fresh preparations from the epithelial nodules, innumberable non-motile spherical bodies of uniform size which in stained preparations measured approximately 250 mμ in diameter. In sections LIPSCHÜTZ showed that within certain swollen epithelial cells of the cutaneous nodules similar bodies were present in enormous numbers: although closely packed together the bodies were sufficiently discrete to be resolved microscopically. These bodies, which were regarded as the causal agents of molluscum contagiosum, LIPSCHÜTZ called *Strongyloplasma hominis*. These results were fully confirmed by VON PROWAZEK (*3*) and by DA ROCHA LIMA (1913). The cytological development of the molluscum bodies was investigated by GOODPASTURE and KING (1927), whose description corresponds closely with the account given by LUDFORD and FINDLAY (1926) of the development of the virus inclusions in fowl pox, except that in human molluscum contagiosum the virus vacuoles do not acquire a lipoidal coat. The earliest significant change occurs just peripheral to the germinal layer. Both cells and nuclei enlarge, as was shown by SANFELICE (*4*), the nucleoli become more prominent and nucleolar material, as was noted by LIPSCHÜTZ (1), is extruded into the cytoplasm in which are seen small vacuoles. In the cytoplasm there appear numerous small granules. As a result of the increase in number and size of the vacuoles the nucleus becomes pushed to one side of the cell, while the basophilic cytoplasm in which the vacuoles are situated condenses in the form of an irregular network between the vacuoles. At the same time the vacuoles are seen to contain minute but discrete granules. Finally the granular vacuoles fill almost the entire cell and in this fully developed form the entire mass of granules and the thin layer of basic cytoplasm appears to separate from a peripheral cellular membrane and fuse to form an oval hyaline body within a framework composed of the membrane and the remnant of surrounding keratinized cells. Neither extruded nucleoli nor mitochondria play any part in the formation of the original virus vacuoles. GOODPASTURE and WOODRUFF (1931) have found that the hyaline inclusion bodies resist tryptic digestion and may thus be freed from surrounding cellular material. After tryptic digestion the molluscum inclusion bodies, unlike those of fowl pox, are sticky and gelatinous and thus cannot be readily manipulated with the CHAMBERS microdissection apparatus. When placed in distilled water the molluscum bodies show little or no swelling, while under similar conditions the fowl pox inclusions swell up. Trituration of the molluscum inclusions causes them to break up into the component elementary granules: fowl pox bodies do not break up so readily. The elementary bodies of molluscum appear identical in size, shape and staining reactions with the elementary bodies of fowl pox. According to WLASSICS (1934) the elementary bodies give a staining reaction for fat, but the plastin granules do not give this reaction. As man alone is susceptible to infection with molluscum contagiosum very little work has been carried out serologically on the elementary bodies. BRAIN (1933), however, using elementary bodies as an antigen, has demonstrated complement fixing antibodies in the serum of a patient with multiple lesions: agglutinins were not demonstrable. Unpublished observations from the writer's laboratory showed that, after filtration through a BERKEFELD V filter and centrifugation at 15000 revolutions per minute, the sediment, consisting of pure elementary bodies, set up infection on the arm of a volunteer after an incubation period of nearly six weeks.

The evidence, as in the case of the mammalian and bird pox viruses, is almost conclusive that the elementary bodies are the causal agents of molluscum contagiosum and that the cytoplasmic inclusion bodies are composed of myriads of elementary bodies.

GOODPASTURE (*4*) has suggested that the elementary bodies of mammalian pox, bird pox and molluscum contagiosum should be classed together. While vaccinia produces cytoplasmic inclusions in all three embryonic layers, fowl pox in ectoderm and entoderm, and molluscum contagiosum only in ectoderm, the inclusions are in all cases composed of elementary bodies and the individual inclusions are totally and fractionally infective. The corpuscles are of approximately the same dimensions, are insoluble in lipoid solvents and are not dissolved by dilute acids. Fowl pox and vaccinia elementary bodies are agglutinated by specific immune sera, and the washed elementary bodies of vaccinia, fowl pox and molluscum contagiosum are infective. The granules, it is claimed, react characteristically with certain stains, notably the silver staining method of MOROZOW. In honour of BORREL who in 1903 described the elementary corpuscles of fowl pox, GOODPASTURE suggests the generic name of *Borreliota*, the species being *Borreliota variolae hominis, B. bovis, B. equi, B. porci* and *B. ovium* for the viruses of mammalian pox: *B. avium* for fowl pox and *B. mollusci* for molluscum contagiosum. Incidentally the name *Borrelina* was suggested by PAILLOT (1926) to designate the viruses producing polyhedral diseases in the caterpillars of certain moths.

While it is probably premature to attempt any generic classification of viruses, the priority of BUIST's finding of elementary bodies in variola and vaccinia in 1886 to 1887 should be generally recognized. MACKIE and VAN ROOYEN (1937) have therefore suggested *Buistia* as the generic name of this group of viruses while, to commemorate PASCHEN's work, *pascheni* is put forward as the specific name of the variola-vaccinia virus. For the virus of bird pox *borreli* might be suggested, in view of BORREL's pioneer work on the viruses of this group.

5. Psittacosis.

The fact that psittacosis is caused by a filterable virus was first demonstrated by BEDSON, WESTERN and LEVY SIMPSON (1930) and independently by KRUMWIEDE, MC GRATH and OLDENBURG (1930): very shortly afterwards LEVINTHAL (*1*), LILLIE (*1*) and COLES (*1*) also independently described in virulent psittacosis material small bodies resembling minute micrococci which could be seen with the ordinary powers of the microscope. The coccal bodies were found both in material, including the blood, from natural infections in man and in parrots, and in that coming from the experimental disease in birds and mammals, and were noted either singly, in pairs or in small clumps, the last arrangement being due to their intracellular habit of growth. Coles described small bacillary forms which showed a tendency to bipolar staining: these are regarded by LEVINTHAL (*2*) as involution or degenerative forms. In some respects the psittacosis bodies resemble the rickettsia and in fact LILLIE went so far as to give them the name *Rickettsia psittaci*. The minute bodies can be stained both in smears from infected tissues and in actual tissue sections: they are readily stained with GIEMSA, and by RIVER's modification of CASTANEDA's stain, LÖFFLER's methylene blue or, in fact, by any well-ripened polychrome methylene blue. The small coccal forms were shown by COLES (*1*) to be present in virulent filtrates, a result confirmed by BEDSON and WESTERN (1930), who further showed that the coccal bodies can be almost completely thrown down by centrifugation at a speed of about 5000 r. p. m. The washed bodies, which by differential filtration are from 220–330 mμ in size, are specifically agglutinated by an antipsittacosis serum and also fix complement in its presence. The evidence that the minute coccal bodies represent the actual virus particles and are elementary bodies similar to those present in vaccinia and fowl pox is thus complete.

Psittacosis virus is, however, peculiar in that it undergoes a developmental cycle, the various stages of which appear to be linked not only in time but in morphological sequence. Although LEVINTHAL (*1*) was apparently aware that the virus bodies varied somewhat in size, the name *Microbacterium multiforme psittacosis* suggested by him conveys this implication, BEDSON and BLAND (1932) were the first to describe in detail the developmental cycle by studying virus at intervals after inoculation in stained preparations from the tissues of mice and in tissue cultures. In this developmental cycle the elementary bodies were regarded as the last phase, the whole cycle taking approximately 48–72 hours *in vivo* in the tissues of the mouse and up to 4 or 5 days in tissue culture at 32° C. Alternative explanations of the developmental cycle were at first given. It was thought that when the elementary bodies reached a suitable environment they multiplied to form large amoeboid bodies which then ran together to form a plasmodium. This plasmodium then divided into a number of portions, roughly oval in shape and of equal size, so that there resulted a spherical body about 1 μ in size packed with oval segments, in fact a morula. The oval segments of the morula then divided and subdivided till the stage of the elementary bodies was again reached.

The alternative explanation was that the elementary bodies having entered a suitable cell divided to form large forms which were less infective than the elementary bodies. These large forms then divided again and again, becoming progressively smaller till the elementary body stage was again reached. Further observations by BEDSON (*2*), BEDSON and BLAND (*2*) and BLAND and CANTI (1935) have shown that the second is the true explanation. BLAND and CANTI (1935), who examined the growth of the virus of psittacosis in both the epithelial cells and fibroblasts of chick embryo tissues grown *in vitro*, find that the developmental cycle falls naturally into five phases. Up to about eight hours after infection of the tissue cultures nothing can be recognized with certainty as virus in the cells, although lying outside the cells are numbers of elementary bodies in a good state of preservation. From about eight to twenty-four hours after infection apparently homogeneous masses of round or ovoid shape, staining by GIEMSA's method the characteristic violet colour of the virus, are found in the cytoplasm of the cells. At first the plaques are small (5–10 μ) and scanty and are situated for the most part towards the tips of the cellular processes. Later the plaques become bigger, more numerous and are found mainly in the central area of the cells. Their homogeneity is only apparent, for on decolourizing strongly with acetone the plaques are found to be composed of a pale, pinkish, homogeneous matrix in which can faintly be seen a number of slightly darker, lilac coloured bodies approaching 1 μ in size. The plaques are, in fact, colonies of the large forms of the virus. Extracellular elementary bodies become fewer and are not found in preparations older than 18 hours.

From about 18–24 hours after infection there are seen colonies of the same large bodies found in the decolourized plaques, although now they are clearly visible in preparations stained in the usual way. The matrix of these colonies stains with varying intensity in different examples.

From 24–48 hours after infection the picture becomes more varied. Colonies are observed composed of particles intermediate in size and depth of colour between large forms and elementary bodies. Towards the end of the period elementary bodies begin to appear as minute deep violet dots conspicuous among the other paler forms. From 48 hours onwards the elementary bodies become more and more numerous till by 72 hours they are usually the only forms present. Even in these colonies a trace of the homogeneous pinkish matrix material is usually visible and is probably never entirely absent from the colonies at any stage.

When viewed by dark-field illumination the colonies contain at first motionless rings, later bright dots appear and from 36 hours onwards the granules are found in a state of oscillatory movement. The existence of membranes encapsulating the colonies is also very evident in living preparations. The earlier colonies are rigid, later they become more plastic: the rigidity is due either to the solidity of the matrix or to the internal pressure produced by a high surface tension. In the later stages of development the capsules become weaker and the motile colonies of elementary bodies sometimes show spontaneous rupture without evidence of external pressure.

The above description of the morphological cycle is now generally accepted [cf. Burnet and Rountree (1935)] as accurate, except that Levinthal (*2*) regards the large forms not as a regular initial stage of the virus, but as a development whenever the ratio between nutrition and multiplication is disturbed. When the elementary bodies invade a healthy vigorous cell, division of the virus elements is supposed to be temporarily checked and the virus particles become swollen. When however, the resistance of the cell is overcome, rapid division of the virus particles occurs. Levinthal also recognizes involution or degenerative forms appearing as swollen, pale rings, discs or rods.

This conception, however, makes little difference to the facts which have been definitely established, namely that the elementary bodies constitute the virus and that the virus particles make up the cytoplasmic inclusions which are, in fact, virus colonies. The exact origin of the matrix is at present uncertain: it may be produced from the cytoplasm as a result of the action of the virus or conceivably it may be derived as a secretory product from the virus particles. Neither the colonies nor the elementary bodies of psittacosis appear to contain thymonucleic acid.

6. Ectromelia.

The disease of mice known as ectromelia was first described by Marchal (1930). Acidophilic cytoplasmic inclusions are found in a large variety of cells derived from all three embryonic layers. In the cytoplasm of infected cells of the dermis numerous acidophilic bodies are seen, varying in size from the limits of visibility up to 10–12 μ in their longest diameter. When small the inclusions are spherical, but when larger they become roughly egg-shaped: not infrequently more than one is present in a cell. Occasionally there is some evidence of internal structure, a number of refractile dots being scattered throughout the larger inclusion bodies. In the cells of the sebaceous glands the inclusions are very minute though numerous in each cell; in the pancreas the inclusions are exceptionally large. Inclusions are present also in the salivary glands, intestinal epithelium, fibroblasts, endothelial cells and liver, but not in the spleen. Ledingham (*2*) and Barnard and Elford (1931) showed that the inclusion bodies consist of minute refractile particles of uniform size, while in virus-containing extracts in which no intact inclusion bodies are seen, similar granules can be obtained. By differential filtration through collodion membranes the size of the elementary bodies is found to be 100–150 mμ, while by photomicrography with ultraviolet light the size is from 130–140 mμ. Inoculation experiments with isolated inclusion bodies have been carried out by Baumgartner (*1*). Of twenty-six experiments in which inclusion bodies alone were used as the inoculum eleven were positive, but of twenty-six experiments in which the wash water alone was inoculated only one was positive.

The development of the inclusion bodies in tissue culture has been studied by Downie and Mc Gaughey (*1*, *2*) who found that small acidophilic granules appeared in the cytoplasm two to four days after inoculation and were well developed in seven to eight days. If the cells were first treated with immune serum the development of the virus and of the inclusion bodies was delayed for some days. The growth of the virus on the chorio-allantoic membrane of the developing chick embryo has been studied by Paschen (*8*) and by Burnet and Lush (1936). The elementary bodies appear to form the inclusion bodies by clumping, though reaction products of the cell may conceivably contribute to their formation.

7. Infectious myxomatosis and the filterable fibroma of rabbits.

The observations of Berry and Dedrick (1936) have shown that the viruses of infectious myxomatosis and the filterable fibroma of rabbits are so closely related that they may be regarded, as Hurst (*5*) has pointed out, as variations on a single theme. In myxomatosis of rabbits both the epidermal and connective tissue cells may show the presence of cytoplasmic inclusions, while in the infectious fibroma of the cotton tail (*Sylvilagus*) overlying epidermal cells may exhibit cytoplasmic inclusions.

Infectious myxomatosis of rabbits was first described by Sanarelli (1898) but it was not till 1909 that Splendore drew attention to the presence of "trachoma-like" bodies in the myxoma cells and leucocytes of the connective tissue. Moses (1911) was unable to confirm these observations. Aragão (*1*, *2*), however, described inclusion bodies within the hypertrophied nuclei of the myxoma cells: these inclusion bodies he termed "Chlamydozoa myxoma". Later (1927) he withdrew the claim that these nuclear bodies have any special significance—in all probability they represent nothing more than localized thickenings of the chromatin network. Aragão (*3*), however, suggested that certain small round granules found in the cytoplasm of the myxoma cells were the actual infective agents: for these granules he proposed the name *Strongyloplasma myxomae*. Lipschütz (*11*) also described in the cytoplasm of the connective-tissue cells small bodies either alone or in small masses, often diplococcal or even angular in shape. Similar granules were noted in the endothelial cells lining lymph spaces. The granules were named *Sanarellia cuniculi*. Findlay (*1*) also recorded the presence of these granules and showed that they could be stained by iron haematoxylin. The granules were sometimes scattered throughout the cytoplasm, sometimes collected in a mass near the nucleus; not infrequently the granules were in the form of diplococci. Similar granules were described by Lewis and Gardner (1932) who stated that they resembled the rickettsia of heart water of sheep. HYDE and GARDNER (1933) and HYDE (1936) also suggested that these collections of granules probably represent the elementary bodies or virus particles.

HURST (*5*) found that, in addition to azurophil granules readily visible in smears stained by GIEMSA's method, the cytoplasm of the myxoma cells frequently contained a single feebly or more definitely basophilic spherule, from 2–3 μ in diameter. This granule not infrequently gave a weak FEULGEN reaction: the azurophil granules on the other hand do not give a positive FEULGEN reaction and therefore presumably do not contain thymonucleic acid.

The cytoplasmic inclusions present in the epidermal cells overlying the myxomatous masses were described by RIVERS (*2, 3, 5*), who reported that the first change noted in the epidermal cells is an increase in size. Then small, pink, granular areas appear in the cytoplasm: these areas rapidly increase in size and frequently involve most of the cytoplasm. In the centre of the acidophilic masses blue round or rod-shaped bodies are often seen, probably extruded nucleolar material. The disease process in the epidermal cells progresses till there is complete dissolution of the cells and at this time vesicles appear in the epidermis not unlike those produced in the skin by herpes simplex. HOBBS (1928) confirmed these observations but, with the strain of virus employed, FINDLAY (*1*) did not observe inclusions in the epidermal cells, nor did KESSEL, FISK and PROUTY (1934), working with the Californian strain of the virus. HURST (*5*) found that the oxyphil granules in the cytoplasm first formed a crescent around or near to one side of the nucleus: the cytoplasm then began to liquefy and as the cell enlarged the nucleus moved to one pole of the empty cell, while at the other pole appeared a more or less clumped mass of acidophilic granules mingled with a few basophilic particles, which did or did not stain by the FEULGEN technique.

Although granular cytoplasmic inclusions have not been recorded in the connective tissue cells of the filterable fibroma of rabbits, SHOPE (1932) found that the epidermal cells covering the original tumour in the cotton-tail exhibited oxyphilic masses in the cytoplasm. When the tumour was transferred to the domestic rabbit these epidermal changes were not seen.

Elementary bodies were however prepared from the rabbit fibroma by PASCHEN (*9*) and from myxomatous tissues and fibromata by LEDINGHAM (*6*), who showed that the bodies were agglutinated by specific sera. VAN ROOYEN (1937) and RIVERS and WARD (1937) similarly obtained suspensions of myxoma elementary bodies either by scarifying the rabbit's cornea and removing the conjunctival secretion or by scraping the epidermis covering the myxomatous lesions. The elementary bodies which occasionally appeared in short chains varied in size from 310–360 mμ when measured both by direct micrometry and by the extinction method. Morphologically and tinctorially they corresponded with the bodies seen in the epidermal cells. There can thus be little doubt that the cytoplasmic granules represent virus particles similar to those found in vaccinia, but with a somewhat more diffuse habit of growth and possibly less of a matrix. In addition to these cytoplasmic granules HURST (*5*) described intranuclear inclusions. In certain myxoma cells acidophilic granules were occasionally observed not unlike those seen in BORNA disease. In addition, however, acidophilic spherules rather like type B inclusions were noted but similar bodies were present in the adrenal gland cells of normal rabbits. Acidophilic intranuclear material was also sometimes seen in endothelial cells. Most often the acidophilic material took the form of indefinite flecks, or less frequently of granular masses, completely filling the nuclei without any halo between the granules and the nuclear membrane. A few of the nuclei of the affected epidermal cells were found to contain weakly acidophilic material. In view of the irregularity and infrequency of their occurrence it is not possible at present to attach any definite significance to these intranuclear appearances.

8. Lymphogranuloma inguinale.

Intracytoplasmic bodies in the cells of lymph nodes infected with the virus of lymphogranuloma inguinale were first noted by GAMNA (*1*) and FAVRE (1924) and have frequently been referred to as GAMNA-FAVRE bodies. The bodies, which varied from 2–3 μ in diameter, were found both free in the pus and within large lymphocytes and plasmacytoid cells, more especially round the periphery of the abscesses, though they were also numerous in lymph nodes which were the site of active mitoses. GAMNA (*2*) found similar bodies in the lymph nodes of guinea pigs inoculated with pus from cases of lymphogranuloma inguinale. Their presence in the lymph nodes of patients with lymphogranuloma inguinale has been confirmed by a number of workers. FISCHL (1925) and TODD (1926) emphasized the affinity of the bodies for basic dyes; their exact nature is uncertain. FISCHL (1925) and GAY PRIETO (1927) believed that they represent cell débris (Zelltrümmer); FINDLAY (*5*) however showed that some of the bodies give a positive FEULGEN reaction and are therefore probably of nuclear or possibly nucleolar origin, a view also adopted by GRACE and SUSKIND (1936). Some years ago FLEMMING (1885) described small cytoplasmic bodies in the cells of the normal lymph germ centres under the title of "stainable particles" and these appear to be identical with "the GAMNA-FAVRE bodies".

GAY PRIETO (1927) was the first to describe, in addition to the larger bodies, small corpuscles 1 μ or less in diameter which exhibit metachromatic staining. FINDLAY (*5*) also described and figured these small cytoplasmic granules and found them arranged either singly, in pairs, or sometimes in short chains and suggested that they might possibly represent the virus. In favour of the view that these granules represent the actual virus particles are:—

1. The finding of these granules in large numbers in the experimental lesions of mice, monkeys and other animals [MIYAGAWA *et al.* (1935), NAUCK and MALAMOS (1937)]
2. Deposition of the virus by centrifugation at 6000 r.p.m. for four hours [FINDLAY (*5*)]
3. In cultures of the virus in serum-TYRODE medium masses of small granules can be stained by GIEMSA's method [TAMURA (1935)]
4. By differential filtration through graded collodion membranes the approximate dimensions of the virus particles are found to be from 125–175 mμ [MIYAGAWA *et al.* (1935), BROOM and FINDLAY (*2*) and LEVADITI, PAIC and KRASSNOFF (1936)]. These figures correspond closely with the dimensions of the granules reported by GAY PRIETO (1927), FINDLAY (*5*) and MIYAGAWA *et al.* (1935) as being present in the cells of the lesion.

Up to the present no serological reactions have been carried out with suspensions of the granules, the aetiological significance of which thus still awaits final proof. Nevertheless it seems highly probable that these granules do represent the actual virus particles, the habit of growth being more diffuse than in those viruses, such as vaccinia and fowl-pox, where a compact colony is produced.

A different type of cytoplasmic inclusion was described by ISHIMITSU (1936). In the cytoplasm of histiocytes from infected mouse brains, the material having been fixed in DUBOSCQ-BRAZIL-BOUIN solution and stained by LAIDLAW's method, there were seen round or oval inclusions 1–7 μ in size and without internal structure; one, two or as many as twenty inclusions were seen in the same cell: occasionally the inclusions were extracellular. The existence of these bodies has not yet been confirmed. Evidence in favour of a life cycle not unlike that of psittacosis has now been obtained.

9. Inclusion blennorrhoea.

The disease known as inclusion blennorrhoea or inclusion conjunctivitis was first recognized as a clinical entity as a result of the work of MORAX in 1903, although KRONER (1884) had previously suggested that blennorrhoea of the new-born, in which the gonococcus is absent, may be due to an unknown agent originally present in the birth canal of the mother. In 1907, however, HALBERSTÄDTER and VON PROWAZEK (*1*) described inclusions in the cytoplasm of the epithelial cells of the conjunctiva in cases of trachoma. In the light-blue protoplasm of the conjunctival epithelium of preparations stained with GIEMSA there were visible dark-blue irregular-shaped non-homogeneous inclusions adjacent to the nucleus. The embedded bodies, usually small and round or oval, gradually became larger, assumed a mulberry form and, with increasing growth, underwent a progressive dispersion beginning at the centre. Subsequently they usually formed a cap over the nucleus. Then there appeared inside the inclusions minute red-stained bodies which increased rapidly and gradually caused the disappearance of the blue stained masses. Finally the red stained granules occupied the greater part of the protoplasm, while the blue stained substance was visible only as small islands between them. It was believed by VON PROWAZEK and HALBERSTÄDTER that the small red-stained granules, which they termed elementary bodies, represented the causal agent of the disease. It was at first thought that the cytoplasmic inclusions found in the epithelial cells of the conjunctiva were specific for trachoma but in 1909 STARGARDT found what he took to be similar inclusion bodies in the conjunctival epithelium of an infant free from gonococcal infection. HEYMANN (*2*) also found the same bodies in four cases of gonorrhoeal blennorrhoea of the new-born as well as in the urethral and cervical mucosa of the parents of children with ophthalmia neonatorum. HALBERSTÄDTER and VON PROWAZEK (*2*) then made similar observations in cases of infantile ophthalmia and concluded that there exists a specific infectious disease which, from the presence of cytoplasmic inclusions, they termed "Chlamydozoa blennorrhoea". Similar inclusions were also seen in the genito-urinary passages of some of the mothers and in the urethral tracts of males suffering from non-gonococcic urethritis, a finding confirmed by LINDNER (1910). These observations were amplified by FRITSCH, HOFSTÄTTER, and LINDNER (1910) who experimentally reproduced the disease in the eyes of baboons with material obtained from cases of non-gonococcal urethritis in men and from the vaginas of mothers whose babies had inclusion blennorrhoea.

Positive filtration experiments were carried out by BOTTERI (1912), GEBB (1914), THYGESON (*1*, *2*) and TILDEN and GIFFORD (1936). THYGESON and the latter observers found that the virus of inclusion blennorrhoea would pass through graded collodion membranes of an average pore size of 0,46–0,62 μ. The filtrates produced cytoplasmic inclusions in the conjunctiva of man [THYGESON (*1*, *2*)] and of sphinx baboons [TILDEN and GIFFORD (1936)]. Certain observers, such as WILLIAMS (1914) and BENGSTON (1929), believe that the inclusions are produced solely by phagocytosed bacteria, while others, such as McKEE (1935), assert that the inclusions found in the conjunctiva of inclusion blennorrhoea are formed by phagocytosis of bacteria which though not the cause of the disease probably carry the virus; still others, such as GIFFORD and LAZAR (1930), claim to have produced identical inclusions by applying to the conjunctiva chemicals or bacteria which have nothing to do with either trachoma or inclusion blennorrhoea.

The more general view, however, is that inclusion blennorrhoea is a true virus disease, of which the small uniform granules, stained reddish-blue by GIEMSA, represent the free elementary bodies. The inclusion bodies may be considered as intracellular virus colonies. The characteristics of the colonies have been described by LINDNER (1910). The colony develops at the expense of the cytoplasm of the epithelial cell, forming a cytoplasmic vacuole. The cavity of the vacuole is lined by relatively larger granular forms, the initial bodies, while the centre of the vacuole is filled with smaller elementary bodies. Owing to the high refractivity of the elementary and initial bodies, the virus colonies are readily seen by transmitted light in moist unstained preparations. LINDNER (1910) asserts that the elementary bodies are degenerative products of the initial bodies but THYGESON (*1*, *2*) and THYGESON and MENGERT (1936) believe that the virus of inclusion blennorrhoea goes through a morphological cycle similar to that of the psittacosis virus. On entering a suitable cell the free elementary bodies divide and at the same time enlarge to form initial bodies: these then divide, at first forming elements of approximately equal size. Division continues, the granules becoming progressively smaller till the elementary body stage is again reached.

The intracellular colonies of trachoma and inclusion blennorrhoea cannot be distinguished morphologically but the latter disease differs from trachoma in the predominant involvement of the conjunctiva of the lower lid, in its shorter course, in the lack of degenerative changes and scars and in the absence of pannus. On the other hand the evidence is practically conclusive that the agent of inclusion blennorrhoea of the new-born is identical with that of swimming-bath conjunctivitis and vernal catarrh of the adult, as well as with the inclusion disease of the genital tracts of the parents of infants with inclusion blennorrhoea.

It is not without interest that in the epithelial cells of the conjunctiva of sheep, COLES (1931) described a rickettsia-like organism which forms inclusion-like masses within the cytoplasm. Large forms resembling initial bodies as well as small coccoid forms were observed.

10. Trachoma.

The cytoplasmic inclusions found in the epithelial cells of the conjunctiva in persons suffering from trachoma were first observed by HALBERSTÄDTER and VON PROWAZEK (*1*); they have since been the subject of many investigations. NOGUCHI and COHEN (1911) described the inclusions as small round or ovoid granules which, when stained by GIEMSA's method, appeared of a reddish violet colour; sometimes these initial bodies were surrounded by a clear halo. Later, as the number of the initial corpuscles increased, they became surrounded by a blue staining substance which was termed plastin. HALBERSTÄDTER (1912) regarded the inclusions as evidence of infection with chlamydozoa, while NOGUCHI (1927) believed that he had isolated a specific bacterium. Efforts to produce trachoma in blind human eyes with various types of bacteria, more especially *Bacterium granulosis* have, however, failed and as a result the conclusion has been reached that trachoma is not a bacterial disease. That a virus may be the aetiological agent in trachoma is suggested by 1. positive though inconstant filtration experiments, 2. the absence of a known bacterial cause, 3. the presence of cytoplasmic inclusion bodies in the epithelial cells of the conjunctiva and 4. the freeing of the infectious agent from extraneous bacteria by passage through rabbit testicle [JULIANELLE, HARRISON and MORRIS (1937)]. THYGESON (*1*, *2*) distinguishes elementary bodies and initial bodies. In films of the secretion from cases of subacute trachoma the elementary bodies appear as minute granules of uniform size, approximately 0,25 μ in average diameter and frequently arranged in pairs, occasionally in clumps or short chains. The bodies are gram-negative but stain poorly with the ordinary aniline stains, a point differentiating them from conjunctival bacteria. With GIEMSA's stain they appear reddish blue and never attain the pure blue tint of the initial body. The staining reactions of the elementary bodies are thus those of the rickettsia and of the elementary bodies of vaccinia, fowl-pox and psittacosis. In unfixed cells the inclusions stain well with brilliant cresyl blue and carmine red. According to RICE (1935) the matrix in which the granules are embodied contains glycogen. The initial bodies are coccobacillary bodies of an average size of 0,3–0,7 μ but show much variation. All stages of transition between the elementary and the initial body are clearly visible. Division forms are not uncommon. With GIEMSA's stain the initial bodies are blue and bear a striking similarity in staining reactions to the large form of the virus of psittacosis.

THYGESON (1934) postulates a life cycle for the trachoma virus which is analogous with that described in psittacosis. The elementary body is considered to be the infective stage of the virus. When a free elementary body penetrates an epithelial cell of the conjunctiva it enlarges and develops into an initial body. The initial body then divides to form bodies of approximately equal size. By progressive division smaller and smaller bodies are formed and the inclusion now has a densely packed appearance closely resembling the "morula" stage of the psittacosis virus. Eventually only elementary bodies are present and these may occupy either the entire cytoplasm or a relatively small area. The large masses are often seen in early or subacute trachoma, while the small ones are typically seen in the chronic disease. Under pressure or friction, such as is supplied by the movements of the lids, rupture of the loaded cells occurs with liberation of the elementary bodies into the secretion.

The elementary bodies pass through graded collodion membranes with an average pore diameter of from 0,6–0,75 μ and may be concentrated by centrifugation at 18000 revolutions per minute for half an hour.

It must be said that the life cycle of the trachoma virus described above is not universally accepted. BUSACCA (*1, 2*) and CUÉNOD (1935) believe that the causal agent of trachoma is not a true virus but a rickettsia. The "elementary bodies", which are seen as small round or slightly elongated granules either isolated or dumb-bell shaped, are regarded as single rickettsia which later become massed together to form clumps. In support of this hypothesis, CUÉNOD and NATAF (*1, 2, 3*) have inoculated trachoma bodies into lice known to be free from rickettsia. In the epithelial cells of the intestine of the lice they have seen rickettsia-like bodies develop, and by inoculating the infected lice into the conjunctiva of men and monkeys they claim to have produced typical trachoma, the rickettsia developing in the epithelial cells of the inoculated conjunctiva.

In this connection it is of interest to note that ZINSSER and SCHOENBACH (1937) have found that whereas true viruses will not grow in tissue cultures except in the presence of living cells, rickettsia continue to multiply at a time when the cells are undoubtedly dead. On lines such as these it may be possible to determine whether the causal agent of trachoma is a true virus or a rickettsia.

Up to the present, however, the virus of trachoma has not been cultivated in tissue culture, it has not been possible to produce cytoplasmic inclusions in the conjunctiva of monkeys infected with virus or to correlate the presence of elementary bodies with the power of infectivity of trachomatous tissue.

The suggestion that the HALBERSTÄDTER-VON PROWAZEK bodies are actually composed of the virus of trachoma is thus not yet conclusively proved.

11. Tick-borne fever of sheep.

During investigations into the transmission of louping ill in sheep by ticks it was found that unfed nymphs of *Ixodes ricinus*, collected from pastures in louping ill districts, were capable of causing an acute febrile reaction in sheep [MACLEOD (1932)]. This reaction was not considered to be due to louping ill as after recovery the sheep were not immune to louping ill virus. It was also found that sheep grazed on a tick-infested farm suffered from a febrile reaction distinct from louping ill [GORDON *et al.* (1932)]. Within the cytoplasm of polymorphonuclear leucocytes, eosinophils and large mononuclear cells in the blood of sheep infected with tick-borne fever, are seen cytoplasmic inclusion bodies which can be resolved into elementary bodies. As in the case of trachoma there is considerable uncertainty whether these elementary bodies form part of a developmental cycle akin to that of psittacosis virus or whether they represent rickettsia. Against the view of their virus nature is the fact that up to the present all attempts at filtration have failed: on the other hand the bodies have never been seen in reticulo-endothelial cells.

II. Cytoplasmic inclusions associated with viruses of as yet undetermined nature.

In addition to the cytoplasmic inclusions associated with viruses that have been shown to be represented either by elementary bodies or by heavy proteins there remains a group in which the nature of the virus is still uncertain. This group includes *a*) the majority of the plant viruses in which cytoplasmic inclusions occur (these have already been briefly discussed in relation to the "x" bodies of plants associated with heavy proteins) and *b*) certain animal viruses. These animal viruses may be further subdivided into those virus infections in which *A*) *cytoplasmic inclusions alone* are present—rabies, lymphocystic disease of fish, mumps (?), measles, and African horse sickness; *B*) *cytoplasmic and intranuclear inclusions* are present—carp pox, dog distemper, a disease of ferrets, fowl pest, salivary gland disease of guinea-pigs and warts.

A) Virus diseases associated with cytoplasmic inclusions.

1. Rabies.

The bodies originally described by NEGRI (*1, 2, 3*) in the cytoplasm of the ganglion cells of the brains of animals and men dying from rabies have received very considerable attention, yet the exact nature of the NEGRI bodies and their relationship to the virus of rabies still remain uncertain. Before discussing the diverse theories that have been put forward to explain the nature of NEGRI bodies, it is not out of place to state the facts in relation to these bodies on which there is general agreement. These facts may be summarized [SHORTT (1935)] as follows:—

1. NEGRI bodies are invariably intracellular. When they appear to be extracellular it is usually attributable to the fact that they frequently occur in the nerve prolongations of cells and therefore, as a result of variation in the plane of sections, may appear to have no obvious connection with a nerve cell.

2. The NEGRI bodies are invariably situated in the cytoplasm: their shape is dependent on their position in the cell and on certain intrinsic factors, such as the shape, size, number and location of the internal structures found in the NEGRI bodies, around which the external contour of the bodies has to accommodate itself. The following forms are recognized: *a*) spherical; *b*) oval or ovoid; *c*) triangular, often large and occupying the triangular shaped area between the nucleus and the nerve cell prolongation, the angles being rounded; *d*) elongated, almost always situated

at varying distances along the nerve prolongations of the containing cell: the usual form is spindle-shaped rather than oval; *e*) bulging or amoeboid, the bulges or pseudopodia are apparently produced by the moulding of the membrane of the NEGRI body over inner bodies situated close to the periphery of the former; *f*) "budding" forms: these are probably an exaggeration of the bulging or amoeboid forms, though occasionally an appearance may be seen suggestive of division of a NEGRI body; *g*) irregular and fracture forms. These forms often look like ruptured NEGRI bodies which have lost their contents, the latter are probably artefacts.

3. Size. The smallest visible forms, as stained by the iron-haematoxylin process, are from 0,25–0,3 μ in diameter: from these there is every gradation up to the largest forms, which may vary in size in microns from 20 × 4, 19 × 5, 15 × 4.5 to 11 × 10. NEGRI bodies of all sizes from the smallest to the largest may be present in the same brain during the later manifestations of clinical symptoms.

4. The NEGRI body has an outer covering which is visible microscopically, more especially in NEGRI bodies devoid of contents. MURATOWA (1934) has described striae on the covering envelope, but this appearance requires confirmation.

5. The NEGRI body consists of an homogeneous matrix containing "inner bodies".

6. The inner body consists of a darkly staining compact mass surrounded by a spherical vacuole, the whole being placed, in the smallest NEGRI bodies, more or less centrally. In larger NEGRI bodies the arrangement is fortuitous, depending on the relative size and number of the inner bodies. The size of the inner bodies varies: the smallest approach the limits of the resolving powers of the microscope, the largest may be as much as 5 μ in their longest diameter. The smallest NEGRI bodies have only one inner body, but in the largest as many as twelve may be seen. The method of growth or increase in size of the inner bodies is unknown, though it is suggested that the larger arise from the smaller. Growth in numbers may arise by division of the central mass, though the evidence for such division is by no means conclusive, or additional inner bodies may arise *de novo*. Various shapes of the central mass have been described, such as compact, diffuse, ringed, convoluted and forms with marked differential staining.

7. The number of NEGRI bodies in one cell rarely exceeds ten or twelve.

8. The method by which the smaller NEGRI body, a cytoplasmic mass with one inner body, is transformed into the large form with many inner bodies, varying greatly in size, is unknown. The inner bodies show certain appearances simulating division, or the number of inner bodies may increase by detachment of minute elements or particles from the original body, a method of formation favoured by the enormous variation in the size of the inner bodies.

9. The matrix of the NEGRI body may conceivably arise *a*) as a secretion of the inner bodies, *b*) from the cytoplasm of the cell as a result of some enzymatic action on the part of the inner bodies, *c*) from the cytoplasm of the cell as a defence mechanism.

10. Despite the presence of NEGRI bodies in the cytoplasm the structure of the cell is apparently unimpaired. LEVADITI, NICOLAU and SCHOEN (*1*, *2*) state that NEGRI bodies are found in the nerve cells of the cortex, cornu ammonis and hippocampus only when the cells preserve their normal structure: if the cells are degenerated NEGRI bodies do not form. LEVADITI and SCHOEN (*4*) have noted NEGRI-like bodies in corneal cells during mitosis.

11. The power to form NEGRI bodies of similar character in many different species of animals is characteristic of street virus. Fixed virus strains, though differing remarkably in this capacity, are far less capable of giving rise to NEGRI bodies than the street virus. The Tunis strain, for instance, frequently produces NEGRI bodies in the mouse though in the dog they are lacking [LEVADITI and SCHOEN (*2*)].

12. NEGRI bodies are formed as a result of infection with rabies in cells other than those of the nervous system. They have been described in the cells of the salivary gland, in the cornea, where they are accompanied by oxyphil bodies [LEVADITI and SCHOEN (*3*)], in tumour cells [LEVADITI, SCHOEN, and REINIÉ (1937)] and in

the epithelial cells of the chorio-allantoic membrane of the developing chick embryo [PERAGALLO (1937)]. In the salivary glands SHORTT and LAHIRI (1934) were unable to distinguish specific inclusions: bodies resembling ectromelia inclusions were, however, found in some dogs but similar structures were seen in dogs treated with pilocarpine.

13. The virus of rabies was first filtered by REMLINGER (1903) and more recently its size has been determined by filtration through graded collodion membranes as 100–150 mμ [YAOI, KANAZAWA and SATO (1936); GALLOWAY and ELFORD (*3*)].

It should be remembered that in addition to the true NEGRI bodies there have been described in rabies small coccal or granular bodies. KOCH and RISSLING (1910) observed these bodies in the brain, both extracellularly and intracellularly: in the nerve cells they often occurred in proximity to the true NEGRI bodies. In addition they were found in the endothelial cells of blood vessels in the brain and salivary glands. The bodies varied from the lowest limit of visibility to the size of a staphylococcus. The forms in endothelial cells, which may be single, in pairs, rings or chains, have also been observed by SHORTT and LAHIRI (1934), who regard them as distinct from the granules found in the grey matter of the brain. The nature of these very numerous coccal forms and their connection or otherwise with NEGRI bodies requires further observation. PAUL and SCHWEINBURG (1926) believe that the coccal forms are actually the initial forms of the NEGRI bodies, a view somewhat akin to that of KOCH (1910), who comments on their similarity to the inner bodies of the NEGRI body. Small granular or elongated inclusions in the cytoplasm of affected nerve cells are described by LÉPINE and SAUTTER (*1*). COLES (*2*), in addition, observed bodies in the endothelial cells of the small and medium sized vessels of the brain, though never in the smallest capillaries and practically never outside a vessel. These bodies, round, oval or rarely irregular in shape, vary in size from 0,5–1 μ in diameter, but larger forms are sometimes met with, some being 5–6 μ in size. Occasionally clusters of bodies are seen. It is suggested that these bodies have some similarities to rickettsia. NICOLAU and KOPCIOWSKA (1937) also describe small rods, less rarely cocci, in the sciatic nerves of rabbits, after injection of virus into the nerves.

The theories which have been put forward to explain the nature of NEGRI bodies are:—

1. NEGRI bodies are products of cell degeneration.
2. NEGRI bodies, including the internal structures, are parasitic protozoa.
3. NEGRI bodies are vegetable organisms allied to the yeasts.
4. NEGRI bodies are cytoplasmic inclusions due to virus infection.

1. The view that NEGRI bodies are products of cellular degeneration was originally put forward by LENTZ (*1*) and has been supported by ACTON and HARVEY (1911), who considered that the NEGRI bodies varied in shape, size and staining reactions in different animals, and might occur, although not with the same regularity nor in the same numbers, in other conditions. They concluded that the NEGRI bodies were due to the interaction of extruded nucleolar particles and cytoplasm. The fact that some of the NEGRI bodies are as large as the nuclei of the nerve cells and many times larger than the nucleoli would appear to contradict this hypothesis. GOODPASTURE (*2*) claims to have demonstrated the formation of the inner bodies from mitochondria under the influence of the virus, despite the fact that the inner bodies are markedly basophilic. If the inner bodies are of cytoplasmic origin, it would seem more probable, as suggested by COWDRY (*3*), that they are derived from the same substance as the NISSL bodies. This view has been adopted by NICOLAU and KOPCIOWSKA (*1*), who regard the NEGRI bodies as formed by agglomeration and agglutination of NISSL's granules, the whole process being thought to represent the defence of the cell against the invading virus. The smaller eosinophilic bodies

have been called "lyssa bodies" by GOODPASTURE (*2*) who suggests that they are derived from a transformation of the neurofibrils.

2. The protozoal nature of the NEGRI bodies was originally suggested in a series of papers by NEGRI (*1, 2, 3, 4, 5*) and has since been supported by VOLPINO (1906), WILLIAMS and LOWDEN (1906), CALKINS (*2*), and more recently by MANOUELIAN and VIALA (1924), LEVADITI, NICOLAU, and SCHOEN (*1, 2*), CORNWALL (1925), SSAWATEZEW and SSIDOROW (1929), LEVADITI, SCHOEN and MEZGER (1932), and MURATOWA (1934). Numerous names have been given to the supposed protozoon: *Neurocytes hydrophobiae, Neurocytes lyssae, Encephalitozoon rabiei, Glugea lyssae.* The appearances described by MANOUELIAN and VIALA (1924) resemble very closely the parasite *Encephalitozoon cuniculi,* a form of which has now been described in man; possibly they were dealing with a double infection. LEVADITI and his co-workers (1924 and 1932) believe that the rabies protozoon approaches most closely to the *Microsporidia* and particularly to the *Glugeidae.* They believe that two methods of multiplication occur, endogenous development by encystment, resulting at first in the development of NEGRI bodies (pansporoblasts), and "scattered" development, resulting in the formation in the nerve-cell cytoplasm of polymorphic corpuscles—cocci, dumb-bells, ramifying threads and pseudospirilla. The appearances observed depend on three factors: *a*) the strain of virus, *b*) the species of animal inoculated, and *c*) the type of nerve cell infected. Thus, certain strains are characterized by the tendency to "scattered" development, while others produce almost exclusively NEGRI bodies. One strain of street virus, which in the mouse, rat and monkey produced only "scattered" development, produced NEGRI bodies in the rabbit, dog and cat: a strain that developed in the "scattered" manner in the nerve cells of the cornu ammonis appeared under the form of cysts (NEGRI bodies) in the cells of the hippocampus major.

Although the theory that the NEGRI bodies are parasitic protozoa cannot be dismissed, it has no indubitable facts to support it and, so far, no other protozoon is known which, as part of its life cycle, has filterable elements.

3. The theory that the NEGRI bodies are of vegetable origin and are related to the yeasts is also without definite support. In addition it is curious that, if they are of vegetable origin, the NEGRI bodies have never been successfully cultivated on artificial media.

4. The theory that the cause of rabies is a virus rests on the following facts:—*a*) the agent of rabies cannot be cultivated except in the presence of living cells (embryonic rabbit brain [KANAZAWA (1936 and 1937)], embryonic mouse brain [WEBSTER and CLOW (1936)] or on the chorio-allantoic membrane of the developing chick embryo [PERAGALLO (1937)]); *b*) the agent of rabies is filterable; *c*) the agent of rabies can be preserved for considerable periods in glycerine; *d*) the injection of killed or attenuated rabies gives rise to immune bodies in the serum.

If the agent of rabies is a virus the question then arises whether the NEGRI bodies are in reality cytoplasmic inclusions analogous to those found in diseases such as vaccinia and fowl pox, where the inclusion bodies consist of elementary bodies embedded in a matrix. The small granular bodies which are described by LEVADITI, NICOLAU and SCHOEN (*3*) as undergoing agglomeration might well represent virus elementary bodies, were it not for the fact that many observers have failed to detect these granules in NEGRI bodies. The fact that various stages of development have been described in the NEGRI bodies does not necessarily rule out the possibility of a virus, since there is definite evidence that the virus of psittacosis goes through a developmental cycle. The variability in the FEULGEN reaction for thymonucleic acid, the MACALLUM reaction for masked iron and the MILLON test is hardly in favour of a protozoal or vegetable origin [COVELL and DANKS (1932)]. On the other hand the inner bodies are seldom very numerous and vary considerably in size, sometimes being comparatively large. Up to the present therefore the chlamydozoal hypothesis must be regarded as unproved though not impossible. Nevertheless, the relationship of the NEGRI bodies to the filterable forms requires further investigation. Now that NEGRI bodies can be produced in the chorio-allantoic membrane of the chick embryo there is a possibility of applying the technique of micro-dissection to a study of these bodies.

The existence of small granules, apart altogether from NEGRI bodies, also requires fuller study. These granules correspond closely in size to the elementary bodies of rabies, the existence of which has been deduced from filtration experiments.

2. Lymphocystic disease of Fish.

In this condition, now described in the European flounder and ruffe and in the American angelfish and hogfish, the connective tissue cells undergo a very considerable degree of hypertrophy, the increase in volume being as much as a million times. According to WEISSENBERG (*1, 2* and *3*) infected tissue cells become rounded off and one or more small basophilic granules, surrounded by a halo, appear in the cytoplasm. With the enlargement of the cell the granules also enlarge and finally become reticulate. The network spreads out and occasionally in the same cell smaller homogeneous cytoplasmic bodies appear. As the network becomes larger and larger the cell membrane becomes thick. The cell contents liquefy and break up into what may be virus bodies, and finally the membrane ruptures and a large cyst is formed, the overlying epidermal cells growing down into the cyst. They are not parasitic protozoa. The exact nature of the reticular network is at present unknown. There is no support for the suggestion made by AWERINZEW (1911) that the bodies are chromidia, except that they are basophilic, nor is there evidence in favour of the view put forward by JOSEPH (1918) that they are "centrophormium" cell constituents almost equivalent to the GOLGI apparatus. WEISSENBERG (1921) compares them with the GUARNIERI bodies of vaccinia, but before this view can be accepted further observations with more refined technique are obviously required.

3. Mumps.

In the parotid glands of rhesus monkeys infected with the virus of mumps JOHNSON and GOODPASTURE (1936) have recorded the presence of what they believe to be specific inclusions. The inclusions which are found only in the cytoplasm occur in the acinar cells and appear earliest in those that show evidence of oedema only. The inclusions are usually single, rounded and faintly stained with eosin, though often retaining a tinge of the basophilic stain. The inclusions which measure about 4 μ in diameter are surrounded by a small but definite halo and not infrequently are vacuolated, from two to five vacuoles being situated peripherally. In cells showing early stages of necrosis the inclusions are smaller, 2–3 μ in diameter, denser and more polychromatic in staining: very commonly they are slightly oval and possess a single peripheral vacuole. This type of inclusion is seen to persist when degeneration has considerably advanced and may occasionally still be present after complete destruction of the acinar cells.

FINDLAY and CLARKE (1934) failed to find these inclusions while BLOCH (1937) observed them in just over half the parotids of rhesus monkeys infected with mumps. However similar inclusions were found in parotid glands infected with normal saliva. It is thus unlikely that they are specifically related to the virus of mumps.

4. Measles.

Owing to the difficulty of maintaining the virus in monkeys, the only animals which can be infected, very little experimental work has been carried out on the reactions produced by the virus and observations have been restricted to human tissues. In 1909 EWING (*3*), in tissues obtained at post-mortem, observed in epidermal cells perinuclear vacuoles containing one or more densely staining basophilic bodies, either in the form of large or small irregular globules, rings or diplococci. The basophilic bodies were by no means always confined to the nuclei but were present in the cytoplasm and in the intercellular spaces, especially between the basal cells. EWING, who noted the presence of very similar bodies in the skin in pityriasis rosacea, regarded them as in all probability degeneration products. LIPSCHÜTZ (*10*) also looked on these changes as purely degenerative.

MALLORY and MEDLAR (1920) noted the presence in the swollen endothelial capillary cells of the skin lesions of small cytoplasmic granules. Usually only one granule was present in each cell but sometimes as many as seven could be detected. TORRES and DE CASTRO (1932) confirmed the presence of these granules, which they regard as probably of nuclear origin since they stained a reddish violet tint with the FEULGEN technique. TORRES and TEIXEIRA (*2*), in the cells of the stratum granulosum and superficial layers of the rete MALPIGHI, found in certain nuclei acidophilic intranuclear inclusions not unlike those produced by the yellow fever virus in the liver: other nuclei exhibited a band-like structure, the latter being seen only within twelve hours of the beginning of the rash. In 1937 COLES (*3*) observed minute round or oval bodies, staining red by GIEMSA's stain, in films from the blood, in smears of the nasal and lachrymal secretions and in scrapings of skin from the lesions. The bodies, which occurred singly or in groups, varied in diameter from 300–350 mμ.

Finally BROADHURST, MACLEAN and SAURINO (1937) have described small globular bodies, readily stained with nigrosin, and either in or attached to the nuclei of cells obtained from the nasal cavities or from the KOPLIK's spots of the buccal mucosa. Usually from one to four bodies were seen in the same cell which as a rule had undergone a considerable degree of disintegration. These inclusion bodies were found in 110 out of 121 patients with measles and in only two out of 40 other persons, the two positives suffering from otitis media and nasal abscess. On somewhat slender grounds it is suggested that these bodies may represent elementary corpuscles. Since the dimensions of the measles virus have not yet been determined it is not at present possible to hazard any opinion as to the exact relationship of these various bodies to the virus.

Inclusions have not been recorded in association with the large giant cells which are found characteristically in the tonsils and pharyngeal mucosa in the prodromal stage of measles [cf. ALAGNA (1911) and WARTHIN (1931)].

5. African horse sickness.

In the cytoplasm of the liver cells of horses dying from African horse sickness, FOTHERINGHAM (1936) described round acidophilic hyaline bodies. These bodies resemble the COUNCILMAN lesions found in the human liver in yellow fever. They have also been seen in the liver in Rift Valley fever and fowl pest and must be regarded as almost certainly due to a non-specific hyaline degeneration of the cytoplasm.

KUHN (1911) observed cytoplasmic inclusions in the renal epithelium varying in size from minute structures to bodies larger than the nucleus. These globules, the larger ones frequently vacuolated, are regarded as secretory products. CARPANO (1931) was unable to detect cytoplasmic inclusions in the kidney.

6. Swine fever.

Cytoplasmic inclusions were described by UHLENHUTH and GÖING (1910) and by UHLENHUTH (1912) in the swollen conjunctival cells. More recent efforts to demonstrate cytoplasmic inclusions have failed [BUZNA (1934); MORRIS (1935)].

B. Virus diseases associated with cytoplasmic and intranuclear inclusions.

1. Carp-pox.

This disease, although infectious, has certain affinities with neoplasms. LOEWENTHAL (*1*) described both cytoplasmic inclusions not unlike GUARNIERI bodies and acidophilic intranuclear inclusions which appear to be of the A type. This interesting condition requires further investigation.

2. Canine distemper.

In the brains of dogs suffering from the nervous form of distemper, LENTZ (*1, 2*) reported in the cytoplasm of the cells of Ammon's horn small hyaline bodies rather smaller in size than a red blood corpuscle. With eosin the bodies stained deeply.

Occasionally similar eosinophilic bodies were found in the nuclei and, very rarely, extracellularly. The cells with which they were associated often showed a considerable degree of cellular degeneration. STANDFUSS (1908) confirmed these observations. Somewhat later SINIGAGLIA (*1, 2*) described small vacuolated bodies with basophilic granules in the cytoplasm of brain cells other than those of Ammon's horn, in the ependymal cells of the ventricles and in the epithelium of the respiratory tract and conjunctiva. BABES and STARCOVICI (1912), while observing the bodies described both by LENTZ and SINIGAGLIA, found in addition in the cells of Ammon's horn granular inclusion bodies very similar to true NEGRI bodies except that the granules were more highly refringent. SANFELICE in 1915 described similar cytoplasmic inclusions in nerve cells and in the nasal mucosa, conjunctiva, intestine, spleen, pancreas, skin, lymph nodes, bone marrow, ovary and lung but not in the liver, kidneys or salivary glands. A third type of inclusion, observed by KANTOROWICZ and LEWY (1922) bore some similarity to masses of encephalitozoa. GOLDBERG and VOLGENAU (1925) believed that this type of inclusion represented merely an advanced stage of chromatolysis. ROMAN and LAPP (1924) did not observe any definite cell inclusions. DUNKIN and LAIDLAW (*1, 2*) concluded that histological examination of tissues from dogs showed no characteristic inclusions though very occasionally irregularly shaped eosinophilic inclusions were found in endothelial cells in the spleen, abdominal lymph nodes and PEYER's patches as well as in the cytoplasm of epithelial cells of the conjunctiva and pulmonary alveoli. In cases of the nervous type no inclusions were found in nerve cells. In ferrets small abscesses were constantly noted in the epithelium of the lips and sometimes on the abdomen and in the epithelium lining the walls of the abscesses cytoplasmic inclusions were occasionally seen. MARINESCO, DRAGANESCO and STROESCO (1933), in a study of the central nervous system of dogs with distemper, found inclusions only in the nuclei of nerve and glial cells. NICOLAU (*1*), while observing intranuclear inclusions only in glial and nerve cells, described cytoplasmic bodies similar to those of LENTZ in cells derived from all three embryonic layers. DE MONBREUN (1937), in spontaneous and experimental cases of distemper in the dog, observed cytoplasmic inclusions in epithelial cells of the bronchi and alveoli. Not uncommonly, as many as three of these bodies occurred in a single cell. Nuclear inclusions were also present in the same types of cell: occasionally both cytoplasmic and nuclear inclusions were found within the same cell. The intranuclear inclusions were quite irregular in outline and homogeneous, thus differing from the cytoplasmic inclusions, which were vacuolated and provided with a well defined outline.

The acidophilic intranuclear inclusions were seen within swollen nuclei in which the chromatin was marginated. The inclusions were separated from the nuclear membrane and, from photomicrographs, appear to belong to COWDRY's Type A. Endothelial cells of lung capillaries frequently contained similar intranuclear inclusions, as did reticulo-endothelial cells in the spleen, lymph nodes, intestine, liver, kidneys and central nervous system. Intranuclear inclusions were also noted in epithelial cells of the bile ducts, liver parenchyma, glandular cells of the stomach and intestine, medullary cells of the adrenal and in the central nervous system in nerve cells, neuroglia and microglia where, not infrequently, both cytoplasmic and intranuclear inclusions were present in the same cells. It is remarkable that other observers have failed to note so extensive and constant a distribution of intranuclear and cytoplasmic inclusions. In view of the similarity of the intranuclear inclusions to those produced in dogs by the virus of fox encephalitis and of the finding by COWDRY and SCOTT (*1*) of intranuclear inclusions in the parenchymatous liver cells of dogs not obviously infected with distemper, further work is obviously required to determine which, if any, of these inclusions are specific for canine distemper and if specific their exact relationship to the virus.

3. A fatal disease of ferrets.

A disease of ferrets, non-pathogenic for dogs, is described by SLANETZ, SMETANA, and DOCHEZ (1936). The pathological lesions described are haemorrhagic pneumonia, enlargement of the spleen and fatty changes in the liver with occasional areas of focal necrosis. In the lining cells of the bronchi, pelvis of the kidney and urinary bladder round homogeneous cytoplasmic inclusions were seen. Intranuclear inclusions were also described by SLANETZ and SMETANA (1937) who, though they failed to show that any cross immunity exists between this disease and dog distemper, nevertheless noted that the distribution and appearance of the inclusions, both cytoplasmic and intranuclear, are identical in the two conditions.

4. Fowl pest.

In the ganglion cells of the brain of hens dying of fowl pest, KLEINE (1905) and SCHIFFMAN (1906) recorded the finding of inclusions not unlike NEGRI bodies. These observations have not been confirmed, although intranuclear inclusions have been reported. Recently LEVADITI and HABER (1936) have noted NEGRI-like bodies in the cytoplasm of the liver cells of mice infected with fowl pest. These observations also at present lack confirmation [cf. FINDLAY, MACKENZIE, and STERN (1937)].

5. The submaxillary gland viruses.

While examining the salivary glands of apparently healthy guinea-pigs JACKSON (1920) observed large cells in certain of the ducts. These cells were looked upon as parasitic protozoa. The observations of COLE and KUTTNER (1926) and KUTTNER (1927) showed that these so-called protozoa were really hypertrophied duct cells, containing acidophilic intranuclear inclusions, and caused by the action of a virus. At the same time they made no mention of the cytoplasmic inclusions which had been described by JACKSON as "merozoites". The existence of both cytoplasmic and intranuclear inclusions in the duct cells of the salivary glands of guinea-pigs was, however, reported by GOODPASTURE and TALBOT (1921) who also found them in the salivary glands of a child, thus confirming an observation made in 1904 by JESIONEK and KIOLEMENOGLOU. Although the intranuclear inclusions associated with the salivary gland virus have received considerable attention the cytoplasmic inclusions have not been exhaustively studied. According to PEARSON (1930) the cytoplasmic inclusions may be either oval or spherical in shape, their average size being about 3 μ in diameter. They vary, however, from a fraction of a micron up to 6 or 8 μ. The inclusions are basophilic and very resistent to solvents. They are not doubly refractive and give no reaction for fats or lipoids. They give a faintly positive reaction for thymonucleic acid by the FEULGEN technique [MARKHAM (1937)]. It has been suggested that they are composed of mucus but by suitable staining methods they can be shown, according to PEARSON, to be made up of many much smaller densely packed particles.

The distribution of the cytoplasmic inclusions is by no means the same as that of the intranuclear inclusions, for in guinea-pigs the former are only found in the cells lining the ducts of the salivary glands, while the latter occur not only in these cells but in mononuclear leucocytes, endothelial cells, fibroblasts and even smooth muscle cells [MARKHAM and HUDSON (1936)]. The question therefore arises whether the presence of these cytoplasmic inclusions should be regarded as definite evidence of the presence of the salivary gland virus. In this connection it is of interest to note that WILSON and DU BOIS (1923) observed identical cytoplasmic inclusions in the greatly enlarged duct cells of the submaxillary and parotid glands of a child who had died of keratomalacia, while PEARSON (1930) also found them in the salivary glands of children, sometimes in association with cytoplasmic inclusions in the bronchial epithelium. Cytoplasmic and intranuclear inclusions have been observed also in the salivary glands of rats, mice and Chinese hamsters, in association with a virus and in the salivary glands of moles and Cebus monkeys in the absence of a proved virus infection. Cytoplasmic inclusions in Cebus monkeys show much greater variation in size than in the guinea-pig or mole. After formalin-ZENKER fixation and staining with haematoxylin and eosin the majority appear to be made up of tiny uniform particles not unlike rickettsia, usually though not invariably provided with a halo. For a discussion of the intranuclear inclusions cf. page 341.

6. Warts.

Both cytoplasmic and intranuclear inclusions have been described in warts and mucous papillomata. SANFELICE (*1*) found intranuclear inclusions in the warts of the frog *Discoglossus pictus*. By MANN's method the small and middle sized bodies took on a reddish tint, the larger ones a deep blue colour. SANGIORGI (1915) described acidophilic cytoplasmic inclusions in human warts: the bodies were of variable size, sometimes as large as 7 μ. WILSON (1937) has recently noted similar bodies in the cells of genital warts. The cytoplasmic spherical inclusions were found especially in cells of the basal layer of the epidermis and were surrounded by a clear halo. Not infrequently the nucleus was indented by the inclusion which sometimes appeared granular. WILSON suggests that the cytoplasmic inclusions are composed of masses of elementary bodies but attempts to obtain suspensions of elementary bodies by differential centrifugation have in the writer's hands failed. LIPSCHÜTZ (8) also found cytoplasmic inclusions, as well as acidophilic intranuclear inclusions in papillomata of the dog's vagina. ULLMANN (1923) likened these acidophilic intranuclear inclusions to those of herpes. LIPSCHÜTZ (9), in human warts, found basophilic intranuclear inclusions.

III. Cytoplasmic inclusions associated with virus proteins.

Cytoplasmic inclusions in the cells of plants infected with virus diseases were first described by IWANOWSKI in 1903 in the leaves of tobacco plants affected with mosaic disease. Recently in view of the discovery that the virus of tobacco mosaic is a heavy paracrystalline protein fresh interest has been aroused in the nature of these inclusions, for BEALE (1936) has suggested that there is an intimate relationship between intracellular inclusions and the actual virus crystals. The typical X body, as the more usual type of inclusion is termed, is usually round or elongated in shape and granular or finely reticulate in appearance. Vacuoles, sometimes as many as ten, are present and within each vacuole a small particle with radiating threads. In the substance of the body are a number of small deeply staining rounded or angular particles. As a general rule only one body is present in each cell though there may be as many as ten or eleven. The X bodies are not infrequently placed close to the nucleus but they are never incorporated in it. The X bodies in *Solanum nodiflorum* have been shown by HENDERSON SMITH (1930) to be of protein nature and to give negative fat reactions. Full details of the X bodies are given by K. M. SMITH (*2*). In older leaves the X bodies tend to crystallize out and the crystals thus formed appear to have all the characters of protein crystals. Another type of cytoplasmic inclusion appears to be distinct from the X bodies. This "striate material" has been described in association with potato X mosaic and tobacco mosaic by RAWLINS and JOHNSON (1925), HOGGAN (1927) and others. The striate material is easily visible in masses in the living unfixed cell and is therefore not an artefact.

BEALE (1936) has shown that, under the influence of hydrochloric acid, crystalline plates in the cells of host plants infected with JOHNSON's tobacco viruses 1 or 6 disintegrate into needle-like crystals indistinguishable from those formed by acidification of the virus extract purified according to the STANLEY method. BEST (*1*) has also pointed out that if the expressed juice of mosaic-diseased tobacco plants is clarified by centrifuging and then stored for several months at 1° C. there forms a dense creamy-white fibrous sediment composed of protein fibres. Under certain conditions the fibres have the appearance of short needles or rods. If the fibres are heated to a temperature of 92° C. the whole mass clears, the change being irreversible. The temperature at which the fibres disappear is that at which the infectivity of the virus of tobacco mosaic is lost.

By suitable adjustment of the p_H value of the medium and the salt and virus concentrations, BEST (*2*) has shown that it is possible to prepare from solutions of the pure virus protein mesomorphic or paracrystalline fibres of tobacco mosaic virus exactly similar to those formed spontaneously in clarified juice expressed from diseased tobacco leaves. There is thus evidence to suggest that the virus protein may be associated directly, if not with the X bodies themselves, at least with striate material present in cells infected with tobacco mosaic virus.

Whether the virus proteins obtained by STANLEY and WYCKOFF (1937) from plants infected with WINGARD's tobacco ringspot, the X virus of potato and cucumber mosaic are associated with the cytoplasmic inclusions is at present unknown. "X" bodies were described in association with tobacco ringspot by WOODS (1933) and by K. M. SMITH (*1*) in association with the X virus of potatoes.

In view of the protein nature of the cytoplasmic inclusions in tobacco mosaic it is not without interest to note that SHEFFIELD (1933) by treatment with a protein-coagulating substance, molybdic acid or its ammonium salts, has induced in the cells of *Solanum nodiflorum* processes analogous to all the stages of an attack by the virus of tomato aucuba mosaic. By aggregation and successive fusions a single large mass was built up essentially similar to, though a little more granular than, the X bodies produced by the virus of aucuba mosaic.

IV. Cytoplasmic inclusions unassociated with virus diseases.

As a result of the discovery that certain cytoplasmic inclusions represent actual colonies of virus elementary bodies, considerable interest has been aroused by the presence of abnormal granules or bodies in the cytoplasm of cells in the absence of any known virus infection, since these bodies might obviously be due to the action of viruses either of a saprophytic character or at least of very low virulence.

A somewhat heterogeneous collection of "bodies" has thus been described, more especially in the liver, brain, skin, epithelium of the throat, cornea, leucocytes and in the cells of the chorio-allantoic membrane of the chick embryo. Several possible interpretations of these bodies, apart altogether from their possible relation to viruses, have been suggested:—

1. They may represent some unknown structural component of the cell such as the GOLGI apparatus, centrosome or mitochondria.
2. They are secretory products.
3. They are degenerative products.

It is probable that no single explanation for all the bodies can be found. In the skin, for instance, extrusion of nucleolar material appears to be a normal occurrence in keratinization. It is difficult to believe, however, that these bodies represent some unknown cell structure, since they are not as a rule found in every cell, while the fact that it is rare for more than one body to be found in a cell does not suggest a secretory product. The most probable theory is that the majority of the bodies are degeneration products, although it must be conceded that not infrequently the bodies are seen in cells which do not show any other evidences of degeneration.

Liver inclusions were first described in the cytoplasm of the liver cells in early cases of necrosis by MALLORY (1901), who observed numerous *a*) small and large vacuoles in which were single small hyaline globules, *b*) single, sometimes multiple, coarse and fine threads and *c*) occasional networks. All these structures stained deeply with eosin, with WEIGERT's fibrin stain and with other stains, exactly as does fibrin.

MALLORY seems to have regarded the bodies as an accompaniment of early degeneration, ending in necrosis of the liver cells. Many years later TANIGUCHI (1931) described three types of cytoplasmic inclusions in liver cells obtained from surgical biopsies:

Type I. Spherical bodies, varying in size from a round mitochondrial granule to that of a nucleus, homogeneous, with sharp contours and staining deeply with HEIDENHAIN's iron haematoxylin but not with Sudan III, present in 27 of 94 cases.

Type II. More or less elongated oval bodies regarded as a modification of Type I.

Type III. Narrow long or short thread-like, slightly bent, sometimes spindle-shaped bodies: derived from swollen thread-like mitochondria.

PAPPENHEIMER and HAWTHORN (1937) observed spherical bodies and rod-shaped and filamentous structures. The spherical bodies were found in 175 (31,1 per cent) of 562 sections of human liver: the fibrils in only about a fifth of the cases. They occurred in adults, children and new-born infants and in still births. The spherical bodies were found to lie in a vacuole and in the majority of cases were from 1–3 μ in diameter. When the vacuole lies near a nucleus, the nuclear membrane may be indented by it. There may be a single vacuole or the cytoplasm may be riddled with vacuoles so that the cell has a cribriform or porous structure. Adjacent vacuoles may coalesce into large spaces containing several spherical inclusions. When near the surface they may rupture, discharging the inclusion body into the space between the liver cell and the sinus wall.

The rod-shaped and filamentous structures always occurred in association with the spherical bodies and also lay in clear vacuoles: not infrequently the filaments seemed to be formed directly on or from the spherical body, the spherules lying in the middle or at the end of the rod. In monkeys the spherical inclusions were found in 20 per cent of cases: in guinea-pigs in 8 out of 44 livers, and in the livers of all ferrets examined. Rods and filaments were not observed nor were spherules found in the livers of rabbits, dogs, cats, pigs, rats, mice, chickens and ducks. FINDLAY, MACKENZIE, and STERN (1937) also recorded the presence of these bodies in the livers of ferrets and their absence in mice.

While the rods and filaments are most probably fibrinous in nature no conclusion is yet possible as to the nature of the spherules.

Inclusions in the brain have been recorded in a number of animals. Their accidental discovery has in many cases been due to an examination of the brains of animals experimentally infected with viruses and at first the inclusions have been regarded as due to the particular virus under investigation. Further observations, however, have revealed the same inclusions in the brains of apparently normal animals.

Thus LARSELL, HARING, and MEYER (1934) noted the presence of cytoplasmic inclusions in the brain cells of horses, following infection with the virus of equine encephalomyelitis. Cytoplasmic inclusions were found in the brains of sheep infected with louping ill by BROWNLEE and WILSON (1932), in the large cells of the spinal ganglia. In some animals the inclusions were numerous, in others very scarce: in size they varied, the largest corresponding to the size of the nucleolus of a ganglion cell. Stained by MANN's method the inclusions were droplet-like and bright pink in colour. Exactly similar bodies were found in the cells of the spinal ganglia of sheep suffering from pathological conditions other than louping ill.

In the brains of mice infected with louping ill, HURST (*1*) and FINDLAY (*3*) observed cytoplasmic inclusions not unlike NEGRI bodies: such inclusions were not present in the nerve cells of monkeys, the small eosinophilic granules observed in the brain stem and cord of these animals being equally present in the nerve cells of normal monkeys. The bodies, which were most numerous in the neurons of the pons and mid-brain and were not seen in neuroglia, failed to give a positive reaction for thymonucleic acid. As they were not present in the brains of sheep or monkeys infected with louping ill their relationship to the virus appeared doubtful. NICOLAU *et al.* (1933) have since shown that the same bodies are present in the brains of apparently normal mice. Cytoplasmic bodies were seen in the brains of pigeons but not of other birds infected with fowl pest by FINDLAY, MACKENZIE, and STERN (1937).

Cytoplasmic inclusions have recently been recorded by WOLF and COWEN (1937) in the cortical ganglion and glia cells of a case of infantile megalencephaly. Usually there were only one or two round or elongated granules in the same cell, though more rarely as many as eight to ten were present. The granules, many of which were contained in vacuoles, stained dark blue with GIEMSA's stain and pale red to blue with MANN's stain. In appearance they were not unlike the minute granules described by DA FANO and INGLEBY (1924) in nerve cells from cases of encephalitis and in the brain cells in herpetic encephalitis by DA FANO (*1*). SUZUKI (1930) regards most of these granules as of nucleolar origin but COWDRY and NICHOLSON (1923) have shown that, at any rate so far as the minute bodies of herpes are concerned, they are merely small particles of brownish pigment which resist the solvent action of strong hydrochloric acid.

Inclusions in the Skin and Cornea. The character of cytoplasmic inclusions in the skin is a question of considerable difficulty, since in epidermal tissues the formation of keratohyaline leads in the normal course of events to cellular degenerative changes and to the formation in the cell of homogeneous granules [LUDFORD (1924)], many of which are the result of extrusion of nucleolar material into the cytoplasm. The extrusion of nucleolar material is especially well seen as a result of tar painting in animals.

In the cornea of the normal rabbit, LUCAS and HERMANN (1935) observed cytoplasmic inclusions in the epidermal cells. The inclusions which are acidophilic often indent the nucleus. They are bounded by a distinct membrane and contain small poorly defined non-refractile granules which form part of a reticular network. Their distribution is not uniform for they are limited to small irregularly scattered areas. Their usual position is in the cells lying above the basal layer and they only extend into this layer when exceptionally numerous. In many ways these inclusions bear a resemblance to certain of the cytoplasmic inclusions described as resulting from infection of the rabbit cornea by herpes.

In cancer cells, more especially those derived from epidermal structures, cytoplasmic inclusions are not infrequent. The staining reactions of these inclusions show considerable variation, some inclusions being distinctly basophilic [cf. WOLFF (1907)].

Inclusions in the Leucocytes. The nature of KURLOFF bodies, small granules found in the cytoplasm of mononuclear cells and lymphocytes of guinea-pigs, is still uncertain. In addition to the guinea-pig, KURLOFF bodies are found in a number of wild Cavidae [SEMENSKALA (1930)]. They are now usually regarded as secretory products and, though present shortly after birth, are said by ETZEL (1931) to increase with the activity of the sexual glands.

Granules were found in the leucocytes of fowls in West Africa by MACFIE (1914) and in Palestine by ADLER (1925). It was at one time thought that their presence was an indication of a specific disease which was termed cell inclusion disease. More recent observations have shown, however, that such granules are normally present in the leucocytes of fowls and are increased in any febrile condition [LÉPINE and HABER (1935)].

In the cytoplasm of the erythrocytes of certain amphibians, bodies of two kinds have been described [cf. VON PROWAZEK (*5*)], one crystalline, the other amorphous and eosinophilic. There is no clue as to their nature.

Inclusions in the squamous epithelial cells of the upper respiratory tract in man were first noted by THOMSON and THOMSON (*1, 2, 3*) in epithelial cells of a throat specimen taken from one of the authors during a mild coryzal attack which passed off in a day or two. They have been more extensively studied by BROADHURST, LIMING, MACLEAN, and TAYLOR (*1, 2*). The bodies vary greatly in size from mere points up to bodies fully one third, and occasionally one half, the long diameter of the nucleus of the cell in which they lie. When small they are spherical: the larger bodies are spherical, ellipsoidal or elongated. They appear to be surrounded by a capsule and the larger bodies show a stippled character as if made up of a number of small aggregated bodies. The granules do not give a positive reaction with the FEULGEN technique but seem to be Gram positive; with GIEMSA they stain pink.

The epithelial cells which contain well-developed inclusion bodies are surprisingly normal in appearance. The bodies have been inoculated into the upper respiratory tract of rhesus monkeys and have been cultivated, it is claimed, on the chorio-allantoic membrane of the developing chick embryo.

Inclusions in the Chorio-allantoic membrane of the developing chick embryo. As a result of the work of WOODRUFF and GOODPASTURE (*1*) on the growth of viruses on the chorio-allantoic membrane of the developing chick embryo the appearances of this membrane have been intensively studied; intracytoplasmic and intranuclear bodies have sometimes been found in cells which have not been exposed to the action of any known virus. GOLDSWORTHY and MOPPET (1935), by partial desiccation of the membrane caused localized lesions with intense endodermal hypertrophy. The endodermal cells were vacuolated and contained acidophilic cytoplasmic inclusions.

D'AUNOY and EVANS (1937), especially, have drawn attention to the occurrence of acidophilic bodies in the ectodermal cells of the chorio-allantoic membrane. Not infrequently these "pseudo-inclusions" occur with regularity in proximity to basophilic material, apparently red blood cell nuclei. Some inclusions may thus be the result of phagocytosis and breaking down of red cells; other bodies are probably keratin globules.

BURNET (*2*) records a further type of "pseudo-inclusion" which is much rarer. These bodies are found in vacuoles of proliferating ectodermal cells which have undergone metaplasia towards a mucous type: it is probable that these acidophilic bodies are really mucin globules.

In a few nuclei D'AUNOY and EVANS (1937) report acidophilic intranuclear material which stains pale pink to deep red by GOODPASTURE's method. Often this acidophilic material is in close proximity to chromatin-like material but more frequently it bears no relation to any nuclear material.

Cytoplasmic Inclusions and their relationship to virus elementary bodies.

Elementary bodies have now been demonstrated in association with the following virus infections:—variola-vaccinia, alastrim, sheep-pox, paravaccinia, fowl-pox, psittacosis, ectromelia, molluscum contagiosum, infectious myxomatosis, rabbit fibromatosis, lymphogranuloma inguinale, varicella, zoster, BORNA disease, herpes, the ROUS sarcoma and influenza. Trachoma, inclusion blennorrhoea and tick-borne fever should also be included, if the causal agents are not rickettsia, while, from filtration experiments, the viruses of rabies, the Russian strains of equine encephalomyelitis and AUJESZKY's disease are of such dimensions that they should, with suitable technique, be demonstrable as elementary bodies.

The approximate dimensions of these elementary bodies are shown in table 1:—

From this table it will be seen that these viruses comprise the majority of those which give rise to definite cytoplasmic inclusions, neither the size of the viruses nor the status of the cytoplasmic inclusions in dog distemper, measles or mumps having yet been determined. On the other hand by no means all the known elementary bodies are comprised in or even associated with cytoplasmic inclusions. Certain elementary bodies appear to have a habit of growth too diffuse to give rise to anything in the nature of a cytoplasmic inclusion, while still other elementary bodies are associated with, although they may not necessarily constitute, intranuclear inclusions.

It is thus possible to arrive at a classification of elementary bodies into four groups, according to their association with inclusion bodies:—

1. *Elementary bodies which enter into the constitution of cytoplasmic inclusions:—*

a) Unassociated with intranuclear inclusions: psittacosis, ectromelia, fowl-pox, molluscum contagiosum, infectious myxomatosis and rabbit fibromatosis (in the cotton-tail), lymphogranuloma inguinale, sheep-pox? (trachoma, inclusion blennorrhoea and tick-borne fever.)

b) *Associated with intranuclear inclusions:* variola-vaccinia, alastrim, paravaccinia.

2. *Elementary bodies associated with, but not necessarily entering into the constitution of, cytoplasmic inclusions:* rabies?

3. *Elementary bodies associated with, but not necessarily entering into the constitution of, intranuclear inclusions:*—herpes, varicella, zoster, BORNA disease, AUJESZKY's disease, pseudo-rabies. (Cytoplasmic inclusions have also been described in herpes.)

4. *Elementary bodies not associated either with cytoplasmic or intranuclear inclusions:*—ROUS sarcoma [LEDINGHAM and GYE (1935)], influenza [GORDON (1922) and HOYLE and FAIRBROTHER (1937)], coryza of fowls and catarrh of mice [NELSON (*1*)] and possibly rheumatism [SCHLESINGER, SIGNY and AMIES (1935) and EAGLES, EVANS, FISHER and KEITH (1937)], HODGKIN's disease, though the last disease is more often regarded as of neoplastic rather than of virus origin, and possibly yellow fever, dengue and sandfly fever [COLES (*1, 2*)].

It is thus possible to trace a transition from infections where elementary bodies are clumped in definite colonies, as in vaccinia, fowl-pox and psittacosis, through conditions such as myxomatosis of rabbits, where the granules are rather more diffusely arranged and are not found in a definite matrix, to diseases such as the ROUS sarcoma and influenza where the granules are too widely spread to give rise to any semblance of an inclusion.

Intranuclear inclusions.

Intranuclear inclusions were first described and figured in 1903 by KOPYTOWSKI in the lesions of genital herpes. Two years later TYZZER (1905) reported the occurrence of similar intranuclear inclusions in the skin lesions of varicella. It was not, however, until 1921 that LIPSCHÜTZ (*7*), who had re-discovered the inclusions of herpes, emphasised the importance of these bodies in the aetiology of "inclusion diseases" in general.

Intranuclear inclusions are now known to be associated with more than thirty virus infections of insects, amphibians, fish, birds, mammals and men. With one exception [GOLDSTEIN (1927)] no intranuclear inclusions have been described in association with plant viruses. While certain intranuclear inclusions have been associated with viruses known to consist of elementary bodies, e. g. herpes zoster and varicella, the majority of intranuclear-inclusion-producing viruses are of unknown constitution. It has however been suggested that the virus of equine encephalomyelitis is a heavy protein. Some viruses producing intranuclear inclusions cause rapidly fatal diseases, others give rise to few or no symptoms so that they must be regarded as almost saprophytic in character. At one period it was suggested that the discovery of intranuclear inclusions was in itself evidence that the tissues were infected by a pathogenic virus. As early as 1897, however, HAMMAR had described acidophilic intranuclear bodies in the epididymis, while in 1899 CARLIER observed acidophilic intranuclear inclusions in the cells of the gastric mucosa of tritons. The view that intranuclear inclusions are necessarily a result of virus action is thus rendered doubtful, while the artificial production of intranuclear inclusions, closely resembling those produced by viruses, by the injection of a number of agents has finally made this theory untenable. Nevertheless, the exact relationship between the presence of intranuclear inclusions and the action of viruses still remains obscure. No complete solution of the problem can as yet be given and before attempting any answer it is obviously necessary to review very briefly the chief characteristics of intranuclear inclusions.

The following points require discussion:—

1. Distribution.
2. Morphology and staining reactions.
3. The results of micro-incineration.
4. The results of micro-dissection.
5. The effect of centrifugation.
6. The experimental production of intranuclear inclusions.
7. The existence of intranuclear inclusions apart from virus action.

Earlier observations on intranuclear inclusions are discussed by FINDLAY and LUDFORD (1926), COWDRY (*3*), LIPSCHÜTZ (*12*), LUDFORD (*3*) and SEIFRIED (*3*).

1. Distribution.

Intranuclear inclusions have been described in cells derived from all three embryonic layers. Up to the present, however, they have not been reported in the cells of bone, cartilage and striped muscle, nor are they commonly found in the granular series of leucocytes; the mononuclear leucocytes on the other hand are not infrequently affected.

Certain viruses, such as herpes and virus III, are capable of producing inclusions in a large number of different types of cells. The virus of herpes, according to GOODPASTURE and TEAGUE (1923) gives rise to inclusions in the cells of the skin and cornea, brain, liver, testicle and ovary. Other viruses, such as those of yellow fever and Rift Valley fever, are normally restricted to the liver, while the salivary gland viruses of guinea-pigs and rats normally produce inclusions only in the salivary glands. All these viruses, however, if restricted to the central nervous system, are capable of giving rise to intranuclear inclusions either in the cells of the meninges or in the brain itself. Neurotropic viruses, such as that of poliomyelitis and BORNA disease, appear to produce inclusions restricted to the cells of the central nervous system, while up to the present the intracellular inclusions found in epitheliomata of fish and in the neoplastic condition of the frog's kidney, described by LUCKÉ (*1, 2*), have not been seen in cells other than those constituting the tumours. The capacity to produce intranuclear inclusions in different animal species also varies very considerably from one virus to another. The salivary gland viruses are all species specific; the virus of zoster produces intranuclear inclusions only in man. The virus of yellow fever has a somewhat more extensive range: the pantropic strain is capable of producing intranuclear inclusions only in the liver of man, the hedgehog, the Indian rhesus monkey, *Macacus rhesus*, and a few species of New World monkeys; the neurotropic strain, on the other hand, produces intranuclear inclusions not only in the brains of all Old and New World monkeys but in the central nervous system of the hedgehog, bat, guinea-pig, mouse, agouti (*Dasyprocta aguti*), field vole (*Microtus agrestis*), and red squirrel (*Sciurus vulgaris*). Thus with an acquired capacity to produce lesions in another tissue there may be correlated the capacity to produce virus inclusions in a much more extended range of animal species. Such an extension is also well seen in the case of the virus of fowl pest, for, with increase in neurotropism, this virus, as has been shown by FINDLAY, MACKENZIE and STERN (1937), acquires the capacity to produce intranuclear inclusions in the nerve cells, not only of hens, pigeons, ducks and canaries, but of monkeys, hedgehogs, ferrets, rats and mice.

Variation in the distribution of intranuclear inclusions may depend on a number of factors such as 1. the species of animal infected, 2. the age of the animal, 3. the physiological condition of particular organs, 4. the stage of infection, 5. the strain of the virus and 6. the route of inoculation.

1. A virus capable of producing intranuclear inclusions in one species of animal may not produce inclusions in another species for which it is equally pathogenic. HURST (*3*), for instance, found that the virus of pseudo-rabies did not produce intranuclear inclusions in the pig, although inclusions were present in other animals such as the rabbit, guinea-pig, monkey and cow. The yellow fever virus, while capable of producing intranuclear inclusions in a high percentage of the liver cells of rhesus monkeys, as a rule causes similar inclusions in only a small percentage of human liver cells. OLITSKY and HARFORD (1937), it is of interest to note, found that experimentally intranuclear inclusions are more easily produced by chemical compounds in guinea-pigs than in rabbits.

2. The age of the animal may affect the distribution of inclusion bodies. MARKHAM and HUDSON (1936) found that intracerebral inoculation of very young guinea-pigs with the salivary gland virus is followed by the appearance of inclusions only in the cells of the meningeal exudate. When, however, foetal guinea-pigs are injected intracerebrally *in utero* the blood stream is invaded by inclusion-laden mononuclear cells and foci of inclusion-containing cells appear in most of the extracranial tissues, more especially in the placental mesenchyme [cf. MARKHAM (1936)].

3. The physiological condition of a particular organ may apparently influence the formation of intranuclear inclusions. SCOTT (*1*) reported that ligation of the duct suppressed, while stimulation of secretion by injections of pilocarpine promoted, the formation of intranuclear inclusions in the submaxillary glands of guinea-pigs.

4. The stage of infection may affect the distribution of viruses. As GOODPASTURE (*1*) has pointed out, in the later stages of an herpetic lesion the whole nucleus becomes acidophilic with the result that no inclusion body can be distinguished. In the livers of mice dying of Rift Valley fever intranuclear inclusions may, owing to the intense necrosis, be scarce, although twenty-four to thirty-six hours after injection they are numerous [FINDLAY (*5*)].

5. The virulence of the virus may influence the inclusion body response. In the case of virus III, RIVERS and TILLETT (1924) found that only when the virulence of the virus had been raised by at least four consecutive passages in rabbit testicles were distinctive lesions with inclusions produced. The capacity of the viruses of yellow fever and Rift Valley fever to produce intranuclear inclusions, if confined to the central nervous system, has already been pointed out. After being passaged solely in nervous tissue both these viruses eventually lose the power to produce inclusions in the liver.

6. The route of inoculation may influence the distribution of inclusions. McCORDOCK and SMITH (1936) found that when the mouse salivary gland virus was injected subcutaneously inclusions appeared in the acinar cells of the salivary glands and occasionally in the pancreas. After intraperitoneal inoculation a rapidly fatal disease was set up with inclusions widely distributed in the visceral organs.

It will thus be seen that variations in the distribution of intranuclear inclusions depend both on the host and on the strain of virus producing the infection. One further point which requires emphasis is that the distribution of inclusion bodies induced by a particular virus is not necessarily coequal with the distribution of lesions in the body.

2. Morphology and Staining Reactions.

Intranuclear inclusions were first recognized as masses staining differently from the other nuclear structures, the nucleoli, chromatin and nucleoplasm. The first intranuclear inclusions to be described all appeared to be basic since they stained intensely with acid dyes such as eosin: they were therefore termed acidophilic. It is now realized, however, that the acidophilic character of certain inclusions may show considerable variation.

The reactivity of the nucleus is in certain directions more limited than that of the cytoplasm, since the nucleus is, as it were, insulated from the outer world by a cytoplasmic buffer. In addition all nuclei are made up of relatively constant chemical compounds; from these constituents, however, any reaction products must necessarily be built up unless outside materials enter into the nucleus and contribute to the formation of the intranuclear inclusions and for this, except in the case of water, there is as yet only indirect evidence. It is thus not surprising that intranuclear inclusions, however diverse the viruses with which they are associated, should show a considerable degree of uniformity. All intranuclear inclusions so far examined, for instance, fail either to show the presence of masked iron by the BENSLEY-MACALLUM technique or to stain for fat [COWDRY (1928)]. Nevertheless, although it had been recognized for some time that morphological differences do exist between the intranuclear inclusions produced by different viruses [cf. the pictographic review of FINDLAY and LUDFORD (1926)], the only attempt to classify intranuclear inclusions on morphological grounds is that made by COWDRY (*6*), who divides the intranuclear inclusions of vertebrates into two types, A and B.

In inclusions of type A the nuclear reaction is total and proceeds to complete degeneration. The nucleoplasm of the entire nucleus is profoundly disturbed and all the basophilic chromatin is eventually marginated on the nuclear membrane. The nucleolus is excentric and frequently becomes applied to the nuclear membrane. The inclusions themselves are either amorphous or particulate. They may, however, be condensed in rounded masses. Frequently, though not invariably, the presence of type A inclusions is associated with a general or localized tissue reaction. After fixation, the material of which the inclusions are constructed is not easily removed by acetic acid, alcohol, chloroform or other solvents.

In type B inclusions the reaction is localized in certain areas of the nucleus in which acidophilic droplets make their appearance. These droplets often exhibit considerable variation in size and tend to have a hyaline appearance. The nucleoplasm in which the inclusions are embedded may not be noticeably altered. Basophilic chromatin fails to marginate on the nuclear membrane and may even accumulate to a certain extent on the centrally placed inclusions. The nucleoli are undisturbed, the process seldom goes on to complete disintegration of the nucleus and is not as a rule accompanied by the marked tissue reaction frequently, though not invariably, present in association with the type A inclusions. The B type inclusions can be distinguished from nucleoli by recognition in the same nucleus of nucleoli exhibiting differential staining, by their variability both in number and in size and by the absence in the inclusions of detectable amounts of mineral salts, more particularly ferric oxide. In the absence of any chemical analyses of type B inclusions it is, however, unsafe to assume that they are all of similar composition.

As will be seen from Table 2 inclusions of the A type are much more frequent in true virus infections than those of type B, the latter being found in conditions, more especially in animals, where transmissible viruses have not been demonstrated. Type A inclusions are, however, also found in the absence of proved virus infections. In certain virus diseases, such as that due to pseudorabies [HURST (*3*)], inclusions of both types may be present. It thus seems probable that inclusions of types A and B are merely different expressions of the same process, the inclusions of type B representing less drastic modifications which develop more slowly and do not necessarily end in nuclear disintegration.

The division of the intranuclear inclusions of vertebrates into two types, as suggested by COWDRY (*6*), is now generally accepted as a classification of considerable value. The curious intranuclear inclusions associated with the *polyhedral diseases of insects* might well be classed as a C type. The nuclear lesions found in the caterpillars of moths affected with the various polyhedral diseases have been fully described by PAILLOT (*2*), GLASER (1928) and PAILLOT (*3*). The earliest sign of infection occurs in the nuclei of the hypodermal, fat and tracheal cells, as well as in certain leucocytes in the blood. The small round grains of chromatin, normally distributed throughout the nucleus, fuse with the nucleoli to form a dense chromatin-staining mass which becomes speckled with minute refractive bodies, arising probably from the chromatin granules. Within the clear area formed by the condensation of the chromatin and nuclei very minute polyhedral bodies appear. In tissue cultures these polyhedra are visible 24 hours after infection [TRAGER (1935)]. As they increase in size, they cease to stain and become more refractive while, to contain them, the nucleus undergoes an enormous hypertrophy. In the early stage of the disease, both in fresh preparations and in those stained by GIEMSA's method, minute vibratory particles are seen in the clear nuclear zone. These particles may possibly represent elementary bodies, though since, according to GLASER (1928), similar particles appear in normal caterpillar cells during degeneration, their aetiological significance is doubtful. At the death of an infected caterpillar masses of small refractile granules of protein nature may be obtained: they are usually regarded as degenerative products of nuclear origin. The polyhedra, which grow by accretion, may attain considerable size. In the silkworm the average polyhedron is 3–5 μ in diameter, the extremes being from 0.5–15 μ. The polyhedra neither stain with Sudan III nor blacken with osmic acid: they are insoluble in ether but soluble in pepsin and hydrochloric acid and give all the colour reactions for proteins. They also appear to contain iron.

Although broadly speaking inclusions of the A and B types can be readily distinguished, considerable morphological variation occurs in the inclusions of both types, not only in inclusions produced by different viruses, but even in those caused by the same virus. In the case of the same virus morphological variations may be due to *a*) the fixative employed, *b*) the stain employed, *c*) the age of the inclusion, and *d*) the particular cells in which the inclusion is produced.

Thus, GOODPASTURE (*1*) has pointed out that in its early stages the herpetic inclusion is indistinguishable from material thrown down in the nucleoplasm by HELLY's fluid. The width of the halo separating the inclusion from the nuclear membrane depends very largely on the fixative employed and the subsequent degree of swelling or shrinking of the cell. Certain fixatives, such as ZENKER's fluid, as pointed out by COWDRY and KITCHEN (1930), produce an additional coagulation of the nucleoplasm not seen after the use of fixatives rich in osmic acid. Following treatment with CARNOY's fluid inclusions may show a greater degree of basophilia [COWDRY (*4*)]. After staining with iron haematoxylin intranuclear inclusions may appear basophilic rather than acidophilic [SABIN and HURST (1935)]. In herpes RECTOR and RECTOR (1933) have pointed out that halos appear only in later stages: but in the last stage before the cell breaks up the inclusions may cease to be distinguishable, since the whole nucleus becomes filled with acidophilic material. In the case of intranuclear inclusions of the A type the nuclei are almost always successively involved and as a result while some nuclei are apparently normal, others may exhibit all stages in the formation of inclusion bodies. Intranuclear inclusions are for the most part dynamic rather than static.

Probably the most striking example of the difference in morphology resulting from infection of different tissues is presented by the salivary gland virus of guinea-pigs. In the ducts of the salivary gland enormously hypertrophied cells are seen containing large nuclei with massive acidophilic intranuclear inclusions. Cytoplasmic inclusions are also present. When the virus is injected into the brains of very young guinea-pigs the inclusion laden cells show no hypertrophy and cytoplasmic inclusions are absent.

Even in the same species the inclusion bodies produced by one and the same virus not infrequently exhibit variation in staining. In the case of the salivary gland virus of mice some nuclei contain inclusions that are acidophilic and consist of minute aggregated spherules, separated from the chromatin marginated on the nuclear membrane by a clear zone. Other nuclei are completely filled by a bland mass which is acidophilic in the centre and basophilic towards the periphery. McCORDOCK and SMITH (*2*) have found that in the pancreas the inclusions are smaller than in other organs.

Between the inclusions of the A type produced by different viruses both morphological and tinctorial differences have been described. It must, however, be remembered that a comparison of the inclusions produced by different viruses is by no means easy, since it is only occasionally that different viruses produce inclusions both in the same tissue and in the same species. However, *the salivary gland viruses* of the guinea-pig [COLE and KUTTNER (1926), KUTTNER and COLE (1926) and KUTTNER and T'SUN T'UNG (1935)], rat [THOMPSON (*1*)], mouse [THOMPSON (*2*, *3*)] and hamster [KUTTNER and WANG (1934)], although species-specific, form a group with many close similarities. In all these infections the large intranuclear inclusions which persist for long periods are found in cells showing marked hypertrophy. Such cells, according to PEARSON (1930), are almost certainly dead. Basophilic inclusion bodies are also present in the cytoplasm: the incidence in a group is always high, infection apparently occurs at a very early age, and no symptoms are produced though active virus remains latent as long as inclusions persist. All the salivary gland intranuclear inclusions give a positive reaction for thymonucleic acid when stained by the FEULGEN technique and all may at times stain to a certain degree with basic dyes. This may be correlated with the fact that the basic chromatin may in certain cells fail to show complete margination. The most basic of the series of salivary gland inclusions are those found by RECTOR and RECTOR (1934) in the salivary glands of the mole: these inclusions have not yet been definitely proved to be associated with a virus infection. No evidence is as yet available as to the exact relation of the salivary gland inclusions to the actual viruses. MARKHAM (1936), however, regards the intranuclear inclusions as made up of a chromophile matrix in which are embedded elementary bodies. Other viruses producing type A inclusions may be grouped together in accordance with the behaviour of the nucleolus: 1. inclusions in which the nucleolus is marginated at an early stage, varicella, zoster, herpes, virus III, B virus and pseudorabies, 2. inclusions where the nucleolus is retained, yellow fever and Rift Valley fever.

Between the intranuclear inclusions of *varicella* and *zoster* little difference appears to exist, a fact which is hardly surprising if the same virus is responsible for both conditions [cf. TYZZER (1905), LIPSCHÜTZ and KUNDRATITZ (1925), and RIVERS (*1*, *3*)]. Between the herpetic and zoster inclusions also there is little difference. *Herpes* and *virus III* inclusions exhibit many similarities, such as early destruction of the nucleoli, margination of the chromatin and failure to show the presence of thymonucleic acid: they differ, however, when infecting the cells of the rabbit's testicle, in the degree of basophilia, the herpetic cells staining less densely by the FEULGEN technique, because, according to COWDRY (*4*), they are more finely granular and less compact. In herpetic inclusions also the clear halo is narrower. Both herpetic and virus III inclusions may contain a few chromophobic vacuoles, particularly those due to virus III, and both may contain a few deeply coloured basophilic particles. GOODPASTURE (*1*) believes that the nucleoli play some part in making up the intranuclear inclusions of herpes and a similar suggestion has been put forward by TOPACIO and HYDE (1932), who, following on the work of RIVERS, HAAGEN and MUCKENFUSS (*2*), have also grown virus III in tissue culture. A curious fact noted by IVANOVICS and HYDE (1936) in tissue cultures of virus III was the frequency of amitotic division of the inclusion-bearing cells. Mitotic division was never seen. In the prenecrotic stage the inclusions produced by the *B virus* of rhesus monkeys and rabbits are said by SABIN and HURST (1935) to be indistinguishable from those of herpes, both viruses being pantropic and giving rise to inclusions in cells derived from all three embryonic layers. In herpes, however, when nervous symptoms develop as early as the sixth day after intravenous injection, intranuclear inclusions are no longer visible, but in B virus infections they are still present. ANDREWES (1930) also noticed the rapidity with which herpetic intranuclear inclusions disappear from the infected rabbit's testicle.

In *pseudorabies*, according to HURST (*3*), two forms of inclusion may be present: 1. irregular deep pink masses closely resembling the inclusions of herpes and B virus and definitely to be classified as A type inclusions and 2. deep pink spherules resembling B type inclusions. In the brains of certain species, more especially the guinea-pig, the intranuclear inclusions tend to exhibit basophila. This, according to SAGUCHI (1930), is due to the fact that the chromophilic state of neurones is characterized by overproduction of "nucleonephelium". Normally acidophilic, this substance may in the chromophilic state of the cell become basophilic and, dissolved in nuclear juice, impart diffuse basophilia to the whole nucleus.

In the herpetic group should also be included the intranuclear inclusions of *laryngo-tracheitis of chickens* described by SEIFRIED (*1*, *2*). These inclusions are found in the epithelial cells lining the mucous membrane of the trachea as well as in the cells of the tracheal mucous glands. The nuclei containing the inclusions are enlarged and show distinct margination of chromatin, while the round or oval inclusions are separated from the nuclear membrane by a clear halo. No trace of a nucleolus is seen, but the inclusion gives a very faintly positive reaction for thymonucleic acid and, with various silver stains, shows the presence of argentophil granules.

Various other intranuclear inclusions appear to be of the herpetic type, but more precise information is required. They include the inclusions of 1. *paravaccinia* [LIPSCHÜTZ (*2*)], 2. *epithelioma of fish* [KEYSSELITZ (1908)], 3. *vesicular stomatitis* [OLITSKY and LONG (1928)], 4. *a disease of fish* in which the inclusions are found in the epithelial cells lining the mucous membrane of the mouth [PACHECO (1935)], 5. *warts of frogs, Discoglossus pictus* [SANFELICE (*1*)], 6. *catarrhal fever of cattle* where intranuclear inclusions are found in brain cells [DOBBERSTEIN (1925)], and 7. *foot-and-mouth disease.* Considerable uncertainty still exists as to the status of the intranuclear inclusions described in association with foot-and-mouth disease. OLITSKY (1928) found in the epidermal cells of 48 hour lesions in the guinea-pig acidophilic bodies not unlike those of herpes. In addition, smaller bodies staining deep red were also present which appeared identical with those described by GINS (1922); GINS and KRAUSE (1924), however, are doubtful whether these smaller bodies are specific for foot-and-mouth disease, for RUHLE (1926) records their presence in the epithelial cells of the tongues of normal guinea-pigs and cows.

The *neoplastic condition in the kidney of the frog, Rana pipiens,* described by LUCKÉ (*1*, *2*) was also found to be associated with the presence of acidophilic intranuclear inclusions. The cells containing inclusions show either a total absence of basophilic chromatin or else margination of a few small masses.

The intranuclear inclusions of yellow fever and Rift Valley fever may be distinguished from those of the first group by the fact that the nucleolus retains its central position till a late stage in the life history of the inclusions. In both diseases the pantropic strains produce typical intranuclear inclusions only in the parenchymatous cells of the liver, though the host range of Rift Valley fever is much greater than that of yellow fever [DAUBNEY, HUDSON and GARNHAM (1931), FINDLAY (*5*)]. The intranuclear inclusions of Rift Valley fever are perhaps slightly more delicate and tenuous than those of yellow fever, but in both diseases the inclusions can be readily seen in unfixed cells as irregular clumps of definitely particulate nature, separated from one another by irregular areas of nucleoplasm. In the fresh condition the inclusions are stained neither by Janus green B nor osmic acid, nor are they doubly refractile: if treated with a 1 per cent. solution of ammonia or acetic acid they rapidly disappear. Both Rift Valley and yellow fever inclusions are more uniform in appearance than those of the herpes group. In their earlier stages herpetic inclusions are surrounded by a halo of unstainable substance in which there is no basophilic chromatin. This appearance is not seen in yellow fever and Rift Valley fever. The most characteristic difference between inclusions of the yellow fever group and those of the herpes group is to be found in the nucleolus, the basophilic component of which readily marginates in herpes, whereas in yellow fever the amphinucleolus retains its central position.

Although STOKES, BAUER and HUDSON (1928) in referring to the pathological changes in the liver cells of rhesus monkeys infected with yellow fever noted that "in some specimens the nuclei of altered cells contained acidophilic granules" and COUNCILMAN in 1890 had apparently referred to the same bodies, it was TORRES (*1*) who first fully described the intranuclear inclusions in the nuclei of the liver cells of monkeys with yellow fever and stressed their specific importance. TORRES' work on monkeys was confirmed by Cowdry and Kitchen (1929) who showed that the same inclusions exist in the livers of human beings dying of yellow fever. Full details of the development of yellow fever intranuclear inclusions in the liver are given by Cowdry and Kitchen (1930) and Torres (*2*).

The appearance of intranuclear inclusions in the brain cells of mice following intracerebral inoculation of yellow fever virus was first described by Theiler (1930). Further descriptions of the appearances in the brain cells of monkeys, mice, guinea-pigs and hedgehogs are given by Nicolau, Kopciowska and Mathis (1934), and Findlay and Stern (1934).

In Rift Valley fever very similar intranuclear inclusions are produced in brain cells by the neurotropic strain of the virus [cf. Mackenzie, Findlay and Stern (1935)].

There is some uncertainty as to whether the inclusions in the *disease of parrots and parrakeets* described in South America by Pacheco (cf. Pacheco and Bier (1930), Meyer (*1, 2*), Pacheco (*1*), and Rivers and Schwenker (1932)] should be classified with the yellow fever or herpetic group. In this condition basophilic nucleolar material appears to persist, at any rate for a short time. The intranuclear inclusions which are found in the liver, kidneys and spleen are first seen round the nucleolus or in the area between the nucleoli. The fully formed inclusion has a well-defined outline, either smooth or serrated, while the nucleus, which shows a complete absence of basophilic particles, often dissolves by lysis rather than by rhexis. Very similar appearances are seen in the brains of hens, pigeons, mice and ferrets infected with *fowl pest* virus; here also the nucleus is almost empty of chromatin, though a basophilic nucleolus persists in the centre of the inclusion, which also exhibits a considerable degree of basophilia [Findlay, Mackenzie and Stern (1937)]. In the *virus disease of owls* described by Green and Shillinger (*3*) further investigation is required to determine whether its inclusions should be placed in the herpes or yellow fever group. The inclusions found in the liver, spleen and endothelium of blood capillaries are said to vary from small eosinophilic bodies in an almost normal nucleus to masses of deeply stained eosinophilic material completely filling the nucleus.

In *fox encephalitis* the inclusions described in foxes and dogs by Green and his associates (1933–1936) are found in endothelial cells throughout the body and in the cells lining the upper respiratory tract. Many of the inclusions exhibit a granular appearance, while in the majority the central area is more deeply stained than the periphery. The inclusions have a well-defined contour and are denser than those of yellow fever. In some cells margination of basophilic chromatin occurs and the inclusion is separated from the nuclear membrane by a clear space which may, however, be traversed by thin threads. The nucleolus is usually still present in such cells. In other cells there is no evidence of either marginated chromatin or of nucleolus. It is thus somewhat difficult to classify the inclusions of fox encephalitis either with the herpetic or yellow fever groups. Further evidence is also required in regard to the intranuclear inclusions found by Green (*1*) in the cells of the Malphighian corpuscles of the spleen and lymph nodes of foxes dying in Minnesota.

Intranuclear inclusions of B type are present in poliomyelitis, Borna disease, equine encephalomyelitis and in hepatapathy of mice. Similar inclusions are not infrequent in association with conditions not yet definitely proved to be due to viruses. In *poliomyelitis* acidophilic intranuclear bodies were described by Covell (*1*), and Hurst (*2*) but the specificity of the bodies has been questioned by Wolf and Orton (1932) who have found similar inclusions in the nerve cells in a variety of conditions in no way connected with poliomyelitis. Hurst (*4*), however, points out that in animals, and apart from any pathological condition, similar bodies are present in the nuclei of nerve cells, the bodies present in poliomyelitis being larger and more acidophilic than those of normal cells, less fluffy in outline and of a more solid appearance. Fixation of tissues in osmic acid renders closer the similarity between the "normal" acidophilic material and that seen in poliomyelitis. In addition, in poliomyelitis the nerve cells which contain inclusions exhibit a strong tendency to the disappearance of acidophilic material other than that which makes up the inclusion, while at the same time the scanty basichromatin is marginated.

The intranuclear inclusions of BORNA *disease* were first studied by JOEST (1911) and JOEST and DEGEN (1911) and more recently have been examined by ZWICK, SEIFRIED and WITTE (1927), NICOLAU and GALLOWAY (1928), and NICOLAU, DIMANCESCO-NICOLAU and GALLOWAY (1929). The inclusions are found not only in nerve cells in the central nervous system, but in visceral nerve cells in many situations. The inclusion bodies are round or slightly oval, acidophilic, with a sharp contour and frequently with a centre paler than the periphery. Not infrequently the centre may be occupied by a vacuole. The inclusions of BORNA disease are very similar to those induced by American strains of the virus of *equine encephalomyelitis*, although the viruses are of different dimensions and show no cross-immunity. In the horse, according to HURST (*4*), the inclusions are much less numerous than in the guinea-pig, where inclusions are present in nerve cells, neuroglia, mesothelial cells of the pia arachnoid, and adventitial cells of the vessel wall, in that order of frequency. In rabbits and mice inclusions are observed only in nerve cells. The inclusions of equine encephalomyelitis are often rather larger than those of BORNA disease and less often have a centre paler than the periphery. The contour also is usually less sharp than that of the inclusions of BORNA disease, though with lengthening of the incubation period of the disease there is a tendency for the sharpness of the contours to increase. This suggests that possibly the inclusions of equine encephalomyelitis may be derived from the normal nuclear nodal masses which become enlarged.

Intranuclear inclusions of the B type are not entirely confined to the central nervous system. They are present in the kidneys of rats, monkeys and other animals apart from any apparent virus infection. In addition they have been described in the liver cells of certain strains of mice which appear to be infected with a virus of low pathogenicity producing no constitutional changes [FINDLAY (*4*), THOMPSON (*2*)]. The chromatin in the nuclei of affected cells is not marginated, but is merely pushed aside by the developing body. In their earlier stages the bodies may be slightly basophilic but later they become filled with acidophilic granular material.

3. Microincineration.

In order to throw further light on the constitution of the intranuclear inclusions, microincineration studies have been carried out on a number of infected tissues. In 1930 SCOTT (*2*) studied the localization of mineral ash in the nuclei of the excretory ducts of the salivary glands of guinea-pigs harbouring the submaxillary gland virus. Later COWDRY (*5*) incinerated yellow fever inclusions in the liver of rhesus monkeys, RECTOR and RECTOR (1933) those of herpes and HORNING and FINDLAY (1934) those of Rift Valley fever. The intranuclear inclusions of the guinea-pig salivary gland virus and yellow fever were found to be practically devoid of mineral matter except for a thin outline of ash, and the same was true of those of Rift Valley fever and herpes. In cells infected with herpes, a large amount of mineral, particularly calcium, was found in the nucleoli and basophilic chromatin: the ash of herpetic intranuclear inclusions from the cerebral cortex of rabbits also showed variations with the age of the inclusion body, the maturer inclusions containing appreciably less residue than the younger. In Rift Valley fever no change in ash was seen with aging of the inclusion. The tinge of yellow, indicative of ferric oxide, sometimes seen in the chromatin, more frequently in the nucleolus, was absent from the inclusions. The liberation of the inclusion body from the disrupted nucleus did not appear to influence the ash distribution of the cytoplasm. The lack of ash residue found in yellow fever, herpes and Rift Valley fever is thus in contrast to the inorganic picture presented by an inclusion such as that of fowl-pox where, as DANKS (1932) has shown, the location of the minute particles of mineral ash corresponds topographically both in size and in position to that of the elementary bodies.

4. Microdissection of intranuclear inclusions.

In view of the results obtained with isolated inclusion bodies from fowl-pox and ectromelia efforts have been made to isolate intranuclear inclusions and to determine whether the inclusion bodies are infective. In the case of animal viruses the only experiments reported are those of BAUMGARTNER (2) who tested the infectivity of isolated herpetic intranuclear inclusions obtained by microdissection: the results were extremely inconclusive but did not suggest that the inclusions are themselves composed of virus.

In the case of the polyhedra obtained from jaundice in silk-worms it has been shown by GLASER (1915), ACQUA (1918) and PAILLOT (1) that disease can be initiated in their absence by separating them from the active principle either by filtration or centrifugation.

AOKI and CHIGASAKI (1921), however, found that the polyhedra were highly infective and that even after shaking and centrifuging more than ten times in physiological saline they were still infectious on inoculation. Nevertheless GLASER and LACAILLADE (1934) observed that the polyhedra continuously lose virus if repeatedly washed with water although they cannot be entirely freed from the infective agent in this manner. Heat, however, was effective in rendering inactive the virus associated with the polyhedra. When these inactive polyhedra were brought into contact with active polyhedra-free blood, some of the virus immediately became associated with them. It may thus be concluded that the polyhedra are physical carriers of the virus but there is nothing to support the view that the polyhedra are themselves composed of virus particles.

5. Ultra-centrifugation.

Evidence of differences between intranuclear inclusions and the other nuclear constituents has been obtained by LUCAS and HERRMANN (1935) and LUCAS (1937) from a study of the effects of ultra-centrifugation on inclusion-bearing cells. Centrifugation in the ultracentrifuge designed by BEAMS, WEED and PICKELS (1933) and BEAMS and PICKELS (1935) of rabbit cornea cells infected with herpes virus has shown that all the basophilic-staining chromatin and eosin-staining oxychromatin is brought to the centrifugal pole of the infected cells. The nucleoplasm forms a layer on the top of the chromatin and the inclusion body, being lighter than any other substance in the nucleus, is concentrated at the centripetal pole. The inclusion body itself shows no stratification of materials or separation of granules from the fluids which surround them. In the normal uninfected cell the nuclear chromatin is hardly moved at all, although, as shown by NĚMEC (1929), the specific gravity of chromatin is normally greater than that of the nuclear sap. In the case of the herpetic inclusion there is thus no evidence to suggest that it is derived from the chromatin, for on the one hand the amount of chromatin deposited shows that there is little actual loss of chromatin during the process of margination, on the other hand the appearance of the centrifuged cell suggests that there may possibly exist some physical antagonism between the chromatin and the inclusion material.

In the case of the submaxillary gland virus of guinea-pigs where margination of the chromatin is not as pronounced as it is in the case of the cells of the rabbit cornea infected with herpes, the inclusion-bearing duct cell responds to centrifugation by displacing both basichromatin and inclusion body to the centrifugal pole of the nucleus. The basichromatin is strongly adherent to the inclusion body. In the salivary gland of the mole containing inclusion bodies in the duct cells, centrifugation also brings down both basichromatin and inclusion body. LUCAS (1936) suggests a correlation between the chromatin-inclusion body relationship and the specificity which a virus has for a particular host or tissue. When a virus is very selective, as is the case with the salivary gland viruses, there is generally found a corresponding compatibility between the inclusion body and the chromatin of the infected cell. In contrast, viruses having low specificity, such as herpes, which is cosmopolitan in infective potentialities, show low compatibility with the nuclear material. This is expressed in margination of the chromatin and is indicated by the results of centrifugation experiments. Experiments with other inclusion-producing viruses, possessing a selectivity between that of herpes and the salivary gland viruses, are obviously required before this theory can be substantiated.

6. The experimental production of intranuclear inclusions.

In view of the uncertainty as to the true nature of the intranuclear inclusions associated with a number of virus infections, attempts have been made to produce intranuclear inclusions by agents other than viruses. If the acidophilic intranuclear inclusions associated with certain virus infections represent nothing more than an increase or massing together of acidophilic material normally present in the nucleus, it should theoretically be possible to reproduce such a change by non-specific means.

The earliest attempts to induce non-viral intranuclear inclusions were made by AKIYAMA (1929) and HEINBECKER and O'LEARY (1930) who, by electrical stimulation of nerve cells, sometimes preceded by soaking in ammonium chloride solution, claimed to have produced intranuclear changes not unlike those caused by certain viruses, although in many cells the entire nucleus was reported as shrunken, while in others the basophilic chromatin was clumped about the nucleolus. DAVENPORT, RANSON and TERWILLIGER (1931) produced similar appearances in nerve cells by soaking them in hypertonic salt solutions. They suggested that the intranuclear inclusions observed might be the result of disturbed osmotic conditions within the cell. OLITSKY and LONG (1928) observed in the nuclei of the epidermal cells of ginea-pigs eosinophilic bodies which were produced by a number of agents. WATANABE (1931) injected bacterial toxins into the cornea of rabbits, with the result that the changes which appeared in the nuclei were said to resemble the intranuclear inclusions of herpes simplex. LEE (*1, 2*) injected strong dextrose solutions intravenously into cats and produced intranuclear changes in the cells of the spinal ganglia. The changes, which were visible in freshly isolated cells suspended in isotonic fluids, were, however, of a transitory nature, for they had disappeared three hours after the time of the injections. In fixed and stained cells the intranuclear inclusions were seen to differ radically from type B inclusions though they resembled type A inclusions in that increased acidophilic material was heaped up in the centre of the nucleus and was separated from the nuclear membrane by a wide clear halo. Differences from true type A inclusions consisted in the failure of the basophilic chromatin to collect on the nuclear membrane, in the continued central position of the nucleolus and in the failure of the nucleus to undergo complete disintegration. With a powerful diuretic, salyrgan, injected intramuscularly and intravenously, intranuclear inclusions, indistinguishable from those characteristic of type A, were produced in the cells of the pancreas and other glands in from 3–30 days after injection. These experiments suggest that intranuclear inclusions, very similar to those associated with certain virus infections, may be caused by altering the water balance of the tissues. The ingestion of certain of the heavy metals may also be associated with intranuclear changes. PAPPENHEIMER and MAECHLING (1934), for instance, having found hyaline intranuclear and cytoplasmic inclusions in the kidneys of two syphilitic patients treated with bismuth, reproduced similar inclusions in rats by the administration of bismuth. The inclusions were highly refractive, thus differing from other intranuclear inclusions. BLACKMAN (1936) found intranuclear inclusions in the kidneys and to a less extent in the livers of children and of one adult who had died of lead poisoning. Similar inclusions were induced in the kidneys and less frequently in the livers of rats, guinea-pigs and rabbits by the administration of lead carbonate. Some of the kidney nuclei, enlarged and hyperchromatic, were practically filled with granular and drop-like inclusions, others showed one or more inclusions of large size. Many of the larger inclusions appeared quite homogeneous, resembline the virus inclusions of BORNA disease and of virus III infections. The nucleoli had in most cells entirely disappeared and a clear margin was seen between the inclusions and the cell membrane on which chromatin granules tended to collect. Chromatin granules also adhered to the periphery of the acidophilic intranuclear inclusions: similar appearances are found in the inclusions caused by the salivary gland disease of guinea-pigs [COLE and KUTTNER (1926)] and in the inclusion bodies in the salivary glands of moles which, though classed by COWDRY (*6*) as type A inclusions, are said to be actually acidophilic inclusions surrounded by a layer of basophilic chromatin [COWDRY and SCOTT (*1*, *2*)]. The basophilic granules which were applied to the margin of some of the larger inclusions seen in lead poisoning were never so numerous or so dense as to obscure the acidophilic inclusions. Since, in addition, necrosis of the cells was associated with many of the intranuclear inclusions produced by lead it is obvious that they should be classified as belonging to type A. However, many large homogeneous hyaline inclusions were found as a result of the lead poisoning: these more closely resembled type B inclusions. NICOLAU and BAFFET (1937) have confirmed the occurrence of intranuclear inclusions in animals as a result of lead poisoning. Although the inclusions produced by the above means were not all equally suggestive of those induced by virus action certain, such as those caused by the injection of salyrgan, were indistinguishable. In all the above cases, however no definite evidence was brought forward that the induced changes were not the result of virus action, a saprophytic virus having been stirred into activity by the injection of some foreign substance. This possibility was successfully eliminated in the experiments of OLITSKY and HARFORD (1937), who injected guinea-pigs and rabbits subcutaneously with aluminium compounds, ferric hydroxide, carbon and normal brain tissues. In guinea-pigs, but only very rarely in rabbits, aluminium hydroxide, aluminium oxide, Al_2O_3, and, to a less extent, ferric hydroxide and carbon regularly produced acidophilic intranuclear inclusions in the subcutaneous nodules of reacting tissues, the phagocytic mononuclear and giant cells alone being affected. Barium sulphate, silver chloride, agar and paraffin failed to induce any inclusions. With ferric hydroxide and carbon the intranuclear inclusions appeared only after a prolonged interval and then only for a short period at the height of the tissue reaction. With aluminium compounds, after an initial period of about seven days, the inclusions were present throughout the duration of the lesion. Margination of the chromatin and of the nucleoli was commonly seen, and the acidophilic inclusions were separated from the nuclear membrane by clear spaces or halos. The inclusions failed to give a positive FEULGEN reaction or to show the presence of masked iron. The production by a variety of experimental means of intranuclear inclusions closely resembling, if not identical with, those associated with certain virus infections thus renders almost impossible the assumption that such virus inclusions are necessarily or even probably composed of virus particles: at the same time it renders extremely difficult any interpretation of the significance of virus-induced intranuclear inclusions.

7. The existence of intranuclear inclusions apart from virus action.

The experimental production of acidophilic intranuclear inclusions by a number of agents other than viruses, and the demonstration that these intranuclear inclusions are in no way related to the action of viruses renders of considerable interest the finding of intranuclear inclusions in the tissues of men and animals, apart either from known virus infections or from any form of experimental interference.

Such intranuclear inclusions have been found in a variety of tissues in man, monkeys and the commoner laboratory animals such as dogs, rats and mice.

A point of considerable interest is the early age at which the inclusions appear, at any rate in man, in whom 80 per cent of the cases occur in individuals under 1 year of age. The most important tissues in which acidophilic intranuclear inclusions have been described are:—

a) Salivary glands.
b) Kidney.
c) Liver.
d) Respiratory tract.
e) Central nervous system.
f) Alimentary tract.
g) Genital tract.
h) Endocrine organs.

Not infrequently inclusions are by no means confined to one organ but may be found in a number of different tissues.

a) *Intranuclear inclusions in the salivary glands.* Apart from the intranuclear inclusions reported in the submaxillary glands of guinea-pigs, rats, mice and hamsters in association with a group of filterable viruses, intranuclear inclusions have also been observed in the salivary glands of man, the monkey *Cebus fatuellus* and moles. Cytoplasmic inclusions similar to those described in guinea-pigs' salivary glands have also been observed in the same species. In man, or rather in infants, for the inclusions have been most frequently found in new-born babies, the inclusions, are often present both in the parotid and the submaxillary gland: similar inclusions may occasionally be present in other organs. The first observations in man were made by Ribbert (1904) who in 1881 observed protozoan-like cells in the duct of the parotid of a year old non-syphilitic child. Lowenstein (1907) found that four of thirty children aged two months to two years showed similar bodies. It was only after the recognition of the submaxillary gland virus of guinea-pigs that the true nature of these bodies was recognized. Wagner (1930) who recorded four cases still, however, believed in the protozoal nature of the bodies. Farber and Wolbach (1932) observed inclusions in the salivary glands of twenty-two, or 12 per cent, of 183 infants who ranged in age from two days to seventeen months, while McCordock and Smith (*1*) found inclusions in the salivary glands of 6 out of 60 children who did not die of pertussis and in 4 out of 6 children who did succumb to this disease.

In the monkey *Cebus fatuellus*, Cowdry and Scott (*2*) found intranuclear and cytoplasmic inclusions in the submaxillary and parotid glands but similar inclusions were absent from the same glands of 18 rhesus monkeys. As in man and the guinea-pig, the inclusion bearing cells were greatly hypertrophied: the interior of the nucleus was filled by a large spherical eosin-staining mass which was separated from the nuclear membrane by a clear halo. Margination of the nuclear membrane was rarely complete but the nucleoli, one or two in each cell, had left the central nuclear area and had become closely applied to the nuclear membrane. Only one inclusion was observed in each nucleus.

The inclusions observed in the salivary glands of moles by Rector and Rector (1934) were also very similar in morphology to those of guinea-pigs and young children. Since the viruses associated with the salivary gland inclusions of mice, rats, guinea-pigs and hamsters are species specific it seems not improbable that the hypothetical salivary gland viruses of man, *Cebus fatuellus* and the mole are also species specific, a fact which would account for the failure up to the present to prove the association of viruses with these inclusions.

b) *Intranuclear inclusions in the kidney.* Intranuclear inclusions in the kidneys have now been recorded in man and in a large number of animals and birds. In some instances the kidneys have been the only organs in which the bodies appeared; more frequently other organs have also been involved, most commonly the liver, lungs and salivary glands. Jesionek and Kiolemenoglou (1904) were the first to describe protozoan-like structures in the kidneys, liver and lungs of an eight-month syphilitic still-born foetus. In the kidneys the well defined inclusions were found in cells irregularly scattered through the connective tissue of the cortex, often in groups of ten to forty. In the liver and lungs the inclusion-bearing cells occurred singly: in the lungs they were found free in the bronchi and alveoli. These observations caused RIBBERT (1904) to recall that he had seen similar bodies twenty years before in the cells of the kidney tubules of a syphilitic newborn foetus and in the parotid of a year old non-syphilitic child. References to earlier papers are given by FINDLAY and LUDFORD (1926). The description given by SMITH and WEIDMAN (1910) is of particular interest since the inclusion-containing cells were surrounded by inflammatory tissue containing lymphocytes and polymorphonuclear leucocytes. GOODPASTURE and TALBOT (1921) described the case of a child with acidophilic intranuclear inclusions in the alveoli of the lungs, in the chronically inflamed bronchi, in the glomeruli of the kidneys and in the liver. More recently FARBER and WOLBACH (1932) reported the care of two infants: in one, inclusions were found in the kidneys, liver, lungs, pancreas and thyroid, in the other, in the kidneys, liver, pancreas and lungs. MC CORDOCK and SMITH (*1*) observed intranuclear inclusions in the kidneys, lungs, liver and adrenals, but not in the salivary glands, of a three months old child. The first observation on the presence of inclusions in the kidneys of animals was made by BRANDTS (1909) who observed intranuclear inclusions in the cells of the uriniferous tubules of a dog; HINDLE and STEVENSON (1929) later reported the presence of intranuclear bodies in the convoluted tubules of sewer rats in London as well as in the kidneys of rhesus and Cercopithecus monkeys. HINDLE and COUTELEN (1932) observed similar bodies in the kidneys of wild rats in Paris. These inclusions were of type B. RECTOR (1936), in a series of 120 wild rats obtained in St. Louis, U. S. A., found intranuclear inclusions in the kidneys of 111 of them; in 87, inclusions were confined to these organs but in 24 inclusions were present both in the kidneys and submaxillary glands. It was noted that inclusions appeared in the kidneys quite consistently as soon as young rats reached a weight of 100 g.: salivary gland inclusions on the other hand were only found in rats above 245 g. body weight. No intranuclear inclusions were found in the tissues of 50 white rats from the laboratory stock and efforts to infect these rats by various routes with filtrates (Berkefeld N) of kidney tissues known to contain inclusions failed. Efforts made by the writer to infect white rats by the injection of suspensions of

Species with intranuclear inclusions in the kidneys
(COWDRY, LUCAS and FOX).

	Animal	Type A inclusions	Type B inclusions
	Mammals.		
Primates:	Mongoose lemur		+
	Kra macaque		+
	Rhesus macaque		+
	Lion tailed macaque		+
Artiodactyla:	Red deer		+
Rodentia:	South American porcupine .		+
	Birds.		
Piciformes:	Cuvier's toucan		+
	Guatemalan amazon 1	+	
	„ „ 2	+	+ (lung)
	Black crested cockatoo	+ ?	
Columbiformes:	Wonga Wonga pigeon		+
Galliformes:	Silver pheasant		+
Accipitriformes:	Marsh hawk		+
Anseriformes:	Ceropsis goose		+
	Spur winged goose		+

kidney tissue have likewise failed. NICOLAU and KOPCIOWSKA (*2*) described bodies in the nuclei of the kidney tubules in dogs of similar appearance to those found in the liver. COWDRY, LUCAS, and FOX (1935) examined the kidneys of 58 species of mammals and 62 species of birds with the result that type A inclusions were found in the kidneys of two Guatemalan amazons, while type B inclusions were also present in the lungs of one bird. The other species in which inclusions were found is shown in the preceding table.

COWDRY and SCOTT (*3*) studied the inclusions found in the kidneys of *Macacus rhesus*. In 125 presumably normal monkeys intranuclear inclusions were observed in 21 (16.8 per cent), while in 16 monkeys given fairly large doses of viosterol the same inclusions were observed in 12 or 75 per cent. Possibly the dosage kindled an inapparent virus infection but proof is lacking. Unlike the salivary gland inclusions which are far from numerous and appear to be all at one stage of development, the inclusions in the kidney cells occur in large numbers and are highly variable. Lymphocytic infiltration is rare, but considerable hypertrophy both of the affected nucleus and cell is common. The inclusions are wholly acidophilic and are associated with margination of chromatin and flattening of the nucleolus on the nuclear membrane. No inclusions were seen in the MALPIGHIAN corpuscles or renal pelvis but in the medulla both convoluted and collecting tubules were involved. The inclusions were quite distinct from the basophilic bodies produced by PAPPENHEIMER and MAECHLING (1934) by means of bismuth. It is of some interest that no inclusions were found in the salivary gland of rhesus monkeys, while in *Cebus fatuellus*, in which the salivary glands were affected, no inclusions were found in the kidneys. There are, however, many points of resemblance between the salivary gland inclusions and the kidney inclusions since in both there are 1. great nuclear hypertrophy, 2. development of single spherical acidophilic inclusions, 3. flattening of the nucleolus on the nuclear membrane, 4. partial or total margination of all basophilic chromatin on the nuclear membrane with halo formation and 5. the formation of basophilic cytoplasmic inclusions. Up to the present, however, no proof has been forthcoming that the kidney inclusions are due to the action of a virus.

c) *Intranuclear inclusions in the liver*. Inclusions have been described in the parenchymatous cells of the liver, in the reticulo-endothelial cells and in the cells lining the bile ducts. In man, the inclusions are almost always associated with similar inclusions in other organs. As a rule the inclusions are situated in the nuclei of the parenchymatous cells, but in the case described by MOUCHET (1911) the inclusions were in the columnar cells of the bile ducts. HASS (1935) reported what was termed hepato-adrenal necrosis in which, in association with necrotic foci in the kidneys and liver, the nuclei contained inclusions. RUSSELL (1932) found intranuclear inclusions in the liver cells in 10 out of 36 cases of HODGKIN's disease and in 5 out of 50 unselected livers from a variety of diseases. In rhesus monkeys, COVELL (*2*) observed inclusions in the cells of the bile ducts. Whenever inclusions were found in the cells of the bile ducts, inclusions were also present in the respiratory tract but the reverse was not true. COWDRY and SCOTT (*2, 3*) found inclusions in the liver cells of four rhesus monkeys. In dogs certain intranuclear crystals have long been recognized as occurring in liver cells. They were first described by SZYMONOWICZ and MACALLUM (1902) who suggested that they were composed of methaemoglobin, and later by BRANDTS (1909), COWDRY and SCOTT (*1*) and NICOLAU and KOPCIOWSKA (*2*). COWDRY and SCOTT (*1*) found them in 22 per cent of dogs. The presence of acidophilic bodies in the nuclei of liver cells was reported by BRANDTS (1909) and more recently COWDRY and SCOTT (*1*) have described inclusions both in the liver and KUPFFER cells in dogs in whom there were present areas of central necrosis. These inclusions were of dense consistency and were associated with margination of the chromatin and rapid destruction of the nucleoli. In appearance and in distribution they were not unlike the inclusions found in dogs infected with fox encephalitis. NICOLAU and KOPCIOWSKA (1936) believe that the round acidophilic inclusions and the crystal forms are merely stages in the same process. In Paris they found these bodies in 27 out of 44 dogs: of the 27 dogs with inclusion bodies all, with one exception, were more than two years old. There is thus a very different age distribution from that of salivary gland inclusions. Similar inclusions were found in the tubular cells of the kidney. On somewhat slender evidence Nicolau and Kopciowska attribute these intranuclear bodies to the action of a saprophytic virus.

d) Intranuclear inclusions in the respiratory tract. Jesionek and Kiolemenoglou (1904) were the first to describe inclusions in the alveolar cells of the lungs of an eight-month syphilitic still-born foetus. Inclusions were also found in the kidneys and liver. Goodpasture and Talbot (1921) likewise observed a child with inclusions not only in the alveolar cells, but in the chronically inflamed bronchi and in the glomeruli of the kidneys. von Glahn and Pappenheimer (1925) described similar inclusions in the lungs, liver and intestinal mucosa of a man aged 36. The lung inclusions described by Walz (1926), Feylter (1927), Wagner (1930) and Farber and Wolbach (1932) were all seen in children. Rich (1932) observed four cases. The most extensive series was, however, recorded by McCordock and Smith (*1*) who found lung inclusions in two of 90 children who died from conditions other than pertussis, while no less than 12 out of 35 children dying of pertussis exhibited these changes. They therefore suggest that possibly pertussis, if not itself due to a virus, may predispose to a virus infection. In animals intranuclear inclusions in the respiratory tract have so far been found only in rhesus monkeys. Stewart and Rhoads (1929) in examining the nasal passages of monkeys infected with poliomyelitis found intranuclear inclusions in the cells of the nasal mucosa. As exactly similar bodies were found in the noses of apparently normal monkeys no aetiological significance could be attached to these bodies. Further observations were recorded by Covell (*2*) who reported inclusion bodies in monkeys in the cells of the pulmonary alveoli, nasal mucosa, trachea and bronchioles, in that order of frequency. In the nasal mucosa and trachea the inclusions were restricted to small areas in which necrosis and sloughing was present. The inclusions were associated with margination of the nuclear chromatin.

e) Intranuclear inclusions in the central nervous system. Acidophilic intranuclear material in small amounts is normally present in a large number of cells in the central nervous system. This material is increased under certain conditions in the following situations:

I. Nucleus supraopticus and Nucleus paraventricularis in the mid-brain in man and certain species of animals. Details and a review of the literature extending back over many years are given by Scharrer and Gaupp (1933). Scharrer (*2*) regards this area as forming an additional endocrine organ—"Zwischenhirndrüse" and the various intranuclear bodies as stages in the formation of a secretory product.

II. In the nerve cells of man in a variety of diseases. The inclusions are said by Wolf and Orton (1932) to resemble those found in poliomyelitis by Covell (*1*), Hurst (*2*) and Schultz (1932).

III. In tumours. [Russell (1932) and Wolf and Orton (1932).] In gliomas Russell (1932) found acidophilic bodies, usually single, but sometimes two or three in number in the nuclei which were greatly hypertrophied up to 35 μ in diameter. The larger bodies were often more than 10 μ in diameter. Wolf and Orton (1932) observed similar inclusions, always of the B type, in the cells of 25 out of 85 tumours of neuroectodermal origin and of 15 out of 52 tumours of mesodermal origin. Glioblastomata were the most frequently affected tumours.

Green (*2*) reported intranuclear inclusions in the brain of a dog that died with encephalitic symptoms. The brain failed to set up any infection when inoculated intracerebrally into dogs or foxes.

f) Intranuclear inclusions in the alimentary tract. Comparatively few observations have been made on the presence of inclusions in the cells of the alimentary tract. Carlier (1899), however, reported intranuclear bodies in the cells of the gastric epithelium of tritons which are very similar to type B virus inclusions. von Glahn and Pappenheimer (1925) described intranuclear inclusions in the cells of the intestine, liver and lung in a man who died with an abscess of the liver, ulcerative colitis, pleurisy and pneumonia.

g) Intranuclear inclusions in the genital tract. In the cells lining the epididymis of the dog, acidophilic intranuclear inclusions were originally described by HAMMAR (1897). They have since been observed in the epididymis of mice by LUDFORD (*1*) and in that of man by HEIDENHAIN and WERNER (1924), BENOIT (1926) and GILMOUR (1937). The inclusions which resemble those of type B are found in the columnar cells lining the part derived from the WOLFFIAN duct, that is to say the part beginning with the canal of the epididymis and ending in the common ejaculatory duct. They are not found except in association with active spermatogenesis. GILMOUR (1937) for instance failed to observe them in subjects under the age of fifteen years, except in a boy of four years and ten months who showed macrogenitosomia praecox and active spermatogenesis. The fact that the cells in which the inclusions are situated do not undergo necrosis, and the almost invariable association with spermatogenesis suggest that the inclusions are most probably secretory products. WAGNER (1930), however, in an infant two weeks old observed intranuclear inclusions in the nuclei of cells in the epididymis, salivary glands and many other organs.

h) Intranuclear inclusions in the endocrine organs. It is not without interest to note that the adrenal, pituitary and thyroid appear to be the only endocrine organs in which intranuclear inclusions have been recorded. RUSSELL (1932) reports intranuclear bodies in an adenoma of the pituitary. McCORDOCK and SMITH (*1*) noted intranuclear inclusions in the suprarenal together with similar inclusions in the lung, liver and kidneys of a three-months old child dying of pancreatic fibrosis and chronic pneumonia associated with necrotic foci in the liver and adrenals. HASS (1935) recorded a curious case in which necrotic areas in the liver and adrenals were associated with intranuclear inclusions in the cells of the liver parenchyma and adrenal medulla. No significant inflammatory reaction was present. In the liver, two types of nuclear change were seen: the first was characterized by acidophilic intranuclear bodies with margination of the chromatin, a distinct halo and apposition of the nucleolus to the nuclear membrane: the second type was characterized by the presence of abnormal basophilic intranuclear structures. The chromatin lost its affinity for basic dyes and, together with the nucleolus, seemed to disappear as if by lysis. Tiny round punctate granules then appeared and filled the entire nucleus. The granules were usually basophilic, sometimes amphophilic or slightly acidophilic. In the later stages the whole cell showed evidence of disintegration. WEINER (1936) reported the presence of intranuclear inclusions in a case of so-called atrophy of the adrenal cortex. Two types of inclusion were seen in the cells of the cortex: in 1. the nuclear membrane was thickened and wrinkled, the chromatin being for the most part peripherally located with considerable amounts apparently fused to the inner wall of the nuclear membrane: a clear halo separated the chromatin layer from a round, intensely pink stained, slightly mottled inclusion, occasionally containing a blue stained area in its centre, and 2. a centrally placed inclusion surrounded by a thin dark blue membrane on which chromatin granules were marginated: no halo was present. The first resembled type A, the second type B inclusions.

COWDRY and SCOTT (*3*) observed nuclear inclusions of the B type in the medullary cells of adrenals from 11 rhesus monkeys as well as in the cells of the pars distalis of one pituitary. Intranuclear inclusions in the thyroid have been seen by PETTAVEL who in 1911 studied the thyroid of a 10 day old prematurely born infant and described peculiar degenerative changes in the epithelial cells; his illustrations leave little doubt that he was dealing with inclusion bodies. Later VON GLAHN and PAPPENHEIMER (1925), WAGNER (1930), WALZ (1926), and FARBER and WOLBACH (1932) reported inclusions in the thyroid and pancreas.

The significance of intranuclear inclusions.

The foregoing summary of the knowledge available in regard to intranuclear inclusions allows certain conclusions to be drawn on which there is general agreement: it is perhaps unfortunate that these conclusions are largely of a negative character:—

1. No correlation exists between the occurrence of intranuclear inclusions and *a*) the types of lesion produced by the viruses, *b*) the pathogenicity of the viruses, and *c*) the approximate dimensions of the viruses.

2. Intranuclear inclusions do not as a rule occur in cells that are in an advanced stage of degeneration.

3. Intranuclear inclusions can be produced experimentally.

4. The presence of intranuclear inclusions is not essential to the pathogenic action of a particular virus.

Intranuclear inclusions are found in association on the one hand with viruses which produce rapid cell necrosis, as in poliomyelitis, or with viruses which give rise to a condition of cell overgrowth, as in the neoplastic disease of frog kidneys.

1. Intranuclear inclusions may be associated with viruses such as the salivary gland viruses, which give rise to an almost "inapparent" infection, or with viruses such as that of Rift Valley fever which causes in lambs and mice death in forty-eight hours. Intranuclear inclusions are associated with larger viruses possessed of the following approximate dimensions:

Varicella and zoster	100–150 mμ	ARAGÃO (1911), PASCHEN (1933), AMIES (1933).
Herpes	100–220 „	ELFORD, PERDRAU and SMITH (1933), BECHOLD and SCHLESINGER (1933).
Pseudorabies	100–150 „	ELFORD and GALLOWAY (1936).
Borna disease	85–125 „	ELFORD, GALLOWAY and BARNARD (1933).
Vesicular stomatitis	70–100 „	GALLOWAY and ELFORD (1933).

On the other hand, intranuclear inclusions are equally associated with the smaller viruses possessed of the following approximate dimensions:

Fowl pest	60–90 mμ	ELFORD and TODD (1933).
Rift Valley fever	23–35 „	BROOM and FINDLAY (1933).
Equine encephalomyelitis ..	20–30 „	BAUER, COX and OLITSKY (1935).
„ „ ..	40 „	WYCKOFF (1937).
Yellow fever	18–27 „	FINDLAY and BROOM (1934), BAUER and HUGHES (1935).
Poliomyelitis	12–17 „	THEILER and BAUER (1934).
„	8–12 „	ELFORD, GALLOWAY and PERDRAU (1935).

The larger viruses listed above are undoubtedly represented by elementary bodies. The exact nature of the smaller viruses is unknown, though WYCKOFF (1937) has brought forward evidence to suggest that the virus of equine encephalomyelitis is a heavy protein with a molecular weight of approximately 25,000,000. This observation requires confirmation and further investigation.

2. Intranuclear inclusions are not seen in highly degenerate cells, though their first appearance in a cell usually coincides, as HURST (*4*) has pointed out in the case of equine encephalomyelitis, with some slight evidence of degeneration. In the case of the salivary gland virus, however, it is probable that the inclusion-bearing cells are actually dead. The appearance of cells with intranuclear inclusions is, however, quite distinct from either autolytic nuclear degeneration or the "oxychromatic degeneration" described by LUGER and LAUDA (1926). In autolytic post-mortem degeneration some acidophilic nuclear material is usually present, the amount depending on the type of nucleus involved, but at the same time the basophilic chromatin fades away without any definite evidence of margination. This change involves nuclei of a given type almost uniformly.

In oxychromatic degeneration the nuclei at first become hyperchromatic. Acidophilic material is then deposited in the nucleoplasm, which appears either granular, homogeneous or both. The acidophilic material increases in amount and the chromatin becomes peripherally arranged. Finally the basichromatin disappears and ultimately the whole nucleus is filled with acidophilic material which may be granular or homogeneous. Although, as NICOLAU, KOPCIOWSKA and MATHIS (1934) have emphasized in the case of yellow fever, oxychromatic degeneration may be seen in cells at the same time as the formation of true intranuclear inclusions, the former condition is distinguished from the latter by the late stage at which margination of the chromatin occurs and by the absence of a clear halo.

3. The experimental production of intranuclear inclusions by a number of diverse experimental procedures has already been described. Some of these inclusions are indistinguishable from those caused by viruses, although there is no evidence that viruses of a saprophytic nature are stirred into activity by the experimental procedures involved.

4. The presence of intranuclear inclusions is not essential to the pathogenic action of the virus. Attention has already been called to the fact that in the domestic pig the virus of mad itch does not give rise to intranuclear inclusions although to this species it is no less pathogenic than to the monkey, rabbit and cow, in which intranuclear inclusions are seen [HURST (*3*)]. In man, although as a species he is the more resistant to yellow fever, intranuclear inclusions in the liver cells are less common than in the rhesus monkey.

It is now possible to discuss very briefly the various theories which have been suggested to account for the presence of intranuclear inclusions in a number of, but by no means in all virus infections. The following theories require consideration:

1. Intranuclear inclusions may be composed in whole or in part of virus elements.
2. Intranuclear inclusions may represent degenerative changes in the nucleus.
3. Intranuclear inclusions may be due to physical or chemical changes in the constitution of the cells.

The original view of the nature of intranuclear inclusions advocated by LIPSCHÜTZ (*5*) was that they were composed of virus particles surrounded by reaction products derived from the nucleus, the Karyooikon group of his Chlamydozoa-Strongyloplasmen. This view has since been adopted in the case of herpes virus by GOODPASTURE and TEAGUE (1923) and more recently by NICOLAU (*2*). GOODPASTURE (*1*) emphasized the occasional basophilia of the inclusions due to colouration of small particles of microscopic size which he regarded as elementary bodies. Probably these "elementary bodies" are tiny masses of nucleoprotein a little more acid, that is to say basophilic, than the rest of the inclusion. NICOLAU and KOPCIOWSKA (*3*) believe that in herpes and probably also in BORNA disease, pseudorabies [cf. NICOLAU, CRUVEILHIER and KOPCIOWSKA (1937)] and zona, it is possible by staining with methyl blue and acid fuchsin to demonstrate in the tissues masses of cocci or cocco-bacilli, which represent the actual virus elements. In rabbits suffering from herpetic encephalitis the nuclei of a number of nerve and glial cells in the brain are said to contain granular masses more or less filling the nuclei. These granular masses are thought to be actually made up of a number of tiny rounded cocci or diplococcal bacilli staining violet, deep blue or red according to the time immersion in the blue or red colouring solution. Similar granules can be seen in the cells in experimental keratitis in the rabbit. In the sciatic nerve, single granules can be seen and in the nerve ganglia either masses of granules or long chains of granules joined end to end. By staining with the prolonged MAY-GRÜNWALD method or by GIEMSA's long method, NICOLAU and KOPCIOWSKA (*4*) claim to have demonstrated masses of granules in the cytoplasm of neurones, glial cells and capillary endothelium. In the cytoplasm the granules may form a perinuclear ring, occupy a localized area of the cytoplasm or invade the whole of the cell. In rather rare instances the nucleus may fail to show the presence of virus granules, while the cytoplasm contains them. NICOLAU (*2*) believes that in certain of the cells containing virus colonies a further change can be demonstrated, both in the nucleus and in the cytoplasm, in that the granules in certain discrete areas become agglutinated or welded together to form dense rounded corpuscles in which the separate virus granules can no longer be distinguished. These rounded corpuscles, which vary in dimensions from 1 to 4 or 5 μ in the nucleus and up to 7 μ in the cytoplasm, are markedly acidophilic and may be surrounded by a halo which separates them from the surrounding virus granules. It is suggested that the virus granules have a special affinity for the nucleoplasm from which, however, they may escape into the cytoplasm.

In support of this view of the intranuclear and cytoplasmic inclusions of herpes, a view applicable also to the inclusions of BORNA disease, pseudorabies, varicella and zoster, the following facts may be adduced: —

a) Some organisms appear to find the nucleus a suitable environment for growth. In certain tissue cultures of the causal agent of Rocky Mountain spotted fever PINKERTON and HESS (1932) found that the rickettsia accumulated within the nuclei, giving rise to bodies which in many ways resemble inclusions.

b) PERDRAU (1937) has recently shown that the centripetal progress of a number of dyes and inorganic salts injected into the nerve roots can be followed *in vivo*. The dyes are found within the nucleus of neurones, but not within the cytoplasm.

c) The dimensions of the elementary corpuscles of herpes, as shown by ultrafiltration, are such that there is no reason why they should not be demonstrated microscopically. HERZBERG (*1, 2, 3*), in fact, has stained elementary corpuscles in smears from zona, varicella and herpes by means of Victoria blue 4 R.

d) From time to time bodies have been described in the cytoplasm of cells from herpetic lesions such as the "minute bodies" of DA FANO (1923), very small corpuscles situated in the cytoplasm of neurones or even outside the cell: the "parasites" of LOEWENTHAL (*2*) found in the cytoplasm of the cells of the rabbit's cornea: these bodies were thought at the time to be *Microsporidia* but bear a striking resemblance to the inclusions described by LUCAS and HERRMANN (1935) in the cells of the normal rabbit's cornea: the "*Neurocystis herpetii*" of LEVADITI and SCHOEN (*1*) found in the neurones of the cornu ammonis of the rabbit: the acidophilic inclusions described by GUIRAUD and THOMAS (1928) in the cytoplasm of the cells of the MALPIGHIAN layer of the human skin and the various bodies found by ALBERCA-LORENTE (1928) in the cytoplasm of monocytes, fibroblasts and nuclei of neurones. Many of these formations may be degeneration products, pigment granules or phagocytosed cellular débris, but in some at least there is close similarity to the cytoplasmic inclusions described in herpes by NICOLAU and KOPCIOWSKA (*4*).

On the analogy of the cytoplasmic inclusions which undoubledly are colonies of virus particles, there is no *a priori* reason why colonies of virus particles should not be found in the nucleoplasm in preference to the cytoplasm. Nevertheless before this view can be adopted there are certain objections which must be considered.

1. Intranuclear inclusions of a very similar character to those of herpes, BORNA disease or pseudorabies can be produced by experimental means entirely apart from the action of viruses.

2. Micro-dissection experiments of the intranuclear inclusions of herpes do not suggest that these inclusions are highly infective when compared with other cell structures. The only intranuclear inclusions known to be definitely associated with viruses are the polyhedra of insects and here the general view is that the virus particles are adsorbed on to the polyhedra.

3. In herpes the intranuclear inclusions have often disappeared prior to rupture of the nuclear membrane.

While, however, the intranuclear inclusions associated with herpes, varicella, zoster, pseudo-rabies, and BORNA disease may well be composed of virus particles, further difficulties are encountered if this view is held to be true of the intranuclear inclusions associated with the viruses of equine encephalomyelitis, Rift Valley fever, yellow fever or poliomyelitis. Here the size of the viruses is such that at present it is impossible, even with the most refined optical methods, to resolve them into virus particles and, in fact, there is already evidence to suggest that the virus of equine encephalomyelitis at least may possibly be a heavy molecular protein.

Various possibilities may, however, be put forward: —

a) The filterable form of the virus may be only one stage in its life history. COLES (*4*) for instance, believes that the agent of yellow fever is a minute body from 350–450 mμ in size, which can be seen in the red blood corpuscles either as a minute dot or in diplococcal, rod or ring shapes. This observation lacks confirmation.

b) The intranuclear inclusions may represent accumulations of a heavy protein.

c) The intranuclear inclusions may represent agglutinated masses of particles, too small to be themselves resolved by microscopical means.

d) The intranuclear inclusions may represent a reaction on the part of the nucleoplasm to the presence in it of ultramicroscopic particles.

Further observations are obviously required to determine whether any of the above suggestions are true. In opposition to the view that the inclusions are reaction products to the presence of a virus must be placed the fact that in yellow fever intranuclear inclusions are very numerous in the liver cells of the highly susceptible rhesus monkey, but rarer in the liver cells of the more resistant man.

2. The view that intranuclear inclusions represent degenerative changes within the nucleus does not at present merit very prolonged consideration. The inclusions, as has been pointed out, are quite distinct from autolytic or oxychromatic degeneration and appear at a time when other degenerative changes in the cell are either absent or are only just making their appearance.

3. Intranuclear inclusions may, it is suggested, be due to physical or chemical changes in the constitution of the cells and changes suggestive of alterations in the water content of affected cells have from time to time been observed. Thus, in the earliest stages of inclusion formation the nucleus may be slightly swollen and turgid, later the nucleus appears collapsed, the nuclear membrane wrinkled. The experimental production of intranuclear inclusions by means of a powerful diuretic such as salyrgan is also in favour of a connection between the formation of intranuclear inclusions, and some change in the water content of the nucleus. On this view therefore the inclusions would be derived from a preformed constituent of the nucleus, normally present, a suggestion supported by the work of AKAZAKI (1937) on the development of herpetic intranuclear inclusions in tissue culture.

Changes in the reaction of the nuclei may also play some part in the genesis of intranuclear inclusions. LEWIS (1923), for instance, has shown that when dilute acids are added in small amounts to cultures of chick embryo connective tissue cells tiny granules appear in the previously homogeneous nucleoplasm. If "gelation" is allowed to continue the granules become progressively larger and finally a coarse reticulum with occasional larger masses is produced. When the acid is washed off the nuclei return to normal. No explanation, however, is as yet forthcoming of the separation of basichromatin and its application to the nuclear membrane. It is of interest to note, however, that CARLIER (1900) found that apposition of basichromatin against the nuclear membrane is normally present during the process of secretion in oxyntic cells in the stomach of the newt.

It is obvious that much research requires to be undertaken before a clear conception can be obtained of the mechanisms involved in the formation of the intranuclear inclusions associated with virus infections, mechanisms which may not necessarily be the same in all virus diseases. Nevertheless greater refinements in optical technique, in staining methods and in the experimental production of inclusions in the absence of virus infections bid fair to render further advances in knowledge both rapid and fruitful.

Table 1. The relationship of virus elementary bodies to inclusion bodies.

Virus	Estimated particle size in millimicrons	Site of inclusion body	Relation of inclusion bodies (I. B.) to elementary bodies (E. B.)
Psittacosis	220–330 [LEVINTHAL (1935), LILLIE (1930), 200–300 LAZARUS, EDDIE and MEYER (1937)]	Cytoplasmic	I. B. composed of E. B.
Variola-vaccinia	125–175 [ELFORD and ANDREWES (1932)]	Cytoplasmic and intranuclear	Cytoplasmic I. B. contain E. B.
Paravaccinia	[LIPSCHÜTZ (1919)]	Cytoplasmic and intranuclear	Cytoplasmic I. B. probably contain E. B.
Canary pox	125–175 [BURNET (1933)]	Cytoplasmic	I. B. contain E. B.
Lymphogranuloma inguinale	125–175 [MIYAGAWA et al. (1935), BROOM and FINDLAY (1936)]	,,	I. B. contain E. B.
Varicella	200 [PASCHEN (1933)]	Intranuclear (Type A)	Unknown
Zoster	100–150 ARAGÃO (1911), 125–175 TANIGUCHI et al. (1934)]	Intranuclear (Type A)	Unknown
Molluscum contagiosum	250 [LIPSCHÜTZ (1907)]	Cytoplasmic	I. B. contain E. B.
Infectious myxomatosis	310–360 [VAN ROOYEN (1937)]	,,	I. B. composed of E. B.
Rabbit fibroma	150 [PASCHEN (1936)]	Cytoplasmic (in cotton tail)	I. B. probably composed of E. B.
Ectromelia	100–150 [BARNARD and ELFORD (1931)]	Cytoplasmic	I. B. contain E. B.
ROUS sarcoma	100–150 [ELFORD and ANDREWES (1935 and 1936)]	None	—
Herpes	100–150 [ELFORD, PERDRAU and SMITH (1933), TANIGUCHI et al. (1934)]	Intranuclear (Type A) and cytoplasmic?	I. B. composed of E. B.?
Pseudo-rabies	100–150 (ELFORD and GALLOWAY (1936)]	Intranuclear (Types A and B)	Unknown
Rabies	100–150 [GALLOWAY and ELFORD (1936), YAOI, KANAZAWA and SATO (1936)]	Cytoplasmic	I. B. probably do not contain E. B.
Russian encephalomyelitis	85–130 [LAZARUS and HOWITT (1936)]	Intranuclear	Unknown
Borna disease	85–125 [ELFORD, GALLOWAY and BARNARD (1933)]	Intranuclear (Type B)	Unknown
Influenza	80–120 [ELFORD, ANDREWES and TANG (1936)]	None	—

Continuation of the table 1.

Virus	Estimated particle size in millimicrons	Site of inclusion body	Relation of inclusion bodies (I. B.) to elementary bodies (E. B.)
Rheumatism	80–100 [SCHLESINGER, SIGNY, BARNARD and AMIES (1935)]	None	—
Vesicular stomatitis	70–100 [GALLOWAY and ELFORD (1933)]	Intranuclear (Type A)	Unknown
Trachoma	200–250	Cytoplasmic	I. B. probably composed of E. B. (Rickettsia ?)
Inclusion blennorrhoea	200–250 [TILDEN and GIFFORD]	,,	
Tick-borne fever	—	,,	
Catarrh of mice	300–400 [NELSON (1937)]	None	—
Coryza of fowls	300–400 [NELSON (1936)]	,,	—

Table 2. Intranuclear inclusions and virus infections.

Virus	Nature of Virus	Type of Inclusion
Variola-vaccinia	Elementary bodies	?
Paravaccinia	,, ,,	?
Herpes	,, ,,	A
Varicella	,, ,,	A
Zoster	,, ,,	A
Pseudo-rabies	,, ,,	A and B
Virus III	Unknown	A
B Virus	,,	A
Equine encephalomyelitis	Virus protein ?	B
Borna disease	Elementary bodies	B
Yellow fever	Unknown	B
Rift Valley fever	,,	A
Fowl pest	,,	A
Pacheco's parrot disease	,,	A
Infectious laryngotracheitis	,,	A
A disease of owls	,,	A
Vesicular stomatitis	Elementary bodies	A
Foot-and-mouth disease	Unknown	—
Catarrhal fever of cattle	,,	—
Canine distemper	,,	—
Poliomyelitis	,,	B
Warts	,,	—
Laryngeal papillomata	,,	—
Frog warts	,,	A
Neoplastic disease of frog's kidney	,,	A
Epithelioma of fish	,,	A
Pacheco's disease of fish	,,	A
Fox encephalitis	,,	A
Hepatapathy of mice	,,	B
Salivary gland virus of:		
a) guinea-pigs	,,	A
b) rats	,,	A
c) mice	,,	A
Polyhedral diseases of caterpillars	,,	C

References.

1. ACTON, H. W. and W. F. HARVEY: The nature and specificity of NEGRI bodies. Parasitology **4**, 255 (1911).
2. ACQUA, C.: Ricerche sulla malattia del giallume del baco da seta. R. C. Ist. bacol. Portici **3**, 243 (1918).
3. ADLER, S.: A disease of fowls characterized by leucocyte inclusions. Ann. trop. Med. **19**, 217 (1925).
4. AKAZAKI, K.: Über das Vorkommen von Kernveränderungen in herpesinfizierten Gewebekulturen. Arch. exper. Zellforsch. **20**, 89 (1937).
5. AKIYAMA, S.: Über den Einfluß des elektrischen Stromes und die Wirkung verschiedener Ionen auf die Nervenzellen, insbesondere auf ihre NISSL-schen Schollen. Arb. med. Univ. Okayama **1**, 278 (1929).
6. ALAGNA, G.: Histopathologische Veränderungen der Tonsille und der Schleimhaut der Luftwege bei Masern. Arch. Laryng. (D.) **25**, 527 (1911).
7. ALBERCA-LORENTE, R.: Estudio histo-path. de la encefalitis exper. These, Madrid, 1928.
8. AMIES, C. R.: (*1*) The elementary bodies of varicella and their agglutination in pure suspensions by the serum of chicken-pox patients. Lancet **I**, 1015 (1933).
— (*2*) The elementary bodies of zoster and their serological relationship to those of varicella. Brit. J. exper. Path. **15**, 314 (1934).
9. ANDREWES, C. H.: Tissue culture in the study of immunity to herpes. J. Path. a. Bacter. **33**, 301 (1930).
10. AOKI, K. u. Y. CHIGASAKI: Immunisatorische Studien über die Polyederkörperchen bei Gelbsucht von Seidenraupen (Zelleinschluß). Zbl. Bakter. usw., Abt. I, Orig. **86**, 481 (1921).
11. ARAGÃO, H. DE B.: (*1*) Estudos sobre alastrim. Mem. Inst. Cruz, Rio **3**, 309 (1911).
— (*2*) Sobre o microbio do myxoma dos coelhos. Brasil-Med. **25**, 471 (1911).
— (*3*) Myxoma dos coelhos. Mem. Inst. Cruz, Rio **20**, 237 (1927).
12. AWERINZEW, S.: Studien über parasitische Protozoen. V. Einige neue Befunde aus der Entwicklungsgeschichte von *Lymphocystis johnstonei* WOODC. Arch. Protistenk. **22**, 179 (1911).
13. BABES, V. et C. STARCOVICI: Sur des corpuscules particuliers trouvés dans la maladie des jeunes chiens. C. r. Soc. Biol. **73**, 229 (1912).
14. BARNARD, J. E.: Microscopical evidence of the existence of saprophytic viruses. Brit. J. exper. Path. **16**, 129 (1935).
15. BARNARD, J. E. and W. J. ELFORD: The causative organism in infectious ectromelia. Proc. roy. Soc., Lond., Ser. B: Biol. Sci. **109**, 360 (1931).
16. BATEMAN, T.: "Delineations of cutaneous diseases." London 1817.
17. BAUER, J. H. and T. P. HUGHES: Ultrafiltration studies with yellow fever virus. Amer. J. Hyg. **21**, 101 (1935).
18. BAUER, J. H., H. R. COX, and P. K. OLITSKY: Ultrafiltration of the virus of equine encephalomyelitis. Proc. Soc. exper. Biol. a. Med. (Am.) **33**, 378 (1935).
19. BAUMGARTNER, G.: (*1*) Infektionsversuche mit isolierten Einschlußkörperchen der Hühnerpocken und der Ektromelie. Zbl. Bakter. usw., Abt. I, Orig. **133**, 282 (1935).
— (*2*) Infektionsversuche mit isolierten oxychromatischen Einschlüssen des Herpes. Schweiz. med. Wschr. **65**, 759 (1935).
20. BAWDEN, F. C. and N. W. PIRIE: Liquid crystalline preparations of cucumber viruses 3 and 4. Nature (Brit.) **139**, 547 (1937).
21. BAWDEN, F. C., N. W. PIRIE, J. D. BERNAL, and L. FANKUCHEN: Liquid crystalline substances from virus-infected plants. Nature (Brit.) **138**, 1051 (1936).
22. BEALE, H. P.: Possible relationships of STANLEY's crystalline tobacco-mosaic virus material to intracellular inclusions present in virus infected cells. Contrib. Boyce Thompson Inst. **8**, 333 (1936).

23. BEAMS, J. W. and E. G. PICKELS: The production of high rotational speeds. Rec. Sci. Inst. **6**, 299 (1935).
24. BEAMS, J. W., A. J. WEED, and E. J. PICKELS: The ultracentrifuge. Science **78**, 338 (1933).
25. BEARD, J. W. and R. W. G. WYCKOFF: The isolation of a homogeneous heavy protein from virus induced rabbit papilloma. Science **85**, 201 (1937).
26. BECHHOLD, H. u. M. SCHLESINGER: Die Größenbestimmung von Herpes virus durch Zentrifugierversuche. Z. Hyg. usw. **115**, 342 (1933).
27. BEDSON, S. P.: (*1*) The nature of the elementary bodies in psittacosis. Brit. J. exper. Path. **13**, 65 (1932).
— (*2*) Observations on the developmental forms of psittacosis virus. Brit. J. exper. Path. **14**, 267 (1933).
28. BEDSON, S. P. and J. O. W. BLAND: (*1*) A morphological study of psittacosis virus, with the description of a developmental cycle. Brit. J. exper. Path. **13**, 461 (1932).
— (*2*) The developmental forms of psittacosis virus. Brit. J. exper. Path. **15**, 243 (1934).
29. BEDSON, S. P. and G. T. WESTERN: Observations on the virus of psittacosis. Brit. J. exper. Path. **11**, 502 (1930).
30. BEDSON, S. P., G. T. WESTERN, and S. LEVY SIMPSON: (*1*) Observations on the aetiology of psittacosis. Lancet **1930 I**, 235.
— (*2*) Further observations on the aetiology of psittacosis. Lancet **1930 I**, 345.
31. BENGTSON, I.: Epithelial cell inclusions of trachoma: experimental studies. Amer. J. Ophthalm. **12**, 637 (1929).
32. BENOIT, J.: Recherches anatomiques, cytologiques et histo-physiologiques sur les voies excrétrices du testicule chez les mammifères. Arch. Anat. etc. (Fr.) **5**, 175 (1926).
33. BERNAL, J. D. and L. F. FANKUCHEN: Structure types of protein "crystals" from virus infected plants. Nature (Brit.) **139**, 923 (1937).
34. BERRY, G. P. and H. M. DEDRICK: A method for changing the virus of rabbit fibroma (SHOPE) into that of infectious myxomatosis (SANARELLI). J. Bacter. (Am.) **31**, 50 (1936).
35. BEST, R. J.: (*1*) Visible mesomorphic fibres of tobacco-mosaic virus in juice from diseased plants. Nature (Brit.) **139**, 628 (1937).
— (*2*) Artificially prepared visible para-crystalline fibres of tobacco-mosaic virus nucleoprotein. Nature (Brit.) **140**, 547 (1937).
36. BLACKMAN, S. S. jr.: Intranuclear inclusion bodies in the kidney and liver caused by lead poisoning. Bull. Hopkins Hosp., Baltim. **58**, 384 (1936).
37. BLAND, J. O. W. and R. G. CANTI: The growth and development of psittacosis virus in tissue culture. J. Path. a. Bacter. **40**, 231 (1935).
38. BLOCH, O. jr.: Specificity of the lesion of experimental mumps. Amer. J. Path. **13**, 939 (1937).
39. BOLLINGER, O.: Über Epithelioma contagiosum beim Haushuhn und die sogenannten Pocken des Geflügels. Arch. path. Anat. **58**, 349 (1873).
40. BORREL, A.: (*1*) Epithélioses infectieuses et epithéliomas. Ann. Inst. Pasteur, Par. **17**, 81 (1903).
— (*2*) Sur les inclusions de l'épithélioma contagieux des oiseaux (molluscum contagiosum). C. r. Soc. Biol. **57**, 642 (1904).
— (*3*) Clavelée peritonéale. Epiploon étudié par décalcomanie. C. r. Soc. Biol. **118**, 956 (1935).
41. BOSC, F. J.: Les épithéliomas parasitaires. La clavelée et l'épithélioma claveleux. Zbl. Bakter. usw., Abt. I, Orig. **34**, 413, 517, 666 (1903).
42. BOTTERI, A.: Klinische, experimentelle und mikroskopische Studien über Trachom, Einschlußblennorrhoe und Frühjahrskatarrh. Klin. Mbl. Augenhk. **50**, 653 (1912).
43. BOYCOTT, A. E.: The transition from live to dead: the nature of filtrable viruses. Proc. Soc. Med., Lond. **22**, 55 (1928).

44. Brain, R. T.: Viruses and skin diseases. Brit. med. J. II, 191 (1933).
45. Brandts, C. E.: Über Einschlüsse im Kern der Leberzelle und ihre Beziehungen zur Pigmentbildung a) beim Hund, b) beim Menschen. Beitr. path. Anat. **45**, 457 (1909).
46. Bridré, J.: Essais de culture *in vitro* du virus de la clavelée. Premiers résultats positifs. C. r. Soc. Biol. **119**, 502 (1935).
47. Broadhurst, J., R. M. Liming, M. E. Maclean, and I. Taylor: (*1*) Cytoplasmic inclusion bodies in the human throat. J. infect. Dis. (Am.) **58**, 134 (1936).
— (*2*) Cultivation of inclusion bodies occurring in human throat epithelial tissues. J. Bacter. (Am.) **31**, 41 (1936).
48. Broadhurst, J., M. E. Maclean, and V. Saurino: Inclusion bodies in measles. J. infect. Dis. (Am.) **61**, 201 (1937).
49. Broom, J. C. and G. M. Findlay: (*1*) The filtration of Rift Valley fever virus through graded collodion membranes. Brit. J. exper. Path. **14**, 179 (1933).
— (*2*) Experiments on the filtration of climatic bubo (lymphogranuloma inguinale) virus through "gradocol" membranes. Brit. J. exper. Path. **17**, 135 (1936).
50. Brownlee, A. and D. R. Wilson: Studies in the histopathology of louping ill. J. comp. Path. a. Ther. **45**, 67 (1932).
51. Buist, J. B.: (*1*) The life-history of the micro-organisms associated with variola and vaccinia. An abstract of results obtained from a study of small-pox and vaccination in the surgical laboratory of the University of Edinburgh. Proc. roy. Soc., Edinb. **13**, 603 (1886).
— (*2*) "Vaccinia and variola: a study of their life history." London 1887.
52. Burnet, E.: Contribution à l'étude de l'épithélioma contagieux des oiseaux. Ann. Inst. Pasteur, Par. **20**, 742 (1906).
53. Burnet, F. M.: (*1*) A virus disease of the canary of the fowl-pox group. J. Path. a. Bacter. **37**, 107 (1933).
— (*2*) The use of the developing egg in virus research. Med. Res. Council Special Rep. No. 220. London: H. M. Stationery Office 1936.
54. Burnet, F. M. and D. Lush: Propagation of the virus of infectious ectromelia of mice in the developing egg. J. Path. a. Bacter. **43**, 105 (1936).
55. Burnet, F. M. and P. M. Rountree: Psittacosis in the developing egg. J. Path. a. Bacter. **40**, 471 (1935).
56. Busacca, A.: (*1*) Über das Vorhandensein von Rickettsien-ähnlichen Körperchen in den trachomatösen Geweben und über das Vorkommen von spezifischen Veränderungen in Organen von mit Trachom-Virus geimpften Tieren. Graefes Arch. **133**, 41 (1934).
— (*2*) Is trachoma a rickettsial disease? Arch. Ophthalm. (Am.) **17**, 117 (1937).
57. Buzna, D.: Elofordulnak-e a sertés pestisnél sejtzárvanyok. Allatorv. Lapok. **57**, 127 (1934).
58. Calkins, G. N.: (*1*) The life history of *Cytoryctes variolae* Guarnieri. J. med. Res. (Am.) **11**, 36 (1904).
— (*2*) "Protozoology." New York and Philadelphia: Lea & Fibiger 1909.
59. Calmette, A. et C. Guérin: Recherches sur la vaccine expérimentale. Ann. Inst. Pasteur, Par. **15**, 161 (1901).
60. Carlier, E. W.: Changes that occur in some cells of the newt's stomach during digestion. La Cellule **16**, 405 (1899).
61. Carpano, M.: African horse-sickness as observed particularly in Egypt and in Eritrea. Bull. No. 15. Egyptian Ministry of Agriculture, Cairo 1931.
62. Clinch, P.: Cytological studies of potato plants affected with certain virus diseases. Sci. Proc. roy. Dublin Soc. **20**, 143 (1931).
63. Cole, R. and A. G. Kuttner: A filterable virus present in the submaxillary glands of guinea-pigs. J. exper. Med. (Am.) **44**, 855 (1926).
64. Coles, A. C.: (*1*) Micro-organisms in psittacosis. Lancet **1930 I**, 1011.
— (*2*) Intra-endothelial bodies in the vessels of the brain and spinal cord in rabies. J. Path. a. Bacter. **44**, 315 (1937).

COLES, A. C.: (*3*) A microscopic inquiry into the aetiology of measles. Edinbgh. med. J. **44**, 483 (1937).
— (*4*) A microscopical inquiry into the aetiology of dengue, sandfly and yellow fever. J. trop. Med. **40**, 209 (1937).
65. COLES, D.: A rickettsia-like organism in the conjunctiva of sheep. 17th Rep. vet. Serv. Onderst., S. Afr. 175 (1931).
66. COPEMAN, M. and G. MANN: The histology of vaccinia. 28th Ann. Rep. Local Govt. Board, London, 505 (1899).
67. CORNWALL, J. W.: On NEGRI bodies. Indian J. med. Res. **12**, 601 (1925).
68. COUNCILMAN, W. T.: Report on etiology and prevention of yellow fever. U. S. Marine Hosp. Service, Publ. Health Bull. No. **2**, 151 (1890).
69. COUNCILMAN, W. T., C. B. MAGRATH, and W. R. BRINCKERHOFF: The pathological anatomy and histology of variola. J. med. Res. (Am.) **11**, 12 (1904).
70. COVELL, W. P.: (*1*) Nuclear changes of nerve cells in acute poliomyelitis. Proc. Soc. exper. Biol. a. Med. (Am.) **27**, 927 (1930).
— (*2*) The occurrence of intranuclear inclusions in monkeys unaccompanied by specific signs of disease. Amer. J. Path. **8**, 151 (1932).
71. COVELL, W. P. and W. B. C. DANKS: Studies on the nature of the NEGRI body. Amer. J. Path. **8**, 577 (1932).
72. COWDRY, E. V.: (*1*) Supravital staining of vaccine bodies. J. exper. Med. (Am.) **36**, 667 (1922).
— (*2*) The microchemistry of nuclear inclusions in virus diseases. Science **68**, 40 (1928).
— (*3*) Intracellular pathology in virus diseases: in "Filterable Viruses", p. 113 (edited by T. M. RIVERS). Baltimore 1928.
— (*4*) A comparison of the intranuclear inclusions produced by the herpetic virus and by virus III in rabbits. Arch. Path. (Am.) **10**, 23 (1930).
— (*5*) The microincineration of intranuclear inclusions in yellow fever. Amer. J. Path. **9**, 149 (1933).
— (*6*) The problem of intranuclear inclusions in virus diseases. Arch. Path. (Am.) **18**, 527 (1934).
73. COWDRY, E. V. and S. F. KITCHEN: Intranuclear inclusions in yellow fever. Amer. J. Hyg. **11**, 227 (1930).
74. COWDRY, E. V. and F. M. NICHOLSON: Inclusion bodies in experimental herpetic infection of rabbits. J. exper. Med. (Am.) **38**, 695 (1923).
75. COWDRY, E. V. and G. H. SCOTT: (*1*) A comparison of certain intranuclear inclusions found in the livers of dogs without history of infection, with intranuclear inclusions characteristic of the action of filterable virus diseases. Arch. Path. (Am.) **9**, 1184 (1930).
— (*2*) Nuclear inclusions suggestive of virus action in the salivary glands of the monkey, *Cebus fatuellus*. Amer. J. Path. **11**, 647 (1935).
— (*3*) Nuclear inclusions in the kidneys of *Macacus rhesus* monkeys. Amer. J. Path. **11**, 659 (1935).
76. COWDRY, E. V., A. M. LUCAS, and H. FOX: Distribution of nuclear inclusions in wild animals. Amer. J. Path. **11**, 237 (1935).
77. CRACIUN, E. C. and E. H. OPPENHEIMER: Vaccinia-virus in tissue cultures. Bull. Hopkins Hosp., Baltim. **37**, 428 (1925).
78. CRAIGIE, J.: The nature of the vaccinia flocculation reaction and observations on the elementary bodies of vaccinia. Brit. J. exper. Path. **13**, 259 (1932).
79. CRAIGIE, J. and F. O. WISHART: Skin sensitivity to elementary bodies of vaccinia. Canad. publ. Health J. **24**, 72 (1933).
80. CSOKOR, J.: Über den feineren Bau der Geflügelpocke. Vortr. Tierärzte **6**, 333 (1884).
81. CUÉNOD, A.: Note préliminaire sur la présence d'éléments infra-microbiens dans les follicules trachomateux. Arch. Ophtalm. (Fr.) **52**, 145 (1935).

82. CUÉNOD, A. et R. NATAF: (1) Nouvelles recherches sur le trachome. IV. Recherches expérimentales. Arch. Ophtalm. (Fr.) **53**, 335 (1936).
— (2) Recherches expérimentales sur la contagiosité du trachome. Rev. internat. Trachome **14**, 104 (1937).
— (3) Recherches sur l'étiologie et la pathogénie du trachome. Rev. internat. Trachome **14**, 117 (1937).
83. DA FANO, C.: (1) Herpetic meningo-encephalitis in rabbits. J. Path. a. Bacter. **26**, 85 (1923).
— (2) The histology of the central nervous system in an acute case of encephalitis presumably epidemic. J. Path. a. Bacter. **27**, 11 (1924).
84. DA FANO, C. and H. INGLEBY: Histopathological observations in an unsuspected case of chronic epidemic encephalitis in a young child. J. Path. a. Bacter. **27**, 349 (1924).
85. DANKS, W. B. C.: A histochemical study by microincineration of the inclusion body of fowl pox. Amer. J. Path. **8**, 711 (1932).
86. DA ROCHA LIMA, H.: Zur Demonstration über Chlamydozoen. Verh. dtsch. path. Ges. **16**, 198 (1913).
87. DAUBNEY, R., J. R. HUDSON, and P. C. GARNHAM: Enzootic hepatitis or Rift Valley fever: an undescribed virus disease of sheep, cattle and man from East Africa. J. Path. a. Bacter. **34**, 545 (1931).
88. D'AUNOY, R. and F. L. EVANS: The histopathology of the normal chorio-allantoic membrane of the developing chick embryo. J. Path. a. Bacter. **44**, 369 (1937).
89. DAUVÉ, et LARUE: Vaccine rouge. Arch. Méd. mil. **20**, 353 (1892).
90. DAVENPORT, H. A., S. W. RANSON, and E. H. TERWILLIGER: Nuclear changes simulating inclusions in dorsal root ganglia. Anat. Rec. (Am.) **48**, 251 (1931).
91. DE MONBREUN, W. A.: The histopathology of natural and experimental canine distemper. Amer. J. Path. **13**, 187 (1937).
92. DOBBERSTEIN, J.: Über Veränderungen des Gehirns beim bösartigen Katarrhalfieber des Rindes. Dtsch. tierärztl. Wschr. **1**, 867 (1925).
93. DOWNIE, A. W. and C. A. MC GAUGHEY: (1) The cultivation of the virus of infectious ectromelia, with observations on the formation of inclusion bodies *in vitro*. J. Path. a. Bacter. **40**, 147 (1935).
— (2) Experiments with the virus of infectious ectromelia. The action of immune serum *in vivo* and on the growth of virus in culture. J. Path. a. Bacter. **40**, 297 (1935).
94. DUNKIN, G. W. and P. P. LAIDLAW: (1) Studies in dog distemper. I. Dog distemper in the ferret. J. comp. Path. a. Ther. **39**, 201 (1926).
— (2) Studies in dog distemper. II. Experimental distemper in the dog. J. comp. Path. a. Ther. **39**, 553 (1926).
95. EAGLES, G. H. and J. C. G. LEDINGHAM: Vaccinia and the PASCHEN body: infection experiments with centrifugalised virus filtrates. Lancet **1932 I**, 823.
96. EAGLES, G. H., P. R. EVANS. A. G. T. FISHER, and J. D. KEITH: A virus in the aetiology of rheumatic diseases. Lancet **II**, 421 (1937).
97. ELFORD, W. J. and C. H. ANDREWES: (1) Filtration of vaccinia virus through "gradocol" membranes. Brit. J. exper. Path. **13**, 36 (1932).
— (2) Estimation of the size of fowl tumour virus by filtration through graded membranes. Brit. J. exper. Path. **16**, 61 (1935).
— (3) Centrifugation studies. II. The viruses of vaccinia, influenza and the ROUS sarcoma. Brit. J. exper. Path. **17**, 422 (1936).
98. ELFORD, W. J., C. H. ANDREWES and F. F. TANG: The size of the viruses of human and swine influenza as determined by ultrafiltration. Brit. J. exper. Path. **17**, 51 (1936).
99. ELFORD, W. J. and I. A. GALLOWAY: The size of the virus of AUJESZKY's disease ("pseudo-rabies", "infectious bulbar paralysis", "mad itch") by ultrafiltration analysis. J. Hyg. (Brit.) **36**, 536 (1936).

100. Elford, W. J., I. A. Galloway, and J. E. Barnard: Filtration of the virus of Borna disease through graded collodion membranes. Brit. J. exper. Path. **14**, 196 (1933).
101. Elford, W. J., I. A. Galloway, and J. R. Perdrau: The size of the virus of poliomyelitis as determined by ultrafiltration analysis. J. Path. a. Bacter. **40**, 135 (1935).
102. Elford, W. J., J. R. Perdrau, and W. Smith: The filtration of herpes virus through graded collodion membranes. J. Path. a. Bacter. **36**, 49 (1933).
103. Elford, W. J. and C. Todd: The size of the virus of fowl plague estimated by the method of ultrafiltration analysis. Brit. J. exper. Path. **14**, 240 (1937).
104. Eriksson-Quensel, I. and T. Svedberg: Molecular weight of a virus protein. J. amer. chem. Soc. **58**, 1863 (1936).
105. Etzel, E.: Sur l'origine et la signification des corps de Kurloff-Demel chez les cavidés. C. r. Soc. Biol. **108**, 516 (1931).
106. Ewing, J.: (*1*) Comparative histology of vaccinia and variola. J. med. Res. (Am.) **12**, 508 (1904).
— (*2*) The structure of vaccine bodies in isolated cells. J. med. Res. (Am.) **13**, 233 (1905).
— (*3*) The epithelial cell changes in measles. J. infect. Dis. (Am.) **6**, 1 (1909).
107. Farber, S. and S. B. Wolbach: Intranuclear and cytoplasmic inclusions ("protozoan-like bodies") in the salivary glands and other organs of infants. Amer. J. Path. **8**, 123 (1932).
108. Favre, M.: Sur l'étiologie de la lymphogranulomatose inguinale subaiguë (ulcère vénérien adénogène). A propos de la communication de M. Carlo Gamna. Presse méd. **32**, 651 (1924).
109. Feyrter, F.: Über die pathologische Anatomie der Lungenveränderungen beim Keuchhusten. Frankf. Z. Path. **35**, 213 (1927).
110. Findlay, G. M.: (*1*) Notes on infectious myxomatosis of rabbits. Brit. J. exper. Path. **10**, 214 (1929).
— (*2*) "Molluscum contagiosum" in "A system of bacteriology in relation to medicine", Vol. 7, p. 252. London: H. M. Stationery Office 1930.
— (*3*) The transmission of louping ill to monkeys. Brit. J. exper. Path. **13**, 230 (1932).
— (*4*) Intranuclear bodies in the liver cells of mice. Brit. J. exper. Path. **13**, 223 (1932).
— (*5*) Cytological changes in the liver in Rift Valley fever with special reference to the nuclear changes. Brit. J. exper. Path. **14**, 207 (1933).
— (*6*) Experiments on the transmission of the virus of climatic bubo (lymphogranuloma inguinale) to animals. Trans. roy. Soc. trop. Med. **27**, 35 (1933).
111. Findlay, G. M. and J. C. Broom: Experiments on the filtration of yellow fever virus through "gradocol" membranes. Brit. J. exper. Path. **14**, 391 (1933).
112. Findlay, G. M. and L. P. Clarke: The experimental production of mumps in monkeys. Brit. J. exper. Path. **15**, 309 (1934).
113. Findlay, G. M. and R. J. Ludford: The ultramicroscopic viruses: I. Cell inclusions associated with certain ultra-microscopic diseases—a pictographic review. Brit. J. exper. Path. **7**, 223 (1926).
114. Findlay, G. M. and R. O. Stern: Encephalomyelitis produced by neurotropic yellow fever virus. J. Path. a. Bacter. **40**, 311 (1935).
115. Findlay, G. M., R. D. Mackenzie, and R. O. Stern: The histopathology of fowl pest. J. Path. a. Bacter. **45**, 589 (1937).
116. Fischl, F.: Lymphogranulomatosis inguinalis. Zbl. Hautkrkh. **16**, 1 (1925).
117. Flemming, W.: Schlußbemerkungen über die Zellvermehrung in den lymphoiden Drüsen. Arch. mikrosk. Anat. (Berl.) **24**, 337 (1885).
118. Fotheringham, W.: A preliminary note on the occurrence of inclusion-like bodies in experimental and natural cases of African horse sickness and the probable significance of their presence in relation to the diagnosis of the disease. J. comp. Path. a. Ther. **49**, 268 (1936).

119. FRITSCH, H., A. HOFSTÄTTER u. K. LINDNER: Experimentelle Studien zur Trachomfrage. Graefes Arch. **76**, 36 (1910).

120. FULLER, T.: "Exanthematologia or an attempt to give a rational account of eruptive fevers, especially of the measles and the small pox." London 1730.

121. GALLI-VALERIO, B.: Quelques recherches expérimentales sur la vaccine et la clavelée chez *Mus rattus*. Zbl. Bakter. usw., Abt. I, Orig. **46**, 31 (1908).

122. GALLOWAY, I. A. and W. J. ELFORD: (*1*) Filtration of the virus of foot and mouth disease through a new series of graded collodion membranes. Brit. J. exper. Path. **12**, 407 (1931).
— (*2*) The differentiation of the virus of vesicular stomatitis from the virus of foot and mouth disease by filtration. Brit. J. exper. Path. **14**, 400 (1933).
— (*3*) The size of the virus of rabies ("fixed" strain) by ultrafiltration analysis. J. Hyg. (Brit.) **36**, 532 (1936).

123. GAMNA, C.: (*1*) Sulla linfogranulomatosi inguinale. Ricerche cliniche et etiologiche. Arch. Sci. med. **46**, 31 (1923).
— (*2*) Sull'etiologia del linfogranuloma inguinale. Nuove osservazioni cliniche e ricerche sperimentale. Arch. Pat. e Clin. med. **3**, 205 (1924).

124. GAY PRIETO, J. A.: Contribución al estudio de la linfogranulomatosis inguinal subaguda: ulcera venérea adenógena de NICOLAS y FAVRE. Act. dermo-sifilogr. **20**, 122 (1927).

125. GEBB, H.: Experimentelle Untersuchungen über die Beziehungen zwischen Einschlußblennorrhoe und Trachom. Z. Augenhk. **31**, 475 (1914).

126. GIFFORD, S. R. and N. K. LAZAR: Inclusion bodies in artificially induced conjunctivitis. Arch. Ophthalm. (Am.) **4**, 468 (1930).

127. GILMOUR, J. R.: Intranuclear inclusions in the epithelium of the human male genital tract. Lancet **1937 I**, 373.

128. GINS, H. A.: Mikroskopische Befunde bei experimenteller Maul- und Klauenseuche. Zbl. Bakter. usw., Abt. I, Orig. **88**, 265 (1922).

129. GINS, H. A. u. C. KRAUSE: Zur Pathologie der Maul- und Klauenseuche. Erg. Path. **20**, Abt. I, II, 805 (1924).

130. GLASER, R. W.: Wilt of gipsy-moth caterpillars. J. agric. Res. **4**, 101 (1915).

131. GLASER, R. W.: "Virus diseases of insects. The polyhedral diseases" in "Filterable Viruses" (edited by T. M. RIVERS). Baltimore: The Williams and Wilkins Company 1928.

132. GLASER, R. W. and C. W. LACAILLADE jr.: Relation of the virus and the inclusion bodies of silkworm jaundice. Amer. J. Hyg. **20**, 454 (1934).

133. GOLDBERG, S. A. and R. H. VOLGENAU: A clinical and pathological study of the nervous form of distemper. Cornell Vet. **15**, 181 (1925).

134. GOLDSTEIN, B.: The x bodies in the cells of dahlia plants affected with mosaic disease and dwarf. Bull. Torrey bot. Cl. **54**, 285 (1927).

135. GOLDSWORTHY, N. E. and W. MOPPETT: The reactions of the chorio-allantoic membrane of the chick to certain physical and bacterial agents. J. Path. a. Bacter. **41**, 529 (1935).

136. GOODPASTURE, E. W.: (*1*) Intranuclear inclusions in experimental herpetic lesions of rabbits. Amer. J. Path. **1**, 1 (1925).
— (*2*) A study of rabies, with special reference to a neural transmission of the virus in rabbits and the structure and significance of NEGRI bodies. Amer. J. Path. **1**, 547 (1925).
— (*3*) "Virus diseases of fowls as exemplified by contagious epithelioma (fowl pox) of chickens and pigeons" in "Filterable Viruses" (edited by T. M. RIVERS). Baltimore: The Williams and Wilkins Company 1928.
— (*4*) Borreliotoses: fowl pox, molluscum contagiosum: variola-vaccinia. Science **77**, 119 (1933).

137. GOODPASTURE, E. W. and H. KING: A cytologic study of molluscum contagiosum. Amer. J. Path. **3**, 385 (1927).

138. GOODPASTURE, E. W. and F. B. TALBOT: Concerning the nature of protozoan-like cells in certain lesions of infancy. Amer. J. Dis. Childr. **21**, 415 (1921).

139. GOODPASTURE, E. W. and O. TEAGUE: The experimental production of herpetic lesions in the organs and tissues of rabbits. J. med. Res. (Am.) **44**, 121, 139, 185 (1923).
140. GOODPASTURE, E. W. and E. E. WOODRUFF: A comparison of the inclusion bodies of fowl pox and molluscum contagiosum. Amer. J. Path. **7**, 1 (1931).
141. GORDON, M. H.: The filter passer of influenza. J. roy. Army Med. Corps. **39**, 1 (1922).
142. GORDON, W. S., A. BROWNLEE, D. R. WILSON, and J. MACLEOD: Tick-borne fever (a hitherto undescribed disease of sheep). J. comp. Path. a. Ther. **45**, 301 (1932).
143. GRACE, A. W. and F. H. SUSKIND: Lymphogranuloma inguinale. II. The cultivation of the virus in mice and its use in the preparation of FREI antigen. Arch. Derm. (Am.) **33**, 853 (1936).
144. GREEN, H. S. N.: Rabbit pox. II. Pathology of the epidemic disease. J. exper. Med. (Am.) **60**, 441 (1934).
145. GREEN, R. G.: (*1*) Mortality of grey foxes in South Eastern Minnesota. Rep. Minn. wild Life Dis. Invest. **2**, 7 (1935).
— (*2*) A canine encephalitis with some specific characters. Amer. J. Path. **13**, 649 (1937).
146. GREEN, R. G. and J. E. SHILLINGER: (*1*) Epizootic fox encephalitis. VI. A description of the experimental infection in dogs. Amer. J. Hyg. **19**, 342, 362 (1934).
— (*2*) Pathological report on ruffed grouse found dead, sick or injured. Rep. Minn. wild Life Dis. Invest. **2**, 60 (1935).
— (*3*) A virus disease of owls. Amer. J. Path. **12**, 405 (1936).
147. GREEN, R. G., B. B. GREEN, W. E. CARLSON, and J. E. SHILLINGER: Epizootic fox encephalitis. VIII. The occurrence of the virus in the upper respiratory tract in natural and experimental infections. Amer. J. Hyg. **24**, 57 (1936).
148. GREEN, R. G., M. S. KATTER, J. E. SHILLINGER and K. B. HANSON: Epizootic fox encephalitis. IV. The intranuclear inclusions. Amer. J. Hyg. **18**, 462 (1933).
149. GUARNIERI, G.: Ricerche sulla patogenesi ed etiologia dell'infezioni vaccinica e variolosa. Arch. Sci. med. **16**, 403 (1892).
150. GUIRAUD, P. et A. J. THOMAS: Inclusions acidophiles dans les cellules épidermiques 50 jours après la guérison d'un herpès cutané. C. r. Soc. Biol. **99**, 507 (1928).
151. HAAGEN, E. u. M. KODAMA: Zur Frage der Entstehung der Einschlußkörperchen. Untersuchungen an virusinfizierten Gewebekulturen. Arch. exper. Zellforsch. **19**, 421 (1937).
152. HAGEMANN, P. K. H.: Virus-Fluoreszenzmikroskopie. Eine neue Sichtbarmachung filtrierbarer Viruskörperchen. Münch. med. Wschr. **1937 I**, 761.
153. HALBERSTÄDTER, L.: „Trachom und Chlamydozoenerkrankungen der Schleimhäute" in VON PROWAZEK: Handbuch der pathogenen Protozoen, Bd. 1, S. 172. Leipzig 1912.
154. HALBERSTÄDTER, L. u. S. VON PROWAZEK: (*1*) Über Zelleinschlüsse parasitärer Natur beim Trachom. Arb. ksl. Gesdh.amt, Berl. **26**, 44 (1907).
— (*2*) Über die Bedeutung der Chlamydozoen bei Trachom und Blennorrhoe. Berl. klin. Wschr. **47**, 661 (1910).
155. HAMMAR, J. A.: Über Secretionserscheinungen im Nebenhoden des Hundes. Zugleich ein Beitrag zur Physiologie des Zellenkerns. Arch. Anat. usw., Supplement-Band 1 (1897).
156. HASS, G. M.: Hepato-adrenal necrosis with intranuclear inclusion bodies. Amer. J. Path. **11**, 127 (1935).
157. HEIDENHAIN, M. u. F. WERNER: Über die Epithelien des Corpus epididymis beim Menschen. Arch. Anat. usw. **72**, 556 (1924).
158. HEINBECKER, P. and J. L. O'LEARY: A method for the correlation of cell types with fiber types in the autonomic and somatic nervous systems. Anat. Rec. (Am.) **45**, 219 (1930).

159. HENDERSON, W.: Notice of the molluscum contagiosum. Edinbgh med. surg. J. **56**, 213 (1841).
160. HENDERSON SMITH, J.: Intracellular inclusions in mosaic of *Solanum nodiflorum*. Ann. appl. Biol. **17**, 2 (1930).
161. HERZBERG, K.: (*1*) Viktoriablau zur Färbung von filtrierbarem Virus (Pocken-Varizellen, Ektromelia- und Kanarienvogelvirus). Zbl. Bakter. usw., Abt. I, Orig. **131**, 358 (1934).
— (*2*) Zur Sichtbarmachung filtrierbarer Vira. Klin. Wschr. **13**, 1363 (1934).
— (*3*) Die färberische Darstellung von filtrierbarem Virus unter besonderer Berücksichtigung des intracellulären Vermehrungsvorganges. Rep. Proc. 2nd Congr. int. Microbiol., p. 72. London 1936.
— (*4*) Der Vorgang der Vakzinevirusvermehrung in der Zelle. Zbl. Bakter. usw., Abt. I, Orig. **136**, 257 (1936).
162. HEYMANN, B.: (*1*) Zur Ätiologie des Trachoms. Dtsch. med. Wschr. **1907**, 1285.
— (*2*) Über die Fundorte der PROWAZEKschen Körperchen. Berl. klin. Wschr. **47**, 663 (1910).
163. HIMMELWEIT, F.: Fluorescence microscopy on living virus with oblique incident illumination. Lancet **1937 II**, 444.
164. HINDLE, E. et F. COUTELEN: Présence de corps intranucléaires acidophiles dans les cellules rénales des rats d'égout de Paris. C. r. Soc. Biol. **110**, 870 (1932).
165. HINDLE, E. and A. C. STEVENSON: Hitherto undescribed intranuclear bodies in the wild rat and monkeys, compared with known virus bodies in other animals. Trans. R. Soc. trop. Med. Hyg. **23**, 327 (1929).
166. HOBBS, J. R.: Notes on infectious myxomatosis of rabbits. Brit. J. exper. Path. **10**, 214 (1928).
167. HOGGAN, I. A.: Cytological studies on virus diseases of Solanaceous plants. J. agric. Res. **35**, 7 (1927).
168. HORNING, E. S. and G. M. FINDLAY: Microincineration studies of the liver in Rift Valley fever. J. roy. micr. Soc. **54**, 9 (1934).
169. HOYLE, L. and R. W. FAIRBROTHER: Antigenic structure of influenza viruses: the preparation of elementary body suspensions and the nature of the complement-fixing antigen. J. Hyg. (Brit.) **37**, 512 (1937).
170. HUGHES, T. P., R. F. PARKER and T. M. RIVERS: Immunological and chemical investigations of vaccinia virus. II. Chemical analysis of elementary bodies of vaccinia. J. exper. Med. (Am.) **62**, 349 (1935).
171. HURST, E. W.: (*1*) Transmission of louping ill to the mouse and monkey. J. comp. Path. a. Ther. **44**, 231 (1931).
— (*2*) The occurrence of intranuclear inclusions in the nerve cells in poliomyelitis. J. Path. a. Bacter. **34**, 331 (1931).
— (*3*) Studies on pseudorabies (infectious bulbar paralysis, mad itch). I. Histology of the disease with a note on its symptomatology. J. exper. Med. (Am.) **58**, 415 (1933).
— (*4*) The histology of equine encephalomyelitis. J. exper. Med. (Am.) **59**, 529 (1934).
— (*5*) Myxoma and the SHOPE fibroma. The histology of myxoma. Brit. J. exper. Path. **18**, 1 (1937).
172. HYDE, K. E.: The relationship between the viruses of infectious myxoma and the SHOPE fibroma of rabbits. Amer. J. Hyg. **23**, 278 (1936).
173. HYDE, R. R. and R. E. GARDNER: Infectious myxoma of rabbits. Amer. J. Hyg. **17**, 446 (1933).
174. ISHIMITSU, K.: Mise en évidence des inclusions cytoplasmiques dans les lésions de lymphogranulomatose inguinale (Note préliminaire). Jap. J. exper. Med. (e.) **14**, 391 (1936).
175. IVANOVICS, G. and R. R. HYDE: A study of rabbit virus III in tissue culture. Amer. J. Hyg. **23**, 55 (1936).
176. IWANOWSKI, D.: Über Mosaikkrankheit der Tabakspflanze. Z. Pflanz.krkh. **13**, 1 (1903).

177. JACKSON, L.: An intracellular protozoan parasite of the ducts of the salivary glands of the guinea-pig. J. infect. Dis. (Am.) **26**, 347 (1920).

178. JESIONEK, u. KIOLEMENOGLOU: Über einen Befund von protozoënartigen Gebilden in den Organen eines hereditärluetischen Fötus. Münch. med. Wschr. **1904**, 1905.

179. JOEST, E.: Weitere Untersuchungen über die seuchenhafte Gehirn-Rückenmarks-Entzündung des Pferdes. Z. Infekt.krkh. Haust. **10**, 293 (1911).

180. JOEST, E. u. K. DEGEN: Untersuchungen über die pathologische Histologie, Pathogenese und postmortale Diagnose der seuchenhaften Gehirn-Rückenmarks-Entzündung. Z. Infekt.krkh. Haust. **9**, 1 (1911).

181. JOHNSON, C. D. and E. W. GOODPASTURE: The histopathology of experimental mumps in the monkey, *Macacus rhesus*. Amer. J. Path. **12**, 495 (1936).

182. JOSEPH, H.: Untersuchung über *Lymphocystis* WOODC. Arch. Protistenk. **38**, 155 (1918).

183. JULIANELLE, L. A., R. W. HARRISON and M. C. MORRIS: The probable nature of the infectious agent of trachoma. J. exper. Med. (Am.) **65**, 735 (1937).

184. JULIUSBERG, M.: Zur Kenntnis des Virus des Molluscum contagiosum des Menschen. Dtsch. med. Wschr. **1905**, 1598.

185. KAISER, M. u. M. GHERARDINI: Studien über Melkerknoten. Arch. Derm. Syph., Wien **169**, 177 (1934).

186. KANAZAWA, K.: Sur la culture *in vitro* du virus de la rage. Jap. J. exper. Med. (e.) **14**, 519 (1936); **15**, 17 (1937).

187. KANTOROWICZ, R. u. F. H. LEWY: Neue parasitologische und pathologisch-anatomische Befunde bei der nervösen Staupe der Hunde. Arch. wiss. prakt. Tierheilk. **49**, 137 (1922).

188. KESSEL, J. F., R. T. FISK and C. C. PROUTY: Studies with the California strain of the virus of infectious myxomatosis. Proc. 5th Pacific Sci. Cong. Victoria and Vancouver, B. C., **1933**.

189. KEYSSELITZ, G.: Über ein Epithelioma der Barben. Arch. Protistenk. **11**, 326 (1908).

190. KIKUTH, W. u. H. GOLLUB: Versuche mit einem filtrierbaren Virus bei einer übertragbaren Kanarienvogelkrankheit. Zbl. Bakter. usw., Abt. I, Orig. **125**, 313 (1932).

191. KLEINE, F. K.: Neue Beobachtungen zur Hühnerpest. Z. Hyg. usw. **51**, 177 (1905).

192. KOCH, J.: Studien zur Ätiologie der Tollwut. Z. Hyg. usw. **66**, 443 (1910).

193. KOCH, J. u. P. RISSLING: Studien zur Ätiologie der Tollwut. Z. Hyg. usw. **65**, 85 (1910).

194. KOPYTOWSKI, W.: Zur pathologischen Anatomie des Herpes progenitalis. Arch. Derm. Syph., Wien **68**, 55, 387 (1903).

195. KRONER quoted by F. HAMBURGER: Die Rolle des Einschlußvirus am Auge des Neugeborenen und am Genitale der Frau. Graefes Arch. **133**, 90 (1937).

196. KRUMWIEDE, C., M. MC GRATH and C. OLDENBUSCH: The etiology of the disease of psittacosis. Science **71**, 262 (1930).

197. KUHN, P.: Ergebnisse von Untersuchungen der Südafrikanischen Pferdesterbe. Zbl. Bakter. usw., Abt. I, Orig. **50**, Beih., 31 (1911).

198. KUTTNER, A. G.: Further studies concerning the filterable virus present in the submaxillary glands of guinea-pigs. J. exper. Med. (Am.) **46**, 935 (1927).

199. KUTTNER, A. G. and R. COLE: Further evidence concerning the significance of nuclear inclusions as indicators of a transmissible agent. Proc. Soc. exper. Biol. a. Med. (Am.) **23**, 537 (1926).

200. KUTTNER, A. G. and T'SUN T'UNG: Further studies on the submaxillary gland viruses of rats and guinea-pigs. J. exper. Med. (Am.) **62**, 805 (1935).

201. KUTTNER, A. G. and S. H. WANG: The problem of the significance of the inclusion bodies found in the salivary glands of infants and the occurrence of inclusion bodies in the submaxillary glands of hamsters, white mice and wild rats. (Peiping.) J. exper. Med. (Am.) **60**, 773 (1934).

202. LAIDLAW, P. and J. E. ELFORD: A new group of filterable organisms. Proc. roy. Soc., Lond., Ser. B: Biol. Sci. **120**, 292 (1936).
203. LARSELL, O., C. M. HARING and J. F. MEYER: Histological changes in the central nervous system following equine encephalomyelitis. Amer. J. Path. **10**, 361 (1934).
204. LAZARUS, A. S., B. EDDIE and K. F. MEYER: Ultrafiltration of psittacosis virus. Proc. Soc. exper. Biol. a. Med. (Am.) **36**, 437 (1937).
205. LAZARUS, A. S. and B. F. HOWITT: Ultrafiltration of virus of equine encephalomyelitis (Russian strain, Moscow, No. 2). Proc. Soc. exper. Biol. a. Med. (Am.) **36**, 595 (1937).
206. LEDINGHAM, J. C. G.: (*1*) Studies on variola, vaccinia, and avian molluscum. J. State Med. **34**, 125 (1926).
— (*2*) Elementary bodies in various virus infections. J. Path. a. Bacter. **34**, 122 (1931).
— (*3*) The aetiological importance of the elementary bodies in vaccinia and fowl-pox. Lancet **1931 II**, 525.
— (*4*) The development of agglutinins for elementary bodies in the course of experimental vaccinia and fowl-pox. J. Path. a. Bacter. **35**, 140 (1932).
— (*5*) The development of agglutinins for PASCHEN bodies in experimental vaccinia with illustrative charts. J. Path. a. Bacter. **36**, 425 (1933).
— (*6*) Discussion on mechanism of immunity in virus diseases and practical applications thereof. Rep. Proc. 2nd int. Cong. Microbiol., p. 102. London 1936.
207. LEDINGHAM, J. C. G. and W. E. GYE: On the nature of the filterable tumour-exciting agent in avian sarcomata. Lancet **1935 I**, 376.
208. LEE, J.: (*1*) Nuclear changes following intravenous injection of various solutions. Proc. Soc. exper. Biol. a. Med. (Am.) **31**, 383 (1933).
— (*2*) Nuclear alterations following intravenous injections of glucose and of other solutions. Amer. J. Path. **12**, 217 (1936).
209. LENTZ, O.: (*1*) Ein Beitrag zur Färbung der NEGRIschen Körperchen. Zbl. Bakter. usw., Abt. I, Orig. **44**, 375 (1907).
— (*2*) Über spezifische Veränderungen an den Ganglienzellen wut- und staupekranker Tiere. Z. Hyg. usw. **62**, 63 (1909).
210. LÉPINE, P. et P. HABER: Inclusions leucocytaires dans la peste aviaire. Demonstration de leur non-specificité par l'électropyrexie. C. r. Soc. Biol. **119**, 1083 (1935).
211. LÉPINE, P. et V. SAUTTER: (*1*) Sur les lésions spécifiques des neurones dans la rage à virus fixe. C. r. Soc. Biol. **119**, 805 (1935).
— (*2*) Existence de lésions nucléaires spécifiques dans la peste aviaire. C. r. Soc. Biol. **121**, 511 (1936).
212. LEVADITI, C. et P. HABER: Evolution de la peste aviaire dans les cellules hépatiques de la souris. C. r. Acad. Sci. **202**, 1214 (1936).
213. LEVADITI, C., S. NICOLAU et R. SCHOEN: (*1*) La nature du virus rabique. C. r. Soc. Biol. **90**, 994 (1924).
— (*2*) L'étiologie de l'encéphalite épizootique du lapin, dans ses rapports avec l'étude expérimentale de l'encéphalite léthargique *Encephalitozoon cuniculi* (nov. spec.). Ann. Inst. Pasteur, Par. **38**, 651 (1924).
— (*3*) Recherche sur la rage. Ann. Inst. Pasteur, Par. **40**, 973 (1926).
214. LEVADITI, C., M. PAÏC et D. KRASSNOF: Ultrafiltration et dimensions approximatives du virus de la maladie de NICOLAS et FAVRE. Rôle de la virulence. C. r. Soc. Biol. **123**, 1048 (1936).
215. LEVADITI, C. et R. SCHOEN: (*1*) Recherche sur la morphologie du virus herpétique. C. r. Soc. Biol. **96**, 959 (1927).
— (*2*) Le potentiel négrigène des virus rabiques fixes. C. r. Soc. Biol. **119**, 811 (1935).
— (*3*) Les corpuscules oxyphiles cornéens en rapport avec les diverses souches de virus rabique des rues. C. r. Soc. Biol. **119**, 463 (1935).

LEVADITI, C. et R. SCHOEN: (*4*) Négrigenèse cornéenne et regénérescence épithéliale. C. r. Soc. Biol. **122**, 616 (1936).

216. LEVADITI, C., R. SCHOEN et J. G. MEZGER: Morphologie du virus rabique. C. r. Soc. Biol. **110**, 1215 (1932).

217. LEVADITI, C., R. SCHOEN et L. REINIÉ: Virus rabique et cellules néoplastiques. Ann. Inst. Pasteur, Par. **58**, 353 (1937).

218. LEVINTHAL, W.: (*1*) Die Ätiologie der Psittakosis. 1er Congr. int. Microbiol. Paris: Masson et Cie. 1930.

— (*2*) Recent observations on psittacosis. Lancet **1935 I**, 1207.

219. LEWIS, M. R.: Reversible gelation in living cells. Bull. Hopkins Hosp., Baltim. **34**, 373 (1923).

220. LEWIS, M. R. and R. E. GARDNER: A simple method for studying the cytology of the infectious myxoma of the rabbit. Amer. J. Path. **8**, 583 (1932).

221. LILLIE, R. D.: (*1*) Psittacosis: rickettsia-like inclusions in man and in experimental animals. Publ. Health Rep. (Am.) **45**, 773 (1930).

— (*2*) 1. The pathology of psittacosis in man, and 2. The pathology of psittacosis in animals and the distribution of *Rickettsia psittaci* in the tissues of man and animals. Nat. Inst. Health Bull. No. 161. U. S. Government Printing Office, 1933.

222. LINDNER, K.: Die freie Initialform der PROWAZEKschen Einschlüsse. Graefes Arch. **76**, 559 (1910).

— (*2*) Zur Ätiologie der gonokokkenfreien Urethritis. Wien. klin. Wschr. **1910**, 284.

223. LIPSCHÜTZ, B.: (*1*) Zur Kenntnis der Molluscum contagiosum. Wien. klin. Wschr. **1907**, 253.

— (*2*) Untersuchungen über die Ätiologie der Paravakzine. Zbl. Bakter. usw., Abt. I, Orig. **81**, 105 (1918).

— (*3*) Untersuchungen über Paravakzine. Arch. Derm. Syph., Wien **127**, 193 (1919).

— (*4*) Über Chlamydozoa-Strongyloplasmen. II. Über den Bau und die Entstehung der Zelleinschlüsse. Wien. klin. Wschr. **1919**, 1127.

— (*5*) Der Zellkern als Virusträger. (Die Karyooikongruppe der Chlamydozoa-Strongyloplasmen.) Zbl. Bakter. usw., Abt. I, Orig. **87**, 303 (1921).

— (*6*) Über Chlamydozoa-Strongyloplasmen. VIII. Über Geflügelpocke. Zbl. Bakter. usw., Abt. I, Orig. **87**, 191 (1921).

— (*7*) Untersuchungen über die Ätiologie der Krankheiten der Herpesgruppe (Herpes zoster, Herpes genitalis, Herpes febrilis). Arch. Derm. Syph., Wien **136**, 428 (1921).

— (*8*) Über Chlamydozoa-Strongyloplasmen. X. Beitrag zur Kenntnis der Ätiologie der Warze (Verruca vulgaris). Wien. klin. Wschr. **1924**, 286.

(*9*) Über Chlamydozoa-Strongyloplasmen. IX. Mitteilung: Cytologische Untersuchungen über das Condyloma acuminatum. Arch. Derm. Syph., Wien **146**, 427 (1924).

— (*10*) Kritik und Diagnose der Zelleinschlußbildung. Zbl. Bakter. usw., Abt. I, Orig. **96**, 222 (1925).

— (*11*) Untersuchungen über die Ätiologie der Myxomkrankheit des Kaninchens. Wien. klin. Wschr. **1927**, 1101.

— (*12*) Chlamydozoen-Strongyloplasmenbefunde bei Infektionen mit filtrierbaren Erregern in: Handbuch der pathogenen Mikroorganismen, Bd. VIII, S. 311. Jena: G. Fischer 1930.

— (*13*) „Die Einschlußkrankheiten der Haut" in JADASSOHN: Handbuch der Haut- und Geschlechtskrankheiten, Bd. 2, S. 21. 1932.

224. LIPSCHÜTZ, B. u. K. KUNDRATITZ: Über die Ätiologie des Zoster und über seine Beziehungen zu Varizellen. Wien. klin. Wschr. **1925**, 499.

225. LÖWENSTEIN, A.: Ätiologische Untersuchungen über den fieberhaften Herpes. Münch. med. Wschr. **1919**, 769.

226. LÖWENSTEIN, C.: Über protozoënartige Gebilde in den Organen von Kindern. Zbl. Path. **18**, 513 (1907).

227. LÖWENTHAL, W.: (1) Einschlußartige Zelle- und Kernveränderungen in der Karpfenpocke. Z. Krebsforsch. **5**, 197 (1906).
— (2) Zur Frage der Herpesätiologie. Zbl. Bakter. usw., Abt. I, Orig. **101**, 396 (1927).
228. LUCAS, A. M.: Ultracentrifugation of intranuclear inclusions in the submaxillary glands of guinea-pigs and ground moles. Amer. J. Path. **12**, 933 (1936).
229. LUCAS, A. M. and W. W. HERRMANN: Effect of centrifugation on herpetic intranuclear inclusions with a note on cytoplasmic inclusions of unknown origin in the rabbit cornea. Amer. J. Path. **11**, 969 (1935).
230. LUCKÉ, B.: (1) A neoplastic disease of the kidney of the frog, *Rana pipiens*. Amer. J. Canc. **20**, 352 (1934).
— (2) Carcinoma in frogs and the probable etiological relation to a virus. Amer. J. Path. **13**, 657 (1937).
231. LUDFORD, R. J.: (1) Cell organs during secretion in the epididymis. Proc. roy. Soc., Lond., Ser. B: Biol. Sci. **98**, 353 (1925).
— (2) Cytological studies on the viruses of fowl-pox and vaccinia. Proc. roy. Soc., Lond., Ser. B: Biol. Sci. **102**, 406 (1928).
— (3) "Cell inclusions" in "A System of Bacteriology", Vol. 7, p. 29. London: H. M. Stationery Office 1930.
232. LUDFORD, R. J. and G. M. FINDLAY: The ultramicroscopic viruses. II. The cytology of fowl-pox. Brit. J. exper. Path. **7**, 256 (1926).
233. LUGER, A. u. A. LAUDA: Über oxychromatische Veränderungen am Zellkern (auf Grund von Untersuchungen von Herpes simplex, Zoster, Varizellen, Variola und Karpfenpocke). Med. Klin. **1926**, 415.
234. MACCALLUM, W. G. and E. H. OPPENHEIMER: Differential centrifugalization: a method for the study of filtrable viruses, as applied to vaccinia. J. amer. med. Assoc. **78**, 410 (1922).
235. MACFIE, J. W. S.: Notes on some blood parasites collected in Nigeria. Ann. trop. Med. **8**, 439 (1914).
236. MCKEE, S. H.: Inclusion blennorrhoea. Amer. J. Ophthalm. **18**, 36 (1935).
237. MACKENZIE, R. D., G. M. FINDLAY and R. O. STERN: Studies on neurotropic Rift Valley fever virus: susceptibility of rodents. Brit. J. exper. Path. **17**, 352 (1936).
238. MACKIE, T. J. and C. E. VAN ROOYEN: JOHN BROWN BUIST (1846–1915). An acknowledgement of his early contributions to the bacteriology of variola and vaccinia. Edinbgh med. J. **44**, 72 (1937).
239. MACLEOD, J.: Preliminary studies in the tick transmission of louping ill. Vet. J. **88**, 276 (1932).
240. MCCORDOCK, H. A.: Intranuclear inclusions in pertussis. Proc. Soc. exper. Biol. a. Med. (Am.) **29**, 1288 (1932).
241. MCCORDOCK, H. A. and M. G. SMITH: (1) Intranuclear inclusions: incidence and possible significance in whooping cough and in a variety of other conditions. Amer. J. Dis. Childr. **47**, 771 (1934).
— (2) The visceral lesions produced in mice by the salivary gland virus of mice. J. exper. Med. (Am.) **63**, 303 (1936).
242. MALLORY, F. B.: Necroses of the liver. J. med. Res. (Am.) **6**, 264 (1901).
243. MALLORY, F. B. and E. M. MEDLAR: The skin lesions in measles. J. med. Res. (Am.) **51**, 327 (1920).
244. MANOUÉLIAN, Y. et J. VIALA: „Encephalitozoon rabiei" parasite de la rage. Ann. Inst. Pasteur, Par. **38**, 258 (1924).
245. MARCHAL, J.: Infectious ectromelia. A hitherto undescribed virus disease of mice. J. Path. a. Bacter. **33**, 713 (1930).
246. MARINESCO, G., S. DRAGANESCO et G. STROESCO: Recherches histopathologiques sur la maladie des jeunes chiens (maladie de CARRÉ). Ann. Inst. Pasteur, Par. **51**, 215 (1933).
247. MARKHAM, F. S.: The morphology and distribution of the inclusion bodies of the submaxillary gland virus in adult and fetal guinea-pigs. Amer. J. Path. **12**, 773 (1936).

248. MARKHAM, F. S. and N. P. HUDSON: Susceptibility of the guinea-pig fetus to the submaxillary gland virus of guinea-pigs. Amer. J. Path. **12**, 175 (1936).

249. MARX, E. u. A. STICKER: Untersuchungen über das Epithelioma contagiosum des Geflügels. Dtsch. med. Wschr. **1902**, 893.

250. MEYER, J. R.: (*1*) Alterações nucleares em cellulas hepaticas e esplenicas de papagaios inoculados com material filtrado proveniente de psittacose aviaria. Brasil-Med. **44**, 775, 967 (1930).

— (*2*) Observações anatomo e histopathologicas feitas em orgãos de papagaios (*Amazona amazonica* e. A. farinosa) mortos espontaneamente e após inoculação de um virus que se demonstrou filtravel. Arch. Inst. Biologico **4**, 25 (1931).

251. MICHAELIS, L.: Mikroskopische Untersuchungen über die Taubenpocke. Z. Krebsforsch. **1**, 105 (1903).

252. MIYAGAWA, Y., T. MITAMURA, H. YAOI, N. ISHII, H. NAKAJIMA, J. OKANISHI, S. WATANABE and K. SATO: Studies on the virus of lymphogranuloma inguinale, NICOLAS, FAVRE and DURAND. (First Report.) Jap. J. exper. Med. (e.) **13**, 1 (1935).

253. MIYAGAWA, Y., T. MITAMURA, H. YAOI, N. ISHII and J. OKANISHI: Studies on the virus of lymphogranuloma inguinale, NICOLAS, FAVRE and DURAND. (Third Report.) Studies on filtration, especially ultrafiltration of the virus. Jap. J. exper. Med. (e.) **13**, 723 (1935).

254. MORAX, V.: Sur l'étiologie des ophtalmies du nouveau-né et la déclaration obligatoire. Ann. Ocul. (Fr.) **129**, 346 (1903).

255. MORRIS, M. C.: Rôle of hog cholera virus in production of inclusions in the conjunctival epithelium. Proc. Soc. exper. Biol. a. Med. (Am.) **32**, 1281 (1935).

256. MOSES, A.: Untersuchungen über das Virus myxomatosum der Kaninchen. Mem. Inst. Cruz, Rio **3**, 46 (1911).

257. MOUCHET, R.: De la présence de protozoaires dans les organes des enfants. Arch. internat. Méd. expér. (Belg.) **23**, 115 (1911).

258. MUCKENFUSS, R. S., H. A. MCCORDOCK and J. S. HARTER: A study of virus vaccine pneumonia in rabbits. Amer. J. Path. **8**, 63 (1932).

259. MURATOWA, A. P.: Über die Morphologie des Lyssavirus. Zbl. Bakter. usw., Abt. I, Orig. **132**, 65 (1934).

260. NAUCK, E. u. B. MALAMOS: Über Erregerbefunde bei Lymphogranuloma inguinale. Arch. Schiffs- u. Tropenhyg. **41**, 537 (1937).

261. NAUCK, E. G. u. E. PASCHEN: Der morphologische Nachweis des Pockenerregers in der Gewebekultur. Zbl. Bakter. usw., Abt. I, Orig. **124**, 91 (1932).

262. NAUCK, E. G. u. C. ROBINOW: Untersuchungen über GUARNIERIsche Körperchen in der Gewebekultur. Zbl. Bakter. usw., Abt. I, Orig. **135**, 437 (1936).

263. NEGRI, A.: (*1*) Sull' eziologia della rabbia. La diagnosi della rabbia inbasi ai nuove reperti. Boll. Soc. med.-chir., Pavia **1**, 88 (1903).

— (*2*) Beitrag zum Studium der Ätiologie der Tollwut. Z. Hyg. usw. **43**, 507 (1903).

— (*3*) Zur Ätiologie der Tollwut. Die Diagnose der Tollwut auf Grund der neuen Befunde. Z. Hyg. usw. **44**, 519 (1903).

— (*4*) I risultati delle nueve ricerche sull' eziologia della rabbia. Sperimentale **58**, 273 (1904).

— (*5*) Über die Morphologie und den Entwicklungszyklus des Parasiten der Tollwut (*Neuroryctes hydrophobiae* CALKINS). Z. Hyg. usw. **63**, 421 (1909).

264. NELSON, J. B.: (*1*) Studies on an uncomplicated coryza of the domestic fowl. VII. Cultivation of the coccobacilliform bodies in fertile eggs and in tissue culture. J. exper. Med. (Am.) **64**, 749 (1936).

— (*2*) Infectious catarrh of mice. I. A natural outbreak of the disease. J. exper. Med. (Am.) **65**, 833 (1937).

— (*3*) Infectious catarrh of mice. II. The detection and isolation of coccobacilliform bodies. J. exper. Med. (Am.) **65**, 843 (1937).

NELSON, J. B.: (4) Infectious catarrh of mice. III. The etiological significance of the coccobacilliform bodies. J. exper. Med. (Am.) **65**, 856 (1937).
— (5) The coccobacilliform bodies of fowl coryza and mouse catarrh. J. Bacter. (Am.) **34**, 181 (1937).
265. NĚMEC, B.: Über Struktur und Aggregatzustand des Zellkernes. Protoplasma (D.) **7**, 423 (1929).
266. NICOLAU, S.: (1) Étude sur les inclusions qui caractérisent la maladie de CARRÉ (Maladie du jeune âge du chien). C. r. Soc. Biol. **119**, 269 (1935).
— (2) Le mécanisme de la formation des inclusions dans le système nerveux des lapins infectés expérimentalement avec le virus herpétique. C. r. Soc. Biol. **126**, 326 (1937).
267. NICOLAU, S. et O. BAFFET: Formations simulant les inclusions à ultravirus, dans le rein et dans le foie d'animaux soumis à l'intoxication saturnienne. C. r. Soc. Biol. **126**, 659 (1937).
268. NICOLAU, S., L. CRUVEILHIER et L. KOPCIOWSKA: Lésions cytologiques et présence d'inframicrobes et d'inclusions dans les tissus d'animaux infectés expérimentalement avec le virus de la maladie d'AUJESZKY. C. r. Soc. Biol. **126**, 756 (1937).
269. NICOLAU, S., O. DIMANCESCO-NICOLAU et I. A. GALLOWAY: Étude sur les septinévrites à ultravirus neurotropes. Ann. Inst. Pasteur, Par. **43**, 1 (1929).
270. NICOLAU, S. and I. A. GALLOWAY: Borna disease and enzootic encephalomyelitis of sheep and cattle. Med. Res. Coun. Special Rep. No. 121. London: H. M. Stationery Office 1928.
271. NICOLAU, S. et L. KOPCIOWSKA: (1) Étude sur la morphogénèse des corps de NEGRI. Ann. Inst. Pasteur, Par. **53**, 418 (1934).
— (2) Sur les manifestations d'un ultravirus „saprophyte" dans l'organisme du chien. Ann. Inst. Pasteur, Par. **57**, 244 (1936).
— (3) Données sur la coloration et la morphologie de quelques virus dans le tissu des animaux. C. r. Acad. Sci. **204**, 1276 (1937).
— (4) Étude sur l'inframicrobe herpétique mis en évidence dans la maladie nerveuse expérimentale du lapin. C. r. Soc. Biol. **126**, 211 (1937).
272. NICOLAU, S., L. KOPCIOWSKA, I. A. GALLOWAY et G. BALMUS: Inclusions cytoplasmiques dans le cerveau de la souris normale et „inclusions" décrites chez la souris morte après inoculation de tremblante du mouton (louping ill). C. r. Soc. Biol. **114**, 441 (1933).
273. NICOLAU, S., L. KOPCIOWSKA et M. MATHIS: Étude sur les inclusions de la fièvre jaune. Ann. Inst. Pasteur, Par. **53**, 455 (1934).
274. NOGUCHI, H.: Experimental production of a trachoma-like condition in monkeys. J. amer. med. Assoc. **89**, 739 (1927).
275. NOGUCHI, H. and M. COHEN: The relationship of the so-called trachoma bodies to conjunctival affections. Arch. Ophthalm. (Am.) **40**, 1 (1911).
276. NORTHROP, J. H.: Bacteriophage. J. Bacter. (Am.) **34**, 181 (1937).
277. OLITSKY, P. K.: "Virus diseases of mammals as exemplified by foot and mouth disease and vesicular stomatitis", in: "Filterable Viruses" (edited by T. M. RIVERS), p. 203. Baltimore 1928.
278. OLITSKY, P. K. and C. G. HARFORD: Intranuclear inclusion bodies in the tissue reactions produced by injections of certain foreign substances. Amer. J. Path. **13**, 729 (1937).
279. OLITSKY, P. K. and P. H. LONG: Histopathology of experimental vesicular stomatitis of the guinea pig. Proc. Soc. exper. Biol. a. Med. (Am.) **25**, 287 (1928).
280. OPPENHEIMER, E. H.: Studies on vaccinia virus. J. Bacter. (Am.) **13**, 24 (1927).
281. PACHECO, G.: (1) Investigações sobre doenças de Psittacideos. Mem. Inst. Cruz, Rio **26**, 169 (1932).
— (2) Doença do peixes fluviaes do Brasil. Mem. Inst. Cruz, Rio **30**, 327 (1935).
282. PACHECO, G. et O. BIER: Epizootie chez les perroquets du Brasil. Relations avec la psittacose. C. r. Soc. Biol. **105**, 109 (1930).

283. PAILLOT, A.: (*1*) Sur l'étiologie et l'épidémiologie de la „grasserie" du ver à soie. C. r. Acad. Sci. **179**, 229 (1924).
— (*2*) Contribution à l'étude des maladies à virus filtrant chez les insectes. Un nouveau groupe de parasites ultramicrobiens — les Borrellina. Ann. Inst. Pasteur, Par. **40**, 314 (1926).
— (*3*) Nouvel ultravirus parasite d'*Agrotis segetum* provoquant une prolifération des tissus infectés. C. r. Acad. Sci. **201**, 1562 (1935).

284. PAPPENHEIMER, A. M. and J. J. HAWTHORNE: Certain cytoplasmic inclusions of liver cells. Amer. J. Path. **12**, 625 (1937).

285. PAPPENHEIMER, A. M. and E. H. MAECHLING: Inclusions in renal epithelial cells following the use of certain bismuth preparations. Amer. J. Path. **10**, 577 (1934).

286. PASCHEN, E.: (*1*) Was wissen wir über den Vakzineerreger? Münch. med. Wschr. **1906**, 2391.
— (*2*) Untersuchungen über die Variola. Münch. med. Wschr. **1908**, 2494.
— (*3*) Zur Ätiologie der Variola und Vakzine. Dtsch. med. Wschr. **1913**, 2132.
— (*4*) „Pocken" in KOLLE, KRAUS u. UHLENHUTH: Handbuch der pathogen. Mikroorganismen, Bd. VIII, S. 821. Jena: G. Fischer 1930.
— (*5*) „Vaccine und Vaccineausschläge" in JADASSOHN: Handbuch der Haut- und Geschlechtskrankheiten, Bd. 2, S. 164. 1932.
— (*6*) Vaccinezüchtung. Elementarkörperchen bei Herpes zoster und Varicellen. Zbl. Bakter. usw., Abt. I, Orig. **130**, 190 (1933).
— (*7*) 1. Weitere Mitteilungen über Vakzineviruszüchtung in der Gewebekultur. 2. Elementarkörperchen im Bläscheninhalt bei Herpes zoster und Varizellen. Zbl. Bakter. usw., Abt. I, Orig. **130**, 190 (1933).
— (*8*) Züchtung des Ektromelievirus auf der Chorion-Allantois-Membran von Hühnerembryonen. Zbl. Bakter. usw., Abt. I, Orig. **135**, 445 (1936).
— (*9*) Über das SHOPEsche „infectious fibroma of rabbits". Zbl. Bakter. usw., Abt. I, Orig. **138**, 1 (1936).

287. PATERSON, R.: Cases and observations on the molluscum contagiosum. Edinbgh med. surg. J. **56**, 279 (1841).

288. PAUL, P. u. F. SCHWEINBURG: Zur Morphologie des Lyssaerregers. Virchows Arch. **262**, 164 (1926).

289. PEARSON, E. F.: Cytoplasmic inclusions produced by the submaxillary virus. Amer. J. Path. **6**, 261 (1930).

290. PERAGALLO, I.: Ricerche sulla possibilità della cultura del virus rabico nella membrana corion-allantoidea dell'embrione di pollo (Nota preventiva). Gi. Batter. **18**, 289 (1937).

291. PERDRAU, J. R.: The axis cylinder as a pathway for dyes and salts in solution with observations on the nodes of RANVIER in the rabbit. Brain **60**, 204 (1937).

292. PETTAVEL, C. A.: Über eigentümlich herdförmige Degenerationen der Thyreoidea-Epithelien bei Purpura eines Neonatus. Virchows Arch. **206**, 1 (1911).

293. PINKERTON, H. and G. M. HESS: Spotted fever. I. Intranuclear Rickettsiae in spotted fever studied in tissue culture. J. exper. Med. (Am.) **56**, 151 (1932).

294. POLOWINKIN, P.: Beitrag zur pathologischen Anatomie der Taubenpocke. Arch. Tierheilk. **27**, 86 (1901).

295. PROWAZEK, S. VON: (*1*) Untersuchungen über die Vaccine. Arb. ksl. Gesdh.amt, Berl. **22**, 535 (1905).
— (*2*) Chlamydozoa. I. Zusammenfassende Übersicht. Arch. Protistenk. **10**, 336 (1907).
— (*3*) Zur Ätiologie des Molluscum contagiosum. Arch. Schiffs- u. Tropenhyg. **15**, 173 (1911).
— (*4*) „Vaccine" in VON PROWAZEK: Handbuch der pathogenen Protozoen, Bd. 1, S. 122. Leipzig 1912.
— (*5*) Zur Parasitologie von West-Afrika. Zbl. Bakter. usw., Abt. I, Orig. **70**, 32 (1913).

296. RAWLINS, T. E. and J. JOHNSON: Cytological studies of the mosaic disease of tobacco. Amer. J. Bot. **12**, 19 (1925).

297. RECTOR, L. E.: Coexistence of nuclear inclusions in salivary glands and kidneys of wild rats. Proc. Soc. exper. Biol. a. Med. (Am.) **34**, 700 (1936).
298. RECTOR, E. J. and L. E. RECTOR: Intranuclear inclusions in the salivary glands of moles. Amer. J. Path. **10**, 629 (1934).
299. RECTOR, L. E. and E. J. RECTOR: The microincineration of herpetic intranuclear inclusions. Amer. J. Hyg. **9**, 587 (1933).
300. REMLINGER, P.: Le passage du virus rabique à travers les filtres. Ann. Inst. Pasteur, Par. **17**, 834 (1903).
301. RENAUT, J.: Nouvelles recherches anatomiques sur la prépustulation et la pustulation varioliques. Ann. Derm. (Fr.) **2**, 1 (1881).
302. RHODES, A. J. and C. E. VAN ROOYEN: Inclusion bodies in corneal tissue cultures infected with vaccinia virus. J. Path. a. Bacter. **45**, 253 (1937).
303. RIBBERT, H.: Über protozoenartige Zellen in der Niere eines syphilitischen Neugeborenen und in der Parotis von Kindern. Zbl. Path. **15**, 945 (1904).
304. RICE, C. E.: Carbohydrate matrix of the epithelial cell inclusions in trachoma. Proc. Soc. exper. Biol. a. Med. (Am.) **33**, 317 (1935).
305. RICH, A. R.: On the etiology and pathogenesis of whooping cough. Bull. Hopkins Hosp., Baltim. **51**, 346 (1932).
306. RIVERS, T. M.: (*1*) Nuclear inclusions in the testicles of monkeys infected with the tissue of human varicella lesions. J. exper. Med. (Am.) **43**, 275 (1926).
— (*2*) Changes observed in epidermal cells covering myxomatous masses induced by virus myxomatosum (SANARELLI). Proc. Soc. exper. Biol. a. Med. (Am.) **24**, 435 (1927).
— (*3*) Varicella in monkeys. Nuclear inclusions in the testicles of monkeys injected with the tissue of human varicella lesions. J. exper. Med. (Am.) **45**, 961 (1927).
— (*4*) Some general aspects of pathological conditions caused by filterable viruses. Amer. J. Path. **4**, 91 (1928).
— (*5*) Infectious myxomatosis of rabbits. Observations on the pathological changes induced by virus myxomatosum (SANARELLI). J. exper. Med. (Am.) **51**, 965 (1930).
307. RIVERS, T. M., E. HAAGEN and R. S. MUCKENFUSS: (*1*) A method of studying virus infection and virus immunity in tissue cultures. Proc. Soc. exper. Biol. a. Med. (Am.) **26**, 494 (1928).
— (*2*) Development in tissue cultures of the intracellular changes characteristic of vaccinal and herpetic infections. J. exper. Med. (Am.) **50**, 665 (1929).
308. RIVERS, T. M. and F. F. SCHWENKER: Virus diseases of parrots and parrakeets differing from psittacosis. J. exper. Med. (Am.) **55**, 911 (1932).
309. RIVERS, T. M. and W. S. TILLETT: (*1*) Further observations on the phenomena encountered in attempting to transmit varicella to rabbits. J. exper. Med. (Am.) **39**, 777 (1924).
— (*2*) The lesions in rabbits experimentally infected by a virus encountered in the attempted transmission of varicella. J. exper. Med. (Am.) **40**, 281 (1924).
310. RIVERS, T. M. and S. M. WARD: Infectious myxomatosis of rabbits. Preparation of elementary bodies and studies of serologically active materials associated with the disease. J. exper. Med. (Am.) **66**, 1 (1937).
311. RIVOLTA, S. in RIVOLTA e DELPRATO: L'ornitoiatria o la medicina degli uccelli domestici e semidomestici. Pisa 1880.
312. ROMAN, B. and C. M. LAPP: Pathological changes in the central nervous system in canine distemper. J. amer. vet.-med. Assoc. **66**, 612 (1924).
313. RUHLE, F.: Über die GINSschen Einschlußkörperchen bei Maul- und Klauenseuche. Arch. wiss. prakt. Tierheilk. **54**, 197 (1926).
314. RUSSELL, D. S.: The occurrence and distribution of intranuclear "inclusion bodies" in gliomas. J. Path. a. Bacter. **35**, 625 (1932).
315. SABIN, A. and E. W. HURST: Studies on the B virus. IV. Histopathology of the experimental disease in rhesus monkeys and rabbits. Brit. J. exper. Path. **16**, 133 (1935).

316. SAGUCHI, S.: Zytologische Studien. No. 4 Kanazawa, 1930.
317. SALKAN, P. M.: Zur Klinik der Epidemiologie und Ätiologie der Melkerknoten. Acta derm.-vener. (Schwd.) **14**, 342 (1933).
318. SANARELLI, G.: Das myxomatogene Virus. Beitrag zum Studium der Krankheitserreger außerhalb des Sichtbaren. Zbl. Bakter. usw., Abt. I, Orig. **23**, 865 (1898).
319. SANFELICE, F.: (*1*) Über einige nach der MANNschen Methode färbbare und Parasiten vortäuschende Gebilde kernigen Ursprungs bei einer Hauterkrankung des *Discoglossus pictus*. Zbl. Bakter. usw., Abt. I, Orig. **70**, 345 (1913).
— (*2*) Untersuchungen über das Epithelioma contagiosum der Tauben. Z. Hyg. usw. **76**, 257 (1914).
— (*3*) Über die bei der Staupe vorkommenden Einschlußkörperchen. Zbl. Bakter. usw., Abt. I, Orig. **76**, 495 (1915).
— (*4*) Recherches sur la genèse des corpuscules du *Molluscum contagiosum*. Ann. Inst. Pasteur, Par. **32**, 363 (1918).
320. SANGIORGI, G.: Über einen Befund in der Warze (Verruca Porro). Zbl. Bakter. usw., Abt. I, Orig. **76**, 257 (1915).
321. SCHARRER, E.: (*1*) Intranuclear inclusions in brain tumours. Bull. neur. Inst. N. Y. **3**, 113 (1933).
— (*2*) Über die Beteiligung des Zellkerns an sekretorischen Vorgängen in Nervenzellen. Frankf. Z. Path. **27**, 143 (1934).
322. SCHARRER, E. u. E. GAUPP: Neuere Befunde am Nucleus supraopticus und Nucleus paraventricularis des Menschen. Z. Neur. **148**, 766 (1933).
323. SCHIFFMANN, D.: Zur Histologie der Hühnerpest. Wien. klin. Wschr. **1906**, 1347.
324. SCHLESINGER, B., A. G. SIGNY, C. R. AMIES, and J. E. BARNARD: Aetiology of acute rheumatism: experimental evidence of a virus as the causal agent. Lancet **1935 I**, 1145.
325. SCHLESINGER, M. and C. H. ANDREWES: The filtration and centrifugation of the viruses of rabbit fibroma and rabbit papilloma. J. Hyg. (Brit.) **37**, 521 (1937).
326. SCHULTZ, E. W.: Recent advances in the study of poliomyelitis. J. Pediatr. (Am.) **1**, 358 (1932).
327. SCHULTZ, V.: Beiträge zur Kenntnis der GUARNIERIschen Körperchen. Z. Hyg. usw. **105**, 1 (1925).
328. SCOTT, G. H.: (*1*) Studies on the submaxillary virus of guinea-pigs: effect of duct ligation and pilocarpine administration upon cellular response to virus. J. exper. Med. (Am.) **49**, 229 (1929).
— (*2*) Sur la localisation des constituents minéraux dans les noyaux cellulaires des acini et des conduits excréteurs des glandes salivaires. C. r. Acad. Sci. **190**, 1073 (1930).
329. SCOTT, G. H. and B. S. PRUETT: Studies on submaxillary virus of guinea-pigs. II. The nuclear-cell, nucleo-cytoplasmic and inclusion-nuclear indices of the affected cells. Amer. J. Path. **6**, 53 (1929).
330. SEMENSKAJA, E.: Contribution à l'étude des corps de KURLOFF. C. r. Soc. Biol. **105**, 771 (1930).
331. SENIN, A.: Beitrag zur Kenntnis der sogenannten „Melkerknoten". Derm. Wschr. **94**, 605 (1932).
332. SHEFFIELD, F. M.: Virus diseases and intracellular inclusions in plants. Nature (Brit.) **131**, 325 (1933).
333. SHORTT, H. E.: Morphological studies on rabies. Part II. NEGRI bodies in the Hippocampus major in street virus infections. Indian J. med. Res. **23**, 407 (1935).
334. SHORTT, H. E. and B. N. LAHIRI: Morphological studies on rabies. Part I. The salivary glands. Indian J. med. Res. **21**, 587 (1934).
335. SHOPE, R. E.: A transmissible tumour-like condition in rabbits. J. exper. Med. (Am.) **56**, 793 (1932).

336. SEIFRIED, O.: (*1*) Histopathology of infectious laryngotracheitis in chickens. J. exper. Med. (Am.) **54**, 817 (1931).
— (*2*) Intranukleare Einschlüsse bei infektiöser Laryngotracheitis der Hühner. Z. Infekt.krkh. Haust. **41**, 65 (1932).
— (*3*) Vergleichende Histo- und Cyto-Pathologie der Virus-Infektionskrankheiten. Erg. Path. **31**, 201 (1936).
337. SINIGAGLIA, G.: (*1*) Osservazioni sul cimurro. Clin. vet. (It.) **35**, 421 (1912).
— (*2*) Ulteriori osservazioni sul cimurro. Pathologica riv. quindicini **5**, 107 (1913).
338. SLANETZ, C. A. and H. SMETANA: An epizootic disease of ferrets caused by a filterable virus. J. exper. Med. (Am.) **66**, 653 (1937).
339. SLANETZ, C. A., H. SMETANA and A. R. DOCHEZ: A fatal virus disease in ferrets. J. Bacter. (Am.) **31**, 48 (1936).
340. SMITH, A. J. and F. D. WEIDMAN: Infection of a still-born infant by an amebiform protozoan. Univ. Pa. med. Bull. **23**, 285 (1910).
341. SMITH, K. M.: (*1*) On a curious effect of mosaic disease upon the cells of the potato leaf. Ann. Bot. London **38**, 150 (1924).
— (*2*) „Recent advances in the study of plant viruses." London: J. & A. Churchill 1933.
342. SPLENDORE, A.: Über das Virus myxomatosum der Kaninchen. Zbl. Bakter. usw., Abt. I, Orig. **48**, 300 (1909).
343. SSAWATEZEW, A. I. u. N. W. SSIDEROW: Zur Morphologie der NEGRIschen Körperchen. Zbl. Bakter. usw., Abt. I, Orig. **113**, 425 (1929).
344. STANDFUSS, R.: Über die ätiologische und diagnostische Bedeutung der NEGRIschen Tollwutkörperchen. Arch. Tierheilk. **34**, 109 (1908).
345. STANLEY, W. M.: (*1*) Isolation of a crystalline protein possessing the properties of tobacco-mosaic virus. Science **81**, 644 (1935).
— (*2*) Chemical studies on the virus of tobacco mosaic. VI. The isolation from diseased Turkish tobacco plants of a crystalline protein possessing the properties of tobacco-mosaic virus. Phytopathology **26**, 305 (1936).
— (*3*) Chemical studies on the virus of tobacco mosaic. VIII. The isolation of a crystalline protein possessing the properties of aucuba mosaic virus. J. biol. Chem. (Am.) **117**, 325 (1937).
(*4*) Crystalline tobacco-mosaic virus protein. Amer. J. Bot. **24**, 59 (1937).
346. STANLEY, W. M. and R. W. G. WYCKOFF: The isolation of tobacco ringspot and other virus proteins by ultracentrifugation. Science **85**, 181 (1937).
347. STARK, A. M., M. M. TIESENHAUSEN, N. M. GOZANSKAJA, E. W. SKROZKY u. D. S. SCHTSCHASTNY: Über die Pockenätiologie der sogenannten Melkerknoten. Arch. Derm. Syph., Wien **170**, 38 (1934).
348. STARGARDT, K.: Epithelzellveränderungen beim Trachom und anderen Konjunktivalerkrankungen. Graefes Arch. **69**, 525 (1909).
349. STEWART, F. W. and C. P. RHOADS: Lesions in nasal mucous membranes of monkeys with acute poliomyelitis. Proc. Soc. exper. Biol. a. Med. (Am.) **26**, 664 (1929).
350. STOKES, A., J. H. BAUER and N. P. HUDSON: Experimental transmission of yellow fever to laboratory animals. Amer. J. trop. Med. 8, 103 (1928).
351. SUZUKI, N.: Experimentelle und kritische Beiträge zur Kenntnis der Granuloma in den Ganglienzellen des Zentralnervensystems. Z. Neur. **125**, 163 (1930).
352. SVEDBERG, T.: (*1*) Sedimentationsmessungen mit der Ultrazentrifuge. Naturw. **22**, 225 (1934).
— (*2*) Protein molecules. Chem. Rev. **20**, 81 (1937).
353. SZYMONOWICZ, L. and J. B. MACALLUM: "Text-book of Histology." Philadelphia and New York 1902.
354. TAMURA, J. T.: The virus of lymphogranuloma inguinale: its cultivation, its antigenic value as a vaccine and also in the production of an antiserum. J. Labor. a. clin. Med. (Am.) **20**, 393 (1935).
355. TANIGUCHI, A.: Cytological studies of the liver cells. Trans. jap. path. Soc. **21**, 260 (1931).

356. Taniguchi, T., M. Hosokawa, S. Kuga, and T. Fujino: The virus of herpes and zoster. Jap. J. exper. Med. (e.) **12**, 101 (1934).

357. Tang, F. F. and H. Wei: Morphological studies on vaccinia virus cultivated in the developing egg. J. Path. a. Bacter. **45**, 317 (1937).

358. Theiler, M.: Studies on the action of yellow fever virus in mice. Ann. trop. Med. **24**, 249 (1930).

359. Theiler, M. and J. H. Bauer: Ultrafiltration of the virus of poliomyelitis. J. exper. Med. (Am.) **60**, 767 (1934).

360. Thompson, J.: (*1*) Intranuclear inclusions in the submaxillary gland of the rat. J. infect. Dis. (Am.) **50**, 162 (1932).
— (*2*) Inclusion bodies in the salivary glands of mice and rats. Amer. J. Path. **10**, 676 (1934).
— (*3*) Salivary gland disease of mice. J. infect. Dis. (Am.) **58**, 59 (1936).

361. Thomson, D. and R. Thomson: (*1*) The pathogenic streptococci: their rôle in human and animal disease. Ann. Pickett-Thomson Res. Labor., Lond. **5**, 184 (1929).
— (*2*) The common cold. Ann. Picket-Thomson Res. Labor., Lond. **8**, 294 (1932).
— (*3*) Influenza. Ann. Picket-Thomson Res. Labor., Lond. **9** (pl. 28) (1933).

362. Thygeson, P.: (*1*) Etiology of inclusion blennorrhoea. Amer. J. Ophthalm. **17**, 1019 (1934).
— (*2*) The nature of the elementary and initial bodies of trachoma. Arch. Ophthalm. (Am.) **12**, 307 (1934).

363. Thygeson, P. and W. F. Mengert: The virus of inclusion conjunctivitis: further observations. Arch. Ophthalm. (Am.) **15**, 377 (1936).

364. Tilden, E. B. and S. R. Gifford: Filtration experiments with the virus of inclusion blennorrhoea. Arch. Ophthalm. (Am.) **16**, 51 (1936).

365. Todd, A. T.: Poradenitis or subacute lymphogranulomatosis. Lancet **1926 II**, 700.

366. Topacio, T. and R. R. Hyde: The behavior of rabbit virus III in tissue culture. Amer. J. Hyg. **15**, 99 (1932).

367. Torres, C. M.: (*1*) Inclusions intranucléaires et nécrobiose chez *Macacus rhesus* inoculé avec le virus de la fièvre jaune. C. r. Soc. Biol. **99**, 1655 (1928).
— (*2*) Degeneração oxychromatica („inclusões intranucleares") na febre amarella. Mem. Inst. Cruz, Rio **25**, 81 (1931).

368. Torres, C. M. y J. de C. Teixeira: (*1*) Sobre as cellulas com centro cellular pathologico encontradas no sarrampo lichen ruber planus etc. („Centrodermosen" de Lipschütz e a reaccão de Feulgen.) Brasil-Med. **46**, 574 (1932).
— (*2*) Altérations de l'épiderme dans la rougeole. Inclusions intranucléaires dans les cellules du „stratum granulosum" et des couches superficielles du corps muqueux de Malpighi. C. r. Soc. Biol. **109**, 138 (1932).

369. Trager, W.: Cultivation of the virus of Grasserie in silkworm tissue culture. J. exper. Med. (Am.) **61**, 501 (1935).

370. Tyzzer, E. E.: The histology of the skin lesions in varicella. J. med. Res. (Am.) **14**, 361 (1905).

371. Uhlenhuth, P.: Experimentelle Untersuchungen über die Schweinepest. Zbl. Bakter. usw., Abt. I, Orig. **64**, 151 (1912).

372. Uhlenhuth, P. u. W. Böing: Chlamydozoenbefunde bei Schweinepest. Berl. klin. Wschr. **1910**, 1514.

373. Ullmann, E. V.: On the aetiology of laryngeal papilloma. Acta oto-laryng. (Schwd.) **5**, 317 (1923).

374. van Rooyen, C. E.: Elementary (Paschen) bodies in infectious myxomatosis of the rabbit. (Virus myxomatosum Sanarelli.) Zbl. Bakter. usw., Abt. I, Orig. **139**, 130 (1937).

375. von Glahn, W. C. and A. M. Pappenheimer: Intranuclear inclusions in visceral disease. Amer. J. Path. **1**, 445 (1925).

376. von Pirquet, C.: Die Paravakzine. Z. Kinderhk. **13**, 309 (1915).

377. Volpino, G.: Über die Bedeutung der in den Negrischen Körpern enthaltenen Innenkörperchen und ihren wahrscheinlichen Entwicklungsgang. Zbl. Bakter. usw., Abt. I, Orig. **37**, 459 (1906).

378. WAGNER, H.: Zur Kenntnis der „protozoenartigen Zellen“ in den Organen von Kindern. Beitr. path. Anat. **85**, 145 (1930).
379. WARTHIN, A. S.: Occurrence of numerous large giant cells in the tonsils and pharyngeal mucosa in the prodromal stage of measles. Arch. Path. (Am.) **11**, 864 (1931).
380. WATANABE, H.: Bildung unspezifischer Einschlüsse in der Kaninchenhornhaut. Zbl. Bakter. usw., Abt. I, Orig. **119**, 315 (1931).
381. WALZ: Zur Kenntnis der „protozoenartigen Zellen“ in den Organen von Kindern. Verh. dtsch. path. Ges. **21**, 236 (1926).
382. WEBSTER, L. T. and A. D. CLOW: Propagation of rabies virus in tissue culture and the successful use of culture virus as an antirabic vaccine. Science **84**, 487 (1936).
383. WEIGERT, m.: „Anatomische Beiträge zur Lehre von den Pocken.“ Breslau 1874.
384. WEINER, H. A.: So-called atrophy of the adrenal cortex with intranuclear inclusions. Report of a case. Amer. J. Path. **12**, 411 (1936).
385. WEISSENBERG, R.: (*1*) Lymphocystisstudien (Infektiöse Hypertrophie von Sitzgewebszellen bei Fischen). Arch. mikr. Anat. **94**, 55 (1920).
— (*2*) „Lymphocystiskrankheit der Fische“ in VON PROWAZEK: Handbuch der pathogenen Protozoen, Bd. 9, S. 1344. Leipzig: Barth 1921.
— (*3*) Lymphocystis in the hogfish, *Lachnolaimus maximus*. Zoologica **22**, 303 (1937).
386. WILLIAMS, A. W.: A study of trachoma and allied conditions in the public school children of New York City. J. infect. Dis. (Am.) **14**, 261 (1914).
387. WILLIAMS, A. W. and M. M. LOWDEN: The etiology and diagnosis of hydrophobia. J. infect. Dis. (Am.) **3**, 452 (1906).
388. WILSON, J. F.: Genital warts. J. roy. Army med. Corps. **68**, 227, 305 (1937).
389. WILSON, J. R. and R. O. DUBOIS: Report of a fatal case of keratomalacia in an infant with post-mortem examination. Amer. J. Dis. Childr. **26**, 431 (1923).
390. WINTERNITZ, R.: Aus der Hautabteilung der deutschen Universitätspoliklinik in Prag. Knotenbildungen bei Melkerinnen. Arch. Derm. Syph., Wien **49**, 195 (1899).
391. WLASSICS, T.: Histologische Untersuchungen im Molluscum contagiosum. Arch. Derm. Syph., Wien **170**, 314 (1934).
392. WOLF, A. and D. COWEN jr.: Cytoplasmic bodies in a case of megalencephaly. Bull. neur. Inst. N. Y. **6**, 1 (1937).
393. WOLF, A. and S. T. ORTON: Occurrence of intranuclear inclusions in human nerve cells in a variety of diseases. Bull. neur. Inst. N. Y. **2**, 194 (1932).
394. WOLFF, J.: „Die Lehre von der Krebskrankheit.“ Jena: G. Fischer 1907.
395. WOODRUFF, A. M. and E. W. GOODPASTURE: (*1*) The susceptibility of the chorio-allantoic membrane of chick embryos to infection with fowl-pox virus. Amer. J. Path. **7**, 209 (1931).
— (*2*) The infectivity of isolated inclusion bodies of fowl-pox. Amer. J. Path. **5**, 1 (1929).
396. WOODS, M. W.: Intracellular bodies in ringspot. Phytopathology **23**, 38 (1933). (Abstract.)
397. WYCKOFF, R. W. F.: Ultracentrifugation concentration of a homogeneous heavy component from tissues diseased with equine encephalomyelitis. Proc. Soc. exper. Biol. a. Med. (Am.) **36**, 771 (1937).
398. YAOI, H., K. KANAZAWA and K. SATO: Ultrafiltration experiments on the virus of rabies (virus fixe). Jap. J. exper. Med., **14**, 73 (1936).
399. ZINSSER, H. and E. B. SCHOENBACH: Studies on the physiological conditions prevailing in tissue cultures. J. exper. Med. (Am.) **66**, 207 (1937).
400. ZWICK, W., O. SEIFRIED u. J. WITTE: Experimentelle Untersuchungen über die seuchenhafte Gehirn- und Rückenmarksentzündung der Pferde (BORNAsche Krankheit). Z. Infekt.krkh. Haust. **30**, 42 (1927).

Dritter Abschnitt.

Die Züchtung der Virusarten außerhalb ihrer Wirte.

A. Die Viruszüchtung im Gewebsexplantat.

Von

C. HALLAUER, Bern.

I. Einleitung.

Wie wohl in keinem anderen Teilgebiet der Virusforschung hatte die Anwendung einer besonderen Technik so große Erfolge zu verzeichnen wie bei der Züchtung der Virusarten. Nachdem man sich jahrelang erfolglos bemüht hatte, virusartige Infektionsstoffe auf toten Nährsubstraten, wie sie in der bakteriologischen Züchtungstechnik üblich sind, in vitro zur Vermehrung zu bringen, wurde dieses Ziel durch die Anwendung der von HARRISON (1907) inaugurierten und von BURROWS, CARREL und A. FISCHER ausgebauten Technik der Gewebeexplantation erreicht. Auch die Viruszüchtung in der Gewebekultur hatte allerdings eine bestimmte Entwicklung zu durchlaufen, bis sie zu zuverlässigen und reproduzierbaren Ergebnissen führte. So gelang es zunächst lediglich, das Virus im überlebenden Gewebe zu konservieren oder höchstenfalls in einigen wenigen Kulturpassagen in infektionstüchtiger Form weiterzuführen; der Nachweis aber, daß in Gewebsexplantaten nicht nur eine ausgiebige Vermehrung, sondern auch eine Dauerzüchtung von Virus möglich ist, wurde bekanntlich erst viel später geleistet. Die Hauptschwierigkeit, die sich der Viruszüchtung zunächst entgegenstellte, war zweifellos in der komplizierten und subtilen Technik der Gewebezüchtung begründet, und es ist deshalb kein Zufall, daß die ersten einwandfreien Viruszüchtungen nur von einigen wenigen, mit der Methode der Zellzüchtung völlig vertrauten Forschern erreicht wurden. So war es namentlich CARREL (1925/26), der in einer Serie von meisterhaften Versuchen den strikten Beweis führte, daß sich das Virus des ROUSschen Hühnersarkoms in Gewebsexplantaten quantitativ vermehrt und dauernd in Kulturpassagen weiterführen läßt. Was aber die Versuche von CARREL ganz besonders auszeichnet, ist, daß nicht nur der Nachweis geleistet wurde, daß ein Explantat von embryonalem Hühnergewebe für Roussarkomvirus ein geeigneter Nährboden ist, sondern daß auch der Versuch unternommen wurde, die zur Virusvermehrung notwendigen Bedingungen von Seiten der Wirtszelle (Menge, Spezifität, Proliferationsgrad der Zellen usw.) zu analysieren, und daß schließlich auch die Problematik der Virusvermehrung im überlebenden explantierten Gewebe schon klar erkannt wurde, nämlich, daß das Faktum der Virusvermehrung zwei Interpretationen zuläßt, entweder daß sich das Virus nach Art eines belebten Erregers von der Zelle ernährt und autonom vermehrt, oder daß das Virus ein enzymartiger Stoff ist, dessen Regeneration nur durch die lebende Zelle möglich ist. Die Versuche von CARREL (18, 19, 20) wurden deshalb besonders gewürdigt, weil sie auch heute noch für die Viruszüchtung in versuchstechnischer Hinsicht als mustergültig und in der Fragestellung als richtunggebend zu gelten haben.

Eine eigentliche „Blütezeit" erfuhr aber die Viruszüchtung erst, als die Technik der Gewebsexplantation von MAITLAND und MAITLAND (1928) und späterhin von LI und RIVERS (1930) so weit vereinfacht wurde, daß sie keine wesentlich größeren Schwierigkeiten mehr bot, wie beispielsweise die Herstellung eines bakteriologischen Nährbodens. Die Viruszüchtung wurde hierdurch rasch zum Gemeingut aller Virusforscher, und die Anzahl der innert verhältnismäßig kurzer Zeit „erfolgreich" gezüchteten Virusarten ist — wohl in direktem Verhältnis zur Zahl der in diesem Gebiet tätigen Forscher — derartig angestiegen, daß unzüchtbare Virusarten bereits als Ausnahmen von der allgemeinen Regel bewertet werden müßten. Zahlreiche Versuche, in denen lediglich ein positiver Züchtungserfolg angestrebt wurde und die auch Anspruch darauf erheben, dieses Ziel erreicht zu haben, sind nun aber versuchstechnisch durch eine völlig unzulässige Vereinfachung auch in anderer Hinsicht (Verzicht auf quantitative Virusauswertung, Mangel an Kontrollversuchen) ausgezeichnet, so daß ihr Wert mehr als fraglich erscheint.

Daß dagegen die zunehmend vereinfachte Technik der Gewebsexplantation die Viruszüchtung gefördert hat, kann nicht bestritten werden; sie ermöglicht die mühelose Dauerzüchtung von Virus außerhalb des Tierkörpers und die Gewinnung größerer Mengen von Virusantigen und Impfstoffen in vitro; sie ist geeignet zur Lösung bestimmter Fragen (Immunitätsstudien) und sie könnte schließlich auch zu einem wesentlichen Fortschritt führen, wenn es einmal gelingen würde, auch noch die lebende Zelle durch Zellextrakte zu ersetzen, d. h. die Virusarten auf völlig zellfreien Medien [EAGLES und MCCLEAN (1931)] zu züchten.

Sollte sich das letztgenannte Ziel nicht erreichen lassen, d. h. sollte sich herausstellen, daß die unversehrte lebende Zelle für den Vorgang der Virusvermehrung unerläßlich ist, so würde die Virusforschung im Gewebsexplantat wohl den größten Nutzen ziehen, wenn sie sich wieder — mehr wie bisher — der klassischen Methode der Gewebezüchtung bedienen würde. Nur die Anwendung dieser Methode ist wohl geeignet, darüber Aufschluß zu geben, welche Beziehungen zwischen Virus und Zelle erfüllt sein müssen, damit eine Virusvermehrung möglich ist. Eine Reihe wichtiger, bisher größtenteils nur mangelhaft oder unsystematisch bearbeiteter Fragen, wie beispielsweise der Einfluß der biologischen Spezifität *rein* gezüchteter Zellen, der Zelldifferenzierung und Dedifferenzierung, der Zellwachstums- und Proliferationspotenz, — bei den mikroskopisch darstellbaren Virusarten —, der Ort der Virusvermehrung und schließlich auch die Art der durch das Virus verursachten Zellschädigung, können, wie die Erfahrung lehrt, nur in einwandfreier Weise untersucht und geklärt werden, wenn hierzu die Methodik und die Erfahrungen der klassischen Gewebekultur in vollem Umfange herangezogen werden.

II. Methodik.

Die Viruszüchtung im Gewebsexplantat erfordert oft eine gründliche Beherrschung der Technik der Gewebekultur, außerdem verlangt sie eine völlige Vertrautheit mit den Methoden des qualitativen und quantitativen Virusnachweises (vgl. fünfter Abschnitt, 2, 3 dieses Handbuches).

Eine eingehende Darstellung der Technik der Gewebezüchtung findet sich in den Monographien bzw. Handbuchartikeln von LEWIS und LEWIS (89), STRANGEWAYS (164) und namentlich von A. FISCHER (39, 40); an dieser Stelle kann nur soweit auf die Technik der Gewebsexplantation eingegangen werden, als sie für die Viruszüchtung von Bedeutung ist. Wie schon in der Einleitung hervorgehoben worden ist, wurde die klassische Methode der Gewebsexplantation weitgehend für die speziellen Bedürfnisse der Viruszüchtung abgeändert, d. h. hauptsächlich vereinfacht. Eine „Universalzüchtungsmethode" kann es jedoch für die Virusarten ebenso wenig geben, wie für andere Infektionserreger; auch hier wird die Wahl einer Methode bestimmt werden nicht nur durch die besonderen Eigenschaften der zu züchtenden Virusart, sondern auch durch die besondere Art der Fragestellung. Trotzdem kann man sich des Eindruckes nicht erwehren, daß auch auf dem Gebiete der Viruszüchtung eine allzu große Neigung zu versuchstechnischen Modifikationen herrscht, und daß eine gewisse Standardisierung wenigstens einzelner Methoden erwünscht wäre.

1. Herstellung der Gewebsexplantate.

Das Prinzip jeder Gewebezüchtung besteht darin, daß das zu züchtende Gewebe in Form kleiner Fragmente (von etwa 1 qmm Größe) in ein Medium übertragen wird, das nicht nur in bezug auf seinen Salzgehalt, seinen p_H usw. möglichst „physiologisch" ist, sondern das auch die notwendigen Nähr- und Wuchsstoffe enthält.

Die Aufteilung des Gewebes in kleine Fragmente, die gewöhnlich mit Hilfe kleiner, scharfer Messer (Kataraktmesser) auf einer sterilen Glasunterlage vorgenommen wird, ist notwendig, weil nur hierdurch der Stoffaustausch (Aufnahme von Nährstoffen bzw. Abgabe von Stoffwechselprodukten) zwischen explantiertem Gewebe und Nährmedium hinreichend gewährleistet ist; sie ist weiterhin der Zellproliferation förderlich, indem Wundflächen geschaffen werden, durch welche, nach A. FISCHER, auch in vitro regenerative Prozesse ausgelöst werden.

Als Züchtungsmedium dienen Blutplasma, -serum oder eine physiologische Salzlösung (TYRODE-, LOCKE-, DREWsche Lösung), ev. auch eine Mischung dieser Komponenten. Wenn früher angenommen wurde, daß das Plasma im Explantat lediglich die Funktion einer mechanischen Stützsubstanz hat, d. h. zufolge seines Fibringerüstes nur das Auswachsen der Zellen begünstigt, daß jedoch im Plasma sowohl als auch im Serum nennenswerte Nähr- und Wuchsstoffe für die meisten Zellen nicht enthalten sind, so wissen wir heute, daß diese Aussage nur bedingt richtig ist.

In Medien, die nur Plasma bzw. Serum enthalten, ist nämlich nicht nur ein längeres Überleben der explantierten Zellen, sondern auch — bei geeigneter Versuchsanordnung — eine Dauerzüchtung von Gewebe [FISCHER und PARKER (43)] möglich. Plasma und Serum sind demnach zweifellos geeignete Nährstoffe, dagegen geht ihnen die Eigenschaft von eigentlichen Wuchsstoffen, „Wachstumskatalysatoren" ab. Derartige Stoffe, die das Zellwachstum und die Zellteilung beschleunigen — „Trephone" (CARREL), „Desmone" (A. FISCHER) — stammen aus dem Gewebe selbst; sie werden entweder von bestimmten Zellen (Leukocyten) aktiv sezerniert oder sie werden erst frei, wenn rasch wachsendes Gewebe (Tumorgewebe) nekrotisch zerfällt oder wenn ein Gewebe traumatisch verletzt wird (A. FISCHER). In besonders großen Mengen finden sich diese Wuchsstoffe im embryonalen Gewebe und in bestimmten Organen (Milz, Knochenmark) des ausgewachsenen Organismus und sie können aus diesen Geweben durch Extraktion mit Tyrodelösung in Form von Embryonal- bzw. Milz-Knochenmarks-Extrakten gewonnen werden. Bei der Herstellung von Gewebekulturen spielen nun diese Wuchsstoffe die größte Rolle; schon bei der künstlichen Zerkleinerung des zu explantierenden Gewebes werden diese Stoffe frei, und es ist deshalb verständlich, weshalb Zellfragmente (namentlich embryonale) auch in einer nährstofffreien Salzlösung vorübergehend wachsen und proliferieren können, vor allem besteht aber die Möglichkeit, durch die künstliche Zugabe verschieden großer Mengen von Embryonal- bzw. Milzextrakt zum Explantat das Wachstum und die Proliferation der explantierten Zellen nach Belieben zu regulieren, d. h. zu beschleunigen oder zu verlangsamen. Vom Proliferationsgrad sind nun aber auch die physiologischen Lebensäußerungen eines in vitro gezüchteten Gewebes in hohem Maße abhängig; wird ein explantiertes Gewebe zu beschleunigter Zellteilung stimuliert, so wird das Gewebe in seiner Zellzusammensetzung desorganisiert, die einzelnen Zellarten hören auf, physiologisch differenzierte Zellen zu sein, d. h. sie stellen ihre spezifischen Zellfunktionen ein und nehmen — im extremen Fall — die physiologischen Potenzen [„Pluripotentialität“ bzw. „Omnipotentialität“ nach A. FISCHER (42)] embryonaler Zellen an. Mit diesem Vorgang der „Embryonalisierung“ bzw. Dedifferenzierung des Gewebes muß in jeder aktiv proliferierenden Zellkultur gerechnet werden. In der Gewebekultur kann aber auch der gegenteilige Vorgang, nämlich die Organisation bzw. Zelldifferenzierung, beobachtet werden, wenn nämlich das Nährmedium eine Beschleunigung des Zellwachstums und der Zellproliferation nicht zuläßt. Der Gewebezüchter ist demnach je nach der Züchtungsmethode in der Lage, einmal jenen Prozeß (Desorganisation, Dedifferenzierung), einmal diesen Vorgang (Organisation, Differenzierung) zu begünstigen; wird das Zellwachstum und die Zellproliferation eines explantierten Gewebes stimuliert, so entstehen im Explantat Verhältnisse (Embryonalisierung, Entdifferenzierung), wie sie wohl im Tierkörper nie vorkommen, werden dagegen die Wachstums- und Proliferationstendenzen des Gewebes im Explantat unterdrückt bzw. eingeschränkt, so können die Gewebe — vorausgesetzt, daß ihre Ernährungsbedürfnisse hinreichend gedeckt sind — auch in vitro ihre physiologischen Eigenschaften und Leistungen weitgehend beibehalten. Dagegen verändern sich die gezüchteten Gewebezellen niemals hinsichtlich ihrer Zugehörigkeit zu einer bestimmten *Tierart*, d. h. die Konstanz der Artspezifität des gezüchteten Gewebes ist stets gewährleistet, gleichgültig, welche Züchtungstechnik (z. B. jahrelange Züchtung in heterologen Nährmedien) eingeschlagen wird. Einige Zellarten, wie die Epithelzellen, verändern auch den Charakter ihrer *Zellart* nicht; auch bei jahrelanger Züchtung in vitro tritt eine Entdifferenzierung dieser Zellen nicht auf, sondern sie behalten alle Eigenschaften bei, die für diese Zellart charakteristisch sind [A. FISCHER (41)].

Übersicht über die meist angewandten Methoden der Gewebsexplantation.

1. Die „klassische“ Methode.

Die von CARREL und A. FISCHER entwickelte Technik ist vor allem für die Züchtung von embryonalem Hühnergewebe ausgebaut. Die Verwendung von Hühnerembryonen besitzt den großen Vorteil, daß die Beschaffung unterschiedlich alter Embryonen — durch die Bebrütung von befruchteten Hühnereiern — keine Schwierigkeit macht, und daß sich die Embryonen mit Leichtigkeit in sterilem Zustand gewinnen lassen. Das Züchtungsmedium besteht — meistens — aus Hühnerplasma (als Stützsubstanz) und aus Embryonalextrakt (als Wuchsstoff).

An Stelle von embryonalem Hühnergewebe kann selbstverständlich auch embryonales bzw. erwachsenes Gewebe einer anderen Tierspezies verwendet werden; dasselbe gilt für das Plasma und den Embryonalextrakt, der beispielsweise durch Milzextrakt ersetzt werden kann.

Die Methode erlaubt das Auswachsen von neuem Gewebe, die Dauerzüchtung des Gewebes und die Gewinnung von Zellreinkulturen.

Technisch lassen sich zwei Verfahren unterscheiden, nämlich die „Deckglaskultur“ und die „Flaschenkultur“.

a) *Deckglaskultur* (*Eintropfenkultur*, *Objektträgermethode*).

Die Kulturen werden auf die folgende Weise hergestellt: Auf die Mitte von sorgfältig gereinigten, säure- und alkalifreien Deckgläschen oder besser Glimmerplättchen (20 : 50 mm) wird mit einer Pasteurpipette je 1 Tropfen Plasma gebracht. Mit der Spitze eines kleinen Linearmessers (Kataraktmesser) wird hierauf der Plasmatropfen

— unter gleichzeitiger Fixierung des Deckgläschens mit einer Präpariernadel — rasch auf eine Fläche von zirka 15 mm Durchmesser verteilt und die bereits vorbereiteten (in Ringer- oder Tyrodelösung suspendierten) Gewebefragmente mit der Spitze eines Linearmessers in die Mitte des Tropfens gebracht. Anschließend erhält jede Kultur noch 1 Tropfen Embryonalextrakt (mit Tyrode verschieden verdünnt, je nach der zu züchtenden Zellart), der rasch (durch rotierende Bewegungen mit der Spitze eines Linearmesserchens) mit dem Plasma vermischt wird, wobei darauf zu achten ist, daß das Gewebefragment schließlich wieder in die Mitte der Kultur zu liegen kommt.

Nachdem das Plasma in den Kulturen geronnen ist (ungefähr 30—60 Sekunden nach der Zugabe von Embryonalextrakt), werden die Kulturen mit hohlgeschliffenen Objektträgern in der folgenden Weise eingeschlossen: die kreisrunde Kavität des Objektträgers wird längs ihrer ganzen Zirkumferenz (oder besser nur an zwei gegenüberliegenden Stellen) mit steriler Vaseline bestrichen; die derartig vorbehandelten Objektträger werden dann so auf die Glimmerplättchen gelegt, daß die Kultur genau in die Mitte der Aushöhlung kommt. Schließlich werden die Kulturen nach außen dadurch luftdicht abgedichtet, daß man die Ränder der Glimmerplättchen mit einem Paraffinwall überdeckt. Die so hergestellten Kulturen werden (mit der Glimmerplättchenseite nach oben, also als hängende, erstarrte Tropfen) in geeigneten Behältern in den Thermostaten gebracht.

Die unbedingte Voraussetzung für das Gelingen der Kultur ist rasches und völlig aseptisches Arbeiten. Erfüllt man diese Bedingung, so wird man sich schon nach 1—2 Tagen überzeugen können, daß das explantierte Gewebefragment von einer mehr oder weniger breiten Wachstumszone umgeben ist.

Will man, daß die Kultur in einem weiterhin proliferationsfähigen Zustand erhalten bleibt, oder strebt man eine Zellreinkultur an, so muß die Deckglaskultur, d. h. das implantierte und neu zugewachsene Gewebe schon am 2.—3. Tag in ein neues Nährmedium, das wiederum aus Plasma und Embryonalextrakt besteht, verpflanzt bzw. „umgesetzt" werden.

Das Umsetzen einer Kultur geschieht folgendermaßen: Das gewachsene Gewebe wird mit einem scharfen Linearmesserchen knapp innerhalb der Wachstumszone quadratisch ausgeschnitten, d. h. vom anhaftenden Plasmakoagulum befreit; dann — meistens — in zwei gleich große Hälften geteilt und in Ringer- oder Tyrodelösung gewaschen. Die so behandelten Gewebefragmente werden dann wieder in der oben angegebenen Weise in ein neues Kulturmedium gebracht. Soll eine Zellreinkultur gewonnen werden, so wird (nach einer Reihe von Umsetzungen) schließlich nur ein Fragment aus der Wachstumszone, die in diesem Fall nur aus *einer* Zellart bestehen darf, ausgeschnitten und in ein neues Kulturmedium übertragen.

Die Hauptvorteile der Deckglaskultur bestehen wohl darin, daß das Zellwachstum besonders leicht zu kontrollieren ist, daß die Kultur histologisch verarbeitet werden kann und daß die Gewinnung von Zellreinkulturen möglich ist; ein Nachteil ist jedoch, daß für die Erhaltung der Kultur ein häufiges Umsetzen erforderlich ist und daß in einer Kultur nur eine geringe Menge von Gewebe gezüchtet werden kann.

b) *Flaschenmethode.*

Um die eben erwähnten Nachteile der Deckglaskultur auszuschalten, d. h. um größere Mengen von Gewebe über längere Zeit in demselben „Kulturgefäß" ohne Umsetzung zu züchten, hat Carrel eine sinnreiche Methode ausgearbeitet. In speziell konstruierten Glasgefäßen — den sog. Carrelflaschen — wird ein Kulturmedium hergestellt, das aus zwei Anteilen besteht: eine sog. „feste Phase", bestehend aus Plasma, Tyrodelösung und einer Spur Embryonalextrakt (zur Gerinnung des Plasmas gerade ausreichend) enthält die Gewebefragmente und dient diesen in erster Linie als Stützsubstanz; eine sog. „flüssige Phase", die sich aus Tyrodelösung bzw. Serum und größeren Mengen von Embryonalextrakt zusammensetzt, stellt die eigentliche Nährflüssigkeit dar und überschichtet den festen Kulturanteil. Durch die periodische Entfernung der flüssigen Phase und deren Ersatz gelingt es nicht nur, die von den wachsenden Geweben abgegebenen Stoffwechselprodukte kontinuierlich zu beseitigen, sondern auch den Geweben beständig frische Nährstoffe zuzuführen. Auf diese Weise ist es möglich, Gewebekulturen über längere Zeit (einige Wochen) in proliferationsfähigem Zustand zu erhalten.

Technisch geht man bei der Herstellung dieser Flaschenkulturen in der folgenden Weise vor: Mit einer kalibrierten Pasteurpipette beschickt man eine Carrelflasche mit 0,5—1,0 ccm Plasma und verteilt das Plasma, sodaß es den gesamten Flaschenboden bedeckt. Hierauf fügt man, wiederum mit einer Pasteurpipette, 1,0—1,5 ccm Tyrodelösung und 1—2 Tropfen von Embryonalextrakt zu. Die bereits vorbereiteten Gewebefragmente werden dann rasch, noch bevor das Plasma geronnen ist, mit einem Platinspatel in die Flasche gebracht; oft ist es auch vorteilhaft, den Beginn der Plasmagerinnung abzuwarten und dann erst die Gewebefragmente auf die noch klebrige Oberfläche des Plasmakoagulums zu bringen. In jedem Fall sollen die Gewebefragmente möglichst gleichmäßig (pro 1 qcm Oberfläche etwa 1 Fragment) im Flascheninhalt verteilt sein. Nachdem vollständige Gerinnung eingetreten ist, werden die Kulturen mit 0,5—1,0 ccm Tyrodelösung bzw. Serum und wechselnden Mengen von Embryonalextrakt gleichmäßig überschichtet, hierauf die Flaschen mit wattegestopften Gummihütchen verschlossen und in den Thermostaten gestellt. Der Unterhalt dieser Flaschenkulturen besteht dann lediglich darin, daß alle 2—3 Tage die flüssige Phase erneuert wird.

Mit der Flaschenmethode ist man schließlich auch imstande, Gewebe über mehrere Monate „latent" zu züchten. Das Gewebewachstum und die Zellproliferation wird hierbei absichtlich hintangehalten oder verlangsamt, damit die Zellen ihre ursprüngliche Organisation und Differenzierung im Gewebe möglichst beibehalten. Die von FISCHER und PARKER (43) hierbei eingeschlagene Technik ist die folgende: Die im Plasma eingebetteten Gewebefragmente werden „trocken", d. h. ohne flüssige Nährphase gezüchtet; alle 2—3 Tage werden die Kulturen während 1 Stunde mit Tyrodelösung (zur Entfernung der Stoffwechselprodukte) und anschließend 3—4 Stunden mit genuinem, heparinisiertem Plasma (zur Ernährung) gewaschen.

2. Die vereinfachten Methoden.

Daß man Gewebefragmente in Serum, in einer Mischung von Serum und physiologischer Salzlösung oder schließlich auch in einer reinen Salzlösung vorübergehend am Leben erhalten kann, und daß in derartigen Medien unter gewissen Umständen auch ein Gewebewachstum und eine Zellproliferation möglich ist, war bereits den ersten Gewebezüchtern bekannt. Wenn diese Methoden von CARREL und FISCHER bewußt verlassen worden sind, so geschah das, weil diese Forscher eine Dauerzüchtung und vor allem Zellreinkulturen der explantierten Gewebe anstrebten; das Studium der Zellphysiologie in der Zellreinkultur erschien ihnen als das letzte Ziel der Gewebezüchtung.

Die Viruszüchtung hat diese — vom Standpunkt des Gewebezüchters aus betrachtet — zweifellos primitiven Methoden der Gewebezüchtung wieder aufgegriffen und sich ihrer, wie man zugeben muß, auch mit Erfolg bedient. Für die Züchtung von Virusarten haben sich zwei dieser vereinfachten Verfahren der Gewebsexplantation bewährt, nämlich das von MAITLAND und MAITLAND (99) und das von LI und RIVERS (90) angegebene Züchtungsmedium. Beide Medien sind dadurch ausgezeichnet, daß die Gewebefragmente lediglich in einer Flüssigkeit, die im einen Fall aus einer Mischung von Serum und Tyrodelösung, im anderen nur aus Tyrodelösung besteht, suspendiert sind.

a) „*Maitlandmedium*".

Das ursprüngliche von MAITLAND und MAITLAND (für die Züchtung von Vaccinevirus) hergestellte Kulturmedium bestand aus 1 Teil (6 ccm) Hühnerserum, aus 2 Teilen (12 ccm) Tyrodelösung und einer geringen Menge (zirka 0,66 ccm) von fein verteilter, frischer Hühnerniere. Diese Mischung wurde hierauf in Mengen von je 2 ccm in Carrelflaschen abgefüllt.

In der Folge wurde dann dieses „Maitland"-Medium in der mannigfachsten Weise — Ersatz des Hühnerserums durch ein Serum anderer Provenienz; andere Mischungsverhältnisse zwischen Serum und Tyrode; Ersatz des Hühnernierengewebes durch embryonales Hühnergewebe, durch Kaninchenniere oder Hodengewebe usw. — abgeändert und schließlich wurden an Stelle von Carrelflaschen auch Erlenmeyerkölbchen (25—50 ccm) als Züchtungsgefäße verwendet.

Maitland und Maitland waren noch der Auffassung, daß ihr Medium überhaupt keine „Gewebekultur" mehr darstelle; sie stellten nämlich fest, daß die explantierten Hühnernierenfragmente nicht nur kein Wachstum, sondern bereits nach 24 Stunden eine beginnende und nach 3 Tagen eine intensive Autolyse zeigten. Wie zu erwarten war, konnte jedoch dieser Befund nicht bestätigt werden. So vermochten Rivers, Haagen und Muckenfuss (140) einwandfrei nachzuweisen, daß viele Zellen der explantierten Hühnerniere auch im Maitlandmedium mindestens während 5 Tagen überleben und auch noch proliferationsfähig sind, wenn sie nach dieser Zeit in Deckglaskulturen gezüchtet werden. Fernerhin zeigte sich, daß auch im Maitlandmedium zuweilen eine Zellproliferation möglich ist. Embryonale Gewebe zeigen im Maitlandmedium, wie ich mich selbst immer wieder überzeugen konnte, sogar ein ganz ausgezeichnetes Proliferationsvermögen, vorausgesetzt, daß man größere Mengen (zirka 0,2 g auf 1 ccm Kulturflüssigkeit) von frisch zerschnittenem Gewebe sofort in die Kulturgefäße bringt und daß man dann die Kulturen während mindestens 2 Tagen bei 37° C ruhig stehen läßt. Im zugesetzten Gewebebrei sind dann offenbar hinreichend Wuchsstoffe vorhanden, und durch das ruhige Stehenlassen der Kulturen haben die Gewebefragmente Gelegenheit, sich am Flaschenboden festzusetzen; man findet in diesem Fall, daß schon nach 3—4 Tagen Züchtungsdauer der gesamte Glasboden des Züchtungsgefäßes mit einem festhaftenden Netzwerk ausgewachsener Zellen überzogen ist. Die immer wieder gemachte Angabe, daß das Gewebe im Maitlandmedium nur „latent" gezüchtet wird, muß deshalb nicht immer zutreffen.

b) „*Riversmedium*".

Das Kulturmedium (für die Züchtung von Vaccinevirus) besteht nur noch aus Tyrodelösung, in welcher die Gewebefragmente (embryonales Hühnergewebe, Kaninchenhodengewebe) suspendiert sind. Hierbei soll ein bestimmtes Mengenverhältnis zwischen Gewebe und Tyrodelösung eingehalten werden, nämlich etwa 0,1 g Gewebe auf 4—5 ccm Salzlösung. Als Züchtungsgefäße können Carrelflaschen, Erlenmeyerkölbchen (50 ccm) oder, mit besonderem Vorteil, speziell konstruierte Kulturflaschen („collar flasc") verwendet werden. Diese Spezialflaschen besitzen oben eine Öffnung, die mit Watte und einem Stanniolüberzug (auch Cellophan ist geeignet) verschlossen ist. Der Flaschenhals ist so geformt, daß er innen eine Rinne bildet, in der sich ev. herunterfließendes Kondenswasser sammelt, außerdem ist am Hals der Flasche noch eine weitere seitlich verlängerte Öffnung angebracht, die nur mit einem Wattepfropfen versehen ist und die der Belüftung der Kultur dient.

Auch im Riversmedium können wohl die explantierten Gewebe nicht nur vorübergehend überleben, sondern unter Umständen auch wachsen und proliferieren.

2. Technik der Viruszüchtung im Gewebsexplantat.

Welche der genannten Explantationsmethoden man für die Viruszüchtung wählt, wird vor allem von der Fragestellung abhängen; bezweckt man lediglich, ein Virus in vitro zur Vermehrung zu bringen, um einen Virusstamm außerhalb des Tierkörpers zu erhalten, oder um ein Antigen bzw. einen Impfstoff zu gewinnen, so wird man wohl im allgemeinen mit einem „Maitland- oder Riversmedium" auskommen. Sollen jedoch die Bedingungen, von denen die Virusvermehrung im Explantat abhängt, d. h. vor allem die Beziehungen zwischen Virus und lebender Zelle analysiert werden, so ist wohl die Herstellung einer Gewebekultur nach der klassischen Methode vorteilhaft bzw. unumgänglich.

Damit eine Viruszüchtung im Gewebsexplantat überhaupt möglich ist oder als erfolgreich bezeichnet werden kann, müssen nun aber — gleichgültig, welche Methode befolgt wird — in erster Linie bestimmte technische Vorschriften, wie sie sich aus den bisherigen Erfahrungen bei der Viruszüchtung ergeben, beachtet und erfüllt werden.

1. Beimpfung.

Art der Beimpfung. Das explantierte Gewebe kann prinzipiell auf drei Arten mit Virus infiziert werden:

a) Man benutzt zur Explantation Gewebe, die aus einem virusinfizierten Tierkörper stammen und züchtet dieselben allein oder mit frischem Normalgewebe zusammen. Oft wird in diesem Fall das Anzüchten eines Virus im Explantat erleichtert.

b) Die zu explantierenden Gewebefragmente werden in vitro infiziert, indem sie in eine virushaltige Flüssigkeit (Ringer- oder Tyrodelösung) nur kurz (einige Minuten) eingetaucht werden, oder — zuverlässiger — indem sie mit derselben während 2—4 Stunden (ev. auch länger) bei niederer Temperatur (+4° C) in Kontakt gehalten werden. Erst hierauf werden die Gewebefragmente in die Kulturmedien explantiert. Diese Art der Beimpfung ist meist auch dann zuverlässig, wenn die Gewebefragmente nur mit einer geringen Virusdosis (z. B. 1 M. J. D.) infiziert werden sollen; sie hat dagegen den Nachteil, daß zunächst nicht beurteilt werden kann, welche Virusmenge tatsächlich von den Geweben aufgenommen wird. Die in eine Kultur eingebrachte Virusmenge muß deshalb — wenn die Virusvermehrung quantitativ festgestellt werden soll — noch nachträglich bestimmt werden (vgl. unten).

c) Das zu züchtende Virus wird in abgemessener Menge (0,1—1,0 ccm einer bestimmten Virusverdünnung in Tyrodelösung) der Gewebekultur (Maitland- bzw. Riversmedium) direkt zugesetzt. Auch Flaschenkulturen nach CARREL können auf diese Weise infiziert werden, indem man das Virus mit der „flüssigen Phase“ in die Kultur bringt. Die so beimpften Kulturen werden dann entweder noch während einiger Stunden im Eisschrank bei +4° C gehalten (was besonders bei kleiner Impfdosis und bei Flaschenkulturen nach CARREL angezeigt ist) oder sie werden sofort bebrütet. Die Vorteile dieses Impfmodus liegen darin, daß nicht nur bereits gewachsenes Gewebe infiziert werden kann, sondern daß man auch weiß, welche Virusmenge einer Kultur zugesetzt worden ist.

Impfmaterial. Selbstverständlich muß die Erstbeimpfung einer Kultur stets mit einem völlig bakteriosterilen Virusmaterial ausgeführt werden. Auch in Geweben, die unter völlig aseptischen Kautelen aus einem virusinfizierten Tierkörper entnommen werden, lassen sich zuweilen Bakterien („Microbes de sortie“) nachweisen, die sich oft in Gewebekulturen erst nach einigen Passagen stärker vermehren und damit zum Untergang von Geweben und Virus führen. Es ist deshalb in den meisten Fällen angezeigt, die Gewebsexplantate mit einem bakterienfreien Virusfiltrat zu beimpfen.

Impfdosis. Oft ist auch übersehen worden, daß eine zu massive Beimpfung der Kulturen mit Virus sich auf den Vorgang der Virusvermehrung nachteilig auswirken kann. Dies ist besonders der Fall bei Virusarten, welche die Gewebe rasch zu schädigen vermögen; durch den frühzeitigen Gewebetod sistiert nicht nur die Virusvermehrung, sondern es kommt auch zu einer vorzeitigen Viruszerstörung (63). Die zu einem Explantat zugesetzte Virusmenge soll deshalb nach Möglichkeit nicht mehr als 100—1000 M. J. D. betragen; eine noch kleinere Impfdosis (1—10 M. J. D.) ist dann indiziert, wenn die Virusvermehrung im Explantat quantitativ (vgl. unten) ausgewertet werden soll.

Konservierung von Gewebsexplantaten vor der Beimpfung. Will man, aus irgendwelchen Gründen, die fertig hergestellten Gewebekulturen nicht sofort mit Virus beimpfen, so kann man, wie aus einigen in dieser Richtung angestellten Versuchen (177, 27, 48) hervorgeht, die Gewebsexplantate (ev. auch die noch nicht zur Kultur präparierten Gewebe) unbedenklich während 4—5 Tagen (oft noch länger) bei niederer Temperatur (+4° C) konservieren, ohne daß dieselben hierdurch ihre Eignung zur Viruszüchtung verlieren würden.

2. Bebrütung.

Die Züchtungstemperatur für die virusinfizierten Kulturen beträgt gewöhnlich 37—38° C; höhere Temperaturen (40—41° C) schädigen die Kultur (101, 121) und niedrigere verlangsamen die Virusvermehrung oder heben sie ganz auf (vgl. S. 390). Die Angabe von PINKERTON und HASS (121), wonach eine An- und Dauerzüchtung von Fleckfieberrickettsien[1] nur bei einer auf 32° C herabgesetzten Züchtungstemperatur möglich ist, weil — nach der Annahme dieser Autoren — das bei dieser Temperatur gezüchtete Gewebe gegenüber der Rickettsieninfektion eine verminderte Resistenz hat, kann nach den Untersuchungen von NIGG (109), denen zufolge die optimale Züchtungs- und auch Konservierungstemperatur für im Explantat gehaltene Rickettsien bei 37° C liegt, generell nicht aufrechterhalten werden. Immerhin hat man es durch eine Herabsetzung der Bruttemperatur von 37° auf 32—30° C in der Hand, einer überstürzten Virusvermehrung und nachfolgenden Viruszerstörung zu begegnen. Eine Züchtung von Rickettsien und von Virusarten bei verminderter Temperatur kann aus diesem Grunde unter gewissen Umständen (besonders bei rasch proliferierendem Gewebe) von Vorteil sind; das beweisen nicht nur die Versuche von PINKERTON und HASS mit Fleckfieberrickettsien, sondern auch von HECKE (69) mit dem Virus der Maul- und Klauenseuche. HECKE erreichte erst regelmäßige Züchtungsergebnisse, wenn die virusinfizierten Explantate bei 30° C gehalten wurden.

Aerobe und anaerobe Züchtung. Eine ausreichende Versorgung der Explantate mit Sauerstoff scheint für die Züchtung der Mehrzahl aller Virusarten unbedingt notwendig; so gelingt es beispielsweise nicht, Vaccinevirus [MAITLAND und LAING (101), MAITLAND, LAING und LYTH (102), BREINL (14)], Gelbfiebervirus [HAAGEN und THEILER (62)], Hühnerpestvirus [PLOTZ (125)], Maul- und Klauenseuchevirus [HECKE (72)], Influenzavirus [MAGILL und FRANCIS (97)] oder Roussarkomvirus [CARREL (19)] unter anaeroben Züchtungsbedingungen (Züchtung im Anaerobentopf, in hoher Schicht, unter Vaselin- bzw. Paraffinabschluß mit und ohne Cystein) zur Vermehrung zu bringen. Praktisch ergibt sich hieraus die Forderung, die Viruszüchtung nur in Medien (Maitland-Riversmedium) von niederer Schicht (einige Millimeter Höhe), bzw. von ausreichend großer Oberfläche vorzunehmen.

Auch die Rickettsien scheinen nur dann optimale Vermehrungsbedingungen zu finden, wenn Sauerstoff zugegen [NIGG und LANDSTEINER (110)], bzw. wenn das Verhältnis von Kulturflüssigkeit zum Luftraum des Züchtungsgefäßes ein ganz bestimmtes (1 : 11 bzw. 12) ist [ZINSSER und MACCHIAVELLO (184)]. Von der Größe des Luftraumes, der einer nach außen luftdicht verschlossenen Gewebekultur zur Verfügung steht, hängen nun nicht nur die Sauerstoffversorgung der Gewebe, sondern auch die Abgabe der Kohlensäure aus dem Kulturmedium und hierdurch auch Änderungen der Wasserstoffzahl (p_H), ev. des Redoxpotentials in der Kultur selbst, ab. Auf die mögliche Bedeutung dieser Vorgänge für

[1] Die Rickettsien werden hier gleichzeitig mit den Virusarten besprochen, weil sie kulturell zahlreiche Eigenschaften mit den Virusarten gemeinsam haben.

die Virusvermehrung haben neuerdings ZINSSER und SCHOENBACH (185) ausdrücklich hingewiesen.

Einige wenige Virusarten scheinen nun aber doch fakultativ oder obligat anaerob gedeihen zu können. So wies TRAUB (177) nach, daß das Virus der Pseudolyssa sowohl in einem Maitlandmedium von niederer als auch hoher Schicht gezüchtet werden kann, und für das Schnupfenvirus ist — nach den Angaben von DOCHEZ, MILLS und KNEELAND (27) und POWELL und CLOW (137) — die anaerobe Züchtung (in hoher Schicht, mit Vaselinabschluß und Cysteinzusatz) die Methode der Wahl.

Eine Einteilung der Virusarten — nach Art der Bakterien — in aerobe, fakultativ bzw. obligat anaerobe Virusarten ist jedoch schon deshalb ausgeschlossen, weil ein selbständiger Gasstoffwechsel bei Virusarten mit Sicherheit nie nachgewiesen werden konnte (17, 112, 182, 78, 180, 64, 124, 16, 117). Der Einfluß des Sauerstoff- und Kohlensäureaustausches in einer Gewebekultur auf die Viruszüchtung ist deshalb wohl nur mittelbar, d. h. er erstreckt sich vor allem auf die Lebensfunktionen (Atmung, Stoffwechsel usw.) der explantierten Gewebe.

Dauer der Bebrütung, Überimpfungstermin, Viruspassagen. Die Lebensfähigkeit bzw. Haltbarkeit der Virusarten in einem Gewebsexplantat ist meistens zeitlich eng begrenzt. Nachdem die Virusvermehrung in wenigen Tagen ein Maximum erreicht hat, kommt es entweder zu einer plötzlichen, kritisch erfolgenden Viruszerstörung oder zu einem langsamen, aber stetig fortschreitenden Virusschwund. Eine Dauerzüchtung von Virus in Explantaten ist daher nur möglich, wenn das Virus rechtzeitig passiert, d. h. vor seiner definitiven Zerstörung in ein neues Kulturmedium übertragen wird; im allgemeinen gilt hierbei die Regel, daß man das Virus im Zeitpunkt seiner größten Vermehrung von einer Kultur auf die andere überimpfen soll. Die optimale Bebrütungsdauer eines in vitro gezüchteten Virus ist also die Zeit, die vom Moment der Beimpfung bis zur maximalen Virusvermehrung verstreicht; anscheinend ist diese Zeit bei den einzelnen Virusarten verschieden, so beträgt sie beispielsweise beim Schnupfenvirus (27), Influenzavirus (97) und Pseudorabiesvirus (177) nur 2—3 Tage, beim Herpesvirus (52), Gelbfiebervirus (54), dem Virus der equinen Encephalomyelitis (185) und dem Lyssavirus (181) 4 Tage, beim Vaccinevirus (55) 4—7 Tage, bei den Rickettsien (185, 111) 8—12 Tage, und schließlich ist sie beim Roussarkomvirus (19) anscheinend überhaupt nicht begrenzt; denn eine gut unterhaltene Kultur produziert auch noch nach 2—3 Wochen ebensoviel Virus wie zu Beginn. Alle diese Angaben haben jedoch nur einen bedingten Wert, u. zw. deshalb, weil das Tempo der Virusvermehrung in vitro zweifellos nicht nur von der Art des zu züchtenden Virus abhängt, sondern auch von der Art der Gewebezüchtung. So konnte für ein und dasselbe Virus, nämlich für das Hühnerpestvirus, nachgewiesen werden (63, 65), daß die optimale Bebrütungsdauer bzw. der optimale Termin für die Viruspassage, je nach der Art, der Menge und dem Proliferationsgrad des explantierten Gewebes zwischen 3—8 Tagen variiert. Zu ähnlichen Befunden gelangten DOWNIE und MC GAUGHEY (31) bei der Züchtung von Ektromelievirus; auch diese Autoren stellten fest, daß der Zeitpunkt der maximalen Virusvermehrung je nach der Art des verwendeten Kulturmediums schwankt. Und schließlich zeigte HECKE (69, 70), daß man das für die Dauerzüchtung von Maul- und Klauenseuchevirus notwendige Passageintervall durch die Herabsetzung der Züchtungstemperatur von 37° auf 30° C verlängern kann.

Der optimale Zeitpunkt der Virusüberimpfung muß demnach, falls man eine langfristige Dauerzüchtung anstrebt, nicht nur für jede Virusart, sondern auch für die jeweils gewählte Züchtungsmethode empirisch bestimmt werden.

Die Tatsache, daß man bei der Dauerzüchtung von Virus in vitro (im Gegensatz zur Nährbodenpassage bei den meisten Bakterien) an einen ganz bestimmten Überimpfungstermin gebunden ist, erklärt sich wohl dadurch, daß nicht nur die Vermehrung, sondern auch die Konservierung der Virusarten in vitro nur solange gewährleistet ist, als die explantierten Zellen überleben. Da nun die Mehrzahl aller Virusarten [Vaccinevirus, Herpesvirus (141); Virus III (79), Hühnerpestvirus (63, 134), Rift-Valley-fever-Virus (151), Pseudorabiesvirus (177); Maul- und Klauenseuchevirus (165, 83); Ektromelievirus (31) u. a. m.] die Gewebe, in deren Gegenwart sie gezüchtet werden können, mehr oder weniger rasch schädigen und deren Absterben bedingen, ist es verständlich, daß virusinfizierte Explantate meistens frühzeitig überimpft werden müssen, damit eine Viruskultur dauernd in vitro erhalten werden kann. Eine Ausnahme hiervon machen wohl nur die Rickettsien und das Virus des ROUSschen Hühnersarkoms. Gerade bei den Rickettsien wissen wir nun aber, daß sie sich in Gewebsexplantaten (in auffallendem Gegensatz zu den Virusarten) erst dann stärker vermehren, wenn die Gewebe nahezu keine Lebensäußerungen mehr zeigen, und daß sie wahrscheinlich auch in Explantaten von abgestorbenem bzw. schonend abgetötetem Gewebe gedeihen können [KRONTOWSKI und HACH (84), YOSHIDA (183), BREINL und CHROBOK (15), ZINSSER und SCHOENBACH (185)]. Die Züchtung von Roussarkomvirus ist zwar streng an die Gegenwart lebender Zellen (Blutmonocyten) gebunden; diese Zellen werden nun aber bekanntlich durch die im Explantat vor sich gehende Virusregeneration keineswegs geschädigt, sondern höchstenfalls zu fibroblastenartigen Sarkomzellen umgewandelt. Es ist daher wohl verständlich, daß in einer gut unterhaltenen Gewebekultur das Sarkomvirus wochenlang konserviert werden kann.

Ebenso wichtig wie das Einhalten eines bestimmten Überimpfungstermines ist die Art und Weise, wie das Virus von Gewebekultur zu Gewebekultur passiert wird. Die hierbei von den verschiedenen Autoren geübte Technik ist nun keineswegs einheitlich; in der Hauptsache lassen sich drei Verfahren unterscheiden:

a) In Deckglaskulturen wird das Virus meist in der folgenden Weise passiert: das Gewebefragment einer virusinfizierten und während einiger Tage bebrüteten Kultur wird aus dem Plasmakoagulum herausgeschnitten und in zwei gleich große Teile geteilt; jede dieser Hälften wird nun in einem neuen Kulturmedium mit einem frischen Gewebefragment in Kontakt gebracht und beide Fragmente zusammen gezüchtet.

Obwohl nun gar kein Zweifel sein kann, daß man auf diese Weise Virus unbegrenzt lange in Deckglaskulturen weiterzüchten kann, so muß doch ausdrücklich hervorgehoben werden, daß gerade dieses Verfahren sehr wenig geeignet ist, über das eigentliche Ausmaß der Virusvermehrung Aufschluß zu geben (vgl. unter Virusnachweis).

b) In Flaschenkulturen (Maitland- und Riversmedium) kann das Virus dadurch in höchst einfacher Art von einer Kultur auf die andere serienweise übertragen werden, indem man aus einer bebrüteten Kultur mit einer Pipette eine bestimmte Menge Kulturflüssigkeit entnimmt, das Gewebe rasch abzentrifugiert und von der überstehenden Flüssigkeit einige Tropfen auf ein neues Kulturmedium überträgt. Auch diese Methode hat sich zur Dauerzüchtung von Vaccinevirus (139, 142, 91) und von Gelbfiebervirus (92, 171, 172, 161) bewährt; sie könnte jedoch unter Umständen dann versagen, wenn ein Virus im Explantat sich ausschließlich nur in oder an den Geweben vermehrt. Zur quantitativen Bestimmung des Virusgehaltes einer Kultur eignet sich jedoch auch dieses Verfahren nicht; die zur Überimpfung benutzte überstehende, zellfreie Kulturflüssigkeit enthält zweifellos nur eine kleine Quote des Kulturvirus, und deren quantitative Auswertung kann nur den Zweck haben, diejenige Virusmenge festzustellen, die man auf eine neue Kultur verimpft.

c) Die virusinfizierte Kultur (Deckglas-, Flaschen-, Kölbchenkultur) wird in toto in einen Mörser gebracht und mit sterilem See- oder Glassand zerrieben, hierauf wird (ev. nach Zusatz einer abgemessenen Menge von Tyrodelösung) kurz zentrifugiert und die überstehende Flüssigkeit bzw. deren Verdünnungen in Tyrodelösung als Inoculum für eine neue Kultur verwendet, wobei alle bereits beschriebenen Beimpfungsarten möglich sind.

Die eben beschriebene Art der Viruspassage, die bei jeder beliebigen Züchtungsmethode angewendet werden kann, erlaubt nun auch — da erst durch die mechanische Zertrümmerung der Gewebe ein Großteil von Kulturvirus liberiert wird — gleichzeitig den Virusgehalt einer Kultur, wenigstens annähernd, quantitativ zu bestimmen.

Auch bei der Kulturpassage soll die Menge des zu überimpfenden Virus (durch eine entsprechende Verdünnung der Kulturflüssigkeit in Tyrodelösung) möglichst klein bemessen sein, nicht nur, damit die Kultur durch eine allzu massive Virusbeimpfung nicht vorzeitig geschädigt wird, sondern auch, um die Übertragung von Stoffwechselprodukten, Zelltrümmern und bakteriellen Verunreinigungen (die sich ev. beim Zermörsern der Kultur ereignen können) auf ein Minimum herabzusetzen.

3. Virusnachweis.

Für den qualitativen und quantitativen Nachweis von Virus in Gewebsexplantaten ist man auf den Tierversuch angewiesen; bei Virusarten, die auf der Chorion-Allantois des heranwachsenden Hühnerembryos charakteristische Läsionen setzen, kann man auch diese Methode des Virusnachweises (vgl. dritter Abschnitt, 2, dieses Handbuches) heranziehen.

Dagegen kommt dem direkten Nachweis von Elementarkörperchen oder spezifischen Einschlußkörperchen, der auch im Explantat bei einer Reihe von Virusarten (vgl. S. 399) zu leisten ist, einstweilen — aus technischen Gründen — noch keine praktische Bedeutung zu. Auch die von PLOTZ (126) vorgeschlagene, bei der Züchtung von Hühnerpestvirus erprobte, indirekte Methode des Virusnachweises, bei welcher die Gewebeschädigung (Ausbleiben der Methylenblaureduktion in virusinfizierten Kulturen) als Indikator für die Gegenwart von Virus dient, hat wohl nur theoretisches Interesse.

Mit einem rein qualitativen Nachweis von Kulturvirus wird man sich nur begnügen können, wenn die Vermehrung eines Virus im Explantat bereits sichergestellt ist und es sich lediglich darum handelt, entweder die Kontinuität einer Kulturpassage festzustellen oder um Veränderungen in der „Virulenz" des gezüchteten Virus nachzuweisen. *Dagegen muß der Beweis für die erstmalige, erfolgreiche Züchtung einer Virusart in vitro stets auf dem Wege des quantitativen Virusnachweises erbracht werden, d. h. es muß in einwandfreier Weise (durch die Auswertung des Kulturvirus im Tierversuch) nachgewiesen werden, daß sich das Virus in jeder Kulturpassage tatsächlich quantitativ vermehrt.* Da diese Forderung auf dem Gebiete der Viruszüchtung bisher größtenteils nicht oder nur mangelhaft erfüllt wurde, ist es erklärlich, daß so viele Angaben über „erfolgreiche" Züchtungen von Virusarten nicht nur äußerst zweifelhaft erscheinen, sondern auch häufig nicht bestätigt werden konnten.

Die meist geübte (bei Deckglaskulturen wohl auch einzig mögliche) Beweisführung, daß eine Virusvermehrung in vitro stattgefunden hat, ist nun die folgende: Wenn ein Virus über n-Kulturpassagen geführt wird und in der n-ten Kultur noch nachgewiesen werden kann, so hat es — wenn der „Verdünnungsfaktor" bei jeder Passage x beträgt — eine Gesamtverdünnung x^n erlitten; dieser Verdünnungsgrad muß nun aber durch eine mindestens adäquate Virusvermehrung (x^n) kompensiert worden sein. Die Virusvermehrung wird demnach nicht de facto bestimmt, sondern errechnet. Gegen die Logik dieser Berechnung ist sicher nichts einzuwenden, auch kann sie dann überzeugen, wenn eine Kultur noch nach sehr vielen Passagen denselben oder einen noch höheren Virustiter aufweist wie die Ausgangskultur.

Die Beurteilung eines Züchtungserfolges nur nach dem errechneten Verdünnungsgrad (selbst, wenn sich hierbei eine Zahl von „astronomischer Größenordnung" ergeben sollte) und ohne entsprechende Kontrollversuche (z. B. gleichartig geführte Viruspassagen entweder ohne Bebrütungsintervall oder bei niederer Temperatur) erscheint jedenfalls stets bedenklich; die wohl immer noch umstrittene Züchtungsmöglichkeit des Poliomyelitisvirus (44, 45, 159, 93, 51, 81) ist hierfür ein beredtes Beispiel. Eine rein passive Verschleppung von Virus läßt sich durch eine Wahrscheinlichkeitsrechnung wohl mit Sicherheit niemals völlig ausschließen, besonders nicht, wenn ganze, virusinfizierte Gewebestücke von einer Kultur auf die andere verpflanzt werden, wie das in Deckglaskulturen gewöhnlich der Fall ist. Auch muß stets mit der Möglichkeit gerechnet werden, daß ein Virus gerade in Gegenwart von lebendem Gewebe (Fibroblasten), in dem es sich nicht zu vermehren vermag, oft auffallend lange — einige Wochen — sich konservieren kann [CARREL (19), HALLAUER (63)].[1] Schließlich verdient auch das von DOERR und seinen Mitarbeitern (29, 30) beim Hühnerpestvirus beobachtete eigenartige Phänomen des „Potenzierungseffektes", d. h. einer oft 10000fachen Infektiositätszunahme von Hühnerpestvirus in vitro durch den Zusatz von Adsorbentien (normale Hühnererythrocyten, Hühnerhirnemulsion, Tierkohle) in diesem Zusammenhang erhöhte Beachtung.

Die einwandfreieste, wenn auch weit mühevollere und oft mit einem bedeutenden Tierverbrauch verbundene Methode, mit welcher der Nachweis einer Virusvermehrung im Explantat geleistet werden kann, besteht nun zweifellos darin, daß der Virusgehalt einer Kultur vor, während und nach der Bebrütung im Tierversuch ausgewertet wird. Damit man hierbei rasch zu eindeutigen und überzeugenden Ergebnissen gelangt, empfiehlt es sich, ungefähr in der folgenden Weise vorzugehen:

Die zur Beimpfung der Kulturen bestimmte virushaltige Flüssigkeit wird zunächst quantitativ (meist begnügt man sich damit, das Virus mit Tyrodelösung in Zehnerpotenzen zu verdünnen) ausgewertet. Eine Reihe flüssiger Kulturmedien (Maitland- bzw. Riversmedium) werden hierauf mit der kleinsten, im Tierversuch eben noch wirksamen Virusdosis (= 1 M. J. D.) infiziert; oft ist es zweckmäßig, noch eine Reihe von Kulturen mit 10 bzw. 100 M. J. D. zu beimpfen. Die eine Hälfte der beimpften Kulturen wird dann in den Eiskasten (0° bis +4° C) gestellt, die andere wird bei 37° C bebrütet. Nach einem Intervall von 1, 2, 3, 4 usw. Tagen wird je eine bebrütete und (zur Kontrolle) auch je eine bei niederer Temperatur gehaltene Kultur auf ihren Virusgehalt geprüft, d. h. in der folgenden Weise verarbeitet: Die Kulturen werden in toto im Mörser mit Sand zerrieben, dann kurz zentrifugiert, die überstehende Flüssigkeit mit Tyrodelösung in Potenzen von 10 — unter ständigem Pipettenwechsel — verdünnt, und jede Verdünnung auf ihre Infektiosität im Tierversuch geprüft. Sollen gleichzeitig Subkulturen angelegt werden, so beimpft man zuvor eine Reihe frischer Kulturmedien mit den hergestellten Virusverdünnungen. Bis zur nächsten

[1] Übrigens ist auch in zellfreien Medien die Haltbarkeit von Virus bei 37° C oft bedeutend länger als gemeinhin angenommen wird; bei 37° C gehaltene Suspensionen von gereinigten Vaccineelementarkörperchen in Bouillon sind — nach AMIES (1) — oft nach mehreren Wochen noch infektiös.

Viruspassage (ungefähr nach 4 Tagen) ist man dann meistens durch den Ausfall des Tierversuches darüber orientiert, welche Subkulturen mit der kleinsten Virusmenge beimpft worden sind, so daß man sich bei der Auswertung nur auf diese Kulturen beschränken kann (dauert die Auswertung im Tierversuch länger als das beabsichtigte Kulturpassageintervall, so bringt man die Kulturen nach der Bebrütung solange in den Eiskasten, bis der Tierversuch abgeschlossen ist).

Mit der geschilderten Versuchsanordnung sollte es möglich sein, sehr rasch darüber Aufschluß zu bekommen, ob sich ein Virus im Explantat tatsächlich vermehrt oder nicht. Dadurch, daß man die Kulturen stets mit einer möglichst kleinen Virusmenge beimpft, wird die Gefahr der passiven Virusverschleppung auf ein Minimum reduziert, so daß schon wenige Kulturpassagen, in denen regelmäßig eine Viruszunahme festgestellt werden konnte, für den Züchtungserfolg beweisend sind.

4. Kontrollen.

Bei jeder Viruszüchtung (besonders bei Erstzüchtungen) ist es wünschenswert, den Züchtungserfolg dadurch sicherzustellen, daß eine Reihe von Kontrollkulturen mitgeführt werden, nämlich:

a) eine Kultur, die wohl das für die übrigen Kulturen verwendete Nährmedium, aber *kein* Gewebe enthält;

b) eine Kultur, deren Gewebe auf schonende Art (am besten durch mehrmaliges Gefrieren und Wiederauftauen) *abgetötet* wurde;

c) eine Kultur, deren Zusammensetzung aus Nährmedium und lebendem Gewebe den zur Viruszüchtung benutzten Kulturen entspricht, die aber *nicht* mit Virus infiziert wird.

Die mit Virus infizierten Kulturen a und b erlauben die Feststellung, wie lange sich ein Virus auf Nährböden, in denen eine Virusvermehrung ausgeschlossen ist, bei einer bestimmten Züchtungstemperatur konserviert; die unbeimpfte Kontrollkultur c dient dazu, die Möglichkeit einer Einschleppung eines fremden Virus in die Gewebekulturen auszuschließen. Eine erhöhte Bedeutung erhält diese Kontrolle dann, wenn zur Herstellung der Gewebekulturen Gewebe verwendet werden, die zuweilen — erfahrungsgemäß — mit einem Virus (Virus III, Virus der lymphocytären Choriomeningitis, Mäuseencephalitis-, Speicheldrüsenvirus) latent infiziert sind.

5. Konservierung von Kulturvirus.

Nach den Erfahrungen wohl aller Autoren, welche die Konservierungsmöglichkeit von Kulturvirus geprüft haben, ist die Haltbarkeit von Virus in Gewebekulturen bei Eisschranktemperatur nicht nur je nach der Art des Virus, des Kulturmediums und der „individuellen" Beschaffenheit einer Kultur außerordentlich unterschiedlich, sondern vor allem zeitlich sehr begrenzt. Wahrscheinlich sind es autolytische Vorgänge der Gewebe, welche diese progressive und meist schon nach einigen Wochen beendete Viruszerstörung bedingen. Eine zuverlässige Konservierung von Kulturvirus über längere Zeit hätte nun eine große praktische Bedeutung nicht nur für die Technik der Viruszüchtung (Möglichkeit der Konservierung eines Passagevirus von bestimmten Eigenschaften; Vorrätighalten von Impfmaterial zum Anlegen von neuen Kulturen), sondern auch für den Versand virusinfizierter Kulturen über größere Distanzen und namentlich für die Verwendung von aus Gewebekulturen gewonnenen Impfstoffen.

Es hat deshalb nicht an Versuchen gefehlt, eine verlängerte Haltbarkeit von Kulturvirus zu erzielen; die Methoden, die sich hierbei — einzeln oder kombiniert angewendet — bewährt haben, sind die folgenden:

a) Halten der Kulturen im gefrorenen Zustand im Tiefkühler bei —10° C.

b) Aufbewahren der Kulturen im Eisschrank unter Luftausschluß (in gut verschlossenen Röhrchen bzw. Ampullen oder im Vakuum).

c) Zugabe von konservierenden Flüssigkeiten (Glycerin, Serumeiweiß, Eieralbumen, Gummi arabicum) und Lagerung der Kulturen im Eisschrank.

Mit Hilfe dieser Mittel, deren spezielle Eignung für jede Art von Viruskultur empirisch bestimmt werden muß, ist man meistens imstande, den Virusgehalt einer Gewebekultur über längere Zeit (während einiger Monate) stabil zu erhalten. Für die Bedürfnisse experimenteller Untersuchungen dürfte eine derartige Konservierung genügen; größere Anforderungen müssen dagegen an die Haltbarkeit von Kulturvirus, das zur Immunisierung von Menschen bzw. Tieren verwendet werden soll, gestellt werden. In diesem Fall hat sich nun ein Verfahren bewährt, dessen Leistungsfähigkeit für die Konservierung von Komplement, von Immunseren, Bakterien [Swift (167)] und auch einige Virusarten [Harris und Shackell (67), Rous (147), Sawyer, Lloyd und Kitchen (153)] schon längere Zeit bekannt war und dessen Prinzip darin besteht, daß man das zu konservierende Material bei stark erniedrigter Temperatur (meistens in einem Gemisch von fester Kohlensäure und Alkohol, Glycerin usw. bei —78° C) rasch gefriert, dann in gefrorenem Zustand rasch trocknet (im evakuierten Exsiccator in Gegenwart hygroskopischer Substanzen oder mit einer Hochvakuumpumpe) und hierauf im Vakuum in Ampullen einschmilzt. Zur Konservierung von Kulturvirus (Vaccinevirus) (142, 91, 143, 53), Gelbfiebervirus (92) und Schnupfenvirus (27) eignet sich dieses Verfahren — vorausgesetzt, daß eine bestimmte Technik [vgl. Rivers und Ward (143)] eingehalten wird — vorzüglich. Der Hauptvorteil dieser Konservierungsmethode besteht darin, daß ein Virus (Vaccinevirus) nicht nur bei Eisschranktemperatur, während vieler Monate, sondern auch bei 37° C während 4—5 Wochen ohne wesentlichen Infektiositätsverlust aufbewahrt werden kann. Nachdem nun in neuerer Zeit auch höchst zweckmäßige Apparate, in denen das Gefrieren, Trocknen und ev. auch Versiegeln des Materials in einfacher Weise bewerkstelligt werden kann, von Flosdorf und Mudd (46) und Swift (168) konstruiert worden sind, dürfte dieses Konservierungsverfahren künftighin zur Methode der Wahl werden.

III. Verhalten der Virusarten im Gewebsexplantat.

Durch die Anwendung der Methode der Gewebekultur kann die Frage der Viruszüchtung in vitro prinzipiell als gelöst gelten. Mit der Züchtung bakterieller Erreger auf toten Nährsubstraten verglichen, bietet allerdings die Viruszüchtung, trotz aller Vereinfachung noch immer die größeren technischen Schwierigkeiten. Von einem rein utilitarischen Standpunkt aus mag diese Tatsache als Nachteil empfunden und bedauert werden. Anderseits darf aber auch nicht übersehen werden, welche Vorteile gerade aus der (wenigstens zur Zeit noch unumgänglichen) Notwendigkeit, Gewebsexplantate für die Viruszüchtung zu verwenden, sich für die Virusforschung ergeben. Als Forschungsmethode bietet nämlich die Viruszüchtung im Gewebsexplantat Möglichkeiten, die bei der Züchtung von Bakterien auf künstlichen Nährböden nicht gegeben sind. Während sich in Bakterienkulturen nur die Lebensäußerungen der Keime (Vermehrungspotenz, enzymatisch-chemische Leistungen, Verwendungs- und Gasstoffwechsel) unter unnatürlichen, im Tierkörper jedenfalls nicht vorkommenden Bedingungen untersuchen lassen, erlaubt dagegen die Viruszüchtung im Explantat das Studium einer Reihe von Wechselbeziehungen zwischen Infektionsstoff und Wirtszelle. So können wichtige Fragen der Infektiosität (Ansiedelung und Vermehrung des Infektionserregers in bestimmten Zellen und Geweben), der Pathogenität (spezifische, durch den Erreger bedingte Gewebeläsionen) und schließlich auch der Immunität (Unempfänglichkeit von aktiv oder passiv immunisierten Geweben gegenüber der Infektion) außerhalb des Tierkörpers, d. h. unter einfacheren und experimentell bestimmbaren Versuchsbedingungen analysiert werden.[1]

Die bisherigen Untersuchungen über das Verhalten von Virusarten in Gewebsexplantaten haben von diesen Möglichkeiten nur einen beschränkten Gebrauch gemacht; sie beschäftigten sich hauptsächlich mit der Aufklärung des Mechanismus der Virusvermehrung, d. h. vor allem mit der Eruierung aller jener Bedingungen, von denen die quantitative Viruszunahme im Explantat abhängt, und weiterhin auch mit der Frage, welche qualitativen Veränderungen ein Virus während der Züchtung erleiden kann.[2]

1. Mechanismus der Virusvermehrung.

Es wurde wiederholt darauf hingewiesen [EAGLES (32), DOERR (28) u. a.], daß über den Mechanismus der Virusvermehrung im Explantat — im Verhältnis zum geleisteten Arbeitsaufwand — auffallend wenig bekannt ist. Die Tatsache allein, daß eine Virusvermehrung nur im Gewebsexplantat möglich ist, bestätigt ja lediglich die schon vor der Viruszüchtung in vitro gewonnene Erkenntnis, nämlich, daß zwischen Virus und Wirtszelle die engsten Beziehungen bestehen müssen. Welche Rolle jedoch dem lebenden Gewebe bei der Virusvermehrung letzten Endes zukommt, ist größtenteils unbekannt.

Die bisherige Züchtung der Virusarten im Gewebsexplantat hat nun aber doch — meist auf empirischem Wege — zu Ergebnissen geführt, die nicht nur für die Züchtungstechnik von Bedeutung sind, sondern auch den Vorgang der Virusvermehrung verständlicher machen. Schon der Versuch, die Kulturmedien beständig zu vereinfachen, ließ erkennen, welche Bedingungen im Gewebsexplantat vorhanden sein *müssen*, damit eine Virusvermehrung überhaupt möglich ist. Die bei der Viruszüchtung häufig beobachteten Mißerfolge und Unregelmäßigkeiten machten es weiterhin notwendig, die Faktoren und Vorgänge, die für das Ausmaß und den zeitlichen Ablauf der Virusvermehrung *maßgebend* sind, festzustellen. Schließlich war die Viruszüchtung im Explantat auch besonders geeignet, darüber Aufschluß zu geben, *wo* die Virusvermehrung stattfindet, nämlich ob sie außerhalb oder innerhalb der Gewebezellen erfolgt.

a) Die Virusvermehrung als Funktion des Kulturmediums.

Salzgehalt. MAITLAND, LAING und LYTH (102) untersuchten die Frage, welche Bedeutung die Zusammensetzung der Kulturflüssigkeit an Ionen für die Virusvermehrung hat; sie stellten fest, daß sich die Tyrodelösung durch eine m/15-Phosphatpufferlösung von gleichem p_H (7, 6) nicht ersetzen läßt. Dieses Ergebnis kann schon deshalb nicht erstaunen, weil bekanntlich reine Phosphatlösungen für explantierte Gewebe toxisch sind. An Stelle der meistgebrauchten Tyrodelösung können jedoch, wie schon erwähnt, andere physiologische Salzlösungen (DREW-, LOCKEsche Lösung) verwendet werden. Das in allen diesen Lösungen vorhandene Natriumcarbonat ist als puffernde Substanz für das Überleben der Gewebe und damit auch für die Virusvermehrung unentbehrlich [ASCHNER und KLIGLER (6)].

[1] Allerdings muß man sich hierbei stets bewußt sein, daß auch das beste Gewebsexplantat ein Artefakt ist (vgl. Einleitung), so daß ein im Explantat gezüchtetes Virus in mancher Hinsicht ein anderes Verhalten zeigen kann oder muß wie in den Geweben des Tierkörpers.

[2] Über die in Gewebsexplantaten angestellten Immunitätsversuche und deren Ergebnisse wird im sechsten Abschnitt, 3, dieses Handbuches berichtet.

Wasserstoffionenkonzentration. Geringfügige Schwankungen der Wasserstoffionenkonzentration (von p_H 6,9—7,8) sind in einem Gewebsexplantat stets zu beobachten und scheinen auf den Vorgang der Virusvermehrung keinen Einfluß zu haben. Dagegen führen stärkere Aciditätsgrade, die nach ZINSSER und SCHOENBACH (185) dann entstehen müssen, wenn die Kulturen einerseits große Gewebemengen (namentlich von stark atmendem und glykolysierendem Embryonalgewebe) enthalten, und, wenn anderseits die gebildete Kohlensäure aus den fest verschlossenen Kulturgefäßen nicht entweichen kann, nicht nur zu einer Hemmung der Virusvermehrung, sondern auch zu einer raschen Viruszerstörung. Der deletäre Effekt einer stärkeren Säuerung wird wohl weniger durch eine unmittelbare Inaktivierung von (extracellulärem) Virus, als vielmehr durch eine Schädigung der säureempfindlichen Gewebe verursacht. In vorschriftsgemäß angelegten Kulturen (die kleine bis mittelgroße Gewebemengen enthalten) ist jedoch eine derartige Schädigung durch Säuerung auch dann nicht zu erwarten, wenn die Kulturgefäße, wie das gewöhnlich der Fall ist, fest verschlossen sind; eine anfängliche Zunahme der Acidität wird nämlich sehr bald durch ein Umschlagen des p_H nach der alkalischen Seite — als Folge der durch das Virus bedingten Gewebeschädigung — kompensiert.

Serumgehalt. Daß der Zusatz von Serum zur Kulturflüssigkeit für die Viruszüchtung im Explantat keine Notwendigkeit bedeutet, geht schon daraus hervor, daß die Reihe der erfolgreich im Riversmedium gezüchteten Virusarten [Vaccinevirus (90, 102, 139, 142, 91), Hühnerpestvirus (127), Virus des Rift-Valley-fever (96), Influenzavirus (160, 97), Virus der equinen Encephalomyelitis und der Vesicularstomatitis (170), Encephalitisvirus (68), KIKUTHsches Kanarienvogelvirus (74), Ektromelievirus (31), Maul- und Klauenseuchevirus (165), Gelbfiebervirus (92), Psittacosisvirus (88)] beständig zunimmt. Eine Ausnahme hiervon machen einstweilen nur die Rickettsien (110, 6, 15), nach WEBSTER und CLOW (181) das Lyssavirus und nach TRAUB (177) auch das Virus der Pseudolyssa (ein Serumzusatz ist allerdings hier nur notwendig für Explantate von Kaninchenhoden, nicht aber von embryonalem Hühnergewebe). Wohl in jedem Fall wird aber die Virusvermehrung und namentlich die Konservierung virusinfizierter Kulturen bei 37° C durch die Anwesenheit selbst kleiner Mengen von homologem oder auch heterologem Serum begünstigt, wohl hauptsächlich dadurch, daß die explantierten Gewebe in einem serumhaltigen Medium länger überleben und atmen (MAITLAND, LAING und LYTH; ZINSSER und SCHOENBACH). Größere Mengen von Serum unterstützen auch zweifellos die puffernde Wirkung der Salzlösung und steigern die Haltbarkeit des in der Kulturflüssigkeit vorhandenen Virus.

Gewebemenge. Bei den engen Beziehungen, die zwischen Virus und Wirtszellen bestehen, müßte erwartet werden, daß sich die Virusvermehrung von der im Explantat vorhandenen Gewebemenge abhängig erweist. Tatsächlich konnte CARREL (19) eine derartige Relation bei der Züchtung von Roussarkomvirus in Gewebekulturen nachweisen; er stellte fest, daß in Explantaten mit geringen Gewebemengen (1 Tropfen Hühnerembryonalpulpa, 1 Fragment embryonaler Hühnermilz bzw. Leukocyten) die Virusbildung (trotz massiver Beimpfung) in der Regel ausbleibt, dagegen mit zunehmender Gewebemenge regelmäßig vor sich geht. Die minimale, gerade noch zur Virusproduktion ausreichende Gewebemenge war von der Art des Gewebes abhängig; für embryonale Hühnermilz genügte in einigen Fällen noch eben 1 Gewebefragment von 1 cmm. Auch sehr große Gewebemengen (z. B. 9 Tropfen Embryonalpulpa auf 3 ccm Kulturmedium) schienen zur Virusvermehrung stets geeignet und hatten jedenfalls keinen nachteiligen Einfluß.

In entsprechend angelegten Versuchen gelangten HALLAUER (63) beim Hühnerpest- und HECKE (71) beim Maul- und Klauenseuchevirus zu ähnlichen Ergebnissen. HALLAUER und HECKE beimpften Flaschen- und Deckglaskulturen (nach CARREL), die verschieden große Gewebemengen enthielten, mit einer minimalen bzw. kleinen Virusdosis und bestimmten dann fortlaufend nach

Tagen quantitativ den Virusgehalt der einzelnen Kulturserien. Die erzielten Befunde waren insofern völlig übereinstimmend, als zwar in jeder Kulturserie — unabhängig von der Gewebemenge — schließlich derselbe Höchsttiter der Infektiosität festgestellt werden konnte, daß aber in den Kulturen mit viel Gewebe das Tempo der Virusvermehrung wesentlich beschleunigt war und der Höhepunkt der Virusvermehrung infolgedessen um einige Tage frühzeitiger erreicht wurde. Der Einfluß der Gewebemenge auf den zeitlichen Ablauf der Virusvermehrung war demnach sowohl für Hühnerpest- als auch für Maul- und Klauenseuchevirus unverkennbar. Fernerhin wurde übereinstimmend festgestellt, daß in den Kulturen, die reichlich Gewebe enthielten, die rasche Virusvermehrung von einer rapiden Viruszerstörung — höchstwahrscheinlich zufolge des gesteigerten Gewebezerfalles — gefolgt war. Nach meiner Erfahrung eignen sich aber auch derartige Kulturen (z. B. Maitlandmedien, die bis zu 800 mg pro 1 ccm Kulturflüssigkeit embryonales Hühnergehirn enthalten) noch für die Dauerzüchtung von Hühnerpestvirus, vorausgesetzt, daß die Viruspassagen frühzeitig (vor der Virusinaktivierung) vorgenommen werden; auch für die Dauerzüchtung von Maul- und Klauenseuchevirus können anscheinend unverhältnismäßig große Gewebemengen ohne Nachteil verwendet werden; so züchtete FRENKEL (nach einer mündlichen Mitteilung) jahrelang Maul- und Klauenseuchevirus in Kulturmedien, die zu gleichen Teilen (!) aus Kulturflüssigkeit und Gewebebrei (embryonale Rinderhaut) zusammengesetzt waren.

Daß auch eine ganz bestimmte, nicht zu kleine Gewebemenge (mehrere Gewebefragmente, deren Anzahl je nach der Gewebeart schwankt) im Kulturmedium vorhanden sein muß, wiesen HALLAUER (63) beim Hühnerpestvirus und KÖBE und FERTIG (83) beim Virus der Maul- und Klauenseuche nach. Auch in dieser Hinsicht konnten die Angaben von CARREL bestätigt werden.

In einem gewissen Gegensatz zu diesen beim Roussarkom-, Hühnerpest- und Maul- und Klauenseuchevirus erhobenen Befunden stehen die Erfahrungen von RIVERS und WARD (144), wonach kleinste Gewebemengen (2,5—5 mg Kaninchenmilz bzw. -niere pro 1 ccm Tyrodelösung) eine ebenso große Vermehrung (innerhalb eines bestimmten Züchtungsintervalls) erlauben, wie mittelgroße Gewebemengen (25—50 mg); mit großen Gewebemengen (75 mg Kaninchenmilz bzw. 175 mg Kaninchenniere pro 1 ccm Suspensionsflüssigkeit) war überhaupt keine Virusvermehrung zu erzielen. RIVERS und seine Mitarbeiter warnen deshalb ausdrücklich vor der Verwendung zu großer Gewebemengen. Auch PLOTZ (128) vermochte sich nicht davon zu überzeugen, daß die Vermehrungsintensität von Hühnerpestvirus von der im Explanat vorhandenen Gewebemenge (20—600 mg pro 1 ccm Kulturflüssigkeit) abhängt, dagegen war die Haltbarkeit von Kulturvirus in Explantaten von großem Gewebegehalt deutlich herabgesetzt.

Die Versuche von HALLAUER und HECKE unterscheiden sich nun von denjenigen von RIVERS und WARD und PLOTZ (abgesehen davon, daß die Züchtungstechnik und der Auswertungstermin andersartig war) in einem Punkt, der möglicherweise die beobachteten Diskrepanzen in befriedigender Weise zu erklären vermag. Während nämlich im einen Fall (HALLAUER und HECKE) die Kulturen nur mit einer minimalen Virusdosis beimpft wurden, erfolgte im anderen Fall (RIVERS und WARD, PLOTZ) die Beimpfung der Kulturen mit massiven Virusdosen (zirka 1000—10000 M. J. D.). In welcher Weise nun die initial zugesetzte Virusdosis den Ausfall von Versuchen, in denen der Einfluß verschieden großer Gewebemengen auf die Virusvermehrung geprüft werden soll, bestimmt, lehren Versuche von TRAUB (177) mit dem Virus der Pseudolyssa. TRAUB beimpfte zwei Kulturreihen, von denen jede aus Kulturen von verschieden großen Gewebemengen (2,5—200 mg Kaninchenhoden pro 1 ccm Kulturflüssigkeit) bestand, einmal mit einer kleinen, das andere Mal mit einer großen Virusdosis und bestimmte dann nach 2 Tagen Bebrütung in sämtlichen Kulturen den Virusgehalt. Während die minimale Gewebemenge, die eben noch eine maximale Virusvermehrung ermöglichte, in den massiv beimpften Kulturen 2,5—3,0 mg betrug, wurde in den schwach beimpften Kulturen mit Gewebemengen von 2,5—12 mg überhaupt keine Virusvermehrung erzielt; eine maximale Virusausbeute konnte in diesen Kulturen erst erreicht werden, wenn die Explantate Gewebemengen von 30—70 mg enthielten. Weiterhin läßt sich aus den Protokollen von TRAUB ersehen, daß in den schwach beimpften Kulturen der nach 2 Tagen ermittelte Virusgehalt um so größer ist, je mehr Gewebe in den Explantaten vorhanden ist, während sich eine derartige Abhängigkeit der Virusausbeute von der Gewebemenge in den stark beimpften Kulturen nicht erkennen ließ. Und schließlich fand TRAUB, daß eine Virusvermehrung bei stark beimpften, viel Gewebe (200 mg) enthaltenen Explantaten überhaupt nicht nachzuweisen ist; leider wurde nicht ermittelt, ob derartige Gewebemengen auch in den initial schwach infizierten Kulturen die Virusvermehrung beeinträchtigt hätten; wahrscheinlich wäre dies aber nicht der Fall gewesen.

Der Versuchsausfall von TRAUB läßt sich wohl auch ungezwungen erklären; zunächst ist es verständlich, daß zwischen der initialen Impfdosis und der im Explantat vorhandenen Gewebemenge ein bestimmtes quantitatives Verhältnis eingehalten werden muß, damit eine Gewebekultur überhaupt wirksam infiziert werden kann; d. h. es gilt wohl der Satz: Je kleiner die Impfdosis ist, um so größer *muß* die Gewebemenge oder, umgekehrt, je größer die Impfdosis ist, um so kleiner *kann* die Gewebemenge sein. Hiervon abgesehen besteht aber wohl zwischen Gewebemenge und Ausmaß der Virusvermehrung bei den untersuchten Virusarten — möglicherweise mit Ausnahme des Roussarkomvirus — keine direkte Proportionalität. Dies geht schon daraus hervor, daß schließlich auch bei kleiner Impfdosis — unabhängig von der Gewebemenge — derselbe Virusendtiter erreicht wird. Dagegen kann der zeitliche Ablauf der Virusvermehrung von der im Explantat vorhandenen Gewebemenge abhängen. Weshalb diese Beziehung bisher nur bei initial schwach mit Virus infizierten Kulturen aufgedeckt werden konnte, kann mit Sicherheit nicht angegeben werden. Es wäre möglich, daß die Gewebemenge tatsächlich nur bei schwach beimpften Kulturen eine Rolle spielt (beispielsweise könnte die beobachtete Verlangsamung der Virusvermehrung durch eine länger dauernde initiale Hemmung der Virusbildung erklärt werden), es wäre aber auch denkbar, daß dieser Einfluß auch bei massiv beimpften Explantaten besteht, aber hier zufolge der absolut geringeren Virusvermehrung nicht manifest bzw. (bei einmaliger Auswertung) übersehen wird.

Daß schließlich unverhältnismäßig große und gleich zu Beginn der Züchtung stark infizierte Gewebemengen, selbst bei ausreichender Pufferung im Kulturmilieu, auf die Vermehrung und Konservierung des Virus einen nachteiligen Effekt ausüben, ist nicht weiter erstaunlich, da es in diesem Fall zu einem mehr oder weniger rapiden Gewebezerfall und nachfolgender Viruszerstörung kommen dürfte.

Für die Praxis der Viruszüchtung im Explantat ergibt sich aus diesen Feststellungen, daß für alle Züchtungsversuche, in welchen die Explantate nicht mit minimalen Virusdosen beimpft werden, zu große Gewebemengen vermieden werden sollten.

Lebensäußerungen der Gewebe (Vitalität und Proliferation). Die Tatsache, daß die Gegenwart von lebendem Gewebe für die Viruszüchtung in vitro ein unbedingtes Erfordernis ist, wird wohl allgemein anerkannt. Sämtliche Versuche, eine Virusvermehrung unter Verwendung von (durch Hitzeeinwirkung, wiederholtes Gefrieren und Wiederauftauen, Anaerobiosis oder Autolyse) *abgetötetem* Gewebe zu erzielen, führten ausnahmslos zu völlig negativen Resultaten. Auch ist es bisher — in einwandfreier und überzeugender Weise — niemals gelungen, das intakte lebende Gewebe durch frische, *zellfreie Gewebsextrakte* als Nährsubstrat für die Viruszüchtung zu ersetzen. Einzelne, anscheinend erfolgreiche Züchtungsversuche auf zellfreien Medien hielten weder der Kritik stand noch konnten sie durch Nachprüfungen bestätigt werden. So berichtete OLITZKY (113) über die erfolgreiche Züchtung des Virus der Mosaikkrankheit des Tabaks in Berkefeldfiltraten von pflanzlichen Gewebeextrakten. Nach der in der letzten Kulturpassage erreichten bzw. errechneten Virusgesamtverdünnung von 4×10^{-16} hätte man — zumindest nach der herrschenden Meinung — tatsächlich eine erfolgreiche Züchtung annehmen müssen. Bei einer Nachprüfung dieser Befunde stellte jedoch OLITZKY in Gemeinschaft mit FORSBECK (114) selbst fest, daß eine Virusvermehrung in diesen zellfreien Medien wahrscheinlich nur durch eine „Virusaktivierung" (deren Mechanismus nicht aufgeklärt wurde) vorgetäuscht werde. Größeres Aufsehen erregten die Arbeiten von EAGLES und MC CLEAN (34, 35), EAGLES und KORDI (36) und EAGLES (33), aus denen hervorging, daß sich Vaccinevirus auch in zellfreien Kaninchennierenextrakten über mehrere Passagen züchten läßt; allerdings war hierbei die Virusvermehrung eine höchst unregelmäßige, d. h. sie wurde bei einer größeren Reihe von beimpften Kulturen nur in einzelnen, „individuellen" Kulturflaschen beobachtet, und eine Dauerzüchtung war infolgedessen nur durch eine sukzessive Auswahl und Weiterverimpfung „angegangener" Kulturen möglich. Eine Bestätigung haben jedoch auch diese Befunde in der Folge nicht gefunden, weder für Vaccinevirus [MAITLAND, LAING und LYTH (102), RIVERS und WARD (144, 145), KRONTOWSKI, JAZIMIRSKA-KRONTOWSKA und SAWITZKA (85), HAAGEN (56)] noch für Herpes- und Gelbfiebervirus [HAAGEN (56)], Hühnerpestvirus [HALLAUER (65)], Psittacosisvirus [MAC CALLUM (95)] und Fleckfieberrickettsien [NIGG und LANDSTEINER (110)]. In allen diesen Versuchen, in denen größtenteils die von EAGLES und seinen Mitarbeitern eingeschlagene Technik befolgt wurde, konnten nicht die geringsten Anhaltspunkte dafür gewonnen werden, daß in Medien, die zellfreie Gewebsextrakte enthalten, eine Virusvermehrung möglich ist. Die Gründe, weshalb EAGLES in den von ihm verwendeten Medien zuweilen eine Virusvermehrung erzielen konnte, sind nicht völlig klargestellt; nach den Untersuchungen von RIVERS und WARD (145) müßte angenommen werden, daß die von EAGLES benutzten Gewebsextrakte noch kleinste, zur Virusvermehrung ausreichende Mengen lebender Zellen enthalten haben. EAGLES, der sich selbst um die Aufklärung seiner Versuchsergebnisse bemühte, gab wohl zutreffend den gegenwärtigen Stand der Viruszüchtung in zellfreien Medien wieder, wenn er zusammenfassend feststellte: „It would seem, therefore, that conditions which may permit growth of vaccinia are occasionally present in certain individual flasks in a set containing ‚kidney extract' medium, but that such conditions are at present unknown and uncontrollable. Beyond this it is still impossible to go, and the vexing question whether the virus is able to reproduce itself in the absence of living susceptible cells must remain an open one."

Ebenso erfolglos verliefen bisher Züchtungsversuche von Vaccinevirus [MUCKENFUSS und RIVERS (107), MUCKENFUSS (106), LENZ (86)], von Hühnerpestvirus [HALLAUER (65)] und von Psittacosisvirus [MAC CALLUM (95)] in Kulturflaschen, in welchen das zu züchtende Virus durch Dialysiermembranen aus Kollodium bzw. Cellophan von dem lebenden Gewebe getrennt wurde. In allen diesen Versuchen wurde lediglich eine etwas längere Haltbarkeit des Virus — wahrscheinlich zufolge des Übertrittes von Eiweißabbauprodukten in den zellfreien Kulturanteil — festgestellt. Die Annahme, daß das Virus zu seiner Vermehrung die vom lebenden Gewebe abgegebenen Stoffwechselprodukte benötigt, konnte jedenfalls in Versuchen dieser Art nicht gestützt werden.

Alle diese Untersuchungen lassen wohl nur die eine Schlußfolgerung zu, nämlich, daß die Virusvermehrung unabänderlich an die Gegenwart lebender Zellen geknüpft, d. h. daß sie eine streng gewebsgebundene ist. Welche Lebensbedingungen aber die Virusarten im überlebenden Gewebe finden, und von welchen Lebensprozessen der Gewebe die Virusvermehrung letzten Endes abhängt, ist größtenteils unbekannt.

Die prominenteste und der Untersuchung am ehesten zugängliche Lebensäußerung eines explantierten Gewebes ist nun zweifellos seine Massenzunahme durch *Zellwachstum* und *Zellproliferation*, und deren Einfluß auf die Virusvermehrung wurde denn auch am häufigsten untersucht. Die zu Beginn der Viruszüchtung herrschende Ansicht, daß eine Gewebeproliferation für die Virusvermehrung im Explantat unbedingt notwendig ist, stützte sich vor allem auf die Beobachtung, daß in nach CARREL angelegten Kulturen eine Virusvermehrung nur in denjenigen Explantaten erfolgte, die ein aktives Gewebewachstum erkennen ließen. Als Beweis einer unbedingten Abhängigkeit der Virusvermehrung von der Gewebeproliferation hätte allerdings diese, wenn auch an sich zutreffende Beobachtung schon deshalb nicht bewertet werden dürfen, weil die Gewebeproliferation in nach CARREL hergestellten Kulturen *immer* erfolgt, wenn die explantierten Gewebefragmente überleben und nicht geschädigt sind. Die Zellproliferation ist demnach bei dieser Art der Gewebezüchtung nur ein Indikator für die Gewebevitalität. In einwandfreier Weise könnte — in Explantaten, die nach der klassischen Technik angelegt werden — eine Abhängigkeit bzw. Unabhängigkeit der Virusvermehrung von der Gewebeproliferation wohl nur festgestellt werden, wenn ein Virus gleichzeitig in Explantaten mit künstlich beschleunigter bzw. verlangsamter Gewebeproliferation (vgl. unter Technik: latente Gewebezüchtung nach FISCHER und PARKER) gezüchtet würde.

Trotzdem derartige Versuche meines Wissens nicht ausgeführt worden sind, wurde hauptsächlich auf Grund der erfolgreichen Viruszüchtung in den vereinfachten Kulturmedien nach MAITLAND und RIVERS, in denen meistens überhaupt keine Gewebeproliferation beobachtet werden konnte, die Meinung immer mehr vorherrschend, daß die Gewebeproliferation für den Vorgang der Virusvermehrung nicht ausschlaggebend sein kann. Wahrscheinlich trifft diese Annahme zu, u. zw. nicht nur für einzelne, sondern für die Mehrzahl aller Virusarten. Es muß aber doch hervorgehoben werden, daß gerade in Maitland- und Riversmedien die Entscheidung, ob eine Gewebeproliferation stattgefunden hat, große Schwierigkeiten bereiten kann. Nach den Untersuchungen von RIVERS, HAAGEN und MUCKENFUSS (140) ist jedenfalls sichergestellt, daß die Proliferationspotenz explantierter Gewebe im Maitlandmedium einige Tage erhalten bleibt, und nach meinen eigenen Erfahrungen findet in diesen Medien unter bestimmten Bedingungen oft ein ausgiebiges Gewebewachstum statt. Die erfolgreiche Viruszüchtung in diesen Medien ist demnach keineswegs *immer* gleichbedeutend mit einer Virusvermehrung im nur überlebenden, nicht proliferierenden Gewebe.

Beweisender dafür, daß auch eine Virusvermehrung im Explantat, ohne Gewebeproliferation möglich ist, sind Versuche, in denen die Dauerzüchtung von Virus in Gewebsexplantaten gelungen ist, deren Mangel an Proliferationsfähigkeit durch Mitosenzählung speziell kontrolliert, oder in denen das Gewebewachstum durch eine herabgesetzte Züchtungstemperatur unterdrückt wurde.

So vermochten PLOTZ und EPHRUSSI (135) Hühnerpestvirus in Explantaten (embryonales Hühnergewebe in DREWscher Lösung, 5 Tage bei 37° C vorbebrütet), in denen das Gewebe überlebte, aber offensichtlich (Mangel an Zellmitosen) nicht mehr proliferierte, über 10 Passagen zu züchten. Und HECKE (69, 70, 71, 72) stellte fest, daß sich Maul- und Klauenseuchevirus dauernd in Gewebekulturen, in denen die Gewebeproliferation durch eine Erniedrigung der Züchtungstemperatur auf 30° C in den meisten Fällen gänzlich gehemmt war, züchten läßt, und daß hierbei die Virusausbeute ebenso günstig ist wie bei der Züchtung in optimal (bei 37° C) proliferierendem Gewebe. Dagegen blieb in den Versuchen von HECKE die Virusvermehrung völlig aus, wenn die Züchtungstemperatur um weitere 4° C, d. h. auf 26° C erniedrigt wurde; völlig ruhendes Gewebe war demnach zur Virusvermehrung nicht mehr geeignet. Zu einem entsprechenden Befund gelangte schon zuvor HALLAUER beim Hühnerpestvirus; auch hier zeigte sich, daß in überlebenden, bei niedriger Temperatur gehaltenen Geweben eine Viruszüchtung nicht möglich ist.

Anderseits lehren aber auch Versuche, in denen der Einfluß der Züchtungstemperatur auf die Virusvermehrung systematisch untersucht wurde, daß die Bedingungen zur Virusvermehrung nicht nur in Gegenwart ruhender, sondern auch stark proliferierender, für ein Virus hochempfänglicher Wirtszellen oft nicht erfüllt sind. Derartige Verhältnisse konnten bei den Fleckfieberrickettsien und den Bakteriophagen aufgedeckt werden. So liegt nach PINKERTON und HASS (121) das Vermehrungsoptimum von Fleckfieberrickettsien (in Explantaten von Tunica- und Exsudatzellen des Meerschweinchenscrotums) bei 32° C; die Gewebsproliferation war bei dieser Temperatur deutlich, aber langsam. Bei 37,5° bzw. 41° C proliferierten dieselben Gewebe rasch und intensiv, die Rickettsienvermehrung war jedoch spärlich (37,5°) bzw. gar nicht vorhanden (41°); bei 27° C war meist weder Gewebeproliferation, noch Rickettsienvermehrung zu beobachten. In entsprechenden Versuchen mit Bakteriophagen fällt zwar — in einem gewissen Gegensatz zu den Rickettsien — die maximale Lysinbildung meist mit dem Maximum der bakteriellen Zellteilung zusammen, aber auch hier deckt sich der Temperaturbereich, innerhalb dessen noch lebhafte Bakterienteilung beobachtet werden kann (z. B. bei B. Coli von 18—46° C), keineswegs mit der für die Lysinregeneration unbedingt notwendigen, ziemlich eng begrenzten Temperaturamplitude (bei einem Colilysin von 30—37° C).[1] Die Keimvermehrung kann also auch für die Lysinregeneration keine ausreichende Bedingung sein, sie ist — vielleicht — auch keine notwendige, sondern nur mit den für die Lysinvermehrung entscheidenden Zellvorgängen aufs engste verknüpft.

Wenn auch — auf Grund der angeführten Untersuchungen — angenommen werden kann, daß in Gewebsexplantaten auch dann eine Virusvermehrung möglich ist, wenn die Gewebe weder nennenswertes Wachstum noch Proliferation zeigen, so dürfte anderseits doch feststehen, daß in stark proliferierenden Gewebekulturen insofern die optimalsten Bedingungen für die Virusvermehrung herrschen, als dieselbe in einem wesentlich beschleunigten Tempo vor sich geht. Eine derartige Abhängigkeit der Geschwindigkeit der Virusvermehrung vom Proliferationsgrad der explantierten Gewebe vermochten HECKE (69) beim Maul- und Klauenseuchenvirus und HALLAUER (65) beim Hühnerpestvirus mit Bestimmtheit nachzuweisen. Auch PLOTZ muß neuerdings anerkennen, daß bei der Züchtung von Hühnerpest- (129) und auch von Vaccinevirus (136) die Virusausbeute um das 100fache gesteigert ist, wenn die explantierten Gewebe nicht nur überleben, sondern proliferieren. Er macht fernerhin die Angabe, daß eine

---

[1] Vgl. die diesbezügliche Literatur bei HALLAUER (64).

Dauerzüchtung von Vaccinevirus ohne Verlust an „Virulenz“ (Infektiosität ?) nur in proliferierenden Gewebsexplantaten möglich ist (129, 136).

In welcher Weise eine lebhafte Gewebeproliferation die Virusvermehrung aktiviert, ist unbekannt; sowohl der Gewebezuwachs als auch der — mit der Zellteilung koordinierte — gesteigerte Zellstoffwechsel könnten hierfür verantwortlich sein.

Völlig unzureichend sind schließlich unsere Kenntnisse über den Einfluß der übrigen Lebensäußerungen der Gewebe (Gas-, Verwendungsstoffwechsel, Regulation des Redoxpotentials usw.) auf den Vorgang der Virusvermehrung.

Daß die Vermehrung der meisten Virusarten nur möglich ist, wenn die explantierten Gewebe Sauerstoff veratmen, kann zwar mit Sicherheit (vgl. S. 378) angenommen werden; auch fällt die Virusvermehrung zeitlich mit der Dauer der meßbaren Gewebeatmung zusammen [Maitland, Laing und Lyth (102), Zinsser und Schoenbach (185)]; eine bemerkenswerte Ausnahme hiervon scheinen nur die Fleckfieberrickettsien zu machen, die sich offensichtlich im Explantat erst dann stärker vermehren, wenn die Gewebe ihre Stoffwechseltätigkeit größtenteils eingestellt haben (185). Daß aber die Virusarten am Gasstoffwechsel der Gewebe — im Sinne einer Steigerung oder Herabsetzung — partizipieren, konnte in einwandfreier Weise niemals nachgewiesen werden (185, 17, 124, 117). Bei den Bakteriophagen, deren Beziehungen zum bakteriellen Gasstoffwechsel versuchstechnisch noch am leichtesten zu prüfen sind, konnten jedenfalls keinerlei Anzeichen dafür gewonnen werden, daß die Lysinregeneration in der Menge des verbrauchten Sauerstoffs bzw. der produzierten Kohlensäure zum Ausdruck kommt; auch konnte hier, in wohl eindeutiger Weise nachgewiesen werden, daß in Gegenwart lysosensibler Keime, die mit Phenylurethan soweit narkotisiert sind, daß zwar die Zellteilungen aufgehoben sind, die Atmung aber zu zwei Drittel erhalten ist, auch bei 37° C keine Lysinregeneration möglich ist [Hallauer (64)]. Die gewiß verlockende Hypothese, daß gewisse Virusarten ein defektes Atmungs- bzw. Fermentsystem haben könnten und deshalb auf ein Ammenverhältnis mit dem lebenden Gewebe angewiesen wären [Breinl (14), Doerr (28) u. a.] konnte demnach auf experimentellem Wege bisher noch nicht begründet werden. Selbst unter der Annahme, daß bei den Virusarten eine direkte Beziehung zwischen Gewebeatmung und Virusvermehrung bestehen könnte, wird man schon auf Grund des zwischen Virus und Wirtszelle im allgemeinen bestehenden Spezifitätsverhältnisses zugeben müssen, daß für die Virusvermehrung noch andere Bedingungen von Seiten der lebenden Gewebe erfüllt sein müssen.

Schließlich hat Plotz (125) die Frage aufgeworfen, ob die Gegenwart von Sauerstoff im Explantat nur deshalb für die Virusvermehrung erforderlich ist, weil hierdurch — nach der Theorie von Wurmser — die Gewebe befähigt sind, das Redoxpotential auf einem konstanten Niveau zu erhalten. Plotz stellt sich vor, daß das im Innern lebender Zellen bestehende Gleichgewicht des Redoxpotentials für die Virusvermehrung ausschlaggebend sein könnte. Um diese Hypothese zu stützen, wurde versucht, Hühnerpestvirus in Explantaten zu züchten, in denen der Luftsauerstoff durch andere Wasserstoffakzeptoren (z. B. Indigosulfonat) ersetzt wurde. Das erzielte Versuchsergebnis läßt jedoch kaum die Schlußfolgerung zu, die Plotz anscheinend ziehen möchte, nämlich, daß sich Hühnerpestvirus in derartigen Versuchsmedien vermehrt; aus den Protokollen ist wohl lediglich ersichtlich, daß sich das Virus konserviert.

Biologische Spezifität des Gewebes. Die Frage, ob sich die Virusarten in vitro nur in den Geweben ihrer natürlichen bzw. experimentell möglichen Wirtsspezies vermehren können, oder ob im Explantat auch die Gewebe unempfänglicher Tierspezies zur Virusvermehrung geeignet sind, wurde zwar wiederholt gestellt, aber kaum systematisch bearbeitet. Die vorliegenden Befunde würden jedoch bereits dazu zwingen, die Virusarten in zwei Kategorien einzuteilen [vgl. DOERR (28)], nämlich, erstens in Virusarten, die in vitro anscheinend genau dasselbe „Infektionsspektrum" haben wie in vivo, und zweitens in Virusarten, deren Vermehrung im Explantat anscheinend nicht mehr an eine bestimmte Artspezifität der Gewebe gebunden ist, d. h. die sich ebenso gut in Gewebsexplantaten von virusempfänglichen als auch unempfänglichen Tierspezies züchten lassen.

In die erste Gruppe wären einzureihen das Virus III des Kaninchens, das Maul- und Klauenseuchevirus, das Virus der Hühnerpest und der Geflügelpocken. Vom Virus III ist bekannt, daß es sich nur in Geweben seines natürlichen und wohl einzig möglichen Wirtes, des Kaninchens, züchten läßt (3, 176, 79); Züchtungsversuche in Gewebsexplantaten refraktärer Tiere, des Meerschweinchens [ANDREWES (3)], des Hühnerembryos, oder auf der Chorionallantois des befruchteten Hühnereies [IVANOVICS und HYDE (79)] verliefen eindeutig negativ. Auch für die Züchtung des Maul- und Klauenseuchevirus eignen sich anscheinend nur Gewebe natürlicher oder experimentell empfänglicher Tierspezies [Rind, Schaf, Schwein (49)], Meerschweinchen (69, 100), nicht dagegen embryonales Hühnergewebe (69, 100) bzw. die Chorionallantois der heranwachsenden Hühnerembryos. Für das Hühnerpestvirus wurde zunächst festgestellt, daß seine Züchtung ausschließlich nur in Gegenwart von embryonalen Geweben natürlich empfänglicher Geflügelarten (Huhn, Ente, Gans, Taube) gelingt, dagegen nicht in Explantaten von embryonaler Säugetiergewebepulpa (Maus, Ratte). Diese von HALLAUER (63) erhobenen Befunde wurden späterhin von PLOTZ bestätigt. Nachdem in der Folge von DOERR, SEIDENBERG und WHITMAN sowie von DOERR und SEIDENBERG nachgewiesen werden konnte, daß sich auch ein mäuseapathogenes Hühnerpestvirus bei intracerebralem Infektionsmodus im Gehirn weißer Mäuse — ohne klinische Symptome auszulösen — zu vermehren vermag und durch intracerebrale Passagen serienweise übertragen werden kann, und nachdem von JANSEN und NIESCHULZ ein Hühnerpeststamm beschrieben worden ist, der sich von Natur aus durch eine hohe Pathogenität für Mäuse auszeichnet, war es von Interesse zu untersuchen, ob sich diese beiden Stämme auch in vitro in Explantaten von embryonalem *Mäusegehirn* züchten lassen; tatsächlich ist das der Fall (HALLAUER, noch unveröffentlichte Versuche); dagegen hatte PLOTZ (131) bei seinen Züchtungsversuchen eines mäuseapathogenen Hühnerpestvirus (Stamm Staub) und auch des mäusepathogenen Virus (Stamm Nieschulz) in Explantaten von *Mäuseembryonalpulpa* nur Mißerfolge zu verzeichnen. Zwischen dem Verhalten des Hühnerpestvirus im Tierkörper und im Explantat scheint demnach eine völlige Parallelität zu bestehen.

Was schließlich das Geflügelpockenvirus anbelangt, so muß ebenfalls — zumindest auf Grund der vorliegenden Untersuchungen [FINDLAY (38) u. a.] — angenommen werden, daß seine Züchtung in vitro nur in explantierten Geweben empfänglicher Vogelarten gelingt.

Dieser Virusgruppe steht nun eine ganze Reihe von Virusarten gegenüber, die hinsichtlich ihrer Vermehrung in vitro anscheinend nicht nur auf die Gewebe empfänglicher Tierspezies angewiesen sind. Wenn diese Tatsache schon frühzeitig erkannt wurde, so liegt dies wohl daran, daß — aus technischen Gründen — immer wieder versucht wurde, zur Viruszüchtung embryonales Hühnergewebe zu verwenden, selbst für Virusarten, von denen angenommen werden konnte, daß sie für das Huhn weder infektiös noch pathogen sind. So gelang die Züchtung der folgenden Virusarten (für welche Hühner anscheinend refraktär sind) in Explantaten von embryonalem Hühnergewebe: Vaccinevirus [CARREL und RIVERS (22) u. v. a.], Herpesvirus [GASTINEL, STEFANESCO und REILLY (50), HAAGEN (56)], Virus der equinen Encephalomyelitis und Vesicularstomatitis [SYVERTON, COX und OLITZKY (170)], Gelbfiebervirus [HAAGEN und THEILER (62) u. a.], Louping ill Virus [RIVERS und WARD (146)], Pseudorabiesvirus [TRAUB (177)], Influenzavirus [SMITH (160), MAGILL und FRANCIS (97)], Rift Valley fever Virus [MACKENZIE (96)], Virus der infektiösen Ektromelie [DOWNIE und MC GAUGHEY (31)], Poliomyelitisvirus [GILDEMEISTER (51), PAULI (118) u. a. m.].

Explantate von embryonalem Hühnergewebe wären demnach für die Züchtung der meisten Virusarten eigentliche „Universalnährböden". Die Schlußfolgerung jedoch, daß für alle diese Virusarten die Spezieszugehörigkeit bzw. Disposition der explantierten Gewebe irrelevant ist, könnte wohl erst gezogen werden, wenn zur Züchtung dieser Virusarten an Stelle des embryonalen Hühnergewebes auch Gewebe anderer unempfänglicher Tierspezies verwendet werden könnten. Diese Möglichkeit ist nun weder bewiesen noch wahrscheinlich; für Gelbfiebervirus ist jedenfalls festgestellt, daß es sich in Explantaten von Kaninchen- und Rattengewebe nicht zu vermehren vermag (92), und beim Poliomyelitisvirus müßte man nach neueren Untersuchungen von SABIN und OLITZKY (150) und KAST und KOLMER (81) wieder daran zweifeln, daß dieses Virus überhaupt jemals in Explantaten von embryonalem Hühnergehirn gezüchtet worden ist; nach SABIN und OLITZKY ist zur Züchtung von Poliomyelitisvirus ausschließlich nur embryonales Menschengehirn bzw. Rückenmark geeignet.

Bevor die Behauptung aufgestellt wird, daß alle diese Virusarten in Gegenwart eines Gewebes, für welches sie keine spezifischen Affinitäten haben, gezüchtet worden sind, müßte vor allem der strikte Nachweis erbracht werden, daß die Spezies Huhn tatsächlich — unter allen Umständen — für sämtliche dieser Virusarten ein unempfänglicher Wirt ist. Die Frage, ob eine Tierspezies gegenüber einem bestimmten Infektionserreger als refraktär zu gelten hat, ist nun bekanntlich oft keineswegs leicht zu entscheiden. Auf die Pathogenität allein darf jedenfalls hierbei nicht abgestellt werden, vielmehr ist auch die Möglichkeit latenter Infektionen zu berücksichtigen. Fernerhin lehrt die Erfahrung zur Genüge, daß sich Tierspezies, die zunächst gegenüber einem bestimmten Infektionserreger als völlig unempfänglich aufgefaßt wurden, doch infizieren lassen, wenn ein bestimmter Infektionsmodus gewählt, wenn die Körpertemperatur herabgesetzt wird, oder wenn an Stelle alter Tiere jugendliche infiziert werden. Gerade im Explantat herrschen nun Verhältnisse, welche die spezifische Empfänglichkeit eines Gewebes manifest machen könnten, sei es durch den Wegfall hemmender Faktoren, sei es auf Grund des embryonalen Charakters der explantierten Zellen.

Überblickt man nun die Reihe der angeführten, erfolgreich im embryonalen Hühnergewebe gezüchteten Virusarten, so muß zumindest auffallen, daß die Mehrzahl aller dieser Virusarten auch in vivo, d. h. auf der Chorionallantois des heranwachsenden Hühnerembryos gezüchtet werden konnten, nämlich das Vaccinevirus (GOODPASTURE, WOODRUFF und BUDDINGH u. v. a.), das Herpesvirus (GOODPASTURE, SADDINGTON, DAWSON), das Virus der equinen Encephalomyelitis (HIGBIE und HOWITT), der Vesicularstomatitis (BURNET und GALLOWAY), des Louping ill (BURNET), des Rift Valley fever (SADDINGTON), der Ektromelie (BURNET und LUSH, PASCHEN) und der Influenza (SMITH, BURNET). Wichtig ist nun aber, daß sich die meisten dieser Virusarten im Hühnerembryo so verhalten, wie in einem hochempfänglichen Wirtskörper, d. h. sie zeigen alle Merkmale einer hohen Infektiosität und Pathogenität (Generalisierung des Virus, spezifische Läsionen in den inneren Organen).

Eine Ausnahme hiervon macht anscheinend nur das Poliomyelitisvirus, das sich nach KAST und KOLMER auf der Chorionallantois bzw. im Hühnerembryo weder vermehrt noch konserviert; da aber auch die Züchtungsmöglichkeit dieses Virus im Explantat von embryonalem Hühnergewebe bestritten ist, ergibt sich auch hier kein Widerspruch. Dieselbe Übereinstimmung hinsichtlich der Unzüchtbarkeit im Hühnerembryo bzw. im Explantat von embryonalem Hühnergewebe zeigen übrigens auch das Maul- und Klauenseuchevirus und das Virus III des Kaninchens.

Über das Verhalten des Gelbfiebervirus auf der Chorionallantois bzw. im heranwachsenden Hühnerembryo liegen meines Wissens noch keine Befunde vor. Dagegen ist die Züchtbarkeit dieses Virus in Explantaten von embryonalem Hühnergewebe von ganz bestimmten Eigentümlichkeiten der verwendeten Virusstämme abhängig; die natürlich vorkommenden Virusstämme (pantropes bzw. viscerotropes Virus) lassen sich auf Hühnerembryonalgewebe zunächst überhaupt nicht züchten [HAAGEN (54, *1*, *2*)], sondern erst, wenn sie durch cerebrale Mäusepassagen oder durch vorherige Züchtung auf embryonalem Mäusegewebe bzw. -gehirn „neurotrope" Eigenschaften angenommen haben (92, 172). Ein „neurotropes" Virus kann nun aber bekanntlich ein anderes bzw. breiteres Infektionsspektrum haben als das originale Virus (vgl. FINDLAY, fünfter Abschnitt, 6, dieses Handbuches). Übrigens macht auch die Züchtung von Herpesvirus in Explantaten von embryonalem Hühnergewebe (im Vergleich zu Kaninchengewebekulturen) ungewöhnlich große Schwierigkeiten (50) und häufig gelingt sie überhaupt nicht [HERZBERG (77), MAGRASSI (98)].

Schließlich ist auffallend, daß eine Reihe der erwähnten Virusarten (Vaccinevirus, Herpesvirus, Gelbfiebervirus) bei der Züchtung in Kulturen von embryonalem Hühnergewebe qualitative Veränderungen erleidet (vgl. unten).

Alle diese Beobachtungen stützen wohl kaum die Annahme, daß das embryonale Hühnergewebe als ein für die Züchtung der meisten Virusarten optimal geeignetes, völlig „*aspezifisches*" Kulturmedium aufgefaßt werden kann.

Dagegen wäre die wohl für sämtliche Virusarten zutreffende Tatsache zu erklären, weshalb jugendliche und besonders embryonale Gewebe (oder Gewebe mit embryonalen Potenzen, z. B. Hodengewebe, Blutleukocyten, Regenerations- und Tumorgewebe) nicht nur im Tierkörper eine weit größere Empfänglichkeit gegenüber Virusinfektionen manifestieren, sondern auch im Explantat die Virusvermehrung mehr begünstigen als die Gewebe ausgewachsener bzw. alter Tiere. Systematische Untersuchungen über den Einfluß des Alters des explantierten Gewebes auf die Virusvermehrung liegen nun so gut wie keine vor. Festgestellt ist lediglich, daß erwachsenes Gewebe auch von virusempfänglichen Tierspezies zur Viruszüchtung oft überhaupt nicht (z. B. vermehrt sich Hühnerpestvirus in Gehirnexplantaten erwachsener Hühner nicht) oder zumindest weniger geeignet sind als entsprechende embryonale Gewebe. Die Annahme, daß das erwachsene Gewebe nur deshalb zur Viruszüchtung untauglich ist, weil es im Explantat nicht zu überleben vermag, dürfte oft zutreffen; anderseits kann man sich aber doch des Eindruckes nicht erwehren, daß es ganz bestimmte Eigentümlichkeiten der embryonalen Gewebe sind, welche deren besondere Eignung zur Virusvermehrung bedingen. Ob die gesteigerte Proliferationspotenz, die Neigung zur Entdifferenzierung oder die besondere Art des Stoffwechsels hierfür ausschlaggebend sind, läßt sich zur Zeit nicht entscheiden. Aus einigen wenigen Untersuchungen, in welchen der Einfluß des Alters embryonaler bzw. jugendlicher Gewebe auf die Virusvermehrung studiert wurde, scheint höchstenfalls hervorzugehen, daß maximale Grade der Gewebeproliferation und Entdifferenzierung (bei embryonal völlig unreifen Geweben) die Virusvermehrung eher behindern als fördern, und daß ein gewisser „Reifegrad" des Gewebes für die Viruszüchtung optimal ist. Zu derartigen Ergebnissen gelangten HECKE (69) beim Maul- und Klauenseuchevirus und IVANOVICS und HYDE (79) beim Virus III. (Der Wert dieser Untersuchungen wird aber dadurch erheblich eingeschränkt, daß keine Zellreinkulturen verwendet wurden.) Beobachtungen ähnlicher Art wurden übrigens auch bei der Viruszüchtung auf der Chorionallantois des befruchteten Hühnereies gemacht.

Die Viruszüchtung im Gewebsexplantat erlaubt außerdem zu bestimmen, zu welchen *Zellarten* die verschiedenen Virusarten spezifische Affinitäten haben. Bedauerlicherweise beschränken sich nun die Mehrzahl aller in dieser Richtung unternommenen Versuche darauf, die Eignung verschiedenartiger Organgewebe (z. B. Hoden-, Nieren-, Lungen-, Gehirngewebe usw.) für die Virusvermehrung zu prüfen. Derartige Versuche haben natürlich nur einen sehr begrenzten Wert, da ja — wegen der im Explantat eintretenden Desorganisierung der Gewebe — keineswegs „Hoden- oder Nierengewebe" usw. gezüchtet wird, sondern nur eine oder mehrere Zellarten, deren Art meistens unbekannt ist. Trotzdem wurden den meisten Virusarten auch im Explantat streng „epitheliotrope" Eigenschaften zugeschrieben, hauptsächlich auf Grund mißglückter Züchtungsversuche in Fibroblastenkulturen (die einzige Zellart, deren Züchtung keine Schwierigkeiten macht und die deshalb häufiger rein gezüchtet worden ist).

Eine einwandfreie Bestimmung der „Cytotropie" der Virusarten kann nun zweifellos nur in Zellreinkulturen (z. B. Fibroblasten, Osteoblasten, Epithel, Blutleukocyten usw.) erfolgen. Die unter Verwendung von Zellreinkulturen ausgeführten Versuche sind zwar wenig zahlreich und betreffen nur einige Virusarten, sie zeitigten jedoch größtenteils eindeutige Ergebnisse.

So vermochte schon Carrel (19) zu zeigen, daß sich das Roussarkomvirus nur in Explantaten von Blutmonocyten des Huhnes, nicht jedoch in embryonalen Hühnerfibroblasten zu vermehren vermag. Nach Benjamin und Rivers (11) sind Monocytenkulturen auch zur Dauerzüchtung von Myxomvirus geeignet. Dagegen konnte Hühnerpestvirus [Hallauer (63)] ausschließlich nur in Epithelreinkulturen (embryonales Irisepithel vom Huhn) gezüchtet werden, während in Monocyten-, Osteoblasten- und Fibroblastenkulturen höchstenfalls eine Konservierung, aber sicher keine Vermehrung des Virus zu beobachten war. Zu ganz ähnlichen Befunden gelangten Hecke (69) und namentlich Köbe und Fertig (83) bei der Züchtung des Maul- und Klauenseuchevirus; während in Fibroblastenkulturen nicht die geringste Virusvermehrung zu erzielen war, erwiesen sich Epithelreinkulturen (Irisepithel des Meerschweinchenembryos) als ausgezeichnete Kulturmedien. Hühnerpest- und Maul- und Klauenseuchevirus könnten demnach tatsächlich als „epitheliotrope" Virusarten bezeichnet werden. Bemerkenswert ist hierbei, daß anscheinend die Provenienz des epithelialen Gewebes nicht die geringste Rolle spielt; nach Köbe und Fertig sind Reinkulturen von Irisepithel sogar (mit Fibroblasten gemischten) Hautepithelkulturen zur Viruszüchtung deutlich überlegen. Möglicherweise findet diese Beobachtung eine Erklärung durch die von A. Fischer gemachte Feststellung, daß alle Epithelzellen als einheitlich aufgefaßt werden müssen und daß die Epithelien die einzige Zellart sind, die im Explantat ihre morphologischen und funktionellen Eigenschaften beibehalten, d. h. nie dedifferenziert werden.

Auffallend ist weiterhin, daß noch keine Virusart mit Sicherheit in Fibroblastenkulturen gezüchtet werden konnte.[1] Selbst das Fibromvirus des Kaninchens vermehrt sich nach den Untersuchungen von Faulkner und Andrewes (37) in Fibroblastenreinkulturen anscheinend (die Autoren halten ihre Befunde nicht für definitiv) nicht. Einzig für das Virus III (79) und eventuell das Vaccine-

[1] Nach Bedson und Bland (10) und Bland und Canti (13) werden allerdings Fibroblastenzellen von Psittacosisvirus infiziert (Nachweis intracellularer Elementarkörperchen).

virus (138) müßte man — allerdings nur auf Grund der Bildung von Einschlußkörperchen — annehmen, daß Fibroblasten infiziert werden können.

Von den streng neurotropen Virusarten (Lyssa-, Poliomyelitisvirus) kann angenommen werden, daß sie sich auch im Explantat ausschließlich nur im Nervengewebe zu vermehren vermögen; Züchtungsversuche in anderen Gewebearten liegen allerdings überhaupt nicht vor, ebenso fehlen Versuche mit Zellreinkulturen (Neuroglia, Neuroepithel, Neuroblasten und Neuriten), so daß auch die für die Virusvermehrung notwendige Zellart noch nicht sicher bekannt ist. Vermutlich ist die Vermehrung dieser Virusarten aber an die Gegenwart hochdifferenzierter Nervenzellen (Neuroblasten bzw. Neuriten) gebunden; damit nun gerade diese Zellelemente in Explantaten von Nervengewebe überleben und eventuell wachsen, muß bekanntlich eine besondere Technik [vgl. A. FISCHER (40): Gewebezüchtung, S. 385], die für die Viruszüchtung wohl noch nicht angewendet worden ist, befolgt werden. Möglicherweise erklärt dieser Umstand, weshalb die Züchtung dieser Virusarten auch in Explantaten empfänglicher Gewebe bisher so auffallend große Schwierigkeiten machte und weshalb, auch bei anscheinend gelungener Züchtung, die erzielte Virusausbeute unverhältnismäßig spärlich ist.

Mit der Annahme, daß die Virusarten auch im Explantat spezifische Affinitäten nicht nur zu den Geweben bestimmter Wirtsspezies, sondern auch zu ganz bestimmten Zellarten manifestieren, stehen nun eine Reihe von Angaben, denen zufolge auch eine *Virusvermehrung in Gegenwart apathogener Bakterien* möglich sein soll, in offensichtlichem Widerspruch. Die erste Angabe dieser Art stammt von DEGKWITZ (25), der behauptete, das Masernvirus in Symbiose verschiedener Kokkenarten (Pneumokokken, Streptokokken, Coccus von Tunnicliff) erfolgreich gezüchtet zu haben. Der Züchtungserfolg konnte allerdings aus naheliegenden Gründen quantitativ nicht sichergestellt werden, und die zeitweise vorgenommene Überimpfung der Kulturen auf nicht gemaserte Kinder erzeugte „atypische“ Masern. Da bisher auch keine Nachprüfungen vorliegen, sind diese Befunde einstweilen noch mit Skepsis zu bewerten. Sensationellen Charakter hatten dagegen die Mitteilungen russischer Autoren, wonach es gelingt, Vaccinevirus [SILBER und WOSTRUCHOWA (156, 157, 158), SILBER und TIMAKOW (155)], Fleckfieberrickettsien [SILBER und DOSSER (154), LEWKOWITSCH (158), KALINA und DANISCHWESKAJA (80)], Herpesvirus [GRUNDFEST (158)] und Lyssavirus [ROSENHOLZ (158)] in Symbiose mit apathogenen Hefen (Torula Kefir), Sarcinen und Staphylokokken über anscheinend unbegrenzte Zeit in vitro zu kultivieren.

Es ist nicht erstaunlich, daß diese Befunde eine große Anzahl von Nachprüfungen provoziert haben. Die Ergebnisse dieser Nachprüfungen waren jedoch durchwegs eindeutig negativ, nicht nur beim Vaccinevirus [BREINL (14), ARBEIT (5), VOET (178), AMIES (2)], sondern auch bei Fleckfieberrickettsien [OTTO (115), ARBEIT (5)] und beim Lyssavirus [WALDHECKER (179)]. Gleichfalls negativ verliefen entsprechende Versuche mit Hühnerpestvirus (SEIDENBERG) und Maul- und Klauenseuchevirus (FRENKEL). Die Gründe, weshalb die russischen Autoren nur „positive“ Resultate zu verzeichnen hatten, lassen sich nur vermuten; sicher ist — nach den Untersuchungen von AMIES —, daß der von SILBER und seinen Mitarbeitern verwendete Hefestamm von Torula Kefir (auch ohne Virus!) auf der Kaninchenhaut nekrotisierende Läsionen setzt und nicht unwahrscheinlich ist, daß auch die übrigen Läsionen und Symptome der geimpften Versuchstiere irrtümlicherweise als spezifische Reaktionen interpretiert worden sind.

b) Ort der Virusvermehrung.

Zahlreiche Versuche beschäftigten sich mit der Frage, in welcher Weise sich das gezüchtete Virus auf die Bestandteile des Kulturmediums verteilt. Die hierbei meist befolgte Technik bestand darin, daß nach einer gewissen Züchtungszeit sowohl die Gewebefragmente als auch die zellfreie Phase (Plasma, Serum, Salzlösung) quantitativ auf ihren Virusgehalt geprüft wurden. Die erzielten Versuchsergebnisse waren nicht völlig übereinstimmend. Die Gewebefragmente wurden zwar ausnahmslos als hochinfektiös befunden, in der zellfreien Phase konnte jedoch von einigen Autoren — PARKER und NYE (Vaccinevirus), HALLAUER (Hühnerpestvirus), SMITH (Influenzavirus), LEVINTHAL (Psittacosisvirus), NIGG und LANDSTEINER (Fleckfieberrickettsien) — überhaupt kein Virus nachgewiesen werden, während die Mehrzahl aller anderen Untersucher stets auch diesen Kulturanteil (wenn auch in weit geringerem Grade als die Gewebefragmente) virushaltig fanden, u. zw. nicht nur bei der Züchtung von Vaccinevirus (MAITLAND und MAITLAND, RIVERS, LI und RIVERS u. v. a.), sondern auch von Hühnerpestvirus (PLOTZ, späterhin auch HALLAUER), von Influenzavirus (FRANCIS und MAGILL), von Psittacosisvirus (MACCALLUM), von Fleckfieberrickettsien (ASCHNER und KLIGLER, BREINL und CHROBOK) und der meisten übrigen Virusarten. Schon aus dieser Gegenüberstellung verschiedenartiger, bei denselben Virusarten erhobener Befunde, dürfte hervorgehen, daß die beobachteten Unterschiede wohl nicht durch besondere, nur einigen Virusarten zukommende Eigenschaften (z. B. streng gewebsgebundene Virusvermehrung) bedingt sein können, sondern höchstwahrscheinlich in der Verschiedenartigkeit der Versuchstechnik (Methode der Gewebekultur, Virusimpfdosis, Zeitpunkt der Virusauswertung usw.) begründet sind. In welcher Weise das Resultat derartiger Versuche vom Zeitpunkt, in dem eine Viruskultur untersucht wird, abhängt, lehren Experimente von HECKE (69, 71, 72) beim Maul- und Klauenseuchevirus und von MACCALLUM (95) beim Virus der Psittacose, in denen fortlaufend nach Stunden bzw. Tagen der Virusgehalt der Gewebefragmente und der zellfreien Phase geprüft wurden. Auch hier waren zwar die Ergebnisse einzelner Versuche nicht völlig gleichartig; im allgemeinen ließ sich aber doch ein ganz bestimmter Verteilungstypus des Virus erkennen: Zu Beginn der Virusvermehrung (in den ersten 24 Stunden) nahm der Virusgehalt in der gewebefreien Phase kontinuierlich ab, bis ev. überhaupt kein Virus mehr nachzuweisen war; in den Gewebefragmenten jedoch blieb in diesem Zeitpunkt der Virusgehalt entweder konstant oder er stieg mehr oder weniger rasch an. Auf dem Höhepunkt der Virusvermehrung zeigten dann die Gewebefragmente eine maximale Infektiosität, und auch in der zellfreien Phase konnte wiederum eine bestimmte Quote von Virus nachgewiesen werden. Schließlich sank der Virusgehalt ab, u. zw. in der zellfreien Phase wesentlich früher und rascher als in den Gewebefragmenten. Ein derartiger Versuchsausfall ist nach MACCALLUM besonders dann zu erzielen, wenn die Kulturen nur mit kleinen Virusdosen beimpft werden. Und HECKE stellte fest, daß auch während der ganzen Versuchszeit der Virusnachweis ausschließlich nur in den Gewebefragmenten erbracht werden kann, wenn in einer Kultur an Stelle mehrerer Gewebefragmente nur 1 Gewebestück mit einer kleinen Virusmenge infiziert wird. Auch die Beschaffenheit des Mediums, in welchem die Gewebefragmente suspendiert sind, scheint die Virusverteilung im Gewebsexplantat zu beeinflussen, nach HECKE (72) ist der Virusgehalt — auf der Höhe der Virusvermehrung — der außergeweblichen Flüssigkeit am größten im Riversmedium, geringer im Maitlandmedium und am spärlichsten in nach CARREL angelegten Plasmakulturen.

Aus den Versuchen von HECKE und MACCALLUM scheint jedenfalls hervorzugehen, daß die Virusvermehrung eine gewebsgebundene ist; die Schwankungen des Virusgehaltes in der zellfreien Außenflüssigkeit sind nach HECKE nur unter dieser Annahme zu verstehen. Die primäre Virusabnahme wäre nämlich dadurch bedingt, daß nur dasjenige Virus in der Kultur überlebt, das mit den Gewebefragmenten in Kontakt kommt und sich hier fixiert, und das Wiedererscheinen des Virus wäre die sekundäre Folge davon, daß die Gewebefragmente im Zeitpunkt ihrer höchsten Infektiosität wiederum Virus nach außen liberieren.

Wo die Virusvermehrung in den Gewebefragmenten stattfindet, ob in den Saftspalten des Gewebes, ob an der Oberfläche der Gewebezellen oder schließlich in deren Binnenraum, läßt sich natürlich in derartigen Versuchen nicht ohne weiteres entscheiden. Eine vorwiegend intracelluläre Lagerung des Virus war aber schon auf Grund einiger, immer wieder gemachter Beobachtungen wahrscheinlich. So ist allgemein bekannt, daß die Virusausbeute aus einem infizierten Gewebe um so größer ist, je ausgiebiger das Gewebe auf mechanischem Wege zertrümmert wird; wenn das Virus nur an die Zelloberfläche adsorbiert wäre, so müßte, wie HECKE wohl mit Recht annimmt, eher das Gegenteil erwartet werden, nämlich eine erhöhte Virusadsorption an die vergrößerte Oberfläche. Fernerhin geht aus den zahlreichen Versuchen, in welchen die Wirkung von Immunserum in Gewebekulturen untersucht wurde (vgl. sechster Abschnitt, 3, dieses Handbuches) übereinstimmend hervor, daß das einmal an den Geweben verankerte Virus vor der Einwirkung des Immunserums geschützt ist, d. h. nicht mehr neutralisiert werden kann. Daß eine bloße Virusadsorption an der Zelloberfläche für diese Schutzwirkung nicht maßgebend ist, vermochten ROUS, MCMASTER und HUDACK (149) nachzuweisen. Sie stellten sich aus Gewebsexplantaten von embryonalem Kaninchengewebe — durch tryptische Verdauung des Plasmakoagulums — Suspensionen freier Gewebezellen her; die einen dieser Zellsuspensionen wurden dann überlebend gehalten, die anderen schonend abgetötet und hierauf mit Virus (Vaccine- bzw. Fibromvirus) infiziert und (nach mehrmaligem Waschen der Zellen) entweder sofort oder nach Vorbehandlung mit Immunserum auf die Versuchstiere verimpft. Das erzielte Versuchsergebnis war eindeutig; sowohl die lebenden als auch die abgetöteten Zellen vermochten zwar das zugegebene Virus gleichermaßen zu binden, dagegen war das Virus nur in den Suspensionen lebender Zellen gegen die Einwirkung des Immunserums geschützt. Der Versuchsausfall läßt sich nach ROUS, MCMASTER und HUDACK nur so interpretieren, daß das von den lebenden Zellen intracellulär aufgenommene Virus mit dem Immunserum nicht in Kontakt kommen kann.[1] Tatsächlich wird diese Annahme durch frühere Versuche von ROUS und JONES (148), in denen gezeigt werden konnte, daß auch phagocytierte Bakterien solange vor der Einwirkung bactericider Sera und keimschädigender Substanzen geschützt sind, als die Phagocyten überleben, in hohem Grade wahrscheinlich. Schließlich ist auch die — in Gegenwart lebender Zellen — beobachtete, auffallende Resistenz von Hundestaupevirus und Bakteriophagen gegenüber photodynamischen Einflüssen nach PERDRAU und TODD (119, 120) nur dadurch zu erklären, daß sich diese Virusarten im Innern der Zelle befinden.

Bei den optisch nicht darstellbaren Virusarten wird man sich wohl mit diesen indirekten Beweisen für die intracelluläre Existenz des Virus begnügen

[1] In einer späteren, ausführlicheren Arbeit, in der prinzipiell dieselben Ergebnisse erzielt wurden, interpretieren ROUS, MCMASTER und HUDACK ihre Versuchsresultate allerdings wesentlich vorsichtiger; es findet sich hier der Passus: „One is tempted to suppose that the viruses used in the present experiments, after becoming attached in some way to living cells, are taken into the latter and owe their percistence in active state to an intracellular situation. But the data do not justify this supposition. They prove only that the protection of the viruses is in some way dependent upon cell life. The maintenance of a special state of affairs at or near the cell surface might suffice for protection.“

müssen. Dagegen läßt sich die intracelluläre Lagerung einiger Virusarten, deren Elementarkörperchen — auch im Explantat — mikroskopisch nachgewiesen werden können, mit Sicherheit feststellen. Auch besteht in diesem Fall die Möglichkeit, das Schicksal des Virus im Gewebsexplantat (bzw. in einem infizierten Organ des Tierkörpers) fortlaufend mikrophotographisch zu verfolgen. Derartige Versuche wurden mit Rickettsien [PINKERTON und HASS (122, 123)], mit dem Psittacosisvirus [BEDSON und BLAND (9), BEDSON (8), BEDSON und BLAND (10), LEVINTHAL (88), BLAND und CANTI (13), HAAGEN und CRODEL (60, *1*)], dem Virus der KIKUTHschen Kanarienvogelkrankheit [HERZBERG (75)] und dem Vaccinevirus [HERZBERG (76)] ausgeführt. Die intracelluläre Lagerung und die kontinuierlich zunehmende Anreicherung der untersuchten Rickettsien und Viruselementarkörperchen im Zellbinnenraum konnte in allen diesen Untersuchungen erwiesen werden.

Dagegen erlaubt diese Feststellung allein wohl nicht ohne weiteres die Deutung einer ausschließlich intracellulären Virusvermehrung oder gar eines obligaten Zellparasitismus. Die kontinuierliche Zunahme von Viruselementarkörperchen im Zellinnern könnte ja — bei unbefangener Betrachtung — ebenso gut durch eine fortschreitende Phagocytose von extracellulär sich vermehrendem Virus bedingt sein. Eine derartige Annahme ist nun wohl für Fleck- und Felsenfieberrickettsien mit Bestimmtheit abzulehnen, u. zw. aus den folgenden Gründen: 1. für eine extracelluläre Rickettsienvermehrung konnten nicht die geringsten Anzeichen gewonnen werden, 2. die intracelluläre Vermehrung scheint hier sichergestellt (Kettenbildung der Rickettsien, Bildung von Rickettsiennestern im Zellprotoplasma bzw. Kern), 3. nur ganz bestimmte, oft andere Substanzen nicht phagocytierende Zellarten werden von den Rickettsien befallen.

Für die übrigen Virusarten sind jedoch die zugunsten einer rein intracellulären Virusvermehrung erbrachten Beweise schon wesentlich unsicherer. Die Möglichkeit einer extracellulären Virusvermehrung ist hier nicht mit absoluter Sicherheit auszuschließen; die Annahme einer intracellulären Virusvermehrung stützt sich auf morphologische Befunde (Einschlußkörperchen, ,,Viruskolonien", Entwicklungscyclen usw.), deren Deutung wohl noch umstritten ist; und schließlich wurden diese Befunde zum größten Teil an Zellarten (Monocyten, Histiocyten usw.) erhoben, die von Natur aus stark phagocytierende Eigenschaften haben.

Anderseits muß aber auch zugegeben werden, daß bisher nichts darauf hinweist, daß eine extracelluläre Virusvermehrung möglich ist, so daß der gegenwärtige Stand der Virusforschung im Explantat entschieden zugunsten der Annahme spricht, daß die Virusvermehrung im Zellinnern vor sich geht. Dagegen ist es wohl nicht angängig, deswegen *alle* Virusarten als obligate Zellparasiten zu bezeichnen. Eine derartige Aussage ist sinnlos bei Virusarten, die wahrscheinlich oder möglicherweise keine belebten Elementarorganismen sind, und sie ist immer noch zweifelhaft bei Virusarten, die im Explantat keine streng spezifischen Affinitäten zu ganz bestimmten Wirtszellen erkennen lassen und deren Unvermögen zur extracellulären Vermehrung nicht völlig sichergestellt ist.[1]

[1] Auch muß daran erinnert werden, daß gerade im Explantat embryonaler Gewebe eine Reihe pathogener Bakterien, die sich im Tierkörper sicher nicht als obligate Zellparasiten verhalten, eine vorwiegend intracelluläre Vermehrung zeigen. Ein derartiges Verhalten wurde mit Bestimmtheit für Tuberkelbacillen (SMYTH, FISCHER, MAXIMOW u. a.) und für Typhusbacillen (LEWIS) nachgewiesen. Zu ganz ähnlichen, sehr bemerkenswerten Befunden gelangten neuerdings auch GOODPASTURE und seine Mitarbeiter bei der Züchtung einer größeren Anzahl von Bakterien auf der Chorionallantois des befruchteten Hühnereies.

In welcher Art das Virus in die Wirtszelle eintritt und dieselbe nach erfolgter Vermehrung wieder verläßt, ist wenig bekannt. DOERR (28) hat mit Recht darauf hingewiesen, daß von einem aktiven Eindringen des Virus in die Wirtszelle nicht die Rede sein könne, sondern daß nur eine passive Aufnahme durch die Zellen in Betracht komme. Diese Vorstellung deckt sich völlig mit Versuchsergebnissen von R. M. LEWIS, der bei der Züchtung von Bakterien in Explantaten von embryonalen Hühnerfibroblasten (also einer Zellart, die im allgemeinen nur durch ein geringes Phagocytosevermögen ausgezeichnet ist) deutlich verfolgen konnte, daß bewegliche Bakterien, sobald sie mit den Zellen in Kontakt kommen, unbeweglich und nach und nach in das Cytoplasma hineingezogen werden, um sich dann im Zellinnern entweder zu vermehren oder zugrunde zu gehen. Was den Austritt des Virus aus den Zellen anbelangt, so wird im allgemeinen — hauptsächlich auf Grund mikroskopischer Befunde — angenommen, daß er erst dann erfolgt, wenn die Virusvermehrung ihren Höhepunkt erreicht hat und so zustande kommt, daß die mit Elementarkörperchen prall angefüllten Zellen bersten und ihren infektiösen Inhalt („wie Samen aus der Kapsel") nach außen entleeren. Für alle Virusarten kann aber dieser Ausscheidungsmechanismus nicht zutreffen. So nimmt bekanntlich bei der Züchtung von Roussarkomvirus der Virusgehalt in der zellfreien Phase während der ganzen Züchtungsdauer kontinuierlich zu, und die an der Virusproduktion beteiligten Zellen zeigen nicht die geringste Schädigung. Derselbe Vorgang läßt sich auch bei Bakteriophagen beobachten, wenn man die lysosensiblen Bakterien durch Gelatinezusatz vor der terminalen Lyse schützt (DOERR und GRÜNINGER).

Schließlich ist auch bekannt, daß Rickettsien und auch bestimmte Bakterien bei der Teilung der infizierten Mutterzelle in die Tochterzellen übergehen können.

2. Variabilität der Virusarten im Gewebsexplantat.

Schon zu Beginn der Viruszüchtung im Gewebsexplantat wurden gelegentlich auffallende „Virulenzschwankungen" das Kulturvirus (Vaccinevirus) beobachtet. Eine besondere Bedeutung konnte jedoch diesen Befunden nicht beigelegt werden; sie ließen sich schon durch die — zufolge der mangelhaften Züchtungstechnik — noch unvermeidlichen Unregelmäßigkeiten in der Virusvermehrung hinlänglich erklären. Erst als es gelang, Virus über längere Zeit im Explantat zu züchten, häuften sich die Beobachtungen über qualitative Veränderungen von Virusarten in Gewebsexplantaten; und neuere, bei einigen Virusarten (Vaccine-, Gelbfieber-, Hühnerpestvirus) systematisch in dieser Richtung angestellte Versuche haben ergeben, daß die Variabilität der Virusarten im Gewebsexplantat ebenso groß, wenn nicht größer ist wie im Tierkörper. Die Viruszüchtung im Explantat scheint demnach als ganz besonders geeignet, die theoretisch und praktisch wichtige Frage der Variabilität der Virusarten als Folge der Anpassung an die Gewebe bestimmter Wirtsspezies und bestimmter Organe zu analysieren.

Die Anpassung einer Virusart an das Kultursubstrat kann sich in der Hauptsache in dreifacher Art äußern: 1. in einer Steigerung der Infektiosität und Pathogenität für bestimmte Tierspezies und Gewebearten, 2. in einer verminderten bzw. völlig aufgehobenen Pathogenität (bei anscheinend erhaltener Infektiosität) und 3. in einer Veränderung der ursprünglich vorhandenen Affinitäten bzw. Tropismen zu bestimmten Gewebesystemen.

Eine *Zunahme der Pathogenität* wurde beobachtet bei der Züchtung von Vaccinevirus [HAAGEN (57), HAAGEN, GILDEMEISTER und CRODEL (61) u. a.], von Virus III [TOPACIO und HYDE (176)], von Myxomvirus [HAAGEN (58)], in Kaninchenhodenexplantaten, von Taubenpockenvirus [LÖWENTHAL (94)], in

Kulturen von Taubenmilz bzw. Knochenmark und von Hühnerpestvirus [Hallauer (63)], in Explantaten von embryonalem Hühnergehirn. Bemerkenswert ist wohl, daß sämtliche dieser Virusarten in optimal zur Virusvermehrung geeigneten Geweben hoch empfänglicher Wirtsspezies gezüchtet wurden. Daß in allen diesen Fällen das Kulturvirus gegenüber dem Ausgangsvirus eine *qualitative* Veränderung im Sinne einer Pathogenitätssteigerung erfahren hatte, zeigte sich bei der experimentellen Infektion einerseits in der stark verkürzten Inkubation und anderseits in der Intensität der Gewebsläsionen (hämorrhagisch-nekrotisierende Entzündung, Bildung von Exsudat usw.), Veränderungen, die sich mit entsprechenden oder größeren Konzentrationen des direkt aus dem Tierkörper stammenden Virus nicht erzielen ließen. Bemerkenswert ist auch eine Feststellung, die Hallauer beim Hühnerpestvirus und Topacio und Hyde beim Virus III machten, nämlich, daß im Tierkörper eine derartige Pathogenitätssteigerung auch dann nicht möglich ist, wenn das Virus fortwährend in derselben Gewebeart wie im Explantat (Gehirn bzw. Hoden) passiert wird. Eine ganz ähnliche Beobachtung wurde mit einem mäuseapathogenen Hühnerpestvirus (Stamm Doerr) gemacht; während dieser Stamm durch fortgesetzte intracerebrale Mäusepassagen anscheinend keine mäusepathogenen Eigenschaften erwirbt (Doerr, Seidenberg und Whitman, Doerr und Seidenberg), gelingt es, in Explantaten von embryonalem Mäusegehirn dasselbe Virus schon nach wenigen (9—10) Passagen in einen für Mäuse hochpathogenen Stamm umzuwandeln (Hallauer, noch unveröffentlichte Versuche). Anscheinend liegen demnach im Explantat Verhältnisse vor — Wegfall hemmender Faktoren oder besondere Eigenschaften der explantierten Gewebe —, die oft eine Zunahme der Viruspathogenität begünstigen.

Ob es schließlich auch möglich ist, einem Virus durch die kontinuierliche Züchtung in einem bestimmten Gewebe eine erhöhte, elektive Affinität bzw. Pathogenität gegenüber dieser Gewebeart zu verleihen, ist merkwürdigerweise noch nicht entschieden.

Hühnerpestvirus, das über längere Zeit in embryonalem Hühnergehirn gezüchtet wird, nimmt jedenfalls für die Spezies Huhn keine nachweisbaren neurotropen Eigenschaften an. Dagegen können oft mäusepathogene Hühnerpeststämme bei fortgesetzter Züchtung in Explantaten von embryonalem Hühner- oder Mäusegehirn für den Mäuseorganismus ausgesprochen neurotrop werden, d. h. sie erzeugen bei peripherer (z. B. intraperitonealer) Injektion mit großer Regelmäßigkeit eine Encephalitis bzw. Myelitis (Hallauer, noch unveröffentlichte Versuche). Ob diese ausgeprägte Neurotropie aber wirklich als die Folge einer spezifischen Anpassung an das Gehirngewebe aufgefaßt werden kann, erscheint fraglich, da eine entsprechende Virusveränderung gelegentlich auch bei der Züchtung in Gewebekulturen von embryonalem Hühnergewebe (*ohne* Gehirn und Rückenmark) beobachtet werden konnte. Auch wird das Virus bei gleicher Versuchsanordnung oft nicht in der erwähnten Art abgewandelt, sondern anscheinend im Sinne „neurotroper" Gelbfieberstämme (vgl. unten), d. h. es besitzt bei peripherem Infektionsmodus zwar keine Pathogenität, aber ein immunisierendes Vermögen (Hallauer, noch unveröffentlichte Versuche). Die Genese „neurotroper" Gelbfieberstämme (vgl. unten) läßt sich nun bekanntlich nicht dadurch erklären, daß diese Virusstämme eine *gesteigerte* Affinität zum Nervensystem erwerben. Nach Smith und Theiler (161) muß allerdings damit gerechnet werden, daß ein bereits „neurotropes" Gelbfiebervirus bei längerer Züchtung in Explantaten von embryonalem Mäusegehirn eine erhöhte Pathogenität für das Mäusegehirn (abgekürzte Inkubation bei intracerebraler Injektion) annimmt.

Weitaus zahlreicher sind die Beobachtungen, wonach Virusarten bei dauernder Züchtung im Explantat einen progressiven Verlust ihrer Pathogenität erleiden oder einzelne pathogenetische Merkmale einbüßen.

RIVERS und WARD (142) züchteten Vaccinevirus (Dermovaccine) über 99 Passagen in Hühnerembryonalgewebe (Riversmedium) und prüften fortlaufend den Virusgehalt der einzelnen Kulturen auf der Kaninchenhaut; bis zur 19. Passage war der Infektiositätstiter derselbe wie zu Beginn, nämlich 10^{-6}, in der 30. Passage betrug er noch 10^{-4}, in der 60.—80. Passage noch 10^{-2} und in der 86. Passage war er auf 10^{-1} abgesunken; mit der 99. Subkultur konnte schließlich nur noch eine Hautläsion erzeugt werden, wenn das Kulturvirus unverdünnt verimpft wurde. Die naheliegende Annahme, daß der Versuchsausfall nur durch die quantitative Abnahme des Virusgehaltes der einzelnen Kulturen bedingt sein könnte, ließ sich aber schon deshalb nicht aufrechterhalten, weil sich auch der Charakter der Hautläsionen in auffallender Weise änderte (hämorrhagisch nekrotisierende Pusteln bis zur 19. Passage, späterhin nur noch Knötchen ohne starke Entzündungsreaktion) und weil vor allem das Kulturvirus der 99. Subkultur auf der menschlichen Haut noch durchaus typische, wenn auch mild verlaufende Reaktionen erzeugt. Es war demnach anzunehmen, daß sich das Virus im Verlaufe der Züchtung qualitativ verändert hatte, u. zw. anscheinend lediglich hinsichtlich seiner Pathogenität für das Kaninchen. Zu denselben Ergebnissen gelangten CH'EN (23) und JULIA COFFEY (24); auch sie stellten fest, daß sich die Virulenz einer Dermovaccine bei längerer Züchtung im embryonalen Hühnergewebe zunehmend abschwächt.

Bei der Dauerzüchtung von Vaccinevirus (Dermovaccine)[1] in Kulturen von embryonalem Hühnergewebe nimmt demnach die Viruspathogenität für das Kaninchen kontinuierlich ab, während sie in Explantaten von Kaninchengewebe entweder konstant bleibt [NAUCK und PASCHEN (108)] oder ansteigt (vgl. oben). Von Interesse ist nun aber, daß es RIVERS und WARD (142, 143) gelang, ein — hinsichtlich seiner Kaninchenpathogenität — bereits weitgehend abgeschwächtes Kulturvirus durch einige intratestikulare Kaninchenpassagen zu reaktivieren; und dieses „aufgefrischte" Virus („revived strain") ließ sich nun — in völligem Gegensatz zum Ausgangsvirus — über 130 Passagen in Kulturen von embryonalem Hühnergewebe ohne nennenswerte Einbuße an Infektiosität und Pathogenität für die Kaninchenhaut weiterzüchten.

Nach KRONTOWSKI, JAZIMIRSKA und SAWITZKA (85) nimmt eine Dermovaccine, die in Explantaten von embryonalem Hühnergewebe gezüchtet wird, die Eigenschaften einer Neurovaccine (hämorrhagisch-nekrotisierende Hautläsionen, Erzeugung einer Encephalitis bei intracerebraler Infektion) an. Dieselbe Beobachtung machten auch LEVADITI und VOET (87) und MOLINA (105) bei der Züchtung einer Dermovaccine auf der Chorionallantois des befruchteten Hühnereies.

Bei der Dauerzüchtung von Herpes- und Maul- und Klauenseuchevirus können einzelne für das Ausgangsvirus charakteristische Eigenschaften verlorengehen.

GILDEMEISTER, HAAGEN und SCHEELE (52) züchteten einen encephalitogenen Herpesstamm während 22 Passagen in Explantaten von Kaninchenhoden;

[1] Neurolapinevirus zeigt sowohl in Explantaten von Kaninchengewebe [HAAGEN (59)] als auch von Hühnerembryonalgewebe (91, 85) eine auffallende Stabilität seiner Eigenschaften, d. h. es verändert sich auch bei langer Züchtungsdauer so gut wie nicht. In dieser Hinsicht würde sich eine Neurolapine von einer Dermovaccine in ähnlicher Weise unterscheiden wie ein neurotroper Gelbfieberstamm von einem pantropen.

während nun die keratitogene Wirkung bis zu Ende der Züchtung völlig erhalten blieb, verlor der Kulturstamm sein encephalitogenes Vermögen, u. zw. je nach dem Infektionsmodus zu verschiedener Zeit; nämlich, bei cornealer Impfung bereits in der 4.—7. Passage, bei intracutaner nach der 11. Passage und bei intracerebraler Virusimpfung erst in der 18. bzw. 21. Subkultur. HAAGEN (59) vermochte späterhin diese Befunde zu reproduzieren; ein über 50—60 Passagen in Kaninchenhodenexplantaten erfolgreich gezüchtetes Herpesvirus büßte zwischen der 3.—9. bzw. nach der 16. Kulturpassage wiederum seine encephalitogenen Eigenschaften ein. Ein derartiger nicht mehr encephalitogener Kulturstamm vermag aber noch, wie HAAGEN feststellte, den Weg von der Cornea bis zum Gehirn zurückzulegen. Dieser Befund ist bemerkenswert, weil neuerdings MAGRASSI (vgl. auch sechster Abschnitt, 3, dieses Handbuches) natürlich vorkommende Herpesstämme beschrieben hat, die zwar nicht encephalitogen, aber doch encephalotrop sind. Eine eigenartige Veränderung erleidet nach GASTINEL, STEFANESCO und REILLY (50) das Herpesvirus, wenn es über einige Passagen in Explantaten von embryonalem Hühnergewebe (Cornea, Herz) gezüchtet wird. Bei der intracerebralen Verimpfung eines solchen Kulturvirus auf Kaninchen entstand zwar stets eine typische, herpetische Encephalitis, die sich aber nicht auf andere Kaninchen übertragen ließ („Infection mortelle auto-stérilisable"). Einen ähnlichen Einfluß des Hühnergewebes auf Herpesvirus stellte MAGRASSI (98) bei der Züchtung von Herpesvirus in Kulturen von embryonalem Hühnergehirn fest; obschon sich das Virus in den einzelnen Kulturen anscheinend zunächst vermehrte, erwies es sich als unmöglich, die Infektion von der einen Kultur auf die andere zu übertragen. Und schließlich beobachteten auch REMLINGER und BAILLY, daß sich eine herpetische Encephalitis bei der Taube nicht auf andere Tauben übertragen läßt, sondern nur auf Kaninchen.

Auch das Maul- und Klauenseuchevirus scheint bei der Dauerzüchtung in Explantaten von embryonaler Meerschweinchenhaut charakteristische, qualitative Veränderungen zu erleiden. STRIEGLER und NAGEL (166) züchteten vergleichsweise die drei Typen des Maul- und Klauenseuchevirus (Typ A, B und C) über 50 Kulturpassagen und bestimmten von Zeit zu Zeit quantitativ den Virusgehalt in den einzelnen Kulturserien. Als Maßstab der „Virulenz" diente ihnen das Verhältnis der generalisiert zu den nur lokal erkrankenden, plantar geimpften Meerschweinchen. Mit zunehmender Züchtungszeit erlitten nun alle Virustypen eine deutliche Abschwächung ihrer „Virulenz", indem das Kulturvirus immer seltener eine generalisierte Infektion auszulösen vermochte, obwohl sich der Infektiositätstiter nicht wesentlich veränderte. Besonders frühzeitig und ausgeprägt machte sich diese Virulenzabnahme bei der Züchtung von Typ C bemerkbar, obschon sich gerade dieser Virustyp — im Vergleich zu den anderen — besonders intensiv im Explantat vermehrte. Der Virustyp C zeigte nun allerdings diese Neigung zur Abschwächung keineswegs nur im Explantat, sondern auch bei fortgesetzten Meerschweinchen- bzw. Rinderpassagen. Die Typenzugehörigkeit der einzelnen Virusstämme blieb dagegen unverändert erhalten.

Eine sehr eigenartige Abschwächung von Hühnerpestvirus erzielte HALLAUER (66) in Kulturen von embryonalem Hühnerlebergewebe. Das Virus vermochte sich zunächst in diesen Leberexplantaten zu vermehren, erfuhr dann aber am 5. bzw. 6. Züchtungstag eine plötzliche Inaktivierung. Eine tatsächliche Viruszerstörung lag jedoch nicht vor, sondern anscheinend nur ein völliger Pathogenitätsverlust. Mit relativ kleinen Dosen (0,5 ccm) eines derartig inaktivierten Kulturvirus war es nämlich möglich, Hühnern durch eine einmalige Impfung eine absolute Immunität zu verleihen. Der Mechanismus dieser Virustransformation konnte leider nicht näher aufgeklärt werden; festgestellt wurde lediglich, daß die Vitalität des gezüchteten Lebergewebes von ausschlaggebender Bedeutung ist, und daß Antikörper anscheinend keine Rolle spielen. Am wahrscheinlichsten ist wohl die Annahme, daß an dieser Virusinaktivierung in erster Linie reticuloendotheliale Zellen beteiligt sind. Zugunsten dieser Hypothese sprechen auch Versuche von BEARD und ROUS (7), denen es anscheinend gelang, sowohl Vaccinevirus als auch das Virus des SHOPEschen Kaninchenfibroms in Gegenwart überlebender KUPFFERscher Sternzellen bzw. Klasmatocyten zu inaktivieren. In einer erst kürzlich (1938) erschienenen Mitteilung geben nun ROUS und BEARD ihre Versuchsprotokolle ausführlich wieder; aus diesen geht hervor, daß Gemische von Vaccinevirus und lebenden Kupfferzellen bzw. Klasmatocyten, die nach einigen Minuten Stehen bei Zimmertemperatur Kaninchen intracutan injiziert werden, im Vergleich zu den Kontrollen nur geringfügige oder gar keine Hautläsionen hervorrufen. Anderseits gelang es aber — in Reinkulturen von reticuloendothelialen Zellen — nicht, weder die Infektiosität von Vaccinevirus abzuschwächen noch Antikörper zu erzeugen. Vielmehr wurde festgestellt, daß sich das Virus in derartigen Kulturen vermehrt. ROUS und BEARD halten es deshalb für wahrscheinlich, daß die Zellen des Reticuloendothels sich — in immunologischer Hinsicht — in vitro anders verhalten wie in vivo.

Es wäre sicher sehr wünschenswert, wenn derartige Versuche mit Lebergewebe bzw. mit Reinkulturen von R.-E.-Zellen auch bei anderen Virusarten ausgeführt würden; die bisherigen Züchtungsmißerfolge einiger Virusarten (Vaccine-, Ektromelie- und Pseudolyssavirus) in Leberexplantaten sind zumindest auffallend und würden sich möglicherweise aufklären lassen.

Die theoretisch und praktisch bedeutsamsten Befunde über das Anpassungsvermögen und die Variabilität einer Virusart im Gewebsexplantat wurden aber zweifellos beim Gelbfiebervirus erhoben. Der Ausgangspunkt sowohl für die erstmalige Züchtung als auch für das Studium der Variabilität dieses Virus in vitro bildete die Entdeckung von M. THEILER, nämlich, daß das natürlich vorkommende pantrope („viscero- *und* neurotrope“) Gelbfiebervirus durch intracerebrale Passagen bei der weißen Maus in einen monotropen („neurotropen“) Virusstamm umgewandelt werden kann. Durch die fortwährende Züchtung im Mäusegehirn erleidet demnach das Gelbfiebervirus — durch den Verlust bestimmter Gewebsaffinitäten — eine qualitative Veränderung, die sich in einer weitgehenden Pathogenitätsabnahme gegenüber seinen natürlichen Wirtsspezies (Affe, Mensch) äußert (vgl. fünfter Abschnitt, 6, dieses Handbuches). Die charakteristische Umformung des Gelbfiebervirus im Mäusegehirn ist wohl nur unter der Annahme verständlich, daß dieses Gewebe für die Züchtung des Virus nicht optimal geeignet ist, d. h. einige pathogenetische Virusmerkmale (die viscerotropen) unterdrückt, die Entwicklung anderer (der neurotropen) aber zuläßt, also gewissermaßen die Funktion eines „Selektors“ ausübt.

Wenn diese Annahme zutrifft, so müßte es gelingen, diese im Tierversuch beobachtete Variabilität des Gelbfiebervirus auch im Gewebsexplantat nachzuweisen, und es bestände hier außerdem die Möglichkeit, den Einfluß auch anderer Gewebearten auf die Virusveränderung zu prüfen.

Die systematischen Untersuchungen von THEILER und seinen Mitarbeitern, die hauptsächlich in der Absicht ausgeführt wurden, in Gewebsexplantaten einen zu Immunisierungszwecken optimal geeigneten neurotropen Gelbfieberstamm zu gewinnen, haben nun nicht nur dieses Ziel erreicht, sondern sie liefern auch den wichtigsten Beitrag zur Frage des Anpassungsvermögens und der Variabilität der Virusarten im Gewebsexplantat überhaupt.

Von Interesse ist zunächst die Tatsache, daß sich die beiden Gelbfiebervirusstämme, das natürlich vorkommende pantrope und das experimentell in vivo erzeugte neurotrope Virus, hinsichtlich ihrer *Anzüchtungsmöglichkeit* in Explantaten von embryonalem Hühnergewebe völlig unterschiedlich verhalten. Während nämlich die Anzüchtung des neurotropen Stammes in diesem Gewebe ohne weiteres gelingt [HAAGEN und THEILER (62)], ist diese Möglichkeit beim pantropen Stamm anscheinend nicht vorhanden [HAAGEN (54, *1*, *2*), LLOYD, THEILER und RICCI (92)]. Für die Züchtung des natürlich vorkommenden, vollvirulenten Virus sind demnach Explantate von embryonalem Hühnergewebe ungeeignet, und nur das künstlich in seinen biologischen Eigenschaften reduzierte und deshalb wohl auch anspruchslosere neurotrope Virus vermag sich auf diesem Gewebesubstrat zu vermehren. Und für den neurotropen Virusstamm scheint nun auch das Hühnergewebe ein ebenso vollwertiges Kulturmedium, wie beispielsweise Mäuseembryonalgewebe, zu sein; denn dieser Stamm läßt sich dauernd (über 100 Passagen) in den Explantaten beider Gewebe züchten, ohne anscheinend seine Stammeseigentümlichkeiten wesentlich zu verändern (54, 92). Wahrscheinlich erweist sich ein neurotroper Gelbfieberstamm im Explantat hinsichtlich der Beibehaltung seiner ursprünglichen Eigenschaften noch konstanter wie im Tierkörper, wo bekanntlich stets damit gerechnet werden muß, daß durch die fortgesetzten Mäusegehirnpassagen auch die Neurotropie zunimmt. Ein völlig anderes Verhalten im Gewebsexplantat zeigt nun das pantrope Gelbfiebervirus. Schon die Anzüchtung dieses Virus im embryonalen Mäusegewebe macht erhebliche Schwierigkeiten (92); mit größerer Regelmäßigkeit läßt sie sich nach SMITH und THEILER (161) nur in Explantaten von embryonalem Mäusegehirn erzielen. Ist diese Anzüchtung aber einmal gelungen, so kann auch dieser Stamm in praktisch unbegrenzten Kulturpassagen im embryonalen Mäusegewebe weitergeführt werden. Bei diesen Kulturpassagen erleidet nun das Virus dieselben Pathogenitätsveränderungen wie bei den cerebralen Passagen im Mäuseorganismus. LLOYD, THEILER und RICCI (92) haben diese progressive Umwandlung des Kulturvirus fortlaufend verfolgt, indem sie von Zeit zu Zeit das Kulturvirus sowohl auf seine viscerotropen (durch intraperitoneale oder subcutane Verimpfung auf Affen) als auch neurotropen Eigenschaften (intracerebrale bzw. intraspinale Injektion bei weißen Mäusen und Affen) prüften. Die Abnahme der Viscerotropie bzw. der Pathogenität des Kulturvirus für Affen (bei extraneuralem Infektionsmodus) setzte frühzeitig ein und schritt mit zunehmender Züchtungszeit fort; so vermochte das Kulturvirus von der 15.—25. Kulturpassage nur noch die Hälfte der Versuchstiere zu töten, von der 25.—45. Passage hatte die Infektion bei Affen nur noch eine Letalität von 10%, und schließlich überlebten sämtliche der mit der 45.—109. Subkultur infizierten Tiere. Dagegen blieben die encephalitogenen bzw. neurotropen Eigenschaften des Kulturvirus während der ganzen Züchtungsdauer (130 Passagen) nahezu konstant. Mit diesem Versuch war jedenfalls erwiesen, daß ein pantropes Virus in Explantaten von embryonalem Mäusegewebe ebenso gut in einen neurotropen Virusstamm übergeführt werden kann, wie im Tierversuch. Die erstrebten optimalen Eigenschaften hatte aber zweifellos auch dieses neurotrope Kulturvirus nicht; denn das Virus zeigte einen noch beträchtlichen Grad von Viscerotropie (Kreisen größerer Virusmengen in der Blutbahn infizierter Affen) und eine nahezu unverminderte Affinität zum Zentralnervensystem. LLOYD, THEILER und RICCI versuchten deshalb, den in Explantaten von embryonalem Mäusegewebe angezüchteten Stamm (noch *bevor* derselbe fixierte, neurotrope Eigenschaften angenommen hatte) auf Kulturen mit anderen, für Gelbfiebervirus noch unempfänglicheren Gewebearten zu übertragen. Tatsächlich gelang ihnen die Weiter-züchtung des Virus auch in Explantaten von embryonaler Hühnerpulpa (auch dann, wenn in diesem Gewebe nur minimale Mengen von Nervengewebe vorhanden waren), von embryonaler Hühnerhaut und von erwachsenen Mäuse- bzw. Meerschweinchenhoden. Der einmal im Mäusegewebe erfolgreich angezüchtete Virusstamm besaß demnach ein erstaunlich großes Anpassungsvermögen für Gewebe, welche der Ausgangsstamm in vivo und in vitro nicht oder nur schwer zu infizieren vermag. Eine weit größere Bedeutung hat aber die Feststellung, daß die Abwandlung des viscerotropen Virus in einen neurotropen Stamm in sämtlichen der angeführten Gewebe mit derselben Zuverlässigkeit erfolgt wie im Mäusegehirn bzw. in Explantaten von embryonalem Mäusegewebe. Von größter praktischer Tragweite ist aber schließlich die von Theiler und Smith (172) gemachte Beobachtung, wonach das in Explantaten von embryonalem Hühnergewebe (nach vorheriger Beseitigung von Gehirn und Rückenmark) dauernd — während 3 Jahren in über 200 Subkulturen — gezüchtete Virus zwischen der 89. und 114. Kulturpassage anscheinend unvermittelt sein encephalitogenes Vermögen gegenüber Affen verliert und in der 214. Subkultur auch nahezu keine viscerotrope Pathogenität mehr besitzt (Überleben des für Gelbfieber wohl empfindlichsten Versuchstieres, des Igels). Trotz dieses nahezu vollständigen Pathogenitätsverlustes hat dieses Kulturvirus anscheinend sein volles antigenes und immunisierendes Vermögen konserviert. Nach einer weiteren Mitteilung von Theiler und Smith (173), in welcher über die mit diesem Kulturstamm erzielten Impferfolge bei Affen und Menschen berichtet wird, kann wohl kein Zweifel mehr sein, daß damit die Herstellung eines optimalen Gelbfieberimpfstoffes erreicht wurde.

Die Frage, weshalb das Gelbfiebervirus gerade in Explantaten von embryonalem Hühnergewebe eine derartig auffallende Veränderung erfährt, muß einstweilen offen bleiben. Theiler und Smith sind der Ansicht, daß zumindest der Verlust der Neurotropie dadurch zustande kommen könnte, daß die von ihnen verwendeten Gewebsexplantate nur minimale Mengen von Nervengewebe enthalten; sie geben allerdings gleichzeitig zu, daß auch das Hühnergewebe an und für sich diese Veränderung bewirken könnte. Die zweite Möglichkeit scheint mir wahrscheinlicher, denn es ist auffallend, daß außer dem Gelbfiebervirus noch andere Virusarten — Vaccine-, Herpes-, Hühnerpestvirus (vgl. oben) — Pathogenitätsveränderungen ähnlicher Art erleiden, wenn sie in Explantaten von embryonalem Hühnergewebe (mit und ohne Nervengewebe) gezüchtet werden.

IV. Praktische Anwendung der Viruszüchtung.

In praktischer Hinsicht kommt der Viruszüchtung außerhalb des Tierkörpers teilweise eine andere Bedeutung zu als den bakteriologischen Kulturverfahren.

Für den Virusnachweis eignet sich die Methode der Viruszüchtung schon deshalb meistens nicht, weil das Untersuchungsmaterial nicht frei von Begleitkeimen ist. Bei bakterienfreiem Material müßte man wohl auch dem Virusnachweis auf der Chorionallantois des befruchteten Hühnereies den Vorzug geben, schon weil man sich hier rasch vom Züchtungserfolg überzeugen kann. Auch für die Identifizierung einer Virusart, bzw. für die Differenzierung eines Virusgemisches auf kulturellem Wege eignet sich wohl nur das Verfahren auf der Chorionallantoismembran. Dagegen gewinnt die Viruszüchtung im Explantat zunehmende Bedeutung 1. für die Gewinnung von Virusantigen zu serologischen Zwecken oder zur Erzeugung hochwertiger Immunsera (Maul- und Klauenseuche, Gelbfieber), 2. für die Gewinnung bakterienfreier Impfstoffe (Vaccinevirus) und 3. für die Erzeugung biologisch abgewandelter Impfstoffe (Gelbfieber).

Übersicht über die im Gewebsexplantat gezüchteten Virusarten[1].

Virusart	Autor	Jahr	Gewebe	Anzahl der Passagen	Dauer der Züchtung
1. **Ektromelie**	DOWNIE u. MCGAUGHEY (31)	1935	Mäuse-Embryo-Gewebe Hühner-Embryo-Gewebe	7	
2. **Encephal. (St. Louis)**	SYVERTON u. BERRY (169)	1935	Mäuse-Embryo-Gewebe		
	HARRISON u. MOORE (68)	1937	Mäuse-Embryo-Gewebe Hühner-Embryo-Gewebe	26 20	4 Monate
(Japan.)	HAAGEN u. CRODEL (60, *2*)	1938	Hühner-Embryo-Gewebe	40	
3. **Eq. Encephalomyelitis**	COX, SYVERTON u. OLITZKY (170)	1933	Hühner-Embryo-Gewebe		
4. **Gelbfieber**					
Neurotropes Virus	HAAGEN u. THEILER (62)	1932	Hühner-Embryo-Gewebe	60	8 Monate
	HAAGEN (54)	1933	Hühner-Embryo-Gewebe	100	12 Monate
Pantropes Virus	LLOYD, THEILER u. RICCI (92)	1936	Mäuse-Embryo-Gewebe Hühner-Embryo-Haut Mäuse-Hoden Meerschw.-Hoden	130 31 100 55	
	THEILER u. SMITH (172)	1937	Mäuse-Embryo-Gewebe	240	3 Jahre
	SMITH u. THEILER (161)	1937	Mäuse-Embryo-Gehirn	25	
5. **Herpes**	PARKER u. NYE (116, *2*)	1925	Kaninchen-Hoden	10	50 Tage
	GILDEMEISTER, HAAGEN u. SCHEELE (52)	1929	Kaninchen-Hoden	22	100 Tage
	RIVERS, HAAGEN u. MUCKENFUSS (141)	1929	Kaninchen-Cornea		
	ANDREWES (4)	1930	Kaninchen-Hoden Meerschw.-Hoden	23	92 Tage

[1] In die Tabelle konnte nur eine beschränkte Anzahl von Arbeiten aufgenommen werden. Angeführt sind Erstzüchtungen (sofern sie als solche gelten können), Züchtungsversuche, welche wegen der Verwendung bestimmter Gewebearten von Interesse sind und schließlich Dauerzüchtungen. Teilweise wurden auch Arbeiten berücksichtigt, deren Resultate einstweilen noch mit Vorsicht bewertet werden müssen.

Virusart	Autor	Jahr	Gewebe	Anzahl der Passagen	Dauer der Züchtung
5. **Herpes**	GASTINEL, STEFANESCO u. REILLY (50)	1931	Hühner-Embryo-Gewebe (Cornea, Herz)		
	HAAGEN (59)	1931	Kaninchen-Hoden	60	220 Tage
	SADDINGTON (152)	1932	Kaninchen-Hoden	23	92 Tage
	MAGRASSI (98)	1936	Kaninchen-Embryo-Gehirn		
6. **Hühnerpest**	HALLAUER (63)	1932	Hühner-Embryo-Gewebe (Pulpa)	9	88 Tage
			Hühner-Embryo-Gehirn	8	36 Tage
			Hühner-Embryo-Irisepithel	8	36 Tage
			Hühner-Embryo-Haut	9	63 Tage
			Tauben-Embryo-Gewebe		
			Gänse-Embryo-Gewebe		
			Enten-Embryo-Gewebe		
	PLOTZ (132)	1937	Hühner-Embryo-Gewebe	250	5 Jahre
	HALLAUER	1938	Mäuse-Embryo-Gehirn	28	112 Tage
New Castle disease	TOPACIO (175)	1934	Hühner-Embryo-Gewebe	31	
7. **Hühnerpocken**	LÖWENTHAL (94)	1928	Tauben-Milz		
			Tauben-Knochenmark		
	FINDLAY (38)	1928	Hühner-Embryo-Haut		
			Hühner-Embryo-Gehirn		
	GLOVER	1929/30	Hühner-Embryo-Haut		
			Hühner-Embryo-Gehirn		
8. **Hühner-Sarkom** (Rous)	CARREL (19)	1925/26	Hühner-Embryo-Gewebe		
			Hühner-Embryo-Milz		
			Hühner-Monocyten		> 2 Monate
9. **Influenza**	FRANCIS u. MAGILL (47)	1935	Hühner-Embryo-Gewebe	20	
	MAGILL u. FRANCIS (97)	1935/36	Hühner-Embryo-Gewebe	70	140 Tage
	SMITH (160)	1935	Hühner-Embryo-Gewebe		

Virusart	Autor	Jahr	Gewebe	Anzahl der Passagen	Dauer der Züchtung
10. **Kaninchen-Fibrom** („Inflammatory strain")	FAULKNER u. ANDREWES (37)	1935	Kaninchen-Hoden	10	
11. **Kaninchen-Myxom**	BENJAMIN u. RIVERS (11)	1931	Kaninch.-Monocyt.	20	
	HAAGEN (58)	1931	Kaninchen-Hoden	30	
	PLOTZ (133)	1932	Kaninch.-Monocyt.	20	92 Tage
12. **Kikuthsches Kanarienvogelvirus**	HERZBERG (74)	1933/34	Hühner-Embryo-Gewebe	10	
13. **Louping ill**	RIVERS u. WARD (146)	1933	Hühner-Embryo-Gewebe	8—11	
14. **Lymphogranuloma inguinale**	MEYER u. ANDERS (103)	1932	Meerschw.-Hoden Meerschw.-Niere	6	
	MIYAGAWA (104)	1936	Mäuse-Gehirn Mäuse-Milz Mäuse-Hoden		
15. **Lyssa**	STOEL (163)	1930	Hühner-Embryo-Gehirn	5	25 Tage
	KANAZAWA (82)	1936/37	Kaninchen-Embryo-Gehirn Hühner-Embryo-Gehirn	26	
	WEBSTER u. CLOW (181)	1936	Mäuse-Embryo-Gehirn	16	
		1937	Mäuse-Embryo-Gehirn Hühner-Embryo-Gehirn	42	168 Tage
	BERNKOPF u. KLIGLER (12)	1937	Mäuse-Embryo-Gehirn Ratten-Embryo-Gehirn	15	10 Wochen
16. **Maul- und Klauenseuche**	HECKE (69, 70, 71)	1930/31/32	Meerschw.-Embryo-Haut	30	174 Tage
			Meerschw.-Embryo-Lunge	19	100 Tage
			Meerschw.-Hoden	8	55 Tage
	MAITLAND u. MAITLAND (100)	1931	Meerschw.-Embryo-Haut	17	9 Monate
	STRIEGLER (165)	1933	Meerschw.-Embryo-Haut	118	2 Jahre
	FRENKEL u. VAN WAVEREN (49)	1935	Rinder-Embryo-Haut Schaf-Embryo-Haut Schwein-Embryo-Haut		

Virusart	Autor	Jahr	Gewebe	Anzahl der Passagen	Dauer der Züchtung
16. **Maul- und Klauenseuche**	Köbe u. Fertig (83)	1937	Meerschw.-Embryo-Irisepithel	15	
17. **Pocken** (Variola-vaccine)	Steinhardt, Israeli u. Lambert (162)	1913	Kaninchen-Cornea Meerschw.-Cornea		
	Parker u. Nye (116, *1*)	1925	Kaninchen-Hoden	20	4 Monate
	Carrel u. Rivers (22)	1927	Hühner-Embryo-Gewebe (Pulpa, Haut, Cornea)		
	Haagen (57)	1928	Kaninchen-Hoden	37	8 Monate
	Maitland u. Maitland (99)	1928	Hühner-Niere	4	
	Maitland u. Laing (101)	1930	Kaninchen-Niere Kaninchen-Hoden	21	
	Li u. Rivers (90)	1930	Hühner-Embryo-Gewebe	14	
	Haagen (59)	1931	Kaninchen-Hoden Kaninchen-Niere Kaninchen-Lunge	13 108 24	 2 Jahre
	Krontowski, Jazimirska u. Sawitzka (85)	1934	Menschl. Embryo-Gewebe	15	
	Togunowa u. Baidakowa (174)	1934	Mäuse-Embryo-Gewebe	9	
	Rivers u. Ward (143)	1935	Hühner-Embryo-Gewebe	130	3 Jahre
18. **Poliomyelitis**	Flexner u. Noguchi (44)	1913	Kaninchen-Niere	20	
	Long, Olitzky u. Rhoads (93)	1930	Kaninchen-Niere	7—10	
	Gildemeister (51)	1933	Hühner-Embryo-Gehirn	18	
	Pauli (118)	1934	Hühner-Embryo-Gehirn	6	
	Sabin u. Olitzky (150)	1936	Menschl. Embryo-Gehirn Menschl. Embryo-Rückenmark	6	
19. **Pseudolyssa**	Traub (177)	1933	Kaninchen-Hoden Meerschw.-Hoden Hühner-Embryo-Gewebe	32 6 19	
20. **Psittacosis**	Bedson u. Bland (9)	1932	Mäuse-Milz		
	Bedson u. Bland (10)	1934	Hühner-Embryo-Gewebe		
	Levinthal (88)	1934/35	Hühner-Embryo-Gewebe		

Virusart	Autor	Jahr	Gewebe	Anzahl der Passagen	Dauer der Züchtung
20. **Psittacosis**	BLAND u. CANTI (13)	1935	Mäuse-Milz Hühner-Embryo-Lunge Hühner-Embryo-Muskel		
	HAAGEN u. CRODEL (60, *1*)	1937	Mäuse-Leber Mäuse-Milz Mäuse-Lunge Kaninchen-Leber Kaninchen-Milz Hühner-Embryo-Leber	 8 8 30	240 Tage
21. **Rift Valley fever**	MACKENZIE (96)	1933	Hühner-Embryo-Gewebe	13	
	SADDINGTON (151)	1934	Hühner-Embryo-Gewebe	12	
22. **Schnupfen** (Common cold)	DOCHEZ, MILLS u. KNEELAND (26)	1931	Hühner-Embryo-Gewebe	16	
	POWELL u. CLOW (137)	1931	Hühner-Embryo-Gewebe	31	8 Monate
	DOCHEZ, MILLS u. KNEELAND (27)	1936	Hühner-Embryo-Gewebe	88	
23. **Schweine-pest**	HECKE (73)	1932	Schweine-Knochenmark Schweine-Plexus chorioideus Schweine-Lymphknoten Schweine-Milz	10 15 20 14	105 Tage
24. **Vesicular-stomatitis der Pferde**	CARREL, OLITZKY u. LONG (21)	1928	Meerschweinchen-Knochenmark Meerschw.-Embryo-Gewebe		
	COX, SYVERTON u. OLITZKY (170)	1933	Hühner-Embryo-Gewebe	18	
25. **Virus III**	ANDREWES (3)	1929	Kaninchen-Hoden	13	
	TOPACIO u. HYDE (176)	1932	Kaninchen-Hoden	8	
	IVANOVICS u. HYDE (79)	1935	Kaninchen-Hoden Kaninchen-Milz Kaninchen-Lymphknoten Kaninchen-Knochenmark		

Literaturverzeichnis.

1. AMIES: The influence of temperature on the survival of pure suspensions of the elementary bodies of vaccinia. Brit. J. exper. Path. **15**, 180 (1934).
2. — The attempted cultivation of vaccinia virus in conjunction of non pathogenic microorganism. Brit. J. exper. Path. **15**, 185 (1934).
3. ANDREWES: Virus III in tissue cultures. Brit. J. exper. Path. **10**, 188, 273 (1929).
4. — Tissue culture in the study of immunity to herpes. J. Path. a. Bacter. **33**, 301 (1930).
5. ARBEIT: Über Viruszüchtung in Gegenwart von Hefe. Zbl. Bakter. usw., Abt. I, Orig. **134**, 463 (1935).
6. ASCHNER and KLIGLER: Behaviour of louse-borne (epidemic) and fleeborne (murine) strains of typhus Rickettsia in tissue cultures. Brit. J. exper. Path. **17**, 173 (1936).
7. BEARD and ROUS: The KUPFFER cells in relation to immunity to the viruses. Soc. Trans. amer. Soc. exper. Path. **18**, 581 (1934).
   — The fate of vaccinia virus on cultivation in vitro with KUPFFER cells (reticulo-endothelial cells). J. exper. Med. (Am.) **67**, 883 (1938).
8. BEDSON: Observations on the development forms of psittacosis virus. Brit. J. exper. Path. **14**, 267 (1933).
9. BEDSON and BLAND: A morphological study of psittacosis virus with the description of a development cycle. Brit. J. exper. Path. **13**, 461 (1932).
10. — The developmental forms of psittacosis virus. Brit. J. exper. Path. **15**, 243 (1934).
11. BENJAMIN and RIVERS: Regeneration of virus myxomatosum (SANARELLI) in the presence of cells of exsudates surviving in vitro. Proc. Soc. exper. Biol. a. Med. (Am.) **28**, 791 (1931).
12. BERNKOPF and KLIGLER: The cultivation of rabies virus in tissue culture. Brit. J. exper. Path. **18**, 481 (1937).
13. BLAND and CANTI: The growth and development of psittacosis virus in tissue cultures. J. Path. a. Bacter. **40**, 231 (1935).
14. BREINL: Beitrag zur Züchtung des Vaccinevirus in vitro. Zbl. Bakter. usw., Abt. I, Orig. **127**, 308 (1933).
15. BREINL u. CHROBOK: Die Erreger des Fleckfiebers und Felsengebirgsfiebers. Zbl. Bakter. usw., Abt. I, Orig. **138**, 129 (1937).
16. BREINL u. GLOWAZKY: Über den Stoffwechsel des Vaccineerregers. Klin. Wschr. **1935**, 1149.
17. BRONFENBRENNER and REICHERT: Respiration of the so called filterable viruses. Proc. Soc. exper. Biol. a. Med. (Am.) **24**, 176 (1926/27).
18. CARREL: Essential characteristics of a malignant cell. J. amer. med. Assoc. **84**, 157 (1925).
19. — Some conditions of the reproduction in vitro of the ROUS virus. J. exper. Med. (Am.) **43**, 647 (1926).
20. CARREL and EBELING: The transformation of monocytes into fibroblasts through the action of ROUS virus. J. exper. Med. (Am.) **43**, 461 (1926).
21. CARREL, OLITZKY et LONG: Multiplication du virus de la stomatite vésiculaire du cheval dans des cultures de tissue. C. r. Soc. Biol. **98**, 827 (1928).
22. CARREL et RIVERS: La fabrication du vaccin in vitro. C. r. Soc. Biol. **96**, 848 (1927).
23. CH'EN: Variation in potency of vaccinia virus in tissue cultures. Proc. Soc. exper. Biol. a. Med. (Am.) **31**, 152 (1934).
24. COFFEY: Vaccine prepared from chicken embryo cultures for immunization against small pox. Amer. J. publ. Health **24**, 73 (1934).
25. DEGKWITZ: The etiology of measles. J. infect. Dis. (Am.) **41**, 304 (1927).
26. DOCHEZ, MILLS, and KNEELAND: Virus of the common cold and its cultivation in tissue medium. Proc. Soc. exper. Biol. a. Med. (Am.) **28**, 513 (1931); **29**, 64 (1931).
27. — Studies on the common cold. VI. Cultivation of the virus in tissue medium. J. exper. Med. **63**, 559 (1936).

28. Doerr: Filtrierbare Virusarten. Weichhardtsche Erg. **16**, 121 (1934).
29. Doerr u. Gold: Untersuchungen über das Virus der Hühnerpest. V. Mitteilung: Analyse der Septicaemie des infizierten Huhnes. Quantitative Verhältnisse der Virusadsorption in vitro. Z. Hyg. **113**, 645 (1932).
30. Doerr u. Seidenberg: Untersuchungen über das Virus der Hühnerpest. VII. Mitteilung: Zur Virusabsorption in vitro. Z. Hyg. **114**, 269 (1933).
31. Downie and McGaughey: The cultivation of the virus of infectious extromelia with observations of the formation of inclusion bodies in vitro. J. Path. a. Bacter. **40**, 147 (1935).
32. Eagles: The "in vitro" Cultivation of filterable viruses. Weichhardtsche Erg. **13**, 620 (1932).
33. — The cultivation of vaccinia virus. Further experiments with cell-free medium. Brit. J. exper. Path. **16**, 188 (1935).
34. Eagles and McClean: Further studies on the cultivation of vaccinia virus. Brit. J. exper. Path. **11**, 337 (1930).
35. — Cultivation of vaccinia virus in a cell-free medium. Brit. J. exper. Path. **12**, 97 (1931).
36. Eagles and Kordi: The cultivation of vaccinia virus. A new series of subcultures in cell-free medium. Proc. roy. Soc. Lond., Ser. B: Biol. Sci. **111**, 329 (1932).
37. Faulkner and Andrewes: Propagation of a strain of rabbit fibroma virus in tissue culture. Brit. J. exper. Path. **16**, 271 (1935).
38. Findlay: Note on the cultivation of the virus of fowl pox. Brit. J. exper. Path. **9**, 28 (1928).
39. Fischer, A.: "Tissue culture." London: William Heinemann. 1925.
40. — „Gewebezüchtung", 3. Aufl. München: Müller & Heinicke. 1930.
41. — Über Charakter- und Spezifitätskonstanz der Gewebezellen. Pflügers Arch. **223**, 163 (1929).
42. Fischer u. Mayer: Die Entwicklungsphysiologie der Gewebe. Naturw. H. 42, 65 (1931).
43. Fischer u. Parker: Dauerzüchtung in vitro ohne Wachstumsbeschleunigung. Arch. exper. Zellforsch. **8**, 325 (1929).
44. Flexner and Noguchi: Experiments on the cultivation of the microorganism causing epidemic poliomyelitis. J. exper. Med. **18**, 461 (1913).
45. Flexner, Noguchi, and Amoss: Concering the survival and virulence of the microorganism cultivated from poliomyelitic tissue. J. exper. Med. (Am.) **21**, 91 (1915).
46. Flosdorf and Mudd: Procedure and apparatus for preservation in "lyophile" form of serum and other biological substances. J. Immunol. (Am.) **29**, 389 (1935).
47. Francis and Magill: Cultivation of human influenza virus in an artificial medium. Science **82**, 353 (1935).
48. Frenkel: Over het kweeken van Mond- en Klauwreedsmet stof op huidexplantaten van runderembryo's welke gedurende eenige Dagen door koude gecenserveerd waren, pg. 22. Department van Landbouw en Visscherij 1935/36.
49. Frenkel u. van Waveren: Die Züchtung des Ansteckungsstoffes der Maul- und Klauenseuche auf Hautexplantaten von Rinder- und Schafembryonen. Münch. tierärztl. Wschr. **1936**, 86.
— La culture du virus de la fièvre aphteuse dans les explantations de la peau embryonnaire porcine. Laboratoire vétérinaire de Recherches de l'État, Rotterdam.
50. Gastinel, Stefanesco et Reilly: Sur la culture du virus herpétique in vitro et les modifications subies par ce virus. C. r. Soc. Biol. **106**, 450 (1931).
51. Gildemeister: Über die Züchtung von Poliomyelitisvirus im künstlichen Nährmedium. Dtsch. med. Wschr. **1933**, 877.
52. Gildemeister, Haagen u. Scheele: Über das Verhalten von Herpesvirus in der Gewebekultur. Zbl. Bakter. usw., Abt. I, Orig. **114**, 309 (1929).

53. Goodpasture and Buddingh: The protection action of rabbit serum for vaccinia virus at high temperatures. Science **84**, 66 (1936).
54. Haagen: Weitere Untersuchungen über das Verhalten des Gelbfiebervirus in der Gewebekultur. Zbl. Bakter. usw., Abt. I, Orig. **128**, 13 (1933).
— (*1*) Das Gelbfieber. Dtsch. med. Wschr. **1934**, 983.
— (*2*) Yellow fever virus in tissue culture. Arch. exper. Zellforsch. **15**, 405 (1934).
55. — Die Züchtung des Variola-Vaccinevirus. Weichhardtsche Erg. **18**, 193 (1936).
56. — Über die Notwendigkeit lebender Zellen zur Viruszüchtung. Weitere Untersuchungen über das Gelbfieber-, Variola-Vaccine- und Herpesvirus. Zbl. Bakter. usw., Abt. I, Orig. **129**, 237 (1933).
57. — Über das Verhalten des Variola-Vakzinevirus in der Gewebekultur. Zbl. Bakter. usw., Abt. I, Orig. **109**, 31 (1928).
58. — Untersuchungen über die übertragbare Myxomatose beim Kaninchen. Mit besonderer Berücksichtigung der Züchtung des Myxomvirus in der Gewebekultur. Zbl. Bakter. usw., Abt. I, Orig. **121**, 1 (1931).
59. — Weitere Untersuchungen über das Verhalten des Variola-Vakzinevirus und des Herpesvirus in der Gewebekultur. Zbl. Bakter. usw., Abt. I, Orig. **120**, 304 (1931).
60. Haagen u. Crodel: (*1*) Die Züchtung des Psittacosisvirus. Zbl. Bakter. usw., Abt. I, Orig. **138**, 20 (1937).
— (*2*) Untersuchungen über das japanische Encephalitisvirus. Zbl. Bakter. usw., Abt. I, Orig. **142**, 269 (1938).
61. Haagen, Gildemeister u. Crodel: Über das Verhalten des Variola-Vakzinevirus in der Gewebekultur. Zbl. Bakter. usw., Abt. I, Orig. **124**, 478 (1932).
62. Haagen u. Theiler: Untersuchungen über das Verhalten des Gelbfiebervirus in der Gewebekultur. Zbl. Bakter. usw., Abt. I, Orig. **125**, 145 (1932).
63. Hallauer: Über das Verhalten von Hühnerpestvirus in der Gewebekultur. Z. Hyg. **113**, 61 (1931).
64. — Die übertragbare Lyse als Funktion des bakteriellen Gasstoffwechsels. I. Mitteilung: Z. Hyg. **129**, 265 (1933); II. Mitteilung: Z. Hyg. **130**, 194 (1933); III. Mitteilung: Z. Hyg. **130**, 206 (1933).
65. — Über Züchtungsversuche von Hühnerpestvirus in zellfreien Medien. Z. Hyg. **115**, 616 (1933).
66. — Immunitätsstudien bei Hühnerpest. I. Mitteilung: Z. Hyg. **116**, 456 (1934).
67. Harris and Shackell: The effect of vacuum desiccation upon the virus of rabies with remarks upon a new method. J. amer. publ. Health Assoc. **1**, 52 (1911).
68. Harrison and Moore: Cultivation of the virus of St. Louis Encephalitis. Amer. J. Path. **13**, 361 (1937).
69. Hecke: Züchtungsversuche des Maul- und Klauenseuchevirus in Gewebekulturen. Zbl. Bakter. usw., Abt. I, Orig. **116**, 386 (1930).
70. — Weitere Mitteilungen über die künstliche Vermehrung des Maul- und Klauenseuchevirus in Gewebekulturen. Zbl. Bakter., Abt. I, Orig. **119**, 385 (1931).
71. — Studien über die künstliche Vermehrung des Maul- und Klauenseuchevirus in Gewebekulturen. Zbl. Bakter. usw., Abt. I, Orig. **126**, 93 (1932).
72. — Das Virusproblem bei Maul- und Klauenseuche, S. 58. Habilitationsschrift, Berlin 1936.
73. — Die künstliche Vermehrung des Schweinepestvirus mittels Gewebekulturen. Zbl. Bakter. usw., Abt. I, Orig. **126**, 517 (1932).
74. Herzberg: Kultur und mikroskopische Darstellung des von Kikuth beschriebenen Vogelvirus. Zbl. Bakter. usw., Abt. I, Orig. **130**, 183 (1933/34).
75. — Mikrophotographische Darstellung einer intracellulären Virusentwicklung. Zbl. Bakter. usw., Abt. I, Orig. **130**, 326 (1933/34).
76. — Der Vorgang der Vakzinevirusvermehrung in der Zelle. Zbl. Bakter. usw., Abt. I, Orig. **136**, 257 (1936).
77. — Massengewebekultur des Variola-Vakzinevirus zur Schutzpockenimpfung. Klin. Wschr. **1932**, 2064.

78. Irvine-Jones and Schoenthal: The respiration in plasma in diseases due to filterable viruses. Proc. Soc. exper. Biol. a. Med. (Am.) **27**, 163 (1929).
79. Ivanovics and Hyde: A study of rabbit virus III in tissue cultures. Amer. J. Hyg. **23**, 55 (1936).
80. Kalina u. Danischewskaja, zit. nach Silber u. Wostruchowa: Zbl. Bakter. usw., Abt. I, Orig. **132**, 314 (1934).
81. Kast and Kolmer: Unseccessfull attempts to cultivate the virus of epidemic poliomyelitis in various living tissue medium. J. infect. Dis. (Am.) **61**, 60 (1937).
82. Kanazawa: Sur la culture in vitro du virus de la rage. Jap. J. exper. Med. (e.) **14**, 519 (1936); **15**, 17 (1937).
83. Koebe u. Fertig: Die Züchtung des Maul- und Klauenseuchevirus in Reinkulturen von Epithelzellen und Fibroblasten. Zbl. Bakter. usw., Abt. I, Orig. **138**, 14 (1937).
84. Krontowski u. Hach: Versuche zum Studium der Immunität beim Fleckfieber unter Anwendung der Gewebekulturmethode. Arch. exper. Zellforsch. **3**, 297 (1927).
85. Krontowski, Jazimirska-Krontowska et Sawitzka: Culture in vitro de la dermovaccine, de la neurovaccine et de lymphe humanisée dans les cultures de tissu et en l'absence de cellules vivantes. C. r. Soc. Biol. **114**, 424 (1933).
— Züchtung und Erforschung des Pockenvirus in Gewebekulturen. Arch. exper. Zellforsch. **16**, 275 (1934).
86. Lenz: Zur Frage der zellfreien Züchtung des Vaccinevirus. Zbl. Bakter. usw., Abt. I, Orig. **140**, 121 (1937).
87. Levaditi et Voet: Études sur le neurovaccin. Presse méd. No. 7 (1937).
88. Levinthal: Recent observations on psittacosis. Lancet **1935**, 1207.
89. Lewis and Lewis: "Behaviour of the cells in tissue cultures", S. 385. General Cytology 1924. Univ. of Chicago Press.
90. Li and Rivers: Cultivation of vaccinevirus. J. exper. Med. (Am.) **52**, 465 (1930).
91. Lloyd and Mahaffy: Cultivation of vaccinia virus by Rivers method. Proc. Soc. exper. Biol. a. Med. (Am.) **33**, 154 (1935).
92. Lloyd, Theiler, and Ricci: Modification of the virulence of yellow fever virus by cultivation in tissues in vitro. Trans. roy. Soc. of Trop. Med. a. Hyg. **29**, 481 (1936).
93. Long, Olitzky, and Rhoads: Survival and multiplication of the virus of poliomyelitis in vitro. J. exper. Med. (Am.) **52**, 361 (1930).
94. Löwenthal: Über die Kultur unsichtbarer Erreger. Züchtung des Vogelpockenvirus. Arch. exper. Zellforsch. **6**, 226 (1928); Klin. Wschr. **1928**, 349.
95. MacCallum: The necessity of living cells for the cultivation of psittacosis virus. Brit. J. exper. Path. **17**, 472 (1936).
96. Mackenzie: The cultivation of the virus of Rift Valley fever. J. Path. a. Bacter. **37**, 75 (1933).
97. Magill and Francis: Studies with human influenza virus cultivated in artificial medium. J. exper. Med. **63**, 803 (1936).
98. Magrassi: Sulla coltivabilità in vitro del virus erpetica. Gi. Batter. **16**, 5 (1936).
99. Maitland and Maitland: Cultivation of vaccinia virus without tissue culture. Lancet **1928**, 596.
100. — Cultivation of foot-and-mouth disease virus. J. comp. Path. a. Ther. **44**, 106 (1931).
101. Maitland and Laing: Experiments on the cultivation of vaccinia virus. Brit. J. exper. Path. **11**, 119 (1930).
102. Maitland, Laing, and Lyth: Observations on the growth requirements of vaccinia virus in vitro. Brit. J. exper. Path. **13**, 90 (1932).
103. Meyer u. Anders: Versuche zur Züchtung des Lymphogranuloma inguinale Virus. Klin. Wschr. **1932**, 318.

104. MIYAGAWA, MITAMURA, YAOI, ISHII, GOTO, and SHIMIZU: Studies on the virus of lymphogranuloma inguinale. VII. Cultivation of the virus by tissue culture method. Jap. J. exper. Med. (e.) **14**, 207 (1936).
105. MOLINA: Die Vaccineinfektion bei Hühnerembryonen. Zbl. Bakter. usw., Abt. I, Orig. **139**, 493 (1937).
106. MUCKENFUSS: Further observations on the survival of vaccine virus separated from living host cells by collodion membranes. J. exper. Med. (Am.) **53**, 377 (1931).
107. MUCKENFUSS and RIVERS: Survival of vaccine virus separated from living host cells by collodion membranes. J. exper. Med. (Am.) **51**, 149 (1930).
108. NAUCK u. PASCHEN: Weitere Ergebnisse der Vakzineviruszüchtung in der Gewebekultur. Zbl. Bakter. usw., Abt. I, Orig. **128**, 171 (1933).
109. NIGG: On the preservation of typhus fever Rickettsiae in cultures. J. exper. Med. (Am.) **61**, 17 (1935).
110. NIGG and LANDSTEINER: Studies on the cultivation of typhus fever Rickettsia in the presence of live tissue. J. exper. Med. (Am.) **55**, 563 (1932).
111. — Growth of Rickettsia of typhus fever (Mexican type) in the presence of living tissue. Proc. Soc. exper. Biol. a. Med. (Am.) **28**, 3 (1930).
112. OLITZKY: Physical, chemical and biological studies on the virus of vesicular stomatitis of horses. J. exper. Med. (Am.) **45**, 969 (1927).
113. — Experiments on the cultivation of the active agent of Mosaic disease in tobacco and tomato plants. J. exper. Med. (Am.) **41**, 129 (1925).
114. OLITZKY and FORSBECK: Concerning an increase in the potences of mosaic virus in vitro. Science **74**, 483 (1931).
115. OTTO: Flecktyphus und endemisches Fleckfieber. Zbl. Bakter. usw., Ref. **113**, 138 (1934); Dtsch. med. Wschr. **1934**, 1299.
116. PARKER and NYE: Studies on filterable viruses. (*1*) Cultivation of vaccinia virus. Amer. J. Path. **1**, 325 (1925).
— (*2*) Cultivation of herpes virus. Amer. J. Path. **1**, 337 (1925).
117. PARKER and SMYTHE: Immunological and chemical investigations of vaccine virus. VI. Metabolic studies of elementary bodies of vaccinia. J. exper. Med. **65**, 109 (1937).
118. PAULI: Sulla sieroterapia della poliomyelite anteriore acuta infettiva. Istituto sieroterapico Milanese 1934.
119. PERDRAU and TODD: Canine distemper. The high antigenic value of the virus after photodynamic inactivation by methylene blue. J. comp. Path. a. Ther. **46**, 78 (1933).
120. — The photodynamic action of methylene blue on bacteriophage. Proc. roy. Soc., Lond., Ser. B: Biol. Sci. **112**, 277 (1933).
121. PINKERTON and HASS: Typhus fever. V. The effect of temperatur on the multiplication of Rickettsia Prowazeki in tissue culture. J. exper. Med. (Am.) **56**, 145 (1932).
122. — Typhus fever. IV. Further observations on the behaviour of Rickettsia Prowazeki in tissue cultures. J. exper. Med. (Am.) **56**, 131 (1932).
123. — Spotted Fever. I. Intra nuclear Rickettsiae in spotted fever studied in tissue culture. J. exper. Med. (Am.) **56**, 151 (1932).
124. PLANTEFOL et PLOTZ: Recherches respiratoires sur le virus de la peste aviaire. C. r. Soc. Biol. **117**, 402 (1934).
125. PLOTZ: Rôle des cellules embryonnaires dans la culture du virus de la peste aviaire. C. r. Séanc. Acad. Sci. **197**, 536 (1933).
126. — Un moyen simple pour déceler la présence du virus de la peste aviaire dans les cultures, sans avoir recours à l'inoculation aux animaux. C. r. Soc. Biol. **118**, 1400 (1935).
127. — Culture de la peste aviaire en présence de cellules embryonnaires vivantes. C. r. Soc. Biol. **110**, 163 (1932).
128. — Influence de la quantité des cellules embryonnaires sur la culture du virus de la peste aviaire. C. r. Soc. Biol. **113**, 1336 (1933).

129. Plotz: Étude comparative de la virulence des cultures de peste aviaire effectuées en présence de cellules non proliférantes et en présence de cellules en voie de prolifération. C. r. Soc. Biol. **125**, 603 (1937).
130. — Virulence des cultures in vitro du virus vaccinal. C. r. Soc. Biol. **125**, 719 (1937).
131. — Nouvelles observations sur la souche de peste aviaire adaptée à la souris. C. r. Soc. Biol. **122**, 624 (1936).
132. — A propos de la virulence d'une culture de peste aviaire cultivée in vitro pendant 5 ans. C. r. Soc. Biol. **125**, 602 (1937).
133. — Culture du virus myxomatosum (Sanarelli) en présence de cellules vivantes. C. r. Soc. Biol. **109**, 1327 (1932).
134. Plotz et Ephrussi: Sur la survie des cellules embryonnaires dans le milieu employé pour la culture du virus de la peste aviaire. C. r. Soc. Biol. **112**, 525 (1933).
135. — La culture de la peste aviaire en présence de cellules vivantes non proliférantes. C. r. Soc. Biol. **113**, 711 (1933).
136. Plotz et Lépine: Virulence pour le lapin des cultures in vitro du virus vaccinal. C. r. Soc. Biol. **127**, 264 (1938).
137. Powell and Clow: Cultivation of the virus of common cold and its inoculation in human subjects. Proc. Soc. exper. Biol. a. Med. (Am.) **29**, 332 (1931).
138. Rhodes and v. Rooyen: Inclusion bodies in corneal tissue cultures infected with vaccinia virus. J. Path. a. Bact. **45**, 253 (1937).
139. Rivers: Cultivation of vaccine virus for Jennerian prophylaxis in man. J. exper. Med. (Am.) **54**, 453 (1931).
140. Rivers, Haagen, and Muckenfuss: Observations concerning the persistence of living cells in Maitland's medium for the cultivation of vaccine virus. J. exper. Med. (Am.) **50**, 181 (1929).
141. — Development in tissue cultures of the intracellular changes characteristic of vaccinial and herpetic infections. J. exper. Med. **50**, 665 (1929).
142. Rivers and Ward: Further observations on the cultivation of vaccine virus for Jennerian prophylaxis in man. J. exper. Med. (Am.) **58**, 635 (1933).
143. — Jennerian prophylaxis by means of intradermal injections of culture vaccine virus. J. exper. Med. (Am.) **62**, 549 (1935).
144. — Observations on the cultivation of vaccine virus in lifeless media. J. exper. Med. (Am.) **57**, 51 (1933).
145. — Further observations on the cultivation of vaccine virus in lifeless media. J. exper. Med. (Am.) **57**, 741 (1933).
146. — Cultivation of Louping ill virus. Proc. Soc. exper. Biol. a. Med. (Am.) **30**, 1300 (1933).
147. Rous: A sarcoma of the fowl transmissible by an agent separable from the tumour cells. J. exper. Med. (Am.) **13**, 397 (1911) (Fußnote S. 399).
148. Rous and Jones: The protection of pathogenic microorganisms by living tissue cells. J. exper. Med. (Am.) **23**, 601 (1916).
149. Rous, McMaster, and Hudack: The fixation of certain viruses on the cells of susceptible animals and protection afforded by such cells. Proc. Soc. exper. Biol. a. Med. (Am.) **31**, 90 (1933/34).
— The fixation and protection of viruses by the cells of susceptible animals. J. exper. Med. (Am.) **61**, 657 (1935).
150. Sabin and Olitzky: Cultivation of poliomyelitis virus in vitro in human embryonic nervous tissue. Proc. Soc. exper. Biol. a. Med. (Am.) **34**, 357 (1936).
151. Saddington: In vitro and in vivo cultivation of the virus of Rift Valley fever. Proc. Soc. exper. Biol. a. Med. (Am.) **31**, 693 (1934).
152. — Cultivation of herpes virus and use of the mouse in its titration. Proc. Soc. exper. Biol. a. Med. (Am.) **29**, 112 (1932).
153. Sawyer, Lloyd, and Kitchen: The preservation of yellow fever virus. J. exper. Med. (Am.) **50**, 1 (1929).

154. SILBER u. DOSSER: III. Mitteilung: Kultivierung des Fleckfiebervirus. Zbl. Bakter. usw., Abt. I, Orig. **131**, 222 (1934).
155. SILBER u. TIMAKOW: V. Mitteilung: Über Steigerung der Virulenz der allophoren Pockenkulturen auf dem Selektionsweg. Zbl. Bakter. usw., Abt. I, Orig. **133**, 242 (1934/35).
156. SILBER u. WOSTRUCHOWA: Über Züchtung der filtrierbaren Virusarten auf nichtpathogenen Mikroben. Zbl. Bakter. usw., Abt. I, Orig. **129**, 389 (1933).
157. — II. Mitteilung: Weitere Untersuchungen von auf Hefe gezüchteten Pockenviruskulturen. Zbl. Bakter. usw., Abt. I, Orig. **129**, 396 (1933).
158. — IV. Mitteilung: Weitere Beobachtungen an allophoren Pockenviruskulturen. Zbl. Bakter. usw., Abt. I, Orig. **132**, 314 (1934).
159. SMILLIE: Cultivation experiments on the globoid bodies of poliomyelitis. J. exper. Med. (Am.) **27**, 319 (1918).
160. SMITH: Cultivation of the virus of influenza. Brit. J. exper. Path. **16**, 508 (1935).
161. SMITH and THEILER: The adaptation of unmodified strains of yellow fever virus to cultivation in vitro. J. exper. Med. (Am.) **65**, 801 (1937).
162. STEINHARDT, ISRAELI, and LAMBERT: Studies on the cultivation of the virus of vaccine. J. infect. Dis. (Am.) **13**, 294 (1913).
163. STOEL: Symbiose du virus de la rage avec les cultures cellulaires. C. r. Soc. Biol. **104**, 851 (1930).
164. STRANGEWAYS: The technique of tissue culture in vitro. Cambridge: W. Heffer & Sons Ltd. 1924.
165. STRIEGLER: Die Vermehrung des Maul- und Klauenseuchevirus in flüssigen Kulturen in Gegenwart lebender Zellen. Zbl. Bakter. usw., Abt. I, Orig. **128**, 332 (1933); **130**, 312 (1933/34).
166. STRIEGLER u. NAGEL: Virulenz, Infektiosität und immunisierende Eigenschaften des Virus der Maul- und Klauenseuche bei der Vermehrung in Gewebekulturen. Zbl. Bakter. usw., Abt. I, Orig. **134**, 71 (1935).
167. SWIFT: Preservation of the stock cultures of bacteria by freezing and drying. J. exper. Med. (Am.) **33**, 69 (1921).
168. — A simple method for preserving bacterial cultures by freezing and drying. J. Bacter. (Am.) **33**, 411 (1937).
169. SYVERTON and BERRY: The cultivation of the virus of St. Louis encephalitis. Science **82**, 596 (1935).
170. SYVERTON, COX, and OLITZKY: Relationship of the viruses of vesicular stomatitis and of equine encephalomyelitis. Science **78**, 216 (1933). Vgl. auch COX, SYVERTON, and OLITZKY: Proc. Soc. exper. Biol. a. Med. (Am.) **30**, 896 (1933).
171. THEILER and SMITH: The use of yellow fever virus modified by in vitro cultivation for human immunization. J. exper. Med. (Am.) **65**, 787 (1937).
172. — The effect of prolonged cultivation in vitro upon the pathogenicity of yellow fever virus. J. exper. Med. (Am.) **65**, 767 (1937).
173. — The use of yellow fever virus modified by in vitro cultivation for human immunization. J. exper. Med. **65**, 787 (1937).
174. TOGUNOWA u. BAIDAKOWA: Zur Züchtung des Variola-Vakzinevirus. Z. Immunit.-forsch. **82**, 450 (1934).
175. TOPACIO: Cultivation of avian pest virus (New Castle Disease) in tissue culture. Philipp J. Sci. **53**, 245 (1934).
176. TOPACIO and HYDE: The behaviour of rabbit virus III in tissue cultures. Amer. J. Hyg. **15**, 99 (1932).
177. TRAUB: Cultivation of pseudorabies virus. J. exper. Med. (Am.) **63**, 559 (1936).
178. VOET: Essai de cultures du neurovaccin in vitro. C. r. Soc. Biol. **118**, 951 (1935).
179. WALDHECKER: Versuche über Züchtung des Lyssavirus. Zbl. Bakter. usw., Abt. I, Orig. **135**, 259 (1935).
180. WARBURG u. KUBOWITZ: Über Atmungsferment im Serum erstickter Hühner (zu KEMPNERS Versuchen über Atmung im Blut pestkranker Hühner). Biochem. Z. **214**, 107 (1929).

181. Webster and Clow: Propagation of rabies virus in tissue cultures and the successfull use of culture virus as an antirabic vaccine. Science **84**, 487 (1936); J. exper. Med. (Am.) **66**, 125 (1937).
182. Wohlfeil: Experimentelle Beiträge zur Theorie der bakteriophagen Lyse. Z. Hyg. **108**, 733 (1928).
183. Yoshida: On the tissue culture of Tsutsugamushi virus. Kitasato Arch. exper. Med. (e.) **12**, 324 (1935).
184. Zinsser and Macchiavello: Enlarged tissue cultures of european typhus Rickettsiae for vaccine production. Proc. Soc. exper. Biol. a. Med. (Am.) **35**, 84 (1936).
185. Zinsser and Schoenbach: Studies on the physiological conditions prevailing in tissue cultures. J. exper. Med. (Am.) **66**, 207 (1937).

B. The growth of viruses on the chorioallantois of the chick embryo.

By

F. M. Burnet, Melbourne.

(The Walter and Eliza Hall Institute of Research in Pathology and Medicine, Melbourne.)

Introduction.

In 1931, Woodruff and Goodpasture reported that the virus of fowl-pox could be grown on the chorioallantois of the developing chick, and that proliferative lesions containing typical inclusion bodies were produced. A growing number of workers have since used the technique, and shown that a surprisingly large number of different viruses can multiply and produce lesions on the membrane. A majority of the papers which have appeared have dealt with the growth of vaccinia virus. The advantage of the egg membrane method in providing virus completely free from bacterial contamination is obvious, and the method may eventually displace the ordinary commercial methods of producing vaccine lymph. Our experience of the method, however, indicates that it has a much wider applicability for virus research than merely as a source of virus free from bacteria.

Tissue culture methods can also provide supplies of uncontaminated viruses, but they cannot, used alone, indicate whether the virus is multiplying, or how much virus is present. The chorioallantois, it must be remembered, is not merely a sheet of susceptible cells, it is a tissue of a living organism, well supplied with blood vessels and capable of rapid inflammatory reactions. When a virus multiplies upon it, the cellular reactions soon provide clear macroscopic and microscopic evidence of its activity. In future the most important use of the method will be to provide an *indicator* of the presence and amount of virus. It has already been shown that the egg membrane is more susceptible to certain viruses than any other available "indicator organism", and that accurate titrations can be made on the membrane by a suitable development of technique.

The greater part of the experimental work in almost every piece of virus research consists of titrations of virus involving the inoculation of graded dilutions into susceptible animals. The animal serves only as an indicator of the presence or absence of living virus in the inoculum it receives. For such work the egg membrane technique offers many advantages if the virus being studied can be titrated in this way. Developing eggs are cheaper and require much less attention than any laboratory animal. They can be obtained almost anywhere in unlimited numbers. They are not liable to spontaneous latent infection with any known virus, and there is no possibility of cross infection occurring during the course of an experiment. There are certain minor disadvantages. The material used for inoculation must be free from bacteria, and with some viruses there are difficulties in interpreting the significance of the lesions produced on the membranes. Our experience over the last four years, however, shows that the method is of great value for such work as the study of the physical characteristics of viruses and the titration of the neutralizing power of specific antisera.

In these two ways, by providing quantities of virus uncontaminated with bacteria, and as a method of accurate titration, the chorioallantoic technique can be of great service in many fields of virus research. But in addition, the various phenomena associated with growth of viruses on the egg membrane themselves provide important problems for research. We may mention, for instance, the rapid reparative reactions which follow infection with some viruses, the changes in virulence which result from repeated passage of human influenza virus on the egg membrane, the influence of a lowered temperature of incubation in facilitating the action of the less readily grown viruses, and so on. Any of these may directly or indirectly throw light on some of the more immediately important problems of medical or veterinary virus research.

The technique has as yet been adopted by few workers. The quantitative methods have, up to the present, been used only by workers in this laboratory. The relative unfamiliarity of the method and its many possible applications are our reasons for describing the technique in greater detail than would ordinarily be appropriate in a work of this sort.

I. The technique of chorioallantoic membrane inoculation.

1. The anatomy of the extraembryonic membranes of the chick embryo.

The development and disposition of the extraembryonic membranes of the chick can be best understood from the examination of conventionalized diagrams such as Figures 1 and 2. The brief account which follows is derived from the current textbook descriptions.

The chick embryo commences its development as a sheet of cells lying over one pole of the yolk. As soon as the three primary germinal layers have become defined, the lateral portion of the embryonic area divides into the dorsal somatopleure, composed of ectoderm and mesoderm, and the ventral splanchnopleure of mesoderm and entoderm with the primitive coelomic cavity lying between. By a process of folding and overgrowth, the somatopleure gives rise to both the chorion (or serosa) and the amnion. The amnion develops first over the head then over the caudal region, and by fusion of the two lateral folds completely envelops the embryo except for the yolk stalk from the fifth day onwards. The chorion grows rapidly, and by the tenth day has almost completely surrounded the whole of the egg contents. It is everywhere in direct contact with the shell membrane.

The amnion and chorion arise from tissues which from the beginning have been outside the embryo proper, but the allantois develops from within the body of the embryo. It first appears on the third day of incubation as a diverticulum from the ventral wall of the hindgut, grows out into the extraembryonic body cavity, and rapidly enlarges. Its cavity is lined with entodermal epithelium, supported on the outside with mesodermal tissue. As the allantois enlarges, its mesodermal aspect fuses with the two membranes which bound the extra-embryonic body cavity to form, on the outside, the chorioallantois, and to fuse with the amnion internally. Except in the vicinity of the yolk stalk, this fusion is practically complete by the tenth day, resulting in almost complete obliteration of the extraembryonic cavity. The chorioallantois is primarily the respiratory organ of the embryo. It is richly supplied with bloodvessels, and there is a dense capillary network in close relation with the outer ectodermal layer. Two main arteries run from the yolk stalk to the membrane, and the return is by three main vessels, two accompanying the arteries, while the principal allantoic vein lies separately. This is large and freely movable, and forms a convenient source from which to obtain relatively large quantities of embryonic blood.

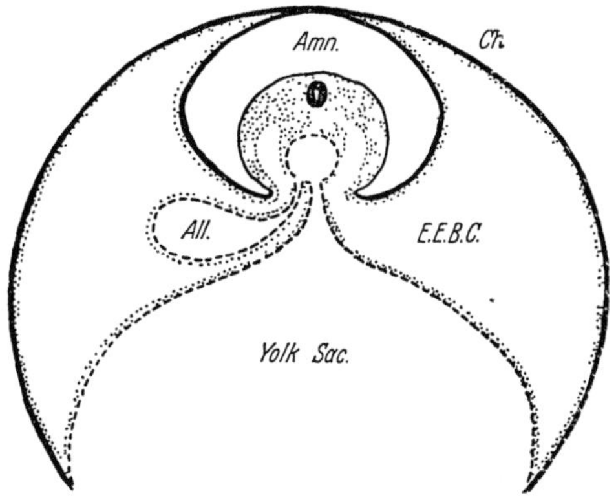

Fig. 1. Schematic section of 4-day chick embryo to show the early development of the extraembryonic membranes. The three germinal layers are indicated in this figure and in Figure 2, ectoderm by a heavy continuous line, entoderm by a broken line, and mesoderm by stippling. Amn. = Amniotic cavity. All. = Allantois. Ch. = Chorion. E. E. B. C. = Extraembryonic body cavity. (Reproduced from Burnet (*8*) by permission of The Controller, His Majesty's Stationery Office.)

Histology of the normal chorioallantois.

Sections made through the chorioallantois in normal contact with the shell membrane at about the twelfth day of incubation show an extremely thin sheet of tissue with three well defined layers. The ectodermal (chorionic) epithelium consists of a single layer of flattened cells in very close relation to a rich network of capillaries. There is some doubt as to whether these capillaries are in direct contact with the shell membrane or separated from it by the ectodermal cells. Goulston and Mottram state that both conditions may exist. The entodermal epithelium of allantoic origin also forms a single layer of flattened cells. Apart from the bloodvessels, there is only a very small amount of supporting tissue in the mesodermal layer which lies between the two.

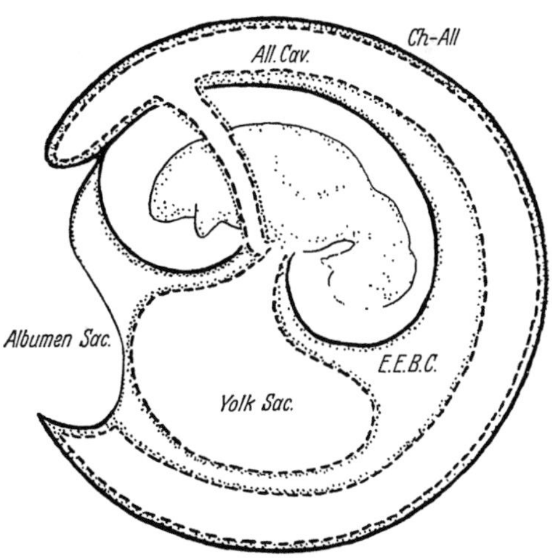

Fig. 2. Diagram of the arrangement of membranes in a 9-day embryo, showing the development of the chorioallantois by fusion of allantois and chorion. (Reproduced from Burnet (*8*) by permission of The Controller, His Majesty's Stationery Office.)

When the membrane is "dropped", i. e. separated from the shell membrane by the formation of an artificial air space, in the process of inoculation, and sectioned three days later, it is two or three times the thickness of the membrane in its normal position. The ectodermal cells appear thicker, but except where the pathological changes described below occur, the layer is still of one cell thickness and forms a complete covering of the upper surface of the membrane. The mesodermal layer is thickened and shows a small increase in the number of cells, mostly of fibroblastic type. The entodermal epithelium is unaltered.

2. Technical details of the method of inoculation used in the Hall Institute.

The methods to be described are those which have been used in the Walter and Eliza Hall Institute, Melbourne, for the past three years.

Supply of eggs. It is necessary to have a regular supply of fertile eggs of uniform breed. White Leghorn eggs are available in most countries, and are completely satisfactory. The hens from which the eggs are derived should be healthy and, in particular, free from any enzootic virus disease which it is proposed to investigate. Incubation of the eggs should be begun within a week of laying. In the interim they should be kept cool.

Preliminary incubation. Any suitable commercial egg incubator may be used. If large numbers of eggs are required, arrangements for the mechanical turning of the eggs are a great convenience. The best temperature for incubation will depend on the type of incubator used. At present we use an electrically heated and ventilated form with mechanical arrangements for turning the eggs in situ. Incubation is at 100—101° F., and the eggs are not removed till the twelfth day. It is advisable to keep the humidity low by allowing free ventilation, so that the air space of the egg will be fairly large by the twelfth day.

After twelve days' incubation, the eggs are examined by transillumination. The viewing box contains an electric light, and has on one side an oval opening slightly smaller than an egg and edged with a strip of black velvet or similar material. External light should be kept out by using a black camera cloth if the details of development are to be clearly seen. Nonfertile eggs, or those containing dead embryos are easily recognized and discarded. A normally developed egg at this stage shows a large dark area corresponding to the embryo and yolk sac. Beyond this area the lighter portion is seen to be traversed by the bloodvessels of the chorioallantois. If the embryo is dead, these bloodvessels cannot be seen. The chorioallantois at the twelfth day should have surrounded the whole inner surface of the shell membrane, but there are frequently small uncovered gaps. The air space is usually at the blunt end of the egg, and its limits are marked in pencil. A suitable region for inoculation is chosen and marked. This should be on the opposite side of the egg from any region which has not been completely covered by the chorioallantois.

Inoculation. An equilateral triangle with sides about 1,2 cm. in length is marked at the site chosen for inoculation, and the shell cut through along each side. A dental engine fitted with a thin vulcanite-carborundum cutting disc is used for the purpose. Care must be taken not to damage the underlying shell membrane and the chorioallantois. After making the triangular cuts, two small intersecting cuts, just deep enough to go through the hard surface of the shell, are made in the centre of the region over the air space, i. e. usually at the blunt end of the egg. If a number of eggs are to be inoculated, it is best to finish cutting the shell in all of them before beginning the inoculations. In the meantime they are replaced in the incubator.

The first stage in the actual inoculation is to drill a small hole into the air space to make connection with the atmosphere. The triangle of shell is taken off with the point of a straight cutting-edged needle, mounted on a suitable handle. A slit is now made in the exposed shell membrane by careful use of the needle. The delicate chorioallantois lies immediately beneath, and must not be damaged. If the chorioallantois is punctured, the further stages of inoculation cannot be carried out and the egg is useless. It is best to hold the needle nearly horizontal and to make the slit by lifting upwards as soon as the point of the needle has entered the fibres of the shell membrane. This should result in the production of a little wedge of air between the lifted edge of the shell membrane and the chorioallantois. Slight suction with a rubber teat over the opening into the air space will now result in the displacement of the egg contents to occupy the air space, and leave a new artificial air space between the ectodermal surface of the chorioallantois and the shell membrane.

The opening in the shell membrane can now be made larger, and the inoculation made. Our method is to use a capillary pipette previously calibrated with a drop of mercury and marked indelibly at a point corresponding to 0,05 c. c. This is sterilized between inoculations by washing with boiling distilled water and passing through a bunsen flame till quite dry. The virus-containing material, usually in the form of a supernatant fluid from a centrifuged tissue emulsion, is inoculated on the surface of the chorioallantois, the pipette being held vertically, taking care not to let any of the fluid touch the shell membrane. The egg is now sealed in any convenient fashion. We use a cover glass supported on a ring of paraffin-vaseline mixture around the triangular opening, and seal the opening into the natural air space with a drop of the paraffin-vaseline. When returning the egg to the incubator it is important not to tilt it appreciably from the position in which it was inoculated.

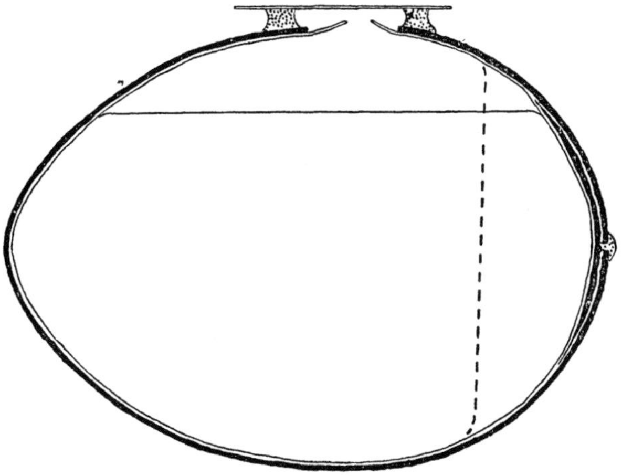

Fig. 3. Diagram to illustrate technique of producing artificial air space and egg membrane inoculation. (Reproduced from BURNET (8) by permission of The Controller, His Majesty's Stationery Office.)

Incubation after inoculation. The time needed for virus lesions to develop will depend upon the virus used and the purpose of the experiment. Incubation for three days is probably the commonest procedure. Eggs inoculated with viruses which produce early death of the embryo are opened after 48 hours' incubation. ROUS sarcoma virus lesions take five to seven days to develop, and those who have worked with rickettsial infections have also found a long period of secondary incubation necessary. As a general rule, however, if a virus does not produce satisfactory lesions in three days, further incubation will not help. With weakly-growing viruses the lesions begin to retrogress on the third day, and may have almost disappeared three days later.

The effect of the temperature used for the second period of incubation on the lesions produced will be discussed in a subsequent section. For most viruses we use a temperature of 35–36° C., i. e. considerably below the normal temperature at which the egg is incubated.

During this period the eggs are kept in incubators of the ordinary bacteriological type, in which the usual shelves have been replaced by trays of perforated zinc, suitably strengthened at the edges. Oval openings are made in the zinc so that the eggs can remain in the same position throughout incubation. No special arrangements for ventilation are necessary.

Examination of the developed lesions. When incubation has been completed, the egg is placed on a pad of cotton-wool soaked in dilute lysol in the middle of a large (20 cm. diameter) petri dish cover. The shell over the artificial air space is removed and the shell membrane cut away with scissors. Extensive lesions can easily be seen with the chorioallantois in situ, but for detailed examination it is best to remove the whole area of the membrane which forms the base of the new air space, and examine it in saline against a dark background. If the membrane is not required for re-inoculation or culture, it should be fixed in a lightly stretched condition with formol-saline before being examined. It will then lie flat in the saline and details of the lesions are much more readily seen.

Preparation of permanent specimens. Membranes can be conveniently mounted in a manner similar to that used in preparing a lantern slide. The membrane previously fixed in the stretched condition with formol-saline is washed with normal saline and spread out on the centre of a clean glass square (8,25 cm. × 8,25 cm.). Excess saline is drained off and then one or two c. c. of absolute alcohol run over the specimen and also drained off after one minute. The membrane is allowed to become almost dry, and then hot glycerine jelly, to which a little formaldehyde has been added just before using, is run on to the centre of the membrane with a pipette, taking care that no air bubbles form. A similar square of clean glass is now lowered on to the one carrying the specimen, and the two carefully pressed together. The jelly is then allowed to cool and cements the membrane firmly between the two sheets of glass. The preparation is completed by binding the edges with black paper strips as for lantern slides. Such specimens can be used as lantern slides, but are best demonstrated by oblique illumination against a dark background.

3. Other methods of inoculation.

Goodpasture's original method of inoculation was to make a square opening in the shell and cut away the shell membrane. A fragment of virus-infected tissue was then placed on the exposed chorioallantois and the egg returned to the incubator. This method is quite satisfactory if the only information required is whether the virus will develop on the egg membrane, but it is not capable of being adapted to quantitative work, and nonspecific lesions are usually produced, particularly at the edges.

Other workers have described modified methods, some involving direct injection by needle into the tissues of the embryo (Elmendorf and Smith) or for a special purpose into the extraembryonic body cavity which is lined with mesodermal cells (Murphy and Rous). None of these methods have, in our opinion, the general applicability of the one described in detail above. This method has now been used in this laboratory for the inoculation of at least 20000 eggs. We find that if the preliminary drilling and the final sealing of the opening with coverslip and paraffin are done by an assistant, each egg can be inoculated in 60–70 seconds, so that relatively large numbers can be easily dealt with. Although minor details of the technique will naturally be modified according to circumstances by different workers, we feel that the creation of an artificial air space is an essential point of the technique if quantitative work is to be done.

II. Virus lesions of the chorioallantois and embryo.

1. The criteria necessary to establish that a virus is being propagated on the chorioallantois.

When a virus which can grow in embryonic chick cells is inoculated by the method described, distinct macroscopic lesions are usually produced either on the chorioallantois or in the embryo. In general, the membrane lesions take the form of focal proliferations of ectodermal epithelium with variable secondary changes. Some viruses are highly pathogenic for the embryo, and produce death, usually with haemorrhagic lesions, before any visible reaction in the membrane can develop. It is possible, however, for a virus to multiply on the egg membrane without producing more than trivial lesions, e. g. influenza virus during early passages [W. Smith, Burnet (*4*)] and lymphocytic choriomeningitis (Bengtson and Dyer). Conversely, certain tissue emulsions free from virus may produce slight lesions closely resembling the reaction to a weakly active virus.

A number of papers have appeared giving brief accounts of the alleged propagation of some virus on the egg membrane without providing any real evidence that such growth has occurred. It seems worth while therefore to summarize at this stage the requirements which must be fulfilled before a claim to have propagated a virus on the chorioallantois can be substantiated. Most of the requirements will be obvious to any critical worker.

1. If the virus being studied has a characteristic pathogenic action on some other laboratory animal, the most conclusive proof that the virus has been grown on the chorioallantois is to obtain positive results on inoculation of ground-up membrane after a number of egg-to-egg passages.

2. If lesions are to be ascribed to the action of a virus, they must not be present on egg membranes inoculated with similar material prepared from non-infective tissues, and no cultivable bacteria must be present in the membrane.

3. As a rule the usual 5–10 per cent emulsion of infected tissue will produce a confluent lesion on the membrane if an easily propagated virus is present. Inoculation of eggs with serial tenfold dilutions will give some in which well separated specific foci are present. If discrete well-defined foci are present at each passage, in number corresponding approximately to the concentration of material used, one can be certain that a particulate infective agent is being propagated.

4. For histological work only well developed membranes free from nonspecific lesions should be used. It is best to choose a portion of a membrane where discrete foci are numerous, so that any section will pass through several foci. If this is done, no confusion from nonspecific lesions or pseudo-inclusion bodies can arise.

2. Nonspecific lesions of the chorioallantois.

The chorioallantois is a delicate, highly reactive membrane, and the unavoidable damage produced by the inoculation method may cause certain nonspecific lesions. These lesions may at times be very misleading, and need to be described in some detail.

If eggs are inoculated with sterile broth or saline, according to the standard technique, and opened after three days' incubation, most of them will show very little abnormality. The chorioallantois is slightly thicker than when it is in its normal position in contact with the shell membrane, but there is no oedema. Careful examination against a dark background will show a few small opacities, often arranged along a triangle corresponding to the cuts made in the shell in the first stage of inoculation. A little dried blood may be present on the surface. Often there is no visible reaction to this, but fine granular opacities may sometimes form in the portion of the membrane involved.

When eggs at the tenth day of incubation are inoculated, a more distinct type of nonspecific lesion very frequently appears, the traumatic ulcer. Such ulcers may also occur with eggs inoculated at the standard age (twelve days), but are less frequent and smaller than in the younger eggs. These lesions appear as irregularly-shaped opaque grey areas, which may be of any size from a millimetre or two to nearly 2 cm. in longest diameter. At the edge there is usually a line of thickened whiter appearance, and often there are streaks of opacity extending more or less radially from the lesion, particularly along the blood-vessels.

Histologically these ulcers show a loss of the ectodermal layer over the central area with thickened proliferating edge of ectoderm at the margin and occasional islands of ectodermal epithelium buried in the central region. The mesodermal layer is greatly thickened and infiltrated with a variety of inflammatory and fibroblastic cells. The entodermal layer usually shows proliferative thickening, which sometimes is of papillary form.

If eggs are inoculated with non-infective filtrates or emulsions of animal tissues, more lesions tend to appear than with simpler fluids. The commonest changes are 1. oedematous thickening of the whole inoculated area, 2. small granular opacities of very variable distribution, often fairly uniformly distributed, but more usually concentrated around the region immediately beneath the opening in the shell, 3. a traumatic ulcer as described above. With highly irritant material, e. g. certain foreign sera, an exudation of fluid takes place above the membrane, and a large proportion of the membrane is found to be thickened and opaque when it is removed and examined. Such a lesion probably results from a widespread toxic destruction of the ectoderm, and corresponds pathologically to a very large ulcer.

Of these nonspecific lesions, the small granular opacities, with or without general oedema, may very closely resemble the lesions of a virus imperfectly adapted to growth on the egg membrane, and their existence must be constantly remembered when efforts to isolate a virus by this technique are being made.

Pseudo-inclusion bodies in chorioallantoic lesions. Cytoplasmic or intranuclear inclusions are found in egg membrane lesions produced by certain viruses just as they are in infected animal tissues, but it is important to recognize that appearances very similar to inclusion bodies can be found in sections from uninfected egg membranes. BURNET and GALLOWAY found such pseudo-inclusions in the entodermal cells from membranes infected with vesicular stomatitis virus and ascribed them to the phagocytosis and partial breaking up of red blood cells. GOLDSWORTHY and MOPPETT and D'AUNOY and EVANS have described similar appearances in uninfected eggs, and consider that there is not enough evidence to prove that the inclusion bodies claimed to be present in virus lesions of the chorioallantois are really due to the action of the virus. In our opinion, pseudo-inclusions of this type are very easy to recognize if one remembers that the chick's red blood cell contains a deeply basophilic nucleus. When such a cell is taken up by a proliferating epithelial cell, it is frequently broken up into separate pieces, some of which may look very like acidophilic cytoplasmic inclusions. The presence of a free red cell nucleus either in the same epithelial cell or nearby, will nearly always show the true nature of the "inclusions". Phagocytosis of red cells is most often seen in entoderm which is proliferating beneath specific or nonspecific lesions of the other layers of the membrane. Ectodermal cells rarely show such phagocytosis.

The granules of leucocytes may sometimes resemble small inclusions, particularly in partially necrotic ectodermal lesions. Normally they are rod-shaped, highly eosinophilic bodies, but in degenerated or immature cells they are rounded and may cause some confusion.

Another type of pseudo-inclusion is sometimes found in the ectoderm of oedematous membranes or near the edge of an incomplete chorioallantois. These are round acidophil bodies, lying in vacuoles within unhealthy ectodermal cells. BURNET and FERRY observed them in a considerable proportion of Newcastle disease virus lesions, and wrongly considered that they were specific inclusions. Some of the pseudo-inclusions figured by D'AUNOY and EVANS are evidently of the same type.

3. Specific chorioallantois lesions.

1. The histological development of focal lesions. The upper surface of the "dropped" chorioallantois on which inoculated material is placed consists of a single layer of flat epithelial cells of ectodermal origin. At some places this layer may not be complete if the trauma of inoculation has exposed a few mesodermal cells. Nearly all of the virus particles introduced will therefore come first into contact with epithelial cells, a few may infect fibroblastic or endothelial cells. The fact that infection of epithelial cells is much more frequent than infection of mesodermal cells is clearly demonstrated by the results of inoculating Rous sarcoma virus. Keogh (*2*) has shown that infected epithelial cells give rise to superficial white nodules of epithelial proliferation easily distinguishable from the more rapidly growing sarcomatous lesions which follow infection of mesodermal cells. Sarcomata appear only in the proportion of one to several hundred epithelial foci, and are never seen when the virus is dilute enough to give discrete foci on the membrane. In discussing the histological development of virus foci we can, therefore, limit ourselves to those initiated in the ectodermal epithelium.

The early stages of the development of all focal virus lesions are very similar. The essential changes are almost wholly in the ectodermal layer, changes in the other layers being mainly secondary to those in the ectoderm.

The earliest lesions have not been observed, but on general grounds we assume that the virus particle enters an ectodermal cell and there multiplies. The cell is damaged, and in response to some agent diffusing from the damaged cell, either virus particles or, more probably, growth-stimulating substances set free as a result of cell damage, the adjacent ectodermal cells proliferate. In sections of 18–24 hour lesions one may find very small foci showing one or two central necrotic cells with active proliferation of healthy-looking adjacent cells. This process spreads outwards, the sequence being in general proliferation, infection, necrosis, and the different appearances of the developed lesions depend on variations in the extent and rapidity with which these three processes occur.

At one end of the series we have the slowly developing proliferative lesions of Rous sarcoma virus. Within the time available, these show no necrotic changes and very little inflammatory response in the mesodermal layer. Next we may group together a series of viruses, all of which grow readily and produce large lesions on the chorioallantois, but which vary progressively in the intensity of the necrosis produced. These viruses, in order of increasing necrotic effect, are: fowl-pox, Kikuth's canary virus, infectious laryngotracheitis of fowls, dermal vaccinia and neurovaccinia.

In fowl-pox lesions the ectodermal proliferation spreads rapidly outwards, so that large flat lesions result. Under suitable conditions, all the more centrally situated cells show cytoplasmic inclusions. Proceeding from the edge of a developed (three-day) focus toward the centre we find successively proliferating ectoderm without inclusions, cells containing small inclusions, and then cells with increasingly large inclusions and more vacuolated cytoplasm. Complete necrosis of infected cells does not occur, but on some membranes the central cells lose the regular arrangement seen in typical lesions and are easily lost when the membrane is washed.

Kikuth's canary virus [Kikuth and Gollub, Burnet (*1*)] is closely related to fowl-pox, and the lesions on the chorioallantois are similar, but are smaller and show less lateral spread. The proliferated ectodermal cells are less regularly arranged, and contain large irregular cytoplasmic inclusions. The cells appear to be more severely damaged than by fowl-pox virus, and it is usual to find numerous leucocytes amongst the ectodermal cells, and to observe a more active inflammatory response in the mesoderm.

Strains of infectious laryngotracheitis virus of low virulence produce lesions of the same general character, but instead of cytoplasmic inclusions, the cells contain the large intranuclear inclusions characteristic of this virus. With more virulent epizootic strains complete necrosis follows infection, with the result that the central portion of the focus breaks down, giving a crater-like appearance.

Dermal vaccinia virus produces large foci by active ectodermal proliferation, which is followed by necrosis, giving crater lesions with a thick opaque edge. Neurovaccinia virus is more virulent for the chorioallantois, and necrosis rapidly follows proliferation and infection. The lesions appear as small circular ulcers, with a narrow, thickened edge and a yellow or haemorrhagic base. Sections of membranes infected with neurovaccinia show very extensive inflammatory changes in the mesodermal layer.

All the viruses of this group provoke active and continuing ectodermal proliferation which results in large foci, 2 or 3 mm. in diameter, after three days' incubation. The differences in their macroscopic appearances are due almost wholly to the extent of necrosis of infected cells and the rapidity with which it follows the proliferative stages.

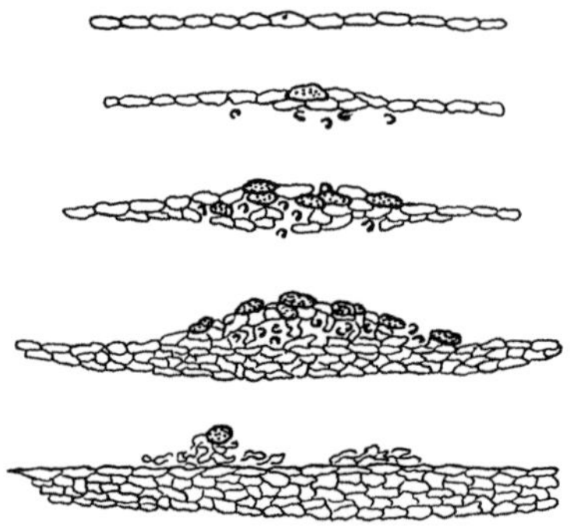

Fig. 4. A diagramatic representation of the process by which psittacosis lesions in the ectodermal epithelium develop and retrogress. Uninfected ectodermal cells are represented by conventionalized cell outlines. Infected cells with visible psittacosis bodies are shown stippled.

A third group of viruses, including psittacosis, ectromelia of mice and myxomatosis of rabbits, produce lesions which begin like those of the first two groups, but remain much smaller and about the third day begin to retrogress. The process by which this retrogression takes place is shown diagramatically in Figure 4. Around and beneath the infected ectodermal region, cell proliferation goes on, and a thick layer of uninfected epithelial cells eventually develops beneath the necrotic mass which represents the primary lesion. Usually the necrotic material is then cast off, but with some viruses, particularly myxomatosis of rabbits, the necrotic nodule remains firmly attached.

Psittacosis virus lesions are of special interest, because the virus particles are large and easily seen in suitably stained sections. Only a small proportion of the cells which make up the visible focus are infected. The virus multiplies in the cell first infected, and the virus particles from this cell infect the adjacent proliferating cells, but the spread of infection then stops. The epithelial cells produced later are apparently resistant to infection, and at three days only the outermost cells of the lesion contain psittacosis bodies. The infected region is infiltrated with leucocytes, while below it a continuous barrier of uninfected epithelium is formed. It is probable that the same process takes place with the other viruses of this group.

A well adapted strain of influenza virus [BURNET (*5*)] gives lesions which are generally similar to those of the last group in the early stages, but which do not retrogress, since the embryo always dies two to three days after inoculation. The cells of these lesions are severely damaged, and many leucocytes invade the focus. Macroscopically and microscopically similar lesions are produced by Newcastle disease virus when its lethal action is retarded by the action of immune serum (BURNET, KEOGH and LUSH).

Changes in the mesodermal and entodermal layers. Occasionally primary virus foci develop in the mesodermal layer, usually in the base of a traumatic ulcer. These consist of a dense globular accumulation of various mononuclear cells and leucocytes, often with gross central necrosis. They have not been studied in any detail.

With all ectodermal virus lesions there is some associated inflammatory change in the mesodermal layer. The intensity of the reaction is, in general, proportional to the degree of necrosis in the infected ectoderm. Even with uninfected membranes there is almost always slight thickening and some increase in the number of cells. When virus lesions are developing, the first reaction in the mesoderm is the appearance of eosinophil leucocytes with bilobed nuclei. These are nearly always present in sections made 24 hours after inoculation of any virus able to infect the membrane. These leucocytes migrate into the necrotic portions of the ectodermal lesion and will be found amongst the damaged ectodermal cells in sections made from the second day onward. If the virus is of low virulence for the egg membrane, a barrier of uninfected ectodermal cells soon separates the infected cells from the mesoderm, and no further inflammatory mesodermal

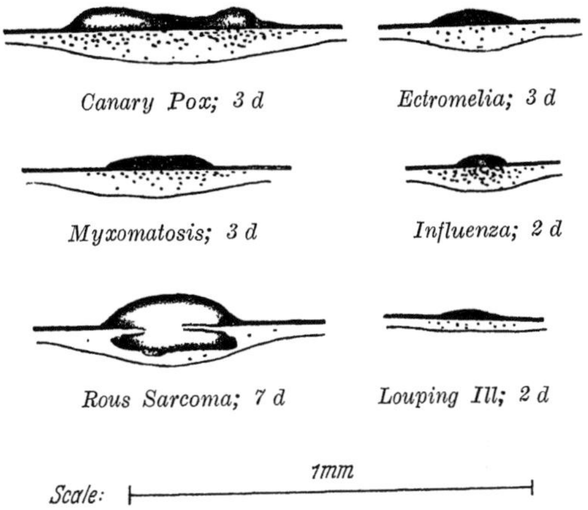

Fig. 5.

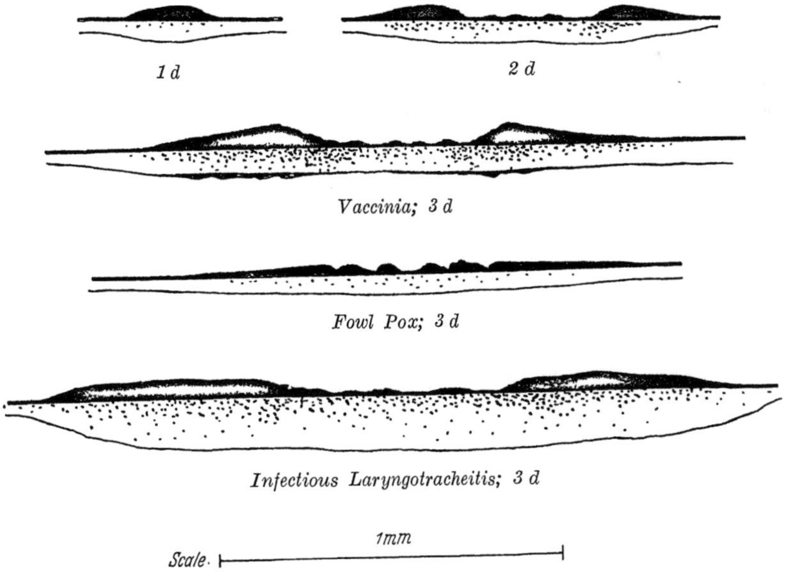

Fig. 6.

Fig. 5 and 6. Diagrams drawn accurately to scale of typical virus foci on the chorioallantois. The ectoderm is shown in black, and the degree and location of mesodermal inflammatory response by stippling. The age of the lesion in days is shown against each diagram.

changes occur. With more active viruses which produce rapid necrosis of ectodermal cells, a correspondingly intense mesodermal reaction is produced. Beneath the lesions of neurovaccinia, for example, the mesodermal layer is thickened and

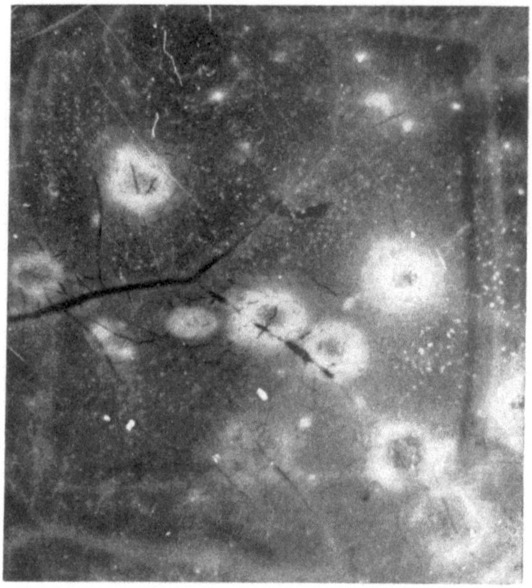

Fig. 7 a.

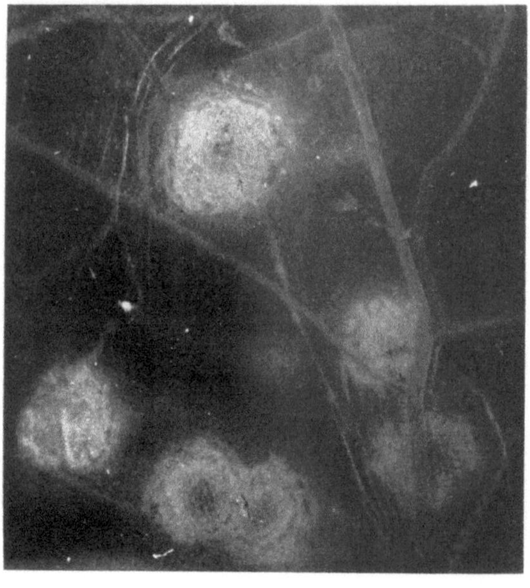

Fig. 7 b.

Fig. 7. Membrane lesions of (a) neurovaccinia, (b) infectious laryngotracheitis of fowls (× 8).

filled with a dense accumulation of cells, many of them degenerate or necrotic. Leucocytes, histiocytic cells and red blood cells are numerous. Many of the blood vessels are thrombosed.

With viruses of intermediate activity, histiocytic cells and fibroblasts predominate, and one may find small groups of cells, usually close to the ectoderm, which appear to originate from capillary endothelium.

Entodermal changes are usually slight. When there are active inflammatory changes in the mesoderm, the adjacent entodermal cells proliferate. The normal single layer of cells increases in thickness and may develop in papillary fashion. As a rule the cells show no evidence of specific infection, but in some membranes infected with fowl-pox, ectromelia or laryngotracheitis virus, true infection of the entoderm, as shown by the presence of inclusion bodies, has been observed.

Inclusion bodies in chorioallantois lesions. In general, those viruses which produce inclusion bodies in infected tissues of their normal hosts produce similar effects in the cells of egg membrane lesions. Cytoplasmic inclusions are seen in the lesions produced by the viruses of vaccinia, fowl-pox, Kikuth's canary virus and ectromelia of mice, intranuclear inclusions in infectious laryngotracheitis lesions. Both types of inclusion are best seen in young 40–48 hour lesions before necrotic changes become prominent, and before the infiltration of leucocytes containing eosinophilic granules makes observation difficult. In older lesions they can be found in the periphery of the foci where necrosis has not yet occurred.

The large sharply defined cytoplasmic inclusions of ectromelia and the typical herpes-like intranuclear inclusions of infectious laryngotracheitis are both completely similar to those found in the lesions of mouse skin and fowl trachea respectively. Fowl-pox inclusions in the proliferating ectoderm of the egg membrane differ considerably from the classical BOLLINGER bodies of the fowl comb lesions. They take the form of irregularly shaped vacuoles, often multiple, in the cytoplasm. The acidophil staining material is ordinarily concentrated around the margin of the vacuole, resembling in this the specific vacuoles of canary virus

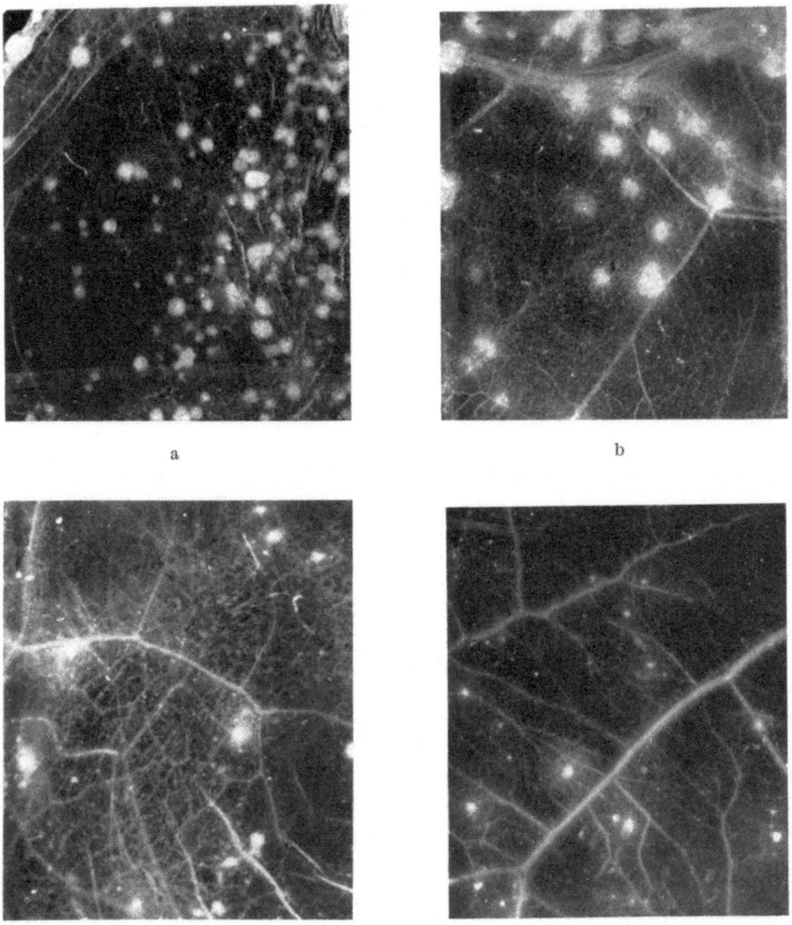

a b

c d

Fig. 8. Membrane lesions of (a) ROUS sarcoma, (b) KIKUTH's canary virus, (c) Human influenza ("Melbourne" strain), (d) Louping ill (× 8).

observed in monocytes of the canary by BURNET (*1*) and HERZBERG (*1*) rather than the uniformly filled BOLLINGER bodies. With one strain we have found that inclusions were well developed in the lesions on eggs inoculated at the tenth day of incubation, but could not be seen in most sections made from eggs inoculated at the twelfth day, although good proliferative lesions were present. This appears to hold also for canary virus and vaccinia inclusions, both of which are better developed when the eggs are inoculated at the tenth day.

2. The macroscopic appearance of virus foci. Simple examination of membranes bearing virus lesions under a low power dissecting microscope against a black background will usually allow a recognition of the main histological features which have been described. Simple epithelial proliferation, e. g. in fowl-pox lesions, gives a grey, rather translucent opacity. When the epithelial cells proliferate more irregularly and become infiltrated with leucocytes, the lesions are whiter and more opaque. Necrosis is usually associated with small amounts of haemorrhage and necrotic ectoderm has a yellowish tint. Most necrotic foci are crater-like, with a yellowish or visibly haemorrhagic centre. A confluent lesion of this type nearly always shows thrombosed bloodvessels beneath the area involved. Inflammatory infiltration of the mesoderm is shown by oedema and rather diffuse grey opacity somewhat granular in texture surrounding the focus.

Each virus produces foci of a characteristic type, which is in many cases easily distinguishable from that of any other virus. Typical examples are shown in the photographs (Figures 7 and 8), and the diagrams (Figures 5 and 6) provides a key to the size and structure of each type of virus lesion with which we have worked in Melbourne.

3. Conditions modifying the nature of the membrane lesions. The following factors have been shown capable of influencing the nature of the lesion produced on the chorioallantois.

1. The age of the embryo at the time of inoculation.
2. The duration of incubation after inoculation.
3. The temperature of incubation.

Two other factors may need consideration, but they are not readily controllable, and have not been studied in detail.

4. The presence of antibody of maternal origin in the embryo tissues.
5. Seasonal changes in susceptibility.

1. Eggs are normally inoculated after incubation for twelve days, and the lesions produced on such eggs may be taken as standard. In general, younger embryos show a smaller number of primary foci from the same inoculum, but the individual foci are larger and more diffuse. Histologically, the lesions have a more active appearance, the proliferating ectodermal cells being less regularly arranged and more extensively infiltrated with leucocytes. Degenerative and necrotic changes occur more readily, and retrogression of lesions with complete repair is less commonly seen. With fowl-pox and Kikuth's canary virus, cytoplasmic inclusions are much better developed in young eggs inoculated at the ninth or tenth day than in those inoculated at the normal age. The greater susceptibility of tissues of younger embryos to damage of any sort is also shown by the increased size and frequency of the lesions which we have described as non-specific traumatic ulcers.

If eggs which have been incubated thirteen days or longer are used, the lesions tend to be small and compact, and those produced by viruses of low pathogenicity, like ectromelia, retrogress at an early stage. Our experience may be summed up as showing that for most work, including all "pock counting" titrations, eggs which have been incubated twelve days are the best to use. For the demonstration of inclusion bodies in the lesions, ten-day eggs are preferable. It is somewhat easier to determine by transillumination whether an embryo of ten or eleven days is alive or dead than it is with older embryos. For this reason it is often more convenient when viruses rapidly lethal for the embryo are being titrated to make the inoculations in ten-day eggs.

2. The development of the different types of lesion has been described in the preceding sections. In general, there is a progressive increase in the size of

the lesions until either retrogression commences or the embryo dies. The time at which the egg is opened for the examination of lesions must be determined by the virus being used and the aim of the experiment. If focal lesions are to be counted, either two or three days of incubation is required. If the lesions, although small, can be readily counted at two days, this period is preferable, since increasingly large numbers of secondary foci appear during subsequent days.

For histological work, membranes at each stage of development will ordinarily be examined. As a rule, two-day lesions are the most suitable for the demonstration of inclusion bodies. At later stages, necrosis and leucocytic infiltration often obscure the appearances.

If large amounts of virus are required, the membrane is best removed at the third day, or, in the case of lethal viruses, at, or just before, the death of the embryo. With those viruses which show retrogression of lesions after three days, there is a corresponding decrease in the amount of virus recoverable from the membrane.

3. The temperature at which the eggs are kept after inoculation may greatly influence the type of lesion obtained, particularly with viruses which have only a low grade of pathogenicity for the egg. The embryo is tolerant of a wide range of temperature, and inoculated eggs may survive for several days at any temperature from 33° to 40° C. The normal temperature of incubation is usually stated to be 39,5° C., and at this temperature the resistance of the embryo to infection with viruses seems to be at a maximum. Active viruses such as vaccinia, fowl plague and infectious laryngotracheitis develop well at 39,5° C., but the less pathogenic viruses are better propagated at a lower temperature, 35–37° C. The difference is particularly well shown with ectromelia virus, no lesions at all being visible, and little or no multiplication of virus occurring at 39,5° C. At 36° C. well developed lesions form and free multiplication of virus takes place. Influenza virus also develops best at the lower temperature, producing a larger number of foci and killing the embryo more rapidly. We now use a temperature of 36° C. as a routine for all viruses. The main disadvantage of the lower temperature is an increased proportion of membranes showing oedema and nonspecific lesions, but this is more than counterbalanced by the increased susceptibility of the tissues.

4. Hallauer has shown that eggs laid by a fowl immune to fowl plague give rise to chicks which for some weeks are resistant to infection by the virus. It is reasonably certain that embryos in such eggs would also be relatively insusceptible to infection. Two virus diseases of fowls, fowl-pox and infectious laryngotracheitis, are widely enzootic, and it is possible that eggs might be received which contained sufficient antibody to render titrations of these viruses on the chorioallantois impossible. There does not appear to be any record in the literature of such an effect. Our own limited work with fowl-pox virus showed no undue irregularities in titrations, although the disease occurs in the poultry farm from which the eggs are obtained, and vaccination of young birds is carried out in most years. Fowl-pox immune serum, however, has only a very weak inactivating effect on the virus, and clearer evidence could probably be obtained with the virus of laryngotracheitis, which is easily inactivated by immune serum. This infection is not present in the fowls supplying our eggs, and we have no evidence in regard to the matter.

5. In working with ectromelia virus, Burnet and Lush (*2*) found that during the spring months of 1935 very irregular results were obtained, the eggs on the whole being much less susceptible than those obtained from the same source

during winter and summer. The difference was well marked, but apart from the fact that the weather was unduly wet and cold, no reason for the change in susceptibility could be obtained. The effect was looked for in the following spring, but the eggs then were normally susceptible to infection with ectromelia. Occasionally at other times we have noted that certain batches of eggs gave unsatisfactory results with the weaker viruses. These happenings suggest that susceptibility of the embryo may be slightly modified by the effect of nutritional or environmental factors on the fowls producing the eggs, but we can make no detailed suggestion as to the nature of these factors.

4. Effects of virus infection on the embryo.

Except for those viruses which produce rapidly retrogressing lesions, infection of the embryo usually occurs and the virus can be isolated from blood or liver. The effect of this infection on the embryo varies with the type of virus being used, and sometimes with the degree of adaptation of the virus to embryo tissues.

Those viruses which are rapidly lethal for the embryo usually show their damaging effects on the embryo cells by producing small haemorrhages, sometimes in a characteristic position. With Newcastle disease virus, for instance, if ten-day embryos are inoculated, the dead embryo two days later regularly shows heamorrhage into the developing feather follicles, giving round sharply-edged red spots along the wings and the side of the body. With older twelve-day embryos, in which the feathers have developed considerably, the distribution changes and the most obvious lesions are in the brain, the skull sometimes being distended and dark purple in colour, owing to multiple haemorrhages from brain capillaries. There are also numerous small haemorrhages through the muscles and internal organs.

Well adapted influenza virus in embryos inoculated at the twelfth day also attacks the brain capillaries, and it is usual to find dead embryos with the brain substance completely disorganized by haemorrhage. As a rule, such embryos show no haemorrhages elsewhere. Still more virulent influenza virus gives a more general distribution of haemorrhages, those in the muscles and skin being more obvious than those in the brain. If fifteen-day embryos are inoculated, death occurs in three to four days, but no haemorrhages are observed. It seems that the regions of capillary endothelium most susceptible to the action of such viruses differ at different stages in the embryonic development.

The other viruses which cause rapid death of the embryo are fowl plague, vesicular stomatitis, equine encephalomyelitis and Rift Valley fever.

Focal lesions within the embryo tissues are frequently observed when the chick is allowed to develop for more than three days after inoculation. Buddingh has described such lesions in embryos infected with vaccinia virus, and Keogh (unpublished) has occasionally found them in chicks allowed to hatch from eggs inoculated with Rous sarcoma virus.

Louping ill virus produces small focal lesions on the membrane which usually retrogress early, but a subacute infection of the embryo persists, and usually kills it in six or seven days. The appearances in the infected embryo indicate that the virus damages the liver and probably the red blood cells, causing haemolytic anaemia. The embryos may be deeply jaundiced, and there is always some evidence of increased production of bile pigment. The virus in the circulating blood is for the most part attached to formed elements, whether red blood cells or leucocytes was not determined.

III. The main applications of the method in virus research.

The applications of the method may be summarized as follows:

1. For the titration of the virus content of experimental material. This can be done with any preparation of a suitable virus which is free from bacteria and contains no high concentration of antiseptic or other irritant chemical.

2. For the demonstration and quantitative estimation of virus-neutralizing antibody. Such estimations of antibody content form a large part of most immunological or epidemiological researches on virus disease. The egg-membrane technique can be applied to a wide range of such work.

3. For the preparation of immunizing material free from bacteria and from any unsuspected virus. The developing egg is more likely to provide such material than any free-living experimental animal.

4. For providing material of high virus content for use as antigen in aggregation or complement fixation tests. We have found that excellent antigens for complement fixation may be prepared from membranes infected with human and swine influenza and with rabbit myxomatosis.

In addition to these general applications, more special ones will arise in the course of research, e. g. GALLOWAY and ELFORD showed that the viruses of vesicular stomatitis and foot and mouth disease could be readily differentiated and separated from mixed infections by a combination of filtration and growth on the egg membrane. The method can be of great value in the diagnosis of acute diseases of fowls. Fowl plague, Newcastle disease, infectious laryngotracheitis and fowl-pox all produce characteristic lesions on the egg, and we have had practical experience of its value in establishing the diagnosis of laryngotracheitis in Australia [BURNET (7)]. The virus diseases of horses, vesicular stomatitis and equine encephalomyelitis, could very readily be diagnosed by inoculation of suitable material into developing eggs, since the viruses concerned are rapidly lethal for the embryo. If appropriate antisera were available, a complete diagnosis of the type of virus could be made within 48 hours. No actual studies of this sort have, however, been reported. Finally, in view of the wide range of viruses which have been shown capable of growth on the chorioallantois, the method should be included in any investigation of an infective disease of unknown etiology.

1. Titration of viruses on the chorioallantois.

Methods of virus titration must be based on one of two principles. The first is to find the smallest amount of virus-containing material which, when introduced into the tissues of a susceptible animal, provokes recognizable disease. This is equivalent to determining the concentration of living bacteria in a suspension by inoculating successively smaller amounts into tubes of nutrient broth. The second principle is to distribute the virus-containing material suitably diluted over a susceptible surface of tissue on which discrete macroscopically visible lesions can develop wherever a virus particle initiates infection. Here the analogy is with plating methods for the enumeration of bacteria. Both methods may be used with the egg membrane technique.

a) Titration of viruses rapidly lethal for the embryo. With viruses which cause rapid death of the embryo, such as fowl plague, Newcastle disease, vesicular stomatitis and equine encephalomyelitis, the only practicable method of titration is to determine the minimal lethal dose. Serial dilutions of virus-containing material are prepared, and 0,05 c.c. of each dilution inoculated into two or more eggs. Death of the embryo with lesions characteristic of the virus being studied is used as the indicator of the presence of virus. This method of titration was used by Burnet and Ferry for fowl plague and Newcastle disease viruses, and by Burnet and Galloway for vesicular stomatitis virus. The results with this latter virus were of particular interest, since they showed that the minimal infecting dose for the embryo was approximately one-hundredth of that required to produce a vesicular lesion on the guineapig pad. Similar results were obtained by Higbie and Howitt with several strains of equine encephalomyelitis virus. They found that a lethal infection of the embryo could be produced with one-twentieth of the amount necessary to infect a guineapig by intracerebral inoculation.

Serum neutralization experiments with these viruses, using egg inoculation as the method of testing activity, give results broadly similar to those obtained by the usual methods. The antigenic differences between New Jersey and Indiana strains of vesicular stomatitis, and between Eastern and Western strains of equine encephalomyelitis, can be equally clearly demonstrated.

b) The "pock-counting" method of virus titration on the chorioallantois. When serial dilutions of a suitable virus are inoculated into eggs by the standard technique, discrete foci are produced when the virus is sufficiently diluted. The average number of foci produced over the range of dilutions available for counting is directly proportional to the concentration of virus, and may therefore be used as a measure of the amount of virus present. This method of titration is analogous in principle with the plating methods for enumeration of bacteria, and even more closely with the titration of bacteriophages by plaque counting methods. No work in which this method is utilized has been reported from other laboratories, but our experience during the last three years has shown it to be practicable, convenient and relatively accurate for the following viruses: vaccinia [Keogh (*1*)], infectious laryngotracheitis of fowls [Burnet (*7*)], fowl-pox and Kikuth's canary pox virus [Burnet and Lush (*1*)], ectromelia of mice [Burnet and Lush (*2*)], rabbit myxomatosis (Lush), human influenza [Burnet (*5*)], swine influenza [Burnet (*9*)], and louping ill (Burnet, Keogh and Lush).

In any method of this type, in which particulate micro-organisms are deposited on an extended surface where they can multiply and produce visible evidence of this multiplication, certain requirements must be fulfilled if satisfactory results are to be obtained.

1. *The inoculum should be spread uniformly over the sensitive surface.* If 0,05 c.c. of a slowly diffusible dye such as trypan blue is inoculated on to an egg membrane and the egg opened and examined a few minutes later, it will be found that the dye has spread fairly evenly over the greater portion of the available area.

2. *Conditions should be such that not more than one focus results from each micro-organism inoculated.* With bacteriophage titrations, for example, it is essential that the agar surface should dry rapidly after the bacteriophage and susceptible bacteria have been spread. If fluid remains on the surface, areas of confluent lysis instead of discrete plaques will develop.

On the chorioallantois the surface remains wet for some hours, but since the initial multiplication of the virus is in fixed ectodermal cells, this is relatively unimportant. Spread of the virus from the initially infected cell is mainly by infection of contiguous cells, but if the upper surface of the membrane remains wet for an abnormally long time, virus particles liberated from initially infected cells may diffuse or be transferred by movements of the embryo, and give rise to secondary foci. With certain viruses, particularly louping ill, such secondary foci are frequently found and often make it impossible to form any estimate of the number of primary foci. Another type of secondary focus is especially common with influenza virus, but may also be observed with most other viruses. On a membrane which has clearly not remained abnormally wet, one may see a large primary focus, near which are one or more small foci obviously secondary, but separated by a millimetre or two from the primary focus. Our provisional interpretation of these foci is that they result from transport of virus from the primary lesion by leucocytes. If there are very few primary foci, these secondary foci are easily recognized, but with more crowded membranes it may be impossible to be sure whether a given focus is primary or secondary. With experience it is usually possible to make a reasonably accurate estimate of the primary count, even when extensive formation of secondaries has occurred. In most experiments this count will be confirmed by the results obtained with higher dilutions of the same material.

3. *There should be a uniform linear relationship between the concentration of virus inoculated and the number of foci produced.* With the viruses of louping ill and well adapted human influenza virus, our experience indicates that, except for a small proportion of unreactive, usually oedematous, membranes, which give much lower counts, all the variation obtained can be accounted for by the ordinary error of random sampling plus the errors introduced by misinterpretation of primary and secondary foci during counting. Experiments were made with these viruses in which the pock counts were compared with the results obtained by inoculating a large number of eggs with limiting dilutions and determining the presence or absence of virus, for influenza virus by death of the embryo within four days, and for louping ill virus by testing the embryo liver by intracerebral inoculation of mice. With influenza virus it appeared that about 50 per cent of the virus particles were capable of producing a fatal infection of the embryo without giving rise to a definite focus. With louping ill virus the two results were in close agreement, and taken with the fact that the minimal infective dose for mice (intracerebral) is slightly more than ten times that capable of giving one focus on the egg membrane, this probably means that all louping ill virus particles deposited on the membrane produce a primary focus.

Less detailed experiments with other viruses showed a wider range of counts than could be accounted for by errors of random sampling. With viruses such as ectromelia of mice, myxomatosis of rabbits and psittacosis, where the virus is not highly pathogenic for the egg, especially large variations may occur. Seasonal variation in the susceptibility of eggs has been noted with ectromelia virus, and there are certainly unexplained variations in the susceptibility of individual eggs to such viruses. LAZARUS, EDDIE and MEYER have also reported that smallpox virus develops well on some eggs and not at all on others of the same origin. These are real difficulties in titration, but are quite similar to the variations in susceptibility amongst animals used for the normal methods of virus titration. For accurate work it will be necessary to establish the standard deviation of counts for each virus being studied, and to use a sufficient number of eggs for each experimental mixture, to obtain results of the required degree of significance.

The accuracy of pock counting titration methods. With viruses well adapted to growth on the membrane, a degree of accuracy can be obtained which would require a prohibitively large number of animals with ordinary methods of titration. The following protocol, Table 1, gives the results of a test titration in which certain unknown dilutions of influenza virus and immune serum, prepared by a collaborator, were tested in comparison with known dilutions of the same reagents. Each of the virus dilutions was titrated in two groups of three eggs, while the unknown serum dilutions were mixed with virus undiluted and diluted 1 : 10, four eggs being used for each mixture.

Table 1.

Preparation	Pock counts		Calculated titre	Real titre
		Average		
Virus 1:2000	4, 7, 4 — 7, 5, 5	5,3		
„ A.	*x*, 2, 2 — 1, 3, 3	2,2	1:4800	1:5000
„ B.	(2), 10, 7 — (2), 9, 13	9,75	1:1090	1:1000
Serum 1:100 + V.	21, 13, 8, *x*	14		
„ C. + V.	6, 9, 1, 12	6,6	1:47	1:50
„ C. + V/10	0, 0, 0, 1			
„ D. + V.	7, 10, 16, 10	10,7	1:76	1:100
„ D. + V/10.	1, 0, 1, 2			

In the table, *x* signifies a membrane from which no reasonable estimate of the number of foci could be made, either because of large nonspecific lesions, or from excessive formation of secondary foci. The counts enclosed in brackets are on oedematous membranes which usually give unduly low counts. It is our practice to eliminate such membranes in calculating the average counts when direct virus titrations are made. When serum-virus mixtures are being titrated, however, there are clearly more possibilities of a wide range in counts, and we have consistently included all values in deducing the average count.

We have taken as a fair approximation to the truth that, with three eggs to each dilution of virus which gives a countable number of foci, the result obtained will be within 50 per cent ± of the real value, with five or six eggs within ± 20 per cent. This holds, of course, only for viruses which grow readily on the egg membrane under the experimental conditions used.

2. Immunological applications.

a) Titration of virus-neutralizing antibodies on the egg membrane. Titrations of antibody can be readily carried out by the pock-counting technique on the chorioallantois. We have recently completed an extensive series of experiments on the nature of the virus-neutralization reaction in which this method of titration was used (BURNET, KEOGH and LUSH).

The procedure follows the usual lines. A standard suspension of virus freed from gross particles by centrifugation is diluted to a suitable degree, varying from 1 : 500 to 1 : 10^5 for different viruses, so that when 0,05 c. c. is inoculated into eggs, countable numbers of foci will be produced. This provides the control titration of virus. Mixtures of virus and immune serum are made, using such dilutions of the reagents as will ensure that some mixtures will give small numbers of foci on the inoculated membranes. We prefer to leave the mixtures for one to two hours at refrigerator temperature, but any standard conditions of contact may be used. Standard amounts (0,05 c.c.) are then inoculated into from three to five eggs for each mixture, and counts made after a suitable period of incubation.

From the nature of the experimental method, the mode of expressing results must be rather different from that used when orthodox animal inoculations are employed for the same purpose. We may take the results one obtains in titrating an immune ferret serum against influenza virus as an example.

Virus diluted without immune serum gives an average of x foci per membrane inoculated with 1 : 2000 dilution. When equal volumes of undiluted virus and serum diluted 1 : 100 are mixed and tested, countable numbers of foci are obtained averaging y foci per membrane. We can express the activity of the serum as the percentage reduction in the count of foci which would be effected under standard conditions by undiluted serum mixed with an equal volume of virus. Two assumptions must be made in calculating this value: 1. that a given concentration of immune serum will reduce the number of foci to a constant percentage independent of the original concentration of virus present, 2. that the product of the serum concentration and the percentage of "surviving" foci is constant. The experimental evidence for these two assumptions is given in the paper by BURNET, KEOGH and LUSH. In the example given above, the undiluted serum would reduce the count of foci to $\frac{y}{100}$. The original count corresponding to this is 1000 x, allowing for the fact that the final dilution of virus in all mixtures with serum is 1 : 2 and the percentage reduction deduced for undiluted serum is $\frac{y}{1000\,x}$ per cent. The stronger the serum, the lower is the percentage of survivors. If it is thought to be more convenient, the reciprocal of the percentage may be used to give a positive measure of the activity of a serum.

It is well known (ANDREWES, SABIN etc.) that quite different values may be obtained when an anti-virus serum is titrated by two different methods, e. g. by intradermal and intracerebral inoculations in the case of vaccinia virus. It is only to be expected, therefore, that the absolute values obtained in egg membrane titrations will differ somewhat from those obtained in alternative methods, but a general parallelism is evident, and the discrepancies are often instructive. Our experience is most extensive in regard to influenza virus. With this there is much evidence in favour of the view that only high-grade specific antibody is able to inactivate human influenza virus for the egg membrane, lower grade antibody can inactivate it for the mouse lung, and even less specific antibody can be demonstrated by complement fixation.

Quite apart from its value in the study of the general problems of virus immunology, the method is very suitable for routine titration of sera, and has been used in this laboratory for such work as a survey of poultry farms for the presence of latent laryngotracheitis infection, and for following the antibody response of human subjects who had been vaccinated against influenza.

b) The use of egg-grown virus as immunizing agent. All the methods which have been developed for immunization of man or domestic animals against virus diseases utilize virus which has multiplied in some living tissue. The virus may be used either as a living virus of low virulence, as active virus modified by the associated use of immune serum or in the form of dead virus, usually killed by some weak antiseptic. In general, such virus has in the past been prepared from the organs or blood of infected animals. The chief difficulties have been 1. to obtain the infective material free from bacteria, and 2. to be certain that no unrecognized virus is present in latent form in the animal used. The lengthy procedure necessary to free vaccine lymph from staphylocci etc. indicates the importance of the first difficulty. As an example of the danger of an unrecognized virus in the immunizing material, we may cite the experience of DARRE and MOLLARET.

They found that several persons immunized against yellow fever with mouse brain virus developed signs of infection of the central nervous system, one individual becoming dangerously ill. This infection was due to the virus of lymphocytic choriomeningitis, which was found to be enzootic in the mice used to prepare the yellow fever virus.

These two difficulties can both be overcome by the use of the tissues of the developing chick either in the form of tissue culture or by the chorioallantois inoculation method. The only bacterium which is ever likely to be present in the chick embryo is *B. pullorum.* This is non-pathogenic for human beings, but it is advisable to make sure that the eggs are obtained from a farm known to be free from bacillary white diarrhoea. Since methods for the detection and control of this infection are well known and in common use, this presents no difficulties. There are no records of the transmission of any of the virus diseases of fowls through the egg. In an extensive experience with the chorioallantoic technique, we have never found passage strains of virus contaminated with any other virus which might have been derived from the embryo. There is also no record in the literature of viruses derived from chick embryo tissue having been encountered in tissue cultures of chick embryo tissues, a method which has been used on a large scale by many workers on viruses.

The possibility of some latent infection of the embryo with a virus pathogenic for man should perhaps be kept in mind, but the chance of such an occurrence is much smaller than with any free-living animal.

The choice between tissue culture and chorioallantoic inoculation will be determined by various circumstances. The chorioallantoic method is simpler, and provides much larger quantities of virus than the tissue culture method, at least in the case of vaccinia virus [Herzberg (*2*)]. It could probably be readily adapted to large scale production if required.

Changes in the character of viruses on repeated chorioallantoic passage. If it is proposed to use the chorioallantoic method for the continued propagation of viruses for purposes of immunization, it is important to know whether the initial pathogenicity for the natural host or for laboratory animals remains constant. As yet very few viruses have been studied in regard to this point over a sufficiently long series of passages.

A number of investigators have studied the growth of vaccinia virus on the egg-membrane with a view to using the method for the production of material for vaccination against smallpox. The general opinion is that a slight falling off in virulence for rabbit and human being follows repeated egg passage [Kunert, Stevenson and Butler (*2*), Goodpasture et al.], but that the immunizing qualities of the strain are unimpaired. Goodpasture and his collaborators vaccinated about 1000 persons with 100th passage egg virus. Of those vaccinated for the first time, 93,6 per cent gave satisfactory lesions with, on the average, a milder clinical course than followed vaccination with calf lymph. Lazarus, Eddie and Meyer have recently grown unmodified smallpox virus on the chorioallantois, and it will be of great interest to observe whether modification of this strain toward the character of vaccinia virus occurs on passage.

Human influenza virus is the only one in which gross changes in virulence have followed passage on the chorioallantois. The strain "Melbourne", with which I have worked, was transferred to the egg membrane at the fourth ferret passage, and maintained for more than seventy passages [Burnet (*5*)]. The first ten passages produced only insignificant lesions on the membrane, but with further passage the virulence gradually increased. The foci on the membrane became larger and more necrotic. About the 50th passage death of the embryo on the third or fourth day began to occur. A rather sudden increase in pathogenicity occurred round the 63rd passage, all embryos after that stage dying on the third day after inoculation, with striking lesions of haemorrhagic encephalitis.

A still further increase in virulence was evident by the 75th passage, when embryos died within 48 hours and showed multiple haemorrhages in the skin and muscles as well as in the brain.

Corresponding to the gradual development of virulence for the embryo there was a steady *loss* of virulence for the ferret. Of 14 ferrets inoculated intranasally with 60th or later egg passage virus, only three showed any significant rise of temperature, and only one a typical diphasic temperature curve. The virus used for egg passage had never been adapted to mice, and maintained a very low virulence for this species almost unchanged through the egg passage series. Experiments with human beings indicate that the egg passage virus is almost or completely non-pathogenic when administered intranasally, but is capable of causing a rise in antibody titre in about 50 per cent of those tested.

On general grounds it appears likely that if a virus produces active lesions on first transfer to the egg membrane, little, if any, change in virulence will result on passage. In our laboratory tests for virulence to animals of egg passage strains of a number of viruses have been made after from ten to thirty passages.

The following viruses showed no detectable change in virulence: KIKUTH's canary virus, ectromelia of mice, louping ill, myxomatosis of rabbits, laryngotracheitis of fowls (SEDDON and HART). Viruses like influenza, which require adaptation to the egg membrane by repeated passage, are much more likely to show a diminution in virulence for the natural host.

c) Egg membrane virus as antigen in complement fixation tests. LUSH and BURNET have recently shown that excellent antigens for complement fixation tests can be prepared from egg-membrane lesions. We have had good results with the viruses of human influenza, swine influenza and rabbit myxomatosis, the only ones so far tested. MYERS and CHAPMAN also report that egg-membrane lesions provide satisfactory vaccinia virus antigens for complement fixation tests.

Egg membranes with confluent lesions are removed after two (human influenza virus) or three days' incubation. The membranes are washed in saline and allowed to drain for some hours on a sloping surface. They are then ground finely in a mortar with powdered quartz and 2 c.c. of saline per membrane added. The emulsion is centrifuged for ten minutes in an angle centrifuge at 3500 r. p. m. and the supernatant fluid used as antigen. If merthiolate 1 : 10000 is added as a preservative and the antigen kept in the refrigerator, it remains effective for some weeks at least. Usually a little flocculent precipitate appears on standing. This can be removed by centrifugation without loss of activity.

IV. Summary of the viruses which have been propagated on the chorioallantois.

It may be of value to give here a list of the viruses which have been successfully propagated on the chorioallantois, with references to the authors and very brief notes on the type of lesion produced.

It will be seen from the list that twelve of the viruses responsible for human disease have been grown on the chorioallantois, the viruses of rabies, poliomyelitis, varicella and dengue being the only important ones missing. Of viruses pathogenic for other mammals, the great majority of those which have been tested have proved capable of infecting the egg membrane, while all the known viruses pathogenic for birds appear to grow readily.

1. Viruses pathogenic for man.

Vaccinia. [GOODPASTURE, WOODRUFF and BUDDINGH, STEVENSON and BUTLER (*1, 2*), LEHMANN (*1, 2*), GOODPASTURE et al., HERZBERG (*2*), KEOGH (*1*), and others.] Large active foci are produced, and the method can now be regarded as one of the standard means of propagating this virus.

Smallpox. TORRES and TEIXEIRA (*1*) gave a brief account of the cultivation of alastrim, and LAZARUS, EDDIE and MEYER also report growth of smallpox virus. From their description, and from a photograph kindly sent me by Dr. LAZARUS, the lesions are much smaller than those of vaccinia.

Herpes simplex. [DAWSON, SADDINGTON (*1*).] Small lesions which readily retrogress.

Psittacosis. BURNET and ROUNTREE, FORTNER and PFAFFENBERG and K. F. MEYER (personal communication) found the virus to grow readily on the chorioallantois. Superficial ectodermal cells become packed with psittacosis (L. C. L.) bodies, but the lesion retrogresses early.

Lymphogranuloma inguinale. MIYAGAWA et al have described proliferative lesions on egg membranes inoculated with mouse brain containing this virus. The infection could be carried from egg to egg for at least five generations.

Epidemic influenza. [SMITH, BURNET (*4, 5*).] This virus requires prolonged passage before well defined lesions are produced. In this laboratory the three serologically different strains "Melbourne", "W. S." and "Swine" have all been adapted to produce distinct focal lesions on the egg membrane. WALDMANN and KOBE also report the successful cultivation of swine influenza virus.

Common cold. KNEELAND, MILLS and DOCHEZ have shown that the virus which they consider responsible for the common cold multiplies on the egg membrane, and describe small focal lesions.

Measles. A recent communication by WENCKEBACH, available only in abstract, states that the virus of measles is readily propagated by the method. An earlier claim to the same effect was made by TORRES and TEIXEIRA (*2*).

Yellow fever. This virus can be readily adapted to grow in chick-embryo tissue culture, and ELMENDORF and SMITH report infection of the embryo by chorioallantoic inoculation. JADIN has also described successful passage of the virus on the egg membrane.

Rift Valley fever. SADDINGTON (*2*) found that this virus was rapidly lethal for the chick embryo.

St. Louis encephalitis. HARRISON and MOORE describe the successful passage of the virus on the chorioallantois for ten generations.

Lymphocytic choriomeningitis. BENGTSON and WOOLEY. Membrane lesions were insignificant, but multiplication of the virus occurred.

Rabies. PERAGALLO has recently claimed that rabies virus can be grown on the chorioallantois. WALDHECKER had previously reported failure to do so.

Claims which cannot yet be regarded as substantiated have been made that the following additional viruses pathogenic for man can be grown by the present method: varicella, dengue and papattaci fever.[1]

2. Viruses pathogenic for other mammals.

Vesicular stomatitis of horses. BURNET and GALLOWAY. Both antigenic types produced as a rule acutely lethal infections, but in some cases the embryo survived and membrane lesions were well developed.

Equine encephalomyelitis. HIGBIE and HOWITT. A rapidly fatal infection, killing the embryo within 24 hours. Both serological types behave similarly.

---

[1] Recent reports indicate that the viruses of Japanese encephalitis B. [HAAGEN (24a)] and African horse sickness (ALEXANDER—personal communication) are capable of growth on the chorioallantois. In this laboratory we have found (unpublished work) that pseudorabies virus and SABIN's "B" virus both grow readily on the chorioallantois and produce well developed focal lesions.

Louping ill of sheep. BURNET (*6*). Small foci develop on the membrane, and the embryo becomes infected, often showing evidence of acute blood destruction.

Myxomatosis of rabbits. LUSH found that despite the extreme host-specificity of this virus, it could be readily propagated on the chorioallantois. Typical medium sized lesions which usually undergo retrogression. The embryo appears to be unaffected.

Ectromelia of mice. BURNET and LUSH (*2*). Medium sized foci are produced without infection of the embryo.

Sheep pox. GINS and KUNERT report growth of a Bulgarian strain on the egg membrane.

3. Viruses pathogenic for birds.

Fowl-pox. WOODRUFF and GOODPASTURE first demonstrated the possibilities of the chorioallantoic method by propagating fowl-pox on the membrane. Large flat lesions are produced. Other bird poxes: KIKUTH's canary virus [BURNET (*1*)], sparrow-pox and pigeon-pox (BURNET, unpublished) grow equally readily, but produce smaller lesions than typical fowl-pox strains.

Infectious laryngotracheitis of fowls. BURNET (*2*, *7*), BRANDLY, BEAUDETTE. The lesions produced by this virus are very large and well defined. Almost every cell contains typical intranuclear inclusions.

Fowl plague and Newcastle disease. BURNET and FERRY. Both produce acute lethal infections of the embryo. If the action of Newcastle disease virus is slowed down by small amounts of immune serum, the embryo survives long enough for small foci resembling those of influenza to develop on the membrane.

Infectious bronchitis of chickens. According to BEAUDETTE and HUDSON this virus is distinct from that of laryngotracheitis. On the egg membrane it produces no significant lesion, but causes the death of a variable proportion of embryos, and can be propagated for at least ten generations.

Pacheco's parrot disease virus. RIVERS and SCHWENTKER propagated this virus by GOODPASTURE's technique for six generations. Local proliferative-necrotic lesions containing intranuclear inclusions were produced, and the embryos died in three to five days.

ROUS sarcoma. KEOGH (*2*) has shown that this virus can be propagated indefinitely on the chorioallantois. The lesions take five to seven days to develop, and consist of focal proliferations of ectodermal cells without much inflammatory response.

4. Viruses which have failed to grow on the chorioallantois.

Failures to propagate the following viruses have been reported: foot and mouth disease (GALLOWAY and ELFORD), poliomyelitis [BURNET (*3*)], rabies (WALDHECKER), Virus III (MYERS and CHAPMAN). It may be noted that GALLOWAY found that foot and mouth disease virus survived and showed slight evidence of multiplication on the chorioallantois of ducks' eggs. In unpublished experiments, workers in this laboratory have failed to obtain any lesions from vesicle fluid of varicella lesions or from filtrates prepared from the lesions of contagious pustular dermatitis of sheep. These filtrates were proved to be infectious for lambs. It is possible that modifications of technique may allow the growth of some of these viruses.

References.

1. ANDREWES, C. H.: The Action of Immune Serum on Vaccinia Virus III in vitro. J. Path. a. Bacter. **31**, 671 (1928).
2. BEAUDETTE, F. R.: Infectious Laryngotracheitis. Poultry Sci. **16**, 103 (1937).
3. BEAUDETTE, F. R. and C. B. HUDSON: Cultivation of the Virus of Infectious Bronchitis. J. amer. vet. med. Assoc. **90**, 51 (1937).
4. BENGTSON, I. A. and J. G. WOOLEY: Cultivation of the Virus of Lymphocytic Chorio-meningitis in the Developing Chick Embryo. Publ. Health Rep. (Am.) **51**, 29 (1936).

5. BRANDLY, C. A.: Some Studies of Infectious Laryngotracheitis. The Continued Propagation of the Virus upon the Chorioallantoic Membrane of the Hen's Egg. J. infect. Dis. (Am.) **57**, 201 (1935).
6. BUDDINGH, G. J.: A Study of Generalized Vaccinia in the Chick Embryo. J. exper. Med. (Am.) **63**, 227. (1936).
7. BURNET, F. M.: (*1*) A Virus Disease of the Canary of the Fowl-pox Group. J. Path. a. Bacter. **37**, 107 (1933).
— (*2*) The Propagation of the Virus of Infectious Laryngotracheitis on the Chorioallantoic Membrane of the Developing Egg. Brit. J. exper. Path. **15**, 52 (1934).
— (*3*) An attempt to Propagate Poliomyelitis Virus in the Developing Egg. Med. J. Austral. **1**, 46 (1935).
— (*4*) Propagation of the Virus of Epidemic Influenza on the Developing Egg. Med. J. Austral. **2**, 687 (1935).
— (*5*) Influenza Virus on the Developing Egg: I. Changes Associated with the Development of an Egg-passage Strain of Virus. Brit. J. exper. Path. **17**, 282 (1936).
— (*6*) Observations on the Effect of Louping Ill Virus on the Developing Egg. Brit. J. exper. Path. **17**, 294 (1936).
— (*7*) Immunological Studies with the Virus of Infectious Laryngotracheitis of Fowls, Using the Developing Egg Technique. J. exper. Med. (Am.) **63**, 685 (1936).
— (*8*) The Use of the Developing Egg in Virus Research. Sp. Rep. Ser. med. Red. Coun., Lond. No. 220 (1936).
— (*9*) Influenza Virus on the Developing Egg: V. Differentiation of two Antigenic Types of Human Influenza Virus. Austral. J. exper. Biol. a. med. Sci. **15**, 369 (1937).
8. BURNET, F. M. and J. D. FERRY: The Differentiation of the Viruses of Fowl Plague and Newcastle Disease: Experiments using the Technique of Chorio-allantoic Membrane Inoculation of the Developing Egg. Brit. J. exper. Path. **15**, 56 (1934).
9. BURNET, F. M. and I. A. GALLOWAY: The Propagation of the Virus of Vesicular Stomatitis in the Chorioallantoic Membrane of the Developing Hen's Egg. Brit. J. exper. Path. **15**, 105 (1934).
10. BURNET, F. M., E. V. KEOGH and D. LUSH: The Immunological Reactions of the Filterable Viruses. Austral. J. exper. Biol. a. med. Sci. **15**, 227 (1937).
11. BURNET, F. M. and D. LUSH: (*1*) The Immunological Relationship between KIKUTH's Canary Virus and Fowl-pox. Brit. J. exper. Path. **17**, 302 (1936).
— (*2*) The Propagation of the Virus of Infectious Ectromelia of Mice in the Developing Egg. J. Path. a. Bacter. **43**, 105 (1936).
12. BURNET, F. M. and P. M. ROUNTREE: Psittacosis in the Developing Egg. J. Path. a. Bacter. **40**, 471 (1935).
13. DARRÉ, H. and P. MOLLARET: Étude clinique d'un cas de méningo-encéphalite au cours de la séro-vaccination anti-amarile. Bull. Soc. path. exot. **29**, 169 (1936).
14. D'AUNOY, R. and F. L. EVANS: The Histology of the Normal Chorioallantoic Membrane of the Developing Chick Embryo. J. Path. a. Bacter. **44**, 369 (1937).
15. DAWSON, J. R. Jnr.: Herpetic Infection of the Chorioallantoic Membrane of the Chick Embryo. Amer. J. Path. **9**, 1 (1933).
16. ELMENDORF, J. E. and H. H. SMITH: Multiplication of Yellow Fever Virus in the Developing Chick Embryo. Amer. J. Path. **36**, 171 (1937).
17. FORTNER, J. and R. PFAFFENBERG: Über das gehäufte Wiederauftreten der Psittakose. Z. Hyg. usw. **117**, 286 (1935).
18. GALLOWAY, I. A.: Attempts to Propagate the Virus of Foot-and-Mouth Disease in Eggs. Footh-and-Mouth Disease Research Committee, 5th Progress Report, p. 372. 1937.

19. GALLOWAY, I. A. and W. J. ELFORD: Further Studies on the Differentiation of the Virus of Vesicular Stomatitis from that of Foot-and-Mouth Disease, with Particular Reference to the Rapid and Certain Method of Resolving Mixtures of the Two Viruses. Brit. J. exper. Path. **16**, 588 (1935).
20. GINS, H. A. and W. KUNERT: Weitere Erfahrungen mit der Kuhpockenschutzimpfung bei Schafen. Dtsch. tierärztl. Wschr. 257 (from Zbl. Bakter. usw., I Ref.) (1937).
21. GOLDSWORTHY, N. E. and W. MOPPETT: The Reactions of the Chorioallantoic Membrane of the Chick to Certain Physical and Bacterial Agents. J. Path. a. Bacter. **41**, 529 (1935).
22. GOODPASTURE, E. W., A. M. WOODRUFF and G. J. BUDDINGH: Vaccinal Infection of the Chorioallantoic Membrane of the Chick Embryo. Amer. J. Path. **8**, 271 (1932).
23. GOODPASTURE, E. W., G. J. BUDDINGH, L. RICHARDSON and K. ANDERSON: The Preparation of Anti-smallpox Vaccine by Culture of the Virus in the Chorioallantoic Membrane of Chick Embryos and Its Use in Human Immunization. Amer. J. Hyg. **21**, 319 (1935).
24. GOULSTON, D. and J. C. MOTTRAM: On the Technique of Exposing the Chorioallantoic Membrane of the Chick Embryo for Experimental Purposes. Brit. J. exper. Path. **13**, 175 (1932).
24a HAAGEN, E.: Sitzung der Berliner mikrobiologischen Gesellschaft, oct. 1937. Zbl. Bakter. usw., 1 Ref. **128**, 96 (1937).
25. HALLAUER, C.: Immunitätsstudien bei Hühnerpest. Z. Hyg. usw. **118**, 605 (1936).
26. HARRISON, R. W. and E. MOORE: Cultivation of the Virus of St. Louis Encephalitis. Amer. J. Path. **13**, 361 (1937).
27. HERZBERG, K.: (*1*) Mikrophotographische Darstellung einer intrazellularen Virusentwicklung. Zbl. Bakter. usw., I Orig. **130**, 326 (1933).
— (*2*) Über die Herstellung von Gewebekulturlymphen und ihre Brauchbarkeit in öffentlichen Impfterminen. Z. Immunit.forsch. **86**, 417 (1935).
28. HIGBIE, E. and B. HOWITT: The behaviour of the Virus of Equine Encephalomyelitis on the Chorioallantoic Membrane of the Developing Egg. J. Bacter. (Am.) **29**, 399 (1935).
29. JADIN, J.: Culture du virus de la fièvre jaune sur la membrane chorio-allantoidenne de l'embryon de poulet. Ann. Soc. belge Méd. trop. **17**, 27 (1937).
30. KEOGH, E. V.: (*1*) Titration of Vaccinia Virus on the Chorioallantoic Membrane of the Chick Embryo and Its Application to Immunological Studies of Neuro-Vaccinia. J. Path. a. Bacter. **43**, 441 (1936).
— (*2*) Ectodermal Lesions Produced by the Virus of ROUS Sarcoma. Brit. J. exper. Path. **19**, 1 (1938).
31. KIKUTH, W. and H. GOLLUB: Versuche mit einem filtrierbaren Virus bei einer übertragbaren Kanarienvogelkrankheit. Zbl. Bakter. usw., I Orig. **125**, 313 (1932).
32. KNEELAND, Y., K. C. MILLS and A. R. DOCHEZ: Cultivation of the Virus of the Common Cold in the Chorioallantoic Membrane of the Chick Embryo. Proc. Soc. exper. Biol. a. Med. (Am.) **35**, 213 (1936).
33. KUNERT, H.: Die Züchtung des Variola-Vaccinevirus Stamm Berlin auf der Chorion-Allantois des Hühnerembryo. Z. Hyg. usw. **117**, 216 (1935).
34. LAZARUS, A. S., B. EDDIE and K. F. MEYER: Propagation of Variola Virus in the Developing Egg. Proc. Soc. exper. Biol. a. Med. (Am.) **36**, 7 (1937).
35. LEHMANN, W.: (*1*) Über die Züchtung des Vakzinevirus auf der Chorion-Allantois-Membran des Hühnerembryos. Zbl. Bakter. usw., I Orig. **132**, 447 (1934).
— (*2*) Weitere Erfahrungen über Humanimpfungen mit Pockenschutzlymphen aus Gewebekulturen. Z. Hyg. usw. **119**, 513 (1937).
36. LUSH, D.: The Virus of Infectious Myxomatosis of Rabbits on the Chorioallantoic Membrane of the Developing Egg. Austral. J. exper. Biol. a. med. Sci. **15**, 131 (1937).

37. LUSH, D. and F. M. BURNET: Influenza Virus on the Developing Egg: VI. Complement Fixation with Egg Membrane Antigens. Austral. J. exper. Biol. a. med. Sci. **15**, 375 (1937).
38. MIYAGAWA, Y. et al.: Studies on the Virus of Lymphogranuloma Inguinale: IV. Cultivation of the Virus on the Chorioallantoic Membrane of the Chick Embryo. Jap. J. exper. Med. (e.) **13**, 733 (1935).
39. MURPHY, J. B. and P. ROUS: The Behaviour of Chicken Sarcoma Implanted in the Developing Egg. J. exper. Med. (Am.) **15**, 119 (1912).
40. MYERS, R. M. and M. J. CHAPMAN: Complement Fixation in Vaccinia Virus III and Herpes. Amer. J. Hyg. **25**, 16 (1937).
41. PERAGALLO, I.: Ricerche sulla possibilità della cultura del virus rabico nella membrana corion-allantoidea dell'embrione di pollo. Gi. Batter. **18**, 289 (1937).
42. RIVERS, T. M. and F. F. SCHWENTKER: A Virus Disease of Parrots and Parrakeets Differing from Psittacosis. J. exper. Med. (Am.) **55**, 911 (1932).
43. SABIN, A. B.: The Mechanism of Immunity to Filterable Viruses: IV. The Nature of the Varying Protective Capacity of Antiviral Serum in Different Tissues of the Same Species and in the Same Tissues of Different Species. Brit. J. exper. Path. **16**, 169 (1935).
44. SADDINGTON, R. S.: (*1*) Cultivation of Herpes Virus and Use of the Mouse in its Titration. Proc. Soc. exper. Biol. a. Med. (Am.) **29**, 1012 (1932).
— (*2*) In Vitro and In Vivo Cultivation of the Virus of Rift Valley Fever. Proc. Soc. exper. Biol. a. Med. (Am.) **31**, 693 (1934).
45. SEDDON, H. R. and L. HART: The Occurrence of Infectious Laryngotracheitis in Fowls in New South Wales. Austral. vet. J. **11**, 212 (1935).
46. SMITH, WILSON: Cultivation of the Virus of Influenza. Brit. J. exper. Path. **16**, 508 (1935).
47. STEVENSON, W. D. H. and, G. G. BUTLER: (*1*) Dermal Strain of Vaccinia Virus Grown on the Chorioallantoic Membrane of the Chick Embryo. Lancet **2**, 228 (1933).
— (*2*) Nouvelles expériences sur la lymphe de membrane de poulet. Bull. Off. internat. Hyg. publ., Par. **27**, 48 (1935).
48. TORRES, C. M. and J. DE C. TEIXEIRA: (*1*) Die Kultur des Alastrim-virus auf der Chorionallantoishaut des Huhnes. Rev. Med. Chirurg. Brasil. **43**, 81 (1935) (from Zbl. Bakter. usw., I Ref.).
— (*2*) Lesions de l'allantochorion de l'embryon de poulet inoculé avec des products provenant de rougeoleux. C. r. Soc. Biol. **118**, 908 (1935).
49. WALDHECKER, M.: Versuche zur Züchtung des Lyssa-virus. Zbl. Bakter. usw., I Orig. **135**, 259 (1935).
50. WALDMANN, O. and K. KOBE: Kritische Bemerkungen zu den Versuchen über die Ätiologie der Grippe bei Mensch und Tier. Zbl. Bakter. usw., I Orig. **138**, 153 (1937).
51. WENCKEBACH, G. K.: Über Züchtung des Masernvirus. Zbl. Bakter. usw., I Ref. **125**, 331 (1937).
52. — and H. KUNERT, Die Zuchtung des Masernvirus, Dtsch. med. Wschr. **63**, 1006 (1937).
53. WOODRUFF, A. M. and E. W. GOODPASTURE: The Susceptibility of the Chorioallantoic Membrane of Chick Embryos to Infection with Fowl-pox Virus. Amer. J. Path. **7**, 209 (1931).

Vierter Abschnitt.

Biochemistry and biophysics of viruses.

By

W. M. Stanley, Princeton, New Jersey, U. S. A.

(The Rockefeller Institute for Medical Research.)

I. Inactivation of viruses by different agents.

Introduction.

Studies on the effect of different chemical and physical agents on the activity of viruses were in progress even before viruses were recognized as a separate group of infectious entities and have been continued to the present time. During the earlier work two objectives were sought, one the preparation of immunizing antigens and the other the elucidation of the nature of viruses. These have continued to remain as objectives and recently a third has been added; during the past few years studies on the effect of different agents on viruses have been made with a view towards establishing conditions and reagents that could be used in the purification and concentration of viruses. Considerable difficulty has been encountered, not only during the progress of the studies but also in the interpretation of the results that were obtained. Much of this has been due to the great variation in the physical and chemical properties of the different viruses and to an apparent variation in the properties of the same virus in different preparations. The latter appears to have been due to the presence of varying amounts of extraneous material in the different virus preparations. For a great many years the presence of extraneous material made it impossible to be certain that any given physical or chemical property was one of the virus itself. This point is discussed at somewhat greater length in the third section of this chapter. Recently the effect of enzymes on viruses has been studied in an effort to learn something of their nature. However, until very recently only crude enzyme preparations containing a mixture of materials were available, and there is considerable doubt concerning the significance of results obtained with such preparations, for Pirie's work indicates that the inactivation of some viruses was due to extraneous material rather than to the enzymes. The isolation within the past few years of several enzymes in crystalline and apparently pure form has made it possible to study more accurately the effect of enzymes on viruses.

Although a vast amount of work has been done in attempting to achieve the three objectives mentioned above, no effort will be made to consider all the work in this section, because the general situation has been considerably altered within the last few years by the isolation of several viruses in apparently pure form. It is obvious that studies on the nature of viruses and on the preparation of immunizing antigens should be made with such purified preparations of virus rather than with crude mixtures containing unknown amounts of extraneous material. Such studies as have already been reported on purified virus preparations are considered in the section on the chemical and physical properties of viruses. Studies concerned with reagents, conditions, and methods useful in the purification and concentration of viruses are discussed in the next section. The present section will be concerned, therefore, only with studies on the effects of different enzymes, of other types of chemical reagents, and of different types of physical treatment on extracts or suspensions of different viruses.

Effect of enzymes.

Studies on the effect of enzymes on viruses are quite important, because inactivation by proteolysis serves as an indication that the virus is protein in nature and because, in view of the work of Bergmann, some idea of the active grouping may be gained if inactivation occurs. Wollman in 1925 found some bacteriophages to be unaffected by trypsin, whereas other bacteriophages were inactivated. The following year Arnold and Weiss reported that 4 per cent commercial trypsin had no effect on the phage with which they were working. In 1927 Baker and McIntosh reported that commercial trypsin had an inactivating action on Rous sarcoma virus at p_H 8 and an activating effect at p_H 6. Woodruff and Goodpasture used tryptic digestion as a step in the purification of fowl pox virus in 1929 and obtained active virus from the digestion mixture. Two years later Hirano reported that commercial trypsin and takadiastase had no effect on vaccine virus but that a glycerol extract of pancreas caused inactivation. The same year Glover found that trypsin did not affect the virus activity of preparations of contagious pustular dermatitis of sheep. Lojkin and Vinson reported that pepsin, emulsin, and yeast extract did not affect tobacco mosaic virus, but that inactivation was caused by trypsin, papain, and pancreatin. Matsumoto and Somazawa, on the other hand, stated that the mosaic virus withstood the action of rather large amounts of trypsin fairly well. Fränkel, also in 1931, found the Rous sarcoma virus to be active after digestion with trypsin. This result was again confirmed the following year by Sugiura, who extended the study and found pepsin to cause inactivation and takadiastase, urease, and castor oil bean lipase to be without effect. However, it should be noted that, as was pointed out by Pirie in 1933, all of the enzyme preparations that had been used in this early work probably consisted of mixtures of several substances. It was impossible to be certain, therefore, that a given inactivating action was due to a given enzyme. Pirie purified the enzymes that she used and concluded that the inactivating action of pancreatic extracts on the Rous and Fujinami tumor viruses was not due to a protease, carboxypeptidase, or lipase, but to some unknown enzyme. Later Pirie reported that fatty acids and lecithin prepared from dried pig pancreas inactivated vaccine virus and the Rous and Fujinami tumor viruses. She found crystalline trypsin and chymotrypsin to have no effect on these viruses or on the pleuropneumonia organism, and concluded that the previously reported inactivation by trypsin of certain viruses may have been due to the use of trypsin preparations containing fatty acids and lecithin.

Caldwell in 1933 found that, when commercial trypsin was added to aucuba mosaic virus, a loss of activity occurred, but that some of the activity could be regained by heating the reaction mixture. The following year Stanley showed that the loss of activity of tobacco mosaic virus on addition of crystalline trypsin could not be due to proteolysis, because the inactivation took place immediately, because it occurred at hydrogen ion concentrations at which trypsin is inactive proteolytically, and because the activity could be regained by removal of the trypsin. He found crystalline pepsin to inactivate the mosaic virus, although the rate of inactivation was much less than the rate of digestion of most proteins. These results were recently confirmed by Ross and Vinson. The effect of papain and of crystalline trypsin and pepsin on the virus activity and flocculating power with antiserum of the latent mosaic virus of potato was studied by Bawden and Pirie in 1936. They found that digestion with these enzymes destroyed both virus activity and the power of reacting with antiserum, and concluded that this virus either contained or was associated with protein. The same year Merrill made a careful study of the effect of crystalline trypsin and chymotrypsin on four different viruses affecting animals. He found equine encephalitis virus to be inactivated by chymotrypsin and not by trypsin, whereas vaccine virus was slowly inactivated by trypsin but was unaffected by chymotrypsin. Pseudorabies virus was inactivated by both enzymes and swine influenza virus by neither enzyme. Merrill's experiments were carefully controlled and the inactivation that he reported may be regarded as having been due to the proteolytic action of the enzymes. He also studied the effect of these enzymes on bacteria and found living gram-negative bacteria to be unaffected by either enzyme and the killed organisms to be rapidly digested by either enzyme. Gram-positive organisms, either living or dead, resisted the action of both enzymes. Merrill pointed out that the fact that some viruses remain active in the presence of certain enzymes need not necessarily mean that they are not protein in nature. He concluded that the data were evidence for the protein nature of three of the viruses and suggested that viruses might be classified according to their resistance to various enzymes. It seems likely that the study of the action of the crystalline enzymes that are now available on crude or preferably purified virus preparations should be a fruitful field.

Effect of chemical reagents.

An examination of the chemical reagents that have been found to have an inactivating action on viruses reveals the fact that they may be separated into four general groups on the basis of their chemical reactivity. These four groups consist of protein-precipitating agents, oxidizing agents, agents giving very high or very low hydrogen ion concentrations, and agents such as formaldehyde that affect primary amino groups. Rather than to take up the many different viruses one by one, it has seemed preferable to consider the effect of different chemical reagents on viruses from the standpoint of these four general groups. First, however, there are two generalities that should be noted. One is that, as viruses are purified and separated from the accompanying extraneous matter, they become more and more susceptible to the action of deleterious chemical reagents. The other is that viruses may be preserved quite well in 50 per cent or more concentrated glycerol solution, a characteristic that is not shared by most bacteria.

Insofar as the writer is aware, all viruses are precipitated by protein-precipitating agents, such as strong ammonium sulphate or other salt solutions, salts of heavy metals such as silver nitrate or mercuric acetate, and reagents such as trichloroacetic acid, safranine, and tannic acid. The reagents that cause protein denaturation invariably cause an inactivation of the viruses which has not been found reversible as yet, whereas in the cases of some of the reagents which do not cause denaturation it has been possible to remove the reagent and regain the virus activity. Thus, it has usually been possible to retain the activity of viruses precipitated by salts such as ammonium or magnesium sulphate. It has also been possible in some instances to secure a reversible inactivation. KRUEGER and BALDWIN demonstrated in 1934 that a staphylococcus bacteriophage completely inactivated with mercuric chloride could be completely reactivated by treatment with hydrogen sulphide to remove the mercuric ions. The following year they reported that safranine-inactivated phage could be partially reactivated. STANLEY in 1935 and WENT in 1937 reported that tobacco mosaic virus inactivated with salts of heavy metals such as mercuric chloride could also be reactivated by removal of the metallic ions. VINSON has used safranine precipitation as a means of purifying tobacco mosaic virus. The safranine was removed and the activity regained by treatment with LLOYD's reagent. It should be noted that the inactive complexes formed by the addition of safranine or the salts of heavy metals to viruses are insoluble. Furthermore, in the experiments reported the possibility that the complexes were non-infectious because of toxicity was not excluded. However, the regaining of virus activity from such inactive complexes and the resistance of certain viruses to strong solutions of reagents such as mercuric chloride tend to set viruses apart from ordinary organisms or even resistant forms such as spores.

Viruses are irreversibly inactivated by strong oxidizing agents such as potassium permanganate and chromic acid. Even as mild an oxidizing agent as hydrogen peroxide is known to inactivate tobacco mosaic virus quite rapidly. Many viruses are so sensitive to oxidation that they become inactivated on merely standing exposed to air. The use of reducing agents, usually cysteine, to preserve such viruses is now quite customary. ZINSSER and SEASTONE made the very interesting observation in 1930 that occasionally they were able to reactivate, by means of cysteine, herpes virus that had been inactivated by allowing it to stand exposed to air. Two years later PERDRAU reported a similar reactivation of virus by means of reduction. It seems likely, therefore, that it may be possible by suitable reducing agents to reactivate viruses that have been inactivated by very mild oxidation. In 1934 BALD and SAMUEL used sodium sulphite as a preservative for tomato spotted wilt virus and were able to retain virus activity for 36 hours in preparations that under the usual conditions would have been completely inactivated in less than 5 hours. They considered certain of their data to indicate a reactivation similar to that reported by ZINSSER and SEASTONE and by PERDRAU.

Many viruses have been found to be sensitive to the photodynamic action of different chemical reagents. Methylene blue has been used in most of the studies and the inactivation caused by this agent in the presence of light appears to be due to its oxidizing action, for inactivation does not occur in the dark, in the absence of oxygen, or in the presence of a reducing agent such as cysteine. LEVADITI and NICOLAU reported in 1922 that herpes encephalitis virus was inactivated by the photodynamic action of methylene blue. In 1928 SCHULTZ and KRUEGER found two staphylococcus bacteriophages to be inactivated in the presence of methylene blue on 6 to 12 hours' exposure to light. The inactivation of staphylococcus phage was confirmed two years later by CLIFTON and LAWLER who found in addition that a coli-phage was unaffected. The following year CLIFTON showed that the photodynamic inactivation could be prevented by the removal of oxygen or by the addition of cysteine hydrochloride. In 1933 PERDRAU and TODD made a rather extensive study of the photodynamic action of methylene blue on several viruses and found that a concentration of 1 : 100000 of the dye was sufficient to inactivate within a few minutes the viruses of vaccinia, herpes, fowl plague, louping ill, BORNA disease, FUJINAMI tumor, and dog distemper when present in filtrates or fluids devoid of cells. They found that cells served to protect the viruses against the inactivating influence of methylene blue. The viruses of foot-and-mouth disease and of infectious ectromelia were found to be more resistant and to require a greater light intensity for inactivation. PERDRAU and TODD also noted that dog distemper virus inactivated by this method retained its immunizing power but that the phenomenon was not general, for vaccinia similarly inactivated failed to immunize. GALLOWAY in 1934 confirmed PERDRAU and TODD's results on the ability of cells to protect viruses against photodynamic inactivation and found in addition that rabies virus could be inactivated photodynamically with retention of its antigenic potency. The same year Birkeland reported that tobacco ring spot virus could be inactivated within 2 minutes by the photodynamic action of methylene blue but that tobacco mosaic and aucuba mosaic viruses were unaffected after one hour's exposure.

Although they vary considerably in their p_H stability range, it may be said that viruses are inactivated by strong acids and alkalis. The inactivation appears to be due to hydrolysis. In the cases of strong acids and alkalis the viruses are broken up into very small fragments, and it seems unlikely that the reaction may be reversed. However, there is some possibility that very mild alkaline or acid treatment may result in an inactive form of virus that may be reactivated. BEST and SAMUEL consider that they secured reactivation of a preparation of tobacco mosaic virus that had been held at p_H 9 for a short time by merely readjusting the hydrogen ion concentration to p_H 7. Since ANSON and MIRSKY have shown that under appropriate conditions the acid or alkali denaturation of proteins may be reversed, the reactivation of acid- or alkali-inactivated tobacco mosaic virus would not be unexpected. The p_H stability range of most of the viruses has not been worked out as yet. However, they are known to differ greatly, for tobacco mosaic virus is stable between p_H 2 and 8, latent mosaic virus of potato between p_H 4 and 9,2, tobacco ring spot virus between p_H 6 and 8,5, Shope papilloma virus between p_H 3,3 and 7, vaccinia virus between p_H 5 and 9,5, neurotropic horsesickness virus between p_H 6 and 10, the ROUS sarcoma virus between p_H 4 and 12, and various phages from about p_H 4 to about p_H 11. It is necessary, therefore, in considering the effect of different chemical reagents on viruses to differentiate between the effect of the reagent *per se* and the effect of the hydrogen ion concentration that may result from the presence of the reagent.

All viruses, insofar as the writer is aware, may be inactivated by appropriate treatment with formaldehyde. This reagent has been used more than any other, with the possible exception of phenol, for the preparation of immunizing agents. However, there has been practically no work done towards the elucidation of the nature of the inactivation. SCHULTZ and GEBHARDT noted that a solution of formaldehyde-inactivated staphylococcus bacteriophage could be reactivated by merely diluting the solution with water, but that similar treatment was ineffective with formaldehyde-inactivated poliomyelitis virus. Recently the inactivation of tobacco mosaic virus by means of formaldehyde was studied by Ross and STANLEY. They found that the inactivation was probably due to the addition of formaldehyde to primary amino groups, and were able to demonstrate that removal of the formaldehyde resulted in the reactivation of the virus. Other reagents affecting the amino groups, such as nitrous acid and phenyl isocyanate, were also found to cause inactivation. PARKER and RIVERS found that the repeated injection of rabbits with formaldehyde-inactivated elementary bodies of vaccinia resulted in the production of humoral antibodies and a certain degree of resistance to infection with vaccinia. They concluded, however, that the formaldehyde-inactivated elementary bodies would not serve as a suitable vaccine for the protection of human beings against smallpox.

Effect of physical agents.

The effect on viruses of agents such as heat, light, and pressure is much the same as the effect on bacteria. This need not be taken to imply that viruses are similar in nature to bacteria, for it could be explained equally well by the similarity of the properties of protoplasm and of proteins. Most viruses are inactivated on heating to temperatures of about 75° C., on irradiation with ultraviolet light or with X-rays, and resist quite well, when appropriately treated, the effects of freezing and thawing, moderately high pressures, ageing and drying from the frozen state. There is, nevertheless, considerable variation in the sensitivity of the different viruses to the various types of treatment. There are some viruses such as those of cucumber mosaic, tobacco ring spot, and encephalitis which are so unstable that they become inactivated on standing at room temperature for a few hours. It is not known, however, whether the inactivation results from temperature alone or from the presence of extraneous material which might contain agents such as oxidizing enzymes. It is known that purified preparations of tobacco ring spot virus protein lose activity on standing at room temperature, but the possibility that the inactivation might be due to oxidation has not been excluded. There are, on the other hand, some viruses such as tobacco mosaic virus, SHOPE papilloma virus, and certain bacteriophages that require temperatures above 65° C. for inactivation. Tobacco mosaic virus is perhaps the most thermostable of all viruses, for the crude infectious juice from mosaic diseased plants requires heating for 5 minutes at 94° C. and the purified virus protein the same period at 75° C. before complete loss of activity results. Most viruses are inactivated on heating for about a half hour at temperatures in the range from 55° to 60° C. Thus, the viruses of dog distemper, vaccinia, foot-and-mouth disease, poliomyelitis, and of the neurotropic strain of horsesickness have been reported to be inactivated on heating for about 30 minutes at 60° C. The viruses of fowl plague, fowl pox, and yellow fever are inactivated at temperatures around 55° C. More important perhaps than variation in the point at which most of the viruses are inactivated is the fact that all of the viruses have the high temperature coefficient of inactivation that is characteristic of the heat denaturation of proteins. It seems reasonable to conclude that the heat inactivation of viruses is due to protein denaturation. This conclusion acquires considerable significance when applied to those viruses that are regarded as being too small to support the degree of organization characteristic of bacteria.

Although some viruses are more resistant to the action of ultraviolet light and X-rays than are certain sporing organisms, all viruses so far examined in purified or semi-purified preparations have been found to be inactivated by the action of these agents. BECKWITH, OLSON, and ROSE found four out of seven strains of coli-phage to be unaffected by X-rays, but it is possible that the purified phage proteins might be affected. Viruses in preparations containing extraneous matter have been found to withstand the action of ultraviolet light much better than when purified. The protective action which the extraneous matter appears to exert was demonstrated quite well in the case of tobacco mosaic virus by PRICE and GOWEN, and by GALLOWAY and NICOLAU in the case of foot-and-mouth disease virus. In most of the work it was found that wave lengths of 2650 Å or less are more efficient than longer wave lengths in causing inactivation. Although some viruses, such as foot-and-mouth disease virus and the neurotropic horsesickness virus, have been found to become inactivated after only 5 minutes' exposure to ultraviolet light, it is not possible to evaluate the relative sensitivity of the different viruses at this time due to the fact that no experiments with purified viruses under comparable conditions have been performed. GATES has made extensive studies on the bactericidal action of ultraviolet light and with OLITSKY found that the reactions of staphylococci and of vesicular stomatitis virus to measured amounts of ultraviolet light of different wave lengths were similar. GATES and RIVERS obtained similar results using vaccine virus and staphylococci. Although these two studies indicate that viruses require about the same energy for inactivation as bacteria, sufficient data are not available to permit the definite conclusion that in general the inactivation energy is the same. It seems likely that ultraviolet light inactivation is of a rather mild type, for STANLEY found tobacco mosaic virus protein to retain many of its characteristic physical, chemical, and serological properties following inactivation with ultraviolet light. The fact that antiserum to tobacco mosaic virus protein inactivated by ultraviolet light was found to have a neutralizing action on virus activity not possessed by normal serum is of significance. The possibility of preparing immunizing antigens for viruses affecting animals by means of ultraviolet light has been reinvestigated by HODES, LAVIN, and WEBSTER. They found that, although a 2 hours' irradiation caused loss of both activity and immunizing potency of rabies virus, it was possible by shorter periods of irradiation to inactivate the virus with retention of considerable immunizing power.

The effect of high pressures on the activity of several viruses has been determined by BASSET, NICOLAU, and MACHEBOEUF. They found rabies virus to survive a pressure of 4000 atmospheres, but to be inactivated by a pressure of 5000 atmospheres. Herpes virus was inactivated at 3000, yellow fever and foot-and-mouth disease viruses at 4000, vaccine virus at 4500, and the virus of BORNA disease at 7000 atmospheres pressure. Bacteria such as *Bacillus prodigiosus* and *Staphylococcus aureus* were found to survive pressures of 3000 to 4000 atmospheres but to be killed by a pressure of 6000 atmospheres. Spores of *Bacillus subtilis* were found to survive a pressure of 17 600 atmospheres. It is of interest that staphylococcus phage was found to be inactivated above about 3000 atmospheres pressure, whereas the organism itself survived pressures up to about 5000 or 6000 atmospheres. BASSET, GRATIA, MACHEBOEUF, and MANIL have reported that purified tobacco mosaic virus protein withstood a pressure of 6000 atmospheres satisfactorily, but that a pressure of 8000 atmospheres caused almost complete loss of the characteristic biological, serological, and chemical properties of the virus protein. In general, the results indicate that viruses are somewhat more susceptible to the effect of pressure than are bacteria, toxins, or enzymes.

Freezing and thawing appear to have but a very slight inactivating action on viruses. Turner has recently shown that the titer of preparations of human influenza virus, yellow fever virus, and spontaneous encephalitis virus of mice was unchanged after the preparations had been maintained at a temperature of —78° C. for six months. SANDERSON in 1925 found the titer of two different bacteriophages to be unchanged following 20 successive freezings and thawings, and regarded the results as indicating that the phage was something other than a viable organism. STOCKMAN and MINETT found foot-and-mouth disease virus to be unaffected by repeated freezing and thawing. Several different investigators have found tobacco mosaic virus to remain active following a great number of freezings and thawings. RIVERS in 1927 reported that such different agents as colon bacilli, virus III, vaccine virus, herpes virus, coli-phage, complement, and trypsin were killed or inactivated by repeated freezing and thawing. These results are not contradictory, for RIVERS used fairly dilute preparations and in some cases repeated the treatment as many as 34 times. Conditions were selected, therefore, so that even a very small amount of inactivation could be detected. However, because of the diverse nature of the materials, RIVERS was able to conclude that mere destruction or inactivation by repeated freezing and thawing may not be used as proof of the living nature of an agent. The results indicate that each freezing and thawing treatment causes a small amount of inactivation, but that the amount becomes detectable only when the treatment is repeated many times or when dilute preparations are used. It may be concluded, therefore, that in general virus preparations may be frozen and thawed with but a slight loss of activity. However, it should be noted that BAWDEN and PIRIE have recently found tomato bushy stunt virus to be inactivated on freezing.

There are well authenticated examples of viruses dried at room temperature in the presence of tissue that have remained active for a great number of years. Tobacco mosaic virus has been recovered by JOHNSON and VALLEAU from diseased leaves that had been kept in the dried condition for 52 years. Vaccine virus, yellow fever virus, poliomyelitis virus, and several other viruses have been reported to retain their activity for varying lengths of time following drying at room temperature. It seems likely, however, that in the instances where viruses have been found to withstand drying at room temperature the retention of activity was due largely to the protective action of the accompanying extraneous material. Drying at room temperature of purified preparations of viruses has been found to result in a large amount of inactivation. It appears preferable, therefore, to dry purified as well as crude virus preparations from the frozen state. Although there are some viruses that are so unstable that they become inactive even when kept frozen, the majority of the viruses may be kept quite well in the frozen state. It seems likely that inactivation of purified virus preparations on standing results largely from chemical reactions such as oxidation and that, in order to preserve the activity, it is necessary to achieve conditions that tend to retard such chemical reactions. In the case of unpurified preparations, additional factors such as the action of enzymes and of bacteria would have to be considered. It may be noted here that solutions of purified tobacco mosaic virus protein appear to resist the action of bacteria unusually well, for such solutions may usually be kept exposed to air at room temperature for weeks without macroscopically visible evidence of bacterial growth. In the cases of other virus proteins, it is necessary to use toluol as a preservative in order to prevent bacterial growth under similar conditions. Low temperatures and reducing agents have been used with the greatest success in the preservation of viruses in both purified and unpurified preparations.

Bibliography for inactivation of viruses by different agents.

1. ALEXANDER, R. A.: Studies on the neurotropic virus of horse-sickness. II. Some physical and chemical properties. Onderstepoort J. vet. Sci. a. Animal Ind. **4**, 323 (1935).
2. ALLARD, H. A.: Effects of various salts, acids, germicides, etc., upon the infectivity of the virus causing the mosaic disease of tobacco. J. agric. Res. **13**, 619 (1918).
3. ANSON, M. L. and A. E. MIRSKY: Reversibility of protein coagulation. J. physic. Chem. **35**, 185 (1931).
4. APPELMANS, R.: Quelques applications de la méthode de dosage du bactériophage. C. r. Soc. Biol. **86**, 508 (1922).
5. ARNOLD, L. and E. WEISS: Bacterial protein-free bacteriophage prepared by tryptic digestion. J. Immunol. (Am.) **12**, 393 (1926).
6. ARTHUR, J. M. and J. M. NEWELL: The killing of plant tissue and the inactivation of tobacco mosaic virus by ultra-violet radiation. Amer. J. Botany **16**, 338 (1929).
7. BAKER, S. L. and P. R. PEACOCK: The susceptibility of the infective agent of the ROUS chicken-sarcoma to the action of ultra-violet rays. Brit. J. exper. Path. **7**, 310 (1926).

8. Baker, S. L. and J. McIntosh: Influence of ferment action upon infectivity of Rous sarcoma. Brit. J. exper. Path. **8**, 257 (1927).
9. Bald, J. G. and G. Samuel: Some factors affecting the inactivation rate of the virus of tomato spotted wilt. Ann. appl. Biol. **21**, 179 (1934).
10. Basset, J., A. Gratia, M. Macheboeuf, and P. Manil: Action of high pressures on plant viruses. Proc. Soc. exper. Biol. a. Med. (Am.) **38**, 248 (1938).
11. Basset, J. et M. A. Macheboeuf: Étude sur les effets biologiques des ultrapressions. Résistance des bactéries, des diastases et des toxines aux pressions très élevées. C. r. Acad. Sci. **195**, 1431 (1932).
12. Basset, J., S. Nicolau et M. A. Macheboeuf: L'action de l'ultrapression sur l'activité pathogène de quelques virus. C. r. Acad. Sci. **200**, 1882 (1935).
13. Bawden, F. C. and N. W. Pirie: *(1)* Experiments on the chemical behaviour of potato virus "X". Brit. J. exper. Path. **17**, 64 (1936).
— *(2)* Crystalline preparations of tomato bushy stunt virus. Brit. J. exper. Path. **19**, 251 (1938).
14. Beard, J. W., H. Finkelstein, and R. W. G. Wyckoff: The p_H stability range of the elementary bodies of vaccinia. Science **86**, 331 (1937).
15. Beckwith, T. D., A. R. Olson, and E. J. Rose: The effect of X-ray upon bacteriophage and upon the bacterial organism. Proc. Soc. exper. Biol. a. Med. (Am.) **27**, 285 (1930).
16. Bergmann, M. and C. Niemann: Newer biological aspects of protein chemistry. Science **86**, 187 (1937).
17. Best, R. J. and G. Samuel: The reaction of the viruses of tomato spotted wilt and tobacco mosaic to the p_H value of media containing them. Ann. appl. Biol. **23**, 509 (1936).
18. Birkeland, J. M.: Photodynamic action of methylene blue on plant viruses. Science **80**, 357 (1934).
19. Blaxall, F. R.: Rep. Med. Off. Loc. Govt. Bd. for 1900/01, S. 664. 1902.
20. Burnet, E.: Contribution à l'étude de l'épithélioma contagieux des oiseaux. Ann. Inst. Pasteur, Par. **20**, 742 (1906).
21. Caldwell, J.: The physiology of virus diseases in plants. IV. The nature of the virus agent of aucuba or yellow mosaic of tomato. Ann. appl. Biol. **20**, 100 (1933).
22. Claude, A. and J. B. Murphy: Transmissible tumors of the fowl. Physiol. Rev. (Am.) **13**, 246 (1933).
23. Clifton, C. E.: Photodynamic action of certain dyes on the inactivation of staphylococcus bacteriophage. Proc. Soc. exper. Biol. a. Med. (Am.) **28**, 745 (1931).
24. Clifton, C. E. and T. G. Lawler: Inactivation of staphylococcus bacteriophage by toluidine blue. Proc. Soc. exper. Biol. a. Med. (Am.) **27**, 1041 (1930).
25. Fränkel, E.: Weitere Versuche zur Verimpfung des Rous-Sarkoms mit zellfreien Tumorzentrifugaten. Z. Krebsforsch. **33**, 451 (1931).
26. Friedberger, E. u. E. Mironescu: Eine neue Methode, Vakzine ohne Zusatz von Desinfizientien unter Erhaltung der Virulenz keimfrei zu machen. II. Mitteilung über die Wirkung der ultravioletten Strahlen. Dtsch. med. Wschr. **40**, 1203 (1914).
27. Galloway, I. A.: *(1)* Detailed report of work at the National Institute for Medical Research, Hampstead. In: 3rd Progr. Rep. Foot-and-Mouth Dis. Res. Committee, S. 104. 1928.
— *(2)* The "fixed" virus of rabies: The antigenic value of the virus inactivated by the photodynamic action of methylene blue and proflavine. Brit. J. exper. Path. **15**, 97 (1934).
28. Gates, F. L.: *(1)* A study of the bactericidal action of ultra violet light. I. The reaction to monochromatic radiations. J. gen. Physiol. (Am.) **13**, 231 (1929).
— *(2)* Results of irradiating Staphylococcus aureus bacteriophage with monochromatic ultraviolet light. J. exper. Med. (Am.) **60**, 179 (1934).
29. Gildemeister, E.: Weitere Untersuchungen über das d'Herellesche Phänomen. Zbl. Bakter. usw., Abt. I, Orig. **89**, 181 (1922).

30. GORDON, M. H.: Studies of the viruses of vaccinia and variola. Sp. Rep. Ser. Med. Res. Counc., Lond., Nr. 98 (1925).
31. HIRANO, N.: On the attitudes of vaccinia virus against some ferments. Kitasato Arch. exper. Med. (e.) **8**, 394 (1931).
32. HODES, H. L., G. I. LAVIN, and L. T. WEBSTER: Antirabic immunization with culture virus rendered avirulent by ultra-violet light. Science **86**, 447 (1937).
33. HOLLAENDER, A. and B. M. DUGGAR: Irradiation of plant viruses and of microorganisms with monochromatic light. II. Resistance of the virus of typical tobacco mosaic and *Escherichia coli* to radiation from λ 3000 to λ 2250 Å. Proc. nat. Acad. Sci. **22**, 19 (1936).
34. ILLINGWORTH, C. F. W. and G. L. ALEXANDER: The effect of ultra-violet rays on the ROUS chicken sarcoma. J. Path. a. Bacter. **30**, 365 (1927).
35. JOHNSON, E. M. and W. D. VALLEAU: Mosaic from tobacco one to fifty-two years old. Kentucky agric. exper. Sta. Bull. **361**, 264 (1935).
36. JOUAN, C. et A. STAUB: Étude sur la peste aviaire. Ann. Inst. Pasteur, Par. **34**, 343 (1920).
37. KRUEGER, A. P.: The nature of bacteriophage and its mode of action. Physiol. Rev. (Am.) **16**, 129 (1936).
38. KRUEGER, A. P. and D. M. BALDWIN: The reversible inactivation of bacteriophage by bichloride of mercury. J. gen. Physiol. (Am.) **17**, 499 (1934).
39. LAIDLAW, P. P. and G. W. DUNKIN: Studies in dog-distemper. III. The nature of the virus. J. comp. Path. a. Ther. **39**, 222 (1926).
40. LANDSTEINER, K. et C. LEVADITI: Étude expérimentale de la poliomyélite aiguë (maladie de HEINE-MEDIN). Ann. Inst. Pasteur, Par. **24**, 833 (1910).
41. LEINER, C. u. R. VON WIESNER: Experimentelle Untersuchungen über Poliomyelitis acuta anterior. Wien. klin. Wschr. **22**, 1698 (1909).
42. LEVADITI, C. et S. NICOLAU in C. LEVADITI et P. LÉPINE: Les ultravirus des maladies humaines, S. 42. Paris: Librairie Maloine 1937.
43. LOJKIN, M. and C. G. VINSON: Effect of enzymes upon the infectivity of the virus of tobacco mosaic. Contr. Boyce Thomp. Inst. **3**, 147 (1931).
44. MACHEBOEUF, M. A. et J. BASSET: Recherches biochimiques et biologiques effectuées grâce aux ultra-pressions. Bull. Soc. Chim. biol. **18**, 1181 (1936).
45. MAITLAND, H. B., Y. M. BURBURY, T. HARE, and M. C. MAITLAND: Investigations on foot-and-mouth disease by means of experiments with small animals during 1926/27. J. comp. Path. a. Ther. **41**, 123 (1928).
46. MATSUMOTO, T. and K. SOMAZAWA: (*1*) Immunological studies of mosaic diseases. 1. Effect of formolization, trypsinization and heat-inactivation on the antigenic properties of tobacco mosaic juice. Part I. J. Soc. trop. Agric. **2**, 223 (1930).
— (*2*) Immunological studies of mosaic diseases. 1. Effect of formolization, trypsinization and heat-inactivation on the antigenic properties of tobacco mosaic juice. Part II. J. Soc. trop. Agric. **3**, 24 (1931).
— (*3*) Immunological studies of mosaic diseases. IV. Effects of acetone, lead subacetate, barium hydroxide, aluminium hydroxide, trypsin, and soils on the antigenic property of tobacco mosaic juice. J. Soc. trop. Agric. **6**, 671 (1934).
47. MCKINLEY, E. B., R. FISHER, and M. HOLDEN: Action of ultra violet light upon bacteriophage and filterable viruses. Proc. Soc. exper. Biol. a. Med. (Am.) **23**, 408 (1926).
48. MERRILL, M. H.: Effect of purified enzymes on viruses and gram-negative bacteria. J. exper. Med. (Am.) **64**, 19 (1936).
49. OLITSKY, P. K. and. F. L. GATES: The reaction of vesicular stomatitis virus to ultra violet light. Proc. Soc. exper. Biol. a. Med. (Am.) **24**, 431 (1927).
50. PARKER, R. F. and T. M. RIVERS: Immunological and chemical investigations of vaccine virus. III. Response of rabbits to inactive elementary bodies of vaccinia and to virus-free extracts of vaccine virus. J. exper. Med. (Am.) **63**, 69 (1936).

51. PERDRAU, J. R.: Inactivation and reactivation of the virus of herpes. Proc. roy. Soc., Lond., Ser. B: Biol. Sci. **109**, 304 (1931).

52. PERDRAU, J. R. and C. TODD: (*1*) The photodynamic action of methylene blue on certain viruses. Proc. roy. Soc., Lond., Ser. B: Biol. Sci. **112**, 288 (1933).
— (*2*) Canine distemper. The high antigenic value of the virus after photodynamic inactivation by methylene blue. J. comp. Path. a. Ther. **46**, 78 (1933).

53. PIRIE, A.: (*1*) The effect of enzymes on the pathogenicity of the ROUS and FUJINAMI tumour viruses. Biochem. J. (Brit.) **27**, 1894 (1933).
— (*2*) The effect of extracts of pancreas on different viruses. Brit. J. exper. Path. **16**, 497 (1935).

54. PRICE, W. C. and J. W. GOWEN: Quantitative studies of tobacco-mosaic virus inactivation by ultra-violet light. Phytopathology **27**, 267 (1937).

55. RIVERS, T. M.: Effect of repeated freezing (— 185° C.) and thawing on colon bacilli, virus III, vaccine virus, herpes virus, bacteriophage, complement, and trypsin. J. exper. Med. (Am.) **45**, 11 (1927).

56. RIVERS, T. M. and F. L. GATES: Ultra-violet light and vaccine virus. II. The effect of monochromatic ultra-violet light upon vaccine virus. J. exper. Med. (Am.) **47**, 45 (1928).

57. ROSS, A. F. and W. M. STANLEY: (*1*) Partial reactivation of formolized tobacco mosaic virus protein. Proc. Soc. exper. Biol. a. Med. (Am.) **38**, 260 (1938).
— (*2*) The partial reactivation of formolized tobacco mosaic virus protein. J. gen. Physiol. (Am.) **22**, 165 (1938).

58. ROSS, A. F. and C. G. VINSON: Mosaic disease of tobacco. Missouri agric. exper. Sta. Res. Bull. **258** (1937).

59. RUSS, S. and G. M. SCOTT: The effect of X-rays upon ROUS chicken tumour. Lancet **1926 II**, 374.

60. SANDERSON, E. S.: Effect of freezing and thawing on the bacteriophage. Science **62**, 377 (1925).

61. SCHULTZ, E. W. and L. P. GEBHARDT: Nature of formalin inactivation of bacteriophage. Proc. Soc. exper. Biol. a. Med. (Am.) **32**, 1111 (1935).

62. SCHULTZ, E. W. and E. A. GREEN: An endeavor to adapt a trypsin susceptible bacteriophage to the action of trypsin. Proc. Soc. exper. Biol. a. Med. (Am.) **26**, 97 (1928).

63. SCHULTZ, E. W. and A. P. KRUEGER: Inactivation of staphylococcus bacteriophage by methylene blue. Proc. Soc. exper. Biol. a. Med. (Am.) **26**, 100 (1928).

64. STANLEY, W. M.: (*1*) Chemical studies on the virus of tobacco mosaic. I. Some effects of trypsin. Phytopathology **24**, 1055 (1934).
— (*2*) Chemical studies on the virus of tobacco mosaic. II. The proteolytic action of pepsin. Phytopathology **24**, 1269 (1934).
— (*3*) Chemical studies on the virus of tobacco mosaic. IV. Some effects of different chemical agents on infectivity. Phytopathology **25**, 899 (1935).
— (*4*) The inactivation of crystalline tobacco-mosaic virus protein. Science **83**, 626 (1936).

65. STOCKMAN, S. and F. C. MINETT: Researches on the virus of foot-and-mouth disease. J. comp. Path. a. Ther. **39**, 1 (1926).

66. STURM, E., F. L. GATES, and J. B. MURPHY: Properties of the causative agent of a chicken tumor. II. The inactivation of the tumor-producing agent by monochromatic ultra-violet light. J. exper. Med. (Am.) **55**, 441 (1932).

67. TURNER, T. B.: The preservation of virulent Treponema pallidum and Treponema pertenue in the frozen state; with a note on the preservation of filtrable viruses. J. exper. Med. (Am.) **67**, 61 (1938).

68. VINSON, C. G. and A. W. PETRE: Mosaic disease of tobacco. Bot. Gaz. **87**, 14 (1929).

69. WENT, J. C.: The influence of various chemicals on the inactivation of tobacco virus 1. Phytopath. Z. **10**, 480 (1937).

70. WOLLMAN, E.: Recherches sur la bactériophagie (phénomène de TWORT-D'HÉRELLE). Ann. Inst. Pasteur, Par. **39**, 789 (1925).
71. WYCKOFF, R. W. G. and J. W. BEARD: pH stability of SHOPE papilloma virus and of purified papilloma virus protein. Proc. Soc. exper. Biol. a. Med. (Am.) **36**, 562 (1937).
72. ZINSSER, H. and C. V. SEASTONE: Further studies on herpes virus: the influence of oxidation and reduction on the virulence of herpes filtrates. J. Immunol. (Am.) **18**, 1 (1930).
73. ZOELLER, C.: Action des rayons ultra-violets sur une souche de bactériophage. C. r. Soc. Biol. **89**, 860 (1923).

II. Concentration and purification of viruses.

Introduction.

Concentration and purification is a rather new development in the study of viruses, most of this work having been done within the past seven years. Previously, because of the absence of adequate methods, investigators were forced to work with crude suspensions of virus containing pigment and other extraneous material. Eventually, however, it became obvious that if the nature of viruses was to be known it would be necessary to concentrate and purify them. Furthermore, much important experimentation was dependent upon their isolation in pure form. The earlier work on the effect of various chemicals on viruses, detailed in the preceding section, served as a foundation, and by 1931 several well organized efforts to concentrate and purify different viruses by chemical, centrifugal, and filtration methods were either under way or about to be started. Several investigators were working with tobacco mosaic virus and, although this virus had been separated from much extraneous matter by chemical means during the five years immediately preceding 1931, it had been neither concentrated nor obtained in pure form. During this period there was a growing suspicion that the elementary bodies of vaccinia, fowl pox, and psittacosis were in fact the viruses themselves. This suspicion appeared to be substantiated when GOODPASTURE and his associates in 1930 separated out individual inclusions of fowl pox and demonstrated that a single inclusion could be broken up to yield several infective units and that it contained as many as 20000 elementary bodies.

One of the first reports on the actual concentration of a virus by centrifugation appears to be that of MACCALLUM and OPPENHEIMER, who in 1922 showed that vaccine virus could be purified and concentrated by differential centrifugation. BLAND in 1928 also demonstrated that vaccinia could be concentrated by centrifugation, and in 1930 BEDSON and WESTERN showed that centrifugation of a suspension of the elementary bodies of psittacosis resulted in the concentration of the virus activity in the sediment at the bottom of the tube and the production of a supernatant liquid which was practically free of virus. Similar results were reported in 1931 by LEDINGHAM, who worked with the elementary bodies of vaccinia and of fowl pox, and by BECHHOLD and SCHLESINGER, who studied a bacteriophage. In 1932 MURPHY, CLAUDE and associates reported the first of their experiments on the isolation by chemical means of the causative agent of a chicken tumor and SCHLESINGER announced the concentration of a bacteriophage by centrifugation. The same year CRAIGIE showed that the elementary bodies of vaccinia could be purified and concentrated by repeated centrifugation and resuspension without loss of virus activity. CRAIGIE's experiments were confirmed and extended in 1935 by RIVERS and associates, who prepared large amounts of purified elementary bodies, analyzed them chemically, demonstrated a correlation between number of bodies and virus activity, and found no measurable metabolism even with concentrated suspensions of bodies. Although it now appears likely that the relatively large elementary bodies of vaccinia, fowl pox, and psittacosis, and the coli-bacteriophage particles having a diameter of about 90 mμ obtained in **1933** by SCHLESINGER really represent the respective viruses in quite pure form, the importance of the work was not recognized and it had but little influence on the trend of investigations on the concentration and purification of other viruses. This was probably due, firstly, to the fact that the elementary bodies were as large as certain bacteria and hence were regarded as small living organisms; and, secondly, to the fact that they had been obtained in such small amounts that extensive investigation of their properties was impossible.

In the years since **1931** chemical work on the concentration and purification of viruses progressed rapidly. VINSON, who had first reported on his chemical studies on tobacco mosaic virus in 1927, continued his investigations. CLAUDE worked on the tumor agent, BAWDEN and PIRIE on the plant viruses, JANSSEN, PYL, and others on foot-and-mouth disease virus, NORTHROP on bacteriophage, and BEST, STANLEY, and others on tobacco mosaic and other viruses. The first of these researches to come to fruition was that of STANLEY, who in **1935** announced the isolation of an unusual high molecular weight crystallizable protein possessing the properties of tobacco mosaic virus. This protein was found to be relatively stable and to exist in such high concentration in mosaic-diseased Turkish tobacco plants that it was possible to isolate over a kilogram of it. Because of the large amounts of this virus protein which were available, it was possible to subject it to extensive physical, chemical, and biological studies. To date these studies have not only failed to demonstrate that the virus activity can be separated from the protein, but actually indicate that the virus activity is a specific property of the protein, and hence that this nucleoprotein is tobacco mosaic virus. Since these studies also demonstrated that the tobacco mosaic virus protein has the ordinary properties of molecules, the exact nature of this unusual protein became of paramount importance. It was found that, because of its high molecular weight, tobacco mosaic virus protein could be obtained readily by centrifugation of the extracts from mosaic-diseased plants. With the development of centrifuges capable of holding a hundred or more c. cm. at a time and exerting a force many thousand times that of gravity, it became possible to concentrate, purify, and in some instances to isolate in pure form several viruses. Thus, STANLEY and WYCKOFF have by this method isolated in pure form tobacco mosaic, tobacco ring spot, and latent mosaic of potato virus proteins, and have demonstrated the existence of heavy proteins in extracts from plants diseased with severe etch and cucumber mosaic viruses. BEARD and WYCKOFF, using the same method, have isolated from extracts of rabbit papillomas a heavy protein with which is associated the activity of the SHOPE papilloma virus, and WYCKOFF has demonstrated the existence of a heavy material in extracts containing equine encephalitis virus. GRATIA and MANIL, using a HENRIOT and HUGUENARD type of centrifuge, have also isolated tobacco mosaic virus protein and have concentrated tobacco necrosis virus. The centrifugation technique, which except for the higher speeds now used is essentially the same as that developed during the studies on elementary bodies, has also been used by BAUER and PICKELS, ELFORD, GRATIA, MCINTOSH, and others for the concentration of different viruses and phages. The usefulness and effectiveness of the centrifugal technique in the concentration, purification, and isolation of the smaller viruses has been well demonstrated at the Princeton laboratories of The Rockefeller Institute, and at present it seems likely that this method will be used to supplement or, in the cases of unstable viruses or viruses existing in low concentration, to supersede entirely the purely chemical methods that have been developed.

The elementary bodies of vaccinia and of other viruses.

The elementary bodies of fowl pox were discovered by Borrel in 1904 and those of vaccinia by Paschen in 1906; yet the etiological significance of elementary bodies remained a matter of much conjecture for over 20 years. Some workers held that the elementary bodies and the larger inclusion bodies were merely inactive by-products of diseased cells, whereas other workers considered them to consist essentially of the virus agent. Considerable significance was attached, therefore, to the work of Goodpasture and associates, who in 1929 isolated a single inclusion body of fowl pox and demonstrated that it was infective whereas the liquid in which it was suspended was inactive. The following year they demonstrated not only that a single inclusion contained up to about 20000 Borrel bodies, but that following the breaking up into the Borrel or elementary bodies several infective doses could be obtained from a single inclusion body. Goodpasture concluded that the elementary bodies were the virus particles. There had been a growing realization amongst investigators that the different elementary bodies were probably the virus agents or were at least of etiological significance, hence Goodpasture's conclusion fell upon fertile soil. It was obvious that, if these relatively large bodies, ranging in diameter between about 100 and 300 millimicrons, were the virus agents, it should be possible to sediment them by means of an ordinary laboratory centrifuge. As a matter of fact, MacCallum and Oppenheimer had, six years previously, showed that the elementary bodies of vaccinia could be purified and concentrated by means of differential centrifugation. Similar results were obtained by Bland in 1928. This was followed by the work of Bedson and Western, who demonstrated in 1930 that the elementary bodies of psittacosis could be sedimented by centrifugation to give a supernatant liquid practically free of bodies and possessing practically no virus activity. The virus activity was found concentrated in the sediment of elementary bodies at the bottom of the centrifuge tube. The following year Ledingham reported the concentration and purification of the elementary bodies of vaccinia and of fowl pox by centrifugation. He demonstrated that the bodies could be purified by resuspension and centrifugation one or more times to eliminate low molecular weight material and grosser debris. He noted that solution of the sedimented bodies gave an opalescent fluid and, as a result of agglutination tests with the purified bodies, concluded that they represented the actual infecting agents. The same year Bechhold and Schlesinger showed that vaccinia and fowl pox elementary bodies could be sedimented by centrifugation. These workers were not interested in purification or concentration but in determining the size of the bodies from the rates at which they sedimented.

In 1932 Craigie described in detail a procedure involving repeated fractional centrifugation by means of which he obtained suspensions of very pure vaccinia elementary bodies. He demonstrated by means of agglutination and activity tests that following centrifugation the virus was concentrated in the sediment of elementary bodies at the bottom of the tube and that the supernatant was relatively free of virus. He found the activity of a 3-times-centrifuged suspension of bodies to be the same as that of the extract from which they were obtained. Craigie noted that the suspensions of purified elementary bodies were very opalescent and in appearance resembled concentrated flagellar suspensions rather than bacterial suspensions. PARKER and RIVERS confirmed and extended CRAIGIE's observations and described in still greater detail a method for purifying the elementary bodies of vaccinia. SMADEL and WALL used the method described by RIVERS and found that the bodies could be still further purified by subjecting the suspension to tryptic digestion. The digestion apparently did not injure the intact elementary bodies and served to remove extraneous protein. It is important that large amounts of elementary bodies be prepared and subjected to thorough physical and chemical studies. It appears likely that of the various elementary bodies those of vaccinia may be most easily isolated in quantity and because of this the most recent description of their preparation, which is that of PARKER and RIVERS, is included below:

"Large healthy rabbits with skin free from pigmentation and from excessively coarse hair are selected. The hair is removed from the backs and flanks of the animals by means of a clipping machine and then the skin is carefully shaved and washed. It is scarified and inoculated with the seed virus by means of a small pad of 100 mesh wire gauze held in a surgical clamp; the inoculum is applied to the skin drop by drop during the process of scarification. In this manner an even distribution of virus is procured. Care must be taken to avoid too vigorous scarification of the skin, inasmuch as the exudation of an excessive amount of fluid or blood leads to the formation of crusts over the vaccinal lesions which interfere with the successful preparation of the elementary bodies. Properly prepared and seeded skin will present immediately after inoculation nothing more than a diffuse redness.

"On the 3rd day after inoculation, the skin, now considerably thicker than normal, is covered with a confluent vaccinal eruption in which the appearance of vesicles or pustules is rare. At this time the virus is harvested, because it has been found by experience that a 3 day eruption yields a suspension from which the largest amount of relatively pure elementary bodies can be obtained.

"In order to harvest the virus, an infected rabbit is sacrificed by the intravenous injection of air. Immediately after the death of the animal its skin is quickly removed and pinned to a level flat board. Ether is poured over the skin 2 or 3 times, the excess being removed each time with a cotton pledget. Then 10 c. cm. of a buffer solution (0,004 M citric acid-disodium phosphate, p_H 7,0–7,2) are placed on the skin and spread over the entire infected surface. While the skin is covered with the buffer solution its surface is quickly scraped with a scalpel. The turbid suspension produced in this manner is taken up by means of a spoon and placed in a test tube. The skin is covered with another 10 c. cm. of buffer solution and scraped a second time. The material secured is mixed with that obtained as a result of the first scraping. The mixture after being shaken vigorously by hand is centrifuged (horizontal centrifuge) for 5 minutes at 3000 R. P. M. The supernatant fluid is decanted and saved. The sediment is then thoroughly mixed with 10 c. cm. of buffer solution by vigorous shaking and centrifuged again. The supernatant fluid from the second centrifugation is decanted and mixed with the first supernatant material. The sediment is discarded. The pooled supernatant fluids are then centrifuged (horizontal centrifuge) for 5 minutes at 3000 R. P. M. The supernatant fluid is decanted and saved. The sediment is discarded. It is essential that the time which elapses between the death of the rabbit and centrifugation be as brief as possible.

"The opalescent fluid obtained in the manner described above is then centrifuged for 1 hour at 4500 R. P. M. in a Bolaget angle centrifuge. Flat tubes, having a length of 11 cm. and internal diameters of 3 and 14 mm. are used. The clear supernatant fluid is decanted and saved, inasmuch as it contains a soluble substance that produces a precipitate when mixed with antivaccinal serum. The sediment is resuspended in buffer solution and centrifuged again. This procedure is repeated 3 times, the supernatant fluid being discarded each time and the sediment resuspended in buffer solution. The sediment from the final centrifugation is taken up in a volume of buffer solution approximately equal to that originally used (20 c. cm.) and centrifuged in a horizontal centrifuge for 1 hour at 3000 R. P. M. in order to remove bacteria and cellular debris.

The supernatant fluid containing the elementary bodies is removed by means of a pipette and stored at + 4° C.

"The elementary bodies secured in the manner described represent a stable suspension in a buffer solution. Smears prepared from such a suspension and stained according to MOROSOW's method contain large numbers of elementary bodies and few or no other formed particles (fig. 1). ...Furthermore, bacterial counts made by means of poured plate cultures reveal only 200–300 bacteria per c. cm. Intradermal inoculation of 0,25 c. cm. of 10^{-7} or 10^{-8} dilutions of the suspensions induces a typical vaccinal lesion."

The only alteration that might be suggested in view of the recent work of SMADEL and WALL would be the inclusion of tryptic digestion just before the final centrifugation. It is possible by the method outlined above to obtain about 2 mg. of quite pure elementary bodies from one rabbit. It is obvious that, in order to secure a sufficient quantity of bodies for physical and chemical investigation, it is necessary only to use a sufficient number of rabbits or to use sufficiently large animals.

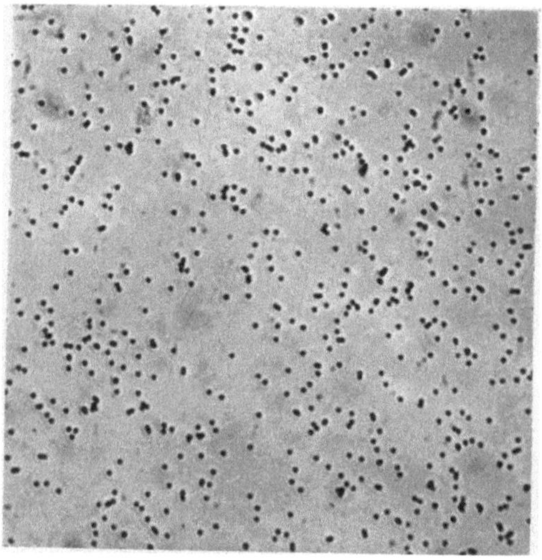

Fig. 1. Washed elementary bodies of vaccinia. MOROSOW's stain. × 1000. From PARKER and RIVERS (1935).

Another method that has been used to a certain extent in the purification of vaccinia and other viruses is that described by BARNARD and ELFORD in 1931. This method consists in filtering the virus solution through a collodion membrane having a pore size such that the virus is retained and extraneous pigment and protein are allowed to pass. The virus on the filter is then repeatedly washed by suspending it in the wash fluid and again filtering until the filtrate is free of color and protein. It is obvious that particles larger than the virus may also be removed by appropriate fitration. This method of fractional filtration has been found satisfactory for the preparation of small amounts of different purified viruses.

ELFORD and MCINTOSH and SELBIE have recently described centrifugal techniques designed to determine the size of various viruses, and since both methods are dependent upon a change in virus concentration they will be considered here. The change in virus concentration shown by activity determinations was used as a measure of the rate of sedimentation of the virus. ELFORD used an inverted capillary tube dipping into the main bulk of virus solution contained in a bucket spun in an "Ecco" type centrifuge in order to secure the advantages of a narrow cell and to permit more accurate sampling. MCINTOSH and SELBIE centrifuged virus preparations held in small test tubes in a modified HENRIOT and HUGUENARD centrifuge and removed samples from the supernatant liquid following different periods of centrifugation. Although these workers made no attempt to purify viruses by sedimentation, they were able to demonstrate the concentration of the viruses of vaccina, ROUS sarcoma, and influenza, and several different bacteriophages by centrifugation. It should be noted that determinations of the rates of sedimentation are dependent upon measurements of virus activity which are notoriously variable. It seems preferable, therefore, that whenever possible the centrifuge should be used not only to concentrate but to purify viruses and in such amounts that it may be possible to confirm the rates of sedimentation by means of direct observation with the elegant ultracentrifugal method developed by SVEDBERG. It is evident, therefore, that methods have already been evolved which are quite satisfactory for the concentration and purification of the larger "elementary body" type of viruses and that it remains only to prepare such viruses in sufficient quantity in order to study their properties and general nature.

The fowl tumor viruses.

Chemical methods.

ROUS in 1911 first demonstrated that a chicken tumor could be transmitted by means of cell-free filtrates. Since that time a large number of chicken tumors, each yielding a filterable agent capable of transmitting all of the essential individual characteristics, have been discovered and described. Although MURPHY, in order to emphasize the changes in cells which the tumor agents cause, prefers to refer to them as "transmissible mutagens", most workers regard them as viruses, and it is for this reason that a discussion of the concentration and purification of the chicken tumor agents is included. The earlier work of a chemical nature on the chicken tumor agents appears to have been influenced strongly by work on enzymes, for it consisted almost exclusively of studies on adsorption and elution of the active agent with various types of material. The adsorption of the active agent of chicken tumor 1 was first reported by LEWIS and ANDERVONT in 1927. The same year SUGIURA and BENEDICT reported that the tumor virus could be precipitated from solution by means of ammonium sulphate and that the activity followed the globulin rather than the albumin fraction. In 1928 MILONE and FRÄNKEL, MISLOWITZER, and SIMKE showed that the virus could be adsorbed on kaolin and later eluted. The following year FRÄNKEL and MISLOWITZER also obtained active eluates of adsorbates on alumina with phosphate buffers. MASCHMANN and ALBRECHT in 1931 found that the active agent could be adsorbed on aluminia (WILLSTATTER Type C) and on ferric hydroxide at p_H 6 and eluted with phosphate buffers or dilute ammonia. LEWIS and MENDELSOHN used kaolin or charcoal to adsorb protein from tumor extracts and were thus able to secure active preparations containing no demonstrable protein. They were careful to point out, however, that a small amount of protein could be present despite the negative chemical tests. Later LEWIS purified tumor extracts by mixing them with charcoal or aluminum hydroxide and filtering. The filtrates were found to possess potent tumor-producing power although containing no demonstrable protein. The same year PIRIE reported that it was difficult or impossible to elute the active agent from precipitates formed with aluminum hydroxide of a concentration of 0,6 per cent or greater and that precipitation with 0,15 per cent alumina at p_H 7 or 9 and elution at p_H 9,2 gave the best results. However, these workers did not concentrate the activity and achieved only a moderate purification of the tumor agent.

The first of a series of papers by MURPHY, CLAUDE, and associates on the properties of the agent of chicken tumor 1 was published in 1932. These workers subjected BERKEFELD filtrates of tumor extracts to electrodialysis and found that after a short period a precipitate occurred which carried all of the activity. However, as the dialysis proceeded, the fluid became more acid and the precipitation took place only when the hydrogen ion concentration reached about p_H 4,6. FRÄNKEL had previously reported precipitation by bubbling carbon dioxide through tumor extracts. These results suggested that the acidity of the solution was responsible for the precipitation, hence attempts were made to precipitate the activity by means of different acids and acid buffers. It was found that the activity could be completely precipitated by such treatment and that the precipitate could be dissolved and reprecipitated repeatedly without much loss of activity. Inactivation was found to occur at p_H 4 or more acid reactions. However, from 60 to 90 per cent of the nitrogen in the original filtrate was precipitated with the activity, hence but little purification was achieved. Murphy and coworkers then decided to reexamine the properties of various adsorbents with a view to purifying the agent by adsorption and elution. They used aluminum hydroxide (Willstatter Type C) and found that the active agent could be separated from the major part of the tumor proteins and pigment. They reported that most of the protein was precipitated and that the virus was not carried down with this precipitate, as might have been anticipated from previous work, but that most of the active agent remained in the supernatant fluid, which was found to contain only about 10 per cent of the nitrogen originally present. The supernatant fluid failed to give chemical tests for protein but gave positive tests for carbohydrate. Murphy and associates found the tumor-producing activity of the supernatant fluid to be greater than that of the original extract and concluded that this was due to the removal of an inhibitor on the aluminum hydroxide precipitate. Later they found it possible to elute the inhibitor from this precipitate by means of basic sodium phosphate. Sittenfield, Johnson, and Jobling also reported the presence of this inhibitor the same year and found that the tumor virus could be separated from it by repeated precipitations at p_H 4 and elution at p_H 8. The inhibitor was found in the supernatant liquid of the first precipitate obtained at p_H 4 and the active agent in the precipitate.

Murphy, Claude, and associates continued to work with the supernatant fluid from the aluminum hydroxide precipitate which they considered to contain the major portion of the virus and found that the carbohydrate, which they thought to be mucoitin or chondroitin-sulphuric acid, could be removed by precipitation in combination with gelatin to give a colorless water-clear liquid. Although they considered this liquid to contain most of the tumor-producing activity, and stated that in a few experiments its activity was equal to that of the control and that the gelatin precipitate was inactive, their data indicate that the gelatin precipitate usually contained considerable activity. As a matter of fact, the results obtained not only with the gelatin precipitation but also in the case of the precipitation with aluminum hydroxide appear to be quite variable and to be dependent largely upon the technique and conditions at the time the experiment was performed. For example, although Murphy and associates considered the tumor-producing activity to reside in the supernatant liquid following precipitation with aluminum hydroxide, Nakahara and Nakajima considered it to be completely adsorbed and precipitated, and as late as 1935 Fränkel and Mawson reported that, although the activity could be precipitated with aluminum hydroxide at p_H 6 and eluted at p_H 8,4, much of the activity remained in the supernatant fluid of the first aluminum hydroxide precipitate at p_H 6. It is being recognized, especially because of recent work on enzymes, that adsorption methods used in the purification and concentration of active agents are fraught with difficulties and are at best usually none too specific in their action. In the case of the tumor viruses, the chief value of the chemical investigations which have involved largely such adsorption methods resides not in the elucidation of a practical method for the purification and concentration of the active tumor agent but rather in the fact that such work has enabled a decision as to the nature of the tumor virus. Thus, CLAUDE in 1935 was able to conclude that it was possible to eliminate 95 per cent of the total solids of the tumor extract as inactive constituents and that the principal components of the remaining 5 per cent of active residue consisted of a protein and a phospholipoid.

JOBLING and SPROUL, possibly influenced by CLAUDE's results, began a study of the lipoid fraction in tumor extracts. In the first method that they described, fresh macerated tumor tissue was extracted with acetone. This extract was clarified by centrifugation and filtration and then concentrated *in vacuo* under nitrogen until only a watery residue remained. A second extract of the tumor tissue was prepared and processed in a similar manner. Injection of the first acetone fraction or a combination of the first and second acetone fractions was followed by the production of typical tumors. In later experiments the tumor tissue was frozen and dehydrated and the dried tumor extracted with benzene or carbon tetrachloride. The lipoidal material obtained after removal of the solvent failed to produce tumors when inoculated by itself, but if prior to inoculation it was mixed with an extract of chicken inflammatory cells it then produced typical tumors. JOBLING and SPROUL concluded that the agent of the ROUS virus was lipoidal in nature and later that it differed from vaccinia and tobacco mosaic viruses which, when subjected to similar treatment with lipoid solvents, they found to yield inactive extracts. The question of the lipoid nature of the tumor virus was subsequently reinvestigated by POLLARD and AMIES because, as they pointed out, if the agent were a lipoid it would not be expected to sediment on centrifugation in an aqueous phase, as several different workers had found the active agent to do. POLLARD and AMIES considered it possible that, unless special precautions were taken, the tumor agent might pass out of the extraction thimble in the SOXHLET apparatus and thus be introduced as a contaminant of the lipoidal material. They examined this possibility experimentally by dividing the extract into two portions, one of which was either filtered or centrifuged to remove any particulate matter that might be present, and the other was left untreated as a control. They found the fraction that had been filtered or centrifuged failed to produce tumors, whereas the unfiltered fraction did produce tumors. They showed, furthermore, that when the unfiltered fraction was extracted with saline the aqueous layer produced tumors, whereas the lipoid recovered from the benzene layer was inactive. They concluded that the tumors produced by the lipoid material extracted from the dried tumor tissue was due to contamination of the lipoid with traces of tumor desiccate, and that the lipoid freed of particulate matter had no tumor-producing capacity. FRÄNKEL and MAWSON have also reported that they were unable to obtain an active agent by means of extraction with acetone and carbon tetrachloride. In view of this work and the results of centrifugation, it is impossible to conclude that the agent of the ROUS virus is lipoidal in nature.

Physical Methods.

During this period a transition in the attack on the nature of the tumor viruses occurred and the emphasis was shifted from chemical methods to physical methods. In 1935 ELFORD and ANDREWES concluded from filtration studies that the ROUS sarcoma virus might be as small as 75 mμ, YAOI and NAKAHARA estimated the size to be 70–105 mμ, LEDINGHAM and GYE showed that the virus could be separated by high-speed centrifugation, and MCINTOSH demonstrated that the agents of several transmissible chicken tumors could be concentrated by means of the air-driven centrifuge of HENRIOT and HUGUENARD. PENTIMALLI showed in 1936 by means of diffusion experiments the presence of a phosphorus-containing protein having an ultraviolet light absorption maximum at about 2800 Å. He found extracts of tumor tissue to contain as much as 0,007 mg. of this protein per c. cm. and regarded the protein material as the active agent or its carrier. The same year ELFORD and ANDREWES, although primarily interested in the estimation of size, also demonstrated that the ROUS sarcoma virus could be concentrated by centrifugation. These workers used stock filtrates of 2,5 per cent emulsions of tumor tissue and also virus that had been washed on suitable membranes, usually of porosity 65 mμ, according to the technique that they had previously used for washing other viruses. They found that 90 minutes' centrifugation in an ECCO bucket type centrifuge at 11000 R.P.M. served to reduce the virus concentration in the supernatant liquid of such preparations to one-tenth that of the original. In 1937 MCINTOSH and SELBIE, also interested in the measurement of size, demonstrated that the ROUS sarcoma virus could be sedimented by centrifugation. The work which has been discussed thus far amply demonstrated that the fowl tumor viruses could be concentrated readily by centrifugation under the proper conditions. Yet in none of this work was an attempt made to purify and isolate such viruses by centrifugation.

In 1937, however, CLAUDE made a study of the conditions of sedimentation of the ROUS virus with a view to purifying it by centrifugation. He abandoned the various chemically purified fractions with which he had worked previously and used a BERKEFELD filtrate of a distilled water extract of fresh or frozen tumor tissue as starting material. An amount of water equivalent to 15 times the weight of the tumor tissue was used and after filtration the extract contained about 2,1 mg. of total solids. An ordinary laboratory centrifuge equipped with a multispeed attachment capable of a speed of about 17000 R.P.M. and generating an average force of about 14000 times gravity was used. CLAUDE found that following 3 hours' centrifugation at a force of 14000 g. the virus activity was concentrated in the sediment consisting of a thin white film at the bottom of the tube. A solution of this sediment in TYRODE's solution after 5 minutes' low-speed centrifugation was opalescent, and gave a TYNDALL cone. On recentrifugation at high speed the material could be again sedimented. In each case the supernatant fluid was clear, did not give a TYNDALL cone, and contained but little virus activity. A solution of the sediment obtained after two high-speed centrifugations made up to a volume equivalent to that of the original extract was found to contain but 0,0008 mg. of total solids per c. cm. and a tumor-producing activity greater than that of the starting material. Since about 10 per cent of the virus activity remained in the supernatant liquid following each centrifugation, the apparent gain in activity was probably due to the removal of an inhibiting factor. However, it seems likely that most of the virus activity was retained in the first sediment, and, since only one part per 2800 parts of the solids in the original BERKEFELD filtrate used as starting material remained in the final solution, it is obvious that the virus was concentrated about 2800 times. However, FRÄNKEL and MAWSON reported in 1937 that the concentration of the ROUS sarcoma virus is not invariably obtained in the sediment following centrifugation for 2 hours at 15000 R.P.M. They also consider that there is no relation between the tumor-producing activity of a preparation and the number of visible elementary bodies that it contains.

The amount of purification and concentration secured by CLAUDE with two centrifugations at high speed was vastly superior to that obtained by chemical means. Unfortunately, insufficient material was isolated to permit further fractionation and physical and chemical studies, hence it is not known whether or not the product consisted of pure virus. It may be calculated from CLAUDE's data that one gram of tumor tissue yielded about 0,01 mg. of active solids, hence, if the isolated material was pure virus, the tumor tissue contained only one part per hundred thousand of virus and it would be necessary to start with 100 grams of tumor tissue in order to secure one milligram of pure virus. It is possible, of course, that the material may not be pure and that it can be fractionated further. It is also possible that a larger yield of virus may be obtained from the tumor tissue. In fact, CLAUDE has just reported in a preliminary paper that by using 0,005 M phosphate buffer at p_H 7 for the serial extraction of the frozen tissue of selected tumors, by carrying out the purification process during the course of one day and by maintaining the temperature of the material near 0° C. during most of the process, he has been able to obtain a yield of 2,2 mg. of purified active material per gram of fresh tumor tissue. Although the material proved to be very active, $5{,}2 \times 10^{-12}$ grams producing vigorous tumors in the skin of adult Plymouth Rock hens 13 to 17 days after inoculation, the activity was found to decrease rapidly on standing. Freezing at — 80° C. for 24 hours caused about 90 per cent of the material to become insoluble and inactive, and standing at — 2° C. for 3 days resulted in the loss of 80 to 90 per cent of the activity. It is obvious that, although the agent reaches a rather high concentration in tumor tissue, it deteriorates rapidly *in vitro*, especially in the purified form; hence it is possible to secure a good yield of active material only when the isolation is conducted rapidly in the cold. The purified material was precipitated by 0,4 saturation with ammonium sulphate, but not by 80 per cent alcohol. Although an increase in the opalescence of the solution occurred on heating, no visible precipitate was formed. The point of minimum solubility and also probably the isoelectric point was found to be about p_H 3,5. About 24 per cent of the purified fraction was found to be soluble in ether and the remaining ether-insoluble portion to contain 13,1 per cent nitrogen, about 0,5 per cent phosphorus, and to give a negative test for thymonucleic acid and a positive test for pentose. It was not reported whether the fractions obtained following treatment with ether carried tumor-producing activity. The results suggest that an important constituent of the active material may be a nucleoprotein containing nucleic acid of the ribose type. The elucidation of the nature of the role played by the lipoid fraction is awaited with interest. At the present time the problem of fowl tumor viruses is in much the same state as is the problem of elementary bodies. An excellent method for the purification and concentration of the viruses is now available, and it remains only to prepare the viruses in amounts sufficient to permit studies which will enable a decision firstly as to whether or not the viruses so prepared are pure and secondly as to their exact nature.

Tobacco mosaic virus.

Early work.

Although tobacco mosaic was the first of the agents that we now know as viruses to be recognized and was discovered in 1892, over 30 years passed before there were any well defined attempts made to concentrate and purify this virus. Tobacco mosaic virus is very stable. It may be kept for years in dried leaves or in the form of frozen extracts. It is also very infectious, for the juice from diseased plants is usually active at dilutions of one to one million. The unusual stability and high infectivity of tobacco mosaic virus made possible much experimentation without necessitating purification or concentration of the virus. However, because of the inadequate methods of estimating virus concentration, these very properties frequently caused erroneous impressions, for because of the high infectivity considerable virus would usually be found in all portions following fractionation experiments, and it was impossible to decide which portion contained most of the virus. It was not until 1929, when HOLMES noted that a relationship existed between the number of necrotic lesions produced on certain plants and the concentration of virus used as inoculum, that it became possible to estimate accurately virus concentration. This method of virus estimation became of considerable importance in the work with plant viruses, because it made it possible to follow virus activity with great accuracy during chemical and physical manipulation of virus extracts. The local lesion method for estimating the concentration of plant viruses became available just about the time that chemical work on tobacco mosaic virus began to attract investigators. Previously there had been only the work of ALLARD, McKINNEY, and BREWER, KRAYBILL, and GARDNER on the purification of mosaic virus. ALLARD in 1916 was interested in learning something of the nature of tobacco mosaic virus by studying the effect of different reagents on virus activity, but during the course of this work he noted that the virus could be precipitated with 45 per cent ethyl alcohol to give a virus-free supernatant liquid and could be adsorbed on aluminum hydroxide. He did not attempt to elute the virus and reported only that a suspension of the precipitate was infectious whereas the supernatant fluid was non-infectious. McKINNEY in 1927 attempted to purify tobacco mosaic virus by filtration and by means of sedimentation in a SHARPLES centrifuge. He found that following short periods of centrifugation much virus remained in the supernatant fluid and following long periods of centrifugation much virus occurred in the sediment. The same year Brewer and associates used centrifugation and adsorption on powdered charcoal to purify the mosaic virus. Three years later these workers used a method involving preliminary clarification of the juice from mosaic-diseased plants by a short period of centrifugation in a SHARPLES centrifuge followed by a longer period of centrifugation to sediment the virus. This sediment was suspended and the suspension subjected to a short period of centrifugation and the supernatant liquid containing the virus was further clarified by treatment with aluminum hydroxide. The supernatant liquid from the aluminum hydroxide precipitation was reported to be clear and to be as active as the starting material. It is difficult to evaluate this earlier work due to the fact that the only method then available for estimating virus concentration was inadequate for accurate work. It seems likely that much virus must have been lost in the various supernatant fluids and precipitates that were discarded. It is now known, for example, that tobacco mosaic virus may be adsorbed completely from solution on aluminum hydroxide, and it is difficult to see how such an adsorbent could have been used to remove pigment and solids without also removing considerable virus.

Use of safranine and lead acetate.

In 1927 VINSON undertook the purification of tobacco mosaic virus by chemical means, and in 1929 and 1931 reported with PETRE on various procedures useful in purifying virus. They first found that an aqueous solution of safranine precipitated practically all of the virus and that it could be released subsequently by treatment of this precipitate with amyl alcohol. They then studied the precipitation of virus by means of various salts and found that the virus could be completely precipitated from solution by saturation with ammonium sulphate or magnesium sulphate but not by 25 per cent saturation with ammonium sulphate. The precipitates which were obtained were dissolved in water and found to be infectious. However, they soon discontinued work on salting out the virus, for they found the precipitates to contain not only excess salt but also protein and much pigment. The possibility of precipitating the virus with alcohol or acetone was next studied. ALLARD had reported previously that strong alcohol or acetone rapidly inactivated virus, so VINSON and PETRE used less concentrated mixtures and found that the virus could be completely precipitated from solution by adding 2 volumes of alcohol or acetone to one volume of infectious juice. The precipitate was completely sedimented by centrifugation and on solution in water was found to be almost as infectious as the starting material. No data on the nitrogen content were given when the acetone precipitation was used directly on infectious juice, but when the step was used on a semi-purified preparation the solids and nitrogen contents dropped from 10,36 and 0,17 gm. to 1,34 and 0,02 gm., respectively, per 500 c. cm. of solution. It seems likely, therefore, that acetone precipitation resulted in considerable purification of the virus.

VINSON and PETRE next determined the effect of heat on infectious juice and found that a considerable amount of protein could be coagulated by heating to between 85 and 90° C. and subsequently removed without greatly reducing the activity of the solution. Although they did not make use of this step in their later work, it has been used recently by BAWDEN and PIRIE. VINSON and PETRE went on to the study of the effect of lead and barium acetates and soon evolved a method of purification based on the use of lead subacetate which enabled them to secure quite active colorless virus preparations containing less than 1 per cent of the solids in the starting material. The method which they used is presented in outline below (see p. 470).

Using this procedure, VINSON and PETRE were able to reduce the solids from about 26 to about 0,2 mg. per c. cm. and the total nitrogen from about 0,66 to about 0,02 mg. per c. cm. with retention of much virus activity. Their claim to have obtained purified preparations equal in infective power to the original juice appears questionable, for their analyses indicate only from about 0,1 to 0,5 mg. of protein per c. cm. in the purified solutions, whereas the original juice contained about 5 mg. of protein per c. cm. most of which, as is now known, must have consisted of virus protein. It seems likely, therefore, that they lost about 90 per cent of the virus present in the juice during the purification process. However, the method was very useful, for it permitted considerable purification of the virus. Their work also demonstrated that the virus could be handled much as a chemical reagent and that the active material was very probably nitrogenous in nature. Although they did not conclude that the virus was a protein, they regarded its behavior with safranine to parallel that of some of the enzymes.

VINSON and PETRE made many attempts to isolate an active crystalline product and in 1931 reported that crystals carrying moderate virus activity could be obtained by adding acetone and a little acetic acid to infectious juice that had been clarified previously by treatment with lead acetate. However, they found the crystals to contain about 33 per cent ash and to lose activity on recrystallization, hence they concluded that the crystals did not represent pure virus. Later BARTON-WRIGHT and MCBAIN reported that they were able to secure an active crystalline material containing no demonstrable nitrogen by means of VINSON and PETRE's lead acetate method. However, this crystalline material was found by CALDWELL to consist of sodium phosphate and the activity to be due to virus adsorbed on the crystals of the inorganic material. Although VINSON and PETRE's report of crystalline material carrying virus activity attracted considerable attention and even resulted in references to the material as crystalline virus, it may be noted that VINSON has not claimed in any of his publications to have isolated the virus in pure crystalline form and also that he recognized the fact that the material consisted largely of inorganic matter.

VINSON and PETRE's procedure for removing the virus from juice of diseased plants using neutral lead acetate as the precipitating agent.

500 c. cm. of juice from frozen diseased plants plus 15 c. cm. of HORNE's basic lead acetate solution (200 gm. in 1000 c. cm. H_2O), centrifuge.

Decant the supernatant liquid and add 35 c. cm. of a neutral lead acetate solution, prepared by dissolving 200 gm. of neutral lead acetate in 1000 c. cm. of water. Let stand 15 minutes, centrifuge.	Discard the precipitate.
Wash the cream colored precipitate once, using 500 c. cm. of distilled water, centrifuge.	Discard the supernatant liquid.
Suspend the cream colored precipitate in 800 c. cm. of M/3 primary potassium ortho-phosphate solution, centrifuge.	Discard the supernatant liquid.
Suspend the white precipitate in 800 c. cm. of M/3 solution of primary potassium ortho-phosphate, centrifuge.	Discard the colored supernatant liquid.
Wash the white precipitate twice, using 500 c. cm. of distilled water each time, centrifuge.	Discard the colored supernatant liquid.
Suspend the white precipitate in about 400 c. cm. of distilled water, then add 100 c. cm. of a mixed phosphate solution, prepared by adding 200 c. cm. of M/3 primary potassium ortho-phosphate to 300 c. cm. of M/3 secondary potassium ortho-phosphate solution. Let the suspension stand for about two hours at room temperature, shaking frequently. Place at a temperature below freezing overnight, then thaw on the centrifuge.	Discard the washings.
The virus solution.	Precipitate.

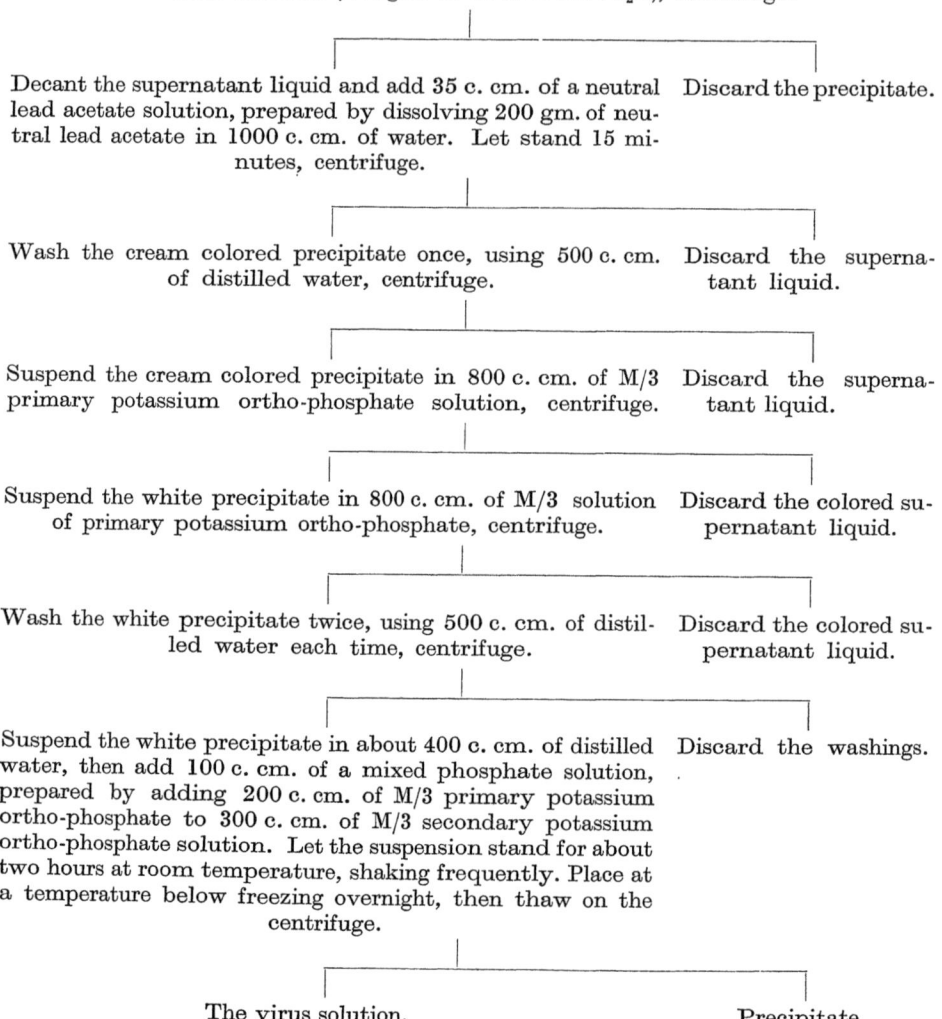

In 1932 VINSON returned to a study of the effect of safranine on tobacco mosaic virus. He found that from 20 to 80 c. cm. of a 1 per cent aqueous solution of safranine was required to precipitate all of the virus in 100 c. cm. of infectious juice and that the precipitate could be washed to remove excess safranine. After washing, the precipitate was suspended in 100 c. cm. of water and 4 gm. of Lloyd's alkaloidal reagent added and the mixture well stirred for 30 minutes and then centrifuged. VINSON reported that usually the supernatant liquid thus obtained was opalescent and amber or nearly colorless and had an infective power equal to that of the starting material. Occasionally he found it necessary to use more Lloyd's alkaloidal reagent in order to remove the last traces of the safranine, and later he found that the removal of safranine was best accomplished in

20 per cent acetone solution. VINSON presented data indicating that the total solids was reduced from about 19 mg. per c. cm. to about 0,5 mg. per c. cm. by means of this treatment. Since he found over half of the solids in the final preparation to consist of inorgañic matter, it is obvious that in this method of preparation most of the virus was lost during the purification procedure. The fact that VINSON found the purified preparation to be as infectious as the starting material may have been due to the presence of finely divided inert matter introduced into the purified preparations through the use of Lloyd's reagent. Such finely divided matter may, as VINSON noted, markedly increase the infectivity of a virus solution.

Other methods.

DUGGAR in 1933 and MACCLEMENT in 1934 also published procedures for purifying tobacco mosaic virus. DUGGAR was not interested in preparing pure virus but rather in removing the gross contaminants and thus securing semi-purified solutions that could be used in experimental work. The method consisted in mixing infectious juice diluted with 9 parts of water with an adsorbing material (supercelite) and then removing the adsorbent by centrifugation. The supernatant liquid so obtained was usually clear and less pigmented than the original. DUGGAR found that additional color could be removed from this solution by filtration through charcoal. He also noted that, when only the top parts of diseased plants were used as starting material, the final preparation contained much less color than when whole plants were used. The virus activity of the semi-purified preparation so obtained was found to be quite high.

MACCLEMENT's method consisted of passing carbon dioxide into cooled infectious juice diluted with 15 volumes of cold water and then centrifuging to give a clear straw-colored supernatant liquid. This liquid was then diluted with 200 volumes of water, saturated with carbon dioxide, and again centrifuged. The precipitate which was obtained was dissolved in a volume of water equal to that of the infectious juice used as starting material and centrifuged. The virus preparation consisted of the supernatant liquid which MACCLEMENT reported to be active and to contain practically no protein. This method is, of course, quite cumbersome because of the large volumes of liquid that must be handled and centrifuged, and since the end product was found to contain practically no protein it seems likely that most of the virus must have been lost.

The essence of DUGGAR's method of purification was used by JOHNSON, who reported in 1934 an improved method of purification. In preliminary work he found that direct current of 110 volts induced a precipitation of a part of the materials from infectious juice and left the virus in solution. JOHNSON also found that ammonium sulphate could be used to salt the virus from solution and that charcoal could be used to clarify virus preparations. His purification method consisted of treating infectious juice diluted with 4 volumes of water first with celite and then with charcoal. The clear and practically colorless filtrate from the charcoal was then treated with ammonium sulphate (45 to 50 gm. of salt per 100 c. cm. of solution) and the precipitate collected by centrifugation and filtration. The precipitate was dissolved in a little water, the excess salt removed by dialysis, and the solution concentrated by evaporation at room temperature. This concentrate consisting of dry or syrupy material was then dissolved in a little water, centrifuged, and the supernatant liquid containing the purified virus removed. Concentrates so prepared were found to give a positive test for protein and to be active at a dilution of one to 500000. JOHNSON concluded, however, that the positive protein reactions were due not to virus but to products associated with the virus. Nitrogen analyses of the purified preparations were not given, but since some preparations even failed to give a positive test for protein it is doubtful whether the purified preparations contained more virus per c. cm. than did the starting material. As a matter of fact, despite all of the work on the concentration and purification of tobacco mosaic virus, it appears that, although the virus was purified somewhat, it is questionable whether, with possibly two exceptions, any concentration whatsoever was achieved by chemical means before 1935. A moderate concentration was probably secured by McKINNEY and by BREWER and associates in that portion of their work on centrifugation, and by BECHHOLD and SCHLESINGER in their work on the estimation of the size of tobacco mosaic virus by centrifugation. However, the general situation was quite different from that which prevailed in the instances of the various elementary bodies where, of course, concentration was demonstrated even before attempts were made to purify them.

Isolation of crystalline tobacco mosaic virus protein.

STANLEY in 1933 began the series of researches which led in 1935 to the isolation of a crystalline protein possessing the properties of tobacco mosaic virus. In preliminary work the effects of trypsin, pepsin, different chemical reagents, and supersonic radiation were studied in an effort to learn something of the nature of tobacco mosaic virus. The various methods of purifying virus that had been proposed by other workers were examined, and the method that appeared to offer the best possibilities, namely, the lead acetate process of VINSON and PETRE, was subjected to a detailed study. The optimum hydrogen ion concentrations for carrying out the three principal steps in the process were determined. It was found that the method as proposed by VINSON and PETRE resulted in a loss of about 90 per cent of the virus in the starting material, but that a yield of from about 50 to 90 per cent could be obtained by modifying their process slightly and carrying out the lead subacetate precipitation at about p_H 9 instead of at p_H 6,5. Practically colorless solutions of virus having an activity almost equal to that of the starting material were obtained by use of the modified process. Attempts were made to obtain more active preparations by reducing the volume of the final eluent to less than that of the starting material and, although preparations about 10 times as active as the infectious juice were obtained, they were always quite colored and had a high solids content. The modified lead acetate method was, therefore, unsuccessful in the concentration of virus but quite useful for the rapid preparation of colorless partially purified solutions having a virus concentration about equal to that of the starting material. PETRE in 1935 also noted that the original lead acetate method could be improved by making the final elution at a more alkaline hydrogen ion concentration. He also suggested increasing the concentration and acidity of the potassium acid phosphate used in the preliminary washing of the lead acetate precipitate.

In the preliminary work with tobacco mosaic virus STANLEY noted that, as previous workers had reported, the virus could be precipitated quantitatively by means of ammonium sulphate. It was also found in 1934 that peptic digestion resulted in decrease or loss of virus activity. The results with pepsin were contrary to those published by LOJKIN and VINSON in 1931 but in accordance with results reported by ROSS and VINSON in 1937. The precipitation with ammonium sulphate and especially the inactivation by means of pepsin indicated quite strongly that tobacco mosaic virus was protein in nature, a conclusion which was reached by STANLEY in 1934. It was obvious that the methods of protein chemistry so successfully used by NORTHROP and associates in their work on enzymes might prove useful in work with this virus.

A study of various methods of extracting diseased plants and of the protein constituents in such extracts was undertaken. It was soon found that the highest yield of protein could be obtained by grinding diseased plants while frozen and adjusting the thawed mash to p_H 6–7, and pressing out the juice by means of a fruit press. Such

Table 1. Virus activity tests on globulin fraction obtained from the juice of mosaic-diseased Turkish tobacco plants by precipitation with ammonium sulphate.

Preparation	Test plant	Concentration (gm. protein per c. cm.)						
		10^{-3}	10^{-4}	10^{-5}	10^{-6}	10^{-7}	10^{-8}	10^{-9}
Once-precipitated globulin	P. vulgaris	340,5[1]	236,0	114,0	64,5	19,2	3,9	1,1
	N. glutinosa	144,0	84,3	60,6	45,5	10,2	3,2	0,2
Once-precipitated globulin	P. vulgaris	385,0	382,5	59,6	60,0	3,2	2,2	1,3
	N. glutinosa	182,0	175,0	134,0	33,0	8,0	0,8	1,8
5-times-precipitated globulin	N. glutinosa	275,5	132,5	133,5	26,7	15,8	8,9	2,6

After STANLEY (1936).

extracts were found to yield from 2 to 10 times more protein and incidentally more virus than any of the other methods used. The pulp was not extracted a second time, for the first extract was found to contain about 90 per cent of the soluble protein in the plants. The extract was then filtered through a layer of celite (Hyflo Supercel), the hydrogen ion concentration was adjusted to about p_H 5, and 200 gm. of solid ammonium sulphate were added to each liter of extract. The precipitated globulin fraction was removed by filtration through C. S. and S. No. 1450$^1/_2$ fluted filter paper, dissolved in water, the solution adjusted to about p_H 8 and filtered through a layer of Hyflo Standard-cel. The protein in the filtrate was again precipitated with 20 per cent ammonium sulphate and the whole procedure, in which the globulin fraction was taken into solution, filtered through celite and again precipitated, was repeated from 2 to 4 times in order to obtain a filtrate from the precipitated globulin that was practically colorless. The precipitate was still dark brown in color, despite the fact that much color had been lost in the filtrates from the precipitated globulin. Table 1 represents typical tests for the infectivity of such globulin preparations. It may be seen that solutions containing only 10^{-9} gm. of this globulin fraction were active and capable of causing lesions on susceptible plants. In order to remove the remaining color, a solution containing from about 0,5 to 2 per cent by weight of the globulin fraction was adjusted to about p_H 8,8, and about 3 c. cm. of a solution containing

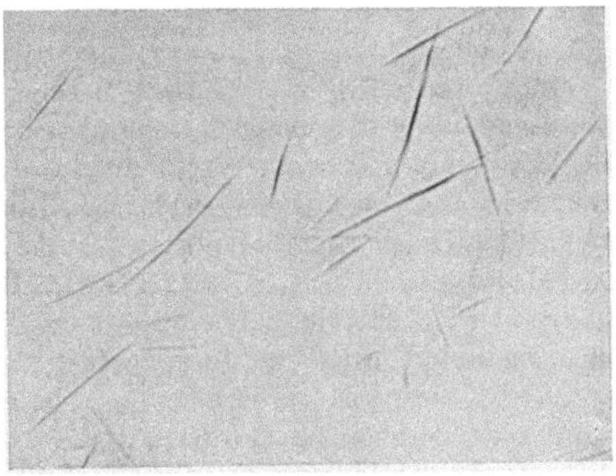

Fig. 2. Crystalline tobacco mosaic virus protein. × 675. From STANLEY (1936).

[1] Numbers represent the average number of lesions per leaf obtained on 10 or more leaves of *Phaseolus vulgaris* or on 5 or more leaves of *Nicotiana glutinosa* on inoculation with the designated preparation and dilution. Dilutions were made with 0,1 M phosphate buffer at p_H 7.

200 gm. of lead subacetate per liter were added for each gram of globulin. After thorough mixing the mixture was filtered through a layer of celite and the opalescent filtrate was adjusted to about p_H 4,5 and again filtered through celite. The clear yellow filtrate was found to contain no virus activity and but a small amount of inactive protein, all of the virus activity having been adsorbed on the celite. The celite filter cake containing the active protein was suspended in sufficient water to make a 1 or 2 per cent protein solution and the mixture was adjusted to p_H 8 and filtered. The filtrate so obtained was very opalescent and practically colorless. It was found possible to crystallize the globulin in the filtrate by adding sufficient amounts of a solution of saturated ammonium sulphate to cause a faint turbidity and then adding very slowly a solution of 5 per cent glacial acetic acid in 0,5 saturated ammonium sulphate with continual stirring until the hydrogen ion concentration was about p_H 4,5. The crystals which were obtained are pictured in fig. 2. The virus activity of a solution containing one part per thousand of the crystalline protein was compared with that of the infectious juice used as starting material, and, as may be seen in Table 2, the activity was approximately the same. This is believed to be the first demonstration of the concentration of tobacco mosaic virus. The question of the purity of the crystalline material and a consideration of its properties are included in the next section.

Table 2. Comparison of the virus activity of a solution containing 1 mg. of crystalline tobacco mosaic virus protein per cc. with that of infectious juice.

Concentration purified virus protein. gm. per c. cm.[3]	10^{-3}	10^{-4}	10^{-5}	10^{-6}	10^{-7}	10^{-8}	10^{-9}
Dilution of infectious juice[3]	1	1–10	$1-10^2$	$1-10^3$	$1-10^4$	$1-10^5$	$1-10^6$
Virus protein	187,5[1]	66,5	42,1	18,5	4,1	1,6	0,4
Infectious juice	168,5[2]	85,0	41,5	17,6	8,2	4,7	1,4

After STANLEY (1936).

It is interesting to note that the needle crystals of tobacco mosaic virus protein were probably observed as early as 1903. In that year IWANOWSKI noted the development of cross striations in the intracellular crystalline material found in prepared sections of diseased tissue and attributed it to the influence of acids in the fixatives. Similar observations were made later by GOLDSTEIN, RAWLINS and JOHNSON, HOGGAN, and SMITH. BEALE has recently shown that upon the addition of acid the intracellular crystalline deposits in mosaic-diseased plants are converted into needle crystals having properties similar to those of the purified virus protein. Epidermal tissue from normal Turkish tobacco plants and from mosaic-diseased Turkish tobacco plants before and after the addition of dilute acid are shown in fig. 3. It seems likely, therefore, that the striated material observed by IWANOWSKI in 1903 and later by several different workers actually consisted of crystalline tobacco mosaic virus protein. However, none of these workers associated this material with the virus activity, and it was not until BEALE's work that the significance of their observations became obvious. It may be noted that the crystalline tobacco mosaic virus protein, which was first isolated by the writer in 1935, is quite different from the active crystalline

[1] Numbers represent the average number of lesions per half-leaf obtained on 12 half-leaves of *Phaseolus vulgaris* on inoculation with virus protein.

[2] Numbers represent the average number of lesions per half-leaf obtained on the other halves of the same leaves on inoculation with infectious juice.

[3] All dilutions were made with 0,1 M phosphate buffer at p_H 7.

material mentioned by VINSON and PETRE in 1931 and that described by BARTON-WRIGHT and McBAIN in 1933. These materials consisted largely of inorganic matter having no connection with the virus and the activity they possessed was

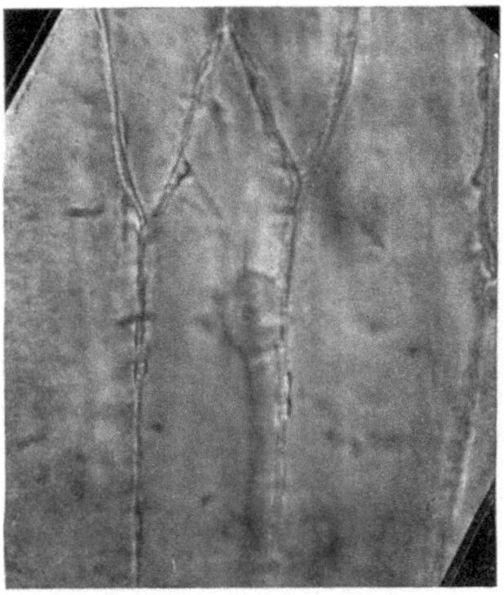

a

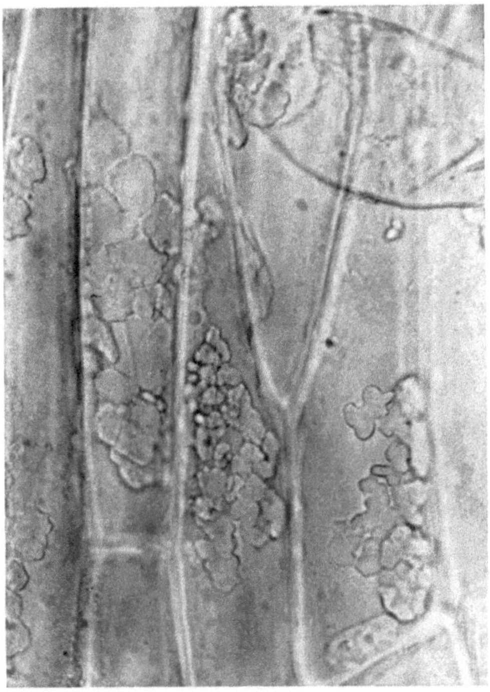

b

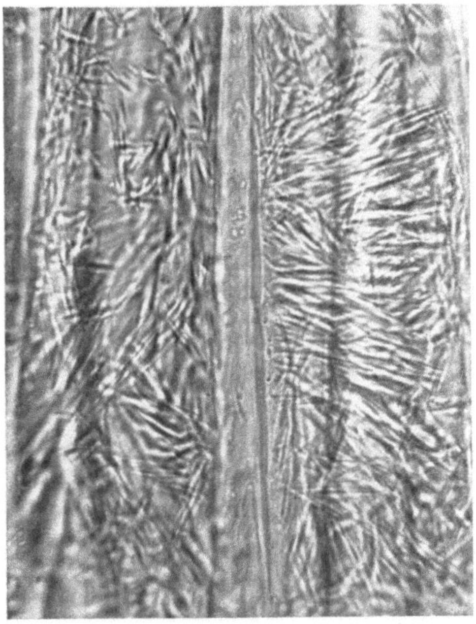

c

Fig. 3. *a* Epidermal tissue of living healthy Turkish tobacco. *b* Epidermal tissue of mosaic-diseased Turkish tobacco plants showing large deposits of crystalline material characteristically present in cells from chlorotic areas. *c* Epidermal tissue of mosaic-diseased Turkish tobacco plants after addition of dilute hydrochloric acid. Note needle crystals in cells where plates were present before addition of acid. From BEALE (1937).

due to virus adsorbed on the crystals of inorganic matter. The preparations were less active than ordinary juice from diseased plants, and the activity they possessed diminished on further crystallizations. It may be concluded, therefore, that, although the needle crystals of tobacco mosaic virus protein were probably observed in tissue preparations as early as 1903, it was not until 1935 that they were isolated and described as such and their correct relation to the mosaic disease recognized.

In the original preparation of crystalline tobacco mosaic virus protein, precipitation with lead subacetate at p_H 8,8 was used to remove most of the pigment. This treatment was soon discontinued, because it always resulted in loss of some virus and occasionally resulted in the loss of practically all of the virus. Treatment with a 5 per cent aqueous suspension of calcium oxide was substituted and found to give good results. By means of this method, it was found possible to obtain a yield of crystalline virus protein of about 80 per cent based on the crude twice-precipitated globulin fraction. Later it was found that when sufficiently young plants were used the treatment with calcium oxide could be omitted. Duggar had noticed previously that, when only the tops of diseased plants were used, he was able to secure preparations containing but little pigment. It is now known that plants inoculated when about 3 or 4 inches high and subsequently allowed to grow in a greenhouse for about 2 or 3 weeks, and preferably not over 4 weeks, represent the best starting material.

The year following Stanley's announcement of the isolation of crystalline tobacco mosaic virus protein, Best, who was working quite independently on the purification of tobacco mosaic virus, reported on a method of purification involving the precipitation of the tobacco mosaic virus complex at its isoelectric point. Best prepared the starting material by pressing out the juice from macerated unfrozen leaves of plants which had been infected for about 2 months. The juice was allowed to stand exposed to air for 24 hours and then centrifuged for 1 or 2 hours at about 1500 times gravity. The supernatant liquid was filtered and used for the precipitation studies. It was found that maximum precipitation occurred at p_H 3,4, hence for the preparation of virus the juice was diluted 1 to 10 or 1 to 50 with a buffer at p_H 3,4. This served to bring the virus mixture to p_H 3,4 and to precipitate practically all of the virus. The yield of this precipitate, which was found to contain 14 per cent nitrogen, was about 3 mg. per c. cm. of original juice. Best found that it was not possible by selective elution to separate the virus from the precipitate either on the acid or the alkaline side of the isoelectric point, and he concluded that the precipitate was virus or a complex of virus with some fundamentally related substance present in the juice. Since Stanley has shown that as much as 80 per cent of the total protein in extracts of diseased tobacco plants may consist of virus protein, the isoelectric point of which is about p_H 3,4, it is obvious that the precipitate which Best obtained consisted largely of virus protein. Best made no further attempt to fractionate this material and did not mention the color of solutions containing about 3 mg. per c. cm. of the precipitate. He did note that the juice from normal plants also gave a precipitate when adjusted to p_H 3,4. It seems likely that the virus precipitate obtained from infectious juice contained pigment and normal proteins as well as the virus protein. However, isoelectric precipitation may be used to purify tobacco mosaic virus. As a matter of fact, the precipitation of virus at p_H 4,5, previously used by Stanley as one step in the original purification process, was essentially an isoelectric precipitation, for at p_H 4,5 the virus was found to be almost completely out of solution.

The same year, Bawden and Pirie used almost the same method for the purification of the virus of latent mosaic of potato. However, they used young frozen leaves as starting material. The juice from such leaves was adjusted to p_H 5, centrifuged, the precipitate discarded, and the supernatant liquid adjusted to p_H 4 and again centrifuged. Much of the virus was found in the precipitate which was saved. The virus remaining in the supernatant liquid was precipitated by alcohol, dissolved in a little water, again precipitated by adjustment to p_H 4, and sedimented by centrifugation. The two precipitates were combined, suspended in water adjusted to p_H 7, and centrifuged to give an opalescent solution consisting of the purified virus. The solids in this solution were found to contain about 5 per cent ash, about 46 per cent carbon, about 7 per cent hydrogen, about

9 per cent nitrogen, and about 10 per cent carbohydrate. BAWDEN and PIRIE considered that the virus was not even the principal constituent of the solids. However, they found such purified virus preparations very useful for serological and enzymatic studies.

Modified isolation procedure.

STANLEY has recently published a short description of the chemical method of purifying and concentrating tobacco mosaic virus that is used at the present time.

In this method Turkish tobacco plants grown in pots or flats in a greenhouse are inoculated when about 3 or 4 inches high by rubbing one or two leaves with a bandage gauze pad moistened with a virus preparation. About 2 or 3 weeks later, and preferably not more than 4 weeks later, the plants are cut and frozen. The frozen plants are put through a meat grinder, the pulp is allowed to thaw, and the juice pressed out. This and all subsequent steps are carried out in a room held at about 4° C., or if this is impossible the juice and all containers and materials with which it comes in contact are kept as close to 4° C. as possible. The juice is adjusted to p_H 7,2 ± 0,2 by adding 0,1 to 1 N NaOH, then added to the pulp, well mixed, and again pressed out. The juice will now be at about p_H 6,7 ± 0,2. However, if it be desired, a solution containing 50 per cent disodium phosphate may be added directly to the pulp so that when first expressed the juice will be at p_H 6,7 ± 0,2. The extract is filtered through a layer of "Standard" celite about $^1/_2$ inch thick on a BUCHNER funnel. The celite filter cake is scraped with the flattened end of a spatula from time to time in order to speed the filtration. The filtrate will be found to contain from about 1 to 2 mg. total nitrogen and from about 0,6 to 1,2 mg. protein nitrogen per c. cm. The globulin fraction is precipitated by the addition of 30 per cent by weight of ammonium sulphate and removed by filtration with filter paper or more rapidly by means of a thin layer of celite on a BUCHNER funnel. The precipitate is dissolved in 0,1 M phosphate buffer at p_H 7 or in sufficient water to give about a 1 per cent solution of protein, and then adjusted to p_H 7, and again precipitated with ammonium sulphate. It will be found that considerably less ammonium sulphate will be required to precipitate all virus activity. The amount varies somewhat but approaches 11 per cent by weight. The use of smaller amounts of ammonium sulphate permits inactive protein and pigment to be lost in the filtrate. If celite and a BUCHNER funnel are used, the celite may be removed before precipitation of the protein by filtration at about p_H 7 in the presence of less than 11 per cent ammonium sulphate. After 2 or 3 precipitations with ammonium sulphate, or when the filtrate from the ammonium sulphate precipitation becomes practically colorless, the precipitate will be found to be only slightly colored. It is dissolved in water and the solution adjusted to p_H 4,5. This causes precipitation of the protein which is removed by filtration through a thin layer of celite. The filtrate contains some pigment and inactive presumably normal protein. The celite filter cake containing the protein is suspended in water and adjusted to p_H 7 and the celite removed by filtration on a BUCHNER funnel. The filtrate will be opalescent, practically colorless, and contain about 80 per cent of the virus in the starting material. The protein in the filtrate is crystallized by adding sufficient saturated ammonium sulphate to cause a slight cloudiness, then sufficient of a solution of 10 per cent glacial acetic acid in one-half saturated ammonium sulphate to increase the hydrogen ion concentration to about p_H 5,5, and finally sufficient saturated ammonium sulphate to bring all of the protein out of solution. The suspension of the crystals has a very characteristic appearance. When stirred it has a satin-like sheen. The crystals are very small and may best be observed by means of a microscope at a magnification of about 400. The crystalline protein may be removed by centrifugation or by means of filtration on filter paper. The entire purification procedure from crude plant pulp to purified crystalline protein may be carried out in from 6 to 8 hours if celite and BUCHNER funnels are used for all filtrations.

Essentially the same method of preparation just described was used in 1936 by BAWDEN, PIRIE, BERNAL, and FANKUCHEN, and in 1937 by BEALE, by TAKA-

HASHI and RAWLINS, by MARTIN, MCKINNEY, and BOYLE, by LOJKIN, by BAWDEN and PIRIE, and by LORING and STANLEY for the isolation of crystalline tobacco mosaic virus protein. The general method was used by BAWDEN and PIRIE in 1937 for the isolation of crystalline preparations of cucumber viruses 3 and 4 and in 1938 for the isolation of latent mosaic virus protein and a crystalline virus protein associated with the bushy stunt disease. However, certain modifications have been incorporated. BAWDEN and PIRIE found it convenient to make the first precipitation of the tobacco mosaic virus with alcohol instead of with ammonium sulphate. Later they omitted the use of alcohol and in work with tobacco mosaic virus and cucumber viruses 3 and 4 they heated the juices to 70° C. to effect removal of extraneous matter. The subsequent treatment of the supernatant liquid or filtrate from the heat-treated juice was much the same as outlined above. BAWDEN and PIRIE also used digestion with trypsin as a means of further purifying virus preparations. It had been found by STANLEY in 1934 that trypsin did not digest or hydrolyze tobacco mosaic virus, hence the use of trypsin to remove other proteins appeared quite logical. BAWDEN and PIRIE found it useful in removing from the virus preparations the last traces of normal plant proteins, which appear to be readily digested by trypsin. The usefulness of trypsin in the purification of tobacco mosaic virus was confirmed by MARTIN, MCKINNEY, and BOYLE. It should be noted, however, that whenever trypsin is used to digest extraneous proteins it becomes necessary not only to remove the split products but also the added trypsin from the reaction mixture before the tobacco mosaic virus protein may be regarded as pure. The investigators who have used trypsin have assumed that subjecting the trypsin-treated virus protein to the purification procedure outlined above serves to separate it from the trypsin. The isoelectric point of trypsin protein is p_H 7—8 and that of the virus protein about p_H 3,4, hence in the range from p_H 3,4 to p_H 7—8 the proteins would be oppositely charged and would be expected to be in combination. They would possess the same charge and hence would be expected to be separated only on the acid side of p_H 3,4 and on the alkaline side of p_H 7—8. BAWDEN and PIRIE found that the activity of trypsin-treated virus protein could be regained by several crystallizations with acetic acid and ammonium sulphate, but it is not known whether this treatment served to separate all of the trypsin from the virus. It may be preferable, therefore, to determine whether or not all of the trypsin can be removed before adopting its use in the purification process. It may also be well to exercise caution in the use of heat treatment of virus preparations as a means of removing extraneous proteins. Since tobacco mosaic virus protein becomes denatured and coagulated on heating to about 75° C., it would not be unexpected if heating to 70° C. also caused changes in the protein. There are some indications that such treatment actually does cause irreversible changes in the protein. There is, therefore, reason for using the purification procedure outlined at the beginning of this section as the chemical method for the preparation of purified tobacco mosaic virus protein.

Foot-and-mouth disease virus.

Another virus that has been subjected to considerable chemical investigation with the result that most investigators believe it to be a protein is that of the foot-and-mouth disease. This virus is of interest not only because it was the first of the viruses affecting man or animals to be discovered but also because it is only 8–12 mμ in diameter and is thought to be the smallest of all the viruses. In 1931 PYL began a series of chemical investigations on foot-and-mouth disease virus. He found that the virus could be adsorbed on charcoal at different hydrogen ion concentrations, on aluminum hydroxide in alkaline solution, and on kaolin in neutral solution. He was also able to secure quite active preparations by elution of the kaolin precipitate with boric acid buffer at p_H 9,2 and by elution of the aluminum hydroxide precipitate with phosphate buffer at p_H 7,6. Of interest also is the fact that following dilution of a virus preparation 1000 or 10000 times he was able to concentrate the virus again by adsorption and elution and regain most of the virus activity. Although this indicated that the virus in such dilute preparations had been concentrated over 1000 times, he did not demonstrate that the original material could also be so concentrated. It is well known that the adsorption and elution methods are well adapted only for very dilute solutions, hence it is unlikely that they would be successful for the ultimate concentration of this virus. In later work PYL assumed dual colloidal carriers for this virus in order to account for its stability at p_H 3 and p_H 7,6 and its instability at intermediate hydrogen ion concentrations. Recently he abandoned that idea and now considers that acid or alkali causes the virus to change to a second form which is an intermediate state formed just before the virus is completely destroyed. The intermediate or „X" form is infectious but, as may be seen from figure 4, has a different p_H stability range. The transformation may be carried out in only one direction and PYL considers it due to an alteration of the virus itself rather than to an effect caused by accompanying materials.

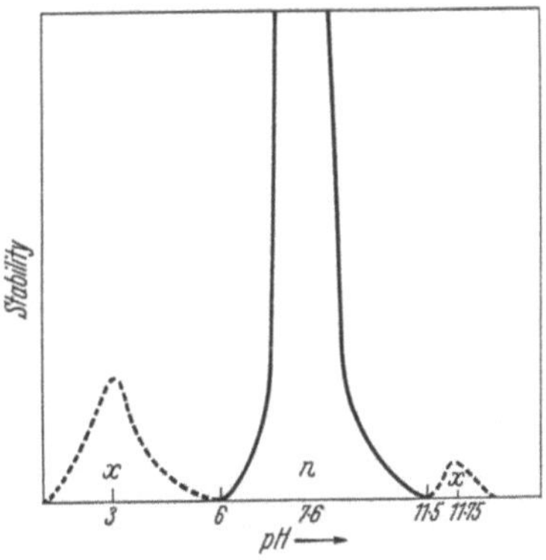

Fig. 4. p_H-stability curve for the two forms of foot-and-mouth disease virus. From PYL (1936).

In 1935 JANSSEN undertook the purification and concentration of foot-and-mouth disease virus by means of methods used in protein chemistry. He found that the virus could be precipitated with magnesium sulphate and thus separated from albumin and oxyhaemoglobin. Separation of the virus from the albumin fraction could also be accomplished with alcohol and ether in the presence of 3 per cent sodium chloride. However, the virus fraction still appeared to contain considerable extraneous protein, so other means of purification were sought. JANSSEN was impressed by the adsorption method used by PYL, and in an effort to avoid the inherent difficulties of this method conceived the idea of using an adsorbent that could be formed in the virus solution and later dissolved so as to free the adsorbed virus. He attempted this first by precipitating collodion in a virus preparation, removing it by centrifugation, and then dissolving away the collodion by means of an alcohol-ether solution. However, the protein obtained in this way was inactive. JANSSEN then saturated a cold virus preparation with calcium sulphate and caused a fine-grained precipitate of this salt to form in the solution by adding 10 to 20 per cent alcohol. The precipitate was removed by centrifugation and dissolved in water. This solution gave but a faint test for protein, yet contained practically all of the virus in the starting material. JANSSEN states that practically all of the protein in the original virus preparation remains in the supernatant liquid of the precipitated calcium sulphate and that the inactive globulin that does precipitate with the virus is largely denatured and may be removed by centrifugation. He considers that small amounts of alcohol or salt cause the virus protein to be reversibly dehydrated, whereas large amounts cause it to become irreversibly dehydrated. When reversibly dehydrated it may be adsorbed readily on calcium sulphate and later taken into solution, but when irreversibly dehydrated the virus protein becomes insoluble. The purification procedure may be repeated by eluting the virus from the precipitated calcium sulphate with a saturated solution of this salt. Elution may also be accomplished with solutions of disodium phosphate or ammonium oxalate. Janssen was able to obtain a protein and phosphorus-containing preparation which he considered to be practically free from extraneous protein and to contain only the foot-and-mouth disease virus. He regards this virus as a nucleoprotein. His purification procedure takes advantage of the good features of the adsorption and elution technique previously used in enzyme chemistry and eliminates the weak ones. It seems likely that Janssen's method will be found useful, if not as a complete method, at least as one step in the purification, concentration, and isolation of certain of the viruses. It may prove practicable to use the method for the initial purification and concentration of viruses existing in low concentration, and then to work further with such preparations by the ordinary methods of protein chemistry such as those used by Northrop in work with enzyme proteins and by Stanley for the isolation of tobacco mosaic virus protein.

Poliomyelitis virus.

Clark, Schindler, and Roberts demonstrated in 1930 that poliomyelitis virus could be concentrated and purified to a certain extent by chemical means. They were able to concentrate virus preparations by distillation *in vacuo*. It was then found possible to remove the salt, which was also concentrated by this treatment, by dialysis against water without a great loss in the potency of the virus. They also reported that all of the virus activity in such dialyzed preparations could be precipitated by half saturation with ammonium sulphate and that the precipitate then obtained on complete saturation contained no activity. In 1931 Rhoads showed that poliomyelitis virus could be adsorbed on aluminum hydroxide and the precipitate centrifuged to give a virus-free supernatant liquid. He did not attempt to elute the virus, but the following year Sabin found that preparations as active as the starting material could be obtained by eluting the precipitate with a dilute solution of disodium phosphate. Sabin also found that the precipitate of virus and aluminum hydroxide could be washed with a solution of monosodium phosphate without loss of activity. He used this procedure and subjected the preparation to dialysis and distillation *in vacuo* to obtain a final purified preparation that gave no test for protein and contained only one-fifth the original amount of nitrogen, yet possessed a virus activity 10 times that of the starting material. He made no further tests and did not consider that the material obtained represented pure virus.

It was to be expected that the chemical method that was used for the isolation of tobacco mosaic virus protein would be applied to viruses affecting man and animals. One of the first reports of such use is that of Brown and Kolmer, who in 1937 subjected the extract of 100 gm. of the cords of monkeys diseased with poliomyelitis to the purification procedure that had been used by Stanley for the plant viruses. They found the final purified preparation to contain 0,01 per cent protein and to be practically as infectious as the starting material. They secured no crystalline protein, but the purified material precipitated sharply at p_H 4. It could then be redissolved and again precipitated by bringing the hydrogen ion concentration to p_H 4. Although they did not concentrate poliomyelitis virus, it seems likely, since their final preparation contained only 0,01 per cent protein, that they did secure considerable purification of the virus. Brown and Kolmer concluded that the active agent was probably protein in nature.

Viruses isolated by ultracentrifugation.

Chemical versus ultracentrifugal methods.

It should be emphasized that there are certain inherent difficulties in the use of a chemical method for the preparation of proteins, and especially of proteins that are known to be somewhat unstable. For example, although tobacco mosaic virus protein may be obtained readily in large amounts and is known to be one of the most stable of viruses, it is realized that the chemical method that has been outlined for its preparation has certain definite faults. Firstly, the virus protein so prepared has been found to contain a fraction of a per cent of inactive low molecular weight protein as a contaminant. Although the presence of such a small amount of a contaminant is of no importance in some work, it causes serious difficulty in other work, hence it is preferable that some method be available for its removal. It is difficult, if not impossible, to effect its removal by the steps involved in the chemical method of purification, even if they be repeated several times. Secondly, definite indications have been obtained that the virus protein is altered slightly even by the mild treatments involved in the chemical method, such as the alteration of the hydrogen ion concentration between p_H 4,5 and p_H 7 and the use of 30 per cent ammonium sulphate. Although no measurable change occurred when any step was conducted but once, rapidly, and in the cold, slight changes have been noticed when the steps have been repeated several times or have been conducted over a long period of time at room temperature. Thirdly, and perhaps most important, is the fact that when the chemical method was applied to some of the less stable viruses it was successful only to the extent that partial purification and a limited degree of concentration were achieved. In no instance was a crystalline protein isolated. Because it was impossible to remove all inactive protein by means of the chemical method, because of the probability that the use of the chemical method resulted in slight changes in the virus, and because the method proved so much less successful in the cases of less stable viruses, it became highly desirable to evolve a more specific and less drastic method for the concentration and purification of viruses.

The method by means of which it was found possible to remove the last traces of low molecular weight inactive protein and to concentrate, purify, and isolate not only tobacco mosaic virus but even the less stable viruses in an apparently unaltered and pure state was that of differential high-speed centrifugation. Although differential centrifugation was used by MacCallum and Oppenheimer in 1922 to purify and concentrate vaccinia virus and by Ledingham in 1931 for the concentration and purification of vaccinia and fowl pox viruses, differential centrifugation as a preparative method for other viruses did not gain immediate favor. This was probably due to the lack of adequate centrifuges and the meagre knowledge concerning the size of the various viruses. However, as the approximate sizes of different viruses became known largely through the work of Elford, there must have been a growing consciousness amongst investigators of the usefulness of centrifugation, for it was used by several different workers as a means of estimating the size of viruses. Although these workers were primarily interested in the estimation of size from rates of sedimentation, their work also demonstrated that these different viruses could be concentrated by centrifugation. Another factor was that during this same period there was occurring a development that was to result in the production of adequate centrifugal apparatus for the concentration and purification of even the smallest of viruses. The original Henriot and Huguenard centrifuge was improved and enlarged by Gratia and others so that fairly large amounts of liquid could be centrifuged at one time.

The principal of the air-driven rotor of HENRIOT and HUGUENARD was utilized by BEAMS and coworkers in 1933 and 1935 in the production of an air turbine which could be used as a driving mechanism for a high-speed centrifuge. Two different centrifuges using the BEAMS air turbine were described in 1936 by BAUER and PICKELS and by BISCOE, PICKELS, and WYCKOFF. One air-driven centrifuge was arranged for measuring rates of sedimentation after the manner developed by SVEDBERG by combining with it the optical system previously described and used by SVEDBERG in conjunction with his oil-driven ultracentrifuge. The other air-driven centrifuge was arranged for the centrifugation of relatively large amounts of fluid at high speed. The latter was used by BAUER and PICKELS in 1936 for the concentration of yellow fever virus. Shortly before these centrifuges became available, tobacco mosaic virus protein had been isolated in crystalline form by chemical means and had been found by ERIKSSON-QUENSEL and SVEDBERG to be readily sedimented in an ultracentrifuge and to have the unusually high sedimentation constant of about 200. Their sedimentation pictures are shown in

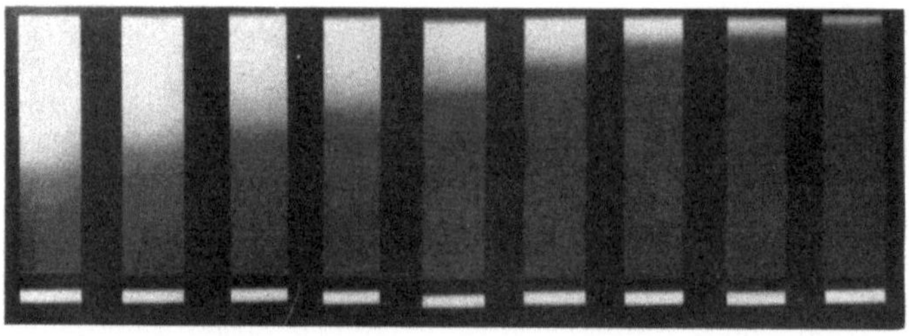

Fig. 5. Sedimentation pictures obtained by means of the absorption method for tobacco mosaic virus protein at p_H 6,8. From ERIKSSON-QUENSEL and SVEDBERG (1936).

fig. 5. It was obvious that it should be possible to sediment and concentrate this protein by high-speed centrifugation in a head similar to that used by BAUER and PICKELS for yellow fever virus. This was done by WYCKOFF, BISCOE, and STANLEY, and it was found that quite pure virus protein could be obtained by centrifuging the clarified infectious juice from mosaic-diseased plants for about 3 hours at about 25000 R. P. M. Low molecular weight inactive protein and pigment were found in the supernatant liquid and practically all of the virus activity was found in a solid pellet at the bottom of the centrifuge tube. On re-solution of this pellet, insoluble material, apparently formed by aggregation of colloidal matter, was noticeable and was removed by centrifugation in an ordinary laboratory centrifuge to give a supernatant liquid containing the virus protein. The whole process may be repeated until protein free from contaminating colloidal and low molecular weight materials is obtained. The progress of purification may be followed quite readily by means of the SVEDBERG ultracentrifuge or by means of the air-driven analytical centrifuge. It is obvious, therefore, that the interplay of several different factors was involved in the evolution of the differential ultracentrifugal method which is used so successfully today for the concentration, purification, and isolation of viruses.

The centrifuges.

Since this method is dependent upon high-speed centrifuges capable of subjecting a hundred or more c. cm. of solution to a force of 50000 to 100000 or more times gravity and to a certain extent upon the SVEDBERG type ultracentrifuge by means of which the homogeneity of the preparation with respect to size may be determined, a short description of these centrifuges will be included here. A vertical cross sectional drawing of the assembled quantity centrifuge showing the entire driving mechanism, the rotor, and the vacuum chamber, as used by BAUER and PICKELS, is given in fig. 6. The rotating members are the stator or air turbine (1), the drive shaft (2), and the rotor (3). The turbine is made of light phosphor bronze and the angle of its cone-shaped base is 90°. It is hollowed out to reduce its weight and is provided with 19 flutings cut to a depth of about $\frac{3}{32}$ inch. The shaft is a straightened section of spring steel wire having a diameter of $\frac{1}{10}$ inch. Its upper end is fitted into the turbine and its lower end is fastened to the rotor by a special chuck arrangement (11). The driving power is supplied by air jets issuing from 8 $\frac{1}{16}$ inch holes and the compressed air is supplied to these holes through pressure tubing and the distributor chamber (4). An arrangement is supplied for bringing into operation reverse jets of air for stopping the turbine (5, 6, 7, 8). In the turbine used by WYCKOFF and LAGSDIN this arrangement is made unnecessary by the use of driving jets impinging on flutes on the cone-shaped base and reverse jets impinging on flutes placed in the flat upper rim of the stator. The rotating elements are supported by a thin film of air supplied to the inlet (9) and allowed to escape around the surface of the stator. Oil is forced through the inlet (10) to form an air-tight seal and to lubricate the bearings. A rotor used by BAUER and PICKELS is shown in fig. 7. It is machined from a solid block of duralumin alloy and contains holes for inserting 16 celluloid composition containers holding about 7 c. cm. each. Similar rotors holding larger or smaller amounts of liquid may also be used. The head of the rotor fits snugly and is made air-tight by means of a seal made from round rubber belting.

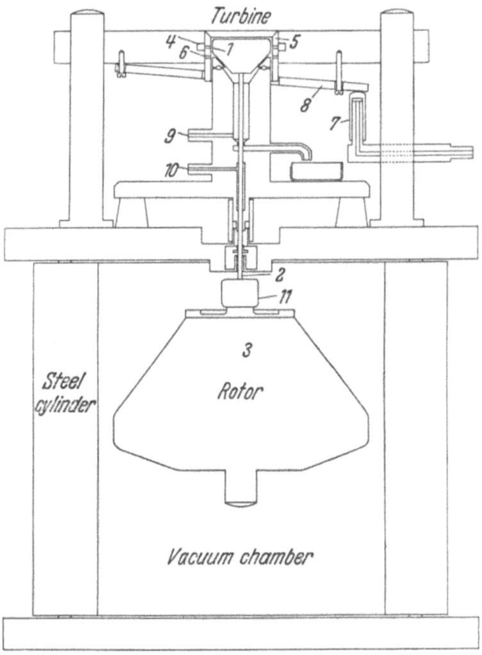

Fig. 6. Vertical cross sectional drawing of centrifuge assembled for centrifugation of large quantities of liquid. From BAUER and PICKELS (1937).

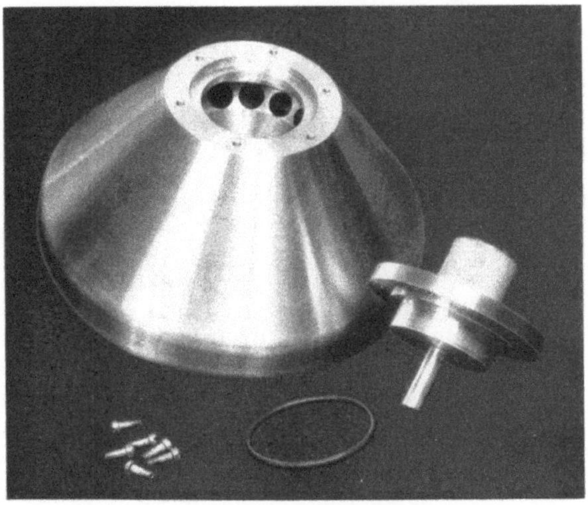
Fig. 7. Component parts of rotor used for quantity centrifugation. From BAUER and PICKELS (1936).

The rotor is designed, therefore, so that while it rotates in a high vacuum its contents are at atmospheric pressure. Since the rotor spins in a vacuum, it absorbs but little heat. For use with unstable viruses, the rotor is cooled to about 0° C. During a 3-hour run it warms up less than 5°, hence the material may be kept cold during the entire centrifugation process. The vacuum chamber is shown closed and to open it it is only necessary to bring it to atmospheric pressure and lift the upper portion from the steel cylinder. The rotor may then be removed from the driving mechanism by loosening the chuck (11).

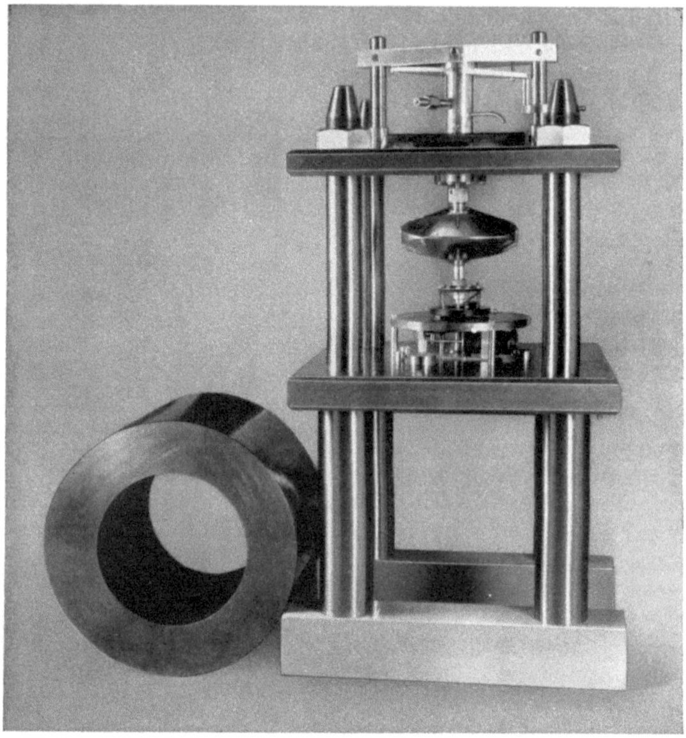

Fig. 8. Photograph showing driving mechanism and assembled rotor for analytical centrifugation. The vacuum chamber is removed. From BAUER and PICKELS (1937).

The centrifuge that is used by GRATIA consists of an improved HENRIOT and HUGUENARD apparatus. In this centrifuge the rotor carrying the material to be centrifuged and the driving mechanism are combined in the same unit, and this entire unit is spun by means of jets of compressed air impinging on flutes on the bottom of the unit. This type of centrifuge warms up due to air friction and the early models had a very limited capacity. GRATIA has recently reported that he has been able to overcome these objectionable features by means of a hollow conical container of rather large capacity held within the enlarged rotors and by using carbon dioxide or ethyl chloride to keep the rotor cool.

In order to measure rates of sedimentation of proteins and to determine the homogeneity with respect to size of the preparations, either the SVEDBERG ultracentrifuge or the SVEDBERG optical system and the air-driven turbine may be used. The SVEDBERG ultracentrifuge is too well known to warrant description here. It has proved of tremendous value in the study of proteins for over 10 years.

The air turbine apparatus is, however, of recent origin and will be described briefly. The driving mechanism is essentially the same as that previously described and used for the quantity centrifuge. However, the rotor is different, for it is made to hold a cell containing the sample that is to be analyzed. This cell is essentially the same as that used by SVEDBERG. Fig. 8 shows the details of the assembled driving mechanism and rotor for analytical measurements. The vacuum chamber is removed. The top and bottom of the centrifuge are fitted with two quartz windows to permit observation and photography of sedimentation of materials held in the analytical cell. The apparatus serves essentially the same purpose as does the SVEDBERG ultracentrifuge. The process of purification of a virus preparation may be followed by observing the amount of unsedimentable and colloidal matter which is present, and the final product may be examined for homogeneity and its rate of sedimentation determined.

Tobacco ring spot virus.

The development of adequate centrifugation apparatus and the stimulus produced by the demonstration that tobacco mosaic virus could be obtained readily in a pure and apparently unaltered condition by use of this equipment soon resulted in the application of this technique to the study of several different viruses. The usefulness of the technique was first substantiated by STANLEY and WYCKOFF in 1937, working with the unstable plant viruses of tobacco ring spot, latent mosaic of potato, severe etch, and cucumber mosaic. Tobacco ring spot virus is unstable and becomes almost completely inactivated on merely standing at room temperature for one day, hence it was necessary to keep the preparations cold during the entire manipulation. This was done by working in a room held at about 2^0 C. and by carrying out the ultracentrifugation in a quantity head precooled to about 0^0 C. The leaves from Turkish tobacco plants diseased with tobacco ring spot virus were frozen, macerated, and the juice pressed out. The juice was kept cold and clarified by centrifugation in a Swedish angle centrifuge or by filtration through paper or a thin layer of celite. Then 130 c. cm. portions of this cold clarified infectious juice were placed in celluloid tubes and centrifuged for about 2 hours in a maximum field of about 60000 times gravity by means of equipment similar to that previously described. Immediately following this centrifugation, the supernatant liquid was removed by decantation and very small pellets, less than 1/50 the size customarily found with tobacco mosaic juice, were obtained. Although about 80 per cent of the amount of protein originally in the juice was found in the supernatant liquid, this protein was inactive and all of the virus activity was contained in the pellets. Thus, one ultracentrifugation served to separate the virus from the major portion of the protein. The pellets from several centrifugations were combined, well suspended in distilled water or dilute phosphate buffer at p_H 7, and spun on a Swedish angle centrifuge. This served to purify the protein further, for much colloidal matter and pigment sedimented to the bottom of the tube. The supernatant liquid, which contained the soluble protein, some pigment and a small amount of finely dispersed colloidal matter, was then ultracentrifuged as before and the whole process of ultracentrifugation, re-solution of protein, and low-speed angle centrifugation, was repeated several times. Each ultracentrifugation served to separate the high molecular weight from the low molecular weight materials and to aggregate colloidal matter, and each low-speed centrifugation served to separate this aggregated colloidal matter from the soluble material. During the entire purification process the distribution of protein between the supernatant liquid and pellets was followed by chemical analysis, the size and homogeneity of the two components by means of the analytical centrifuge, and the distribution of virus by means of activity measurements. The amount of inactive protein in the supernatant liquid obtained on ultracentrifugation was found to decrease until eventually none could be detected even by the most delicate chemical tests. At the same time the protein in the pellets was found to become more homogeneous and finally gave only one sharp boundary characteristic of a single molecular species with sedimentation constant $S_{20°}$ = about 115×10^{-13} cm. sec.$^{-1}$ dynes^{-1}. As may be seen from fig. 9, in which the yields of various virus proteins per 200 gm. of starting material are given, the yield of this material was about 1,5 mg. per 200 gm. of diseased plants. This indicates that such plants contain about one part of this protein per 130000 parts of plant material, and hence that the virus activity of the protein might be

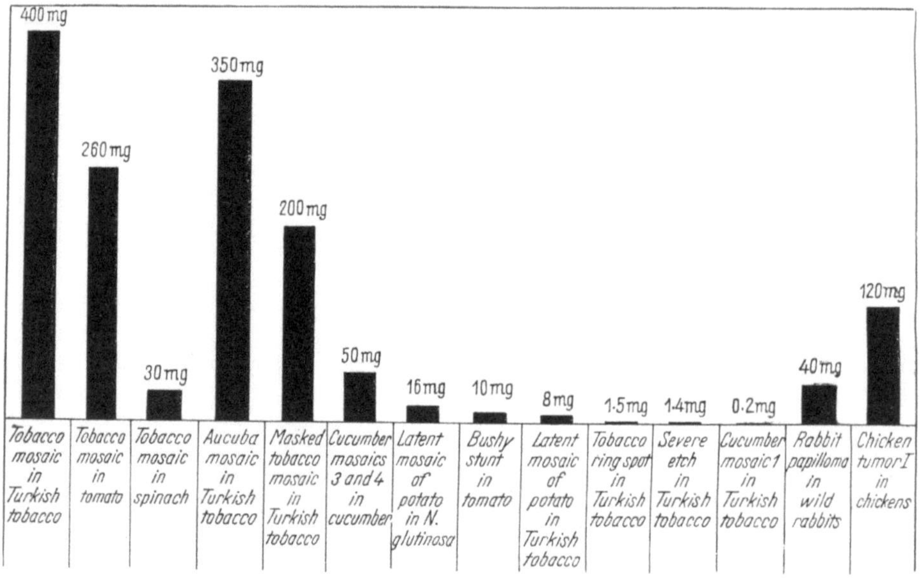

Fig. 9. Approximate amounts of heavy proteins in 200 gm. of plants diseased with different viruses. From STANLEY (1938).

expected to be about 100000 times greater than that of the starting material. The virus activity of the protein was determined and found to be about 10000 times that of infectious juice. STANLEY and WYCKOFF found it possible, therefore, to concentrate and purify tobacco ring spot virus by means of the centrifugation technique and to obtain a quantity of a high molecular weight protein, homogeneous with respect to size, and possessing the properties of this virus.

Latent mosaic virus.

The same method of high-speed centrifugation was also used for the concentration, purification, and isolation of a high molecular weight protein from plants diseased with the virus of latent mosaic of potato. This virus is of interest because it occurs in most of the potato plants in the United States as an apparently normal constituent, and its infectious nature and ability to cause disease become obvious only when it is transferred to another host, such as Turkish tobacco. The latent mosaic virus was subjected to a more detailed investigation by LORING and WYCKOFF, who isolated about one part per 25000 parts of diseased Turkish tobacco plant tissue in the form of a high molecular weight protein having a sedimentation constant of 113×10^{-13} and posessing the properties of this virus. The purified preparations usually show a second faint but sharp boundary which sediments more rapidly than the principal one and has a sedimentation constant of 131×10^{-13}. There is reason to believe that this second component is a derivative of the principal component. The activity of this protein was found to be between 1000 and 10000 times that of the infectious juice. The purified protein proved to be infectious at a dilution of one to 10^8, equivalent to 10^{-8} gm. of protein per c. cm. The protein was found to reach a concentration in *Nicotiana glutinosa* L. plants about double that found in Turkish tobacco plants. The sedimentation constant and activity of the protein were the same regardless of the source.

Severe etch virus.

Little is known about the general properties of severe etch virus, for it has not been extensively studied. The fact that there was no local lesion method for the estimation of this virus presented further difficulties. However, it was found that on ultracentrifugation of the juice of severe etch-diseased Turkish tobacco plants the virus activity was concentrated in the pellets. After further purification by ultracentrifugation, the protein in the pellets sedimented with a boundary characteristic of a single molecular species with sedimentation constant $S_{20^\circ} = 170$. Although the severe etch virus protein sediments at about the same rate as does tobacco mosaic virus protein, the other properties of the two proteins were found to differ. Satisfactory activity measurements have not been obtained as yet with severe etch virus protein. There are indications that the virus activity may be lost without measurably changing the sedimentation constant of the protein.

Cucumber mosaic viruses.

Bawden and Pirie, using chemical methods similar to those used in the isolation of tobacco mosaic virus protein on the extracts from cucumber plants diseased with viruses which Ainsworth refers to as cucumber viruses 3 and 4, were able to isolate crystalline proteins having a chemical composition and properties similar to those of tobacco mosaic virus protein. However, the yield was only about 1/10 that usually obtained in the case of tobacco mosaic virus protein. The cucumber virus proteins were found to be serologically related to tobacco mosaic virus protein and to give the same type of satin-like sheen on crystallization. However, in marked contrast to tobacco mosaic, they were not found to infect tobacco, tomato, *Nicotiana glutinosa*, or golden cluster bean plants. Wyckoff and Price have recently obtained the virus proteins by ultracentrifugation and found them to have the same sedimentation constant as tobacco mosaic virus protein. Because of the striking similarity of properties, it seems possible that cucumber viruses 3 and 4 may actually be strains of tobacco mosaic that have acquired the ability to infect cucumber and lost the ability to infect tobacco plants, and yet have retained many of the characteristic properties of tobacco mosaic virus. Cucumber viruses 3 and 4 are quite stable and are markedly different from the ordinary strain of virus affecting cucumber plants in the United States which is referred to as cucumber mosaic virus 1 and which is a very unstable virus. In striking contrast to the former viruses, cucumber mosaic virus 1 is inactivated on standing for a few hours at room temperature or on heating to about 65° C., and has a dilution end point of about 1 to 100. The latter virus presented considerably more difficulties than cucumber viruses 3 and 4 which could be isolated by the ordinary chemical methods used for tobacco mosaic virus protein. In preliminary tests in which about 500 c. cm. portions of the juice from Turkish tobacco plants diseased with cucumber mosaic virus 1 were ultracentrifuged, the virus activity was found concentrated at the bottoms of the tubes. However, a measurable amount of protein was not obtained, hence it was impossible to examine the material in the analytical ultracentrifuge. In later experiments in which larger amounts of the juice were prepared, ultracentrifuged, and subjected to ultracentrifugal analysis all within 30 hours, small amounts (about 0,001 mg. per gm. of starting material) of material sedimenting with a boundary characteristic of a single molecular species with S = about 120 were obtained. This material was found to disintegrate on standing, even when kept at about 0° C., and after a few hours the sedimenting boundary was no longer demonstrable. Cucumber mosaic-diseased Turkish tobacco plants contain, therefore, about one part per million of a very unstable high molecular weight protein with which is associated the virus activity.

Shope rabbit papilloma virus.

The success of the ultracentrifugal technique in the isolation of tobacco mosaic and the less stable plant viruses stimulated BEARD and WYCKOFF to use it to determine whether or not a high molecular weight protein was present in the infectious warty tissue of papillomas induced on "cottontail" rabbits by means of the SHOPE papilloma virus. The infectious saline extracts from 5 different sets of papillomas were subjected to the ultracentrifugal procedure outlined above, and in every instance a high molecular weight protein having a sedimentation constant of about 260×10^{-13} was isolated. In every instance the protein sedimented in the analytical ultracentrifuge with the sharp boundary that characterizes a single molecular species. The protein was found to be several thousand times more active than the tissue from which it was derived, only 10^{-8} gm. per c. cm. being required to cause infection. Unusual interest surrounds this virus, for ROUS and BEARD have found that the papillomas induced by the SHOPE virus in domestic rabbits usually undergo progressive changes in the direction of malignancy and eventually become cancers. SHOPE has found that the extracts from the virus-induced papillomas on domestic rabbits usually contained no active virus. BEARD and WYCKOFF subjected the extract from ten grams of such non-infectious papilloma tissue from domestic rabbits to the ultracentrifugal procedure and found that it contained no demonstrable high molecular weight protein. However, SHOPE and KIDD, BEARD and ROUS have secured good serological evidence that virus is present in the non-infectious papilloma tissue. The elucidation of the manner in which the virus is combined in such tissue so that it is not readily extractable should prove of signal importance.

Equine Encephalitis virus.

The ultracentrifugal technique has also been used with extracts of tissues diseased with the virus of equine encephalitis. TANG, ELFORD, and GALLOWAY have found the size of this virus to be about 32—39 mμ by means of their centrifugal method, hence this virus appears to be about the size of tobacco mosaic virus. WYCKOFF found it possible to demonstrate the presence of a homogeneous heavy component in the extracts of diseased tissue which was not present in the extracts of normal tissue. This heavy material was found to have a sedimentation constant of about 245×10^{-13}, a value somewhat larger than that of tobacco mosaic virus. The virus of equine encephalitis is very unstable and becomes inactive on merely standing at room temperature for a few hours. The heavy component was also found to be very unstable and to break up into lower molecular weight material on standing for a few hours.

Bacteriophages.

The purification of a bacteriophage by a method that was dependent upon the phage diffusing into agar more rapidly than the accompanying material was reported by ARNOLD and WEISS in 1925. Bacteria growing on a medium containing a low concentration of agar were infected with phage, and after the removal of the upper layer of agar containing the bacteria and products of metabolism the lower layer into which the phage had diffused was extracted to yield an active preparation that gave no test for protein. KRUEGER and TAMADA in 1929 and later MURAMATSU, ELFORD and ANDREWES, and LARKUM used the electrophoretic migration of phage into an agar gel as a means of purification. CLIFTON, KLIGLER and OLITZKI, and others have reported the purification of phage by adsorption on materials such as aluminum hydroxide and kaolin followed by elution with alkaline buffer or dilute ammonia. The final preparations were usually found to be highly active and to give no test for protein.

The concentration of bacteriophages by centrifugation was demonstrated quite early by D'HERELLE and more recently by SCHLESINGER, by GRATIA, by GIRARD and SERTIC, by McINTOSH, and by ELFORD. However, with but one exception these workers were interested solely in determining whether or not a given bacteriophage could be sedimented by centrifugation or in the estimation of size by means of centrifugation. SCHLESINGER was interested in purification and isolation and in 1933 announced that he had been able to prepare a purified coli-bacteriophage in weighable amounts by concentration on collodion membranes followed by repeated centrifugation at 15000 R. P. M. He infected a suspension of strain NO 14 *B. coli* with bacteriophage strain "WLL" and filtered the mixture after a 2-day incubation period just before lysis occurred. A mat made up from filter paper pulp or a CHAMBERLAND L_1 filter was used for this purpose. The bacteriophage in the filtrate was then concentrated by filtration through a collodion membrane. After washing, the bacteriophage on the membrane was removed and subjected to centrifugation at 15000 R. P. M. The supernatant liquid was discarded and the sediment was dissolved and again centrifuged. The material so prepared was found to contain 42,0 per cent carbon, 6,4 per cent hydrogen, 13,2 per cent nitrogen, 3,7 per cent phosphorus, and a small amount of lipoid. The biuret, MILLON, and xanthoproteic reactions were positive. The MOLISCH test was delayed and weak, similar to that reported by STANLEY for tobacco mosaic virus protein and by BEARD and WYCKOFF for papilloma virus protein. SCHLESINGER considered the material to consist of a nucleoprotein. The solutions, some of which were active at a dilution of 1 to 10^{13}, were opalescent and showed a TYNDALL cone. The opalescent appearance and the activity disappeared when the solutions were adjusted to a concentration equivalent to about 0,02 N sodium hydroxide. SCHLESINGER concluded from the appearance under the ultramicroscope that the coli-phage particles were spherical and from the rate of sedimentation that they had a diameter of about 80 $m\mu$. Although it is quite probable that the material isolated by SCHLESINGER consisted largely of phage protein, the correlation of phage activity with protein was not studied exhaustively, and insufficient experimental evidence was obtained to justify the conclusion that the preparation contained only phage protein.

In 1936 NORTHROP announced the isolation by chemical means of a high molecular weight protein from lysed staphylococcus cultures. The protein was obtained by adjusting the solution to p_H 9 after lysis and adding a dilute solution of lead subacetate. The supernatant liquid from the lead subacetate precipitate was concentrated *in vacuo* to one-tenth its volume, digested with trypsin, and the

Table 3. Preparation of staphylococcus bacteriophage protein.

	No.	Vol. liters	[ph. u.] per ml.	[ph. u.] Total	$\frac{\text{[ph. u.]}}{\text{mg. protein N}}$	protein N per ml. mg.	protein N Total mg.
Suspend 2,5 kilo dry brewer's yeast in cheesecloth bag in 200 liters boiling water[1] for $2^1/_2$ hrs., remove yeast, adjust p_H to 7,6, boil solution 3 hrs., cool to 37° C., and inoculate with staphylococcus suspension from 5 Blake bottles, add 5×10^{-4} ml. bacteriophage solution; bubble air through for 18 hrs., clear solution	1	200	1,0	200000	50	0,02	4000
Cool to 15° C., titrate to p_H 9,0, add 1 liter M/10 lead subacetate and 300 ml. M/3 p_H 7,6 phosphate buffer and 100 ml. chloroform. Allow to settle 24 hrs. 15° C., supernatant	2	200	1,0	200000	100	0,01	2000
Supernatant evaporated at 30° C. *in vacuo* to 7–10 liters, adjust p_H to 7,6, cloudy	3	10	20,0	200000	100	0,20	2000
Add 20 gm. Filter-Cel per liter and filter through $1450^1/_2$ folded paper, filtrate	4	10	20,0	200000	2000	0,01	100
Add 500 mg. crystalline trypsin, stand 10° C. until 5 c. cm. of solution gives flocculant precipitant when mixed with 10 ml. saturated ammonium sulfate and allowed to stand 3–4 hrs. at 10° C. This usually requires 48 hrs. but may take several days	5	10	20,0	200000	5000	0,004	40
5 + 2 vols. (20 liters) saturated ammonium sulfate, stand 10° C. 2–3 days; slight precipitate with clear supernatant. Siphon off supernatant. Precipitate suspension — add 5 vols. N/10 ammonium hydroxide; dark brown solution	6	10	10,0	100000	2500	0,004	40
Add 5 gm. Darco per liter. Filter $1450^1/_2$ clear, colorless solution	7	10	10,0	100000	5000	0,002	20
Add 300 gm. ammonium sulfate/liter and keep 2–3 days 10° C. greyish white precipitate settles. Decant supernatant. Centrifuge precipitate suspension at 10° C. Dissolve precipitate with 10 times its weight of N/20 ammonium hydroxide	8	0,100	500,0	50000	3000	0,16	16
8 + 2 gm. Filter-Cel/100 ml. Filter No. 3, suction	9	0,100	500,0	50000	5000	0,10	10

[1] Extracts of some preparations of dried yeast in boiling water contain considerable amounts of protein. In the case of such yeast preparations it is necessary to add sufficient acetic acid (before adding the yeast) so that the resultant extract is about p_H 4,5–4,7. Under these conditions all preparations of dried yeast used in this work yielded an extract containing less than 0,01 mg. protein nitrogen per c. cm.

(After NORTHROP, 1938.)

active protein isolated by fractional precipitation with ammonium sulphate between 0,2 and 0,4 saturation at p_H 7. NORTHROP was able to isolate about 50 mg. of protein, representing about 25 per cent of the activity in the starting material, from 200 liters of lysed culture. The detailed procedure for an average experiment is shown in table 3. It may be seen that the protein nitrogen could be reduced from about 4000 mg. to about 40 mg. without any great loss of phage activity, but that further purification was accompanied by loss of activity. NORTHROP found the preparations to become increasingly unstable as purification proceeded and encountered considerable difficulty in achieving final purification. However, he has subjected the purified phage protein to extensive studies in which the activity and protein have been correlated by several different procedures, and has secured good evidence not only that the phage activity is a property of the protein but that the phage protein is essentially pure. The phage activity was found to be greater than that of any preparation previously reported, for only 10^{-16} gm. protein nitrogen of purified phage was found sufficient to cause lysis. The physical and chemical properties of the phage protein will be considered in the next section.

The transformation agent of the pneumococcus.

In 1928 GRIFFITH found that he could transform one specific S type of pneumococcus into another specific S type through the intermediate stage of the R form. He effected the transformation by injecting mice with nonvirulent R forms, together with large amounts of heat-killed S pneumococci of a type other than that of the organisms from which the R cells were derived. Living virulent S organisms of the same type as the heat-killed S forms were then recovered from the animals. These results were confirmed by NEUFELD and LEVINTHAL and by DAWSON. Later DAWSON and SIA demonstrated that the transformation in type could be accomplished *in vitro* by inoculating small amounts of R organisms derived from S organisms of one type into blood broth containing anti-R serum and heat-killed S cells of the other type, or more strikingly by the use of an extract of the cells of several times frozen type-specific pneumococci. The latter finding was confirmed by ALLOWAY, who found that cell-free, heated and filtered extracts of one type of S pneumococci could be used to induce the conversion of R forms derived from another S type into the same type as that of the cells used to prepare the extract. It is obvious that there is a factor which may be obtained from any one of the S type of organisms that is normally absent from R type cells, but that when added to such cells induces their conversion into the same type of S organisms from which the factor was derived, with the very important result that more of the factor is produced in the induced S cells. This phenomenon is virus-like, and it is because of this and the fact that it may become important from the standpoint of the chemistry of viruses that a discussion is included here. The various type-specific pneumococci may be regarded as cells infected with different "virus" strains and only the R organisms as healthy. The R organisms may be converted into any one of what we refer to as type-specific organisms by "infection" with any one of the different "viruses". By appropriate treatment it is again possible to free the pneumococci of "virus" and secure the healthy R type. It is of interest, therefore, to examine the nature of this factor or "virus". The type-specificity of the pneumococcus is determined by its capsular polysaccharide, hence it might be assumed that the type of soluble specific substance or polysaccharide isolated by HEIDELBERGER and AVERY or the acetyl derivative isolated by AVERY and GOEBEL from pneumococcus type 1 might be responsible for this conversion. However, DAWSON and SIA found that the specific capsular polysaccharide in chemically pure form would not induce the transformation in type. It seems probable, therefore, that, if the polysaccharide plays a role in the transformation, it does so only when in combination with some other substance. Alloway, in attempting to purify the active agent, found that considerable inactive material could be removed by dissolving heat-killed S organisms with sodium desoxycholate, precipitating with cold alcohol, and extracting the precipitate with salt solution. The extract was then heated to 60° C., centrifuged, the supernatant liquid filtered through charcoal, and again precipitated with alcohol. The precipitate was dissolved in water and centrifuged to give a colorless, water-clear supernatant liquid containing practically all of the original activity. No chemical tests were made on these purified preparations, hence nothing is known about the nature of the active agent. It is to be hoped that the study of this agent will be continued because of its virus-like nature.

Bibliography for concentration and purification of viruses.

1. AINSWORTH, G. C.: Mosaic diseases of the cucumber. Ann. appl. Biol. **22**, 55 (1935).
2. ALLARD, H. A.: Some properties of the virus of the mosaic disease of tobacco. J. agric. Res. **6**, 649 (1916).
3. ALLOWAY, J. L.: (*1*) The transformation in vitro of R pneumococci into S forms of different specific types by the use of filtered pneumococcus extracts. J. exper. Med. (Am.) **55**, 91 (1932).
   — (*2*) Further observations on the use of pneumococcus extracts in effecting transformation of type in vitro. J. exper. Med. (Am.) **57**, 265 (1933).
4. ARNOLD, L. and E. WEISS: Isolation of bacteriophage free from bacterial proteins. J. infect. Dis. (Am.) **37**, 411 (1925).
5. AVERY, O. T. and W. F. GOEBEL: Chemoimmunological studies on the soluble specific substance of pneumococcus. I. The isolation and properties of the acetyl polysaccharide of pneumococcus type 1. J. exper. Med. (Am.) **58**, 731 (1933).
6. BARNARD, J. E. and W. J. ELFORD: Causative organism in infectious ectromelia. Proc. roy. Soc., Lond., Ser. B: Biol. Sci. **109**, 360 (1931).
7. BARTON-WRIGHT, E. and A. M. MCBAIN: Possible chemical nature of tobacco mosaic virus. Nature (Brit.) **132**, 1003 (1933).
8. BAUER, J. H. and E. G. PICKELS: (*1*) A high speed centrifuge for study of viruses. J. Bacter. (Am.) **31**, 53 (1936). Abstr.
   — (*2*) A high speed vacuum centrifuge suitable for the study of filterable viruses. J. exper. Med. (Am.) **64**, 503 (1936).
9. BAWDEN, F. C. and N. W. PIRIE: (*1*) The isolation and some properties of liquid crystalline substances from solanaceous plants infected with three strains of tobacco mosaic virus. Proc. roy. Soc., Lond., Ser. B: Biol. Sci. **123**, 274 (1937).
   — (*2*) The relationships between liquid crystalline preparations of cucumber viruses 3 and 4 and strains of tobacco mosaic virus. Brit. J. exper. Path. **18**, 275 (1937).
   — (*3*) A plant virus preparation in a fully crystalline state. Nature (Brit.) **141**, 513 (1938).
10. BAWDEN, F. C., N. W. PIRIE, J. D. BERNAL, and I. FANKUCHEN: Liquid crystalline substances from virus-infected plants. Nature (Brit.) **138**, 1051 (1936).
11. BEALE, H. P.: Relation of STANLEY's crystalline tobacco-virus protein to intracellular crystalline deposits. Contr. Boyce Thomp. Inst. **8**, 413 (1937).
12. BEAMS, J. W. and E. G. PICKELS: The production of high rotational speeds. Rev. sci. Instr. **6**, 299 (1935).

13. Beams, J. W., A. J. Weed, and E. G. Pickels: The ultracentrifuge. Science **78**, 338 (1933).

14. Beard, J. W. and R. W. G. Wyckoff: The isolation of a homogeneous heavy protein from virus-induced rabbit papillomas. Science **85**, 201 (1937).

15. Bechhold, H. u. M. Schlesinger: (*1*) Die Größenbestimmung von subvisiblem Virus durch Zentrifugieren. Die Größe des Pockenvakzine- und Hühnerpesterregers. Biochem. Z. **236**, 387 (1931).
— (*2*) Größe von Virus der Mosaikkrankheit der Tabakpflanze. Phytopath. Z. **6**, 627 (1933).

16. Bedson, S. P. and G. T. Western: Observations on the virus of psittacosis. Brit. J. exper. Path. **11**, 502 (1930).

17. Best, R. J.: Precipitation of the tobacco mosaic virus complex at its isoelectric point. Austral. J. exper. Biol. a. med. Sci. **14**, 1 (1936).

18. Biscoe, J., E. G. Pickels, and R. W. G. Wyckoff: (*1*) Light metal rotors for the molecular ultracentrifuge. Rev. sci. Instr. **7**, 246 (1936).
— (*2*) An air-driven ultracentrifuge for molecular sedimentation. J. exper. Med. (Am.) **64**, 39 (1936).

19. Bland, J. O. W.: Filter and centrifuge experiments with guinea-pig vaccinia virus. Brit. J. exper. Path. **9**, 283 (1928).

20. Borrel, A.: Sur les inclusions de l'épithélioma contagieux des oiseaux (*molluscum contagiosum*). C. r. Soc. Biol. **57**, 642 (1904).

21. Brewer, P. H., H. R. Kraybill, and M. W. Gardner: Purification of the virus of tomato mosaic. Phytopathology **17**, 744 (1927). Abstr.

22. Brewer, P. H., H. R. Kraybill, R. W. Samson, and M. W. Gardner: Purification and certain properties of the virus of typical tomato mosaic. Phytopathology **20**, 943 (1930).

23. Brown, H. and J. A. Kolmer: Attempted chemical isolation of the virus of poliomyelitis. Proc. Soc. exper. Biol. a. Med. (Am.) **37**, 137 (1937).

24. Caldwell, J.: Possible chemical nature of tobacco mosaic virus. Nature (Brit.) **133**, 177 (1934).

25. Clark, P. F., J. Schindler, and D. J. Roberts: Some properties of poliomyelitis virus. J. Bacter. (Am.) **20**, 213 (1930).

26. Claude, A.: (*1*) Properties of the causative agent of a chicken tumor. X. Chemical properties of chicken tumor extracts. J. exper. Med. (Am.) **61**, 27 (1935).
— (*2*) Properties of the causative agent of a chicken tumor. XIII. Sedimentation of the tumor agent, and separation from the associated inhibitor. J. exper. Med. (Am.) **66**, 59 (1937).
— (*3*) Fractionation of chicken tumor extracts by high speed centrifugation. Amer. J. Canc. **30**, 742 (1937).
— (*4*) Concentration and purification of Chicken Tumor I agent. Science **87**, 467 (1938).

27. Claude, A. and J. B. Murphy: Transmissible tumors of the fowl. Physiol. Rev. (Am.) **13**, 246 (1933).

28. Clifton, C. E.: (*1*) A method for the purification of the bacteriophage. Proc. Soc. exper. Biol. a. Med. (Am.) **28**, 32 (1930).
— (*2*) Photodynamic action of certain dyes on the inactivation of staphylococcus bacteriophage. Proc. Soc. exper. Biol. a. Med. (Am.) **28**, 745 (1931).

29. Craigie, J.: The nature of the vaccinia flocculation reaction, and observations on the elementary bodies of vaccinia. Brit. J. exper. Path. **13**, 259 (1932).

30. Dawson, M. H.: The transformation of pneumococcal types. II. The interconvertibility of type-specific S pneumococci. J. exper. Med. (Am.) **51**, 123 (1930).

31. Dawson, M. H. and R. H. P. Sia: In vitro transformation of pneumococcal types. I. A technique for inducing transformation of pneumococcal types in vitro. J. exper. Med. (Am.) **54**, 681 (1931).

32. Duggar, B. M.: Standardization and relative purification technique with plant virus preparations. Proc. Soc. exper. Biol. a. Med. (Am.) **30**, 1104 (1933).

33. Elford, W. J.: (*1*) A new series of graded collodion membranes suitable for general bacteriological use, especially in filterable virus studies. J. Path. a. Bacter. **34**, 505 (1931).
— (*2*) The principles of ultrafiltration as applied in biological studies. Proc. roy. Soc., Lond., Ser. B: Biol. Sci. **112**, 384 (1933).
— (*3*) Centrifugation studies: I. Critical examination of a new method as applied to the sedimentation of bacteria, bacteriophages and proteins. Brit. J. exper. Path. **17**, 399 (1936).
34. Elford, W. J. and C. H. Andrewes: (*1*) The sizes of different bacteriophages. Brit. J. exper. Path. **13**, 446 (1932).
— (*2*) Estimation of the size of a fowl tumour virus by filtration through graded membranes. Brit. J. exper. Path. **16**, 61 (1935).
— (*3*) Centrifugation studies: II. The viruses of vaccinia, influenza and Rous sarcoma. Brit. J. exper. Path. **17**, 422 (1936).
35. Eriksson-Quensel, I. and T. Svedberg: Sedimentation and electrophoresis of the tobacco-mosaic virus protein. J. amer. chem. Soc. **58**, 1863 (1936).
36. Fränkel, E.: Investigations into the blastogenic principle in fowl sarcoma, and their significance in the theory of the origin of malignant tumours. Lancet **1929 II**, 538.
37. Fraenkel, E. M. and C. A. Mawson: (*1*) Adsorption and elution of the Rous sarcoma agent. Brit. J. exper. Path. **16**, 416 (1935).
— (*2*) Further studies of the agent of the Rous fowl sarcoma: A. Ultra-centrifugation experiments; B. Experiments with the lipoid fraction. Brit. J. exper. Path. **18**, 454 (1937).
38. Fränkel, E. u. E. Mislowitzer: Versuche zur Isolierung des blastogenen Prinzips beim Rous-Sarkom. Z. Krebsforsch. **29**, 491 (1929).
39. Fränkel, E., E. Mislowitzer u. R. Simke: Untersuchungen über das Agens des Rous-Sarkoms. Z. Krebsforsch. **27**, 477 (1928).
40. Girard, P. et V. Sertic: Action de hauts champs centrifuges sur diverses cellules bactériennes, sur différents bactériophages et la lysine diffusible d'un bactériophage. C. r. Soc. Biol. **118**, 1286 (1935).
41. Goldstein, B.: (*1*) Cytological study of living cells of tobacco plants affected with mosaic disease. Bull. Torrey botan. Club **51**, 261 (1924).
— (*2*) A cytological study of the leaves and growing points of healthy and mosaic diseased tobacco plants. Bull. Torrey botan. Club **53**, 499 (1926).
42. Gratia, A.: (*1*) La centrifugation des bactériophages. C. r. Soc. Biol. **117**, 1228 (1934).
— (*2*) La centrifugation des bactériophages. Bull. Soc. Chim. biol. (Fr.) **18**, 208 (1936).
— (*3*) Suite de la mise au point, pour les usages biologiques, de l'ultracentrifugeur à air comprimé de Henriot-Huguenard. C. r. Soc. Biol. **125**, 1057 (1937).
43. Gratia, A. et P. Manil: De l'ultracentrifugation des virus des plantes. C. r. Soc. Biol. **126**, 423 (1937).
44. Griffith, F.: Significance of pneumococcal types. J. Hyg. (Brit.) **27**, 113 (1928).
45. Heidelberger, M. and O. T. Avery: (*1*) The soluble specific substance of pneumococcus. J. exper. Med. (Am.) **38**, 73 (1923).
— (*2*) The soluble specific substance of pneumococcus. Second paper. J. exper. Med. (Am.) **40**, 301 (1924).
46. Henriot, E. et E. Huguenard: (*1*) Sur la réalisation de très grandes vitesses de rotation. C. r. Acad. Sci. **180**, 1389 (1925).
— (*2*) Les grandes vitesses angulaires obtenues par les rotors sans axe solide. J. Physique et le Radium **8**, 433 (1927).
47. d'Herelle, F.: Le bactériophage: son rôle dans l'immunité. Paris: Masson et Cie. 1921.
48. Hoggan, I. A.: Cytological studies on virus diseases of solanaceous plants. J. agric. Res. **35**, 651 (1927).
49. Holmes, F. O.: Local lesions in tobacco mosaic. Bot. Gaz. **87**, 39 (1929).

50. Iwanowski, D.: Über die Mosaikkrankheit der Tabakspflanze. Z. Pflanzenkrkh. **13**, 1 (1903).

51. Janssen, L. W.: Die Herstellung eines stark gereinigten Virus der Maul- und Klauenseuche. Z. Hyg. **119**, 558 (1937).

52. Janssen, L. W. u. E. Bass: Das Niederschlagen des Virus der Maul- und Klauenseuche mit Alkohol und Äther. Münch. tierärztl. Wschr. **86**, 373 (1935).

53. Jobling, J. W. and E. E. Sproul: (*1*) The transmissible agent in the Rous chicken sarcoma no. 1. Science **84**, 229 (1936).
— (*2*) Relation of certain viruses to the active agent of the Rous chicken sarcoma. Science **85**, 270 (1937).

54. Johnson, B.: Concentration of the virus of the mosaic of tobacco. Amer. J. Botany **21**, 42 (1934).

55. Kidd, J. G., J. W. Beard, and P. Rous: Serological reactions with a virus causing rabbit papillomas which become cancerous. I. Tests of the blood of animals carrying the papilloma. J. exper. Med. (Am.) **64**, 63 (1936).

56. Kligler, I. J. and L. Olitzki: (*1*) Studies on protein-free suspensions of viruses. I. The adsorption and elution of bacteriophage and fowl-pox virus. Brit. J. exper. Path. **12**, 172 (1931).
— (*2*) Purification of phage by adsorption and elution. Proc. Soc. exper. Biol. a. Med. (Am.) **30**, 1365 (1933).

57. Kluyver, A. J.: Levens nevels. Handel. 26. nederlandsch. nat. gen. Cong., S. 82. 1937.

58. Krueger, A. P.: The nature of bacteriophage and its mode of action. Physiol. Rev. (Am.) **16**, 129 (1936).

59. Krueger, A. P. and H. T. Tamada: The preparation of relatively pure bacteriophage. J. gen. Physiol. (Am.) **13**, 145 (1929).

60. Larkum, N. W.: Relationship of bacteriophage to toxin and antitoxin. Proc. Soc. exper. Biol. a. Med. (Am.) **30**, 1395 (1933).

61. Ledingham, J. C. G.: The aetiological importance of the elementary bodies in vaccinia and fowl-pox. Lancet **1931 II**, 525.

62. Ledingham, J. C. G. and W. E. Gye: On the nature of the filterable tumour-exciting agent in avian sarcomata. Lancet **1935 I**, 376.

63. Leitch, A.: On the pathogenesis of cancer. In: Report of the International Conference on Cancer, S. 20. London 1928.

64. Lewis, M. R.: Production of tumors by means of purified (protein removed) tumor extracts. Amer. J. Canc. (Suppl.) **15**, 2248 (1931).

65. Lewis, M. R. and H. B. Andervont: The adsorption of certain viruses by means of particulate substances. Amer. J. Hyg. **7**, 505 (1927).

66. Lewis, M. R. and W. Mendelsohn: Purified (protein free) virus of chicken tumor no. 1. Amer. J. Hyg. **13**, 639 (1931).

67. Lojkin, M.: A study of ascorbic acid as an inactivating agent of tobacco mosaic virus. Contr. Boyce Thomp. Inst. **8**, 445 (1937).

68. Lojkin, M. and C. G. Vinson: Effect of enzymes upon the infectivity of the virus of tobacco mosaic. Contr. Boyce Thomp. Inst. **3**, 147 (1931).

69. Loring, H. S. and W. M. Stanley: Isolation of crystalline tobacco mosaic virus protein from tomato plants. J. biol. Chem. (Am.) **117**, 733 (1937).

70. Loring, H. S. and R. W. G. Wyckoff: The ultracentrifugal isolation of latent mosaic virus protein. J. biol. Chem. (Am.) **121**, 225 (1937).

71. MacCallum, W. G. and E. H. Oppenheimer: Differential centrifugalization; a method for the study of filterable viruses, as applied to vaccinia. J. amer. med. Assoc. **78**, 410 (1922).

72. MacClement, D.: Purification of plant viruses. Nature (Brit.) **133**, 760 (1934).

73. Martin, L. F., H. H. McKinney, and L. W. Boyle: Purification of tobacco mosaic virus and production of mesomorphic fibers by treatment with trypsin. Science **86**, 380 (1937).

74. Maschmann, E. and B. Albrecht: The carcinogenic agent of the chicken sarcoma of P. Rous. Z. physiol. Chem. **196**, 241 (1931).

75. McINTOSH, J.: The sedimentation of the virus of ROUS sarcoma and the bacteriophage by a high-speed centrifuge. J. Path. a. Bacter. **41**, 215 (1935). Abstr.

76. McINTOSH, J. and F. R. SELBIE: The measurement of the size of viruses by high-speed centrifugalization. Brit. J. exper. Path. **18**, 162 (1937).

77. McKINNEY, H. H.: Quantitative and purification methods in virus studies. J. agric. Res. **35**, 13 (1927).

78. MILONE, S.: Sull'assorbimento superficiale dell'agente del sarcoma dei polli di PEYTON ROUS. Arch. Sci. med. **52**, 321 (1928).

79. MURAMATSU, K.: Über die physikalische und chemische Beschaffenheit der Bakteriophagen. Jap. J. exper. Med. **9**, 333 (1931).

80. MURPHY, J. B., E. STURM, A. CLAUDE, and O. M. HELMER: Properties of the causative agent of a chicken tumor. III. Attempts at isolation of the active principle. J. exper. Med. (Am.) **56**, 91 (1932).

81. NAKAHARA, W. and H. NAKAJIMA: Adsorption and elution experiments on filterable agent of ROUS chicken sarcoma. Gann (Jap.) **27**, 202 (1933).

82. NEUFELD, F. u. W. LEVINTHAL: Beiträge zur Variabilität der Pneumokokken. Z. Immunit.forsch. **55**, 324 (1928).

83. NORTHROP, J. H.: (*1*) Isolation and properties of pepsin and trypsin. In: The Harvey Lectures, 1934/35, The Williams and Wilkins Co., Baltimore, **30**, 229 (1936).
— (*2*) Concentration and partial purification of bacteriophage. Science **84**, 90 (1936).
— (*3*) Concentration and purification of bacteriophage. Collecting Net **12**, 188 (1937).
— (*4*) Concentration and purification of bacteriophage. J. gen. Physiol. (Am.) **21**, 335 (1938).

84. PARKER, R. F. and T. M. RIVERS: Immunological and chemical investigations of vaccine virus. I. Preparation of elementary bodies of vaccinia. J. exper. Med. (Am.) **62**, 65 (1935).

85. PASCHEN, E.: Was wissen wir über den Vakzineerreger? Münch. med. Wschr. **53**, 2391 (1906).

86. PENTIMALLI, F.: Analisi spettrografica dell'agente del sarcoma dei polli. Tumori **22** (Ser. 2, **10**), 14 (1936).

87. PETRE, A. W.: Factors influencing the activity of tobacco mosaic virus preparations. Contr. Boyce Thomp. Inst. **7**, 19 (1935).

88. PIRIE, A.: Adsorption experiments with the ROUS sarcoma virus. Brit. J. exper. Path. **12**, 373 (1931).

89. POLLARD, A. and C. R. AMIES: An investigation of the alleged tumour-producing properties of lipoid material extracted from ROUS sarcoma desiccates. Brit. J. exper. Path. **18**, 198 (1937).

90. PRICE, W. C. and R. W. G. WYCKOFF: The ultracentrifugation of the proteins of cucumber viruses 3 and 4. Nature (Brit.) **141**, 685 (1938).

91. PYL, G.: (*1*) Adsorptionsversuche mit Maul- und Klauenseuchevirus in Pufferlösungen. Zbl. Bakter. usw., Abt. I, Orig. **121**, 10 (1931).
— (*2*) Die Bedeutung der kolloidalen Träger für die Beständigkeit des Virus der Maul- und Klauenseuche. Z. physiol. Chem. **218**, 249 (1933).
— (*3*) Über eine zweite Form des Maul- und Klauenseuche-Virus. Z. physiol. Chem. **244**, 209 (1936).

92. RAWLINS, T. E. and J. JOHNSON: Cytological studies of the mosaic disease of tobacco. Amer. J. Botany **12**, 19 (1925).

93. RHOADS, C. P.: Immunization with mixtures of poliomyelitis virus and aluminum hydroxide. J. exper. Med. (Am.) **53**, 399 (1931).

94. ROSS, A. F. and C. G. VINSON: Mosaic disease of tobacco. Missouri agric. exp. Sta. Res. Bull. **258** (1937).

95. ROUS, P.: A sarcoma of the fowl transmissible by an agent separable from the tumor cells. J. exper. Med. (Am.) **13**, 397 (1911).

96. ROUS, P. and J. W. BEARD: The progression to carcinoma of virus-induced rabbit papillomas (SHOPE). J. exper. Med. (Am.) **62**, 523 (1935).

97. SABIN, A. B.: Experiments on the purification and concentration of the virus of poliomyelitis. J. exper. Med. (Am.) **56**, 307 (1932).

98. SCHLESINGER, M.: (*1*) Die Bestimmung von Teilchengröße und spezifischem Gewicht des Bakteriophagen durch Zentrifugierversuche. Z. Hyg. **114**, 161 (1932).
— (*2*) Reindarstellung eines Bakteriophagen in mit freiem Auge sichtbaren Mengen. Biochem. Z. **264**, 6 (1933).

99. SHOPE, R. E.: Infectious papillomatosis of rabbits. J. exper. Med. (Am.) **58**, 607 (1933).

100. SIA, R. H. P. and M. H. DAWSON: In vitro transformation of pneumococcal types. II. The nature of the factor responsible for the transformation of pneumococcal types. J. exper. Med. (Am.) **54**, 701 (1931).

101. SITTENFIELD, M. J., B. A. JOHNSON, and J. W. JOBLING: (*1*) Demonstration of a tumor-inhibiting substance in filtrate of ROUS chicken sarcoma and in normal chicken sera. Proc. Soc. exper. Biol. a. Med. (Am.) **28**, 517 (1931).
— (*2*) Demonstration of inhibitory substances in filtrate of ROUS chicken sarcoma and their separation from active agent. Amer. J. Canc. (Suppl.) **15**, 2275 (1931).

102. SMADEL, J. E. and M. J. WALL: Elementary bodies of vaccinia from infected chorio-allantoic membranes of developing chick embryos. J. exper. Med. (Am.) **66**, 325 (1937).

103. SMITH, F. F.: Some cytological and physiological studies of mosaic diseases and leaf variegations. Ann. Missouri botan. Gard. **13**, 425 (1926).

104. STANLEY, W. M.: (*1*) Isolation of a crystalline protein possessing the properties of tobacco-mosaic virus. Science **81**, 644 (1935).
— (*2*) Isolation and properties of virus proteins. Erg. Physiol. usw. **39**, 294 (1937).
— (*3*) The isolation and properties of tobacco mosaic and other virus proteins. In: Harvey Lec. (Am.) **33**, 170 (1938); Baltimore: The Williams and Wilkins Co., 1937/38; also in Bull. N. Y. Acad. Med. **14**, 398 (1938).
— (*4*) Recent advances in the study of viruses. In: The Sigma Xi Lectures. New Haven: The Yale University Press, 1938.

105. STANLEY, W. M. and R. W. G. WYCKOFF: The isolation of tobacco ring spot and other virus proteins by ultracentrifugation. Science **85**, 181 (1937).

106. SUGIURA, K. and S. R. BENEDICT: Fractionation of ROUS chicken sarcoma. J. Canc. Res. (Am.) **11**, 164 (1927).

107. SVEDBERG, T.: The ultra-centrifuge and the study of high-molecular compounds. Nature (Brit.) **139**, 1051 (1937).

108. TAKAHASHI, W. N. and T. E. RAWLINS: Stream double refraction of preparations of crystalline tobacco-mosaic protein. Science **85**, 103 (1937).

109. TANG, F. F., W. J. ELFORD, and I. A. GALLOWAY: Centrifugation studies. IV. The megatherium bacteriophage and the viruses of equine encephalomyelitis and louping ill. Brit. J. exper. Path. **18**, 269 (1937).

110. VINSON, C. G.: (*1*) Precipitation of the virus of tobacco mosaic. Science **66**, 357 (1927).
— (*2*) Mosaic diseases of tobacco: V. Decomposition of the safranin-virus precipitate. Phytopathology **22**, 965 (1932).

111. VINSON, C. G. and A. W. PETRE: (*1*) Mosaic disease of tobacco. Bot. Gaz. **87**, 14 (1929).
— (*2*) Mosaic disease of tobacco. II. Activity of the virus precipitated by lead acetate. Contr. Boyce Thomp. Inst. **3**, 131 (1931).

112. WOODRUFF, C. E. and E. W. GOODPASTURE: (*1*) The infectivity of isolated inclusion bodies of fowl-pox. Amer. J. Path. **5**, 1 (1929).
— (*2*) The relation of the virus of fowl-pox to the specific cellular inclusions of the disease. Amer. J. Path. **6**, 713 (1930).

113. WYCKOFF, R. W. G.: Ultracentrifugal concentration of a homogeneous heavy component from tissues diseased with equine encephalomyelitis. Proc. Soc. exper. Biol. a. Med. (Am.) **36**, 771 (1937).
114. WYCKOFF, R. W. G., J. BISCOE, and W. M. STANLEY: An ultracentrifugal analysis of the crystalline virus proteins isolated from plants diseased with different strains of tobacco mosaic virus. J. biol. Chem. (Am.) **117**, 57 (1937).
115. WYCKOFF, R. W. G. and J. B. LAGSDIN: Improvements in the air-driven ultracentrifuge for molecular sedimentation. Rev. sci. Instr. **8**, 74 (1937).
116. YAOI, H. and W. NAKAHARA: Ultrafiltration experiments on filterable agent of ROUS chicken sarcoma. Gann (Jap.) **29**, 222 (1935).

III. Chemical and physical properties of viruses.

Introduction.

For some years attempts to study the chemical and physical properties of viruses have consisted of experiments designed to yield information concerning their nature and size. Extracts containing virus plus greater or smaller amounts of extraneous material were subjected to the action of different chemical and physical agents, to filtration through membranes of known porosity, and more recently to centrifugation in known fields of force. These studies, some of which are described in the two preceding sections, were very valuable from the standpoint of serving to increase our general knowledge of viruses. Frequently, however, they did not yield information concerning the chemical and physical properties of the viruses themselves, despite the fact that the results were usually so interpreted, for the viruses were always accompanied by extraneous material, the effect of which it was impossible to evaluate. In some virus preparations the inert extraneous material probably comprised over 99 per cent of the solids, whereas in others it probably comprised less than 20 per cent of the solids. The nature and amount of extraneous matter varied with the host from which the virus extract was prepared. The presence of this extraneous material was either a real or a potential source of interference in the establishment of the true properties of a given virus, and before viruses were concentrated and purified it was practically impossible to be certain that a given property was really characteristic of a given virus. For example, the thermal inactivation point of tobacco mosaic virus is usually given as 93° C., because the virus in freshly expressed juice from diseased Turkish tobacco plants is usually inactivated on heating to 93° C. for 10 minutes. However, this point varies from sample to sample, depending upon the concentration of virus and upon the host from which the virus was obtained, for these two factors affect the relationship between virus and extraneous material. It has been impossible to determine the thermal inactivation point of the virus itself in such preparations because of the effect of the extraneous matter. When this extraneous matter is removed and the tobacco mosaic virus is obtained in the form of crystalline virus protein, the thermal inactivation point is found to be, not 93° C., but about 75° C., and the point remains the same regardless of the source of the virus.

The filtration experiments on the virus of latent mosaic of potato may be given as another example of the erroneous impressions that may result from work with unpurified preparations of virus. These filtration results indicated that the particle size of the latent mosaic virus is 75–112 mμ, or about 3 or 4 times that of tobacco mosaic virus. This virus has recently been concentrated and obtained in the form of a homogeneous purified virus protein having a sedimentation constant of 113, a value that is only about 60 per cent that of tobacco mosaic virus protein.

The double refraction of flow of latent mosaic virus protein has recently been found by LAUFFER and STANLEY to be about the same as that of tobacco mosaic virus protein; therefore, the dissymmetry of the two virus proteins must be about the same, hence the centrifugation data indicate that latent mosaic virus protein must be smaller than tobacco mosaic virus protein, instead of being several times larger. The filtration results were due probably to the fact that the amount of latent mosaic virus protein in infectious juice is only about 1/50 that of tobacco mosaic virus protein. In order to get sufficient of this naturally very dilute latent mosaic virus through the filter for activity determinations, it was apparently necessary to use filters having a pore size sufficiently large to offset partially the tendency of the virus to be adsorbed on the filter. The presence of extraneous matter may also result in erroneous impressions regarding the chemical reactivity of viruses. For example, the presence of 5 per cent mercuric chloride for a short period of time has but little effect on the activity of tobacco mosaic virus in infectious juice, whereas the same amount of mercuric chloride causes almost complete inactivation of the same amount of virus in a purified form. Results with unpurified virus might be construed to mean that mercuric chloride did not react with virus, whereas in reality the results mean only that there was a preferential reaction with the extraneous material.

Since many similar examples may be cited, it is obvious that it was not until the purified suspensions of the elementary bodies of vaccinia and other viruses, and more especially the tobacco mosaic virus protein, became available that it became possible to study the physical and chemical properties of viruses with some assurance that a given property was really characteristic of a given virus. It is costly and somewhat laborious to prepare the elementary body type of virus in large amounts, hence but little work has been done in connection with studies on their chemical and physical properties. However, tobacco mosaic virus protein has been available in unusually large amounts, measurable in hundreds of grams, and as a consequence the chemical and physical properties of this virus protein have been rather extensively studied. Aucuba mosaic, HOLMES' masked virus, and enation mosaic, which are all strains of tobacco mosaic virus, two stable strains of cucumber mosaic, which may also be related to tobacco mosaic, and tobacco ring spot, latent mosaic of potato, and bushy stunt, which are different plant viruses, have been isolated in the form of high molecular weight proteins and have been subjected to preliminary investigation. A heavy protein material possessing the properties of the SHOPE papilloma virus has been isolated by BEARD and WYCKOFF and its physical and chemical properties are now under investigation. NORTHROP has isolated a staphylococcus bacteriophage in the form of a nucleoprotein which in solutions containing 0,1 mg. or more of protein per c. cm. has an unusually high molecular weight. The high molecular weight proteins and heavy protein-like materials just mentioned represent the only preparations which have been available and which could be studied from the standpoint of their chemical and physical properties with some assurance that such properties might be characteristic of the respective viruses. This section will be concerned, therefore, with the studies on the chemical and physical properties of these materials and, since most of these studies have centered about tobacco mosaic virus protein, studies on this material will constitute most of the subject matter. Despite the fact that tobacco mosaic is among the most stable and infectious of all viruses, it is, nevertheless, typical with respect to the essential virus characteristics, and it seems likely that general information concerning its physical and chemical properties may be carried over, within certain limits, to other viruses. So far, information gleaned from studies on tobacco mosaic virus protein has been very useful in studies on other viruses, and it is to be hoped therefore that the rather detailed presentation of the physical and chemical properties of tobacco mosaic virus protein which follows will provide a background of knowledge that may be applied to viruses in general.

Tobacco mosaic virus protein.

Virus activity.

The most important and characteristic property of viruses is that of infectiousness, their ability to multiply or reproduce under certain conditions. It is highly desirable, therefore, to correlate this biological property with chemical and physical properties whenever it is possible to do so. The isolation of tobacco mosaic virus protein made it possible not only to correlate the amount of protein with the amount of virus activity, but also to correlate the virus activity with chemical and physical properties. It is obvious, however, that this work was dependent upon an accurate method for the estimation of virus activity. In the early work with tobacco mosaic virus no attempt was made to make a quantitative measure of the amount of virus present, for the activity determinations were merely qualitative and were made to determine whether or not a given preparation contained sufficient virus to cause infection. In most of these tests the appearance of the systemic disease in tobacco plants following inoculation with the test preparation was used as an indication of the presence of virus. One plant was required for each transfer of virus and it was, of course, impossible to know whether one or more than one infective unit of virus had been administered. Later, attempts were made to obtain a quantitative estimation of virus by inoculating large numbers of plants with various dilutions of virus, some of which were so dilute that only a portion of the plants would become infected. However, it was not until 1929, when HOLMES reported that the inoculation of tobacco mosaic virus to the leaves of certain plants resulted in the formation of necrotic primary lesions and that the number of lesions so produced varied directly with the amount of virus present in the inoculum, that it became possible to measure virus concentration with a reasonable degree of accuracy. Since each necrotic lesion indicated a successful transfer of virus, and since it was possible to secure hundreds of such lesions on a single leaf, it is obvious that a single leaf could serve the same purpose as several hundred plants giving only a systemic response. This fact has caused the local lesion method of virus estimation to become of considerable importance, for it has enabled rapid accurate estimations of virus activity. It has been possible, therefore, to work much more rapidly with viruses giving this type of response than with other viruses. In most of the work with viruses affecting animals, it has been necessary to use one animal for each successful transfer of virus and, in the case of only a few viruses, such as vaccinia and the SHOPE rabbit papilloma virus, has it been possible to use a single animal for simultaneous multiple inoculation, and even then the number of preparations or dilutions that may be titrated on a single animal is limited to 20 or 30 at the most. It is interesting to note that the local lesion type of response was used as a measure of the potency of vaccinia preparations in 1901 by CALMETTE and GUÉRIN. However, the lack of adequate methods for virus estimation has proved a severe handicap in work with most of the viruses affecting animals. The bacteriophage appears to be the only type of entity that may be titrated more rapidly and with greater accuracy than the viruses giving the local lesion response. However, the accuracy of the HOLMES local lesion method has been steadily improved, so that it now approaches that achieved in work with the bacteriophages.

Modifications of the original method of HOLMES by SAMUEL and BALD and by YOUDEN and BEALE and standardization by LORING and STANLEY have resulted in a method for estimating the concentration of tobacco mosaic virus that is sufficiently accurate so that a difference in virus concentration of only 10 per cent may be detected using only 40 leaves. The method as customarily used now for the comparison of the virus activity of two different preparations consists of diluting the two preparations or portions thereof with sterile 0,1 M phosphate buffer at p_H 7 so that they contain 10^{-6} gm. of protein per c. cm. This dilution of one preparation is then rubbed twice by means of a bandage gauze pad about $1^1/_4$ inches long and $^3/_8$ inch wide over the upper surface of the left halves of half of 40 to 50 leaves, and the dilution of the other preparation is rubbed in a similar manner over the right halves of the same leaves. Then in a similar manner the second preparation is rubbed over the left halves of the remaining half of the leaves and the first preparation over the right halves of the same leaves. Thus, half of the leaves contain the first preparation on the left halves and the second preparation on the right halves, whereas the order of the two preparations is reversed on the remaining half of the total number of leaves. The leaves are well sprinkled with water following the inoculation, and 4 or 5 days later the lesions are counted and the numbers subjected to a statistical analysis. LORING made a comparison of the differences in the numbers of lesions produced by the same percentage difference in virus protein concentration over a range of from 10^{-9} to 10^{-4} gm. of protein per c. cm. and found that the most favorable concentration for the comparison of different samples of virus protein was 10^{-6} gm. per c. cm. He found in a number of different tests that differences in virus protein concentration of 10 per cent or greater could be detected readily by the half leaf method when 40 to 50 leaves of *Phaseolus vulgaris* L. were used. When *Nicotiana glutinosa* was used as the test plant the smallest difference in concentration which could be distinguished consistently with the same number of leaves was 20 per cent. It should be noted, however, that during the midwinter months when growing conditions are poor the *P. vulgaris* plants are less susceptible to infection, and hence it is preferable to use *N. glutinosa*. The leaves of the latter plants are usually less susceptible to infection than those of *P. vulgaris* during the summer months.

The activity of tobacco mosaic virus protein was compared with that of the infectious juice used as starting material by means of the modified HOLMES local lesion method and found to be about 500 times more active on a weight for weight basis. This small increase in activity was somewhat disappointing, but it was soon found that this is the maximum increase in activity that could be expected, for about one part per 500 of the starting material was isolated in the form of the crystalline virus protein. The activity of many different preparations of tobacco mosaic virus protein has been compared and, although differences have been found between samples prepared at different times or by different procedures, no difference has been found between samples prepared under the same conditions. The most highly active preparations have been those secured with a minimum of treatment, such as by ultracentrifugation. Such preparations have been found to be several times more active than the virus protein originally isolated by chemical means, hence it appears that the protein first isolated was partially inactivated by the very method of isolation. The dilution end point of the activity of tobacco mosaic virus has been determined and, although there is considerable variation depending upon several factors such as the preparation, the test plant, the method of inoculation, etc., solutions containing but 10^{-10} gm. of virus protein per c. cm. have practically always proved infectious. However, it may be calculated that such solutions contain about 1000000 molecules of virus protein per c. cm. Under favorable conditions which have not proved reproducible at will, solutions containing only 10^{-14} gm., or about 100 molecules, of the virus protein per c. cm. of solution have proved infectious. The fact that it has been necessary to have from 100 to 1000000 molecules of virus protein per c. cm. of solution in order to demonstrate activity could be interpreted, of course, to mean that the protein is inactive and contains only about 1 per cent or less of a virus having about the same size and general properties. Although this must always remain as a possibility, it seems more likely, as will be seen later when the properties of the protein are considered, that other factors are responsible for the apparently low dilution end point of tobacco mosaic virus protein. It is known, for example, that only a very small fraction of the solution actually serves as inoculum. Much solution remains on the pad used for inoculating and upon the leaf surface. Infection is dependent upon a series of events and probably results only when a hair or other cell is ruptured, a portion of the solution containing one or more molecules of virus protein is imbibed, and the cell then subsequently heals. Furthermore, at such high dilutions there are probably forces that serve to concentrate the protein at surfaces and thus to reduce the actual amount of protein available for infection. A careful consideration of such factors leads one to conclude that the dilution end point is, after all, not unusually low. It is, however, highly desirable to eliminate as many of these factors as possible and to determine experimentally as soon as it may be possible to do so the result when one molecule of virus protein is introduced into a living cell.

Protein-free virus preparations.

The high dilution that tobacco mosaic virus protein will withstand with retention of activity permits the general question of "protein-free" virus preparations to be considered with a new understanding. There have been, for example, many reports of so-called "protein-free" virus preparations, that is, preparations giving none of the usual tests for protein, which were found to be quite active. It was usually concluded, because of the failure to secure a test for protein, that the solutions contained no protein and hence that the virus could not possibly be protein in nature. However, it is well known that solutions of pure protein fail to give the usual tests for protein when the concentration is less than about 10^{-5} gm. per c. cm. It is obvious, therefore, that a solution containing less than about 10^{-5} gm. of tobacco mosaic virus protein per c. cm. would fail to give a test for protein and yet could contain sufficient virus activity so that it could be diluted further over 10000 times and still remain infectious. In the case of tobacco mosaic virus, it is possible, therefore, to make up a solution from the virus protein that will give no test for protein, a so-called "protein-free" solution, yet that contains sufficient virus protein so that it may be diluted further 10000 times, with retention of virus activity. It may be concluded, therefore, that the so-called protein-free virus preparations that have been reported have not in fact been proved to be free of protein. On the contrary, it is quite possible that the virus activity that they possessed could have been due directly to virus protein.

Analysis and general properties.

Tobacco mosaic virus protein contains 16 per cent nitrogen, about 48 per cent carbon, 7,3 per cent hydrogen, about 0,6 per cent phosphorus and about 0,2 per cent sulphur. The first sample of virus protein prepared by STANLEY by a method which involved subjecting the protein to considerable fractionation and treatment at fairly acid and alkaline reactions was not found to contain chemically detectable amounts of phosphorus or sulphur. However, samples prepared later by methods involving less fractionation and less drastic changes of hydrogen ion concentration were found to contain both elements. BAWDEN and PIRIE also found the protein which they obtained by chemical methods to contain phosphorus and sulphur. The nucleic acid content of the protein has been found to vary between about 1,7 and 5 per cent, depending upon the previous history of the protein. BAWDEN and PIRIE reported that the purified virus nucleic acid resembles yeast nucleic acid closely, that it contains a pentose, and does not give the reactions with SCHIFF's reagent characteristic of a desoxypentose. They found the phosphorus to be liberated as phosphate on acid hydrolysis in two stages, in a manner similar to that of yeast nucleic acid. They also reported that the virus nucleic acid molecule was larger than that of yeast nucleic acid. BAWDEN and PIRIE considered that the presence of the nucleic acid was necessary for virus activity, because any treatment which resulted in loss of nucleic acid also resulted in a loss of virus activity. Although this view was questioned at first by STANLEY because of the early analytical data, his later results confirmed those of BAWDEN and PIRIE. There is, therefore, a general agreement that tobacco mosaic virus protein is a nucleoprotein and that so far it has not been possible to remove the nucleic acid with retention of virus activity. It should be noted, however, that it is possible to remove about 99 per cent of the nucleic acid and to secure a preparation containing a chemically undetectable amount of nucleic acid which would still be infectious at a dilution of about 1 to 10^8, a very high dilution despite the fact that it is about $^1/_{100}$ that usually found for active virus protein. Such a preparation would appear quite active despite the fact that the entire activity would be due to the trace of active virus protein. It is obvious, therefore, that in any attempt to correlate protein with virus activity, it is necessary to consider the fact that the biological test for virus activity is much more sensitive than the usual chemical test for protein.

Solutions of tobacco mosaic virus protein give the usual reactions for a protein. Solutions containing 1 mg. of virus protein per c. cm. give positive color tests with MILLON, SAKAGUCHI, biuret, xanthoproteic, glyoxylic acid, and FOLIN tyrosine reagents. The MOLISCH and FEHLING tests are negative even with concentrated solutions. However, in the case of the MOLISCH test a faint violet ring of color develops in the reaction mixture on standing for about 10 hours. This delayed weak MOLISCH test is due apparently not to an impurity but to the carbohydrate released on acid hydrolysis of the nucleic acid. The virus protein is precipitated by the usual protein-precipitating agents such as trichloroacetic acid, phosphotungstic acid, tannic acid, lead acetate, lead subacetate, safranine, alcohol, acetone, and ammonium or magnesium sulphate. Precipitation of the protein by these agents also results in precipitation of the virus activity. BAWDEN and PIRIE found that the addition of 4 or 5 parts of glacial acetic acid caused an irreversible change with the separation of a precipitate of nucleic acid. They also reported that small concentrations of pyridine had no effect on the virus protein, but that concentrations of 25–30 per cent caused rapid denaturation of the protein. Concentrated solutions of urea were found to have little or no effect on the virus protein. STANLEY found that treatment with nitrous acid resulted in the production of inactive native proteins that, although slightly altered, still retained certain chemical and serological properties characteristic of the virus protein. These results were confirmed by BAWDEN and PIRIE. Treatment sufficient to inactivate without denaturation of the protein was not found to affect the serological activity, the phosphorus content, or the ability of the protein to crystallize or give spontaneously birefringent solutions. STANLEY found treatment with hydrogen peroxide, formaldehyde, or ultraviolet light to yield similar results. He also found that the serum of an animal injected with protein inactivated by ultraviolet light had a neutralizing effect on tobacco mosaic virus similar to that previously reported by PURDY and by CHESTER for the sera of animals injected with the sap from mosaic-diseased plants. Vigorous treatment of the virus protein, such as denaturation by means of acids, alkalis, or heat, oxidation with potassium permanganate, chromic acid, or chloramine-T, or prolonged treatment with concentrated nitrous acid, was found to cause not only loss of virus activity, but also loss of the characteristic properties of the protein. It should be emphasized that it was only by means of comparatively mild treatments that inactive native proteins retaining many of the characteristic chemical and serological properties of the virus protein could be obtained.

Tobacco mosaic virus protein is very soluble at neutral or mildly alkaline reactions, but becomes less soluble as its isoelectric point is approached, is completely insoluble at the isoelectric point, and becomes soluble again as the solution is made more acid. LORING found the isoelectric point of the virus protein to be about p_H 3,3 when determined in the NORTHROP-KUNITZ cataphoresis cell in the almost complete absence of salts. In the presence of acetate buffer the value was found to be about p_H 3,5. BEST, using the method of maximum precipitation, reported an isoelectric point of p_H 3,4. ERIKSSON-QUENSEL and SVEDBERG found the isoelectric point by the method of TISELIUS to be p_H 3,49. They also found the virus protein to show a very uniform migration in an electrical field and hence to be homogeneous with respect to isoelectric point. Solutions containing about 0,5 mg. of virus protein per c. cm. have a characteristic opalescence, show a marked TYNDALL cone in the path of a beam of light, and take on a characteristic satin-like sheen or whirling appearance when stirred. This characteristic sheen becomes quite pronounced when the protein is thrown out of solution by adjustment of the hydrogen ion concentration to the isoelectric point, or by the addition of ammonium sulphate. The characteristic opalescence of solutions of virus protein disappears when the solutions are made more alkaline than about p_H 11,2 $\pm$ 0,2, and they become clear. This clearing is accompanied by complete loss of virus activity and the splitting of the protein into low molecular weight material. Although it was impossible to determine the optical rotation of solutions of active protein due to the opalescence, the clear solutions at p_H 11,2 were found to be optically active and to have a specific rotation of —0,43° per mg. of nitrogen. The specific volume of one of the early preparations of the virus protein was determined pycnometrically by ERIKSSON-QUENSEL and SVEDBERG and found to be 0,646. This value is probably a little low, for STANLEY using larger amounts of material in toluol and butyl alcohol obtained a value of 0,77. BAWDEN and PIRIE also obtained a value of 0,77 by suspending dried virus protein in mixtures of nitrobenzene and dichlorobenzene and by equilibrating protein crystals in mixtures of sucrose and ammonium sulphate solution. They obtained a specific volume of 0,73 by measuring the specific gravity of solutions containing known amounts of protein. The specific gravity of tobacco mosaic virus protein is, therefore, between 1,30 and 1,37, or about the same as that of other proteins.

When solutions of tobacco mosaic virus protein are heated to about 75° C., the protein is denatured and the virus activity is lost. BAWDEN and PIRIE found that heat coagulation of neutral solutions resulted in a shift of the hydrogen ion concentration to the acid side and the freeing of the nucleic acid. The coagulated protein was found to be free of carbohydrate and phosphorus, and the only breakdown products that were found consisted of protein and nucleic acid. Some protein which proved difficult to remove contaminated the nucleic acid, which was found to contain from 4 to 7 per cent phosphorus and from 24 to 30 per cent of carbohydrate, as estimated by the orcin method. The protein contamination was about 10 to 20 per cent, as judged from the biuret and SAKAGUCHI reactions. It was found possible to remove this protein by prolonged centrifugation at p_H 3. BAWDEN and PIRIE concluded that, although the virus nucleic acid resembles yeast nucleic acid quite closely, it is a different nucleic acid. The basis for this conclusion was that the virus nucleic acid was retained on collodion membranes which readily permitted the passage of yeast nucleic acid. Insofar as is known, nucleic acids from plant sources resemble each other and have the properties of yeast nucleic acid. It would be unlikely, therefore, for the virus nucleic acid to resemble thymus nucleic acid, and the fact that BAWDEN and PIRIE did not obtain a test for desoxypentose is a definite indication of a difference. Nucleic acids of both plant and animal origin possess certain colloidal properties, which are not explained by the usual chemical structures which have been proposed for them, and it is possible, as suggested by BAWDEN and PIRIE, that the yeast and virus nucleic acids differ with respect to these properties. LORING has examined the products of hydrolysis of virus nucleic acid with 10 per cent H_2SO_4 at 100° and isolated guanine and adenine in approximately equivalent amounts. After strong hydrolysis with 33 per cent H_2SO_4, a pyrimidine fraction which gave the characteristic barium salt of dialuric acid was obtained, thus indicating the presence of uracil and cystosine. Mild hydrolysis with ammonium hydroxide gave products which formed insoluble lead and silver salts like similar salts of the nucleotides of yeast nucleic acid, but these were not obtained in sufficient amounts for crystallization and identification. From these results, however, it appears likely that tobacco mosaic virus nucleic acid will prove to contain the same purine and pyrimidine constituents and to give the same nucleotides as yeast nucleic acid.

Effect of Enzymes.

BAWDEN and PIRIE found that one part of purified papain formed a precipitate with 4 parts of tobacco mosaic virus protein and that the active enzyme could be recovered from this precipitate by extraction at p_H 3,3. A neutral solution of clupein sulphate was also found to form a precipitate with 20 parts of virus protein from which the clupein could later be removed by extraction at p_H 3,3. BAWDEN and PIRIE consider these reactions of interest because of the possibility that they may offer a clue as to the nature of the intracellular inclusions in virus-infected plants. Another protein that appears to combine with virus protein is that of the enzyme trypsin. LOJKIN and VINSON in 1931 noted that trypsin inactivated tobacco mosaic virus and concluded that it was likely that the inactivation was due to enzymatic hydrolysis. However, CALDWELL demonstrated later that the virus activity could be regained by merely heating the reaction mixture, hence it was apparent that the inactivation was not due to enzymatic hydrolysis but probably to some other action of trypsin. STANLEY studied the effect of trypsin on the virus and found that the inactivation could not be due to proteolysis because the loss of activity occurred immediately on the addition of trypsin and because it took place at hydrogen ion concentrations at which trypsin is inactive as a proteolytic agent. He then found that the inactivation could be caused by proteins such as globin or trypsinogen which possess no proteolytic activity but which, like trypsin, have isoelectric points more alkaline than p_H 7. It is likely that trypsin and proteins having alkaline isoelectric points combine with the virus protein at hydrogen ion concentrations between the isoelectric points where the proteins are oppositely charged to form complexes that might not possess virus activity or that might appear inactive because of toxicity to the test plants. Since trypsin does not hydrolyze virus protein, it has been possible to use tryptic digestion as a step in the purification procedure. It should be possible to separate the virus protein from the trypsin and split products by ultracentrifugation on the acid side of the isoelectric point of the virus protein or on the alkaline side of the isoelectric point of the trypsin protein. BAWDEN and PIRIE found no difference between the activity of virus protein prepared with and without the use of trypsin. It seems likely, therefore, that precipitation of virus protein with acid and dilute ammonium sulphate a few times serves to separate the virus protein from the trypsin protein.

STANLEY studied the action of pepsin on tobacco mosaic virus and found that it had no effect on virus activity when incubated at hydrogen ion concentrations more alkaline than p_H 4, but that at p_H 3 there was a gradual loss of virus activity. The rate of inactivation was found to be proportional to the concentration and activity of the pepsin and to the time and temperature of digestion. It was impossible to carry out experiments at the optimum p_H for peptic activity due to the inactivation of the virus by virtue of the high hydrogen ion concentration. Since the rate of digestion of virus protein that was indicated by these experiments was vastly slower than for ordinary proteins, it is possible that the reaction that was actually being measured was the acid inactivation of virus protein, and that this was followed and possibly speeded up by the removal of the inactive denatured protein by peptic digestion. BAWDEN and PIRIE incubated virus protein preparations with commercial trypsin, pancreatin, pepsin, papain, and autolysed preparations of kidney at a number of hydrogen ion concentrations around the optima for enzymatic activity, and found that they had no appreciable effect on the virus. It may be concluded, therefore, that tobacco mosaic virus protein is unaffected by, or at least is very resistant to, enzymatic hydrolysis.

Crystallization and solubility experiments.

Recrystallization and fractional crystallization with retention of constant properties have long been used as an index of purity of compounds and, despite the fact that they have occasionally proved none too efficacious in the case of proteins, it seemed desirable to make such studies on tobacco mosaic virus protein. LORING and STANLEY found that the virus protein could be subjected to repeated crystallization or to drastic fractional crystallization without affecting the activity, provided the experiments were conducted in the cold. The results of typical experiments are presented in table 4. These results show that by these methods the protein is quite homogeneous with respect to virus activity.

The solubility of a material is a specific, characterizing property which has been successfully used to distinguish proteins such as even closely related hemoglobins. It seemed likely, therefore, that the solubility of tobacco mosaic virus protein might prove to be a characterizing property. LORING and STANLEY found that tobacco mosaic virus protein prepared under similar conditions from different lots of the same plant species or from different species of plants diseased with the same strain of virus always possessed practically the same solubility, whether equilibrium was approached from the supersaturated or the undersaturated side. Considerable difficulty was experienced in securing a complete separation of protein not in solution from protein in solution. However, the fact that about the same value was obtained from the supersaturated and from the undersaturated sides indicates that equilibrium was being approached and that a true measure of solubility was made. The solubility of the virus protein of aucuba mosaic, a strain of virus closely related to tobacco mosaic, was determined and found to be different from that of tobacco mosaic virus protein. It seems likely, however, that the solubility of virus proteins may be used as a characterizing property only under very definite specified conditions, for the solubility of a given preparation has been found to change with time. Furthermore, since every preparation of virus protein probably consists in reality of a mixture of very closely related proteins and not of a single molecular species, it should be realized that, at best, ideal conditions are only approached.

Table 4. Relative infectivity of virus protein from tobacco plants after one crystallization and fifteen crystallizations.

Experiment	Test	Preparation	Concentration (gm. protein per c. cm.)	
			10^{-5}	5×10^{-6}
1[3]	1	Crystallized once	66,6[1]	43,3
		Crystallized 15 times	68,4	49,0
		No. of half-leaves	42	42
		M. D./S. D.[2]	0,44	1,4
	1	Crystallized once	38,6	34,5
		Crystallized 15 times	35,5	32,9
		No. of half-leaves	44	44
		M. D./S. D.	1,05	0,47
2[3]	2	Crystallized once	79,8	38,4
		Crystallized 15 times	72,5	47,0
		No. of half-leaves	44	44
		M. D./S. D.	1,59	2,57
	2	Crystallized once	51,1	42,4
		Crystallized 15 times	55,3	41,9
		No. of half-leaves	34	36
		M. D./S. D.	0,98	0,12

X-ray diffraction pattern.

Wyckoff and Corey studied the X-ray diffraction pattern of crystalline tobacco mosaic virus protein and considered the pattern obtained, which is reproduced in fig. 10, with many sharp reflections between 80 Å and 3 Å, to be that which would be expected from true crystals composed of large molecules. They found no difference in the pattern of tobacco mosaic virus protein and aucuba mosaic virus protein or in that of tobacco mosaic virus protein after

1 Numbers opposite a particular preparation represent the average number of necrotic lesions per half-leaf obtained on *Phaseolus vulgaris* on inoculation with the designated preparation and concentration.

2 To show a significant difference between the mean number of lesions in any one experiment, the ratio of the mean difference (M. D.) to the standard error of the difference (S. D.) should be not less than 2,1.

3 In Experiment No. 1, 30 per cent and in No. 2, 81 per cent of the original amount of virus protein were lost in the mother liquor during recrystallization. (After Loring and Stanley, 1937).

several recrystallizations or after inactivation by means of ultraviolet light. Bawden, Pirie, Bernal, and Fankuchen made X-ray studies on crystals of tobacco mosaic virus protein similar to those used by Wyckoff and Corey, on concentrated solutions of orientated virus protein, and on an orientated dry gel prepared by allowing a solution to dry out. They found all forms to give the same wide angle scattering pattern, and they interpreted this pattern to be due to the protein molecules themselves. The pattern which they ascribe to intramolecular spacings is the same as that found by Wyckoff and Corey, but they describe in addition certain lines which they interpret as referring to sideway spacings of rod-like molecules. They regard the needle crystals not as true crystals but as para-crystals, and state that the long molecules of the protein are packed with a perfect hexagonal 2-dimensional regularity at right angles to their length, and that no evidence has been obtained of regularity of molecular

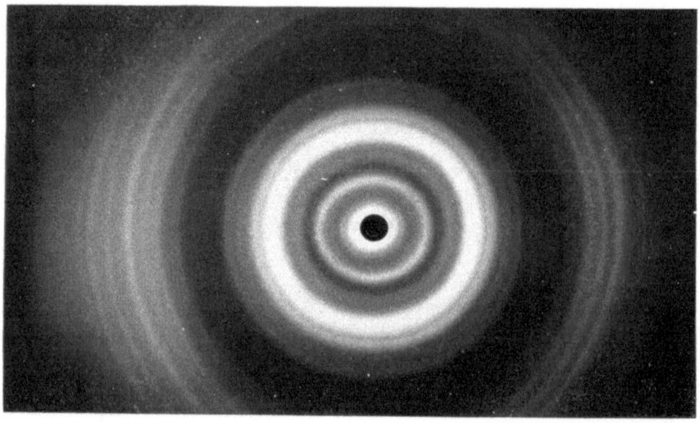

Fig. 10. X-ray diffraction pattern of crystalline tobacco mosaic virus protein. Chromium K radiation. Camera radius 7,4 cm. From Wyckoff and Corey (1936).

arrangement in the direction of their length. They consider that none of the reflections in directions other than at right angles to the molecular length is due to the packing of the molecules, but rather to the regularities within them, as shown by the fact that such reflections were found to persist unchanged when the molecules were in dilute solution. They state that the lines observed by Wyckoff and Corey refer not to the regular packing of equivalent molecules, but to the regularities within the molecule, and that they are evidence of crystallinity only if it is understood that each molecule is itself a crystal. They conclude that the molecules of tobacco mosaic virus protein are identical in cross section and that each molecule has a quasi-regular structure and is built up of sub-units of approximately the same character having the dimensions 22 Å × 20 Å × 20 Å. The effective diameter of the virus protein molecule is considered to be 152 Å and its cross sectional surface area 20100 sq. Å.

Absorption spectrum.

The ultraviolet absorption spectrum of tobacco mosaic virus protein has been determined by Lavin and Stanley and by Bawden and Pirie with about the same results. The virus protein has an absorption band in the ultraviolet with the absorption maximum at 2600 to 2650 Å (fig. 11). Lavin and Stanley concluded that the structure of this band differs from that of other proteins, for the band in the region of tyrosine absorption is shifted towards the ultraviolet. They found that the absorption spectrum of the juice from normal Turkish tobacco plants also had an absorption maximum at about 2650 Å, but that the structure of this band was different from that of the virus protein. They also found it possible to demonstrate the presence of virus protein in the partially purified juice of mosaic-diseased plants by means of ultraviolet absorption spectrum measurements. It is of interest to note that the absorption spectrum of the virus protein agrees essentially with the destruction spectrum of the virus agent in purified preparations as previously determined by DUGGAR and HOLLAENDER. This fact is of considerable importance, for it indicates a close relationship between protein and virus activity. It should also be noted that wave lengths of 2250 Å were absorbed more strongly and were more effective in inactivating the virus than were wave lengths of about 2650 Å. The former probably represent protein absorption, whereas the region near 2650 Å is that of the absorption of nucleic acid.

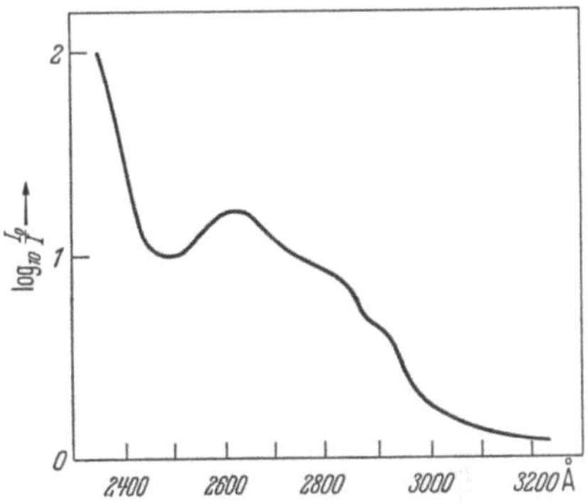

Fig. 11. Ultraviolet absorption spectrum of crystalline tobacco mosaic virus protein. Drawn from curves of LAVIN and STANLEY (1937) and BAWDEN and PIRIE (1937).

Inactivation by ultraviolet light and X-rays.

Treatment of solutions of virus protein with ultraviolet light was found by STANLEY to produce inactive native protein that, although slightly altered, still

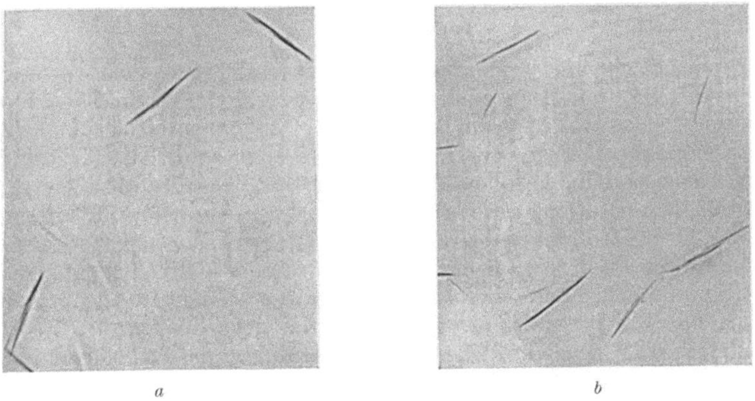

Fig. 12. *a* Crystalline tobacco mosaic virus protein. *b* Hydrogen peroxide-inactivated crystalline tobacco mosaic virus protein. From STANLEY (1937).

retained certain chemical, physical, and especially immunological properties characteristic of the virus protein. This inactive protein was not found to cause the mosaic disease or the production of a high molecular weight protein on inoculation to Turkish tobacco plants nor the production of local lesions on inoculation to plants giving a local lesion response to active virus protein. The inactive proteins may be crystallized and under the microscope they are indistinguishable from those of active protein (fig. 12). Similar results were obtained with virus protein inactivated by treatment with hydrogen peroxide, formaldehyde, or nitrous acid. The results with nitrous acid have been confirmed by BAWDEN and PIRIE. Of interest are the facts that the inactive proteins can not be distinguished from active virus protein by means of the precipitin reaction and that antisera to inactive protein have a neutralizing effect on virus activity.

The survival values of tobacco mosaic virus exposed to ultraviolet light have been studied by PRICE and GOWEN and found to follow a simple exponential curve of the type that is applicable to the inactivation of many living things or their genes. They found the rate of inactivation of virus in purified virus protein solutions to be greater than that of virus in infectious juice, due probably to the absorption of energy by extraneous matter in the latter instance. They consider that tobacco mosaic virus is inactivated in a manner similar to the inactivation of genes and that there may be a possibility of causing the mutation of virus by means of radiant energy. GOWEN and PRICE also studied the effect of X-rays on tobacco mosaic virus and found that the virus is inactivated and that the amount of inactivation is proportional to the amount of irradiation. They state that the type of curve that they obtained suggests that the absorption of a single unit of energy in a virus particle is sufficient to cause inactivation of the particle. They compare the properties of the virus protein with those of genes and suggest that on inactivation the alteration of the virus particle is similar to that which takes place in genes. BAWDEN and PIRIE studied the effect of X-rays on purified virus protein in solution and in the form of a dry powder and also found that irradiation with X-rays caused inactivation and that the amount of inactivation was proportional to the amount of irradiation. They noted that the inactivated protein resembled that obtained on treatment with nitrous acid in that it retained its characteristic serological activity and its ability to form a birefringent layer.

Effect of drying.

The effect of drying preparations of tobacco mosaic virus protein under different conditions has been studied by BAWDEN and PIRIE. They found that the activity of solutions of virus protein, whether measured serologically or by the infection method, was reduced to one-half or one-third by drying in air or over phosphorus pentoxide followed by re-solution. The loss of activity was the same whether the solutions were at p_H 7 or at the isoelectric point of the protein when dried. They also reported that it was immaterial whether the solutions were dried unfrozen, or after being frozen slowly, or after being frozen rapidly in liquid air. It appears likely, however, that the smallest change in the protein would occur when the dried samples are prepared from the frozen state. BAWDEN and PIRIE found that frozen material that had been dried *in vacuo* over phosphorus pentoxide for one day at room temperature lost less than 0,3 per cent of its weight on subsequent drying at 100° C. They also reported that such drying destroyed to a large extent the ability of the virus protein to form two layers on standing and to show double refraction when made to flow. However, they found that, by drying first over a mixture of Na_2SO_4 and $Na_2SO_4 \cdot 10\,H_2O$, so that the protein contained only 15–20 per cent water, and then completing the drying with phosphorus pentoxide, the inactivation was much less than when the protein was dried directly over phosphorus pentoxide. They consider that by drying gently in two stages the virus protein, which they think to consist of triangularly shaped particles, could pack more readily and thus avoid mechanical disruption.

Visible mesomorphic fibres.

In 1937 BEST reported that, when samples of the clarified juice from mosaic-diseased plants were allowed to stand at about 1° C. for several months, a fibrous sediment developed. Almost all of the activity of the juice was found to be associated with the fibrous layer, and the clear supernatant liquid was practically non-infectious. When undisturbed, the fibres appeared to be several centimeters long, fairly flexible, and to have a width of about 0,001 mm. When transferred to a microscope slide, the fibres broke up into lengths of about 5 mm. or less. The fibres were found to be doubly refractive with straight extinction when viewed under crossed NICOLS. Violent shaking caused most of the fibres to break up into smaller units that were no longer visible. However, when such translucent suspensions were allowed to stand, the long flexible fibres were reconstituted and settled out again. BEST considers that the fibrous material is composed of virus protein, because it has the properties of the virus protein and because recently he was able to prepare such fibres artificially from purified preparations of virus protein. He concludes that the fibres consist of long chains of virus particles linked together by relatively feeble bonds. BEST's results have been confirmed by MARTIN, MCKINNEY, and BOYLE.

Double refraction of flow.

TAKAHASHI and RAWLINS noted in 1932 that double refraction of flow was exhibited by the extracts of mosaic-diseased plants and not by the extracts of normal plants. Because of FREUNDLICH's earlier observation of the stream double refraction of the rod-shaped particles in vanadium pentoxide sols, they concluded that tobacco mosaic virus or some substance regularly associated with the disease was composed of rod-shaped particles. Recently, they examined suspensions and solutions of crystalline virus protein and found that both exhibited stream double refraction. These results were confirmed by BAWDEN and PIRIE and by LAUFFER and STANLEY. The double refraction of flow in virus solutions could possibly be attributed to a photoelastic effect, the orientation of rods or the orientation of plates. The last possibility is ruled out by the observation of TAKAHASHI and RAWLINS which has been confirmed by LAUFFER and STANLEY that, not only the edges, but the whole stream of a flowing solution of virus protein is doubly refracting. Evidence that the stream double refraction is not due to a photoelastic effect has been obtained by LAUFFER and STANLEY, by showing that the stream double refraction persists for a time in a stream of virus protein allowed to flow from the end of a pipette, hence TAKAHASHI and RAWLINS' conclusion that the molecules of tobacco mosaic virus protein are rod-shaped appears to be correct. It is to be noted, however, that as a special case the particles could be more ribbon-like than rod-like, but that the phenomenon would appear the same. LAUFFER has pointed out that, based on this phenomenon alone, the elongated particles could themselves be either optically isotropic or anisotropic. He, therefore, studied the double refraction of flow in solvents of different indices of refraction, such as various glycerine-water mixtures and aniline-glycerine-water mixtures and found that the double refraction of flow decreased greatly as the refractive index approached 1,6, the approximate value of the refractive index of the virus. LAUFFER showed that the activity of the virus was unaffected by this treatment and that on solution in a solvent of different index of refraction the virus again exhibited double refraction of flow. These results demonstrate quite conclusively that the double refraction of flow of the virus is due largely, if not entirely, to the effect of the shape of the virus particle and scarcely, if at all, to the intrinsic double refraction of the particles themselves. BAWDEN and PIRIE noted that inactivation of tobacco mosaic virus protein with X-rays or nitrous acid did not destroy the property of double refraction of flow. LAUFFER and STANLEY made a similar observation with virus protein inactivated with formaldehyde and with hydrogen peroxide. These results, together with those of WYCKOFF, BISCOE, and STANLEY, on the sedimentation constants of inactivated virus proteins, indicate that these types of inactivation do not result in any profound change in the size or shape of the virus protein molecule.

BAWDEN and PIRIE have reported that the stream double refraction shown by infectious juice is much less than that shown by a comparable amount of purified virus protein in aqueous solution or in the juice from normal plants. The stream double refraction of infectious juice was found to be greatly increased by centrifugation for 2 or 3 hours at 14000 R. P. M. followed by resuspension of the sediment in the supernatant liquid. They also reported that, when solutions of purified virus protein were filtered through SEITZ filters or through collodion filters with an average pore size of 450 mμ, the filtrates were protein-free, serologically inactive, and non-infectious, whereas the serological titre and virus activity of infectious juice were unchanged following similar treatment. They concluded that the particles of virus in the purified preparations are larger than those in infectious juice due to the aggregation of the particles, possibly end to end, during the purification process. They consider that centrifugation may cause such aggregation. BEST also considers that the molecules of virus protein may undergo linear aggregation. There seems to be no doubt therefore but that the virus protein may be caused to aggregate. However, there is reason to believe that the virus protein obtained by ultracentrifugation is isolated in a state very similar to that in which it exists in the plant, hence it seems unlikely that mere centrifugation can cause a marked aggregation of the molecules. Should a marked amount of aggregation occur, the virus activity and filterability would be expected to be decreased and the amount of double refraction of flow to be increased. BAWDEN and PIRIE compared the virus activity of samples of infectious juice and purified virus having the same serological titre and found the infectious juice to be several times more infective. However, a much more direct procedure would be to make the comparison on a protein basis. LORING did this with ultracentrifugally isolated virus protein and found the purified virus protein to be significantly more active. He also compared the virus activity of ultracentrifugally isolated virus protein made up to the same volume as the infectious juice from which it had been obtained with another sample of the same infectious juice and found no significant difference. These results demonstrate that ultracentrifugation does not alter the virus activity of the protein. LORING, LAUFFER, and STANLEY studied the effect of ultracentrifugation on the double refraction of flow and the filterability of virus protein. They found that a few ultracentrifugations did not cause a measurable increase in the double refraction of flow and that, in marked contrast to BAWDEN and PIRIE's preparations, the ultracentrifugally isolated virus protein readily passed a filter having an average pore size of 450 mμ. These and other unpublished results indicate that the virus protein isolated by ultracentrifugation is not markedly changed. However, it should be noted that, although it has been found possible to isolate virus protein by chemical means which on a protein basis is not significantly less active than the ultracentrifugally isolated virus protein, most of the protein routinely prepared by chemical means by STANLEY and coworkers during the past $2^1/_2$ years has been found to be significantly less active than the ultracentrifugally isolated protein. It is likely, therefore, that these chemically prepared samples as well as the virus protein isolated by BAWDEN and PIRIE, which incidentally must have received even more drastic treatment for they frequently used heat treatment at 70° C. and precipitation with alcohol, must have consisted of aggregated virus protein. There is reason to believe, therefore, that, with the possible exception of a few samples of virus protein which were prepared rapidly in the cold with a minimum of treatment and alteration of hydrogen ion concentration and with low concentrations of salt, no virus protein had been obtained in a state even approximating its original condition in the plant until the preparation of the ultracentrifugally isolated virus protein.

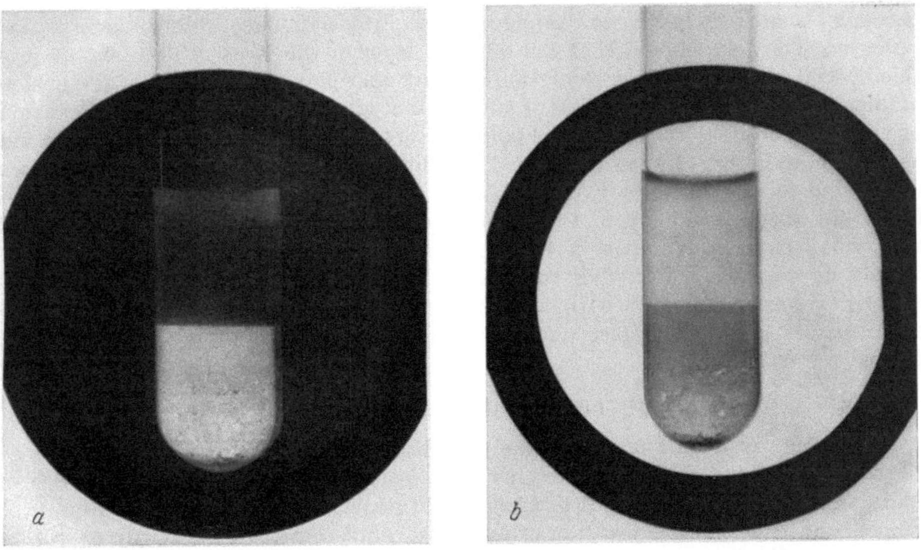

Fig. 13. Photographs of a tube of a concentrated solution of tobacco mosaic virus protein which upon standing has separated into two layers. *a* Test tube with crossed polaroids on opposite sides. *b* Test tube with parallel polaroids on opposite sides. The lower layer is spontaneously doubly refracting, whereas the upper layer is not spontaneously doubly refracting. Double refraction of flow is shown by the protein in both layers. From LAUFFER and STANLEY (1938).

Another interesting phenomenon first reported by BAWDEN and PIRIE and later confirmed by LAUFFER and STANLEY and which probably results from the rod-like shape of the virus protein is the formation (fig. 13) of two distinct layers when rather concentrated solutions of virus protein are allowed to stand. The line of demarcation is very sharp and the two layers have different solids contents and different appearances but have the same virus activity when measured on a protein basis. The upper layer is the more dilute and shows double refraction only when made to flow. The lower layer is the more concentrated and is considered by BAWDEN and PIRIE to be spontaneously birefringent. They believe that when the rod-shaped virus particles become sufficiently concentrated they lose their ability to rotate about their diameters and form a distinct layer consisting of a 3-dimensional mosaic of regions arranged at random to each other, but in each of which all of the rod-shaped particles lie approximately parallel. The reason for this latter belief is the observation made by BAWDEN and PIRIE and confirmed by LAUFFER and STANLEY that the field under a polarizing microscope of a small quantity of bottom layer material under a cover slip on a glass slide appears to consist of a 2-dimensional mosaic of doubly refracting areas orientated in different directions. As the slide is rotated through an angle of 45°, areas previously dark appear light, and conversely, hence this 2-dimensional mosaic shows true double refraction. However, LAUFFER and STANLEY have pointed out that, if the bottom layer actually consists of a 3-dimensional mosaic of randomly arranged doubly refracting areas, then it is entirely analogous to a suspension of doubly refracting crystals of microscopic size in an isotropic medium. Such a system appears to be doubly refracting only because at every instant of time it appears to transmit light when viewed with crossed polaroids. They consider such a system to represent a special case of double refraction because it has no extinction direction. LAUFFER and STANLEY called attention to the fact that, as the polarizer and crossed analyzer were rotated about the beam passing through the bottom layer, no change in light intensity detectable to the eye was observed. They concluded that the bottom layer of the virus protein shows only this special type of double refraction. They also pointed out that a suspension of microscopically visible crystals of tobacco mosaic virus protein or a preparation of virus protein near the isoelectric point shows the same type of double refraction as the lower layer. LAUFFER studied the light-scattering properties of the two layers and found that the TYNDALL effect of the upper layer differed markedly from that of the lower layer. In the top layer the scattered light was depolarized to a small extent, whereas in the bottom layer the scattered light was very largely depolarized. LAUFFER considered that all of the optical properties of the virus were consistent with the conclusion that the virus protein particles or molecules are rod-shaped nucleoproteins having very little or no intrinsic double refraction.

Sedimentation constants.

Preliminary measurements of the diffusion and osmotic pressure of tobacco mosaic virus protein by STANLEY gave molecular weight values of the order of millions. However, the amount of protein diffusing through the glass membrane of the cell and the osmotic pressure of even concentrated solutions of virus protein were so small that great difficulty was encountered in obtaining satisfactory duplication of the results. Since the ultracentrifugal methods for determining molecular weights developed by SVEDBERG are especially suitable for very large molecules, a sample of virus protein was submitted to Dr. SVEDBERG for an ultracentrifugal analysis. The protein was found to be quite inhomogeneous with respect to sedimentation constant (fig. 5) but to be completely homogeneous with respect to electrophoretic mobility. Since ERIKSSON-QUENSEL and SVEDBERG found that subjecting the virus protein to recrystallization or to different hydrogen ion concentrations caused it to become more inhomogeneous with respect to sedimentation constant, it seemed likely it had been rendered inhomogeneous by the very method used for its isolation, and that originally in the plant it might have been completely homogeneous. Therefore, an ultracentrifugal study by both the absorption and the refractive index methods was made by WYCKOFF, BISCOE, and STANLEY on tobacco mosaic virus protein as it occurs in untreated infectious juice and on virus protein purified not only by ultracentrifugation but also by very mild chemical methods. The virus protein in these preparations was found to have about the same sedimentation constant and, as may be seen from fig. 14A, was found to be homogeneous with respect to sedimentation constant.

Extensive chemical treatment or inactivation by means of hydrogen peroxide, formaldehyde, or nitrous acid did not cause complete disintegration of the molecules but did cause a distinct molecular heterogeneity which was especially marked in the case of the latter reagent. It was also found that the sedimentation constant remained unchanged between about p_H 2,2 and 9,3, except over the isoelectric range where the protein is insoluble, but that at p_H 11,4 or more alkaline reactions the virus protein had been completely disintegrated into low molecular weight material. Later, WYCKOFF studied the sedimentation rates of virus protein isolated by a mild chemical procedure and also by ultracentrifugation from a series of Turkish tobacco plants harvested 1, 2, etc., up to 13 weeks after inoculation with the ordinary strain of tobacco mosaic virus. As may be seen from fig. 14A, virus protein isolated by ultracentrifugation from plants infected for 4 weeks or less was found to be completely homogeneous with respect to sedimentation constant and to have a sedimentation constant of $S_{20^\circ} = 174 \times 10^{-13}$. Fig. 14B shows the second component with S_{20° = about 200×10^{-13} which was found to exist in samples prepared by chemical treatment from plants

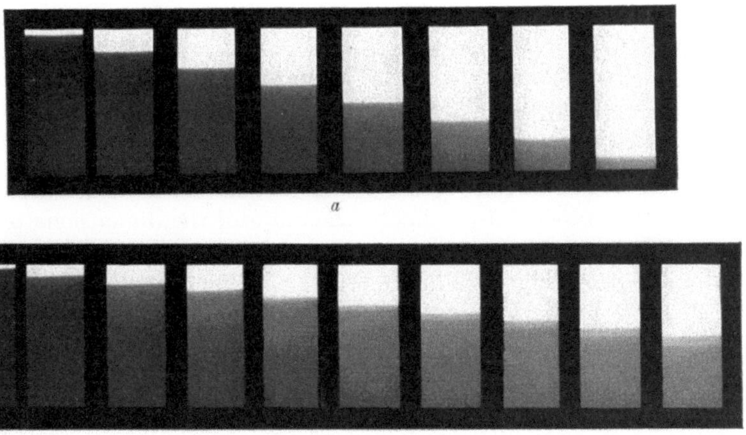

Fig. 14. Sedimentation pictures of solutions of tobacco mosaic virus protein isolated by ultracentrifugation. *a* Before, and *b* following development of a second component. From WYCKOFF (1937).

infected for 2 weeks or longer and to develop in such samples when prepared by ultracentrifugation and then allowed to stand in the presence of small amounts of salt. However, virus protein obtained from plants infected for 13 weeks was found to be homogenous with respect to sedimentation constant when it was prepared by ultracentrifugation and distilled water was used as the solvent. A solution of this protein in distilled water remained homogeneous on standing for 2 months, whereas standing in 0,1 M phosphate buffer for a short time was sufficient to cause another sample of virus protein to become inhomogeneous. The virus protein appears to be quite sensitive to even low concentrations of salts. It seems likely that salts cause either a change in the shape of the virus protein molecule or an aggregation of two or more molecules and that one of these is responsible for the component that forms the new boundary. There is some reason to believe that the change is not accompanied by complete inactivation, for STANLEY found no significant difference in the virus activity of the protein isolated from plants infected from 2 to 13 weeks, despite the fact that some samples were homogeneous and others inhomogeneous with respect to sedimentation constant. A discussion of the effect of the asymmetrical shape of the virus on the sedimentation constant and a probable explanation for the formation of the heavier component on standing in the presence of salt are included in the following section.

Viscosity, molecular weight, shape, diffusion constant etc.

Viscosity studies on solutions of tobacco mosaic virus have been reported by STANLEY, by FRAMPTON and NEURATH, and by LAUFFER. It was found that the specific viscosity was a linear function of concentration for very dilute solutions, thus indicating no interaction between particles at low concentrations. However, the linearity was not found to hold for solutions as concentrated as 1 per cent. LAUFFER studied the variations of viscosity and double refraction of flow of virus solutions with changes in the hydrogen ion concentration and found that both increased in the region of the isoelectric point but that only the viscosity fell sharply to a minimum very near the isoelectric point. He considers this behavior to be due to end to end association of rod-like molecules, followed by the side to side association of the long rods as the isoelectric point is approached from either side. The fact that at the isoelectric point the virus exists in the form of needle-shaped crystals containing rod-shaped molecules packed side by side and end to end, probably after the fashion described by BERNAL and FANKUCHEN, is in agreement with this suggestion. Another indication of an increase in the length of the particles as the isoelectric point is approached is MEHL's finding that the rotational diffusion constant determined from measurements of the orientation of virus particles in a mechanical field falls from 25 at p_H 6,8 to 0,75 at p_H 4,5. Since a number of workers have derived equations relating the viscosity to the relative dimensions of rod-shaped particles in solution, it was possible to estimate the ratio of the dimensions of the virus particle. This has been done by LAUFFER and by FRAMPTON and NEURATH and, depending upon the equations used, ratios of particle length to thickness of from 35 to 63 were obtained. With this knowledge of the approximate asymmetry of the virus particle, it became possible to convert the sedimentation constant to molecular weight and to secure an estimate of the actual dimensions of the virus particle. Using a value of 35 for the ratio of length to width and the sedimentation constant of 174×10^{-13}, LAUFFER obtained a value for the molecular weight of tobacco mosaic virus of $42{,}5 \times 10^6$, corresponding to molecules 12,3 $m\mu$ in diameter and 430 $m\mu$ in length. Using the higher value for the asymmetry, a molecular weight of $58{,}5 \times 10^6$, corresponding to molecules 11,3 $m\mu$ in diameter and 705 $m\mu$ in length, was obtained. LAUFFER has shown from similar considerations that, if two molecules having a molecular weight of $42{,}5 \times 10^6$ and a ratio of particle length to width of 35 combine end to end, the new particle will have a ratio of length to width of 70 and a molecular weight of 85×10^6, and that such a particle should have a sedimentation constant of 202×10^{-13}. This value is in good agreement with that of 200×10^{-13} obtained experimentally for the second component of virus formed on standing in the presence of a little salt, hence these general considerations provide evidence in agreement with that obtained by stream double refraction, filtration, and activity determinations concerning the aggregation of virus protein molecules. Values for molecular weight and asymmetry obtained by this treatment have been used in the chart showing the comparative sizes of viruses which is presented on page 536.

BAWDEN and PIRIE have noted that their preparations of tobacco and latent mosaic viruses would not filter through membranes of average pore size 450 $m\mu$, although the unpurified preparations readily passed such filters. They concluded that their purified preparations represented aggregated forms of the viruses as they occurred in untreated juices. This seems a reasonable interpretation of their data, especially in view of the considerations mentioned above and the finding in the Princeton laboratories that salt caused the formation of components having higher sedimentation constants. The salting out process used by BAWDEN and PIRIE probably caused such aggregation with a corresponding decrease in filterability and virus activity and an increase in sedimentation constant and double refraction of flow. It seems likely, therefore, that to date the only preparations of unaggregated virus, that is, of virus in a state and possessing an activity and filterability comparable to that of virus in untreated juice, are those that have been prepared by STANLEY and coworkers with a minimum of treatment in the cold or by means of careful differential centrifugation. Such purified preparations, in marked contrast to those of BAWDEN and PIRIE, have been found to pass readily filters of average pore size 450 $m\mu$ and to have an activity, stream double refraction, and sedimentation constant comparable to those of virus in untreated juice.

NEURATH determined the diffusion coefficient of chemically isolated tobacco mosaic virus using the refractometric method of LAMM and found a value for D_{25} of about 3×10^{-8}. Since the chemically isolated virus was probably composed of components having $S_{20^\circ} = 174$ and $S_{20^\circ} = 200$, the value probably represents an average one. Furthermore, since the diffusion measurements were made on solutions sufficiently concentrated so that the interparticle distance was of the order of magnitude of the probable length of the particles, the experimental value is probably smaller than the true value. However, LAUFFER has shown that molecules of molecular weight $42{,}5 \times 10^6$, length 430 $m\mu$, and width 12,3 $m\mu$ would be expected to have a diffusion constant, D_{25}, of $4{,}2 \times 10^{-8}$ and double molecules composed of two such particles associated end to end a diffusion constant, D_{25}, of $2{,}4 \times 10^{-8}$. The experimental value is between these two values and thus could represent that of a mixture.

LAUFFER has found that solutions of tobacco mosaic virus show electrical birefringence positive with respect to the direction of the electrical field, thus showing that the molecules orient parallel to the direction of the field. SEASTONE studied the surface spreading of tobacco mosaic virus and found that it would not spread on dilute solutions of electrolytes but that it would spread on ammonium sulphate solutions to a maximum extent of about 0,02 square meters per mg., a value in marked contrast to the square meter per mg. occupied by surface films of proteins such as egg albumin and pepsin. These results indicate that the virus protein molecule does not unfold to form a mono-layer of a thickness corresponding to that of one amino acid, as do the lower molecular weight proteins.

Virus protein from different hosts.

Although STANLEY has reported the isolation of tobacco mosaic virus protein from diseased plants of Turkish tobacco, phlox, and spinach, LORING and STANLEY from those of tomato, BAWDEN and PIRIE from those of Burley and Turkish tobacco, BEST from those of Blue Pryor tobacco and *Lycopersicon esculentum* MILL., and BEALE from those of Burley tobacco, Turkish tobacco, and Petunia, only LORING and STANLEY made an attempt to determine whether or not the virus protein isolated from two different hosts was really identical in all respects. In all other instances, only gross comparisons of properties were made. The virus proteins from two different hosts were found to form the characteristic needle crystals, or to have the same isoelectric point, or to give the same precipitation reaction, or to have the same sedimentation constant, etc. While it is probable that such proteins are identical or very similar, the experimental evidence that could be used to prove them identical is lacking. However, LORING and STANLEY made a definite effort to determine whether or not the virus protein isolated from infected tomato plants was the same as that isolated from infected Turkish tobacco plants. The plants were inoculated at the same time with the same strain of virus. They were grown under the same conditions and worked up by the same procedure. The proteins isolated from diseased tobacco and tomato plants were found to have the same chemical composition, optical activity, isoelectric point, sedimentation constant, serological properties, and virus activity. The first results of solubility experiments suggested that the virus protein from tomato plants might be slightly less soluble under the same conditions than virus protein from tobacco plants. However, the solubility studies have been repeated and extended by LORING and he finds the virus protein from the two different hosts to have the same solubility. There is good reason to believe, therefore, that the virus protein isolated from tomato plants is the same as that isolated from Turkish tobacco plants.

Tomato and tobacco plants are fairly closely related, hence it was desirable to determine whether or not the virus protein built up in distantly related plants such as, for example, phlox plants would also prove to have identical properties. STANLEY has found the virus protein from phlox plants to have the same virus activity, sedimentation constant, crystalline appearance, and isoelectric point as that from Turkish tobacco plants. Although it is quite probable that here also the two proteins are identical, it would be unwise to come to this conclusion until additional studies involving such properties as the solubility and serological reactions had been made and these properties also found identical. It is significant that phlox is so far removed from tobacco that CHESTER, even by the very sensitive anaphylactic test, found no serological relationship between the protein from normal phlox plants and that from normal Turkish tobacco plants. The isolation of virus protein from diseased phlox plants demonstrates that in two different plants, the normal constituents of which are serologically unrelated, infection is followed by the synthesis of proteins that are either identical or very closely related. This may be regarded as an indication that virus protein is built up from a precursor that exists in an amount too small to detect serologically or from small serologically inactive units and not from the protein molecules normally occurring in measurable amounts in susceptible plants. The fact that some normal plants do contain measurable amounts of high molecular weight proteins has been demonstrated by LORING, OSBORN, and WYCKOFF. They found normal broad bean and pea plants to contain about one part per thousand of rather unstable high molecular weight green pigmented protein. The relationship of this normal protein to virus protein is not known at this time. GLASER and WYCKOFF have reported that healthy silkworms as well as jaundiced silkworms contain high molecular weight proteins. Recently, PRICE and WYCKOFF secured evidence by means of the ultracentrifuge for the existence of high molecular weight substances with $S_{20^\circ} = 77 \times 10^{-13}$ in the extracts of normal cucumber plants. Still more recently, BAWDEN and PIRIE reported the presence in the extracts of unfrozen macerated tomato and Burley tobacco plants of rather unstable high molecular weight proteins. These proteins are denatured by freezing, hence they are not found in the extracts of frozen plants. This is apparently the reason why the protein content in the extracts of normal Turkish tobacco plants reported by STANLEY, who used frozen plants, was considerably less than that given by MARTIN, BALLS, and MCKINNEY. The nature of the high molecular weight proteins in normal tissues is at present unknown. They appear to have little in common with the virus proteins that have been isolated, for they are very unstable and they do not appear to be nucleoproteins for they have been found to contain less than 0,02 per cent phosphorus. The addition of different viruses to extracts of different normal tissues has never been found to result in the formation of more virus. BAWDEN and PIRIE reported similar results on the addition of tobacco mosaic virus to concentrated solutions of proteins from normal susceptible plants. However, the possibility that these large proteins in normal tissues may play a role in virus synthesis must not be overlooked, hence additional work on these proteins is indicated.

Another interesting finding resulting from the study of virus proteins in different hosts was that the concentration of virus protein appears to vary from host to host. Thus, as may be seen from fig. 9, LORING and STANLEY found the concentration in tomato plants to be only 260 mg. per 200 gm. of green plant material, or only about 65 per cent of the amount occurring in diseased Turkish tobacco plants. Furthermore, STANLEY found the concentration in diseased phlox plants to be considerably less than in Turkish tobacco plants, and in the case of spinach plants the amount was only 30 mg. per 200 gm. of plant material or 7,5 per cent that in Turkish tobacco plants. Therefore, although the different hosts yield virus proteins that are either identical or very closely related, the amount of the virus protein present in the different hosts varies widely depending upon the host.

Virus protein of different strains.

Different strains of tobacco mosaic virus have been recognized for some time, yet it was not until the work of JENSEN and of KUNKEL on the separation of artificially prepared mixtures of two different strains of virus that definite evidence was obtained that tobacco mosaic virus may mutate or in some manner become altered while in the host so that new strains of virus are produced. Because of the existence of different strains of tobacco mosaic virus and the evidence of these workers and of McKINNEY that such strains arise in the host from tobacco mosaic virus, it became of considerable importance to determine whether or not plants diseased with strains of tobacco mosaic virus contained high molecular weight protein and, if so, whether or not the protein would be similar to tobacco mosaic virus protein. One would expect, because of the apparent origin of the new strains from the ordinary strain, and because of the similarity of the diseases produced by such new strains to the ordinary tobacco mosaic disease, to find not only high molecular weight proteins present but to find proteins somewhat closely related to tobacco mosaic virus protein. STANLEY examined Turkish tobacco plants diseased with aucuba mosaic and found this to be the case. The diseased plants were found to contain a high molecular weight protein having a virus activity, chemical composition, optical rotation, X-ray diffraction pattern, and general properties either identical or very similar to those of tobacco mosaic virus protein. These results have been confirmed by BAWDEN and PIRIE who found, in addition, by cross absorption precipitin tests that the aucuba mosaic virus protein contained an antigenic fraction not present in tobacco mosaic virus protein. STANLEY also found aucuba mosaic virus protein to possess a lower solubility and a more alkaline isoelectric point than tobacco mosaic virus protein, and BAWDEN and PIRIE noted differences in the precipitation with clupein sulphate. WYCKOFF, BISCOE, and STANLEY found the sedimentation constant of chemically prepared aucuba mosaic virus protein to be somewhat larger than that of tobacco mosaic virus protein. These experiments have now been repeated with ultracentrifugally isolated aucuba mosaic virus protein, and a sedimentation constant of $S_{20^\circ} = 185 \times 10^{-13}$ was found. The aucuba protein is much more sensitive to chemical treatment and readily forms a component having a larger sedimentation constant. It seems likely, therefore, that tobacco and aucuba mosaic viruses are the same size but that the latter has a different shape and forms a component having a larger sedimentation constant more readily. BAWDEN and PIRIE have also studied the virus protein of enation mosaic, and found it possible to differentiate it from aucuba or tobacco mosaic virus proteins by means of its precipitin reactions, despite the fact that its general properties were similar to those of the other virus proteins. BERNAL and FANKUCHEN made an X-ray analysis of these three virus proteins and found all to give the same main spacings but each to give a distinct and characteristic relative intensity. These results indicate that aucuba, enation, and tobacco mosaic virus proteins are three different although closely related proteins.

STANLEY has isolated from Turkish tobacco plants diseased with the HOLMES masked strain of tobacco mosaic virus a crystallizable high molecular weight protein having a virus activity, chemical composition, optical rotation, crystalline appearance, and general and serological properties either identical or very similar to those of tobacco mosaic virus protein. The virus protein from a strain of tobacco mosaic virus prepared by JENSEN by means of the single lesion technique was isolated by LORING and STANLEY and, like the protein from the masked strain, was found to be very similar to ordinary tobacco mosaic virus protein but to differ in certain details. BAWDEN and PIRIE isolated the virus proteins of two very stable strains of cucumber mosaic virus and found them to be very similar to tobacco mosaic virus protein. These proteins from cucumber viruses 3 and 4 were found to form needle crystals, to show double refraction of flow, and to have a chemical composition similar to that of tobacco mosaic virus protein. They were also found to cross serologically with the latter virus protein. However, they were found to differ from tobacco mosaic virus protein in their host range, their precipitation with clupein sulphate, and in their X-ray diffraction pattern. BAWDEN and PIRIE suggest that all of these different viruses could be regarded as belonging to one genus, with the cucumber viruses 3 and 4 as varieties of one species and the other viruses as varieties of a second species of the same genus.

It should be noted that infection of a plant with any one of these various strains is followed by the production of the same kind of virus protein as that used as inoculum. There is a detectable tendency for each of the strains to mutate and give rise to still more new and different strains, but a special isolation technique is usually necessary to demonstrate this occurrence, and in general the protein produced is largely of the kind introduced. The results indicate, therefore, not only that tobacco mosaic virus may mutate or be changed into new and different strains, but that when this change occurs it is accompanied by the production of new and slightly different virus proteins. The fact that a change in biological properties, that is to say, in the disease that is produced, has been found to be accompanied by a change in the chemical properties of the protein is of considerable importance, for it indicates a very close relationship between the chemical and the biological properties of the virus protein. The fact that the virus proteins from several of the strains of tobacco mosaic have the same sedimentation constant is some indication that the conversion into a new strain is not due to the addition or loss of a large unit, but rather perhaps to a rearrangement within the molecule. Recent evidence indicating that the conversion to a new strain can be produced *in vitro* also points to an alteration within the molecule. Although many of these virus proteins have been isolated and actually found to be new and different from tobacco mosaic virus protein, it seems unlikely that all of the various strains may be characterized as different and distinct proteins. It seems more likely that the strains of tobacco mosaic may consist of a family of closely related proteins, and that it may be possible to identify chemically and serologically a virus protein only when its properties are appreciably different from those of the protein with which it is being compared. Furthermore, it is likely that even an apparently homogeneous preparation of virus protein consists in reality of a mixture of very closely related proteins and not of a single molecular species. This must actually be the case because of the tendency for the virus to mutate when produced in the host and because, in order to secure a workable amount of virus protein, it is at present necessary to produce it in a host. In other words, the very method used for the production of virus protein is such as to insure the production of a mixture of proteins. It is obvious, however, that in molecules of the size of the virus protein small differences might exist that would escape detection by even the most sensitive chemical or serological tests, hence in practice such mixtures would appear to be homogeneous. From a practical standpoint, therefore, we may work with such apparently homogeneous preparations despite the fact that a certain degree of heterogeneity probably prevails.

The difference in the concentration of virus protein reached in the same host by the different strains of tobacco mosaic virus should be noted. It may be seen from fig. 9 that in the same green weight of Turkish tobacco plants, for example, were contained 400 mg. of tobacco mosaic virus protein, 350 mg. of aucuba mosaic virus protein, and only 200 mg. of HOLMES' masked strain virus protein. There are other strains of tobacco mosaic virus that occur in such low concentration that it is difficult to isolate the virus protein. It is obvious, therefore, that the different strains of tobacco mosaic virus do not all reach the same concentration in Turkish tobacco plants but reach a concentration level that is characteristic of the given strain. It is interesting to attempt to relate this fact to the mechanism of virus protein production and perhaps to the depletion of a component necessary for the production of a given virus protein.

Correlation of virus activity with protein.

A definite correlation between virus activity and high molecular weight protein has been indicated by much of the work that has been discussed in the preceding paragraphs. The isolation of the same virus protein from many different hosts, the isolation of different virus proteins from the same host diseased with different strains of virus, the retention of a definite and constant activity despite much chemical and physical manipulation of the protein, the loss of virus activity on denaturation of the protein by any one of several different methods, neutralization of activity by antisera not only to active but also to native inactive proteins, and the identity of destruction spectrum of activity with ultraviolet absorption spectrum of protein may be cited as examples. However, this general problem should be pursued from as many different angles as possible, because of the great importance of determining whether or not the virus activity is a specific property of the high molecular weight protein. The unusually high molecular weight of the tobacco mosaic virus protein made possible a new and powerful attack on this problem, for it enabled the protein to be removed selectively from solution by centrifugal force under a variety of conditions. If the virus activity is a specific property of the high molecular weight protein, then, following centrifugation from solutions containing other proteins having a lower sedimentation constant, the virus activity of the supernatant liquids should be diminished and be proportional not to the total protein content but only to the amount of high molecular weight virus protein that they contain. This has been done by STANLEY and actually found to be the case.

Furthermore, a similar situation should prevail following centrifugation of different amounts of protein from solutions at different hydrogen ion concentrations. In such instances a new factor enters, for the protein may be soluble and remain active on both sides of its isoelectric point, hence, if the virus activity should be due to a separate entity or impurity adsorbed on the protein or to a dissociable group attached to the protein, it seems probable that separation might occur when the charge on the protein was reversed. Then following centrifugation the virus activity of the supernatant liquids would not be proportional to their high molecular weight protein content, but would be markedly increased with respect to the amount of high molecular weight protein present. It should be noted that the virus protein is completely insoluble at its isoelectric point and may be sedimented by means of an ordinary laboratory centrifuge to give a supernatant liquid that contains no protein and that possesses no virus activity. The high molecular weight protein is isoelectric at about p_H 3,4, and it can be shown that whether a hypothetical virus-carrying entity be negatively charged, positively charged, or isoelectric at some p_H, it will possess the same charge as the high molecular weight protein on one or the other side of the protein's isoelectric point. Under such conditions, the hypothetical entity should be separated in solution from the high molecular weight protein. The latter has been shown to have approximately the same sedimentation constant over a wide range of hydrogen ion concentration, hence the molecular weight of a hypothetical entity separated from it must be very small, for it has no measurable effect on the sedimentation constant. Therefore, it should be possible to effect physical separation by removing the high molecular weight protein from solution by ultracentrifugation. That such separation should occur has been demonstrated by Stanley by actually separating the virus protein by ultracentrifugation from experimentally prepared mixtures of virus protein and various low molecular weight materials. However, it was found that, when solutions of virus protein were ultracentrifuged at p_H 2,4, 6,7, and 9,4 so that about 85 to 95 per cent of the protein was removed from the upper portions of the supernatant liquids, the virus activity of the separated upper and lower portions of the solutions was exactly proportional to the amount of high molecular weight protein that they contained. These results prove that under the conditions used the virus and the protein sediment at the same rate and that they are the same size, and indicate, therefore, that they are identical. This type of experiment is a powerful argument against the hypothesis that the virus activity is due to a separate entity or impurity adsorbed on the high molecular weight protein, or to a dissociable active group attached to the protein, and is direct evidence that the virus activity is a specific property of the high molecular weight protein.

Gratia and Manil have approached the problem as to whether or not virus activity is due to virus adsorbed on an inert high molecular weight protein, by preparing an artificial mixture of tobacco mosaic virus protein and phage protein, and then attempting to separate the two by ultracentrifugation and by crystallization. They reasoned that, if virus activity should be due to adsorption, phage activity might also be expected to be adsorbed. They found that, following ultracentrifugation of the mixture of virus and phage, the high molecular weight protein and virus activity were practically completely sedimented, whereas the phage titre at the bottom of the tube was only 10^5 and in the supernatant liquid 10^3. This demonstrates not only that the virus activity follows the high molecular weight protein, but that virus protein may be separated from phage protein by ultracentrifugation. The latter result was indicated by Northrop's data on the centrifugation of phage and virus protein under the same conditions. The results obtained by Gratia and Manil following crystallization of virus protein contaminated with phage were similar. The megatherium bacteriophage that they first used was not found to withstand the conditions used for crystallization of the virus protein, hence crystallization resulted in the destruction of the phage. This technique served beautifully to separate tobacco mosaic virus protein from megatherium bacteriophage. Later a stable coli-phage that would withstand the conditions for crystallization was used. Following four crystallizations, the phage titre was found to have fallen from 10^6 to 10^4, hence the results indicate that this phage can be separated from virus protein by mere crystallization of the latter. It should be emphasized that it may not always prove so simple to separate virus protein from a foreign protein, for different proteins having about the same sedimentation constant might form solid solutions and it would be impossible to separate them by centrifugation or by crystallization. The fact that preparations known to consist of mixtures may appear to be homogeneous by a given test does not necessarily invalidate the test for general use, for it is well recognized that the result of any one such test can not be accepted as conclusive evidence that the material does not consist of a mixture. However, when a given material appears to be homogeneous by several quite different types of tests, the combined results may be regarded as very strong evidence that the material is pure, and the burden of proof then rests upon those who would postulate a mixture.

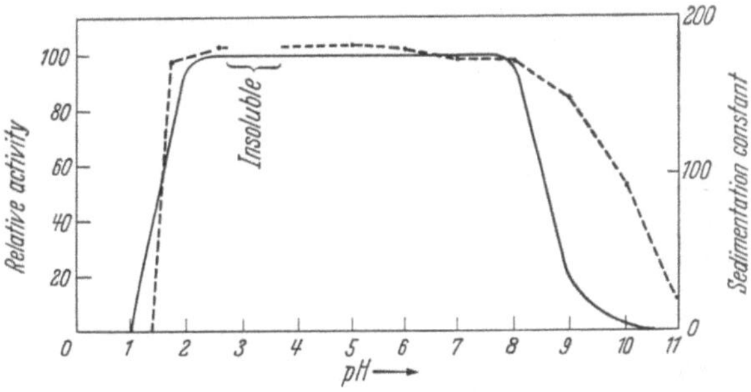

Fig. 15. pH-stability range of tobacco mosaic virus protein as measured by virus activity (solid line) and by sedimentation constant (dotted line). Drawn from data of BEST and SAMUEL (1936), STANLEY (1935), ERIKSSON-QUENSEL and SVEDBERG (1936), and WYCKOFF (1937).

BAWDEN and PIRIE have correlated virus activity with protein by comparing on a protein basis the virus activity of the upper and lower layers that are obtained when rather concentrated solutions of tobacco mosaic, aucuba mosaic, and enation mosaic virus proteins are allowed to stand. They found no difference in virus activity, hence as the protein concentrates in the bottom doubly refracting layer there is a corresponding concentration of virus activity. These workers also allowed dilute solutions of the jellies obtained on high-speed centrifugation of top-layer material to stand and determined the virus activity of the protein in the two layers that formed. Again they obtained no difference on a protein basis between the material in the upper and lower layers.

The effect of high pressure on the virus activity, the ability to precipitate with antiserum, and the ability to crystallize of purified tobacco mosaic virus protein has been studied by BASSET, GRATIA, MACHEBOEUF, and MANIL. It was found that these properties of the virus protein were unaffected by pressures up to about 6000 atmospheres, but that at 8000 atmospheres' pressure each of these properties was practically completely destroyed.

Still another type of correlation is the comparison of the p_H range of stability of virus activity with that of the high molecular weight protein. If the activity is a property of the intact protein molecule, the virus activity should disappear at just those hydrogen ion concentrations that cause a disintegration of the protein molecule. The p_H stability range of virus activity has been studied by STANLEY and by BEST and SAMUEL and that of the high molecular weight protein by means of the ultracentrifuge by ERIKSSON-QUENSEL and SVEDBERG and by WYCKOFF. These results have been assembled and are presented in graphic form in fig. 15. It may be seen that the p_H stability range of virus activity coincides very closely with that of the high molecular weight protein. Both the virus activity and the sedimentation constant of the protein remain unchanged for a day at hydrogen ion concentrations between just below p_H 2 and slightly above p_H 8. On the acid side of p_H 1,5, the activity is lost quite rapidly and at the same time the high molecular weight protein is broken up into low molecular weight material. On the alkaline side of about p_H 8, both the activity and sedimentation constant fall off fairly rapidly. BEST and SAMUEL noted that, if solutions of virus at p_H 9 were adjusted to p_H 7 shortly after preparation, a marked reactivation occurred, the difference in activity between the samples adjusted to p_H 7 and unadjusted samples becoming progressively smaller with time. BEST later used a 12-hour exposure period and concluded that in this case the inactivation was irreversible. STANLEY had previously arrived at a similar conclusion for virus completely inactivated at p_H 1 to 2 and p_H 11 to 12. It may be seen from fig. 15 that the protein molecule is not broken down completely at hydrogen ion concentrations just slightly more alkaline than p_H 8. These large partially disrupted molecules should be carefully studied, for it is possible that they may either carry virus activity or be capable of recombining with smaller fragments to form the intact virus protein molecule. It is possible that such studies may yield information concerning the structure of the virus protein. The results of the comparison of the p_H range of stability of virus activity with that of protein and the studies on the centrifugation of the protein from solution under a variety of conditions indicate that the virus activity is a specific property of the high molecular weight protein.

Reactivation of inactive virus protein.

One of the most conclusive means of associating virus activity with protein would be to alter the protein molecule by some procedure which also results in loss of virus activity, to demonstrate that the molecule is altered, and then to reverse the procedure and regain the original molecule and determine whether or not the activity is regained. Such an experiment, if successful, would bring strong proof that the activity resides in the protein molecule. Unfortunately, the only experiments on reactivation that are substantiated by data are those of BEST and SAMUEL in which some reactivation was noted on readjusting to p_H 7 a sample of virus that had been held at p_H 9 for a short time. Although this work was done before purified virus protein was available and actual alteration of the molecule was not proved, it is quite probable that, despite the difficulty of evaluating correctly the effect of p_H on the test plant, they were really measuring the reactivation of tobacco mosaic virus. It should be noted, however, that only a small amount of reactivation was secured. It is to be hoped that a thorough study of the reactivation of acid or alkaline-inactivated virus protein will be made.

Reactivation may be considered to have occurred in experiments reported by VINSON and PETRE and by STANLEY. VINSON and PETRE found that lead subacetate or safranine precipitated the virus in the form of insoluble complexes possessing practically no virus activity, but that by proper treatment much of the activity could be regained. They used these treatments as steps in purification procedures and apparently did not regard the regaining of the activity as reactivation of virus. STANLEY noted that, on addition of small amounts of silver nitrate to virus solutions, a silver salt of the protein was formed which possessed no virus activity. However, it was found possible to remove the silver ions by dialysis and to regain practically all of the activity. The addition of larger amounts of silver nitrate resulted in the formation of an insoluble complex of denatured protein which could not be reactivated. The reversible inactivation appears to be dependent, therefore, upon the formation of a salt containing only a very few atoms of silver. It is possible, however, that this type of reactivation is really only apparent, for the silver salt of the protein or the insoluble complexes of VINSON and PETRE may have been non-infectious only because the cells which they entered were killed. Despite the fact that the non-infectious material was again rendered infectious, it is probable that, until it is demonstrated that the silver, lead, or safranine is not toxic, this type of experiment should be regarded only as a demonstration that it may be possible to produce a toxic complex with the virus protein.

Since it has been found that the chemical and serological properties of virus protein inactivated by means of ultraviolet light, hydrogen peroxide, nitrous acid, or formaldehyde resemble those of active virus protein very closely, it appears that such proteins may represent excellent starting material for reactivation experiments. STANLEY found that the amino-nitrogen content of protein inactivated by means of the three latter reagents was considerably lower than that of active virus protein. It is quite possible, therefore, that the primary amino groups of the virus protein are necessary for activity. It would be difficult if not impossible to secure reversal of the reactions and the replacement of the primary amino groups removed by oxidation or diazotization. However, in the case of virus protein inactivated by formaldehyde, it is likely that the formaldehyde has merely added to the primary amino groups. The amino groups would be expected to remain in their correct positions and on freeing them again by reversing the reaction and removing the formaldehyde it should be possible to regain the intact virus protein molecule which should, of course, possess virus activity. This possibility was explored by ROSS and STANLEY, who studied the inactivation of tobacco mosaic virus protein with formaldehyde and found it to consist apparently of two simultaneous reactions, one reversible and the other irreversible. One reaction resulted in the production of an inactive form which could subsequently be reactivated by dialysis at p_H 3,0. The other reaction resulted in the formation of an inactive compound which could not be reactivated by dialysis at p_H 3,0. When the reactions were stopped after suitable periods of time, it was possible to obtain partially or wholly inactivated preparations that could be reactivated to a marked extent by dialysis at p_H 3. Following such treatment, for example, preparations completely inactive when inoculated at a concentration of 10^{-3} gm./c. cm. were found to possess a definitely measurable amount of virus activity. Preparations containing 0,1 and 1 per cent, respectively, of the original activity were found, following reactivation, to contain about 1 and 10 per cent, respectively, of the original activity. They were thus able to demonstrate about a 10-fold increase in activity. They showed that the inactivation was accompanied by a decrease in amino groups as measured by VAN SLYKE gasometric determinations and by colorimetric estimations using ninhydrin and also by a decrease in the number of groups that react with FOLIN's reagent at p_H 7,7. The latter are probably the indole nuclei of tryptophane, for it was demonstrated that tryptophane, glycyltryptophane, and indole propionic acid react with formaldehyde in a similar manner, while tyrosine and glycyltyrosine do not. ROSS and STANLEY secured evidence that reactivation was accompanied by an increase in amino nitrogen and in groups that react with FOLIN's reagent by means of colorimetric estimations. They demonstrated that the reactivation could not be due to the removal of a toxic element by comparing the virus activity of a solution containing a small amount of active virus protein with that of a solution containing a mixture of the same small amount of active virus protein plus a large amount of protein irreversibly inactivated by means of formaldehyde or hydrogen peroxide. The presence of large amounts of inactive virus protein was found to lower the activity of the active protein at most by about 50 per cent. Since the reactivation secured was many times this amount, it is obvious that the toxic effect caused by high concentrations of inactive protein may be neglected. ROSS and STANLEY concluded, therefore, that the reaction of formaldehyde with virus protein probably consists in an addition to the primary amino groups and in reaction with the indole nuclei of tryptophane with the loss of virus activity, and that when the reactions are controlled so that further addition or rearrangement does not occur the groups may be freed again by the removal of the formaldehyde. When this occurs virus activity is regained.

The reactivation of tobacco mosaic virus protein reported by ROSS and STANLEY brings strong evidence that the virus activity is a specific property of the protein and offers the first bit of information relating the chemical structure of the protein to its biological activity. The demonstration that the addition of formaldehyde to the virus protein molecule results in loss of virus activity, that the virus protein remains inactive as long as it is in combination with formaldehyde, that the inactive compound is no more toxic than any inert protein such as hydrogen peroxide-inactivated virus protein, and that the removal of the formaldehyde is followed by the regaining of virus activity is direct experimental evidence and can hardly be explained on any other basis than that the activity is a specific property of the protein. The nature of the inactivation and subsequent reactivation and the data on the condition of the primary amino groups and of groups that react with FOLIN's reagent in active and in inactive virus protein indicate that these groups play at least a partial role in the structure necessary for virus activity.

Tobacco ring spot virus protein.

The tobacco ring spot disease is quite different and distinct from tobacco mosaic, hence it was not unexpected when the tobacco ring spot virus protein, which was first isolated by ultracentrifugation by STANLEY and WYCKOFF, was

Fig. 16. Sedimentation diagram of a solution of tobacco ring spot virus protein purified by ultracentrifugation. From WYCKOFF (1937).

found to be quite different from tobacco mosaic virus protein. Tobacco ring spot virus protein was found to be homogeneous with respect to size (fig. 16) and to have a sedimentation constant $S_{20^\circ} = 115 \times 10^{-13}$. As may be seen from fig. 9, the concentration in diseased Turkish tobacco plants is only about $^1/_{250}$ that of tobacco mosaic virus protein. However, because of this low concentration in the host, it was possible to secure a greater concentration than in the case of tobacco mosaic virus protein, for the purified virus protein was found to be about 10000 times more active than the starting material on a weight for weight basis. The method of testing was the same as that used for tobacco mosaic virus, except that the cowpea, *Vigna sinensis* ENDL., which PRICE found to give a local lesion response to this virus, was used as the test plant.

Tobacco ring spot virus protein has not been obtained in the form of needle crystals. This may be due to the fact that, because of its instability, it usually exists as a mixture of active and of inactive protein. It is so unstable that it is partially inactivated after standing for one day at room temperature and almost completely inactivated after standing for 6 days. It is almost completely denatured and inactivated after standing for one hour at p_H 3 and is completely denatured and inactivated after 5 minutes at a temperature of 64° C. As may be seen from fig. 17, it appears to be somewhat more stable towards alkaline reactions and considerably less stable towards acid reactions than is tobacco mosaic virus protein. Solutions of the virus protein keep fairly well near the freezing point or when frozen and stored. The serological properties of tobacco ring spot virus protein are quite distinct and there is no cross reaction with tobacco mosaic virus protein. Antiserum to tobacco ring spot virus protein gives a precipitate with 10^{-6} gm. of the homologous antigen. Solutions of tobacco ring spot virus protein were found by LAUFFER and STANLEY to show stream double refraction, but to a somewhat less extent than that given by a comparable amount of tobacco mosaic virus protein. The isolation from ring spot diseased plants of a new and characteristic protein possessing the properties of ring spot virus is additional evidence that virus activity may be a specific property of a protein.

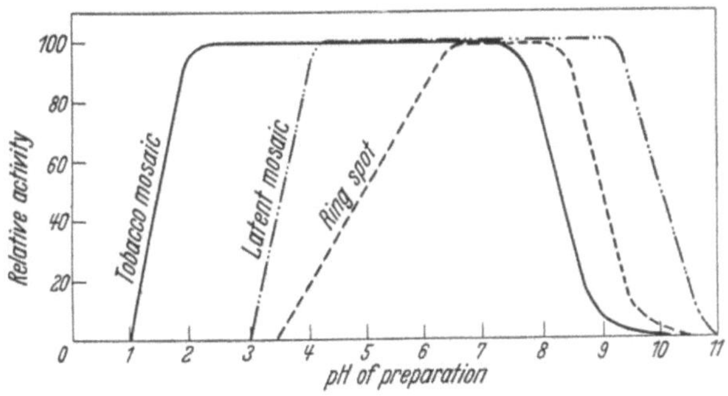

Fig. 17. p_H-stability range of activity of tobacco mosaic, tobacco ring spot, and latent mosaic of potato virus proteins. Drawn from data of BEST and SAMUEL (1936), STANLEY (1935, 1938) and LORING (1938).

The tobacco ring spot disease in Turkish tobacco plants is of unusual interest, because it may be used as an excellent illustration of the phenomenon which is referred to as "recovery". As well diseased Turkish tobacco plants, showing the necrotic lesions characteristic of the ring spot disease, continue to grow, the new leaves that are put out begin to appear quite normal. The plant is said to have recovered, for the leaves produced thereafter appear normal and cuttings grown from this portion of the plant grow into normal appearing plants. However, PRICE has shown that such normal appearing leaves or plants resist reinfection with tobacco ring spot virus and actually contain a small amount of virus. Because of the interest in the nature of this recovery phenomenon, STANLEY examined recovered plants and found that it was not only possible to isolate a virus protein from such plants, but that it had the same virus activity on a protein basis, the same sedimentation constant, and the same isoelectric point as the virus protein isolated from plants bearing many necrotic lesions. Of interest, however, was the finding that, as was to have been anticipated from PRICE's work, the concentration of virus protein in recovered plants was only about $^1/_6$ that in plants bearing many necrotic lesions. Recovery in the case of the tobacco ring spot disease appears to consist, therefore, of a mechanism by means of which the level of virus protein concentration is gradually lowered to about $^1/_6$ its former level and the visible symptoms of the disease disappear. This relationship must be brought about by some change in the host, for the virus protein appears to be the same.

Latent mosaic of potato virus protein.

The latent mosaic virus protein, which has been studied chiefly by LORING and by BAWDEN and PIRIE, has also been found to be a different and highly characteristic virus protein. Although LORING found the protein color reactions and general composition to be about the same as those of tobacco mosaic virus protein, the other properties were quite different. The material was found to contain 47,8 per cent carbon, 7,6 per cent hydrogen, about 16 per cent nitrogen, about 0,6 per cent phosphorus, 1,1 per cent sulphur, and 3,6 to 3,9 per cent carbohydrate. Qualitative tests for guanine and pentose and the isolation of a material having the qualitative solubility of yeast nucleic acid indicated the presence of a pentose nucleic acid. LORING pointed out that the ratio of carbohydrate to phosphorus was about twice that found by the same method of analysis for yeast nucleic acid and concluded that carbohydrate other than that combined as nucleic acid was present. BAWDEN and PIRIE reported a phosphorus content of from 0,4 to 0,5 per cent. As may be seen from fig. 18, solutions of the latent mosaic virus protein show in the analytical ultracentrifuge a principal component

Fig. 18. Sedimentation diagram of a solution of latent mosaic of potato virus protein purified by ultracentrifugation. The principal component has $S_{20^\circ} = 115$ and the faint second component has $S_{20^\circ} = 130$. From LORING and WYCKOFF (1937).

with a sedimentation constant of $S_{20^\circ} = 113 \times 10^{-13}$ and a small amount of a second component with $S_{20^\circ} = 130 \times 10^{-13}$. It is likely that, as is the case with tobacco mosaic virus protein, this second and more rapidly sedimenting component is a derivative of the principal component. LORING found the virus protein to be present to the extent of about 0,02 to 0,1 mg. per c. cm. of the juice of diseased plants and to exist in a higher concentration in diseased *Nicotiana glutinosa* than in Turkish tobacco plants. As may be seen from fig. 9, the concentration level reached by this virus protein in Turkish tobacco plants is about 1/50 that of tobacco mosaic virus protein. The virus protein was found to be infectious at a dilution of $1 : 10^8$, hence was several thousand times more infectious than the starting material. BAWDEN and PIRIE reported a dilution end point of from 10^{-7} to 10^{-9} gm. per c. cm. The virus protein was found to be considerably less stable than tobacco mosaic virus protein but to be somewhat more stable than tobacco ring spot virus protein.

The p_H stability range of activity of latent mosaic virus protein, as found by LORING after 12 hours at 0° C., is shown in fig. 17. It may be seen that this virus protein is stable between p_H 4 and 9. A solution containing about 5×10^{-5} gm. of virus protein per c. cm. at p_H 9 lost about 50 per cent of its virus activity on standing for 2 weeks at roon temperature. The virus protein was found to be denatured and inactivated by hydrogen ion concentrations more acid than about p_H 3 or more alkaline than about p_H 10,5. BAWDEN and PIRIE secured essentially the same results with semi-purified preparations of virus. They also reported that the virus was precipitated at p_H 4. However, the isoelectric point of the virus protein has been determined by LORING and found to be near p_H 4,4. The earlier preparations of virus used by BAWDEN and PIRIE had a precipitin titre of 1 : 640000, and the recently prepared samples a titre of $1 : 6 \times 10^6$, whereas the virus protein prepared by LORING was found to give a precipitate with antiserum at a dilution of $1 : 10^7$. Heating for 5 minutes at 64° C. in 0,1 M phosphate buffer at p_H 7 caused denaturation of the protein and complete loss of virus activity. BAWDEN and PIRIE found the latent mosaic virus to be destroyed by digestion with pepsin or papain and cyanide at p_H 4 or with trypsin at p_H 7. LORING found the purified virus protein to be highly susceptible to the action of bacteria. Solutions of virus protein prepared without special aseptic technique were found to show signs of bacterial action after about 48 hours at room temperature. Solutions of tobacco mosaic virus protein, on the contrary, may usually be kept for several days at room temperature without showing such signs of bacterial decomposition. BAWDEN and PIRIE found in their early work with semi-purified preparations that the latent mosaic virus could be inactivated by nitrous acid or formaldehyde without affecting the precipitin reaction with antiserum to active virus. Recently they reported that dilute hydrogen peroxide gave similar results, whereas concentrations of hydrogen peroxide greater than 1 per cent caused denaturation and inactivation of the virus protein. They found that irradiation with X-rays or ultraviolet light caused inactivation without affecting the double refraction of flow or reaction with antiserum. BAWDEN and PIRIE have also reported that incubation of a 1 per cent solution of latent mosaic virus protein with 0,33 per cent sodium dodecyl sulphate for 5 hours at 38° C. caused complete inactivation. The hydrogen ion concentration of the reaction mixture was not given. Alternate freezing and thawing was not found to affect the virus activity. Intensive drying resulted in the loss of much activity. LAUFFER and STANLEY found solutions of the latent mosaic virus protein to exhibit stream double refraction to about the same extent as a comparable amount of tobacco mosaic virus protein. This is an indication that the molecule is markedly asymmetrical. LORING determined the relative viscosity of solutions of the latent mosaic virus and by means of KUHN's equation estimated that the ratio of particle length to width was about 44 to 1. Using this value and the sedimentation constant, he estimated that the molecular weight of the virus protein was 26×10^6 and that the molecule was about 430 mμ in length and 9,8 mμ in diameter. Concentrated solutions of latent mosaic virus have been found to separate into two layers on standing by BAWDEN and PIRIE and by LORING. As with tobacco mosaic virus protein, the lower layer was found to be spontaneously doubly refracting, whereas the upper layer showed only double refraction of flow.

BAWDEN and PIRIE concluded from the results of a comparison of the properties of purified and unpurified preparations that the chemical purification process resulted in an aggregation of the virus protein. It seems quite likely that the reduction in activity, loss of filterability, and increase of double refraction of flow resulted from the severe treatments, such as heating to within a few degrees of the denaturation point, repeated precipitation with ammonium sulphate, and incubation with an inactivating agent such as trypsin, that were used during the purification process. A similar result was obtained when the very stable tobacco mosaic virus protein was subjected to drastic chemical treatment. LORING has found that, although latent mosaic virus protein prepared by ultracentrifugation may be precipitated once in the cold with 20 per cent ammonium sulphate without demonstrable loss of activity, 5 successive precipations caused a reduction of about 50 per cent in the lesion count as compared with an untreated sample. He also found precipitation at room temperature or in solutions containing more than about 20 per cent ammonium sulphate to cause a demonstrable loss in virus activity. LORING demonstrated that the mild physical purification method of high-speed centrifugation did not cause aggregation and loss of filterability and activity in the case of latent mosaic virus and that there was good reason to differentiate such preparations from ones obtained by rather drastic chemical treatment. It seems likely, therefore, that the method of differential centrifugation that was used by LORING for the preparation of latent mosaic virus protein is superior to chemical methods of purification.

Bushy stunt virus protein.

BAWDEN and PIRIE have isolated by the usual chemical methods from tomato plants infected with the virus causing bushy stunt a virus protein that is unusual in that it crystallizes in the form of rhombic dodecahedra. The crystals of this virus protein, which belong to the cubic system and are isotropic, are shown in fig. 19. It should be noted that this crystalline form for a virus protein has not been reported previously. The solutions of this virus protein do not show stream double refraction, hence it seems likely that the molecules do not possess the asymmetrical shape that has characterized the plant virus proteins previously described. The gels formed by sedimenting the protein in a centrifugal field of 16000 times gravity are not doubly refracting. BERNAL has stated that the X-ray analysis indicates that the internal structure of the bushy stunt virus protein is essentially of the same type as of the other virus proteins that have been examined. BAWDEN and PIRIE found solutions containing 10^{-7} gm. of the virus protein per c. cm. to be infectious and 10^{-6} gm. of the protein to give a visible precipitate with its antiserum. They reported that the activity of the virus protein is unaffected by repeated crystallizations or by sedimentation in a high-speed centrifuge. The protein was found to contain 47 per cent carbon, 7,3 per cent hydrogen, 16 per cent nitrogen, 1,3 per cent phosphorus, and 6 per cent carbohydrate. The material appears to be a nucleoprotein but to have a somewhat higher nucleic acid content than the virus proteins previously described. The nucleic acid appears to be more firmly bound to the protein than in the cases of previously studied plant viruses, for heat treatment at 90° C. was not found to effect separation of the nucleic acid although it denatured and inactivated the virus protein. It was found necessary to treat with boiling N/80 ammonium hydroxide in order to secure separation of the nucleic acid. A yield of nucleic acid, apparently of the ribose type, of from 15 to 20 per cent of the weight of the virus protein was obtained. In accordance with this higher nucleic acid content, the bushy stunt virus was found to absorb ultraviolet light more strongly at 2600 Å than tobacco mosaic virus. The yield of virus protein was found to

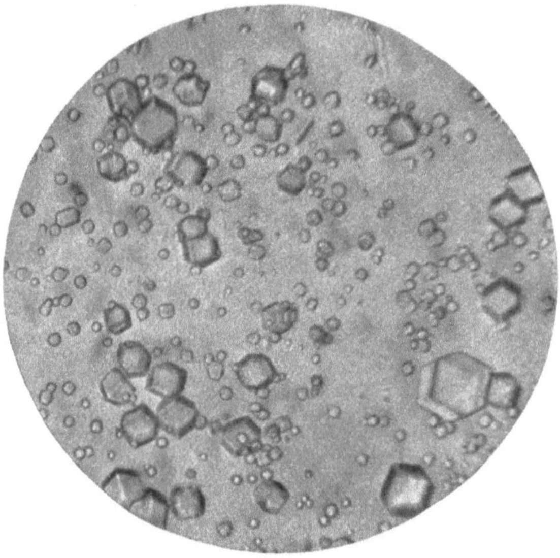

Fig. 19. Crystalline protein isolated from tomato plants diseased with bushy stunt virus. × 98. From BAWDEN and PIRIE (1938).

vary from 0,02 mg. to 0,5 mg. per c. cm. of infectious juice, depending upon the severity of the symptoms shown by the plants. The virus protein appears to differ from those of other plant viruses that have been studied in that there is no p_H value at which it is insoluble in water or dilute salt solutions and in that it is denatured and inactivated on freezing and thawing. Treatment with nitrous acid, ultraviolet light, hydrogen peroxide, and formaldehyde inactivates the virus without destroying its crystallizing ability or serological reactions. These results are similar to those previously reported for tobacco mosaic virus. The sedimentation constant of bushy stunt virus was found to be $S_{20^\circ} = 146 \times 10^{-13}$, which, since the molecules appear to be spherical, corresponds to a molecular weight of about 9×10^6. One point of interest in connection with the symmetrical shape of the molecule that was brought out by BAWDEN and PIRIE is that the precipitates of this virus with its antiserum form slowly, are granular, and settle out into compact masses at the bottom of the tubes, whereas the previously studied plant viruses having very asymmetrical shapes give flocculent precipitates under similar conditions.

Cucumber mosaic virus proteins.

Cucumber mosaic viruses 3 and 4, which were isolated in the form of nucleoproteins by BAWDEN and PIRIE, are to be sharply differentiated from cucumber mosaic viruses 1 and 2, one of which has been worked with by STANLEY. The latter viruses are extremely unstable and have a wide host range, since they may infect members of the Cucurbitaceae, Solanaceae, and other families, whereas the former viruses are very stable and have not been found to infect any plants except members of the Cucurbitaceae. Because of the stability of cucumber mosaic viruses 3 and 4, BAWDEN and PIRIE were able to isolate the virus proteins by the chemical methods that were used in the isolation of tobacco mosaic virus protein. The cucumber mosaic virus proteins were found to contain 50 to 51 per cent carbon, 7,1 to 7,6 per cent hydrogen, 15,3 to 15,8 per cent nitrogen, 0,0 to 0,6 per cent sulphur, 0,55 to 0,60 per cent phosphorus, 2,2 to 2,5 per cent carbohydrate, and 1 to 2 per cent ash. Solutions containing from 10^{-8} to 10^{-10} gm. of the cucumber mosaic 3 and 4 virus proteins per c. cm. were found to be infectious, and solutions containing $^1/_8 \times 10^{-6}$ gm. were found to give a visible precipitate with antiserum. The virus proteins give the double refraction of flow, the layering phenomenon, the doubly refracting gels on high-speed centrifugation, and the needle-shaped crystals on addition of ammonium sulphate that have been used to characterize tobacco mosaic virus protein. Furthermore, BAWDEN and PIRIE have found by cross precipitation tests that the cucumber mosaic and tobacco mosaic virus proteins have common antigens, for antisera to tobacco mosaic virus protein give precipitates with the cucumber mosaic virus proteins and *vice versa*. However, they may be distinguished by the fact that a larger precipitate is obtained with homologous than with heterologous antisera. BAWDEN and PIRIE also found the cucumber mosaic virus proteins to be less readily precipitated with clupein sulphate than tobacco mosaic virus protein. BERNAL and FANKUCHEN found the X-ray diffraction pattern of the cucumber mosaic virus proteins to be similar to that of tobacco mosaic virus protein, but concluded that the arrangement of the sub-units of the molecules differed. WYCKOFF and PRICE have found the sedimentation constant of the cucumber mosaic virus proteins to be S_{20° = about 174, or the same as that of tobacco mosaic virus protein. Although the chemical, physical, and serological properties of cucumber mosaic 3 and 4 virus proteins are quite similar to those of tobacco mosaic virus protein, it may be concluded, because of certain differences in detail and more especially because of the different and distinct host range, that they are different virus proteins. Furthermore, it appears that they are quite distinct from the material isolated by STANLEY and WYCKOFF from Turkish tobacco plants diseased with cucumber mosaic virus 1, for this material was found to have a sedimentation constant of S_{20° = about 120 and to disintegrate and lose its virus activity on standing for a few hours.

Shope papilloma virus protein.

The protein material isolated by BEARD and WYCKOFF by the differential ultracentrifugation of extracts of the infectious warty tissue of virus-induced rabbit papillomas was found to be homogeneous with respect to size, to have a sedimentation constant of S_{20° = about 260×10^{-13}, and to have a virus activity several thousand times that of the infectious tissue from which it was derived. Solutions containing only 10^{-8} gm. of protein per c. cm. were found to be infectious. The yield of this virus protein, which is compared with those of other virus proteins in fig. 9, was found to vary from 0,22 to 0,81 mg. per gm. of starting material. A solution containing 1 mg. of the virus protein per c. cm. was opalescent, gave positive color reactions with the Millon, xanthoproteic, and biuret reagents, and failed to give an immediate positive MOLISCH test for carbohydrate but on standing a faint ring of violet color developed. The latter phenomenon is similar to that shown by tobacco mosaic virus protein, hydrolysis of which results in the freeing of the carbohydrate of the nucleic acid. There is reason to believe, because of this and other data, that the material is a nucleoprotein. LAUFFER and STANLEY found the virus protein to exhibit no stream double refraction. BEARD and WYCKOFF found the virus protein to denature and coagulate on heating to 66–67° C. This is in good accord with the results of Shope, who found the virus activity of papilloma extracts to diminish on heating to 67° C. and to be completely destroyed at 70° C. The effect of different hydrogen ion concentrations on the virus activity and on the stability of the virus protein, as measured by the sedimentation constant, has been determined by WYCKOFF and BEARD. The sedimentation constant and virus activity remained practically unchanged between p_H 7 and 3,3. Between p_H 2,9 and 3,3, the protein was inactivated and split into lower molecular weight components, and at p_H 1,85 the inactive protein was found to be homogeneous with respect to size and to have a sedimentation constant of S_{20° = about 180. On the alkaline side of p_H 7 the virus activity was slowly lost without a corresponding change in sedimentation constant, except that at p_H 10,1 or more alkaline reactions the inactivation was immediate and was accompanied by the disintegration of the protein into low molecular weight material. The properties of the protein inactivated between p_H 7 and 10,1 may prove of interest, especially should they prove similar to those of tobacco mosaic virus protein inactivated by means of nitrous acid, hydrogen peroxide, formaldehyde, or ultraviolet light. The fact that the inactive Shope papilloma virus protein remains native and has an unchanged sedimentation constant indicates that it has not undergone serious disintegration, and hence that it might retain some other properties characteristic of the active protein.

Although the papilloma virus protein appears to be only slightly larger than tobacco mosaic virus protein, insufficient work has been done with it to enable the definite conclusion that its physical and chemical properties are similar to those of the mosaic virus protein. The preliminary evidence indicates, however, that such is the case. BEARD and WYCKOFF's isolation of the Shope papilloma virus protein is important, because it was the first demonstration that there could be obtained from animal tissue diseased with one of the viruses belonging to the group not associated with elementary bodies a tangible, characteristic, homogeneous entity possessing a definite virus activity. There was considerable doubt as to the nature of the viruses that affected man and animals and that were so small that they have not been demonstrated by staining or by means of the ultramicroscope. Some considered them to be similar to the elementary bodies of vaccinia, only smaller, whereas others considered them to represent a new type of entity. Following the isolation of tobacco mosaic virus protein, some workers concluded that they were similar entities, whereas others considered that they could not be similar to the viruses affecting plants. BEARD and WYCKOFF's work has not solved the question concerning the nature of these viruses, nor has it completely resolved this heterogeneity of opinion, but it constitutes the first step, for now there is a tangible entity with which to work. It is not known whether the papilloma virus protein possesses all of the molecule-like properties that characterize tobacco mosaic virus protein, whether it possesses certain properties that characterize the elementary bodies of vaccinia, or whether it possesses some properties characteristic of each, but it seems likely that such information will soon be available. Although there may be some reason to believe that the mosaic virus protein differs from the elementary bodies of vaccinia, there is, on the basis of evidence available at present, no reason to believe that the papilloma virus protein differs in nature from the mosaic virus protein. However, it may be said that, at best, only a start has been made and that the elucidation of the true nature of these materials carrying virus activity must rest with future experiments.

Vaccinia elementary bodies.

Analysis and general properties.

Although the elementary bodies of vaccinia have been known since 1906, it was not until 1935, following the work of LEDINGHAM, CRAIGIE, and PARKER and RIVERS on concentration and purification, that the elementary bodies were prepared in relatively large amounts and subjected to a chemical analysis. In that year HUGHES, PARKER, and RIVERS prepared several batches of about 20 mg. each of purified elementary bodies according to the method of CRAIGIE and PARKER and RIVERS. The bodies were washed a total of 4 times in a 0,004 M citric acid-disodium phosphate buffer at about p_H 7 and finally 3 times in distilled water. They were then frozen, dried *in vacuo*, and subjected to analysis. Elementary bodies so prepared were found to contain about 13,1 per cent total nitrogen, which if protein nitrogen would correspond to about 82 per cent protein, from 6,5 to 10,1 per cent ether soluble material, presumably fat, and about 5 per cent moisture. The elementary bodies gave positive color reactions for protein with the biuret, xanthoproteic, MILLON, and EHRLICH's para-dimethylaminobenzaldehyde reagents. The protein of the elementary bodies was found to be soluble in dilute alkali, somewhat soluble in 70 per cent ethyl alcohol, slightly soluble in water, and insoluble in dilute acetic acid. It coagulated when heated to a temperature of 65° C. The LIEBERMAN, ADAMKIEWICZ, and ACREE-ROSENHEIM tests, and tests for the presence of sulphur were negative. The presence of fat was also indicated by a positive acrolein test.

HUGHES, PARKER, and RIVERS found some preparations of the purified elementary bodies to give a strongly positive and others to give a very weak MOLISCH test for carbohydrate. It seemed likely to them that carbohydrate might have been washed from the bodies during the purification process, so they examined each of the 7 wash liquids obtained during the purification for carbohydrate by means of the MOLISCH test and for precipitinogens by means of antivaccinial serum. They found the first wash liquid to give a positive MOLISCH test at a dilution of 1 : 1600 and the dilution at which a positive test was obtained to decrease with subsequent wash liquids until the 7th, which failed to give a positive test at dilutions greater than 1 : 200. The precipitin titre was also found to decrease, hence it is obvious that, although much carbohydrate may be removed from the elementary bodies by washing, there is a marked decrease in the amount that is removed as washing proceeds. This was confirmed by CRAIGIE and WISHART, who noted that the removal of this soluble material caused the suspensions of elementary bodies to become quite unstable, although it was unaccompanied by a corresponding loss of virus activity.

Soluble antigens.

The nature of the soluble material obtained from the elementary bodies has been of some interest, since CRAIGIE in 1932 showed that the specific flocculation that occurs when the serum of a rabbit recently recovered from a vaccinial infection is mixed with an emulsion of tissues infected with vaccine virus is due not only to the agglutination of elementary bodies but also to the precipitation of soluble antigens. CRAIGIE and WISHART were able to demonstrate that there participated in this precipitin reaction two soluble antigenic components, one "L" that is labile at 56° C. and is destroyed by formaldehyde, and the other "S" that is stable at temperatures up to 100° C. and is unaffected by formaldehyde. SMITH in 1932 found that by heating an extract of vaccinia-infected testicular tissue at different hydrogen ion concentrations he could coagulate and remove much protein without materially reducing the precipitin titre. The preparation that he obtained gave a strong MOLISCH reaction but negative or weak tests for protein. In 1934 CH'EN, using a similar although somewhat more elaborate purification procedure, obtained a similar precipitable carbohydrate-containing antigen.

CRAIGIE and WISHART noted in 1936 that the addition of an equivalent amount of pure L or pure S precipitin serum to solutions of the soluble substances of the elementary bodies precipitated both the labile and the stable substances. They concluded, therefore, that as dissociated from the elementary bodies the S antigen occurs in combination with the L antigen, but that in early attempts at purification the L antigen was destroyed. They studied various procedures for obtaining the LS complex and found that it could be precipitated at p_H 4,45. Fractionation and purification were achieved, therefore, by precipitating the LS fraction from a vaccine filtrate and extracting the precipitate with buffer at p_H 6,65. The resulting extract was found to contain practically all of the LS antigen and but a fraction of the nitrogen in the starting material. The preparation so obtained was found to stimulate the production not only of precipitins but also of agglutinins and of complement-fixing antibodies. By heating the LS fraction the L substance was eliminated and preparations containing only S material were obtained. Attempts to absorb out the S substance from the LS fraction by means of pure S serum in an effort to secure pure L substance resulted in failure, for both substances were precipitated. Although it has been impossible as yet to secure the L substance free from the S substance, work on the purification of the S substance has progressed.

PARKER and RIVERS obtained a purified S material by chemical means that gave a precipitin reaction at a dilution of 1 : 640000. This material was secured by boiling an extract of vaccine virus for 5 minutes and then adding an equal volume of 50 per cent ammonium sulphate solution. The precipitate was removed, dialyzed against water, the solution centrifuged, and the supernatant liquid brought to 25 per cent saturation with ammonium sulphate. The precipitate that formed was discarded and the precipitate obtained on 50 per cent saturation with ammonium sulphate was removed and freed of salt by dialysis. The active material was precipitated by the addition of 9 volumes of neutral alcohol, the precipitate removed, dissolved in water, and again precipitated by adjustment to p_H 4,6. This precipitate was removed and extracted with buffer at p_H 7,2. The extract was adjusted to p_H 7,8, heated to boiling, adjusted to p_H 6, and again heated to boiling. Each time the precipitate was removed and discarded. The water-clear supernatant liquid was dialyzed against distilled water and then frozen and dried *in vacuo*. The purified S antigen so obtained was found to be almost insoluble at p_H 4,6, insoluble in neutral 80 per cent ethyl alcohol or in 50 per cent ammonium sulphate solution, but soluble in acidified ethyl alcohol or in 25 per cent ammonium sulphate solution. It was found to contain 16,5 per cent nitrogen, to be precipitated with trichloroacetic acid, and to give a very strong MOLISCH test. The material appeared to be a protein containing a carbohydrate in combination or as an impurity. In an effort to learn something about the nature of the material, PARKER and RIVERS studied the effect on the precipitating activity of the substance of digestion with several different proteolytic enzymes. They found that the serological activity was greatly reduced on digestion with commercial trypsin or with commercial pepsin, but that crystalline trypsin or crystalline chymotrypsin had no effect. These results indicate not only that the S antigen is a protein or consists largely of protein but that the intact protein is necessary for the full serological activity. Although PARKER and RIVERS state that their data are insufficient to permit the definite conclusion that the purified material consists of only one antigen, they consider that, because of the purification procedure and the fact that the material may be diluted 1 : 640000 and still give a precipitate when mixed with antiserum to CRAIGIE's S antigen, it is either pure or approaches purity more closely than any antigen previously isolated from tissues infected with vaccine virus. Although the material gives a very strong MOLISCH reaction, the high nitrogen figure indicates that it is chiefly protein and that carbohydrate can form only a small fraction of the total weight.

Mode of formation of soluble antigens.

CRAIGIE and WISHART have considered in some detail the various antigens associated with vaccinia and the possible modes of their formation. They have concluded that, although antigens responsible for the formation of neutralizing and complement-fixing antibodies must occur, the agglutination and precipitin reactions of vaccinia are largely referable to the LS antigen. This antigen produces two different antibodies each of which may produce agglutination when the LS antigen is associated with the elementary bodies or precipitation when the LS antigen is dissociated from the elementary bodies and is in solution. The fact that the elementary bodies may be freed largely of this antigen by mere washing may be regarded as an indication that the antigen is merely a product of infection adsorbed on the virus. This possibility has been discussed by SABIN. Although CRAIGIE and WISHART pointed out that fresh vaccine pulp will yield from 20 to 50 times as much LS antigen as will be dissociated *in vitro* from the total amount of elementary bodies recoverable from this pulp, they also made the interesting suggestion that vaccine virus may occur in two forms, one a resting resistant form represented by the purified washed elementary bodies and the other an actively proliferating intracellular form, and that the LS antigen may be a specific product only of this second form. They consider that there need not necessarily be any morphological difference between the two forms, but that the LS antigen is elaborated only by the vegetative form. They also mention the possibility that the LS antigen may result from the rapid lysis of non-resistant forms. At the present time, however, it may be said that the mode of formation of the LS and other antigens is unknown, despite the fact that they appear to be formed in every case of vaccinial infection and to be associated to a certain extent with the elementary bodies. Since the LS antigen may be removed quite readily from the elementary bodies, apparently without affecting their virus activity, there appears to be no reason to regard it as an essential part of the elementary body. However, the work of RIVERS and of CRAIGIE indicates that a close relationship exists between the soluble antigens and the elementary bodies. Therefore, the possibility that the LS antigen may be an integral part of the elementary body, as originally elaborated, but that it may be removed by a very mild hydrolysis must be considered.

	Molecular weight X 10^{-6} (Particle weight X 6.06 X 10^{17})	Diam. or length X width in $m\mu$
Red blood cells*	173 000 000	7 500
Bacillus prodigiosis*	173 000	750
Rickettsia*	11 100	300
Psittacosis*	8 500	275
Vaccinia*	2 300	175
Myxoma*	2 300	
Canary pox*	2 300	
Pleuro-pneumonia organism*	1 400	150
Pseudo rabies	1 400	
Ectromelia	1 400	
Herpes simplex	1 400	
Rabies fixe'	800	125
Borna disease	800	
Influenza	700	120
Vesicular stomatitis	410	100
Staphylococcus bacteriophage †	300	90
Fowl plague	300	
C_{16} bacteriophage	173	75
Chicken tumor I*	142	70
Tobacco mosaic*	43	430 X 12.3
Cucumber mosaics 3 and 4*	43	
Gene (Muller's est. of max. size)*	33	125 X 20
Latent mosaic of potato*	26	430 X 9.8
Rabbit papilloma (Shope)*	25	40
Equine encephalitis	23	38
Megatherium bacteriophage	23	
Tobacco ring spot*	13	182 X 10 4
Rift valley fever	11	30
Tomato bushy stunt*	9	28
Hemocyanin molecule (Busycon)*	6.7	59 X 13.2
Yellow fever	4.3	22
Louping ill	2.8	19
Hemocyanin molecule (Octopus)*	2.8	64 X 8
Poliomyelitis	0.7	12
Staphylococcus bacteriophage†	0.4	10
Foot-and-mouth disease	0.4	
Hemoglobin molecule (Horse)*	0.069	2.8 X 0.6
Egg albumin molecule*	0.040	1.8 X 0.6

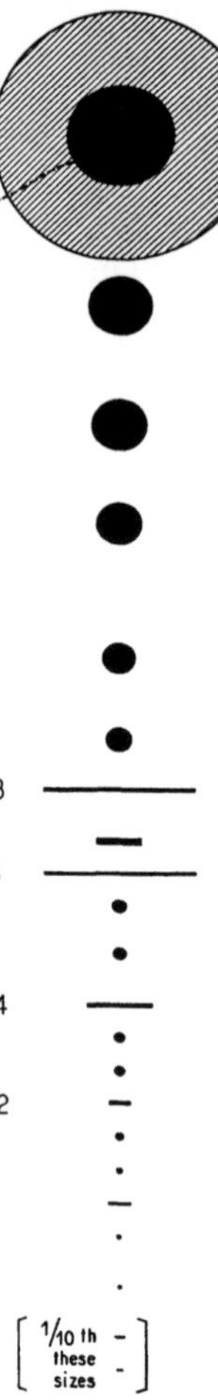

Fig. 20. Comparative sizes of viruses.

A chart showing the relative sizes of several selected viruses, including bacteriophages, as compared to those of red blood cells, *Bacillus prodigiosus*, rickettsia, pleuropneumonia organism and protein molecules. The figures for size have been arbitrarily selected from data available in the literature. (See ELFORD's table 19 on page 214 for a more complete list and for literature citations.) Particles known to be asymmetric are so indicated and the estimated length and width and the molecular weight in accordance with the asymmetry are given. In other cases where the particles are known or assumed to be spherical, the diameter and the molecular weight based on a sphere of density 1,3 are given. * = Evidence regarding shape available. † = Large size from filtration and sedimentation of concentrated solutions and small size from diffusion of dilute solutions. From STANLEY 1938 (*63*, [*23*]).

Nature of the elementary body.

The question of the nature of the elementary body of vaccinia is of some interest, especially since it is as large as accepted living organisms and because there has been a strong tendency to regard it as a living organism, and more especially because of the recent work with tobacco mosaic virus. MERRILL studied the effect of several purified enzymes on washed elementary bodies and found chymotrypsin to have no demonstrable inactivating effect. However, he found vaccinia virus to be slowly inactivated by trypsin and to be fairly rapidly inactivated on digestion with a mixture of trypsin and chymotrypsin. Ten strains of living gram-negative bacteria resisted the action of purified trypsin and chymotrypsin, whereas the killed organisms were rapidly digested. MERRILL's experiments were carefully controlled and bring definite evidence that vaccinia virus behaves like a protein in that it is susceptible to the action of a proteolytic enzyme. PARKER and SMYTHE made metabolic studies on rather large amounts of purified elementary bodies freed from viable host cells and bacteria, and found no evidence of oxygen utilization, of the release of appreciable amounts of acid, or of a stimulating effect on the metabolism of other cells. BEARD, FINKELSTEIN, and WYCKOFF studied the effect of different hydrogen ion concentrations on the infectivity and the sedimentation constant of elementary bodies. They found that the sedimentation constant and virus activity were unchanged between p_H 5 and 9,5, but that at reactions more alkaline than about 10,5 inactivation and disintegration of the bodies occurred. Inactivation was found to occur at p_H 3 or more acid reactions, with the formation of a waxy material and a chief component having a sedimentation constant only about 15 per cent less than that of the intact elementary bodies. These results indicate that the stability range of the virus activity is approximately the same as that of the elementary body. A sedimentation constant for the elementary bodies of vaccinia of $S_{20^\circ} = 4910 \times 10^{-13}$, a value slightly lower than that reported by BEARD and co-workers, was optained by PICKELS and SMADEL. The latter workers also reported that the principal boundary was accompanied frequently by one or several more rapidly moving boundaries, probably produced by aggregates consisting of two or more elementary bodies. SMADEL, PICKELS and SHEDLOVSKY found the elementary bodies to undergo reversible physical changes, such as a change in density, when taken from a dilute buffer solution to a solution of urea, glycerol, or sucrose. MACFARLANE recently studied the enzymatic activity of purified elementary bodies and found the preparations to show phosphatase and catalase activities but not dehydrogenase activity. He considered that the enzymatic activities were inherent in the virus body.

The findings just described, as well as the evidence supplied by RIVERS and by CRAIGIE on the makeup of the elementary bodies, would not be incompatible with the idea that the bodies may represent an entity similar to that of tobacco mosaic virus protein, but in which the protein was conjugated with both a carbohydrate and a fat. Such an entity would, of course, be more complex than the tobacco mosaic virus protein and might conceivably represent a type of organization intermediate between that occurring within a simple protein molecule and that occurring within accepted living organisms. It is immaterial whether such an entity be called a molecule or a living organism, but it is of the utmost importance to learn something of the organization of the elementary body. Although the dissociation of the LS antigen from the elementary body may be similar to the diffusion of materials from bacterial cells, the establishment of the washed purified bodies as an infectious entity which no longer yields such material is somewhat reminiscent of a type of structure similar to that in the tobacco mosaic virus protein. The latter protein appears to be composed only of protein and nucleic acid, for it yields only these components on hydrolysis. It is to be hoped that more complete studies on the makeup of these virus materials will yield information concerning their exact nature. The evidence available at present is assuredly too meagre to justify the classification of the elementary bodies of vaccinia or, for that matter, of the tobacco mosaic virus protein with either ordinary molecules or ordinary organisms.

NORTHROP's bacteriophage protein.

General properties and size.

The purified material obtained by NORTHROP from lysed staphylococcus cultures has the composition of a nucleoprotein, as may be seen from the ultimate analysis which is given in table 5. The figures for phosphorus are somewhat higher and those for hydrogen slightly lower than the figures reported by SCHLESINGER. It is of some interest that tobacco mosaic virus protein, latent mosaic of potato virus protein, the cucumber mosaic virus proteins, and also the phage protein have all been found to be nucleoproteins. NORTHROP found the phage protein to be most stable in solution in about 25 per cent saturated ammonium sulphate at p_H 7, but even under these optimum conditions the activity was found to decrease about 10 per cent a day at 10° C. The activity was destroyed by heating solutions to 50° C. for 5 minutes, by acidity greater than p_H 5,0, or by glycerol, ethyl alcohol, or acetone.

Several different methods for estimating phage activity have been described. The one used by NORTHROP consisted of a modification of the method described by KRUEGER in 1930, which was based on the observation that under certain standard conditions the time of lysis is a function of the initial phage concentration present in a bacterial suspension. The phage unit used by NORTHROP is about 10^{10} KRUEGER units and is defined as the quantity of active agent that will cause lysis of 5 c. cm. of a standard bacterial suspension in one hour at 35° C. In this method lysis is not caused directly by the phage added, but by this and the phage produced during the test. NORTHROP pointed out that with very dilute bacterial suspensions the quantity of phage required to produce lysis should be independent of the volume and it should be possible to calculate from the number of instances in which lysis occurs the average number of phage units present. He conducted a series of experiments with very dilute phage solutions and calculated from the tables of HALVORSON and ZIEGLER that 1×10^{-13} mg. protein nitrogen of purified phage was sufficient to cause lysis. If this quantity represents one molecule, a molecular weight of about 300000000 would follow.

Table 5. Analysis of staphylococcus bacteriophage protein.

C	H	N	P	Ash	Glucose	Glucose amine
40,6	5,4	14,6	4,6	13,0		
41,8	5,2	14,1	5,0		1,5	< 0,1

Precipitated with cold 5 per cent trichloroacetic acid and washed free of ammonia with 0,01 M HCl. Dried with alcohol, then at 60° C. *in vacuo*.

(After NORTHROP, 1938.)

The sedimentation constant of the phage protein was determined by WYCKOFF and found to be $S_{20°}$ = about 650×10^{-13} which, on the basis of the usual assumptions, would correspond to a molecular weight of about 300000000. However, NORTHROP made the striking discovery that the diffusion coefficient of the phage protein was not constant but varied with concentration. He found the diffusion coefficient to vary from about 0,001 cm.^{2}/day in solutions containing more than 0,1 mg. protein per c. cm. to 0,02 cm.^{2}/day in solutions containing less than 0,001 mg. protein per c. cm. These results indicated that concentrated solutions contained units having a molecular weight of about 300 million but that dilute solutions contained units having a molecular weight of only about 400000. Unfortunately, it was not possible to determine the sedimentation constant in the range of concentration in which the smaller units exist. However, it was possible to gain some idea of the rate of sedimentation by centrifuging solutions of different concentrations and determining the phage activity in the upper and lower portions of the centrifuge tubes. This was done, and it was found that the more dilute the phage solution the smaller was the fraction of phage found in the bottom portion. It was also found that in dilute solution the phage sedimented more slowly than did the tobacco mosaic virus protein that was used as a control, while in concentrated solution the phage sedimented more rapidly than did the virus protein. The results also indicated that an equilibrium exists between large and small phage particles, and that in solution the phage particle may vary from about 400000 to about 300 million in molecular weight, or from about 10 mμ to 90 mμ in diameter. NORTHROP found that the presence of inactive phage protein had but little effect on the rate of sedimentation of active phage, hence it appears that inactive phage does not enter the equilibrium with active phage. NORTHROP's demonstration that the phage protein can form units differing vastly in size depending on the concentration clears up several apparently contradictory results obtained by earlier workers. For example, SCHLESINGER from centrifugation estimated the diameter of a coli-phage as 80 mμ, and ELFORD and ANDREWES from filtration experiments calculated a staphylococcus phage to have a diameter of about 90 mμ. However, BRONFENBRENNER found the active particles to be of different sizes, and BRONFENBRENNER and HETLER calculated from the rate of diffusion that the diameter of the phage was only 2 to 20 mμ. It is obvious now that the larger phage particles were being measured in some cases and the smaller ones in the other instances. Since the measurement of phage activity must be carried out with dilute solutions containing the small phage particles, nothing is known concerning the relative activity of the large and small particles.

Correlation of activity with protein.

NORTHROP was able to secure strong evidence that the phage activity is a specific property of the protein. He found in his diffusion experiments that the same diffusion coefficient was obtained whether it be calculated on the basis of protein nitrogen or phage activity. This demonstrates that the active agent and the protein diffuse at the same rate, and hence that they are the same size. He also centrifuged a solution of phage protein and removed and analyzed several layers from the solution following centrifugation. He found that the protein and the active agent sedimented at exactly the same rate. Denaturation of the protein by adjustment to p_H 4,4 resulted in loss of activity, whereas standing at p_H 4,7 had no effect on the protein or activity. NORTHROP also heated solutions of phage protein at p_H 7 at different temperatures for varying periods of time and found that in every case the formation of denatured protein was accompanied by loss of phage activity. The ultraviolet absorption spectrum of the phage protein was determined and found to have a maximum at about 2600 Å. The absorption spectrum was found to agree closely with the destruction spectrum of the activity of a closely related phage from 2600 to 2900 Å, but to diverge at lower wave lengths. The effect of various enzymes on both active and inactive phage protein was studied. The denatured inactive phage protein was not hydrolyzed by pepsin, trypsin, or chymotrypsin. However, active phage protein was inactivated by chymotrypsin but not by trypsin. No change in the protein nitrogen content occurred in the case of inactivation by chymotrypsin, yet the protein was denatured. The rate of protein denaturation was about the same as the rate of phage inactivation. The sedimentation constant of protein inactivated by chymotrypsin was not changed appreciably, but the boundary was much more diffuse. Protein inactivated by heat was found to sediment with a sharp boundary. However, the sedimentation constant varied from 9×10^{-13} to 23×10^{-13}, and it was concluded that the boundaries were due not to the sedimentation of the usual particles but to the compression of a dilute protein gel. WYCKOFF found the gradual disappearance of the heavy component of active protein on exposure to pH 10 to be accompanied by a gradual loss of phage activity.

NORTHROP also studied the absorption of activity and protein by susceptible living and dead bacteria and by non-susceptible bacteria. This served to correlate further protein and activity, for susceptible living or dead bacteria remove phage activity from solution in a definite manner, whereas non-susceptible bacteria do not. He found non-susceptible staphylococci or coli removed neither activity nor protein from solution, but that homologous staphylococci removed activity and protein in exactly the same proportion.

The solubility of two especially active preparations of phage protein was found to vary only slightly with change in amount of solid phase. This result indicates that these preparations consisted largely of only one component. The isolation of the same nucleoprotein from many different batches of starting material, the retention of constant properties during much fractionation, the definite correlation of phage activity with protein on partial denaturation of the protein by acid, alkali, heat, or enzymes, on centrifugation of the protein, on diffusion of the protein, and on exposure to homologous staphylococci, the correlation of absorption spectrum of the protein with the destruction spectrum of phage activity, and the solubility data all bring strong and in some cases direct evidence not only that the protein is essentially pure but that the phage activity is a specific property of the protein.

NORTHROP concluded that the properties of the phage protein were analogous to the properties of the virus proteins, that there was no reason to differentiate between the two, and that in certain respects the phage protein was more amenable to experimentation than the virus proteins. He considered the assumption that living host cells synthesize inert "normal" protein, which is then changed into active phage protein by an autocatalytic reaction, to account for all the observed facts as well as the more complicated series of assumptions involved in the hypothesis that the phage is a living organism. Experimental evidence for the existence of inert "normal" protein or pro-phage protein has been secured by KRUEGER and FONG and by GRATIA and RHODES, who were able to demonstrate an increase in phage in the presence of living but not growing cells. More recently KRUEGER and BALDWIN have reported that the inoculation of cell-free bacterial extracts with phage results in the production of more phage. Since it has been regarded that phage is produced rapidly only in living cells where growth and hence synthesis is occurring, these facts would fit in well with the assumption that the amount of pro-phage existing at any one time is small.

NORTHROP's isolation of a staphylococcus bacteriophage in the form of a nucleoprotein and the demonstration that the phage activity is very closely associated with this protein and is, in all probability, a specific property of the protein represent a most important advance in the study of the bacteriophages. It is to be hoped that the isolation of other phage proteins and a complete study of their physical, chemical, biological, and immunological properties will follow as a result of this stimulus. Should the stability and the concentration in the host of the phage proteins vary as much as has been found to be the case with the virus proteins, it is quite possible that a more stable and abundant phage protein will be found.

Bibliography for chemical and physical properties of viruses.

1. Basset, J., A. Gratia, M. Macheboeuf, and P. Manil: Action of high pressures on plant viruses. Proc. Soc. exper. Biol. a. Med. (Am.) **38**, 248 (1938).
2. Bawden, F. C. and N. W. Pirie: (*1*) Experiments on the chemical behaviour of potato virus "X". Brit. J. exper. Path. **17**, 64 (1936).
— (*2*) Liquid crystalline preparations of cucumber viruses 3 and 4. Nature (Brit.) **139**, 546 (1937).
— (*3*) The relationships between liquid crystalline preparations of cucumber viruses 3 and 4 and strains of tobacco mosaic virus. Brit. J. exper. Path. **18**, 275 (1937).
— (*4*) The isolation and some properties of liquid crystalline substances from solanaceous plants infected with three strains of tobacco mosaic virus. Proc. roy. Soc., Lond., Ser. B: Biol. Sci. **123**, 274 (1937).
— (*5*) Liquid crystalline preparations of potato virus "X". Brit. J. exper. Path. **19**, 66 (1938).
— (*6*) A plant virus preparation in a fully crystalline state. Nature (Brit.) **141**, 513 (1938).
— (*7*) Crystalline preparations of tomato bushy stunt virus. Brit. J. exper. Path. **19**, 251 (1938).
— (*8*) A note on some protein constituents of normal tobacco and tomato leaves. Brit. J. exper. Path. **19**, 264 (1938).
3. Bawden, F. C., N. W. Pirie, J. D. Bernal, and I. Fankuchen: Liquid crystalline substances from virus-infected plants. Nature (Brit.) **138**, 1051 (1936).
4. Beale, H. P.: Relation of Stanley's crystalline tobacco-virus protein to intracellular crystalline deposits. Contr. Boyce Thomp. Inst. **8**, 413 (1937).
5. Beard, J. W. and R. W. G. Wyckoff: (*1*) The isolation of a homogeneous heavy protein from virus-induced rabbit papillomas. Science **85**, 201 (1937).
— (*2*) The p_H stability of the papilloma virus protein. J. biol. Chem. (Am.) **123**, 461 (1938).
6. Beard, J. W., H. Finkelstein, and R. W. G. Wyckoff: The p_H stability range of the elementary bodies of vaccinia. Science **86**, 331 (1937).
7. Bernal, J. D.: In: Discussion on recent work on heavy proteins in virus infection and its bearing on the nature of viruses. Proc. roy. Soc. Med., Lond. **31**, 208 (1938).
8. Bernal, J. D. and I. Fankuchen: Structure types of protein 'crystals' from virus-infected plants. Nature (Brit.) **139**, 923 (1937).
9. Best, R. J.: (*1*) Precipitation of the tobacco mosaic virus complex at its isoelectric point. Austral. J. exper. Biol. a. med. Sci. **14**, 1 (1936).
— (*2*) Visible mesomorphic fibres of tobacco mosaic virus in juice from diseased plants. Nature (Brit.) **139**, 628 (1937).
— (*3*) Artificially prepared visible paracrystalline fibres of tobacco mosaic virus nucleoprotein. Nature (Brit.) **140**, 547 (1937).
— (*4*) The chemistry of some plant viruses. Austral. chem. Inst. J. a. Proc. **4**, 375 (1937).
10. Best, R. J. and G. Samuel: The reaction of the viruses of tomato spotted wilt and tobacco mosaic to the p_H value of media containing them. Ann. appl. Biol. **23**, 509 (1936).
11. Bronfenbrenner, J.: Studies on the bacteriophage of d'Herelle. VII. On the particulate nature of bacteriophage. J. exper. Med. (Am.) **45**, 873 (1927).
12. Bronfenbrenner, J. and D. Hetler: Mechanism of the inhibition of bacteriophagy by agar or gelatin. Proc. Soc. exper. Biol. a. Med. (Am.) **25**, 480 (1928).
13. Caldwell, J.: The physiology of virus diseases in plants. IV. The nature of the virus agent of aucuba or yellow mosaic of tomato. Ann. appl. Biol. **20**, 100 (1933).
14. Calmette, A. et C. Guérin: Recherches sur la vaccine expérimentale. Ann. Inst. Pasteur, Par. **15**, 161 (1901).

15. CH'EN, W. K.: Preparation of the specific soluble substance from vaccinia virus. Proc. Soc. exper. Biol. a. Med. (Am.) **32**, 491 (1934).
16. CHESTER, K. S.: (*1*) Specific quantitative neutralization of the viruses of tobacco mosaic, tobacco ring spot, and cucumber mosaic by immune sera. Phytopathology **24**, 1180 (1934).
— (*2*) Serological tests with STANLEY's crystalline tobacco-mosaic protein. Phytopathology **26**, 715 (1936).
17. CRAIGIE, J.: The nature of the vaccinia flocculation reaction, and observations on the elementary bodies of vaccinia. Brit. J. exper. Path. **13**, 259 (1932).
18. CRAIGIE, J. and F. O. WISHART: (*1*) The agglutinogens of a strain of vaccinia elementary bodies. Brit. J. exper. Path. **15**, 390 (1934).
— (*2*) Studies on the soluble precipitable substances of vaccinia. I. The dissociation in vitro of soluble precipitable substances from elementary bodies of vaccinia. J. exper. Med. (Am.) **64**, 803 (1936).
— (*3*) Studies on the soluble precipitable substances of vaccinia. II. The soluble precipitable substances of dermal vaccina. J. exper. Med. (Am.) **64**, 819 (1936).
19. DUGGAR, B. M. and A. HOLLAENDER: (*1*) Irradiation of plant viruses and of microorganisms with monochromatic light. I. The virus of typical tobacco mosaic and Serratia marcescens as influenced by ultraviolet and visible light. J. Bacter. (Am.) **27**, 219 (1934).
— (*2*) Irradiation of plant viruses and of microorganisms with monochromatic light. II. Resistance to ultraviolet radiation of a plant virus as contrasted with vegetative and spore stages of certain bacteria. J. Bacter. (Am.) **27**, 241 (1934).
20. ELFORD, W. J. and C. H. ANDREWES: The sizes of different bacteriophages. Brit. J. exper. Path. **13**, 446 (1932).
21. ERIKSSON-QUENSEL, I. and T. SVEDBERG: Sedimentation and electrophoresis of the tobacco-mosaic virus protein. J. amer. chem. Soc. **58**, 1863 (1936).
21a. FRAMPTON, V. L. and H. NEURATH: An estimate of the relative dimensions and diffusion constant of the tobacco-mosaic virus protein. Science **87**, 468 (1938).
22. GLASER, R. W. and R. W. G. WYCKOFF: Homogeneous heavy substances from healthy tissues. Proc. Soc. exper. Biol. a. Med. (Am.) **37**, 503 (1937).
23. GOWEN, J. W. and W. C. PRICE: Inactivation of tobacco-mosaic virus by X-rays. Science **84**, 536 (1936).
24. GRATIA, A. et P. MANIL: Ultracentrifugation et cristallisation d'un mélange de virus de la mosaïque du tabac et de bactériophage. C. r. Soc. Biol. **126**, 903 (1937).
25. GRATIA, A. et B. RHODES: De l'action lytique des staphylocoques vivants sur les staphylocoques tués. C. r. Soc. Biol. **90**, 640 (1924).
26. GUÉRIN, C.: Contrôle de la valeur des vaccins Jenneriens par la numération des éléments virulents. Ann. Inst. Pasteur, Par. **19**, 317 (1905).
27. HALVORSON, H. O. and N. R. ZIEGLER: Application of statistics to problems in bacteriology. I. A means of determining bacterial population by the dilution method. J. Bacter. (Am.) **25**, 101 (1933).
28. HOLMES, F. O.: (*1*) Local lesions in tobacco mosaic. Bot. Gaz. **87**, 39 (1929).
— (*2*) A masked strain of tobacco-mosaic virus. Phytopathology **24**, 845 (1934).
29. HUGHES, T. P., R. F. PARKER, and T. M. RIVERS: Immunological and chemical investigations of vaccine virus. II. Chemical analysis of elementary bodies of vaccinia. J. exper. Med. (Am.) **62**, 349 (1935).
30. JENSEN, J. H.: (*1*) Isolation of yellow-mosaic viruses from plants infected with tobacco mosaic. Phytopathology **23**, 964 (1933).
— (*2*) Studies on the origin of yellow-mosaic viruses. Phytopathology **26**, 266 (1936).
— (*3*) Studies on representative strains of tobacco-mosaic virus. Phytopathology **27**, 69 (1937).

31. Krueger, A. P.: A method for the quantitative determination of bacteriophage. J. gen. Physiol. (Am.) **13**, 557 (1930).

32. Krueger, A. P. and D. M. Baldwin: Production of phage in the absence of bacterial cells. Proc. Soc. exper. Biol. a. Med. (Am.) **37**, 393 (1937).

33. Krueger, A. P. and J. Fong: The relationship between bacterial growth and phage production. J. gen. Physiol. (Am.) **21**, 137 (1937).

34. Kunkel, L. O.: Tobacco and aucuba-mosaic infections by single units of virus. Phytopathology **24**, 13 (1934). Abstr.

35. Landsteiner, K. and M. Heidelberger: Differentiation of oxyhemoglobins by means of mutual solubility tests. J. gen. Physiol. (Am.) **6**, 131 (1923).

36. Lauffer, M. A.: (*1*) The molecular weight and shape of tobacco mosaic virus protein. Science **87**, 469 (1938).
— (*2*) Optical properties of solutions of tobacco mosaic virus protein. J. physic. Chem. **42**, 935 (1938).
— (*3*) The viscosity of tobacco mosaic virus protein solutions. J. biol. Chem. (Am.) **126** (1938).

37. Lauffer, M. A. and W. M. Stanley: (*1*) Stream double refraction of virus proteins. J. biol. Chem. (Am.) **123**, 507 (1938).
— (*2*) The physical chemistry of tobacco mosaic virus protein. Chem. Rev. (Am.) **24**, April (1939).

38. Lavin, G. I. and W. M. Stanley: The ultraviolet absorption spectrum of crystalline tobacco mosaic virus protein. J. biol. Chem. (Am.) **118**, 269 (1937).

39. Ledingham, J. C. G.: The aetiological importance of the elementary bodies in vaccinia and fowl-pox. Lancet **1931 II**, 525.

40. Lojkin, M. and C. G. Vinson: Effect of enzymes upon the infectivity of the virus of tobacco mosaic. Contr. Boyce Thomp. Inst. **3**, 147 (1931).

41. Loring, H. S.: (*1*) Accuracy in the measurement of the activity of tobacco mosaic virus protein. J. biol. Chem. (Am.) **121**, 637 (1937).
— (*2*) Properties of the latent mosaic virus protein. J. biol. Chem. (Am.) **126**, December (1938).
— (*3*) Nucleic acid from tobacco mosaic virus protein. J. biol. Chem. (Am.) **123**, 126 (1938).

41a. Loring, H. S., M. A. Lauffer, and W. M. Stanley: The question of aggregation of purified tobacco mosaic virus. Nature (Brit.) **142**, 841 (1938).

42. Loring, H. S., H. T. Osborn, and R. W. G. Wyckoff: Ultracentrifugal isolation of high molecular weight proteins from broad bean and pea plants. Proc. Soc. exper. Biol. a. Med. (Am.) **38**, 239 (1938).

43. Loring, H. S. and W. M. Stanley: Isolation of crystalline tobacco mosaic virus protein from tomato plants. J. biol. Chem. (Am.) **117**, 733 (1937).

44. Loring, H. S. and R. W. G. Wyckoff: The ultracentrifugal isolation of latent mosaic virus protein. J. biol. Chem. (Am.) **121**, 225 (1937).

44a. MacFarlane, M. G. and M. H. Salaman: The enzymatic activity of vaccinial elementary bodies. Brit. J. exper. Path. **19**, 184 (1938).

44b. Martin, L. F., A. K. Balls, and H. H. McKinney: The protein content of tobacco mosaic. Science **87**, 329 (1938).

45. Martin, L. F., H. H. McKinney, and L. W. Boyle: Purification of tobacco mosaic virus and production of mesomorphic fibers by treatment with trypsin. Science **86**, 380 (1937).

45a. McFarlane, A. S. and R. A. Kekwick: Physical properties of bushy stunt virus protein. Biochem. J. (Brit.) **32**, 1607 (1938).

46. McKinney, H. H.: (*1*) Virus mixtures that may not be detected in young tobacco plants. Phytopathology **16**, 893 (1926). Abstr.
— (*2*) Evidence of virus mutation in the common mosaic of tobacco. J. agric. Res. **51**, 951 (1935).

47. Merrill, M. H.: Effect of purified enzymes on viruses and gram-negative bacteria. J. exper. Med. (Am.) **64**, 19 (1936).

48. NORTHROP, J. H.: (1) Concentration and partial purification of bacteriophage. Science 84, 90 (1936).
— (2) Concentration and purification of bacteriophage. J. gen. Physiol. (Am.) 21, 335 (1938).
49. PARKER, R. F. and T. M. RIVERS: (1) Immunological and chemical investigations of vaccine virus. I. Preparation of elementary bodies of vaccinia. J. exper. Med. (Am.) 62, 65 (1935).
— (2) Immunological and chemical investigations of vaccine virus. III. Response of rabbits to inactive elementary bodies of vaccinia and to virus-free extracts of vaccine virus. J. exper. Med. (Am.) 63, 69 (1936).
— (3) Immunological and chemical investigations of vaccine virus. IV. Statistical studies of elementary bodies in relation to infection and agglutination. J. exper. Med. (Am.) 64, 439 (1936).
— (4) Immunological and chemical investigations of vaccine virus. VI. Isolation of a heat-stable, serologically active substance from tissues infected with vaccine virus. J. exper. Med. (Am.) 65, 243 (1937).
50. PARKER, R. F. and C. V. SMYTHE: Immunological and chemical investigations of vaccine virus. V. Metabolic studies of elementary bodies of vaccinia. J. exper. Med. (Am.) 65, 109 (1937).
51. PASCHEN, E.: Was wissen wir über den Vakzineerreger? Münch. med. Wschr. 53, 2391 (1906).
51a. PICKELS, E. G. and J. E. SMADEL: Ultracentrifugation studies on the elementary bodies of vaccine virus. I. General methods and determination of particle size. J. Exp. Med. (Am.) 68, 583 (1938).
52. PRICE, W. C.: Acquired immunity to ring-spot in Nicotiana. Contr. Boyce Thomp. Inst. 4, 359 (1932).
53. PRICE, W. C. and J. W. GOWEN: Quantitative studies of tobacco-mosaic virus inactivation by ultra-violet light. Phytopathology 27, 267 (1937).
54. PRICE, W. C. and R. W. G. WYCKOFF: The ultracentrifugation of the proteins of cucumber viruses 3 and 4. Nature (Brit.) 141, 685 (1938).
55. PURDY, H. A.: Immunologic reactions with tobacco mosaic virus. J. exper. Med. (Am.) 49, 919 (1929).
56. ROSS, A. F. and W. M. STANLEY: (1) Partial reactivation of formolized tobacco mosaic virus protein. Proc. Soc. exper. Biol. a. Med. (Am.) 38, 260 (1938).
— (2) The partial reactivation of formolized tobacco mosaic virus protein. J. gen. Physiol. (Am.) 22, 165 (1938).
57. SABIN, A. B.: The mechanism of immunity to filterable viruses. II. Fate of the virus in a system consisting of susceptible tissue, immune serum and virus, and the role of the tissue in the mechanism of immunity. Brit. J. exper. Path. 16, 84 (1935).
58. SAMUEL, G. and J. G. BALD: On the use of the primary lesions in quantitative work with two plant viruses. Ann. appl. Biol. 20, 70 (1933).
59. SCHLESINGER, M.: Zur Frage der chemischen Zusammensetzung des Bakteriophagen. Biochem. Z. 273, 306 (1934).
59a. SEASTONE, C. V.: The measurement of surface films formed by hemocyanin, tobacco mosaic virus, vaccinia, and Bacterium gallinarum. J. gen. Physiol. (Am.) 21, 621 (1938).
59b. SEASTONE, C. V., H. S. LORING, and K. S. CHESTER: Anaphylaxis with tobacco mosaic virus protein and hemocyanin. J. Immunol. (Am.) 33, 407 (1937).
60. SHOPE, R. E.: Infectious papillomatosis of rabbits. J. exper. Med. (Am.) 58, 607 (1933).
60a. SMADEL, J. E., E. G. PICKELS and T. SHEDLOVSKY: Ultracentrifugation studies on the elementary bodies of vaccine virus. II. The influence of sucrose, glycerol and urea solutions on the physical nature of vaccine virus. J. Exp. Med. (Am.) 68, 607 (1938).
61. SMITH, K. M. and J. P. DONCASTER: The particle size of plant viruses. 3. Congr. intern. Path. comp., Athens, Rapports, 1, pt. 2, S. 179. 1936.

62. Smith, W.: A heat-stable precipitating substance extracted from vaccinia virus. Brit. J. exper. Path. **13**, 434 (1932).
63. Stanley, W. M.: (*1*) Chemical studies on the virus of tobacco mosaic. I. Some effects of trypsin. Phytopathology **24**, 1055 (1934).
— (*2*) Chemical studies on the virus of tobacco mosaic. II. The proteolytic action of pepsin. Phytopathology **24**, 1269 (1934).
— (*3*) Isolation of a crystalline protein possessing the properties of tobacco-mosaic virus. Science **81**, 644 (1935).
— (*4*) Chemical studies on the virus of tobacco mosaic. III. Rates of inactivation at different hydrogen-ion concentrations. Phytopathology **25**, 475 (1935).
— (*5*) Chemical studies on the virus of tobacco mosaic. IV. Some effects of different chemical agents on infectivity. Phytopathology **25**, 899 (1935).
— (*6*) An improved method for the preparation of crystalline tobacco-mosaic virus protein. Phytopathology **26**, 108 (1936). Abstr.
— (*7*) Chemical studies on the virus of tobacco mosaic. VI. The isolation from diseased Turkish tobacco plants of a crystalline protein possessing the properties of tobacco-mosaic virus. Phytopathology **26**, 305 (1936).
— (*8*) The isolation of a crystalline protein possessing the properties of aucuba-mosaic virus. J. Bacter. (Am.) **31**, 52 (1936). Abstr.
— (*9*) The inactivation of crystalline tobacco-mosaic virus protein. Science **83**, 626 (1936).
— (*10*) Chemical studies on the virus of tobacco mosaic. VII. An improved method for the preparation of crystalline tobacco mosaic virus protein. J. biol. Chem. (Am.) **115**, 673 (1936).
— (*11*) Chemical studies on the virus of tobacco mosaic. VIII. The isolation of a crystalline protein possessing the properties of aucuba mosaic virus. J. biol. Chem. (Am.) **117**, 325 (1937).
— (*12*) Chemical studies on the virus of tobacco mosaic. IX. Correlation of virus activity and protein on centrifugation of protein from solution under various conditions. J. biol. Chem. (Am.) **117**, 755 (1937).
— (*13*) Crystalline tobacco-mosaic virus protein. Amer. J. Botany **24**, 59 (1937).
— (*14*) A comparative study of some effects of several different viruses on Turkish tobacco plants. Phytopathology **27**, 1152 (1937).
— (*15*) Chemical studies on the virus of tobacco mosaic. X. The activity and yield of virus protein from plants diseased for different periods of time. J. biol. Chem. (Am.) **121**, 205 (1937).
— (*16*) Isolation and properties of virus proteins. Erg. Physiol. usw. **39**, 294 (1937).
— (*17*) Virus proteins—a new group of macromolecules. J. physic. Chem. **42**, 55 (1938).
— (*18*) The biophysics and biochemistry of viruses. J. appl. Physics **9**, 148 (1938).
— (*19*) The reproduction of virus proteins. Amer. Naturalist **72**, 110 (1938).
— (*20*) The isolation and properties of tobacco ring spot virus protein. J. biol. Chem. (Am.) (1938). In press.
— (*21*) The isolation and properties of tobacco mosaic and other virus proteins. In: Harvey Lect. (Am.) **33**, 170 (1938); Baltimore: The Williams and Wilkins Co., 1937/38; also in Bull. N. Y. Acad. Med. **14**, 398 (1938).
— (*22*) Aucuba mosaic virus protein isolated from diseased excised tomato roots grown in vitro. J. biol. Chem. (Am.) **126**, 125 (1938).
— (*23*) Recent advances in the study of viruses. In: The Sigma Xi Lectures. New Haven: The Yale University Press, 1938.
64. Stanley, W. M. and H. S. Loring: (*1*) The isolation of crystalline tobacco mosaic virus protein from diseased tomato plants. Science **83**, 85 (1936).
— (*2*) Properties of virus proteins. Cold Spring Harbor Symposia for Quant. Biol. 6 (1938).
65. Stanley, W. M. and R. W. G. Wyckoff: The isolation of tobacco ring spot and other virus proteins by ultracentrifugation. Science **85**, 181 (1937).

66. Takahashi, W. N. and T. E. Rawlins: (*1*) Method for determining shape of colloidal particles; application in study of tobacco mosaic virus. Proc. Soc. exper. Biol. a. Med. (Am.) **30**, 155 (1932).
— (*2*) Stream double refraction of preparations of crystalline tobacco-mosaic protein. Science **85**, 103 (1937).
67. Vinson, C. G. and A. W. Petre: Mosaic disease of tobacco. II. Activity of the virus precipitated by lead acetate. Contr. Boyce Thomp. Inst. **3**, 131 (1931).
68. Wishart, F. O. and J. Craigie: Studies on the soluble precipitable substances of vaccinia. III. The precipitin responses of rabbits to the LS antigen of vaccinia. J. exper. Med. (Am.) **64**, 831 (1936).
69. Wyckoff, R. W. G.: (*1*) Molecular sedimentation constants of tobacco mosaic virus proteins extracted from plants at intervals after inoculation. J. biol. Chem. (Am.) **121**, 219 (1937).
— (*2*) An ultracentrifugal study of the p_H stability of tobacco mosaic virus protein. J. biol. Chem. (Am.) **122**, 239 (1937).
— (*3*) An ultracentrifugal analysis of concentrated staphylococcus bacteriophage preparations. J. gen. Physiol. (Am.) **21**, 367 (1938).
— (*4*) An ultracentrifugal analysis of the aucuba mosaic virus protein. J. biol. Chem. (Am.) **124**, 585 (1938).
70. Wyckoff, R. W. G. and J. W. Beard: p_H stability of Shope papilloma virus and of purified papilloma virus protein. Proc. Soc. exper. Biol. a. Med. (Am.) **36**, 562 (1937).
71. Wyckoff, R. W. G., J. Biscoe, and W. M. Stanley: An ultracentrifugal analysis of the crystalline virus proteins isolated from plants diseased with different strains of tobacco mosaic virus. J. biol. Chem. (Am.) **117**, 57 (1937).
72. Wyckoff, R. W. G. and R. B. Corey: X-ray diffraction patterns of crystalline tobacco mosaic proteins. J. biol. Chem. (Am.) **116**, 51 (1936).
73. Youden, W. J. and H. P. Beale: A statistical study of the local lesion method for estimating tobacco mosaic virus. Contr. Boyce Thomp. Inst. **6**, 437 (1934).

Manzsche Buchdruckerei, Wien IX.

Übersicht über den Inhalt der zweiten Hälfte.

Fünfter Abschnitt.

Die Virusarten als infektiöse Agenzien.

1. Natürliche und experimentelle Übertragung.
2. Der qualitative Virusnachweis. — Anreicherungsverfahren.
3. Die quantitative Bestimmung der Infektiosität.
4. Die spezifischen Lokalisationen oder Tropismen.
5. Die Ausbreitung im Wirtsorganismus. — Nervenwanderung.
6. Konstanz und Variabilität der Virusarten. — Natürlich und experimentell erzeugte Typen.
7. Latente Virusinfektionen.
8. Virusarten als tumorerzeugende Agenzien.

Sechster Abschnitt.

Natürliche Empfänglichkeit und erworbene Immunität.

1. Natürliche und experimentelle Wirte.
2. Die Antigenfunktionen und die serologischen Reaktionen der Virusarten in vitro.
3. Die erworbene Immunität gegen Virusinfektionen.

Siebenter Abschnitt.

Die Technik der experimentellen Erforschung phytopathogener Virusarten.

Anhang.

A. Tabellarische Zusammenstellung der bisher festgestellten tierpathogenen Virusarten.

B. Tabellarische Zusammenstellung der bisher bekannten phytopathogenen Virusarten.

Sachregister für das Gesamtwerk.

MIX
Papier aus verantwortungsvollen Quellen
Paper from responsible sources
FSC® C105338

If you have any concerns about our products,
you can contact us on
ProductSafety@springernature.com

In case Publisher is established outside the EU,
the EU authorized representative is:
Springer Nature Customer Service Center GmbH
Europaplatz 3, 69115 Heidelberg, Germany

Printed by Libri Plureos GmbH
in Hamburg, Germany